동물보건사

전과목 한권으로 끝내기

시대에듀

2026 동물보건사 전과목 한권으로 끝내기

Always **with you**

사람의 인연은 길에서 우연하게 만나거나 함께 살아가는 것만을 의미하지는 않습니다.
책을 펴내는 출판사와 그 책을 읽는 독자의 만남도 소중한 인연입니다.
시대에듀는 항상 독자의 마음을 헤아리기 위해 노력하고 있습니다. 늘 독자와 함께하겠습니다.

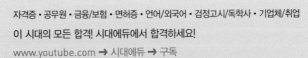

머리말 PREFACE

최근 지속적으로 반려동물 및 반려인이 늘어남에 따라 동물 간호 인력의 필요성이 급증하고 있습니다. 이에 농림축산식품부는 동물진료 전문 인력 육성 및 수준 높은 진료서비스를 제공하기 위하여 국가공인 동물보건사 자격을 신설하였습니다.

2025년 2월 23일 제4회 동물보건사 자격시험이 치러졌으며 응시자 861명 중 400명이 합격하여, 약 46.5%의 합격률을 보였습니다. 매년 출제 방향이 불투명한 데다 자격 신설 후 시행 초기인 만큼 갈피를 잡지 못하고 불안감을 느끼는 수험생들이 존재하리라 사료됩니다. 이러한 수험생들의 길잡이 역할을 하고자 **〈동물보건사 전과목 한권으로 끝내기〉**를 출간하게 되었습니다.

본서의 특징은 다음과 같습니다.

❶ 최신 출제기준을 기반으로 출제 확률이 높은 핵심이론을 담았습니다.

❷ 이론 학습 후 스스로 실력을 파악할 수 있도록 챕터별 실전예상문제를 수록하였습니다.

❸ 최신 개정된 수의사법 및 동물보호법을 반영하여 2026년 시험을 완벽하게 대비할 수 있습니다.

❹ 2023~2025년 동물보건사 시험을 복원한 기출유사 복원문제를 제공합니다.

본 도서가 동물보건사를 꿈꾸는 수험생들에게 합격의 기쁨을 안겨줄 수 있는 수험서가 되길 바라며, 수험생 한 분 한 분의 합격을 진심으로 기원합니다.

편저자 올림

이 책의 구성과 특징

STRUCTURE

출제 가능성 높은 핵심이론

최신 출제기준을 기반으로 출제 가능성 높은 핵심이론을 담았습니다. '용어설명'과 '더 알아보기' 박스에 담아낸 더 자세한 설명으로 심화적인 학습이 가능합니다.

① 심장은 심장근에 의한 규칙적인 수축과 이완 작용으로 혈액을 혈관에 펌프질해 주는 역할을 하며, 혈관과 연결되어 있다.

② 심장은 심실중격으로 왼쪽과 오른쪽으로 구분되고, 다시 방실판막에 의해서 방과 실로 구분되어 4개의 방으로 구성된다(우심방, 우심실, 좌심방, 좌심실).

㉠ 심방 : 정맥과 연결되어 혈액을 받아들인다.

㉡ 심실 : 동맥과 연결되어 혈액을 내보낸다.

㉢ 판막 : 혈액이 거꾸로 흐르는 것을 방지하고 한 방향으로만 흐르게 한다. 심방과 심실, 심실과 동맥 사이에 있다.

③ 왼쪽의 방실판막은 이첨판이며, 오른쪽의 방실판막은 삼첨판이다.

... 4개의 판막이 존재한다.

더 알아보기

개의 심장

- 개 심장의 크기
  품종, 환경, 개체에 따라 크기의 차가 있는데, 중등... 0~200g으로 체중의 약 1% 정도이다.
- 개 심장 위치
  개의 심장은 제3~7늑골 사이에 위치하며, 흉강의 ... 왼쪽으로 치우쳐 있다.

(4) 심장의 수축과 이완

① 자극전도계

㉠ 심장은 수축과 이완을 통해 혈액을 박출하기 위해 주기적인 수축 신호가 필요하다. 자극전도계는 전기적 신호를 통해 이러한 역할을 담당하는 특수 ...

㉡ 자극전도계는 동방결절(Sinoatrial Node, S-A Node), ... Node), His속(His Bundle), 푸르키네 섬유(Purkinje F...

㉢ 자극전도계의 흥분 전도 순서

동방결절 → 방실결절 → His속 → ...

② 심장의 수축과 이완

㉠ 심장은 교감신경과 부교감신경의 지배를 받는다.

㉡ 교감신경의 자극 : 심박수 증가, 심근 수축력 강화, 방실... 섬유의 활동이 촉진된다.

㉢ 부교감신경의 자극 : 심박수 감소, 심근 수축력 약화, 방...

20 • 동물보건사 전과목 한권으로 끝내기

CHAPTER 01 동물해부생리학

01 실전예상문제

01 RNA와 단백질로 구성되어 있으며, 단백질 합성이 일어나는 세포 소기관은?

① 소포체
② 골지체
③ 리소좀
④ 리보솜
⑤ 미토콘드리아

해설
리보솜은 RNA와 단백질로 이루어진 복합체로, 세포 활동에 필요한 단백질 합성이 일어나는 기관이다. 리보솜은 두 개의 소단위체로 구성되어 있으며, 세포질에 떠 있거나 거친면(조면) 소포체의 표면에 부착되어 있다.

02 동물의 신체를 구성하는 기본조직에 해당하는 것끼리 옳게 짝지은 것은?

ㄱ. 상피조직	ㄴ. 신경조직
ㄷ. 결합조직	ㄹ. 근육조직
ㅁ. 털조직	

① ㄱ, ㄴ, ㄷ
② ㄱ, ㄴ, ㄷ, ㄹ
③ ㄱ, ㄷ, ㄹ, ㅁ
④ ㄱ, ㄷ, ㄹ
⑤ ㄴ, ㄷ, ㄹ, ㅁ

해설
조직이란 유사한 구조와 기능, 물질을 갖는 세포들이 모여 일정한 기능을 하는 것으로, 동물의 신체를 구성하는 기본조직에는 상피조직, 결합조직, 근육조직, 신경조직의 4가지 기본조직이 있다. 털은 피부의 부속 기관에 해당한다.

32 • 동물보건사 전과목 한권으로 끝내기

01 ④ 02 ② 정답

실력점검용 챕터별 실전예상문제

이론 학습 후 배운 내용을 제대로 익혔는지 확인할 수 있도록 실력점검용 챕터별 실전예상문제를 수록하였습니다. 문제 바로 아래 위치한 해설을 통해 문제풀이와 동시에 복습할 수 있습니다.

TEST

부록 2025년 제4회 기출유사 복원문제

※ 본 기출유사 복원문제는 2025.02.23(일) 시행된 제4회 동물보건사 시험의 출제 키워드를 복원하여 제작한 문제입니다. 응시자의 기억에 의해 복원되었으므로 실 시험과 동일하지 않을 수 있습니다. 제4과목 동물 보건·윤리 및 복지 관련 법규는 개정된 법령에 따라 문제를 교체하였습니다.

제1과목 기초 동물보건학

01 고양이 4종 백신으로 예방 가능한 질병이 아닌 것은?

① 칼리시 바이러스 감염증
② 범백혈구 감염증
③ 백혈병 바이러스 감염증
④ 면역 FIV
⑤ 전염성 비기관지염

제4회 기출유사 **02** 개의 세균성 질병 중 진드기를 매개로 하여 전염되

① 라임병
② 포도상구균증
③ 살모넬라증
④ 대장균증
⑤ 캄필로박테리아증

제4회 기출유사 **03** 불충분한 가열 살균 후 밀봉한 통조림에서 식중독

① 보툴리누스
② 가스괴저균
③ 세레우스균
④ 황색포도상구균
⑤ 모르가넬라모르가니균

2023~2025년 기출유사 복원문제

2023~2025년도 동물보건사 자격시험을 복원하여 반영한 기출유사 복원문제를 수록하여 실제 시험경향을 파악할 수 있습니다. 기출유사 표시가 된 부분은 보다 깊이 있게 학습하시기 바랍니다.

제4과목 동물 보건·윤리 및 복지 관련 법규

CHAPTER 02 수의사법

수의사법[시행 2024. 7. 24.] [법률 제20087호, 2024. 1. 23., 일부개정]
시행령[시행 2024. 7. 24.] [대통령령 제34737호, 2024. 7. 23., 일부개정]
시행규칙[시행 2025. 1. 1.] [농림축산식품부령 제647호, 2024. 4. 25., 일부개정]

1 총 칙

(1) 수의사법 목적(법 제1조)

수의사법은 수의사(獸醫師)의 기능과 수의(獸醫)업무에 관하여 필요한 사항을 규정함으로써 동물의 건강증진, 축산업의 발전과 공중위생의 향상에 기여함을 목적으로 한다.

(2) 정의(법 제2조)

① **수의사** : 수의 업무를 담당하는 사람으로서 농림축산식품부장관의 면허를 받은 사람
② **동물** : 소, 말, 돼지, 양, 개, 토끼, 고양이, 조류(鳥類), 꿀벌, 수생동물(水生動物), 그 밖에 대통령령으로 정하는 동물

더 알아보기

대통령령으로 정하는 동물(영 제2조)
① 노새·당나귀
② 친칠라·밍크·사슴·메추리·꿩·비둘기
③ 시험용 동물
④ 그 외 동물로서 포유류·조류·파충류 및 양서류

③ **동물진료업** : 동물을 진료(동물의 사체 검안 포함)하거나 동물의 질병을 예방하는 업(業)
④ **동물보건사** : 동물병원 내에서 수의사의 지도 아래 동물의 간호 또는 진료 보조 업무에 종사하는 사람으로서 농림축산식품부장관의 자격인정을 받은 사람
⑤ **동물병원** : 동물진료업을 하는 장소로서 동물병원 개설에 따른 신고를 한 진료기관

(3) 수의사의 직무(법 제3조)

수의사는 동물의 진료 및 보건과 축산물의 위생 검사에 종사하는 것을 그 직무로 한다.

458 • 동물보건사 전과목 한권으로 끝내기

최신 개정법령 반영

이론과 문제에 최신 개정된 수의사법·동물보호법을 반영하여 2026년 시험 대비에도 부족함이 없도록 하였습니다.
심화적인 학습이 필요한 수험생은 기재한 법 주소를 검색하여 학습하실 수 있습니다.

동물보건사 시험안내

동물보건사 개요

❶ **동물보건사** : 동물병원 내에서 수의사의 지도 아래 동물의 간호 또는 진료 보조 업무에 종사하는 사람으로서 농림축산식품부장관의 자격인정을 받은 사람(수의사법 제2조 제3의2호)

❷ **동물보건사 자격** : 동물 간호 인력 수요 증가에 따라 동물진료 전문 인력 육성 및 수준 높은 진료서비스를 제공하기 위한 자격

시험과목 및 시험방법

구 분	시 간	과 목	시험 교과목	문제 수
1교시	120분 (10:00~12:00)	기초 동물보건학	동물해부생리학, 동물질병학, 동물공중보건학, 반려동물학, 동물보건영양학, 동물보건행동학	60
		예방 동물보건학	동물보건응급간호학, 동물병원실무학, 의약품관리학, 동물보건영상학	60
2교시	80분 (12:30~13:50)	임상 동물보건학	동물보건내과학, 동물보건외과학, 동물보건임상병리학	60
		동물 보건 · 윤리 및 복지 관련 법규	수의사법, 동물보호법	20

원서접수 및 시험일정

▶ **접수 방법** : 동물보건사 자격시험 관리시스템(www.vt-exam.or.kr)

시험일	접수 기간	1차 합격자 발표일	응시 수수료
25.02.23(일)	25.01.13(월) 09:00 ~ 01.17(금) 18:00	25.03.04(화) 18:00 이후	20,000원

※ 2026년 제5회 동물보건사 자격시험일이 발표되지 않은 관계로, 제4회 동물보건사 자격시험 일정을 수록합니다. 자세한 사항은 동물보건사 자격시험 관리시스템(www.vt-exam.or.kr) 홈페이지를 통해 수시로 확인하시기 바랍니다.

합격자 발표

❶ **합격기준** : 각 과목당 시험점수가 100점을 만점으로 하여 40점 이상이고, 전 과목의 평균 점수가 60점 이상인 사람을 합격자로 함

❷ **합격자 확인** : 동물보건사 자격시험 관리시스템(www.vt-exam.or.kr) ➡ 로그인 ➡ '필기시험 합격자 확인' 메뉴에서 확인 가능

응시자격

「수의사법」 제16조의2 또는 법률 제16546호 수의사법 일부개정법률 부칙 제2조 각 호의 어느 하나에 해당하는 자로서 같은 법 제16조의6에서 준용하는 제5조의 규정에 해당하지 아니하는 자

기본 대상자	• 농림축산식품부장관의 평가인증(제16조의4 제1항에 따른 평가인증을 말함)을 받은 「고등교육법」 제2조 제4호에 따른 전문대학 또는 이와 같은 수준 이상의 학교의 동물 간호 관련 학과를 졸업한 사람(동물보건사 자격시험 응시일부터 6개월 이내에 졸업이 예정된 사람을 포함) • 「초 · 중등교육법」 제2조에 따른 고등학교 졸업자 또는 초 · 중등교육법령에 따라 같은 수준의 학력이 있다고 인정되는 사람으로서 농림축산식품부장관의 평가인증을 받은 「평생교육법」 제2조 제2호에 따른 평생교육기관의 고등학교 교과 과정에 상응하는 동물 간호에 관한 교육과정을 이수한 후 농림축산식품부령으로 정하는 동물 간호 관련 업무에 1년 이상 종사한 사람 • 농림축산식품부장관이 인정하는 외국의 동물 간호 관련 면허나 자격을 가진 사람
특례 대상자	• 「고등교육법」 제2조 제4호에 따른 전문대학 또는 이와 같은 수준 이상의 학교에서 동물 간호에 관한 교육과정을 이수하고 졸업한 사람 • 「고등교육법」 제2조 제4호에 따른 전문대학 또는 이와 같은 수준 이상의 학교를 졸업(이와 동등 수준 이상의 학력이 있다고 인정되는 것을 포함)한 후 동물병원에서 동물 간호 관련 업무에 1년 이상 종사한 사람(「근로기준법」에 따른 근로계약 또는 「국민연금법」에 따른 국민연금사업장가입자 자격취득을 통하여 업무 종사 사실을 증명할 수 있는 사람에 한정) • 고등학교 졸업학력 인정자 중 동물병원에서 동물 간호 관련 업무에 3년 이상 종사한 사람(「근로기준법」에 따른 근로계약 또는 「국민연금법」에 따른 국민연금 사업장가입자 자격취득을 통하여 업무 종사 사실을 증명할 수 있는 사람에 한정)

※ 특례대상자 자격조건은 2021.08.28 기준으로 적용

연도별 자격 취득 현황

구 분	응시자 수	합격자 수	합격률
2022년 제1회	2,907	2,544	87.5%
2023년 제2회	1,030	727	70.6%
2024년 제3회	724	428	59.1%
2025년 제4회	861	400	46.5%

이 책의 목차

제1과목 | 기초 동물보건학

CHAPTER 01 동물해부생리학 3
실전예상문제 32
CHAPTER 02 동물질병학 39
실전예상문제 67
CHAPTER 03 동물공중보건학 73
실전예상문제 99
CHAPTER 04 반려동물학 104
실전예상문제 135
CHAPTER 05 동물보건영양학 139
실전예상문제 159
CHAPTER 06 동물보건행동학 163
실전예상문제 183

제2과목 | 예방 동물보건학

CHAPTER 01 동물보건응급간호학 189
실전예상문제 225
CHAPTER 02 동물병원실무학 232
실전예상문제 256
CHAPTER 03 의약품관리학 262
실전예상문제 276
CHAPTER 04 동물보건영상학 281
실전예상문제 304

제3과목 | 임상 동물보건학

CHAPTER 01 동물보건내과학 311
실전예상문제 355
CHAPTER 02 동물보건외과학 362
실전예상문제 391
CHAPTER 03 동물보건임상병리학 397
실전예상문제 420

제4과목 | 동물 보건·윤리 및 복지 관련 법규

CHAPTER 01 동물 윤리 427
실전예상문제 450
CHAPTER 02 수의사법 458
실전예상문제 489
CHAPTER 03 동물보호법 498
실전예상문제 526

2023년 | 제2회 기출유사 복원문제

제1과목 기초 동물보건학 539
제2과목 예방 동물보건학 556
제3과목 임상 동물보건학 574
제4과목 동물 보건 · 윤리 및 복지 관련 법규 591
2023년 제2회 정답 및 해설 597

2024년 | 제3회 기출유사 복원문제

제1과목 기초 동물보건학 625
제2과목 예방 동물보건학 644
제3과목 임상 동물보건학 661
제4과목 동물 보건 · 윤리 및 복지 관련 법규 679
2024년 제3회 정답 및 해설 686

2025년 | 제4회 기출유사 복원문제

제1과목 기초 동물보건학 711
제2과목 예방 동물보건학 728
제3과목 임상 동물보건학 745
제4과목 동물 보건 · 윤리 및 복지 관련 법규 762
2025년 제4회 정답 및 해설 769

제1과목
기초 동물보건학

CHAPTER 01 동물해부생리학
CHAPTER 02 동물질병학
CHAPTER 03 동물공중보건학
CHAPTER 04 반려동물학
CHAPTER 05 동물보건영양학
CHAPTER 06 동물보건행동학

남에게 이기는 방법의 하나는 예의범절로 이기는 것이다.

– 조쉬 빌링스 –

CHAPTER 01 동물해부생리학

1 동물 신체의 기본 구조

(1) 일반적 신체 구조

① 좌우대칭(Bilateral Symmetry) : 생체 단면이나 체축을 중심으로 좌・우측이 동일한 형태의 두 부분으로 나누어지는 것이다. 척추동물의 몸은 기본적으로 좌우대칭이지만, 몸을 구성하고 있는 장기는 반드시 좌우대칭은 아니다.

② 국소적 분화(Regional Differentiation) : 척추동물의 몸은 머리(Head, 두부), 몸통(Trunk, 체간부), 꼬리(Tail, 미부) 및 부속지 또는 사지(Appendage)로 구분된다.

(2) 해부학적 용어

① 단면에 사용되는 용어

[단면에 사용되는 용어]

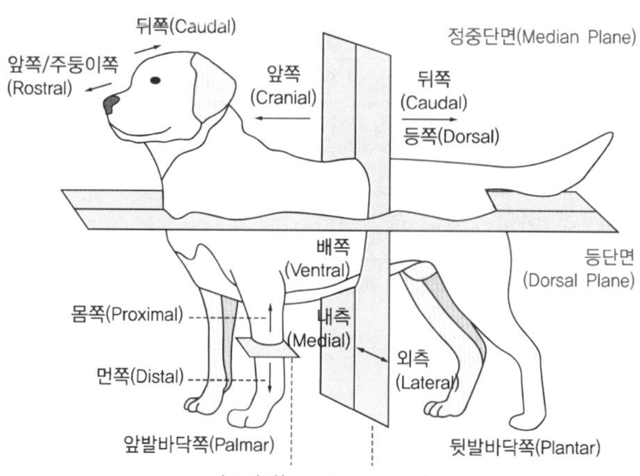

정중단면(Median Plane)	머리, 몸통 또는 사지를 오른쪽과 왼쪽이 똑같게 세로로 나눈 단면
시상단면(Sagittal Plane)	정중단면과 평행하게 머리, 몸통 또는 사지를 통과하는 단면
가로단면(Transverse Plane)	긴 축에 대하여 직각으로 머리, 몸통 또는 사지를 가로지르거나, 한 기관 또는 부분의 긴 축을 가로지르는 단면
등단면(Dorsal Plane)	정중단면과 가로단면에 대하여 직각으로 지나는 단면으로, 몸 또는 머리를 등쪽 부위 및 배쪽 부위로 나눔
축(Axis)	몸통 또는 몸통의 어떤 부분의 중심선

② 방향에 사용되는 용어

등쪽(Dorsal)	등을 향한 쪽 또는 비교적 등 가까운 쪽
배쪽(Ventral)	배를 향한 쪽 또는 비교적 배 가까운 쪽
내측(Medial)	정중단면을 향한 쪽 또는 비교적 정중단면에 가까운 쪽
외측(Lateral)	정중단면을 벗어났거나 비교적 멀리 떨어진 쪽
앞쪽(Cranial)	머리를 향한 쪽 또는 비교적 머리에 가까운 쪽
주둥이쪽(Rostral)	코를 향한 쪽 또는 비교적 코에 가까운 쪽. 단지 머리에만 적용됨
뒤쪽(Caudal)	꼬리를 향한 쪽 또는 비교적 꼬리 가까운 쪽
속(Internal, Inner)	기관, 체강 또는 구조의 중심이나 가까운 쪽
외(External, Outer)	기관 또는 구조의 중심에서 멀리 있는 쪽
얕은[표층] (Superficial)	비교적 몸통의 표면에 가까운 쪽 또는 어떤 기관의 표면 부분
깊은[심층] (Deep)	몸통의 중심 또는 어떤 기관의 중심에 비교적 가까운 부분

③ 사지에 사용되는 용어

근위(Proximal)	몸통에 비교적 가까운 곳이며, 사지와 꼬리에서는 이들이 부착되어 있는 끝부분
원위(Distal)	몸통에서 떨어진 곳이며, 사지와 꼬리에서는 유리되어 있는 끝
요골쪽(Radial)	전완(앞다리)에서 요골이 위치하고 있는 쪽
척골쪽(Ulnar)	전완(앞다리)에서 척골이 위치하고 있는 쪽
경골쪽(Tibial)	후완(뒷다리)에서 경골이 있는 앞쪽
비골쪽(Fibular)	후완(뒷다리)에서 비골이 있는 바깥쪽
앞발바닥쪽(Palmar)	앞발의 볼록살이 위치한 면
뒷발바닥쪽(Plantar)	뒷발의 볼록살이 위치한 면

④ 관절운동을 나타내는 용어

굽힘(Flexion)	관절하는 두 개의 뼈에서 어느 한 뼈의 움직임이 두 뼈 사이의 각도를 감소시키도록 하는 운동
펴짐(Extension)	관절하는 두 개의 뼈에서 어느 한 뼈의 움직임이 두 뼈 사이의 각도를 증가시키도록 하는 운동
외향(Abduction)	정중단면으로부터 멀어지는 움직임
내향(Adduction)	정중단면으로 향하는 움직임
회향(Circumduction)	원추형의 윤곽을 만드는 움직임
회전(Rotation)	긴 축 주위를 도는 움직임
회외(Supination)	앞·뒷발바닥쪽면이 내측 또는 발등 쪽에 면하도록 하는 다리의 외측회전
회내(Pronation)	앞·뒷발바닥쪽이 외측면에 면하도록 하는 다리의 내측회전

⑤ 자세를 나타내는 용어

배등자세 (VD자세, Ventro-Dorsal)	등쪽이 바닥에 닿고 배쪽이 하늘을 향하는 자세, 사람의 경우 똑바로 누운 자세
등배자세 (DV자세, Dorsal-Ventro)	배쪽이 바닥에 닿고 등쪽이 하늘을 향하는 자세, 사람의 경우 똑바로 엎드린 자세

(3) 신체의 구성 단계

① 세포 - 조직 - 기관 - 기관계(계통) - 개체로 구성된다.

② 몸체를 이루는 기본 단위는 세포이며, 비슷한 형태나 기능을 가진 세포들이 모여 조직을 이룬다.

③ 비슷한 기능의 조직이 모여 기관을 형성하며, 여러 기관이 모여 기관계를 형성하고, 여러 기관계들의 유기적 결합에 의해 하나의 개체를 구성하게 된다.

(4) 세포의 구조와 기능

① 세포 : 하나의 생명체를 구성하는 기본 단위이다.

② 세포는 핵과 세포질로 이루어져 있다. 핵(Nucleus)은 유전 물질(DNA)을 포함하고 있으며, 세포의 기능을 조절한다.

핵	• 대부분 세포의 중앙부에 위치한다. • DNA와 같은 유전 물질을 포함하며, 세포의 기능을 조절한다. • 이중막으로 된 핵막으로 둘러싸여 있으며, 수많은 핵공(Nuclear Pore)이 존재한다.
세포질	• 세포에서 핵을 제외한 나머지 부분이다. • 여러 세포 소기관들이 포함되어 있으며, 세포 소기관들을 지탱해 주는 역할도 한다. • 인지질 이중막으로 구성된 세포막에 의해 둘러싸여 있다.

③ 세포 소기관의 구조와 기능

미토콘드리아	• 세포호흡을 통해 세포가 활동할 수 있는 에너지(ATP)를 생성한다. • 호흡이 활발한 세포일수록 세포 내에 많이 분포한다. • 이중막으로 이루어져 있으며, 내부의 주름진 지질막에는 산화효소가 많이 부착되어 있다. • 자체 DNA와 리보솜을 가지고 있어 자가복제가 가능하다.
리보솜	RNA와 단백질로 이루어졌으며, 세포 내의 단백질 합성에 관여한다.
소포체	• 세포 내에서 가느다란 관과 납작한 소포체들이 서로 연결되어 그물망을 이루고 있으며, 내부는 핵막과 연결되어 있다. • 소포체 막에 리보솜이 부착되어 있는 것은 과립 소포체, 부착되지 않은 것은 무과립 소포체라고 한다. – 과립 소포체(조면 소포체) : 세포 외부로 분비하는 단백질 합성에 관여한다. – 무과립 소포체(활면 소포체) : 지질 합성과 다른 효소 작용에 관여한다.
골지체	• 소포체에서 생산된 물질들이 작은 주머니로 떨어져 나와 골지체로 이동·융합하게 된다. • 단백질의 농축 및 탄수화물의 합성이 일어난다. • 분비 작용을 하는 세포에서 특히 발달되어 있다.
리소좀	• 골지체에서 떨어져 나와 작은 주머니 구조를 이루고 있다. • 가수분해 효소를 함유하고 있어 세포의 손상된 구조, 세포 외부로부터 섭취한 물질, 불필요한 물질 등을 소화시키는 세포 내의 소화 기관의 역할을 한다.
섬모, 편모	• 세포 표면에 존재하는 세포 운동 기관이다. • 섬모는 수가 많고 짧으며, 편모는 수가 적고 길다.

[동물세포의 구조]

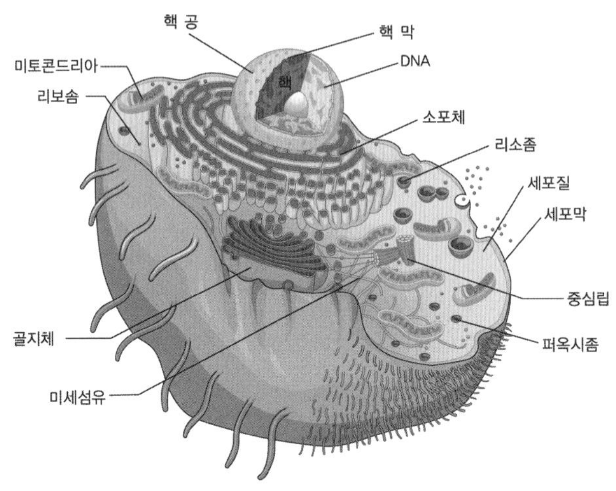

(5) 조직의 종류와 기능

① 조직 : 비슷한 형태나 기능을 하는 세포들이 모인 집단이다.

② 동물의 조직은 기본적으로 상피조직, 결합조직, 근육조직, 신경조직으로 이루어져 있다.

상피조직	• 세포끼리 밀착하여 상피를 만들어 생체 내면과 외면을 덮고 보호, 흡수, 분비, 배설 등의 역할을 한다. • 분비샘과 감각 기관을 구성한다. 예 피부, 망막, 내분비샘, 구강 상피 등
결합조직	생체 중 가장 널리 분포되며, 여러 구조물들의 빈 공간을 채우거나 결합시켜 지지하는 역할을 한다. 예 연골, 뼈, 힘줄, 혈액과 림프 등
근육조직	가늘고 긴 근육세포로 이루어져 있으며, 생체 각 부분에서 운동을 가능하게 한다. 예 수의근(내 의지대로 수축 및 이완) : 골격근 불수의근(내 의지와 상관없이 수축 및 이완) : 내장근, 심장근
신경조직	신경세포인 뉴런으로 이루어져 있으며, 자극을 전달하는 역할을 한다. 예 뇌, 척수, 감각신경, 운동신경 등

용어설명

- 수의근(Voluntary Muscle) : 체성신경계의 직접적인 지배를 받아 나의 의지대로 움직임을 조절할 수 있는 근육이다.
- 불수의근(Involuntary Muscle) : 내 의지와 관계없이 스스로 움직이는 근육으로, 자율신경계의 지배를 받아 조절된다.

(6) 기관계의 구분

① 비슷한 기능을 하는 기관들이 모여 기관계(계통)를 이룬다.

② 기관계의 분류

분 류	해당 기관	기 능
근골격계	근육, 뼈, 인대, 건	몸의 지지 및 지탱, 운동 및 조혈
신경계	뇌, 척수, 감각 기관	자극의 전달 및 기관 작용의 조절
순환계	심장, 혈액, 혈관	영양분 및 노폐물의 운반
호흡계	코, 기관, 기관지, 폐	산소와 이산화탄소의 교환
소화계	입, 식도, 위, 소장, 대장	섭취한 음식물의 분해와 흡수
배설계	콩팥, 요도, 방광	체내 노폐물의 배설
생식계	정소, 난소, 자궁	생 식
면역계	골수, 림프관, 가슴샘	신체 방어 역할
내분비계	뇌하수체, 갑상샘, 부신	호르몬 생성 및 항상성 유지

2 골격계통의 구조와 기능

[개의 골격계]

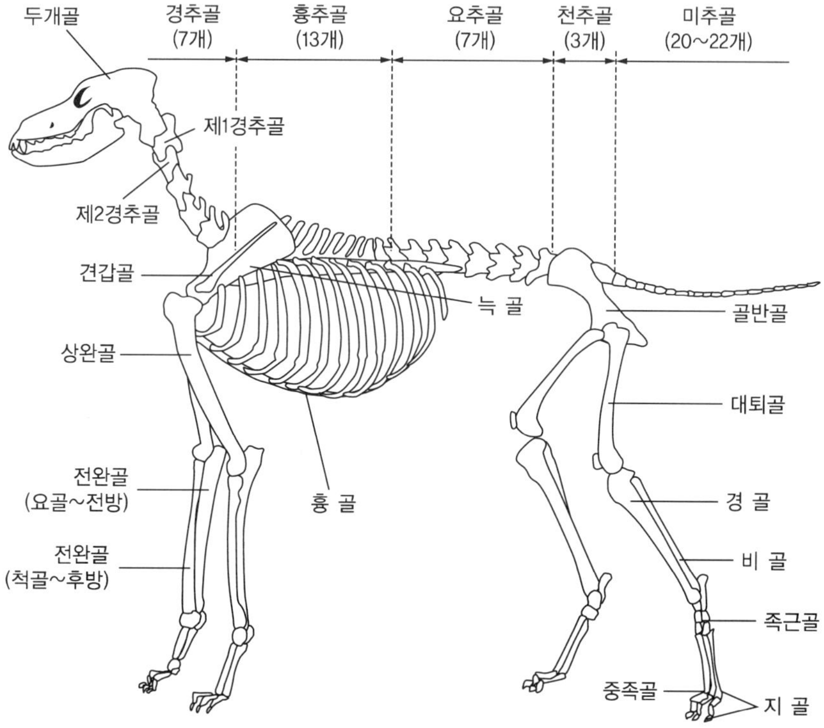

(1) 몸통 골격(Axial Skeleton)

① 몸통 골격은 척주(Vertebral Column)와 늑골(Rib), 흉골(Sternum)로 구분된다.

② 척주(Vertebral Column)

㉠ 여러 개의 짧고 작은 척주골이 관절로 연결되어 앞쪽은 두개골과 이어지고 뒤쪽은 꼬리로 이어져서, 동물체의 받침대를 구성한다.

㉡ 척주는 머리와 몸통의 무게를 지탱하고 움직일 수 있게 하며, 뇌에서 연결된 척수를 척수관으로 보호하고, 척수신경의 배출구를 제공한다.

㉢ 척주는 경추, 흉추, 요추, 천추, 미추로 구성된다.

㉣ 동물별 척주의 수

분 류	개	토 끼	돼 지	면 양	산 양	소	말
경추(목뼈, Cervical Vertebrae)	7	7	7	7	7	7	7
흉추(등뼈, Thoracic Vertebrae)	13	12	14~15	13	13	13	18
요추(허리뼈, Lumbar Vertebrae)	7	7	6~7	6~7	6~7	6	6
천추(엉치뼈, Sacral Vertebrae)	3	4	4	4	4	5	5
미추(꼬리뼈, Caudal Vertebrae)	20~23	15~18	20~23	16~18	12~16	18~20	15~19

③ 늑골(갈비뼈, Rib)

㉠ 보통 13쌍(26개)으로 구성되며, 가슴 앞쪽에 늑골연골관절이 형성되어 있다.

㉡ 9쌍은 흉골(복장뼈)과 직접 연결되며, 4쌍은 직접 연결되지 않는다.

㉢ 13번째 늑골은 인접 관절을 형성하지 않아 뜬늑골이라고 한다.

㉣ 늑골은 늑골궁을 형성하며, 가슴과 배를 구분하는 경계가 된다.

④ 흉골(복장뼈, Sternum)

㉠ 8개의 길고 굵은 흉골분절로 구성되어 있으며, 흉골사이연골과 결합한다.

㉡ 가장 앞쪽 흉골분절은 흉골자루(복장뼈자루)라고 하며, 가장 마지막 분절은 뾰족한 끝을 이루어 칼돌기(검상돌기)라고 한다.

(2) 사지 골격(Appendicular Skeleton)

① 90~96개의 뼈로 이루어진 앞다리뼈와 뒷다리뼈로 구성되며, 단독으로 이루어진 1개의 음경 뼈가 있다.

② 앞다리뼈와 뒷다리뼈의 비교

앞다리뼈(Thoracic Limb, Forelimb)	뒷다리뼈(Pelvic Limb, Hind limb)
• 앞다리 연결대(Thoracic Girdle) – 견갑골(Scapula) – 쇄골(Clavicle)	• 뒷다리 연결대(Pelvic Girdle) – 장골(Ilium) – 좌골(Ischium) – 치골(Pubis)
• 상완(Arm, Brachium) – 상완골(Humerus)	• 대퇴(Thigh) – 대퇴골(Femur)
• 전완(Forarm, Antebrachium) – 요골(Radius) – 척골(Ulna)	• 하퇴(Leg, Crus) – 경골(Tibia) – 비골(Fibula)

• 앞발(Forepaw, Manus) – 앞발목뼈(Carpal Bones) – 앞발허리골(Metacarpal Bones) – 앞발가락뼈(Phalanges)	• 뒷발(Hind Paw, Pes) – 뒷발목뼈(Tarsal Bones) – 뒷발허리골(Metatarsal Bones) – 뒷발가락뼈(Phalanges)

더 알아보기

개의 쇄골은 퇴화하여 종자골의 형태로 남게 되었다.

제1과목 기초 동물보건학

(3) 두개골(Skull)의 구조와 형태

① 두개골의 구조

[두개골의 구조]

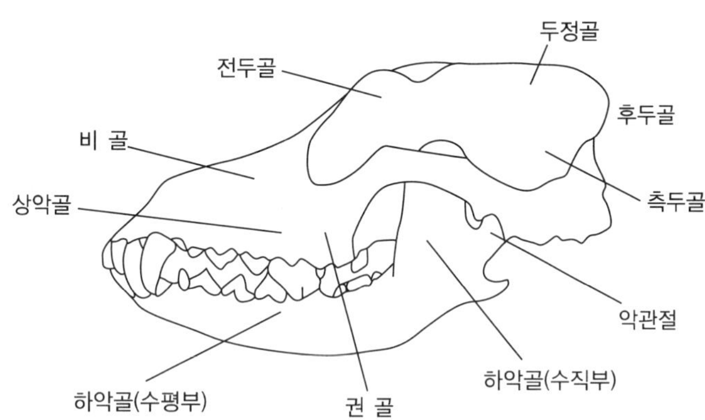

두개강을 이루는 뼈	안면을 이루는 뼈
• 후두골(뒤통수뼈, Occipital Bone) • 두정골(마루뼈, Parieta Bone) • 전두골(이마뼈, Frontal Bone) • 측두골(관자뼈, Temporal Bone) • 사골(벌집뼈, Ethmoid Bone) • 서골(보습뼈, Vomer Bone) • 접형골(나비뼈, Sphenoid Bone)	• 비골(코뼈, Nasal Bone) • 누골(눈물뼈, Lacrimal Bone) • 상악골(위턱뼈, Maxilla Bone) • 절치골(앞니뼈, Incisive Bone) • 구개골(입천장뼈, Palatine Bone) • 권골(광대뼈, Zygomatic Bone) • 하악골(아래턱뼈, Mandible Bone)

② 두개골의 형태 : 품종을 분류하는 근거가 된다.

장형두개	스톱에서 코 끝의 길이가 후두골 끝의 길이보다 긴 형태
중형두개	스톱에서 코 끝의 길이가 후두골 끝 길이와 같은 형태
단형두개	스톱에서 코 끝이 길이가 후두골 끝 길이보다 짧은 형태

용어설명

스톱(Stop)

이마와 코의 중앙에 움푹 들어간 곳이다.

(4) 관절의 구조와 기능

① 연결 방식에 따른 관절의 분류

㉠ 뼈는 서로 결합하여 골격을 형성하는데 그 연결 방식에 따라서 부동성과 가동성의 두 가지로 구분된다.

㉡ 부동성 관절은 움직일 수 없는 관절로서 섬유관절과 연골관절이 해당한다.

㉢ 가동성 관절은 관절을 이루는 양쪽 뼈의 사이에서는 관절강(Articular Cavity)을 형성하며, 운동범위가 매우 넓다. 윤활관절이 여기에 해당한다.

섬유관절	• 결합조직에 의해 뼈가 연결되어 운동이 크게 제한된다. • 봉합(Suture) : 결합조직이 매우 적으며, 머리뼈에서 볼 수 있는 결합으로 연접하는 부위의 형태에 따라 톱니봉합, 비늘봉합, 엽상봉합, 평면봉합 등이 있다. • 인대결합(Syndesmosis) : 인대에 의해 결합되어 있다. 요골과 척골의 몸통사이관절에서 볼 수 있다. • 못박이관절(Gomphosis) : 한쪽의 뼈가 다른 뼈 속에 못처럼 박혀 있는 관절로 치아와 턱뼈에서 볼 수 있는 결합이다.
연골관절	• 연골에 의한 결합으로 운동에 제한이 있다. • 대부분 성장 후 소멸되거나 연골이 뼈로 대체된다. • 아래턱의 하악결합, 양쪽 관골 사이의 골반결합 등이 해당한다.
윤활관절	• 대부분의 뼈가 이 결합 양식을 하고 있으며, 2개 또는 3개가 가동성으로 연결되는 관절이다. • 관절을 이루는 양쪽 뼈의 사이에서는 관절강(Articular Cavity)을 형성하며, 운동범위가 매우 넓다.

② 윤활관절의 분류

㉠ 절구관절(Spheroidal Joint) : 관절머리와 오목이 모두 반구 모양이며, 대표적으로는 어깨관절과 대퇴관절이 있다. 이 관절은 운동범위가 매우 넓은 삼축성 관절이다.

㉡ 타원관절(Ellipsoidal Joint) : 두 관절면이 타원상을 이루며, 그 운동이 타원의 장축과 단축(굽힘과 펴짐, 내향과 외향)으로 움직이는 이축성 관절로서 개의 요골앞발목관절에서 볼 수 있다.

㉢ 경첩관절(Hinge Joint) : 두 관절면이 원주면과 원통면이 접촉하는 것으로 마치 여닫이문의 경첩 모양이다. 관절머리는 도르래 모양이고 관절오목은 도르래 고랑을 이루고 있어 도르래의 방향에 따라 한쪽으로만 운동하게 된다. 일축성에서 볼 수 있다.

㉣ 융기관절(Condylar Joint) : 2개의 타원형 융기와 이에 대응하는 함몰된 오목으로 이루어지는 이축성 관절이다. 환추후두골관절이 여기에 속한다.

㉤ 중쇠관절(Pivot Joint) : 관절머리의 둘레에 관절면이 바퀴 모양으로 되어 있고 관절오목도 이를 수용하도록 되어 있어 뼈의 긴 축의 둘레를 회전하는 운동을 한다. 일축성 관절로서 개의 근위요골척골관절에서 볼 수 있다.

㉥ 안장관절(Saddle Joint) : 두 관절면이 말 안장 모양처럼 생긴 것이며 서로 직각 방향으로 움직이는 이축성 관절이다. 턱관절, 원위발가락사이관절이 여기에 속한다.

㉦ 평면관절(Plane Joint) : 두 관절면이 평면에 가까운 상태로서, 약간의 미끄럼 운동으로 움직인다. 관절낭과 인대에 의하여 관절 주위가 연결되어 있기 때문에 운동범위가 매우 좁다. 척추골사이관절이 여기에 속한다.

③ 사지 위치에 따른 관절의 분류

앞다리의 관절	• 견관절(어깨관절, Shoulder Joint) • 주관절(앞다리굽이관절, Elbow Joint) • 완관절(앞발목관절, Carpal Joint)
뒷다리의 관절	• 고관절(엉덩이관절, Hip Joint) • 슬관절(무릎관절, Stifle Joint) • 부관절(족관절, Tarsal Joint)

3 근육계통의 구조와 기능

(1) 근육의 구조와 기능

① 근육은 해당 결합조직, 혈관, 신경섬유 등을 포함하여 체중의 약 40%를 차지한다.

② 근육의 대부분을 차지하고 있는 것은 골격근(Skeletal Muscle)으로, 동물의 운동, 자세, 관절의 고정 및 열 생산과 체온 유지 등의 기능을 한다.

③ 근육의 종류

㉠ 골격근(Skeletal Muscle)

- 인대에 의해서 뼈에 연결되어 있으며, 가로무늬근(횡문근, Striated Muscle)이다.
- 동물이 의지대로 걷거나 달릴 수 있도록 운동신경의 지배를 받아 움직이는 수의근이다.
- 골격근을 이루는 근육은 다핵세포인 근섬유로 이루어져 있으며, 하나의 근섬유에는 100~200개의 핵과 원통형의 근원섬유들로 채워져 있다.

㉡ 심장근(심근, Cardiac Muscle)

- 심장을 구성하고 있는 근육으로, 골격근과 같은 수축력을 가진다.
- 골격근과 같이 무늬가 있는 가로무늬근(횡문근, Striated Muscle)이지만, 기능적인 면에서는 자율신경의 지배를 받는 불수의근이다.

㉢ 내장근(Visceral Muscle)

- 가로무늬가 없는 민무늬근(평활근, Smooth Muscle)이다.
- 골격근과 같은 일반적인 생리 작용이 나타나지 않고, 같은 조직이라도 동물에 따라 다른 작용을 나타낸다.
- 자율신경의 지배를 받는 불수의근에 해당하며, 민무늬근 자체에 존재하는 긴장을 가지고 있고, 골격근에 비해 크기가 작다.

(2) 근육의 수축과 이완

① 근육에 자극이 가해지면 근섬유막의 탈분극(Depolarization)으로 활동전위가 발생하고 이에 따른 일련의 화학적 반응이 일어남과 동시에 근육의 수축(Contraction)이 일어난다.

② 근육의 수축 이후에는 이완 현상(Relaxation)이 일어나며, 근육의 수축과 이완으로 운동을 할 수 있게 된다.

(3) 근육 수축의 형태

① **연축**(Twitch) : 단수축이라고도 하며, 단일자극이 골격근에 가해지면 활동전위가 발생하며 급속한 근육 수축이 일어나고 이어서 이완 현상이 일어난다.

② **강축**(Tetanus) : 골격근에 짧은 시간 간격으로 자극이 반복됨으로써 연축보다는 큰 힘을 내며, 지속적으로 수축이 일어난다. 강축은 자극이 짧은 간격으로 연속되게 가해지면 이완이 나타나지 않고 수축상태가 계속 유지되는 완전 강축과, 자극의 시간 간격이 느슨하여 근육이 수축 후 이완하려는 시점에서 다시 자극이 가해지기를 반복하면 수축 곡선이 톱니 모양을 이루는 불완전 강축으로 분류된다.

③ **긴장**(Tonus) : 근섬유가 각각의 운동신경으로부터 부분적으로 자극을 받고 있기 때문에 부분적이면서 지속적인 수축이 이루어지는 것이다.

④ **경직**(Rigor) : 근육이 이상 상태에서 활동전위가 발생하지 않고서도 강축이 일어나는 수축을 말하며, 근육이 불가역적으로 경화되는 경우로 사후경직, 열경직, 산경직 등이 있다.

더 알아보기

개의 앞다리 및 뒷다리 근육

• 앞다리 근육

앞다리 상부 근육	• 등세모근 : 등에서 어깨뼈를 삼각형으로 덮음 • 가시위근, 가시아래근 • 상완세갈래근 : 앞다리굽이관절을 펴는 데 사용 • 상완두갈래근, 상완근 : 앞다리굽이관절을 굽히는 데 사용
앞다리 하부 근육	• 앞발목과 앞발가락을 굽히거나 펴는 데 사용 • 요골쪽앞발목펴짐근, 자쪽앞발목굽힘근, 발가락폄근, 발가락굽힘근 등

• 뒷다리 근육

뒷다리 상부 근육	대퇴네갈래근 : 무릎관절을 펴는 근육
뒷다리 하부 근육	• 장딴지근 : 무릎관절은 굽히고, 뒷발목관절은 펴는 근육 • 긴종아리근, 긴뒷발가락펴짐근, 외측뒷발가락펴짐근, 얕은 뒷발가락굽힘근, 깊은뒷발가락굽힘근 등

4 신경계통의 구조와 기능

(1) 신경계의 특징

① 동물 체내와 외부 환경의 정보를 받아들이고 분석한 뒤 신체 모든 기관의 조직과 세포에 정보를 전달하여 그 활동을 조절함으로써 생명을 유지하고 상황에 알맞은 신체 활동을 수행할 수 있게 한다.

② 신경계는 정보 전달 역할을 하는 신경세포(뉴런)와 신경세포를 보호하고 영양을 공급하는 신경아교세포로 구성된다.

③ 신체 내 신경계는 크게 중추신경계(CNS ; Central Nervous System)와 말초신경계(PNS ; Peripheral Nervous System)로 구분할 수 있다.

(2) 신경세포의 구조

[신경세포의 구조]

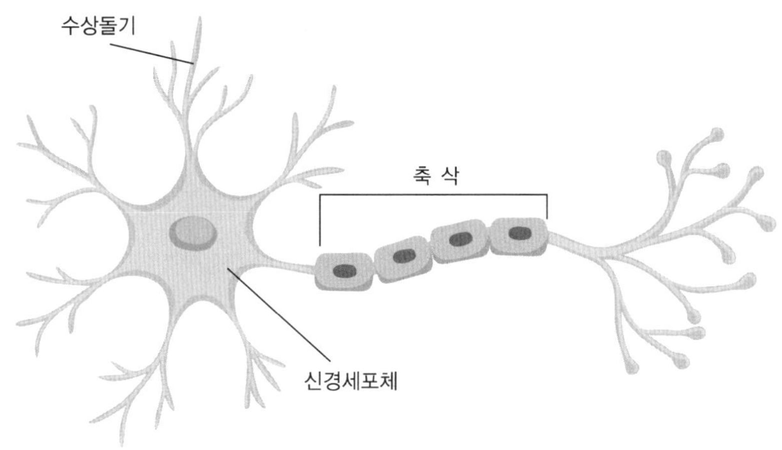

① 신경세포는 신경계를 구성하는 기능적 기본 단위로, 크게 세포체와 축삭돌기로 이루어져 있다.
   ㉠ 세포체 : 핵을 가지고 있으며, 수상돌기가 여러 개 뻗어 있어 다른 세포로부터 자극 정보를 받아들인다.
   ㉡ 축삭돌기 : 세포체에서 길게 뻗어 나온 가지로, 끝이 분지되어 다른 세포에 자극을 전달할 수 있는 축삭 말단이 존재한다.

② 신경세포 내에서는 세포체에서 축삭 말단 방향으로 자극이 전달되며, 활동전위에 의한 전기적 신호 전달을 통해 정보 전달이 이루어진다.

③ 신경계는 이러한 수많은 신경세포(뉴런)들이 서로 그물망처럼 연결되어 있다.

④ 신경연접(시냅스, Synapse)
   ㉠ 신경세포와 다른 신경세포가 만나는 부위에는 약간의 틈이 있는데 이 부위를 신경연접(시냅스)이라고 한다.
   ㉡ 신경연접을 통한 정보 전달은 화학물질(아세틸콜린 등)을 통해 이루어진다.

(3) 신경계통의 분류

① 중추신경계(CNS ; Central Nervous System)

㉠ 중추신경계는 뇌(Brain)와 척수(Spinal Cord)로 구성된다.

㉡ 뇌(Brain)

대 뇌	• 기억, 추리, 판단 등 고도의 정신활동을 다루는 부분이다. • 전두엽, 두정엽, 후두엽, 측두엽 및 변연엽으로 구별된다. • 좌우 반구가 교량에 의해 연결되어 있다.
간 뇌	• 시상과 시상하부로 구성된다. • 시상은 후각을 제외한 신체 모든 감각 정보들이 대뇌피질로 전도되는 것에 관여한다. • 시상하부는 호르몬 분비 조절 및 항상성 유지와 관련된 일을 담당한다.
중 뇌	• 신경의 중간 통로로 작용한다. • 동공반사 및 정향반사의 중추이다.
소 뇌	• 대뇌와 함께 신체 운동을 조절하는 역할을 한다. • 정상적인 자세와 정밀한 협조 운동을 할 수 있게 한다.
연 수	호흡, 심장박동, 소화기 운동 등을 조절하는 중추이며, 재채기, 하품, 타액 분비 등의 반사중추이기도 하다.

더 알아보기

개의 뇌

• 개의 뇌 무게는 70~150g 정도이며, 체중에 대한 비율은 1:100~400으로 사람(1,200~1,500g, 1:48)보다는 비율이 낮다.

• 개 뇌의 무게가 차이가 많이 나는 것은 개의 품종이 소형에서부터 대형까지 다양하기 때문이다.

㉢ 척수(Spinal Cord)

• 연수와 연결되며, 척추뼈의 척추구멍의 척주관을 따라 이어진 중추신경계이다.

• 뇌에서 나온 정보를 몸의 각 부위에 전달하는 줄기 역할을 한다.

• 경수, 흉수, 요수, 천수, 미수로 나뉘며, 각 척수 분절에서 좌우 한 쌍의 척수신경이 나와 각 조직에 정보를 전달하고 수집한다.

② 말초신경계(PNS ; Peripheral Nervous System)

㉠ 뇌신경과 척수신경으로 구분되며, 기능에 따라 체성신경계와 자율신경계로도 나눌 수 있다. 자율신경계는 다시 교감신경과 부교감신경으로 구분된다.

㉡ 뇌신경(Cranial Nerves)과 척수신경(Spinal Nerves)

뇌신경	• 뇌와 연결되어 나오는 12쌍의 신경이다. • 후각신경, 시각신경, 동안신경, 활차신경, 삼차신경, 외전신경, 안면신경, 청각신경, 설인신경, 미주신경, 부신경, 설하신경이 해당한다. • 대부분 얼굴 쪽 기관들의 운동 및 감각과 관련되며, 일부 신경은 혼합신경으로 운동과 감각 정보를 전달한다.
척수신경	• 척수의 각 척수 분절에서 뻗어 나오는 31쌍의 신경이다. • 척수신경의 등쪽 뿌리는 말초에서 오는 자극을 척수신경절을 거쳐 전달하는 감각신경섬유의 다발이며, 배쪽 뿌리는 배쪽 운동뉴런에서 유래된 운동신경섬유다발이다. • 각 척수 부분에 따라 목과 몸통에는 8쌍의 경수신경, 13쌍의 흉수신경, 7쌍의 요수신경, 3쌍의 천수신경 및 미수신경이 분포하며, 모두 운동신경과 감각신경을 지닌 혼합신경이다.

㉢ 체성신경계와 자율신경계

- 체성신경계 : 대뇌의 지배를 받아 자극의 감각을 받아들이고 그에 따른 운동을 전달한다.
- 자율신경계 : 순환, 분비, 배설, 체온유지, 내장의 운동, 샘분비, 호흡과 소화, 심장의 운동 등을 비수의적으로 조절하고 중추신경계 및 체성신경계와 밀접한 관계를 가지고 있다. 자율신경계는 다시 교감신경과 부교감신경으로 구분되며, 교감신경과 부교감신경은 서로 길항 작용을 한다.

교감신경	• 흥분 내지 촉진 작용을 한다. • 절전신경이 짧고, 절후신경이 길다. • 동공 확대, 침 분비 억제, 심박수 증가, 위 운동 억제, 방광 이완 등
부교감신경	• 몸의 이완 및 안정 작용을 한다. • 절전신경이 길고, 절후신경이 짧다. • 동공 축소, 침 분비 자극, 심박수 감소, 위 운동 촉진, 방광 수축 등

5 감각 기관의 구조와 기능

(1) 후 각

① 코의 구조와 기능

㉠ 호흡과 냄새를 맡는 기능을 담당한다.

㉡ 앞쪽은 연골, 뒤쪽은 뼈로 구성되어 있으며, 비중격에 의해 좌우 비강으로 나뉜다.

㉢ 공기는 비강 내로 들어가 비갑개 사이 비도를 거쳐 뒤콧구멍을 통해 신체 내부로 전달된다.

② 후각 전달 경로

㉠ 비강의 등쪽 부분을 덮고 있는 후각점막에 후각세포가 있어 냄새 자극을 감지한다.

㉡ 후각세포의 후각신경섬유는 냄새 자극을 받아들이며, 이 자극은 후각신경을 통해 사골의 사골판구멍을 지나 후각망울로 이어지며, 대뇌 측두엽에 있는 후각 중추로 전달된다.

(2) 미 각

① 혀의 구조와 기능

㉠ 혀는 음식물의 저작 작용과 연하 작용을 도우며, 맛을 감지하는 미각 기관이기도 하다.

㉡ 혀의 앞부분을 혀끝, 중간부분을 혀몸통, 뒷부분을 혀뿌리라고 한다.

② 미각 전달 경로

㉠ 혀의 성곽유두, 버섯유두, 잎새유두에 맛을 느끼는 맛봉오리(Taste Bud)가 있다.

㉡ 맛봉오리는 미각세포(Gustatory Cell)와 지지세포로 이루어지며, 미각세포 끝에 있는 미세융모가 맛의 입자인 화학물질을 감지한다(미각세포에는 7, 9, 10번 감각신경섬유가 분포하고 있음). 이 정보가 미각신경을 통해 대뇌 피질의 미각 중추로 전달되어 맛을 느끼게 된다.

더 알아보기

개의 미각

개는 혀의 앞쪽 2/3부분에서는 단맛과 짠맛을, 혀 전체에서는 신맛을 느끼며, 혀의 뒤쪽 1/3에서는 신맛을 느낀다.

(3) 시 각

① 눈의 구조와 기능

㉠ 안 구

[눈의 구조]

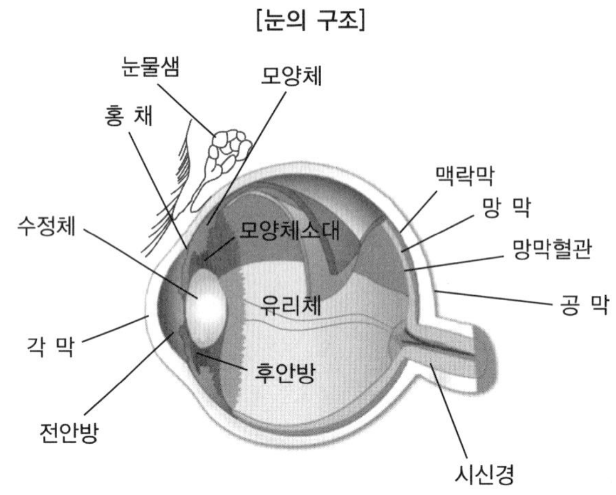

각 막	공막의 연속된 앞쪽 부분으로 공막과 달리 투명하다.
수정체	• 볼록 렌즈 모양으로 원근에 따라 두께가 조절된다. • 빛을 굴절시켜 망막에 상이 맺히도록 한다.
모양체	수정체와 연결되어 있어서 수축과 이완을 통해 수정체의 두께를 조절한다.
홍 채	• 동공의 크기를 조절하여, 눈으로 들어오는 빛의 양을 조절한다. • 눈의 색깔을 결정한다.
안방수	각막과 홍채 사이, 홍채와 수정체 사이를 채우고 있는 물질이다. 안압을 유지시킨다.
유리체	안구 안쪽을 채우고 있는 투명한 물질이다.
망 막	시각세포가 분포하여 상이 맺히는 부분이다.
맥락막	검은색 색소가 있어 눈 속을 어둡게 한다.
시신경	시각세포가 받아들인 자극을 대뇌로 전달한다.

㉡ 안구 부속 기관 : 상하안검, 제3안검, 결막이 있으며, 안구를 보호하는 역할을 한다.

㉢ 안와는 안구와 안구 부속 기관을 수용하는 원뿔 모양의 빈자리이다. 안와 가장자리의 외측은 전두골, 상악골, 누골, 권골 그리고 안와인대로 형성된다.

㉣ 눈물샘은 안와골막 내의 안와인대 내측면에 놓인 작고 편평한 소엽 구조이다. 이 샘은 육안으로는 볼 수 없는 작은 관을 통하여 눈물을 등쪽결막구석의 결막주머니로 분비한다.

② 시각 전달 경로

㉠ 들어오는 빛의 양의 따라 홍채가 수축 또는 이완하여 빛의 양을 적절히 조절하며, 수정체는 빛을 굴절시켜 망막에 상이 맺히게 한다.

㉡ 망막의 광수용기세포에서 빛이 감지되고 시신경이 시각교차를 이룬 후, 중뇌를 통해 대뇌피질의 시각 중추에 자극이 전달된다.

용어설명

제3안검

상하로 있는 안검(눈꺼풀) 이외에 내측 눈 구석에 존재하는 주름진 얇은 막이다. 개, 고양이 등 일부 척추동물에서 볼 수 있다.

(4) 청각과 평형감각

① 귀의 구조와 기능

㉠ 귀는 청각과 평형감각을 담당하는 기관으로, 외이(External Ear), 중이(Middle Ear), 내이(Inner Ear)로 구분할 수 있다.

㉡ 외이(External Ear)

- 귓바퀴(이개)와 외이도로 구성되며, 깔때기 모양이다.

귓바퀴	소리를 모은다.
외이도	• 포집된 소리를 전달하는 통로 역할을 한다. • 개의 경우, 외이도가 'ㄴ'자로 생겨 수직이도와 수평이도로 구분된다.

- 이개연골에 의해 형태가 결정된다. 개는 연골이 연약하여 늘어지기도 한다.
- 이개근육이 분포하며, 모두 수의근으로 귀 운동을 담당한다.
- 외이도는 연골성과 골성으로 구분하며, 귀지샘은 귀지를 분비하여 먼지가 고막에 도달하지 못하게 한다.

㉢ 중이(Middle Ear)

- 고막에서 내이 사이까지의 공간이다.
- 공기로 채워지고 뼈로 둘러싸인 공간인 고실과 얇은 막으로 되어 있어 음파를 진동시키는 고막이 존재한다.
- 고막에 부착된 이소골(망치골, 모루골, 등자골)이 고막의 진동을 내이의 난원창으로 전달한다.

㉣ 내이(Inner Ear)

청각과 관련된 달팽이관과 평형감각과 관련된 전정 기관, 반고리관으로 구성되어 있다.

달팽이관	• 청각세포가 분포하여 진동을 자극으로 받아들인다. • 전정계, 고실계, 중간계로 구분되며, 림프액이 채워져 있다.
전정 기관, 반고리관	• 내림프액이 존재하며, 림프액 이동으로 팽대부의 팽대능이 꺾이게 되는데 이때 감각털이 자극되면서 몸의 운동 방향 및 속도 등이 감지된다. • 전정 기관 : 중력에 대한 몸의 기울어짐 및 위치 변화 등 감지 • 반고리관 : 회전 감각 감지

② 청각 전달 경로 : 소리 → 귓바퀴 → 고막 → 귓속뼈(이소골) → 달팽이관(청각세포) → 청각신경 → 대뇌

(5) 피부의 구조와 기능

① 피부의 특징

㉠ 촉각을 감지하는 감각 기관으로, 압력, 긴장 등의 정보를 중추신경계에 전달하는 기능을 한다.

㉡ 체내 근육과 기관을 보호하는 상피조직으로 구성되어 있으며, 체내 수분 보존 및 체온 조절의 기능을 한다.

② 피부의 구조

구분	내용
표 피	• 피부 표층의 가장 윗부분이다. • 중층편평상피세포로 구성되며 이는 기저층, 유극층, 과립층, 투명층, 각질층으로 구분할 수 있다. • 기저층에서 각질화까지 3주, 각질화되어 탈락까지 약 3주가 소요된다.
진 피	혈관, 신경, 피부 부속 기관을 비롯한 섬유성결합조직으로 구성된다.
피부밑조직	• 지방세포 및 지방조직이 포함된 성긴결합조직으로 구성되어 있다. • 과한 압력으로부터 피부조직을 보호한다.
피부 부속 기관	• 털, 땀샘, 기름샘 등이다. • 개의 땀샘은 발바닥에 존재한다. • 개의 경우, 각질이 얇고 피부 산도가 중성에 가까워(pH 7.5) 세균에 대한 저항력이 약하다.

6 순환계통과 림프계통의 구조와 기능

(1) 순환계통의 구성

① 순환계통은 심혈관계라고도 하며, 심장, 혈관, 혈액 등으로 구성된다.

② 이들은 신체 내에 영양소를 공급하고 노폐물을 제거하기 위해 여러 물질을 운반하며, 통로의 역할을 한다.

(2) 혈액의 구성

① 혈액은 약 45%의 세포성분과 약 55%의 액체성분(혈장)으로 구성되며, 세포성분은 적혈구, 백혈구 및 혈소판으로 분류된다.

② 적혈구의 형태와 기능

㉠ 포유류의 성숙한 적혈구는 핵이 없고 양쪽이 오목한 도넛형으로, 혈액 내 산소와 이산화탄소를 운반하는 역할을 한다.

㉡ 혈액이 적색인 것은 적혈구 내에 있는 혈색소(Hemoglobin)에 의한 것으로, 산소가 많이 포화된 동맥혈의 경우 선홍색을, 산소의 포화도가 낮은 정맥혈의 경우 적자색을 나타내어 산소의 함량에 따라 혈액의 색깔이 다르다.

㉢ 적혈구 표면적은 체중 1kg당 포유동물은 56~68m^2이다. 적혈구 표면적은 산소와 이산화탄소를 운반하는 데 중요한 역할을 하고 있으므로, 총적혈구 표면적이 클수록 혈액의 가스교환 능력은 높아진다.

㉣ 포유동물의 적혈구는 태생기에 난황낭(Yolk Sac), 간장, 비장과 림프절에서 생성되지만, 출생 후부터는 골수(Bone Marrow)에서 만들어진다.

③ 백혈구의 형태와 기능

㉠ 백혈구는 핵을 가지고 있는 둥근 모양의 세포로, 무색이다.

㉡ 백혈구는 핵의 형태와 세포질 내 과립의 유무에 따라서 과립백혈구와 무과립백혈구로 분류된다. 과립백혈구는 과립의 염색성에 따라 호중구, 호산구, 호염구로 나누어지며, 무과립백혈구는 림프구와 단핵구로 구분된다.

구분	내용
호중구	• 백혈구 중에서 가장 많다(개의 경우 70.8%). • 중성 색소에 염색되는 과립을 갖는다. • 세균을 탐식하여 일차적인 방어 작용을 한다(포식 작용). • 혈류 내 수명은 약 5일이다.
호산구	• 총 백혈구의 2~4% 정도이다(개의 경우 4%). • 붉은색의 산성 과립을 갖는 백혈구로, 과립 내 단백분해효소를 함유한다. • 기생충성 감염이나 알러지성 질환 발병 시 그 수가 증가한다.
호염구	• 총 백혈구의 1% 정도로, 매우 적다(개의 경우 0.5%). • 염증 부위에서 비만세포(Mast Cell)와 더불어 헤파린, 히스타민, 세로토닌, 리소좀 등을 생성하며 알러지성 반응에 관여한다.
림프구	• 림프구의 수는 동물마다 다르다(개와 고양이의 경우 20~40%, 소의 경우 60~70%). • 주로 골수에서 만들어지며, 세포성 면역과 체액성 면역에 관여한다.
단핵구	• 총 백혈구의 2~8% 정도로, 수는 적으나 크기가 백혈구 중 가장 크다. • 조직으로 이동하면 대식세포라고 부른다.

④ 혈소판의 구성과 기능

㉠ 핵이 없으며, 무색 투명하고 불규칙한 세포의 파편과 같은 형태로 크기는 대략 3㎛이다.

㉡ 출혈이 있을 때 혈액 응고에 관여하여 출혈을 방지한다.

㉢ 혈소판은 태생기에서는 간장, 비장, 골수에서 만들어지며, 성숙 동물에서는 골수에서 만들어지거나 거핵세포가 폐로 운반된 후 혈소판을 생성하기도 한다.

㉣ 순환 혈액 중에서 혈소판의 수명은 8~11일이며, 수명이 다한 혈소판은 비장이나 세망내피계조직에서 다른 혈구세포와 같이 파괴된다.

(3) 심장의 구조와 기능

[심장의 구조]

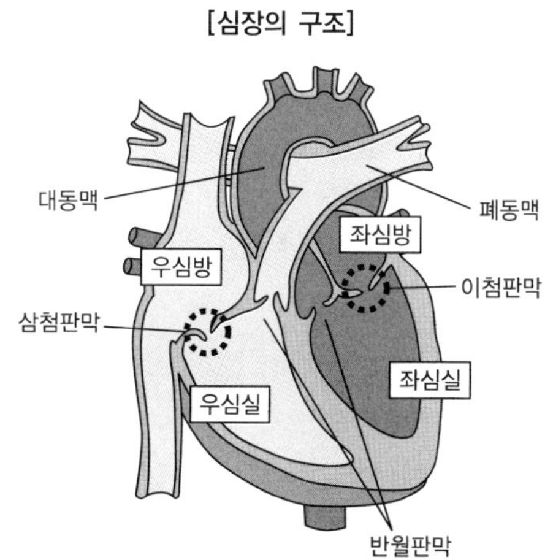

① 심장은 심장근에 의한 규칙적인 수축과 이완 작용으로 혈액을 혈관에 펌프질해 주는 역할을 하며, 혈관과 연결되어 있다.

② 심장은 심실중격으로 왼쪽과 오른쪽으로 구분되고, 다시 방실판막에 의해서 방과 실로 구분되어 4개의 방으로 구성된다(우심방, 우심실, 좌심방, 좌심실).

㉠ 심방 : 정맥과 연결되어 혈액을 받아들인다.

㉡ 심실 : 동맥과 연결되어 혈액을 내보낸다.

㉢ 판막 : 혈액이 거꾸로 흐르는 것을 방지하고 한 방향으로만 흐르게 한다. 심방과 심실, 심실과 동맥 사이에 있다.

③ 왼쪽의 방실판막은 이첨판이며, 오른쪽의 방실판막은 삼첨판이다.

④ 심실과 동맥 사이에는 반월판막이 존재하므로 심장에는 총 4개의 판막이 존재한다.

더 알아보기

개의 심장

- 개 심장의 크기
  품종, 환경, 개체에 따라 크기의 차가 있는데, 중등대의 개에서 약 170~200g으로 체중의 약 1% 정도이다.
- 개 심장 위치
  개의 심장은 제3~7늑골 사이에 위치하며, 흉강의 모양에 따라 보통 왼쪽으로 치우쳐 있다.

(4) 심장의 수축과 이완

① 자극전도계

㉠ 심장은 수축과 이완을 통해 혈액을 박출하기 위해 주기적인 수축 신호가 필요하다. 자극전도계는 전기적 신호를 통해 이러한 역할을 담당하는 특수 기관이다.

㉡ 자극전도계는 동방결절(Sinoatrial Node, S-A Node), 방실결절(Atrioventricular Node, A-V Node), His속(His Bundle), 푸르키네 섬유(Purkinje Fibers)를 포함한다.

㉢ 자극전도계의 흥분 전도 순서

동방결절 → 방실결절 → His속 → 푸르키네 섬유

② 심장의 수축과 이완

㉠ 심장은 교감신경과 부교감신경의 지배를 받는다.

㉡ 교감신경의 자극 : 심박수 증가, 심근 수축력 강화, 방실결절을 통한 흥분 속도 증가, 푸르키네 섬유의 활동이 촉진된다.

㉢ 부교감신경의 자극 : 심박수 감소, 심근 수축력 약화, 방실결절을 통한 흥분 속도가 감소한다.

(5) 혈 관

① 동 맥

㉠ 심장에서 나가는 혈액이 흐르는 혈관이다.

㉡ 탄력섬유와 근육조직이 많아 혈관 벽이 두껍고 탄력이 크다. 따라서 심장의 수축으로 생기는 높은 혈압을 견딜 수 있다.

② 정 맥

㉠ 심장으로 들어가는 혈액이 흐르는 혈관이다.

㉡ 동맥보다 탄력섬유와 근육조직이 적어 혈관벽이 얇고 탄력이 약하다.

㉢ 혈액이 거꾸로 역류하지 않도록 곳곳에 판막이 존재한다.

③ 모세혈관

㉠ 동맥과 정맥을 연결해주는 혈관이다.

㉡ 하나의 세포층(단순 편평상피세포)으로 이루어져 혈관벽이 얇다.

㉢ 혈액과 조직세포 사이에 물질 교환이 일어난다.

(6) 혈액의 순환

① **체순환(대순환, 전신순환)** : 온몸의 조직세포에 산소와 영양소를 공급하고, 이산화탄소와 노폐물을 받아 심장으로 돌아오는 순환이다.

좌심실 → 대동맥 → 온몸 → 대정맥 → 우심방

② **폐순환(소순환)** : 폐로 가서 이산화탄소를 내보내고 산소를 받아 심장으로 돌아오는 순환이다.

우심실 → 폐동맥 → 폐 → 폐정맥 → 좌심방

③ **간문맥순환** : 소화기로부터 직접적으로 혈액을 간으로 이동시키는 순환이다.

좌심실 → 대동맥 → 앞뒤장간막 동맥 → 모세혈관(소장, 대장) → 앞뒤장간막 정맥 → 간문맥 → 간의 동양모세혈관 → 간정맥 → 대정맥 → 우심방

(7) 림프계통의 구조와 기능

① 림프계통에는 림프관, 림프절, 림프조직이 있으며, 림프관은 한쪽 끝이 열려 있는 구조이므로 림프계를 개방형 순환계라고 부르기도 한다.

② 조직액의 일부가 림프 모세관을 통해 림프관으로 유입되어 림프액이 되는데, 림프관 내 림프액의 흐름은 주변 조직의 운동에 의해 수동적으로 일어나므로 판막이 존재한다.

③ 림프관 중간중간에는 림프절이 있으며, 림프절에서는 병원체의 탐식 작용, 림프구 증식 등의 면역 작용이 일어난다.

④ 림프절에서 나온 림프관은 다시 모아져서 굵은 림프관인 흉관(Thoracic Duct)과 우림프본간(Right Lymphatic Duct)이 되어 각각 목동맥과 쇄골하정맥의 합류점 부근에서 정맥으로 들어간다.

⑤ 림프조직에는 비장, 흉선, 편도 등이 있다.

비 장	노화 적혈구 파괴, 림프구 생산, 세균 및 이물질 제거 등 면역 기능을 담당한다.
흉 선	가슴 중앙부에 위치하며, T림프구를 생성한다.
편 도	구강 안쪽에 위치한 림프조직으로, 세균 등으로부터 1차적 방어기능을 한다.

7 호흡기계통의 구조와 기능

(1) 호흡의 정의

① 호흡 : 외부로부터 산소를 받아들이고 이산화탄소를 배출하는 과정이다.

외호흡	폐포와 폐포모세혈관 사이에서 일어나는 기체 교환을 말한다.
내호흡	조직과 조직모세혈관 사이에서 일어나는 기체 교환을 말한다.

② 호흡을 통한 가스 교환을 통해 체내의 pH를 일정하게 유지할 수 있다.

③ 호흡 기관은 코(Nose)와 비강(Nasal Cavity), 인두(Pharynx), 후두(Larynx), 기관(Trachea), 기관지(Bronchi) 및 폐(Lung)로 이루어져 있다.

④ 호흡 기관의 주요 작용은 기체 교환이지만, 후두는 발성 작용, 비강은 후각 기관의 역할을 하기도 한다.

(2) 호흡 기관의 구조와 기능

① 코(Nose)와 비강(Nasal Cavity)

㉠ 비중격에 의하여 좌우비강으로 나뉘어지며, 비강의 앞쪽 끝은 콧구멍이고 뒤쪽 끝은 뒤콧구멍이다.

㉡ 비강을 형성하는 뼈로는 비골, 상악골, 앞니골, 입천장뼈 등이 있다.

㉢ 안면피부에서 코점막의 경계 부위에 이르는 비강 앞쪽 부분은 코전정(Nasal Vestibule)이다.

㉣ 비강과 연결되어 있는 두개골의 골동을 부비동이라 하는데, 그 내강은 코점막으로 덮여 있다.

㉤ 부비동은 비강의 곁주머니로 발달된 것으로서 상악동(Maxillary Sinus), 전두동(Frontal Sinus), 접형동(Sphenoid Sinus)으로 분류된다.

㉥ 비강 내로 들어온 공기는 온도와 습도가 조절되며, 점막으로 덮여 있는 갑개들은 병원균 제거 등의 역할을 한다.

㉦ 공기는 비공을 통해 갑개가 있는 비도를 지나 뒤콧구멍을 거쳐 인두로 흘러간다.

② 인두(Pharynx)

㉠ 인두는 호흡계와 소화계가 함께 사용하는 기관으로, 연구개를 중심으로 등쪽에는 코인두, 배쪽에는 입인두가 존재한다.

㉡ 비강으로 들어온 공기는 코인두를 지나 후두로 들어가게 된다.

③ 후두(Larynx)

㉠ 공기가 기관으로 들어가는 통로인 호흡도에 해당하며, 음식을 삼킬 때 음식물이 기관으로 떨어지지 않도록 후두를 덮어주는 장치가 있다. 또한 소리를 내는 발성 기관이 있다.

㉡ 후두는 후두덮개, 갑상연골, 윤상연골, 피열연골로 이루어져 있다.

후두덮개	후두 입구의 앞쪽에 붙어 있는 후두연골로, 탄력연골로 되어 있는 납작한 가동성의 연골이다. 음식물을 삼킬 때는 후두 입구를 덮는다.
갑상연골	후두연골 가운데 가장 크며 후두의 양쪽면과 배쪽면을 이룬다.
윤상연골	가락지 모양의 연골로서 갑상연골의 뒤쪽을 차지하고 있으며 그 뒤쪽모서리는 첫째 기관연골에 접해 있다.
피열연골	윤상연골의 앞쪽에서 그 일부분이 갑상연골판에 끼어 있는 한 쌍의 세모꼴로 된 연골이다. 비교적 작은 연골이지만 발성 기관인 성대가 붙어 있어 소리를 낼 때 움직이게 되는 중요한 연골이다.

④ 기관(Trachea)과 기관지(Bronchi)

㉠ 기관은 후두의 윤상연골과 이어지는 관 모양의 구조물로, 그 경로에 따라 목부분(Cervical Part)과 가슴부분(Thoracic Part)으로 구분한다.

㉡ 기관의 기관점막에는 섬모상피세포가 있어 이물질을 바깥쪽으로 이동시키는 작용을 한다.

㉢ 기관지는 기관으로부터 좌우로 갈라져 나눠지는 곳부터 해당하며, 이곳을 주기관지라고 한다.

㉣ 주기관지는 여러 폐엽으로 향하는 엽기관지(Lobar Bronchi)로 갈라져 나가며, 최종적으로 세기관지가 되어 폐포와 연결된다.

⑤ 폐(Lung)

㉠ 흉강 내에서 오른쪽 폐(Right Lung)와 왼쪽 폐(Left Lung)로 나누어져서 심장을 사이에 끼고 있다.

㉡ 흉강 내가 음압의 상태를 유지하고 있기 때문에 폐는 흉강벽에 당겨 붙어 흉강 전체를 채우고 있으며, 흉강이 확대되면 폐도 확장되어 밖에 있는 공기가 폐 속으로 들어오게 된다.

㉢ 세기관지를 통해 폐포로 들어온 공기는 폐포를 둘러싸고 있는 모세혈관과 확산을 통한 가스 교환을 하게 된다.

더 알아보기

개의 폐엽 수

왼쪽 폐 3엽(앞쪽엽 앞쪽부분, 앞쪽엽 뒤쪽부분, 뒤쪽엽), 오른쪽 폐 4엽(앞쪽엽, 중간엽, 덧엽, 뒤쪽엽)으로 합계 7엽이다.

8 소화기계통의 구조와 기능

(1) 소화기계통

① 소화기계통은 신체를 구성하는 세포가 기능을 계속 유지할 수 있도록 영양을 공급해 주는 기관으로, 음식물로부터 영양소를 추출하고 찌꺼기는 체외로 배출시킨다.

② 소화 기관은 크게 관 모양의 구조를 나타내는 소화관과 그 부속 기관으로 나누어지는데, 소화관은 구강, 인두, 식도, 위, 장이 해당하며, 부속 기관은 소화관의 경로를 따라 위치하고 있는 입술, 혀, 치아, 구강샘, 간, 췌장 등이 해당한다.

(2) 소화 기관의 구조와 기능

① 구 강

㉠ 소화관이 시작되는 부분인 구강은 입술로부터 인두에 이르는 공간이며, 그 양쪽 벽은 볼이고 경구개 및 연구개가 등쪽 벽을 이루며, 바닥에는 혀가 있다.

㉡ 입술, 볼 그리고 혀는 음식물의 저작에 중요한 역할을 한다.

㉢ 혀 점막의 표면에는 많은 유두가 돌출하여 사료를 씹을 때에 기계적 작용과 맛을 느끼게 한다.

② 치 아

㉠ 젖먹이 동물류의 치아는 일반적으로 출생 후에 탈락치아(젖니)가 돋아난 후 일정기간이 지나면 영구치아로 교체된다.

㉡ 치아의 종류와 기능

구분	내용
앞니 (절치, Incisor)	• 치아관이 앞뒤로 납작해 먹이를 자르는 데 편리하게 되어 있다. • 치아뿌리(치근)는 한 개이며, 다른 치아보다 작다.
송곳니 (견치, Canine)	• 일반적으로 원뿔형으로 끝이 뾰족하며 한 개의 치아뿌리를 가지고 있다. • 먹이동물을 단단히 물고 있을 때 주로 사용한다.
작은어금니 (전구치, Premolar)	• 일반적으로 크고 여러 개의 치아뿌리를 가지고 있으며, 교합면이 넓은 앞쪽 부분을 차지하고 있는 어금니이다. • 먹이 분쇄에 쓰인다.
큰어금니 (후구치, Molar)	• 작은어금니의 뒤쪽 부분을 차지하는 어금니로, 형태는 작은어금니와 비슷하다. • 먹이 분쇄에 쓰인다. • 앞니, 송곳니 및 작은어금니는 출생 후 탈락치아가 돋아난 후 일정 기간이 지나면 영구치아로 교체되는 이대성 치아이지만, 큰어금니는 탈락치아가 돋아나지 않고 영구치아만 돋아나는 일대성 치아이다.

㉢ 치아의 구조 : 치아는 다음의 여러 층으로 이루어진다.

에나멜질	• 동물의 신체조직 가운데 가장 견고한 조직으로, 반투명 유백색 또는 엷은 황색을 띤다. • 치아관의 바깥층을 차지한다.
상아질	• 치아의 주성분이다. • 치수강을 둘러싸며, 가는 관(상아세관)이 퍼져 있다.
시멘트질	• 상아질과 에나멜질보다 연하고 뼈와 비슷한 구조를 하고 있다. • 황갈색으로 치근의 상아질을 바깥쪽을 덮고 있는 것이 보통이나 새김질동물류의 어금니에서는 치아를 둘러싸고 있다.
치아수	• 상아질의 내측에 있는 치아수강(Pulp Cavity)에 들어 있는 유연한 조직이다. • 혈관과 신경이 분포되어 있어 치아가 성장하는 데 필요하다. • 혈관과 신경은 치근에 있는 치아뿌리끝구멍(Apical Foramen of Dental Root)을 통과하여 치아수에 분포한다.

㉣ 개와 고양이의 치아식

구 분		I(앞니)	C(송곳니)	P(작은어금니)	M(큰어금니)	합 계
개	영구치(간니), 맹출시기	3/3 3~4개월	1/1 5~6개월	4/4 4~7개월	2/3 5~7개월	42
	탈락치(젖니), 맹출시기	3/3 3~4주	1/1 5주	3/3 4~8주	–	28
고양이	영구치(간니)	3/3	1/1	3/2	1/1	30
	탈락치(젖니)	3/3	1/1	3/2	–	26

[개의 치아식]

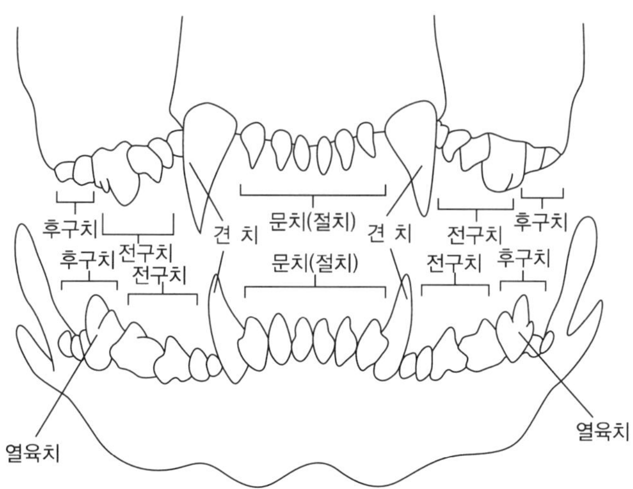

더 알아보기

개 치아의 특징

- 치아관이 에나멜질로 덮여 있고 교합면에는 여러 개의 치아관 결절(Tubercle of Dental Crown)이 있다.
- 위턱의 P4와 아래턱의 M1이 가장 크며 치아뿌리는 1개 이상이다.
- 개에서 송곳니의 형태는 원뿔 모양으로 잘 발달되어 있다.
- 강아지는 생후 3주령까지는 치아가 없으며 3~8주령 사이에 세 개의 앞니, 한 개의 송곳니, 세 개의 작은어금니가 젖니로 나온다.
- 위턱의 P4와 아래턱의 M1은 먹이의 뼈를 자르거나 먹이를 삼키기 쉽게 자를 때 사용되기 때문에 절단치아(열육치)라고 한다.

③ 인두(Pharynx)

㉠ 인두는 구강과 식도의 사이에 있는 근육성의 주머니이며, 소화관과 호흡 기도의 교차점이 된다.

㉡ 인두는 구개 위쪽 부분의 코인두와 아래쪽 부분의 입인두로 구분한다.

㉢ 연하는 일부 수의적인 과정과 불수의적인 반사의 복합 과정으로 수의적 과정 동안 음식물 덩어리가 입안에서 만들어지고 혀에 의해 인두로 보내진다.

㉣ 인두의 촉각 수용기가 자극되면서 반사가 일어나 인두 근육의 수축이 유발되어 음식물은 식도로 들어간다. 이 과정 동안 후두개(Epiglottis)는 후두를 막아준다.

④ 식도(Esophagus)

㉠ 식도는 인두와 위를 연결하는 근육성의 긴 관으로 음식물을 인두에서 위로 운반한다.

㉡ 식도는 부위에 따라 목부분(Cervical Part), 가슴부분(Thoracic Part) 및 배부분(Abdominal Part)으로 구분한다.

㉢ 식도에는 인두 근육에 이어지는 가로무늬근인 식도근(Oesophageal Muscles)이 분포하며, 위에 접근함에 따라 점차 민무늬근으로 교체되는데, 개에서는 끝부분까지 가로무늬근섬유가 분포한다.

⑤ 위(Stomach)

㉠ 식도와 소장의 사이에 있는 주머니 모양의 기관이다.

㉡ 위는 간의 표면과 접촉하고 있으며, 위의 확장 정도에 따라 위치가 다양하다.

㉢ 위의 기저부는 정중선의 왼쪽에 있고, 체부는 정중선에 위치하며, 유문부는 정중선의 오른쪽에 위치한다.

⑥ 십이지장

㉠ 유문에서 시작되는 소장의 첫 부분이다.

㉡ 길이는 약 50cm 전후이다.

⑦ 공장과 회장

㉠ 공장은 소장 가운데 가장 긴 부분으로, 개에서는 약 3m에 달한다.

㉡ 십이지장간막에 이어지는 공장간막에 매달려 복강에서 굴곡하여 뚜렷한 경계없이 회장으로 이어진다.

㉢ 회장은 소장의 끝부분이며, 개에서는 약 20cm이다.

㉣ 공장과의 경계가 뚜렷하지 않으므로 공장과 회장은 함께 공회장으로 다루는 것이 보통이다.

⑧ 대 장

㉠ 소장(작은창자)의 끝부분인 회장에서 이어지는 뒷부분의 소화관으로, 맹장(Cecum), 결장(Colon) 및 직장(Rectum)으로 구분한다.

㉡ 맹장 : 짧고 끝이 막힌 관이다.

㉢ 결장 : 오름결장, 가로결장, 내림결장으로 구분되며, 수분 및 전해질 등을 흡수한다. 길이는 대략 25~60cm이고 직경은 약 2.5cm이다.

㉣ 직장 : 결장에 이어지는 대장의 끝부분으로, 척주의 배쪽을 따라 방광의 등쪽 부분을 뒤쪽으로 곧게 달려 항문에 이른다.

⑨ 간과 담낭(Liver and Gallbladder)

㉠ 간은 소화 작용에 필요한 담즙(Bile)을 분비하여 십이지장에 보낼 뿐만 아니라 물질대사, 해독 작용 등 중요한 역할을 한다.

㉡ 간은 위의 앞쪽에 있어 횡격막에 접하여 있으며 체축에서 오른쪽으로 기울어져 자리 잡고 있다.

㉢ 간의 중량은 개에서는 0.4~0.6kg 정도로 체중의 약 3.4% 정도이다.

㉣ 왼쪽엽, 오른쪽엽, 꼬리엽, 네모엽으로 구분된다.

㉤ 담낭은 간에서 분비하는 담즙을 저장한다.

⑩ 췌장(이자, Pancreas)

㉠ 소화액을 분비하는 외분비샘 조직과 호르몬을 분비하는 내분비샘 조직으로 이루어져 있다.

㉡ 위의 뒤쪽에서 체축의 오른쪽으로 기울어 십이지장의 앞쪽 부분을 따라 붙어있으며, 1개 또는 2개의 췌장관을 내어 십이지장과 연결되어 있다.

㉢ 불규칙한 세모꼴 또는 V자 모양의 납작한 실질성 장기이다.

(3) 영양소의 소화와 흡수

① 구강 내 소화 : 주로 입술, 이빨, 혀를 이용하여 먹이를 분절, 섭취한다.

구분	내용
저 작	• 먹이를 절단하고 타액과 혼합하는 과정이다. • 먹이를 잘게 부숴 소화액과 닿는 면적을 크게 한다. • 초식동물은 어금니, 설치류는 앞니, 육식동물은 송곳니가 발달되어 있다.
타 액	• 3개의 타액선에서 분비되며, 수분, 단백질효소 등이 들어 있다. • 타액은 먹이에 수분을 공급하며, 혀의 미뢰를 자극하여 맛을 잘 느끼게 하고, 항균 작용을 한다.
연 하	• 구강 내 먹이를 인두에서 식도 및 위로 밀어내는 작용이다. • 먹이가 인두 쪽으로 이동하면 신경자극에 의해 연하반사가 일어난다.

② 위 내 소화 : 위액에 의해 소화가 일어난다.

㉠ 위에서는 음식물의 혼합 작용이 일어나며, 단백질 등의 소화가 시작된다.

㉡ 가스트린, 세크레틴 등의 호르몬 및 효소가 분비되어 소화 작용을 촉진시킨다.

㉢ 위액은 단백질의 분해를 촉진하며, 살균 작용을 한다.

㉣ 위 점막은 점액 겔로 덮여 있어 강한 위산으로부터 위 점막을 보호한다.

③ 소장 내 소화

㉠ 위에서 부분적으로 소화된 음식물은 소장에서 췌장액과 장액의 소화효소에 의해 더 작은 영양소로 소화되어 흡수된다.

㉡ 소장에서는 분절운동, 시계추 운동, 융모 운동, 추진 운동 등이 일어나 소화·흡수되며, 남은 물질은 대장으로 이동한다.

④ 대장의 흡수

㉠ 육식동물의 경우 주로 소장에서 소화·흡수가 일어나므로 대장에서는 수분의 흡수가 대부분이다.

㉡ 초식동물의 경우 식물성 음식물의 소화를 위해 미생물 발효가 일어난다.

9 비뇨기계통의 구조와 기능

(1) 비뇨 기관의 구성

① 비뇨 기관은 오줌을 생성하는 신장(콩팥, Kidney)과 이를 배설하는 요관, 방광 및 요도로 이루어진다.

② 신장은 혈액 중 몸에 불필요한 노폐물 및 과잉 물질을 수분과 함께 오줌의 형태로 걸러내고, 오줌은 요관을 거쳐 방광에서 저장되었다가 요도를 통하여 밖으로 배출된다.

③ 비뇨 기관은 노폐물의 배설뿐만 아니라 체내 삼투압을 조절하는 역할도 수행한다.

(2) 신장의 구조와 기능

① 신장은 복강에서 요추골을 사이에 두고 좌우 하나씩 있으며, 일반적으로 오른쪽 신장이 왼쪽 신장보다 약간 앞쪽에 자리 잡고 있다.

② 신장 1개의 중량은 50~60g 정도이며, 크기는 약 5cm(길이) × 2.5cm(폭) × 2.5cm(두께) 정도이다.

③ 신장의 기능

㉠ 오줌을 생성하고 배설함으로써 혈액량 및 전해질 균형을 조절하고 대사 과정에서 생성된 노폐물이나 독성물질을 배설한다.

㉡ 혈장의 삼투압과 혈액의 pH를 유지하여 세포 내외 환경을 일정하게 유지한다.

㉢ 레닌(Renin)을 분비하여 혈압을 조절하며, 포도당의 신생 작용에 관여하고 빈혈이나 저산소증 시 골수를 자극하여 적혈구 생성을 돕는다.

(3) 요관, 방광, 요도의 구조와 기능

구분	내용
요 관	• 신장 깔때기로부터 방광에 이르는 오줌의 배설관이다. • 요관의 길이는 개에서 약 12~16cm이다.
방 광	• 오줌을 일시적으로 저장하는 신축성이 풍부한 주머니 모양의 기관이다. • 방광이 수축되어 있을 때는 골반강에서 직장의 밑(수컷에서) 또는 자궁과 질의 밑(암컷에서)에 자리 잡고 있으나 방광에 오줌이 충만하면 방광꼭대기가 골반강을 넘어서 복강에 이르게 된다.
요 도	• 오줌을 몸 밖으로 배출한다. • 수컷의 경우, 방광목의 끝부분에 있는 속요도구멍에서 음경 끝의 바깥요도구멍에 이르는 부분이다. • 암컷의 요도는 수컷보다 짧다.

10 생식기계통의 구조와 기능

(1) 생식 기관의 정의

① 종족을 보존하기 위해 후손을 생산하는 역할을 하는 기관이다.

② 생식 기관은 수컷의 생식 기관과 암컷의 생식 기관으로 나누어지며, 이들 생식 기관은 생식세포를 생산하는 생식샘과 이것을 밖으로 운반하는 생식도 및 부속 생식샘, 교미 기관으로 이루어져 있다.

(2) 수컷과 암컷의 생식 기관 구분

구 분	수컷(Male)	암컷(Female)
생식샘 (Reproductive Gland)	고환(Testis)	난소(Ovary)
생식도 (Genital Tract)	• 부고환(Epididymis) • 정관(Deferent Duct) • 수컷의 요도(Male Urethra)	• 난관(Uterine Tube) • 자궁(Uterus) • 질(Vagina)
부속 생식샘 (Accessory Genital Glands)	• 정낭샘(Vesicular gl.) • 전립샘(Prostate gl.) • 망울요도샘(Bulbourethral gl.)	• 자궁샘(Uterine Gland) • 큰전정샘(Major Vestibular gl.) • 작은전정샘(Minor Vestibular gl.)
교미 기관 (Copulatory Organ)	음경(Penis)	• 질(Vagina) • 질전정(Vestibule of Vagina)

(3) 수컷 생식 기관의 기능

수컷의 생식샘인 고환과 이를 둘러싸고 있는 음낭, 그리고 생식도의 역할을 하는 부고환, 정관 및 요도, 교미 기관인 음경과 그 경로에 있는 부속 생식샘 등으로 이루어진다.

고환 (정소)	• 정자를 생산하는 외분비샘으로, 정자의 발생 장소이다. • 정자 형성 및 성적 행동에 영향을 미치는 호르몬인 테스토스테론 등을 생성하는 내분비샘이기도 하다. • 대부분의 포유동물은 정소가 복강외부의 음낭에 있다.
부고환 (부정소)	고환에서 만들어진 미성숙 정자를 일시적으로 저장하며 성숙시킨다.
정 관	부고환에서 이어지는 부분으로, 부고환관의 연속관이다.
전립샘	• 정자의 운동과 대사에 필요한 성분을 함유한 분비액이 생성된다. • 유백색으로 pH 6.5의 약산성이며, 정낭샘과 함께 정액의 주성분을 이룬다. • 개는 전립샘이 크게 발달하여 직경이 1.5~3cm의 전립샘 몸통과 전립샘 전파부분으로 이루어져 있다.
음 경	수컷의 바깥 생식 기관으로서 요도의 해면체 부분을 둘러싸고 있는 원통 모양의 교미 기관이다.

(4) 암컷 생식 기관의 기능

암컷의 생식 기관은 생식샘으로서의 난소가 있고, 생식도인 난관, 자궁, 질 및 질전정이 있다. 이 중 질과 질전정은 외음부분과 함께 교미 기관의 역할도 하게 된다.

난 소	• 생식세포인 난자를 생산하는 외분비샘이며, 동시에 난포호르몬, 황체호르몬 등의 성호르몬을 분비하는 내분비샘이다. • 난소의 모양과 크기는 동물의 종류에 따라 다른데, 일반적으로는 작은 타원형이며, 활동기에는 난포 또는 황체가 잘 발달하여 볼록하게 튀어나와 형태가 달라진다. • 개의 난소 크기는 길이 2cm, 직경 1.5cm 정도이며, 중량은 3~12g이다.
난 관	• 성숙난포로부터 배출된 난자의 이동 통로이다. • 자궁뿔로 난자를 이동시킨다.
자 궁	• 난관에서 이어지는 생식도이며, 수정된 배아가 착상하여 발육하는 두터운 막성조직이다. • 자궁은 복강 내에서 직장의 배쪽에 자리 잡고 골반강에서는 방광의 등쪽을 차지한다. • 자궁의 위치는 임신하였을 때 태자가 발육함에 따라 크게 변화한다.
질	질 수축 작용으로 정자를 수송하고, 질 내에 분비되는 분비액은 질, 자궁 및 난관의 수축을 활발하게 만든다.

더 알아보기

동물의 다양한 자궁 형태

단순자궁	자궁체가 1개이다. 예 사람, 원숭이
쌍각자궁	자궁체가 1개이며, 자궁각에서 임신된다. 예 개, 고양이, 말
양분자궁	자궁체가 불완전하게 갈라진 구조이다. 예 양, 소, 돼지
중복자궁	자궁체가 2개로 갈라져 있다. 예 토끼

11 내분비계통의 구조와 기능

(1) 내분비계통의 특징

① 내분비계통은 신경계통과 합동으로 동물이 체내에서 일어나는 여러 환경적 변화에 잘 적응할 수 있도록 조절하는 작용을 한다.

② 내분비샘으로는 갑상샘, 부갑상샘, 뇌하수체, 송과샘, 부신, 가슴샘 등이 있다. 그 밖에 췌장, 고환, 난소 등 외분비샘을 겸하고 있는 것도 있다.

③ 내분비샘에서 분비되는 호르몬(Hormone)은 신체의 화학반응, 세포막을 통한 물질이동과 성장 및 번식 등을 조절한다.

외분비샘	• 분비물이 고유한 도관을 통해 분비된다. • 효과 기관과 비교적 가까운 곳에 위치한다. 예 소화샘, 땀샘, 눈물샘 등
내분비샘	• 분비물이 혈액으로 직접 분비된다. • 분비물이 혈액을 타고 이동하다가 표적 기관에서만 작용한다. 예 뇌하수체, 갑상샘, 이자, 부신 등

(2) 호르몬의 특징

① 호르몬은 내분비샘에서 만들어진다.

② 매우 적은 양으로도 효과적인 반응을 나타낸다.

③ 호르몬은 특이성(Specificity)과 선택성(Selectivity)이 뚜렷하여 표적 장기나 조직에만 작용한다.

④ 호르몬은 반응 장기나 조직에 영양소로서 작용하지 않으며 병합되지도 않는다.

⑤ 신경계는 반응이 신속하고 즉각적이지만, 호르몬을 통한 반응은 느리고 광범위하다.

(3) 내분비샘과 분비 호르몬

① 뇌하수체

㉠ 뇌하수체 전엽 호르몬 : 성장호르몬(GH), 최유호르몬(PRL), 난포자극호르몬(FSH), 황체형성호르몬(LH), 갑상샘자극호르몬(TSH), 부신피질자극호르몬(ACTH)

㉡ 뇌하수체 중엽 호르몬 : 멜라닌세포자극호르몬(MSH)

㉢ 뇌하수체 후엽 호르몬 : 항이뇨호르몬(ADH), 옥시토신(Oxytocin)

② 송과선

㉠ 낮 : 세로토닌 분비, 빛을 감지하여 각종 호르몬을 합성 및 저장한다.

㉡ 밤 : 멜라토닌 분비, 수면주기 조절, 피부색의 농도 결정, 저장된 호르몬을 분비한다.

③ 갑상샘

㉠ 나비 모양의 분비샘으로 기관 좌우 양쪽에 2개의 소엽으로 이루어져 있다.

㉡ 티록신을 분비하여 세포호흡을 촉진한다.

④ 부갑상샘

㉠ 칼슘 대사에 관여한다.

㉡ 혈액 내 칼슘 부족 시, 뼈에서 칼슘을 방출시키고, 장에서 칼슘 흡수를 촉진하며, 신장으로부터 칼슘 재흡수를 촉진한다.

⑤ 부 신

㉠ 피질과 수질로 되어 있다.

㉡ 피질에서 분비되는 당질코르티코이드는 탄수화물, 단백질과 지방 대사에 관여하며, 알도스테론은 체내 나트륨(Na^+)의 재흡수를 촉진하여 혈압을 상승시킨다.

㉢ 수질에서 분비되는 에피네프린은 혈당량 증가 및 심장박동 촉진에 관여한다.

⑥ 췌장(이자)

㉠ 소화액을 분비하는 외분비샘인 동시에 인슐린과 글루카곤을 분비하는 내분비샘이기도 하다.

㉡ 인슐린 : 췌장 랑게르한스섬의 베타세포에서 분비되며, 혈당치를 낮춘다.

㉢ 글루카곤 : 인슐린과 길항 작용을 한다. 췌장 랑게르한스섬의 알파세포에서 분비되며, 혈당치를 높인다.

CHAPTER 01

실전예상문제

01 RNA와 단백질로 구성되어 있으며, 단백질 합성이 일어나는 세포 소기관은?

① 소포체
② 골지체
③ 리소좀
④ 리보솜
⑤ 미토콘드리아

해설
리보솜은 RNA와 단백질로 이루어진 복합체로, 세포 활동에 필요한 단백질 합성이 일어나는 기관이다. 리보솜은 두 개의 소단위체로 구성되어 있으며, 세포질에 떠 있거나 거친면(조면) 소포체의 표면에 부착되어 있다.

02 동물의 신체를 구성하는 기본조직에 해당하는 것끼리 옳게 짝지은 것은?

ㄱ. 상피조직	ㄴ. 신경조직
ㄷ. 결합조직	ㄹ. 근육조직
ㅁ. 털조직	

① ㄱ, ㄴ, ㄷ
② ㄱ, ㄴ, ㄷ, ㄹ
③ ㄱ, ㄷ, ㄹ, ㅁ
④ ㄱ, ㄷ, ㄹ
⑤ ㄴ, ㄷ, ㄹ, ㅁ

해설
조직이란 유사한 구조와 기능, 물질을 갖는 세포들이 모여 일정한 기능을 하는 것으로, 동물의 신체를 구성하는 기본조직에는 상피조직, 결합조직, 근육조직, 신경조직의 4가지 기본조직이 있다. 털은 피부의 부속 기관에 해당한다.

01 ④ 02 ② **정답**

03 개의 척주를 구성하는 뼈들의 수를 옳게 나열한 것은?

① 경추 7개, 흉추 13개, 요추 7개, 천추 3개
② 경추 7개, 흉추 13개, 요추 7개, 천추 4개
③ 경추 7개, 흉추 14개, 요추 7개, 천추 4개
④ 경추 8개, 흉추 13개, 요추 7개, 천추 3개
⑤ 경추 8개, 흉추 13개, 요추 8개, 천추 3개

해설

개의 척주를 구성하는 뼈들의 수

경추(목뼈)	흉추(등뼈)	요추(허리뼈)	천추(엉치뼈)	미추(꼬리뼈)
7개	13개	7개	3개	20~23개

04 두개골에서 머리뼈(두개강)를 구성하고 있는 뼈들로만 옳게 짝지은 것은?

ㄱ. 후두골
ㄴ. 비 골
ㄷ. 측두골
ㄹ. 사 골
ㅁ. 구개골

① ㄱ, ㄴ, ㄷ
② ㄱ, ㄷ, ㄹ
③ ㄴ, ㄷ, ㄹ
④ ㄴ, ㄷ, ㅁ
⑤ ㄷ, ㄹ, ㅁ

해설

후두골(뒤통수뼈), 측두골(관자뼈), 사골(벌집뼈)은 모두 머리뼈(두개강)을 이루는 뼈이다. 비골(코뼈)와 구개골(입천장뼈)은 안면을 이루는 뼈에 해당한다.

정답 03 ① 04 ②

05 뒷다리의 관골과 대퇴골을 연결하는 관절의 명칭으로 옳은 것은?

① 견관절
② 주관절
③ 완관절
④ 고관절
⑤ 슬관절

해설

뒷다리의 관골과 대퇴골을 연결하는 관절은 고관절(엉덩이관절)이다.

사지 위치에 따른 관절의 분류

앞다리의 관절	• 견관절(어깨관절, Shoulder Joint) • 주관절(앞다리굽이관절, Elbow Joint) • 완관절(앞발목관절, Carpal Joint)
뒷다리의 관절	• 고관절(엉덩이관절, Hip Joint) • 슬관절(무릎관절, Stifle Joint) • 부관절(족관절, Tarsal Joint)

06 다음 중 근육에 대한 설명으로 옳지 않은 것은?

① 근육의 주요한 기능은 수축과 이완이다.
② 근육을 구성하고 있는 기본 세포는 근섬유이다.
③ 심장근은 형태학적으로 가로무늬근이지만 불수의근이다.
④ 민무늬근은 주로 내장의 여러 기관, 혈관 등에 분포한다.
⑤ 골격에 부착된 근육은 자율신경의 지배를 받아 움직이는 수의근이다.

해설

골격에 부착된 근육은 골격근으로 체성신경(운동신경)의 지배를 받아 움직이는 수의근이다.

07 자율신경계 중 교감신경이 활성화되었을 때 나타나는 증상으로 옳은 것은?

① 동공 축소
② 침샘 분비 억제
③ 심박수 감소
④ 기관지 수축
⑤ 방광벽 근육 수축

해설

교감신경은 신체가 심한 운동이나 공포, 분노와 같은 위급한 상황일 때 이에 대처하는 기능을 한다. 따라서 교감신경이 활성화되면 동공 확대, 침샘 분비 억제, 심박수 증가, 기관지 이완, 방광벽 근육 이완 등의 반응이 나타난다.

05 ④ 06 ⑤ 07 ② 정답

08 청각세포가 분포하여 외이로부터 받아들인 음파 자극을 청각신경을 통해 대뇌로 전달하는 역할을 하는 기관은?

① 반고리관
② 전정 기관
③ 달팽이관
④ 귓속뼈
⑤ 외이도

해설

청각세포가 분포하여 외이로부터 받아들인 음파 자극을 청각신경을 통해 대뇌로 전달하는 역할을 하는 기관은 달팽이관이다. 전정계, 고실계, 중간계로 구분되며, 림프액이 채워져 있다.

09 빛을 굴절시켜 망막에 물체의 상이 맺히도록 하는 구조물로, 나이든 개의 경우 백내장이 나타나는 곳은?

① 각 막
② 홍 채
③ 공 막
④ 망 막
⑤ 수정체

해설

수정체는 볼록 렌즈 모양으로, 빛을 굴절시켜 망막에 물체의 상이 맺히도록 하는 구조물이다. 나이든 개의 경우 수정체가 혼탁해지면서 백내장이 나타나기도 한다.

10 혈액의 성분 중 백혈구에 대한 설명으로 옳지 않은 것은?

① 백혈구는 아메바성 운동을 한다.
② 형태학적으로 과립백혈구와 무과립백혈구로 분류된다.
③ 과립백혈구는 세포질 내 과립의 염색성에 따라 호중구, 호산구, 호염구로 나뉜다.
④ 무과립백혈구에는 림프구와 단핵구가 있다.
⑤ 호중구는 중성 색소에 염색이 잘 되며, 백혈구 중에서 가장 적다.

해설

호중구는 백혈구 중에서 가장 많다(개 70.8%). 백혈구 중 가장 적은 것은 호염구로 총 백혈구의 1% 정도로 매우 적다(개 0.5%).

정답 08 ③ 09 ⑤ 10 ⑤

11 다음 중 심장에 대한 설명으로 옳지 않은 것은?

① 심장은 심실중격으로 왼쪽과 오른쪽으로 구분된다.
② 심방과 심실 사이에는 방실판막이, 심실과 동맥 사이에는 반월판막이 존재한다.
③ 왼쪽 방실판막은 이첨판이며, 오른쪽의 방실판막은 삼첨판이다.
④ 좌심실은 폐동맥, 우심실은 대동맥과 연결되어 있다.
⑤ 개의 심장은 대개 앞쪽은 제3늑골, 뒤쪽은 제7늑골의 선과 일치한다.

해설

좌심실은 대동맥, 우심실은 폐동맥과 연결된다.

12 호흡기계통의 기관(Trachea)에 대한 설명으로 옳지 않은 것은?

① 관성구조물로, 공기가 들어올 때마다 열린다.
② 후두의 마지막 연골인 윤상연골과 연결되어 있다.
③ 기관근과 C자 모양의 기관연골로 구성되어 있다.
④ 기관연골 내측은 기관점막으로 덮여있다.
⑤ 기관점막에는 섬모상피세포가 있어 이물질을 바깥으로 이동시킨다.

해설

기관은 식도와 달리 항상 열린 상태를 유지하고 있다.

11 ④ 12 ① **정답**

13 다음 중 개의 영구치아 치식으로 옳은 것은?

① 3 1 3 3
I -- C -- P -- M
3 1 4 3

② 3 1 4 3
I -- C -- P -- M
3 1 4 3

③ 3 1 4 2
I -- C -- P -- M
3 1 4 3

④ 4 1 4 2
I -- C -- P -- M
4 1 4 3

⑤ 3 1 4 2
I -- C -- P -- M
3 1 4 4

해설

개의 영구치아

	앞 니	송곳니	작은어금니	큰어금니	
윗 니	3	1	4	2	10
아랫니	3	1	4	3	11

14 소화기계통에서 장관의 연결 순서로 옳은 것은?

① 회장 – 공장 – 맹장 – 직장 – 결장
② 공장 – 회장 – 맹장 – 결장 – 직장
③ 공장 – 회장 – 결장 – 맹장 – 직장
④ 회장 – 맹장 – 공장 – 직장 – 결장
⑤ 공장 – 맹장 – 회장 – 결장 – 직장

해설

소화기계통에서 장관은 공장 – 회장 – 맹장 – 결장 – 직장으로 이어진다.

15 다음 중 담즙에 대한 설명으로 옳지 않은 것은?

① 간에서 생성된다.
② 담낭에 저장된다.
③ 지방의 분해를 돕는 소화효소를 포함한다.
④ 담즙은 헤모글로빈 파괴에 의해 생성된 색소를 포함한다.
⑤ 담즙은 중탄산염과 전해질을 포함한다.

해설

담즙은 지방 분해를 도와주는 작용을 하지만, 소화효소를 포함하고 있지는 않다.

정답 13 ③ 14 ② 15 ③

16 다음 중 신장(Kidney)의 기능으로 볼 수 없는 것은?

① 오줌 생성 및 배설
② 혈액의 삼투압 조절
③ 혈액의 pH 조절
④ 혈액 내 백혈구 생성 촉진
⑤ 레닌(Renin)을 분비하여 혈압 조절

해설
신장에서는 조혈 인자인 에리트로포이에틴이 생성되어 빈혈이나 저산소증 시 골수를 자극하여 적혈구 생성을 돕는다.

17 수컷 개의 생식 기관에 대한 설명으로 옳지 않은 것은?

① 개에는 정낭샘이 있다.
② 개에는 망울요도샘이 없다.
③ 개에는 전립샘이 잘 발달되어 있다.
④ 개의 음경에는 음경골이 있다.
⑤ 수컷의 생식도는 부고환, 정관 및 요도가 포함된다.

해설
개, 고양이의 경우 정낭샘이 없다.

18 다음 중 내분비샘인 동시에 외분비샘에 해당하는 기관은?

① 갑상샘
② 부 신
③ 신 장
④ 췌 장
⑤ 뇌하수체

해설
췌장은 혈당 조절 호르몬을 분비하는 내분비샘 조직과 함께 소화액을 분비하는 외분비샘 조직으로 이루어져 있다.

16 ④ 17 ① 18 ④ **정답**

CHAPTER 02 동물질병학

1 전염성 질환

(1) 개의 바이러스성 전염 질환

① 파보 바이러스 감염증

㉠ 병원체 : 개 파보 바이러스

㉡ 전염력과 폐사율이 매우 높은 질병이다.

㉢ 어린 연령의 개일수록, 백신 미접종의 개체일수록 증상이 심하게 나타나며 심한 구토와 설사가 나타난다.

㉣ 증 상

심장형	3~8주령의 어린 강아지에서 많이 나타나며, 심근 괴사 및 심장마비로 급사한다.
장염형	8~12주령의 강아지에서 다발하고, 구토를 일으키고 악취나는 회색 설사나 혈액성 설사를 하며 급속히 쇠약해지고 식욕이 없어진다.

㉤ 치료 : 수액처치, 면역촉진제, 수혈 및 면역혈청 등을 투여한다.

② 개 홍역(Distemper, 디스템퍼)

㉠ 병원체 : 개 디스템퍼 바이러스

㉡ 전염성이 강하고 폐사율이 높은 전신 감염증이다.

㉢ 증상 : 눈곱, 결막염, 소화기 증상(식욕 부진, 구토, 설사), 호흡기 증상(노란 콧물, 기침), 피부 증상(피부각질), 신경 증상(후구마비, 전신성 경련) 등이 나타난다.

㉣ 침이나 눈물, 콧물을 통해 주로 전파되며 이 바이러스는 개과의 개, 여우, 이리, 너구리 및 족제비과의 족제비, 밍크, 스컹크, 페럿 등에 공통적으로 감염된다.

㉤ 치료 : 수액처치, 면역촉진제, 수혈 및 면역혈청 등을 투여한다.

③ 개 코로나 바이러스 감염증

㉠ 병원체 : 개 코로나 바이러스

㉡ 개과에 속하는 모든 동물에 감수성이 높고, 병든 개의 분변 내에 있는 병원체는 6개월 이상 감염력을 가진다.

㉢ 증상 : 구토와 설사가 주요 증상이며, 파보 바이러스 감염증의 증상과 유사하나 열이나 혈변 발생 등은 약하다.

㉣ 예방접종과 철저한 소독이 필요하다.

④ 전염성 간염

㉠ 병원체 : 개 아데노 바이러스 Ⅰ형

㉡ 병에 걸린 개의 분변, 침, 오염된 식기 등을 통해 감염되며, 1세 미만의 강아지가 걸리면 높은 사망률을 보인다.

㉢ 증상 : 구토, 설사, 복통이 일어나고 편도가 붓거나 입안의 점막이 충혈되고 점상으로 출혈이 일어나기도 한다. 암컷에서는 급성 간염이 발병하기도 하는데, 증상이 경미한 경우도 있다. 회복 후 각막의 혼탁이 오기도 한다.

㉣ 치료 : 수액, 수혈, 비타민제 및 항생물질 투여 등이 필요하다.

⑤ 개 전염성 기관기관지염(켄넬코프)

㉠ 병원체 : 개 파라 인플루엔자 바이러스, 아데노 바이러스 등이며, 바이러스뿐만 아니라 여러 종류의 세균이 복합적 원인체로 작용한다.

㉡ 호흡기 질병으로, 어린 강아지와 면역력이 약한 노령견에서 흔히 나타난다.

㉢ 증상 : 기침, 기관지염, 심한 경우 폐렴이 진행된다.

㉣ 치료 : 수액, 기침억제제, 항생제 등의 투여가 필요하다.

⑥ 개 허피스 바이러스 감염증

㉠ 병원체 : 개 허피스 바이러스

㉡ 입이나 코를 통한 바이러스 침입으로, 호흡기에 증식하다가 혈류를 타고 전신으로 퍼진다.

㉢ 개에만 감수성이 있으며, 2주 이하 강아지에게는 치명적이다.

㉣ 증상 : 각막 혼탁, 구강 점막 궤양, 구토 및 식욕 부진, 생식기 점막 수포 형성 및 임신한 개의 경우 유산 및 조산, 패혈증 등을 유발한다.

㉤ 감염된 개체는 격리 수용하며, 청소와 소독을 철저히 한다.

⑦ 광견병

㉠ 병원체 : 광견병 바이러스

㉡ 광견병 바이러스를 가진 야생 동물에게서 전염된다. 광견병은 개뿐만 아니라 야생 여우, 너구리, 박쥐, 코요테 및 사람도 감염될 수 있다.

㉢ 광견병 바이러스는 침을 통해 체내 조직에 침입한 뒤 척추 내 중추신경계를 통해 뇌까지 이동하여 증상을 일으킨다.

㉣ 증 상

- 발열, 두통, 식욕 저하, 구토 등이 나타난다.
- 침을 흘리면서 배회하거나 흥분, 경련, 혼수상태 등 비정상적인 신경 증상이 나타난다.

㉤ 백신접종이 최우선 예방법이다.

(2) 개의 세균성 전염 질환

① 개 전염성 기관기관지염(켄넬코프)

㉠ 다양한 바이러스 및 세균에 의한 복합적 감염으로 나타난다.

㉡ 원인 세균 : Bordetella Bronchiseptica 등

㉢ 개 여러 마리가 한 공간의 견사를 공유하는 환경에서 발생하기 쉽기 때문에 견사(Kennel)와 기침(Cough)이 합쳐진 켄넬코프라는 병명이 붙었다.

㉣ 증상 : 기침, 기관지염, 심한 경우 폐렴이 진행된다.

㉤ 치료 : 항생제 및 항바이러스제 등을 투여한다.

② 렙토스피라증

㉠ 원인 세균 : Leptospira 속 감염균

㉡ 개, 고양이, 기타 야생 동물들의 오줌을 통해 배설되어 흙, 지하수 등을 오염시키며 혈액 내로 침투한다.

㉢ 주로 여름철이나 9~10월 추수기에 많이 발병한다.

㉣ 증상 : 초기에는 근육통, 고열이 있다가 더 진행되면 급성 및 만성 신염과 간염을 일으키며, 황달, 폐출혈, 전신 출혈 등이 나타나기도 한다.

㉤ 치료 : 종합백신접종으로 예방하며, 발병 초기 항생물질을 투여한다.

③ 그 밖의 세균성 질병

살모넬라증	• 살모넬라균(Salmonella spp.) 속의 세균에 의해 장염, 패혈증, 유산 등이 일어나는 질병이다. • 과밀하고 불결한 장소에서 사육되는 개에서 주로 발병하며, 사람도 감염될 수 있다. • 주로 가을~겨울에 많이 발병하며, 고양이는 높은 저항성을 가진다.
캄필로 박테리아증	• Campylobacter의 감염에 의해 설사를 일으키는 질병이다. • 오염된 사료, 분변 등을 통해 경구로 감염되며, 혈변 배설, 발열, 장관의 울혈 등이 나타난다. • 어린 강아지에서 발병률이 높다.
보렐리아증 (라임병)	• 진드기를 매개로 하여 Borrelia Burgdorferi 균에 전염된다. • 관절염, 신경염, 발열 등의 증상이 나타난다.
대장균증	• E. coli이 주요 원인균이다. • 요로 감염, 설사 및 구토 등의 증상이 나타난다.
포도상구균증	• Staphylococcus Aureus이 주요 원인균이다. • 발열, 구토, 식욕 부진, 세균성 피부염을 유발한다.

더 알아보기

바이러스와 세균의 차이

바이러스	세 균
• 크기 : 0.02~0.3㎛ • 전자 현미경으로만 관찰이 가능하다. • 세포 구조를 갖지 않으며, 스스로 에너지를 만들어 낼 수 없다. • 유전 물질에 따라 DNA형과 RNA형이 있다. • 숙주세포를 이용하여 증식하며, 단독으로 단백질을 합성할 수 없다.	• 크기 : 0.2~10㎛ • 일반 광학 현미경으로 관찰이 가능하다. • 세포 구조를 가지며, 스스로 에너지를 만들어 낼 수 있다. • 유전 물질로 DNA를 가지고 있다. • 세포 분열로 증식하며, 단독으로 단백질을 합성할 수 있다.

(3) 개 질병 예방 종합백신

① **개 종합백신(DHPPL)**

㉠ 5종류의 전염성이 강한 질병을 예방해준다.

㉡ 예방 가능 질병 종류

- 개 홍역(디스템퍼)
- 파보 바이러스성 장염
- 전염성 간염
- 파라 인플루엔자
- 렙토스피라증

㉢ 접종 시기와 간격

- 생후 6주령에 1차 접종을 하며, 2~3주 간격으로 5차 접종을 한다.
- 성견인 경우, 매년 1회 이상 추가 접종한다.
- 번식 가능 암컷인 경우, 교배 전 접종하며 구충제도 함께 투여하면 좋다.

② **코로나 장염 백신** : 생후 6~8주령에 1차 접종하며, 2~3주 간격으로 2회 접종한다. 매년 추가 접종한다.

③ **기관기관지염(켄넬코프) 백신** : 생후 6~8주령에 1차 접종하며, 2~3주 간격으로 2회 접종한다. 매년 추가 접종한다.

④ **광견병 백신** : 생후 16주령에 1차 접종하며, 매년 추가 접종한다.

(4) 고양이의 전염성 질환

① **고양이 전염성 비기관지염**

㉠ 병원체 : Feline Herpesvirus 1(FHV-1)

㉡ 고양이 감기, 고양이 폐렴 등으로 알려져 있다.

㉢ 전염성이 높은 호흡기 질환으로, 모든 고양잇과 동물은 이 질병에 감염될 수 있다.

㉣ 증상 : 기침, 콧물, 고열, 구토, 결막염, 폐렴 등이 나타나며, 임신한 개체의 경우 유산을 일으킬 수도 있다.

㉤ 치료 : 수액 요법 및 2차적 세균 감염을 예방하기 위한 항생제 투여가 일반적이다.

② **범백혈구 감소증**

㉠ 병원체 : 파보 바이러스

㉡ 고양이 파보 장염 또는 고양이 홍역으로도 불린다.

㉢ 장염을 일으키고 백혈구가 급속도로 감소하게 되는 질환으로, 전염성이 강하고 치사율이 매우 높다. 감염된 고양이의 침이나 분변, 감염된 고양이와 접촉했던 사람 및 물건, 음식에 의해서도 전염될 수 있다.

㉣ 증상 : 발열, 구토, 혈변, 설사 외에 심한 탈수 증상을 보인다.

㉤ 치료 : 백혈구 수 증가를 위한 수혈 및 항생제 투여, 수액처치 등이 필요하다.

③ **칼리시 바이러스 감염증**

㉠ 병원체 : 칼리시 바이러스

㉡ 고양이 전염성 비기관지염과 함께 고양이 감기라고 불리는 상부 호흡기계 질환이다.

㉢ 고양이 전염성 비기관지염과 증상이 비슷하지만 치사율이 훨씬 높고, 전염성이 매우 강하다.

㉣ 증상 : 식욕 저하, 기침, 콧물 등이 나타나며 심하면 입안이나 혓바닥이 궤양이 생기고 침을 흘리는 경우도 나타난다.

㉤ 치료 : 수액 요법 및 2차적 세균 감염을 예방하기 위한 항생제 투여가 일반적이다.

④ 고양이 백혈병

㉠ 병원체 : 고양이 백혈병 바이러스

㉡ 개에게는 영향을 주지 않으며, 침이나 분변, 혈액을 통해 빠른 속도로 전염되는 질환이다.

㉢ 이 바이러스가 체내에 침입하면 백혈병을 일으키는 변형된 혈액세포가 증가하거나 혈액세포가 파괴되어 백혈구 및 적혈구 수가 줄어들게 된다.

㉣ 증상 : 식욕 저하 및 발열이 나타나며, 빈혈이 생긴다. 또한 조혈장기에 종양이 생기거나 생식기 장애 증상 등이 나타난다.

㉤ 예방접종이 필요하다.

⑤ 호흡기 감염증

㉠ 병원체 : Chlamydia Psittaci라고 불리는 세균과 유사한 세포 내 미생물

㉡ 면역 지속시간이 길지 않고, 예방효과가 불완전한 편이다.

⑥ 전염성 복막염

㉠ 병원체 : 고양이 코로나 바이러스(FECV ; Feline Enteric Corona Virus)

㉡ 고양이 질병 중 가장 치명적이며, 치료가 어려운 질병이다. 많은 고양이가 이 코로나 바이러스에 감염되지만, 일부 고양이에서 돌연변이를 일으켜 전염성 복막염으로 진행된다.

㉢ 증상 : 흉수 및 복수 발생, 식욕 저하, 고열, 호흡 곤란 등이 나타난다.

(5) 고양이 질병 예방 백신

① 고양이 3종 백신

㉠ 3종류의 전염성이 강한 질병을 예방해준다.

㉡ 예방 가능 질병 종류

- 고양이 전염성 비기관지염
- 범백혈구 감소증
- 칼리시 바이러스 감염증

㉢ 접종 시기와 간격

- 생후 6~8주령에 1차 접종을 하며, 3주 간격으로 3차 접종을 한다.
- 이후 매년 1회 추가 접종한다.

② 고양이 2종 백신

㉠ 필수 백신은 3종 백신과 달리 2종 백신은 다른 고양이와 접촉이 많거나 다묘 가정에서 생활할 경우 맞히는 예방접종이다.

㉡ 예방 가능 질병 종류

- 고양이 백혈병
- 호흡기 감염증

㉢ 접종 시기와 간격

- 3종 백신의 2차 접종 때 2종 백신접종을 시작하며, 3주 간격으로 2차 접종한다.
- 이후 매년 1회 추가 접종한다.

③ **광견병 백신** : 생후 12주령 전후에 1차 접종하며, 매년 추가 접종한다.

2 기생충 질환

(1) 소화기 내부 기생충 질환

① **회충증**

㉠ 회충은 가장 흔한 내장 기생충이다.

㉡ 임신한 모견의 태반을 통해 태아로 이동할 수 있으며, 강아지 입양 시 감염되어 있을 수 있기 때문에 입양 즉시 구충을 실시한다.

㉢ 구충은 3주령에 1차로 실시하며, 4주령, 6주령, 8주령에 추가로 실시한다.

㉣ 감염 증상 : 성장지연, 구토, 탈수, 폐렴 등이 있다.

② **십이지장충증(구충증)**

㉠ 십이지장충은 소장 부위에 주로 기생한다.

㉡ 감염 증상 : 피로, 식욕 부진, 검은 점액성 대변, 소장벽 출혈에 의한 빈혈 등이 있다.

③ **편충증**

㉠ 편충은 맹장이나 결장에 주로 기생한다.

㉡ 감염 증상 : 만성적인 염증, 혈액성 및 점액성 설사 등이 있다.

④ **조충증**

㉠ 조충은 항문 주위에 기생하며, 벼룩이 매개가 되어 감염된다.

㉡ 감염 증상 : 설사, 식욕 부진, 엉덩이를 땅에 문지르는 행동 등이 있다.

(2) 심혈관 관련 기생충 질환

① **심장사상충증**

㉠ 개, 고양이 등에서 나타나는 혈액 내 기생충성 질환으로, 심장사상충이 심장이나 폐동맥에 기생하여 발생한다.

㉡ 주로 모기가 전파하며, 감염 시 심장과 폐, 피부에 심장사상충 질병을 유발한다.

㉢ 감염 경로

> 감염견 몸 속에서 유충 생성 → 감염견의 피를 모기가 흡입할 때 유충도 함께 흡입 → 모기 체내 유충은 감염력을 가진 감염 유충으로 성장 → 모기가 다른 건강한 개의 혈액을 흡입할 때 감염 유충이 피부 속으로 유입 → 개의 혈액을 타고 심장 및 폐에 도달 → 성충으로 자라 질병을 일으키며 많은 유충 배출

㉣ 감염 증상 : 만성 기침, 피로 등을 일으키며, 폐동맥을 막아 호흡 곤란 · 발작성 실신 · 운동기피 등의 증상을 나타낸다. 말기에는 복수 · 하복부의 피하부종 · 흉수 등이 발현되기도 한다.

㉤ 키트, 초음파, X-ray 등으로 감염 여부를 진단할 수 있다.

㉥ 모기가 활동하는 늦은 봄부터 초가을 사이에 감염될 가능성이 높다.

㉦ 예방 : 심장사상충 예방용 구충제를 먹인다.

② 바베시아증

㉠ 혈액 속에 기생하는 바베시아라는 원충에 감염되어 나타나는 질병으로 참진드기가 매개한다.

㉡ 감염 증상 : 적혈구가 파괴되어 빈혈이 생기고, 입술 점막이 파래지거나 소변이 갈색을 띠는 증상이 나타난다.

㉢ 예방 및 치료 : 항원충제를 투여하며, 참진드기가 기생하지 않도록 정기적으로 살충제를 주변에 살포하는 것이 좋다.

3 심혈관계 질환

(1) 심장 관련 질환

① 승모판 폐쇄 부전증

㉠ 좌심방과 좌심실 사이에 있는 승모판이 잘 닫히지 않게 되면서 혈액이 역류하게 되는 질환으로, 심해지면 생명에도 지장을 줄 수 있다.

㉡ 말티즈나 포메라니안 등 소형 노령견에서 주로 나타난다.

㉢ 증상 : 운동 및 흥분 후 목이 막힌 듯한 건조한 기침이 나오고, 한밤중에도 기침이 계속된다. 질병이 진행되면 심장이 비대해지고, 폐에도 영향을 미쳐 호흡 곤란이나 폐기종을 유발하기도 한다.

㉣ 치료 : 혈관확장제, 이뇨제, 강심제 등을 사용해 몸의 부담을 덜어주어야 한다.

[정상적인 승모판막과 승모판막 폐쇄 부전증]

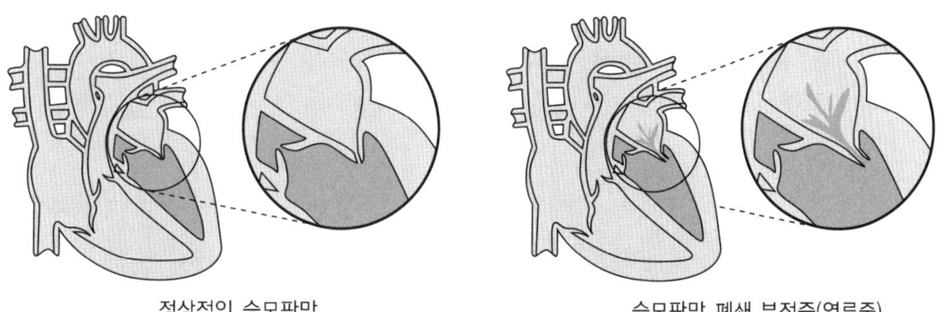

정상적인 승모판막 / 승모판막 폐쇄 부전증(역류중)

② 심근증

㉠ 노령견 및 대형견에서 주로 나타나는 질병으로, 심장 근육이 비대해지거나 탄력이 없어지며 확장되어 나타난다.

㉡ 증상 : 심기능이 약해지면서 배에 복수가 차거나 사지의 부종 등이 나타나며, 부정맥, 뇌혈류 저하 등의 증상으로 돌연사하기도 한다.

㉢ 치료 : 혈관확장제나 이뇨제 등으로 질병을 완화시킨다.

③ 고양이 심근비대증(HCM ; Hypertrophic Cardiomyopathy)

㉠ 심장 근육(심근)이 비정상적으로 두꺼워지는 질환이다. 심장 근육이 두꺼워 심실 내강이 감소하고 심장이 정상적으로 이완하지 못하게 된다.

㉡ 심근비대증이 상당 수준 진행되면 심장 내에서 혈액이 역류하거나 정체되면서 혈전이 발생하게 되는데, 이 혈전이 대동맥으로 흐르게 되면 혈액순환을 막게 된다.

㉢ 증상 : 초기에는 구토, 체중 저하를 보이고, 심해지면 사지 마비, 냉감, 극심한 고통 호소, 저체온증 등을 보인다.

(2) 선천성 심장 질환

① 동맥관 개존증

㉠ 선천성 심장병 중 하나로, 출생 후에 닫혀야 할 동맥관이 정상적으로 닫히지 않고 열려 있는 상태가 지속되는 질병이다.

㉡ 증상 : 지속되면 금방 피곤해 하고 기침이나 구토, 호흡 곤란 등의 증상이 나타난다.

㉢ 치료 : 증상 완화 치료 후, 6개월 내에 수술이 필요하다.

② 폐동맥 협착증

㉠ 폐동맥의 입구가 좁아져 발생하는 질병으로, 우심실이 비대해져 순환 부전이 일어난다.

㉡ 증상 : 일반적인 허약 증세가 나타나며, 중증인 경우에는 호흡 곤란이나 청색증, 심한 기침, 부종 등이 생기고 심부전으로 사망하기도 한다.

㉢ 치료 : 중증인 경우 수술이 필요하다.

③ 심실, 심방 중격 결손증

㉠ 심장 좌우의 심실 또는 심방 사이가 선천적으로 구멍이 생겨 그 사이로 혈액이 역류하면서 생기는 질병이다.

㉡ 증상 : 구멍이 작으면 증상이 나타나지 않는 경우도 있지만 대부분 기침, 운동 시 호흡 곤란, 구토 등의 증상이 나타나며 몸의 성장이 중지되기도 한다.

㉢ 치료 : 중증인 경우에 따라 수술이 필요할 수 있다.

4 호흡기계 질환

(1) 주요 호흡기계 질환

① 비 염

㉠ 바이러스나 세균, 곰팡이균에 감염되어 나타나는 질병으로, 공기가 건조한 겨울에 많이 발생한다.

㉡ 증상 : 점성이 강한 콧물이 나오고, 재채기도 한다. 코를 발로 문지르거나 바닥에 문지르기도 하며, 코 위가 부풀어 오르거나 결막염이 생기기도 한다.

㉢ 치료 : 건조 방지를 위해 증기를 쏘이도록 하며, 항생물질이나 소염제를 투여한다.

② 기관지염

㉠ 기관지의 점막에 염증이 생긴 질환이다.

㉡ 증상 : 마른 기침을 하며, 호흡이 어려워 토할 듯한 모습을 보인다. 콧물이나 열이 나는 경우도 있고 식욕 부진이 나타난다. 기침이 심해지면 거품 상태의 점액을 구토하기도 한다.

㉢ 치료 : 항생물질 및 진해제, 거담제 등을 투여한다.

③ 폐 렴

㉠ 폐 조직에 염증이 생겨 나타나는 질병으로, 기관지염이나 인두염의 확장으로 생기는 경우가 많다.

㉡ 증상 : 세균성 폐렴의 경우 심한 발열(41℃ 이상)이나 호흡 곤란으로 쓰러지기도 한다.

㉢ 치료 : 항생물질 외에 진핵제, 거담제, 소염제 등을 투여하며, 영양 관리가 필요하다.

④ 연구개 과장증(단두종 증후군)

㉠ 시추, 불독, 페키니즈 등 단두종에게 많이 발생하는 질병으로, 연구개 노장(연구개가 두꺼워지거나 늘어지는 것)에 의해 나타나는 질병이다.

㉡ 증상 : 보통 숨을 들이쉴 때 코골이가 심하며 입을 벌리고 숨을 쉬는 경우가 많다. 특히 한낮(고온)일 때나 흥분했을 때에는 호흡이 빨라지고 괴로운 듯이 보인다. 간혹 연구개가 목을 완전히 막아서 무호흡 증상이 나타나기도 한다.

㉢ 치료 : 늘어진 연구개를 절제하는 수술이 필요하다.

용어설명

연구개(The Soft Palate)

연구개는 목의 앞쪽에 있는 상악의 부드러운 부분으로 코로 음식물이 들어가는 것을 막는 역할을 한다.

⑤ 기관 허탈

㉠ 단두종이나 소형 노령견에서 많이 발생하는 질병으로, 동그란 관 형태의 기관이 납작하고 협소해져 나타나는 질병이다.

㉡ 노화에 따른 기관연골의 퇴화 및 만성 기관지염, 비만 등을 원인으로 추정한다.

㉢ 증상 : 운동 및 흥분 시 거위 울음소리 같은 건조한 기침을 하는 것이 특징이다. 또한 호흡 곤란이 나타나며, 심해지면 청색증이 나타나기도 한다.

㉣ 치료 : 기침 억제제, 기관지 확장제 등의 약물 치료를 통해 증상을 개선하며, 비만이 원인인 경우 체중 감량이 필요하다.

(2) 그 밖의 호흡기계 질환

① 폐수종

㉠ 폐 조직에 물이 쌓여 호흡 곤란을 일으키는 상태를 말한다.

㉡ 심장 질환에 의한 심인성 폐수종과 폐렴, 급성 호흡 곤란증후군, 발작, 신부전 등에 의한 비심인성 폐수종으로 구분할 수 있다.

㉢ 증상 : 폐에서의 가스교환이 잘 이루어지지 않아 저산소증을 일으키며, 기침, 호흡 곤란, 식욕저하 등이 나타난다. 선 채로 있고 눕기를 싫어한다면 심각한 상황이다.

㉣ 치료 : 폐에 찬 물을 빼주기 위한 이뇨제 처치와 호흡을 도와주는 산소 처치가 필요하다. 또한 원인 등에 따라 강심제, 혈압강하제 등의 처치도 요구된다.

② 기 흉

㉠ 흉강벽에 구멍이 뚫리거나 폐의 파열로 흉강에 공기가 차는 질환이다. 이로 인해 폐가 위축되면서 폐활량이 저하된다. 기흉은 보통 편측성으로 일어난다.

㉡ 일반적으로 교통사고나 큰 개에 물려 폐가 손상되어 나타나는 경우가 많고, 폐의 실질성 기질의 약화에 의한 폐의 파열도 원인 중 하나이다.

㉢ 증상 : 호흡 곤란이 오며, 움직이는 것을 싫어한다. 또한 혀나 입술이 파래지는 청색증 증상이나 무기력 등이 나타난다.

㉣ 치료 : 흉강에 쌓인 공기를 빼거나 산소를 흡입시켜야 한다. 중증인 경우 수술이 필요하다.

③ 흉막염

㉠ 흉강 내부를 둘러싸고 있는 흉막에 염증이 생긴 질환으로, 흉막 공간에 흉수가 쌓이기도 한다.

㉡ 주로 바이러스나 세균 감염에 의한 감염성 흉막염이 많이 발병하며, 외상이나 종양 등에 의해서도 발생한다.

㉢ 증상 : 식욕 부진 및 고열이 나타나며, 호흡 곤란, 청색증 및 흉통 증상이 나타난다.

㉣ 치료 : 농성 흉수가 쌓여있을 때는 바늘로 찔러 흡인하여 배출시키며, 항생물질 투여 등의 처치를 한다.

5 소화기계 질환

(1) 식도의 질환

① 거대 식도증

㉠ 식도 근육층이 약해져 식도가 넓어진 상태로, 정상적인 연동운동이 어려워 음식물이 정체해 위로 넘어가지 못하고 토해내는 질병이다.

㉡ 유전적인 경우가 많지만, 식도의 근육을 움직이는 신경이 다쳐서 발생하기도 한다. 또한 식도협착, 중증 근무력증 등 다른 질병에 의해 나타나는 경우도 있다.

㉢ 증상 : 일반적인 구토와 다르게 토할 때 반사적으로 음식물이 튀어나가는 구토 증상이 나타나며, 음식물의 일부가 폐로 들어가 폐렴을 일으키기도 한다.

㉣ 치료 : 개보다 높은 위치에서 유동식을 주고 식후에도 가능한 서 있는 상태를 유지시켜 음식물이 중력에 의해 식도를 이동하게 하는 방법 등이 필요하다.

② 식도이물

㉠ 식도가 음식물이나 이물질에 의해 막힌 상태이다. 개는 음식물을 통째로 삼키거나 다른 이물질도 입에 넣으려 하기 때문에 식도가 이물질로 막히는 경우가 흔히 있다.

㉡ 증 상

- 식도가 막히면서 침이 흐른다.
- 막히는 정도가 심하지 않은 경우에는 발견이 늦어지기도 하며, 식욕 부진, 발열 등의 증상이 나타난다.

㉢ 치료 : 내시경 등을 통해 이물질을 제거해야 하며, 이물질을 위 속까지 밀어 넣어 위를 절개하는 수술을 하기도 한다.

(2) 위의 질환

① 위 염

㉠ 위 점막에 염증이 생긴 질병이다. 급성 위염이 잘 낫지 않아 만성화되는 경우도 있다.

㉡ 원인은 다양하지만 위가 반복적인 자극을 받아서 일어난다.

㉢ 증상 : 구토하거나 식욕 부진으로 마르는 것이 일반적이며, 구토 시 피가 섞여 있거나 변이 검은 경우도 있다.

㉣ 치료 : 증상 완화를 위해 점막을 보호하는 약이나 구토를 멈추게 하는 약, 항생물질 등을 투여하고 식사요법을 병행한다.

② 위확장 · 위염전

㉠ 위확장은 위에 이상이 생겨 가스가 차고 팽창한 상태이며, 위염전은 위가 꼬여 위의 배출로가 막히게 된 상태이다.

㉡ 응급 질환으로 신속하게 대응하지 않으면 사망하는 경우가 많다.

㉢ 대형견 중 흉강이 좁고 깊은 그레이트데인, 셰퍼드 등에서 많이 볼 수 있다.

㉣ 과식 후 심한 운동을 하거나 스트레스 상황에서 먹이 급여 시 발생한다.

㉤ 증상 : 토하려고 해도 토하지 못하고 침만 흘리면서 괴로워한다. 복부가 부풀어 올라 가라앉지 않고 심한 통증 때문에 쇼크 상태에 빠지기도 한다.

㉥ 치료 : 위확장만 있는 경우에는 위 속의 가스를 제거하고 위를 세척한다. 위염전도 있을 경우 수술을 해야 한다. 식사는 소량으로 여러 차례에 나눠서 먹이고 식후에 물을 많이 먹지 못하게 한다. 또한 식후에는 바로 운동을 시키지 않도록 한다.

(3) 장의 질환

① 장 염

㉠ 소장이나 대장의 점막에 염증이 생기는 질병이다.

㉡ 바이러스나 세균, 기생충 감염, 식사, 약물, 스트레스 등 원인이 다양하며, 급성 또는 만성적으로 일어난다.

㉢ 증상 : 설사는 수분이 많아지고 선혈이나 점액이 섞인다. 탈수 증상을 일으키기도 한다.

㉣ 치료 : 절식이 필요하며, 수액, 지사제 등을 투여한다.

② 장폐색

㉠ 장의 협착, 농양, 꼬임 등으로 인해 장이 막히는 질병으로, 증상이 심하면 내용물이 전혀 움직이지 않기 때문에 사망에 이르기도 한다.

㉡ 장염이나 종양, 선천성 기형 등이 장폐색의 원인일 수 있으며, 작은 돌멩이나 비닐, 실뭉치 등이 조금씩 쌓여서 막히는 경우도 있고, 이물질 등을 삼켜서 장이 막히는 경우도 있다.

㉢ 증상 : 발열, 구토 등이 나타나며, 장의 확장으로 통증이 심하다. 장이 완전히 막혀버리면 복통이 더 심해지고, 탈수, 쇼크 증상 등 더 심각한 증상이 나타난다.

㉣ 복부 촉진과 복부 초음파 검사 등을 통해 진단한다.

㉤ 치료 : 구토로 인한 탈수와 쇼크 증상을 가라앉히고 상태 안정 후 개복수술을 실시한다. 수술 후에는 일정 기간 절식시킨 후 수액처치 및 유동식 급여가 필요하다.

더 알아보기

소장성 설사와 대장성 설사

- 소장성 설사
  - 특징 : 음식물을 제대로 흡수하지 못해 체중 감소가 나타나고 배변량이 증가하며 물기가 많은 변을 보게 된다.
  - 원인 : 바이러스성 질환, 이물, 종양, 대사 질환 등
- 대장성 설사
  - 특징 : 배변 횟수가 증가하고 점액질 분비가 많은 편이다.
  - 원인 : 기생충 감염, 식이적인 원인, 스트레스 등

(4) 그 밖의 소화기계 질환

① 췌장염

㉠ 췌장에 염증이 생긴 질병으로, 췌장에서 생성된 소화효소가 복강 내로 흘러나와 다른 인접 장기들을 손상시키며, 심화되면 췌장의 괴사 및 전신적인 합병증을 유발한다.

㉡ 미니어처 닥스훈트, 요크셔테리어, 미니어처 슈나우저 등 소형견에게 주로 나타나는 질병이다.

㉢ 무분별한 식이(고지방식) 및 복부 외상, 내분비 질환 및 비만 등 원인은 다양하다.

㉣ 증상 : 식욕 부진으로 구토 및 설사가 나타나며, 심한 복부 통증으로 쇼크 증상이 오기도 한다.

㉤ 치료 : 소화효소를 저해하는 약이나 진통제를 투여하며, 회복한 후에는 지방분이 많은 식사는 피해야 한다.

② 간 염

㉠ 간에 염증이 생기는 질병으로, 간염 초기에는 증상이 잘 나타나지 않지만 염증이 지속되면 간경화, 간 부전 등으로 이어진다.

㉡ 바이러스나 진균에 의한 감염 및 기생충 감염이 원인이 되기도 하며, 구리, 비소, 수은 등의 중독이나 진통제, 마취제 등의 약물 중독이 원인이 되기도 한다.

㉢ 증상 : 초기에는 증상이 없으나 간염이 지속되면 구토나 설사를 일으키고 식욕이나 기운이 없어진다. 중증으로 진행된 경우 황달이나 경련 등이 나타나며, 의식이 흐려지는 증상이 나타나기도 한다. 보통 배에 복수가 차거나 마르는 등의 증상을 보여 알게 되는 경우가 많다.

㉣ 치료 : 수액 및 해독제 처치 후 충분한 휴식과 영양(저지방, 고단백 식이)을 공급하여 간 기능의 회복을 돕는다. 또한 간 보호제, 항산화제 등의 급여도 필요하다.

③ 항문낭염

㉠ 항문낭은 항문의 양쪽 괄약근 사이에 위치한 2개의 작은 주머니로, 독특한 냄새를 가진 갈색 액체를 생산한다.

㉡ 항문낭염은 이 주머니가 세균에 감염되어 분비액이 잘 배출되지 않고 쌓여서 곪는 질병으로, 고양이보다 개에게서 자주 발생한다.

㉢ 지루성 피부 질환 및 세균 감염, 무른 변 등이 원인이다.

㉣ 증상 : 염증이 심해지면 항문낭이 부어오르며, 배변 시 통증을 보인다. 항문 부위를 바닥에 대고 긁는 행동(스쿠팅)을 하거나 항문 주위를 핥으려는 행동을 한다.

㉤ 치료 : 항문낭의 분비물 배출 및 세척이 필요하며, 많이 곪은 경우에는 항생제를 공급한다.

④ 소화기 종양

㉠ 노령견의 경우 내부 장기에서 다양한 종양이 생기기도 하는데 소화기계로는 위암, 직장암, 간장암 등이 있다.

㉡ 유전 및 노화로 인해 주로 발병한다.

㉢ 증상 : 질병이 상당히 진행될 때까지 증상이 나타나지 않는 경우가 많은데, 일반적으로는 체중 감소, 식욕 부진, 구토 및 설사가 나타나고 배가 부풀어 오르는 등의 증상이 나타난다.

㉣ 치료 : 방사선 요법, 항암제 요법 등을 활용하며, 평소 정기적인 CT나 MRI 검사 등을 통한 조기 발견이 중요하다.

6 피부 질환

(1) 외부 기생충에 의한 피부 질환

① 모낭충증

㉠ 모낭충에 감염되어 생기는 질병이다.

㉡ 주로 성장기 강아지에게 발병하며, 털이 짧은 견종에서 쉽게 나타난다.

㉢ 안면, 복부, 발 부위에 병소가 있으며, 비듬이나 농포가 관찰되고 가려움은 심하지 않으나 개선충과 함께 혼합 감염되면 가려움이 심해진다.

② 개선충증

㉠ 개선충(옴벌레)이 개의 피부에 구멍을 뚫고 기생하면서 나타나는 질병이다.

㉡ 피부의 점액 등에 의해 털에 엉키고 심한 가려움으로 긁거나 비비게 된다.

㉢ 주로 안면, 귀끝, 상완골 부위에 병소가 있고 털이 빠지며, 심하면 온몸에 피부염이 번진다.

③ 귀개선충증

㉠ 개선충(옴벌레)이 외이도에 기생하여 적갈색의 가피를 형성하고 염증을 일으키는 질환이다.

㉡ 심한 가려움으로 머리를 흔들거나 뒷다리로 귀를 자주 긁게 되고 악취가 난다.

④ 벼룩알레르기성 피부염

㉠ 벼룩이 피를 빨 때 분비된 타액에 의해 알레르기 반응을 일으키는 질병이다.

㉡ 심한 가려움이 발생하며, 피부가 빨개지고, 털이 빠지기도 한다.

㉢ 벼룩은 기생충을 옮기기도 하므로 꼭 구제가 필요하다.

㉣ 알레르기가 심할 경우 부신피질 호르몬 투여 등으로 치료한다.

⑤ 피부사상균증

㉠ 곰팡이의 일종인 피부사상균에 감염되어 발병한다.

㉡ 가려움은 거의 없으나 원형 탈모가 생기는 것이 특징이며, 심해지면 탈모 부분이 커지고 비듬이나 부스럼이 생기기도 한다.

㉢ 연고를 바르거나 내복약을 투여하고, 약용샴푸 등으로 세정한다.

⑥ 마라세티아 감염증

㉠ 효모균에 속하는 진균 마라세티아에 의해 발병한다.

㉡ 피부나 귀 속에 증식하여 피부염을 악화시키거나 심한 가려움을 동반한다.

㉢ 외이염 증상과 함께 귀지가 대량으로 나오거나 신 냄새 같은 것이 난다.

㉣ 항진균약을 투여하고, 약용샴푸 등으로 세정한다.

(2) 그 밖의 피부 관련 질환

① 아토피성 피부염

㉠ 꽃가루, 먼지, 진드기 등 알레르기의 원인이 되는 물질에 대해 과민 반응이 나타나는 질환이다.

㉡ 가려움증으로 자주 긁고 핥기 때문에 피부가 상처를 입어 2차 세균 감염이 쉽게 일어나며, 결막염, 비염 등을 동반하는 경우가 많다.

㉢ 1~3세 사이에 주로 발병하며, 골든 리트리버나 시바견 등의 견종이 선천적으로 이 질병에 걸리기 쉽다.

㉣ 치료 : 가려움 방지를 위한 약물 투여가 필요하며, 수의사의 지시에 따라 부신피질 호르몬 약을 처방받을 수도 있다. 평소에 진드기나 먼지를 줄이는 방법으로 청소 관리를 해야 하며, 샴푸 등도 세심히 선택해야 한다.

② 지루증

㉠ 호르몬 이상이나 영양 불균형, 기생충이나 세균 감염, 유전 등 다양한 원인으로 피부가 기름지게 되거나 반대로 건조해져 비듬이 생기는 질환이다.

㉡ 피지 분비가 많은 습성지루는 코커스파니엘, 시추 등의 견종에서 많이 나타나며, 건조하여 비듬이 생기는 건성지루는 저먼 셰퍼드, 아이리시 세터 등의 견종에서 많이 나타난다.

㉢ 습성지루의 경우 특유의 냄새가 나고 끈끈한 점액이 묻어 있는 경우가 많으며, 건성지루의 경우 피부가 버석버석거리고 가려워하는 경우가 많다.

㉣ 치료 : 평소 영양 관리에 신경쓰며, 처방에 따른 약용샴푸 사용을 병행한다.

7 내분비계 질환

(1) 부신피질 호르몬 질환

① 부신피질 기능항진증(쿠싱증후군)

㉠ 부신피질에서 분비되는 호르몬이 과다하게 분비되어 생기는 질병으로, 쿠싱증후군이라고도 한다.

㉡ 주로 7세 이상의 고령견에서 많이 나타나는데, 뇌하수체 종양, 부신의 종양 및 스테로이드 호르몬의 다량 투여 등이 원인이다.

㉢ 증상 : 갈증으로 물을 많이 마시며, 그로 인해 소변 횟수 및 양이 증가한다. 식욕이 늘어나며, 피부가 얇아지고 털이 푸석푸석하며 탈모가 생긴다. 또한 복부가 늘어지고 근육이 약해지거나 위축되며, 당뇨병 등 합병증이 유발되기도 한다.

㉣ 치료 : 사용 중인 스테로이드제가 있다면 서서히 줄여야 하며, 부신피질 호르몬 생성 억제 관련 내복약을 투약해야 한다.

② 부신피질 기능저하증(에디슨병)

㉠ 쿠싱증후군과 반대로 부신피질 호르몬이 과소 분비되어 나타나는 질병으로, 에디슨병이라고도 한다.

㉡ 증상이 갑자기 나타나는 경우가 많으며, 주로 암컷의 푸들, 콜리 등에서 많이 발병한다.

㉢ 부신피질 기능이 저하되거나 스테로이드제를 장기간 복용하다 투여 중지한 경우에도 나타날 수 있다.

㉣ 증상 : 저혈압, 저혈당증과 함께 식욕 부진, 근력저하, 설사나 구토 등의 소화기 증상이 나타나며, 다음 및 다뇨 등도 나타난다.

㉤ 치료 : 급성인 경우 신속한 치료가 필요하며, 수액 처치를 통해 저혈압, 저혈당증 등을 교정해야 한다. 만성인 경우 부신피질 호르몬 유사제를 지속적으로 복용해야 한다.

(2) 췌장 및 갑상샘 호르몬 질환

① 당뇨병

㉠ 췌장에서 분비되는 인슐린이 부족하거나 인슐린 저항성이 생겨 나타나는 질병이다.

㉡ 인슐린은 혈중 당을 세포로 흡수시켜 에너지 생산을 촉진하며, 단백질과 지방의 합성을 증가시키는 역할을 하는데, 인슐린이 부족한 경우 혈중 당 농도가 높아 일부 당이 오줌으로 배출된다.

㉢ 원인에는 유전적 요소 및 비만, 내분비 질환, 스트레스 등이 있다.

㉣ 증상 : 다음 및 다뇨 증상이 나타나며, 많이 먹지만 지방과 단백질이 축적되지 않아 체중 감소가 일어난다. 또한 증상 악화 시 당뇨병성 케톤산증으로 무기력, 구토, 탈수 등의 증상이 나타나기도 한다.

㉤ 치료 : 식이 조절 및 체중 유지에 힘써야 하며, 증상이 심한 경우 인슐린 투여가 필요하다.

② 갑상샘 기능항진증

㉠ 성장 촉진 및 대사 진행과 관련 있는 갑상샘 호르몬이 과도하게 분비되는 질병이다.

㉡ 나이든 고양이에서 주로 나타나며, 갑상샘 증식 및 종양 등이 원인이다.

㉢ 증상 : 다음 및 다뇨가 나타나며, 식욕은 왕성하지만 체중 감소가 나타난다. 또한 호흡과 심박수가 빠르고 흥분된 모습을 보이며, 대사 증가로 인한 열 발생으로 시원한 곳을 찾기도 한다.

㉣ 치료 : 요오드가 제한된 처방식을 급여하거나 갑상샘 호르몬의 생성을 억제하는 약 투여가 필요하다.

③ 갑상샘 기능저하증

㉠ 갑상샘 호르몬의 분비가 감소하여 나타나는 질병이다.

㉡ 고령의 대형견에게 많이 나타나는데, 갑상샘 조직의 염증 및 위축, 변성 등이 원인이다.

㉢ 증상 : 산책을 하기 싫어하거나 추위를 많이 타는 등의 모습을 보이며, 피부가 거칠어지고 탈모가 증가한다.

㉣ 치료 : 갑상샘 호르몬제의 투여가 필요하다.

8 근골격계 질환

(1) 골절 및 탈구 질환

① 골 절

㉠ 뼈가 약해지거나 외부 충격 등으로 인해 부러지는 경우이다.

㉡ 대부분 사고 등의 충격으로 발생하는데, 영양 이상, 호르몬 이상, 종양 등으로 인해 뼈가 약해져 골절되기도 한다.

㉢ 골절의 분류

- 조직의 손상 정도 : 개방골절(뼈가 피부를 뚫고 나옴), 폐쇄골절(피부는 다치지 않음)
- 골절면의 방향 : 횡골절, 종골절, 사골절, 나선 골절
- 전위(위치 이동)의 유무 : 전위골절, 비전위골절
- 골절선의 정도 : 불완전골절, 완전골절, 분쇄골절

㉣ 골절이 일어난 경우 발생 부위가 부어오르고 열이 동반되며, 개방골절의 경우 세균에 감염되기 쉽다. 부러진 뼈가 큰 혈관을 손상시켰을 경우 큰 출혈이 나타나며, 척추 등이 손상되었을 시 신경 마비 등의 증상이 나타난다.

㉤ 치료 : 뼈를 제자리로 정렬시키고, 손상된 관절 표면을 재건해야 한다. 또한 뼈가 붙을 때까지 뼈가 움직이지 못하도록 고정하는 방법을 사용해야 한다.

② 탈 구

㉠ 관절부에 의해 연결되어 있는 뼈가 정상적인 위치에서 벗어난 경우이다.

㉡ 골절과 마찬가지로 사고 등의 외상에 의해 일어나는 경우가 많지만, 고관절이나 슬관절에서는 유전적으로 관절 형성이 불완전하기 때문에 발생한다. 또한 류마티스성 관절염 등의 전신성 질병이 원인이 되어 발생하는 경우도 있다.

㉢ 개에서는 고관절과 슬관절의 탈구가 가장 흔하며, 그 밖에 족근관절, 수근관절, 선장관절, 견관절, 악관절 등에서 탈구가 일어난다.

• 고관절 탈구 : 낙하 또는 사고 등의 외상에 의해 대퇴골의 머리가 골반뼈의 절구에서 벗어나 생긴다. 외상 후 체중을 싣지 않는 파행을 보인다.

• 슬관절 탈구 : 외상 및 활차구 이상으로 슬개골이 대퇴골의 활차구에서 이탈하여 생긴다. 슬개골이 빠진 방향에 따라 내측탈구, 외측탈구로 구분하며, 주로 소형견에서 발생한다.

㉣ 치료 : X선 검사 실시 후, 가능한 빨리 관절을 정상 위치로 되돌려야 한다. 보통 마취 후 피부 위에서 힘을 가해 수복하는데, 외과 수술이 필요한 경우도 있다. 수복 후에는 붕대 등으로 환부를 고정해서 안정을 유지하고 염증 완화를 위해 약을 처치한다. 탈구는 습관성이 되는 경우가 많으므로 그 후의 생활 관리에 신경써야 한다.

(2) 그 밖의 근골격계 질환

① 고관절 이형성증

㉠ 허리와 대퇴골을 연결하는 고관절이 비정상적으로 발달하여 고관절 내 대퇴골 머리가 부분적으로 빠져 있는 질병이다.

㉡ 대형견에서 유전적인 요인으로 주로 나타나며, 성장 중 과도한 영양 섭취로 인한 급격한 체중 증가도 주요 원인이다.

㉢ 증상 : 토끼처럼 양쪽 다리를 모아서 달린다거나 앉는 자세를 취하지 못하는 등의 증상이 나타나며, 근육 위축 등으로 계단을 오르내리지 못한다거나 운동을 싫어하는 모습을 보인다.

㉣ 치료 : 체중 관리 및 운동 제한이 필요하며, 수술 치료 및 재활 치료가 필요한 경우도 있다.

② 십자인대단열

㉠ 대퇴골과 정강이뼈를 연결하는 앞십자인대가 뒤틀리거나 끊어진 상태이다.

㉡ 원래 대형견에게 흔히 발생하는 질병이지만, 최근에는 비만인 소형견에서도 발생한다.

㉢ 사고로 외부 충격을 받았거나 인대의 노화, 비만에 의한 슬관절의 과부하 등이 원인이다.

㉣ 뒷다리의 파행이 나타나며, 방치하면 관절염이 나타나기도 한다.

㉤ 앞쪽 미끄러짐 검사, 정강뼈 압박 검사 등으로 진단하며, 수술적 치료 및 재활 치료가 필요하다.

㉥ 체중 관리와 운동에도 신경써야 한다.

③ 관절염

㉠ 2개의 뼈를 연결하는 관절연골이 손상되어 염증이 생긴 질병이다.

㉡ 비만이나 과도한 운동, 노화 등의 이유로 발생하며, 고관절이나 슬관절에 많이 발병하는 경향이 있다.

㉢ 증상 : 운동을 꺼려하며, 심한 경우 환부가 크게 붓거나 통증이 심해진다.

㉣ 치료 : 통증과 염증 완화를 위한 내복약을 장기적으로 투여해야 하며, 체중 관리 및 저강도 운동을 실시한다.

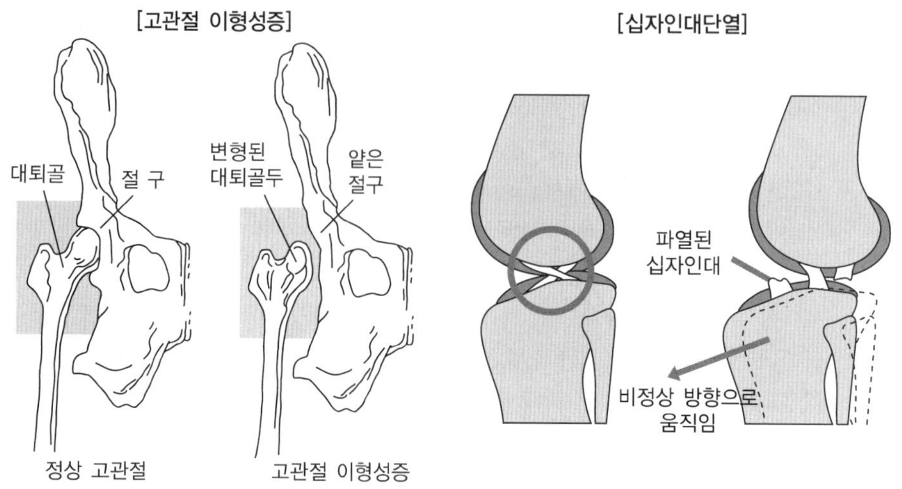

9 비뇨기계 질환

(1) 개의 비뇨기계 질환

① 급성 신부전

㉠ 신장의 기능이 갑자기 저하되어 체내 노폐물 배설에 문제가 생긴 상태를 말한다(신장 기능 75% 이상 상실).

㉡ 급성 신부전증으로 체내의 독소를 배설하지 못하게 되면 요독증이 나타나는데, 이는 다른 기관에도 영향을 미쳐 사망에 이르게도 한다.

㉢ 원인은 크게 신전성, 신성, 신후성으로 구분할 수 있다.

- 신전성 : 심부전, 탈수 등의 원인으로 신장으로 가는 혈액량의 감소로 신장이 손상된다.
- 신성 : 신장 자체에 문제가 있는 것으로, 독성 물질을 섭취하였거나 감염성 원인 등으로 발병한다.
- 신후성 : 신장 이후에 있는 방광이나 요도의 결석, 전립선 질환 등으로 소변이 제대로 배설되지 못해 발병한다.

㉣ 증상 : 발병 시 무기력해지며, 소변양이 감소하거나 소변이 나오지 않는다. 또한 요독증으로 인해 식욕 저하, 입냄새, 경련 등이 유발된다.

㉤ 치료 : 발병 시 급히 병원으로 이동해야 한다. 탈수에는 수액을 처치하며, 결석이 원인인 경우 수술로 제거한다. 독극물이 원인인 경우 토하게 하거나 중독에 대응하는 치료를 하며, 감염증일 때에는 항생물질 등의 약물 투여를 실시한다.

② 만성 신부전

㉠ 급성인 경우와 마찬가지로 신장 기능을 75% 이상 상실한 상태로, 노령 동물에서 신장 기능이 서서히 저하되어 나타나는 질병이다.

㉡ 급성 신부전, 사구체신염 등 신장 기능 이상과 고혈압, 요로기계 감염 등이 원인이 된다.
㉢ 증 상
- 다음(多飮) 및 다뇨(多尿)가 나타나며, 차츰 식욕이 저하되고 털이 푸석푸석하며 기력이 감소한다.
- 신장의 적혈구 생성 기능 저하로 빈혈이 나타나기도 하며, 말기에는 의식 저하 등이 나타난다.

㉣ 치료 : 최대한 증상을 완화시키는 것을 목적으로 해야 하며, 식사요법이나 약물 투여, 수액 처치 등을 증상에 맞게 실시한다.

③ 방광염
㉠ 방광이 세균에 감염되어 나타나며, 비뇨기계 중에서도 잘 걸리는 질병이다.
㉡ 수컷보다 요도가 짧은 암컷에서 잘 발생한다.
㉢ 세균이 요도를 타고 침입해 방광에 염증을 유발하며, 신우신염을 일으키기도 한다.
㉣ 증상 : 발열, 기력 저하, 다음 및 다뇨 증상을 보인다. 또한 소변이 나오지 않는 경우도 있으며, 소변색이 탁하거나 색이 진하고 냄새가 강하게 나기도 한다.
㉤ 치료 : 항생물질이나 항균제 등을 투여한다. 만성화되거나 재발하기 쉬운 질병이므로 한 번이라도 방광염에 걸렸던 적이 있다면 평소에 주의를 기울이도록 해야 한다.

④ 요로결석
㉠ 신장, 요관, 방광, 요도 중 한 곳에 무기질이 뭉쳐진 결석이 생기는 질병이다.
㉡ 결석이 생기는 부위에 따라 신결석, 요관결석, 방광결석, 요도결석으로 구분한다.
㉢ 수산염, 마그네슘, 인 등이 포함된 음식을 많이 먹거나 물 섭취량 감소 및 비뇨기계 감염 등이 요로결석의 원인이 된다.
㉣ 증 상
- 혈뇨 : 소변에 혈액이 섞여 나온다.
- 빈뇨 : 적은 양의 소변을 자주 눈다.
- 배뇨곤란 : 배뇨를 힘들어하거나 배뇨 시 통증을 보인다.
- 요도가 긴 수컷에게서 요도결석이 많이 나타나며, 결석으로 인해 요도가 막히면 기력 저하 및 전신 증상이 나타난다.

㉤ 치료 : 외과적 수술로 결석을 제거하며, 재발 방지를 위해 식이요법을 시행해야 한다.

용어설명

요로(Urinary Tract)
소변이 만들어져 체외로 배출되는 경로에 해당한다.

(2) 고양이의 비뇨기계 질환

① 고양이 하부요로기계 질환(FLUTD ; Feline Lower Urinary Tract Disease)
㉠ 고양이의 방광, 요도 등 하부 비뇨기에 생기는 질병을 포괄적으로 나타낸다.
㉡ 고양이에게서 빈번하게 나타나는 질병이며, 수컷뿐만 아니라 암컷에게도 생긴다.
㉢ 스트레스, 다묘 가정, 갑작스러운 환경 변화가 주요 원인이며, 과체중 및 물 섭취 부족 등도 원인이 될 수 있다.

㉣ 증상 : 배뇨 시 통증을 보이거나 배변 장소 이외의 장소에서 소변을 본다. 또한 빈뇨, 혈뇨 및 식욕 부진, 구토 등의 증상을 동반하기도 한다.

㉤ 치료 : 스트레스 감소를 위한 환경개선이 필요하며, 약물 치료·페로몬 치료 등을 활용할 수 있다. 폐색 환자의 경우 수술을 통한 폐색 해소가 필요하다.

10 생식기계 질환

(1) 암컷의 생식기계 질환

① 유선염

㉠ 유두를 통해 유선으로 세균이 침입해 염증이 생긴 질환으로, 출산 후나 발정 후에 많이 볼 수 있다.

㉡ 위생이 불량한 상태에서 젖을 물리거나 새끼 등에 의해 외상이 생겼을 때 세균에 감염되어 주로 나타난다.

㉢ 증상 : 유방이 단단해지고 열이 나며, 멍울이 만져지기도 한다. 또한 유즙에 화농성 변화가 나타나며, 유선을 만지면 통증을 보인다.

㉣ 치료 : 항생제, 유즙 분비 억제제 등 약물 투여가 필요하며, 염증이 심할 때에는 배농 및 수술적 절제가 필요하다.

② 자궁축농증

㉠ 자궁이 세균에 감염되어 염증을 일으키고 고름이 쌓이는 질환으로, 암컷의 개와 고양이에게서 나타난다.

㉡ 고름이 밖으로 나오는 개방형과 고름이 자궁 안에 쌓여서 배출되지 않는 폐쇄형이 있다.

㉢ 증 상

- 물을 많이 마시며 소변양이 증가한다(다음 및 다뇨).
- 복부 및 회음부가 부어오르고 통증을 보이며, 식욕 저하, 기력 저하, 구토, 발열 등의 증상을 보인다.
- 개방형의 경우, 질 분비물에서 고름이나 혈농이 보이며 불쾌한 냄새가 난다.

㉣ 자궁축농증은 주로 새끼를 낳은 적이 없거나 한 번만 낳은 암컷이 걸리기 쉽다. 또한 발정기에 열려 있는 자궁목을 통해 세균이 침입하기 쉽기 때문에 발정기 이후에 많이 나타난다.

㉤ 치료 : 항생제 등의 약물 치료를 시도할 수 있으나, 교배 계획이 없는 경우 수술을 통해 자궁 적출을 시행한다.

③ 질 탈

㉠ 질탈출증으로 질이 정상적인 위치에서 벗어나 외부로 나오는 질환이다.

㉡ 난산이나 분만 시의 과도한 진통, 변비로 인한 복압 등이 원인이다.

㉢ 증상 : 배뇨곤란 및 빈뇨, 진통 등을 보인다.

㉣ 치료 : 돌출된 질 부위를 소독 및 세정한 후 윤활제를 도포하여 몸속으로 밀어넣는 치료를 한다. 재발 방지를 위해 수술 및 중성화수술 등을 시행하기도 한다.

④ 유선 종양

㉠ 암컷에게 발생하는 종양 중 가장 많이 생기는 질병으로, 노령일수록 위험률이 증가한다.

㉡ 난소의 기능이 발병에 관여하고 있는 것으로 보이며, 유전이 주요 원인이라고 할 수 있다.

㉢ 증상 : 복부나 유두 주변에 멍울이 만져진다.

㉣ 절반 이상이 악성 유방암으로 전이될 가능성이 높다.

㉤ 치료 : 종양 제거 수술을 하거나 질병의 진행 상태에 따라 난소나 자궁을 적출하기도 한다.

⑤ 난소 종양

㉠ 난소에 종양이 생긴 질환으로, 고령의 출산 경험이 적은 암컷에게서 주로 발병한다.

㉡ 양성의 과립막세포종이 가장 많이 발생하며, 선종, 선암, 난포막세포종 등에 의해 발병한다.

㉢ 증상 : 멍울이 복부 촉진으로 발견할 수 있는 정도로 커지며, 복수가 차 배가 팽창하기도 한다.

㉣ 예방 : 미리 중성화 수술을 시키는 것도 하나의 방법이다.

㉤ 치료 : 난소 및 자궁의 적출 수술을 시행한다.

(2) 수컷의 생식기계 질환

① 잠복고환

㉠ 수컷의 정소(고환)는 출생 시 음낭으로 하강하게 되는데, 이때 정상적으로 내려오지 않고 한쪽 또는 양쪽 고환이 복강 내에 머물러 있는 경우이다.

㉡ 이러한 경우 고환 종양, 고환 염전, 전립선 비대증, 전립선염, 불임 등으로 발전할 가능성이 높다.

㉢ 유전적 요인이 크므로, 이 질병의 개체는 교배를 권하지 않는다.

㉣ 치료 : 종양 및 전립선 질환으로 발전할 가능성이 높기 때문에 적출 및 중성화 수술이 필요하다.

② 전립선 비대증

㉠ 전립선이 정상적인 크기에서 벗어나 점점 커지는 질환으로, 중성화 수술을 하지 않은 노령 수컷에서 주로 발병한다.

㉡ 정소에서 분비되는 호르몬의 불균형 등으로 인해 발병한다.

㉢ 대부분 무증상이나 전립선이 비대해지면서 주변에 있는 장이나 방광, 요도를 압박하기 때문에 증상이 나타나는 경우가 있다. 혈뇨 및 배뇨곤란, 변비가 나타나기도 하며, 전립선염을 동반하는 경우 통증이 나타나기도 한다.

㉣ 치료 : 무증상인 경우 특별히 치료를 권하지 않으나 증상을 보이는 경우 중성화 수술을 실시한다.

③ 전립선염

㉠ 전립선이 세균에 감염되어 염증이 생긴 질환으로, 전립선 비대증과 같이 전립선이 커지는 증상이 나타난다.

㉡ 중성화 수술을 하지 않은 수컷이나 노령견에서 주로 발병한다.

㉢ 증 상

- 급성인 경우 빈뇨, 혈뇨 및 식욕 부진 증상이 나타나고 염증이 심할 경우 통증이 심해진다.
- 만성인 경우 증상이 비교적 가볍고 비대 증상도 뚜렷하지 않지만, 세균 감염으로 인한 방광염의 원인이 되기도 한다.

㉣ 치료 : 항생물질을 투여하며, 재발 방지를 위해 중성화 수술이 필요하다.

④ 정소 종양

㉠ 정소(고환)에 종양이 생긴 질환으로, 양성인 경우가 많지만 드물게 악성으로 다른 부위로 전이되기도 한다.

㉡ 노령견에서 많이 발생하며, 잠복고환일 경우 발병 가능성이 더 높다.

㉢ 증상 : 정소가 부어오르거나 잠복고환인 경우 복부에 멍울이 만져진다.

㉣ 치료 : 수술로 정소를 적출해야 한다. 잠복고환일 경우 미리 적출하거나 중성화 수술을 하는 것이 예방법이다.

11 신경계 질환

(1) 뇌의 질환

① 뇌수두증

㉠ 뇌척수액의 순환에 문제가 생겨 뇌척수액이 배출되지 못하면서 뇌가 압력을 받아 여러 신경 증상이 나타나는 질환이다.

㉡ 바이러스 감염, 유전적 종양 발생 등이 주요 원인이며, 소형견 및 단두종에게서 많이 나타난다.

㉢ 증상 : 머리가 한쪽으로 쏠리고 제대로 걷지 못하거나 시각 상실, 발작 등이 발생하며, 침을 흘린다거나 의식 이상으로 반응이 둔감해지기도 하며, 정신상태가 혼미해지기도 한다.

㉣ 전신 검사 및 뇌 초음파, CT 또는 MRI, 뇌척수액 검사 등을 통한 뇌실 확장을 확인하고 진단할 수 있다.

㉤ 치료 : 뇌압강하약을 사용하거나 체내의 수분을 줄이기 위해 이뇨제를 투여하는 등의 치료가 필요하다.

② 뇌수막염

㉠ 뇌조직을 둘러싸고 있는 막과 뇌 사이에 염증이 생겨 나타나는 질환이다.

㉡ 원인은 다양한데 세균, 바이러스 등에 감염되어 나타나는 감염성 뇌수막염과 면역매개반응에 의한 뇌수막염 등의 비감염성 뇌수막염이 있다.

㉢ 증상 : 열이 나면서 걷기 힘들어 하며, 시력 상실 및 어지러움 증세 등을 보인다. 병변 위치에 따라 다양한 증상이 나타나며, 선회 및 균형 장애, 경련, 사지 마비 등이 나타나기도 한다.

㉣ 전신 검사 및 CT 또는 MRI, 뇌척수액 검사 등을 통해 진단한다.

㉤ 치료 : 감염요인에 따라 항생제 투여 등을 실시하며, 비감염성 뇌수막염의 경우 면역억제약물 등을 투여하기도 한다.

③ 간질(뇌전증)

㉠ 뇌신경세포의 변화로, 일시적으로 뇌기능이 마비되면서 경련이나 발작을 일으키는 질환이다.

㉡ 선천적으로 뇌에 이상이 있거나 감염, 종양 등이 원인이 되기도 하며, 과도한 정신적 스트레스로 인해 병이 유발될 수도 있다.

㉢ 증상 : 갑자기 사지가 경직되면서 경련을 일으키고, 입에서 거품이 나오거나 호흡 곤란을 일으킨다. 발작 후에는 아무 일 없었던 듯한 모습을 보이지만 발작 후 과도한 식욕을 보이거나 물을 대량으로 들이키거나 하는 이상 증세를 보이기도 한다.

㉣ 간질의 경우 CT나 MRI 검사, 뇌척수액 검사 등에서 특별한 이상이 나타나지 않는 경우가 많다.

㉤ 치료 : 항경련제를 사용하여 발작을 억제한다.

(2) 척수 및 척추 질환

① 추간판 질환(IVDD)

㉠ 추간판이 변성되거나 돌출 및 압출되어 척수와 척수신경을 압박하는 척추 질환이다.

추간판 탈출 (Extrusion)	섬유륜이 파열되어 수핵이 척수 쪽으로 압출된 것이다. 심한 염증을 동반하며, 주로 급성으로 발현한다.
추간판 돌출 (Protrusion)	섬유륜의 부분 파열로 인해 추간판이 튀어나와 척수를 자극하는 것이다. 진행성 및 만성의 경향을 보인다.

㉡ 원인은 다양하나 노령으로 인한 탄력성 감소, 비만, 무리한 운동, 사고로 인한 외상 등이 주요 원인이다.

㉢ 경추에 발생한 추간판 질환은 목디스크, 요추에 발생한 추간판 질환은 허리디스크라고 부른다.

㉣ 증상 : 통증으로 인해 걷거나 점프하는 등의 움직임을 힘들어하며, 하반신 마비 증상 등이 나타나기도 한다.

㉤ 치료 : 진통제 등을 처방하며, 운동 제한이 필요하다. 통증과 함께 마비 증상 등이 심하면 척추관 내의 압력을 낮춰주는 수술이 필요하다. 이후 재활 치료, 물리 치료 등을 꾸준히 진행해야 한다.

용어설명

추간판(Intervertebral Disc)

추간판은 척추뼈와 척추뼈 사이를 이어주는 섬유연골관절로, 탄력성이 있으며 등뼈를 유연하게 하고 충격을 흡수하는 역할을 한다.

② 환축추불안정(AAI)

㉠ 경추뼈 중 환추(1번 경추)와 축추(2번 경추) 사이의 결합에 이상이 생겨 고개를 제대로 움직이지 못하는 질환으로, 환축추아탈구라고도 한다.

㉡ 소형견에서 선천적 이상 또는 외상으로 인한 뼈와 인대의 손상으로 나타나는 경우가 많다.

㉢ 증상 : 머리가 흔들거리고 제대로 사람을 쳐다보지 못하며, 고개를 좌우로 잘 돌리지 못한다. 심한 경우 호흡 곤란, 사지 마비 등의 증상도 나타난다.

㉣ 치료 : 경추 보조기 장착 및 진통제 투여가 필요하다. 또한 케이지를 통한 운동 제한이 필요하다.

12 구강 질환

(1) 치아 관련 질환

① 에나멜질 형성부전

㉠ 이빨 표면을 덮고 있는 에나멜질이 충분히 발달되지 않아 이빨이 쉽게 부러지는 치아 손상이 나타나는 질환이다.

㉡ 에나멜질이 형성되는 생후 1~4개월 무렵에 홍역을 앓거나 영양 장애, 약물섭취 등으로 에나멜질이 충분하게 발달하지 못한 것이 주요 원인이다.

㉢ 증상 : 에나멜질이 없으면 이빨이 갈색이 되고 치석이 끼게 되며, 이빨의 강도가 약해져 이빨이 쉽게 부러진다.

㉣ 치료 : 이빨 표면을 수복재로 수복하고, 흠이 난 부분은 보전제로 덮어 지각 과민을 해소한다.

② 충 치

㉠ 충치균에 의해 이빨에 구멍이 생기거나 이빨이 갈색이나 검은색으로 변하는 질환이다.

㉡ 개의 경우 사람과 달리 입안이 알칼리성이라서 충치균에 강한 편이지만, 나이든 개나 당분 함유 음식을 다량 섭취하는 경우 충치가 발병하기 쉽다.

㉢ 이빨 표면에 남아 있던 음식찌꺼기 등이 부패하면서 유기산 등이 만들어지고, 이 부산물들이 이빨의 에나멜질이나 치수를 침범하여 충치를 만든다.

㉣ 증상 : 통증으로 음식을 잘 먹지 못하며, 구취가 심하다.

㉤ 치료 : 충치를 제거하고 충전해서 수복하며, 충치가 심한 경우에는 발치한다. 평소에 양치질을 통한 꾸준한 관리가 필요하다.

(2) 치아 주변 조직 관련 질환

① 치주 질환

㉠ 치아 주변 조직에 염증이 생기는 질환으로, 치은염과 치주염으로 구분할 수 있다.

치은염	잇몸에 염증이 생긴 것으로, 잇몸이 붓고 피가 난다.
치주염	잇몸과 잇몸뼈 주변의 치주인대까지 염증이 진행된 것이다. 이 경우 고름이 고이거나 이빨이 흔들리게 되어 이빨이 빠지게 된다.

㉡ 입안 위생 관리 부족 및 치석 방치, 부정 교합 등이 원인이다.

㉢ 증상 : 잇몸이 붓고, 궤양과 출혈이 나타난다. 심한 경우 사료를 잘 씹지 못한다.

㉣ 치 료

- 입안을 청결히 하고 스케일링을 통한 치석 제거를 실시한다.
- 증상이 심할 경우, 환부 소독 및 항생물질 투여를 실시한다.
- 이빨이 흔들리는 경우 발치가 필요하며, 추후 위생 관리 및 정기적 검진이 필요하다.

② 치근첨주위농양

㉠ 이빨 뿌리 쪽에 심한 염증이 생긴 질환이다. 외부에서는 잘 보이지 않으므로 증상이 많이 진행되어서 발견되는 경우가 많다.

㉡ 치주 질환이 심해지거나 치수와 치근 주위가 세균에 감염되면서 발생한다.

㉢ 증상 : 사료를 잘 씹지 못하거나 염증으로 인해 얼굴이 부어오르기도 한다. 또한 이빨이 흔들리거나 빠지기도 하며, 치근부의 궤양으로 코에서 출혈 및 고름이 발생하기도 한다.

㉣ 치료 : 발치 및 항생물질을 투여해야 한다. 미리 치주 질환이 발생하지 않도록 위생 관리에 신경써야 하며, 딱딱한 것을 씹고 노는 습관을 교정해주도록 한다.

③ 구내염

㉠ 구강 점막에 염증이 생긴 질환이다.

㉡ 주로 뺨 안쪽이나 혀 안쪽, 잇몸 등에 염증이 발생한다.

㉢ 입안 상처, 세균이나 바이러스에 의한 감염, 치주 질환 및 당뇨병, 신장병 등의 전신 질환에 의해 발병한다.

㉣ 증상 : 음식 섭취 시 통증으로 힘들어하며 구취가 난다. 또한 침을 흘리거나 피가 나기도 하며, 그루밍이 감소한다.

㉤ 치료 : 염증 부위를 소독하고 염증 완화 약물을 발라준다. 비타민제 투여도 치료 방법 중 하나이며, 위생적인 구강 관리가 필요하다.

13 눈과 귀의 질환

(1) 눈꺼풀, 비루관 질환

① 안검내반·외반증

㉠ 개에게 흔하게 발생하는 눈 질환으로, 안검내반은 안검 피부가 안구 쪽으로 말려들어가 있는 상태를 말하며, 안검외반은 안검 피부가 바깥쪽으로 밀려나와 있는 상태를 말한다.

㉡ 이는 선천적인 경우와 각막궤양이나 이물 또는 포도막염, 심한 안통에 의해서도 발생한다.

㉢ 증 상

- 안검내반은 속눈썹이 눈 표면을 찌르므로 눈물 분비가 증가하고 눈을 자주 깜박거리거나 자극으로 인해 안검경련이 일어나며 만성 각막염이나 결막이 충혈된다.
- 안검외반 또한 결막염이나 유루증의 원인이 되는 경우가 많고, 눈곱이 많이 나온다.

㉣ 치료 : 선천적인 경우 외과적 수술로 원인을 제거하도록 하고 각막과 결막의 병변부를 치료한다.

② 첩모난생증

㉠ 눈썹이 나는 부위는 정상이나 배열과 발생 방향이 불규칙한 것을 말한다.

㉡ 후천적으로는 결막염, 화상, 안검염에 의하여서도 발생한다.

㉢ 증상 : 각막 및 결막을 자극하므로 눈물 분비가 증가하고 결막충혈로 눈을 잘 뜨지 못하게 된다.

㉣ 치료 : 비정상적으로 난 눈썹을 제거하거나 외과적인 수술을 실시하고 각막 및 결막염 치료를 실시한다.

③ 제3안검 탈출증(체리아이)

㉠ 내안각에 위치한 제3안검이 변위되어 돌출된 질환이다.

㉡ 이는 매끄럽고 둥근 붉은색의 부위가 노출된 상태로, 체리아이(Cherry Eye)라고도 한다.

㉢ 보통 제3안검에 염증이 생기거나 제3안검 조직이 느슨해져 나타나며, 한쪽 또는 양쪽에 발생한다.

㉣ 주로 눈이 돌출되어 있는 견종인 잉글리쉬 불독, 불테리어, 복서, 스파니엘, 페키니즈 및 비글 등에서 많이 발생하며, 고양이에게는 드물게 나타난다.

㉤ 이 질환은 각막염, 결막염, 안구건조증 등 다른 안과 질환을 유발할 수 있다.

㉥ 치료 : 돌출된 조직을 외과적 수술로 제자리로 위치시키는 방법을 시행한다.

④ 유루증

㉠ 누관을 통해 코로 흘러내려야 하는 눈물이 배출되지 못하고 눈 밖으로 끊임없이 넘쳐 흐르는 질환이다.

㉡ 선천적으로 누관에 이상이 있는 경우나 각막염이나 결막염의 영향, 안륜근의 기능 저하 등이 원인이다.

㉢ 증상 : 눈물이 눈 밖으로 계속 흐르기 때문에 눈에서 코를 따라 털이 변색되거나 눈꺼풀에 염증이 생기는 경우가 발생한다.

㉣ 치료 : 염증인 경우에는 항생물질을 투여하며, 누점이나 누관을 세정한다.

(2) 결막 및 각막 질환

① 결막염

㉠ 결막은 눈꺼풀 안쪽에 해당하며, 눈꺼풀을 뒤집었을 때 점막이 충혈되고 부어 있는 질환이다.

㉡ 세균이나 바이러스에 의한 감염이 일반적이며, 먼지나 알레르기 반응도 원인이 된다.

㉢ 증상 : 눈물 분비가 증가하고 결막이 충혈되며, 이물감으로 눈을 자주 비비거나 통증으로 인해 만지지 못하게 하며, 결막의 부종과 비후 등 여러 가지 증상을 보인다.

㉣ 치료 : 원인이 매우 다양하므로 원인에 따른 치료를 실시하도록 한다. 보통 멸균된 세정제로 깨끗이 씻어내고 안연고제 등을 발라준다.

② 각막염

㉠ 각막의 염증을 말하며 각막 혼탁, 각막 주위 충혈 및 혈관신생 등의 증상이 나타난다.

㉡ 원인은 바람, 먼지, 외상, 화학적 자극, 눈썹 이상, 눈물분비 후유증, 녹내장, 세균 등 여러 가지가 있다.

㉢ 형광염색 검사(F-dye)를 통해 각막 염증 부위 및 궤양 정도를 알 수 있다.

㉣ 치료 : 멸균 세정액으로 깨끗이 씻어낸다. 안연고 또는 점안액 그리고 필요에 따라 전신적 항생제 등을 투여한다.

(3) 안구 질환

① 백내장

㉠ 수정체가 하얗게 혼탁된 것을 말하며, 수정체의 투명도가 소실되어 빛이 안구로 들어오는 것을 막아 시력 장애를 일으킨다.

㉡ 원인은 선천성, 후천성, 노년성, 당뇨병성, 외상성 등 다양한데, 대개는 노화에 의한 것으로 평균 6세를 넘긴 시점부터 서서히 진행된다.

㉢ 치료 : 안약이나 물약을 질병의 진행을 억제하는 목적으로 사용한다. 인공 수정체 삽입 등 수술하는 경우도 있지만 아직 일반적이지는 않다.

② 녹내장

㉠ 안압의 상승으로 인해 나타나는 질병으로, 빛을 쪼이면 눈 속이 녹색으로 보여 녹내장이라고 한다.

㉡ 원인에 따라 원발성, 속발성, 선천성 녹내장으로 나눈다.

㉢ 증상 : 안압의 상승으로 눈의 통증을 호소하며 각막이 혼탁해지고 안구가 커지는 등의 증상이 나타난다.

㉣ 치료 : 안압을 떨어뜨리기 위해 국소 및 전신적인 약물 투여가 필요하며, 실명 등 합병증이 발생할 시에는 안구적출 등 외과적 수술이 필요하다.

[제3안검 탈출증]

[백내장]

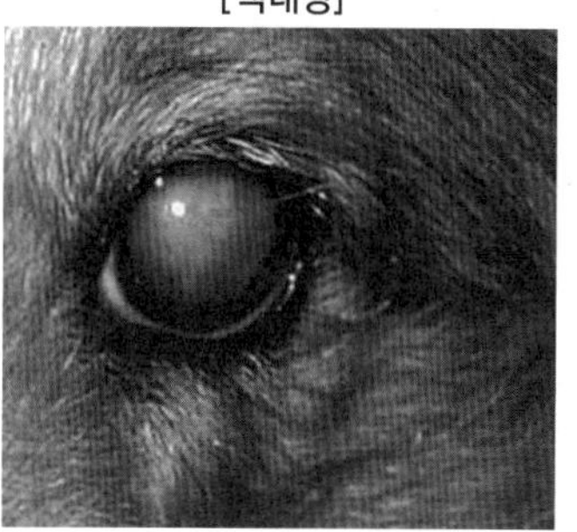

(4) 귀 관련 질환

① 외이염

㉠ 귀의 외이도에 염증이 생기는 질환이다.

㉡ 귀가 늘어져 있거나 털이 많은 경우 발병하기 쉬우며, 체질적으로 귀지가 많이 쌓이는 경우도 발병이 쉽다.

㉢ 외이도의 귀지에 세균이나 곰팡이가 번식하여 염증을 일으키며, 진드기나 곤충의 침입도 원인이 될 수 있다.

㉣ 증상 : 가려움으로 인해 뒷발로 귀를 긁거나 귀를 땅에 비벼댄다. 가려움이 심하거나 통증이 심해지면 머리를 자주 흔든다.

㉤ 치료 : 외이도를 세정하고, 소염제나 항생물질을 투여한다. 진드기 등이 원인인 경우 살충제를 넣어 증식을 억제한다.

② 중이염

㉠ 보통 외이염이 계속 진행되어 중이까지 염증이 퍼져 발생한다.

㉡ 증상 : 외이염과 증상이 비슷하나 중이의 고실까지 고름이 쌓이기도 하며, 안면마비나 청각 장애 등이 일어나기도 한다.

㉢ 치료 : 항생물질이나 소독제를 투여한다.

③ 내이염

㉠ 귀의 가장 안쪽 깊은 곳에 있는 내이에서 염증이 발생한 것으로, 대부분 외이염이나 중이염이 확장되어 나타난다.

㉡ 증상 : 중이염의 증상과 비슷하지만, 내이에 있는 전정신경에 염증이 생기면 평형감각을 잃고 쓰러지거나 같은 장소를 선회하는 경우가 생긴다.

㉢ 치료 : 항생물질 투여 및 외이염, 중이염 치료를 동반 진행해야 한다.

14 중독성 질환

초콜릿 중독	• 초콜릿에 함유된 테오브로민 성분을 다량 섭취할 경우 과흥분, 경련, 급성 심부전증 등을 일으킬 수 있다. • 구토를 유도하거나 활성탄을 급여하여 독성 물질의 위장 흡수를 억제한다.
양파, 파 중독	• 양파나 대파 등에 함유된 알릴 프로필 다이설파이드 성분은 적혈구 막을 산화시켜 적혈구를 용혈시킨다. 따라서 용혈성 빈혈이나 혈뇨 등을 일으키므로 주의가 필요하다. • 구토를 유도하거나 활성탄을 급여하여 독성 물질의 위장 흡수를 억제한다. • 빈혈이 심할 경우 수혈을 통해 빈혈을 개선한다.
포도 중독	• 포도 및 건포도는 급성 신부전을 유발하며, 요독증으로 인한 구토, 식욕 부진, 오줌량 감소 등도 유발한다. • 구토를 유도하거나 활성탄을 급여하여 독성 물질의 위장 흡수를 억제한다. • 수액 처치로 이뇨 작용을 유도한다.
자일리톨 중독	• 자일리톨은 개의 인슐린 농도를 높여 저혈당을 유발한다. 따라서 저혈당으로 인한 기력 저하, 구토 등의 증상을 불러올 수 있다. • 다량 섭취 시 간 손상도 올 수 있다. • 구토를 유도하거나 활성탄을 급여하여 독성 물질의 위장 흡수를 억제한다. • 포도당 수액을 공급하여 저혈당을 개선한다.
아보카도	아보카도의 과실, 씨앗 등에는 페르신이라는 물질이 포함되어 있어 사람 이외의 동물에게 주면 중독증상을 일으켜 구토, 설사 및 경련, 호흡 곤란 등을 일으킬 수 있다.

CHAPTER 02 실전예상문제

01 개의 질병 중 병원체의 성격이 다른 하나는?

① 디스템퍼
② 살모넬라증
③ 포도상구균증
④ 보렐리아증
⑤ 캄필로박테리아증

해설

① 디스템퍼(개 홍역)는 바이러스에 의해 나타나는 질병이며, ②・③・④・⑤ 세균에 의해 나타나는 질병이다.

02 광견병에 대한 설명으로 옳은 것을 모두 고른 것은?

ㄱ. 광견병 바이러스를 가진 동물에게서 전염된다.
ㄴ. 개뿐만 아니라 고양이, 여우, 너구리 등도 감염될 수 있다.
ㄷ. 기침, 기관지염, 폐렴 등이 주요 증상이다.
ㄹ. 수액처치, 항생제 투여 및 주변 환경 소독이 필요하다.

① ㄱ
② ㄱ, ㄴ
③ ㄱ, ㄷ
④ ㄱ, ㄴ, ㄷ
⑤ ㄱ, ㄷ, ㄹ

해설

ㄷ. 기침, 기관지염, 폐렴 등은 개 전염성 기관기관지염(켄넬코프)의 주요 증상이다. 광견병에 감염되면 발열, 두통, 식욕 저하 및 침 흘림, 경련, 혼수상태 등의 증상이 나타난다.
ㄹ. 광견병은 치사율이 100%에 가까운 질병으로, 백신접종이 최우선이다.

정답 01 ① 02 ②

03 고양이 파보 장염 또는 고양이 홍역 등으로 알려져 있는 전염성 질환은?

① 범백혈구 감소증
② 고양이 전염성 비기관지염
③ 칼리시 바이러스 감염증
④ 고양이 백혈병
⑤ 고양이 전염성 복막염

해설

고양이 파보 장염 또는 고양이 홍역 등으로 알려져 있는 전염성 질환은 범백혈구 감소증이다. 이는 장에 염증이 나타나고 백혈구가 급속도로 감소하는 질환으로, 전염성이 강하고 치사율이 매우 높다.

04 소화기 내부 기생충 중 가장 흔한 기생충이며 감염 시 성장지연, 구토, 탈수 등을 일으키는 것은?

① 구 충
② 회 충
③ 편 충
④ 모낭충
⑤ 심장사상충

해설

회충은 가장 흔한 내장 기생충으로 강아지 입양 시 감염되어 있을 수 있기 때문에 입양 즉시 구충을 실시한다. 구충은 3주령에 1차로 실시하며, 4주령, 6주령, 8주령에 추가로 실시한다.

05 노령견 및 대형견에게 주로 나타나며, 심장 근육이 비대해지거나 탄력이 없어지며 확장되어 나타나는 질환은?

① 심근증
② 동맥관 개존증
③ 폐동맥 협착증
④ 심실중격 결손증
⑤ 승모판 폐쇄 부전증

해설

심장 근육이 비대해지거나(비대형), 탄력이 없어지며 확장되어 나타나는 질환(확장형)은 심근증이다. 비대형과 확장형 모두 심기능이 저하되므로 배에 복수가 차거나 사지의 부종 등이 나타난다.

03 ① 04 ② 05 ① **정답**

06 다음과 같은 증상이 나타날 위험성이 높은 품종으로 적절하지 않은 것은?

- 보통 숨을 들이쉴 때 코골이가 심하며 입을 벌리고 숨을 쉬는 경우가 많다.
- 연구개가 목을 완전히 막아서 무호흡 증상이 나타나기도 한다.

① 시 추
② 불 독
③ 페키니즈
④ 보더 콜리
⑤ 보스턴테리어

해설

해당 증상은 연구개 과장증의 증상으로, 보통 코가 눌린 듯한 모습을 하고 있는 단두종 견종에서 주로 나타나는 질환이다. 단두종에는 시추, 불독, 페키니즈, 보스턴테리어, 퍼그 등이 있다.

07 기흉에 대한 설명으로 옳지 않은 것은?

① 흉강에 공기가 차는 질환이다.
② 폐활량이 저하된다.
③ 대부분 양측성으로 일어난다.
④ 호흡 곤란, 청색증 등의 증상이 나타난다.
⑤ 흉강에 쌓인 공기를 빼거나 산소를 흡입시켜야 한다.

해설

기흉은 대부분 편측성으로 일어난다.

08 흉강이 좁고 깊은 대형견에서 주로 발병하며, 과식 후 심한 운동을 하거나 스트레스 상황에서 식이 급여 시 발생 가능성이 높은 질환은?

① 위 염
② 췌장염
③ 위확장・위염전
④ 장폐색
⑤ 거대 식도증

해설

위확장은 위에 이상이 생겨 가스가 차고 팽창한 상태이며, 위염전은 위가 꼬여 위의 배출로가 막히게 된 상태로, 과식 후 심한 운동을 하거나 스트레스 상황에서 식이 급여 시 발생 가능성이 높다. 보통 그레이트 데인, 콜리, 복서, 셰퍼드 등 흉강이 좁고 긴 대형견에서 주로 발병한다.

정답 06 ④ 07 ③ 08 ③

09 부신피질 기능저하증에 대한 설명으로 옳지 않은 것은?

① 에디슨병이라고도 불린다.
② 부신피질 호르몬이 과소 분비되어 발생한다.
③ 고혈압, 고혈당증의 증상을 보인다.
④ 스테로이드제의 장기간 투여 시 발생할 수 있다.
⑤ 고양이보다 개에게서 많이 발생한다.

해설

저혈압, 저혈당증이 나타나며, 식욕 부진, 근력 저하 등의 증상이 나타난다.

10 대형견에서 주로 나타나며, 고관절이 비정상적으로 발달하여 나타나는 질환은?

① 골 절
② 관절염
③ 슬개골 탈구
④ 고관절 이형성증
⑤ 십자인대단열

해설

고관절 이형성증

- 허리와 대퇴골을 연결하는 고관절이 비정상적으로 발달하여 고관절 내 대퇴골(넙다리뼈) 머리가 부분적으로 빠져 있는 질환이다.
- 대형견에서 유전적인 요인으로 주로 나타나며, 성장 중 과도한 영양 섭취로 인한 급격한 체중 증가도 주요 원인이다.

11 자궁축농증에 대한 설명으로 옳은 것을 모두 고른 것은?

ㄱ. 자궁이 세균에 감염되어 염증을 일으키고 고름이 쌓이는 질환이다.
ㄴ. 주로 출산 경험이 많은 암컷에서 발병한다.
ㄷ. 발정기 전후로 열려 있는 자궁목을 통해 세균에 쉽게 감염된다.
ㄹ. 식욕 저하, 기력 저하, 구토 등의 증상을 보인다.

① ㄱ
② ㄱ, ㄴ
③ ㄱ, ㄷ
④ ㄱ, ㄴ, ㄷ
⑤ ㄱ, ㄷ, ㄹ

해설

ㄴ. 자궁축농증은 주로 새끼를 낳은 적이 없거나 한 번만 낳은 암컷이 걸리기 쉽다.

09 ③ 10 ④ 11 ⑤ **정답**

12 전립선 비대증에 대한 설명으로 옳지 않은 것은?

① 정소 분비 호르몬의 불균형에 의해 발병한다.
② 중성화 수술을 하지 않은 노령견에게서 주로 나타난다.
③ 전립선이 정상적인 크기에서 벗어나 점점 커지는 질환이다.
④ 급성으로 발병하며, 통증이 심해 수술적 치료가 필요하다.
⑤ 중성화 수술로 예방이 가능하다.

해설

대부분 무증상이나 전립선이 비대해지면서 주변에 있는 장이나 방광, 요도를 압박하기 때문에 증상이 나타나는 경우가 있다.

13 소형견에서 주로 나타나며, 고개를 잘 들지 못하고 머리가 흔들거리는 증상을 보이는 경우는?

① 뇌전증
② 뇌수막염
③ 뇌수두증
④ 추간판탈출증
⑤ 환축추불안정

해설

환축추불안정(AAI)

경추뼈 중 환추(1번 경추)와 축추(2번 경추) 사이의 결합에 이상이 생겨 고개를 제대로 움직이지 못하는 질환으로, 환축추 아탈구라고도 한다.

정답 12 ④ 13 ⑤

14 제3안검 탈출증에 대한 설명으로 옳지 않은 것은?

① 체리아이(Cherry Eye)라고도 불린다.
② 제3안검이 변위되어 돌출된 상태이다.
③ 고양이에게는 생기지 않는다.
④ 결막염, 각막염 등 다른 안과 질환을 유발한다.
⑤ 돌출된 조직을 제자리로 위치시키는 외과적 수술을 시행한다.

해설

주로 눈이 돌출된 개에게서 발병한다. 고양이에게는 드물게 나타나지만 발병하지 않는 것은 아니다.

15 누관을 통해 흘러내려야 하는 눈물이 배출되지 못하고 눈 밖으로 끊임없이 넘쳐 흐르는 질병은?

① 유루증
② 결막염
③ 첩모난생증
④ 안검내반증
⑤ 제3안검 탈출증

해설

유루증에 해당한다. 눈물이 눈 밖으로 계속 흐르기 때문에 눈에서 코를 따라 털이 변색되거나 눈꺼풀에 염증이 생기는 경우가 발생한다.

14 ③ 15 ① **정답**

CHAPTER 03 동물공중보건학

1 공중보건의 개념과 동물공중보건 개념의 이해

(1) 건강과 질병

① 건 강

㉠ 건강이란 정신적으로나 육체적으로 아무 탈이 없고 튼튼함 또는 그런 상태를 말한다.

㉡ 세계보건기구(WHO)는 "건강이란 단순히 질병이 없고 허약하지 않은 상태만을 의미하는 것이 아니라 육체적 · 정신적 및 사회적으로 안녕한 상태를 말한다."라고 정의하고 있다.

② 질 병

㉠ 질병이란 심신의 전체 또는 일부가 일차적, 계속적으로 장애를 일으켜 정상적인 기능을 할 수 없는 상태를 말한다.

㉡ 질병은 크게 감염성 질환과 비감염성 질환으로 나눌 수 있다.

- 감염성 질환 : 바이러스 · 세균 · 곰팡이 · 기생충과 같이 질병을 일으키는 병원체가 동물이나 인간에게 전파 · 침입하여 질환을 일으키는 것이다.
- 비감염성 질환 : 고혈압이나 당뇨와 같이 병원체 없이 일어날 수 있고, 대부분 발현 기간이 길어 만성적 경과를 밟는 경우가 많다.

㉢ 질병의 예방대책

- 1차 예방 : 예방접종, 환경 위생 관리, 생활개선, 보건교육, 모자보건사업 등이 있다.
- 2차 예방 : 조기건강진단, 감염병 환자의 조기 치료, 질병의 진행 감소, 후유증의 방지 등이 있다.
- 3차 예방 : 재활 치료(신체적 · 정신적), 사회생활 복귀 등이 있다.

(2) 공중보건학

① 공중보건학의 개념

㉠ 공중보건이란 지역사회에서 사회적 노력을 통하여 질병을 예방하고 주민 모두의 건강을 유지하고 증진시키기 위한 기술을 말한다.

㉡ 윈슬로우(Winslow)는 "공중보건학이란 조직화된 지역사회의 공동 노력을 통하여 질병 예방과 수명 연장, 그리고 신체적 및 정신적 효율을 증진시키는 기술이며 과학이다."라고 정의하고 있다.

② 공중보건학의 역할

㉠ 환경적 위생 개선

㉡ 개인의 위생 교육

㉢ 질병의 조기진단과 치료를 위한 의료 및 간호봉사의 조직화

㉣ 감염병 예방 관리를 위해 모든 인간이 자신의 건강을 유지하는 데 적절한 생활수준을 보장받도록 사회제도를 발전

③ 공중보건학의 범위

구 분	내 용
기초개념분야	보건의료의 정의, 역사, 과제, 범위, 방법, 동향 등
역학분야	역학, 감염병 관리, 기생충 관리, 질병 관리, 보건행정통계 등
환경보건분야	상·하수, 대기, 수질, 토양오염, 고체폐기물, 소음, 진동, 악취, 환경교육 등의 환경보전·위생
보건관리분야	보건행정, 모자보건, 보건영양, 보건교육, 보건간호, 보건경제, 보건정보, 식품위생, 인구문제, 가족계획, 산업보건, 학교보건, 지역사회보건, 정신보건, 농어촌보건, 성인보건, 영유아보건, 사회보장, 병원 관리, 인류생태, 의료보장, 위생문제, 응급처치, 재해예방, 마약·약물 남용, 재활의학 등

④ 공중보건학의 발달과 역사

㉠ 고대(B.C.~A.D. 500년) - 환경위생시대

- 고대 인도의 베다(Veda)시대 : 음식, 의복, 신체의 청결 등에 관한 규정
- 그리스의 히포크라테스 : '히포크라테스 전집(Corpus Hippocraticum)'을 통하여 장기설(나쁜 공기로 인하여 감염병 발생)과 인체는 혈액, 점액, 황담즙, 흑담즙을 가지고 있다는 4액체설을 주장
- 로마시대 : 도시를 건설할 때 상·하수도시설, 목욕장 등을 설치, 사체의 매장 등에 관한 금지 규정, 갈레누스(Galenus)는 히포크라테스의 이론을 계승·발전시킨 병인설로 오염된 외기에 관한 장기설을 주장

㉡ 중세(A.D.500~1500년) - 암흑기

- 페스트, 천연두, 디프테리아, 홍역, 한센병 등 많은 감염병이 유행
- 방역의사, 빈민구제의사 활동이 활발
- 검역(Quarantine)제도 : 징기스칸의 유럽 정벌 시 전파된 페스트로 인해 유럽인구의 1/4이 사망, 검역법을 제정(검역소 설치)
- 보건학적인 면에서 크게 발전하지 못한 시대

㉢ 근세(1500~1850년) - 여명기(요람기)

- 공중보건학이 체계를 갖춘 시기
- 프라카스토로(Fracastoro, 1530년대) : 인간의 눈으로 볼 수 없는 질병의 병인이 되는 종이 있다고 주장 → 레벤후크(Leeuwenhoek, 1673년)는 현미경으로 미생물을 최초로 발견
- 그랜트(Graunt, 1662년) : 보건통계 도입
- 라마찌니(B. Ramazzini, 1713년) : 직업병에 관한 저서 출간, 공중보건의 기초 확립
- 세계 최초의 국제조사(1749년, 스웨덴) 실시
- 포트(P. Pott, 1775년) : 굴뚝 청소부에게서 최초의 직업병인 음낭암을 발견
- 제너(E. Jenner, 1798년) : 천연두 접종법 개발
- 프랭크(J. P. Frank, 1800년경) : 최초의 공중보건학 저서인 '전의사 경찰체계(위생행정)' 출간
- 채드윅(E. Chadwick, 1842년) : 열병 보고서(Fever Report) 발표
- 세계 최초의 공중보건법(1848년, 영국) : 보건행정의 기틀 마련

㉣ 근대(1850~1900년) – 확립기(감염병 예방의 시대)
- 예방 사상을 확립한 시기
- 존 스노우(J. Snow, 1855년) : 콜레라에 관한 역학조사 보고서는 장기설을 뒤집고, 감염병 감염설을 입증하는 동기 마련
- 파스퇴르(Pasteur, 1855년) : 미생물 병인설 주장(질병의 자연 발생설 부인)
- 라스본(Rathbone, 1862년) : 최초로 방문간호사업을 실시하여 오늘날 보건소 제도의 효시가 됨
- 페텐코퍼(Pettenkofer, 1886년) : 뮌헨대학에서 위생학 교실 창립(실험위생학의 기초 확립)
- 코흐(Koch) : 탄저균의 실체 밝힘(1876년), 결핵균(1882년)과 콜레라균(1883년)을 발견
- 비스마르크(Bismarck, 1883년) : 사회보장제도의 창시자로, 근로자질병 보호법을 제정

㉤ 현대(1900년 이후) – 발전기(사회보건 및 사회보장시대)
- 19세기 말에 근로자, 생활구호자, 모자보건 및 생활부조를 목적으로 하는 사회보건학이 대두
- 1900년 이후 영국과 미국을 중심으로 근대보건이 발전 → 1919년 영국에서 세계 최초의 보건부를 설치(보건행정의 기반을 마련)
- 1935년 미국에서 사회보장법을 제정하여 사회보장이란 용어를 처음 사용 → 1938년 뉴질랜드에서도 사회보장법을 제정, 의료보장부문에 재활훈련·예방의료를 도입
- 전쟁 종결 후인 1945년 샌프란시스코에서 조인된 UN헌장에 보건문제를 삽입 → 1946년 2월 국제보건기구를 위한 준비위원회가 설립되어 세계보건기구헌장의 초안 작성, 1948년 4월 세계보건기구(WHO) 발족
- 1971년 람사르협약은 습지의 보전에 관한 협약으로, 자연 자원의 보전과 현명한 이용에 관해 맺어진 최초의 국제적인 정부 간 협약
- 1972년 국제연합인간환경회의는 '오직 하나뿐인 지구'를 주제로 스톡홀름에서 열렸으며, 지구 환경 문제를 다루기 위해 국제연합의 산하에 '국제연합환경계획(UNEP)'이라는 국제기구를 설립
- 1978년 알마아타 선언에서 단순한 1차진료에서 1차보건의료(PHC)를 채택, 치료의학보다는 예방의학 중심 → '2000년까지 모든 사람에게 건강을'이라는 목표 선정
- 1992년 6월 브라질의 리우데자네이루에서 '지구환경정상회담'이라는 환경과 개발에 관한 유엔환경회의를 개최하여 '리우선언' 및 그 행동강령을 채택하는 등 지구환경보전을 위한 적극적인 노력이 추진되고 있음

(3) 동물공중보건학

① **동물공중보건학의 개념** : 동물공중보건학이란 동물 질병에 대한 예방, 환경위생, 식품위생, 동물복지를 포함하여 동물이 사람에게 질병을 전파할 수 있는 인수공통감염병을 차단하기 위한 학문이다.

② **동물공중보건학의 범위**

㉠ 보건학의 정의

㉡ 환경위생(공기, 기후, 일광 등)

㉢ 식품위생(식중독, HACCP 개념 등)

㉣ 사양위생(사료, 사료의 변질, 사양표준, 영양 장애 등)

㉤ 관리위생(방목위생, 축사 관리, 신생 동물 관리 등)

ⓑ 역학(역학 및 전염병 관리, 질병의 예방, 소독 등)
ⓢ 인수공통감염병 관리
ⓞ 기생충질환예방(원생동물, 흡충류, 조충, 선충류)
ⓙ 반려동물의 위생 관리

③ 동물위생의 행정 연구 기관

농림축산 식품부	• 동물 위생 관리에 있어 최상위의 국가 기관이며 동물과 관련된 정책을 수립할 때 가장 핵심역할을 담당 • 주요 업무 – 「동물보호법」을 운용 – 동물 및 반려동물 방역업무 – 농식물 유통구조 개선 및 수급 안정 업무
농림축산 검역본부	• 농림축산식품부 산하 검역 기관 • 주요 업무 – 축산물의 위생과 안정성 검사 – 동물과 축산물의 검역 및 검사 업무 – 동물용 의약품 검정 및 품질 관리
가축위생방역 지원본부	• 농림축산식품부 산하 기타 공공 기관 • 주요 업무 – 가축 방역 사업 – 축산물 위생 사업 – 수입 식용 축산물 검역 검사를 담당
국립축산 과학원	• 가축 가금의 품종개량, 영양생리·번식생리 및 사양기술, 축산물 이용, 초지의 조성 관리와 사료작물의 육종재배 및 축산환경에 관한 시험·연구사무를 관장하는 국가 연구 기관 • 주요 업무 – 가축·가금의 육종과 번식을 위한 연구 – 가축의 유전체·복제·형질전환에 관한 연구 – 축산물의 품질향상 및 유통개선 연구

2 환경보건

(1) 환경위생

① 환경위생의 개념

㉠ 인간을 둘러싸고 있는 생활환경의 위생 유지, 즉 개인의 주위, 집 안팎, 마을・지역사회를 깨끗한 상태로 보전함으로써 주민들의 건강을 유지・증진하는 것이다.

㉡ 세계보건기구(WHO)는 "환경위생이란 인간의 물질적인 생활환경에 있어서 신체발육, 건강 및 생존에 영향을 주는 요소 또는 그 가능성이 있는 일체의 요소를 제어하는 것을 의미한다."라고 정의하고 있다.

② 환경위생에 영향을 끼치는 요소

㉠ 공 기

개 요	• 공기는 동물이 생활하는 데 필수 요소이다. • 공기 중에는 세균, 기생충란, 먼지 등이 포함된다.
성 분	• 질소 : 무색・무미・무취의 기체 원소이며, 공기의 반 이상을 차지한다. • 산소 : 생명체에 필수적인 영양성분을 구성하며 녹색 식물의 광합성에 의해 생성된다. 호흡을 통해 몸속으로 들어온 산소는 영양분을 태워 에너지를 얻을 수 있게 하며, 혈액 속에 녹아 몸 전체에 공급된다. • 이산화탄소 : 무색, 무취의 기체로, 식물의 탄소 동화 작용을 돕는다. 청량음료, 소화제, 냉동제 등을 만드는 데 쓴다.
공기와 동물 건강	• 동물의 사육장 내 공기 오염은 동물의 성장과 번식에 영향을 준다. • 전염병 및 기타 질병을 유발시키는 원인이 된다. • 내부 기생충의 번식 장소가 되기 쉽다. • 사육장 내 공기는 암모니아, 메탄, 탄산가스, 일산화탄소 등 유해가스로 오염되는 경우가 많다. • 암모니아 함량이 0.05~0.10%에 달하면 안결막, 인후두 등의 결막을 자극하여 카타르성 염증을 일으킬 수 있으므로, 환기에 유의하여야 한다.

더 알아보기

공기의 화학적 성분

성 분	함량(%)	성 분	함량(%)
질소(N_2)	78.08	아르곤(Ar)	0.93
산소(O_2)	20.94	주변 공기-수증기	0.001~0.1
이산화탄소(CO_2)	0.03	기 타	0.0001

ⓒ 기 후

개 요	기후의 3요소는 기온, 기습, 기류(풍속)이며, 여기에 복사열을 포함하면 온열 요소가 된다.
기후의 3요소	• 기온 : 대부분의 동물은 20℃ 전후가 생육에 가장 적당하고 5℃ 이하, 27℃ 이상이 되면 유량 감소, 발육지연, 그리고 체중 감소 등이 나타나게 된다. • 기습 : 동물의 생활에 적당한 기습은 그 종류에 따라 다소 다르지만, 40~70% 범위가 가장 적합하다. • 기류 : 기류란 공기의 흐름이며 속도와 압력이 포함된다.

ⓒ 일 광

• 자외선

2,000~3,100Å의 파장	• 살균 작용을 갖고 있어 미생물을 3~4시간 만에 사멸 • 2,650Å의 파장은 빛이 가장 강한 살균력을 가지고 있어 이 파장을 이용하여 자외선 살균
2,800~3,200Å의 파장(건강선, 생명선)	• 스위스의 도노 알라(Dorno Arla)가 발견하여 도노선(Dorno-ray)이라고 함 • 소독 작용, 비타민 D 형성 • 피부의 모세혈관을 확장시키면 홍반 • 표피의 기저 세포층에 존재하는 멜라닌(Melanin)색소를 증대시키면 색소 침착 • 자외선의 작용이 강화되면 피부암 • 안구에 작용되면 일시적인 시력 장애 • 강한 자외선에 조사되면 설맹, 설안염, 각막염, 결막염
3,300Å 이상의 파장	혈액의 재생 기능을 촉진하며, 신진대사 향상
3,000~4,000Å의 파장	• O_3을 생성 • 발생된 O와 O_3은 NO를 NO_2로 변화시켜 탄화수소(HC)와 결합하여 PAN을 형성 • 산화력이 강한 옥시던트(Oxidant)를 발생 • 광화학 스모그를 발생시켜 대기오염의 문제를 야기

• 가시광선
- 눈의 망막을 자극하여 명암과 색깔을 구별한다.
- 가시광선 중 적색광선은 온감, 청색광선은 냉감, 검은색은 압박감을 준다.
- 눈에 적당한 조도는 100~1,000Lux이다.
- 낮은 조도로 인해 안구진탕증, 안정피로, 시력 저하, 작업 능률 저하 등과 같은 장애가 온다.
- 조도의 측정 기구는 광전지 조도계, 광전관 조도계, 멕베스(Macbeth) 조도계 등이 있다.
- 5,500Å(550nm)의 빛에서 가장 강하게 느낀다.

• 적외선
- 열작용을 나타내므로 열선이라고도 부른다.
- 여름철 머리 부분의 강한 적외선은 중추신경에 장애를 초래하여 일사병의 원인이 되며, 피부 장애로 화상과 홍반을 초래할 수 있다.
- 측정 기구는 열전퇴식 복사계, 흑구 온도계 등이 있다.
- 자외선에 의한 홍반과는 달리 색소 침착을 일으키지 않는다.
- 태양광선 외에도 전기로, 난로 등의 발광체에서도 방사된다.

(2) 환경보전

① 환경보전의 개념

㉠ 환경을 체계적으로 보존・보호 또는 복원하고 생물 다양성을 높이기 위하여 자연을 조성하고 관리하는 것을 말한다.

㉡ 「환경정책기본법」에 따르면 환경보전이란 환경오염 및 환경훼손으로부터 환경을 보호하고 오염되거나 훼손된 환경을 개선함과 동시에 쾌적한 환경 상태를 유지・조성하기 위한 행위를 말한다.

② 대기오염

㉠ 대기오염의 개념 : 세계보건기구(WHO)에 의하면 대기오염이란 대기 중에 인공적으로 오염물질이 혼입되어 양, 질, 농도, 지속 시간이 상호작용하여 다수의 지역 주민에게 불쾌감을 일으키거나 공중 위생상 위해를 끼치며, 인간이나 동・식물의 생활에 해를 주어 도시민의 정당한 권리를 방해받는 상태를 말한다.

㉡ 대기오염 물질의 분류 : 발생 단계에 따라 1차 오염물질과 2차 오염물질로 나뉜다.

- 1차 오염물질 : 입자상 물질(먼지, 매연, 훈연, 박무, 검댕, 안개, 연무), 가스상 물질(SO_2, H_2S, NO_X, CO, HC, NH_3, HF)
- 2차 오염물질(광화학 산화물) : H_2O_2, PBN, PAN, O_3, Acrolein 등

㉢ 대기오염의 피해

- 인체의 피해

황산화물(SO_X)	호흡기계 질환으로, 기관지염, 기관지 천식, 폐기종 등이 생기며, 기관지 수축, 기도 저항 및 호흡・맥박 증가 등의 피해가 있으며, 심하면 사망에 이른다.
질소산화물(NO_X)	겨울철에 많고, 여름철에 적다. NO는 혈액 중의 Hb과 결합하여 NO-Hb을 생성하며, CO보다 친화력이 수백 배 강하다. NO_2는 NO보다 특성이 5배 정도 강하며 용혈을 일으킨다. 눈에 대한 자극이 없다는 것을 제외하고, SO_2의 피해와 거의 비슷한 호흡기 질환, 즉 기관지염, 폐기종, 폐렴 등을 일으키며, 다른 증상으로 만성 기관지염, 폐암 등이 나타난다.
일산화탄소(CO)	연탄가스 중독의 원인물질이다. CO는 산소보다 Hb와의 결합력이 약 250배(200~300배) 정도 강하다. CO-Hb을 형성해 산소 결핍증을 일으킨다. 두통, 현기, 권태, 이명, 오심, 구토감이 오고 호흡 곤란, 졸도 등을 수반하여 사망에 이르게 되며, 특히 뇌조직과 신경계통에 많은 피해를 준다.

- 동물의 피해
  - 불소에 의해 소와 양의 치아가 손상된다.
  - 일산화탄소의 지표 동물은 카나리아이다.
  - 동물에 피해를 입히는 오염물질 : F, As, Pb, Mo, SO_2
- 식물의 피해
  - 햇빛이 강한 낮(식물은 탄소 동화 작용을 하므로 동화 작용 시 폐쇄 인자로 작용)이나, 습도가 높은 날에 피해가 크다.
  - 식물에 피해를 주는 순서 : HF > Cl_2 > SO_2 > NO_2 > CO > CO_2

③ 수질오염

㉠ 수질오염의 정의

- 수질오염이란 인간 활동으로 호수, 강, 해양, 지하수 등을 관측하였을 때 생물학적, 물리적, 화학적으로 수질이 악화된 현상을 말한다.

- 「물환경보전법」은 수질오염으로 인한 국민건강 및 환경상의 위해를 예방하고 하천・호소 등 공공수역의 물환경을 적정하게 관리・보전함으로써 국민이 그 혜택을 널리 누릴 수 있도록 함과 동시에 미래의 세대에게 물려줄 수 있도록 함을 목적으로 한다.

㉡ 수인성 전염병

- 정의 : 병원성 미생물이 오염된 물에 의해서 전달되는 질병으로 사람이 병원성 미생물에 오염된 물을 섭취하여 발병하는 감염병을 말한다.
- 원인 : 사람이 병원성 미생물에 오염된 물을 섭취하면 수인성 전염병이 발병할 수 있다. 여러 세균, 바이러스, 원충 등의 병원성 미생물이 수인성 전염병을 일으킬 수 있는 원인이다.
- 특 징
  - 유행 지역과 음료수 지역이 일치한다(경계가 명확하다).
  - 환자가 폭발적으로 발생한다(계절적 영향을 받지 않는다).
  - 이환율, 치명률, 발병률이 낮다.
  - 2차 감염률이 낮다.
  - 모든 계층과 연령에서 발생한다.
  - 여과 및 염소 소독에 의한 처리로 환자 발생을 크게 줄일 수 있다.

㉢ 수질오염원

- 생활하수 : 가정에서 배출되는 가정오수, 상업시설 및 각종 공공 기관에서 배출되는 폐수, 각종 음식 찌꺼기류, 각종 세탁폐수, 화장실 분뇨가 대부분이다.
- 산업폐수 : 각종 중금속을 비롯하여 고농도의 유기성 물질로 고도처리를 요하는 난분해성 물질 등이 있다.
- 축산폐수 : 유기 물질 함량이 높아서 발생량에 비해 수질오염 부하량이 매우 크며, 가축 한 마리당 배출되는 오염 물질이 보통 사람의 10배 이상이다.

㉣ 오염물질의 배출원과 피해

- 무기물 : 식염(NaCl), 인산염(PO_4^{3-}), 질산염(NO_3^-), 암모늄염(NH_4^+), 철분 등이 하천과 해수에 유입되어 부영양화와 적조현상을 일으켜 어패류의 폐사 및 유독화를 초래한다.
- 유기물 : 중성 세제(ABS) 및 연성 세제(LAS)가 배출되어 하천 표면에 포막을 형성하여 자정 작용을 방해하고 DO를 감소시킨다. 또한 하수 내 유기 물질은 수계의 DO를 감소시켜 부패를 일으킨다.
- 유류 : 수면의 유막을 형성하여 생물의 폐사 및 생육에 지장을 준다.
- 분뇨 : BOD 증가, COD 증가, DO 감소, 부영양화 현상, 부패, 악취의 원인이다. 각종 기생충과 수인성 감염병을 유발한다.
- 중금속 : 수은(Hg), 카드뮴(Cd), 비소(As), 납(Pb) 등이 먹이 연쇄를 통해 유독성을 나타낸다.

미나마타병	수은(Hg) 중독으로, 일본의 미나마타 만에서 어패류를 먹은 어민들이 신경 계통의 장애를 일으켜 수족 마비, 감각 마비, 난청, 언어 장애, 이상 보행, 호흡 마비로 111명 중 47명이 사망했다.
이타이 이타이병	카드뮴(Cd) 중독으로, 일본 찐스강 유역에서 40세 이상의 여성, 특히 다산부에 심한 요통, 관절통 등을 일으켰으며, 동요성 보행, 보행 불능 및 사지골과 늑골 골절 등으로 208명 중 128명이 사망했다(칼슘 대사 장애, 골연화증).

• 농 약

– DDT, PCP, 엔드린(Endrin), 디엘드린(Dieldrin), 파라티온(Parathion), PCB 등이 하천이나 해수에 유입되어 수서 생물을 죽이고 먹이 사슬을 통해 인체나 동물에 피해를 입힌다.

– 카네미 유증 : 일본의 카네미 창고 주식회사에서 열매체로 사용하던 PCB가 식용유(미강유)에 혼입되어 유통됨으로써 이를 섭취한 주민 중 1,400여 명이 피부 장애, 간장 장애, 시력 감퇴, 탈모, 칼슘 대사 장애, 권태 증세를 보인 사건이다.

④ 악 취

㉠ 정의 : 황화수소, 메르캅탄류, 아민류 등 그 밖에 자극성이 있는 물질이 사람의 후각을 자극하여 불쾌감과 혐오감을 주는 냄새를 말한다.

㉡ 지정악취물질 : 암모니아, 메틸메르캅탄, 황화수소, 다이메틸설파이드, 다이메틸다이설파이드, 트라이메틸아민, 아세트알데하이드, 스타이렌, 프로피온알데하이드, 뷰틸알데하이드, n-발레르알데하이드, i-발레르알데하이드 등이 있다.

㉢ 제거 방법 : 대표적인 방법으로 산・알칼리 세정법, 직접 연소법, 촉매 산화법, 오존 산화법, 흡착제나 이온 교환법에 의한 흡착법, 전기 집진 장치를 이용한 전극법 등이 있다.

⑤ 소 음

㉠ 소음의 세기 단위

• 측정단위 : dB(Decibel)

• 소리의 세기 기준치 : $10^{-12}W/m^2$

㉡ 소음 측정법

• 귀의 감도가 비슷한 청감 보정 회로가 들어 있는 지시 소음계를 사용하여 측정한 음압 레벨을 소음 레벨이라 한다.

• 단위로는 데시벨(dB) 또는 폰(Phon)이 쓰인다.

㉢ 소음 측정 시 고려 사항

• 소음계와 측정자의 거리의 간격은 0.5m로 한다.

• 손으로 소음계를 잡고 측정할 때에는 측정자의 몸으로부터 되도록 멀리한다.

• 소음 측정 시 소음계의 위치 : 소음계의 마이크로폰은 지면에서 1.2~1.5m 높이에서 측정한다.

• 공장이나 사업장 주변의 소음 측정은 공장 부지 경계선에서 소음이 제일 높은 지점을 측정한다.

더 알아보기

작업장 소음 허용 기준(충격음이 아닌 경우)

하루의 폭로 시간[hr]	허용 음압 수준[dB(A)]
8	90
4	95
2	100
1	105
1/2(30분)	110
1/4(15분)	115

⑥ 진 동

㉠ 전신적인 진동보다 국소적인 진동에 의한 피해가 크다.

㉡ 국소적인 진동 장애에는 레이노병이 있다.

㉢ 진동의 단위 : dB(V)

3 식품위생

(1) 식품위생

① 개 념

㉠ 식품위생이란 음식을 통한 건강 장애를 방지하는 것을 말한다. 「식품위생법」에서는 음식에 기인하는 위해의 발생을 방지하고 공중위생의 향상 및 증진에 기여하는 것으로 요약하고 있다.

㉡ 세계보건기구(WHO)의 정의 : 식품의 생육, 생산 및 제조로부터 인간이 섭취하는 모든 단계에 있어서의 안전성, 건전성 및 완전무결성을 확보하기 위한 모든 수단을 말한다.

② 목적 : 식품으로 인한 위생상의 위해를 방지하고, 식품영양의 질적 향상을 도모함으로써 국민 보건의 향상과 증진에 이바지함을 목적으로 한다.

③ 식품의 위해요소

㉠ 내인성 : 식품 자체에 함유되어 있는 유해・유독물질

- 자연독
  - 동물성 : 복어독, 패류독, 시구아테라독 등
  - 식물성 : 버섯독, 시안배당체, 식물성 알칼로이드 등
- 생리 작용 성분 : 식이성 알레르겐, 항비타민 물질, 항효소성 물질 등

㉡ 외인성 : 식품 자체에 함유되어 있지 않으나 외부로부터 오염・혼입된 것

- 생물학적 : 식중독균, 경구감염병, 곰팡이독, 기생충
- 화학적 : 방사성 물질, 유해첨가물, 잔류농약, 포장재・용기 용출물

㉢ 유기성 : 식품의 제조・가공・저장・운반 등의 과정 중에 유해물질이 생성되거나 섭취 후 체내에서 생성되는 유해물질(아크릴아마이드, 벤조피렌, 나이트로사민)

(2) 식중독

① 식중독의 의의

㉠ 정의 : 미생물, 유독물질, 유해 화학물질 등이 음식물에 첨가되거나 오염되어 발생하는 것이다. 급성위장염 등의 생리적 이상을 초래하는 것이다.

㉡ 발생 시기 : 세균의 발육이 왕성하여 식품이 부패되기 쉬운 6~9월 사이

㉢ 원인 : 비브리오, 살모넬라, 포도상구균 등의 식중독 세균에 노출(부패)된 음식물을 섭취하여 발생한다.

㉣ 환자의 증상 : 일반적으로 설사와 복통의 증상이 있으며, 그 밖에 구토, 발열, 두통 등의 증상이 있다.

② 식중독의 분류

분 류		종 류
세균성 식중독	감염형	살모넬라, 장염비브리오, 병원성 대장균, 캄필로박터, 여시니아, 리스테리아
	독소형	포도상구균, 보툴리누스, 바실러스 세레우스
	중간형	웰치균
화학성 식중독		유해성 금속물질, 농약, 유해성 첨가물
자연독 식중독		동물성, 식물성, 곰팡이독

③ 세균성 식중독

㉠ 감염형 식중독 : 음식물과 함께 섭취한 병원균이 체내에서 증식하거나 균을 다량으로 섭취하거나 해서 장관점막에 감염이 성립하고 장 질환이 나타나는 것을 말한다. 이 형태의 식중독을 일으키는 것에는 살모넬라, 장염 비브리오, 병원성 대장균 등이 있다.

살모넬라 식중독	• 원인균 : 장염균, 쥐티푸스균, 돼지콜레라균 • 잠복기 : 12~48시간, 평균 20시간 • 증상 : 발열, 두통, 복통, 설사, 구토 • 예방 : 도축장의 철저한 위생검사, 식품의 저온 보존
장염 비브리오 식중독	• 원인균 : 장염비브리오균(Vibrio Parahaemolyticus) • 원인식품 : 어패류(주로 하절기) • 잠복기 : 8~20시간, 평균 12시간 • 증상 : 급성 위장염, 복통, 설사, 구토, 혈변 • 예방 : 여름철 어패류 생식 금지, 60℃에서 30분 가열, 냉장 보관, 민물세척, 교차 오염 방지
병원성 대장균	• 원인균 : 가축이나 인체에 서식하는 대장균(Escherichia Coli) 중에서 인체에 감염되어 나타나는 균주 • 원인식품 : 우유(주 원인), 햄버거, 샐러드, 소고기 등 • 증상 : 설사(혈변), 복통, 두통, 발열 • 예방 : 식품과 음료수의 철저한 살균처리, 환자와 가축을 잘 관리하여 식품과 물이 오염되지 않도록 주의
캄필로박터	• 원인균 : 캄필로박터 제주니(Campylobacter Jejuni) • 잠복기 : 2~7일 • 증상 : 설사, 복통, 두통, 발열(38~39℃) • 예방 : 적절한 가열 살균이 가장 중요

㉡ 독소형 식중독 : 세균이 증식하여 독소를 생산한 식품을 섭취하여 발생하는 식중독을 말한다. 이 형태의 식중독을 일으키는 것에는 황색포도상구균, 보툴리누스, 바실러스 세레우스 등이 있다.

구분	내용
황색포도상구균	• 원인균 : 황색포도상구균(Staphylococcus Aureus) – 화농성 질환의 대표적인 원인균 – 그람양성, 무포자, 통성혐기성, 내염성 – 장독소(Enterotoxin) 생성(내열성이 강해 120℃에서 30분간 처리해도 파괴가 안 됨) – 생육 최적온도 30~37℃ • 원인식품 : 유가공품, 김밥, 도시락, 식육 제품 등 • 잠복기 및 증상 : 1~6시간(평균 3시간으로 세균성 식중독 중 가장 짧음), 구토, 복통, 설사, 발열이 거의 없음 • 예방 : 화농성 질환자의 식품취급 금지, 저온보관, 청결유지
보툴리누스	• 원인균 : 보툴리누스균(Clostridium Botulinum) – 그림양성, 간균, 주모성 편모, 내열성의 포자형성, 편성혐기성 – 신경독소(Neurotoxin) 생성(열에 약하여 100℃에서 1~2분, 80℃에서 30분 이내 가열하면 비활성화) • 원인식품 : 불충분하게 가열 살균 후 밀봉 저장한 식품(통조림, 소시지, 병조림, 햄 등) • 잠복기 및 증상 : 12~36시간, 신경계 마비, 높은 치명률(40% 내외) • 예방 : 충분한 가열 살균, 위생적인 보관과 가공
바실러스 세레우스	• 원인균 : 세레우스균(Bacillus Cereus) – 그람양성, 간균, 주모성 편모, 통성혐기성 – 장독소(Enterotoxin) 생성(설사독소와 구토독소) • 원인식품 : 동·식물성 단백질 식품, 수프, 소스(설사형), 전분질 식품(구토형) • 잠복기 및 증상 : 8~16시간, 복통, 설사(설사형), 1~5시간, 메스꺼움, 구토(구토형) • 예방 : 식품 즉시 섭취, 냉장 또는 60℃ 보온 유지

㉢ 기타 세균성 식중독

구분	내용
웰치균 식중독 (감염독소형, 중간형 식중독)	• 원인균 : 가스괴저균(Clostridium Perfringens) – 그람양성, 간균, 포자형성, 편성혐기성, 무편모, 비운동성 – 가스괴저균 – A, B, C, D, E, F의 형 중 A, F형이 식중독의 원인균 • 원인식품 : 단백질성 식품 • 잠복기 및 증상 : 8~20시간, 복통 및 설사 • 예방 : 식품 즉시 섭취, 2차오염 방지
알레르기성 식중독	• 원인균 : 모르가넬라모르가니균(Morganella Morganii) – 사람이나 동물의 장내에 상주 – Histidine Decarboxylase 생성 → Histidine 분해 → Histamine 생성 → 알레르기 유발 • 원인식품 : 붉은 살 생선(꽁치, 고등어, 정어리, 참치 등) • 잠복기 및 증상 : 30분 전후, 안면홍조 및 발진(두드러기) • 예방 : 신선한 붉은 살 생선 구입, 상온에 생선 오래 방치하지 않기
장구균 식중독	• 원인균 : 엔테로코커스 페칼리스(Enterococcus Faecalis) • 원인식품 : 치즈, 우유, 소시지, 햄, 곡류 • 잠복기 및 증상 : 5~10시간, 설사 및 복통, 구토 • 예방 : 충분한 가열, 분변에 의한 오염이 되지 않도록 주의 • 냉동식품과 건조식품의 오염지표균으로 사용

④ 화학성 식중독

㉠ 중금속에 의한 식중독 : 수은(Hg), 납(Pb), 카드뮴(Cd), 비소(As), 구리(Cu) 등

㉡ 농약에 의한 식중독 : 유기인제, 유기염소제, 유기수은제, 유기불소제 등

㉢ 유해성 식품첨가물에 의한 식중독 : 아우라민(Auramine), 로다민 B(Rhodamine-B), 둘신(Dulcin), 시클라메이트(Cyclamate) 등

㉣ 식품의 가공・조리・저장 시 생성되는 유해물질 : 메탄올(Methanol), Nitroso 화합물 등

㉤ 내분비교란물질에 의한 식품오염 : 비스페놀, PCB, 프탈레이트 등

(3) 식품의 변질과 보존

① 식품의 변질 원인

㉠ 생물에 의한 것 : 곤충 등에 의한 침해, 미생물에 의한 부패, 변패 등

㉡ 효소반응에 의한 것 : 자기소화, 효소적 갈변, 효소분해 등

㉢ 화학반응에 의한 것 : 지방질의 산화, 비효소적 갈변 등

㉣ 물리적 원인에 의한 것 : 손상, 조직변화, 전분의 노화 등

② 식품의 변질 종류

㉠ 부패 : 미생물에 의한 유기물, 특히 단백질의 분해로 악취 물질이 생성되는 과정을 말한다.

㉡ 산패 : 유지가 지방 분해 효소나 산화 작용으로 바람직하지 않은 맛과 냄새를 생성하는 현상을 말한다.

㉢ 발효 : 미생물이 자신이 가지고 있는 효소를 이용해 유기물을 분해시키는 과정을 말한다.

③ 식품의 보존

㉠ 식품 보존 목적 : 신선도 유지, 영양가 유지, 변질에 대한 사고 방지

㉡ 식품 보존 방법

- 건조 : 식품에서 수분의 대부분을 제거하는 방법
- 저온처리 : 가열처리와 달리 미생균을 살균하지 않고 단순히 증식을 완만하게 하거나 억제하는 방법
- 가열 살균 : 미생물의 생존 가능한 온도보다 높은 온도로 식품을 가열 살균하여 보존하는 방법
- 살균 보존 : 모든 미생물체가 살 수 없는 환경을 만드는 효능을 가진 허가된 식품첨가물을 사용하는 방법

(4) 식품첨가물

① 정의 : 식품을 조리・가공 또는 제조과정에서 식품의 상품적 가치의 향상, 식욕 증진, 보존성, 영양 강화 및 위생적 가치를 향상시킬 목적으로 식품에 첨가하는 화학적 합성품을 말하며 식품공업의 발달과 더불어 식품첨가물의 이용은 점차 증가 추세에 있다.

㉠ 세계식량기구(FAO)와 세계보건기구(WHO)의 합동전문위원회의 정의 : 식품의 외관・향미・조직 또는 저장성을 향상시키기 위한 목적으로 소량으로 식품에 첨가되는 비영양물질이다.

㉡ 미국의 국립과학학술원과 국립연구협의회 산하의 식품보호위원의 정의 : 생산・가공・저장 또는 포장의 어떤 국면에서 식품 중에 첨가되는 기본적인 식량 이외의 물질 또는 물질들의 혼합물로서 여기에는 우발적인 오염물은 포함되지 않는다.

㉢ 우리나라 「식품위생법」에서 정의 : 식품첨가물이란 식품을 제조·가공·조리 또는 보존하는 과정에서 감미, 착색, 표백 또는 산화방지 등을 목적으로 식품에 사용되는 물질을 말한다. 이 경우 기구·용기·포장을 살균·소독하는 데에 사용되어 간접적으로 식품으로 옮아갈 수 있는 물질을 포함한다.

② **식품첨가물의 구비 조건** : 식품의 대량 생산, 영양 가치 향상, 보존 기간 증가, 기호성 향상, 품질 향상 등을 목적으로 사용하나 그 안전성이 문제시되는 경우가 많으므로 충분히 검토하여 다음의 조건을 갖추어야 한다.

㉠ 사용 방법이 간편해야 한다.

㉡ 독성이 적거나 없으며 인체에 유해한 영향을 미치지 않아야 한다.

㉢ 물리적·화학적 변화에 안정적이어야 한다.

㉣ 값이 저렴해야 한다.

㉤ 미량으로도 충분한 효과가 있어야 한다.

③ **식품첨가물의 안정성 평가**

㉠ 급성 독성시험

- 실험 대상 동물에게 실험 물질을 1회만 투여하여 단기간에 독성의 영향 및 급성 중독 증상 등을 관찰하는 시험 방법이다.
- LD_{50}이란 실험 대상 동물 50%가 사망할 때의 투여량을 말한다.
- LD_{50}의 수치가 낮을수록 독성이 강하다.

㉡ 아급성 독성시험 : 실험 대상 동물 수명의 10분의 1 정도의 기간에 걸쳐 치사량 이하의 여러 용량으로 연속 경구 투여하여 사망률 및 중독 증상을 관찰하는 시험 방법이다.

㉢ 만성 독성시험

- 식품첨가물의 독성 평가를 위해 가장 많이 사용되고 있다.
- 시험 물질을 장기간 투여했을 때 일어나는 장애나 중독을 알아보는 시험이다.
- 만성 독성시험은 식품첨가물이 실험 대상 동물에게 어떠한 영향도 주지 않는 최대의 투여량인 최대무작용량을 구하는 데 목적이 있다.
- 최대무작용량(MNEL ; Maximum No Effect Level) : 실험동물에 시험물질을 장기간 투여했을 때 어떤 중독 증상도 나타나지 않는 최대 용량 = 최대무해용량(NOAEL)이다.

㉣ 일일 섭취허용량(ADI ; Acceptable Daily Intake) : 사람이 일생 동안 매일 섭취하더라도 아무런 독성이 나타나지 않을 것으로 예상되는 1일 섭취허용량이다.

ADI = 최대무작용량 × 안전계수(1/100) × 평균체중

④ 식품첨가물의 종류

㉠ 보존료(방부제)

특 징	식품 저장 중 미생물의 증식에 의해 일어나는 부패나 변질을 방지하기 위해 사용되는 물질로, 살균 작용보다는 부패 미생물에 대하여 정균 작용 및 효소의 발효 억제 작용을 한다.
종 류	• 데히드로초산나트륨 : 허용된 보존료 중에서 독성이 가장 높다. 예 치즈류·버터류·마가린 등 • 소르브산, 소르브산칼륨, 소르브산칼슘 : 체내에서 대사되므로 안전성이 매우 높다. 예 치즈류, 식육가공품, 젓갈류, 된장, 고추장, 간장, 절임식품, 케첩, 탄산음료, 잼류 등 • 안식향산, 안식향산나트륨 : 인체에 섭취하여도 소변을 통하여 체외로 배출되므로 안전성이 높다. 예 과일·채소류 음료, 탄산음료, 인삼·홍삼음료, 간장, 마요네즈, 잼류, 마가린, 절임식품 등 • 파라옥시안식향산메틸, 파라옥시안식향산에틸 : 체외로 배설이 잘 되므로 안전성이 매우 높다. 예 간장, 식초 등 • 프로피온산, 프로피온산나트륨, 프로피온산칼슘 : 체내에서 대사되므로 안전성이 높다. 빵류(2.5g/kg 이하), 치즈류(3.0g/kg 이하), 잼류(1.0g/kg 이하)에 한하여 사용하여야 한다.

㉡ 살균제

특 징	식품의 부패 미생물 및 감염병 등의 병원균을 사멸시키기 위해 사용되는 첨가물이다.
종 류	• 차아염소산나트륨 : 과일류, 채소류 등 식품의 살균 목적에 한하여 사용하여야 하며, 최종식품의 완성 전에 제거하여야 한다. 참깨에 사용하여서는 아니 된다. • 차아염소산수, 오존수, 이산화염소(수) : 과일류, 채소류 등 식품의 살균 목적에 한하여 사용하여야 하며, 최종식품의 완성 전에 제거하여야 한다.

㉢ 산화방지제(항산화제)

특 징	유지의 산패 및 식품의 변색이나 퇴색을 방지하기 위해 사용하는 첨가물로서, 수용성인 것은 주로 색소의 산화방지제로, 지용성인 것은 유지를 다량 함유한 식품의 산화방지제로 사용된다.
종 류	• 디부틸히드록시톨루엔(BHT), 부틸히드록시아니솔(BHA) : 식용유지류(모조치즈, 식물성크림 제외), 버터류, 어패건제품, 어패염장품, 어패냉동품의 침지액, 추잉껌, 체중조절용 조제식품, 시리얼류, 마요네즈에 한하여 사용하여야 한다. • 터셔리부틸히드로퀴논 : 식용유지류(모조치즈, 식물성크림 제외), 버터류, 어패건제품, 어패염장품, 어패냉동품의 침지액, 추잉껌에 한하여 사용하여야 한다. • 에리소르브산·에리소르브산나트륨 : 산화방지제 목적에 한하여 사용하여야 한다. • 몰식자산프로필 : 식용유지류(모조치즈, 식물성크림 제외), 버터류에 한하여 사용하여야 한다. • 토코페롤(비타민 E) : 비타민의 일종으로 영양강화제의 목적으로 사용하고 유지의 산화방지제로서도 사용된다. • 아스코르브산(비타민 C) : 식육 제품의 변색 방지, 과일 통조림의 갈변 방지, 기타 식품의 풍미 유지에 사용한다.

㉣ 착색료

특 징	식품의 가공 공정에서 퇴색되는 색을 복원하는 물질이다.
종 류	• 타르색소 : 모두 수용성이므로 물에 용해시켜 착색시키는 것이다. 착색료 중 가장 사용빈도가 높다. – 타르색소의 사용 제한 식품 : 면류, 겨자류, 다류, 과일주스, 잼, 케첩, 벌꿀, 특수영양식품, 식빵, 장류, 젓갈, 식초, 소스, 고춧가루, 후춧가루, 햄, 식용유, 버터, 마가린 등 • 베타카로틴 : 카로티노이드계의 대표적인 색소로서 비타민 A의 효력을 갖고 있으며 색소의 일정화 면에서 우수하다. 천연식품, 다류, 커피, 고춧가루, 실고추, 김치류, 고추장, 조미고추장, 식초 등에 사용하여서는 아니 된다. • 이산화티타늄 : 천연식품, 식빵, 카스텔라, 코코아, 잼류, 유가공품, 식육가공품, 면류, 커피, 두유류, 식초 등에 사용하여서는 아니 된다. • 동클로로필, 캐러멜색소, 카카오색소, 치자황색소, 치자청색소, 비트레드, 카민 등

㉤ 조미료

특 징	• 식품의 가공·조리 시에 식품 본래의 맛을 한층 돋우거나 기호에 맞게 조절하여 맛과 풍미를 좋게 하기 위하여 첨가하는 것이다. • 사용 기준이 규정되지 않아 대상 식품이나 사용량의 제한을 받지 않는다.
종 류	구연산나트륨, 사과산나트륨, 주석산나트륨, 알라닌, 호박산, 글리신산 등

㉥ 산미료

특 징	• 식품에 적합한 신맛을 부여하고 미각에 청량감과 상쾌한 자극을 주기 위하여 사용되는 첨가물이다. • 향미료, pH 조절을 위한 완충제, 산성에 의한 식품보존제, 항산화제나 갈변 방지에 있어서의 Synergist(상승제), 제과·제빵에서의 점도조절제 등의 목적으로도 사용되고 있으며 사용 제한은 없다.
종 류	인산, 빙초산, 구연산, 글루콘산, 사과산, 피틴산, 호박산, 황산칼륨, 이초산나트륨 등

㉦ 감미료

특 징	• 식품에 단맛을 주고 식욕을 돋우기 위하여 사용되는 첨가물로, 용량에 따라서는 인체에 해로운 것도 있어 사용 기준이 정해져 있다. • 설탕은 가장 널리 쓰이는 천연감미료이다. • 사카린나트륨은 젓갈류, 절임류, 조림류, 김치류, 음료류, 어육가공품, 시리얼류, 뻥튀기 등에 한하여 사용하여야 한다.
종 류	사카린나트륨, 글리실리진산이나트륨, D-소르비톨, D-리보오스, 아스파탐, 수크랄로스, 스테비올배당체, 네오탐, 감초추출물, 락티톨 등

㉧ 착향료

특 징	식품 자체의 냄새를 없애거나 냄새를 변화시키고 강화하기 위해 사용한다.
종 류	개미산, 계피산, 낙산, 바닐린, 스모크향 등

㉨ 발색제(색소고정제)

- 그 자체에는 색이 없으나 식품 중의 색소 단백질과 반응하여 식품 자체의 색을 고정(안정화)시키고, 선명하게 하거나 발색되게 하는 물질이다.
- 아질산나트륨, 질산나트륨, 질산칼륨은 식육가공품(식육추출가공품 제외)에서 0.07g/kg 이상 남지 아니하도록 사용하여야 한다.

㉩ 표백제

- 식품 본래의 색을 없애거나 퇴색・변색 또는 잘못 착색된 식품에 대하여 화학 분해로 무색이나 백색으로 만들기 위하여 사용하는 첨가물이다.
- 메타중아황산칼륨, 무수아황산, 아황산나트륨, 산성아황산나트륨, 차아황산나트륨

㉪ 밀가루(소맥분)개량제

- 제분된 밀가루의 표백과 숙성 기간을 단축시키고 제빵 효과의 저해 물질을 파괴시켜 분질(粉質)을 개량한다.
- 산화 작용에 의한 표백 작용과 숙성 작용이지만, 표백 작용은 없고 숙성 작용만 갖는 것도 있다.
- 과산화벤조일, 과황산암모늄, 아조디카르본아미드, 염소, L-시스테인염산염 등

㉫ 품질개량제(결착제) : 식품의 결착성을 높여서 씹을 때 식욕 향상, 변색 및 변질 방지, 맛의 조화, 풍미 향상, 조직의 개량 등을 위하여 사용하는 첨가물이다.

㉬ 호료(증점제)

목 적	• 식품의 점착성 증가 • 유화 안정성 향상 • 가열이나 보존 중 선도 유지 • 형체 보존 및 미각에 대한 점활성 • 촉감을 부드럽게 하기 위함 • 식품에 사용하면 증점제로서의 역할과 분산 안정제(아이스크림, 유산균 음료, 마요네즈), 결착 보수제(햄, 소시지), 피복제 등으로도 이용
종 류	알긴산, 메틸셀룰로스, 카복시메틸셀룰로스나트륨, 폴리아크릴산나트륨, 카제인, 잔탄검 등

㉭ 유화제

특 징	• 서로 잘 혼합되지 않는 두 종류의 액체를 혼합할 때 분리되지 않게 하기 위하여, 즉 분산된 액체가 재응집하지 않도록 안정화시키는 역할을 한다. • 적절한 배합으로 친수성과 친유성을 알맞게 조정하면 상승효과가 있다. • 유연성의 지속 및 노화 방지 등의 목적으로 식품가공에 널리 쓰인다. • 마가린, 아이스크림, 껌, 초콜릿 등에는 유화 목적으로 쓰인다. • 빵이나 케이크 등에는 노화 방지로 쓰인다. • 커피, 분말차, 우유 등에는 분산촉진제로 이용한다.
종 류	글리세린지방산에스테르, 소르비탄지방산에스테르, 자당지방산에스테르, 프로필렌글리콜지방산에스테르, 레시틴 등

㉮ 이형제

특 징	빵의 제조과정에서 반죽이 분할기로부터 잘 분리되고, 구울 때 빵틀로부터 빵의 형태를 유지하면서 분리되도록 하기 위해 사용되는 것이다.
종 류	유동파라핀

㉯ 안정제

특 징	두 가지 또는 그 이상의 성분을 일정한 분산 형태로 유지시키는 첨가물이다.
종 류	글리세린, 프로필렌글리콜 등

㉰ 영양강화제

- 식품의 영양을 강화하는 데 사용되는 첨가물이다.
- 비타민류와 필수 아미노산을 위주로 한 아미노산류, 그리고 칼슘제, 철제 등의 무기염류가 강화제로서 첨가된다.

㉣ 팽창제

- 빵, 과자 등을 만드는 과정에서 CO_2, NH_3 등의 가스를 발생시켜 부풀게 함으로써 연하고 맛을 좋게 하는 동시에 소화되기 쉬운 상태가 되게 하기 위해 사용하는 첨가물이다.
- 이스트(효모)와 같은 천연품과 탄산수소나트륨, 염화암모늄, 황산암모늄 등

㉤ 소포제

- 식품의 제조공정에서 생기는 거품이 품질이나 작업에 지장을 주는 경우에 거품을 소멸 또는 억제시키기 위해 사용하는 첨가물이다.
- 규소수지, 이산화규소 등

㉥ 추출제

- 추출제는 천연식물에서 특정한 성분을 용해·추출하기 위해 사용되는 일종의 용매이다.
- 식용 유지를 제조할 때 유지를 추출하는 데 사용된다.
- N-헥산, 이소프로필알로올 등

㉦ 껌 기초제

- 껌에 적당한 점성과 탄력성을 유지하는 데 중요한 역할을 한다.
- 에스테르검, 폴리부텐, 폴리이소부틸렌, 초산비닐수지 등

㉧ 피막제

- 과일이나 채소류의 선도를 오랫동안 유지하기 위해 표면에 피막을 만들어 호흡 작용과 증산작용을 억제시킨다.
- 모르폴린지방산염(과일, 채소류)과 초산비닐수지(과일, 채소류) 등

4 사료위생 및 위해요소관리(HACCP)

(1) 사료위생

① 사료의 일반적인 관리

㉠ 사료는 오염과 변질을 방지할 수 있도록 보관되어야 한다.

㉡ 「사료관리법」, 「사료관리법 시행령」 등으로 관리되고 있다.

② 사료의 종류

㉠ 조사료 : 목초, 건초, 사일리지, 옥수수, 파, 씨가 있는 과일의 껍데기 등의 섬유질로, 에너지함량이 적은 사료

㉡ 농후사료 : 부피가 작고 섬유소가 적으며 가소화 양분이 많은 사료로 전체적인 영양 균형을 증진시키기 위해 다른 것과 함께 사용

㉢ 배합사료 : 가축의 사육목적에 맞는 영양소를 고르게 공급할 수 있도록 배합하여 만든 사료

㉣ 완전배합사료 : 조사료와 농후사료를 영양소 요구량에 맞도록 적절한 비율로 배합한 축우 사료

㉤ 단미사료 : 식물성, 동물성 또는 광물성 물질로서 사료로 직접 사용되거나 배합사료의 원료로 사용

ⓑ 혼합사료 : 2종 이상의 단미사료를 적정한 비율로 혼합하여 사료로 직접 사용되거나 배합사료의 원료로 사용

③ 사료 및 식품 관련 사건

㉠ 멜라민 사건 : 2007년 중국에서 생산원가를 낮추기 위해 멜라민을 첨가하였다.

㉡ 살충제 달걀 파동 : 피프로닐에 오염된 달걀이 발견되어 전량 폐기하였다.

(2) 위해요소관리(HACCP)

① HACCP의 정의

㉠ 식품의 안전성을 보증하기 위해 식품의 원재료 생산, 제조, 가공, 보존, 유통을 거쳐 소비자가 최종적으로 식품을 섭취하기 직전까지 각각의 단계에서 발생할 수 있는 모든 위해한 요소에 대하여 체계적으로 관리하는 과학적인 위생관리체계를 말한다.

㉡ 식품의약품안전처에서의 HACCP 번역 : 식품안전관리인증기준

② HACCP의 용어 정의(식품 및 축산물 안전관리인증기준 제2조)

㉠ 위해요소(Hazard) : 인체의 건강을 해할 우려가 있는 생물학적, 화학적 또는 물리적 인자나 조건

㉡ 위해요소분석(Hazard Analysis) : 식품·축산물 안전에 영향을 줄 수 있는 위해요소와 이를 유발할 수 있는 조건이 존재하는지의 여부를 판별하기 위하여 필요한 정보를 수집하고 평가하는 일련의 과정

㉢ 중요관리점(Critical Control Point) : 안전관리인증기준(HACCP)을 적용하여 식품·축산물의 위해요소를 예방·제어하거나 허용 수준 이하로 감소시켜 당해 식품·축산물의 안전성을 확보할 수 있는 중요한 단계·과정 또는 공정

㉣ 한계기준(Critical Limit) : 중요관리점에서의 위해요소 관리가 허용 범위 이내로 충분히 이루어지고 있는지 여부를 판단할 수 있는 기준이나 기준치

㉤ 모니터링(Monitoring) : 중요관리점에 설정된 한계기준을 적절히 관리하고 있는지 여부를 확인하기 위하여 수행하는 일련의 계획된 관찰이나 측정하는 행위

ⓑ 개선조치(Corrective Action) : 모니터링 결과 중요관리점의 한계기준을 이탈할 경우에 취하는 일련의 조치

㉦ 검증(Verification) : 안전관리인증기준(HACCP) 관리계획의 유효성과 실행 여부를 정기적으로 평가하는 일련의 활동

③ HACCP의 7원칙 12절차

㉠ HACCP팀 구성 : 업소 내에서 HACCP Plan 개발을 주도적으로 담당할 HACCP(해썹)팀을 구성

㉡ 제품설명서 작성 : 제품명, 제품유형, 성상, 작성연월일, 성분 등 제품에 대한 전반적인 취급 내용이 기술되어 있는 설명서를 작성

㉢ 용도 확인 : 예측 가능한 사용 방법과 범위, 그리고 제품에 포함될 잠재성을 가진 위해물질에 민감한 대상 소비자(어린이, 노인, 면역관련 환자 등)를 파악

㉣ 공정흐름도 작성 : 업소에서 직접 관리하는 원료의 입고에서부터 완제품의 출하까지 모든 공정 단계들을 파악하여 공정흐름도 및 평면도를 작성

㉤ 공정흐름도 현장확인 : 작성된 공정흐름도 및 평면도가 현장과 일치하는지를 검증하는 것

ⓑ 위해요소분석(원칙 1) : 원료, 제조공정 등에 대하여 위해요소분석 실시 및 예방책을 명확히 함
ⓢ 중요관리점(CCP) 결정(원칙 2) : 중요관리점의 설정(안정성 확보단계, 공정결정, 동시통제)
ⓞ CCP 한계기준 설정(원칙 3) : 위해허용한도의 설정
ⓙ CCP 모니터링체계 확립(원칙 4) : CCP를 모니터링하는 방법을 수립하고 공정을 관리하기 위해 모니터링 결과를 이용하는 절차를 세움
ⓒ 개선조치방법 수립(원칙 5) : 모니터링 결과 설정된 한계 기준에서 이탈되는 경우 시정조치 사항을 만듦
ⓚ 검증절차 및 방법 수립(원칙 6) : HACCP이 제대로 이행되고 있다는 사실을 검증할 수 있는 절차를 수립
ⓣ 문서화, 기록유지방법 설정(원칙 7) : 기록의 유지관리체계 수립

5 역학 및 방역

(1) 역 학

① 역학의 정의

㉠ 집단 내에서 일어나는 유행병의 원인을 규명하는 학문이다.

㉡ 인간 및 동물 집단을 대상으로 건강상의 현상 및 이상의 실태를 숙주(Host), 병인(Agent), 환경(Environment)의 3가지 요인의 관련성으로부터 질병이 일어난 원인을 규명하고, 건강의 증진과 질병의 예방을 꾀하는 학문이다.

② 역학의 연구 영역

㉠ 발생 원인이 알려진 질병의 기원 조사
㉡ 알려지지 않은 질병 조사 및 관리
㉢ 질병의 자연사에 대한 정보 획득
㉣ 질병예방 프로그램 계획 및 감시
㉤ 질병으로 인한 경제적 영향평가 및 질병 관리 프로그램 결정을 위한 경제적 손익 분석

③ 역학의 목적과 기능

㉠ 목적 : 질병의 발생 원인을 규명하여 질병을 효율적으로 예방

㉡ 기 능

- 질병 발생의 원인 규명 → 질병을 효율적으로 예방
- 지역사회의 질병 발생 양상 파악
- 보건사업의 기획과 평가자료 제공
- 질병의 자연사 연구
- 질병을 진단·치료하는 임상연구에서의 활용

(2) 역학의 3대 기본요인

① 병인(Agent)적 요인 : 직접적 요인

㉠ 영양소 요인 : 과잉, 결핍

㉡ 생물학적 요인 : 바이러스, 박테리아, 진균

㉢ 화학적 요인 : 중금속, 독성물질, 매연, 알코올

㉣ 물리적 요인 : 방사능, 자외선, 압력, 열, 중력

㉤ 유전적 요인 : 대머리, 당뇨병・혈우병 등의 유전병

② 숙주(Host)적 요인 : 감수성, 저항력에 좌우

㉠ 숙주의 구조적・기능적 방어기전

㉡ 숙주의 생물학적 요인 : 연령, 성별, 가족력, 종족

㉢ 숙주의 건강상태

㉣ 숙주의 면역상태

㉤ 인간의 행태요인 : 습관, 개인위생

③ 환경(Environment)적 요인 : 간접적 요인

㉠ 물리적 환경 : 계절의 변화 기후, 실내외의 환경, 지질, 지형 등

㉡ 생물학적 환경 : 식물의 꽃가루, 활성 전파체인 매개 곤충, 기생충의 중간 숙주 등 질병의 전파 또는 발생과 관계가 있는 주위의 모든 동・식물

㉢ 사회적 환경 : 인구의 밀도 및 분포, 직업, 사회풍습, 경제생활의 형태 및 수준, 문화 및 과학의 발달

(3) 역학의 영역(역학의 접근 방법)

① 기술역학(1단계 역학)

㉠ 정의 : 집단에서 발생되는 질병에 대하여 그 발생에서 종결까지 그대로의 생활을 파악한다.

㉡ 집단의 특성

- 인적 특성 : 연령, 성별, 인종, 결혼이나 경제적 상태, 교육수준, 직업이나 가족 상태 등
- 지역적 특성 : 토착성, 유행성, 산발성, 범발성
- 시간적 특성 : 추세변화, 주기변화, 계절적 변화 및 불규칙 유행 등

② 분석역학(2단계 역학) : 가설을 검증, 질병 발생의 요인과 속성과의 인과관계를 규명한다.

㉠ 단면적인 연구(단면조사) : 특정 시점・기간 내 질병과 인구집단의 속성과의 관계

㉡ 전향성 조사(코호트 연구) : 질병 발생의 원인과 관련되어 있다고 생각하는 특정 인구집단과 관련이 없는 인구집단 간의 질병 발생률을 비교・분석

㉢ 후향성 조사(환자 - 대조군 연구) : 어떤 질병에 이환되어 있는 집단과 건강한 대조군을 선정하여 질병의 속성이나 요인이 갖는 인과관계를 규명, 만성・희귀질환을 분석

③ 이론역학(3단계 역학)

㉠ 질병 발생 양상에 관한 모델과 유행 현상을 수리적으로 분석하여, 이론적으로 유행법칙이나 현상을 수식화한다.

㉡ 감염병의 발생이나 유행을 예측할 수 있다.

④ 작전역학

㉠ 옴랜(Omran)이 개발하였다.

㉡ 보건서비스를 포함하는 지역사회서비스의 운영에 관한 계통적 연구를 통하여 이 서비스의 향상을 목적으로 한다.

⑤ **실험역학(임상역학)** : 실험군과 대조군으로 나누어 조사하는 것으로, 환자를 대상으로 하며, 인위적인 개입으로 윤리적인 문제가 발생할 수 있다.

(4) 방 역

① 방역의 특성

㉠ 전염병의 유행을 방지하고 예상되는 전염병의 침입, 유행을 예방하기 위하여 감염원, 감염경로, 개체의 감수성에 대하여 실시하는 여러 가지의 처치를 말한다.

㉡ 감염원을 차단하기 위해서는 환자를 격리하고, 외래 전염병은 공항, 항만에서 검역해야 한다.

㉢ 감염 경로에 대한 대책으로는 교통차단, 휴교 등이 있고, 감수성 대책으로는 백신접종 등이 이루어진다.

② 소 독

㉠ 소독의 정의

- 동물을 대상으로 병의 감염이나 전염을 예방하기 위해 병원체를 물리적 · 화학적 방법으로 죽이는 일이다.
- 비교적 약한 살균력을 이용하여 병원미생물의 성장을 억제하거나 파괴하여 감염의 위험성을 없애는 것을 말한다.

㉡ 물리적 소독법

구 분	특 징
자외선 살균법	공기, 물, 식품, 기구, 수술질, 제약실 및 실험대 등을 살균한다.
고압증기 멸균법	아포 형성균을 멸균하는 가장 좋은 방법으로, 의류, 기구, 고무제품, 약품 등에 이용된다.
저온 살균법	결핵균, 소유산균, 살모넬라균, 구균 등과 같이 아포를 형성하지 않는 세균을 죽이는 멸균법이다.
방사선 살균법	동위원소에서 방사되는 전리방사선을 식품에 조사하여 미생물을 살균한다.
여과 멸균법	화학 물질이나 열을 이용할 수 없는 경우, 조직 배양액 멸균, 바이러스 여과, 혈청 및 아미노산 여과 등에 이용하는 방법이다.
희석법	오염물질을 무한히 희석하여 질병의 감염 기회를 저하시킨다.

㉢ 화학적 소독제

구 분	특 징
석탄산	의류, 용기, 실험대, 배설물 등의 소독에 이용된다.
알코올	에틸알코올(Ethyl Alcohol)은 70%의 수용액에서 살균력이 강하다. 손, 피부, 기구 등의 소독에 사용된다.
크레졸	독성은 약하고 살균력은 페놀보다 강하다.
승 홍	가장 넓게 쓰이는 소독제이며 살균력이 강하다.
생석회	용액은 수렴 작용과 강력한 살균 작용으로 창면, 궤양, 습성, 피부 질환의 소독법으로 사용된다.

6 전염병의 정의 및 특성

(1) 전염병

① 개념 : 원충, 진균, 세균, 스피로헤타, 리케차, 바이러스 등의 병원체가 인간이나 동물에 침입하여 증식함으로써 일어나는 감염병 중 그 전파력이 높아 예방 및 관리가 강조되는 질병을 이르는 말이다.

② 전염병과 감염병

㉠ 음식의 섭취, 호흡에 의한 병원체의 흡입, 접촉 등 병원체에 의해 감염되어 발병하는 질환이다.

㉡ 감염병 중에서 사람 간의 접촉이나 물·공기를 통해서 누군가에게 옮을 수 있는 질병이 전염병이다.

(2) 전염병 예방 목적

① 국가적인 차원에서 나라 전체를 무서운 전염병으로부터 보호하는 것이다.

② 국내 유행 시 지역사회의 차원에서 온 지역사회 구성원이 협력하여 전염병이 그 지역사회에 침입하는 것을 방지하는 것이다.

③ 개인적 차원에서 감염되지 않도록 노력하는 것이다.

(3) 법정 감염병 종류

① 제1급 감염병

㉠ 유형 : 생물테러감염병 또는 치명률이 높거나 집단 발생 우려가 커서 발생 또는 유행 즉시 신고하고 음압격리가 필요한 감염병

㉡ 종류 : 에볼라바이러스병, 마버그열, 라싸열, 크리미안콩고출혈열, 남아메리카출혈열, 리프트밸리열, 두창, 페스트, 탄저, 보툴리눔독소증, 야토병, 신종감염병증후군, 중증급성호흡기증후군(SARS), 중동호흡기증후군(MERS), 동물인플루엔자 인체감염증, 신종인플루엔자, 디프테리아

㉢ 신고기간 : 즉시

② 제2급 감염병

㉠ 유형 : 전파가능성을 고려하여 발생 또는 유행 시 24시간 이내에 신고하고 격리가 필요한 감염병

㉡ 종류 : 결핵, 수두, 홍역, 콜레라, 장티푸스, 파라티푸스, 세균성이질, 장출혈성대장균감염증, A형간염, 백일해, 유행성이하선염, 풍진, 폴리오, 수막구균 감염증, B형헤모필루스인플루엔자, 폐렴구균 감염증, 한센병, 성홍열, 반코마이신내성황색포도알균 (VRSA) 감염증, 카바페넴내성장내세균속균종(CRE) 감염증, E형간염

㉢ 신고기간 : 24시간 이내

③ 제3급 감염병

㉠ 유형 : 발생 또는 유행 시 24시간 이내에 신고하고 발생을 계속 감시할 필요가 있는 감염병

㉡ 종류 : 파상풍, B형간염, 일본뇌염, C형간염, 말라리아, 레지오넬라증, 비브리오패혈증, 발진티푸스, 발진열, 쯔쯔가무시증, 렙토스피라증, 브루셀라증, 공수병, 신증후군출혈열, 후천성면역결핍증(AIDS), 크로이츠펠트 - 야콥(CJD) 및 변종크로이츠펠트 - 야콥병(vCJD), 황열,

뎅기열, 큐열, 웨스트나일열, 라임병, 진드기매개뇌염, 유비저, 치쿤구니야열, 중증열성혈소판 감소 증후군(SFTS), 지카바이러스 감염증, 엠폭스(Mpox), 매독

ⓒ 신고기간 : 24시간 이내

④ 제4급 감염병

㉠ 유형 : 제1급~제3급 감염병 외에 유행 여부를 조사하기 위해 표본감시 활동이 필요한 감염병

㉡ 종류 : 코로나바이러스감염증-19, 회충증, 편충증, 요충증, 간흡충증, 폐흡충증, 장흡충증, 수족구병, 임질, 클라미디아감염증, 연성하감, 성기단순포진, 첨규콘딜롬, 반코마이신내성장알균(VRE) 감염증, 메티실린내성황색포도알균(MRSA) 감염증, 다제내성녹농균(MRPA) 감염증, 다제내성아시네토박터바우마니균(MRAB) 감염증, 장관감염증, 급성호흡기감염증, 해외유입기생충감염증, 엔테로바이러스감염증, 사람유두종바이러스 감염증, 인플루엔자

㉢ 신고기간 : 7일 이내

7 인수공통감염병의 이해

(1) 인수공통감염병의 의의

① 동물과 사람 간에 서로 전파되는 병원체에 의하여 발생되는 감염병으로, 일반적으로는 동물이 사람에 옮기는 감염병을 지칭한다.

② 식용동물에 발병되는 인수공통감염병 : 탄저, 브루셀라증(Brucellosis), 결핵, 돈단독, 야토병, 렙토스피라증(Leptospirosis) 등이 있다.

③ 예방법

㉠ 병에 걸린 동물의 조기 발견과 격리 치료 및 예방접종을 철저히 하여 감염병 유행을 예방한다.

㉡ 병에 걸린 동물의 사체와 배설물의 소독을 철저하게 한다.

㉢ 탄저병일 경우에는 고압살균 또는 소각 처리한다.

㉣ 우유의 살균처리(브루셀라증, 결핵, Q열의 예방상 중요)한다.

㉤ 병에 걸린 가축의 고기, 뼈, 내장, 혈액의 식용을 삼간다.

㉥ 수입 가축이나 고기·유제품의 검역 및 감시를 철저히 한다.

(2) 세균성 인수공통감염병의 종류

① 탄저(Anthrax)

㉠ 병원체 : 탄저균(Bacillus Anthracis)

㉡ 소, 돼지, 양, 산양 등에서 발병하는 질병

㉢ 목축업자, 도살업자, 피혁업자 등에게 피부 상처를 통하여 감염

㉣ 잠복기 : 4일 이내

㉤ 피부탄저 : 피부를 통해 감염되어 악성 농포를 만들고 주위에 침윤, 부종, 궤양을 일으킴

㉥ 폐탄저 : 포자를 흡입하여 폐렴 증상을 보임

㉦ 장탄저 : 감염된 수육을 먹어 구토와 설사 등을 일으킴

② 브루셀라증(Brucella, 파상열)

㉠ 병원체

- 말타열균(Brucella Melitensis) : 양, 염소에 감염되어 유산을 일으키는 병원체
- 소유산균(Brucella Abortus) : 소에 감염되어 유산을 일으키는 병원체
- 돼지유산균(Brucella Suis) : 돼지에 감염되는 병원체

㉡ 브루셀라균군이 사람에게 열성 질환을 일으킴

㉢ 소, 돼지, 양, 염소 등에 감염성 유산을 일으키는 질환

㉣ 잠복기 : 14~30일 정도

㉤ 증상 : 불규칙한 발열(파상열), 발한, 근육통, 불면, 관절통 등

㉥ 사람에는 불현성 감염이 많고 간이나 비장이 붓고 패혈증 발생

③ 결핵(Tuberculosis)

㉠ 병원체 : 결핵균(Mycobacterium Tuberculosis)

㉡ 사람, 소, 조류 등에 감염되어 결핵을 일으킴

㉢ 소의 결핵균은 살균이 되지 않은 우유를 통하여 사람에게 쉽게 감염

㉣ 잠복기 : 불분명

㉤ 예방법

- 정기적으로 투베르쿨린검사(PPD) 실시, BCG접종
- 오염된 식육과 우유의 식용 금지
- 결핵균은 저온 살균에 의해 사멸되므로 철저한 우유의 살균 필요

④ 돈단독

㉠ 병원체 : 돈단독균(Erysipelothrix Rhusiopathiae)

㉡ 돼지의 감염병으로 패혈증(소, 말, 양, 닭에서도 볼 수 있다)

㉢ 사람의 감염은 주로 피부 상처를 통해서 이루어짐

㉣ 잠복기 : 10~20일

㉤ 증상 : 병원균 침입 부위가 빨갛게 붓고 발열과 임파절에 염증을 일으킴

㉥ 예방법 : 이환 동물의 조기발견, 격리 치료 및 철저한 소독과 예방접종

⑤ 야토병

㉠ 병원체 : 야토균(Francisella Tularensis)

㉡ 산토끼나 설치류 동물 사이에 유행하는 감염병

㉢ 감염된 산토끼나 동물에 기생하는 진드기, 벼룩, 이 등에 의해 사람에게 감염

㉣ 잠복기 : 1~10일(보통 3~4일)

㉤ 증상 : 두통, 오한, 전열, 발열

㉥ 예방법

- 토끼 고기 조리 시 충분하게 가열
- 유원지에서 생수 마시지 않기
- 상처에 주의

⑥ **렙토스피라증(Leptospirosis, Weil병)**

㉠ 병원체 : 렙토스피라균(Leptospira Species)

㉡ 소, 개, 돼지, 쥐 등이 감염

㉢ 사람은 감염된 쥐의 오줌으로 오염된 물, 식품 등에 의해 경구적으로 감염

㉣ 잠복기 : 5~7일

㉤ 증상 : 39~40℃ 정도의 고열과 오한, 두통, 근육통과 심장・간・신장 장애

㉥ 예방법 : 사균백신과 손・발의 소독 및 쥐의 구제

⑦ **리스테리아증(Listeriosis)**

㉠ 병원체 : Listeria Monocytogenes, 4~5℃ 이하에서도 생존・번식

㉡ 가축류, 가금류, 사람에게 질병을 전파

㉢ 사람은 동물과 직접 접촉하거나 오염된 식육, 유제품 등을 섭취하여 감염

㉣ 오염된 먼지를 흡입하여 감염

㉤ 잠복기 : 3일~수 주일

㉥ 증상 : 뇌척수막염, 임산부의 자궁 내 패혈증, 태아 사망

㉦ 신생아는 감염되면 높은 사망률

(3) 그 밖의 병원체에 의한 인수공통전염병의 분류

① **리케치아성 인수공통전염병** : Q열, 클라미디아증(앵무새병), 발진열, 홍반열, 츠츠가무시병

② **바이러스성 인수공통전염병** : 광견병, 고병원성조류독감, 일본뇌염, 뎅기열, 황열 등

③ **원충성 인수공통전염병** : 크립토스포리디움증, 톡소플라즈마증 등

④ **진균성 인수공통전염병** : 파부사상균증, 아스페르질루스증 등

CHAPTER 03 실전예상문제

01 Winslow의 공중보건학 정의에 포함된 내용으로 볼 수 없는 것은?

① 질병의 예방
② 수명의 연장
③ 경제적 효율 증진
④ 정신적 효율 증진
⑤ 신체적 효율 증진

해설

윈슬로우(Winslow)는 "공중보건학이란 조직화된 지역사회의 공동 노력을 통하여 질병 예방과 수명 연장, 그리고 신체적 및 정신적 효율을 증진시키는 기술이며 과학이다."라고 정의하고 있다.

02 세계보건기구(WHO)에서 정한 건강의 정의는?

① 정신적으로 건전한 상태
② 신체적으로 완벽한 상태
③ 허약하지 않은 상태
④ 신체적·정신적·사회적으로 안녕한 상태
⑤ 신체적·정신적으로 완전무결한 상태

해설

세계보건기구(WHO)에서는 건강의 정의를 "건강은 단지 질병이 없는 상태를 의미하는 것이 아니라 신체적·정신적·사회적으로 안녕한 상태이다."라고 하였다.

03 영국에서 보건부가 설치된 시기는?

① 고대기
② 발전기
③ 확립기
④ 여명기
⑤ 암흑기

해설

영국의 보건부는 1919년(발전기)에 설치되었다.

정답 01 ③ 02 ④ 03 ②

04 다음 중 역학의 기능이 아닌 것은?

① 질병의 치료
② 질병의 자연사 연구
③ 임상연구에서의 활용
④ 보건사업의 기획과 평가자료 제공
⑤ 질병 발생의 원인 규명

해설

역학은 질병의 관리와 예방을 연구한다.

05 무색, 무취이며 공기 중의 농도가 0.03%인 기체는?

① CO_2
② CO
③ O_2
④ N_2
⑤ SO_2

해설

CO_2는 무색, 무취, 무자극성으로 공기보다 가볍고 물체가 완전 연소할 때 발생하며 공기 중의 농도는 0.03%이다.

06 식품의 유기성(유인성) 위해물질은?

① 패류독
② 황색포도상구균
③ 아플라톡신
④ 유해첨가물
⑤ 아크릴아마이드

해설

패류독은 내인성 위해물질, 황색포도상구균 · 아플라톡신 · 유해첨가물은 외인성 위해물질에 해당한다.

04 ① 05 ① 06 ⑤ **정답**

07 인수공통감염병에 해당하는 것은?

① 파라티푸스
② A형간염
③ 야토병
④ 세균성이질
⑤ 콜레라

해설

야토병
• 병원체 : Francisella tularensis
• 토끼류와 설치류가 야토균에 감수성이 높다.
• 감염동물의 가죽 벗기기, 고기요리를 할 때 주의해야 한다.

08 가축이나 가금류뿐 아니라 사람에게도 감염되며, 수막염과 패혈증을 수반하는 경우가 많고 임산부에게는 자궁 내 염증을 유발하여 태아 사망을 초래하는 인수공통감염병은?

① 장티푸스
② 콜레라
③ 브루셀라증
④ 리스테리아증
⑤ 결 핵

해설

리스테리아증(Listeriosis)
• 소, 양 등의 가금류에 많이 감염
• 병원체 : Listeria Monocytogenes
• 감염 : 오염된 식육, 유제품, 사람은 감염 동물과의 직접 접촉에 의해 감염
• 증상 : 수막염, 림프종
• 예방과 치료 : 사람의 경우는 Penicillin, Tetracycline으로 임상적 치유가 가능

09 다음 설명에 해당하는 인수공통감염병은?

• 불규칙한 발열이 특징으로, 파상열이라고도 한다.
• 가축 유산의 원인이 되기도 한다.

① 탄 저
② 돈단독
③ 살모넬라병
④ 브루셀라증
⑤ 야토병

해설

브루셀라증은 소, 돼지, 양, 염소, 낙타와 같은 가축들이 주요 감염원이고, 사람은 살균처리되지 않은 원유 및 유제품 섭취 등으로 감염된다.

정답 07 ③ 08 ④ 09 ④

10 BHT, BHA의 식품첨가물로서의 용도는?

① 이형제
② 영양강화제
③ 산화방지제
④ 산미료
⑤ 착색료

해설

BHT, BHA의 용도
버터류, 식용유지, 추잉껌, 어패류건제품, 어패염장류의 산화방지제

11 다음 중 식품첨가물의 사용에 관한 설명으로 옳은 것은?

① 식물체에서 추출한 물질은 첨가물이 아닌 식품원료로 분류되므로 사용에 제한이 없다.
② 화학적 합성품은 그 안전성이 의심되므로 허용량의 1/100 범위 이내에서 사용해야 한다.
③ 반드시 최종 소비단계까지 잔존하여 효력이 발생되어야 한다.
④ 식품의 가치를 향상시킬 목적으로 사용한다.
⑤ 가능한 한 허용량의 최대치를 사용해야 한다.

해설

- 천연품과 화학적 합성품 : 모두 법적인 규제를 받는데 화학적 합성품이 보다 엄격한 규제를 받는다.
- 규정량을 사용하며, 가능한 한 허용량을 초과하지 않는 최소량을 사용하여야 한다.
- 식품첨가물은 식품의 상품적·영양적·위생적인 가치를 향상시킬 목적으로 첨가하는 물질이다.

12 자외선의 가장 대표적인 광선인 도노선(Dorno-ray)의 파장은?

① 290~315Å
② 400~700Å
③ 2,800~3,200Å
④ 4,000~7,000Å
⑤ 29,000~315,000Å

해설

도노선(Dorno-ray)
자외선 중 2,800~3,200Å(280~320nm)의 전자파로서 강한 광화학 작용을 일으키며, 피부의 모세 혈관을 확장시켜 홍반을 일으키고, 표피의 기저 세포층에 존재하는 멜라닌 색소를 증대시켜 색소 침착을 가져온다. 또, 피부암이 유발되기도 하며, 안구에 작용하면 일시적인 시력 장애를 일으킨다.

10 ③ 11 ④ 12 ③ **정답**

13 식품안전관리인증기준(HACCP) 준비단계의 순서로 옳은 것은?

㉠ 제품설명서 작성	㉡ 용도 확인
㉢ 공정흐름도 현장확인	㉣ HACCP팀 구성
㉤ 공정흐름도 작성	

① ㉣ → ㉠ → ㉢ → ㉤ → ㉡
② ㉣ → ㉠ → ㉡ → ㉤ → ㉢
③ ㉣ → ㉡ → ㉠ → ㉤ → ㉢
④ ㉣ → ㉢ → ㉡ → ㉤ → ㉠
⑤ ㉣ → ㉤ → ㉡ → ㉤ → ㉠

해설

HACCP 준비단계
HACCP팀 구성 → 제품설명서 작성 → 용도 확인 → 공정흐름도 작성 → 공정흐름도 현장확인

14 다음에서 설명하는 HACCP의 용어는?

중요관리점에서의 위해요소 관리가 허용 범위 이내로 충분히 이루어지고 있는지 여부를 판단할 수 있는 기준이나 기준치

① 중요관리점
② 한계기준
③ 모니터링
④ 위해요소 분석
⑤ 개선조치

해설

① 중요관리점 : HACCP을 적용하여 식품의 위해요소를 예방·제어하거나 허용 수준 이하로 감소시켜 당해 식품의 안전성을 확보할 수 있는 중요한 단계·과정 또는 공정
③ 모니터링 : 중요관리점에 설정된 한계기준을 적절히 관리하고 있는지 여부를 확인하기 위하여 수행하는 일련의 계획된 관찰이나 측정하는 행위
④ 위해요소 분석 : 식품 안전에 영향을 줄 수 있는 위해요소와 이를 유발할 수 있는 조건이 존재하는지의 여부를 판별하기 위하여 필요한 정보를 수집하고 평가하는 일련의 과정
⑤ 개선조치 : 모니터링 결과 중요관리점의 한계기준을 이탈할 경우에 취하는 일련의 조치

15 다음 중 감염형 식중독균이 아닌 것은?

① 살모넬라균
② 장염비브리오균
③ 병원성대장균
④ 캄필로박터균
⑤ 보툴리누스균

해설

보툴리누스균은 독소형 식중독균이다.

정답 13 ② 14 ② 15 ⑤

CHAPTER 04 반려동물학

1 반려동물의 정의와 기원

(1) 반려동물의 개념

① 동물이 인간에게 주는 여러 혜택을 존중해야 한다. 반려동물은 사람의 장난감이 아니라 사람과 더불어 살아가는 존재이다.

② 표준국어대사전에서는 "사람이 정서적으로 의지하고자 가까이 두고 기르는 동물로, 개, 고양이, 새 따위가 있다."라고 정의하고 있다.

③ 과거에는 '애완동물'이라 하였으나, 동물은 장난감과 같은 존재가 아닌 사람과 더불어 살아가는 반려자라는 인식이 퍼지게 되면서 '반려동물'이라고 불리고 있다.

(2) 반려동물과 인간

① 사람과 동물의 유대

㉠ 인간과 동물 사이의 끈끈한 상호작용과 감정을 말한다.

㉡ 인간과 동물의 상호 교감으로 많은 긍정적인 반응을 얻을 수 있다.

㉢ 최근 인간과 동물의 유대에 대한 연구가 활발하게 진행되고 있으며, 이를 이용한 동물매개치료가 수행되고 있다.

㉣ 개는 책임감과 사회적 상호협동과 관심에 대한 매우 실제적인 습성을 가지고 있으므로 보호자에게 순응하게 된다.

㉤ 현재 반려견은 세계 각국에서 반려인구의 가족 구성에 있어 필수적인 것이 되었다.

② 동물매개치료

㉠ 동물매개치료의 개념

- 일정한 훈련을 받은 반려동물을 이용하여 치료사와 환자 사이의 신뢰감과 유대감을 증진하고, 환자의 인지적 · 정서적 · 사회적 적응력 등을 향상함으로써 육체적 · 정신적 질환을 치료하는 일이다.
- 사람과 동물의 유대를 통해 환자의 질병을 보완하거나 개선하는 치료 방법이다.

㉡ 동물매개치료의 효과

- 환자들이 즐겁게 능동적으로 치료에 참여할 수 있다.
- 동물과의 상호작용을 통해 치료 프로그램에 적극적인 참여를 유도하여 빠른 치료 효과를 얻을 수 있다.

(3) 개의 기원

① 개의 역사

㉠ 개는 인간의 가장 오래된 가축으로서, 가장 오래된 흔적은 북유럽의 유적에서 발견되었다.

㉡ 유전학적 측면으로 늑대가 개의 조상이라는 가설이 가장 유력한 설이기도 하다.

㉢ 한국에서는 외적 내습의 통보와 수렵 등의 용도를 목적으로 개를 가축화하기 시작하였다.

② 반려견과 인간

㉠ 개는 인간과 가장 오랜 역사를 함께 해온 동물이며 가장 가까운 반려동물로 많은 사랑을 받고 있다.

㉡ 개는 책임감과 사회적 상호협동과 관심에 대한 매우 실제적인 습성을 가지고 있다.

㉢ 개가 가지고 있는 사회질서 내의 지배개념 덕분에 그들은 보호자에게 순응하게 되고, 사람과 공존하게 되었다.

㉣ 현재 반려견은 세계 각국에서 반려인구의 가족 구성에 있어 필수적인 존재가 되었다.

㉤ 개는 단순한 인간의 동거인이라기보다는 가족생활의 자연스러운 친구이자 동반자가 되었다.

(4) 고양이의 기원

① 고양이의 역사

㉠ 처음 가정에서 고양이를 키우기 시작한 것은 약 5,000년 전 고대 이집트인들로 추정된다.

㉡ 고대 이집트 사회에서는 고양이를 음악과 풍요·다산의 여신으로 여기며 숭배하였다.

㉢ 기원전 900년경 로마에서는 고양이를 가정의 수호신이자 자유의 상징으로 여겼다.

㉣ 비단무역이 중시되던 중국과 일본에서는 누에고치를 공격하는 쥐들의 퇴치를 위해 고양이를 길렀다.

㉤ 태국을 비롯한 동남아시아에서는 경전을 갉아 먹는 쥐들 때문에 절에서 고양이를 길렀다.

② 반려묘와 인간

㉠ 서구 선진국에서 고양이는 이미 오래전부터 반려동물로서 최고의 인기를 끌고 있다.

㉡ 고양이는 몸에서 냄새도 나지 않고 목욕을 자주 시킬 필요가 없어 현대인에게 매우 적합한 반려동물이다.

㉢ 고양이의 운동은 대부분 실내에서 이루어지므로 활동성이 떨어지는 사람도 부담 없이 키울 수 있다.

2 개의 기초와 이해

(1) 개의 분류

① 개의 품종 분류

㉠ 1그룹 : 쉽독과 캐틀 독 견종

- 대표 견종 : 오스트레일리언 캐틀 독, 보더 콜리, 올드 잉글리쉬 쉽독, 저먼 셰퍼드, 웰시 코기 펨브로크, 벨지안 셰퍼드 독, 풀리, 셰틀랜드 쉽독

㉡ 2그룹 : 핀셔, 슈나우저-몰로세르 타입과 스위스 마운틴 독, 캐틀 독 견종

- 대표 견종: 아펜핀셔, 도베르만, 버니즈 마운틴 독, 그레이트 덴, 로트바일러, 복서, 불독

㉢ 3그룹 : 테리어 견종

- 대표 견종 : 에어데일 테리어, 스코티쉬 테리어, 잭 러셀 테리어, 요크셔 테리어, 와이어 폭스 테리어, 아메리칸 스태포드셔 테리어, 베들링턴 테리어

㉣ 4그룹 : 닥스훈트 견종(모질에 따라 3가지 품종으로 나뉘어 총 9가지 품종이 있음)

- 대표 견종 : 스무스 헤어드, 롱 헤어드, 와이어 헤어드 닥스훈트, 스무스 헤어드 카니헨, 롱 헤어드 카니헨, 와이어 헤어드 카니헨 닥스훈트, 스무스 헤어드 미니어쳐, 롱 헤어드 미니어쳐, 와이어 헤어드 미니어쳐 닥스훈트

㉤ 5그룹 : 스피츠와 프리미티브 타입 견종

- 대표 견종 : 코리아 진도견, 알라스칸 말라뮤트, 시베리안 허스키, 사모예드, 포메라니안, 차우차우, 타이완독, 바센지, 시바, 아키타

㉥ 6그룹 : 세인트 하운드와 관련 견종

- 대표 견종 : 아메리칸 폭스 하운드, 바셋 하운드, 비글, 달마시안, 로디지안 리지백, 블랙 앤 탄 쿤 하운드, 해리어

㉦ 7그룹 : 포인팅 견종

- 대표 견종 : 브리타니 스파니엘, 잉글리쉬 포인터, 잉글리쉬 세터, 저먼 쇼트 헤어드 포인팅 독, 바이마라너, 고든 세터, 아이리쉬 레드세터

㉧ 8그룹 : 리트리버, 플러싱 독, 워터 독 견종

- 대표 견종 : 아메리칸 코커 스파니엘, 잉글리쉬 코커 스파니엘, 골든 리트리버, 래브라도 리트리버, 포르투기즈 워터 독, 체서피크 베이 리트리버

㉨ 9그룹 : 컴퍼니언 토이독 견종

- 대표 견종 : 비숑 프리제, 시추, 말티즈, 페키니즈, 푸들, 퍼그, 티베탄 테리어, 치와와, 캐벌리어 킹 찰스 스파니엘, 프렌치 불독

㉩ 10그룹 : 사이트 하운드 견종

- 대표 견종 : 아프간 하운드, 보르조이, 그레이하운드, 휘핏, 이탈리안 그레이하운드, 디어하운드, 아이리쉬 울프하운드, 살루키, 슬루기

② 크기에 따른 종류

㉠ 소형견

- 성견이 된 몸무게가 10kg 미만의 자견을 말한다.
- 중형견이나 대형견에 비해 활동성이 크고 흥분성이 높다.
- 크기가 작다보니 식사량과 배설량이 적으며, 야외 활동에 대한 이동이 편하다.
- 낯선 대상에게 많이 짖으며 흥분을 자주 한다.

㉡ 중형견

- 성견이 된 몸무게가 10~25kg 미만인 견을 말한다.
- 소형견보다 흥분도가 낮다.
- 집안활동만으로는 한계가 있으므로, 반드시 아침・저녁 30분 정도씩 운동을 시켜줘야 한다.

㉢ 대형견

- 성견이 된 몸무게가 25kg 이상인 견을 말한다.
- 성격이 차분하며 흥분도가 낮다.
- 사료량이나 배설량이 많고, 성량이 크기 때문에 한번 짖으면 울림이 크다.

③ 대표적인 반려견 종류

㉠ 포메라니안

- 크기 : 소형견, 암수 모두 체고는 20cm 전후이며, 체중은 1.3~3.2kg 정도이다.
- 원산지 : 포메라니아 지방(독일 및 폴란드 서부에 걸쳐 있는 지방)
- 용도 : 반려견 및 가정견
- 외모 : 각 부가 탄탄하고 풍부한 피모에 싸여 있으며, 활기와 지성이 넘치는 표현을 한다.
- 성격 : 순수하고 쾌활한 성격이며, 영리한 표정을 하고 있다.
- 두부 : 이마가 둥글며 약간 튀어나온 느낌이다. 주둥이는 타이트하고 코는 짧고 검은 것이 좋다.

㉡ 푸 들

- 크 기
  - 스탠다드 푸들 : 45~60cm로 +2cm까지 허용된다.
  - 미디엄 푸들 : 35~45cm가 적당하다.
  - 미니어쳐 푸들 : 28~35cm 정도이다.
  - 토이 푸들 : 24~28cm(25cm가 이상적이고 -1cm의 크기 차이는 허용)가 좋다.
- 원산지 : 프랑스, 중유럽
- 용도 : 가정견, 반려견
- 외모 : 곱슬거리는 피모를 가지고 있으며, 지적인 외모와 활발한 모습을 보인다.
- 성격 : 충성심이 대단하고 학습과 훈련 능력 덕분에 쾌활한 반려견이 될 수 있다.
- 두부 : 양쪽 눈 사이는 넓고 후두부 쪽으로 향할수록 좁아지며 후두부는 매우 뚜렷하다. 두부는 윤곽이 뚜렷해야 하며 무겁거나 지나치게 가늘지 않아야 한다.

㉢ 치와와

- 크기 : 소형견, 체중은 암수 1~2kg이다.
- 원산지 : 멕시코
- 용도 : 반려견

• 외모 : 두개부가 애플 헤드이며 적당한 길이의 꼬리를 높이 쳐들고 있다.
• 성격 : 영리하고 쾌활하며, 자존심이 강하고 동작은 기민하다.
• 두부 : 이마가 주둥이 시작 부위 위에 돌출해 있기 때문에 아주 명료하며, 파여 있고 넓게 퍼져 있다.

㉣ 시 추

• 크기 : 소형견, 체고는 26.7cm를 넘지 말아야 하고, 체중은 4.5~8.1kg이다.
• 원산지 : 티베트
• 용도 : 반려견
• 외모 : 기품이 있는 분위기를 풍기는 풍부한 피모를 가졌고 국화와 같은 얼굴을 하고 있다.
• 성격 : 영리하고 매우 명랑하며 민첩하다. 독립적이고 친근한 느낌을 준다.
• 두부 : 폭이 넓고 둥글며 양쪽 눈 사이는 넓은 편이다. 턱수염과 구레나룻이 보기 좋게 있고, 코 위에 난 피모는 위를 향하며 자란다.

㉤ 말티즈

• 크기 : 소형견, 체고는 수컷 21~25cm, 암컷 20~23cm이며, 체중은 암수 모두 3~4kg 정도이다.
• 원산지 : 중앙 지중해 연안 지역
• 용도 : 가정견 및 반려견
• 외모 : 작은 사이즈와 길쭉한 체형으로 매우 길고 하얀 코트로 덮여 있다.
• 성격 : 활발하고 애정이 깊으며 유순하고 지능이 높다.
• 두부 : 세로로 약간 타원형이며 정수리 측면은 약간 볼록하다. 앞 콧날의 함몰부는 깊게 패여 있어 약 90도의 각을 이룬다.

㉥ 비숑 프리제

• 크기 : 소형견, 체고는 25~29cm이며, 체중은 약 5kg 정도이다.
• 원산지 : 프랑스, 벨기에
• 용도 : 반려견
• 외모 : 작은 체구에 쾌활하고 걸음걸이가 생기있다. 짙은 색 눈에서 생동감과 풍부한 표정이 느껴진다.
• 성격 : 처음 보는 사람이나 개를 만나도 사교성이 매우 좋고, 적응력이 굉장히 뛰어나다.
• 두부 : 털의 형태로 둥그스름해 보이지만 실제로는 다소 납작하고, 이마 중앙의 홈은 약간 두드러진다.

㉦ 불 독

• 크기 : 중형견, 체중은 수컷은 25kg, 암컷은 22.7kg이다.
• 원산지 : 영국
• 용도 : 가정견
• 외모 : 중후한 몸통을 하고 있으며 두부는 거대하고 짧다. 어깨 넓이는 넓고 튼튼한 사지를 갖고 있다.
• 성격 : 선량하고 용감하며 침착하다.
• 두부 : 볼은 적당히 튀어나와 있으며 느슨하고 깊은 주름을 형성하고 있다. 양쪽 눈과 코 사이의 한 줄의 굵은 주름과 눈의 바깥쪽에 있는 입가의 주름이 주둥이와 연결된다.

ⓞ 미니어처 슈나우저

- 크기 : 중형견, 체고는 암수 30~35cm이다.
- 원산지 : 독일
- 용도 : 가정견, 반려견
- 외모 : 테리어 타입의 튼튼하고 활발한 견종이며 근육이 잘 발달되어 있다.
- 성격 : 용감하고 활발하며 주인에게 순종한다.
- 두부 : 이마에 주름이 없고 두터운 수염이 있어 두부의 장방형을 강조한다.

ⓙ 비 글

- 크기 : 중형견, 체고는 암수 33~38cm이며, 체중은 11~16kg 정도이다.
- 원산지 : 영국
- 용도 : 수렵견
- 외모 : 체구가 단단하고 튼튼한 체질을 하고 있다.
- 성격 : 밝은 성격으로 집단성이 뛰어나고, 가정견으로서도 적합한 성격을 하고 있다.
- 두부 : 두개부는 돔형으로 적당히 길고 넓다. 후두부는 약간 둥글고, 콧구멍은 넓고 색이 검다.

ⓚ 웰시코기 펨브로크

- 크기 : 중형견, 체고는 암수 25~30cm이며, 체중은 수컷 10~12kg, 암컷 9~11kg이다.
- 원산지 : 영국
- 용도 : 목양견
- 외모 : 다리가 짧고 힘이 있으며 튼튼하다. 기민하고 활동적이며, 좁은 공간에서도 힘이 넘치는 인상을 풍긴다.
- 성격 : 활발하고 친근하며 용감하다. 긴장하거나 공격적인 모습은 나타나지 않는다.
- 두부 : 두개부는 상당히 넓고 양쪽 귀 사이는 평평하다. 귀는 직립하고 크지 않은 중형이며 귀끝은 약간 둥글다.

ⓛ 도베르만

- 크기 : 대형견, 체고는 수컷 68~72cm, 암컷 63~68cm이며, 체중은 수컷 약 40~45kg, 암컷 약 32~35kg이다.
- 원산지 : 독일
- 용도 : 반려견, 경비견, 작업견
- 외모 : 견실하고 근육질이며 내구력이 뛰어나다. 용맹스러운 자세를 하고 있으며 야무진 모습이다.
- 성격 : 용감하고 활력과 경계심이 있다. 충실하고 대담한 성격이다.
- 두부 : 길고 쐐기형을 하고 있다. 머리 최상부는 평탄하며, 코의 선은 이마와 평행하고 색이 검다.

ⓜ 허스키

- 크기 : 대형견, 체고는 수컷 53~60cm, 암컷 50~56cm이며 체중은 수컷 20~28kg, 암컷 13~23kg이다.
- 원산지 : 러시아
- 용도 : 썰매견

- 외모 : 체구의 조화가 잘 잡혀있고 자유스러운 움직임과 경쾌함을 보여 준다. 꼬리는 털이 풍성하게 덮여서 모양이 여우 꼬리와 비슷하다.
- 성격 : 다소 무뚝뚝하지만 사람을 좋아하고 주인에게 뛰어난 충성심을 보인다. 외모와는 사뭇 다르게 느긋하면서 온순한 성격을 가지고 있다.
- 두부 : 주둥이의 길이는 중간 정도이며 끝이 가늘다. 입술은 암색으로 타이트하며, 턱이 강하다.

ⓟ 골든 리트리버
- 크기 : 대형견, 체고는 51~61cm이며, 체중은 27~36kg이다.
- 원산지 : 영국
- 용도 : 사냥견 그룹
- 외모 : 균형이 있고 힘이 있으며, 활동적이고 튼튼한 견종이다.
- 성격 : 감각이 예민하고 온화하며, 사람을 무척 좋아하고 경계심이 없다. 무척 잘 따른다.
- 두부 : 두개부는 넓고 평평하며, 주둥이는 넓고 깊다. 귀는 중간 정도의 크기로 두부의 약간 뒤쪽에 위치하고 보기 좋게 늘어져 있다.

ⓗ 진돗개
- 크기 : 대형견, 체고는 수컷 50~55cm, 암컷 45~50cm이며, 체중은 수컷 18~23kg, 암컷 15~19kg이다.
- 원산지 : 한국
- 용도 : 수렵견
- 외모 : 귀는 직립하여 있으며, 꼬리는 말려서 올라가 있거나 장대 모양으로 되어 있다.
- 성격 : 대담하고 용감하며 신중하다. 낯선 사람들을 경계하여 만지는 것을 좋아하지 않는다.
- 두부 : 머리는 역삼각형으로, 머리 위쪽은 약간의 원형이고 눈 쪽으로 점점 좁아지면서 내려온다.

(2) 개의 신체적 특징

① 눈

㉠ 눈이 얼굴 앞쪽에 위치해 있어 시야가 넓다.

㉡ 약한 색맹을 가지고 있어 밝은 곳에서는 빨간색을 청색, 녹색 또는 혼합색으로 본다.

㉢ 움직이는 물체에 대해서 예민하게 반응한다.

㉣ 가까운 곳은 초점을 맞추기 어렵다.

㉤ 망막의 바로 밑에 반사판이 있기 때문에 밤에는 빛을 반사하여 눈이 황록색으로 빛난다.

② 귀

㉠ 외부의 적으로부터 자신을 보호하기 위해 청각이 매우 발달되어 있다.

㉡ 사람보다 6배가 높은 65~50,000Hz의 주파음을 들을 수 있다.

㉢ 귀를 움직일 수 있기 때문에 소리가 어디서 나는지 금방 알 수 있다.

㉣ 귀의 방향을 보고 개가 편안한 상태인지, 두려운 상태인지 공격적인 상태인지 유추할 수 있다.

③ 코

㉠ 개의 감각 기관 중 가장 발달되어 있는 감각은 후각이다.

㉡ 개는 2억 8천만 개 이상의 후각세포가 발달되어 있어 냄새를 맡는 능력이 뛰어나다.

㉢ 예민한 후각을 이용하여 사냥감을 쫓고 먹이와 동료·암수를 구별한다.

㉣ 후각을 활용하여 자기 새끼를 쉽게 찾을 수 있다.

④ 혀

㉠ 개의 미각은 사람에 비해 약 1/6 정도의 수준으로 발달되어 있다.

㉡ 단맛을 좋아하나 짠맛은 잘 느끼지 못한다.

⑤ 이 빨

㉠ 앞니, 송곳니, 작은어금니, 큰어금니로 이루어져 있다.

㉡ 생후 3~5주부터 젖니가 나기 시작하고 2개월 후에 완성된다.

㉢ 6~7개월령부터는 영구치가 나기 시작한다.

㉣ 작은 앞니는 뼈에 있는 고기를 물어뜯고 털을 고르기에 적합하다.

㉤ 긴 송곳니는 먹이를 움켜잡고 찢기 쉽도록 만들어져 있다.

⑥ 땀 샘

㉠ 피부에는 땀샘이 없고 발바닥에 있다.

㉡ 땀샘이 발달하지 않아 땀을 흘리지 못하므로 호흡으로 체온을 조절한다.

⑦ 항문낭

㉠ 항문에는 한 쌍의 항문낭이 있다.

㉡ 항문낭에서는 특이한 냄새의 분비액이 나오며, 자신의 영역 표시와 의사 소통에 이용한다.

㉢ 항문낭액으로 인해 염증을 유발하는 경우 있으므로, 한 달에 1~2회 목욕 전에 짜주는 것이 좋다.

㉣ 꼬리를 꽉 잡고서 등쪽으로 올리고 항문을 돌출시킨 다음 손가락으로 항문의 8시 20분 방향의 부분을 누르는 것이 항문낭을 짜는 방법이다.

(3) 개의 번식

① 발 정

㉠ 발정 전기

- 발정 전기의 시작은 혈액성 삼출물이 보이기 시작할 때부터이며 삼출물은 평균 7~10일 정도 지속된다.
- 암캐가 예민해지는 시기이며 유두와 생식기가 단단해진다.
- 정확한 판단과 교배 시기의 측정은 동물병원에서 검사를 받는 것이 확실하다.

㉡ 발정기

- 실질적인 교배 허용시기이며, 암캐가 수캐를 허용하는 기간은 평균 4~12일간 계속된다.
- 암캐는 수캐가 자기의 외음부를 탐색할 수 있도록 계속 서있고 꼬리를 위로 쳐들거나 옆으로 비켜주어 교배가 쉽게 이루어질 수 있는 행동을 한다.
- 배란은 발정기 개시 후 1~3일에 일어나며 대부분의 난포가 배란을 끝낼 때까지는 대략 12~72 시간이 걸린다.
- 출혈이 있는 시기에는 반려견에게 기저귀나 위생팬티를 해주는 것이 좋다.

㉢ 발정 휴지기

- 이때의 기간은 약 50~70일 정도로 임신이 되었을 때의 기간과 비슷하다.
- 이때는 임신 호르몬인 프로게스테론의 농도가 높게 나타난다.

㉣ 무 발정기

- 이 기간은 자궁수복기간이며 약 4~5개월로 분만부터 발정 전기까지의 기간을 뜻한다.
- 전형적인 개의 발정 주기는 매 6~7개월마다 진행된다.

㉤ 위임신(거짓 임신)

- 임신을 했을 경우에는 프로게스테론의 농도가 급격히 감소하는데, 임신을 하지 않았을 경우에는 프로게스테론의 농도가 수일에 걸쳐 감소한다.
- 임신을 하지 않았어도 호르몬의 작용으로 암캐의 비유, 모성본능, 젖 부풂 등의 증상이 나타날 수 있다.

② 임 신

㉠ 임신 적기의 판단

- 발정 전기의 질 삼출물의 출현 시기를 첫 1일로 잡는 것이 좋다.
- 정확한 배란일을 측정하는 것이 많은 도움이 된다.
- 발정 전기의 끝 즈음에 병원에 데리고 가서 질 도말 검사를 의뢰하여 시기를 선택하는 것이 좋다.

㉡ 임신 기간

- 개의 임신 기간은 평균 63일 정도이다.
- 임신 여부는 임신 한 달 후에 병원에 가서 초음파 측정을 통해 확인하거나 키트 검사로 확인하는 방법이 있다.
- 임신기간 동안 예민한 모견의 경우에 사람과 마찬가지로 구토 · 설사 · 식욕 부진 등의 입덧 증상을 보인다.
- 사료 위주의 식습관을 유지하고, 필수 영양제를 섭취한다.
- 약간의 과일과 육류의 섭취는 일주일이나 이주일에 한두 번 정도만으로도 충분하다.

③ 분 만

㉠ 분만 전의 징후

- 대부분의 경우 진통에 의해 분만 12시간 전쯤부터 음식을 거부하고 구석진 곳이나 조용한 곳을 찾으며, 분만이 다가올수록 안절부절못하고 구토나 숨이 차오르는 현상을 보일 수 있다.
- 분만 며칠 전부터 방바닥이나 이불 등을 긁는 행동을 하는데, 이는 분만 후 아기들을 위한 보금자리를 만들기 위한 행동이다.
- 분만할 시기가 다가오면서 젖 분비가 왕성한 경우에는 약 3일 전부터 분비되는 경우도 있으나 지속적으로 유두를 자극하며 젖을 짜는 것은 분만촉진 호르몬의 선행을 가져와 조산이 될 수도 있으므로 주의하여야 한다.
- 예민하고 까다로운 성격의 모견들은 분만이 임박할수록 초조해하며 설사와 구토를 반복하는 경우도 있으나 크게 잘못되는 경우는 드물며, 이런 경우 안정되게 해주는 것이 중요하다.

㉡ 유의할 점

- 혼자서도 잘 낳는 경우도 많지만 초산의 경우에는 태아에 대한 인식과 모성애가 부족하여 갓 태어난 강아지를 모른 척하거나 몸에 묻은 양수와 양막 등을 제거해주지 않아 새끼가 호흡 곤란으로 잘못되는 경우가 많으니 유의해야 한다.
- 꼭 새벽에 분만하는 것은 아니지만 새벽에 분만할 경우 태아의 체온 관리가 안 돼 잘못될 수도 있으니 분만 예정일에는 신경을 써주는 것이 좋다.
- 어미 개가 탯줄을 제대로 끊지 못하거나 너무 짧게 잘라 버리는 경우를 대비하여 보호자가 자견의 배에서 1cm 가량 떨어져서 실로 묶고 나머지 부분을 잘라주는 것이 좋다.
- 신생 강아지에게 제일 중요한 것은 영양 공급과 체온 관리, 배설이다.

④ 발정, 임신, 분만 시 건강 관리

㉠ 모견의 건강 관리 일반상식

- 교배 전 예방접종과 구충을 한다.
- 면역성 저하로 면역기능이 떨어지면 전염병에 걸릴 확률이 높으므로 예방접종을 한다.
- 모견이 기생충을 가지고 있는 경우 수직감염에 의해 자견이 기생충을 가지고 태어나면 허약하거나 건강하지 않은 강아지가 될 수 있으므로 구충구제를 한다.
- 임신 전 체크사항으로는 선천적 빈혈이 있는지 임신에 의해 빈혈이 있는지 예민하거나 과거에 병력에 의해 항생제를 장기복용하였는지를 체크한다.
- 임신 중에 영양분을 공급하기 위해 질 좋고 맛있는 음식을 주는 것은 당연하나 단백질과 육류는 오히려 칼슘을 배출하는 역할을 한다.
- 칼슘과 단백질은 태아의 골격을 형성하는 데 중요한 영양소이다. 칼슘제를 먹여도 좋은 시기는 임신을 확인한 후 분만 2주 전쯤이나 분만 후이다.
- 모견이 산자수가 많거나 고령일 경우 칼슘 생성량이 부족할 때는 칼슘보조제를 먹이는 것이 좋다.
- 모견의 호흡이 빠르거나 열이 날 때는 체온을 측정하여 높은 경우(39.7도 이상) 유방염이나 자궁염, 저혈당증을 의심하여 본다.
- 분만 후 농(자궁에서 나오는 분비물)이나 악취가 심한지 확인한다. 이때는 자궁이 열려 있기 때문에 자궁염이나 자궁축농증이 발생할 수 있으므로 청결에 신경을 써야 한다. 유방염이나 자궁축농증이 의심이 되면 신속히 수의사 선생님의 진단을 받는다.
- 분만 후 분비물은 보통 3~4주까지 나타난다.

㉡ 부견의 건강 관리 일반상식

- 수캐로서의 성적인 요구는 8개월령이 넘어가면 시작되어 교미가 가능해진다.
- 정상적인 교미 시작 적기는 생후 24개월이 넘었을 때이다.
- 주변에 발정이 난 암캐가 있는 경우 집을 탈출하는 경우가 있으므로 별도의 관리가 필요하다.
- 암캐와 달리 수캐는 배뇨 마킹행동을 많이 한다. 소변을 보기 위한 행동보다는 영역의 표시, 자기의 힘을 알리는 역할을 하며 서열의 우월성을 가리는 행동을 한다.
- 마킹행동은 생후 6개월이 지나면 주인이나 동족에게 올라가는 행위를 한다. 이러한 행동은 성적 본능도 있지만 놀이의 한 영역에서 존경심의 표현이기도 하다.
- 수컷은 음낭 관리를 하여 준다. 음낭은 정충을 생산하는 곳이기 때문에 염증이나 음낭 부위에 세균 감염을 예방한다.

- 종견은 하루 건너서 2회 정도 교배를 시켜준다.
- 교미는 보통 10~30분 정도의 시간을 갖는다.
- 원치 않는 교미가 허용이 되었을 때 인위적으로 개를 떼어 낸다. 이때 자극을 주거나 놀라거나 하는 경우는 수캐에게 문제가 될 수 있다.

(4) 개의 질병

① 피부병

㉠ 아토피

- 증상 : 특히 눈과 입 주위, 겨드랑이, 복부, 항문 주위, 발가락에 가려움증이 나타난다. 피부가 기름지고 냄새가 나기도 하며, 심한 경우 피부가 거칠어지고 각질이 생기기도 한다.
- 원인 : 집먼지 진드기, 곰팡이, 꽃가루와 같은 환경요인으로 인해 가려움증, 발진 등의 피부 문제가 나타난다.
- 치료・예방 : 스테로이드성 약물을 복용해 가려움을 조절할 수 있다. 특정 환경에 노출되었을 때 가려움증 또는 피부 발적이 나타나는지 확인하여, 알레르기를 일으키는 물질을 회피하도록 한다.

㉡ 탈모증

- 증상 : 몸에 부분적으로 털이 빠지고 가려움증을 느끼는 경우가 대부분이다.
- 원인 : 스트레스, 벼룩, 피부염 등 원인이 매우 다양하다.
- 치료・예방 : 치료 방법은 원인에 따라 달라지므로 원인을 정확하게 파악하는 것이 중요하다. 따라서 탈모증을 발견할 시 바로 병원을 방문하는 것이 좋다.

㉢ 개선충증

- 증상 : 특히 팔꿈치나 귀 등에 염증이 발생하여 피부가 딱딱해지고 비듬이 발생한다. 매우 가려워하고 계속 피부를 긁는다.
- 원인 : 개의 피부에 구멍을 뚫어 침입한 진드기가 그 속에 산란하거나 배설하여 염증이 발생한다.
- 치료・예방 : 진드기 구제약을 투여하고, 1주일 정도 간격을 두고 투여를 반복한다. 심한 경우 전신의 털을 깎아야 한다.

② 호흡기계 질병

㉠ 상부 호흡기계 질환

- 증상 : 기침과 재채기가 동반된다.
- 원인 : 상부 호흡기란 코, 콧구멍, 인후두, 기관(기도)을 말하는데, 상부 호흡기에 바이러스와 세균이 감염되었을 때, 곰팡이, 알레르기와 같은 질환을 일으킬 수 있다.
- 치료・예방 : 감염에 의한 경우 약물로 치료할 수 있다.

㉡ 하부 호흡기계 질환

- 증상 : 상부 호흡기의 증상을 병행하고 때로는 열이 날 수 있다.
- 원인 : 바이러스와 세균 등의 감염으로 인해 일어난다.
- 치료・예방 : 상부 호흡기계 질환보다 치료 기간이 오래 걸리기 때문에 꾸준한 치료가 필요하며, 주인의 꾸준한 관리가 필요하다.

㉢ 폐 렴

- 증상 : 편안하게 숨을 쉬지 못하거나 숨이 차는 듯한 가쁜 호흡을 보인다. 기침과 함께 식욕부진이 흔하게 동반된다.
- 원인 : 세균, 바이러스, 곰팡이와 같은 감염성 원인과 구토와 같은 위 내용물의 역류로 기도에 이물질이 들어가 발생하거나 특별한 이유 없이 발생하는 비감염성 원인이 있다.
- 치료・예방 : 감염성 폐렴의 경우 격리 조치가 필요하며, 검사 결과에 따라 적합한 항생제를 투여한다. 이물질로 인한 오연성 폐렴일 경우 흡입기구 등을 통해 이물을 제거하고 2차 감염 예방을 위한 항생제를 투여한다.

㉣ 단두종 증후군

- 증상 : 시추나 불독과 같은 '단두종' 개들은 선천적으로 코가 짧아서 호흡하기 어렵고 숨을 쉴 때마다 코골이가 심하다.
- 원인 : 선천적으로 코가 짧고 입천장과 목젖에 해당하는 연구개가 늘어져 숨을 막는다.
- 치료・예방 : 콧구멍을 크게 해주는 수술을 하거나 기도를 넓혀 주는 수술을 하여 개선할 수 있다.

③ 소화기계 질병

㉠ 역류성 식도염

- 증상 : 위산, 펩신, 담즙과 같은 소화액의 역류가 일어난다. 침을 많이 흘리거나 음식을 삼키기 어려워하고, 밥을 잘 먹지 않아 체중이 감소하기도 한다.
- 원인 : 식도 괄약근이 완전히 발달하지 않은 어린 개들에게 발생하기 쉽다. 췌장・간・신장 등의 기능 문제로 만성 구토가 있는 경우에도 역류성 식도염으로 이어질 수 있다.
- 치료・예방 : 위산 분비를 억제하기 위해 약물을 처방하고, 염증이 진정되면 꾸준한 약물 처치와 식습관 교정이 필요하다.

㉡ 식도 내 이물

- 증상 : 침이 흐르고 소화되지 않은 음식물을 토해낸다. 기운이 없어지고 식욕 부진을 일으킨다.
- 원인 : 뼈나 살코기 덩어리 등으로 인한 이물질이 식도를 막는 경우가 많다.
- 치료・예방 : 이물질을 제거하고 내시경을 삽입해 끄집어내는 방법이 있다.

㉢ 위 염

- 증상 : 구토와 설사, 혈변 등이 대표적인 증상이며, 발열과 탈수 증상으로 이어질 수 있다.
- 원인 : 급성 위염의 경우 이물이나 부패한 음식물을 먹었을 때 세균 감염으로 발생할 수 있다. 만성 위염의 경우 불규칙한 식생활이 누적되어 반복적인 위염을 유발할 수 있다.
- 치료・예방 : 절수와 금식을 한 다음 자연스러운 회복을 유도한다. 이물로 인해 급성 위염이 발생했다면 구토를 하게 하는 대신에 이물을 꺼내는 시술을 진행한다.

㉣ 장 염

- 증상 : 원인불명의 설사가 흔하게 일어나며 구토, 탈수, 발열, 식욕 부진, 울음소리 등을 동반하기도 한다.
- 원인 : 급성 장염의 경우 감염성 물질, 부적절한 사료급여, 기생충 등에 의해 발병할 수 있다. 만성 장염의 경우 음식물에 대한 알레르기 반응이 원인이 될 수 있으며, 장내 세균이 과잉 증식하거나 기생충에 감염되었을 때도 만성으로 이어질 수 있다.

• 치료 · 예방 : 급성 장염의 경우는 대증 요법을 실시하여 수분, 전해질 등의 항상성을 회복하게 한다. 먹이의 청결함을 관리해주는 것으로 예방할 수 있으며, 기생충 구제를 주기적으로 하는 것도 예방의 한 방법이다.

④ 눈의 질병

㉠ 각막염

• 증상 : 염증이 생기면 큰 통증을 느끼며, 통증이 심해지면 얼굴을 바닥에 문지르며 아파하고, 눈물을 많이 흘리기도 한다.

• 원인 : 외부 물질이 각막을 자극해서 생기는 외상성과 곰팡이, 세균, 바이러스 등에 의한 감염으로 생기는 비외상성이 있다.

• 치료 · 예방 : 세균, 바이러스를 치료하는 안약을 투여하고, 개가 눈을 비비지 않도록 목에 엘리자베스 칼라를 씌워 눈을 보호해야 한다.

㉡ 결막염

• 증상 : 눈꺼풀 주위가 아프거나 가려워서 앞발로 눈을 비비거나 바닥에 얼굴을 문지르는 행동을 보인다. 눈 흰자가 붉게 충혈되어 있기도 하고, 눈물이 많이 나기도 하며 눈곱이 낄 수 있다.

• 원인 : 눈을 세게 문지르거나 눈에 털이 들어가는 물리적 자극과 샴푸나 약품 등에 의한 화학적 자극이 원인이 될 수 있다. 또한 세균이나 바이러스에 감염될 경우 결막염이 나타날 수 있다.

• 치료 · 예방 : 안약을 넣거나 안연고를 발라 염증을 억제한다. 눈썹 등의 털이 눈을 찌르고 있다면 해당 털을 제거해준다. 감염성 결막염의 경우 원인이 되는 감염병을 치료해 준다.

㉢ 백내장

• 증상 : 눈이 뿌옇게 변하고 시력이 저하된다.

• 원인 : 백내장을 유발하는 원인은 다양한데, 그중 가장 흔한 원인은 유전이다. 당뇨로 인한 혈당 수치 상승 등이 백내장을 유발할 수도 있으며 노화 역시 영향을 미칠 수 있다.

• 치료 · 예방 : 수정체 내부에 형성된 백내장을 제거하고 인공렌즈를 삽입하는 수술로 백내장을 치료할 수 있다.

㉣ 녹내장

• 증상 : 눈의 흰자위가 빨갛게 충혈되거나, 안압이 상승하여 눈의 검은자가 뿌옇게 혼탁해진다.

• 원인 : 눈 안의 앞쪽 공간을 채우며 영양분을 전달하고 노폐물을 제거하는 투명한 액체를 '안방수'라고 하는데, 안방수 배출이 원활하게 되지 않을 경우 안압이 상승한다. 이때 안압이 일정 이상으로 상승하면 시신경에 손상을 유발한다.

• 치료 · 예방 : 시력을 최대한 오래 보존하기 위한 목적의 약물적 치료나 수술적 치료를 시도한다. 안압을 낮추는 안약을 사용할 수 있고, 안방수의 생산을 감소시키거나 안방수의 배출을 원활하게 할 목적으로 수술을 하기도 한다.

㉤ 안검 내반증과 안검 외반증

• 정의 : 안검 내반은 눈꺼풀과 속눈썹이 안쪽으로 감겨 있는 상태이며, 안검 외반은 아랫눈꺼풀이 뒤집혀 있는 것처럼 바깥쪽으로 말려 있는 상태이다.

• 증상 : 내반은 속눈썹이 눈의 표면을 찌르면서 눈을 자극해 눈물이 많이 나게 되며, 외반은 눈곱이 많이 나오고 개가 눈을 자꾸 신경 쓰는 행동을 한다.

- 원인 : 선천적인 이상으로 일어나는 경우가 많으며, 눈 주변의 상처나 질병의 통증 때문에 눈꺼풀이 경련해서 일어나는 경우도 있다.
- 치료・예방 : 중증인 경우에는 수술로 치료하는 것이 일반적인 방법이다.

ⓑ 유루증

- 증상 : 계속 눈물이 흐르는 증상이며, 눈 주위의 털이 쉽게 더러워지거나 냄새가 날 수 있다.
- 원인 : 알레르기, 안검 내반, 각막염이나 결막염의 영향 등 원인이 다양하며, 눈자위에 있는 누선에서 코로 이어지는 비루관으로 배출되지 못하여 발생할 수 있다.
- 치료・예방 : 다른 질환이 원인일 경우 그 질환부터 치료하고, 염증인 경우 항생물질을 투여한다.

⑤ 귀의 질병

㉠ 외이염

- 증상 : 외이도에 염증이 생겨 가려움 때문에 뒷발로 귀를 긁거나 귀를 땅에 비벼댄다. 가려움이나 통증이 심해질 경우 머리를 자주 흔들거나 고개를 기울인 채로 있다.
- 원인 : 외이도의 귀지에 세균이나 곰팡이 등이 번식(감염)했거나 풀이나 곤충, 샴푸 등(이물질)이 귀로 들어갔거나 아토피 등의 알레르기로 인해 염증이 생길 수 있다.
- 치료・예방 : 원인에 따라 소염제나 항생물질을 투여하고, 진드기가 원인일 경우 귓구멍을 세정하고 살충제를 뿌려 진드기의 증식을 억제한다.

㉡ 귀 진드기

- 증상 : 귀를 털고 머리를 흔들거나 심한 가려움증을 느낀다.
- 원인 : 진드기 종류가 귀에 기생하여 가려움증을 유발한다.
- 치료・예방 : 귀 세척제를 이용해 깨끗이 소독해야 하며 진드기 살충제를 이용해 진드기를 제거해야 한다.

⑥ 구강 질병

㉠ 치주 질환

- 증상 : 치석이 쌓이고 딱딱한 음식이 잇몸에 닿으면 아파하면서 음식을 잘 먹지 못한다. 염증이 심해지면 구취가 심해지고 이빨이 빠지기도 한다.
- 원인 : 입안을 불결하게 관리할 경우 치석이 생기고, 치석은 잇몸에 염증을 일으키게 된다.
- 치료・예방 : 약한 정도에는 입안을 청결하게 하고 치구를 제거한 후 항생물질을 투여한다. 심한 정도에는 마취 후에 치구와 치석을 제거하고 항생물질이나 소독제를 투여한다.

㉡ 충 치

- 증상 : 이빨이 갈색이나 검은색으로 변하고 구멍이 뚫리기도 한다. 통증 때문에 음식을 먹지 못하게 되고 구취가 심해진다.
- 원인 : 치석이 쌓여 치석 속의 탄수화물이 발효되면 유기산이 만들어지는데, 이 유기산이 이빨을 침범하여 짓물러지면 충치가 된다.
- 치료・예방 : 이빨의 에나멜질과 상아질을 제거하고 충전해서 수복한다. 심하게 진행되었을 경우 발치한다.

㉢ 구내염

- 증상 : 구취가 나고 심해지면 식욕이 없어지거나 침을 흘리고 피가 나기도 한다.
- 원인 : 이빨 사이에 나뭇조각이나 뼛조각 등의 이물이 끼어서 발생한다. 약품이나 화상, 바이러스나 세균 등의 감염 등 다양한 원인이 있다.
- 치료 · 예방 : 소독제로 씻어주거나 소취제를 발라준다. 가능한 한 부드러운 식사를 주고 미지근한 물을 먹게 한다.

⑦ 비뇨생식기 질병

㉠ 급성 신부전

- 증상 : 갑작스러운 침울과 식욕 부진을 보인다. 구토, 설사, 탈수, 핍뇨 및 무뇨증을 보이거나 저체온증이 나타난다.
- 원인 : 혈전증, 고혈압, 저혈압, 고체온증, 저체온증, 열사병, 탈수, 출혈 등에 의해 신장 관류가 적절하게 되지 않는 경우 혹은 사구체신염, 신우신염, 요로 폐쇄 등으로 인해 발생한다.
- 치료 · 예방 : 신장 혈류 이상을 제거하고 네프론이 재생할 수 있도록 시간을 벌어주는 치료를 진행한다. 이뇨제, 혈관 확장제, 인흡착제 등 다양한 약물을 투여하여 증상을 개선한다.

㉡ 만성 신부전

- 증상 : 식욕 부진, 구토, 설사, 다음다갈증(물을 많이 마시는 것), 다뇨증, 야뇨증을 보인다. 체중 감소가 나타나고, 호흡 시 악취나 암모니아 냄새가 나거나 심한 요독증으로 인해 혀끝의 괴사를 보일 수 있다.
- 원인 : 유전적 원인으로 발생할 수 있다. 세균에 감염되거나 배설경로의 만성적인 부분 폐쇄, 급성과 만성 사이에서 나타나는 신장세포 독소 등으로 인해 발생할 수 있다.
- 치료 · 예방 : 남아 있는 세포를 보존하면서 증상이 나타난 부분을 먼저 치료한다. 수액 요법과 약물 투여, 복막 투석 등의 치료와 가정에서 식이요법과 약물 투여로 관리해야 한다.

㉢ 방광염

- 증상 : 소변을 제대로 보지 못하고, 소변을 찔끔찔끔 자주 보는 빈뇨 증상이 나타난다. 소변에 피가 섞여 나오는 혈뇨를 보이기도 한다.
- 원인 : 주로 세균 감염으로 인해 발생하며 요도를 통해 세균이 방광으로 이동하여 감염되는 구조이다.
- 치료 · 예방 : 세균 감염이 원인일 경우 항생제를 투여해 치료할 수 있으며, 결석 및 종양이 방광염의 원인일 경우 외과적인 제거가 필요하다.

㉣ 결석(신장 · 요관 · 방광 · 요도)

- 증상 : 소변을 찔끔찔끔 자주 보는 빈뇨 증상이 나타나고 복통으로 인해 소변을 보지 못하고 안절부절못한다. 소변 색깔이 탁하거나 불쾌한 악취 또는 비린내가 날 수 있다.
- 원인 : 수분이 부족하여 몸 안에 소변이 장시간 머무르며 결정체가 생기게 된다. 또한 고칼슘혈증, 내분비 질환 혹은 대사 장애로 결석이 발생하기도 한다.
- 치료 · 예방 : 결석 배출을 유도하거나 결석의 용해를 유도하는 약물을 사용한다. 결석을 유발할 수 있는 간식 섭취를 제한하고, 처방사료를 급여하기도 한다.

(5) 반려견 기르기

① 반려견의 입양 방법

㉠ 동물보호센터(유기동물보호센터)에서 입양하기

- 동물보호센터란 분실 또는 유기된 반려동물이 소유자와 소유자를 위해 반려동물의 사육·관리 또는 보호에 종사하는 사람에게 안전하게 반환될 수 있도록 지방자치단체가 설치·운영하거나 지방자치단체로부터 보호를 위탁받은 시설에서 운영하는 동물보호시설을 말한다.
- 공공장소에서 구조된 후 일정 기간이 지나도 소유자를 알 수 없는 반려동물은 그 소유권이 관할 지방자치단체로 이전되므로 일반인이 입양할 수 있다.
- 해당 지역의 지방자치단체가 정하는 자격요건을 갖추었다면 동물보호센터에서 돌보고 있는 반려동물을 입양할 수 있다.

㉡ 동물판매업소에서 분양받기

- 동물판매업이란 반려동물인 개, 토끼, 페럿, 기니피그, 햄스터를 구입하여 판매·알선 또는 중개하는 영업을 말한다.
- 동물판매업소에서 반려동물을 분양받을 때는 사후에 문제가 발생할 경우를 대비해 계약서를 받는 것이 좋다.
- 반려견을 분양받을 때는 그 동물판매업소가 동물판매업 등록이 되어 있는 곳인지 확인하는 것도 중요하다.
- 동물판매업자에게는 일정한 준수의무가 부과되기 때문에 동물판매업 등록이 된 곳에서 반려동물을 분양받아야만 나중에 분쟁이 발생했을 때 대처하기 쉬울 수 있다.

더 알아보기

반려견의 의식주별 입양 준비물

- 의 : 가슴줄(하네스) 또는 목줄
- 식 : 사료, 식기(밥그릇, 물그릇)
- 주 : 개집, 켄넬(이동장)
- 위생 : 배변패드, 샴푸, 귀 세정제

② 반려견의 금기 식품

㉠ 초콜릿

- 초콜릿에 들어 있는 독소인 테오브로민은 구토와 설사, 갈증과 심장에 부정맥을 일으킬 수 있다.
- 심한 경우 근육경련, 발작, 심장부정맥 등으로 강아지가 생명을 잃을 수 있으므로 주의해야 한다.

㉡ 양 파

- 양파에 들어 있는 알릴 프로필 다이설파이드는 강아지의 적혈구를 파괴하는 독성 작용을 일으키므로 주의해야 한다.
- 적혈구 파괴로 인해 빈혈 증상이 생긴다.
- 익힌 양파도 같은 증세를 일으킬 수 있다.
- 구토, 설사, 식욕 저하, 기력 저하, 호흡 곤란 등의 증상이 나타날 수 있다.

㉢ 포도, 건포도

- 포도에는 신독성이 있어 강아지에게 신부전을 일으킨다.
- 포도 단 몇 알로 3~4시간 안에 강아지가 목숨을 잃을 수도 있다.
- 구토와 설사의 증상이 나타나고, 무기력과 식욕감퇴의 증상이 나타난다.

㉣ 땅 콩

- 땅콩이 들어 있는 음식이나 땅콩 자체를 먹는 것은 치명적이므로 주의해야 한다.
- 근육경련, 뒷다리 근육약화, 보행이상 등이 나타날 수 있다.

㉤ 카페인

- 카페인은 중추신경을 자극하여 많은 양의 카페인을 섭취할 시에 강아지를 바로 죽음으로 몰고 갈 수 있다.
- 설사, 구토, 근육경련, 출혈 등의 증상이 나타난다.
- 커피, 홍차, 코코아, 초콜릿, 콜라 등에 카페인 성분이 함유되어 있으므로 주의해야 한다.

㉥ 닭 뼈

- 뼈는 소화기계에 걸릴 수 있고 소화과정 중에 장기를 긁어 염증을 일으키기 쉽다.
- 구멍이 뚫리는 천공까지 나타날 수 있어 강아지에게 뼈를 주는 것은 주의해야 한다.

③ 반려견의 사료 선택

㉠ 질감 : 사료의 질감은 크게 건식과 습식으로 분류된다.

건 식	• 수분이 10% 미만인 사료로, 보존성이 높고 사용하기 편리하며 비교적 가격이 저렴하다는 장점이 있다. • 반려견의 치아 건강에도 도움이 된다.
습 식	• 노령견 등에게 적합한 사료이다. • 수분기가 많아 상하기 쉽게 때문에 개봉 후 빠른 시간 안에 먹어야 한다. • 수분을 많이 함유하고 있어 냄새가 강하고 식감이 좋기 때문에 강아지들이 좋아한다.

㉡ 기호성 : 강아지들의 기호가 각자 다르기 때문에 여러 가지 사료를 섭취시켜 본 후에 잘 먹는 사료로 선택해야 한다.

㉢ 흡수율

- 사료의 성분함량이나 질보다 중요한 것이 흡수율이다.
- 무기질, 탄수화물 등의 기타 영양소가 많이 포함된다.
- 좋은 사료를 섭취하더라도 흡수율이 떨어진다면 영양 불균형이 오게 된다.

㉣ 원료의 안정성

- 산업의 발전과 더불어 많은 종류의 프리미엄 사료들이 생산되고 있다.
- 시중 제품을 구매할 시에 원료에 대한 정보를 알아보는 것도 중요하다.

④ 반려견의 위생과 관리

㉠ 반려견의 예방접종 시기

- 1차(6주) : 종합백신 1차 + 코로나 장염 백신 1차
- 2차(8주) : 종합백신 2차 + 코로나 장염 백신 2차
- 3차(10주) : 종합백신 3차 + 켄넬코프 백신(기관지염 백신) 1차
- 4차(12주) : 종합백신 4차 + 켄넬코프 백신(기관지염 백신) 2차
- 5차(14주) : 종합백신 5차 + 인플루엔자 백신 1차
- 6차(16주) : 광견병 + 인플루엔자 백신 2차

용어설명

광견병

생후 3개월부터 접종을 하며 모든 온혈 동물에게 전파 가능한 질병으로 법정 제2종 가축전염병에 해당한다.

㉡ 예방접종 종류

- 종합백신 : 5회에 걸쳐 2주 간격으로 접종하게 되며, 디스템퍼(홍역), 간염, 파보 장염, 파라인플루엔자, 렙토스피라증에 대한 예방이다.
- 코로나 장염 백신 : 코로나 장염에 대한 예방이다.
- 켄넬코프 백신(기관기관지염 백신) : 마른기침으로 시작해 폐렴으로 발전하기 때문에 전염성이 매우 강하며, 한번 감염되면 치료가 오래 걸리는 질병이다.
- 인플루엔자 백신 : 인플루엔자는 노출 시 호흡기를 통해 100% 감염되기 때문에 미리 예방을 해야 한다.

3 고양이의 기초와 이해

(1) 고양이의 동물학적 분류

계	동 물
문	척삭동물
강	포유류
목	식육목
과	고양잇과

(2) 고양이의 종류

① 단모종

㉠ 이그조틱 쇼트헤어(Exotic Short Hair)

- 원산지 : 미국
- 기원 : 1960년대
- 체형 : 꼬리는 짧고 굵으며, 단단한 몸을 가지고 있다.
- 빛깔 : 흑색, 청색, 청황색, 회색 등 다양
- 눈색 : 다양
- 특 징
  - 조용하며 얌전한 성격이다.
  - 혼자보다는 가족과 함께 있는 것을 좋아한다.
  - 잘 울지 않고 우는 소리도 크지 않다.

㉡ 아메리칸 쇼트헤어(American Short Hair)

• 원산지 : 미국
• 기원 : 1966년
• 체형 : 꼬리가 길며 가슴이 넓고, 단단한 근육질의 체형이다.
• 빛깔 : 다양
• 눈색 : 다양
• 특 징
  - 온화하고 애정이 많다.
  - 낙천적이고 쾌활하다.
  - 어린이와 다른 동물들과도 잘 어울리는 성격이다.

㉢ 브리티시 쇼트헤어(British Short Hair)

• 원산지 : 영국
• 기원 : 1901년
• 체형 : 튼튼한 체형이다.
• 빛깔 : 다양
• 눈색 : 청동
• 특 징
  - 영국에서 가장 오래된 고양이 품종이다.
  - 온순하고 유한 성격으로 다른 동물들과의 친화력도 좋다.
  - 사람에 대한 충직성 때문에 가치를 평가받게 되었다.

㉣ 러시안 블루(Russian Blue)

• 원산지 : 북유럽
• 기원 : 1800년대
• 체형 : 길고 가는 뼈대에 유연한 근육질 체형이다.
• 빛깔 : 청회색
• 눈색 : 초록색
• 특 징
  - 애정이 넘치는 성격이지만 낯가림을 한다.
  - 친해지는 데에 시간이 조금 걸리지만, 마음을 열면 변치 않는다.
  - 입 주위의 독특한 미소는 러시아의 스마일로 불린다.

㉤ 아비시니안(Abyssinian)

• 원산지: 에티오피아 혹은 인도
• 기원 : 고대 이집트, 1868년 영국
• 체형 : 힘 있는 곡선을 그리는 가는 체형이다.
• 빛깔 : 적갈색, 청색, 붉은색, 황갈색
• 눈색 : 황금색, 초록색
• 특 징
  - 온순한 성격이며 대단히 활발하다.
  - 사람이 무엇을 하는지 알고 싶어 하고, 지켜보는 것을 좋아한다.

– 사람에게 맞도록 길들여진 고양이이다.

ⓑ 샴(Siamese Cat)

• 원산지 : 태국
• 기원 : 1700년대
• 체형 : 호리호리하고 날씬한 몸매이다. 머리는 삼각형이고, 귀도 삼각형으로 크다.
• 빛깔 : 회백색, 옅은 황갈색
• 눈색 : 사파이어색
• 특 징
  – 성격이 독특하지만 영리하고 애정이 깊다.
  – 감수성이 예민해 신경질적인 반응을 보일 때가 있다.
  – 사람이 안아주거나 쓰다듬어 주는 것을 좋아한다.

ⓢ 아메리칸 와이어헤어(American Wirehair)

• 원산지 : 미국
• 기원 : 1966년
• 체형 : 몸이 짧고 근육이 발달하였다.
• 빛깔 : 흰색 · 검은색 · 황색
• 무늬 : 줄무늬 · 얼룩무늬 등 다양
• 눈색 : 다양
• 특 징
  – 영리하고 활발하며 장난을 좋아한다.
  – 독립심이 강하고 다른 고양이들을 지배하려는 특징이 있다.
  – 태어날 때부터 털 전체가 와이어인 점이 특이하다.

ⓞ 봄베이(Bombay Cat)

• 원산지 : 미국
• 기원 : 1958년
• 체형 : 근육이 잘 발달되어 있어 약간 통통하다.
• 빛깔 : 검은색
• 눈색 : 황금색, 구리빛
• 특 징
  – 성격이 차분하고 우호적이다.
  – 몸놀림이 민첩하고 재빠르며 적응력이 강하다.
  – 머리가 좋은 편으로 어떤 환경에서도 잘 적응한다.

ⓩ 오시캣(Ocicat)

• 원산지 : 미국
• 기원 : 1960년대
• 체형 : 단단하고 날렵한 외형을 가지고 있다.
• 빛깔 : 은색, 황색의 바탕에 반점
• 눈색 : 다양

• 특 징
  - 활발하고 사회성이 높다.
  - 훈련이 쉽고 적응력이 뛰어나다.
  - 혼자 있는 것을 싫어하고, 장난치는 것을 좋아한다.

② 장모종

㉠ 페르시안 고양이(Persian Cat)

• 원산지 : 페르시아 → 영국
• 기원 : 1800년대
• 체형 : 볼이 통통하고 다리와 꼬리는 짧고 굵다.
• 빛깔 : 흑색, 청색, 청황색, 황색, 백색, 회색 등 다양
• 눈색 : 청동색
• 특 징
  - 얼굴이 둥글어 친절하고 상냥한 분위기를 준다.
  - 놀기를 좋아하나 움직임이 많은 놀이를 즐기는 편은 아니다.
  - 매우 조용하며 점잖고 우아하다.

㉡ 버만(Birman)

• 원산지 : 미얀마 → 프랑스
• 기원 : 1916년
• 체형 : 튼실한 몸과 근육이 발달한 중형의 체형이다.
• 빛깔 : 흰색, 황색의 바탕에 발은 흰색이다.
• 눈색 : 진한 푸른색
• 특 징
  - 머리가 좋고 호기심이 많다.
  - 주변 환경에 관심을 많이 가진다.
  - 침착한 성향이므로 사람이나 다른 동물들을 괴롭히는 경우는 없다.

㉢ 발리니즈(Balinese)

• 원산지 : 미국
• 기원 : 1950년대
• 체형 : 길고 날씬한 체형
• 빛깔 : 흰색, 담황색, 옅은 회색 등 다양
• 눈색 : 청색
• 특 징
  - 외향적이고 활발하다.
  - 공격성이 없고 온화하여 아이들과 다른 동물들과도 잘 지낸다.
  - 주변에 관심이 많고 사교적이다.

㉣ 터키시 앙고라(Turkish Angora)

• 원산지 : 튀르키예
• 기원 : 1400년대
• 체형 : 늘씬한 체형

• 빛깔 : 다양
• 눈색 : 다양
• 특 징
  – 영리하고 호기심이 많다.
  – 주인에 대한 애정이 깊다.
  – 갇히거나 안겨 있는 것을 즐기지는 않는다.

ⓜ 터키시 반(Turkish Van)
• 원산지 : 튀르키예
• 기원 : 1950년대
• 체형 : 튼튼하고 긴 체형
• 빛깔 : 흰색 바탕에 머리와 꼬리에는 붉은 또는 크림색의 반점이 있다.
• 눈색 : 청색, 호박색
• 특 징
  – 활발하고 독립심이 강하다.
  – 상냥하고 장난을 좋아하는 성격이다.
  – 물을 매우 좋아하여 수영이나 목욕을 즐겨 '수영하는 고양이'라는 별명이 있다.

ⓑ 노르웨이 숲(Norwegian Forest)
• 원산지 : 노르웨이
• 기원 : 1970년대
• 체형 : 단단하고 늘씬한 체형
• 빛깔 : 다양
• 눈색 : 황금색, 초록색
• 특 징
  – 사람을 잘 알아보며 독립적이다.
  – 다른 고양이들과 다르게 목줄을 메고 산책을 하기도 한다.
  – 병치레가 적고 튼튼하다.

ⓢ 아메리칸 컬(American Curl)
• 원산지 : 미국
• 기원 : 1985년
• 체형 : 균형이 잘 잡혀 있는 체형
• 빛깔 : 다양
• 눈색 : 청색
• 특 징
  – 귀가 뒤로 말려 있는 것이 큰 특징이다.
  – 관심을 받는 것을 좋아하고 적극적으로 애정을 표출한다.
  – 영리하고 명랑하여 집고양이로 키우기에 적당하다.

ⓞ 자바니즈(Javanese)
• 원산지 : 미국
• 기원 : 1980년대 공인

- 체형 : 길고 날씬한 체형
- 빛깔 : 부드러운 흰색, 빨간색, 갈색
- 눈색 : 에메랄드그린색
- 특 징
  - 영리하며 매우 사회적이다.
  - 애교가 많아 주인에게 먼저 다가오는 경우가 많다.
  - 주인이나 가족과 함께 노는 것을 좋아한다.

더 알아보기

고양이의 체형별 분류

코비 (Cobby)	특 징	가슴이 짧고 어깨나 허리 폭이 넓고 튼튼하다. 머리는 둥글고 짧은 꼬리와 둥근 발끝을 가지고 있다.
	대표 묘종	페르시안, 이그조틱 쇼트헤어, 버미즈, 히말라얀, 맹크스, 친칠라 등
세미 코비 (Semi Cobby)	특 징	코비와 비슷하지만 몸통과 다리, 꼬리가 약간 길쭉하다.
	대표 묘종	아메리칸 쇼트헤어, 봄베이, 브리티시 쇼트헤어, 샤르트류, 스코티시 폴드, 셀커크 렉스, 롤헤어 등
오리엔탈 (Oriental)	특 징	코비와 정반대 타입으로 V형(삼각형)의 머리와 큰 귀, 가늘고 날씬한 몸통, 긴 다리와 꼬리를 가지고 있다.
	대표 묘종	오리엔탈 쇼트헤어, 오리엔탈 롱헤어, 샴, 발리니즈, 코니시 렉스 등
포린 (Foregin)	특 징	날씬하고 슬림하지만 오리엔탈보다는 약간 더 튼튼하다. 큰 귀와 타원형의 눈을 가지고 있다.
	대표 묘종	아비시니안, 재패니즈 밥테일, 러시안 블루, 소말리, 아줄레스, 터키시 앙고라 등
세미 포린 (Semi Foreign)	특 징	포린타입과 비슷하지만 몸이 약간 짧고 근육질이며 머리 부분은 둥그스름한 V형(삼각형)을 하고 있다.
	대표 묘종	아메리칸 컬, 이집션 마우, 하바나, 스핑크스, 톤키니즈, 오시캣, 데본렉스 등
롱 앤 서브스텐셜(Long & Substantial)	특 징	위의 모든 분류에 해당하지 않으며, 골격과 근육이 발달하여 체형이 크고 튼튼하다.
	대표 묘종	시베리안, 터키시 반, 버만, 메인쿤, 렉돌, 노르웨이 숲 등

(3) 고양이의 신체적 특징

① 눈

㉠ 모든 아기 고양이는 멜라닌 색소가 없어 파란 눈을 가지고 태어난다.

㉡ 고양이는 사람의 1/6 정도의 빛만 있어도 사물을 볼 수 있다.

㉢ 고양이는 색을 감지하는 추상체라는 기관이 사람보다 적기 때문에, 빨간색을 잘 구분하지 못한다.

② 입

㉠ 고양이는 사냥감을 물고 고기를 찢기에 좋은 아주 특수한 이빨을 가지고 있다.

㉡ 앞어금니와 첫 번째 어금니는 육식용으로 입 양쪽에 쌍을 이루고 있다.

㉢ 고양이의 어금니를 다른 말로 열육치라고 부른다. 열육치는 다른 야수들에게도 존재하지만, 특히 고양잇과의 동물에게 잘 발달되어 있다.

㉣ 보통 고양이는 이빨로 음식을 씹는다기보다는 음식을 잘라서 먹는다고 볼 수 있다.

㉤ 구강 구조에 의하여 고양이는 야옹거리기, 골골거리기, 하악거리기, 으르렁거리기, 빽빽거리기, 짹짹거리기, 찰칵 소리내기, 끙끙거리기 등의 다양한 발성과 몸짓으로 의사소통을 한다.

③ 귀

㉠ 귀에는 32개의 개별 근육들이 있으며 이러한 근육들은 고양이가 각각의 귀를 별도로 움직여 소리를 들을 수 있도록 해준다.

㉡ 고양이는 대부분 위로 향하는 곧은 귀를 가지고 있다.

㉢ 고양이는 화가 났을 때나 무서울 때 으르렁거리거나 하악거리는 소리를 내며 귀를 뒤로 젖힌다.

㉣ 고양이는 놀거나 뒤에서 나는 소리를 들을 때 귀를 뒤로 젖힌다.

㉤ 귀의 각도는 고양이의 감정을 이해하는 중요한 단서이다.

④ 발

㉠ 고양이는 발의 뼈가 다리의 아랫부분이 되며, 직접 발가락으로 걷는다.

㉡ 고양이는 뒷발을 거의 정확하게 상응하는 앞발의 발자국에 놓음으로써 소음과 흔적을 최소화한다.

㉢ 앞발은 거친 지역을 돌아다닐 때 뒷발에 확실한 발판을 제공하는 역할을 한다.

㉣ 앞발에 다섯 개, 뒷발에 네 개나 다섯 개의 발톱을 가지고 있다.

㉤ 보통의 긴장이 풀린 상태에서는 발톱을 날카롭게 유지하며 사냥감을 조용히 따라갈 수 있게 한다.

㉥ 고양이는 사냥이나 자기방어, 타고 오르기, 주무르기 혹은 침구류나 두꺼운 러그 등의 부드러운 표면에 추가 마찰을 위하여 발톱을 꺼낼 수 있다.

(4) 고양이의 특성

① 고양이의 생태적 특징

㉠ 고양이는 야행성으로서 단독으로 먹이를 잡는다.

㉡ 먹이가 다가오기를 가만히 기다리거나 소리 없이 먹이에 다가가서 잡는다.

㉢ 계절번식동물로, 연 2~3회 번식을 하며, 교미 후 24시간 이후에야 배란이 일어난다.

㉣ 임신 기간은 약 65일로 한 배에 4~6마리의 새끼를 낳는다.

㉤ 체온은 37~39℃로, 사람보다 약간 높아 추위에 민감하다.

㉥ 동물 가운데서는 지능이 높은 편에 속한다.

㉦ 수명은 약 20년이나 최고 31년의 기록도 있다.

② 고양이의 지능

㉠ 주인이 없을 때 고양이는 눈에 띄게 불안해 하며 현관 쪽의 소리에 민감하게 반응한다.

㉡ 주인이 여행지에서 묻혀온 낯선 냄새가 고양이를 긴장시키기 때문에 완전히 확신하기 전까지는 두려워하며 가까이 다가오지 않는다.

㉢ 주인 특유의 체취를 확인하고 나면 금방 마음을 놓고 받아들인다.

㉣ 고양이의 지능 역시 사람과 마찬가지로 유전과 환경의 영향을 모두 받는다.

㉤ 영리한 부모에게서 태어난 고양이가 다른 고양이들보다 영리하지만 한 배에 태어난 새끼들이라고 해도 성장환경이나 경험에 따라 지능에 차이를 보인다.

(5) 고양이의 질병

① 고양이 전염성 복막염

㉠ 고양이 질병 중에서 가장 치명적이고 치료가 어려운 질병이다.

㉡ 흉수 및 복수를 동반해 설사가 간헐적으로 반복되며, 식욕이 떨어지고 털이 꺼칠해진다.

㉢ 80%에 달하는 고양이가 바이러스를 가지고 있음에도 정작 발병하는 고양이는 그다지 많지 않다.

② 구 토

㉠ 고양이는 다른 동물보다 구토가 잦은 편이다.

㉡ 토사물 속에 털뭉치가 보이고 구토 후에 아무렇지 않다면 헤어볼을 토해내는 것이므로 질병은 아니다.

㉢ 쓴맛이 나는 식물이나 약 따위를 먹었을 때는 거품과 함께 침을 토하기도 한다.

③ 설 사

㉠ 바이러스성 장염이나 세균성 장염, 기생충 등 각종 질병의 증세로 나타나기도 한다.

㉡ 고양이가 낯선 환경을 겪었을 때 스트레스를 받으면 설사를 하기도 한다.

㉢ 건식 사료 대신 습식 사료나 자연식으로 바뀌어 먹여도 변이 물러지는 경향이 있다.

㉣ 딱히 큰 문제가 없는데도 갑자기 설사를 한다면 변을 조금 채취해 고양이를 데리고 주치의에게 가는 것이 좋다.

④ 치주 질환

㉠ 구내염은 대표적인 고양이의 치주 질환으로, 역한 입 냄새가 나고 고름이 생긴다.

㉡ 구내염이 발생하면 고양이가 입을 발로 긁고, 침을 흘리며 먹이를 먹지 못한다.

㉢ 치은염이 발생하면 입 냄새가 심해지고 침을 흘리는 증상을 보인다.

(6) 반려묘 기르기

① 반려묘 계절별 돌보는 법

㉠ 봄

- 4~6월은 봄의 털갈이 시기로, 가벼운 여름털이 나오는 시기이다.
- 이때는 빗질을 자주 해주어 털 관리에 더욱 신경을 써주어야 한다.
- 고양이의 몸도 안정적인 계절이므로 건강검진 및 예방접종을 실시하는 것도 좋다.

㉡ 여 름

- 사료와 물에 곰팡이가 생기지 않도록 위생적인 관리에 신경을 많이 써야 한다.
- 상한 음식을 먹지 않도록 먹다 남은 사료는 즉각 버려야 한다.
- 더운 날씨로 인해 열사병에 걸리기 쉬우므로 쿨매트를 활용하는 것도 좋은 방법이다.
- 벼룩이 증가하기 때문에 벼룩 발견 시 구충제를 먹이고 청소를 깨끗이 해주어야 한다.

㉢ 가 을

- 10~12월에는 가을 털갈이를 하는 시기로, 두꺼운 겨울털이 나오는 시기이다.
- 봄철과 마찬가지로 빗질을 자주 해주어 털 관리에 많은 신경을 써주어야 한다.
- 식욕이 증가하는 시기이므로 사료의 양을 갑자기 늘리지 말고 필요한 열량만큼 급여해주는 것이 중요하다.
- 감기에 걸리기 쉬운 계절이므로 예방접종을 해주는 것도 좋다.

㉣ 겨울 : 추운 날씨로 인해 물을 섭취하지 않는 고양이를 위해 사료를 불려서 주는 등 수분 섭취에 대한 관리가 필요하다.

② 반려묘의 금기 식품

㉠ 날음식

- 익히지 않은 육류에서 발견되는 살모넬라 박테리아는 장내의 이상을 일으키고 심한 복통을 유발할 수 있다.
- 살모넬라 박테리아는 충분히 가열하여 익히면 사멸시킬 수 있으므로, 익힌 고기와 생선을 먹이는 것이 좋다.

㉡ 뼈

- 반려묘가 뼈를 먹게 되면 목에 걸릴 수 있고, 위벽이나 장기의 벽을 찌를 수 있기 때문에 주의해야 한다.
- 크고 단단한 뼈를 씹다가 고양이 치아가 부러지거나 위벽에 천공을 낼 수도 있다.

㉢ 초콜릿

- 초콜릿에 함유되어 있는 옥살산(Oxalic Acid)은 칼슘의 체내 흡수를 방해한다.
- 디오브로민 성분 또한 고양이에게 유독성분이므로 고양이에게 발작을 일으킬 수 있고, 심한 경우 죽음에 이를 수 있다.

㉣ 날계란

- 살모넬라 감염증이나 기생충에 감염될 가능성이 있다.
- 췌장염에 걸릴 수도 있으므로, 꼭 익혀서 먹여야 한다.

㉤ 토마토

- 토마토의 솔라닌과 토마틴 성분은 고양이에게 매우 치명적이다.
- 솔라닌은 스테로이드 알칼로이드의 일종으로 적혈구를 파괴하는 독소이기 때문에 주의해야 한다.
- 토마틴은 토마토의 잎과 줄기 그리고 덜 익은 토마토에 들어 있는 성분으로 고양이 몸에 닿을 경우 피부염, 알레르기 등을 유발하고 섭취 시 구토, 설사, 호흡 곤란 등의 증상을 일으킨다.

㉥ 양 파

- 고양이가 양파를 먹게 되면 양파의 티오황산염 성분 때문에 용혈성 빈혈이 생기게 된다.
- 심한 경우 고양이가 죽음에 이를 수도 있으므로 주의해야 한다.

③ 반려묘의 사료 선택

㉠ 건식/습식

- 건식 사료는 모든 재료를 혼합한 후에 수분이 없는 알갱이 형태로 만든 것이므로 보관이 쉽고 고양이의 치아 발달에 도움이 된다.
- 습식 사료는 익한 고기나 생선 조각이 들어 있는 형태로, 대부분의 고양이는 물을 잘 먹지 않기 때문에 습식 사료를 먹이는 것도 좋다.
- 습식 사료를 섭취할 때는 치석이 생기기 쉽고 변이 물러질 수 있으니 주의가 필요하다.

㉡ 성장별 선택

- 자묘, 성묘, 노령묘용으로 나뉘는 사료가 있으므로 반려묘에 맞는 적절한 사료를 선택해야 한다.
- 자묘용 사료는 2~12개월의 고양이에게 먹이는 것이 좋으며, 성묘 사료보다 영양이 많고 열량도 높다.
- 성묘용 사료는 12개월 이상의 고양이에게 먹이는 사료로, 이때 사료를 교체해야 한다.
- 노령묘용 사료는 생후 7년 이상 된 고양이에게 먹이는 사료이다.

㉢ 기호성 : 반려묘 각자 기호가 다르기 때문에 여러 가지 사료를 섭취시켜 본 후에 잘 먹는 사료로 선택해야 한다.

㉣ 흡수율

- 사료의 성분함량이나 질보다 중요한 것이 흡수율이다.
- 무기질, 탄수화물 등의 기타 영양소가 많이 포함된다.
- 좋은 사료를 섭취하더라도 흡수율이 떨어진다면 영양 불균형이 오게 된다.

㉤ 원료의 안정성

- 산업의 발전과 더불어 많은 종류의 프리미엄 사료들이 생산되고 있다.
- 시중 제품을 구매할 시에 원료에 대한 정보를 알아보는 것도 중요하다.

④ 반려묘의 위생과 관리

㉠ 예방접종 시기

- 1차(9주) : 종합백신
- 2차(12주) : 종합백신 예방접종
- 3차(15주) : 종합백신 + 광묘병 예방접종
- 추가접종(1년마다) : 종합백신 + 광묘병 예방접종

㉡ 예방접종 종류

- 종합백신 : 범백혈구 감소증, 전염성 비기관지염, 클라미디아, 칼리시 바이러스를 예방할 수 있는 백신이다. 1차(생후 9주), 2차(생후 12주), 3차(생후 15주), 3주 간격으로 3차까지 접종 후, 매년 1회씩 추가로 접종한다.
- 광묘병 예방접종 : 16~18주에 1회 접종 후, 6개월에서 1년 사이로 한 번씩 추가 접종을 해야 한다.

4 소형 포유류(토끼, 페럿, 기니피그, 햄스터 등)의 기초와 이해

(1) 토 끼

① 신체적 구조

㉠ 전 신

- 부드러운 털 덕분에 보온성이 뛰어나다.
- 종마다 얼굴 모습에는 차이가 있다.

ⓒ 귀

- 작은 소리에도 민감하게 발달되어 있다.
- 체열을 발산하여 체온을 조절하는 기관이다.
- 긴장을 했을 때 귀를 세우고, 긴장을 풀거나 기운이 없을 때 귀를 눕힌다.

ⓒ 눈

- 눈이 발달되어 있으나 색맹이다.
- 시야는 360도로 시야가 넓은 편이다.
- 홍채에 멜라닌 색소가 없어 눈이 빨갛게 보인다.

ⓔ 코

- 토끼의 코는 1분에 20~120번 정도 자주 움직인다.
- 후각은 사람보다 뛰어나서 상당히 발달되어 있다.

ⓜ 입

- 윗입술이 2개로 갈라져 있어 입을 자유롭게 움직일 수 있다.
- 토끼의 혀에는 많은 감각세포가 있어 약 8,000개의 맛을 구별할 수 있다.

ⓗ 치 아

- 토끼는 중치류 동물로, 앞니가 총 3쌍이 있다.
- 치아가 계속 자라기 때문에 끊임없이 이갈이를 해줘야 한다.
- 토끼의 앞니는 1년에 12.5cm까지 자란다.
- 영구치는 총 28개이다.

ⓢ 다 리

- 앞다리는 굴을 파는 역할을 한다.
- 뒷발은 힘이 세고 강하기 때문에 토끼는 뒷발을 활용해 높은 곳을 뛰어오른다.
- 발가락은 앞발에 5개, 뒷발에 4개가 있다.
- 발바닥은 얇은 털로만 되어 있어 발바닥에 궤양이 생기는 비절병에 쉽게 노출될 수 있다.

ⓞ 꼬 리

- 작은 꼬리를 가지고 있으며, 꼬리를 통해 다양한 표현을 한다.
- 꼬리를 흔드는 것은 매우 기쁠 때나, 상대를 위협할 때 하는 행동이다.
- 꼬리를 위로 올리는 것은 경계할 때나 위험을 주변에 알릴 때 하는 행동이다.

② 반려토끼의 종류

ⓐ 드워프(Dwarf Rabbit)

- 생김새와 빛깔에 따라 드워프 오토(Dwarf Hotot)와 네덜란드 드워프(Netherlands Dwarf)로 나뉜다.
- 머리는 둥글고 귀가 짧으며, 눈 둘레에 검은색 링 무늬가 있다.
- 몸집은 아담하며 목이 짧다.

ⓑ 렉스(Rex)

- 털이 부드럽고 빛깔이 곱다.
- 몸무게는 3.6~5.5kg이다.
- 성질이 온순하고 체질이 강건하여 기르기가 쉽다.

㉢ 앙고라(Angora Rabbit)
- 식성이 좋으며 신선한 야채나 열매를 먹는다.
- 짝짓기 시기가 되면 사나워지므로 암컷과 수컷을 따로 키울 필요가 있다.
- 털이 몸 전체의 10cm 이상을 덮고 있으며, 촉감이 아주 부드럽다.

㉣ 더치(Dutch)
- 몸무게가 약 2kg으로 체구가 귀여워 관상용 애완종으로 널리 보급되고 있다.
- 코와 입 부분은 흰색이고, 눈 주위와 귀 부분은 검정 또는 갈색 털로 되어 있다.
- 판다를 닮았다고 하여 '판다토끼'라고도 불린다.

㉤ 라이언 헤드(Lionhead Rabbit)
- 몸무게는 1.7kg이며 집토끼의 품종 중 하나이다.
- 털이 풍성하며 길고 귀 길이가 8~9cm이다.
- 사교성이 좋아 반려용으로도 인기가 있다.

㉥ 롭(Lop)
- 롭이어종(Lop Ear)이라고도 하며, 이름대로 귀가 아래로 길게 늘어진 것이 특징이다.
- 동작이 둔하고 번식력이 약하다.
- 성격이 온순하고 침착하여 반려용으로 많이 기른다.

㉦ 친칠라(Chinchilla)
- 처음에는 모피용으로 길러졌으나 최근에는 전시용 토끼로도 인기를 끌고 있다.
- 자이언트 친칠라 중에서는 몸무게가 5kg 이상 나가는 것도 있다.
- 발육이 빠르고 성품은 온순하다.

㉧ 엘핀(Elfin Rabbit)
- 몸무게는 2.3kg 이하이며 집토끼의 품종 중 하나이다.
- 앞다리가 발달하여 점프 능력이 좋다.
- 민첩하고 활동적이며 사교적이다.

③ 토끼의 습성

㉠ 거의 울지 않고 콧소리를 낸다.

㉡ 토끼의 주식은 생초가 아닌 건초이다.

㉢ 높은 습도와 온도에 약하다.

㉣ 토끼는 그루밍을 하며 스스로 몸을 씻기 때문에 목욕은 절대 시키지 않아야 한다.

㉤ 토끼의 눈은 돌출되어 있어서 330도의 시야를 다 볼 수 있다.

㉥ 토끼는 자신의 대변을 먹는데, 이중 소화를 통해 영양분을 최대한 많이 흡수한다.

㉦ 굴을 파는 습성 때문에 이불에서 굴을 파고 흙을 덮는 시늉을 한다.

㉧ 물건에 냄새를 베이게 하기 위해 취선을 가지고 있는 턱을 문지른다.

④ 토끼의 질병

㉠ 비절병(Sore Hock)
- 정의 : 토끼의 발바닥은 얇은 털로만 되어 있어 딱딱한 방바닥이나 철망 위에서 생활하는 토끼는 비절 부근이 빨개지고 염증이 생기는데, 이를 비절병이라 한다.
- 증상 : 발바닥의 털이 빠지고 붉게 보이며 피부와 뼈 사이에 염증이 생긴다.

• 치료 : 수술 후에는 항생제 및 소독약을 사용하고, 동물용 상처 연고를 발라준다.
• 예방 : 토끼가 생활하는 공간을 최대한 푹신하게 만들어 주어 비절병을 예방할 수 있다.

㉡ 모구증(헤어볼)

• 정의 : 토끼가 섭취한 털이나 이물질 등이 배출되지 못하고 위장에 뭉쳐 있는 것을 헤어볼이라고 한다.
• 증상 : 헤어볼은 위를 막음으로써 토끼의 소화 기능을 멈추게 하여 식욕이 없어지다가 배변에도 이상이 온다.
• 치료 : 경미할 경우 약물을 통해 치료가 가능하지만, 심한 경우에는 외과 수술로 제거해야 한다.
• 예방 : 평소 섬유질이 풍부한 건초 위주의 건강한 식단을 유지하게끔 하고, 활발한 운동을 통해 위장운동을 촉진시켜야 한다.

㉢ 스너플스(Snuffles)

• 정의 : 병원균에 의해 감염되는 토끼의 호흡기 전염병이다.
• 증상 : 재채기 · 기침 · 콧물이 나타나며, 심하면 폐렴이나 폐농양을 일으킨다.
• 치료 : 재발이 되는 경우가 많아서 완치될 때까지 꾸준한 약물 치료를 해야 한다.
• 예방 : 평소 토끼가 생활하는 환경을 청결하게 유지하고, 건강 관리에 신경을 써야 한다.

(2) 페럿 · 기니피그 · 햄스터

① 페 럿

㉠ 습 성

• 수명은 7~9년이며, 몸무게는 암컷 0.5~1kg, 수컷 1~2kg이다.
• 영구치는 총 34개이다.
• 야행성이지만 낮에도 활동하고, 하루에 15시간 정도 잠을 잔다.
• 항문에 취선이 있어, 영역표시를 하거나 공격을 받았을 때 악취가 나는 액체를 내뿜는다.

㉡ 사육환경 및 먹이

• 특유의 냄새를 잡아줄 수 있는 전용 샴푸를 사용한다.
• 계단이 많은 케이지를 사용해 준다.
• 전용 사료를 먹이거나, 난황 · 닭고기 · 양고기를 먹인다.

② 기니피그

㉠ 습 성

• 몸은 통통한 편이며 다리가 짧고 성질은 온순하다.
• 수명은 5~15년이며, 몸무게는 약 0.5~1.5kg이다.
• 영구치는 총 20개이다.
• 5~10마리 정도의 무리를 이루어 살기를 좋아하는 사회적인 동물이다.

㉡ 사육환경 및 먹이

• 과도한 소음이나 진동이 없는 장소가 좋다.
• 바닥은 건초나 톱밥을 사용하고 찢은 종이도 활용이 가능하다.
• 푸른 식물의 잎 또는 줄기, 야채, 펠렛 등을 섭취한다.

③ 햄스터

㉠ 습 성

- 설치목 쥐과에 속하는 포유류이다.
- 낮에는 굴 속에 숨어서 수면을 취하고 저녁에 활동한다.
- 시각보다 후각이 발달해 있어, 주인을 인식할 때도 후각을 사용한다.
- 영구치는 총 16개이다.

㉡ 사육환경 및 먹이

- 케이지 안에서 주로 키우며, 케이지의 권장 크기는 1m × 50cm(가로 × 세로) 이상의 크기가 좋다.
- 케이지 안에는 쳇바퀴와 은신처를 준비하고 사료통과 물통도 준비해둔다.
- 햄스터는 기본적으로 해바라기씨나 땅콩 등을 좋아하고 직접 까서 먹을 수 있는 사료가 좋다.

CHAPTER 04 실전예상문제

01 토끼에 대한 설명으로 적절하지 않은 것은?

① 높은 습도와 온도에 약하다.
② 발가락은 앞발에 5개, 뒷발에 4개가 있다.
③ 비절병에 걸릴 수 있으므로 유의해야 한다.
④ 아랫입술이 2개로 갈라져 있어 입을 자유롭게 움직일 수 있다.
⑤ 눈이 빨갛게 보이는 이유는 홍채에 멜라닌 색소가 없기 때문이다.

해설

토끼는 윗입술이 2개로 갈라져 있어 입을 자유롭게 움직일 수 있으며, 토끼의 혀에는 많은 감각세포가 있어 약 8,000개의 맛을 구별할 수 있다.

02 개의 발정에 대한 설명으로 적절한 것은?

① 교배에 적합한 나이는 8세 이상이다.
② 전형적인 발정 주기는 6~7개월마다이다.
③ 혈액성 삼출물은 평균 1~3일 정도 지속된다.
④ 출혈이 있는 시기에는 위생팬티보다 신문지를 깔아주는 것이 좋다.
⑤ 발정 휴지기는 약 100일 정도이며 임신이 되었을 때의 기간과 비슷하다.

해설

① 교배에 적합한 나이는 2~6세 정도이다.
③ 혈액성 삼출물은 평균 7~10일 정도 지속된다.
④ 출혈이 있는 시기에는 반려견에게 기저귀나 위생팬티를 해주는 것이 좋다.
⑤ 발정 휴지기는 약 50~70일 정도로 임신이 되었을 때의 기간과 비슷하다.

정답 01 ④ 02 ②

03 다음에서 설명하고 있는 개의 질병으로 적절한 것은?

- 증상 : 특히 팔꿈치나 귀 등에 염증이 발생하여 피부가 딱딱해지고 비듬이 발생한다. 매우 가려워하고 계속 피부를 긁는다.
- 원인 : 개의 피부에 구멍을 뚫어 침입한 진드기가 그 속에 산란하거나 배설하여 염증이 발생한다.
- 치료 · 예방 : 진드기 구제약을 투여하고, 1주일 정도 간격을 두고 투여를 반복한다. 심한 경우 전신의 털을 깎아야 한다.

① 폐 렴
② 단두종 증후군
③ 급성 신부전
④ 안검 내반증
⑤ 개선충증

해설

개선충증이란 초소형 옴벌레(진드기)가 개의 피부에 구멍을 뚫고 기생하면서 가려움증을 일으키는 질병이다. 개선충증을 치료하기 위해서는 진드기 구제약을 투여한 후 1주일 정도 간격을 두고 투여를 반복해야 한다.

04 프랑스 · 벨기에가 원산지이면서 체중은 약 5kg 정도의 소형견으로, 사교성이 매우 좋고 쾌활한 강아지 품종은?

① 요크셔테리어
② 불 독
③ 시 추
④ 비숑 프리제
⑤ 허스키

해설

① 요크셔테리어의 원산지는 영국이며 지적이고 감각이 예민한 성격을 가진 소형견이다.
② 불독의 원산지는 영국이며 선량하고 용감한 성격을 가진 중형견이다.
③ 시추의 원산지는 티베트이며 독립적이고 친근한 느낌을 주는 소형견이다.
⑤ 허스키의 원산지는 러시아이며 체중은 수컷 20~28kg, 암컷 13~23kg 정도인 대형견이다.

05 단두종 증후군이 발생할 수 있는 견종이 아닌 것은?

① 시 추
② 불 독
③ 퍼 그
④ 치와와
⑤ 콜 리

해설

콜리는 장두종에 해당한다.

03 ⑤ 04 ④ 05 ⑤ 정답

06 개의 신체적 특징에 대한 설명으로 적절하지 않은 것은?

① 6~7개월령부터는 영구치가 나기 시작한다.
② 개의 미각은 사람보다 약 3배 이상 발달되어 있다.
③ 외부의 적으로부터 자신을 보호하기 위해 청각이 매우 발달되어 있다.
④ 땀샘이 발달하지 않아 땀을 흘리지 못하므로 호흡으로 체온을 조절한다.
⑤ 약한 색맹을 가지고 있어 밝은 곳에서는 빨간색을 청색, 녹색 또는 혼합색으로 본다.

해설

개의 미각은 사람에 비해 약 1/6 정도의 수준으로 발달되어 있다.

07 몸무게가 약 2kg이며, 코와 입 부분은 흰색이고, 눈 주위와 귀 부분은 검정 또는 갈색 털로 되어 있는 토끼의 품종은?

① 렉 스
② 드워프
③ 더 치
④ 친칠라
⑤ 롭

해설

① 렉스는 털이 부드럽고 빛깔이 고운 토끼이다.
② 드워프는 머리는 둥글고 귀가 짧으며, 눈 둘레에 검은색 링 무늬가 있는 토끼이다.
④ 친칠라는 발육이 빠르고 성품은 온순한 토끼이다.
⑤ 롭은 귀가 아래로 길게 늘어진 토끼이다.

08 고양이의 역사에 대한 설명으로 적절하지 않은 것은?

① 고대 이집트 사회에서는 고양이를 죽음의 상징으로 여기며 멀리하였다.
② 기원전 900년경 로마에서는 고양이를 가정의 수호신이자 자유의 상징으로 여겼다.
③ 태국을 비롯한 동남아시아에서는 경전을 갉아 먹는 쥐들 때문에 절에서 고양이를 길렀다.
④ 처음 가정에서 고양이를 키우기 시작한 것은 약 5,000년 전 고대 이집트인들로 추정된다.
⑤ 비단무역이 중시되던 중국과 일본에서는 누에고치를 공격하는 쥐들의 퇴치를 위해 고양이를 길렀다.

해설

고대 이집트 사회에서는 고양이를 음악과 풍요·다산의 여신으로 여기며 숭배하였다.

정답 06 ② 07 ③ 08 ①

09 **삼각형의 머리 모양과 큰 귀, 가늘고 날씬한 몸통, 긴 다리와 꼬리를 가지고 있는 고양이의 체형은?**

① 코 비
② 포 린
③ 세미 포린
④ 오리엔탈
⑤ 롱 앤 서브스텐셜

해설

설명은 오리엔탈 체형으로 대표 묘종으로는 오리엔탈 쇼트헤어, 오리엔탈 롱헤어, 샴, 발리니즈 등이 있다.

10 **안방수 배출이 원활하게 되지 않아 안압이 상승하여 눈의 검은자가 뿌옇게 혼탁해지는 반려견의 질병으로 적절한 것은?**

① 아토피
② 녹내장
③ 유루증
④ 백내장
⑤ 외이염

해설

반려견이 녹내장에 걸리면 눈의 흰자위가 빨갛게 충혈되거나, 안압이 상승하여 눈의 검은자가 뿌옇게 혼탁해진다. 녹내장은 안방수 배출이 원활하게 되지 않을 경우 안압이 상승하여 시신경에 손상을 유발하는 질병이다.

09 ④ 10 ② 정답

CHAPTER 05 동물보건영양학

1 동물보건영양학의 개념

(1) 동물보건영양학의 정의 및 목적

① 정의 : 동물이 생명을 유지하고 활동하는 데 필요한 에너지와 영양소 그리고 그것들을 외부와 음식으로부터 생성하여 소화, 흡수, 순환, 배설하는 모든 대사과정에서의 상호작용과 균형 등에 대한 전문지식을 습득하는 학문이다.

② 목적 : 동물의 영양 섭취와 관련된 지식을 식생활이나 의료에 응용하여 동물의 건강을 유지·증진시키고 회복을 도모하는 데 목적을 두고 있다.

(2) 영양소의 정의

① 영양소는 동물이 생명을 유지하고 활동하는 데 필요한 에너지와 몸을 구성하는 물질을 뜻한다.

② 동물의 영양소에는 탄수화물, 지방, 단백질, 비타민, 무기질, 물 등이 있다.

2 영양소의 이해

(1) 탄수화물

① 정 의

㉠ 주로 광합성에 의하여 식물에서 만들어지며, 자연계에 가장 많이 존재하는 유기물이다.

㉡ 탄소(C), 수소(H), 산소(O) 등의 원소로 구성된다.

② 특성 및 기능

㉠ 1g당 4kcal의 에너지를 공급하고, 포도당(Glucose)은 뇌의 주요 에너지 급원이다.

㉡ 지방과 단백질의 합성원료로 사용된다.

㉢ 뇌와 신경조직을 구성한다.

㉣ 혈당을 유지시킨다.

㉤ 개는 지질이나 단백질로부터 포도당을 만들기 때문에 탄수화물이 반드시 섭취해야 하는 필수 영양소는 아니다.

㉥ 예외적으로 임신견의 경우에는 건강한 강아지 출산을 위해 일정량의 탄수화물 섭취가 권장된다.

③ 분 류

㉠ 단당류

- 더 이상 가수분해되지 않는 기본 당류로 소화가 용이하며 단맛이 있어 개가 즐겨 먹는다.
- 탄소의 수에 따라 오탄당(Pentose, 펜토스), 육탄당(Hexose, 헥소스) 등으로 분류된다.
- 오탄당에는 리보스, 아라비노스, 자일로스 등이 있고, 육탄당에는 포도당, 과당, 갈락토스, 마노스 등이 있다.

㉡ 다당류

개 념	• 당분이 길게 연결된 덩어리로 이 상태로는 개가 소화시키기 어려워, 조리와 분쇄 과정을 거쳐야 소화가 쉬워진다. • 단백질이나 지질과 결합하여 생물학적으로 특이한 성질의 발현에 관여하는 일이 많다.
종 류	• 녹말(Starch) – 고등동물의 영양원으로서 중요한 물질이다. – 소화효소에 의해 거대한 녹말 분자가 수많은 포도당 분자들로 분해되어 몸속으로 흡수된다. • 섬유소(Cellulose) – 셀룰로오스(셀룰로스)라고 부른다. – 불소화 다당류의 집합체로 개와 고양이에서는 소화가 어렵다. – 물에 녹느냐에 따라 수용성 섬유소와 불용성 섬유소로 분류된다. – 수용성 섬유소는 과일류, 해조류, 견과류에 들어 있고, 불용성 섬유소는 곡류, 콩류, 채소류에 주로 들어 있다. – 수용성 섬유소는 당의 흡수를 늦추고, 오랫동안 포만감을 느끼게 한다. – 불용성 섬유소는 변의 부피를 늘리고 부드럽게 하며 장운동을 촉진해 변비를 예방한다. • 글리코겐(Glycogen) – 사람을 포함한 동물의 간과 근육세포에서 단기 에너지 저장 용도로 쓰인다. – 동물성 식품에 많이 함유되어 있다.

㉢ 소당류(Oligosaccharide, 올리고당)

- 글루코스(Glucose), 프룩토오스(Fructose), 갈락토스(Galactose)와 같은 당이 2~8개 정도 결합한 당이다.
- 올리고당은 설탕과 물리적인 특성이 비슷하고 감미도 있어 설탕 대체물질로 사용된다.

(2) 단백질

① 정 의

㉠ 다양한 기관과 효소, 호르몬 등 신체를 이루는 주성분이다.

㉡ 단백질의 구성단위 물질은 아미노산이다.

② 특성 및 기능

㉠ 23종류의 아미노산으로 구성된 고분자 물질이다.

㉡ 동물은 아미노산을 조합하여 체내에서 필요로 하는 무한한 종류의 단백질을 합성할 수 있다.

㉢ 신체조직과 근육섬유 구성에 필수적이다.

㉣ 과잉 섭취 시에는 탄수화물이나 지방으로 전환되어 저장된다.

㉤ 부족 시에는 성장 불량, 체중 감소, 거친 피모, 근육량 손실, 질병에 대한 면역력 저하, 부종, 사망 등의 결핍 증상이 발생할 수 있다.

③ 분 류

㉠ 단순단백질

- 아미노산만으로 이루어진 단백질
- 알부민(Albumin), 글로불린(Globulin), 글루텔린(Glutelin), 프롤라민(Prolamin), 히스톤(Histone), 프로타민(Protamine) 등

㉡ 복합단백질

- 아미노산 외에 다른 화학성분을 포함하고 있는 단백질
- 당 단백질 : 뮤신(Mucin), 오보뮤코이드(Ovomucoid)
- 지방 단백질 : 혈장 지방단백질, 밀크 지방단백질, 난황 지방단백질
- 색소 단백질 : 헤모글로빈(Hemoglobin), 미오글로빈(Myoglobin)

㉢ 유도단백질

- 단순단백질 또는 복합단백질의 분해 산물로 구성된 단백질
- 제1차 유도단백질 : 젤라틴(Gelatin), 카제인(Casein), 응고단백질(Coagulated Protein)
- 제2차 유도단백질 : 프로테오스(Proteose), 펩톤(Peptone), 펩타이드(Peptide)

④ 필수 아미노산

㉠ 단백질의 기본 구성 단위로 체내에서 합성할 수 없는 아미노산이다.

㉡ 개는 10개, 고양이는 11개의 필수 아미노산이 있다.

아미노산	개	고양이
페닐알라닌(Phenylalanine)	○	○
발린(Valine)	○	○
트립토판(Tryptophan)	○	○
트레오닌(Threonine)	○	○
이소류신(Isoleucine)	○	○
메티오닌(Methionine)	○	○
히스티딘(Histidine)	○	○
아르기닌(Arginine)	○	○
류신(Leucine)	○	○
라이신(Lycine)	○	○
타우린(Taurine)	X	○

(3) 지 질

① 정 의

㉠ 지방산과 글리세롤이 결합한 유기 화합물이다.

㉡ 주로 탄소(C), 수소(H), 산소(O)로 구성되어 있으며 인(P) 또는 질소(N) 등을 함유하기도 한다.

② 특성 및 기능

㉠ 에너지가 농축된 영양소이다.

㉡ 탄수화물 대비 2배 이상의 열량을 가지고 있다.

㉢ 소량의 섭취로도 많은 에너지를 얻을 수 있게 해주는 영양성분이다.

㉣ 지용성 비타민인 비타민 A, D, E, K의 흡수를 돕고, 필수 지방산의 공급원이 된다.

㉤ 지방의 섭취 부족은 동물에게 필요 에너지를 탄수화물에만 의존하게 만들어 소화관에 부담을 주게 되며, 이로 인해 당뇨가 발생할 가능성이 있다.

㉥ 과다 섭취 시에는 높은 에너지로 인한 과체중(비만), 습진, 탈모가 생길 가능성이 있다.

㉦ 고양이가 과다 섭취 시 황색 지방병(Yellow Fat Disease)을 유발할 수도 있다.

③ 분 류

㉠ 단순지질

- 지방산이 C, H, O로만 구성된 단순한 지방질이다.
- 중성지질이라고도 한다.
- 납(Wax), 콜레스테롤에스테르, 비타민 A 및 D의 에스테르 등이 단순지질에 포함된다.

㉡ 복합지질

- 크게 인지질과 당지질로 구분된다.
- 인지질은 인산을 함유하는 복합지질로서 레시틴・케팔린군・스핑고미엘린 등이 함유된다.
- 당지질은 당을 함유하는 복합지질로서 헤마토시드・글로보시드・황을 함유하는 세레브론황산 등이 속한다.

3 비타민과 무기질

(1) 비타민

① 정 의

㉠ 동물체의 주 영양소가 아니면서 동물의 정상적인 발육과 생리 작용을 유지하는 데 없어서는 안 되는 유기 화합물을 통틀어 이르는 말이다.

㉡ 우리 몸에서 충분한 양을 생산할 수 없으며 음식에서 섭취해야 하는 필수 영양소이다.

② 특성 및 기능

㉠ 에너지원으로 사용되지 않는다.

㉡ 소량으로 동물 체내에서 대사 작용을 조절하는 기능을 갖는 영양소이다.

㉢ 물이나 지방에 용해되는 상태에 따라 지용성 비타민과 수용성 비타민으로 구분할 수 있다.

③ 비타민의 종류

㉠ 지용성 비타민

비타민 A	• 화학 명칭은 레티놀(Retinol)이다. • 생선기름, 간, 계란, 유제품 등에 많이 함유되어 있다. • 눈의 시력과 털, 피부, 점막, 치아 건강에 영향을 미친다. • 결핍 시 야맹증, 안구건조증, 피부 이상, 성장 부진, 면역기능 약화, 성기능 장애가 우려될 수 있다. • 과잉증으로는 식욕감퇴, 성장률과 체중 감소, 각질화·피부 건조, 탈모 등이 있다.
비타민 D	• 화학 명칭은 콜레칼시페롤(Cholecalciferol)이다. • 난황, 우유, 어간유 등에 함유되어 있다. • 자외선을 충분히 받지 못해 신체에서 필요한 비타민 D를 합성할 수 없는 경우에는 사료로부터 직접 섭취해야 한다. • 결핍 시 구루병, 골연화증이 우려될 수 있다. • 과잉증으로는 고칼슘혈증, 연조직의 석회화 유발이 우려될 수 있다.
비타민 E	• 화학 명칭은 토코페롤(Tocopherol)이다. • 식물성 기름, 식물의 씨, 곡물 등에 많이 함유되어 있다. • 세포막 손상을 막는 항산화제이다. • 과산화물 생성에 의한 노화 방지가 가능하다. • 부족할 경우 세포막이 산화로 인해 파괴되어 빈혈 증상이 발생하므로 비타민 E 섭취로 빈혈 예방이 가능하다. • 유아기의 비타민 E 흡수 이상 시 발달 중인 신경계에 영향을 미친다. 조기 치료하지 않으면 신경 장애를 유발할 수 있다. • 개에게 비타민 E가 결핍될 경우 근육 퇴화(근이영양증), 번식 장애 등을 유발할 수 있다.
비타민 K	• 동물의 장내세균이 합성하는 양으로 충족이 가능하기 때문에 결핍은 드물게 나타난다. • 결핍 시 혈액 응고 장애, 내출혈 등의 증상을 일으킬 수 있다.

㉡ 수용성 비타민

비타민 B 복합체	• 티아민, 리보플래빈, 나이아신, 비오틴, 엽산, 피리독신, 시아노코발라민 등이 있다. • 시중에서 판매되는 동물 사료에는 비타민 B가 풍부하게 들어 있어 문제가 없다. • 집에서 제조하는 자가 사료 급여의 경우 원재료에 따라 결핍증이 생길 수 있다.
비타민 C	• 사람, 원숭이, 기니피그는 체내에서 충분한 합성이 이루어지지 않는다. • 건강한 개와 고양이는 체내에서 충분히 비타민 C의 합성이 이루어지므로, 일반적인 경우에는 따로 급여할 필요가 없다.

(2) 무기질

① 정의 : 미네랄(광물질)이라고도 부르며 에너지원은 아니지만 생명현상을 유지하는 데 없어서는 안 될 필수 원소이다. 동물 신체를 이루는 원소 중 탄소(C), 수소(H), 산소(O), 질소(N)를 제외한 다른 원소를 통틀어 말한다.

② 기 능

㉠ 골격 구조 형성 : 뼈조직의 구성성분은 칼슘(Ca), 인(P), 마그네슘(Mg)이다.

㉡ 연조직 형성 : 연조직의 구성성분은 철(Fe), 칼륨(K), 인(P), 황(S), 염소(Cl), 요오드(I) 등이다.

㉢ 체액의 삼투압 조절 : 체액의 구성성분은 나트륨(Na), 염소(Cl), 칼륨(K), 칼슘(Ca), 마그네슘(Mg) 등이다.

㉣ 산과 염기의 평형 조절 : 체액을 중성으로 유지함으로써 항상성을 유지하며 동물의 혈액이나 체액의 산, 염기의 평형을 조절한다.

㉤ 호르몬, 효소 및 효소 활성체의 중요한 구성성분이다.

철(Fe)	헤모글로빈과 사이토크롬의 구성성분
구리(Cu)	티로시나아제의 구성성분
마그네슘(Mg)과 망간(Mn)	당을 분해하는 과정(해당 과정 : Glycolysis), TCA 회로, 지방산 합성과 분해에서 조효소 역할

③ 특 징

㉠ 일반적으로 개에게 필요한 무기질은 20여 종에 이르며, 동물 체내에서 필요로 하는 양은 극히 미량으로 일반적으로 섭취하는 음식물에서 필요량을 충분히 얻을 수 있다.

㉡ 칼슘과 인은 뼈와 치아를 구성하는 주요 무기질로, 절대량과 함께 칼슘과 인의 비율이 중요하다.

㉢ 나트륨과 염소는 체내 산·염기 균형과 농도조절에 중요한 무기질로, 생선·계란·유청 등에 많이 들어 있다.

㉣ 칼륨은 동물 체내에서 산·염기 균형과 삼투압 균형, 신경 자극 전도, 근육 수축 조절 작용을 하는 중요한 무기질이다.

④ 분 류

㉠ 칼슘 : 뼈나 치아 형성, 혈액 응고 및 항상성 유지, 근육의 수축·이완 작용, 신경의 전달

㉡ 인 : 뼈와 치아 형성, 산·염기 평형, 효소와 조효소의 구성성분, 지방산 이송, 에너지 대사(ATP), 세포막 구성성분, 포도당의 흡수, 대사에 관여

㉢ 마그네슘

특 징	• 에너지 발생 과정에 따른 효소반응에 필요하다. • 골격조직 대사와 신경근 전달에 필요하다. • 체내 50% 이상의 마그네슘은 뼈에 있고 나머지는 체액에 있다.
기 능	골격과 치아의 구성요소, 효소의 구성성분, 신경흥분 억제, 근육 이완 작용
결핍증	테타니(신경성 근육경련 증세)

㉣ 나트륨 : 수분 평형 조절, 삼투압 조절, 신경의 조절, 산·염기 평형 유지, 정상적인 근육의 자극반응조절

㉤ 칼륨 : 수분 평형, 삼투압 조절, 산·염기 평형, 체내 나트륨 배출, 신경근육의 흥분 조절과 근육 수축, 글리코겐(Glycogen) 형성 관여, 단백질 합성에 관여

㉥ 염소 : 산·염기 평형, 위액의 형성, 삼투압 조절, 수분 평형 조절

㉦ 철

특 징	• 체내에서 단백질에 결합된 복잡한 형태로 존재한다(60~80%가 적혈구의 헤모글로빈과 근육 속의 미오글로빈에 존재하고 나머지 20%는 간이나 비장 등의 기관에 저장한다). • 면역체계를 증가시킨다.
기 능	혈색소(헤모글로빈)의 구성성분, 산소의 운반과 저장, 육색소 구성, 근수축 작용, 호흡효소의 구성성분, 에너지 방출에 관여, 비타민 C와 동시 섭취 시 흡수 향상, 촉매 작용, 항산화 작용
결핍증	빈 혈

ⓞ 구 리

특 징	체내 모든 조직에 존재하고 뇌, 심장, 간에 많이 있다. 체내의 대사과정에 관여하는 효소의 구성성분이다.
기 능	콜라겐의 합성, 면역 작용, 조혈 촉진(당질대사), 시토크롬 C 산화효소의 구성성분으로 에너지 방출에 관여, 골수 내 헤모글로빈 생성의 보조인자(철의 흡수 및 이용을 도움), 슈퍼옥사이드 디스뮤타아제(SOD)의 구성성분으로 세포의 산화적 손상 방지
결핍증	헤모글로빈의 생성 저해(철의 이용성을 낮춤), 골격 이상(후구마비병)이 발생한다.

ⓙ 코발트

기 능	비타민 B12의 구성성분으로 간, 신장, 골격조직에 주로 있다.
결핍증	식욕감퇴, 거친 피부, 보통은 많이 발생하지 않는다.

ⓚ 요오드

특 징	• 갑상샘 호르몬인 티록신의 생합성을 위해 필요하다. • 티록신은 세포차원의 산화를 조절하고 성장, 내분비선, 신경근 기능 및 영양소의 대사에 영향을 미친다.
기 능	갑상샘 호르몬의 구성성분, 기초 대사의 조절
결핍증	갑상샘비대증(갑상샘의 호르몬을 합성하기 위한 계속된 자극으로 발생하는 증상), 시판 중인 사료에는 요오드가 충분히 함유되어 쉽게 발생하지 않는다.

ⓛ 아 연

특 징	• 탄수화물, 지방, 단백질의 여러 대사과정을 조절한다. • 수컷의 정자형성 과정에 중요한 역할을 한다.
기 능	효소 및 호르몬의 구성성분, 인슐린 합성에 관여(당질대사), 면역기능에 관여, Cu와 길항 작용

ⓜ 불 소

특 징	• 미량 원소에 속하는 필수 광물질, 중독 광물질로 분류된다. • 주로 뼈와 치아에 있다.
기 능	충치의 예방, 골격과 치아 기능의 유지
중독증	뼈 안에 불소가 축적된 함량이 30~40배인 경우에 해당한다. 뼈의 색이 변색되고 굵어지며 조직이 엉성하게 된다.

ⓝ 셀레늄

특 징	미량 광물질로 면역체계의 중요한 구성성분이다.
기 능	글루타티온 과산화효소의 성분, 항산화 작용, 비타민 E 절약 작용, 면역기능, 갑상샘 호르몬 생산에 필요, 자유라디칼에 의한 세포 손상 억제

4 에너지와 물

(1) 에너지의 생성 경로

① 음식물 섭취에 의한 대사로 인한 에너지 생성 : 음식물 중의 에너지 발생 물질로 탄수화물, 지방, 단백질 등의 열량소가 있다.

② 외부로부터 받는 인위적인 보온 및 태양의 복사열에 의해 에너지를 생성한다.

(2) 물의 기능

① 신체 대사 : 동물 체중의 약 70%를 차지하며, 에너지원은 아니지만 신체 대사를 위해 꼭 필요한 요소로 체내 수분에서 15% 이상 없어지는 경우 사망한다.

② 혈액과 림프의 성분

③ 체내 영양소의 공급과 노폐물의 방출

④ 체온 조절, 신진대사 증진, 갈증 해소

⑤ 전해질 평형

⑥ 윤활 작용(관절액, 타액)

(3) 물의 흡수와 배설

① 물의 흡수는 삼투압의 차이에 의한 확산현상이다.

② 물을 마시거나 음식을 통해 그리고 세포호흡으로 물을 흡수한다.

③ 다양한 경로를 통해 물을 배설한다.

예 소변, 대변, 피부, 가스교환 기관의 습한 표면 등

④ 건식 사료는 수분이 10% 포함되어 있어서 습식 사료에 비해 더 많은 양의 물의 섭취가 필요하다.

5 반려동물의 영양소별 소화 흡수 대사(생리학적 개념)

(1) 탄수화물의 대사과정

① 소화 과정

㉠ 입에서 음식물을 잘게 씹는 기계적 소화가 일어나고 입 안 침 속의 아밀레이스에 의해 일부 소화된다.

㉡ 위에서는 탄수화물 소화 과정이 없다.

㉢ 소장에서 탄수화물의 소화가 주로 이루어진다.

- 십이지장에서 췌장의 아밀레이스가 분비되어 글리코겐 및 전분을 덱스트린(Dextrin), 말토오스(Maltose), 트리말토오스 등으로 분해한다.

• 또한 이것을 장벽의 미세융모에 있는 말타아제, 락타아제, 슈크라아제 등에 의해 글루코오스, 프룩토오스 등 단당류로 분해한다.

㉣ 흡수 경로 : 모세혈관 → 간문맥 → 간(→ 간정맥 → 심장 → 전신)

② 대사과정

㉠ 탄수화물 대사경로를 통해 포도당(Glucose)은 해당과정과 이후의 혐기적 경로, 호기적 경로를 거쳐 ATP, 젖산, 물, 이산화탄소 등 여러 물질을 생성하면서 여러 가지 방법으로 대사

㉡ TCA 회로와 전자전달계(호흡쇄)에 의해 완전 산화되어 CO_2와 H_2O를 생성하며 세포 내에 에너지 공급

㉢ 세포 내에서 저장성 다당류로 전환(Glycogen으로 합성되어 간과 근육에 저장)

㉣ Pentose 단위, 구조 다당류, 포도당의 생성

㉤ 지질, 아미노산, 기타 화합물의 합성

㉥ 산화반응 : 해당계 → TCA → 호흡쇄 → 에너지

㉦ 지방 합성 : 해당계 → 아세틸-CoA(활성 아세트산) → 지방산

(2) 단백질의 대사과정

① 소화과정

㉠ 위에서부터 단백질의 소화가 시작된다.

• 위 근육의 수축으로 음식물의 기계적인 소화과정이 일어나고 가스트린이 분비되어 펩시노겐(단백질 분해효소인 펩신의 불활성물질)의 분비를 촉진한다.

• 위액 중 염산은 펩시노겐을 펩신으로 활성화시켜 단백질을 프로테오스, 펩톤, 폴리펩티드로 분해하며 일부는 아미노산으로 분해한다.

㉡ 십이지장에 단백질이 들어가면 약알칼리성의 췌장액 분비를 촉진시킨다.

㉢ 췌장액의 단백질 분해효소인 트립시노겐, 키모트립시노겐 등이 활성화된 트립신, 키모트립신 등이 단백질을 아미노산, 디펩티드, 트리펩티드 등으로 분해한다.

㉣ 흡수된 아미노산의 경로

• 아미노산은 세포마다 아미노산 풀이 있다.

• 아미노산 풀의 크기는 음식 섭취량, 체내 함량 등에 의해 정해진다.

• 이마노산 풀은 세포를 구성하고 근육단백질의 효소, 호르몬 그리고 에너지를 생성한다.

• 또한 지방을 생성하여 간으로 이동하고 포도당을 생성하여 신장과 간에 전달한다.

• 그리고 에너지와 지방, 포도당을 생성하는 과정에서 NH_3(암모니아)가 발생되어 요소를 생성하고 소변으로 배출된다.

② 아미노산의 대사과정

㉠ 탈아미노 반응은 아미노기 전이 효소(Transaminase)와 탈수소 효소(Dehydrogenase)에 의해 암모니아가 유리되는 반응으로 모든 아미노산은 해당하는 α-케톤산과 암모니아로 분해된다.

㉡ 아미노기 전이반응은 한 아미노산의 아미노기가 어떤 α-케톤산과의 사이에서 아미노기 전달 효소(Aminotransferase)에 의해 새로운 아미노산과 새로운 α-케톤산으로 생성되는 반응을 말한다.

㉢ 탈탄산 반응(Decarboxylation)은 아미노기는 그대로 둔 채 카보키실(Carboxyl)만을 제거하는 반응을 말하며, 아미노산 탈카르복시화효소(Amino Acid Decarboxylase)가 작용하는데, 강한 특이성을 요구하고 인체에서는 일어나지 않고 부패성 미생물에 의해 일어난다.

③ 요소회로(오르니틴 회로)

㉠ 탈아미노 반응 생성물인 암모니아는 혈액을 통해 간으로 이동하여 간세포에서 이산화탄소와 반응하고 그 생성물은 오르니틴과 반응하여 시트룰린이 되면서 요소 생성경로로 돌아가 신장으로 배설된다.

㉡ 요소회로 과정

- 암모니아는 카바모일인산합성효소에 의해 카바모일인산(Carbamoyl Phosphate) 생성
- 카바모일인산의 카르바모일기가 오르니틴으로 전이되어 시트룰린 생성
- 시트룰린이 아스파르트산과 반응하여 아르기노숙신산 생성
- 아르기니노숙신산은 아르기닌과 푸마르산으로 분해
- 아르기닌이 가수분해되어 요소와 오르니틴이 생성되며 요소회로 종결

(3) 지질의 대사과정

① 소화과정

㉠ 지방의 소화는 소장의 담즙에 의한 유화로부터 시작된다.

㉡ 유화된 지방은 리파아제에 의해 지방산, 글리세롤, 디글리세리드, 모노글리세리드 등으로 분해된다.

② 대사과정

㉠ 지방산 분해

- 지방산이 활성화되어 카르니틴(Carnitine)을 담체로 하여 미토콘드리아 내로 들어가 산화된다.
- 베타산화(β-oxidation)라는 과정을 거쳐서 두 개의 탄소씩 분리되어 아세틸 CoA가 생성될 때까지 TCA 회로나 글리옥실레이트(Glyoxylate) 회로를 통해 산화가 일어난다.
- 연속적인 4단계 반응에 의해 지방산의 탄소가 2개씩 짧아지면서 $FADH_2$, NADH, 아세틸 CoA를 생성한다.

㉡ 지방산 합성

- 지방산 합성은 주로 세포질에서 일어난다.
- 생성된 지방산은 글리세롤과 에스터화 반응하여 트리아실글리세롤로 전환된다.
- 아세틸 CoA가 카르복실화가 되어 말로닐 CoA가 된다.
- 말로닐 CoA는 아실 ACP와 결합하여 탄소가 2개인 아실 ACP(Cn+2)를 합성한다.

6 사양표준

(1) 정 의

① 사용 목적에 따라 필요한 가축의 영양소 요구량을 합리적으로 제시해 놓은 일종의 급여기준을 말한다.

② 가축의 종류, 사육 목적, 체중, 나이 따위에 따라 필요한 분량의 기준을 에너지양, 단백질량, 비타민양, 무기질량 따위로 나타내었다.

③ 급여기준은 대체로 1일 중 영양소 요구량이나 사료의 단위 중량당 영양소 함량(%)으로 표시하고 요구량의 경우는 1일 24시간 중에 필요로 하는 영양소량을 의미하며 비율의 경우는 가축이 자유채식하는 상태에서 영양소의 균형을 이루는 것을 뜻한다.

④ 가축사육에 중요한 사양표준의 제정은 1810년 독일의 테르(Thaer)에 의해서 최초로 시도되었다.

(2) 종류와 특성

① 한국 사양표준(농촌진흥청 주관)

㉠ 제정 및 개정 배경

- 미국, 영국 등 외국의 가축 사양표준은 국내 가축 품종, 사육환경 등과의 차이로 가축 생산성, 축산물 품질 등에 영향을 미쳐 국내 고유 가축 사양표준을 제시할 필요성 제기
- 가축 개량 진전, 가축 사육시설 및 사양기술의 발전, 기후변화에 따른 가축 사육환경과 제도 변화 등을 반영할 필요성 대두
- 위와 같은 필요에 따라 2002년도에 제정된 한국 사양표준은 5년 주기로 개정, 2007년 1차 개정 이후 2022년 현재 4차까지 개정

㉡ 특 징

- 축종에 따라 성장 단계별로 구체적인 사양관리 방법 제시
- 각 광물질 및 비타민에 대한 영양소 요구량 제시

㉢ 영양소 요구량 제시 방법

- 단백질 : 조단백질(CP ; Crude Protein)
- 에너지 : 가소화 에너지(DE ; Digestible Energy), 대사 에너지(ME ; Metabolizable Energy)

㉣ 4차 개정 주요 내용 : 사육환경 변화와 탄소중립에 대응하는 지속 가능한 축산업 구현

한 우	• 고온 · 저온 스트레스 지수에 따른 사양관리 기준 제시 • 에너지 및 단백질 요구량 개선
젖 소	기존에 국외 연구결과를 기반으로 했던 사료 섭취량 및 에너지 요구량 모형을 국내 고유 모형으로 적용하여 개선
돼 지	• 단백질 요구량 조절 통한 분뇨 내 질소 및 온실가스 저감 연구 결과 반영 • 다산성 모돈의 사양관리 내용 추가
가 금	• 단백질의 요구량을 가소화 아미노산 기준으로 변경 • 산란계의 동물 복지 사양관리 제시

염 소	제정에 따른 영양소 요구량과 사료 급여에 대한 사양관리 제시
사료성분표	• 기존 원료사료의 최신 영양성분 분석 결과 반영 • 신규 사료자원(곤충, 농식품부산물 등)의 영양성분 추가

② 미국의 NRC 사양표준

㉠ 1942년 미국 국가연구위원회(National Research Council) 가축영양분과위원회(Committee of Animal Nutrition)에서 제정

㉡ 대상 동물 : 젖소, 말, 면양, 토끼, 개, 고양이, 밍크 등 다양한 동물

㉢ 단백질을 구성하는 아미노산의 각 종류별 요구량, 무기질의 다량·미량, 중독 광물질의 종류별 요구량, 비타민의 종류별 요구량 등 제시

㉣ 영양소 요구량 제시 방법

- 단백질 : 조단백질(CP ; Crude Protein), 총 조단백질(TCP ; Total Crude Protein)로 제시
- 에너지 : 가소화 에너지(DE ; Digestible Energy), 대사 에너지(ME ; Metabolizable Energy), 정미 에너지(NE ; Net Energy)

㉤ 우리나라에서 사용하는 NRC 사양표준

- 젖소 : 단백질은 TCP, 에너지는 TDN을 이용
- 돼지 : CP와 라이신, 가소화 라이신, 가소화 에너지를 이용
- 닭 : 가소화 조단백질과 ME를 이용

③ 영국의 ARC 사양표준

㉠ 영국 농업연구위원회(ARC ; Agricultural Research Council) 영국 농업연구기술분과위원회(Technical Committee of British Council)에서 제정

㉡ 대상 가축 : 가금(1975년), 반추동물(1980년 추가), 돼지(1981년 추가)

㉢ 에너지와 단백질 이외 각종 아미노산과 무기물, 비타민 등의 각 요구량을 구체적으로 명시

㉣ 단위는 칼로리 대신 줄(Joule)을 사용

㉤ 영양소 요구량 제시 방법

- 에너지 : 대사 에너지(ME ; Metabolizable Energy)
- 단백질 : 가소화 조단백질(DCP)

④ 일본의 사양표준

㉠ 일본 농림수산기술회의 주관 아래 농림성 축산시험장의 공동연구에 의해 제정

㉡ 대상 가축 : 가금, 젖소, 고기소, 돼지 등

㉢ 영양소 요구량 : 체중별·증체량별 제시, 대상 가축에 따라 아미노산 등 미량 영양소 요구량까지 제시

- 단백질 : 조단백질(CP), 가소화 조단백질(DCP)
- 열량·에너지 : 가소화 영양소 총량(TDN), 가소화 에너지(DE)
- 무기물로는 칼슘과 인, 비타민으로는 A 명시

더 알아보기

독일의 사양표준

볼프(Wolff, 1864년) – 레만(Lehmann, 1897년)	• 건물, 가소화 조단백질, 가소화 탄수화물, 가소화 지방, 영양률을 명시 • 이후 제정된 많은 사양표준의 기준서 역할
켈너 (Kellner, 1907년)	• 역용이나 비육용 가축에 효과적 • 건물과 가소화 조단백질, 가소화 조지방, 가소화 탄수화물, 가소화 순단백질(DPP ; Digestible Pure Protein)과 전분가(SV)를 가축별로 제시 • 가소화 순단백질과 전분가를 주요 단위로 사용 • 사료 1kg의 체지방 생성량이 248g이라는 사실을 확인한 후 이를 사료 1kg의 전분가로 표시하여 이 기준에 의거해서 모든 사료의 전분가 표시

미국의 사양표준

암스비 (Armsby) (1915년)	• 가축별 필요 영양소를 정미 에너지와 가소화 순단백질 기준으로 표시 • 가축에 대한 사료의 가치를 매우 정확하게 표시 : 젖 생산에서 유지 영양소와 생산 영양소를 구분한다는 점과 유지 에너지를 체중보다 체표면적을 기준으로 표시한 점이 보다 발전된 것으로 평가
모리슨 (Morrison) (1936년)	• 가축별로 체중과 용도에 따라 필요한 영양소를 건물(Dry Matter), 가소화 조단백질, 가소화 영양소 총량, 칼슘, 인, 카로틴(Carotene), 정미 에너지까지 구체적으로 제시 • 가소화 영양소 총량(TDN)을 사양시험이나 대사시험을 거치지 않고 화학적 분석 결과에 근거한다는 것이 문제로 지적

스웨덴의 사양표준[한손(Hansson)의 사양표준]

- 스웨덴의 한손(Hansson)과 덴마크의 표르드(Fjord)가 만든 표준
- 건물량, 가소화 순단백질, 사료 단위, 전분가 등으로 사양표준 제정
- 스칸디나비아지역과 북부 유럽국가에서 젖소나 돼지 등에 합리적인 사양표준으로 활용
- 단백질은 체지방보다 유생산 효율이 높다는 사실을 확인 후 이것을 토대로 전분가를 수정하고 사료 단위를 제정하여 젖소 등에 적용
- 가축별 체중 및 용도별 가소화 순단백질과 사료 단위를 체중 100kg 기준으로 명시 · 응용
- 에너지 요구량 산출은 「에너지(SFU)= + 1.5」 공식을 이용하여 산출

7 반려동물 성장 단계별 영양소 요구량

(1) 개의 성장 단계별 영양소 요구량

① 강아지의 수유기

㉠ 탄수화물 : 젖당은 젖에 들어 있는 주요 탄수화물이지만 소젖에 비해서 대략 30% 낮게 함유된다.

㉡ 단백질 : 어미의 젖에는 소젖의 두 배 정도의 높은 단백질이 함유되어야 한다.

㉢ 지방 : 어미가 섭취하는 음식의 지방 함량에 좌우되는데 그 섭취 음식은 약 9%의 지방을 함유해야 한다.

㉣ 무기질

- 칼슘 : 초유에는 매우 높게 함유되어 있지만 이후의 젖에는 칼슘 함유량이 감소한다.
- 철
  - 젖에는 매우 낮게 함유되어 있는데 강아지의 철 필요량은 아주 높다.
  - 강아지가 벼룩이나 장의 기생충에 감염된 경우 철의 결핍이 생길 수 있다.
  - 약 3주령에는 음식을 섭취하여 철을 보충하도록 한다.

② 이유 후 성장하는 강아지

㉠ 강아지는 에너지 필요량이 어릴수록 높고 성장하는 데 성견보다 약 50%의 에너지를 더 사용한다.

㉡ 탄수화물

- 최소 4개월까지는 약 20% 건조물의 탄수화물을 섭취해야 한다.
- 탄수화물이 부족할 시에 설사, 식욕 부진, 기면 증상이 발생할 수 있다.

㉢ 단백질

- 어릴수록 단백질의 필요량이 가장 높고 나이가 들면서 차차 감소한다.
- 강아지의 필수 아미노산으로 아르기닌이 필요하지만 그 필요량은 나이가 들면서 감소한다.
- 성견 체중으로 24.9kg 미만의 개의 식이에서 요구되는 단백질 함유량은 22~32%의 건조물이고, 24.9kg 이상인 개의 식이에 요구되는 단백질 함유량은 20~32%의 건조물이다.
- 칼슘과 인의 함유량이 적절하다면 고단백질의 식이도 가능하다.

㉣ 지 방

- 성장 중인 강아지는 리놀렌산이 약 1kg당 250mg 정도 요구된다.
- 성견 체중으로 24.9kg 미만의 개의 식이에서 요구되는 지방 함유량은 10~25%의 건조물이고 24.9kg 이상인 개의 식이에서 요구되는 지방 함유량은 8~12%의 건조물이다.

㉤ 무기질

- 성장 중인 강아지에게 칼슘과 인은 아주 중요하다.
- 2~6개월의 강아지는 장의 칼슘흡수율이 높은 편으로 칼슘항상성의 조절이 잘 되지 않는다.
- 약 10개월 이후 강아지는 칼슘항상성의 조절력이 예전보다 더 향상된다.

③ 개의 노령기

㉠ 만 7~8살부터 노화가 시작되면서 신체 대사율이 감소하고 칼로리 소모도 한창기의 30~40%가 줄기 때문에 체중이 늘지 않도록 식이조절이 필요하다.

㉡ 탄수화물

- 나이가 들면서 대사율이 떨어지고 7살까지 하루에 필요한 에너지량은 약 13% 감소하여 체중 증가를 초래할 수 있지만 오히려 음식 섭취량이 줄어 저체중이 될 수도 있다.
- 여분의 에너지원을 위해 탄수화물을 충분히 공급하되, 체중 조절을 위해 소화가 잘 되고 에너지 밀도가 높은 식이가 필요하다.

㉢ 단백질

- 노령견에게 필요한 단백질은 고품질의 15~23%의 건조물이다.
- 노령견은 마를수록 단백질 합성이 감소하므로 성견의 단백질의 요구량보다 더 높아야 되는 경우가 있지만 신장병의 예방을 위해 식이성 단백질의 농도를 줄일 것을 권장하고 있다.
- 건강한 상태에서는 높은 함량의 단백질이 신장병의 발생을 돕지 않는 것으로 밝혀졌다.
- 단백질이 대부분 동물성이라서 인의 함량이 높아 신장에 무리가 될 수 있다는 의견도 있으므로 신장병이 있다면 단백질의 섭취량을 줄이는 것이 좋다.

㉣ 지 방

- 노령견은 과체중이 되기 쉬우므로 적절한 지방 섭취량이 요구된다.
- 노령견에게 필요한 지방 요구량은 7~15%로 상태에 따라 달라진다.

㉤ 무기질

- 칼슘과 인의 함량은 반드시 적합한 비율로 유지해야 한다.
- 필요한 칼슘의 요구량은 0.5~1.0%의 건조물이다.
- 과도한 인의 섭취는 신장병의 예방을 위해 좋지 않으며 노령견에게 필요한 인의 요구량은 0.25~0.75%이다.

(2) 고양이의 성장 단계별 영양소 요구량

① 어린 고양이의 수유기

㉠ 탄수화물 : 젖당은 젖에 들어 있는 주요 탄수화물이다. 고양이 젖에 함유된 탄수화물 농도는 소젖보다 낮다.

㉡ 단백질

- 단백질의 필요량이 가장 많이 요구된다.
- 타우린은 정상적인 발달에 중요한 일종의 아미노산으로 어미 고양이의 젖에 풍부하게 함유되어 있으며 개와 달리 고양이에게 필수적으로 요구되는 것으로 부족할 시 시력 감소, 심장 질환 발생, 면역력 감소 등의 증상이 나타난다.

㉢ 지방 : 지방의 필요량이 가장 많이 요구된다.

㉣ 무기질

- 젖의 칼슘과 인의 농도는 14일 동안 계속 증가한다.
- 이 시기 동안 철, 구리, 마그네슘의 농도는 감소한다.

② **이유 후 성장하는 고양이** : 새끼 고양이는 빠르게 성장하기 때문에 고량의 에너지가 필요하여 소량의 음식으로도 필요한 에너지 요구량을 충족해야 하고 하루에 필요한 에너지 요구량은 약 10개월이 될 때까지 감소한다.

㉠ 단백질

• 새끼 고양이의 단백질 필요량은 어릴수록 높고 나이가 들면서 차차 감소한다.

• 새끼 고양이가 필요한 단백질의 요구량은 보통 35~50%의 건조물이고 섭취하는 총칼로리의 최대 26%를 차지해야 한다.

• 고농도의 황 함유 아미노산이 요구되어 고기에 최소 19% 건조물의 단백질이 함유되어야 한다.

㉡ 지 방

• 성장 중 새끼 고양이의 체지방은 빠르게 증가한다.

• 필요한 지방의 요구량은 보통 18~35%의 건조물이다.

• 새끼 고양이는 성숙한 고양이와 마찬가지로 리놀레산, 리놀렌산, 아라키돈산이 필요하다.

㉢ 무기질

• 새끼 고양이가 필요한 무기질의 요구량은 0.8~1.6%의 건조물이다.

• 고기만 섭취하여 칼슘 결핍 문제가 생길 수 있다. 고기는 인의 함유량은 높지만 칼슘의 양은 낮아서 영양성 속발성 부갑상샘 항진증이 발생할 수 있으며 이것은 뼈의 밀도 감소, 파행, 골절의 원인이 된다.

• 고단백질로 섭취하여 칼륨이 많이 소실될 가능성이 있다. 필요한 칼륨의 요구량은 0.6~1.2%의 건조물이다.

• 과도 섭취한 칼슘은 마그네슘의 이용성을 제한할 가능성이 있다.

③ **노령 고양이** : 7살 이후부터 노령 고양이인데 활동량과 체중 그리고 기초 대사율이 감소한다.

㉠ 단백질

• 노령 고양이는 단백질 섭취를 많이 해도 되지만 사료에 첨가된 단백질은 동물성이라서 인 함량이 높고 과잉의 단백질 섭취는 신장에 문제를 일으킬 수 있다.

• 노령 고양이에서 필요한 단백질의 요구량은 30~45%의 건조물이다.

㉡ 지 방

• 노령 고양이는 피모와 피부의 상태를 유지하려면 필수 지방산이 필요하다.

• 노령 고양이는 지방에 대한 소화력이 감소하므로 비만이 아닐 시 지방의 섭취를 감소시키면 안 된다.

• 노령 고양이에서 필요한 지방의 요구량은 10~20%의 건조물이다.

㉢ 무기질

• 식이섬유 : 노령 고양이에게 흔한 변비에 좋은 약간의 식이섬유가 필요하다.

• 인 : 신장병 발생률을 증가시키므로 0.5~0.7% 건조물의 인을 섭취하는 것이 적절하다.

• 칼슘 : 0.6~1.0%의 건조물의 칼슘 섭취가 적당하다.

• 칼륨 : 노령 고양이는 소변을 통해 칼륨이 소실되고 음식섭취량도 감소해서 약간 높은 함량인 0.6~1.0% 건조물의 칼륨 섭취가 적당하다.

• 마그네슘 : 0.05~0.1% 건조물의 마그네슘 섭취가 적절하다.

• 나트륨 : 노령 고양이는 고혈압, 신장 질환, 갑상샘 기능항진증, 심장병의 발생이 증가하므로 많은 양의 나트륨은 제한해야 하며 산염기 상태를 유지하기 위해 0.2~0.6% 건조물의 나트륨을 섭취해야 한다.

8 영양과 질병

(1) 반려동물의 영양

① 강아지의 영양

㉠ 특 징

- 강아지는 3~4주령에 이유를 시킨다.
- 이유 초기에는 건식 사료의 알갱이를 물에 불려서 강아지가 먹기 편하도록 해주어야 한다.
- 시간이 조금 지나면 어린 강아지용 사료를 그대로 공급해 준다.

㉡ 열 량

- 어린 강아지는 다 자란 성견과 비교하여 체중(kg)당 2배의 열량이 필요하다.
- 성견에 가까워질수록 필요한 체중(kg)당 열량은 줄어들게 되므로, 크기와 나이를 고려해 급여량을 조절해야 한다.
- 필요한 열량보다 부족하게 급여하는 경우 강아지의 성장이 불량하게 된다.

㉢ 단백질

- 강아지의 성장에 반드시 필요한 영양성분이다.
- 사료 중 최소 22% 이상 포함되어 있어야 한다.
- 단백질이 부족할 때에는 강아지의 성장에 문제가 될 수 있다.
- 필요량은 강아지가 성장함에 따라 그 양이 줄어들 수 있다.

㉣ 칼 슘

- 칼슘과 인의 비율(Ca : P)과 칼슘의 절대량은 강아지의 뼈 성장에 큰 영향을 미친다.
- 칼슘이나 인의 섭취량이 많을 경우 골격계 질환 발생률이 증가한다.
- 안전하고 적정한 칼슘량은 사료 중 1.1%(DMB)이다.
- 위험한 환경에 있는 강아지에게는 칼슘이 함유된 보조제를 주지 말아야 한다.

② 어린 고양이의 영양

㉠ 어린 고양이에게 적절하지 못한 사료 섭취로 인한 성장 문제는 매우 드물게 나타난다.

㉡ 집에서 직접 사료를 제조할 경우 지방, 단백질, 염분 등이 과도하게 함유될 수 있으므로 되도록 피한다.

㉢ 고열량, 고단백질의 어린 고양이 전용 사료를 급여하는 것을 추천한다.

③ 임신기 및 수유기 동물의 영양

㉠ 특 징

- 개의 임신 초기에는 추가적인 영양 공급의 필요성이 낮다.
- 개의 임신 후기에는 자궁 내 강아지의 급격한 성장에 따라 추가적인 영양 공급이 필요하다.
- 태어난 강아지에게 젖을 먹이게 되는 수유기에는 생산하는 젖의 양에 따라 더 많은 영양 섭취가 필요하다.

㉡ 임신 초기 및 중기

- 개는 수정란의 자궁내막으로의 착상이 매우 늦은 동물이다.
- 임신 2~3주 후에 착상되어 그때부터 태반을 통한 추가적인 영양 공급을 시작하게 된다.

- 임신 5~6주차 정도까지는 태아의 성장 속도가 느려 태아에게 공급되어야 할 영양분은 그리 크지 않다.
- 임신 초기에는 어미개에게 주는 사료는 일반 성견에게 주는 사료 급여와 비슷하게 실시하면 된다.

㉢ 임신 후기

- 임신한 어미개의 자궁 내 강아지는 임신 5~6주부터 급속하게 성장을 하게 된다.
- 자궁 내에서 강아지의 성장에는 성장기 강아지와 같이 고열량, 고단백의 영양 공급이 필요하다.
- 영양 공급의 경우, 임신 7주차에는 임신 전 평소 기간보다 15% 정도를 증량, 8주차에는 30%, 임신 말기에는 약 40%를 증량 급여한다.
- 자궁 내 강아지로 인해 어미개의 하복부가 압박을 받기 때문에 소화 기관이 눌려 한 번에 많은 양의 사료를 섭취하기가 곤란하다.
- 임신 후기의 어미개에게는 사료를 평소보다 소량씩 자주 급여하는 것이 중요하다.

㉣ 수유기

- 수유기의 어미개에게는 강아지에게 공급해야 하는 젖의 생산으로 인해 많은 공급이 필요하다.
- 수유기 강아지가 필요로 하는 영양성분은 모두 어미개의 젖으로 공급받게 된다.

④ 노령동물의 영양

㉠ 노령견

- 일반적으로 소형견은 7세 이상, 대형견은 5세 이상을 노령견으로 분류하게 된다.
- 노령견들은 성견과 비교하여 운동량과 대사율, 장운동, 질병에 대한 저항성 등이 떨어지지만, 사료 섭취량은 줄지 않는 경향을 보인다.
- 성견 시기와 같은 사료를 계속 급여할 경우 비만 및 기타 노인성 질병이 발생할 확률이 증가한다.
- 노령견에 맞게 열량은 낮으면서 영양성분이 적절하게 함유되어 있는 사료를 선택해야 한다.

〈건강한 노령견을 위한 중요 영양소 권장량〉

영양성분	권장량(%DMB)
단백질	18~20
지 방	10~20
섬유소	3~7
칼 슘	0.6
인	0.5
염 분	0.2~0.35

㉡ 노령묘

- 고양이의 경우 노령견과 마찬가지로 7세부터 사료를 변경하는 것을 추천한다.
- 다만 고양이의 경우에는 개와 달리 비만은 드물지만, 사료의 소화율이 저하되어 체중 감소가 생기게 되는 경우가 많다.
- 노령묘에게는 소화가 잘되는 고품질의 사료를 선택하여 공급해야 한다.

(2) 영양 불균형으로 인한 질병

① 비 만

㉠ 특 성

- 무거워진 체중 때문에 관절에 무리가 갈 수 있다.
- 심혈관계 질환의 발생률이 증가할 수 있다.
- 열의 발산이 어려워 체온 조절이 힘들어진다.
- 고양이에게는 비만이 당뇨병의 주요 위험 요인이 된다.

㉡ 처방식

- 비만 동물의 사료는 체중 감량을 목적으로 낮은 열량과 적절한 단백질, 비타민, 무기질을 유지하는 것이다.
- 시중 사료 중 고섬유 저지방의 균형식 사료를 추천한다.
- 식이섬유는 큰 부피감과 포만감을 주지만, 섭취하는 열량은 매우 낮아 비만 동물에게 적극 추천된다.
- 처방식 급여와 하루 20분 정도의 운동을 실시한다.

② 식이 알레르기 피부 질환

㉠ 특 성

- 동물의 식이 알레르기는 주로 단백질이 원인이 된다.
- 전신 또는 발, 회음, 얼굴 부위를 포함한 국소 부위의 소양감을 주 증상으로 한다.
- 개에서는 소고기, 유제품, 밀 글루텐이 원인인 경우가 많다.
- 고양이에서는 소고기, 유제품, 생선이 원인인 경우가 많다.

㉡ 처방식

- 단백질 가수분해 기술로 알레르기 원성을 낮춘 식이 알레르기 전용 사료를 급여한다.
- 소화가 잘되는 단백질이나 한두 종류의 새로운 단백질만 포함한 제한된 식이를 한다.

③ 당뇨병

㉠ 특 성

- 췌장의 내분비 세포가 정상적인 기능을 하지 못해 발생한다.
- 인슐린이 충분하지 않을 때, 지방과 단백질을 분해해 에너지로 활용하기 때문에 체중 감소가 나타난다.
- 당뇨병에 걸린 동물들은 섭취하는 사료에 따라 혈당 수치가 크게 변하게 되므로 사료의 선택이 중요하다.

㉡ 처방식

- 적절한 단백질 함량, 낮은 지방, 30% 이내의 가용성 탄수화물, 불용성 탄수화물(식이섬유)이 많이 함유된 사료가 좋다.
- 지방의 함량을 낮추면 전체적인 에너지 섭취량을 줄일 수 있고, 고지방에 따른 비정상적인 지방 대사를 예방할 수 있다.

④ 만성 신부전

㉠ 특 성

- 장기간 지속된 신장 질환으로 인한 것으로, 일반적으로 동물이 나이가 들어감에 따라 발생할 확률이 올라가는 질병이다.
- 나이든 개와 고양이는 어느 정도의 신장 질환을 가지고 있다.

㉡ 처방식

- 신장 기능 손상을 줄일 수 있는 사료의 급여가 절실하다.
- 영양학적으로는 근육량 손실을 예방할 수 있을 정도의 적절한 양질의 단백질을 제공한다.
- 인 성분은 최소화하여 급여한다.

9 사료의 종류와 특징

(1) 사료의 종류

사료의 종류는 가공 과정에 따라 건식, 반습식, 습식, 생식으로 분류된다.

① 건식 : 전 세계적으로 주로 사용되는 사료의 유형으로 수분 함유량이 10% 내외인 사료를 말한다.

② 반습식 : 수분 함유량이 15~35%로 건식과 습식 사료의 중간 정도 되는 사료를 말한다.

③ 습식 : 캔이나 팩 등에 포장되는 스튜 형태의 사료로 수분 함유량이 약 75%인 사료를 말한다.

④ 생식 : 반려동물의 소화기 증상이 개선된다고 알려져 최근 선호되고 있는 사료로, 별도의 열처리를 하지 않고 동결 건조시킨 사료를 말한다.

(2) 사료의 종류별 장단점

종 류	장 점	단 점
건 식	• 급여와 보관이 편리하다. • 치아 위생에 도움이 된다.	• 반려동물의 기호성이 보통이다. • 요로 질환이 있는 반려동물의 경우, 질병이 재발할 가능성이 있다.
반습식	• 기호성이 높다. • 내용물이 부드러워 섭취하기 쉬우므로 노령이나 치아 상태가 좋지 못한 개, 병후 회복기에 있는 개에게 제공하기 좋다.	• 곰팡이가 발생하기 쉽다. • 당뇨 질환이 있는 경우, 위험 가능성이 있다. • 변질의 우려가 있어 보관 시 유의해야 한다. • 치과 질환 발생 가능성이 있다.
습 식	• 기호성이 매우 높다. • 수분 섭취량을 늘리는 데 도움을 주어 요로 질환 있는 경우 권장된다. • 탄수화물 함유량이 적어서 당뇨 질환이 있는 경우 권장된다.	• 변질의 우려가 있어 개봉 후 반드시 냉장 보관해야 한다. • 영양소의 불균형 가능성이 있다. • 치과 질환 발생 가능성이 있다.
생 식	체내 흡수율이 뛰어나다.	• 영양소의 불균형 가능성이 있다. • 미생물 및 기생충 증식의 위험이 있다.

CHAPTER 05 실전예상문제

01 다음 중 동물의 영양소에 있어 단백질의 기능으로 옳은 것은?

① 뇌의 주요 에너지 급원이다.
② 혈당을 유지시킨다.
③ 장내에서 칼슘의 흡수를 도와준다.
④ 동물의 털, 뿔, 뼈 등의 구성성분이다.
⑤ 지방 대사를 원활하게 해주며, 뇌와 신경조직의 구성에 관여한다.

해설

단백질은 동물의 생명유지, 소화 생리 및 대사 작용에 필수적인 영양소로 세포와 유전인자의 구성성분이다. 나머지 보기는 모두 탄수화물에 대한 설명이다. 탄수화물은 뇌의 주요 에너지 급원으로 뇌와 신경조직의 구성에 관여하고 체내 혈당을 유지시키며 탄수화물의 2당류인 락토오스는 장내에서 칼슘의 흡수를 돕는다.

02 다음 중 동물의 영양소에 있어 비타민에 대한 설명으로 옳은 것은?

① 반드시 사료의 형태로 공급해야 한다.
② 에너지를 발생시킨다.
③ 세포의 중추적인 역할을 한다.
④ 성장률과 사료 효율을 높인다.
⑤ 영양소의 대사 작용에 관여하지 않는다.

해설

비타민은 꼭 필요하지만 반드시 사료의 형태로 공급할 필요성은 없다. 비타민은 동물의 생명현상과 생산 활동을 위해 소량으로 요구되는데, 에너지를 발생시키지는 않는다. 그리고 성장률과 사료 효율을 개선하여 생산성을 도모하지만 세포의 중추적인 역할을 하는 것은 아니며 조효소의 구성성분으로 탄수화물 대사 및 에너지 대사에 관여한다.

정답 01 ④ 02 ④

03 다음 중 비타민 A 결핍 시 나타나는 것으로 옳지 않은 것은?

① 구루병
② 야맹증
③ 성장 부진
④ 피부 이상
⑤ 안구건조증

해설

구루병은 비타민 D의 결핍으로 나타나는 증상이다. 비타민 A 부족 시 야맹증, 안구건조증, 피부 이상, 성장 부진, 면역기능 약화, 성기능 장애 등이 나타난다.

04 다음 중 체내에서 인(P)의 기능으로 옳은 것은?

① 혈액 응고
② 수분 평형
③ 해독 작용
④ 산・염기 평형
⑤ 삼투압 조절

해설

인(P)의 기능

뼈와 치아 형성, 산・염기 평형, 효소와 조효소의 구성성분, 지방산 이송, 에너지 대사, 세포막 구성성분, 포도당의 흡수, 대사에 관여

05 다음 중 탄수화물에 관한 설명으로 옳지 않은 것은?

① 말토오스(Maltose, 맥아당)는 체내에서 전분의 분해과정 시 생긴다.
② 자연계에서 발견되는 대부분의 탄수화물은 다당류이다.
③ 탄수화물은 자연계에 가장 많이 존재하는 유기물이다.
④ 탄수화물 대사와 관계 있는 비타민은 비타민 B군이다.
⑤ 탄수화물의 섭취가 부족하면 케톤체의 생성을 감소시킨다.

해설

탄수화물의 섭취가 부족하면 피루브산(Pyruvate)를 통한 옥살로아세테이트(Oxaloacetate)의 공급이 부족하게 되어 TCA 회로가 원활하게 돌아가지 않고 따라서 Acetyl-CoA가 완전 산화되기보다는 케톤체 형성 쪽으로 진행되어 케톤체의 생성이 증가될 수 있다.

03 ① 04 ④ 05 ⑤ **정답**

06 다음 중 체내 물에 대한 설명으로 옳지 않은 것은?

① 혈액과 림프의 성분이다.
② 체온 조절, 신진대사를 증진시킨다.
③ 관절의 윤활과 완충 역할을 한다.
④ 물질의 이동 및 노폐물 제거에 관여한다.
⑤ 주요 에너지원으로 동물 체중의 약 70%를 차지한다.

해설

체내 물은 에너지원은 아니지만 신체 대사를 위해 꼭 필요한 요소로 동물 체중의 약 70%를 차지한다.

07 다음 중 사양표준에 대한 설명으로 옳지 않은 것은?

① 사양표준이란 사용 목적에 따라 필요한 가축의 영양소요구량을 합리적으로 제시하여 놓은 일종의 급여기준이다.
② 가축사육에 중요한 사양 표준의 제정이 1810년 영국에서 최초로 시도되었다.
③ 사양표준에서 급여기준은 대체로 1일 중 영양소요구량이나 사료의 단위중량 당 영양소 함량으로 표시한다.
④ 우리나라는 2002년도에 농림부 산하 농촌진흥청 주관으로 한우, 젖소, 돼지 및 가금류에 대한 한국 사양표준을 제정하였다.
⑤ 과거에 우리나라에서는 NRC(National Research Council)의 사양표준이 주로 이용되었다.

해설

가축사육에 중요한 사양표준의 제정은 1810년 독일의 테르(Thaer)에 의해서 최초로 시도되었다.

08 고양이에게 필수적으로 요구되는 아미노산인 타우린에 대한 설명으로 옳지 않은 것은?

① 고양이의 정상적인 발달에 중요하다.
② 어미 고양이의 젖에 풍부하게 함유되어 있다.
③ 부족할 시 신장 질환이 발생한다.
④ 부족할 시 시력 감소의 증상이 나타난다.
⑤ 부족할 시 면역력 감소의 증상이 나타난다.

해설

타우린은 정상적인 발달에 중요한 일종의 아미노산으로 어미 고양이의 젖에 풍부하게 함유되어 있으며 개와 달리 고양이에게 필수적으로 요구되는 것으로 부족할 시 시력 감소, 심장 질환 발생, 면역력 감소 등의 증상이 나타난다.

정답 06 ⑤ 07 ② 08 ③

09 다음 중 처방식에 대한 설명으로 옳지 않은 것은?

① 고양이는 어릴수록 탄수화물이 꼭 필요하다.
② 비만 상태인 개의 경우에는 칼로리를 적게 공급할 것을 권한다.
③ 질병이 있는 동물을 위한 사료로 증상의 완화와 개선을 목적으로 한다.
④ 노령 고양이는 단백질 제한 식이를 하면 안 된다.
⑤ 신장 질환이 있다면 인이 많이 포함된 음식은 피해야 한다.

해설

고양이는 어릴수록 단백질의 필요량이 가장 많이 요구된다.

10 동물의 건강 상태에 따라 권장되는 사료에 대한 설명으로 옳지 않은 것은?

① 치아가 튼튼한 건강한 동물에게는 건조 사료가 알맞다.
② 당뇨 질환이 있는 동물의 경우 반습식 사료가 알맞다.
③ 식욕이 없고 반건조 사료조차 먹지 않는 동물에게는 생식 사료가 알맞다.
④ 사료 섭취 후 알레르기가 있다면 어떤 첨가물에 의한 것인지 수의학적 검사를 통해 확인하도록 한다.
⑤ 반건조 사료는 냉장 보관하더라도 곰팡이가 생길 수 있어서 개봉 후 1개월 이내 소비하는 것이 좋다.

해설

당뇨 질환이 있는 동물의 경우 반습식 사료는 위험 가능성이 있다.

09 ① 10 ② **정답**

CHAPTER 06 동물보건행동학

1 동물 행동학의 이해

(1) 동물 행동학의 개념

① 동물 행동학의 정의

㉠ 동물 행동학(Ethology)은 20세기 초 유럽에서 동물학의 한 연구 분야로 출발하였다.

㉡ 동물 행동학은 동물의 습성이나 행동 연구를 넘어 유전과 환경, 학습, 진화 등을 관찰함으로써 동물의 행동을 이해하고자 하는 학문이다.

㉢ 동물 행동학의 선구자[노벨상(1973년, 노벨 의학생리학상) 수상]

- 니콜라스 틴베르헌(Nikolaas Tinbergen, 네덜란드 생물학자)
- 카를 폰 프리슈(Karl von Frisch, 오스트리아 생물학자)
- 콘라트 로렌츠(Konard Lorenz, 오스트리아 생물학자)

② 행동학 연구의 4분야

㉠ 행동의 지근요인 : 행동의 메커니즘을 연구하는 분야

㉡ 행동의 궁극요인 : 행동의 의미(생물학적 의의)를 연구하는 분야

㉢ 행동의 발달 : 행동의 개체발생(발달)을 연구하는 분야

㉣ 행동의 진화 : 행동의 계통발생(진화)을 연구하는 분야

③ 동물 행동학의 연구 범위

㉠ 관찰 대상 : 본능, 사회행동(기능에 초점), 생물학적 메커니즘 등

㉡ 주요 관점 : 행동, 인과관계, 발달, 진화

㉢ 연구 분야 : 행동 메커니즘 연구, 행동 발달 연구, 행동 의미 연구

④ 동물 행동학의 접근 방법 : 적응주의적 접근 방법

㉠ 적 응

- 어떤 특정 환경에서 살아가는 동안 환경에 적응하고 환경에 적합하게 발달해가는 과정
- 환경에 적응하며 그러한 적응의 결과로 이루어지는 특성 또는 속성

㉡ 적응주의

- 진화론의 연구 목표를 개념화한 생물철학 이론
- 생물체의 진화 과정에서 발생하는 자연선택의 중요성을 밝히고자 함
- 진화론에 입각한 설명 체계 구축
- 진화론적 접근 방법 : 동물의 마음에서 발생하는 과정 자체를 직접 이해하려 하는 것이 아니라, 진화의 역사에서 동물의 인지 과정이 어떻게 발달하였는가를 밝힘으로써 동물의 인지에 대해 간접적으로 이해하고자 하는 접근 방법

더 알아보기

적응도(Fitness)

동물행동학의 주요 기본적 개념으로, 생애번식성공도(Lifetime Reproductive Success)라고 하며 수치로 나타낼 수 있는데, 어느 동물이 낳은 새끼의 수(출산수)와 그 새끼들이 번식연령에 도달하기까지의 생존율의 곱으로 나타낸다.

포괄적응도

- 야생동물의 집단에서 동료 간에 서로 도우며 생활하는 사례를 설명하기 위해 적응도의 개념을 확대한 것이다.
- 포괄적응도는 어떤 개체가 자신과 혈연관계가 있는 다른 개체의 생존과 번식을 도움으로써 자신과 공유하고 있는 유전자세트가 그 근연개체의 번식성공을 통해 다음 세대로 이어진다는 개념이다.

(2) 개의 특성

① 개의 본능적 특성

㉠ 먹고자 하는 본능 : 살아남기 위한 수단으로 먹고 배설하고 저장하고자 하는 본능

㉡ 종족 보존 본능 : 동족을 찾아 자손을 남기고자 하는 기본 본능

㉢ 자기 방어 본능

- 자기 자신을 보호하려는 행동 습성
- 성품이 여린 개일수록 필사적으로 덤벼들거나 도주하고 짖으며 짖는 강도가 더욱 심함
- 자기 방어 본능인 경계 본능
  - 개는 영역을 지키는 동물
  - 서열의 우월성 및 집을 지키려는 본능이며, 짖음 · 공격성 등으로 나타남

㉣ 마킹 본능

- 자기 공간에 영역을 표시하려는 본능
- 마킹은 서열과 경계심을 부추김

㉤ 보호자 보호 본능

- 타인으로부터 보호자를 보호하려 하는 본능
- 낯선 사람이 보호자에게 다가오면 짖는 행동으로 나타남
- 보호자에게 사랑을 많이 받는 개는 보호자에 대한 집착이 생기며, 집착이 심한 개일수록 사람에게 공격적인 행동 습성이 강하게 나타남

㉥ 무리 본능

- 무리지어 생활하고자 하는 본능
- 개는 사회적 동물이기 때문에 사람을 자신의 무리에 속하는 것으로 여겨 사람과 교감하려 함
- 사회적 경험을 하여 사회성을 기르는 것이 중요

㉦ 복종 본능 : 개는 무리 동물이기 때문에 리더(우두머리)라고 생각하는 자신의 보호자에게 복종

㉧ 호기심 본능 : 새로운 환경, 소리, 처음 접하는 사물을 궁금해 하는 본능

② 개의 감각의 발달

㉠ 후각의 발달(생후 1일부터 시작)

- 개의 후각은 태어나자마자, 즉 생후 1일차에 제일 먼저 발달한다.
- 개의 후각 세포는 인간보다 40배 크며, 후각 능력은 100만 배 이상 뛰어나다.
- 개의 감각 기관 중에서 가장 빠른 반응을 보이는 것이 후각이다.
- 강아지의 후각 기관은 강아지가 눈을 뜨는 시기에 한층 더 발달한다.

㉡ 청각의 발달(생후 3주부터 듣기 시작)

- 개는 소리의 근원지를 찾아내는 능력이 인간과 비교할 때 4배 정도 뛰어나 사람이 듣지 못하는 소리도 들을 수 있다.
- 청각은 생후 3주경이면 열린다.
- 이때, 소리에 대한 공포와 스트레스를 최소화하는 것이 좋다.

㉢ 시각의 발달(생후 13일부터 눈을 뜨기 시작, 4주부터 보기 시작)

- 개의 눈은 노란색과 파란색을 구별하는 2가지 원추 세포를 지니고 있으며 전체적인 개의 시각으로 보면 세상은 흑백으로 보인다.
- 개의 시력은 사람보다 4~8배 정도 나쁘고, 색을 구분하는 능력 또한 떨어지지만 어두운 곳에 있는 물건이나 움직이는 물체를 구분하는 능력은 인간보다 매우 뛰어나다.
- 보통 생후 2주면 강아지가 눈을 뜨고, 생후 4주면 눈으로 물체의 형태를 구분한다.
- 이때, 강아지가 두려움을 느끼게 하는 행동을 하면 강아지가 놀라게 되므로 조심해야 한다.

㉣ 촉각의 발달

- 개의 촉각은 감각 기관으로 뛰어난 능력을 가진 것은 아니다.
- 개는 어미견이 온몸을 핥아 주거나 보호자가 부드럽게 쓰다듬을 때 같은 애정을 느낀다.
- 교육 중 보상으로, 놀이 시 애정표현으로, 서로간의 존경심 표현으로 쓰다듬어 주면 스트레스 완화에도 도움이 된다.

㉤ 미각의 발달

- 개의 미각은 감각 기관 중 마지막으로 발달한다.
- 사람처럼 맛을 구분하는 것이 아니라 독성이 있는지 소화할 수 있는 음식인지를 구분할 뿐이다.
- 개의 미각은 맛으로 아는 것이 아니라 맛의 구분은 어찌 보면 후각에 의해서 구분을 한다고 보면 된다.

③ 개의 다양한 표현

㉠ 평온하거나 기분이 좋을 때

- 귀는 약간 세우거나 아래로 편안하게 쳐져 있고 꼬리는 편안히 세운 채 살랑살랑 흔든다.
- 눈을 맞추고 흰자위가 보이지 않는다.
- 몸은 편안히 누워있고 다리는 쭉 뻗어있다.
- 보호자를 보고 '왕~왕(높지 않은 소리)' 짖으며 빙글빙글 돌기도 한다.

㉡ 두려움을 나타낼 때

- 귀는 선 채로 뒤로 누워있고 꼬리는 수평으로 빨리 흔들거나 뒷다리 사이로 감추며 평상시 눈빛과 달리 흰자를 많이 보이며 눈치를 보고 힐끔힐끔 쳐다본다.

- 제자리에서 짖거나 뒷걸음치며 '앙앙앙(강하고 높은 소리)' 짖는다.
- 어깨 주위부터 꼬리 부분까지 털을 빳빳이 세우고 흰자를 많이 보이며 이빨을 드러내면서 낮은 소리로 으르렁거린다.

㉢ 화가 날 때
- 도발적인 눈빛을 보이고 꼬리는 강하게 세우며 목 주위의 털을 세운다.
- 입을 벌려서 이빨을 보이고 '왕왕왕(연속적인 높은 소리)' 짖는다.
- 몸은 전체적으로 앞으로 달려 나가려고 하면서 자신감이 나타난다.

㉣ 호기심을 표현할 때
- 경계할 때와 비슷한 식으로 꼬리를 세우고 귀도 쫑긋하게 세우지만 입은 꼭 다물고 있으며 눈은 평온한 상태이다.
- 냄새를 맡거나 한 곳을 오랜 시간 쳐다본다.

㉤ 놀이의 표현(놀고 싶거나 놀고 있는 것)
- 집안에서 키우는 소형견은 앞발을 허공에 대고 휘두르거나 앞다리로 툭툭 친다.
- 앞발을 구부리고 엉덩이를 세우며 귀는 살짝 뒤로 넘어가고 꼬리는 살살 흔들다가 사방팔방 뛰어다니면서 사람의 주의를 끈다.
- 개들끼리 '아~앙 아~앙' 소리를 내며 서로 목과 귀를 무는 흉내를 내는 것은 개들이 서로 싸우는 것이 아니라 놀이로써 지배욕과 복종을 배우는 것이다.

㉥ 몸동작의 표현
- 기쁠 때 몸동작 표현 : 껑충껑충거리며 네 발로 한 동작으로 뛰어다니거나 얼굴과 몸을 움직여서 온몸을 흔들어 댄다.
- 복종과 순응의 몸동작 표현 : 앞발은 땅바닥에 대고 엉덩이를 높게 들며 꼬리를 살살 흔들거나 온몸을 가볍게 흔들면서 눈은 주인을 주시한다.
- 경계심의 몸동작 표현 : 몸을 크게 보이기 위해 까치발을 띠거나 몸의 털을 부풀려 세운다.
- 공포, 불안감의 몸동작 표현 : 꼬리를 감추거나 입술을 실룩거리며 경계의 눈초리를 보인다.

㉦ 소리의 표현
- 기쁠 때 소리 표현 : 경쾌한 목소리의 톤으로 '멍멍', '앙앙' 짧게 짖거나 또는 리듬을 탄다.
- 경계 공포, 불안감의 소리 표현 : '그르렁 그르렁'거리는 목소리 톤에 힘이 들어가고, 강하게 '왕왕' 짖으며 경계의 톤을 높인다.
- 외로움, 먼 곳의 동족을 부를 때 표현 : '우~우' 우는 소리를 내며, 하울링을 한다.
- 고통, 스트레스 표현 : '낑낑'거리거나 몸을 움츠리거나 떨어댄다.

㉧ 꼬리로서의 표현
- 기쁠 때 꼬리 표현 : 꼬리를 좌우로 빠르게 흔들어 댄다.
- 복종과 순응의 꼬리 표현 : 꼬리를 좌우로 서서히 흔들며 주인에게 시선이 집중된다.
- 경계심의 꼬리 표현 : 꼬리를 높게 쳐들고 긴장을 하며 털을 세운다.
- 공포, 불안감의 꼬리 표현 : 꼬리를 다리 사이에 감추고 눈치를 본다.

(3) 고양이의 특성

① 고양이의 행태적 특성

㉠ 야행성 : 아침이나 낮보다 밤에 주로 활동하며, 눈도 이에 맞게 발달하였다.

㉡ 독립성 : 무리 지어 생활하지 않기 때문에 서열도 없고 리더도 없다.

㉢ 영역 인식 : 자신의 영역에 있어야 안정감을 느낀다.

㉣ 그루밍 : 혀로 자신의 털을 쓰다듬는 행동을 한다.

㉤ 배변 처리 : 배변 공간에 모래 등을 깔아주기만 하면 스스로 배변을 가린다.

㉥ 유연성 : 고양이는 사람보다 척추뼈가 많고 이에 따라 관절이 더 많기 때문에 몸을 자유롭게 움직일 수 있어서, 높은 곳에서 떨어져도 안전하게 착지가 가능하다.

② 고양이의 의사표현

㉠ 눈

- 고양이의 가장 중요한 의사표현 기관
- 동공 확장 : 고양이가 겁이 났을 때
- 동공 수축 : 공격적인 상태로, 무언가를 위협하려 할 때
- 눈 깜빡임 : 공격하지 않겠다는 의미

㉡ 귀

- 뒤로 젖힘 : 불안할 때
- 양옆으로 기울임 : 편안한 상태

㉢ 꼬 리

- 천천히 흔듦 : 무언가를 생각하는 상태
- 격렬히 흔듦 : 많이 흥분한 상태 또는 공격 의사표현
- 꼬리 · 꼬리털을 세움 : 위협을 느낌(방어자세)

㉣ 하악질 : 불편하거나 무언가가 싫은 상태

㉤ 입맛 다심 : 따분한 상태

㉥ 털 세움 : 대상이 싫거나 무서운 상태

㉦ 가르릉거림 : 기분이 좋은 상태

더 알아보기

퍼링(Purring)

- 고양이가 갸르릉(그릉그릉) 소리를 내는 것을 퍼링(Purring)이라고 한다. 퍼링의 원리는 호흡할 때 공기가 목을 통과하면서 나는 소리이다.
- 퍼링의 이유는 다양한데 스트레스 해소, 만족감의 표현, 유대감 형성, 불안감 해소, 치유와 통증완화 등의 이유로 퍼링을 한다.

(4) 개와 고양이의 행동 발달

시 기	개의 행동 발달	고양이의 행동 발달
신생아기 (출생~2주)	• 시·청각 능력이 없는 상태 • 촉각·후각·미각은 갖추어진 상태 • 배설 불가(생식기 그루밍)	• 시·청각 능력이 없는 상태 • 촉각·후각·미각은 갖추어진 상태 • 배설 불가(생식기 그루밍) • 체온 조절 불가 • 입위반사(태어나면서부터 바로)
이행기 (2~3주, 짧은 기간)	• 시·청각 발달 • 배설 가능 • 동배종들과 놀이 시도 • 소리·행동 신호 표현 시작 • 걷기 시작 • 눈을 뜨고 귓구멍이 열려 소리에 반응 → 행동적으로도 신생아기의 패턴에서 강아지의 패턴으로 변화가 보이는 시기	• 시·청각 발달 • 배설 가능 • 동배종들과 놀이 시도 • 소리·행동 신호 표현 시작 • 걷기 시작 • 오르기 시도 • 발톱 넣었다 빼기 가능
사회화기 (3주~ 최대 6개월) ⇩ 결정적 시기	• 4~8주 사이에 젖을 떼기 시작 • 감각기능·운동기능 발달 • 섭식 및 배설행동 발달 • 놀이 행동·성견 행동 모방 시작 • 동물과 사람, 사물과 환경 등에 애착 형성 가능 • '생후 20일~12주'가 가장 주의하여 사회화 훈련을 해야 하는 시기	• 4~8주 사이에 젖을 떼기 시작 • 감각기능·운동기능 발달 • 섭식 및 배설행동 발달 • 사회적 행동 학습 시작 • 동물과 사람, 사물과 환경 등에 애착 형성 가능
약령기, 청소년기 (6~12개월)	• 견종·개체 따라 시기가 다름 • 학습 능력이 높아져 여러 가지 경험 시도 • 복잡한 운동패턴 사용 가능	• 묘종·개체에 따라 시기가 다름 • 복잡한 운동패턴 사용 가능 • 보통 이때부터 그루밍(Grooming, 전신 몸단장) 시작
성숙기 (12개월 이후)	• 신체적 완성기 • 행동 고착 • 사회적 성숙기 • 초기 학습이 부족하면 반사회적 행동 등 그 결과가 나타남	• 신체적 완성기 • 행동 고착 • 정상 행동 안정기 • 좁은 공간을 왔다 갔다 하며 자기 몸보다 훨씬 높은 곳에 오름
고령기 (7~10세 전후)	• 소형견, 대형견에 따라 시기에 차이가 있음 • 신경계, 감각 기관, 심혈관계 등 신체 노화 • 인지 장애 발생 가능	• 묘종에 따라 시기에 차이가 있음 • 신경계, 감각 기관, 심혈관계 등 신체 노화 • 인지, 학습, 반응 능력 저하 • 인지 장애 발생 가능

더 알아보기

개와 고양이의 사회화기

개	고양이
3~10주령 (4~8주령이 사회적 발달을 위해 가장 중요한 시기)	3~9/10주령
이 단계에서는 척수와 중추신경계가 발달하여 환경과의 상호 작용에 필요한 신경계 기능이 생긴다.	사회화 놀이가 증가한다. 개의 사회화 시기만큼 중요하지는 않다.
놀이 행동이 시작되고 성견의 행동을 모방하기 시작한다. 예를 들면 물기, 짖기, 성적 행동, 우열, 복종 행동을 모방하기 시작한다.	이 시기 동안 사람과의 접촉은 평생 영향을 끼친다.

출처 : Aspinall Victoria([2005]2011). 『동물간호학(The complete textbook of veterinary nursing)』. 동물간호복지사자격위원회 교과서출간위원회. okvet. pp.150~171

※ 고양이는 낯선 사람이 집에 오면 일단 숨거나, 낯선 환경 또는 낯선 사람의 핸들링에 적응하지 못하기 때문에 사회화가 잘 안 된다.

2 동물의 행동이론

(1) 고전적 조건화

① 파블로프(Pavlov)가 개 실험을 통해 얻은 결과를 바탕으로 제시한 개념이다.

② 파블로프(Pavlov)의 개 실험

㉠ 개에게 종소리를 들려준 후 먹이를 주자, 이후 종소리만 들려주어도 개가 침을 흘렸다.

㉡ 이때 먹이는 무조건 자극, 먹이로 인해 나오는 침은 무조건 반응, 조건화되기 이전의 종소리는 중성(중립) 자극, 조건화된 이후의 종소리는 조건 자극, 종소리로 인해 나오는 침은 조건 반응에 해당한다.

③ 고전적 조건화는 어떠한 조건 자극이 조건 반응을 유도하는 힘을 가지게 된 후 다른 제2의 자극과 연결되는 경우, 제2의 자극에 대한 무조건 자극으로써 새로운 조건 반응을 야기할 수 있다고 보는데, 이를 '2차적 조건형성'이라고 한다.

④ 고전적 조건화는 학습이 체계적 · 과학적 방법에 의해 외부로부터 유도될 수 있으며, 그 결과는 예측 가능하다고 본다.

(2) 조작적 조건화

① 스키너(Skinner)가 파블로프(Pavlov)의 고전적 조건화를 확장한 것이다.

② 스키너(Skinner)는 자신이 고안한 '스키너 상자(Skinner Box)'에서의 쥐 실험을 통해 조작적 조건화 개념을 구체화하였다.

③ **스키너 상자(Skinner Box)에서의 쥐 실험**

㉠ 스키너 상자(Skinner Box)란 실험을 위해 방음 설비, 지렛대 설치 등을 한 사각형 모양의 방을 의미한다.

㉡ 이 방으로 들여보내진 쥐 등 실험동물이 먹이를 구하려고 방에 설치된 지렛대를 누르면(조작하면), 방 뒤에 설치된 먹이가 나오는 장치에서 자동으로 먹이가 나오도록 설계되어 있다.

㉢ 이때 먹이는 무조건 자극, 먹이를 먹는 것은 무조건 반응, 지렛대는 조건 자극, 지렛대를 누르는 것은 조건 반응에 해당한다.

④ 조작적 조건화는 환경의 자극에 능동적으로 반응하여 나타내는 행동인 조작적 행동을 설명한다.

⑤ 조작적 조건화는 자극에 대한 수동적·반응적 행동에 몰두하는 파블로프의 고전적 조건형성과 달리, 행동이 발생한 이후의 결과에 관심을 가진다.

⑥ 조작적 조건화는 어떤 행동의 결과에 보상이 이루어지는 경우 그 행동이 재현되기 쉬우며, 반대의 경우 행동의 재현이 어렵다는 점을 강조한다. 즉, 강화와 처벌의 역할을 강조한다.

⑦ **조작적 조건화 기본원리** : 강화의 원리, 소거의 원리, 조형의 원리, 자발적 회복의 원리, 변별의 원리

(3) 동물의 행동이론 관련 개념

① **자 극**

㉠ 자극이란 동물에 작용하여 어떤 특정 반응을 유발하는 외부 조건(환경)을 가리킨다.

㉡ 동물의 행동이론에서는 자극과 반응 간의 관계를 강조한다.

㉢ 자극의 유형

- 물리적 자극(예 동작, 소리, 핸들링 등)
- 화학적 자극(예 냄새 등)
- 환경적 자극
  - 자연적 자극(예 온도·바람 등)
  - 사회적 자극((예 관계 등)
  - 생활적 자극(예 건물의 형태·위치 등)

② **강 화**

㉠ 강화는 조작적 조건화의 중요 개념(자극 → 반응 → 강화의 발생 강조)

㉡ 강화는 반응 시 또는 반응 직후에 하여야 확실한 조건화가 형성된다.

㉢ 강화의 유형

플러스/양성/긍정 강화 (Plus/Positive Reinforcement)	• 무언가를 더해서(+) 바람직한 행동을 유발하는 것 • 어떤 반응 후 바람직한 자극이 제시될 때 그 반응이 증가하는 현상 • 유쾌 자극을 제시하여 행동의 빈도를 증가시키는 것
마이너스/음성/부정 강화 (Minus/Negative Reinforcement)	• 무언가를 빼서(−) 바람직한 행동을 유발하는 것 • 어떤 반응 후 혐오스러운 자극이 제거될 때 그 반응이 증가하는 현상 • 불쾌 자극을 철회하여 행동의 빈도를 증가시키는 것 • 동물이 혐오적 상황이 종료되는 것을 학습하는 것에 의한 것(동물이 어떤 반응을 보인 후에 혐오적 자극이 제공되는 '처벌'과 다른 개념)

㉣ 강화물(보상)의 종류

- 강화물로는 먹이(물질적 강화물), 쓰다듬기 · 칭찬(사회적 강화물), 산책(활동적 강화물), 같이 있기(간접적 강화물) 등이 있다.
- 1차적 강화물과 2차적 강화물로 나눌 수 있다.

1차적 강화물	• 무조건 강화 자극에 해당하는 것 • 학습에 의하지 않고도 강화의 효과를 가지는 자극물 예 물, 먹이, 수면, 과자, 장난감 등
2차적 강화물	• 중성 자극이었던 것이 강화 능력을 가진 다른 자극과 연결됨으로써 강화의 속성을 가지게 된 자극 • 2차적 강화물의 효과는 1차적 강화물에 직 · 간접적으로 의존 예 쓰다듬기 · 칭찬, 미소 등(개를 훈련할 때 개가 잘할 때마다 먹이를 주면서 동시에 머리를 쓰다듬으면 본래 강화물이 아니었던 '쓰다듬기'가 강화물이 되어 쓰다듬기만 해도 강화가 일어남)

③ 처 벌

㉠ 바람직하지 않은 행동이 일어나지 않게 하는 자극이다.

㉡ 바람직하지 않은 행동의 빈도를 줄이는 방법이다.

㉢ 처벌이 효과가 있으려면 일관성이 있어야 하며 시기와 강도가 적절해야 한다.

㉣ 처벌의 유형

플러스/양성/긍정 처벌 (Plus/Positive Punishment)	• 무언가를 더해 주어서(+) 바람직하지 않은 행동을 감소시키는 것 • 불쾌 자극을 제시하여 행동의 빈도를 줄이는 것 • 어떤 반응 후 혐오스러운 자극이 제시될 때 그 반응이 감소하는 현상
마이너스/음성/부정 처벌 (Minus/Negative Punishment)	• 무언가를 빼앗아서(−) 바람직하지 않은 행동을 감소시키는 것 • 유쾌 자극을 철회하여 행동의 빈도를 줄이는 것 • 어떤 반응 후 바람직한 자극이 제거될 때 그 반응이 감소하는 현상 • 처벌은 혐오스러운 자극이 제거됨에 따라 어떤 반응이 다시 일어날 가능성이 증가하는 '마이너스 강화'와는 전혀 다름

④ 소 거

㉠ 일정한 행동 뒤에 강화가 주어지지 않으면 그 행동이 사라지는 것이다.

㉡ 문제 행동의 빈도를 줄이기 위한 방법으로서 강화를 중지하는 것이다.

㉢ 어떤 행동에 강화를 주다가 주지 않음으로써 그 행동의 강도 및 출현빈도를 감소시키는 것이다.

㉣ 소거 폭발/격발[소거 버스트(Extinction Burst)]

- 조작적 조건화로 학습된 행동이 소거될 때 발생할 수 있는 현상
- 줄곧 강화가 주어졌던 행동에 더는 강화가 주어지지 않을 때 일시적으로 강화가 주어졌던 행동을 더 자주 더 강하게 보이는 현상
- 소거 버스트는 일시적인 현상이며 그러한 행동은 점점 줄어들고 결국 사라짐

⑤ **자극 일반화** : 조건 자극에 대한 조건 반응으로서 유사한 다른 자극에도 반응을 일으키는 현상이다.

⑥ **역조건화** : 이미 조건화되어 나타나고 있는 현재의 바람직하지 않은 어떤 반응을 제거하기 위해, 그러한 반응을 일으키는 조건 자극에 새로운 무조건 자극을 더 강력하게 연합시켜서 현재의 바람직하지 않은 어떤 반응을 약화시키는 것이다.

예 목욕 공포가 있는 고양이에게, 그 고양이가 좋아하는 활동을 하는 동안 고양이에게 공포 반응을 일으키는 조건 자극(목욕)을 제시하면, 이 조건 자극(목욕)이 그 고양이가 좋아하는 활동과 연합하여 조건화됨으로써 고양이의 목욕 공포 반응을 약화시킨다.

⑦ 학 습

㉠ 관련 개념

- 관찰 및 모방 : 다른 동물을 똑같이 따라하는 행동(짖음, 배변 등)
- 익숙 : 반복적으로 받게 되는 자극에는 반응이 일어나지 않음(입양 및 파양 등 반복되는 새로운 환경 등)
- 착오 : 실패한 경험에 따른 행동[노즈워크(개가 코로 냄새를 맡으며 하는 모든 활동)의 어려운 정도를 높여감]
- 연상 : 먼저 한 것과 그다음에 한 것을 한가지로 생각(일어서, 앉아)
- 혁신 : 이전에는 하지 않았던 창조적인 행동(방문 여닫기 등)

㉡ 학습 · 발달 · 경험의 4가지 원리

- 행동한 뒤에 바로 긍정적인 일이 생기면 그 행동은 증가
- 행동한 뒤에 바로 부정적인 일이 없어지면 그 행동은 증가
- 행동한 뒤에 바로 긍정적인 일이 없어지면 그 행동은 감소
- 행동한 뒤에 바로 부정적인 일이 생기면 그 행동은 감소

더 알아보기

임프린팅(Imprinting)

- 태어난 지 얼마 되지 않은 시기에 최초로 본 움직이는 것을 부모로 인식하여 따르거나 그것이 장래의 배우자 선택을 좌우하는 등 장기에 걸쳐 행동에 영향을 미치는 것이다.
- 거위나 기러기 등의 조성성 조류에서 특히 유명한 현상으로 사회화기 또는 감수기에 일어난다.

생득적 행동(Innate Behavior)

- 학습이나 훈련 없이, 다른 개체를 모방하지 않고, 환경의 영향도 받지 않고 발달하는 행동을 일컫는다. 이는 각각의 동물 종이 태어나면서부터 가진 특이한 행동 레퍼토리이다.
- 이러한 생득적 행동을 일으키는 자극을 열쇠자극이라고 하며, 열쇠자극을 포함한 해발인자에 의해 행동이 일어나는 구조를 생득적 해발기구(Innate Releasing Mechanism)라고 한다.

3 동물의 정상 행동

(1) 성 행동과 모성 행동

① 자신의 유전 정보를 다음 세대로 계승 및 존속하게 하기 위한 행동이다.

② 성 행동

분 류	개	고양이
발정 시작 시기	생후 만 1년 전후	생후 4~18개월
발정 주기	평균 연 1~2회(매 6~7개월)	• 계절번식동물(연 2~3회) • 날씨·일조량의 영향을 받는다. – 봄과 가을에 발정하는 경향 – 늦가을과 초겨울은 무 발정
출 산	평균 63일 후 출산	평균 60~65일 후 출산
특 징	교미결합(승가행동)	교미배란(교미 전까지는 난자가 배출되지 않음)

③ 모성 행동

㉠ 새끼에게 젖을 먹인다.

㉡ 새끼의 몸을 핥아서 깨끗하게 해준다.

㉢ 새끼를 품어서 새끼의 체온을 유지해 준다.

㉣ 새끼의 생식기를 핥아 새끼가 배설할 수 있게 해준다.

㉤ 새끼를 나가지 못하게 막음으로써 위험하지 않게 해준다.

더 알아보기

동물 행동학에서 본 생식전략

- 개는 한 번에 여러 마리의 새끼를 낳는 다태동물이다.
- 말은 한 번의 출산에서 한 마리만을 낳는 단태동물이다.
- 코끼리바다표범은 일부다처형 동물이다.
- 소, 말, 코끼리와 같은 대형 포유류는 일반적으로 수명이 길어 성장할 때까지 시간이 걸리며 비교적 안정된 생태환경과 경합적인 사회 환경 속에서 적은 수의 새끼를 극진히 보호하고 소중하게 키워내는 전략을 가진다.
- 수컷 공작의 화려한 깃털은 한정된 자원인 암컷을 둘러싼 경쟁에서 조금이라도 유리하게 행동하기 위해 자신의 생존율을 희생해서까지 어떤 형질을 발달시키는 성선택에 대한 예이다.

교미배란을 하는 동물

집토끼, 페럿, 밍크, 고양이 등

(2) 섭식 행동

① 생존을 유지하기 위한 행동이다.

② 개와 고양이의 섭식 행동의 특성

구 분	개	고양이
섭취 특성	• 빠른 속도로 한꺼번에 많이 섭취 • 특별히 가리지 않고 질긴 음식도 잘 먹는 편	• 느린 속도로 조금씩 여러 번 섭취 • 육식, 습식 선호
행동 특성	음식을 감추는 행동을 보임	냄새로 음식을 여러 번 확인

(3) 배설 행동

① 의 미

㉠ 둥지의 청결을 유지하기 위한 행동이다.

㉡ 영역을 표시하기 위한 행동이다.

② 개의 배설 행동 : 배변 패드 사용, 1일 1회 교체

③ 고양이의 배설 행동

㉠ 모래 위에 배설하며 각자의 모래 화장실과 좋아하는 바닥재를 제공하여야 한다.

㉡ 바닥재가 불결하면 사용하지 않으려 한다(수시 교체 필요).

④ 배설과 마킹의 차이

㉠ 개가 여러 장소에서 한쪽 다리를 들어 올리고 높은 곳에 배설하려 하는 것은 영역 표시를 위한 마킹 행동이다.

㉡ 고양이가 평상시와는 다른 자세[엉덩이를 올리고 수직 대상에 오줌을 발사(오줌 스프레이)하는 행동]로 배설하려 하는 것은 마킹 행동이다.

㉢ 고양이의 스프레이행동과 부적절한 배설의 차이점

- 스프레이행동의 배설량은 적고, 부적절한 배설의 배설량은 많다.
- 스프레이행동은 일반적으로 서서하고, 부적절한 배설은 앉아서 한다.
- 스프레이행동은 일반적인 배설 시에 화장실을 사용하고, 부적절한 배설은 일반적으로 화장실을 사용하지 않는다.
- 스프레이행동은 일반적으로 수직면에 하고, 부적절한 배설은 좋아하는 장소에서 한다.
- 스프레이행동의 원인에는 번식기의 암컷 고양이가 주변에 있는 경우일 수 있고, 부적절한 배설의 원인에는 화장실에 대한 불만이 있을 수 있다.

(4) 그루밍 행동

① 몸을 단장하려고 자신의 혀나 발로 몸을 긁거나 핥는 행동이다.

② 그루밍 행동을 통해 먼지・기생충을 제거하고 방수기능을 더함으로써 피부 및 피모의 건강을 유지한다.

③ 부모・자식・동료 간의 연대를 높이는 효과도 있다.

④ 어미의 그루밍을 충분히 받으면서 자라는 새끼는 불안이 적고 공격성이 낮아진다.

4 동물의 문제 행동

(1) 문제 행동의 의미

① 주인에게 그 행동이 매우 성가시고 주인이 문제라고 간주하는 행동이다.

② 행동 레퍼토리가 정상 레퍼토리에서 크게 벗어난 것이다.

③ 정상 범위에 있는 행동 레퍼토리의 빈도가 높거나 혹은 적은 경우다.

④ 문제 행동 중에는 정상 행동의 범위에 속하는 행동이더라도 사람과의 관계에서 그 행동이 문제가 되는 경우가 많다.

⑤ 행동에 대해 훈련을 받지 않았거나 다른 정상적인 동물의 행동이 무엇인지 보고 자라지 못한 동물은 과도한 짖음, 물어뜯기, 분리 불안, 흥분 등의 문제 행동을 나타낼 수 있다.

⑥ 보호자 대부분은 문제 행동을 참고 견디기 때문에 이러한 과정에서 문제 행동을 더 심각하게 조장하는 결과를 낳기도 한다.

더 알아보기

정상 행동과 비정상 행동

- 정상 행동 : 어떤 행동이 잦거나 드물더라도 원래 가진 행동양식을 벗어나지 않는 행동
- 비정상 행동
  - 원래 가진 행동양식을 벗어난 행동
  - 어떤 원인으로 인해 정상 행동을 할 수 없도록 방해를 받아 하게 되는 행동
  - 어떤 자극을 과도하게 받으면 감정이 과잉 상태가 된 탓에 불안이 발생하게 되는데, 이러한 불안이 정상적이지 못한 행동을 유발한다고 봄

(2) 문제 행동의 원인

① 일반적인 문제 행동의 원인

㉠ 보호자와 보호자 가족의 일상생활 변화

예 이사를 하거나 집수리를 한 경우, 새로운 아이가 태어난 경우, 자녀가 방학하여 집에 계속 있는 경우 등 가족 내에서 평소와 다른 어떠한 변화가 있을 때 동물의 문제 행동이 나타날 수 있다.

㉡ 다음과 같은 동물의 일상에서 꼭 필요한 행동(본능적 욕구 표출) 부족

- 안전하고 안락한 장소에서 휴식과 수면을 할 수 있어야 한다.
- 불안, 협박, 공포, 통증에서 벗어나야 한다.
- 정상적인 행동을 할 수 있도록 해주어야 한다(고양이의 경우 그루밍, 스크래칭 등).
- 주기적인 운동과 함께 놀이를 충분히 같이 해야 한다.
- 다른 동물 또는 사람을 만날 기회를 가져야 한다(사회화기에 필요).

② 개의 문제 행동의 원인

㉠ 안아주기

- 일상생활 속에서 안고 생활하는 시간이 많으면, 안아주기를 통해 짖는 것으로 발전하는 경우가 많다.
- 어려서부터 안아주는 것은 사람과 떨어지는 것을 싫어하게 만들고 떨어지는 두려움은 분리불안의 가장 큰 원인이 된다.

㉡ 사람의 공간인 침대에서의 잠자리

- 잠자리 영역은 자기 공간이며, 자기 공간이라 함은 자신이 강해지는 공간으로 좋아하는 사람과 함께 있다면 다른 가족이 다가오는 것을 싫어한다.
- 싫은 감정은 자신이 강하다는 것으로 입을 실룩대거나 으르렁거리는 행동으로 발전한다.

㉢ 과잉보호

- 과잉보호는 어릴 때부터 개가 좋아하는 먹이나 간식, 장난감 등을 보상함으로써 개가 어떠한 표현을 할 때 보호자가 "오냐, 오냐" 모두 들어주는 것을 말한다.
- 과잉보호의 대표적인 문제는 잘못된 식습관이 만들어지고, 자기 소유욕이 강해지면서 짖는 것과 무는 행동으로 발전하게 된다는 것이다.

㉣ 제2의 자극(아팠던 기억)

- 제2의 자극은 어떠한 행동 중에 개가 아팠던 기억이 강할 때 나타난다.
- 개는 반사적으로 안 좋은 기억일수록 강하게 반사행동을 하게 된다.

예 미용, 이사, 주사, 훈련, 타인, 안 좋은 기억

(3) 문제 행동의 유형

① 개의 문제 행동의 유형

㉠ 화장실 문제, 분리불안, 공포, 두려움

㉡ 파괴, 공격성, 난폭성

㉢ 노령성 행동 변화(치매)

㉣ 과도한 짖음, 이식증(이상한 물질을 먹는 것), 식분증(대변·배설물을 먹는 것)

㉤ 병적 측면의 행동(질병에 의함)

② 고양이의 문제 행동의 유형

㉠ 배설 문제(부적절한 장소에서의 배뇨, 배변)

㉡ 부적절한 마킹

㉢ 이식증(이상한 물질을 먹는 것)

㉣ 공격성, 공포, 두려움

㉤ 노령성 행동 변화(치매)

㉥ 병적 측면의 행동(질병에 의함)

③ 그 외 문제 행동

㉠ 과잉 그루밍 : 각종 피부 질환 및 신체 손상이 오기도 한다.

㉡ 부적절한 발톱갈기 행동(고양이) : 세력권의 마킹, 오래된 발톱의 제거, 수면 후의 스크래치, 소재의 선호성 등으로 나타날 수 있는 문제 행동이다.

㉢ 놀이 공격 행동

- 놀이시간이 부족하면 놀이 시 흥분하여 놀이 공격 행동을 일으킬 수 있다.
- 특히 새끼 고양이는 이러한 놀이에 열중해 있는 동안 흥분하여 공격적으로 행동하는 경우가 자주 있다.
- 이와 같은 상황을 허용하고 오랫동안 계속하면, 흥분하여 곧바로 공격적이 될 수 있으므로 유의해야 한다.

㉣ 과잉 포효 : 부적절한 강화 학습, 환경으로 인한 자극, 공포 등이 원인이 되는 문제 행동으로, 비글, 테리어, 푸들, 치와와 등의 견종에게서 나타난다.

㉤ 분리불안 : 주인이 없을 때 또는 빈집에 있는 동안 불안감을 느껴서 짖거나 부적절하게 배설하거나 구토, 설사, 떨림, 지성피부염과 같은 생리학적 증상을 나타내는 것으로, 분리불안을 보이는 개와 주인 사이에는 종종 과도한 애착관계가 보인다.

㉥ 공격성

- 우위성 공격 행동 : 개가 인식하는 자신의 사회적 순위가 위협받을 때 그 순위를 과시하기 위해 보이는 공격 행동으로 테리어, 시베리안 허스키, 아프간 하운드 등에게서 나타나며, 이러한 종류의 공격 행동은 사람이 개의 행동을 컨트롤하려는 상황에서 일어나는 경우가 많다.
- 영역성 공격 행동 : 과도한 영역 방위 본능이 영역성 공격 행동을 일으키는 주 원인으로 알려져 있으며, 도베르만, 아키타, 로트와일러 등에게서 나타난다.
- 가정 내 개들(동종) 간의 공격 행동 : 가정에서 함께 자라는 개들 사이에서 서로의 우열 관계를 인식하지 못하거나 혹은 인식이 부족할 때 일어나는 공격 행동으로 테리어, 차우차우, 저먼 셰퍼드 등에게서 나타난다.
- 특발성 공격 행동 : 원인을 알 수도 없고, 예측하기도 어려운 공격 행동으로, 스프링거 스파니엘, 코카 스파니엘, 세인트 버나드 등에게서 나타난다.
- 포식성 공격 행동 : 자신의 음식에 접근하려 할 때 보이는 공격 행동으로 섭식, 음식, 장소, 제공자 등에 예민한 성향이거나 질병이 있을 때 주로 발생하며, 정동반응이 나타나지 않는 특성이 있다.
- 공포성 공격 행동 : 과도한 공포나 불안, 선천적 기질, 사회화 부족, 과거의 혐오경험으로 인해 발생하는 공격 행동이다.

㉦ 상동장애

- 신체의 특정 부위를 끊임없이 물거나 핥기, 빙빙 돌면서 자신의 꼬리 쫓기, 꼬리 물기, 그림자 쫓기, 등불 쫓기, 실제로는 존재하지 않는 파리 쫓기 등 협박적 또는 환각적 행동이 이상 빈도로 또는 지속적으로 반복하여 일어나는 것을 말한다.
- 상동장애는 심심함, 주인과의 상호관계의 부족, 스트레스, 갈등, 지속적 불안, 세균 감염에 의한 잠재적 소양감 등이 원인이다.

㉧ 인지장애증후군

- 뇌의 신경세포가 유실되거나 뇌에 발생한 염증 등으로 인해 발생하는 장애이다.
- 주요 증상
  - 주인을 알아보지 못하고 감각을 인지하지 못한다.
  - 활동성이 떨어지거나 지나치고, 먹지 않거나 지나치게 많이 먹는다.

– 밤낮이 바뀌어 수면 사이클이 변화하고 배회하거나 짖는다.
– 한쪽 방향으로만 빙빙 돈다(방향 감각 소실).

ⓩ PTSD

- 생명을 잃을 위험에 처했을 때 발생하는 정도의 끔찍한 스트레스를 받았을 때(정신적 외상) 발생하는 심리적 반응을 말한다.
- 스트레스를 받았을 때 남은 정신적 상처로 매사에 예민하여 생활을 정상적으로 할 수 없는 상태에 처한다.

5 동물의 문제 행동 관리

(1) 행동 교정 방법

① 과거의 행동 교정 방법 : 직·간접 처벌, 홍수법 등 일괄적·강압적 방법으로 치료한다.

㉠ 직·간접 처벌

㉡ 홍수법 : 동물이 반응을 일으키기에 충분한 강도의 자극을 그 반응이 일어나지 않을 때까지 계속 반복해서 주는 행동 교정 방법이다.

㉢ 계통적 탈감작 : 처음에는 동물이 반응을 일으키지 않을 정도의 약한 자극을 반복하고 단계적으로 자극의 정도를 높여 가며 서서히 길들여가는 행동수정법. 길항조건부여와 함께 이용되는 경우가 많으며, 특히 성숙한 동물에게 효과적이다.

② 시행착오적 학습(Operant Conditioning, 조작적 조건화) 방법

㉠ Hetts Suzanne(2010)는 '시행착오적 학습(Operant Conditioning, 조작적 조건화) 방법'에 대해 행동의 학습은 빈도수에 영향을 끼친다는 사실에 근거하여 행동 교정의 가장 기초적이며 중요한 방법이라고 하였다.

㉡ 시행착오적 학습(Operant Conditioning, 조작적 조건화)은 4가지의 행동 결과(Behavioral Consequence)가 있으며 예를 들면 다음과 같다.

학 습	행동 결과 예시
플러스/양성/긍정 강화 (Plus/Positive Reinforcement)	고양이가 정해진 곳(스크래치 기둥)에 스크래칭을 하면 그 즉시 고양이에게 맛있는 캔 참치를 준다.
플러스/양성/긍정 처벌 (Plus/Positive Punishment)	고양이가 아무 곳(소파, 가구 등)에 스크래칭을 하면 그 행위를 하는 동안에 고양이에게 물을 뿌린다.
마이너스/음성/부정 강화 (Minus/Negative Reinforcement)	개가 전기로 둘러싸인 울타리 안에서 전기 충격을 받지 않기 위해 가만히 있어야 한다는 것을 배운다(잔인하지만 예시일 뿐임).
마이너스/음성/부정 처벌 (Minus/Negative Punishment)	새가 주의를 끌려고 계속 시끄럽게 짹짹거리면 보호자가 새장을 수건으로 덮고 그 자리를 바로 뜬다.

출처 : Hetts Suzanne(2010). 『McCurnun's clinical textbook for veterinary technicians』. Elsevier. p.267

㉢ 위와 같은 결과를 이해하기 위해서는 반드시 긍정(Positive)과 부정(Negative)을 적절하게 이용해야 한다.

㉣ 긍정/부정과는 상관없이 강화(Reinforcement)는 행동을 증가시키고 처벌(Punishment)은 행동을 감소시킨다.

③ 문제 행동 교정을 위한 '5단계 긍정적 순행 계획(Five-step Positive Proaction Plan)'

1단계	옳은 행동을 강화하고 끌어내도록 한다.
2단계	나쁜 습관이 심해지는 것을 방치하지 않아야 한다.
3단계	동물에게 꼭 필요한 행동과 그에 따른 해결 방법을 이해한다.
4단계	적절하지 않은 행동을 막기 위해 부정 처벌 방법을 사용한다.
5단계	필요할 때 최소한의 긍정 처벌을 사용한다.

출처 : Hetts Suzanne(2010). 『McCurnun's clinical textbook for veterinary technicians』. Elsevier. p.270

㉠ 1단계부터 차근차근 실행해 나가야 한다.

㉡ 중간에 포기하지 않도록 보호자의 의지와 이해가 무엇보다 필요하다.

㉢ 5단계 긍정적 순행 계획에 따라 필요한 교정 예시

1단계	보호자가 외출하고 돌아왔을 때 개가 점프하거나 하지 않고 앉아 보호자를 맞이하면 보상을 해 준다.
2단계	아기가 있는 방문 앞을 울타리로 막아 문제 행동을 예방한다[크레이트(개집) 훈련 등].
3단계	고양이의 리터 박스 관리가 제대로 되지 않거나 스크래치 기둥이 고양이의 성향과 맞지 않을 때이다.
4단계	산책하러 나가 개가 거칠게 놀거나 사람을 밀고 짖는 행동을 하면 보호자는 개를 완전히 무시한다.
5단계	짖음 방지 목걸이, Scat mat, Motion Detector와 같은 제품을 사용한다.

(2) 행동 교정 기구

① 행동 교정 기구의 종류

㉠ 입마개 : 개의 입부분을 덮어 문제 행동을 차단하는 도구이다.

㉡ 초크체인 : 훈련에 이용하지만 제일 중요한 것은 개와 사람의 통역기 역할을 하며 적은 힘으로 개를 통제하는 역할을 한다는 것이다.

㉢ 방석(포인트) : 특정 공간을 알려주는 역할을 하며 개를 기다리게 하거나 정해진 목표 지점 설정을 위해 사용하는 등 다용도로 쓰인다.

㉣ 크레이트(개집) : 개집은 개를 가두는 공간이 아니라 개가 가장 편안하게 쉴 수 있는 공간이다.

㉤ 이동용 개집 : 먼 거리 여행이나 새로운 환경에서 활용을 하도록 한다. 새로운 환경에서 분리불안의 원인이 되는 것을 차단할 수 있다.

㉥ 사각철장 : 개집과 놀이공간의 영역으로 받아들이며, 잠금장치가 필요하다.

㉦ 육각케이지 : 운동장의 역할을 하며 케이지가 설치된 곳이 자기만의 공간이라는 것을 알려주기 위한 수단으로 활용한다.

㉧ 간식, 장난감 : 간식이나 좋아하는 장난감을 포상용으로 활용하며, 올바른 행동을 하였을 때 보상을 통해서 긍정적인 사고방식을 갖게 한다.

㉨ 사료 및 음료 : 개들이 먹거나 물을 마실 수 있도록 항시 기본적으로 챙겨야 한다.

㉧ 짖음 방지 목걸이 : 개가 짖을 때 개가 선호하지 않는 냄새를 분사시켜 문제 행동을 줄이는 도구이다.

㉨ 헤드 홀터 : 개의 뒤통수와 코에 압력이 가해지게끔 함으로써 우위성 공격 행동 및 낯선 개의 공격 행동을 수정할 수 있는 도구이다.

㉩ 기피제 : 개나 고양이가 선호하지 않는 냄새·맛이 느껴지는 분무제 또는 크림이다.

㉪ DAP

- 개의 불안을 경감시키는 페로몬향 물질방산제이다.
- 고양이의 오줌 분사 행동에 대해 유용한 분무제로, 익숙하지 않은 환경에 대한 고양이의 불안을 없애는 페로몬효과에 의해 분사행동이 감소된다.

㉫ 기타 : 하네스, Scat Mat 등이 있다.

② 강아지 시기 목줄과 리드 줄 사용

㉠ 단계별 적응 방법

1단계	• 목줄을 매는 시기는 꼭 정해져 있는 것은 아니지만 강아지를 입양해서 1개월은 방울이 달린 가죽 목줄(소리에 대한 사회성에도 효과가 있음)을 사용한다. • 강아지에게 방울 달린 가죽 목줄을 착용시킬 때 처음에는 강아지가 불편해 하므로, 강아지를 쓰다듬어주면서 마음의 안정을 찾게 해주고 강아지의 신경을 목줄이 아닌 다른 곳으로 돌려주어 목줄에 익숙해지면 다음 단계로 넘어간다.
2단계	• 리드 줄을 강아지 목줄에 걸어준다. • 이때 리드 줄을 잡지 말고 강아지가 리드 줄을 끌고 다니게 그냥 둔다. • 강아지가 리드 줄을 끌고 다니는 것이 익숙해지면 다음 단계로 넘어간다.
3단계	• 끌고 다니는 리드 줄을 잡고 강아지가 내게 오도록 줄을 살짝 당겨 부른다. • 강아지가 다가오면 많은 칭찬을 해주고 익숙해지면 다음 단계로 넘어간다.
4단계	• 리드 줄을 잡고 강아지가 가고자 하는 반대 방향으로 이용한다. • 이때 강아지가 따라오면 많은 칭찬을 한다.

㉡ 위 단계별로 목줄과 리드 줄 훈련이 끝나면 가죽 목줄 대신 초크체인을 사용해서 강아지를 끌고 다녀보는 것이 좋다.

㉢ 초크체인은 가죽 목줄보다 효과적으로 강아지를 컨트롤할 수 있다(초크체인으로 교체하는 방법은 가죽 목줄 훈련과 동일).

③ 행동 교정 기구 사용 시 주의사항

㉠ 행동 교정 기구는 문제 행동을 해결하거나 예방할 수 있으므로 이러한 기구의 사용 방법과 추천하는 상황을 숙지해야 한다.

㉡ 행동 교정 기구들이 문제 행동을 완벽히 차단해 주는 것은 아니라는 사실을 알아야 한다.

(3) 행동 교정 시 교정자의 마음가짐

① 문제 행동 교정에 앞서 사람이 먼저 잘못된 인식을 바꿔야 한다.

② 문제 동물의 원인 제공자는 동물이 아니라 '나'라는 것을 명심한다.

③ 보호자의 강인한 마음은 동물의 행동 변화를 가져오므로 내가 먼저 강해진다.

④ 문제 행동은 야단이 아니라 칭찬으로 교정된다.

⑤ 보상과 야단으로 올바른 행동이 무엇인지 정확하게 인지시킨다.

⑥ 모든 행동의 교정을 위해서는 꾸준한 반복 교육과 인내가 필요하다.

⑦ 개의 행동 교정 시 다음과 같은 사실을 인지하여야 한다.
  ㉠ 개는 습성행동이 습관화되면 버릇처럼 발전한다.
  ㉡ 개는 기본적으로 주인에게 보상과 칭찬을 받기위해 올바른 행동을 한다.
  ㉢ 개가 인지할 수 있는 기억은 길지 않으나 반복된 행동이 습관화되고 체험한 행동은 반복되어 학습이 된다.

(4) 의학적 요법

① 의학적 요법의 중심은 수컷의 거세(중성화 수술)이다.

② 이외에 피임, 송곳니절단술, 성대제거술, 앞발톱제거술, 앞발힘줄절단술 등이 있다.

③ **약물요법을 고려하는 경우**
  ㉠ 주인이 안락사를 생각하고 있다.
  ㉡ 상동장애 등으로 동물의 자상 정도가 심하다.
  ㉢ 천둥 등 동물에게 반응을 일으키는 자극의 발현시기의 예측과 컨트롤이 불가능하다.
  ㉣ 자극에 대한 동물의 반응이 너무 심하여 탈감작 등의 치료를 시작할 수 있다.
  ㉤ 행동수정법에 실패했거나 개선의 가능성이 없을 경우에 약물요법을 고려할 수 있다.

(5) 기타 유의사항

① 동물의 문제 행동은 의학적 문제로 발생할 수 있다.
  ㉠ 의학적 문제로 인한 동물의 문제 행동의 예
    • 개에게 뇌종양이 있거나 갑상샘 수치가 낮으면 공격성을 띨 수 있다.
    • 동물이 관절염이 있다면 통증 때문에 공격적일 수밖에 없다.
    • 방광염이 있는 고양이는 아무 곳에나 스프레이를 한다.
  ㉡ 문제 행동이 나타나면 반드시 병원에서 신체검사를 병행해야 한다.
  ㉢ 문제 행동을 교정할 때도 수의사는 반드시 신체검사, 혈액 검사, 요 검사, 변 검사 등을 먼저 진행해야 한다.
  ㉣ 문제 행동을 교정하기 위한 약을 처방한다면 혈액 검사를 통해 신장과 간 기능을 반드시 확인해야 한다.
  ㉤ 동물을 다른 훈련사나 전문가에게 의뢰해야 할 경우도 마찬가지로, 신체적인 이상이 없는 것을 확인하고 의뢰해야 한다.

② **동물의 문제 행동에 대한 보호자 교육 방법**
  ㉠ 훈련 책, 브로슈어, 비디오 또는 다른 여러 가지 방법을 통하여 가족 간 훈련 정보를 공유해야 한다.
  ㉡ 교육할 때는 사례나 증거를 보여 주는 방법이 가장 효과적이다.

③ **반려동물의 문제 행동 예방 방법**
  ㉠ 간식을 이용해 매일 20분간 훈련을 반복한다.
  ㉡ 문제 행동을 조기에 발견할 수 있도록 관련 정보를 취득한다.
  ㉢ 애완동물 특유의 보디랭귀지를 배운다.
  ㉣ 충분히 사회화를 경험할 수 있도록 한다.

㉤ 출생 후 어미에게 받은 보살핌의 양적, 질적 차이가 성장 후 불안 경향이나 공격성과 같은 행동 특성에 심각한 영향을 주므로 조기에 젖을 떼고 입양하는 것은 지양한다.

④ 동물병원에 겁먹은 개나 고양이가 방문했을 경우 적절한 대처 방법

㉠ 신경을 분산시키는 행동을 한다.

㉡ 무서워할 수 있는 자극을 주지 않는다.

㉢ 동물에게서 주인을 떨어뜨린다.

㉣ 달래는 행위는 목소리나 그 방법이 동물을 칭찬하는 행위와 비슷해서 겁먹은 동물에게 겁먹어도 좋다는 잘못된 메시지를 전달할 수 있다.

㉤ 처벌은 겁먹은 동물의 불안과 공포를 증가시켜 문제를 더 크게 만들 수 있으므로 피한다.

CHAPTER 06 실전예상문제

01 동물 행동학에 대한 설명으로 옳지 않은 것은?

① 동물 행동학에서는 본능에 대한 연구는 배제한다.
② 동물 행동학의 접근 방법은 적응주의적 접근 방법이다.
③ 동물 행동학은 유전과 환경, 학습, 진화 등을 관찰한다.
④ 행동의 지근요인은 행동의 메커니즘을 연구하는 분야이다.
⑤ 동물 행동학은 행동 메커니즘·행동 발달·행동 의미를 연구한다.

해설

동물 행동학의 관찰 대상 : 본능, 사회행동(기능에 초점), 생물학적 메커니즘 등

02 개의 감각에 대한 설명으로 옳은 것은?

① 개의 청각은 태어나자마자 열린다.
② 개의 후각은 생후 3주경이면 발달한다.
③ 개의 시각은 감각 기관 중 마지막으로 발달한다.
④ 전체적인 개의 시각으로 보면 세상은 흑백으로 보인다.
⑤ 개의 촉각은 능력이 뛰어난 감각 기관이다.

해설

① 개의 청각은 생후 3주경이면 열린다.
② 개의 후각은 태어나자마자 제일 먼저 발달한다.
③ 개의 미각은 감각 기관 중 마지막으로 발달한다.
⑤ 개의 촉각은 감각 기관으로 뛰어난 능력을 가진 것은 아니다.

정답 01 ① 02 ④

03 개의 행동을 해석한 것으로 옳지 않은 것은?

① 싸우고 싶을 때 앞발을 구부리고 엉덩이를 세운다.
② 기분이 좋을 때 꼬리는 편안히 세운 채 살랑살랑 흔든다.
③ 두려울 때 흰자를 많이 보이며 낮은 소리로 으르렁거린다.
④ 화가 날 때 도발적인 눈빛을 보이고 꼬리는 강하게 세운다.
⑤ 호기심이 생겼을 때 냄새를 맡거나 한 곳을 오랜 시간 쳐다본다.

해설

놀고 싶을 때 앞발을 구부리고 엉덩이를 세운다.

04 고양이의 행태적 특성이 아닌 것은?

① 야행성
② 독립성
③ 사회성
④ 유연성
⑤ 영역 인식

해설

사회성은 개의 특성으로 볼 수 있다. 개는 무리지어 생활하고자 하는 본능이 있는 사회적 동물이기 때문에 사람을 자신의 무리에 속하는 것으로 여겨 사람과 교감하려 하지만, 고양이는 무리 지어 생활하지 않기 때문에 서열도 없고 리더도 없다(독립성).

05 개와 고양이가 동물과 사람, 사물과 환경 등에 애착을 형성할 수 있는 시기는?

① 출생~2주
② 생후 2~3주
③ 생후 3주~6개월
④ 생후 6~12개월
⑤ 생후 12개월 이후

해설

개와 고양이가 애착을 형성할 수 있는 시기는 결정적 시기라고도 하는 사회화기(생후 3주~6개월)이다.

03 ① 04 ③ 05 ③ **정답**

06 고양이의 행동 발달 단계 중 사회화기에 속하는 특성이 아닌 것은?

① 감각기능이 발달한다.

② 운동기능이 발달한다.

③ 섭식 및 배설행동이 발달한다.

④ 이 시기 사람과의 접촉은 평생 영향을 끼친다.

⑤ 좁은 공간을 왔다 갔다 하며 자기 몸보다 훨씬 높은 곳에 오른다.

해설

고양이의 행동 발달 단계 중 '성숙기(12개월 이후)'에 속하는 특성이다.

고양이의 사회화기(3주~최대 6개월, 결정적 시기)

- 감각기능·운동기능 발달, 섭식 및 배설행동 발달
- 사회적 행동학습 시작
- 사회화 놀이가 증가 → 개의 사회화 시기만큼 중요하지는 않음
- 이 시기 사람과의 접촉은 평생 영향을 끼침
- 낯선 사람이 집에 오면 숨거나, 낯선 환경·사람의 핸들링에 적응하지 못하므로 사회화가 잘 안 됨
- 동물과 사람, 사물과 환경 등에 애착 형성 가능

07 훈련자가 고양이가 원하는 행동을 했을 때 그 고양이가 좋아하는 간식이나 장난감을 제공하여 그러한 행동의 비율을 높이는 훈련법은?

① 역조건화(Counterconditioning)

② 양성적 강화법(Positive Reinforcement)

③ 음성적 강화법(Negative Reinforcement)

④ 양성적 처벌법(Positive Punishment)

⑤ 음성적 처벌법(Negative Punishment)

해설

① 역조건화(Counterconditioning) : 이미 조건화되어 나타나고 있는 현재의 바람직하지 않은 어떤 반응을 제거하기 위해, 그러한 반응을 일으키는 조건 자극에 새로운 무조건 자극을 더 강력하게 연합시켜서 현재의 바람직하지 않은 어떤 반응을 약화시키는 훈련법

③ 음성적 강화법(Negative Reinforcement) : 동물이 훈련자가 원하는 행동을 했을 때 그 동물이 싫어하는 간식, 행동 등을 제거하여 그러한 행동의 비율을 높이는 훈련법

④ 양성적 처벌법(Positive Punishment) : 동물이 훈련자가 원하지 않는 행동을 했을 때 그 동물이 싫어하는 것을 제공하여 그러한 행동의 비율을 낮추는 훈련법

⑤ 음성적 처벌법(Negative Punishment) : 동물이 훈련자가 원하지 않는 행동을 했을 때 그 동물이 좋아하는 간식이나 장난감을 제거하여 그러한 행동의 비율을 낮추는 훈련법

정답 06 ⑤ 07 ②

08 동물의 비정상 행동에 대한 설명으로 옳지 않은 것은?

① 불안으로 인해 발생하는 것으로 본다.
② 원래 가진 행동양식을 벗어난 행동이다.
③ 금속을 먹는 개의 행동은 비정상적이다.
④ 정상 행동이 방해를 받기 때문에 발생한다.
⑤ 평소 하던 행동이 잦거나 드물게 나타나는 상태이다.

해설

- 정상 행동 : 어떤 행동이 잦거나 드물더라도 원래 가진 행동양식을 벗어나지 않는 행동
- 비정상 행동 : 원래 가진 행동양식을 벗어난 행동

09 섭식, 음식, 장소, 제공자 등에 예민한 성향이거나 질병이 있을 때 주로 발생하며, 정동반응이 나타나지 않는 특성이 있는 공격 행동은?

① 우위성 공격 행동
② 포식성 공격 행동
③ 영역성 공격 행동
④ 특발성 공격 행동
⑤ 공포성 공격 행동

해설

① 우위성 공격 행동 : 개가 인식하는 자신의 사회적 순위가 위협받을 때 그 순위를 과시하기 위해 보이는 공격 행동
③ 영역성 공격 행동 : 과도한 영역 방위 본능이 영역성 공격 행동을 일으키는 주 원인으로 알려진 공격 행동
④ 특발성 공격 행동 : 원인을 알 수도 없고, 예측하기도 어려운 공격 행동
⑤ 공포성 공격 행동 : 과도한 공포나 불안, 선천적 기질, 사회화 부족, 과거의 혐오경험으로 인해 발생하는 공격 행동

10 훈련용으로 이용하며 개와 사람의 통역기 역할을 하고 적은 힘으로 개를 통제하는 행동 교정 기구는?

① DAP
② 기피제
③ 크레이트
④ 초크체인
⑤ 헤드 홀터

해설

① DAP : 개의 불안을 경감시키는 페로몬향 물질방산제이며, 고양이의 오줌분사행동에 대해 유용한 분무제
② 기피제 : 개나 고양이가 선호하지 않는 냄새·맛이 느껴지는 분무제, 크림
③ 크레이트 : 개를 가두는 공간이 아니라 개가 가장 편안하게 쉴 수 있는 공간(개집)
⑤ 헤드 홀터 : 개의 뒤통수와 코에 압력이 가해지게끔 함으로써 우위성 공격 행동 및 낯선 개의 공격 행동을 수정할 수 있는 도구

08 ⑤ 09 ② 10 ④ 정답

제2과목
예방 동물보건학

CHAPTER 01 동물보건응급간호학
CHAPTER 02 동물병원실무학
CHAPTER 03 의약품관리학
CHAPTER 04 동물보건영상학

아이들이 답이 있는 질문을 하기 시작하면
그들이 성장하고 있음을 알 수 있다.

– 존 J. 플롬프 –

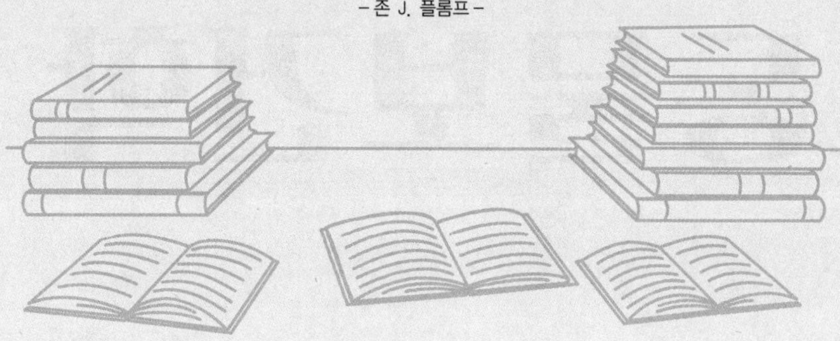

CHAPTER 01 동물보건응급간호학

1 응급동물 환자 평가

(1) 응급(Emergency)동물의 정의 및 조치

① 응급동물의 정의

㉠ 질병, 각종 사고 및 재해에 의한 부상이나 그 외의 응급한 상태인 동물이다.

㉡ 응급처치를 받지 않으면 생명을 보존할 수 없거나 신체 또는 장기에 중대한 손상이 발생할 가능성이 있는 동물이다.

② 응급동물의 조치

㉠ 응급동물 내원 시에는 신속하고 정확한 조치가 필요하다.

㉡ 근무자는 침착성을 유지해야 한다.

㉢ 호흡 곤란 및 심한 출혈, 심각한 외상 동물과 의식이 혼미한 동물의 경우 수의사에게 신속하게 연락한다.

(2) 응급동물 환자의 분류(Triage)

① 환자 분류의 정의

㉠ 환자의 분류(Triage)란 응급상황에서 다수의 응급동물 환자 가운데 응급동물들의 질환의 중증도를 평가해 즉각적으로 치료가 필요한지 아닌지를 구분하는 것이다.

㉡ 우선 순위를 정하고 그들이 받아야 하는 치료들의 최상의 순서를 정하기 위해 환자를 분류하는 과정이다.

㉢ 동물병원에 도착하면 당장 치료가 필요한 것인지 조금 더 기다려도 되는지를 빠르게 평가해야 한다.

② 분류(Triage)의 원칙

누 가	응급상황에 훈련된 수의사와 동물병원 관계자 등이 트리아지(Triage)를 실시한다.
언 제	응급동물 환자의 시간은 매우 짧으므로 병원에 내원한 후 가장 빠른 시간 내에 응급 환자 분류를 해야 한다.
왜	의료적 처치를 즉각적으로 실시하기 위해서이다.
어떻게	• 응급동물 환자의 병력 확인, 일차 평가(Primary Survey), 이차 평가(Secondary Survey)를 실시한다. • 생존상의 문제인 기도, 호흡, 순환의 상태를 확인하는 응급 절차인 ABC(Airway, Breathing, Circulation)를 실시한다. • 생존이 확인된 동물 환자는 이차 평가를 실시하여 부분적으로 자세히 평가한다.

③ 응급동물 분류(Triage)의 예시

응급동물 Triage		2025.　.　. (AM/PM 시 분)	
Signalment	품종/　　　나이/　　　성별/		
C.C (주 증상)			
내원 당시 환자 상태			
Vital sign	T　　P　　(murmur G　)　R		
SpO_2	%	MM/CRT	/
혈 압	mmHg	체 중	kg
초기 검사			
응급처치			

용어설명

트리아지(Triage)

수의학에서 Triage란 의학적 심각성에 따라 응급실에 오는 동물 환자를 분류하고 가장 심각한 동물을 먼저 돌보는 행위이다.

더 알아보기

분류 시 의료적 처치가 즉각 실시되어야 하는 증상

- 심장마비
- 호흡 곤란
- 의식 소실
- 허탈(Collapse)
- 소변을 못 봄
- 외 상
- 활동성 출혈 또는 개방된 상처
- 중독이나 발작
- 복부 팽만
- 의심되는 감염병

(3) 전화를 통한 환자의 분류(Triage)

① 전화를 통한 분류(Telephone Triage)의 개념

㉠ 수의사나 동물보건사 등 병원 관계자가 전화로 동물의 상태를 듣고 분류, 진단, 응급처치 등을 미리 알아 두는 것을 말한다.

㉡ 전화 통화로 제공된 응급동물의 자료는 응급동물이 병원에 도착하기 전에 정맥 수액, 정맥 카테터, 산소 공급 등의 응급처치에 매우 유용하게 쓰인다.

㉢ 전화 통화로는 응급동물 환자의 여러 가지 상태를 모두 알기에는 제한적이다.

② 전화 분류 시 바로 내원해야 하는 상태

㉠ 스스로 호흡하지 않거나 심장박동이 느껴지지 않을 때

㉡ 급성 호흡 곤란, 노력성 호흡, 청색증(피부와 점막이 푸른색을 띠는 것)을 보일 때

㉢ 발작을 했거나 하고 있을 때

㉣ 쓰러지거나 갑자기 일어나지 못하며 잇몸이 창백하고 몸이 차가울 때

㉤ 갑자기 배가 불러 보이고 배를 만졌을 때 단단하며 구역질 또는 오심(구역질이 나면서도 토하지 못하고 신물이 올라오는 증상)을 보일 때

㉥ 24시간 이상 구토나 설사가 지속될 때

㉦ 반려동물, 특히 수컷 고양이가 소변 보는 것을 힘들어하거나 소변을 보지 못할 때

㉧ 해충제, 부동액, 쥐약과 같은 독성물질이나 중독물질을 먹거나 흡입했을 때

㉨ 다른 반려동물 또는 사람에게 처방된 약을 먹었을 때

㉩ 식도·위·기도 등에 이물이 들어가 제거가 필요할 때

㉪ 눈·코·입에서 피가 나오거나 출혈이 멈추지 않을 때

㉫ 구토에 피가 섞여있거나 소변, 대변에 피가 보일 때

㉬ 객혈(기침하면서 피를 토하는 것) 증상을 보일 때

㉭ 기 타

- 다친 곳에서 피가 나는 것이 멈추지 않을 때
- 교통사고, 낙상, 교상, 화상 등의 상황일 때
- 의식이 없거나 깨워도 일어나지 않을 때
- 눈을 다쳤거나 앞이 안 보이는 듯하게 다니거나 비틀거릴 때
- 열사병 증상(체온이 40도 이상, 침을 과도하게 흘리거나 구토, 혼수상태 등)이 있을 때
- 분만 징후(복부 수축)를 보인 지 3~4시간 이상 지나도 새끼를 낳지 못할 때
- 수술 후 퇴원했는데 수술한 부위에 출혈이 지속되거나 마취에서 회복되지 않을 때

③ 장기 시스템의 평가

㉠ 호흡(Respiratory) : 호흡빈도, 리듬, 그리고 호흡을 하기 위해 노력을 하는지에 대한 요소들은 반드시 평가

㉡ 심혈관(Cardiovascular) : 점막의 색, CRT(Capillary Refill Time), 맥박의 질과 리듬으로 평가

㉢ 신경(Neurological) : 멘탈과 보행능력으로 평가

㉣ 신장(Renal) : 오줌을 눌 수 있는 능력에 대한 평가

(4) 응급동물 환자 일차 평가

① 응급환자 발생 시 1차 평가는 A CRASH PLAN으로 한다.

② A CRASH PLAN은 다음과 같다.

㉠ A(Airway) : 기도

㉡ C(Cardiovascular) : 심장

㉢ R(Respiratory) : 호흡

㉣ A(Abdomen) : 복부의 이상

㉤ S(Spine) : 형태상 척추의 이상

㉥ H(Head) : 형태상 머리의 이상
㉦ P(Pelvis/Anus) : 외상이나 손상 징후
㉧ L(Limbs) : 형태상 사지의 이상
㉨ A(Arteries/Veins) : 탈수나 쇼크의 징후
㉩ N(Nerves) : 다리나 꼬리의 움직임

③ 응급동물의 신체검사는 'A CRASH PLAN'과 비교하여 다음 사항을 살펴 기록한다.
㉠ 외부의 출혈을 확인한다.
㉡ 점막의 상태를 확인한다.
㉢ CRT(Capillary Refill Time, 모세혈관 재충만 시간)를 확인한다.
㉣ 호흡과 맥박의 속도와 정도를 확인한다.
㉤ 체온을 확인한다.
㉥ 의식 수준을 확인한다.
㉦ 구토나 설사의 유무를 확인한다.

더 알아보기

동물의 신체검사 시 점막의 상태와 상황
- 분홍색(Pink) : 건강(정상)
- 빨강색(Red) : 열사병, 패혈증, 잇몸 질환 등을 의심
- 체리색(Cherry Red) : 일산화탄소 중독 의심
- 흰색(White, 창백) : 빈혈, 출혈, 쇼크, 기관 허탈 등을 의심
- 파란색(Blue)이나 보라색(Purple) : 저산소증, 호흡 곤란 의심
- 노란색(Yellow) : 황달, 간 질환, 담즙정체 의심
- 초콜릿 브라운색(Chocolate Brown) : 양파로 인한 중독 의심

(5) 응급동물 환자 이차 평가

① **일반적인 신체검사** : 보고 만지기로 간단하게 평가한다.
② **동공 검사** : 동공은 동물 뇌의 상태를 나타내는 거울이자 동물 환자평가의 중요한 지표가 된다.

더 알아보기

이차 평가
- 생명을 위협하지는 않지만 환자의 의학적인 문제를 찾아내는 과정
- 적절한 병력 정보 파악
- 동물의 전신적인 상태 평가(Heat to Toe)
- 여러 가지 검사 및 처치 시행

③ 세부적인 신체검사

㉠ 전신 상태

- 탈수 여부 : 외견 증상, 피부 탄력 회복 시간, CRT 등으로 확인한다.
- 체표 림프절 : 몸의 표면에 만져지는 림프절(임파선)을 말하며 외부 항원에 대한 작용, 항체 형성 등의 면역반응을 통해 몸을 보호한다.

㉡ 얼 굴

눈	안구의 위치·돌출 및 함몰 유무, 충혈, 출혈 등 확인
귀	귀의 발적 및 소양감, 귀 외상 확인
코	코 주변의 상처나 피부병변, 코 분비물 유무 확인
구 강	치아, 잇몸, 침의 색이나 악취 등 확인
호 흡	호흡의 안정성, 기침의 유무, 호흡 곤란 확인

㉢ 몸

몸 통	피부의 상태, 털의 윤기, 탈모 유무, 생김새 확인
체 형	복부 팽만과 늘어짐, 허리 윤곽, 탈장, 체중 등 확인

㉣ 근골격계

- 척추측만, 다리 불편 등 서 있는 모습을 확인한다.
- 걸음걸이를 확인한다.
- 슬개골이 제 위치에 있지 않고 벗어나 있는지를 확인한다.
- 발가락과 발볼록살, 발톱 등을 확인한다.

㉤ 생식기와 항문

- 항문의 청결 상태, 주변 피부 상태, 항문낭의 분비물 및 냄새 상태를 확인한다.
- 암컷의 경우 유선을 확인한다. 개는 10개, 고양이는 8개이다.
- 수컷의 경우 생식기를 확인한다.

㉥ 활력 징후

- 체온 측정은 항문을 통해 한다.
- 심박수는 1분당 심박수를 기록한다.
- 호흡수는 1분당 호흡수를 측정하며 흉부와 복부를 모두 사용하는 흉복식 호흡이 정상이다.

④ 신체검사 시 정상 상태

㉠ 체형 : 품종에 맞는 체중과 체형이면 정상이다.
㉡ 피부 : 비듬, 염증, 발적 등이 없고 털에 윤기가 있어야 한다.
㉢ 걸음걸이 : 절거나 통증을 느끼지 않고 정상적으로 걸어야 한다.
㉣ 식이 섭취 상태 : 물을 잘 마셔야 하며 음식물에 관심을 보여야 한다.
㉤ 눈 : 맑고 깨끗하여 분비물이 없어야 한다.
㉥ 귀와 코 : 깨끗하고 분비물이 없으며 냄새가 나지 않아야 한다.
㉦ 호흡기계 : 호흡이 안정적으로 기침이나 호흡 곤란이 없어야 한다.
㉧ 잇몸 상태 : 밝은 분홍색으로 모세혈관 재충만 시간(CRT)은 2초 이내를 유지한다.
㉨ 소변 : 맑고 노란색이며, 배뇨 시 편안하게 보아야 한다.

ⓒ 대변 : 갈색으로 견고하며, 배변 시 통증이 없어야 한다.
ⓚ 생체지수, Vital : 체온, 맥박, 호흡수, 심박수, CRT 모두 정상이어야 한다.

용어설명

CRT(Capillary Refill Time)
모세혈관 재충만 시간을 의미하며, 작은 혈관에서 혈액이 빠진 후 다시 차오르는 데 걸리는 시간을 의미한다.

⑤ 부위별 평가

㉠ 순환기 및 심장 이상 평가

- 청진(Auscultation)으로 진행하는 가장 일반적인 평가 항목이다.
- 심전도(ECG ; Electrocardiogram)는 심장을 박동하게 하는 전기 신호의 간격과 강도를 기록하는 검사로 응급상황이나 마취 중인 응급동물에 대한 다양한 모니터링을 지원한다.

㉡ 호흡기계 평가

- 호흡수, 점막의 색깔, 비정상적 소리 등으로 평가한다.
- 청진기로 흉부를 청진하여 평가하는 경우도 있다.
- 호흡 곤란의 일반적 원인은 상부기도 폐쇄, 흉수(흉막강 내 고인 액체), 심부전, 폐렴, 천식(고양이), 폐혈전색전증, 횡격막 파열, 호흡 곤란이나 마비, 중증 빈혈 등이 있다.

㉢ 신경계 평가

- 응급동물의 신경계 평가는 장소 인지, 정확한 초점, 정상적 보행, 동공의 크기와 빛의 반응 여부, 발작, 통증 자극의 반응 등을 통해 대략적으로 알 수 있다.
- 동물의 신경계 평가는 정신상태(Mentation)에 대한 평가가 포함되어야 한다.
- 보행에 대한 평가를 기록할 때 사용되는 용어는 다음과 같다.

Paresis	불완전 마비, 경도 마비
Paralysis	완전 마비
Quadriplegia	사지 마비
Paraplegia	하반신 마비
Hemiplegia	반신 마비

- 마비된 상태여도 신경이 반응하는지에 대한 확인을 반드시 해야 한다.

더 알아보기

정신상태(Mentation)의 분류

정상(Normal)	정상 상태
무기력(Lethargy)	무기력 상태로 외부적 환경에서 약간 어려움
둔감(Obtunded)	중등도 정도의 둔감 상태로 외부적 환경에 심한 어려움
혼미한 상태(Stuporous)	심각한 정도의 무감각 상태로 격렬한 반응과 고통스러운 자극에만 반응
혼수(Coma)	모든 자극에 반응하지 않음

㉣ 임신계 평가

- 출산 예정일을 확인한다.
- 질 분비물 색깔과 냄새를 확인한다.
- 진통 여부를 확인한다.
- 분만 시작과 시간 간격을 확인한다.
- 임신 여부를 기계(초음파 등)로 확인한다.
- 임신으로 인한 합병증을 확인한다.

2 응급상황별 이해 및 처치 보조

(1) 응급동물 처치 보조하기

① 응급질환

㉠ 승모판 폐쇄 부전(MVI ; Mitral Valve Insufficiency)

- 승모판은 좌심방과 좌심실 사이의 판막으로, 심장이 수축할 때 폐쇄되어 좌심실의 혈액이 좌심방으로 역류하는 것을 방지한다.
- 중년령 이상의 소형견에게서 승모판의 불완전한 폐쇄가 일어나고 심장의 펌프 작용 기능이 감소하여 심부전으로 진행된다.
- 좌심방과 폐정맥의 확장이 일어나고 폐정맥압이 크게 증가하면 이차적으로 폐수종이 발생하여 심한 호흡 곤란으로 이어진다.
- 호흡 곤란 환자이므로 동물을 다룰 때 흉부를 압박하거나 무리하게 보정하는 행위 등은 임상 증상을 급속하게 악화하므로 최대한 피한다.
- 임상 증상으로 운동 불내성, 기침, 식욕 부진, 기력 감소, 실신, 청색증, 호흡 곤란을 보인다.

㉡ 기관 허탈(TC ; Tracheal Collapse)

- 기관의 'C'자 형태의 연골이 여러 원인으로 변성되면 호흡에 따라 기관이 좁아져 호흡 곤란이 발생한다.
- 기관 허탈 동물을 다룰 때 경부를 압박하는 보정 또는 흥분을 최소화하여야 하며 필요하면 화학적 보정을 한다.
- 기관 허탈은 기침, 호흡 곤란, Goose Hoking Sound(거위 소리)의 증상을 보이며, 요크셔 테리어, 포메라니안, 푸들, 치와와에게서 흔하게 발생한다. 또한 일반적으로 비만 개에게서 나타난다.

㉢ 두개 외상(Head Trauma)

- 두개골 외상은 뇌 조직의 손상을 일으킬 수 있다.
- 머리에 외부 충격을 받으면 두개골 골절, 뇌 내 출혈, 뇌 조직의 타박상이 발생할 수 있으며, 뇌 조직의 부종으로 이어질 수 있고 뇌압의 증가를 초래하여 증상이 악화될 수 있다.
- 두개 외상 동물을 다룰 때는 머리의 충격 및 발작에 유의하고 케이지의 3면 벽에는 패드를 고정하여 이차 충격을 예방한다.

• 침울, 발작, 선회(맴도는 현상), 동공 크기의 변화, 보행 이상, 의식 소실(Coma), 두정 사위(머리가 한쪽으로 치우쳐짐)의 증상을 보인다.

㉣ 자궁축농증(Pyometra)

• 암컷의 개와 고양이에게서 나타나는 질환으로, 생식 호르몬인 프로게스테론(Progesterone)에 의한 자궁벽의 과도한 비후가 나타나고 염증성 삼출물이 자궁 안에 차는 질환이다.
• 프로게스테론은 임신하지 않은 상태에서 자궁 내의 세균 감염 위험성을 높일 수 있어 질환이 주로 발생하는 시기도 발정 후기이다.
• 자궁 입구가 열려 있느냐 닫혀 있느냐에 따라 두 가지로 나누며, 동물을 이송할 때는 복부를 압박할 수 있는 보정 행위는 피한다.
• 종류에는 개방성 자궁축농증과 폐쇄성 자궁축농증이 있다.

개방성 자궁축농증	개방성은 대부분 질병이 심하게 진행되기 전에 농성의 악취 나는 질 분비물을 확인할 수 있다.
폐쇄성 자궁축농증	• 폐쇄성은 질 분비물이 관찰되지 않기 때문에 심하게 진행되기 전까지 문제점을 인지할 수 없고, 매우 심한 경우 자궁이 파열될 수 있으며 생명이 위태롭게 된다. • 폐쇄성 자궁축농증 동물을 이송하거나 보정할 때는 자궁이 파열될 수 있다는 것을 항상 유념해야 하며 복부에 압박이 가해지지 않도록 보정해야 한다.

㉤ 당뇨성 케톤산증(DKA ; Diabetic Keto Acidosis)

• 당뇨성 케톤산증(DKA)은 인슐린 결핍으로 인한 고혈당증뿐만 아니라, 에너지원을 얻기 위한 지방 대사 과정에서 생성물인 케톤이 축적되면서 케톤산증이 유발되는 질환이다.
• 절식과 탈수는 더욱 악화되며, 케톤 축적은 삼투성 이뇨를 더욱 증가하게 하여 중증의 산증, 구토, 탈수, 신경 증상 등을 일으킨다.
• DKA의 특징은 고혈당증, 요당과 케톤뇨, 대사성 질환(호흡기와 신장의 보상기전)이 나타난다는 것이다.

㉥ 쇼크(Shock)

• 쇼크는 순환혈류량의 부족이나 혈액 분포의 불량에 의한 조직 관류 결핍을 일으키는 급성 혈액역학 장애이다.
• 관류 결핍은 세포로 가는 산소와 영양소의 공급을 감소시키는데, 이는 세포의 대사를 위한 에너지 결핍을 일으키며 세포 사멸, 다발성 장기부전, 최종적으로는 사망한다.
• 쇼크의 초기 단계는 맥압의 감소, 모세혈관 재충만 시간(CRT) 지연, 창백한 구강점막, 사지 냉감이 확인되므로 집중적으로 모니터링을 해야 한다.
• 쇼크의 종류는 다음과 같다.

심인성 쇼크 **(Cardiogenic)**	심장박동을 떨어뜨리는 심부전에 의한 조직 관류 결핍으로, 부정맥, 판막병증, 심근염이 원인이다.
분포성 쇼크 **(Distributive)**	혈류의 분포 이상으로 인한 쇼크이다. 이러한 쇼크의 초기 원인은 패혈증, 과민반응, 외상, 신경원성이다.
폐색성 쇼크 **(Obstructive)**	순환계의 물리적인 폐색으로 발생하며, 심장사상충, 심낭수, 폐혈전증, 위염전이 혈장애를 일으킨다.
저혈량 쇼크 **(Hypovolemic)**	혈액 소실, 제3강(Third-space)의 소실 또는 다량의 구토, 설사, 이뇨에 의한 체액 소실로 인해 혈액량이 감소하면 나타난다. 저혈량 쇼크는 소형 동물에게서 가장 흔하게 나타난다.

ⓢ 척수 손상

- 운동 실조, 불완전 마비, 완전마비 등의 증상을 보이며, 병변 부위에 따라 사지 마비 또는 후지 마비를 보일 수 있다.
- 마비의 요인으로는 내적 요인과 외적 요인이 있다.

내적 요인	디스크 탈출, 척추 불안정, 척추 골절 또는 탈구
외적 요인	교통사고, 총상, 낙상, 교상 등

- 척수 병변은 1단계에서 5단계로 나눈다.

1단계	통증이 있으나 운동기능은 보존
2단계	운동 실조, 고유 감각 소실, 후지 불완전 마비
3단계	후지 마비
4단계	후지 마비와 함께 소변 정체
5단계	후지 마비, 소변 정체와 함께 통증 감각 소실

ⓞ 위 확장과 염전(GDV ; Gastric Dilatation Volvulus)

- 사망률이 매우 높은 응급질환으로, 좁고 깊은 흉부를 가진 대형견에게서 주로 발생한다.
- 원인은 알려지지 않았으나, 사료를 먹거나 물을 마신 뒤 운동을 했을 때 발생할 확률이 높다.
- 위 확장은 급성으로 위가 팽창된 것이며, 염전은 확장된 위가 뒤틀린 것으로 전대동맥과 문맥의 혈류를 방해함으로써 저혈량 쇼크에 이르러 사망하게 된다.
- 급작스러운 활력 저하와 과도한 유연(침 흘림)을 보이며 심한 복부 팽만과 복통 증상이 있다.

ⓩ 골 절

- 골절은 뼈가 부러지는 것이 원인이 된 것으로 주로 외상에 의해 발생한다.
- 골절의 원인으로는 교통 사고, 타박상 등의 직접적 외상, 근육・인대가 갑작스럽게 힘이 가해지면서 뼈를 잡아당겨 생긴 간접적 외상, 뼈의 일정한 부위에 반복되는 스트레스가 가해질 때 생기는 피로 골절, 골다공증이나 종양으로 생기는 병적인 골절 등이 있다.
- 골절은 치료의 필요에 따라 세 가지로 분류한다.
  - 응급한 골절 : 구조의 기능 유지와 생명과 관련 있으며 두개골 골절, 척추 골절 및 개방 골절이 있다.
  - 중등도 골절 : 즉시 처치하지 않으면 기능의 이상 또는 심각한 문제가 발생할 수 있는 것으로, 성장판, 대퇴골두 골절, 어깨 및 팔꿈치 탈골, 골반 골절 등이 있다.
  - 비응급 골절 : 견갑골 및 비개방 골절이 있다.

더 알아보기

늑골 골절 시 출혈 환자의 응급처치 순서

1. 뇌 손상 방지를 위해 기도 확보하기
2. 쇼크 및 저체온증 방지를 위한 지혈하기
3. 검사를 위해 심전도 및 모니터링 실시
4. 수액 또는 수혈을 통한 조치 실시

ⓩ 출 혈

• 갑자기 대량으로 출혈이 발생할 때에는 사망에 이를 수도 있다.
• 일반적으로 생명을 위협하는 징후는 창백한 점막, 빠르고 약한 맥박, 정상 이하의 몸 체온, 기립 불능 등이 있다.
• 출혈이 생긴 동물 환자에 대하여는 손상된 혈관 유형(동맥, 정맥, 모세혈관 여부)과 출혈이 시작된 시점, 그리고 출혈의 양상 등의 정보를 파악하여 기록해야 한다.
• 출혈에 대한 조치는 직접 압박, 압박 붕대 등을 사용하여 지혈한다.

직접 압박	• 장갑을 낀 후 출혈 부위에 직접 거즈를 이용하여 압박한다. • 상처에 이물질이 묻지 않도록 유의한다.
압박 붕대	• 주로 사지의 출혈에 사용하여 혈액 손실을 줄인다. • 출혈 부위에 드레싱을 실시한 후 환부에 적절히 압박 붕대를 한다.

• 동맥을 통한 혈액의 흐름을 방지하기 위해 동맥 부위에 압박을 하며 압박 실시 부위는 다음과 같다.

상완 동맥	상완골의 원위 1/3 지점
대퇴 동맥	대퇴골의 근위 1/3 지점
미골 동맥	꼬리 밑면

• 과다 출혈 시에는 수혈을 통해 부족한 피를 보충하여야 한다.

더 알아보기

동물 수혈 시 특징

• 수혈 전 교차반응 검사를 하는 것이 좋다.
• 개의 경우, 자연발생항체가 없기 때문에 초회 수혈의 경우, 검사 없이 실시할 수도 있다.
• 고양이의 경우, 자연발생항체가 있어 수혈 전 반드시 검사가 필요하다.
• 수혈량(mL)은 체중(kg) × 90 × (목표 PCV - 수혈견 PCV) / 공혈견 PCV으로 구할 수 있다.
• 농축적혈구는 사용 전 생리식염수와 반드시 혼합해서 사용한다.

② 동물 혈압

㉠ 혈압의 개념

• 혈압(Blood Pressure)은 혈류가 혈관 벽에 가하는 압력을 뜻하며 심박수와 전신 혈관 저항(SVR ; Systemic Vascular Resistance) 및 일회 박출량에 의하여 만들어진다.
• 혈압은 순환 혈액량 감소(저혈량 쇼크, 탈수), 심부전, 혈관 긴장도 변화에 의해 변동되며, 혈압의 감소로 조직으로의 순환 혈액량이 감소하면 산소의 운반 감소로 인해 장기 부전이 발생할 수 있다.

더 알아보기

수축기 혈압과 이완기 혈압

- 수축기 혈압(SAP ; Systolic Arterial Pressure) : 심실 수축기, 즉 좌심실이 전신에 혈액을 보내는 시기이다(동맥 혈압의 최대치).
- 이완기 혈압(DAP ; Diastolic Arterial Pressure) : 심장 이완기, 심실이 이완된 시기이다(혈압 최소치).
- 평균 동맥압(MAP ; Mean Arterial Pressure) : 전체 심장 주기의 평균 수치를 말한다.

ⓛ 혈압 측정 방법에 의한 분류

저혈압	• 평균 동맥압이 60mmHg 이하이거나 수축기 동맥압이 80mmHg 이하인 것을 말한다. • 흔한 원인으로는 저혈량, 말초혈관 확장(패혈증, 과민성 쇼크, 마취 등), 심박출량 감소(심부전, 판막질환, 느린 맥박성 부정맥, 잦은 맥박, 심낭 삼출액)가 있다.
고혈압	• 안정 상태의 동물에게서 평균 동맥압이 130~140mmHg 이상이거나 수축기 동맥압이 180~190mmHg 이상인 경우를 말한다. • 스트레스의 영향일 수 있으므로 동물은 편안한 상태로 있어야 한다.

ⓒ 측정 자세

- 혈압을 측정할 때 자세는 양와위(Sternal) 자세가 가장 자연스럽고 편안한 자세이지만, 호흡곤란이 있는 동물은 앉거나 선 상태에서 시행한다.
- 측정할 부위가 심장 위치보다 낮으면 높게 측정될 수 있으므로 측정 부위를 심장 위치와 가깝게 하여 측정한다.

ⓔ 개와 고양이의 정상 혈압

구 분	개	고양이
평균 동맥압	90~120mmHg	90~130mmHg
수축기 동맥압	100~160mmHg	120~170mmHg
이완기 동맥압	60~110mmHg	70~120mmHg

출처 : 한국수의응급의학연구회

ⓜ 혈압의 측정

도플러 혈압 측정	1. 동물을 횡와위 또는 흉와위 자세로 한다. 2. 동물에게 맞는 커프를 선택한다. • 측정 부위 둘레의 40~60% 정도의 폭을 가진 커프를 선택한다. • 커프가 크면 혈압이 낮게 측정되고, 작으면 높게 측정된다. 3. 측정할 부위의 털을 주의하여 제거(클리핑)한다. 4. 커프는 동물의 앞다리 또는 뒷다리의 측정 부위를 자연스럽게 감싸듯 감는다. 5. 털 제거한 부위에 수용성 젤(초음파용 젤)을 충분히 바른다. 6. 맥박이 느껴지는 부위를 촉진한다(앞 · 뒷발바닥 볼록 살 윗부분, 근위 꼬리 부위). 7. 맥박을 촉진하는 부위에 프로브를 대고 혈류 음이 가장 강하게 들리는 곳을 찾는다. 8. 압력계를 이용해 커프를 부풀린 후 압력을 서서히 풀어준다. • 압력계의 손잡이 부위를 펌프질하여 동맥이 완전히 폐색되어 소리가 나지 않을 때까지 200mmHg 이상 압력을 올린다. • 압력계의 옆에 부착된 압력 감소 다이얼 또는 버튼을 천천히 눌러 커프에서 아주 천천히 공기압을 빼낸다.

	9. 압력이 풀리면서 혈류 음이 들리는 시점(수축기 혈압)의 압력계 눈금을 읽는다. 10. 3회 이상 반복 측정하여 평균값을 측정한다. 11. 혈압 측정값을 차트에 기록하고 수의사에게 보고한다.
오실로메트릭 혈압 측정	1. 혈압계를 수평인 곳에 놓는다. 2. 동물을 횡와위 또는 흉와위 자세로 한다. 3. 동물에게 맞는 커프를 사용한다. • 측정 부위 둘레의 40% 정도의 폭을 가진 커프를 선택한다. • 커프가 크면 혈압이 낮게 측정되고, 작으면 높게 측정된다. 4. 커프는 동물의 앞다리 또는 뒷다리의 측정 부위를 자연스럽게 감싸듯 감는다. 5. 오실로메트릭 혈압계의 전원을 켠다. 6. 본체의 시작 또는 Start 버튼을 누른 후, 동물이 움직이지 않도록 보정한다. 동물이 움직이거나 떨고 있으면 매우 부정확하게 측정되므로 주의한다. 7. 자동으로 압력이 가해지고 서서히 풀리면서 수축기 및 이완기, 평균 동맥압이 측정된다. 8. 3회 이상 반복 측정하여 평균값을 측정한다. 9. 혈압 측정값을 차트에 기록하고 수의사에게 보고한다.

더 알아보기

중심정맥압의 측정

- 중심정맥압은 전신 순환으로부터 우심방으로 귀환하는 혈액의 압력 혹은 전신을 순환하는 모든 혈액이 지나가는 대정맥의 압력을 말한다.
- 중심정맥압의 측정은 신체의 수분 상태와 우심실 기능에 대한 정보를 제공한다.

③ 응급처치 보조 수행 순서

㉠ 접수를 한다.

- 동물의 호흡 및 기력 상태를 확인한 후 내원 접수를 한다.
- 호흡 곤란이 있거나 기력이 많이 저하된 동물은 응급실 또는 처치실로 바로 이송한다. 수의사의 지시에 따라 산소를 공급한다.
- 주 증상이 무엇인지 간단한 병력을 청취하고 수의사에게 보고한다.

㉡ 응급실 또는 처치실로 동물을 이송한다.

㉢ 체중을 반드시 측정한다.

㉣ 수의사의 지시에 따라 생체지표를 체크하고 응급동물 분류 용지에 기록한다.

더 알아보기

생체지표 체크 및 분류 용지 기록

- 심박수 및 호흡수를 측정한다.
- 잇몸 점막 색깔(MM), CRT(모세혈관 재충만 시간)를 측정한다.
- 혈압을 측정한다.
  - 동물을 흉와위 또는 횡와위 자세로 눕히고 안정시킨다.
  - 전지 또는 후지 측정 부위 둘레의 약 40~60% 정도의 커프를 선택한다.
  - 측정하려는 부위에 커프를 부드럽게 둘러 고정한다.
  - 압력계로 커프를 부풀리고 압력을 서서히 빼면서 수축기 혈압을 측정한다.
  - 3회 이상 측정하여 평균 수축기 혈압값을 얻는다.
- 체온을 측정한다(동물의 거부감으로 인해 심박수, 호흡수, 혈압에 영향을 줄 수 있어 마지막에 측정).

ⓜ 수의사가 채혈한 혈액으로 초기 검사 항목의 혈당(Blood Glucose), 젖산(Lactate), PCV(적혈구 용적률), 전해질 검사를 시행한다.

ⓑ 초기 검사 후 검사 결과를 분류 용지에 기록한다.

ⓢ 응급동물에 대한 수의사의 응급처치 내용을 기록한다.

ⓞ 수의사가 IV카테터 장착을 준비하면 동물을 안정되게 보정한다.

ⓙ IV카테터를 장착한 후 동물을 케이지에 넣고 다음 지시가 있을 때까지 호흡과 의식 정도, 통증 정도 등을 모니터링한다.

(2) 호흡 곤란 동물의 산소요법 보조

① 산소요법(Oxygen Therapy)의 개요

㉠ 산소 결핍 상태(저산소혈증)의 치료와 예방 목적으로 고농도의 의료용 산소를 공급하는 요법이다.

㉡ 고농도의 산소를 공급하면 동맥 내 산소 분압을 높이고 혈장에 용해되는 산소량도 많아지므로, 헤모글로빈과 결합하는 산소량은 많이 증가하지 않아도 조직으로의 산소 공급이 촉진된다.

㉢ 대부분 응급치료에서 우선순위는 산소 공급이며, 산소는 세포의 대사와 조직의 보전에 필수이므로 매우 중요하다.

② 산소 공급 방법

㉠ 마스크

특 징	• 치료를 시작할 때 또는 제한된 시간 동안 산소를 공급할 때 이용한다. • 간단하고 신속하며 큰 기기가 필요하지 않은 장점이 있으나, 단두종의 개나 고양이에게는 부적절하다는 단점이 있다. • 마스크를 입에 너무 가까이하거나 입에 끼일 정도로 대어 산소를 공급하게 되면 호흡 중에 발생하는 열과 함께 이산화탄소 배출을 방해한다. 따라서 입의 둘레보다 1.5배 정도의 마스크를 선택한다.
순 서	1. 소독된 산소라인과 마스크를 준비한다. 2. 동물에게 맞는 산소마스크를 선택한다. 3. 마스크의 산소라인 커넥터에 산소라인을 연결한다. 4. 동물의 입에서 1~2cm 떨어진 곳에 마스크를 대고 산소를 공급한다.

㉡ 산소 튜브를 이용하는 방법(Flow-by)

특 징	단순히 코와 입에 산소 튜브를 가까이 대 주는 것이며, 마스크보다는 효과가 작지만, 마스크를 싫어하는 동물에게 임시적 또는 응급 목적으로 적용하기 좋은 방법이다.
순 서	1. 소독된 산소라인을 준비한다. 2. 동물의 코에서 3~4cm 거리에 튜브를 댄다. 3. 산소 공급량이 너무 세면 튜브에서 나오는 산소의 압력으로 동물이 거부감을 나타내므로 5L/min 정도로 공급한다.

㉢ 넥칼라를 이용한 산소 공급

특 징	• 넥칼라의 앞부분을 이산화탄소와 함께 습기와 열을 방출할 수 있도록 2/3 정도 랩(Wrap)이나 투명한 비닐로 씌우고 넥칼라 안에 산소라인을 고정하여 공급하는 방법이다. • 효과가 좋고 가격이 저렴하지만, 고체온 가능성, 높은 습도, 넥칼라 안의 이산화탄소 저류의 단점이 있다.
순 서	1. 동물에게 맞는 넥칼라를 선택한다. 코끝에서 목까지의 길이보다 5cm 정도 여유 있는 길이의 넥칼라를 선택한다. 2. 동물의 머리 둘레에 맞게 넥칼라를 조정한다. 3. 랩을 넥칼라의 앞쪽 지름 양쪽으로 4~5cm 여유 있게 잘라 바닥에 놓는다. 4. 넥칼라의 2/3를 랩으로 씌우고 투명 테이프로 고정한다. 넥칼라 상부의 1/3 정도는 이산화탄소 배출과 열을 발산하기 위해 개방한다. 5. 산소라인을 넥칼라의 안쪽에 테이프를 이용하여 고정한다. 6. 동물에게 산소 넥칼라를 씌운 후 초기에 칼라 안에 산소가 빨리 채워지도록 높은 양으로 채우고, 이후에 수의사의 지시에 따라 양을 조절한다.

㉣ 비강 산소 튜브를 이용한 방법

특 징	• 1~3mm 지름의 튜브를 사용한다. 비강 내 국소마취제(Lidocaine 2%)를 한두 방울 투여한 후, 1분 뒤 비강을 통하여 눈의 내안각 위치까지 튜브를 삽입하고 반창고나 의료용 스테이플러(Skin Stapler)로 고정하여 공급하는 방법이다. • 48~72시간 간격으로 튜브의 위치를 바꿔 주어야 하며, 비강 점막이 손상되지 않도록 주의해야 한다. 장기간의 치료에 적용한다.
순 서	1. 장착 준비물(1~3mm 지름의 영양공급관 또는 Red Rubber, 리도카인 젤, 2% 리도카인, 반창고, 의료용 스테이플러)을 준비한다. 2. 동물의 비강에 2% 리도카인을 한두 방울 점적하고 1분 뒤 동물을 보정한다. 3. 견좌 자세 또는 횡와 자세로 보정한다. 4. 수의사가 튜브를 비공에 삽입하고 튜브를 고정하는 순간 동물이 움직이지 않도록 동물을 보정자의 몸에 밀착한다. 5. 튜브의 삽입이 끝나면 튜브와 산소라인과 연결하고 수의사의 지시에 따라 산소 공급량을 조절한다.

③ 산소 공급 시 주의사항

㉠ 2시간 이상 산소 공급을 할 경우 가습을 해 주어야 한다. 건조한 산소 공급은 점막의 건조, 분비물의 점도 증가, 호흡기 상피의 위축, 점막섬모 기능의 변화, 호흡기 감염의 위험 증가를 가져온다.

㉡ 따라서 산소유량계의 증류수 통에는 항상 증류수가 1/2 정도 채워져 있어야 하며, 산소 공급 시에는 환자의 눈에 점안 젤(인공 눈물)을 주기적으로 도포하여야 한다.

㉢ 비강 튜브를 이용해 산소를 공급할 경우 반드시 초기에도 산소는 습윤(가습) 상태이어야 호흡기의 점막 건조를 예방할 수 있다.

㉣ 넥칼라를 이용해 산소 공급을 받는 동물에게는 2~4시간 간격으로 인공 눈물 또는 점안 젤을 안구에 도포하여 안구의 건조를 예방하여야 한다.

> **더 알아보기**
>
> **산소 케이지**
> - 케이지 안의 산소 농도, 온도, 습도를 조절할 수 있는 기기가 있는 ICU 케이지를 이용한다.
> - 케이지 구매비가 비싸고 처치 시 문을 여닫을 때 공급된 산소가 일시에 배출된다는 단점이 있으나, 스트레스 없이 산소를 공급하기에 매우 좋다.

(3) 중증 동물의 수액, 수혈, 비경구 영양 공급 보조

① 수액 보조

㉠ 체액과 탈수

- 체액 : 몸을 구성하는 수분으로 평균 체중의 60%(어린 동물은 약 70%, 나이든 동물은 약 50%)를 차지한다.
- 탈수 : 체액 성분인 수분과 전해질 성분인 나트륨(Na)이나 칼륨(K) 등이 부족한 상태를 말하며, 탈수는 이차적으로 소변 감소증, 잦은 맥박, 식욕 저하, 기력 소실 등의 증상을 유발하고 전신 상태를 악화시킨다.

㉡ 대사 수분 및 체액 손실·보존(다니구치 아키코, 2011)

대사 수분	체내에서 지방과 탄수화물 등 에너지원이 대사될 때 생산되는 수분이다.
불감 손실	호흡, 땀, 배변 등으로 수분이 배출되는 것으로, 환경 온도의 영향을 받으며 생체가 탈수 상태에서도 불감 손실은 진행된다.
감지성 배설	불감 손실에는 배뇨, 젖 분비 등이 포함되고, 배설량은 생체의 탈수 정도에 영향을 받는다. 즉, 탈수 상태에서는 감지성 배설이 감소하여 체내 수분을 보존한다.

㉢ 탈수 평가

- 탈수 정도는 체중에 대한 퍼센트(%)로 나타낸다.
- 몸의 수분이 4~5% 이상 손실되어야 임상적으로 확인할 수 있으며 탈수 증상이 심해져 쇼크 상태가 되면 체중의 10~12% 이상 탈수라고 본다.
- 탈수를 측정하는 객관적인 방법은 없으며, 동물의 체액 손실은 문진과 신체검사, 그리고 CBC 검사를 병행하여 수의사가 판단한다.
- 탈수 수치와 증상

탈수 정도	증 상
5%	피부 탄력도의 경미한 감소
6~8%	피부 탄력도의 현저한 감소와 함께 안구가 들어가 보일 수 있음 잇몸 점막의 건조, CRT의 경미한 지연
10~12%	피부가 제자리로 돌아오지 않음. CRT 지연. 안구가 들어가 보임 점막 건조, 쇼크 증상(잦은 맥박, 약한 맥압 등)
12~15%	명확한 쇼크 증상, 허탈, 심한 기력 저하, 사망 가능성

㉣ 투여 경로

- 피하 투여(SC) : 등 쪽의 견갑 사이 피하에 투여하며, 응급하지 않은 경도~중등도까지의 탈수에서 시행한다.

구분	내용
장 점	• 단시간에 대량 투여할 수 있다. • 투여량은 천천히 그리고 완전히 흡수된다. • 정맥 확보가 필요하지 않아 감염의 위험이 적으며 동물의 부담도 적다.
단 점	• 투여할 수 있는 수액제는 등장액(체액과 같은 삼투압)만이다. • 자극성 약제 투여에는 부적합하다. • 기력이 약한 동물에게 투여 시 체온 저하를 일으킬 수 있다.

- 정맥 투여(IV) : 요골 정맥 투여가 일반적이며 경정맥이나 드물게 대퇴정맥으로 투여할 수 있고, 심한 탈수를 교정하는 데 적합하다.

구분	내용
장 점	• 흡수 속도가 빠르고 계속 투여할 수 있다. • 필요량을 정확하게 투여할 수 있다. • 고장액(체액보다 높은 삼투압) 투여가 가능하다.
단 점	• 혈관 확보가 필요하다. • 혈관염, 카테터 장착 부위 오염 등 부작용 발현의 위험성이 있다.

더 알아보기

수액 보조 수행 순서

1. 수액 팩을 수액걸이에 건다.
2. 수액세트의 포장지를 벗기고 유량 조절기를 잠근 후 수액세트 끝의 도입침을 수액 팩에 똑바로 찌른다.
3. 점적봉을 몇 번 압박하여 수액이 점적봉의 1/2 정도 차도록 한다.
4. 천천히 유량 조절기를 열어 수액을 수액세트의 라인으로 흘려보내 공기를 내보낸다.
5. 수액세트 라인에 공기가 모두 빠지고 수액이 모두 채워지면 유량 조절기를 잠근다.
6. 수액세트 라인 끝에 나비침을 연결하고 나비침 끝까지 수액을 흘려보낸 뒤 유량 조절기를 잠그고 수의사에게 전달한다.

※ 수액세트 라인에 수액을 채울 때 점적봉을 45° 이상 기울여 채우면 기포가 생기는 것을 최대한 막을 수 있다.

② 수혈 보조

㉠ 개념 : 수혈은 빈혈 및 혈소판 감소증 동물에게 매우 효과적인 처치로, 국내에는 동물의 혈액 공급을 전담하는 시설 '한국동물혈액은행(KABB)' 1개소가 있다.

㉡ 혈액은행을 전담하는 기관이 없고 수의과 대학 또는 동물병원 자체적으로 혈액을 공급하거나 수의사나 보호자가 직접 공혈 동물을 확보하여 각각의 동물병원에서 채혈하게 된다.

더 알아보기

공혈 동물(Donor)의 조건

- 임상적, 혈액 검사상 이상이 없다.
- 백신 접종을 규칙적으로 하고 있다.
- 적혈구 용적률(PCV)이 40% 이상이다.
- 수혈을 받은 경험이 없다.
- 혈액형 검사를 시행했다.
- 심장사상충에 감염되지 않았다.

㉢ 혈액형(다니구치 아키코, 2011)

개	개의 혈액형은 DEA(Dog Erythrocyte Antigen, 개 적혈구 항원) 시스템에 따라 DEA 1형에서 13형까지 분류한다.
고양이	AB 시스템에 의해 A형, B형, AB형으로 분류하고, 개와는 다르게 고양이는 혈액형 판정 키트로 A형, B형, AB형 3종류를 모두 판정할 수 있다.

㉣ 혈액형 판정 키트 : 전혈로 검사할 수 있으며 검사 시간은 5분 내외이다. 개와 고양이의 판정 키트가 서로 다르다.

㉤ 수혈 부작용

- 초기 면역 반응(30분~1시간 이내 증상 발현) : 전전(떨림), 잦은 맥박과 과다호흡, 고체온, 구토 · 홍반 · 소양증
- 후기 면역 반응(3~15일 증상) : 적혈구 용적의 감소, 고체온, 식욕 저하

㉥ 수혈 시 주의사항

- 수혈 속도는 수혈 동물의 심폐질환, 빈혈 정도에 따라 수의사가 결정한다.
- 보통 1시간 동안 체중 1kg당 20mL(20mL/kg/hr) 이하의 속도로 수혈한다.
- 수혈할 농축 적혈구는 사용 전에 8자를 그리듯이 부드럽게 혼합한 뒤 사용한다.
- 반드시 수혈세트 라인을 사용한다.
- 혈액을 저울로 측정하여 무게 1g = 1mL로 환산하면 대략적인 혈액량을 알 수 있다.
- 수혈 시작 후 30분 이내에 급성 부작용이 나타나므로, 주의 깊게 환자의 상태를 모니터링한다.

더 알아보기

수혈 준비 및 투여 보조 수행 순서

1. 농축 적혈구의 채혈 일자를 반드시 확인한다.
2. 수혈 팩을 개봉하기 전에 소독제를 이용해 처치대를 반드시 소독한다.
3. 수혈세트의 포장지를 벗기고 유량 조절기를 잠근다.
4. 수혈 팩을 처치대에 놓고 수혈세트 끝의 도입침을 수혈 팩에 똑바로 찌른다.
5. 점적봉을 몇 번 압박하여 혈액이 점적봉의 1/2 정도 차도록 한다.
6. 천천히 유량 조절기를 열어 혈액을 수혈세트의 라인으로 흘려보내 공기를 내보낸다.
7. 수혈세트 라인에 공기가 모두 빠지고 혈액이 모두 채워지면 유량 조절기를 잠근다.
8. 수혈세트 라인 끝에 18G 나비침을 연결하고 나비침의 끝까지 혈액을 흘려보낸 뒤 유량 조절기를 잠그고 수의사에게 전달한다.

③ 비경구 영양 보조

㉠ 개 념

- 동물 대부분이 장을 통한 영양 공급이 가능하므로, 경구로 영양 공급이 가능하지만 경구로의 공급을 할 수 없는 경우에는 혈관을 통한 비경구 영양 공급을 시행한다.
- 심한 구토・장 무력증・장 폐색이 있는 동물, 장의 영양분 흡수력이 없는 동물, 장관 튜브 장착을 위한 마취를 할 수 없는 동물에게 적용한다.

㉡ 종 류

- 총 비경구 영양 : 하루 열량 요구량을 100% 공급하는 것으로, 경구 식이 공급이 어려우면서 7일 이상 영양 공급이 필요한 경우에 적용한다.
- 부분 비경구 영양 : 열량 요구량의 50% 정도만을 공급하는 것으로 단기간(7일 이내) 영양 공급을 할 때 시행한다.

㉢ 비경구 영양 공급의 문제점 : 소화관의 위축과 기능 저하, 면역 기능 저하, 소화관의 점막 손상으로 장내 박테리아가 쉽게 장간막의 림프샘이나 다른 장기로 침범해 패혈증을 유발할 수 있다.

㉣ 비경구 영양 수액의 구성

포도당 용액	• 당의 보충용으로 사용하며 40~60%의 칼로리를 공급한다. • 5% 포도당 수액을 사용한다. • 과도한 포도당의 공급은 고혈당 및 인슐린 과분비에 따른 대사성 불균형을 일으킬 수 있다.
지방유제	• 같은 양의 탄수화물이나 단백질보다 2배의 칼로리를 공급한다. • 세포막 안정화나 항염 작용을 하는 필수 지방산 공급원이다. • 등장성 용액이므로 PN 용액의 삼투압을 낮춰주는 역할을 한다. • 고지혈증, 면역 억압, 췌장염이 있는 환자에게는 사용하지 않는 것이 좋다. • 지방유제는 불안정하여 포도당과 직접 섞으면 침전물이 생성되므로 유의한다.
아미노산 용액	영양실조로 인해 소모된 조직의 합성과 복구・유지하는 데 필요하며 필수 아미노산 공급용으로 사용한다.

㉤ 비경구 영양 공급 시 주의사항

- PN 용액은 상온에서 최대 2일까지만 사용한다.
- 수액세트와 Bag은 2일마다 교체한다.
- 아미노산과 지방이 변성하지 않도록 빛을 차광한다.
- 혼합액을 조제할 때와 투여할 때 반드시 무균으로 시행한다.
- 동물에게 장착한 IV카테터는 PN 공급 전용으로 사용하고, 약물 투여를 위해 사용해서는 안 된다.
- 체온 증가 여부를 일정 시간 간격을 두고 확인한다.
- 고삼투성 용액이 말초 혈관으로 투여되어 정맥염 발생이 많으므로 IV카테터는 멸균으로 철저히 관리되어야 한다.

더 알아보기

비경구 영양 수액 투여 보조 수행 순서

1. 소독제를 이용하여 처치대를 소독한다.
2. PN 용액 제조자는 외과적 손 세정에 따라 손 씻기를 시행한다.
3. 일반 생리식염수(N/S)의 새 수액을 주사기를 이용해 모두 빼고 PN 용액용 백을 만든다.
4. 수의사에 의해 계산된 PN 용액 용량을 반드시 각기 다른 주사기로 뽑는다.
5. PN 용액용 백에 넣고 잘 혼합한다. 반드시 포도당, 아미노산, 지방유제 순서로 혼합한다.
6. 아미노산과 지방이 변성되지 않도록 알루미늄 포일을 이용해 빛을 차광한다.
7. PN 용액 백에 제조 날짜와 시간을 반드시 기록한다.
8. PN 용액 백에 수액세트를 연결한 후 수의사에게 전달한다.

④ IV카테터 장착

㉠ 소독한 트레이를 준비한다.

㉡ 소독한 트레이 위에 오염되지 않도록 IV카테터 장착 준비물을 올려 수의사가 재료를 잡기 쉽도록 오른쪽에 놓는다.

㉢ 동물을 흉와 자세 또는 견좌 자세와 횡와 자세를 취하게 한다.

㉣ 왼팔로 동물의 머리 쪽을 보정한다(오른쪽 앞다리에 장착할 경우).

㉤ 오른팔은 동물의 허리 부분을 지그시 눌러 주며 오른 손바닥으로 동물의 앞 발꿈치를 받쳐 펴면서 보정한다.

㉥ 보정한 상태에서 엄지손가락 또는 집게손가락으로 요골 정맥 부위를 눌러 노장한다. 5kg 이하의 소형견은 검지로 노장하고 5kg 이상의 중・소형견 및 대형견은 엄지손가락으로 노장한다.

㉦ 동물을 보정자의 몸 쪽으로 밀착하여 IV카테터를 장착하는 동안 움직임을 억제한다.

㉧ 카테터가 혈관에 정상적으로 삽입되면 엄지손가락의 힘만 살짝 풀어 노장을 해제한다.

㉨ 수의사의 IV카테터 장착이 완료된 후 장착 날짜를 기록한다.

(4) 내시경 시술 보조하기

① 내시경(Endoscopy)의 개념 : 내시경은 상부 위장관(식도, 위)의 이물 제거와 위장관 점막의 육안검사와 위장관의 점막 조직 체취, 식도 협착 확장, 작은 점막 병소(예 용종) 제거 등에서 사용하며, 내시경을 시행하기 위해 전신마취가 필요하다.

② 내시경의 구성

㉠ 내시경 카메라 본체(Endoscope Unit) : 영상 센서(CCD)를 장착한 카메라 헤드에서 본체 컨트롤러로 영상 신호가 전달되며, 메인 보드에서 영상의 광도 및 색상을 조정한다. 비디오 보드에서 모니터, 기록기기 등의 출력매체로 영상 신호를 송출한다.

㉡ 내시경

- 내시경은 조작부, 커넥터부, 삽입부(연성부), 만곡부(선단부/앵글부) 및 라이트 가이드부 등으로 구성되어 있다.
- 원리는 광원기기의 빛이 광섬유(또는 유리섬유)로 구성된 라이트 가이드에 의해 삽입된 내시경의 선단부까지 전달되어, 신체 내부의 구조를 영상 출력기(비디오 시스템, TV 모니터 기기

및 각종 내시경 촬영기기) 처치 기구와 조합하여 상하부 소화기 및 비인후두, 기관지 등을 확인 및 진단하는 기기이다.

더 알아보기

내시경 액세서리

- 포셉(Forceps)
  - Poly Grab 포셉 : 모양이 불규칙하고 부드러운 이물을 제거할 때 사용한다. 삼발이 끝은 고리 형태로 얇은 와이어로 되어 있다.
  - Alligator Jaw 포셉 : 비교적 편평하고 단단히 잡아 이물을 제거하거나 조직 생검(Biopsy)할 때 사용한다.
  - Flower Basket 포셉 : 미끄럽고 비교적 둥근 형태의 이물 제거 시에 사용한다.
- 석션기(Suction Unit) : 내시경의 본체와 연결하여 위장관의 체액과 내시경을 통해 주입한 물을 흡인하는 데 사용하며, 응급실에서 사용하는 일반적인 석션기를 사용하여도 된다.

③ 내시경 시술 준비와 보조

㉠ 마취의 목적 : 간편하고 안전하고 효과적이면서 저렴한 화학적 보정으로 동물에게 스트레스, 통증, 불편함, 독성에 의한 부작용을 최소화하면서 내과적 또는 외과적 처치가 이루어지도록 하는 것이다.

㉡ 마취의 종류

구분	내용
국소마취	• 표면마취(Topical Anesthesia) : 국소마취제를 스프레이로 피부 표면, 안구, 요도 등에 뿌리거나 바른다. • 신경차단(Nerve Block) : 말초 신경 부위에 마취제를 주사한다. • 경막외마취(Epidural Anesthesia) : 척추에 마취제를 주입한다.
전신마취	• 마취제의 투여 방법 : PO, IM, IV, Face Mask, Chamber 등이 있다. • 종 류 – 주사마취(Injection Anesthesia) : 마취제를 주사기로 투입 – 흡입마취(Inhalant Anesthesia) : 마취기를 이용하여 가스화한 마취제를 폐포로 주입

더 알아보기

주사마취와 흡입마취의 장단점

- 주사마취 : 투여 방법이 간단하고 신속하지만, 정해진 주사 용량을 한 번에 주사해야 하고 주사한 마취제는 회수할 수 없다.
- 흡입마취 : 마취 과정이 복잡하고 기기를 갖춰야 하지만, 가스화한 마취제를 호흡하는 과정에서 마취를 유지하기 때문에 마취의 회복이 빠르다.

㉢ 내시경 시술

• 상부 위장관 내시경을 통한 이물 제거

식도 이물	• 식도에 이물이 걸리면 음식이나 물, 침을 삼키기 힘들어 역류, 침 흘림, 호흡 곤란, 통증 호소를 하게 된다. • 식도 이물은 크게 식도 개시부(상부 식도의 괄약근 위치), 식도 중간부(심장 바로 위에 위치한 식도 부위), 식도 종단부(하부 식도의 괄약근 위치)로 구분한다.
위 내 이물	• 소화되지 않는 물질이 위 내강에 있거나 위장에서 소장으로 내려가 폐색을 일으킬 위험이 있는 이물을 말한다. • 금속 물질 등의 위 내 이물이 존재하면 흔히 구토와 오심, 식욕 부진 증상이 나타나며, 아연의 경우 용혈 빈혈로 인해 잇몸 창백, 기력 저하를 보인다. • 가장 흔한 이물로는 뼈(골성 물질), 과일, 섬유 물질(스타킹, 양말), 간식류(개껌), 씨앗(자두 씨, 복숭아 씨), 돌, 장난감, 비닐류 등이 있다.
상부 위장관 내시경을 위한 동물의 준비	• 검사 전 12~18시간 절식이 필요하다. • 검사 4시간 전부터 음수를 중단해야 한다. • 바륨 조영을 시행한 경우 12~24시간 이후 내시경 검사를 시행한다(이물 확인된 경우 제외). • 일반 방사선 검사에서 위 내 이물이 확인된 경우에는 내시경 실시 직전 방사선 촬영을 한다.

• 비강 내시경

- 비강 내부 구조를 시각화하기 위한 검사 방법으로, 개와 고양이의 비강 질환에 대한 진단 기법으로 사용한다. 질환의 정확한 위치, 범위(정도), 비강 내 변화를 살펴볼 수 있다.
- 비강 질환의 원인은 다양하지만, 주 증상은 비루(콧물), 재채기, 코 출혈, 코골이, 협착음, 안면 부종 등과 같으므로 비강 내시경은 원인을 감별하는 데 도움이 된다.
- 이외에도 비강 조직의 생검을 하거나 분비물의 채취, 이물 제거 등의 목적으로도 사용한다.

㉣ 내시경 시술 전 검사

• 위장관 내시경 검사와 같이 마취 후 진행되므로 CBC 검사와 흉부 방사선 검사를 선행한다.

• 비강 방사선 촬영

- 비강과 주위 조직(뇌, 목구멍)에서 변화가 있는지 확인한다.
- 방사선 촬영에서 발견된 이상 병변에 조작을 가했을 경우 출혈 등을 방지한다.
- 정확한 위치로 탐색 및 생검 계획을 수립하는 데 필요하다.

• 필요에 따라 CT 또는 MRI 검사가 선행될 수 있다.

㉤ 내시경 시술 후 관리

• 검사 이후 목줄은 삼간다.

• 동물이 짖거나 흥분하지 않도록 안정시킨다.

• 시술 후 혈액성 콧물 또는 재채기 증상을 1~3일 정도 보일 수 있다.

• 코 출혈이 멈추지 않을 경우 호흡에 영향을 줄 수 있다.

더 알아보기

내시경 시술 보조 수행 순서

1. 마취 전 약물을 준비 : 동물 체중 반드시 측정, 혈압·체온 측정 뒤 차트에 기록, 수의사 지시로 마취제 준비, 약물주사기에 라벨을 붙여 약물명과 농도 반드시 기록, 마취제를 소독한 트레이에 올려 놓고 응급 상자는 처치대 옆에 위치
2. 동물의 보정 : IV카테터 보정, 기관 튜브 삽관 보정, 내시경 시술 보정, 마취 각성 후 모니터링

내시경 시술 보정 보조

- 삽관이 끝난 후 동물을 왼쪽 횡와 자세로 눕힌다.
- 동물의 목과 등이 가능한 한 일직선이 되도록 자세를 보정한다.
- 동물의 입에 내시경 시술 시 방해가 되지 않도록 개구기를 장착한다.
- 내시경 시술자에 의해 내시경의 선단부(만곡부)가 입안으로 진입하면 보조자는 동물의 얼굴이 뒤쪽으로 밀리지 않도록 받쳐준다.
- 시술자의 지시에 따라 내시경 포셉 또는 기타 기구를 전달한다.

3 응급실 준비

(1) 응급실의 개요

① 응급실은 응급환자를 진료 및 처치하기 위한 인력과 시설을 갖춘 곳이다.

② 모든 기기와 응급약물은 신속히 사용할 수 있도록 항상 일정한 장소에 보관하고 재고를 유지하여야 하며 사용 후 소독 및 건조되어 있어야 한다.

③ 응급실은 공간이 충분하면서 잘 구성되어 있어 불필요한 동작 없이 모든 물품을 쉽게 사용할 수 있도록 관리되어야 한다.

④ 근무자는 응급상황에서 대처할 수 있는 모든 절차와 기기의 위치를 완벽히 숙지하고 있어야 한다.

⑤ 응급실은 크게 응급환자를 처치할 수 있는 처치 구역과 심폐소생술을 시행할 수 있는 심폐소생 구역으로 나뉘며, 각 구역은 응급상황에서 빠르게 이동할 수 있어야 한다.

(2) 응급실 기기·물품의 준비 및 관리

① 응급실 체크리스트를 작성하여 이용한다.

② 기기가 지정된 위치에 있는지 반드시 확인한다.

③ 기기의 외관 청결 상태를 확인하고 혈액 또는 체액이 묻어 있으면 소독제를 이용하여 닦아낸다. 소독 스프레이를 직접 분사하면 전기 기기에 고장이 발생하므로 거즈 또는 솜에 묻혀 닦아낸다.

④ 전원을 사용하는 응급 기기의 전원을 켜 정상 작동을 확인한다.

⑤ 배터리를 사용하는 기기는 배터리 잔량과 여유 배터리 재고를 확인한다.

⑥ 기기의 정상 작동 여부를 체크한다.

⑦ 응급실 물품 재고표를 이용하여 관리한다.

⑧ 응급 상자 또는 응급 카트의 기준 재고를 확인한다. 재고가 없을 경우 재고 기준표에 따라 재고를 보충한다. 재고 기준은 필요량에 따라 담당자가 수의사와 상의한 후 정한다.

⑨ 약물의 유효 기간을 반드시 확인한 후 유효 기간이 지난 약물은 수의사에게 보고하고 임의로 폐기하지 않는다.

⑩ 확인한 사항은 체크리스트에 확인 여부를 체크한다. 체크리스트는 눈에 띄기 쉬운 곳에 비치해야 한다.

(3) 응급실의 기기 및 물품

① 감시 기기 : 환자의 바이탈사인(Vital Sign)을 감시하는 기기

ECG(Electrocardiogram) 모니터	심전도를 통해 환자의 상태를 실시간 확인하기 위한 기기
산소포화도 측정기(SpO_2)	혈중 산소포화도를 측정하기 위한 기기
도플러 혈압계	도플러를 이용해 환자의 수축기 혈압을 측정하기 위한 기기
청진기	심박수 및 심음을 청진하기 위한 기기
젖산 측정기(Lactate)	혈중 젖산 수치를 측정하기 위한 기기

② 호흡 보조기기 : 호흡 곤란 시 호흡을 보조할 수 있는 기기

암부백(Ambu Bag)		자발 호흡이 없는 환자에게 양압 호흡을 하기 위한 기기
흡입마취기		암부백과 같은 용도로, 산소 공급량을 조절할 수 있는 기기
후두경		기관내관을 삽관하기 위한 보조기기로, 끝에 광원이 있는 기기
기관내관(ET-tube)		후두경을 이용해 기관에 삽관하여 인공호흡을 하기 위한 기기
의료용 산소 공급장치	산소 발생기	공기 중 산소를 압축하여 산소 순도 90% 이상의 산소를 발생시켜 환자에게 공급하는 기기
	산소통	공급업체에서 산소를 탱크에 압축하여 병원에 공급해 사용하는 산소 순도 99%의 산소통

③ 수액 처치 물품 : 정맥을 통해 수액을 공급할 수 있는 물품

수액세트와 연장선	수액 백(Bag)에 바로 연결하는 수액 라인과 연장선
3-WAY Stop Cock	수액세트와 연장선 사이에 연결하여 각종 약물을 투여할 수 있는 3방향 밸브
수액 압박 백(Bag)	응급 수액을 투여할 때 수액을 압박하여 다량을 공급할 수 있게 하는 압박 백(Bag)
실린지 펌프 (Syringe Pump)	주사기를 이용하여 약물을 일정한 속도와 시간으로 환자에게 주입하기 위한 기기
인퓨전 펌프 (Infusion Pump)	수액 또는 다량의 약물을 시간당 정확한 양으로 주입하기 위해 수액 라인을 연결하여 사용하는 기기

④ 처치 물품 : 상처 부위와 출혈 부위에 대해서 처치를 할 수 있는 처치 물품

멸균 거즈	외상 환자의 상처 부위를 드레싱하기 위한 멸균된 거즈
멸균 장갑	깊고 넓은 상처 부위를 멸균으로 다루기 위한 멸균된 장갑
비멸균 장갑	일반적으로 오염 또는 감염 위험이 있는 것을 다룰 때 사용
베타딘 및 알코올 솜	수술할 부위를 소독하거나 상처를 소독할 때 사용
종이테이프(Micro Pore)	거즈의 고정 또는 카테터 장착 후 고정을 위해 사용하는 테이프
압박 붕대 및 솜 붕대	골절 부위 고정 및 상처 부위 보호를 위해 사용

⑤ 혈액 검사 물품 : 응급 내원한 환자의 혈액학적 검사를 시행하기 위한 물품

PCV(Packed Cell Volume) 검사 튜브	적혈구 용적률 검사를 위해 사용하는 튜브
항응고제 튜브 (Heparin/EDTA)	• 채혈한 혈액의 항응고 처리를 위한 튜브 • 일반 CBC 검사 : EDTA 튜브 사용 • 생화학 검사 : Heparin 튜브 사용

⑥ 기 타

석션기(Suction Unit)	기도 및 구강 내 삼출물의 흡입을 위한 기기
원심 분리기	전혈을 원심 분리로 혈장과 혈구로 분리하는 기기
온열 패드 또는 핫팩	저체온 환자의 체온을 가온하는 용도로 사용

(4) 응급 키트(Emergency Kit)의 관리

① 개 요

㉠ 응급 키트에는 응급 상자와 응급 카트가 있으며, 체크리스트를 이용해 매일 점검해야 한다.

㉡ 사용 후에도 기준 재고표에 따라 재고를 보충하고 약물의 유효 기간을 확인하여 유효 기간이 지난 약물은 수의사에게 보고한 후 폐기한다.

② 종 류

응급 상자 (Emergency Box)	• 응급 상자의 내부는 칸으로 나뉘어 있어 카테터 장착 세트, 주사기, 응급약물 등 응급처치에 필요한 작은 크기의 물품을 보관할 수 있다. • 필요한 곳에 신속히 가져가 사용할 수 있으며 장소에 구애를 받지 않는 장점이 있으나, 무게가 있고 부피가 큰 기기는 따로 보관해야 하는 단점이 있다. • 물품에는 정맥 카테터, 헤파린 캡, 주사침, 3-way Stop Cock 5개, 종이테이프, 혈액 항응고 튜브, 수액세트, 수액세트 연장선, 피딩 튜브(영양공급관), 주사기, 응급약물 등이 있다.
응급 카트 (Crash Cart)	• 서랍과 작은 상자들이 있는 테이블 형태의 카트이다. • 카테터 장착 세트와 주사기, 약물, 기관내관(ET-tube) 외에도 ECG 모니터기, 석션기 등 부피와 무게가 있는 기기도 카트에 보관할 수 있다. • 응급상황이 발생하였을 때 신속하게 처치할 수 있는 장점이 있으나, 장소가 협소한 곳에서는 사용이 불편하다는 단점이 있다.

(5) 응급실의 일상 점검

① 응급실 일상 점검의 관리 목표

㉠ 물품 관리가 효율적으로 이루어진다.

㉡ 효과적인 감염 관리를 할 수 있다.

㉢ 기기와 기구가 정리 정돈되어 있다.

㉣ 기기 및 기구의 성능에 이상이 없다.

㉤ 응급상황에서 신속하게 사용할 수 있다.

㉥ 바닥의 불필요한 물건을 제거해 동선에 방해를 받지 않는다.

② 주요 응급실 기기 점검

후두경 점검	• 후두경의 블레이드 청결 상태를 확인한다. • 블레이드와 핸들을 연결한다. • 블레이드의 광량을 확인한다.
ECG 모니터와 센서의 상태를 확인	• ECG 모니터의 전원을 켠다. • ECG 센서를 연결하여 작동 여부를 확인한다. • ECG 케이블의 피복 손상 여부를 확인한다.
도플러 센서 점검	• 도플러 혈압계의 전원을 켠다. 도플러 혈압계는 바로 사용할 수 있도록 충전 상태를 확인한다. • 도플러 센서에 수용성 젤을 바른 뒤 점검자의 맥박 부위에 댄다. • 점검자의 혈류 흐름이 도플러 혈압계를 통해 잘 들리는지 확인한다. • 커프(Cuff) 점검 – 커프는 혈압계의 압력계와 연결한다. – 200mmHg까지 압력을 주고 압력계의 눈금이 내려가지 않는지 확인한다. 압력계의 눈금이 내려가면 커프가 새는 것이므로, 새것으로 교체한다.
석션기 점검	• 석션기의 전원을 켠다. • 석션기의 튜브 끝을 손가락으로 막고 흡입력을 확인한다. • 석션기의 압력 조절 다이얼을 돌려 다시 한번 흡입력을 확인한다.
산소포화도 측정기 점검	• 산소포화도 측정기의 전원을 켠다. • 배터리의 잔량을 확인한다. • 산소포화도 측정기의 센서에 광원이 들어 오는지 확인한다. • 직접 점검자의 손가락에 센서를 이용하여 측정한다. 측정되지 않는 경우 기기 본체의 센서 커넥터 부위의 접촉 불량 또는 센서 케이블 손상 가능성이 크다.
의료용 산소통 점검	• 의료용 산소통은 산소 순도 99% 이상의 고농도 산소로서, 호흡 곤란 및 중환자에게 공급한다. • 업무 개시 전 산소 잔량을 확인하고 밸브 부분에 산소의 유출이 있는지 비누 거품을 이용하여 항상 점검해야 한다.

③ 응급실 일상 점검 리스트

㉠ 일일 체크리스트를 작성해 확인한다.

㉡ 기기 및 기구의 위치를 확인한다.

㉢ 기기 및 기구의 청결 상태를 체크한다.

㉣ 전원을 사용하는 기기의 전원을 확인한다.

㉤ 바닥에 불필요한 물품이 없는지 확인한다.

㉥ 응급 상자의 응급약물 재고표를 이용해 재고를 확인한다.

㉦ 산소통의 잔량을 확인하고 비누 거품을 이용해 산소 유출 여부를 확인한다.

ⓞ 산소유량계의 표시된 선까지 증류수가 충분한지 확인한다.

ⓩ 모든 확인이 끝나면 수의사 또는 담당자의 확인을 받는다.

(6) 응급실의 환경 관리

① 응급실에는 많은 고가의 기기와 기구가 있으므로 항상 안전에 유의한다.

② 근무자의 이동에 불편이 없는 구조로 관리해야 하며 바닥에 불필요한 물건을 놓지 않아야 한다.

③ 처치를 위한 테이블은 산소 공급 기기와 응급처치실 또는 응급 카트와 되도록 가까운 곳에 설치한다.

④ 모든 응급처치 및 집중치료 기기는 항상 즉시 사용할 수 있어야 한다.

⑤ 환자가 있던 곳은 감염원을 포함한 혈액이나 분변 등에 오염되었을 수 있으므로 소독제로 닦아낸다.

4 응급처치의 기본 원리

(1) 응급처치의 개념 및 기본 원칙

① 응급처치의 개념

㉠ 응급처치란 다친 동물이나 급성질환동물에게 사고 현장에서 즉시 조치를 취하는 것을 말한다.

㉡ 응급처치는 보다 나은 병원 치료를 받을 때까지 일시적으로 도와주는 것일 뿐 아니라, 적절한 조치로 회복상태에 이르도록 하는 것을 포함한다.

② 응급처치의 목적

㉠ 응급동물의 생명을 구한다.

㉡ 응급동물의 통증을 감소시키며 손상의 악화를 방지하여 장애를 경감시킨다.

㉢ 합병증 발생을 예방하고 부가적인 상해를 입지 않도록 한다.

㉣ 동물을 한 생명으로서 가치 있는 삶을 영위할 수 있도록 회복을 돕는다.

③ 응급처치의 기본 원칙

㉠ 침착하고 신속하게 사고 상황을 파악한다.

㉡ 동물의 의식상태, 맥박, 호흡 유무를 파악한다.

㉢ 출혈 정도를 관찰한다.

㉣ 몸의 다른 부위에 상처가 없는지를 조사한다.

㉤ 응급처치와 동시에 구조를 요청한다.

㉥ 보호자에게 연락한 후 사고 보고서를 작성한다.

(2) 응급처치 보조 안전 · 유의사항

① 동물을 낯선 환경으로부터 스트레스를 최소화하기 위해 얼굴을 수건으로 덮어 어둡게 한다.

② 동물의 신체검사를 할 때는 동물의 낙상에 주의한다.

③ 응급 사용 물품들이 항상 제 위치에 있는지 수시로 확인한다.

④ 동물이 낙상할 수도 있으므로 체중은 반드시 처치대 아래에서 측정한다.

(3) 주요 상황별 응급처치

① 심정지 응급처치

㉠ 코와 입에 손을 대고 숨을 쉬는지 확인한다.

㉡ 목을 펴고 입을 벌려 혀를 당긴다(이물질이 없는지 확인하고 기도를 확보).

㉢ 뒷다리 안쪽 대퇴동맥을 짚어 맥박을 확인한다.

㉣ 늑골 사이 심장 압박 지점을 찾는다(발 뒷꿈치와 몸통이 닿는 부위).

㉤ 입(구강) 대 코(비강)로 공기를 2회 불어넣고 30번 정도 가슴 압박하는 것을 반복한다(이때 입을 잡아서 다문 상태로 공기를 불어넣음).

※ 분당 100~120회 속도로 심장 압박 실시, 동물의 크기나 흉강의 모양에 따라 흉부 높이의 1/3~1/2을 가슴 압박

② 기도폐쇄 응급처치

㉠ 중·소형종은 양다리를 잡고 천천히 들어올린다. 그 후 이물질이 나올 수 있도록 최대한 입이 바닥을 향하도록 해준다.

㉡ 대형종은 갈비뼈가 끝나는 물렁한 배 부위를 양손으로 고정시켜 몸체를 서서히 들어준 후 고정된 양손을 동물의 입 방향으로 올려 쳐준다(이물질이 나오기 전까지 5~6회 실시).

③ 열사병 응급처치

㉠ 호흡의 리듬과 신체징후를 확인한다.

㉡ 구토, 경련 등의 증상이 있는지 지속 관찰한다.

㉢ 시원한 물을 몸에 전체적으로 뿌려 체온을 서서히 낮춰준다(체온을 급격히 떨어뜨리는 것은 금지).

㉣ 동시에 산소를 공급하면서 호흡의 리듬을 지속적으로 확인한다.

④ 저체온증 응급처치

㉠ 호흡 및 눈의 동공 반응을 확인한다.

㉡ 따뜻한 장소로 이동하여 온수 물통을 몸에 대준다.

㉢ 옷, 이불 등을 덮어 체온을 올려준다.

㉣ 2시간 간격으로 동물의 누운 자세를 반대방향으로 바꿔준다.

(4) 기타 상황별 응급처치

① 목에 이물질이 걸려 있을 때

㉠ 개는 이물질이 목에 걸리면 기침을 하고, 침을 삼키기 곤란해 한다.

㉡ 입안을 벌려 이물질이 걸려 있는지 확인을 하는 데 개가 숨 쉬는 것을 곤란해 하면 개의 입을 조심스럽게 벌리고, 목구멍, 혀 아래, 이빨 사이, 잇몸, 입천장 등에 찔려 있는 이물질을 살핀다.

㉢ 수의사의 처치를 받게 한다.

② 귓속에 이물질이 들어갔을 때

㉠ 갑자기 고통스러워하거나 귀를 긁는 경우 귀에 벌레나 이물질이 들어가 있는지 살펴본다.

㉡ 수의사의 지도 아래 귀 청소전용 액체를 뿌려 주거나 알코올 성분의 세정제를 이용하여 벌레가 죽을 수 있도록 한다.

③ 독극물에 중독됐을 때

㉠ 동물들은 간혹 독극물을 삼켜 위험에 빠지게 된다.

㉡ 먹은 독극물의 종류, 형태, 양 등을 진단하고 특히 독극물의 용기나 남은 독극물이 있다면 반드시 수거하여 수의사에게 제시하면 치료에 도움이 된다.

㉢ 독극물을 먹은 개를 강제로 토하게 하면 더 위험해진다. 구토를 시키려면 미지근한 소금물을 개에게 먹여 구토하도록 한다.

㉣ 개를 안정시키고, 토사물을 함께 준비하여 수의사의 처치를 받게 한다.

④ 독사(뱀)에 물렸을 때

㉠ 독사에 물린 경우는 치명적이어서 신속한 처리가 요구된다.

㉡ 동물이 흥분하거나 몸부림치게 되면 순환계에 더욱 빨리 독이 들어가기 때문에 진정시켜야 한다.

㉢ 부종으로 호흡 곤란이 올 수 있으므로 매고 있는 목줄이나 가슴줄을 제거해 준다.

㉣ 독이 더 이상 혈관을 타고 올라가지 않도록 끈으로 상처 부위를 묶어 준다.

㉤ 상처에 얼음찜질을 하여 지혈시켜 전신에 독이 퍼지는 것을 지연시켜 준다.

㉥ 응급 조치 후 수의사의 진료를 받게 한다.

⑤ 상처를 지혈해야 할 때

㉠ 상처가 나거나 출혈이 많을 경우 지혈이 최우선이다.

㉡ 소독약이나 흐르는 물로 상처를 소독하여 준다.

㉢ 상처 부위를 멸균거즈, 깨끗한 손수건이나 손으로 직접 압박하고 가능한 한 빨리 압박지혈대를 사용하도록 한다.

㉣ 지혈이 되지 않으면 깨끗한 가제를 이용하여 상처 부위에 대고 압박 붕대를 감아 지혈이 될 수 있도록 상처를 감아준다.

㉤ 압박 붕대를 사용하거나 지혈대를 사용할 때 지나치게 꽉 매거나 장기간 사용하면 말단 부위의 혈액순환을 억제하여 매우 위험하므로 주의해야 한다.

㉥ 뼈가 보이거나 외부로 돌출되어 출혈이 있는 경우는 멸균된 거즈로 누르거나 감아 지혈시킨다.

㉦ 출혈이 심하면 심장에 가까운 쪽의 동맥을 세게 압박한 후 수의사의 처치를 받게 한다.

⑥ 골절상을 입었을 때

㉠ 골절상을 입었을 때는 움직임을 최소화해 주는 것이 좋다.

㉡ 골절이 있으면 골절 부위의 부종, 운동부전, 기형 및 외형상 불균형 등을 보이며 상처 위로 골편이 탈출되기도 한다.

㉢ 골절이 있으면 이차적인 신경손상 등을 최소화하기 위해 개를 잘 보정하여야 한다.

㉣ 고정할 때 골절 부위를 자극하지 않도록 해야 하고, 그 외의 부위는 최대한 편안하게 유지되도록 한 후 신속히 수의사에게 진료를 받게 한다.

⑦ 화상을 입었을 때

㉠ 화상 부위 털은 반드시 깎아 주어야 하고, 소독액으로 부드럽게 씻어야 한다.

㉡ 멸균된 거즈로 닦아내고 항생제 연고를 발라 주고 상처 부위를 핥거나 비비지 못하게 붕대로 감아 응급처치를 한다. 심한 경우는 수의사의 진료를 받게 한다.

(5) 심폐 정지(CPA ; Cardio Pulmonary Arrest)

① 심폐 정지의 개념 및 원인

㉠ 개 념

- 폐환기(호흡)와 순환 혈액의 정지를 말한다.
- 비가역성 뇌 손상의 시작은 산소 공급이 3분 이상 되지 않는 시점부터 시작되므로 3분 응급처치(Three Minute Emergency)라고 한다.
- 동물의 심장 정지가 발생하면 신속하게 ABC 과정을 실행하고 수의사에게 보고한다.

㉡ 원인 : 저혈압, 저산소증, 대사 이상, 창상, 미주신경 자극, 심폐질환, 마취제나 기타 약물의 과용과 기타 중증의 질환

② 심폐 정지 임박 상태의 인지

㉠ 심한 노력성 호흡, 빈 호흡(과다호흡), 너무 느린 호흡

㉡ 저체온, 무호흡, Agonal Breathing(사망 직전의 호흡)

㉢ 말초 부위에서 심장박동을 느끼기 힘든 경우(혈압 < 40~50mmHg)

㉣ 심음의 강도가 일정하지 않거나 심음이 잘 들리지 않는 경우(혈압 < 50mmHg)

㉤ 심박수의 변화(잦은 맥박, 느린 맥박, 부정맥)

㉥ 수술 중 출혈이 없는 경우

㉦ 점막이 창백해지거나 청색증이 나타날 때(빈혈 동물은 청색증이 나타나지 않으므로 모니터링할 때 주의)

㉧ 심하게 침울(Depression)하거나 혼수상태(Coma)

③ 심폐소생술(CPR ; Cardio Pulmonary Resuscitation)

㉠ 심폐소생술의 개념 : 심장이 정지한 상태에서 혈액을 인공적으로 순환시키고, 산소 공급과 이산화탄소 배출을 도와 뇌의 손상을 최소화하고 심장과 폐가 다시 스스로 기능할 수 있도록 하는 것이다.

㉡ 심폐소생술을 위한 적정 인원 : 3~5명

㉢ 심폐소생술을 위한 시설 : 사람과 기기의 배치를 위해 가능한 한 넓은 곳이 좋으며 산소 공급장치, 조명(삽관, 카테터 장착), 수술대 또는 처치대(높이 조절 가능), 응급 기구와 약물을 위한 선반과 서랍, 응급 상자 또는 응급 카트 등이 있어야 한다.

㉣ 심폐소생술에 필요한 물품 : 후두경, 기관 튜브(ET-tube), 암부백(AMBU Bag), 비멸균 장갑, IV카테터, 수액 및 수액세트, 다양한 크기의 주사기, 영양공급관, 나비침, 약물 용량표, 3-Way Stop Cock

㉤ 심폐소생술에 필요한 주요 약물 : 아트로핀(Atropine), 에피네프린(Epinephrine), 푸로세마이드(Furosemide), 20% 포도당(Glucose), 덱사메타손(Dexamethasone), 바소프레신(Vasopressin), 길항제(Naloxone)

ⓑ 심폐소생술의 최대 효과를 위한 조건
- 심폐 정지 발생에 대한 준비성
- 심폐 정지의 신속 정확한 판단
- 심폐 정지 임박 초기 상태의 빠른 인지
- 담당 팀의 숙련도

ⓢ 심폐소생술의 순서

A(Air Way, 기도 확보)	• 동물에게 심정지가 생겼을 때 가장 먼저 해야 하는 것이 기도의 확보이다. • 기도 확보가 되지 않은 상태에서는 인공호흡이 무의미하며, 확보된 기도를 통해서만 인공호흡을 할 수 있으므로 가장 먼저 시행해야 한다.
B(Breathing, 호흡)	• 자발적인 호흡이 없고 기도가 확보된 동물에게는 호흡 보조기기를 통해 인공호흡을 시행해야 하며, 기도가 확보되었더라도 인공호흡을 하지 않으면 동물은 뇌사 또는 사망하게 된다. • 인공호흡은 암부백 또는 흡입마취기를 통해 시행한다.
C(Circulation, 순환)	• 순환은 심장을 압박하여 혈액이 뇌와 주요 장기로 순환할 수 있도록 하는 것이며, 기도 확보와 인공호흡을 시행하여도 순환이 되지 않으면 동물의 소생은 불가능하다. • 순환은 기도 확보 및 인공호흡과 동시에 이루어져야 한다.

더 알아보기

기본 심폐소생술 시행 방법(ABC의 순서대로 시행)

A(Air way, 기관내관의 삽관)	• 동물의 몸을 흉와위(Sternal Recumbency) 상태로 보정한다. • 오른손으로 동물의 상악을 잡고 왼손은 거즈를 이용해 혀를 하악 쪽으로 내려 입을 벌린다. • 수의사가 후두경을 이용해 삽관을 시도할 때 보정자는 동물의 몸이 쓰러지지 않도록 보정자의 몸 쪽으로 동물을 기대게 한다. • 삽관 시술자는 후두경을 이용해 후두개(Epiglottis)를 내린 후 기관내관을 삽관한다.
B(Breathing, 호흡)	삽관한 기관내관에 암부백 또는 흡입마취기를 연결한 후 흡기 시 1초 / 호기 시 4~5초 비율로 양압 호흡하도록 한다.
C(Circulation, 순환)	• 동물을 좌측 횡와위(Lateral Recumbency)의 자세로 두어 시행하고 가슴이 평평한 경우에는 앙와위(Dorsal Recumbency)로 시행한다. • 4~5번 늑간(팔꿈치 부위의 흉부)을 압박한다(앞발을 접었을 때 팔꿈치가 흉부에 닿는 부위가 대략 4~5번 늑간 부위). • 100~150회/min 속도로 압박한다. • 압박 후에는 가슴이 완전히 제자리에 오도록 해야 한다. • 흉부를 압박할 때 두 팔은 곧게 편 상태에서 해야 쉽게 지치지 않는다. • 양압 호흡 시 인공호흡을 담당하는 사람은 본인의 호흡 횟수로 하면 쉽게 할 수 있다.

5 응급동물 모니터링 및 관리

(1) 동물 모니터링 방법

① 체온 측정

㉠ 응급동물은 체온 조절 능력이 떨어지면 체온이 높거나 낮다.

㉡ 체온이 불안정하면 일정한 간격(약 30분)을 두고 계속 측정해야 하며, 저체온일 때는 핫팩(Hot Pack)을 이용하거나 열선 또는 워터패드를 이용하여 가온한다. 가온할 때는 화상에 주의하고 핫팩은 동물의 흉부에 올려 호흡을 방해하지 않도록 한다.

② 호흡 양상 : 산소 공급을 시행하고 호흡 양상의 변화가 있을 때는 반드시 담당 수의사에게 보고한다.

정상 호흡(Eupnea)	정상적인 조용한 호흡이다.
호흡 곤란(Dyspnea)	노력성 호흡이다.
과호흡(Hyperpnea)	호흡수나 호흡의 깊이가 증가하거나 모두 증가하여 환기량이 증가된 호흡이다.
다호흡(Polypnea)	얕고 빠르며 호흡수가 증가한 호흡으로, 개나 고양이의 경우 체온 조절의 수단으로 하는 호흡 시에 볼 수 있다.
복식 호흡	횡격막만을 이용하는 호흡으로, 병적인 호흡이다.
흉식 호흡	흉곽만을 이용하는 호흡으로, 병적인 호흡이다.

③ 심박수 모니터링 : 잦은 맥박과 느린 맥박의 변화를 모니터링하고, 심박수를 실시간으로 모니터링할 수 있는 ECG 또는 산소포화도 측정기를 장착하여 모니터링한다.

④ 혈압 모니터링 : 중증 동물은 수의사의 지시에 따라 30분 또는 1시간 단위로 측정하여 변화를 모니터링한다.

⑤ 의식 상태 확인

침울(Depression)	기력 없이 누워 있는 상태로, 외부의 환경에 반응하는 정도이다.
혼미(Stupor)	혼미(Stupor) 상태이다.
혼수(Coma)	의식이 전혀 없는 상태이다.

⑥ 배뇨 여부 확인 : 수액을 공급해도 배뇨가 6시간 이상 없으면 수의사에게 보고한다.

⑦ 느린 맥박 변화 모니터링 : ECG 또는 산소포화도 측정기를 장착하여 모니터링한다.

(2) 동물 모니터링 기기

① 산소포화도(SpO_2) 측정기

㉠ 측정 방법

• 산소포화도 측정기는 동맥 내 헤모글로빈의 산소포화도를 측정하여 동맥 내 산소 분압(PaO_2)을 간접적으로 측정하는 기기이다.

• 측정 부위는 혀에 클립 프로브(Probe)를 적용했을 때 가장 정확하며, 귀, 꼬리 근위부 또는 발가락 사이에서도 측정할 수 있다.

• 측정치는 퍼센트(%)로 나타내며, 정상 범위는 95% 이상으로 100%일 때 동맥 내 산소 분압(PaO_2)은 95% 이상이다.

- 심한 저혈압과 빈혈, 말초 냉감이 있는 동물은 측정하기 어렵다.
- 산소포화도 측정기의 프로브는 털이 검은색이면 감지력이 떨어지므로 측정 부위의 털이 검으면 털 제거 후 프로브를 장착한다.
- 산소포화도 측정 시 기기의 심박수와 실제 심박수가 일치해야 신뢰도가 높다.
- 산소포화도 측정기의 프로브를 한 위치에 장시간 장착해 놓으면 프로브 집게의 압력으로 인해 조직과 점막의 허혈이 발생하고 이는 측정에 오류를 가져오므로 정기적으로 위치를 바꿔 준다.

㉡ 측정 순서
- 전원을 켠다.
- 프로브에 광원이 나오는지 확인한다.
- 측정 부위의 위치를 확인한다.

더 알아보기

산소포화도 측정 부위 위치
- 앞다리와 뒷다리의 발바닥 패드 뒤쪽
- 꼬리의 근위부
- 발가락 사이(지간)
- 혀 또는 윗입술
- 귀

- 프로브를 측정할 부위에 장착한다.
- 측정기에 표시된 심박수와 실제 심박수를 비교한다.
- 산소포화도의 변화를 확인하기 위해 1분 이상 측정한다.
- 평균 산소포화도를 퍼센트(%)로 차트에 기록한다.

② 젖산(Lactate) 측정기

㉠ 측정 방법
- 혈중 젖산 농도를 측정하기 위한 기기로, 조직의 허혈증(국소적인 조직의 빈혈 상태로 혈관이 막히거나 좁아지는 것이 원인) 상태에서 증가한다.
- 젖산은 간과 신장을 통해 배출되는데, 젖산 농도의 증가는 조직의 산소 공급이 부족함을 나타낸다.

㉡ 측정 순서
- 기기에 젖산 측정용 스트립을 장착한다(스트립을 기기에 장착할 때 기기에 삽입되는 부위를 만지면 측정할 때 오류가 발생하거나 측정치가 부정확할 수 있음).
- 전원을 확인한다(스트립을 끼우면 전원이 켜짐).
- 수의사가 채혈한 혈액을 스트립에 흡입시킨다.
- 60초 후에 결괏값을 확인한 후 차트에 기록한다(측정 시간은 일반적으로 15~60초이며, 정상값은 2.5mmol/L 이하).

③ 혈당(Blood Glucose) 측정기

㉠ 측정 방법

- 혈액 속의 혈당 수치를 측정하는 기기로, 저혈당 및 고혈당을 확인하기 위해 사용하며 당뇨 환자의 혈당 관리를 위해 사용된다.
- 젖산 측정기와 같이 스트립을 장착한 후 적은 양의 혈액으로 측정한다.

㉡ 측정 순서

- 기기에 측정 스트립을 장착한다.
- 전원을 확인한다(스트립을 끼우면 전원이 켜짐).
- 기기의 액정에서 혈액 샘플을 스트립에 점적하라는 표시를 확인한다.
- 수의사가 채혈한 혈액을 스트립에 니들(Needle)을 장착한 채 한 방울 떨어뜨린다.
- 측정 혈당을 확인한 후 차트에 기록한다(75~140mg/dl이 정상 범위).

④ 심전도(Electrocardiogram) 모니터기

㉠ 측정 방법

- 심장의 전기적 활동을 증폭하여 기록한 파형을 심전도(ECG ; Electrocardiogram)라 하고 심전도 파형과 함께 산소포화도, 체온, 호흡수, 혈압을 모니터에서 모두 실시간 감시할 수 있다.
- 수술동물의 마취 모니터링 및 중증동물의 집중 모니터링에 사용한다.
- 클립형 전극으로 측정하는 방법과 패치형 전극으로 측정하는 방법이 있다.

㉡ 측정 순서

클립형 전극	• 모니터기의 전원을 켠다. • 전극클립에 수용성 젤(초음파용 젤)을 충분히 바른다. • 장착한 모든 전극에 수용성 젤을 한 번 더 충분히 묻힌다. • 심전도 파형이 나타나는지 확인한다. • 심박수와 호흡수를 모니터링한다.
패치형 전극	• 모니터기의 전원을 켠다. • 패치의 접착 부위 보호 비닐을 벗기고 전극 위치에 젤을 바른다. • 패치를 양쪽 앞다리와 왼쪽 뒷다리의 발바닥 패드에 부착한다. • 패치를 종이테이프(Micro Pore)를 이용하여 발에 고정한다(패치만 붙이면 접착력이 쉽게 떨어져 심전도 파형에 영향을 끼침). • 패치에 심전도기의 리드선 클립을 연결한다. • 심전도 파형이 나타나는지 확인한다. • 심박수와 호흡수를 모니터링한다.

6 응급약물 관리

(1) 응급약물의 관리 주의점

① 심폐소생술 지침의 응급약물 목록을 관리한다.

② 응급 시 필요한 약물을 구비하여 응급상황 발생 시 안전하고 신속하게 약물 투여를 할 수 있도록 한다.

③ 응급 시 안전한 투약을 위해 응급 카트 내 동일한 위치에 동일한 약품을 보관한다.

④ 약물은 응급 환자에게 매우 중요하므로 일일점검을 통해 반드시 재고량과 유효 기간을 점검해야 한다.

㉠ 응급약물의 차감이나 삭제 등 목록의 변경이 있을 경우에는 수의사의 논의 후 결정한다.

㉡ 응급차트에 응급약물 사용 후에는 즉시 보충하여 다음 응급상황에 대비한다.

(2) 약물 형식과 사용 방법

① 가루제형

㉠ 보통 병원이나 약국에서 조제한 것으로, 알약에 비해 유효 기간이 짧다.

㉡ 습기에 약하기 때문에 되도록 건조한 곳에 둔다.

㉢ 색이 변했거나 굳었을 경우에는 폐기한다.

㉣ 따로 냉장 보관하는 가루제형 약물도 있다.

② 시럽제형

㉠ 특별한 지시가 없으면 실온 보관한다.

㉡ 복용 전 반드시 시럽의 색상이나 냄새를 확인한다.

㉢ 냉장 보관이 필요한 시럽이 있다.

㉣ 유효 기간을 확인하고 사용한다.

③ 좌 약

㉠ 좌약은 체온에서 녹기 쉽도록 만들어졌기 때문에 개봉한 즉시 사용한다.

㉡ 햇빛이 들거나 온도가 높은 곳에서는 녹을 수 있으므로 주의해야 한다.

④ 안 약

㉠ 안약통을 만지기 전에 먼저 손을 씻는다.

㉡ 안약을 넣을 때 약통 끝이 눈동자에 닿지 않도록 조심한다.

㉢ 개봉된 안약은 상할 수 있으므로 유통 기한이 남아 있어도 한 달 안에 사용하도록 한다.

⑤ 주사제

㉠ 정확한 용량이 사용되도록 주의한다.

㉡ 일회용 바늘과 주사기는 사용 후 폐기한다.

㉢ 약품별로 보관 방법이 다르므로 적절한 보관 방법을 확인한다.

⑥ 알 약

㉠ 용기 안에 방습제가 들어 있어야 하며, 건조하고 서늘한 곳에 보관한다.

㉡ 약병마다 보관법을 활용한다.

(3) 심정지, 부정맥 증상을 보이는 환축에게 사용하는 약물

① 에피네프린(Epinephrine)

㉠ 아드레날린이라고도 하며 호르몬 및 신경전달물질로 여러 응급상황에서 사용한다.

㉡ 교감신경계를 활성화하여 우리 몸이 갑작스런 자극 및 응급상황에 반응하기 위한 에너지를 낼 수 있도록 돕는다.

㉢ 혈관수축제 및 천식・만성폐쇄성질환 치료제로 쓰이지만 불안, 두통, 구토, 혈압 상승, 부정맥 등 부작용을 유발할 수 있다.

② 리도카인(Lidocaine)

㉠ 일반적으로 신경전도를 차단하여 국소마취제로 쓰인다.

㉡ 신경차단으로 감각을 느낄 수 없게 하는 작용 이외에도 심장질환에서 유발되는 심실부정맥을 치료하는 약제로도 쓰인다.

③ 아데노신(Adenosine)

㉠ 아미노산의 구성물로 세포에너지 대사의 주성분이지만 의약품으로도 사용되는 물질이다.

㉡ 심실상빈맥을 치료하는 의약품이지만 가슴 통증, 현기증, 호흡 곤란, 감각 저하 등의 부작용을 일으킬 수 있다.

④ 아트로핀(Atropine)

㉠ 부교감신경 차단제 계열의 약제로 수술 전 점막에서 침과 같은 점액 분비를 감소시키기 위해 투여한다.

㉡ 수술 도중에는 심장의 박동을 정상적으로 유지시키기 위해 사용하며, 안과용 산동제, 홍채염 등의 치료에도 사용한다.

⑤ 황산 마그네슘(Magnesium Sulfate)

㉠ 대뇌 피질에 국한되어 작용하는 항경련제이므로 경련을 조절하는 데 쓰인다.

㉡ 자간증(임신 기간이나 분만 전후에 전신의 경련 발작이나 의식 불명을 일으키는 병) 치료・예방 외에 다양한 적응증에 사용되고 있다.

(4) 심박출과 혈압을 조절하는 약물

① 도파민(Dopamine)

㉠ 뇌신경 세포의 흥분을 전달하는 역할을 하는 신경전달물질의 하나이다.

㉡ 심장박동수와 혈압을 증가시키는 효과를 나타내어 교감신경계에 작용하는 정맥주사 약물로서 사용할 수 있다.

② 도부타민(Dobutamine)

㉠ 심근 수축력을 증가시키는 약제로 심박출량이 심하게 감소하여 주요 장기에 혈류공급이 심하게 저하되고 쇼크 상태로 혈압이 낮은 환축들에게 주로 사용한다.

㉡ 심박동수를 증가시켜 심근허혈 및 부정맥을 유발할 수 있어 주의가 필요하다.

③ 칼슘 글루코네이트(Calcium Gluconate)

㉠ 해독제, 약물 의존성 치료제이다.

㉡ 심근과 관상 동맥의 많은 조직 세포의 수축 작용에 관여한다.

더 알아보기

응급상황에서 흔히 사용하는 약물

약 물	용 량	투여량
아트로핀(Atropine)	0.02~0.04mg/kg	0.05~0.1mL/kg
리도카인(Lidocaine)	2mg/kg	0.1mL/kg
에피네프린(Epinephrine)	0.1~0.2mg/kg	0.1~0.2mL/kg
탄산수소나트륨(Sodium Bicarbonate)	1mEg/kg	1mL/kg
바소프레신(Vasopressin)	0.8IU/kg	0.04mL/kg
날록손(Naloxone)	0.04mg/kg	0.04mL/kg
20% 포도당	1mL/kg	1mL/kg

출처 : 한국수의응급의학연구회

CHAPTER 01 실전예상문제

01 응급환자 발생 시 1차 평가 요소가 아닌 것은?

① 복부의 이상
② 형태상 머리의 이상
③ 탈수나 쇼크의 징후
④ 다리나 꼬리의 움직임
⑤ 동공의 대칭

해설

A CRASH PLAN
응급환자 발생 시 1차 평가 요소이다.

- A(Airway) : 기도
- C(Cardiovascular) : 심장
- R(Respiratory) : 호흡
- A(Abdomen) : 복부의 이상
- S(Spine) : 형태상 척추의 이상
- H(Head) : 형태상 머리의 이상
- P(Pelvis/Anus) : 외상이나 손상 징후
- L(Limbs) : 형태상 사지의 이상
- A(Arteries/Veins) : 탈수나 쇼크의 징후
- N(Nerves) : 다리나 꼬리의 움직임

02 교통사고로 늑골이 골절되고 출혈이 있는 환자의 응급처치 순서로 옳은 것은?

① 지혈 → 기도 확보 → 수액 또는 수혈 → 심전도 검사 및 모니터링
② 기도 확보 → 지혈 → 심전도 검사 및 모니터링 → 수액 또는 수혈
③ 기도 확보 → 심전도 검사 및 모니터링 → 지혈 → 수액 또는 수혈
④ 심전도 검사 및 모니터링 → 기도 확보 → 지혈 → 수액 또는 수혈
⑤ 지혈 → 심전도 검사 및 모니터링 → 기도 확보 → 수액 또는 수혈

해설

뇌 손상의 방지를 위해 기도 확보를 가장 먼저 진행하여야 한다. 이후 쇼크 및 저체온증이 일어나는 것을 막기 위해 지혈한다. 검사를 위해 심전도 검사 및 모니터링을 한 후 수액 또는 수혈을 통해 조치를 취한다.

정답 01 ⑤ 02 ②

03 응급질환 중 승모판 폐쇄 부전(MVI ; Mitral Valve Insufficiency)의 임상 증상이 아닌 것은?

① 기력 감소
② 청색증
③ 기 침
④ 식욕 부진
⑤ 역 류

해설

승모판 폐쇄 부전(MVI ; Mitral Valve Insufficiency)

중년령 이상의 소형견에게서 나타나며 승모판의 불완전한 폐쇄가 일어나고 심장의 펌프 작용 기능이 감소하여 심부전으로 진행된다. 좌심방과 폐정맥의 확장이 일어나고 폐정맥압이 크게 증가하면 이차적으로 폐수종이 발생하여 심한 호흡곤란으로 이어진다. 운동 불내성, 기침, 식욕 부진, 기력 감소, 실신, 청색증, 호흡 곤란 등의 임상 증상을 보인다.

04 혈압과 혈압 측정 방법에 관한 설명으로 옳은 것은?

① 가장 일반적으로 사용되는 측정 방법은 도플러(Doppler) 방식과 진동(Oscillometry) 방식이다.
② 저혈압은 평균 동맥압이 40mmHg 이하이거나, 수축기 동맥압이 100mmHg 이하인 것을 말한다.
③ 고혈압의 흔한 원인으로는 저혈량, 말초혈관 확장, 심박출량 감소 등이 있다.
④ 고혈압은 안정 상태의 동물에게서 평균 동맥압이 150~160mmHg 이상이거나, 수축기 동맥압이 120~150mmHg 이상인 경우를 말한다.
⑤ 혈압을 측정할 때 자세는 횡와위(Sternal) 자세가 가장 자연스럽고 편안한 자세이지만, 호흡 곤란이 있는 동물은 앉거나 선 상태에서 시행한다.

해설

② 저혈압은 평균 동맥압이 60mmHg 이하이거나, 수축기 동맥압이 80mmHg 이하인 것을 말한다.
③ 저혈량, 말초혈관 확장(패혈증, 과민성 쇼크, 마취 등), 심박출량 감소(심부전, 판막질환, 느린 맥박성 부정맥, 잦은 맥박, 심낭 삼출액) 등은 저혈압의 흔한 원인이다.
④ 고혈압은 안정 상태의 동물에게서 평균 동맥압이 130~140mmHg 이상이거나, 수축기 동맥압이 180~190mmHg 이상인 경우를 말한다.
⑤ 혈압을 측정할 때 자세는 양와위(Sternal) 자세가 가장 자연스럽고 편안한 자세이지만, 호흡 곤란이 있는 동물은 앉거나 선 상태에서 시행한다.

05 동물 심폐소생술에 필요한 주요 약물이 아닌 것은?

① 아트로핀(Atropine)
② 푸로세마이드(Furosemide)
③ 덱사메타손(Dexamethasone)
④ 바소프레신(Vasopressin)
⑤ 미다졸람(Midazolam)

해설

동물 심폐소생술에 필요한 주요 약물로는 ①·②·③·④ 외에 에피네프린(Epinephrine), 20% 포도당(Glucose), 길항제(Naloxone)가 있다.

03 ⑤ 04 ① 05 ⑤ 정답

06 쇼크(Shock) 중 순환계의 물리적인 폐색으로 발생하며, 심장사상충, 심낭수, 폐혈전증, 위염전이 혈류 장애를 일으키는 것은?

① 폐색성(Obstructive) 쇼크
② 분포성(Distributive) 쇼크
③ 심인성(Cardiogenic) 쇼크
④ 저혈량(Hypovolemic) 쇼크
⑤ 신경성(Neurogenic) 쇼크

해설

쇼크의 종류

종 류	설 명
심인성(Cardiogenic) 쇼크	심장박동을 떨어뜨리는 심부전에 의한 조직 관류 결핍으로, 부정맥, 판막병증, 심근염이 원인이다.
분포성(Distributive) 쇼크	혈류의 분포 이상으로 인한 쇼크이다. 이러한 쇼크의 초기 원인은 패혈증, 과민반응, 외상, 신경원성이다.
폐색성(Obstructive) 쇼크	순환계의 물리적인 폐색으로 발생하며, 심장사상충, 심낭수, 폐혈전증, 위염전이 혈류 장애를 일으킨다.
저혈량(Hypovolemic) 쇼크	혈액 소실, 제3강(Third-space)의 소실 또는 다량의 구토, 설사, 이뇨에 의한 체액 소실로 인해 혈액량이 감소하면 나타난다. 저혈량 쇼크는 소형 동물에게서 가장 흔하게 나타난다.

07 중증 동물 수액 투여를 보조할 때 피하 투여(SC)의 특징으로 옳은 것은?

① 자극성 약제 투여에 적합하다.
② 장시간에 걸쳐 대량 투여할 수 있다.
③ 투여량은 빠르게 그리고 불완전 흡수된다.
④ 감염의 위험이 많아 동물의 부담이 크다.
⑤ 기력이 약한 동물에게 투여할 때 체온 저하를 일으킬 수 있다.

해설

피하 투여(SC)의 장점과 단점

장 점	단 점
• 단시간에 대량 투여할 수 있다. • 투여 속도는 느리지만 완전히 흡수된다. • 정맥 확보가 필요하지 않아 감염의 위험이 적으며 동물의 부담도 적다.	• 투여할 수 있는 수액제는 등장액(체액과 같은 삼투압)만이다. • 자극성 약제 투여에는 부적합하다. • 기력이 약한 동물에게 투여 시 체온 저하를 일으킬 수 있다.

정답 06 ① 07 ⑤

08 동물병원에서 수혈을 실시할 때 공혈 동물(Donor)의 조건이 아닌 것은?

① 임상적, 혈액 검사상 이상이 없다.
② 백신 접종을 받은 적이 없어야 한다.
③ 적혈구 용적률(PCV)이 40% 이상이어야 한다.
④ 수혈을 받은 경험이 없어야 한다.
⑤ 심장사상충 감염 이력이 없어야 한다.

해설

공혈 동물(Donor)의 조건
- 임상적, 혈액 검사상 이상이 없어야 한다.
- 백신 접종을 규칙적으로 행해야 한다.
- 적혈구 용적률(PCV)이 40% 이상이어야 한다.
- 수혈을 받은 경험이 없어야 한다.
- 혈액형 검사를 시행해야 한다.
- 심장사상충 감염 이력이 없어야 한다.

09 비경구 영양(PN ; Parenteral Nutrition) 공급 시 주의 사항으로 옳은 것은?

① 수액세트와 Bag은 매일 교체한다.
② 아미노산과 지방이 변성하지 않도록 빛을 투광한다.
③ PN 용액은 상온에서 최대 3일까지만 사용한다.
④ 동물에게 장착한 IV카테터는 약물 투여를 위해 사용한다.
⑤ 혼합액을 조제할 때와 투여할 때 반드시 무균으로 시행한다.

해설

① 수액세트와 Bag은 2일마다 교체한다.
② 아미노산과 지방이 변성하지 않도록 빛을 차광한다.
③ PN 용액은 상온에서 최대 2일까지만 사용한다.
④ 동물에게 장착한 IV카테터는 PN 공급 전용으로 사용하고, 약물 투여를 위해 사용해서는 안 된다.

08 ② 09 ⑤ 정답

10 동물 응급처치 수행 시 보조 역할로 옳은 것은?

① 동물을 이송할 때는 오른손으로 가슴을 받치고 왼손으로 엉덩이를 받쳐 안정된 보정 자세로 이송한다.

② 수의사의 진료 전에 생체지표를 체크하고 응급동물 분류 용지에 기록한다.

③ 혈액을 직접 채취하여 초기 검사 항목의 혈당(Blood Flucose), 젖산(Lactate), PCV(적혈구 용적률), 전해질 검사를 시행한다.

④ 수의사가 IV카테터 장착을 준비하면 동물을 안정되게 보정한다.

⑤ 체온 측정은 동물의 거부감으로 인해 심박수, 호흡수, 혈압에 영향을 줄 수 있으므로 처음에 빨리 측정한다.

해설

① 동물을 이송할 때는 왼손으로 가슴을 받치고 오른손으로 엉덩이를 받쳐 안정된 보정 자세로 이송한다.
② 수의사의 지시에 따라 생체지표를 체크하고 응급동물 분류 용지에 기록한다.
③ 수의사가 채혈한 혈액으로 초기 검사 항목의 혈당(Blood Glucose), 젖산(Lactate), PCV(적혈구 용적률), 전해질 검사를 시행한다. 초기 검사 후 검사 결과를 분류 용지에 기록한다.
⑤ 체온 측정은 동물의 거부감으로 인해 심박수, 호흡수, 혈압에 영향을 줄 수 있으므로 마지막에 측정한다.

11 동물 모니터링에 관한 설명으로 옳은 것은?

① 중증 동물 혈압 측정은 수의사 지시 없이도 직접 30분 또는 1시간 단위로 변화를 모니터링해야 한다.

② 저체온일 때 핫팩은 화상을 입힐 수 있으므로 사용하지 않는다.

③ 수액을 공급해도 배뇨가 6시간 이상 없으면 수의사에게 보고한다.

④ 산소 공급을 시행하고 호흡 양상의 변화가 있을 때는 빨리 호흡기를 장착한다.

⑤ 체온 측정 시 체온이 불안정하면 일정한 1시간 간격을 두고 한 번씩 측정해야 한다.

해설

① 중증 동물은 수의사의 지시에 따라 30분 또는 1시간 단위로 측정하여 변화를 모니터링한다.
② 저체온일 때는 핫팩, 열선, 워터패드를 이용하여 가온하며 핫팩의 경우는 화상에 주의하고 동물의 흉부에 올려 호흡을 방해하지 않도록 한다.
④ 산소 공급을 시행하고 호흡 양상의 변화가 있을 때는 반드시 담당 수의사에게 보고한다.
⑤ 체온이 불안정하면 일정한 간격(약 30분)을 두고 계속 측정해야 한다.

정답 10 ④ 11 ③

12 수혈 준비 보조하기에 대한 설명으로 옳지 않은 것은?

① 농축 적혈구 채혈 일자의 유효 기간은 1~6℃의 냉장에서 채혈일로부터 14일간이므로 일자를 반드시 확인한다.
② 수혈 팩을 개봉하기 전에 소독제를 이용해 처치대를 반드시 소독한다.
③ 점적봉을 몇 번 압박하여 혈액이 점적봉의 1/3 정도 차도록 한다.
④ 수혈세트 라인에 공기가 모두 빠지고 혈액이 모두 채워지면 유량 조절기를 잠근다.
⑤ 수혈 시작 후 30분 이내에 급성 부작용이 나타나므로, 주의 깊게 환자의 상태를 모니터링한다.

해설

점적봉을 몇 번 압박하여 혈액이 점적봉의 1/2 정도 차도록 한다.

13 응급실 기기의 준비 및 관리에 대한 설명으로 옳지 않은 것은?

① 응급실 체크리스트를 작성하여 이용한다.
② 기기가 지정된 위치에 있는지 반드시 확인한다.
③ 배터리를 사용하는 기기는 배터리 잔량을 확인한다.
④ 전원을 사용하는 응급 기기의 전원을 켜 정상 작동을 확인한다.
⑤ 혈액 또는 체액이 묻어 있는 기기는 소독 스프레이를 분사하여 닦아낸다.

해설

기기의 외관 청결 상태를 확인하고 혈액 또는 체액이 묻어 있으면 소독제를 이용하여 닦아낸다. 소독 스프레이를 직접 분사하면 전기 기기에 고장이 발생하므로 거즈 또는 솜에 묻혀 닦아낸다.

12 ③ 13 ⑤ **정답**

14 수혈에 대한 설명으로 옳은 것은?

① 수혈 전 교차반응 검사는 하지 않는 것이 좋다.
② 개의 경우, 자연발생항체가 있어 수혈 전 검사가 반드시 필요하다.
③ 고양이의 경우, 자연발생항체가 없어 수혈 전 검사 없이 수혈이 가능하다.
④ 농축적혈구는 사용 전 생리식염수와 반드시 혼합해서 사용한다.
⑤ 수혈량(mL)은 체중(kg) × 90 × 수혈견 PCV / 공혈견 PCV로 구할 수 있다.

해설

① 수혈 전 교차반응 검사를 하는 것이 좋다.
② 개의 경우, 자연발생항체가 없기 때문에 초회 수혈의 경우, 검사 없이 실시할 수도 있다.
③ 고양이의 경우, 자연발생항체가 있어 수혈 전 반드시 검사가 필요하다.
⑤ PCV(Packed Cell Volume)는 전체 혈액 중 적혈구가 차지하는 부피로 수혈량 계산식은 수혈량(mL) = 체중(kg) × 90 × (목표 PCV - 수혈견 PCV) / 공혈견 PCV이다.

제2과목 예방 동물보건학

15 환자의 바이탈사인(Vital Sign) 상태를 감시하는 기기 중 다음에 해당하는 기기는?

심전도를 통해 환자의 상태를 실시간으로 확인하기 위한 기기

① 흡입마취기
② ECG(Electrocardiogram) 모니터
③ 도플러 혈압계
④ 산소포화도 측정기(SpO_2)
⑤ 암부백(Ambu Bag)

해설

① 흡입마취기 : 암부백과 같은 용도로, 산소 공급량을 조절할 수 있는 호흡 보조기기
③ 도플러 혈압계 : 도플러를 이용해 환자의 수축기 혈압을 측정하기 위한 감시 기기
④ 산소포화도 측정기(SpO_2) : 혈중 산소포화도를 측정하기 위한 기기
⑤ 암부백(Ambu Bag) : 자발 호흡이 없는 환자에게 양압 호흡을 하기 위한 호흡 보조기기

정답 14 ④ 15 ②

CHAPTER 02 동물병원실무학

1 동물병원 실무 서론

(1) 동물보건사의 목적

① 정의 : 동물병원 내에서 수의사의 지도 아래 동물의 간호 또는 진료 보조 업무에 종사하는 사람으로서 농림축산식품부 장관의 자격 인정을 받은 사람을 말한다(수의사법 제2조 제3의2호).

② 목적 : 동물의 건강을 관리하고 질병을 예방・치료하는 동물병원에서 수의사와 함께 동물의 생명을 다루는 사람으로서, 2021년 8월 처음으로 동물보건사라는 정식 명칭으로 국가자격제도가 시행되었다.

(2) 동물보건사의 업무

① 동물 간호

㉠ 아픈 동물을 간호한다.

㉡ 동물을 관찰하고 체온・심박수 등 기초 검진 자료를 수집하며 간호 판단 및 요양을 위한 간호 업무를 한다.

② 동물진료 보조

㉠ 약물을 도포하고 경구에 투여하거나 마취・수술을 보조하는 등을 수의사의 지도 아래 수행한다.

㉡ 진료실의 장비・기구를 관리하고 보조한다.

- 수의사의 지시에 따른 처치 업무 예 처치 준비, 처치 보조, 처치 수기
- 처치실 기구와 물품 관리 예 처치실 청소・소독
- 수술실 업무 예 수술 준비, 수술 후 처치 보조
- 수술실 기구와 물품 관리 예 수술실의 무균 관리, 수술실 청소・소독

(3) 동물보건사의 역할

① 동물병원에 방문한 보호자, 수의사들의 소통이 원활하도록 돕는 동물병원 내부의 조정자이다.

② 동물병원시스템 운영・관리자이다.

(4) 동물보건사의 필요 역량

① 동물을 대하는 기본적인 애정과 동정심

② 동물의 건강과 동물병원의 환경을 유지・관리할 수 있는 보건 의식

③ 아프거나 다친 환자와 보호자를 보살필 수 있는 사명감과 봉사 정신

④ 동물병원에서의 환자·보호자의 안전에 대한 주의

⑤ 부상과 감염의 위험을 최소화할 수 있는 지식 습득과 활용

(5) 수의사와 동물보건사의 업무 분담

수의사 업무	동물보건사의 업무
• 수의학적 전문지식에 기초한 진찰, 진료, 처방, 투약, 외과적 시술의 시행, 질병의 예방·치료 • 주사·채혈 등 침습적인 의료 행위를 포함한 진료·처방 행위	• 동물 간호, 수술·진료 보조 업무 • 병원 행정업무, 전화응대, 고객서비스, 용품 판매 등 병원 내의 전반적인 고객서비스

2 효과적인 커뮤니케이션(고객 관리)

(1) 보호자 행동 심리의 이해

① 동물병원에 내원한 보호자의 기본 심리

㉠ 위로받고 싶은 마음

㉡ 손해 보고 싶지 않은 마음

㉢ 특별한 대접을 받고 싶은 마음

㉣ 독점하고 싶은 마음

㉤ 설명을 듣고 싶은 마음

② 첫인상의 중요성

보호자가 동물병원에서 처음 만나는 사람이 병원의 이미지와 직결되어 이후의 관계를 형성할 때 중요하게 작용할 수 있으므로 항상 단정한 복장을 갖추고 친절하게 응대하여야 한다.

(2) 보호자를 대하는 화법

① 동물병원에 내원한 보호자들은 정확하고 전문적인 정보를 원한다. 따라서 보호자에게 안내하고 설명할 때는 '아마 ~일 것입니다.'와 같은 추측형 화법보다는 '제가 확인한 후 말씀드리겠습니다.'와 같은 책임감 있는 말투와 자세가 좋다.

② 'OO 원이십니다.'와 같은 사물 존칭 화법은 피한다.

③ '예약을 잡아 드릴까요?'와 같은 일상 화법보다는 '예약해 드리겠습니다.'와 같은 서비스 화법을 사용해 전문인다운 느낌을 준다.

④ 보호자의 결정과 의사를 존중하며 친절히 응대한다.

(3) 진료 접수

① 접수 시 고객 응대

㉠ 접수는 동물병원을 내원한 보호자와 환자를 가장 먼저 대면하는 곳이므로 눈을 마주치고 친절하게 대한다. 응급하거나 거동이 불편한 고객의 경우에는 직접 나가 맞이하여 접수를 돕는다.

㉡ 접수 중 자리를 비울 때에는 타 근무자를 배치하거나 사전에 양해를 구한다.

㉢ 접수를 할 때에는 신규·재진 여부를 확인하고 각종 정보 활용 동의서를 친절히 안내한다.

㉣ 접수 후 대기 중에는 형식적인 질문이나 무표정한 응대보다는 보호자의 눈높이에서 다양한 대화를 나누며 효과적인 의사소통의 기회로 삼는다.

② 환자의 구분

구분		내용
내원 여부에 따라	신 환	동물병원에 처음 방문하여 환자 정보가 없는 경우
	구 환	한 번 이상 방문하여 환자 정보가 차트에 등록된 경우
동일 질병의 치료 경험에 따라	초 진	• 해당 동물병원에 처음 내원한 경우 • 같은 보호자가 여러 마리의 동물을 데리고 있는 경우라도 동물별로 초진과 재진을 구분함
	재 진	• 해당 동물병원에서 진료를 받은 동물 • 치료 완치 판정 이후에 재발하였거나 완치 여부가 확실하지 않아 계속 진료를 받는 경우

③ 동물병원 내 각종 동의서

㉠ 수술·마취·진정 동의서

- 동물의 마취·진정 전 작성한다. 보호자는 반드시 수의사의 충분한 설명을 듣고 이에 동의한 경우에 작성하여야 한다.
- 동물보건사는 서명 전 동의서에 있는 정보를 보호자가 확인할 수 있도록 수의사의 지시에 따라 이해하기 쉽게 설명한다.
- 추후 의료사고가 발생하였을 때, 보호자와 수의사 모두에게 증빙서류가 될 수 있으니 반드시 내용을 확인하고 서명하도록 한다.

㉡ 동물병원 및 진료실 내 CCTV 설치 동의서(개인 정보 수집·활용 동의서)

- 개인 정보 수집·활용에 동의함을 본인이 직접 작성하는 문서이다.
- 수집된 보호자 개인 정보가 어디에 어떻게 활용되는지 정확히 설명한다.
- 보호자가 작성할 수 있도록 유도하고, 작성 후에는 추후 발생 가능한 문제에 대비하여 보호자가 문서를 가질 수 있도록 한다.

㉢ 입원동의서

- 동물의 입원과 관련하여 보호자가 동의를 표하는 것을 기재한 문서이다.
- 동물과 보호자에 관한 기본 정보를 정확히 기재한다.
- 입원에 관한 수의사의 소견을 명료하게 기재하고 작성 후에는 담당 수의사와 보호자의 서명 날인을 거친다.

④ 문진표

㉠ 문진표를 작성하면 환자 상태를 파악하기 쉽고 이를 토대로 검사 방향을 결정할 수 있다.

㉡ 검진 전 환자의 생활환경, 기저질환 보유 등을 미리 파악하여, 수의사가 검진 후 결과와 비교하여 진단할 때 유용하게 사용될 수 있다.

(4) 검사 결과 설명

① 수의사에게 검사와 관련된 결과를 들을 수 있도록 보호자를 안내한다.

② 수의사가 설명한 내용이라도, 보호자가 이해하지 못한 경우에는 다시 설명해 준다.

③ 전문적인 설명이 추가로 필요한 경우에는 진료실과 다시 연계한다.

④ 보호자가 따로 요청하지 않았어도 필요하다고 판단한 경우에는 결과지를 출력하여 형광펜이나 볼펜으로 표시하며 알기 쉽게 자세히 설명한다.

⑤ 동물병원 및 진료실 내에 CCTV를 설치할 경우에는 안내문을 붙인다.

(5) 수납 및 예약

① 보호자에게 다음 방문 가능일을 확인하고 예정 목록을 다시 확인한 후 안내한다.

② 수납 내용 설명 시 주의사항

㉠ 수납 시 보호자와 직접 대면하므로 동물보건사의 인격, 말솜씨, 성의 등에서 신뢰 관계가 생긴다는 점을 인지하고 행동한다.

㉡ 지나치게 많은 정보는 오히려 보호자에게 혼란을 줄 수 있으므로 보호자에게 심리적 부담을 줄 만한 내용을 말하는 것은 피한다.

㉢ 보호자의 나이・성별, 동물의 질병 종류・상태・원인을 고려하여 설명하는 방법을 다르게 한다. 특히 노령자와 의사소통에 어려움이 있는 보호자는 특별히 배려한다.

㉣ 동물의 정보를 상세히 파악한다. 진료실에서 이뤄진 진료 내용을 정확히 파악한다.

㉤ 보호자는 불안해서 진료 후에 여러 가지 궁금한 점을 질문하는 경향이 있다. 보호자의 질문 의도를 정확히 파악한 후 대답한다.

㉥ 수의사의 소견과 일치시킨 후 보호자에게 전달한다.

더 알아보기

동물병원에서 해결하기 어려운 환자의 문제 행동이 있다면?

- 훈련사 또는 행동 교정 수의사(동물병원)에게 연락하여 의뢰한다.
- 보호자가 훈련사와 직접 통화할 수 없다면 동물보건사가 예약하여 알려 준다.
- 병원 검사 항목의 결과와 진단서를 출력하여 보호자에게 준다.
- 보호자가 동물의 문제 행동을 직접 촬영해 오면 상담이 훨씬 수월하다.
- 문제 행동에 따른 지침서를 동물병원에서 제작하여 보호자에게 배포해 주는 것이 좋다.

※ 문제 행동을 교정할 수 있는 제품 : 하네스, 장난감, 울타리

(6) 비대면 보호자 응대하기

① 비대면 보호자 응대의 중요성

㉠ 동물병원을 선택할 때 대부분 인터넷에서 정보를 얻으므로 평판 관리에 신경 써야 한다.

㉡ 익명성이 보장된 인터넷에 병원에 대한 부정적인 내용이 없도록 관리한다.

㉢ 인터넷 검색 이후 처음 연결되는 직원의 응대는 동물병원 매출과 직접적인 연관이 있음을 유의한다.

㉣ 불만 보호자의 경우, 얼굴이 보이지 않으므로 반응이 더 극단적일 수 있음을 유의한다.

㉤ 불만 보호자의 의견을 적극적으로 받아들이고, 부정적인 영향력을 사전에 방지한다.

② 비대면 보호자 응대 시 주의사항

㉠ 보호자의 요구를 파악하기 위하여 보호자의 성향과 기대치를 파악한다.

㉡ 내원율을 높일 수 있도록 보호자와 친밀도를 유지하며 상담한다.

㉢ 전화 상담만으로 우리 동물병원의 장점과 차별화를 보여줄 수 있도록 전문적인 지식을 가지고 보호자의 눈높이에 맞게 자세히 상담한다.

㉣ 진료 상담 내용을 확인하고 치료 방법을 결정하는 것을 돕기 위하여 진료 내용 및 환자·보호자의 상태를 항상 파악하고 있어야 한다.

㉤ 온라인 상담 및 답변 관리를 병행한다.

(7) 보호자 불만 응대하기

① 불만 고객 응대하기

㉠ 진료실에서 불편 사항은 없었는지 보호자 및 환자의 상태를 확인한다.

㉡ 언어적·비언어적 측면 모두 섬세하게 보호자를 배려하고 응대한다.

- 동물병원의 모든 직원이 표정, 자세, 시선 등을 바꾸어 준다.
- 보호자의 기분을 인정하고 불만 사항을 경청하는 것만으로도 감정적 대응을 줄일 수 있다.
- 보호자가 진료실에서 수의사에게 말하지 못한 불만 사항이 있다면 거리낌 없이 털어놓을 수 있도록 유도하고 동정적으로 대응한다.
- 무미건조하거나 비꼬는 느낌을 주지 않는다.

㉢ 불만 해결이 지연될 경우에는 사람, 시간, 장소 등을 변경하여 고객 스스로 흥분을 가라앉힐 수 있도록 한다. 응대에 새로운 사람을 개입시키거나 화내고 있는 현재 시각을 끊어 주어서 감정을 가라앉히도록 마실 것을 권유하는 등의 방법을 활용한다.

㉣ 방문한 다른 보호자들이 불편할 수도 있으므로 자연스럽게 장소를 옮기는 것도 좋다.

㉤ 보호자에게 적대적인 자세를 취하거나 속인다고 보호자가 추측하면 해결이 어려울 수 있다.

㉥ 보호자가 공정한 해결책이라고 주장하는 점에 대해 귀를 기울이고 진료 내용을 확인할 필요가 있다.

㉦ 불만 보호자의 초기 반응을 확인하고 주의를 기울인다.

㉧ 동물병원의 입장만을 설명하여 보호자의 오해를 사지 않도록 한다.

㉨ 불만 상담 시간을 단축하기 위하여 보호자의 불만 사항을 요약하여 대응한다.

㉩ 보호자의 불만 사항에 대해 동물병원이 부득이하게 취해야 했던 행동을 관련 규정이나 근거를 들어 자세히 알기 쉽게 설명한다.

㉪ 해결책을 친절히 납득시킨 후 결과를 검토하고 동일한 불만 사항이 발생하지 않도록 주의한다.

더 알아보기

동물병원에 대한 주요 불만 사항
- 진료비가 과다하게 청구되었을 때
- 과잉 진료가 의심될 때
- 진료 항목에 대한 정보제공이 없을 때
- 진료에 대한 의료진의 설명이 부족할 때
- 안내가 느리거나 계속 기다려야 할 때
- 병원 시설이 불결하고 내부가 무질서할 때
- 원하는 수의사에게 진료를 받지 못할 때
- 직원의 말투가 불친절하고 직원끼리 웃고 떠들어 시끄러울 때

② 지속적인 관계 유지하기

㉠ 불만 보호자는 문제 해결 후 충성도가 높아지는 경향이 있다.

㉡ 침묵·외면 보호자가 되지 않고 지속적인 관계를 유지할 수 있도록 우편물, 문자 메시지, 전화 안내 등의 서비스를 강화한다.

3 동물병원 마케팅

(1) 동물병원 마케팅의 필요성

① 반려동물 산업분야가 급성장하고 있다.

㉠ 팻팸족(Pet + Fam), 펫밀리(Pet + Family), 딩펫족(Dink + Pet), 냥집사 등의 신조어가 등장할 만큼 반려동물을 키우는 사람들이 급증했다.

㉡ 펫코노미(Pet + Economy) 시장이 확대되면서 사료 및 간식, 장난감, 동물병원 진료와 미용, 차량, 호텔, 장례서비스, IT 결합상품 등 새로운 서비스가 속속 등장하고 있다.

② 경쟁이 치열한 동물병원 시장에서 다수의 고객을 확보하는 것으로는 충분하지 않다.

③ 고객의 충성도를 높여 진료를 받는 것에 더해 고객이 정기적으로 방문하는 병원이 되는 것을 목표로 한다.

④ 질병·질환의 치료에서 사람과 동물이 경험하는 모든 것으로 서비스 범위를 확대한다.

⑤ 수의사가 진료와 병행하여 주 고객층인 20~40대 여성의 빠르게 변모하는 트렌드를 파악해 마케팅 업무에 실시간으로 대응하는 것이 현실적으로 어려운 상황에서, 동물보건사는 수의사의 진료를 도울 뿐만 아니라 병원 경영 및 매출 향상에 기여하기 위하여 마케팅 능력을 보유하는 것이 필요하다.

(2) 동물병원 마케팅 전략

① 4P 마케팅

4P는 제품 및 서비스의 마케팅 프로세스를 구성하는 4가지의 핵심 요소인 제품(Product), 가격(Price), 홍보(Promotion, 프로모션), 유통(Place)을 의미한다.

Product(제품)	고객 욕구를 충족시키는 재화 · 서비스와 이에 따른 총체적 혜택 예 환자치료, 환자 정보제공, 퇴원 후 환자 건강 체크, 검사 결과 SMS 서비스, 청결한 진료환경, 예약 시스템, 질병의 조기진단 등
Price(가격)	기업이 특정 물품의 가치를 객관적이고 수치화된 지표로 나타낸 것 예 정가, 할인, 가성비, 프리미엄 등
Promotion(촉진)	기업이 마케팅 목표 달성을 위해 사용하는 마케팅 수단을 말하며 구매자와 판매자 간의 커뮤니케이션을 기반으로 구매를 이끌어내는 수단 예 SNS를 통한 광고, 홍보, 인적판매, 샘플 · 판촉물 · 이벤트를 활용한 판매촉진 등
Place(유통, 장소)	기업이 물품을 판매하기 위해서 활용하는 공간 배치와 고객과의 접촉을 이루어지게 하는 유통경로의 관리 예 온라인, 오프라인, 채널별 제품 분류, 수송, 유통경로에 따른 가능 수익 여부 등

② 4P에서 4C로의 전환

마케팅이 기업(판매자)의 입장에서 소비자의 입장으로 전환되고 있어 마케팅 전략의 중심이 4P에서 4C로 옮겨가는 추세이다.

Product → Consumer	소비자가 구체적으로 요구하는 것
Price → Cost	소비자가 제품을 구매하는 데 들어가는 비용, 노력, 시간, 심리적 부담 등
Promotion → Communication	판매자와 구매자 간의 상호 의사소통
Place → Convenience	유통의 편의성

③ 4S 마케팅

Speed	속도, 시장의 진입 속도
Spread	확산, 사업의 확장 진행
Strength	강점, 강점 강화
Satisfaction	만족, 고객 만족 향상, 고객 불만 해소

④ 마케팅 전략 적용 시 검토사항

㉠ 우리 병원의 성격과 잘 맞는가?
㉡ 과거의 경험과 지식을 잘 활용할 수 있는가?
㉢ 신규 환자를 늘려 고정 고객 및 충성 고객으로 만드는 방법은 무엇인가?
㉣ 의료광고 심의 기준에 적합한가?
㉤ 구성원의 지지와 협력을 얻을 수 있는가?
㉥ 도입 시점에서 단기 손실이 생긴다면 어떻게 복구할 것인가?
㉦ 위험하거나 전문 기술이 필요하지 않은가?
㉧ 제품(서비스) 원가 및 수익성은 어떤가?
㉨ 악성 고객은 어떻게 관리할 것인가?
㉩ 변화하는 트렌드를 어떻게 수용할 것인가?

⑤ 온라인 홍보 및 홈페이지 관리

㉠ 동물병원의 인지도를 향상시키고 서비스를 제공하기 위해 온라인 홍보를 활용한다.

㉡ 홈페이지를 방문하는 고객들에게 새롭고 유용한 콘텐츠를 제공한다.

㉢ 과대광고 또는 다른 동물병원을 이용하는 고객을 자신의 병원으로 유인하는 행위가 적발되면 수의사 면허 정지 사유이므로 주의한다(수의사법 제32조, 영 제20조의2).

(3) 새로운 마케팅 트렌드

구분	내용
관계 마케팅	자사 제품의 구매 경험이 있는 고객을 장기 고객으로 유지하기 위해 꾸준히 관계를 맺고 관리하는 것으로, 소비자 정보를 데이터베이스화하는 것이 필수적이다.
데이터베이스 마케팅	기존 고객의 신상 정보, 구매 경험에 관한 정보 등을 활용하여 개별 고객의 욕구를 파악하고 마케팅을 전개해 나가는 것이다.
공생 마케팅	마케팅 부분에서 기업 간의 협력을 말하며, 회사 간 협력 광고, 유통망 공동 이용, 공동 브랜드 개발, 카드사와 항공사의 제휴(마일리지) 등이 있다.
사회적 마케팅	개인의 필요와 욕구를 만족시키되 사회적 환경과 더불어 복지를 해치지 않는 범위 내에서 행해져야 한다.
인터넷 마케팅	인터넷을 이용하여 사이버 공간상에서 일어나는 모든 마케팅 활동을 말한다. 소비자 참여를 높이고 비용·시간이 절약되며, 새로운 사업기회를 제공한다.
노이즈 마케팅	제품 홍보를 위해 고의적으로 각종 이슈를 만들어 소비자의 호기심을 자아내는 것으로 단기간에 최대한의 인지도를 이끌어내기 위해 쓰인다.
블로그 마케팅	동일한 관심사를 가지는 블로거들이 모이는 곳에 홍보하는 타깃 마케팅 방법이다. 소비자와 쌍방향 커뮤니케이션이 가능하며 비용 대비 효과가 좋아서 경제적인 마케팅채널로 떠오르고 있다.
바이럴 마케팅	누리꾼이 이메일 또는 전파 가능한 매체를 통해 자발적으로 어떤 기업이나 기업의 제품을 홍보하기 위해 널리 퍼뜨리는 마케팅 기법이다.
스토리텔링 마케팅	해당 상품과 관련된 인물·배경·사건 등 소비자의 흥미를 불러일으킬 수 있는 주제나 소재를 활용한 이야기를 콘텐츠화해서 소통하는 감성지향적인 기법이다.

더 알아보기

전통적인 마케팅과 인터넷 마케팅의 특징

전통적 마케팅	인터넷 마케팅
일방적	쌍방향적
대중 마케팅	1대 1 마케팅
이미지 중심	정보 중심
상품 중심	관계 중심
수동적 고객	능동적 고객
간접 경로 위주	직접 경로 위주

4 수의의무기록(진료기록부 관리)

(1) 수의의무기록 작성

① 수의의무기록의 정의

㉠ 동물병원에서 동물의 임상진료에 대한 모든 사항을 문서로 기록하는 것을 말한다.

㉡ 기존에는 종이차트에 기록했으나 현재 대부분의 동물병원에서 전자차트를 사용한다.

㉢ 수의의무기록 작성 방식에는 과거에 사용되던 질병중심의무기록(SOVMR ; Source-Oriented Veterinary Medical Record)과 현재 사용되는 문제중심의무기록(POVMR ; Problem-Oriented Veterinary Medical Record)이 있다.

② 문제중심의무기록 방식

'SOAP' 방법을 말하며, 주관적(S), 객관적(O), 평가(A), 계획(P)에 따라 기록한다.

㉠ 주관적(Subjective) : 측정할 수 없는 정보로 개인적인 생각에 기초한다.

예 행동, 자세, 식욕 등

㉡ 객관적(Objective) : 측정할 수 있는 정보로 검사 결과에 기초한다.

예 체온, 맥박, 호흡수, 체중, CRT 등

㉢ 사정(Assessment) : 주관적, 객관적 정보를 바탕으로 동물의 상태를 평가하여 생각하는 진단 또는 증상이다.

㉣ 계획(Plan) : 평가에 따라 필요한 처치 또는 수행해야 할 일에 대한 계획이다.

③ 전자의무기록(EMR ; Electronic Medical Record)

㉠ 진료 정보를 전자문서로 전산화하여 컴퓨터에 입력, 관리, 저장하여 기록하는 방법이다.

㉡ 대부분의 동물병원에서 전자의무기록을 사용 중이다.

㉢ 네트워크를 통해 의료진 간 환자에 대한 정보 공유가 가능하고 자료 보관・관리가 수월하며 접수, 진료, 청구, 수납, 재고 등의 통합 관리가 가능하다.

(2) 진료 접수

① 보호자와 동물의 기본 정보를 확인하고, 전산으로 등록 또는 취소한다.

② 보호자에게 동물의 상태를 듣거나 직접 확인하여 일반 진료와 응급 진료를 판단한다.

③ 응급 진료인 경우에는 보호자 기본 정보만 확인하고 우선 접수 후 지체 없이 진료실로 안내한다. 즉각적인 대처를 위해 기본 수의간호학을 익힌다.

(3) 종이차트와 전자차트의 특징

종이차트	전자차트
• 상담만 받고 진료를 받지 않은 동물의 데이터를 보관하기에 어려움이 있다. • 차트를 보관할 때 많은 공간이 필요하다. • 동물이 방문할 때마다 차트를 찾아야 한다.	• 디지털을 통해 환자·재고 관리, 전자결제, 경영·매출통계, 서식 관리 등 다양한 기능을 수행할 수 있다. • 각종 검사기기를 연동하여 검사 결과를 쉽게 차트에 입력할 수 있다. • 대부분의 동물병원에서 사용 중이며, 동물병원 전용 PMS(Patients Management System) 및 인투벳, 우리엔, 이프렌즈 등이 활용된다.

(4) 정보 기록

① 보호자 정보 입력

㉠ 환자 등록 카드 : 보호자, 동물 정보를 기록하여 등록한다.

㉡ 이름·연락처·주소·보호자 직업·특이사항 : 인적 사항 확인에 도움이 되는 정보이다.

㉢ 동물의 질병과 관련된 보호자 가족관계 및 숙지사항

㉣ 수의사 진료 사항에 대한 동의율 및 동물병원을 대하는 우호도(수의사가 기록 시에는 제외)

㉤ 담당 수의사(접수 시 보호자가 지정하는 경우)

㉥ 동물병원 방문 경로(추후 마케팅 정보로 활용)

② 동물 정보 입력

항 목	내 용
종(Species)	• 개(Canine, Dog), 고양이(Feline, Cat), 물고기(Piscine, Fish) 등 • 개(Canine, Dog)의 경우, 말티즈(Maltese), 푸들(Poodle), 슈나우저(Schnauzer), 콜리(Collie), 불독(Bulldog), 그레이트 덴(Great Dane) 등 품종 선택 • 고양이(Feline, Cat)의 경우, 페르시안(Persian), 샴(Siamese), 아비시니안(Abyssinian), 아메리칸 쇼트헤어(American Shorthair) 등 품종 선택
품종(Breeds)	• 잡종견의 경우, 믹스(Mix) 또는 교잡종(Hybrid) • 잡종묘의 경우, 믹스(Mix) 또는 교잡종(Hybrid), 코리안 쇼트헤어(Korean Shorthair) 등
색 깔	육안으로 드러나는 피모의 색깔
성(Sex)	• 수컷은 Male, 암컷은 Female • 중성화 수컷의 경우 Castration 또는 Neutralization • 중성화 암컷의 경우 Ovariotomy, Spaying 또는 Neutralization
생년월일	대부분 연도, 월까지 표기(유기동물을 입양하여 출생일을 모르는 경우 치아 상태 확인)
혈액형	응급상황을 대비해 알아두면 좋으며, 대부분 가정견의 경우 혈액형을 모르므로 공란으로 두고 필요한 경우에는 검사를 요청
특 성	털의 길이, 형태, 성격 등
micro ID, 동물등록번호	• 내장형 무선식별기기(전자칩) 개체를 삽입한 경우, 전자칩 리더기를 양쪽 어깨뼈 사이나 그 주위에 갖다 대어 등록번호를 확인 • 외장형 무선식별기기를 부착한 경우, 외장형 인식표를 보고 등록번호를 확인
추가 메모	질병과 관련될 것으로 추정되는 이력 등
생활 환경	질병과 관련될 것으로 추정되는 거주 환경 등
과거 병력	본원 또는 타원 내원 경력 및 질병 이력 등
새 보호자	동물의 보호자가 바뀌었거나 새로운 보호자에게 입양되었을 경우
노 트	접수 차트에 분류되어 있지 않은 기타 내용을 기록할 때 활용

③ 진료 전 대기실 업무

㉠ 체중을 측정하고, 동물 정보 입력 화면의 '체중 기입란'에 기록한다.

㉡ 체중은 보통 소수점 한 자리까지 기재한다.

㉢ 수의사의 지시나 정규 절차에 따라 생체지표를 측정한다.

㉣ 동물의 평소 성향과 특성을 대기 중에 자연스럽게 파악할 수 있으며, 진료와 관련 있는 내용은 차트에 기재한다.

㉤ 대기 순서에 따라 보호자와 동물을 해당 진료실 앞으로 안내하고 동물을 보호자에게 받아 진료실로 직접 연계한다.

㉥ 진료 시작 전 보호자와 수의사가 대화하는 동안 접수자는 동물을 인계하여 진료실 내에서 대기한다.

(5) 처방전 확인을 위한 약어 숙지

처방전에서 진료비, 진료내용, 처방내용 등을 확인하기 위하여 기본 수의학 용어를 숙지한다. 주로 라틴계 용어가 사용된다.

약 어	의 미	원 어
t.i.d.(ter in die)	1일 3회	Three times a day
q.i.d.(quarter in die)	1일 4회	Four times a day
sem.i.d.(semel in die)	1일 1회	One time a day
b.i.d.(bis in die)	1일 2회	Two times a day
Omn. 4hr.(omni guarta hora)	매 4시간마다	Every 4 hours
t.g.i.d.	1일 3~4회	3 or 4 times a day
q	매	Every
q.h	매시간	Every hour
qd	매 일	Every day
tab	정 제	Tablet
cap	캡 슐	Capsule
emuls	유 제	Emulsion
inf	수액제	Infusion
liq.	액 제	Liquid ; liquor
oint, ung	연고제	Ointment
opht. soln	점안액	Ophtalmic solution
opht. oint	안연고	Ophtalmic ointment
syr.	시럽제	Syrup
lot.	로션제	Lotion
cr.	크 림	Cream
susp.	현탁제	Suspension
inj.	주사제	Injection
gran	과립제	Granules

amp	앰 풀	Ample
soln.	용 액	Solution
AS	연무질, 에어로졸	Aerosol Solution
IM	근육주사	Intramuscular Injection
IP	복강주사	Intraperitoneal Injection
PO	경구용제제	Per Oral
IV	정맥주사	Intravenous Injection
SC	피하주사	Subcutaneous Injection

(6) 수납 기록

① 진료 내용 및 처방전 확인
② 진료 내역서 수가 확인
③ 처방전의 검사, 처치, 투약 진행 확인
④ 진료 내용 설명
⑤ 예약사항 안내
⑥ 청구서 발행
⑦ 현금 및 카드 수납

(7) 진료 예약

① 예약제도의 효과
　㉠ 동물의 만족도 증가
　㉡ 업무 능력 향상
　㉢ 효율적인 인력 관리
　㉣ 동물병원 관리 용이
　㉤ 보호자 내원 시간 조정으로 인한 대기시간 최소화

② 예약 절차
　㉠ 보호자와 동물의 이름, 진료 일자, 희망 진료 시간을 질문한다.
　㉡ 수의사의 당일 진료가 어려운 경우에는 진료 가능 요일과 시간을 확인하고 보호자의 예약 희망 시간을 파악한다.
　㉢ 예약 날짜와 시간을 알려 주고, 변경 시 전화로 문의할 수 있도록 안내한다.
　㉣ 재진 예약 시에는 예약 일자 전날에 동물이 내원할 수 있도록 전화나 문자로 보호자에게 연락하여 예약 부도율을 낮춘다.

5 동물등록제

(1) 동물등록제의 의의

① 유실 시 소유주에게 신속하게 인계하여 유실 및 유기동물의 발생을 방지한다.

② 반려동물의 등록 관리를 통하여 소유주의 책임을 강화한다.

③ 동물을 보호하고 인수공통전염병을 예방하는 등 반려동물을 보호한다.

④ 유기동물이 지속적으로 발생하면서 2008년 1월 27일 동물등록제가 도입되었고 2014년 1월 1일부터 전국에 의무 시행 중이다.

⑤ 등록 대상은 월령 2개월 이상의 개이며, 주택·준주택 및 주택 외의 장소에서 반려 목적으로 기르는 경우이다. 반려묘의 경우, 2019년 2월부터 신청이 가능하며 지역에 따라 차이가 있다.

⑥ 전국 시·군·구청에 등록하며 등록하지 않을 시 과태료가 부과된다. 동물등록업무를 대행할 수 있는 자를 지정할 수 없는 읍, 면 및 도서 지역의 경우는 제외한다.

⑦ 등록 동물을 유실하였을 경우, 동물보호 관리시스템 홈페이지(www.animal.go.kr)에 접속하여 유실동물 동물등록정보 15자리를 입력하고 동물의 이름, 성별, 품종, 관할 기관 등을 검색하면 소유주를 검색할 수 있다.

(2) 동물등록 방법

소유자가 시장·군수·구청장이 지정한 동물등록 대행 기관(동물병원, 동물판매업소)에 동물과 함께 방문하여 등록한다.

① 등록 순서

㉠ 동물등록의 필요성에 대하여 설명한다.

㉡ 보호자가 동물등록신청서를 작성한다.

㉢ 보호자에게 동물등록 방법에 대하여 설명하고 내장형 무선식별장치는 삽입하고 외장형은 번호를 확인하여 등록한다.

㉣ 동물보호 관리시스템에 접속하여 해당 사항을 기록한다.

㉤ 보호자가 작성한 신청서는 시·군·구청에 팩스나 이메일로 전송하고 원본은 직접 제출한다.

㉥ 1개월 이내에 동물등록증이 발급되면 보호자에게 배부된다.

② 등록 방법

㉠ 내장형 무선식별기기(전자칩) 개체 삽입

- 고유번호·정보가 기록된 마이크로칩을 주사기를 이용하여 양쪽 어깨뼈 사이에 삽입한다.
- 리더기에 칩을 읽었을 때 칩이 내장되지 않은 경우나 표기된 번호와 칩을 인식했을 때의 번호가 동일하지 않은 경우가 있을 수 있으므로, 마이크로칩을 리더기에 먼저 읽혀서 사전에 확인한다.

용어설명

내장형 마이크로칩(전자칩)

- 동물등록에 사용되는 마이크로칩(RFID, 무선전자개체식별장치)은 체내 이물 반응이 없는 재질이며, 코딩된 쌀알만한 크기의 동물용 의료기기이다. 동물용 의료기기 기준규격과 국제규격에 적합한 제품만 사용되고 있어 안전에 문제가 거의 없는 것으로 알려져 있다.
- 2010년 미국 수의학협회에 따르면 마이크로칩 시술의 부작용으로 동물에 해가 있을 위험성은 매우 낮지만, 동물을 유실했을 때 찾을 수 있는 가능성은 훨씬 크다고 강조하였다.

㉡ 외장형 무선식별기기 부착

고유번호·정보가 기록된 전자칩을 목걸이 형태로 만들어 외출 시 착용하는 방식이다.

더 알아보기

등록인식표

전자칩을 시술할 수 없는 시·군·구청에서 동물등록을 신청하는 경우에는 주민등록증과 같은 인식표를 발급해 부착했으나 2021년 2월부터 제외되었다.

③ 등록사항 변경

㉠ 등록 이후에 소유자나 소유자의 정보(주소·전화번호), 동물의 상태(유실, 되찾음, 사망) 등이 변경된 경우에는 변경사유 발생일 30일 이내에 시·군·구에 변경 신고해야 한다.

㉡ 일반적인 정보 변경은 국가동물보호정보시스템(www.animal.go.kr)에서 온라인으로 가능하나 '소유자 변경신고'는 온라인으로 할 수 없다. 이때는 변경된 소유자가 동물등록증을 지참하고 구청 또는 동물등록 대행 기관을 직접 방문해 신고해야 한다.

(3) 유기동물의 신고 대응

① 유실·유기동물을 보호하고 있는 경우에는 소유자 등이 보호조치 사실을 알 수 있도록 7일 이상 그 사실을 공고해야 한다(동물보호법 제40조).

② 공고 중인 동물의 소유자는 해당 시·군·구 및 동물보호센터에 문의하여 동물을 찾을 수 있으며 보호 비용이 청구될 수 있다(동물보호법 제42조).

③ 공고 후 6개월이 경과했는데도 소유자를 알 수 없는 경우에는 해당 시장·군수·구청장에게 동물의 소유권이 있다(유실물법 제12조).

6 반려동물 출입국 관리

(1) 반려동물 출입국 관리의 필요성

① 이민 · 유학 · 해외여행 등이 증가하여 반려동물의 해외 출입국도 급등하는 추세로, 개와 고양이를 데리고 해외로 출국하는 경우에는 반드시 동물검역을 받아야 한다.

② 국가별 검역 조건이 다양하므로 대상국에 대비해 준비한다. 광견병 비발생 국가인 괌, 뉴질랜드, 덴마크, 독일, 벨기에, 스웨덴, 스위스, 포르투갈, 핀란드, 호주, 홍콩 등의 경우에는 까다로운 검역 조건이 요구된다.

③ 우리나라는 광견병 발생 국가로, 발생 위험도가 높은 비청정 국가로 분류되어 있다.

④ 동물 검역 출입국 절차는 입 · 출국 공항 모두에서 이루어진다.

더 알아보기

기본 출입국 절차

출국 공항 도착 → 공항검역소 방문(출국 검역) → 출국 → 입국 공항 도착 → 공항검역소 방문(입국 검역) → 입국

(2) 출국 검역

① 사전 준비

㉠ 대사관 또는 검역 기관에 문의하여 입국 국가의 검역 조건을 확인한다.

㉡ 광견병 예방접종증명서 및 건강증명서가 필요한 경우에는 동물병원 수의사와 상의하여 발급한다.

㉢ 비행기 1대당 탑승 가능한 동물 수가 제한되므로 예약 시 확인한다.

② 검역증 발급 신청

㉠ 예방접종 증명서 및 건강증명서 등 검역증 발급에 필요한 서류를 준비하여 반려동물(개 · 고양이)과 함께 공항만에 있는 농림축산검역본부 사무실에 방문하여 검역 신청을 한다.

㉡ 서류 검사 및 임상검사 후 검역관이 검역증명서를 발급한다.

③ 출국 검역 시 준비서류

㉠ 광견병 예방접종증명서, 종합백신 접종증명서(수의사 발급)

㉡ 건강증명서(수의사 발급)

㉢ 검역증명서(공항검역소 발급)

㉣ 동물등록 서류

(3) 입국 검역

① 외국에서 반려동물(개·고양이)을 데리고 입국할 경우, 수출국 정부 기관이 증명한 검역증명서를 준비한다. 검역증명서를 구비하지 않을 시에는 반송 조치될 수 있다.

② 검역증명서에는 개체별 마이크로칩 이식 번호, 광견병 중화항체가 검사 결과, 개체별 연령이 확인되어야 한다(광견병 중화항체가 검사는 수출국 정부 기관 또는 국제 공인 광견병 항체가 검사 인증검사 기관에서 실시하고, 검사 결과 0.5 IU/㎖ 이상, 채혈 일자가 국내 도착 전 24개월 이내여야 함).

③ 괌, 뉴질랜드, 덴마크, 독일, 벨기에, 스웨덴, 스위스, 싱가포르, 아랍에미리트, 아일랜드, 영국, 오스트리아, 이탈리아, 일본, 쿠웨이트, 포르투갈, 핀란드, 호주, 홍콩 등은 광견병 항체가 검사가 필요하지 않다.

④ 호주, 말레이시아는 추가 증명 구비서류가 필요하다.

대상국	구비서류
호주(고양이)	• 수출국 내 헨드라·니파바이러스 질병 첫 보고 이후 비발생 증명
말레이시아(개, 고양이)	• 헨드라·니파바이러스 검사(수출 전 14일 이내 혈액 검사 실시), 60일간 헨드라·니파바이러스 비발생 장소 사육내용 증명서 첨부(조건 미충족 시 21일간 계류 검역 실시, 이후 이상이 없으면 개방)

⑤ 검역증명서 기재요건이 미충족 시에는 별도 장소에서 계류 검역을 받아야 한다.

(4) 개·고양이의 주요 국가별 검역 조건

① 미 국

필요사항	• 출국 전 정부 기관에서 발행한 검역증명서(Health Certificate) : 입국 30일 전 광견병 예방접종(3개월령 이상) 실시 및 증명서에 기재 ※ 예방백신의 면역지속기간 내 입국(면역지속 기간 내 추가 예방접종 시 30일이 경과되지 않아도 입국 가능) • 고양이는 광견병 예방접종 증명이 의무사항은 아니나 요구하는 주(State)가 있으므로 개별적으로 확인 권장 • 반려동물(개)의 입국 규정 변경 안내 – 광견병 고위험 발생국가산 개의 미국 입국 금지(2021년 7월 14일부터 시행) ※ 고위험국가산 개의 미국 입국 시 입국 최소 30일(6주) 전, 질병통제예방센터(CDC)에 수입허가 신청 필요 – 광견병 고위험 발생국가가 아닌 국가(우리나라 포함)에서 미국으로 개를 보낼 경우, 미국 입국 시 개가 최소 6개월 동안 또는 출생 후 광견병 위험이 높지 않은 국가에서 살았다는 영문 서면 진술서 또는 구두 진술이 필요
수입검역사항	• 검역기간 : 당일 개방 – 개는 광견병 예방접종 조건으로 최소 4개월령 입국 시 당일 개방 가능 – 유효한 광견병 예방접종 증명이 되지 않으면 입국이 거부될 수 있으며, 광견병 예방접종 미실시, 3개월령 이전 광견병 예방접종, 예방접종 후 30일 미경과 시 사전수입허가가 필요할 수 있음 • 하와이, 괌은 별도 수입조건이 있음 – 우리나라는 광견병 비청정 지역으로 광견병 중화항체가 검사 등 요구조건이 추가됨

② 중 국

필요사항	• 2019년 5월 1일부터 애완동물 입국조건 강화 • 휴대입국하는 애완동물(개, 고양이)는 반드시 '중화인민공화국세관법', '중화인민공화국동식물검역법' 및 그 실시조례의 관련규정에 따라서, 세관의 검역 관리 감독을 받아야 함 • 매번 입국 시 1인당 1마리 애완동물 휴대로 제한 • 격리검역이 필요한 애완동물은 반드시 격리검역시설을 갖춘 공항만으로 입국하여야 하며, 세관에서 지정한 격리검역장에서 30일 격리검역 • 정확한 여행객 휴대애완동물의 입국현황을 파악하기 위하여, 휴대인은 현장에서 '휴대입국애완동물(개, 고양이)정보 등록표'를 작성
수입검역사항	**한국에서 중국으로 반려동물 동반 출국 시 준비사항** • 마이크로칩 이식(ISO 11784, 11785) • 광견병 예방접종 증명서 및 건강증명서(생독백신은 안 됨) • 광견병 항체가 검사 결과 0.5IU/ml 이상(혈액 채취일로부터 1년간 유효, 2차 광견병 백신 접종일보다 빨라서는 안 됨) ※ 반드시 광견병 백신접종 유효 기한과 광견병 항체 검사 유효 기한 내에 도착 • 출국 14일 이내에 정부검역증 발급 : '중화인민공화국 입국동물검역질병목록' 중 나열된 광견병을 포함한 모든 관련 동물전염병, 기생충병에 감염되지 않았음을 확실히 하여야 함 ※ 검역증명서 필수 기재사항 : 동물자료(출생일자 및 연령 포함), 이식한 마이크로칩 번호, 이식일 및 이식 부위, 광견병 백신 접종일과 유효 기한, 백신의 종류(비활성 백신 또는 재조합 백신), 백신의 품명, 제조회사명, 광견병 항체 검사 채혈일, 검사 기관명, 항체역가 결과, 동물위생임상검사 결과와 일자 • 격리검역이 필요하지 않은 애완동물은 임의의 공항만으로 입국이 가능. 격리검역이 필요한 동물이 격리검역을 갖추지 않은 비지정공항만으로 입국 시에 반송 또는 폐기 처리 • 중국도착 후 중국해관 현장임상검사 합격해야 함

③ 캐나다

필요사항	• 수출 전 정부 기관에서 발행한 검역증명서(Health Certificate) – 입국 30일 전~1년 이내 광견병 예방접종 사항 기재 • 3개월령 미만은 광견병 예방접종 미실시(증명서에 생년월일 기재 필요) • 8개월령 이하의 상업적 용도인 경우 마이크로칩 이식 및 사전 수입허가 필요
수입검역사항	검역기간 : 조건 충족 시 당일 개방

④ 일 본

필요사항	• 마이크로칩 이식(ISO 규격, 1차 광견병 예방접종 이전에 이식) • 1차 광견병 예방접종(91일령 이후) • 2차 광견병 예방접종[1차 접종일(0일) 기준 30일 경과 후 접종, 면역 유효 기간 내 실시)] • 광견병 중화항체가 검사(일본동물검역소에서 인정한 실험실로 혈청 송부) – 2차 광견병 예방접종일 이전에 채혈은 인정되지 않음 • 수출 전 대기(광견병 중화항체 검사 채혈일로부터 180일 이후에 입국 가능) • 도착예정 공항만 일본 동물검역소에 사전신고(도착예정 40일 전까지) • 일본 동물검역소 증명서 양식 작성 후, 우리 본부 검역관의 배서증명 및 동물검역증명서 발급
수입검역사항	검역기간 : 모든 수입 조건 충족 시 도착 12시간 이내

7 동물병원 위생 관리(환경 관리)

(1) 동물병원 청결의 중요성

① 동물병원이 대형화되고 질병의 조기진단과 치료가 가능해지면서 청결 수준도 개선됐지만 병원 내 감염에 대한 의식은 여전히 개선이 필요하다.

② 병원 내 감염의 감염원이나 전파 경로는 불분명하지만, 병원 환경오염, 교차감염, 접촉감염, 비말 감염 등을 주원인으로 본다.

③ 청소는 오염 확산 방지를 위한 위생 관리의 기본이며, 청소를 통한 환경정비를 기본으로 환기, 채광 등을 통한 감염원인균의 제거가 중요하다.

④ 병원체의 2차 감염을 방지하기 위해, 병원 내부, 기구, 환경의 살균 소독이 필요하다.

(2) 동물병원 소독 지침

① 세정(Cleaning)

㉠ 물과 세제를 이용하여 씻어내거나 솔질하는 등 기계적 마찰을 통해 오염을 제거하는 과정이다.

㉡ 대상물 표면의 유기물이나 오염물이 화학 살균물질과 만나 변성되거나 살균제를 비활성화하여 소독과 멸균의 효과를 떨어뜨리는 것을 방지하고자 한다.

㉢ 소독과 멸균의 시행 전에 반드시 실시하여야 한다.

② 소독(Disinfection)

㉠ 물체 표면에 있는 세균의 아포를 제외한 미생물을 사멸하는 방법이다.

㉡ 소독제는 살균제의 일종으로, 무생물 표면의 병원성 미생물을 불활성화시키나 세균의 아포에는 작용하지 못한다.

높은 수준 소독	모든 미생물과 일부 세균의 아포를 사멸할 수 있다.
중간 수준 소독	결핵균, 영양성 세균, 대부분의 바이러스, 진균을 사멸시키나 아포는 사멸시키지 못한다.
낮은 수준 소독	10분 이내에 대부분의 영양성 세균, 일부 진균, 바이러스를 제거할 수 있으나 결핵균, 아포는 사멸시키지 못한다.

용어설명

아포(Spore)

특정 세균의 체내에 형성되는 원형 또는 타원형의 구조로, 탄저균, 파상풍균, 보툴리누스균 등이 속한다. 고온, 건조, 동결, 방사선, 약품 등 물리·화학적 조건에 대해서 저항력이 강하고, 악조건하에서도 오래 생존할 수 있어 특별한 주의가 필요하다.

③ 멸균(Sterilization)

㉠ 물리 화학적 방법을 통해 미생물과 아포를 완전히 사멸하는 방법이다.

㉡ 증기 멸균법, EO(Ethylene Oxide) 가스 멸균법, 건열 멸균법, 과산화수소 가스플라즈마 멸균법, 과초산 멸균법 등이 병원에서 사용된다.

(3) 동물병원 위생 관리

① 청소 시 지침 사항

㉠ 표면의 먼지, 오염, 미생물은 축적되면 병원감염의 원인이 되므로 오염 즉시 또는 정기적으로 청소한다.

㉡ 먼저 청소한 곳이 다른 곳을 청소하다 더럽혀질 확률이 낮은 순서로 실시한다.

㉢ 물은 진균의 주요한 원인이 되므로 물이 샌 흔적이 있으면 즉시 수리·보수한다.

㉣ 바닥은 소독제로 충분히 적시고, 마찰하여 청소한다.

㉤ 진공청소기를 사용할 경우에는 헤파필터가 장착된 것을 사용한다.

㉥ 쓰레기가 일정량을 넘지 않도록 바로 버리고 하루에 최소 1회 이상은 비운다.

② 청소 용구 위생 관리

㉠ 오염된 청소 용구는 즉시 교환, 소독한다.

㉡ 젖은 청소 용구는 미생물 증식의 원인이 되므로 100배 희석한 락스에 소독한 후 보관한다.

㉢ 청소에 사용하는 환경소독제는 공인된 것이 좋으며 되도록 4급 암모늄 제재를 사용한다.

㉣ 알코올은 피부와 환경소독 시 넓지 않은 표면에 부분적으로 사용하며 안전에 유의한다.

㉤ 동물에게 사용되는 의료기기의 표면 청소와 바닥 청소는 도구와 소독제를 따로 사용한다.

㉥ 혈액, 체액을 쏟은 경우에는 육안으로 보이지 않도록 제거하고 1:10~1:100으로 희석한 락스를 사용한다.

㉦ 희석 후에는 락스 용액의 유효농도가 서서히 떨어지므로 사용할 때마다 새로 만든다.

③ 소독제(병원 환경소독 시 사용)

차아염소산 나트륨 (락스)	• 가격이 저렴하고 효과가 빠르며 바이러스 사멸이 가능하다. • 바이러스 소독 시 30~40배, 일반 소독 시 150배 희석하여 사용한다. • 60도 이상의 뜨거운 물과 희석하거나 뜨거운 환경에 노출 시 염소가 기화되어 인체에 해로우니 주의가 필요하다.
미산성 치아염소산	• 살균 효과가 락스보다 70배 이상 높다. • 탈취 효과가 있어 병원 내 감염 방지 기구 소독에 사용된다.
크레졸 비누액	냄새가 매우 강하며 50배 희석하여 화장실 소독제로 많이 사용한다.
글루타 알데하이드	• 독성이 강하며 높은 수준의 소독이 필요한 물품에 사용한다. • 금속을 부식시키지 않아 플라스틱, 고무, 카테터, 내시경 등 오토클레이브 사용이 불가한 물품을 소독할 때 사용할 수 있다.

(4) 개인위생 관리

① 올바른 손 씻기 방법을 숙지한다.

㉠ 비누 거품을 충분히 내어 손과 팔목, 손가락 끝과 사이를 꼼꼼히 문질러 닦고 손톱 밑은 손톱용 솔로 씻는다.

㉡ 물 세척에도 세균 제거 효과가 있으며 비누 세척 후 흐르는 물에 20초 이상 씻으면 세균 제거 효과가 99.8%로 높아진다. 비누 세척 후 상업용 소독 비누를 추가해도 좋다.

㉢ 올바른 손 씻기 방법에 대한 포스터를 전 직원이 볼 수 있는 곳에 부착하는 것도 좋다.

㉣ 동물병원 내 일상적인 손 씻기는 가장 중요한 감염 관리 방법이므로, 단계별 손씻기에 유의한다.

(5) 동물 위생 관리(피부 소독제)

피부 소독 시 주사 부위, IV카테터 삽입 부위, 손상 피부, 점막, 수술 부위 피부를 중점적으로 소독한다.

70% 알코올	• 70~90% 농도에서 최적의 살균력을 가진다. • 자극성이 강해 상처 재생에 방해가 될 수 있으므로, 개방성 상처에는 분무하지 않는다. • 주사 전 피부 소독, 직장 체온계 등 기구 소독에 사용한다. • 금속이 부식될 수 있으니 주의한다.
과산화수소	• 자극이 강하고 정상세포가 함께 파괴되므로 상처 부위에는 사용하지 않는다. • 수술 후 동물의 털·피부, 수술포·수술복 등에 묻은 혈액·체액을 제거하기 위해 사용한다.
포비돈 요오드(베타딘)	• 상비 소독약으로 자극적이지 않으며 빛 차단은 필수적이다. • 세균, 진균, 아포, 바이러스까지 6~8시간 살균 효과가 있다. • 상처, 궤양, 수술 부위의 피부 소독 시, 2% 희석하여 사용한다. • 자극적이지 않아 수술 부위 소독에 효과적이다. • 금속 부식, 고무, 플라스틱 제품 손상에 주의한다.
클로르헥시딘, 글루코네이트(히비텐)	• 세균, 진균 살균에 효과가 좋으며 손 위생과 수술 부위 피부 준비에 사용한다. • 손이나 피부의 소독, 도구 소독 등에는 0.05~0.5% 용액이, 동물 피부 치료용으로는 2% 농도가 주로 사용된다.
염소제 (Chlorine)	• 소독약으로 제일 처음 사용되었던 제제로, 광범위 살균, 살바이러스 효과를 보인다. • 조직에 매우 자극적이므로 생체 조직에는 직접 사용하지 않고, 사육시설, 입원시설 등의 환경소독에 사용한다. • 세균, 바이러스 등에 효과적이며, 0.02~0.1%로 희석하여 사용한다. • 종류에는 차아염소산 칼슘(Calcium Hypochlorite, 표백분, 클로르칼키, 크롬 석회라고도 부름)이 있다.

(6) 미생물 살균 소독

① 병원성·유행성 곰팡이, 세균, 바이러스 등 미생물의 세포조직을 파괴하거나 생존할 수 없는 환경을 만들어 병원체를 제거하고 식품의 선도를 유지하는 것을 목적으로 한다. 대상에 따라 저온살균법, 고온살균법과 같은 효과적인 방법을 선택한다.

② 소독제 선택 시 고려사항

농 도	• 농도가 진해지면 살균 효과는 높아지고 인체 안전성은 낮아진다. • 소독제에 따라 유효성 약제 농도의 범위가 다르다. • 사용 중 유기물, 산소, 온도, 자외선 등의 영향으로 농도가 저하되므로, 소독 종료 시까지 유효농도를 확보한다.
온 도	온도가 높아지면 살균력은 강해진다. 보통 20℃ 이상에서 시행한다.
시 간	소독제와 접촉한 미생물이 살균되려면 일정 작용 시간이 필요하므로 소독 시간을 여유 있게 설정한다.

(7) 의료폐기물의 관리

① 의료폐기물 종류

보건·의료 기관, 동물병원, 시험·검사 기관 등에서 배출되는 폐기물 중 인체 감염 등 위해를 줄 우려가 있는 폐기물과 보건·환경보호상 특별한 관리가 필요하다고 인정되는 폐기물을 말한다.

<table>
<tr><td>격리의료폐기물(붉은색 표시, 보관 기간 7일)</td><td colspan="2">「감염병의 예방 및 관리에 관한 법률」 제2조 제1호에 따라 감염병으로부터 타인을 보호하기 위하여, 격리된 사람에 대한 의료행위에서 발생한 일체의 폐기물</td></tr>
<tr><td rowspan="5">위해의료폐기물
(골판지–노란색/
봉투형–검은색 표시)</td><td>조직물류 폐기물
[보관 기간 15일
(치아 60일)]</td><td>동물 조직·장기·기관, 신체 일부, 동물 사체, 혈액·고름 및 혈액생성물(혈청, 혈장, 혈액제제)</td></tr>
<tr><td>병리계 폐기물
(보관 기간 15일)</td><td>시험, 검사 등에 사용된 배양액, 배양 용기, 보관균주, 폐시험관, 슬라이드, 커버글라스, 폐배지, 폐장갑</td></tr>
<tr><td>손상성 폐기물
(보관 기간 30일)</td><td>주삿바늘, 봉합바늘, 수술용 칼날, 한방 침, 치과용 침, 파손된 유리 재질의 시험기구</td></tr>
<tr><td>생물·화학 폐기물
(보관 기간 15일)</td><td>폐백신, 폐항암제, 폐화학치료제</td></tr>
<tr><td>혈액 오염폐기물
(보관 기간 15일)</td><td>폐혈액백, 혈액 투석 시 사용된 폐기물, 그 밖에 혈액이 흘러내릴 정도로 포함되어 특별한 관리가 필요한 폐기물</td></tr>
<tr><td>일반의료폐기물
(보관 기간 15일)</td><td colspan="2">혈액, 체액, 분비물, 배설물이 묻은 탈지면, 붕대, 거즈, 일회용 기저귀, 생리대, 일회용 주사기, 수액세트 등
(단, 의료폐기물이 아닌 폐기물로서 의료폐기물과 혼합되거나 접촉된 폐기물은 의료폐기물로 봄)</td></tr>
<tr><td>의료폐기물에 해당하지 않는 일반폐기물</td><td colspan="2">• 혈액과 접촉하지 않은 수액병, 앰풀병, 바이알병, 석고 붕대
• 의료기기 또는 동물 치아를 세척하는 과정에서 발생하는 세척수
• 미용을 위해 깎은 털, 손발톱
• 건강한 동물이 사용한 기저귀, 패드, 휴지 등
• 동물병원이 아닌 곳에서 발생된 동물 사체</td></tr>
</table>

② 의료폐기물 보관시설에 따른 보관 방법

㉠ 조직물류 폐기물은 섭씨 4℃ 이하 냉장 보관, 기타 의료폐기물은 밀폐된 전용 보관창고에 보관한다.

㉡ 냉장 시설에는 내부 온도를 측정할 수 있는 온도계를 부착한다.

㉢ 보관창고, 보관장소, 냉장 시설은 주 1회 이상 약물로 소독한다.

③ 의료폐기물 포장·보관 시 주의사항

㉠ 발생 즉시 종류별로 전용 용기에 담고, 최초 투입 시 개시 연월일을 기재한다.

㉡ 주삿바늘, 수술용 칼날, 봉합바늘, 한방 침, 치과용 침, 파손된 유리 재질의 시험기구와 격리의료폐기물, 조직물류 폐기물, 손상성 폐기물, 액상 폐기물은 '합성수지형 전용 용기'를 사용한다.

㉢ 전용 용기에는 다른 의료폐기물을 혼합하여 보관할 수 있으나, 봉투형 용기 또는 골판지상자형 용기에는 합성수지형 용기를 사용해야 하는 의료폐기물을 혼합, 보관하면 안 된다.

㉣ 혼합 보관된 의료폐기물은 각 의료폐기물의 보관 기간 중 가장 짧은 기간 동안 보관한다.

㉤ 봉투형 용기는 의료폐기물이 용량의 75% 이상이 차지 않도록 주의한다.

더 알아보기

의료폐기물 처리순서

전용 용기 내부 소독 → 내피 비닐 밀봉 내외부 소독 → 용기 밀폐 → 지정 격리 보관소에 임시 보관 → 폐기물 위탁 처리업체로 인계 → 소각

8 동물병원의 물품 관리

(1) 물품 관리의 의의

① 동물병원에서는 진료 이외에도 물품을 판매할 수 있다.

② 보호자와 일반 물품 구매 고객이 쉽게 접근하고 물건을 살펴볼 수 있도록 동물병원 내 공간을 활용하여 시각적으로 다양하게 연출한다.

③ 판매대나 계산대 옆에는 소형 물품과 견본을 전시하여 충동구매 욕구를 자극하는 카운터 디스플레이를 하기도 하고, 광고문을 붙여 고객에게 알리는 POP 광고를 활용하기도 한다.

④ 물품의 위치 및 용도, 재고량 등을 정확히 파악한다.

(2) 물품의 종류

① 판매용 물품

사료 및 간식류	수의사의 처방이 있어야 구매할 수 있는 처방 사료만 판매하는 동물병원도 있고, 일반 사료 및 간식 전체를 판매하는 곳도 있음
소품 및 의류	목줄, 신발, 옷, 방석, 빗, 머리핀, 이동장, 배변판·패드, 울타리, 식기, 캣타워, 고양이 모래 등 판매 포함
청결용품	• 샴푸 : 처방용·일반용이 있으며, 피부 상태 개선을 위해 지성용, 건성용, 알레르기용, 곰팡이용, 세균용 등으로 세분 • 눈·귀 세정제 : 이물질 제거용으로 닦아주거나 질병 치료, 개선, 세균 번식 방지 • 치약, 칫솔 : 구강질환 예방 및 구취 제거용

② 진료용 물품

의약품	• 수액제 : 대용량 주사제, 경구 섭취 불가능 때 사용, 당류(포도당, 과당), 전해질(생리식염수), 복합제(하트만, 포도당가 생리식염수, 포도당가 칼륨나트륨 등), 용해제(멸균증류수, 정제수) • 주사제 : 외부경계조직을 통해 약물 직접 적용, 마취제, 항균·항생제, 호르몬제, 해열소염제 등이 포함 • 경구제 : 입을 통해 투여, 고형제와 액제로 분류 • 외용제 : 피부나 점막 등 인체의 경피로 약물을 적용하는 약제로 액제, 연고제, 크림제, 로션제, 패치제 등이 있음 • 백신/키트, 흡입제
약제용품	약 봉투, 투약 병
주사기 및 주사침	주사기는 인슐린주사기, 1mL, 2mL, 5mL, 10mL, 30mL, 50mL, 100mL 등으로 나눔
수액용품	IV카테터, 나비침, 헤파린캡, 수액세트, 밸브커넥터 등 수액 처치를 할 때 필요한 물품들이 포함
수술 기구	가위(Scissors), 포셉(Forceps), 클램프(Clamp), 니들홀더(Needle Holder), 수술용 칼(Blade), 수술용 메스대(Scalpel) 등 수술 및 진료에 필요한 기구들이 포함
진단용 키트	심장사상충, 홍역, 파보, 코로나 등의 키트를 일반적으로 사용
각종 튜브	헤파린튜브, 채혈튜브, 채뇨튜브, 내시경튜브 등이 포함
기 타	수술용 바늘 및 봉합사, 멸균장갑, 마스크, 반창고 및 붕대, 가운 및 일회용품, 소독봉투

③ 동물병원 관리용 물품

전산용품	각종 인쇄용지, 카트리지 등 증명서 발급 및 프린트·인화 등에 필요한 용품
문구류	필기도구, 접착제, 가위, 수정액, 라벨테이프, 라벨기, 인주, 클립 등
청소용구	진공청소기, 걸레 등

(3) 물품의 관리

① 판매용 물품 관리

㉠ 재고 파악을 쉽게 할 수 있도록 같은 물건은 한 줄로 진열한다.

㉡ 사료, 간식, 의류, 소품 등 카테고리별로 분류하여 적절한 섹션에 전시한다.

㉢ 판매 시 착오가 생기지 않도록 판매 물품의 가격표를 확인하고 숙지한다.

㉣ 판매 물품의 유통 기간, 보관 방법을 확인하고 숙지한다. 특히 동물병원에서 가장 많이 판매되는 사료는 수분이 함유된 경우 곰팡이가 생기기 쉬우므로 유통 기한과 포장재의 밀봉상태를 수시로 확인한다.

더 알아보기

사료 종류에 따른 관리

종 류	특 징	보존 기간 및 주의점
건조 사료	• 수분함량 10% 전후 • 알갱이가 딱딱해 이빨, 털, 두뇌 발달에 좋음 • 건조 상태이므로 같은 양을 먹었을 때 습식보다 포만감이 큼	1~2년 장기 보존 가능
반건조 사료	• 수분함량 25~35% 전후 • 양갱과 같은 부드러운 식감 • 기호성이 좋으나 제품 보존을 위해 알레르기나 암을 유발하는 보존료를 첨가하기도 함	1.5년 보존 가능, 포장재 손상 시 곰팡이가 우려되므로 수시 확인 요망
통조림 사료	• 수분함량 70~80% 전후 • 캔 통조림 형태가 대부분이고 최근엔 플라스틱 용기 등장 • 수프 · 스튜 형태가 많음 • 젖은 형태로 기호성이 매우 좋음	1~3년 장기 보존 가능
동결 건조 사료 (냉동 건조 사료)	• 고기 · 채소 등 수분 함유 식품을 동결 건조 방식으로 제조 • 섭취 직전 물에 불려서 줌 • 신선한 재료로 제대로 만들면 집에서 만든 자연식에 가장 가까움	건조 상태이므로 장기 보존 가능, 보관 시 습기 유의
냉동 사료	• 통조림 사료와 비슷한 형태를 급속 냉동하여 만들었기 때문에 보존을 위한 첨가물을 섞지 않은 것이 가장 큰 특징 • 냉동의 특성상 필요한 영양소가 충분하지 않을 수 있음	냉동 시설이 없는 경우 판매 불가능

② 의료 소모품 관리

수액제, 주사제	진료실, 입원실, 처치실, 수술실에 비치된 각각의 물품은 사용한 만큼 채우고 재고를 확인한다.
경구제, 외용제	약제실 물품은 재고를 파악하고, 소분하여 사용하거나 판매하는 외용제는 투약 병의 재고량도 확인한다.
백신, 키트	섭씨 4℃ 이하로 냉장 보관해야 하는 경우가 많으므로 재고량 파악과 보관에 유의한다.
주사기, 주사침	상자별로 재고량을 확인하고, 대량 구매·보관 시 유통 기간, 포장재 파손 여부를 확인한다.
수술용 바늘, 봉합사	수술 직후마다 재고량을 확인하여 채워 넣는다.
수액용품	수액 처치 시 필요한 용품은 한 곳에 모아 놓고 처치 시 바로 준비하도록 한다.
반창고, 붕대	지혈, 소독용으로 사용되므로 오염되지 않도록 보관한다.
수술 기구, 수술 가운	세척, 소독, 보관 시 가장 유의해야 할 물품이다.
소독제, 세척제	• 서로 섞이지 않도록 하고, 사용 시 색깔, 냄새, 라벨을 재차 확인한다. • 정해진 희석 배수에 따라 희석·소분하는 경우가 많으므로 소분 시 환경의 청결에 유의한다. • 서늘하고 환기가 잘되는 곳에 보관한다.
각종 필름, 현상액	빛이 들어가지 않도록 이동 및 보관에 유의한다.
넥칼라	크기별로 분류하되 보호자, 동물의 눈에 잘 띄지 않는 벽에 걸어 보관하여 공간 활용에 편리하게 한다.
토니켓	• 채혈, 주사 처치 시 필수적인 물품이므로 항상 비치되어 있도록 한다. • 고무줄이 끊어지거나 낡지 않았는지 수시로 확인하고 교체한다. • 밴드형, 고무줄형이 있으며, 동물용으로는 주로 고무줄형이 사용된다.

(4) 마감 후 판매용 물품 확인

① 판매대 상품을 정리하여 유통 기한을 확인하고, 비어 있는 물품은 동일 상품으로 채운다.

② 취소, 환불, 반품, 교환 상품을 확인한다.

③ 매출 건수와 누락 물품 유무를 확인한다.

④ 재고 물품을 확인하고 주문량을 파악한다.

⑤ 주문 시 거래처 목록을 확인하고 새로운 거래처는 연락처를 확인하여 추가한다.

⑥ 재고가 부족한 물품은 주문하고 거래처의 특성에 따라 직접 또는 택배로 받는다.

CHAPTER 02 실전예상문제

01 동물보건사의 역할에 대한 설명으로 옳지 않은 것을 모두 고른 것은?

ㄱ. 환자의 간호 및 관찰
ㄴ. 환자의 질병에 대한 진찰과 시술
ㄷ. 보호자에게 문제 해결 절차 안내
ㄹ. 수의사의 처방에 따른 처치와 투약
ㅁ. 간호 연구 및 개발

① ㄱ
② ㄴ
③ ㄱ, ㄴ
④ ㄷ, ㄹ
⑤ ㄱ, ㄷ, ㅁ

해설

ㄴ. 환자의 질병에 대한 진찰과 시술은 수의사의 역할이다.

02 효과적인 보호자 교육 방법으로 주의할 사항이 아닌 것은?

① 진단과 상담은 수의사의 의견과 일치시키는 것이 좋다.
② 중요한 사항을 먼저 말한다.
③ 알고 있는 내용을 모두 보호자에게 전달하여야 한다.
④ 보호자의 나이 또는 상황을 고려하여 설명한다.
⑤ 시청각 자료를 적절히 사용한다.

해설

지나치게 많은 정보는 보호자에게 혼란을 줄 수 있으므로, 알고 있는 정보를 모두 전달하는 것은 피하는 것이 좋다.

01 ② 02 ③ 정답

03 처방전에서 '1일 2회 복용'을 뜻하는 약어는?

① cap
② bid
③ tid
④ qid
⑤ Omn. 4hr.

해설

차트 처방전을 확인하기 위한 기본 수의학 용어를 숙지해야 한다.

b.i.d.(bis in die)	1일 2회	Two times a day
cap	캡 슐	Capsule
t.i.d.(ter in die)	1일 3회	Three times a day
q.i.d.(quarter in die)	1일 4회	Four times a day
Omn. 4hr.(omni guarta hora)	매 4시간마다	Every 4 hours

04 종이차트와 비교했을 때 전자차트의 특징을 잘못 설명한 것은?

① 동물의 데이터를 보관하기에 용이하다.
② 차트를 보관할 때 많은 공간이 필요하다.
③ 검사 결과를 쉽게 차트에 입력할 수 있다.
④ 디지털을 통해 재고 관리, 전자결재, 매출통계 등 다양한 기능을 수행할 수 있다.
⑤ 대표적으로 활용하는 전자 차트 프로그램에는 인투벳, 우리엔, 이프렌즈 등이 있다.

해설

차트를 보관할 때 많은 공간이 필요한 것은 종이차트의 특징이다.

05 동물등록제의 시행 효과로 옳지 않은 것은?

① 반려동물을 키우는 소유주의 책임을 강화한다.
② 유실·유기동물의 발생을 억제한다.
③ 반려동물을 키우는 사람의 수가 늘어난다.
④ 유실 동물을 발견할 경우, 소유주를 쉽게 확인할 수 있다.
⑤ 반려동물의 문화 향상에 도움이 된다.

해설

동물등록제는 동물의 보호와 유실·유기 방지 등을 위하여 특별자치시장·특별자치도지사·시장·군수·구청장에게 등록대상동물을 등록하는(동물보호법 제15조 제1항) 제도이다. 반려동물의 등록 관리를 통하여 소유주의 책임을 강화하고, 유실 및 유기동물을 소유주에게 신속하게 인계함으로써 유실·유기동물의 발생을 억제하며 반려동물 문화가 향상될 수 있다.

정답 03 ② 04 ② 05 ③

06 진료 접수 과정에 대한 설명 중 올바르지 않은 것은?

① 미리 병원별 차트 프로그램을 완벽하게 숙지하고 있어야 한다.
② 한 보호자가 여러 마리의 동물을 데리고 있는 경우에는 환자 분류를 통일하여 등록한다.
③ 동물등록 여부를 확인하여 등록이 안 되어 있다면 동물등록 방법과 절차를 안내한다.
④ 외장형 등록은 고유번호와 정보가 들어간 전자칩을 목걸이 형태로 제작하여 착용하도록 하는 방식이다.
⑤ 내장형 등록은 고유번호와 정보가 기록된 전자칩을 주사기를 이용하여 양쪽 어깨뼈 사이에 삽입하는 방식이다.

해설

한 보호자가 여러 마리의 동물을 데리고 있는 경우에는, 같은 보호자임을 확인하고 환자별로 신환과 구환을 분류하여 등록한다.

07 진료를 접수할 때 동물 정보를 입력하는 방법으로 잘못 설명한 것은?

① 동물이 태어난 날짜를 기억하지 못하는 경우가 많으므로 생년월일은 연도와 월을 기록한다.
② 개, 고양이, 물고기 등 동물의 종(Species)은 한글 및 라틴어, 영어 등으로 표기한다.
③ 품종을 표시할 때, 잡종견은 믹스(Mix) 또는 교잡종(Hybrid)이라고 표기한다.
④ 차트 프로그램의 종류에 따라 중성화한 수컷은 Ovariotomy, 중성화한 암컷은 Castration으로 표기하기도 한다.
⑤ 차트 프로그램의 종류에 따라 수컷은 Male, 암컷은 Female로 표기하기도 한다.

해설

차트 프로그램의 종류에 따라 중성화한 수컷은 Castration 또는 Neutralization, 중성화한 암컷은 Ovariotomy 또는 Neutralization으로 표기하기도 한다.

08 진료 대기실에서의 유의사항을 옳게 설명한 것은?

① 진료 대기시간에 파악된 내용 중 진료와 관련 있는 내용은 모두 차트에 기재한다.
② 대기실에서는 체중이나 생체지표를 측정할 수 없다.
③ 보호자가 체중을 알고 있는 경우, 다시 정확하게 측정할 필요는 없다.
④ 동물의 체중을 기입할 경우, 보통 소수점 자릿수는 표시하지 않는다.
⑤ 대기실에서 오래 있는 경우 보호자에게 형식적으로라도 질문을 하는 것이 좋다.

해설

② 수의사의 지시나 정규 절차에 따라 생체지표를 측정한다.
③ 체중을 측정하고, 동물 정보 입력 화면의 '체중 기입란'에 기록한다.
④ 체중은 보통 소수점 한 자리까지 기재한다.
⑤ 대기실에서 보호자와 대화할 경우 형식적인 질문이나 무표정한 응대보다 보호자의 눈높이에 맞추어 친밀한 대화를 하는 것이 좋다.

06 ② 07 ④ 08 ① **정답**

09 수납과정에 대한 설명 중 옳지 않은 것은?

① 보호자 및 동물의 이름으로 검색하여 진료실에서 입력된 진료 내용 및 처방전을 확인한다.
② 진료 내역서의 수가를 정확히 확인하고, 누락된 사항이나 오류가 없는지 확인한다.
③ 수납 시 보호자에게 거스름돈을 주고 영수증을 발급하여 금액이 맞는지 확인시킨다.
④ 영수증은 보호자용과 보관용으로 구분하여, 보호자에게 보호자용 영수증을 주고 보관용 영수증은 따로 모아둔다.
⑤ 진료비를 환불할 경우, 기존에 발행된 영수증은 회수하여 폐기하고 환불 영수증만 보관한다.

해설

진료비 환불 요청이 있는 경우, 진료실에서 환불 승인 여부를 확인하고, 기존 발행된 영수증을 회수하여 환불 영수증과 함께 보관한다.

10 개와 고양이의 검역 조건에 대해 잘못 설명한 것은?

① 고양이를 외국으로 데리고 나가기 위해서는 출국하는 국가의 검역 조건을 충족해야 한다.
② 반려동물과 출국할 경우 반려동물과 함께 공항만에 있는 농림축산검역본부 사무실에 방문하여 검역 신청을 해야 한다.
③ 외국에서 개와 고양이를 데리고 우리나라로 들어올 경우 수출국 정부 기관이 증명한 검역증명서를 준비해야 한다.
④ 검역증명서의 기재요건이 충족되지 않을 경우 별도의 장소에서 계류 검역을 받아야 한다.
⑤ 사전 신고 없이 수입 가능한 개와 고양이의 마릿수는 9마리 이하이다.

해설

반려동물(개, 고양이)을 외국으로 데리고 나가기 위해서는 입국하는 국가의 검역 조건을 충족해야 한다. 이를 위해 사전에 입국 국가의 대사관 또는 동물 검역 기관에 문의하여 검역 조건을 확인한다.

11 동물병원에서 가장 많이 판매되는 물품 중 하나인 사료의 유통 기한에 대한 설명으로 옳지 않은 것은?

① 건조 사료는 1~2년 정도의 장기 보존이 가능하다.
② 반건조 사료는 3년 정도 보존이 가능하나, 포장재가 손상되면 곰팡이가 생길 우려가 있으므로 수시로 확인해야 한다.
③ 통조림 사료는 1~3년 정도 장기 보존이 가능하다.
④ 동결 건조 사료는 건조 상태이므로 장기 보존이 가능하지만, 습기에 매우 취약하므로 보관에 유의해야 한다.
⑤ 냉동 사료는 냉동실에 보관해야 하므로 냉동 시설이 없는 경우에는 판매가 불가하다.

해설

반건조 사료는 1.5년 정도 보존이 가능하며, 포장재가 손상되면 곰팡이가 생길 우려가 있으므로 수시로 확인하여야 한다.

정답 09 ⑤ 10 ① 11 ②

12 동물병원 내 살균소독제 선택 시 고려사항으로 옳지 않은 것은?

① 효과에 영향을 주는 인자는 농도, 온도, 시간이다.
② 농도가 진해지면 살균 효과 및 인체 안전성은 높아진다.
③ 온도가 높아지면 살균력은 강해진다.
④ 소독제와 접촉한 미생물이 살균되려면 일정한 작용 시간이 필요하므로 실제 소독 시에는 충분한 여유를 가지고 소독 시간을 설정해야 한다.
⑤ 혈액, 체액 오염의 경우 오염물을 제거하고 1,000ppm 차아염소산 나트륨을 사용한다.

해설

농도가 진해지면 살균 효과는 높아지지만, 인체 안전성은 낮아진다.

13 손상성 폐기물이 아닌 것은?

① 폐장갑
② 주삿바늘
③ 수술용 칼날
④ 치과용 침
⑤ 한방 침

해설

폐장갑은 병리계 폐기물에 해당한다. 손상성 폐기물에는 주삿바늘, 봉합바늘, 수술용 칼날, 각종 침, 파손된 유리 재질의 시험기구 등이 있다.

12 ② 13 ① **정답**

14 다음 중 일반의료폐기물에 해당하는 것은?

① 혈액이 묻은 탈지면
② 피부 관리 후 단순히 얼굴에 올려놓은 거즈
③ 동물병원에서 미용을 위해 깎은 털
④ 혈액 등과 접촉되지 않은 수액 병
⑤ 건강한 동물이 사용한 기저귀 패드

해설

혈액이 묻은 탈지면은 일반의료폐기물에 해당하며 다른 항목들은 일반폐기물에 해당한다.

15 진료용 물품의 종류가 바르게 연결되지 않은 것은?

① 진단용 키트 – 헤파린, 채혈, 채뇨, 내시경 등
② 약제용품 – 약 봉투, 투약 병 등
③ 수술 기구 – 가위, 포셉, 클램프, 니들홀더, 수술용 칼, 수술용 메스대 등
④ 의약품 – 수액제, 주사제, 경구제, 외용제 등
⑤ 수액용품 – IV카테터, 나비침, 헤파린캡, 수액세트, 밸브커넥터 등

해설

진단용 키트는 일반적으로 심장사상충, 홍역, 파보, 코로나 등의 키트를 사용한다.

정답 14 ① 15 ①

CHAPTER 03 의약품관리학

1 약리학 기초

(1) 약리학

① 약리학의 의의

㉠ 약물을 생체에 투여했을 때 그 약물로 인하여 일어나는 생체현상의 변동을 연구하는 학문이다.

㉡ 질병의 진단, 치료 및 예방을 위한 합리적 약물의 응용이 목적인 학문이다.

② 약물의 의의

㉠ 생체 기능을 변동시킬 수 있는 음식물을 제외한 모든 화학적 물질이다.

㉡ 질병을 진단, 치료 및 예방하기 위해 사용하는 화학적 물질이다.

(2) 약물의 작용

① 흥분과 억제

㉠ 흥분 : 약물에 의하여 어떤 조직·장기의 고유 기능이 항진되는 경우이다.

㉡ 억제 : 약물에 의하여 어떤 조직·장기의 고유 기능이 저하되는 경우이다.

② 국소 작용과 전신 작용

㉠ 국소 작용 : 약물을 투여한 국소에 나타나는 약리 작용으로, 소독제나 연고제에서 볼 수 있다.

㉡ 전신 작용 : 약물이 혈액으로 흡수된 후에 나타나는 약리 작용을 의미한다.

③ 선택 작용과 일반 작용

㉠ 선택 작용 : 약물 대부분은 어떤 조직·장기와 특별한 친화성을 가지고 있어서 친화성을 가진 조직·장기에 영향을 끼치게 됨을 의미한다. 선택 작용이 강할수록 그 약물의 사용 가치는 크다.

㉡ 일반 작용 : 어떤 약물은 모든 조직·장기에 어느 정도 차이는 있지만 거의 동일한 친화성을 가지고 있어서 같은 작용을 나타낸다.

④ 직접 작용과 간접 작용

㉠ 직접 작용 : 약물을 투여한 후 약물이 직접 접촉한 장기에 일으키는 고유 약리 작용을 의미한다.

㉡ 간접 작용 : 직접 접촉하지 않은 장기에 나타나는 기능성 변동을 의미한다.

⑤ 치료 작용과 부작용

㉠ 치료 작용 : 약물이 가진 여러 작용 중 질병 치료에 필요한 작용이다.

㉡ 부작용 : 필요하지 않은 작용이다.

⑥ 약물 알레르기

㉠ 약물 분자가 체내 단백질과 결합함으로써 항원으로 작용해 항체를 형성시켜 그 약물이 다시 체내에 노출되면 항원 - 항체반응이 일어나 나타나는 현상이다.

㉡ 발열, 과립백혈구 감소증, 피부 발진 등이 주로 나타나며 증상이 심하면 사망하는 경우도 있다.

⑦ 약물 내성

㉠ 약물에 대한 감수성이 비정상적으로 저하되어, 정상 상태에서는 일정한 반응을 보이는 용량을 투여하는데도 아무런 반응이 나타나지 않는 현상이다,

㉡ 용량을 늘려야 동일한 효과를 얻을 수 있게 되며, 일반적으로 항생제의 내성이 문제가 된다.

⑧ 상승 작용과 길항 작용

㉠ 상승 작용 : 서로 다른 두 가지 약물을 동시에 투여하는 것이 단독으로 투여하는 것에 비해 약물의 특정 작용이 훨씬 강하게 나타나는 현상이다.

㉡ 길항 작용 : 약물을 병용하였을 때 단독으로 사용하는 것보다 효과가 적게 나타나는 현상이다.

더 알아보기

처방에 사용되는 의학용어

약 어	뜻	약 어	뜻
ad lib	원하는 대로	prn(pro re nata)	필요할 때마다
sem.i.d(semel in die)	1일 1회	po(per os)	경구 투여
b.i.d(bis in die)	1일 2회	IV(intravenous)	정맥 내
t.i.d(ter in die)	1일 3회	IM(intramuscular)	근육 내
q.i.d(quarter in die)	1일 4회	SC(subcutaneous)	피 하
Omn.4hr. (omni guarta hora)	매 4시간마다	ID(intradermal)	진피 내
ac(ante cibum)	식사 전	IP(intraperitoneal)	복강 내
pc(post cibum)	식사 후	IA(intra-arterial)	동맥 내

(3) 약물의 분류

① 제형에 따른 분류

㉠ 고형제제 : 산제(Powder), 과립제(Granule), 정제(Tablet), 캡슐(Capsule)

㉡ 액상제제 : 시럽제(Syrup), 현탁제(Suspension), 점안제(Eye Drop), 에어로졸제(Aerosol)

㉢ 반고형제제 : 연고제(Ointment), 로션제(Lotion), 좌제(Suppository)

㉣ 주사제 : 앰풀(Ampoule), 바이알(Vial), 수액(Fluid)

② 투여 경로에 따른 분류

㉠ 경구제 : 소화관을 통해 투여, 흡수된다.

㉡ 비경구제 : 비경구적인 방법으로 투여, 흡수된다.

- 주사제 : 정맥 내, 근육 내, 피하 등 주사를 통하여 투여한다.
- 점안제 : 눈으로 투여한다.

- 점이제 : 귀로 투여한다.
- 도포제 : 연고, 샴푸 등 필요 부위에 국소 또는 전신 적용한다.
- 좌제 : 항문·요도·질 속에 삽입한다.
- 점비제 : 코안에 약물을 직접 한 방울씩 떨어뜨리거나 분무한다.

2 약물 투여

(1) 경구제

① 가장 간편하고 안전한 방법으로 어떠한 약물도 투여할 수 있으며 철저한 소독이 필요하지 않다는 것이 장점이다.

② 경구 투여 약물의 형태

정제(Tablet)	분말약제를 고형화시킨 형태로 나정, 당의정, 코팅정 등이 있다.
낭제(Capsule)	• 분말이나 액상 약물을 캡슐 용기에 넣은 형태로 과립캡슐, 경질캡슐, 연질캡슐 등이 있다. • 과립캡슐제는 유봉으로 갈리지 않는 경우가 많으므로 다른 경구약의 분포가 끝난 후 분포판에 분포하는 것이 좋다.
분말(Powder)	가루 제재이다.
시럽(Syrup)	점액(Slime) 형태의 수용성 액체의 농축 용액으로 일반적으로 단맛이 나게 제조한다.
엘릭시르(Elixir)	물, 알콜, 향로 등을 혼합한 액체이다.

③ 경구제의 투여 방법

㉠ 사료 및 음수의 첨가

- 가장 일반적인 방법이며, 동물에게 스트레스를 최소화하는 방법이다.
- 처치해야 할 동물이 사료나 음수를 다 섭취하지 않는 경우 약효를 제대로 기대하기 힘들다는 단점이 있다.

㉡ 강제 급여

- 수술 또는 병으로 인해 기력이 약해진 경우나 음식 섭취가 어려운 동물에게 적용하는 방법이다.
- 구강을 통한 정제, 또는 캡슐의 강제 투여와 펌프를 이용한 위 내 투여 등이 있다.

더 알아보기

경구제 강제 투약의 순서

1. 동물을 테이블 위나 바닥에 앉힌다.
2. 목 주변을 단단히 잡아 머리를 고정한다.
3. 동물의 뒤쪽 또는 옆에서 접근한 후, 한 손으로 위턱을 잡고 위쪽과 뒤쪽으로 부드럽게 약간 민다.
4. 가능한 한 혀 뒤쪽으로 약을 넣는다.
5. 입을 닫고 코를 약간 위로 들어준다.
6. 잘 삼킬 수 있도록 목의 인두 부위를 부드럽게 마사지한다.

④ 동물용 경구 투여 의약품의 주의사항

㉠ 질병 상태가 심하거나 수술을 마친 동물에 대해서는 사료, 또는 음수와의 혼합방식이 아닌 강제 급여 방식을 선택하는 것이 좋다.

㉡ 강제 급여 시 약제가 기도로 흘러들어가지 않도록 유의한다.

㉢ 사료와 음수를 혼합하는 경우 특히 하절기에 고온으로 인해 오히려 경구용 약제의 변질이 발생될 수 있음을 인지해야 한다.

㉣ 경구용 약제의 부작용은 항상 숙지하는 것이 좋다.

예 구토 및 설사, 발열, 식욕 저하·불량, 황달 등

(2) 주사제

① 주사제의 종류와 사용법

㉠ 앰풀(Ampoule)

- 뚜껑 부분의 점을 엄지손가락 쪽으로 향하게 한 후 엄지손가락과 집게손가락으로 힘을 주어 딴다.
- 앰풀에 색깔이 있으면 직사광선을 피해 보관해야 한다.
- 앰풀에는 액제와 분말제가 있으며, 분말제는 일반적으로 주사용 증류수에 희석하여 사용한다.
- 한 번 딴 앰풀은 빠른 시간 내에 사용하는 것이 좋다.

㉡ 바이알(Vial)

- 주삿바늘을 삽입하는 부위가 고무로 되어 있다.
- 액제와 분말제(주사용 증류수에 희석)가 있으며, 냉장 보관을 해야 하는 약물도 있다.
- 분말제는 증류수에 희석한 후 주사기로 바이알 내의 공기를 빼야 한다.
- 사용할 때마다 소독용 알코올로 바이알 뚜껑 표면을 소독한 후 사용하는 것이 원칙이며, 백신 제재는 예외로 소독하지 않는다.

㉢ 수액(Fluid)

- 일반적으로 비닐백을 사용한다.
- IV카테터 등을 적당한 부위에 장착한 후 장시간 주사하며, 목적에 따라 갖가지 약물을 첨가하기도 한다.
- 100mL, 500mL, 1,000mL 등의 포장단위가 있다.

② 주사제 투약 용품

주사기	• 용량에 따라 1mL, 2mL, 3mL, 5mL, 10mL, 20mL, 30mL 및 50mL 등이 있으며, 주사기마다 주사침이 장착되어 있다. • 일반적으로 소형견에게는 1~3mL의 주사기를 사용하며, 15kg 이상의 중·대형견에게는 3~10mL의 주사기를 사용한다.
주삿바늘	주삿바늘의 게이지(Gauge)가 클수록 주삿바늘의 지름은 가늘어지며, 점성이 높은 약물일수록 낮은 게이지의 주삿바늘을 사용한다.
알코올 솜	• 주사 약물을 뽑기 전 뚜껑의 소독(백신은 절대 금지)이나 목적 부위의 주사 전 소독용 또는 주사 후 지혈용으로 사용한다. • 시판되는 의료용 70% 알코올을 솜에 적셔 사용하거나 소독용 알코올 솜을 사용한다.
과산화수소	채혈이나 주사 시 발생하는 혈액 얼룩을 닦는 데 사용한다.

토니켓 (Tourniquet, 압박대)	채혈, 정맥주사 등의 목적으로 장착하여 혈관을 압박하는 고무재질의 줄이다.
수액세트	• 수액류 약물을 정맥 내로 점적 투여하기 위해 사용하는 의료용 물품이다. • 수액이 든 약물 병이나 PVC백에 연결하기 위한 도입침, 수액의 투여 상태와 투여 속도를 확인할 수 있는 점적통, 수액관, 수액 속도를 조절할 수 있는 조절기 등으로 구성된다.
정맥 내 카테터 (IV카테터)	• 천자를 통해 정맥 내에 장착하고 수액제를 수액관을 통해 투여하는 경로 역할을 하는 의료용 물품이다. • 카테터 바늘의 지름 크기에 따라 다양한 IV카테터가 있고, 카테터의 색깔로 구분한다. • 한 번 장착하면 장시간 사용할 수 있으며 일정 기간이 지나면 감염 위험 때문에 제거하여야 한다.

더 알아보기

수액세트 세팅하기

1. 포장된 수액세트를 꺼낸다.
2. 조절기를 완전히 잠그고 도입침의 덮개를 제거한 다음, 도입침을 수액 용기 중앙에 수직으로 꽂는다.
3. 수액대에 수액 용기를 거꾸로 매달고 점적통을 2~3회 눌러 점적통에 약 1/2 정도 수액을 채운다.
4. 조절기를 열어 약물을 유출해 주입관 내의 공기를 완전히 제거하고 조절기를 잠근다.
5. 세팅된 수액세트를 이용하여 수액관 설치를 보조한다.

③ 주사제의 투여 방법

㉠ 정맥 내 주사(IV ; Intravenous Injection)

- 직접 정맥 내 약물을 투여하는 방법이다.
- 작용이 가장 빨리 나타나고 혈액 중의 유효농도를 정확하게 조절할 수 있어 응급 시 가장 좋은 투여법이다.
- 다른 방법으로 투여가 곤란한 자극성 약물이나 고장성(Hypertonic)인 약물도 정맥 내 주사로는 천천히 투여할 수 있다.
- 주사 부위는 주로 요골 쪽 피부정맥과 목정맥이다.

더 알아보기

정맥 내 주사 보조하기(요골 쪽 피부정맥을 이용)

1. 정맥이 잘 보이지 않을 때는 클리퍼를 이용하여 털을 제거한다.
2. 보정자는 투여할 다리의 반대편에 선다.
3. 보정자는 같은 쪽 손은 투여할 다리를 잡아당기고 반대쪽 손은 머리를 감싸 보정한다.
4. 요골 쪽 피부정맥의 위쪽 부위를 누르거나 토니켓을 장착하여 정맥을 노출한다.
5. 보정자는 동물의 다리가 앞으로 뻗도록 유지한다.
6. 소독용 알코올 솜으로 정맥 부위를 소독한다.
7. 주삿바늘로 비스듬히(약 15~20°) 정맥을 천자한다.
8. 실린지를 당겨 혈액이 나오는지 확인한다(정맥 확인).
9. 토니켓을 제거한다(손으로 혈관 노출을 했을 때는 누르고 있던 것을 뗌).
10. 실린지를 눌러 약물을 투여한다.

11. 주사기를 제거함과 동시에 알코올 솜으로 눌러 지혈한다.
12. 지혈 확인 후 출혈 자국이 있으면 과산화수소수 솜으로 출혈 자국을 정리한다.
13. 물품을 정리한다.

㉡ 근육 내 주사(IM ; Intramuscular Injection)
- 근육에는 혈관 분포가 피하보다 풍부하여 흡수가 빠르고 작용이 빠르게 나타난다.
- 피하주사법보다 통증이 크다.
- 근육 내 주사를 할 수 있는 약물만 투여해야 한다.

㉢ 피하주사(SC ; Subcutaneous Injection)
- 주사법 중에서 가장 쉬우며 대부분의 백신은 피하로 투여된다.
- 약물 투여량이 많거나 자극이 강한 약물은 통증이나 화농을 일으킬 수 있으므로, 자극성이 없는 약물을 소량 투여할 때 사용한다.
- 주사 부위는 어깨와 엉덩이 사이의 배외측면 부위나 어깨 사이 부위 모두 적용할 수 있다.

㉣ 복강 내 주사(IP ; Intraperitoneal Injection)
- 복강 내로 직접 약물을 투여하는 방법으로, 복막은 흡수면적이 넓어 약물이 신속히 흡수된다.
- 동물 실험에서 이 방법을 많이 이용하나, 임상에서는 복막염 등의 위험성이 있어 주로 사용되지는 않는다.

④ 주사제 투여 시 주의사항
㉠ 주사용 약제를 사용할 경우 주사기의 바늘에 찔리지 않도록 유의한다.
㉡ 다 쓰고 난 주사기는 반드시 안전하게 처리해야 하며 동물이 닿지 않는 곳에 보관해야 한다.
㉢ 주사용 약제는 변질이 쉽게 발생하므로 보관에 유의한다.

(3) 기타 투여 방법

① 흡입(Inhalation)
㉠ 기체 상태 또는 휘발성 약물은 보통 호흡기계를 통해 흡입으로 투여한다.
㉡ 전신마취제에서 주로 사용한다.
㉢ 작용 약물 중 수용성 약물도 분무 상태로 만들어 흡입하기도 한다.

② 외용제 투여
㉠ 소독약
- 소독약은 직접 체표나 환부에 적용할 수도 있으며, 흘러내리는 것을 방지하기 위해 거즈에 적셔서 사용하는 방법도 권장된다.
- 생리식염수는 소독약은 아니나 상처의 세정 및 오염물질 제거를 위해 사용되기도 한다.
- 소독용 알코올은 가장 일반적으로 쓰이는 소독약 중 하나로 상처 소독 이외에 기구나 복장 소독에도 활용된다.
- 동물용 소독약은 포비돈, 과산화수소수, 클로르헥시딘과 같이 여러 종류가 있으며, 단독으로 사용하기도 하지만 두 가지 이상 번갈아서 동시에 사용하기도 한다.
- 소독약은 대부분 대용량 통에 담겨 있으므로 가급적 소분해서 사용한다.

㉡ 연 고

- 연고는 일반적인 도포약이며 유지를 기초로 하여 피부를 보호하고 자극이 적다.
- 연고를 상처, 또는 화상 부위 주변까지 도포하며, 잘 흡수될 수 있도록 고르게 펼쳐 주는 것이 중요하다.
- 동물의 피부병이나 화상 시 주로 사용되며, 소독약보다 오랜 시간 동안 약효를 지속할 수 있다.
- 상처 소독을 위해 항상 연고를 사용하기도 하며 이외에 일반적인 소독을 위해서도 연고를 사용하기도 한다.

더 알아보기

피부 연고제 투여하기

1. 연고제를 적용하기 전에 손을 깨끗이 씻는다. 필요하다면 라텍스 장갑을 착용한다.
2. 처방에 따른 연고제를 준비한다.
3. 동물의 환부가 지저분하다면 미지근한 온수로 씻어내고 깨끗한 거즈 등으로 닦아내거나 말린다.
4. 연고를 손가락 바닥으로 조금 떼어내 환부에 가급적 자극을 주지 않도록 조심하여 엷게 펴면서 바른다. 연고를 바를 때 자칫하면 피부를 문질러 강한 자극을 주기 쉽다. 가급적 피부를 자극하지 않도록 조심하면서 골고루 바르는 것이 중요하다.
5. 환자가 환부를 핥거나 발로 긁을 것으로 예상된다면 엘리자베스 칼라나 붕대 등의 보호조치를 취한다.

귀 연고 투여하기

1. 손을 깨끗이 씻는다. 필요하다면 라텍스 장갑을 착용한다.
2. 처방에 따른 귀 세정제와 연고제를 준비한다.
3. 귀 세정이 필요하다면 귀를 들어 외이도 입구 부분을 노출한다.
4. 귀 세정제의 입구를 열어 세정제를 외이도 입구 부분에 충분히 넣는다.
5. 귀의 아랫부분을 부드럽게 마사지해 주고 귀를 흔들지 않도록 잡아준다.
6. 동물의 귀를 흔든 후 솜을 이용하여 귀지와 함께 외이도 쪽에 배출된 세정제를 닦아낸다.
7. 귀 세정과 마찬가지로 귀를 들어 외이도 입구 부분을 노출한다.
8. 귀 연고의 마개를 열고 연고를 외이도 입구 부분에 충분히 넣는다.
9. 연고를 눌러 처방된 용량을 외이도에 투여한다.
10. 귀의 아랫부분을 부드럽게 마사지한다.

㉢ 크림 : 사용감이 좋으며 성분이 피부에 잘 스며들지만, 일반적으로 연고보다는 약간 자극성이 있다.

㉣ 로션 : 성분을 잘게 물속에 분산시킨 제제로 연고나 크림을 적용하기 힘든 부위에 사용하며, 연고나 크림보다 약효가 약하다.

㉤ 스프레이제 : 약액과 분무제를 용기 안에 넣은 제제이며 압력으로 분사한다.

㉥ 살포제 : 미세한 가루로 분사 시 들이마시지 않도록 조심해야 한다.

③ **점안제 · 샴푸의 도포**

더 알아보기

안약 투약하기

1. 투약하는 눈이 어느 쪽 눈인지 확인한다.
2. 투여자는 동물의 뒤쪽에 위치한다.
3. 머리를 비스듬히 올리고 투약하는 눈의 뺨 아래쪽을 한쪽 손으로 잡는다.
4. 남은 한쪽 손으로 안약 병을 잡고, 안약 병을 잡은 손으로 동물의 이마 뒤쪽 부분을 살짝 끌어당겨 결막이 노출되도록 한다.
5. 결막 부위에 안약 투입구가 닿지 않도록 조심하면서 한 방울만 떨어뜨린다.
6. 안약이 흡수될 때까지 몇 분간 그 자세를 유지한다.

3 약물 관리

(1) 약물의 종류

① 진정제

㉠ 중추신경계가 흥분한 상태를 진정시키는 약물이다.

㉡ 중추신경계에 작용하여 수면을 유도하고 긴장을 완화시키는 효과가 있다.

② 진통제

㉠ 동물의 통증을 완화시켜주고 제거해주는 약물이다.

㉡ 종류에는 마약성 진통제와 비마약성 진통제가 있다. 마약성 진통제는 중추신경계에서 통증의 전달을 억제하여 진통 효과를 나타내며, 진통 작용이 큰 편이나 오남용의 위험이 있다.

③ 마취제

㉠ 마취상태를 유도하는 약물로 가역적인 감각의 손실을 유도하는 것을 특징으로 한다.

㉡ 주로 수술이나 시술하는 동안에 투여되며 전신마취용과 국소마취용의 두 종류로 크게 분류할 수 있다.

④ 구충제

㉠ 동물의 몸에 기생하는 기생충을 제거하여 기생충에 의한 감염을 치료하는 약물이다.

㉡ 알약, 경피흡수제 등 제품과 사용법이 다양하다.

⑤ 소염제

㉠ 동물 체내의 염증을 가라앉히는 것을 목적으로 하는 약물이다.

㉡ 염증이 발생하면 통증이 생기기 때문에 염증을 가라앉혀 통증을 치료한다.

⑥ 이뇨제

㉠ 소변을 통해 체내에 있는 염분 및 수분을 배출시키는 약물이다.

㉡ 대표적으로는 라식스와 스피로노락톤이 사용된다.

⑦ 항생제

㉠ 미생물에 의하여 만들어진 물질로서 다른 미생물의 성장이나 생명을 막는 약물이다.

㉡ 항균제라고도 불리며 살균제와 정균제가 있다.

⑧ 항진균제 : 진균(곰팡이)의 성장을 억제시키고 소멸시키는 약물이다.

⑨ 지사제

㉠ 감염, 소화 장애, 장 질환 등 다양한 원인으로 발생하는 설사 증상을 완화시키는 약물이다.

㉡ 설사가 지속적으로 반복되면 불편이 심하며 탈수 등의 심각한 문제를 초래한다.

⑩ 항구토제 : 구토가 날 때 증상을 완화시켜주는 약물이다.

⑪ 항암제 : 암세포의 증식을 억제시켜 주는 약물로, 세포독성항암제, 표적항암제, 면역항암제 등으로 분류할 수 있다.

⑫ 항히스타민제

㉠ 항원 항체 반응에 의하여 몸 안에 생긴 과잉 히스타민에 길항 작용을 하여 히스타민의 작용을 억제하는 약물이다.

㉡ 주로 비염・기관지 천식・두드러기・화분증 등의 각종 알레르기 질환과 멀미나 초기 감기를 치료하는 데 쓴다.

㉢ 항히스타민 작용 외에 국소마취・교감신경차단・부교감신경차단・진정・진토 작용이 있다.

(2) 신경계 약물

① 콜린성 약물

㉠ 부교감신경계의 주요 신경전달물질인 아세틸콜린의 작용을 증진시킨다. 녹내장, 소변 정체, 장 정체, 알츠하이머병 등의 치료 및 골격근 차단제의 과용 시 해독, 항콜린성 약물 중독 해독, 중증근무력증 진단 등에 사용한다.

㉡ 직접 작용 콜린성 약물 : 아세틸콜린(Acetylcholine), 카르바밀콜린(Carbamylcholine), 베타네콜(Bethanechol), 필로카르핀(Pilocarpine) 등

㉢ 간접 작용제(항콜린에스테라제, 콜린에스테라제 억제제)

- 가역적 항콜린에스테라제 : 에드로포늄(Edrophonium), 피소스티그민(Physostigmine), 네오스티그민(Neostigmine), 데메카륨(Demecarium) 등
- 비가역적 항콜린에스테라제 : 에코티오페이트(Echothiophate)

㉣ 콜린성 길항제(항콜린약물)

- 설사와 구토의 치료, 분비물 건조, 동공 확장, 서맥 예방 등에 사용한다.
- 아트로핀(Atropine), 스코폴라민(Scopolamine), 아미노펜타마이드(Aminopentamide), 글리코피롤레이트(Glycopyrrolate) 등

더 알아보기

길항제

두 가지 이상의 약물을 함께 사용함으로써 한쪽 약물이 다른 약물의 효과를 감소시키거나 양쪽 약물의 효과가 상호 감소하는 작용을 하는 약제이다.

② 아드레날린성 약물

㉠ 교감신경계의 흥분과 비슷한 효과를 일으키는 약물이다. 심장박동 자극, 혈관 수축, 아나필락시스 치료, 기관지 경련 치료 등에 사용한다.

㉡ 아드레날린 작용제 : 에피네프린(Epinephrine), 노르에피네프린(Norepinephrine), 이소프로테레놀(Isoproterenol), 도파민(Dopamine), 도부타민(Dobutamine) 등

㉢ 아드레날린 길항제

- α 길항제 : 페녹시벤자민(Phenoxybenzamine), 프라조신(Prazosin), 펜톨라민(Phentolamine), 요힘빈(Yohimbine), 톨라졸린(Tolazoline)
- β 길항제 : 프로프라놀롤(Propranolol), 아테놀롤(Atenolol), 소타롤(Sotalol)

③ 중추신경계 약물 : 중추신경계를 흥분 혹은 억제시키는 신경전달물질과 관련된 작용을 한다.

㉠ 진통제

- 오피오이드계 약물 : 모르핀(Morphine), 아편(Opium), 메타돈(Methadone), 옥시모르폰(Oxymorphone), 메페리딘(Meperidine), 펜타닐(Fentanyl), 코데인(Codeine)
- 오피오이드 길항제 : 날록손(Naloxone), 날트렉손(Naltrexone), 날로르핀(Nalorphine), 부토파놀(Butorphanol)

㉡ 신경안정제

- 벤조다이아제핀 유도체 : 디아제팜(Diazepam), 미다졸람(Midazolam), 졸라제팜(Zolazepam)
- 페노티아진 유도체 : 아세프로마진(Acepromazine), 프로메타진(Promethazine), 클로르프로마진(Chlorpromazine), 플루페나진(Fluphenazine), 프로클로르페라진(Prochlorperazine), 트리메프라진(Trimeprazine)
- $\alpha 2$ 작용제 : 자일라진(Xylazine), 메데토미딘(Medetomidine), 덱스메데토미딘(Dexmedetomidine)

㉢ 항경련제 : 바르비투르산염(Barbiturates), 페니토인(Phenytoin), 브롬화칼륨(Potassium Bromide), 벤조다이아제핀(Benzodiazepine)계 약물, 발프로산(Sodium Valproate, VPA), 가바펜틴(Gabapentin), 레비티라세탐(Levetiracetam), 펠바메이트(Felbamate), 조니사마이드(Zonisamide)

㉣ 마취제

- 정맥마취제 : 케타민(Ketamine), 펜시클리딘(Phencyclidine), 티오펜탈(Thiopental), 미다졸람(Midazolam), 프로포폴(Propofol), 에토미데이트(Etomidate)
- 흡입마취제 : 이소플루란(Isoflurane), 세보플루란(Sevoflurane), 할로세인(Halothane), 아산화질소(Nitrous Oxide)

(3) 호흡기계 약물

① 점액용해제

㉠ 점액을 묽게 하여 호흡기계 분비물의 점도를 감소시킨다.

㉡ 브롬헥신(Bromhexine), N-아세틸시스테인(NAC ; N-Acetylcysteine) 등

② 거담제

㉠ 점막의 분비를 촉진하여 점막은 습윤해지고, 분비물의 객출을 용이하게 한다.

㉡ 구아이페네신(Guaifenesin), 염화요오드 등

③ 진해제

㉠ 기침을 완화시키거나 억제하는 약물이다.

㉡ 중추작용제 : 코데인(Codeine), 하이드로코돈(Hydrocodone), 부토르파놀(Butorphanol)

㉢ 말초작용제 : 항염증약, 점액분해제, 기관지이완제를 포함

④ 기관지 이완제

㉠ 기관지를 확장하여 기도 저항을 감소시키고 폐로 가는 기류를 증가시키는 약물이다.

㉡ 부교감신경계 약물 : 아트로핀(Atropine), 글리코피롤레이트(Glycopyrrolate), 이프라트로피움(Ipratropium)

㉢ 아드레날린성 약물

비선택적 효현제	에피네프린(Epinephrine), 에페드린(Ephedrine), 이소프로테레놀(Isoproterenol)
β2 선택적 효현제	터부탈린(Terbutaline), 이소에타린(Isoetharine), 알부테롤(Albuterol), 클렌뷰테롤(Clenbuterol), 살메테롤(Salmeterol)
NK1 수용체 길항제	마로피턴트(Maropitant)

㉣ 메틸잔틴계(Methylxanthine) 약물 : PDE 억제제, 테오필린(Theophilline)

⑤ 항히스타민제 : 피릴아민(Pyrilamine), 트리펠레나민(Tripelennamine), 디펜히드라민(Diphenhydramine), 하이드록시진(Hydroxyzine), 세티리진(Cetirizine), 시프로헵타딘(Cyproheptadine)

⑥ 항생제와 항염제

㉠ 항생제 : 세팔로스포린(Cephalosporin)계, 설폰아마이드(Sulfonamide)계, 아목시실린(Amoxicillin), 플루오로퀴놀론(Fluoroquinolone)

㉡ 항염제 : 프레드니솔론(Prednisolone), 프레드니손(Prednisone)

⑦ 호흡기 흥분제 : 독사프람(Doxapram)

(4) 소화기계 약물

① 구토제

㉠ 위 속에 있는 내용물을 토하게 할 때 쓰이는 약물로 토제, 최토제라고도 한다.

㉡ 아포모르핀(Apomorphine), 자일라진(Xylazine), 과산화수소수

② 항구토제

㉠ 구토 및 구역을 줄여주는 약물이다.

㉡ 아세프로마진(ACP ; Acepromazine), 클로르프로마진(CPZ ; Chlorpromazine)

③ 항히스타민제 : 디펜하이드라민(Diphenhydramine), 디멘하이드리네이트(Dimenhydrinate), 트리메토벤자마이드(Trimethobenzamide), 메클리진(Meclizine)

④ 항궤양제

㉠ 위산분비 억제제

H2 수용체 길항제	파모티딘(Famotidine), 라니티딘(Ranitidine), 시메티딘(Cimetidine)
양성자 펌프 억제제	오메프라졸(Omeprazole), 에소메프라졸(Esomeprazole)

㉡ 제산제 : 수산화 알루미늄(Aluminum Hydroxide), 수산화 마그네슘(Magnesium Hydroxide), 수산화 칼슘(Calcium Hydroxide)

㉢ 위 운동성 조절제 : 메토클로프라마이드(Metoclopramide), 돔페리돈(Domperidone)

⑤ 위점막 보호제 : 수크랄페이트(Sucralfate), 미소프로스톨(Misoprostol)

⑥ 소장에 작용하는 약제

㉠ 항콜린성제제 : 아트로핀(Atropine), 히오스신(Hyoscine), 글리코피롤레이트(Glycopyrrolate), 프로판텔린(Propantheline)

㉡ 아편제제 : 로페라마이드 염산염(Loperamide Hydrochloride)

(5) 비뇨기계 약물

① 고리 이뇨제(Loop Diuretics) : 푸로세마이드(Furosemide), 토르세마이드(Torasemide)

② 티아지드계 이뇨제(Thiazide Diuretics) : 클로로티아지드(Chlorothiazide), 하이드로클로로티아지드(Hydrochlorothiazide)

③ 삼투성 이뇨제 : 만니톨(Mannitol), 글리세롤(Glycerol), 다이메틸설폭사이드(DMSO ; Dimethyl Sulfoxide)

④ 탄산탈수효소 억제제 : 아세타졸아마이드(Acetazolamide), 메타졸아마이드(Methazolamide), 디클로르페나마이드(Dichlorphenamide)

⑤ 칼륨보존성 이뇨제(Potassium-sparing Diuretics)

㉠ 타 이뇨제에 비해 항고혈압 효과가 약하고 고칼륨혈증이 발생할 수 있다.

㉡ 트리암테렌(Triamterene), 아밀로라이드(Amiloride), 스피로노락톤(Spironolactone) 등

⑥ 안지오텐신(Angiotensin) 전환 효소 억제제 : 라미프릴(Ramipril), 에날라프릴(Enalapril), 베나제프릴(Benazepril), 포르테코르(Fortekor), 캡토프릴(Captopril)

⑦ 칼슘 채널 차단제 : 딜티아젬(Diltiazem), 베라파밀(Verapamil), 암로디핀(Amlodipine) 등

⑧ 혈관 확장제 : 하이드랄라진(Hydralazine), 질산염(Nitrate) 계통 혈관확장제

(6) 심혈관계 약물

① 심부전 관리 약물

수축성 기능 장애	혈관확장제, 이뇨제, 심근강화제 사용하여 치료
이완기 기능 장애	칼슘채널 차단제, β 차단제, ACE 억제제, 이뇨제(폐부종 시) 사용 필요

㉠ 이뇨제 : 푸로세마이드(Furosemide), 스피로노락톤(Spironolactone), ACE 억제제

예 에날라프릴(Enalapril), 베나제프릴(Benazepril), 캡토프릴(Captopril), 리시노프릴(Lisinopril), 라미프릴(Ramipril) 등

㉡ 혈관확장제 : 히드랄라진(Hydralazine), 암로디핀(Amlodipine), 질산염 계통 혈관확장제

예 나이트로프루시드나트륨[Sodium Nitroprusside(IV)], 나이트로글리세린(Nitroglycerine), 이소소르비드(Isosorbide Dinitrate) 등

㉢ 수축력 증가제 : 피모벤단(Pimobendan), 디곡신(Digoxin), 도파민(Dopamine), 도부타민(Dobutamine), 밀리논(Milrinone)

② 항부정맥 약물

㉠ Class I 약물 : 세포막 안정화, 흥분성 감소, 전도지연 등의 효과가 있다.

Class IA	퀴니딘(Quinidine), 프로카인아마이드(Procainamide), 디소피라마이드[Disopyramide(Na channel Blocker)]
Class IB	리도카인(Lidocaine), 멕실레틴(Mexiletine), 토카이니드(Tocainide), 페니토인(Phenytoin)
Class IC	플레카이니드(Flexainide), 엔카이니드(Encainide), 프로파페논(Propafenone)

㉡ Class II 약물

- 심박과 심근 산소요구량을 감소시키고, 개에서 Class I 약물과 병용사용 시 효과적이다.
- 아테놀올(Atenolol), 프로프라놀롤(Propranolol), 에스모롤(Esmolol), 메토프로롤(Metoprolol), 카르베딜롤(Carbedilol)

㉢ Class III 약물

- 전도속도 감소 없이 심장 활동전위 유효불응기가 연장된다.
- 소타롤(Sotalol), 아미오다론(Amiodarone)

㉣ Class IV 약물

- 심근수축력이 감소하고, 관상동맥과 전신혈관 확장을 유발한다.
- 딜티아젬(Diltiazem), 베라파밀(Verapamil)

③ 항고혈압 약물(혈관이완약물)

㉠ ACE 억제제 : 개에서 고혈압 치료용으로 사용된다.

㉡ 칼슘 이온 유입 차단제 : 암로디핀(Amlodipine), 딜티아젬(Diltiazem), 니페디핀(Nifedipine)

㉢ 기타 혈관 확장약물 : 니트로프루시드(Nitroprusside), 히드랄라진(Hydralazine), α1-차단제, β-차단제

④ 혈전색증 약물

㉠ 항응고제 : 헤파린(Heparin), LMWHs(Low Molecular Weight Heparins), 와파린(Warfarin)

㉡ 섬유소 용해제 : 스트렙토키나제(Streptokinase), 우로키나제(Urokinase), rt-PA(Recombinant Tissue Plasminogen Activator)

㉢ 항혈소판제 : 아스피린(Aspirin), 클로피도그렐(Clopidogrel)

⑤ 심장 글리코사이드(Cardiac Glycoside), 카테콜아민(Catecholamine)

(7) 피부과 약물

① 항소양증 약물

㉠ 글루코코르티코이드(Glucocorticoids)제 : 히드로코르티손(Hydrocortisone), 프레드니솔론(Prednisolone), 프레드니손(Prednisone), 메틸프레드니솔론(Methylprednisolone), 트리암시놀론(Triamcinolone), 덱사메타손(Dexamethasone), 베타메타손(Betamethasone)

㉡ 항히스타민제 : 클로르페니라민(Chlorpheniramine), 디펜히드라민(Diphenhydramine), 히드록시진(Hydroxyzine), 사이프로헵타딘(Cyproheptadine), 테르페나딘(Terfenadine), 클레마스틴(Clemastine)

㉢ 프로게스테론 화합물(Progesterone Compounds)

- 고양이에서 소양감을 치료하기 위해 사용되며, 개에는 사용이 불가능하다.
- 메게스트롤 아세테이트(Megestrol Acetate), 데포-프로베라(Depo-provera)

② 국소적용 약물

㉠ 항생제 : 무피로신(Mupirocin), 암포테리신 B(Amphotericin B), 클로트리마졸 1%(Clotrimazole 1%), 미코나졸(Miconazole), 니스타틴(Nystatin), 티아벤다졸(Tiabendazole)

㉡ 항기생충제 : 이미다클로프리드(Imidacloprid), 피프로닐(Fipronil), 아미트라즈(Amitraz), 메토프렌(Methoprene), 루페뉴론(Lufenuron)

③ 전신적용 약물

㉠ 항곰팡이제 : 그리세오풀빈(Griseofulvin), 케토코나졸(Ketoconazole), 이트라코나졸(Itraconazole), 테르비나핀(Terbinafine)

㉡ 항기생충제 : 이버멕틴(Ivermectin), 밀베마이신(Milbemycin), 목시덱틴(Moxidectin), 셀라멕틴(Selamectin)

(8) 약물의 재고 관리

① **약물의 보관** : 냉장, 실온 보관 등 보관 방법을 파악하여 적절한 위치에 정리한다.

② **약물의 수량 점검** : 약물은 사용기한을 정기적으로 확인하여 기한이 지난 약물을 폐기 처리해야 하며, 수량을 확인하여 부족한 약물은 수의사에게 보고한다.

③ **규제 약물의 보관** : 잠금장치가 있는 서랍장에 별도로 보관하여야 한다.

④ 재고 관리비는 인건비 다음으로 지출이 높은 항목에 속한다.

CHAPTER 03 실전예상문제

01 **약리학에 대한 설명으로 옳지 않은 것은?**

① 약리학은 약물을 생체에 투여했을 때 그 약물로 인하여 일어나는 생체현상의 변동을 연구하는 학문이다.
② 약리학은 질병의 진단, 치료 및 예방을 위한 합리적 약물의 응용이 목적인 학문이다.
③ 약물은 생체 기능을 변동시킬 수 있는 음식물을 제외한 모든 화학적 물질이다.
④ 약물은 질병을 진단, 치료 및 예방하기 위해 사용하는 화학적 물질이다.
⑤ 약물에 의하여 어떤 조직, 장기의 고유 기능이 항진되었을 때 이것을 억제라고 하며, 반대로 기능이 저하되었을 때를 흥분이라고 한다.

해설

약물에 의하여 어떤 조직, 장기의 고유 기능이 항진되었을 때 이것을 흥분이라고 하며, 반대로 기능이 저하되었을 때를 억제라고 한다.

02 **처방전에서 사용하는 약어를 잘못 설명한 것은?**

① ac(ante cibum) – 식사 전
② pc(post cibum) – 식사 후
③ po(per os) – 경구
④ ad lib – 원하는 대로
⑤ prn(pro re nata) – 1일 1회

해설

prn(pro re nata) : 필요할 때마다, sem.i.d(semel in die) : 1일 1회

01 ⑤ 02 ⑤ 정답

03 주사제 투여 시 주의사항으로 옳지 않은 것은?

① 피하주사는 근육 내 주사보다 통증이 크다.

② 주사용 약제를 사용할 경우 주사기의 바늘에 찔리지 않도록 유의한다.

③ 주사용 약제는 변질이 쉽게 발생하므로 보관에 유의한다.

④ 피하주사 부위는 어깨와 엉덩이 사이의 배외측면 부위나 어깨 사이 부위 모두 적용할 수 있다.

⑤ 다 쓰고 난 주사기는 반드시 안전하게 처리해야 하며 동물이 닿지 않는 곳에 보관해야 한다.

해설

피하주사는 근육 내 주사보다 통증이 적다.

04 수액세트를 세팅하는 방법을 순서대로 나열한 것은?

ㄱ. 포장된 수액세트를 꺼낸다.
ㄴ. 조절기를 열어 약물을 유출해 주입관 내의 공기를 완전히 제거하고 조절기를 잠근다.
ㄷ. 수액대에 수액 용기를 거꾸로 매달고 점적통을 2~3회 눌러 점적통에 약 1/2 정도 수액을 채운다.
ㄹ. 조절기를 완전히 잠그고 도입침의 덮개를 제거한 다음, 도입침을 수액 용기 중앙에 수직으로 꽂는다.
ㅁ. 세팅된 수액세트를 이용하여 수액관 설치를 보조한다.

① ㄱ → ㄴ → ㄹ → ㄷ → ㅁ

② ㄹ → ㄱ → ㄴ → ㄷ → ㅁ

③ ㄱ → ㄹ → ㄷ → ㄴ → ㅁ

④ ㄹ → ㄱ → ㄷ → ㄴ → ㅁ

⑤ ㄷ → ㄱ → ㄹ → ㄴ → ㅁ

해설

ㄱ → ㄹ → ㄷ → ㄴ → ㅁ 순으로 세팅한다.

05 경구 투여 약물의 형태가 아닌 것은?

① 정제(Tablet)　② 바이알(Vial)

③ 낭제(Capsule)　④ 분말(Powder)

⑤ 엘릭시르(Elixir)

해설

바이알(Vial)은 주사제의 형태 중 하나로 주삿바늘을 삽입하는 부위가 고무로 되어 있으며, 그 제재로 액제와 분말제가 있다.

정답 03 ① 04 ③ 05 ②

06 비경구 약제에 대한 설명으로 옳지 않은 것은?

① 소독약은 대부분 대용량 통에 담아져 있으므로 가급적 소분해서 사용한다.
② 연고는 일반적인 도포약이며 유지를 기초로 하여 피부를 보호하고 자극이 적다.
③ 크림은 사용감이 좋으며 성분이 피부에 잘 스며들지만, 일반적으로 연고보다는 약간 자극성이 있다.
④ 로션은 성분을 잘게 물속에 분산시킨 제제로 연고나 크림을 적용하기 힘든 부위에 사용하며, 연고나 크림보다 약효가 약하다.
⑤ 복강 내 주사는 흡수면적이 넓어 약물이 천천히 흡수된다.

해설

복강 내 주사는 흡수면적이 넓어 약물이 신속히 흡수된다.

07 정맥 내 주사(IV ; Intravenous Injection)에 대한 설명으로 옳지 않은 것은?

① 직접 정맥 내 약물을 투여하는 방법이다.
② 주사 부위는 주로 요골 쪽 피부정맥과 목정맥이다.
③ 작용이 가장 빨리 나타나고 혈액 중의 유효농도를 정확하게 조절할 수 있어 응급 시 가장 좋은 투여법이다.
④ 동물 실험에서 이 방법을 많이 이용하나, 임상에서는 복막염 등의 위험성이 있어 주로 사용되지는 않는다.
⑤ 투여가 곤란한 자극성 약물이나 고장성(Hypertonic)인 약물도 정맥 내 주사로는 천천히 투여할 수 있다.

해설

복강 내 주사(IP ; Intraperitoneal Injection)는 복강 내로 직접 약물을 투여하는 방법으로 동물 실험에서 많이 이용하나 임상에서는 잘 사용되지 않는다. 정맥 내 주사는 정맥 내로 약물을 직접 투여하는 방법으로서, 작용이 가장 빨리 나타나고 혈액 중의 유효농도를 정확하게 조절할 수 있어 응급 시 가장 좋은 투여법이다.

08 안약을 투여하는 방법에 대한 설명으로 옳지 않은 것은?

① 머리를 비스듬히 올리고 투약하는 눈의 뺨 아래쪽을 한쪽 손으로 잡는다.
② 투약하는 눈이 어느 쪽 눈인지 확인한다.
③ 투여하는 사람은 동물의 앞쪽에 위치한다.
④ 결막 부위에 안약 투입구가 닿지 않도록 조심하면서 한 방울만 떨어뜨린다.
⑤ 안약이 흡수될 때까지 몇 분간 그 자세를 유지한다.

해설

안약을 투여하는 사람은 동물의 뒤쪽에 위치해야 한다.

06 ⑤ 07 ④ 08 ③ **정답**

09 다음 중 미생물에 의하여 만들어진 물질로서 다른 미생물의 성장이나 생명을 막는 약물은?

① 마취제
② 항생제
③ 이뇨제
④ 지사제
⑤ 소염제

해설

항생제는 항균제라고도 불리며 감염을 막거나 세균질환을 치료하는 데 사용되는 항미생물질이다.

10 다음 중 소화기계 약물이 아닌 것은?

① 구아이페네신(Guaifenesin)
② 파모티딘(Famotidine)
③ 오메프라졸(Omeprazole)
④ 수크랄페이트(Sucralfate)
⑤ 아세프로마진(ACP ; Acepromazine)

해설

구아이페네신(Guaifenesin)은 거담제로 호흡기계 약물에 해당한다.

11 신경계 약물 중 콜린성 약물에 해당하는 것은?

① 카르바밀콜린(Carbamylcholine)
② 케타민(Ketamine)
③ 도파민(Dopamine)
④ 모르핀(Morphine)
⑤ 디아제팜(Diazepam)

해설

카르바밀콜린(Carbamylcholine)은 직접 작용 콜린성 약물로 부교감신경계의 주요 신경전달물질인 아세틸콜린의 작용을 증진시킨다.

12 흡입마취제에 해당하는 약물은?

① 케타민(Ketamine)
② 펜시클리딘(Phencyclidine)
③ 이소플루란(Isoflurane)
④ 미다졸람(Midazolam)
⑤ 프로포폴(Propofol)

해설

케타민(Ketamine), 펜시클리딘(Phencyclidine), 미다졸람(Midazolam), 프로포폴(Propofol)은 정맥마취제이다.

정답 09 ② 10 ① 11 ① 12 ③

13 다음 중 젖은 기침을 치료하기 위해 사용하는 약물은?

① 거담제
② 진해제
③ 점액용해제
④ 기관지 이완제
⑤ 호흡기 흥분제

해설
젖은 기침을 치료하기 위해서 거담제를 사용하며, 항히스타민제와 함께 처방한다.

14 타 이뇨제에 비해 항고혈압 효과가 약한 것이 특징인 것은?

① 삼투성 이뇨제
② 루프 이뇨제
③ 혈관 확장제
④ 칼륨보존성 이뇨제
⑤ 안지오텐신 전환 효소 억제제

해설
칼륨보존성 이뇨제(Potassium-sparing Diuretics)는 타 이뇨제에 비해 항고혈압 효과가 약하고 고칼륨혈증이 발생할 수 있다.

15 의약품의 재고 관리에 대한 설명으로 가장 옳지 않은 것은?

① 신제품에 대한 학습이 필요하다.
② 재고 자산 보유 원가를 최소화하기 위해 시행한다.
③ 규제약물은 잠금장치가 있는 곳에 보관하여야 한다.
④ 약물의 수량을 확인하여 부족한 약물은 수의사에게 보고한다.
⑤ 재고 관리비는 인건비보다 지출이 높은 항목에 속한다.

해설
재고 관리비는 인건비 다음으로 지출이 높은 항목에 속한다.

13 ① 14 ④ 15 ⑤ **정답**

CHAPTER 04 동물보건영상학

1 방사선 발생 원리 및 작동법

(1) X-ray 촬영 준비

① 수의영상의학

㉠ X-ray, 초음파, 컴퓨터 단층 촬영(CT), 자기공명영상(MRI), PET-CT, 핵의학 등 단면 영상, 3차원 영상을 이용한 진단 검사 분야를 말한다.

㉡ 동물의 내부 장기, 조직, 뼈 등의 질병을 정확히 진단하여 정상·비정상을 감별하고, 질병의 진행 정도를 확인하여 치료 방향 및 질병의 예후를 확인할 수 있다.

② 방사선의 종류와 특징

㉠ 방사선의 종류

- 주변 물질의 분자·원자의 전자 수를 바꾸는 이온화 방사선(전리 방사선), 변화를 일으키지 않는 비이온화 방사선
- 지구 밖에 존재하는 우주 방사선(우주선), 지구 내에 자연적으로 존재하는 방사선, 의료용·산업용 등으로 생성되는 인공 방사선
- 원자핵이 부서져 튀어 나가는 입자가 이동하는 입자 방사선 예 알파선, 베타선, 양성자선
- 에너지 자체가 이동하는 전자기 방사선 예 라디오파, X선, 감마선

㉡ X-ray의 발견

- 독일 물리학자 빌헬름 뢴트겐(Wilhelm Konrad Röntgen, 1845~1923)이 1895년 음극선을 실험하던 중, 기존 광선보다 투과력이 좋은 방사선의 존재를 발견하였다.
- 뢴트겐선이라고도 하며, 미지의 방사선을 의미하는 X를 붙여 'X-ray(X선)'라고 명명하였다.
- 뢴트겐은 X-ray 발견으로 1901년 최초의 노벨물리학상을 수상하였고 X선의 발견이 인류의 재산이 되기를 바란다며 특허를 내지 않았다.

㉢ X-ray의 특징

- 직선으로 통과한다.
- 투과력이 강하고 인체 내부를 투사하며 의료용으로 사용된다.
- 전자기파의 일종으로, 가시광선(빛)의 수천 분의 일인 10~0.01nm 정도로 파장이 짧다.
- 단파장의 큰 에너지로 인해 물질을 통과하면서 닿는 원자·분자에 대해 이온화 작용을 하며, 이로 인해 생체조직 내에서 생물학적 변화를 일으킨다.

더 알아보기

전자기 방사선의 활용 예 - 감마선 조사(照射)

방사선의 일종인 감마선을 쬐어 미생물을 사멸하는 멸균법이다. 제품 포장이 완성된 상태에서 감마선을 쬐어 제품·실험 도구에 포함된 생물체의 DNA, 단백질 등 세포 구성 성분을 손상·멸균하는 방법이다. 멸균 과정에서 온도 상승, 변형 등이 없다는 장점이 있으나 특수 장비가 필요해 업체에서 별도로 진행해야 한다.

(2) X-ray 기기

① X-ray 기기의 구조

㉠ X선관(X-ray Tube) : X선을 생성하는 구역으로 크게 양극과 음극으로 내부가 나뉘며, 음극에서 양극으로 전자를 쏘아 부딪히면서 X선이 생성된다.

㉡ 콜리메이터(Collimator) : X선의 일차선이 노출되는 구역으로 X선관 바로 아래에 부착되어 있다. 촬영 부위마다 필요한 크기로 조절해 산란선의 양을 조절한다.

㉢ 컨트롤 패널(Controller)

- X선의 힘을 얼마나 세게 할지, X선의 양을 얼마나 생성할지 명령하기 위한 기기 구조이다. 어느 순간에 X선을 생성할지도 결정할 수 있다.
- kV 표시계, mA 표시계, mAs 표시계, 촬영버튼 등으로 구성된다.

㉣ 검출기(Detector)

- X선 영상획득 장치를 말하며, 눈에 보이지 않는 X선을 눈으로 볼 수 있는 가시광선으로 변환한 뒤, 이를 다시 전기 신호로 변환해 디지털 영상정보로 바꿔주는 장치이다.
- 필름 현상 과정 없이 영상을 모니터로 바로 전송할 수 있다.
- 컴퓨터 방사선(CR ; Computed Radiography)과 직접 디지털 방사선(DR ; Direct Digital Radiography)이 있다.

② X선 기기의 종류

구분	내용
일반 X-ray 기기	• 필름을 이용하여 X-ray 촬영을 하는 방법 • 정지 영상을 촬영 • 카세트, 마커, 필름, 현상액, 고정액, 현상기, 필름 판독대(View Box)가 필요 • 기술 발전으로 인해 사용이 간편하고 작동이 쉬운 CR, DR 촬영이 늘고 필름 이용 촬영은 줄어드는 추세
CR(Computed Radiography)	• 필름 대신 영상 리더기(Imaging Reader)로 실행 • 이미지 확인을 위한 컴퓨터가 필요
DR(Digital Radiography)	• 필름 대신 DR 기기 내에 장착된 검출기가 필름과 카세트의 역할을 담당 • 디텍터마다 이미지 처리 방식이 다름 • 이미지 확인을 위한 컴퓨터가 필요
투시(Fluoroscopy)기기	• 정지 영상이 아니라 실시간으로 움직이는 영상 촬영 • 조영술 시술·수술 시 사용 • 다른 기기에 비해 검사 시 다량의 방사선 발생

(3) X-ray 촬영 순서

① 촬영 도구를 준비하고 방어복을 착용한다.

② 동물을 보정한다[기본적으로 우측 외측상(Right LAT), 복배상(VD) 자세로 보정].

③ 촬영 부위에 따라 중앙부를 맞춘다.

④ X-ray 조건을 맞춘다.

㉠ 캘리퍼를 이용하여 촬영 부위 두께를 재고 kVp, mAs를 맞춘다.

㉡ 흉부는 최대 흡기 시 촬영하고 복부는 최대 호기 시 촬영한다.

⑤ 현상한 필름을 판독대에 걸어 놓는다.

⑥ 수의사가 확인 후 필요시에는 재촬영 및 추가 촬영을 한다.

2 동물진단용 방사선 안전 관리

(1) 방사선 안전 관리

① **방사선 관리제도** : 2011년 제정된 「동물 진단용 방사선 발생장치의 안전관리에 관한 규칙」에 따라 동물병원에서는 규정된 사항을 시행해야 한다.

② **방사선 관계 종사자의 범위**

㉠ 수의사, 방사선사, 방사성동위원소 취급자 면허를 가진 사람 등 X선 영상기기를 사용하고 관리하는 모든 사람을 말하며, 이 중 1인을 방사선 관계 책임자로 임명해야 한다.

㉡ 방사선 관계 책임자는 2년에 1회, 방사선 관계 종사자와 관련한 건강진단을 받아야 한다.

㉢ 단, X선 기기에 대한 주당 최대 동작 부하량이 8mA/min 이하의 경우에는 적용되지 않는다.

③ **방사선 이용 시 안전·유의 사항**

㉠ 방사선 피폭량이 과하면 세포 변화, 괴사를 일으킬 수 있으므로 일차선에 노출되지 않도록 주의한다.

㉡ 촬영실에는 최소한의 인원만 들어간다.

㉢ X선 노출량을 최소로 하기 위하여 다수가 돌아가면서 촬영한다.

㉣ 촬영 시 반드시 방어복을 착용한다.

㉤ 촬영 시 임신부와 미성년자의 출입은 금한다.

㉥ 방사선이 발생하는 곳에는 누구나 알아볼 수 있도록 방사선 발생 구역 표시를 하고 일반인의 출입을 제한한다.

㉦ 방어 물품의 상태를 주기적으로 점검한다. 방어 물품을 직접 X선 촬영하여 결함 유무를 판단할 수 있다.

㉧ 측정 기관에서 제공하는 TLD 배지를 착용한다.

- TLD 배지를 이용하여 분기별로 한 번씩 X선 피폭 정도를 검사한다.
- 배지는 근무복에 항상 착용하고 방어복을 착용했을 때에는 안에 착용한다.

용어설명

피 폭
방사선이 가지고 있는 높은 에너지원으로 인해 인체에 피해를 주는 상태

시버트(Sv ; Sievert)
- 인체에 피폭되는 방사선량을 나타내는 측정 단위이며, 과거에는 큐리(Ci)·렘(rem) 등을 사용했지만 지금은 베크렐(Bq)·시버트(Sv)로 통일됐다.
- 병원에서 X선을 촬영하는 경우, 1회 약 0.1~0.3mSv(밀리시버트)의 방사선량을 받게 되며 한 번에 100mSv를 맞아도 인체에 별 영향이 없으므로 의료 진단에 사용하는 방사선의 피폭량은 인체에 해가 없다고 본다. 하지만 원전 종사자는 이를 초과해서는 안 되며 7000mSv를 받으면 며칠 내에 사망한다.

④ 방어시설의 제한

㉠ X선실의 벽은 콘크리트 25cm 이상이거나 벽 내부에 납 층이 구성되어 있어야 한다.

㉡ 창문은 없거나 있다면 납유리로 되어 있어야 하며, 문 안에도 납 층이 있어 X선 촬영실 밖으로 X-선이 새어나가지 못하도록 하여야 한다.

⑤ 방어 도구

㉠ X-ray 촬영 시 검사실에 입실하는 진료진은 방어 도구를 착용해야 한다.

㉡ 사람과 달리 동물은 직접 보정하여 X-ray 촬영을 진행해야 한다.

㉢ 동물을 화학적으로 보정한 경우, 모래주머니 등으로 물리적 보정을 하고 사람의 경우처럼 다른 방에서 촬영할 수도 있지만 검사하는 내원 동물 모두를 진정·마취할 수 있는 상태가 아니며, 촬영 때마다 약물을 투여할 수 없으므로 직접 보정이 필요하다. 따라서, 직접 보정으로 인한 산란선으로부터 방어 도구를 착용해야 한다.

㉣ 방사선 보호장구(방어 도구)

<table>
<tr><td rowspan="1">방사선 앞치마</td><td>• 방사선 촬영 시 반드시 착용함
• 납당량은 최소 0.25mmPb 이상이 좋으며 주로 0.5mmPb의 납당량이 사용됨
• 구부리는 경우 균열이 발생하므로 사용 후 옷걸이에 펼쳐서 보관함
• 방사선 보호 성능
<table><tr><td>리드 동등한 색인</td><td>0.25mmpb</td><td>0.35mmpb</td><td>0.5mmpb</td></tr><tr><td>차폐 효율</td><td>96%</td><td>97.5%</td><td>98.5%</td></tr></table></td></tr>
<tr><td>방사선 장갑</td><td>내부에 공기가 통하도록 보정틀을 넣고 펼쳐서 보관</td></tr>
<tr><td>갑상샘 보호대</td><td>앞치마가 목 부위까지 보호되지 않을 때 사용</td></tr>
<tr><td>방사선 안경</td><td>안구 내 수정체 보호 목적</td></tr>
</table>

용어설명

납당량
동일 조건하에서 그 물질이 나타내는 선량률의 감쇄와 동등한 감쇄를 나타내는 납 두께를 말하며 납당량이 높을수록 좋지만 무거움. 단위는 mmPb

차 폐
방사선원 주위의 일정한 영역을 가리개나 벽으로 둘러싸서 밖의 물체가 방사선에 감응하지 않도록 막는 일이나 물체

⑥ X-ray 촬영 시 위험 요소

㉠ 개인 보호장비 미착용 : 방사선 보호장비 착용 시 무겁고 불편하여 착용하지 않는 경우가 많아 방사선 노출 위험이 높다.

㉡ 재촬영 횟수 증가 : 방사선 노출을 최소화하기 위해 한 번의 촬영으로 질 좋은 영상을 얻을 수 있도록 촬영 기술 습득이 필요하다.

㉢ 1차 X선 노출 : 방사선 장갑 미착용으로 주로 발생하며 소형 동물의 경우 방사선 장갑 착용시 촬영에 불편함이 있어 착용하지 않는 경우가 많다.

㉣ 콜리메이터 미사용 : 콜리메이터를 가장 크게 확대한 상태에서 촬영하는 경우가 많다. 노출 위험도를 줄이기 위해 촬영 부위에 맞게 조절하여 사용하는 것이 필요하다.

⑦ 방사선실의 폐기물 처리

㉠ 방사선실 구비용품 : X-ray 촬영 물품, 폐액통, 폐필름 보관통 기기(장비, 공구)

㉡ 폐필름 : 화학약품은 신체에 유해하므로 타 용도로 사용하지 않고 폐필름 처리업체를 통해 폐기물 처리한다.

㉢ 폐액 : 지정된 폐액통에만 담고 내용물을 알아볼 수 있도록 표시한다. 하수도로 바로 버리지 않고 폐액 처리업체로 의뢰한다.

3 방사선 촬영 준비

(1) X-ray 촬영에 필요한 물품

① 필름 및 카세트

㉠ X선 필름이 가시광선에 노출되면 사용할 수 없으므로 필름 크기에 맞는 보호용 카세트를 사용한다.

㉡ X선 필름이 가시광선에 노출되면 현상 후에도 영상화되지 않으므로 암실에서 현상한다.

㉢ 현상 → 세척 → 고정 → 세척 → 건조의 단계를 거친다.

② 그리드(Grid)

㉠ 동물과 검출기 사이에 위치시켜 산란선의 양을 조절하여 대조도가 높은 X선 영상을 얻는 데 사용한다.

㉡ 비만 동물이나 대형견 촬영 시 산란선이 많이 발생하여 영상의 질을 저하하므로 질을 향상시키고, 동물과 보정자에게 피폭을 더하지 않도록 산란선을 줄이기 위해 사용한다.

㉢ 그리드를 사용할 때는 좀 더 높은 노출 조건을 주어 투과도가 떨어지지 않도록 한다.

㉣ 그리드 비율(격자비, Grid Ratio)은 납선의 높이와 각 격자 사이의 거리와의 관계를 말하며 격자비가 높을수록 대비도와 선예도(경계의 뚜렷한 정도)를 높여줄 수 있다.

③ 마커(Marker) : X선 영상의 촬영 일자, 환자명, 병원명, 조영제 투입시간, 촬영 방향 등의 정보를 표시할 때 사용되며, 펜이나 매직으로 필름에 직접 쓰면 손상되거나 지워질 우려가 있으므로 납으로 된 마커를 사용한다.

④ 필름 ID 카메라 : 낱개의 납 마커를 사용 시 잃어버리기 쉽고, 맞추는 데 조잡하고 시간이 걸리므로 개발한 것이 필름 ID 카메라이다. 필름의 정보를 한꺼번에 작성하여 X선에 노출해 필름에 찍어내는 기기이다.

⑤ 기타 물품 : 동물 보정틀(Vet Immobilizer), 조영제, 위관 튜브, 정맥 카테터 세트, 실린지, 의료용 그릇, 설압자, 캔 사료 약간(필요에 따라), 의료기기 관리대장, 동물 진단용 방사선 안전관리기준, X-ray 기기, 방어복, 캘리퍼(Calliper), 컴퓨터, X-ray에 영상화되지 않는 끈, 테크닉 차트 등(단, DR 촬영의 경우 카세트, 마커, 그리드는 필요하지 않음)

(2) 영상진단기기의 관리

① 영상진단기기의 특징

㉠ 온도와 습도에 민감하고 약하다.

㉡ 온도가 너무 높으면 과부하의 위험이 있고 습도가 너무 높으면 기기의 부식을 유발할 수 있다.

㉢ 필요에 따라 냉방기나 제습기를 사용한다.

② X-ray 기기 및 관련 물품 관리

㉠ SID를 확인한다. 튜브와 카세트(디텍터)의 거리가 100cm인지 확인한다.

㉡ 정기적으로 X선 튜브의 각도가 바닥과 수직인지 확인한다.

㉢ 정기적으로 콜리메이터를 관리한다. 콜리메이터에 표시된 너비와 가시적인 빛의 너비가 같은지 체크한다.

㉣ 카세트를 정기적으로 검사한다. 균질한 물체를 이용하여 촬영하면 카세트의 증감지와 필름의 접촉 정도를 테스트할 수 있고 영상의 질을 확인할 수 있다.

㉤ 디텍터를 정기적으로 검사한다.

용어설명

SID(Source-Image Distance)

- X선 튜브 초점에서 검출기까지의 거리를 말한다.
- SID가 감소하면 X선 강도는 세지고, 증가하면 X선 강도는 약해진다.
- X선 강도는 거리의 제곱에 반비례한다.
- SID가 변경되면 mAs 값을 재조정해야 한다.
- SID는 보통 100cm(40인치)로 사용한다.

(3) PACS(Picture Archiving and Communication System)

① 개 요

㉠ 필름 대신 컴퓨터를 통해 진단 영상을 확인하는 시스템이다.

㉡ PACS는 컴퓨터뿐만 아니라 영상을 획득・저장・전송하고 볼 수 있는 시스템을 갖추고 있으므로 영상진단기기, 저장장치, 전송을 위한 네트워크, 확인을 위한 소프트웨어와 컴퓨터가 필요하다.

② 특 징

장 점	단 점
• 필름 현상 용품이 필요하지 않다. • 촬영 후 영상의 질을 보완할 수 있고 영상을 다양한 방법으로 확인할 수 있다. • 동시에 여러 진료실에서 영상을 확인할 수 있다. • 동물병원 사이의 교류 시간이 짧아져 좀 더 신속하게 치료할 수 있다.	• X-ray장비, PACS 연동 프로그램, 저장장치, 의료용 모니터 등 초기 비용이 많이 든다. • 네트워크에 문제가 생기는 등 오류가 발생하면 진료가 중단될 수 있다. • 병원 구성원 전체가 시스템을 다룰 줄 알아야 한다.

(4) 방사선 촬영 조건

① 개요 : 검사 부위의 두께에 따라 kVp와 mAs를 다르게 촬영한다.

② kVp(Kilovoltage Peak, 관전압)

㉠ 튜브 내에서 흐르는 전기의 압력이다.

㉡ 양극과 음극 사이의 전위 차이로 최대한 사용 가능한 에너지를 말한다.

㉢ X-선의 투과 정도에 영향을 끼치는 요소이며, 이 두 요소에 따라 대비도(Contrast)와 밀도(Density)가 달라진다.

㉣ kVp가 높을수록 빔의 에너지는 커지고(투과도 상승), 밀도는 높아지며, 대비도는 낮아진다.

③ mA(Milliamperes, 관전류)

㉠ 튜브 내에서 흐르는 전류이다.

㉡ 음극의 전자량으로 인해 발생하는 X선량을 말한다.

㉢ mAs는 X선의 조사량(mA) × 조사 시간(sec)으로, mA가 높거나 조사(照射) 시간이 길어지면 mAs는 높아진다. mAs가 높을수록 X선량은 많아지고 밀도는 커진다.

용어설명

대비도와 밀도

- 대비도란 영상화한 인접 구조 간의 밝기 차이 정도를 말한다. 예를 들어 X선 촬영된 금속과 공기를 비교했을 때 밝고 어두운 것을 비교하면 대비도가 크다고 말할 수 있다.
- 밀도는 해부학적 밀도와 필름의 밀도로 나누어 생각해야 한다. 해부학적으로 뼈의 밀도가 지방보다 조직이 더 조밀하게 구성되어 있어 밀도가 높다. 따라서 뼈가 X선 흡수량이 훨씬 많아 영상에서는 지방보다 더욱 밝게 보인다. 필름의 밀도는 전반적인 영상의 어두운 정도를 말한다.
- 대비도와 밀도에 영향을 끼치는 것은 kVp, mAs뿐 아니라 튜브와 카세트 간의 거리, 현상액의 농도, 동물의 마름 또는 비만의 정도를 들 수 있다.

④ 테크닉 차트

㉠ 동물병원에서 촬영 부위 두께에 따라 관전압과 관전류를 어떻게 주어야 하는지 정리한 표를 말한다.

㉡ X-ray 튜브의 상태 및 한계점, 그리드의 유무, 현상액의 농도 등에 따라 병원마다 차이가 있을 수 있다.

4 촬영 부위에 따른 자세 잡기

(1) X-ray 촬영의 개요 및 원칙

① X-ray 촬영의 개요

㉠ 촬영 부위 중앙부 촬영하기
- 영상의 질에 큰 영향을 끼치는 부위이다.
- 중앙부를 맞추지 않으면 영상에 왜곡이 생기고 불필요한 부분에 일차선이 노출되며 촬영해야 하는 부분이 영상화되지 않는 경우가 생긴다.

㉡ 촬영 범위 결정하기 : 콜리메이터를 이용하여 촬영 범위를 결정하고 필요한 부분이 영상화되지 않는 경우를 방지하기 위하여 촬영 범위를 숙지한다.

㉢ 재촬영하기 : 촬영 자세, 영상화한 범위, 흡·호기, 허상, 어두운 정도 등 기술적인 문제 또는 진단에 필요한 부분인지를 확인하고 필요시 재촬영한다.

㉣ 추가 촬영하기 : 수의사가 진단에 필요한 추가 정보를 얻기 위하여 촬영한다. 특히 해부학적 구조물이 상당 부분 겹쳐 보일 때에는 특별한 자세를 취하여 겹치는 문제를 해소함으로써 더 자세하고 면밀하게 검사할 수 있다.

② 방사선 촬영의 일반 원칙

㉠ 표준자세를 따르고 촬영 부위 중앙부를 촬영한다.

㉡ 각 부위는 90° 방향으로 하고 최소 2장 이상 촬영한다.

㉢ 소형 동물, 보정이 어려운 부위는 마취하고 촬영한다.

㉣ 중형견, 대형견의 머리를 제외한 몸 전체의 기본 보정의 경우에는 혼자 하기 어려우므로 2명 이상이 보정한다.

용어설명

보 정

진료·처치 시 동물이 움직이지 않도록 대처하고 자세를 잡아주는 것으로, 촬영 자세가 정확할수록 진단 능력을 높이고 오류를 줄일 수 있다.
- 물리적 보정 : 손으로 잡아 보정하거나 모래주머니 등 물품을 이용하여 자세를 잡는 것
- 화학적 보정 : 약물을 투여하여 근육을 이완해 손쉽게 자세를 잡는 것

(2) 촬영 시 자세 표기 용어

① 영상에는 자세와 관련된 약어를 사용하여 표시한다.

② 자세 표시 용어

용 어	약 어	X선 방향
Left	L	왼 쪽
Right	R	오른쪽
Dorsal	D	등쪽. 등이나 척추를 향하는 방향
Ventral	V	배쪽. 배나 바닥을 향하는 방향
Cranial	Cr	머리 쪽
Caudal	Cd	꼬리 쪽
Lateral	Lat	바깥쪽. 정중선에서 먼 쪽, 몸통 또는 다리 바깥쪽
Oblique	Obl	사선. 수평과 수직 방향 사이 비스듬한 쪽
Rostral	R	주둥이쪽. 코 방향
Medial	M	안쪽. 정중앙에서 가까운 쪽
Lateral	L	바깥쪽. 정중앙에서 먼 몸통 또는 다리 바깥쪽
Proximal	Pr	사지의 경우 몸통에서 가까운 쪽
Distal	Di	몸통에 붙은 부위에서 멀어지는 쪽
Palmar	Pa	앞발바닥쪽
Plantal	Pl	뒷발바닥쪽

(3) 기본 부위 촬영 시 보정

촬영 부위	촬영법
외측상(LAT)	• 머리 쪽 보정 시 동물의 앞다리와 머리를 잡는다. 오른손으로 앞다리를, 오른팔로 몸통을, 왼손으로 뒷다리를 보정한다. • 꼬리 쪽 보정 시 동물의 뒷다리와 꼬리를 잡는다.
복배상(VD)	• 머리 쪽 보정 시 동물의 앞발과 머리를 잡는다. 앞다리를 몸과 밀착시켜 한 번에 잡고 돌아가지 않도록 한다(사람의 차렷 자세). • 꼬리 쪽 보정 시 동물의 뒷다리를 잡는다.
배복상(DV)	• 머리 쪽 보정 시 동물의 앞발과 머리를 잡는다. 엎드린 자세에서 앞발이 일차선 안에 들어가지 않도록 보정한다. • 꼬리 쪽 보정 시 동물의 대퇴부와 둔부를 함께 잡는다.

(4) 흉부 촬영 시 보정

부 위	중앙부	촬영 범위	촬영법
흉 부	견갑골 뒷부분	기도에서 12번째 늑골 (상부 기도에서 폐 전체)	• 흡기에 촬영한다. • 고개는 너무 숙이지도 않고, 등 쪽으로 젖혀지지 않도록 서 있을 때의 자연스러운 각도로 촬영한다. • 앞다리 뼈와 근육이 폐의 전엽부와 겹치지 않도록 앞으로 많이 당긴다.
주의사항	• 필요시 좌측 외측상, 배복상, 인간상을 촬영한다. • 동물마다 흡기 때 폐의 부푸는 정도가 다르므로 12번째 늑골까지 촬영한다. • 호흡이 빠른 경우, 입을 살짝 다물게 한 후 호흡을 천천히 하도록 유도하고 흡기에 촬영한다. • 호흡이 곤란한 경우, 흉부 기본 촬영 중 복배상 대신 배복상으로 촬영하는 것이 좋다. • 수술 전 위의 음식물 유무를 확인한다.		

(5) 복부 촬영 시 보정

부 위	중앙부	촬영 범위	촬영법
복 부	마지막 늑골 뒷부분	심장 뒷부분부터 엉덩이	• 호기에 촬영한다. • 뒷다리 뼈와 근육이 복부와 겹치지 않도록 뒤쪽으로 당긴다.
주의사항	• 필요시 좌측 외측상을 촬영한다. 이때 보정은 우측 외측상과 같다. • 수컷은 필요시 요도상을 촬영한다. 이때 보정은 뒷다리를 잡고 앞으로 당겨 배에 붙이고 요도와 겹치지 않도록 한다.		

(6) 두부 촬영 시 보정

부 위	중앙부	촬영 범위	촬영법
두 부	눈의 뒷부분	머리 전체	• 동물의 귀를 잡고 코끝이 바닥과 평행하도록 잡는다. • 목에 통증이 있거나 호흡 곤란이 심한 경우, 엎드린 후 고개 숙이는 것을 힘들어한다면 복배상(VD) 촬영을 추천한다.

필요에 따라 특정 부위를 추가 촬영한다. 단, 기본 두개골 영상을 확인했을 때 턱관절의 골융해가 심해 골절 가능성이 있다면 하악 추가 촬영은 하지 않는다.

① 두부 추가 촬영 시 보정

부 위	촬영법
상 악	보정 끈을 상악·하악에 묶은 후 입을 벌려 등 쪽으로 45°로 돌린다.
하 악	보정 끈을 상악·하악에 모두 묶은 후 입을 벌려 복부 쪽으로 20° 돌린다.
고 실	• 경사 촬영(OBL.) : 콜리메이터 영역을 확인하고 일차선을 피해 보정한다. 이때 머리는 10~15°로 각을 준다. • 개구상 : 보정 끈을 상악·하악에 모두 묶은 후 입을 벌려 동물 입안이 정중앙으로 찍히게 한다. 이때 일차선이 노출되는 콜리메이터 영역 외로 귀를 잡아 보정한다. • 고양이 고실 : 복배위에서 고개를 뒤로 15° 정도 젖혀 촬영한다.
턱관절	• 경사 촬영(OBL. 방사선을 환자 몸의 정중면과 측면에 대하여 비스듬한 방향에서 쬐게 하여 촬영) : 고개를 잡고 등 방향(Dorsal)으로 30° 정도 기울인다(Ventrodorsal Oblique View). • 옆으로 누운 자세(횡와위)에서 경사 촬영을 위한 보정 : 횡와위에서 코끝과 턱 끝을 이은 부분을 바닥의 20° 각도로 기울여 촬영한다.
전두동	복배위에서 정면으로 콜리메이터를 보는 자세를 취하도록 만든다.

비 강	보정 끈을 상악·하악에 모두 묶은 후 입을 벌려 상악만 촬영할 수 있는 자세를 취하게 한다.
후두골	복배위에서 머리가 정면으로 있는 상태에서 코 위를 눌러 고개를 완전히 숙이는 자세를 취하도록 보정한다.

용어설명

고 실
고막 안쪽에 위치한 뼈로 둘러싸인 공간

전두동
코 주변 머리뼈 안쪽에 위치한 공기로 채워진 빈 공간

비 강
코의 안쪽에서 구강 전까지의 공간

(7) 인·후두 촬영 시 보정

부 위	중앙부	촬영 범위	촬영법
인·후두	인·후두 가운데	두개골 중간부터 경추 2~3번 사이 정도	• 호기에 촬영한다. • 목이 약간 펴지도록 보정한다. • 외측상(LAT)을 촬영한다. • 인·후두 주변(목)에 종양이 있는 경우에는 추가로 복배상(VD)도 촬영한다.

(8) 경추 촬영 시 보정

부 위	중앙부	촬영 범위	촬영법
경 추	경추 4~5번 사이	두개골 중간부터 어깨까지	• 디스크 동물은 경추를 신장시켜 촬영한다. • 경추가 최대한 일자(—)가 되도록 촬영하되 무리하지 않는다. • 굽힘/폄 촬영 필요시 외측상(LAT)으로 촬영한다.

용어설명

경 추
척추의 가장 윗부분, 목의 뒷부분에 위치하는 7개의 뼈를 말하며, 척추 중에서 크기가 가장 작고 머리 회전, 흔들기 등에 운동한다.

더 알아보기

경추 촬영 시 주의사항

- 환추축 불안정성(AAI ; Atlantoaxial Instability) 동물, 골절 의심 동물, 골용해가 있는 동물은 신장시키지 않는다.
- 환추축 불안정성(AAI) 동물은 고개를 숙이는 것을 힘들어 할 수 있다. 고개를 숙여 촬영하는 굽힘 촬영을 진행할 경우 동물이 견딜 수 있을 정도로만 굽히고, 통증이 유발될 수 있으므로 천천히 굽힌다.

(9) 흉·요추 촬영 시 보정

부 위	중앙부	촬영 범위	촬영법
흉·요추	흉추 13번	흉추 5번에서 요천골까지	• 디스크 동물은 흉·요추를 신장시켜 촬영한다. • 척추가 최대한 일자(一)가 되도록 촬영하되 무리하지 않는다. • 골절 의심 동물, 골융해가 있는 동물은 신장시키지 않는다.

(10) 골반부 촬영 시 보정

부 위	중앙부	촬영 범위	촬영법
골반부	좌 골	요추 6번부터 무릎관절 아래까지	• 외측상(LAT) : 오른쪽 다리를 앞쪽으로, 왼쪽 다리를 뒤쪽으로 뻗는다. • 복배상(VD) : 골반이 돌아가지 않으며 양측 다리를 내회전(內回轉)하여 11자가 되도록 촬영한다.

(11) 사지·관절 촬영법

부 위	중앙부	촬영 범위	촬영법
어깨관절	어깨관절 가운데	어깨관절 주변	• 외측상(LAT) : 흉골과 겹치지 않게 주의한다. • 후전상(CdCr) : 약간 내회전하여 보정하면 해부학적으로 돌아가지 않은 사진을 얻을 수 있다.
팔꿈치관절	관절 가운데	관절 주변	• 외측상(LAT) : 앞다리를 바닥에 밀착하고, 110~120°의 각도로 촬영한다. • 전후상(CrCd) : 관절이 돌아가지 않도록 촬영하되, 추가 촬영 시 발목이 턱밑에 닿을 수 있을 정도로 팔꿈치를 굽혀 촬영한다.
앞발목관절	관절 가운데	관절 주변	외측상(LAT) : 촬영부의 앞다리를 바닥에 밀착하고 관절이 돌아가지 않도록 촬영한다.
무릎관절	무릎관절 가운데	무릎관절 주변	• 외측상(LAT) : 촬영부의 무릎은 120~130°의 각도로 촬영한다. • 전후상(CrCd) 또는 후전상(CdCr) : 무릎관절을 최대한 바닥에 밀착하여 촬영한다. • 십자·곁인대가 끊어진 경우, 대퇴와 경골이 돌아가지 않은 촬영을 하도록 유의한다. • 제시 각도로 촬영하기 힘든 경우, 서 있을 때의 일반적인 다리 각도로 촬영하면 쉽다.
뒷발목관절	관절 가운데	관절 주변	외측상(LAT), 전후상(CrCd)
상완골	상완골 가운데	어깨부터 팔꿈치까지	외측상(LAT), 후전상(CdCr)
요척골	요척골 가운데	팔꿈치부터 앞발목까지	외측상(LAT), 전후상(CrCd)
대퇴골	대퇴골 가운데	고관절부터 무릎까지	외측상(LAT), 전후상(CrCd)
경비골	경비골 가운데	무릎부터 뒷발목까지	• 외측상(LAT), 전후상(CrCd) • 긴 뼈를 촬영하는 경우, 연결된 위아래 관절이 모두 나오게 한다.
앞발, 뒷발, 발가락	발 가운데	발목부터 발가락 끝까지	• 외측상(LAT) : 발가락이 모두 겹쳐질 시 영상화되지 않는 끈으로 발가락을 벌려 촬영할 수 있다. • 전후상(CrCd)

(12) X-ray 촬영 보정 시 안전 · 주의사항

① 동물 환자의 특성상 언제든지 공격성을 표현할 수 있음을 인지하고 주의한다.

② 검사를 위해 평소 잘 하지 않던 자세를 취하므로 동물에게 통증, 호흡 곤란이 생길 수 있으니 동물의 상태를 관찰 · 평가하고 변화가 있으면 수의사에게 알린다.

③ 2차 감염을 피하기 위해 응급상황에서는 비멸균 장갑을 착용한다.

④ 일차선에 노출되지 않도록 주의한다.

⑤ X-ray 검사에 비협조적인 동물은 수의사와 상의하여 진정 또는 마취 후 진행한다.

⑥ 알맞은 보정이 좋은 자세의 사진을 만든다는 것을 숙지한다.

5 조영 촬영 방법

(1) 조영술의 특징 및 조영제의 종류

① 특 징

㉠ 방사선 검사만으로 정확한 진단이 어려울 때 사용하는 영상 진단 방법이다.

㉡ 보이지 않는 장기에 조영제를 투여함으로써 특정 장기가 눈에 띄게 나타나게 하여 위치, 모양, 기능 등의 정상과 비정상을 구분하는 방법이다.

더 알아보기

조영술 촬영 시 주의사항

- 동물 상태에 따라 조영술 방법이 달라질 수 있으므로 시작 전에 수의사와 상의한다.
- 조영제의 종류 및 부작용을 익힌다.
- 조영제의 유통 기한을 확인하고 사용한다.
- 황산바륨 조영제의 경우, 100%가 넘는 농도로 상품화되어 있으므로 바닥에 가라앉지 않도록 사용 전에 많이 흔들어 준다.
- 초음파 조영을 할 때 IV가 잡혀 있고, 조영제와 주사기가 필요하다.

② 조영제의 종류

구분	내용
요오드계 조영제	• 체내에 흡수되며 콩팥, 척수 조영술에 사용된다. • 옵니팩이 대표적이다.
비요오드계 조영제	• 체내에 흡수되지 않으며 식도 및 위장 조영술에 사용된다. • 황산바륨이 대표적이다.

(2) 식도 조영술

① 특 징

㉠ 식도의 비정상 여부를 관찰하기 위해 사용하는 조영 방법이다.

㉡ 고농도 황산바륨으로 식도의 운동과 크기가 정상인지 확인한다.

㉢ 식도 천공이 의심되면 반드시 요오드 계열 조영제를 사용해야 한다. 황산바륨을 이용하면 천공 부분을 통해 조영제가 빠져나가 흉강 내 염증을 일으킬 수 있다.

㉣ 조영제(황산바륨 또는 요오드), 실린지, a/d 캔 사료(황산바륨 조영제 사용 시)를 준비한다.

② 진행 순서

㉠ 조영제 농도는 짙게(걸쭉하게) 한다.

㉡ 동물에게 조영제를 먹이면서 투시 기기를 이용하여 실시간으로 보거나 X-ray로 계속 촬영한다.

㉢ 조영술이 진행되는 동안 동물을 보정한다.

㉣ 조영 전과 조영 후의 촬영이 진행된다.

더 알아보기

식도 조영술 시 주의사항

- 식도 조영술을 하는 동물은 대부분 식욕 부진, 오심, 구토의 증상이 있다.
- 황산바륨 조영제에 a/d를 소량 섞어 기호성을 높여 주는 것이 좋다.
- 너무 많이 섞으면 a/d의 많은 수분으로 조영제의 농도가 묽어질 수 있다.
- 요오드 조영제는 일반 생리식염수와 비교했을 때 분자 크기가 크므로 혈관에 넣을 때 압력이 걸리고 통증을 유발할 수 있다.

(3) 비뇨기 조영술

㉠ 신장 기능에 이상이 있거나 요관의 폐색이 의심될 때 신장 기능을 평가하려는 조영술이다.

㉡ 방광 내 종양, 결석, 요도 파열, 폐색 등의 질병을 진단할 수 있다.

(4) 상부 위장관 조영술(Upper Gastrointestinal Series)

① 특 징

㉠ 위·소장의 운동 확인이나 이물의 유무를 평가하기 위한 조영술이다.

㉡ 위관 튜브로 많은 양의 조영제를 한꺼번에 위에 넣고 촬영한다.

㉢ 조영제(황산바륨), 위관 튜브 또는 영양관, 개구기(또는 1인치 마이크로 포어), 관장용 60mL 실린지 또는 일반 실린지를 준비한다.

② 진행 순서

㉠ 조영제의 농도는 30% 또는 40%로 희석하여 사용하고, 양은 10mL/kg으로 준비한다.

㉡ 조영제는 튜브를 통해 입에서 위로 주입하고, 주입 종료 후 0, 15, 30, 45, 60, 90분의 시간에 촬영한다(동물 상태에 따라 촬영 시간은 다를 수 있음).

㉢ 조영제를 주입할 때와 조영술이 진행되는 동안 동물을 보정한다.

㉣ 조영 전과 조영 후의 촬영이 진행되며, 조영 전에 금식해야 한다.

더 알아보기

위장관 조영술 시 주의사항

- 조영 준비를 할 때 빈 실린지를 하나 더 준비한다. 위관 튜브를 넣고 음압을 확인하고 조영제를 주입한 후 튜브에 남은 조영제를 완전히 밀어 넣기 위해 공기를 주입하기 위해서이다.
- 위관 튜브가 연구개를 자극하기 때문에 구토할 수 있으므로 복압 상승 여부를 관찰하며 진행한다.

(5) 배설성 요로 조영술(Intravenous Pyelography)

① 특 징

㉠ 신장의 배설 능력, 요관의 모양이나 폐색 여부를 관찰하기 위한 조영술이다.

㉡ 준비물로 조영제(요오드), 주사기를 준비한다.

② 진행 순서

㉠ 조영제의 농도는 300mg, 양은 3mL/kg으로 준비한다.

㉡ 조영제 주입은 IV로 진행하며, 주입 종료 후 0, 3, 5, 10, 15, 30, 45, 60분의 시간에 촬영한다(동물 상태에 따라 촬영 시간은 다를 수 있음).

㉢ 조영술이 진행되는 동안 동물을 보정한다.

㉣ 조영 전과 조영 후의 촬영이 진행되며, 동물은 조영 전에 금식(또는 관장)해야 한다.

더 알아보기

조영술의 부작용

- IV를 통해 조영제를 투여한다.
- 혈관 밖으로 유출될 때는 조영제로 인한 부작용으로 국소 통증, 부종이 일어날 수 있고 심하면 염증이나 조직 괴사를 일으킬 수 있다.
- 탈수 현상이 있거나 질소혈증(Azotemia)의 경우에 조영제로 인한 부작용이 일어날 수 있으므로 수액 처치 후에 조영술이 진행될 수 있다.
- 조영제 투입 시 조영 방법의 부작용으로 미세한 공기 방울이 폐혈관을 막아 색전증을 일으킬 수 있고 뇌로 들어가 뇌색전증을 일으킬 수 있다.
- 조영제를 사용하지 않는 검사는 일반 N/S(Normal Saline)를 5mL 정도 준비한 후 공기를 넣고 많이 흔들어 미세한 공기 방울을 형성한 뒤 IV에 투여한다.

(6) 방광 및 요도 조영술(Cystourethrography)

① 특 징

㉠ 방광의 위치, 모양, 파열 여부와 요도의 모양, 폐색 등을 확인하기 위한 조영술이다.

㉡ 조영제(요오드), 요도 카테터, 주사기를 준비한다.

② 진행 순서

㉠ 조영제의 농도는 물과 1:1로 희석하여 사용(150mg)하며, 양은 3mL/kg으로 준비한다(최대 사용량 90mL).

㉡ 방광 요도 조영술은 투시 기기를 이용하거나, 실시간으로 X-ray를 촬영하며 진행된다.

③ 조영 전과 조영 후의 X-ray 촬영이 진행되며, 동물은 조영 전에 배변 또는 관장을 해야 한다.

더 알아보기

방광 · 요도 조영술 시 주의사항

- 방광과 요도를 인위적으로 부풀리기 때문에 조영술 진행 중에 통증이 있을 수 있다.
- 방광의 파열을 보기 위해 진행되는 경우는 대개 외상이 있는 동물이므로 보정 중에 생길 수 있는 통증 유발에 유의한다.

6 초음파의 원리와 동물 환자 자세 잡기 및 기기 관리

(1) 초음파 검사 진단 원리

① 초음파 : 사람이 들을 수 있는 가청 주파수, 들을 수 없는 저주파수 및 고주파수 영역 중에서 20,000Hz 이상의 고주파수 영역을 말하며 파장의 길이가 짧다.

② 초음파 검사

㉠ 원리 : 음파를 발생시키는 '프로브(Probe)'라는 장치를 이용하여 초음파를 환자 내부로 보낸 후 내부에서 반사되는 음파를 영상화시킨 자료를 검사한다.

㉡ 특 징

장 점	단 점
• 초음파 영상을 실시간으로 얻으므로 장기 구조 및 운동을 관찰할 수 있다. • 혈관 내부의 혈류도 측정할 수 있다. • 방사선을 사용하지 않아 무해하다. • 주사 · 절개가 필요없는 비침습적 검사이며 환자에게 고통이 없다. • 장치가 상대적으로 소형이며 설치가 쉽다. • 반복해서 검사를 편하게 할 수 있다.	• 공기 · 뼈를 투과하지 못해 공기가 차 있는 위장관 등은 검사하기 어렵다. • 동물 내부의 공기나 가스에 영향을 많이 받는다. • 시술자 능력에 따라 검사 결과의 정확성과 재현성이 달라진다.

(2) 초음파 기기의 구성과 명칭

명 칭	역 할
모니터(Monitor)	프로브를 통하여 변환된 영상을 나타내는 창이다.
프로브(Probe)	• 초음파를 일정한 간격으로 내보내고 동물의 몸속 장기에 부딪혀 돌아오는 초음파를 받아들이는 역할을 한다. • 변환기(Transducer) 또는 탐촉자라고 한다. • 크기에 따라 생성할 수 있는 초음파 주파수 영역이 다르다. • 시야가 사다리꼴이며 검사 영역이 가장 넓은 볼록형, 시야가 직사각형으로, 볼록형보다 시야가 좁지만 좀 더 자세한 검사가 가능한 직선형, 심장 초음파 검사에 유용한 부채꼴형이 있다.
컨트롤 패널(조절 패널, Control Panel)	모니터상의 마우스 포인터를 이동시키는 트랙볼(Track Ball), 영상의 질을 조절하는 버튼, 노브(Knob)가 있는 패널(Panel)로 구성된다.
키보드(Keyboard)	문자 및 기호 입력 시 사용된다.

(3) 초음파 검사 준비

① 초음파 검사 장비 준비

㉠ 전원 스위치 켜기

㉡ 환자 정보 입력

㉢ 프로브, 주파수 선택

㉣ 동물 환자의 검사 부위를 초음파 기계에서 선택

㉤ 영상의 최적화를 위해 검사 부위에 따라 컨트롤 패널에서 메뉴 선택

② 동물 환자 준비

㉠ 동물의 금식 및 배변 여부를 확인한다. 복부 초음파 검사 시, 위나 장 내에 음식물이나 변이 있으면 검사에 제한이 있다.

㉡ 검사 부위에 따라 털을 제거한다. 털을 깎지 않으면 피부와 초음파 젤 사이에 털로 인한 공기층이 형성되어 초음파 영상에서 허상이 일어나 검사를 방해한다.

검사 부위	털 제거 범위
복부 초음파	늑골 10번부터 배 전체
심장 초음파	늑골 4~8번 범위
뇌 초음파	대천문 주변
기타 연부 조직	검사가 필요한 모든 부분

(4) 검사 부위에 따른 필요 물품 및 초음파 검사 준비

① 필요 물품

㉠ 초음파 젤 : 프로브와 피부가 잘 밀착되고 저항을 줄이기 위해 초음파 젤을 준비해야 한다. 젤형, 패드형, 소프트 젤 커버형이 있다.

㉡ 심초음파 테이블(Cardiac Table) : 일반 검사대와 달리, 심장을 검사하기 위해 동물의 가슴에 프로브를 밀착할 수 있도록 테이블에 가슴이 놓일 부위가 뚫려 있다.

② 부위별 초음파 준비

㉠ 복부 초음파 준비

- 배복위를 해야 하므로 검사 테이블에 쿠션을 놓는다.
- 쿠션은 방수가 되는 것이 좋다.
- 복부를 프로브로 눌러 검사하기 때문에 압력으로 인해 배변·배뇨를 할 수 있으므로 동물 밑에 패드를 깐다.

㉡ 심장 초음파 준비

- 늑골 사이로 프로브를 압박하여 최대한 심장에 밀착하여 검사하는 방법이다.
- 심장 초음파에 사용하는 심초음파 테이블을 준비한다.
- 동물의 발에 ECG 패드를 붙인 후, ECG 리드선을 연결한다.
- 심전도를 보며 진행할 수 있도록 ECG(Electrocardiogram) 패드를 준비한다.
- ECG 리드선은 의학에서 공통 색을 사용하지만, 초음파 기기 제조회사에 따라 색이 조금씩 다른 경우도 있다.

㉢ 안 초음파 준비

- 검사 테이블에 패드를 깐다.
- 프로브를 눈 위에 대면 민감한 부위의 특성상 통증을 유발할 수 있으므로 검사 직전에 국소마취를 위한 안약을 넣는다.

㉣ 뇌 초음파 준비

- 검사 테이블에 패드를 깐다.
- 뇌 초음파를 보는 동안 머리의 대천문이 열려 있어 충격이 가해지면 뇌 손상이나 즉사의 위험이 있으므로 보정 및 털 제거 시 주의한다.

(5) 검사를 위한 부위별 자세 잡기

복부 초음파	• 공격적인 동물은 입에 입마개 또는 엘리자베스 칼라를 채운다. • 앞다리와 뒷다리를 잡는다. • 통증이 생기면 동물이 몸을 뒤로 빼는 경우가 있으므로 뒷다리 보정자는 등을 눌러 몸이 검사자 쪽으로 갈 수 있게 한다.
심장 초음파	• 입마개 또는 엘리자베스 칼라를 착용한다. • 머리 쪽 보정 시 바닥에 놓인 팔꿈치를 잡아 앞다리와 흉부가 닿지 않게 한다. • 꼬리 쪽 보정 시 한 손으로 양발을, 한 손으로 허리를 잡는다. • 진정제나 마취제가 투여되면 심장의 기능이 평소와 다르게 평가될 수 있으므로 약물을 투여하지 않는다.
안 초음파	• 눈의 구조, 모양, 크기, 눈 외에 다른 비정상의 구조물 유무를 확인하는 검사이다. • 테이블에 패드를 깐다. • 프로브를 민감한 눈 위에 대어 검사하므로 통증을 유발할 수 있어, 검사 직전 눈에 국소마취제를 넣는다. • 동물이 앉은 자세에서 아래턱과 후두부를 각각 잡고 눈꺼풀이 감기지 않도록 보정하며 동물의 몸과 최대한 밀착한다. • 앞다리를 보정한다.

(6) 초음파 기기 관리

테이블	외부 기생충, 전염병으로부터 동물을 보호하고 청결을 위하여 검사 후 반드시 소독한다.
트랙볼	패널에서 분리해 동물의 털・이물질을 제거한다.
초음파 프로브	• 알코올이 첨가되지 않은 소독제로 소독한다. • 검사에서 가장 중요한 기기이므로 신경 써서 관리한다. • 열에 약하므로 토치 등 열을 이용한 소독은 하지 않는다. • 충격에 주의한다. • 검사를 하지 않을 시 '정지 버튼(Freeze)'을 눌러 초음파가 나오는 것을 방지한다.

7 CT, MRI 기본 원리와 기기 관리

(1) CT

① CT 검사의 특징

명 칭	컴퓨터 단층 촬영(Computed Tomography)으로 X선 발생장치가 있는 원형의 큰 기계에 들어가서 촬영한다.
원 리	단순 X선 촬영과 달리, 대상을 가로로 자른 횡단면상을 얻을 수 있어 정밀검사를 시행해야 할 필요가 있을 때 기본이 되는 의료 검사법이다.
특 징	• 뼈 구조, 두개골 및 척추, 사지 골격에 대한 진단을 내리기 위한 영상 진단 방법이다. • 종양이 확인되었거나 의심되는 경우, 폐 전이, 복강 및 림프절 전이 판단이 가능하다.
MRI와의 비교	• 뼈의 구조, 모양을 관찰할 수 있으므로 특히 외상으로 인한 뼈의 골절, 암으로 인한 뼈의 용해 등을 자세히 확인할 수 있다. • MRI보다 촬영 시간이 빨라 응급상황에서 골든 타임 안에 진단을 내려 처치할 수 있다.

② CT의 구성

갠트리(Gantry)	전력을 받는 인버터(Inverter), X선을 생성하는 튜브, X선을 받아들여 전기 신호로 바꾸는 디텍터 등으로 구성된다.
테이블(Table)	검사 시 동물을 위치시키는 곳이다. 검사 중에는 갠트리 홀(Gantry Hole) 정중앙으로 동물을 위치시킨다.
조작 콘솔 (Operating Console)	• CT 기기에 명령을 내려 작동시키는 부분으로 동물의 원하는 부위를 촬영할 수 있고 검사 중에 이미지화되는 영상을 바로 확인할 수 있다. • 검사가 불필요한 부분에 일차선이 노출되는 것을 막을 수 있다.
컴퓨터(Computer)	데이터가 들어오면 이를 컴퓨터 언어로 변환해 영상화하는 두뇌 역할을 하는 부분이다.

③ CT실의 구성

㉠ X선으로부터 검사자를 보호하기 위하여 CT 기기를 작동하는 방은 동물이 있는 방과 분리・차단되어 있다.

㉡ 기기가 있는 방은 기계에서 발산되는 열로 인해 과부하가 걸리지 않도록 실내 온도가 자동으로 적절히 조절되어야 한다.

㉢ 구 성

검사실	동물을 검사하는 방이다. X선이 발생하는 구역이므로 방사선 발생 구역 표시를 해야 하고, 벽은 콘크리트 30cm 이상이거나 벽 내부에 납 층이 있어야 한다.
컨트롤실	동물을 볼 수 있는 유리는 납유리로 처리되어 X선의 투과량을 최소한으로 한다.
기계실	CT, 콘솔들에 전력을 공급하거나 정보 신호를 증폭시키는 등 다양한 역할을 하는 메인 컴퓨터들을 모아 놓은 곳이다. 규모가 작은 동물병원의 경우, 분리된 기계실이 따로 없는 경우도 있다.

④ CT 기기의 관리 순서

㉠ CT실의 온도·습도를 체크한다.

㉡ 검사 전에는 CT 튜브에 웜업 작업을 한다.

㉢ 검사 후에는 항상 CT 갠트리의 기울기(Tilt)를 0으로 맞춰 기기에 무리가 가지 않도록 한다. 테이블을 소독하고 조영제 자동주입기를 정리한다.

㉣ 영상에 허상이 발생하면 튜브를 정기적으로 관리받는다. 조영제가 테이블에 묻지 않도록 주의한다. 영상 보관용으로 디스크에 원본을 복사한다.

(2) CT 검사의 구분

① CT 종류

Helical(또는 Spiral) CT	한 단면의 영상을 얻으려면 X선 튜브가 갠트리 안에서 동물 주변을 360°로 돌아야 한다. 검사 시간을 단축하기 위해 튜브가 계속 도는 상태에서 테이블도 함께 이동하여 나선형으로 촬영할 수 있도록 개발한 것이다.
SDCT, MDCT	디텍터 열이 1개일 때 Single Detector CT(SDCT), 그 이상일 때는 Multi-Detector CT(MDCT)라고 한다. SDCT는 한 번 촬영했을 때 한 단면을 얻을 수 있고, MDCT는 한 번 촬영했을 때 여러 장의 영상을 얻을 수 있다. 디텍터 열의 수가 많을수록 촬영 속도가 빠르다.
Single Source CT	한 개의 X선 튜브와 한 세트의 X선 디텍터를 가진 CT를 말한다. 한 번 촬영했을 때 한 단면을 얻을 수 있다. SDCT, MDCT 모두 여기에 포함된다.
Dual Source CT	2개의 X선 튜브와 두 세트의 X선 디텍터를 가진 CT를 말한다. 한 번 촬영했을 때 여러 장의 영상을 얻을 수 있다. 디텍터 열의 수가 많을수록 촬영 속도가 빨라서 일반적인 Single Source CT보다 좀 더 빠르게 촬영할 수 있으며 더 정교한 영상을 얻을 수 있다.

② CT를 이용한 다양한 검사

혈관 조영술 (CT Angiography)	CT에서 사용하는 기본적인 방법이다. 암 덩어리의 혈관 분포, 주변 장기와의 침습 정도, 비정상 혈관 모양, 주행 위치 등을 알 수 있다. 조영제가 동맥과 정맥을 지나는 시간, 체내에서 점차 희석되고 배출되는 시간에 촬영하여 검사에 필요한 영상을 획득할 수 있다.
Hydro-CT	위와 장은 안이 비어 있으면 그 크기가 작아진다. 이런 상태의 장기를 CT 촬영하면 장기가 오므라들어 내부를 제대로 평가하기 어려우므로 물을 위에 넣어 촬영한다.
가상 내시경 (Virtual Endoscopy)	CT를 이용하면 2차원적 영상을 재구성하여 3차원 영상으로 만들 수 있는데, 여기서 좀 더 발전하여 3D로 재현된 영상을 내시경을 보듯이 검사할 수 있다.
심장 CT	주로 심장 동맥 혈관의 협착을 관찰할 때 사용된다. ECG를 연결해 심장이 이완되어 잠시 멈추는 짧은 시간에 촬영한다. 사람보다 동물의 심장박동이 더 빠르므로 더 연구되어야 할 부분이다.

(3) CT 촬영 준비

① CT 기기를 준비한다. 촬영 전 CT 유지 및 과부하 방지를 위하여 웜업한다.

② CT 검사를 위한 동물 준비

㉠ 전신마취 후 CT를 진행해야 하므로 8시간 금식한다. CT의 촬영 속도 및 동물 상태에 따라 마취 대신 진정시킬 수도 있다.

㉡ CT 검사를 위한 동물 보정

- 몸 양쪽이 대칭되도록 한다.
- 동물 크기, 테이블 이동 가능 거리 등을 고려하여 머리 방향을 결정한다.
- 기형의 생김새, 정도, 골절 또는 관절염을 위해 촬영한다. 동물의 다리를 촬영하기 위해 전신 마취를 유도하는 경우는 드물다.
- 수액 줄, 모니터 케이블이 서로 얽히지 않도록 정리하면서 보정한다.
- 자세를 잘 잡는 것뿐만 아니라, 동물의 상태도 동시에 확인해야 한다는 것을 기억한다.
- 동물 촬영을 위해 보정하는 경우, 우리 눈이 투시되는 것이 아니므로 촬영에 적합한 자세인지 확인하기 어려울 때가 있는데, 이때는 CT Scout 영상을 보고 판단한다.

(4) CT 검사를 위한 부위별 자세 잡기

척추 CT	• 디스크, 골절, 환추축 불안정성(AAI) 등이 의심될 때 이를 진단하기 위하여 촬영한다. 디스크 탈출과 척수 실질에 대한 평가는 MRI가 훨씬 탁월하지만, CT에서도 심한 디스크 탈출을 확인할 수 있으며, 석회화 정도를 평가할때는 CT가 탁월하다. • 머리 위치가 갠트리를 향하도록 하되 크기가 작으면 상관없다. • 머리 밑에 쿠션을 깔고 기관 튜브가 움직이지 않도록 고정한다. • 앞다리·뒷다리를 몸에서 떨어뜨린다. 경추 촬영 시 앞다리를 뒤로 젖혀도 좋다. • 척추 골절이 있는 경우, 동물을 옮기거나 보정하는 것을 최소화한다.
흉부 CT	• 흉강 내 기관 및 기관지의 비정상 여부, 폐의 비정상 여부, 암으로 인한 전이 등을 평가하기 위해 촬영한다. • 엎드린 자세로 보정한다. 누운 자세에 비해 숨쉬기 편하고 폐의 팽창이 훨씬 수월하다. • 호흡 상태에서 촬영하므로 움직임 허상이 생겨 영상의 질이 떨어질 수 있으므로 마취기의 호흡백을 이용하여 동물을 흡기 상태로 고정한 후 촬영하는 것이 좋다.
복부 CT	• 대형 혈관의 비정상 주행 모습, 복강 내 존재하는 암의 크기, 모양 및 혈관 분포 정도, 암과 인접한 장기의 침습 여부 등을 검사하기 위해 촬영한다. • 대형견의 복부를 촬영할 때는 테이블 이동의 한계 때문에 머리를 CT 갠트리 반대 방향으로 향하게 하는 것이 좋다.
골반 CT	• 골절 때문에 CT를 촬영하는 경우가 많다. 골반 기형이 아닌 경우, 뒷다리를 고정하지 않고 몸을 고정한다. 마취 후에 생길 수 있는 골반의 추가적인 손상을 막기 위함이다. • 머리 위치는 갠트리 반대 방향으로 한다. • 동물 보정틀을 이용하여 동물을 눕히고 앞다리를 고정한다.
두개골 CT	• 두개골의 외상 정도 또는 암으로 인한 전이 및 주변 조직 파괴 정도 등을 평가하기 위해 사용한다. • 머리가 갠트리를 향하도록 한다. • 머리 밑에 쿠션을 깔고 CT 레이저를 이용하여 자세 회전을 살핀다. • CT에 장착된 동물 고정 패드로 몸을 보정한다. • 앞다리 및 뒷다리를 몸에서 떨어뜨린 후 보정한다.

사지 촬영	• 기형의 생김새 및 정도, 골절 또는 관절염을 검사하기 위해 촬영한다. • 대부분의 경우 전신마취를 하지 않는다. • 머리 위치를 갠트리 반대 방향으로 한다. • 앞다리 촬영의 경우 머리 위치는 갠트리 방향을 향한다. • 촬영하기 위해 다리를 고정한다.

(5) MRI

① MRI 검사의 특징

명 칭	자기공명영상(Magnetic Resonance Imaging)
원 리	자기장을 이용해 고주파를 발생시켜 영상을 구성하는 원리이다.
장 점	• 연부조직 사이의 표현력 및 대조도가 높아 뇌, 척수 등의 신경계 진단 및 근육, 인대, 실질 장기 병변의 진단에 유용하게 사용된다. • 뇌실질이나 척수, 인대 등 연부 조직을 좀 더 자세히 보는데 CT보다 MRI가 더 유리하다.
단 점	• 검사 시간이 CT에 비해 길다. • 마이크로칩으로 인한 허상이 생기기 때문에 촬영 전에 제거해야 한다. • 골절 수술로 인한 금속 물질이나 심박 조율기(Pacemaker)를 장착하고 있다면 위험성이 따르기 때문에 다른 검사로 대체해야 한다. • 환자는 동물이기 때문에 MRI 촬영을 할 경우 전신마취가 필요하다.

② MRI 기기의 구성

갠트리	자석 또는 전자석이 들어 있는 부분이다. 그래디언트 코일(Gradient Coil)과 시밍 코일(Shimming Coil)도 내장되어 있다.
테이블	동물이 눕는 자리이다. 테이블을 이동하여 갠트리 안으로 들어갈 수 있다.
조작 콘솔	MRI 기기에 명령을 내려 작동할 수 있도록 하는 부분이다. 촬영하려는 부위에 원하는 펄스를 가해 필요한 영상을 얻는 장치이다.
메인 컴퓨터	수소 원자의 움직임으로 발생하는 신호를 전기 신호로 변환하여 이를 다시 컴퓨터 언어로 전환한 다음, 영상화하는 작업을 하는 장치이다.
RF 코일	Radio-Frequency 코일을 말한다. 검사하고자 하는 동물의 몸 부위 주변에 놓는 코일로, 크기에 따라 Body Coil, Head Coil, Knee Coil, Wrist Coil이 있다. 제작 회사에 따라 그 모양과 종류는 다를 수 있다.

③ MRI실의 구성

검사실	MRI 기기가 설치되어 동물을 검사하는 방이다. MRI 촬영 시 고주파를 사용하고 주변 전자파를 차단해야 좋은 영상을 얻을 수 있으므로 차폐 시설을 갖추어야 한다. 검사실 내에 금속 물질이 포함된 기기는 없어야 한다.
컨트롤실	MRI 촬영을 통제하는 방이다. 어느 부위를 어떤 영상으로 촬영할지 결정하고 동물의 상태를 모니터링한다.
기계실	MRI 가동에 필요한 메인 컴퓨터를 모아 놓는 곳이다. 소음과 발열이 크기 때문에 냉방기를 구비한다.

(6) MRI 촬영 준비

① 검사실 입실 전 의료용 가위, 포셉 등 금속 물질과 휴대전화 등 전자제품을 제거한다.

② MRI 검사를 위한 동물 준비

㉠ 동물 몸의 목줄, 인식표 등을 제거하고, 마이크로칩의 존재 여부를 수의사에게 알린다.

㉡ MRI 자기장에 의해 마이크로칩의 정보는 사라지지 않지만 마이크로칩으로 인한 허상이 생기므로 촬영 전에 제거한다(피부가 잘 늘어나는 동물은 피부를 최대한 몸쪽으로 당겼을 때 마이크로칩의 위치가 변해 제거 과정 없이도 촬영할 수 있음).

㉢ 전신마취 후 MRI를 진행해야 하므로 검사 전 8시간 금식은 필수이다.

③ MRI 촬영 시 주의사항

㉠ 동물 크기와 코일 크기의 차이가 심하면 영상의 질이 떨어지므로, 최대로 딱 맞는 크기의 코일을 선택한다. 코일이 너무 작으면 동물이 다칠 수 있고, 코일이 너무 크면 영상화되지 않는다.

㉡ 전신마취 상태로 장시간 MRI 촬영을 하면 많은 양의 수액을 맞아 배뇨할 수 있으므로 패드를 준비한다.

㉢ 마취되면 눈을 깜빡일 수 없고, 눈물양도 줄기 때문에 점안제를 바른다.

㉣ 가돌리늄 조영제를 0.2mL/kg 준비한다. 여러 가지 조영제 종류가 있으므로 용도를 확인한 후 사용한다.

㉤ 체온이 떨어져서 온풍기를 사용하면 MRI실 방의 온도가 올라가므로 영상의 질이 떨어진다. 따라서 검사 시작 전부터 동물의 체온에 신경 쓴다.

㉥ 촬영을 위해 보정하는 경우, 코일 크기와 동물의 자세를 신경 쓴다.

㉦ MRI Scano 영상을 보고 동물 보정이 올바른지 판단한다.

용어설명

- Scout 영상 : CT 촬영 부위의 영역을 확실히 정하기 위한 밑바탕이 되는 기본 영상을 말한다. 이 기본 영상의 이름은 CT를 제작한 회사마다 다르다.
- Scano 영상 : MRI 촬영 부위의 영역을 확실히 정하기 위한 밑바탕이 되는 기본 영상을 말한다. 앞서 설명한 CT의 Scout 영상과 같은 의미의 영상이며, 이 기본 영상의 이름은 MRI를 제작한 회사마다 다르다.

(7) MRI 검사를 위한 동물 보정

뇌	• 대부분 경련, 안구진탕 등 뇌와 관련된 임상 증상이 나타난다. • 뇌압이 올라가 있을 가능성이 크며, 마취 전후에 큰 소리나 자극을 주지 않는 것이 좋다.
경 추	• 코일과 쿠션 위로 동물을 이동하고 배복위 자세로 잡는다. • 목이 펴지도록 작은 쿠션을 목 밑에 받친다. • 얼굴이 돌아가지 않도록 레이저 빔을 이용하여 확인하고 고정한다. • 앞다리는 모아서 몸에 붙이고 테이블 밴드로 보정한다. • MRI Scano 영상을 확인한다.
흉 · 요추	• 코일과 쿠션 위로 동물을 이동하고 배복위 자세로 잡는다. • 앞다리와 뒷다리를 보정한다. • 자세 회전이 있는지 레이저 빔을 통해 확인한다. • 코일 안에 항상 요추 7번이 나오도록 위치시킨다. • MRI Scano 영상을 확인한다.

CHAPTER 04 실전예상문제

01 CT와 MRI에 대한 설명으로 옳지 않은 것은?

① CT는 촬영 시간이 빨라서 응급상황 시 사용한다.
② MRI는 X-ray 검사에 비해 신체에 무해하다는 장점이 있다.
③ MRI는 CT보다 뼈 구조 및 모양을 자세하게 볼 수 있다.
④ CT는 동물을 관통한 X선을 컴퓨터가 읽을 수 있는 언어로 바꾼 컴퓨터 단층 촬영을 말한다.
⑤ CT를 통해 흉부 및 복부 질환을 파악할 수 있다.

해설

CT는 MRI보다 뼈의 구조, 모양을 더 자세히 관찰할 수 있으며 특히 뼈의 골절이나 용해를 자세히 확인할 수 있다.

02 X-ray 촬영을 준비할 때 주의해야 할 점이 아닌 것은?

① 촬영실에는 안전을 위해 2명 이상의 인원이 들어가야 한다.
② 방사선은 생체 세포의 DNA에 영향을 끼칠 수 있다는 것을 숙지한다.
③ 촬영 시에는 임신부, 성장이 끝나지 않은 미성년자의 출입을 금한다.
④ 검사 시 방어 장비를 반드시 착용한다.
⑤ 방사선 피폭량이 과하면 세포 변화 및 돌연변이를 일으킬 수 있으므로 유의한다.

해설

촬영실에는 최소한의 인원만 들어가야 하며, X선 노출량을 최소로 하기 위해 다수가 돌아가면서 촬영해야 한다.

03 적외선 파장의 범위로 옳은 것은?

① 80~800nm
② 80~8,000nm
③ 8,000~80,000nm
④ 300~6,000nm
⑤ 300~8,000nm

해설

광선에 따른 파장 범위는 자외선 1~380nm, 가시광선 380~770nm, 적외선 770~1,000,000nm이다.

01 ③ 02 ① 03 ③ 정답

04 X선 촬영 시 산란선을 줄이기 위해 사용하는 장치는?

① 카세트
② 증감지
③ 디텍터
④ 필 터
⑤ 그리드

해설

그리드는 바둑판의 눈금과 유사한 격자 형태로, 납선으로 이루어졌으며 동물과 검출기 사이에 위치해 산란선의 양을 조절하는 역할을 한다.

05 방사선 촬영 시 보호장비의 재료로 주로 사용하는 것은?

① 아연
② 황
③ 구 리
④ 납
⑤ 철

해설

방사선 보호장비에는 고글, 납 목 보호대, 납 앞치마, 납 장갑 등이 있으며 방어시설의 벽 내부 또는 문 안에도 납 층이 구성되어 있어야 한다.

06 초음파 검사의 특징이 아닌 것은?

① 검사 부위에 따라 삭모한다.
② 프로브를 통해 초음파를 발생시켜 반사된 초음파를 수신한다.
③ CT나 MRI에 비해 고가의 검사 비용이 든다.
④ 초음파는 인간의 귀로 들을 수 없는 높은 주파수를 갖는 음파이며 액체 및 고체 등에서 전달이 잘 된다.
⑤ 실시간으로 영상화할 수 있다.

해설

초음파 검사는 방사선을 사용하지 않아 인체에 무해하고 CT나 MRI에 비해 비교적 저렴하다는 장점이 있다.

정답 04 ⑤ 05 ④ 06 ③

07 동물 초음파 검사에 대한 설명으로 옳지 않은 것은?

① 복부 초음파 털 제거 범위 - 늑골 10번부터 배 전체
② 심장 초음파 털 제거 범위 - 늑골 1~3번 범위
③ 뇌 초음파 털 제거 범위 - 대천문 주변
④ 연부 조직 부분 털 제거 범위 - 검사가 필요한 모든 부분
⑤ 복부 초음파 시 동물이 누울 쿠션을 준비하고, 그 위에 패드를 깐다.

해설

심장 초음파 털 제거 범위는 늑골 4~8번 범위이다.

08 실시간 방사선 영상장치로 다양한 각도에서 필요한 병변 부위를 실시간으로 확인하여 시술의 정확도를 높이는 기구는?

① C-ARM
② MRI
③ CT
④ 초음파
⑤ X-Ray

해설

C자 모양의 방사선 영상장치로 실시간으로 정확하게 병변 부위를 확인할 수 있어 치료, 시술, 수술 시 이용한다.

09 보기의 약어가 나타내는 촬영 자세와 부위는?

DV / Dorso-Ventral Thorax

① 방사선이 등쪽에서 배쪽으로 나오는 자세, 흉부 촬영
② 방사선이 오른쪽에서 바깥쪽으로 나오는 자세, 흉부 촬영
③ 방사선이 배쪽에서 등쪽으로 나오는 자세, 복부 촬영
④ 방사선이 왼쪽에서 안쪽으로 나오는 자세, 복부 촬영
⑤ 방사선이 배쪽에서 등쪽으로 나오는 자세, 흉부 촬영

해설

DV(Dorso-ventral) Thorax는 등쪽에서 배쪽으로 방사선이 나오는 자세를 취하고 흉부를 촬영했다는 것을 의미한다. 참고로 VD(Ventro-dorsal)는 배쪽에서 등쪽으로 방사선이 나오는 것을 의미한다.

07 ② 08 ① 09 ① **정답**

10 황산바륨을 이용하여 조영술을 행할 수 있는 부위는?

① 식 도
② 콩 팥
③ 폐
④ 심 장
⑤ 척 수

해설

식도 및 위장관 조영술 시 황산바륨을 이용한다. 단, 식도 천공이 의심되면 반드시 요오드 계열 조영제를 사용해야 한다. 천공 부분으로 빠져나간 황산바륨 조영제가 흉강 내 염증의 원인이 될 수 있다.

11 X-ray 촬영 준비에 대한 설명으로 옳지 않은 것은?

① X선실은 법적으로 정해진 방어 시설을 갖추어야 한다.
② X-ray 기기는 프로브, 콜리메이터(Collimator), 컨트롤 패널 등으로 이루어져 있다.
③ 필름과 카세트, 그리드(Grid), 마커(Marker), 필름 ID 카메라 등을 준비해야 한다.
④ 투시 기기를 이용하면 일반 X-ray 기기를 사용할 때보다 더 많은 방사선이 발생한다.
⑤ 일반 X-ray 기기는 필름을 이용하고, CR・DR 기기는 필름을 사용하지 않는다.

해설

프로브는 초음파 검사에서 쓰이는 중요한 도구이며 탐촉자라고도 한다.

12 CT 촬영을 위한 보정 시 세 가지 요소로 옳은 것은?

① 꼬리 위치, 몸의 자세, 머리 방향
② 얼굴 방향, 꼬리 위치, 몸의 자세
③ 눕는 자세, 꼬리 위치, 머리 방향
④ 몸의 크기, 머리 방향, 몸의 자세
⑤ 몸의 자세, 머리 방향, 다리 위치

해설

CT 촬영 시 몸의 자세는 양쪽이 대칭되고 회전이 없도록 보정한다. 머리 방향은 동물의 크기, 테이블 이동 가능 거리 등을 고려하여 결정한다. 다리 위치는 촬영 부위와 맞닿지 않도록 보정한다.

정답 10 ① 11 ② 12 ⑤

13 조영술에 관한 설명 중 옳지 않은 것은?

① 식도 조영술을 할 때 식도 천공이 의심되면 반드시 요오드 계열 조영제를 사용해야 한다.
② 상부 위장관 조영술은 위와 소장의 운동 확인이나 이물의 유무를 평가하기 위한 조영술이다.
③ 방광 및 요도 조영술은 방광의 위치, 모양, 파열의 여부와 요도의 모양, 폐색 등을 확인하기 위한 조영술이다.
④ 식도 조영술은 식도의 비정상 여부를 관찰하기 위해 사용하는 조영 방법 중 하나다.
⑤ 배설성 요도 조영술은 대장의 배설 능력을 관찰하기 위한 조영술이다.

해설

배설성 요도 조영술은 신장의 배설 능력, 요관의 모양이나 폐색 여부를 관찰하기 위한 조영술이다.

14 촬영 부위에 따른 자세잡기에 대한 설명으로 옳은 것을 모두 고른 것은?

ㄱ. 외측상(LAT) 촬영 – 머리 쪽 보정 시 동물의 앞다리와 머리를 잡는다.
ㄴ. 외측상(LAT) 촬영 – 꼬리 쪽 보정 시 동물의 대퇴부와 꼬리를 잡는다.
ㄷ. 복배상(VD) 촬영 – 머리 쪽 보정 시 동물의 앞발과 머리를 잡는다.
ㄹ. 복배상(VD) 촬영 – 꼬리 쪽 보정 시 동물의 뒷다리를 잡는다.
ㅁ. 배복상(DV) 촬영 – 머리 쪽 보정 시 동물의 앞발과 머리를 잡는다.
ㅂ. 배복상(DV) 촬영 – 꼬리 쪽 보정 시 동물의 몸통을 껴안듯이 잡는다.

① ㄱ, ㄷ
② ㄴ, ㄹ
③ ㅁ, ㅂ
④ ㄱ, ㄴ, ㄹ
⑤ ㄱ, ㄷ, ㄹ, ㅁ

해설

ㄴ. 외측상(LAT) 촬영 : 꼬리 쪽 보정 시 동물의 뒷다리와 꼬리를 잡는다.
ㅂ. 배복상(DV) 촬영 : 꼬리 쪽 보정 시 동물의 대퇴부와 둔부를 함께 잡는다.

13 ⑤ 14 ⑤ 정답

제3과목
임상 동물보건학

CHAPTER 01 동물보건내과학
CHAPTER 02 동물보건외과학
CHAPTER 03 동물보건임상병리학

작은 기회로부터 종종 위대한 업적이 시작된다.

– 데모스테네스 –

CHAPTER 01 동물보건내과학

1 동물 환자의 진료 보조

(1) 핸들링(바디 컨트롤)

① 정 의

㉠ 동물이 사람의 손을 받아들이고 몸을 건드리는 것을 싫어하지 않게 다루는 것으로, 동물의 종에 관계없이 조용하고 자신감 있게 접근하여 한 번에 정확히 테크닉을 수행하는 것이 중요하다.

㉡ 손톱깎기나 양치질 등도 핸들링에 속한다.

② 유의 사항

㉠ 사회화기에 행하는 것이 중요하다.

㉡ 핸들링할 때 동물이 싫어하면 그만두도록 한다.

㉢ 모든 과정(Procedure)을 알아야 하며 장비를 다룰 준비와, 도움이 필요한 것으로 예상되는 상황을 숙지하고 있어야 한다.

용어설명

Procedure

절차, 과정, 방법

Clinical Procedure	임상적 절차
Surgical Procedure	외과 수술

(2) 보 정

① 정의 : 언어나 물리화학적 처치 등으로 동물의 행동을 억제함으로써 안전하게 검사나 치료를 용이하게 하는 방법으로, 환자 보정은 진료 보조에 있어 가장 기본적인 업무이며 안전과 복지에 필수적인 항목이다.

② 유의 사항

㉠ 간식을 주는 등 동물과 친숙해질 시간을 갖는 것이 보정에 도움이 된다.

㉡ 진료대 위에서 환자가 낙상하는 일이 없도록 보정한다.

㉢ 모든 처치가 끝났다는 수의사의 지시가 내려질 때까지 절대로 풀지 않는 것을 원칙으로 한다.

㉣ 무리한 억제는 호흡 곤란이나 질식사 등을 일으킬 수도 있다.

③ 분 류

㉠ 일반적인 보정

- 동물에게 조용히 자신감을 가지며 접근하고, 부드럽고 상냥하게 이름을 불러 편안하게 해 준다.
- 몸을 동물의 높이에 맞추어 낮추는 것이 좋으며, 놀라지 않도록 옆쪽으로 접근한다.
- 손부터 서서히 접근하여 동물이 냄새를 맡도록 한다.
- 갇힌 공간에서의 핸들링은 동물이 불안감을 느끼고 공격성을 나타내게 될 수 있으므로, 가능한 피하는 것이 좋다.
- 비교적 영리한 동물인 개는 언어적 보정이 유효하게 사용되는 경우가 많다.

㉡ 입마개 하기 및 들기 보정

- 끈으로 입마개 하기 : 안전과 주의 분산 효과

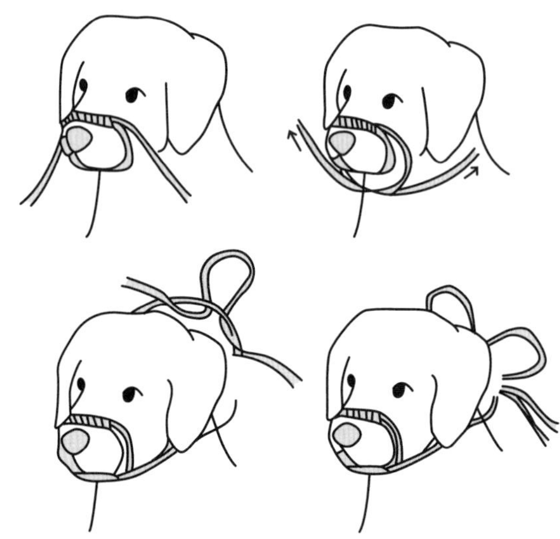

- 환자를 바닥에 앉히고 시작하나, 소형견이라면 진료대 위에 위치시키는 것이 더 바람직하다.
- 보조자에게 환자의 양쪽 귀 뒤쪽에서 목덜미를 꽉 잡고 있으라고 지시한다(단두종의 경우 보정과정에서 안구돌출 가능성이 있으니 주의해야 함).
- 환자의 높이로 몸을 구부린 후 끈이나 붕대를 이용하여 고리를 만들어 코 위에 걸쳐서 위아래턱을 고정시킨다.
- 끈의 긴 가닥을 턱 아래로 교차시켜 결찰한다.
- 끈의 양쪽 끝을 뒤쪽으로 이동하여, 빠르게 풀 수 있는 나비 모양으로 매듭짓는다.
- 보조자에게 환자가 앞다리로 입마개를 빼지 않도록 환자의 머리를 아래로 향하게 잡아달라고 요청한다(단두종의 경우 여분의 끈이나 천을 코 위쪽과 머리 뒤쪽에 넣어서, 짧은 코로 인해 끈이 벗겨지는 것을 방지해야 함).

용어설명

단두(短頭)종
불독, 시추, 퍼그, 페키니즈 등 주둥이가 눌리고 짧은 종

결 찰
묶거나 조이는 행위

- 들기 보정

15kg 미만 환자 들기	• 허리를 곧게 펴고 다리를 약간 벌려 무릎을 굽힌다. • 한쪽 손은 환자 가슴부분에 위치하고 다른 손으로 등과 꼬리 부분까지 감싼다. • 환자를 핸들러의 가슴에 밀착시킨 채로 진료대에 위치시킨다.
15kg 이상 환자 들기	• 보조자와 나란히 위치하여 다리를 약간 양옆으로 벌리고 허리를 똑바로 세우고 무릎을 굽힌다. • 가능하면 보호자가 환자의 머리 쪽을 잡고 가슴에 밀착시키고 다른 사람은 한 손은 환자의 배를 들고 다른 한 손은 꼬리 밑 엉덩이 끝에 위치시킨다. • 두 사람이 동시에 일어나 환자를 진료대 위에 위치시킨다.
척수손상 소형견 들기	• 조용하고 조심스럽게 환자에게 접근하여 입마개를 사용한다. • 허리를 똑바로 세우고 무릎을 굽혀 팔을 환자의 가슴에 위치시킨다. • 무릎을 펴고 환자의 다리가 옆을 향하도록 옆으로 들어 올려 미끄럽지 않은 공간에 옆으로 눕혀서 위치시킨다.
척수손상 대형견 들기	• 조용하고 조심스럽게 환자에게 다가가서 입마개를 한다. • 보조자와 들것에 환자를 올린다(판자를 이용할 경우 환자를 끈이나 붕대로 들것에 고정). • 조심스럽게 진료대로 이동시키나 들것은 나중에 치우도록 한다.

용어설명

척수손상
척추관 내에 있는 척추신경과 척추신경 뿌리의 신경 손상

㉢ 약물 투약을 위한 보정

- 알약 투약
  - 소형견은 진료대 위에서, 대형견은 바닥에서 앉은 자세나 엎드린 자세로 위치시키고 보조자가 꼬리를 잡도록 한다.
  - 한 손으로 코와 입을 잡고, 손가락으로 부드럽게 고개를 들어 올려 입을 벌린다.
  - 검지로 아래턱을 고정하고 반대쪽 손으로 알약을 집는다.
  - 혀의 안쪽 뒷부분에 알약을 위치시킨다.
  - 입을 닫고 한 손으로 닫은 상태를 유지한다.
  - 알약을 삼키는 반응이 느껴질 때까지 목을 자극한다.
  - 고양이나 가루약을 먹지 못하는 개의 경우에는 투약기(필건)를 이용하여 캡슐로 투약한다.
- 액상 식이 · 약물 투약
  - 소형견은 진료대 위에서, 대형견은 바닥에서 앉은 자세나 엎드린 자세로 위치시키고 보조자가 꼬리를 잡도록 한다.
  - 한 손으로 코와 입을 잡고, 손가락으로 부드럽게 고개를 위쪽과 옆으로 기울이며 입을 연다.

- 실린지를 이용하여 잇몸에 상처를 내지 않도록 주의하며 입안에 액상물을 천천히 투여한다.
- 투여 후 입 주변과 털에 묻은 이물을 닦아준다.

• 귀약 투약

- 한쪽 손을 목에 위치시키고 머리를 보정자 가슴 쪽으로 밀착시킨다.
- 반대쪽 손은 등에 위치하고 팔꿈치는 반대편을 향하도록 하여 환자 저항 시 팔꿈치 끝을 이용하여 보정자 쪽으로 압박할 수 있도록 한다.
- 시술자는 보정자 반대편에 서서 가까운 쪽 귀를 처치한다.
- 부드럽게 마사지하여 약물이 분산되도록 하며 반대쪽 귀도 문제가 있을 시 동일하게 처치한다.

ⓔ 주사를 놓기 위한 보정

• 피하주사

- 환자를 앉은 자세나 엎드린 자세로 편안히 위치시키고 필요시 입마개를 한다.
- 피하주사는 목, 등 부분에 주로 놓기 때문에 움푹 들어간 허리 부분과 머리 뒷부분을 잡아 목덜미를 노출시켜야 한다.
- 머리를 많이 움직이는 경우에는 양손으로 머리 전체를 부드럽게 감싸 쥐어 보정하면 된다.
- 피부를 잡아 올려 삼각형(텐트) 모양으로 만들어 주사기 바늘이 들어갈 수 있는 공간을 만든다(바늘이 반대쪽 피부로 나오는 일이 없도록 주의).
- 약물이 포함된 주사기 바늘을 피하 공간에 삽입하고 주사기를 당겨서 혈관을 통과하지는 않았는지 음압을 확인한다.
- 주사 후 주사 부위를 부드럽게 마사지하여 약물의 흡수를 도와준다. 약물은 30~45분 정도 서서히 흡수된다.

• 근육주사

- 환자를 앉은 자세나 엎드린 자세로 편안히 위치시키고 필요시 입마개를 한다.
- 목을 잡고 머리를 보정자의 가슴 쪽에 밀착시키며 반대쪽 손은 환자의 가슴에 위치한다.
- 근육주사의 경우는 주사액이 들어갈 때 대부분 통증이 있으므로 환자가 얼굴을 돌려 시술자의 손을 물거나 움직이지 않도록 앞다리를 완벽하게 보정해 주며 조직 손상을 막는다.
- 수의사는 환자의 옆에 서서 뒤쪽으로 다가가서 뒷다리 앞쪽 근육인 대퇴사두근 부위를 손가락으로 고정한다.
- 대퇴사두근 외 요배근과 앞다리의 삼두완근 부위도 사용한다.
- 다른 손으로 주사기를 잡고 뒷다리를 외측상으로, 피하와 근육에 혈관이나 신경 손상 가능성을 낮추기 위해 직각으로 주사한다.
- 혈관 투과에 대한 확인을 위해 음압을 걸어준다.
- 혈액이 확인되지 않으면 한 곳에 2mL 이하로, 통증 방지를 위해 천천히 약물을 주입한다.
- 주사 후 주사 부위를 부드럽게 마사지하여 약물의 흡수를 도와준다. 약물은 20~30분 정도 서서히 흡수된다.

근육주사에 이용되는 근육군

A : 삼두완근 B : 대퇴사두근 C : 요배근

- 요측피정맥을 이용한 정맥주사(Cephalic Vein) 및 채혈
  - 앞다리 정맥에 주사하기 때문에 수의사와 환자가 정면으로 마주본 상태에서 환자의 엉덩이 부분을 부드럽게 눌러, 앉은 자세를 만들며 입마개를 사용한다.
  - 동물의 뒤쪽에 서서, 채혈할 쪽 다리를 잡고 들어 당긴다.
  - 다른 쪽 손은 머리를 감싸 고정한다.
  - 손바닥으로 환자의 팔꿈치(Elbow)를 감싸고 엄지와 검지로 나머지 팔꿈치(앞다리굽이)를 감싼다.
  - 엄지에 부드럽게 힘을 주고 혈관이 잘 보일 수 있도록 약간 바깥쪽으로 회전한다.
  - 정맥 내 주사는 약물을 주입할 때 압력을 주어 누르던 손을 풀어 준다. 채혈할 때는 주사기로 채혈하는 동안 압력을 유지한다.
  - 피부를 통하여 주삿바늘을 요측피정맥에 진입시킨다.
  - 주사기를 당겨서 바늘이 정맥 혈관을 통과했는지 확인한다.
  - 주사기 허브에 혈액이 확인되면 혈관의 압력(노장)을 완화하고 약물을 조금씩 주입한다.
  - 약물 주입이 완료되면 주삿바늘을 뽑고, 멍드는 것을 방지하기 위하여 주사 부위를 30초 이상 압박하여 지혈한다.
- 경정맥주사(Jugular Vein)
  - 환자를 앉은 자세로 위치시키고 필요시 입마개를 사용한다.
  - 한 손으로 턱을 들어 올려 환자 머리가 뒤통수 쪽으로 움직이지 않도록 뒤통수는 보정자의 가슴을 이용해 받쳐주며 다른 손은 환자의 등 쪽을 타고 감싸서 가슴에 위치하고, 보정자의 가슴에 몸을 밀착시킨다.
  - 시술이 완전히 끝날 때까지 절대로 보정을 풀지 않아야 한다.
  - 수의사는 환자를 마주보고 환자의 경정맥 고랑에 한 손으로 압력을 가하여 노장시킨다.

ⓜ 안질환 처치 시 보정

- 강아지의 머리 위에서부터 턱을 감싸듯이 잡은 후 강아지가 상체를 들어 올리지 않도록 무게 중심을 내려 준다.
- 강아지의 목을 누르지 않도록 주의하고, 머리뼈를 잡는다.
- 눈의 검사 및 세척 시 보정자의 손가락을 이용해 환자의 눈을 벌려 주고, 검사하는 동안 감지 않도록 하며, 머리는 항상 고정시킨다.

2 건강검진 절차 및 방법 이해

(1) 신체검사와 차트 입력

① 신체검사 기초

㉠ 정의 : 동물의 현재 건강상태를 파악하기 위하여 신체 전체를 검사하는 것이다.

㉡ 종 류

종 류	방 법
문 진	보호자와 질의응답으로 동물의 질병력과 습관이나 특징 등 기본적 건강 사항 등을 확인하여 진료 시간을 단축하고 진단의 정확성을 높일 수 있다.
시 진	가시적인 외상을 확인할 수 있다.
청 진	청진기로 심장음을 확인할 수 있다.
촉 진	신체 각 부분을 만져보며 탈수증세 또는 신체 표면의 림프절을 관찰할 수 있다.
타 진	신체 각 부분을 손가락으로 두드리며 통증 여부 및 정도를 확인할 수 있다.

② 전신 신체검사

㉠ 동물보건사에 의한 전신 신체검사

- 정상 상태

신검항목	정상 상태
눈	분비물이 없고 깨끗하고 맑아야 한다.
코	분비물이 없고 깨끗한 모습이어야 한다.
귀	깨끗하고 불쾌한 냄새가 나지 않아야 한다.
입	깨끗해야 한다.
체 형	품종에 맞는 체중과 체형을 보여야 하고 적정한 체중을 유지해야 한다.
걸음걸이	정상적인 걸음걸이를 보여야 하고, 절거나 통증을 느끼지 않아야 한다.
구강/점막	잇몸 점막은 밝은 분홍색을 띠어야 하고, 모세혈관 재충만 시간은 2초 이내를 유지해야 한다.
소 변	맑고 연한 노란색을 띠어야 하고, 배뇨 시 힘들어하지 않아야 한다.
대 변	견고하고 갈색을 나타내야 하고, 배변 시 변비나 통증이 없어야 한다.

식 이	먹이에 관심을 보이며 물을 편안하게 잘 먹어야 한다.
외음부	비정상 삼출물이 없어야 한다.
생체지수	체온, 맥박수, 호흡수는 정상범위에 들어가야 한다.

• 비정상 상태

신검항목	비정상 상태
눈	유루증, 눈곱, 결막 충혈, 결막염, 각막염, 수정체 혼탁
코	건조, 콧구멍의 협착, 콧물, 비강 분비물의 농
귀	귓바퀴 종창, 발적
입	구토, 기침
체 형	비만, 저체중
걸음걸이	절거나 통증 소견 보임
구강/점막	구개열, 젖니 잔존, 치석, 비정상 색깔의 구강점막
소 변	다음, 다뇨, 배뇨곤란, 혈뇨, 소변감소증
대 변	변비, 설사
식 이	식욕감퇴, 폭식, 이식증
외음부	자궁내막염, 자궁축농증, 유산
생체지수	체온, 맥박 수, 호흡수의 비정상범위

㉡ 동물보건사에 의한 전신 신체검사 순서

신체검사 전 준비	• 보호자에게 신체검사 시행 설명 후 문진표 작성 • 의료용 장갑 및 동물에 따른 보정기구 착용
↓	
체중 측정	• 체중계 영점 보정 • 체중 측정 및 기록
↓	
전신 상태 확인	• 체형 확인 및 신체충실지수(BCS) 측정 • 동물의 예민도나 우울성향 확인
↓	
피부나 털 상태 확인	• 피부 상태나 비듬, 가려움·발적·종괴 등의 유무 확인 • 털 상태 확인
↓	
눈과 귀의 상태 확인	• 눈의 충혈, 분비물, 눈꺼풀의 털 상태 확인 • 귀 냄새 유무, 분비물, 소양 정도
↓	
호흡기계 상태 확인	• 코의 분비물 • 기 침
↓	
구강 상태 확인	• 치석, 유치 여부, 잇몸 상태 • 모세혈관 재충만 시간
↓	

소화기계 상태 확인	• 구토, 설사 • 식욕 결핍

↓

비뇨생식기 상태 확인	• 암컷의 비정상적 분비물 • 소변 색

• 반려동물 신체충실지수(BCS ; Body Condition Score) : 체형의 비만도 측정법

단 계	체 형	분류 기준
BCS 1	매우 야윔	갈비뼈가 쉽게 촉진 가능하고 피하 지방이 없는 상태
BCS 2	저체중	골격이 드러나 보이고 피부와 뼈 사이에 최소한의 조직만 존재
BCS 3	정상 체중	갈비뼈를 볼 수 있고 쉽게 만질 수 있는 상태
BCS 4	과체중	갈비뼈를 보기 어렵고 피부에 지방이 촉진
BCS 5	비 만	갈비뼈를 볼 수 없고 지방이 두껍게 덮여 있으며 고양이는 복부에 지방이 처져 있음

• 모세혈관 재충만 시간(CRT ; Capillary Refill Time)

정 의	혈액순환의 적절성에 대한 지표로 탈수나 심부전, 저체온증, 전해질 이상, 저혈압 등에 의해 지연될 수 있다.
검사 방법	• 한 손으로 윗입술을 올리고 다른 손의 엄지손가락으로 잇몸을 꾹 누른다. • 잇몸을 누르던 손가락을 뗀다. • 창백해진 잇몸 색이 회복될 때까지의 시간을 측정한다. • 측정시간을 차트에 기록한다.

더 알아보기

탈수 평가 기준

탈수 정도	증 상	피부 탄력 회복 시간	CRT
5% 미만	무증상	1초 전후	1초 전후
5~8%	미세한 피부 탄력 소실, 경미한 안구 함몰, CRT 증가, 건조한 구강점막	2~3초	2~3초
8~10%	안검결막 건조	6~10초	2~3초
10~12%	피부 탄력 완전 소실, 안구의 심한 함몰, 차가운 사지와 입, 심한 침울 및 신체 움직임 둔화	20~45초	3초 이상
12~15%	심각한 쇼크 증상, 빈사상태	–	–
15% 이상	사 망	–	–

㉢ 동물보건사에 의한 전신 신체검사 시 유의 사항

- 동물보건사는 신체검사 전 신체검사지와 필기구를 준비한다.
- 최대한 동물이 안정된 환경과 상태에서 신체검사를 받도록 한다.
- 동물이 물거나 할퀴지 않도록 주의하며 입마개를 사용하도록 한다.

③ **활력 징후**(Vital Sign) : 전신 신체검사 이후 신체 활력 징후를 측정하게 되며 대표적 측정 항목은 체온(Temperature), 맥박수(Pulse Rate), 호흡수(Respiration Rate)로 TPR이라 부른다.

㉠ 체온 측정

- 일반적으로 직장 온도를 측정하며 항문에 심한 통증이 있는 동물은 귀를 이용해 고막 체온계로 측정한다.
- 전염력이 있는 동물의 체온계는 교대로 사용하지 않는다.
- 체온계에 윤활제를 바르고 항문에 천천히 삽입하여 직장의 상부 표면에 접하게 위치하여 신호음이 울릴 때까지 유지한다.
- 끝난 후 즉시 체온계를 소독한다.
- 동물의 정상 체온 범위

구 분	정상 체온 범위(℃)
개	37.2~39.2
고양이	37.2~39.2
토 끼	38.5~39.3
페 럿	37.8~39.2

㉡ 맥박수 측정

- 심장의 심실이 수축할 때마다 생기는 혈액의 파동으로 피부에서 가까운 대퇴 부위 안쪽 넙다리동맥에서 주로 측정한다.
- 환자를 선 자세로 편안한 상태가 되도록 기다린 후 대퇴동맥 부위를 찾아서 15초~1분간 측정한다.
- 동물의 정상 맥박수 범위

구 분	크 기	맥박수
개	소 형	90~160
	중 형	70~110
	대 형	60~90
고양이	–	140~220
토 끼	–	120~150
페 럿	–	300

㉢ 호흡수 측정

• 흉부와 복부를 맨눈으로 관찰한다(흉기와 호기 과정을 다 거치면 1회로 산정).

• 동물의 정상 호흡수 범위

구 분	호흡수
개	16~32
고양이	20~42
토 끼	50~60
페 럿	33~36

㉣ 심박수 측정

• 청진기로 왼쪽 4~6번 늑골 사이에 대고 직접 측정한다.

• 환자를 검사대에 올리고 청진기의 넓은 부위(다이어프램)를 왼쪽 가슴 부위에 대고 15~30초 동안 측정한다.

㉤ 혈압 측정

• 혈압의 정의 : 혈관 속을 흐르는 혈액이 혈관에 미치는 압력으로, 심장에서 밀어낸 혈액이 혈관에 와서 부딪히는 압력이다. 이때 혈압은 심박수와 전신 혈관 저항 및 일회 박출량에 의해 결정되며 순환 혈액량 감소, 심부전, 혈관 긴장도 변화에 의해 변동될 수 있다.

• 혈압의 분류

이완(확장)기 혈압	심실이 이완된 시기로 혈압의 최소치
수축기 혈압	심실이 수축하여 좌심실이 전신에 혈액을 보낼 때의 압력으로 혈압의 최대치
평균 혈압	이완기 혈압 + $\frac{\text{수축기 혈압} - \text{이완기 혈압}}{3}$

• 개와 고양이의 정상 혈압(mmHg)

구 분	이완기 혈압	수축기 혈압	평균 혈압
개	60~110	100~160	90~120
고양이	70~120	120~170	90~130

• 고혈압과 저혈압의 원인

고혈압의 원인	심장이나 콩팥 질환, 당뇨병, 부신피질 기능항진증, 갑상샘 기능항진증
저혈압의 원인	저혈량, 말초혈관 확장, 심박출량 감소

• 혈압계 종류

도플러 혈압계	• 개나 고양이 혈압 측정에서 가장 일반적으로 사용 • 혈류의 소리를 증폭시켜 수축기 혈압을 측정
오실로메트릭 혈압계	• 혈류의 진동 변화로 혈압 측정 • 중증의 말기 고위험 환자나 마취된 동물의 혈압 측정에 주로 사용 • 수축기와 이완기, 평균 혈압의 측정이 가능하고 도플러 혈압계에 비해 사용이 간편

출처 : NCS

• 혈압 측정 시 주의사항

동물의 안정	동물이 최대한 편안한 상태에서 측정한다.
커프 크기	• 커프는 혈압 측정 시 혈류를 일시적으로 차단하기 위한 것으로, 공기를 주입하여 부풀릴 수 있게 되어 있다. • 개의 경우 : 커프를 장착하는 사지나 꼬리 둘레의 약 40% 커프 폭 • 고양이의 경우 : 커프를 장착하는 사지나 꼬리 둘레의 약 30% 커프 폭
반복 측정	처음 측정한 수치는 사용하지 않고 연달아 3~7회 정도 측정하여 최고와 최저를 빼고 20% 오차범위에 포함된 수치들의 평균값으로 측정한다.

(2) 동물보건사의 기초 환자 평가와 간호중재

① 간호중재의 정의 : 환자 평가 후에 환자의 회복을 위해 도와주는 행위나 처치를 말한다.

② 환자 평가별 간호중재

㉠ 식욕 부진

임상증상	2일 이상 식욕이 없으며 점점 식욕감퇴
요구되는 개선상태	1일 사료요구량 섭취
간호중재	• 처방된 식욕촉진제, 항구토제, 제산제 투여 • 식욕자극 – 스트레스가 적은 환경 제공, 맛있거나 따뜻한 음식 제공, 손으로 입에 묻혀주거나 주사기로 입에 투여 • 액상 사료 등 소화되기 쉬운 음식 제공 • 영양공급관 장착 고려

㉡ 탈 수

임상증상	• 건조한 점막, 안구함몰 • 피부 탄력 및 배뇨량 감소 • PCV, TP, 요비중 증가
요구되는 개선상태	• 촉촉한 점막 • 정상적인 피부긴장도 • 정상 배뇨량
간호중재	• 처방된 수액 투여 • 수분 섭취와 배설량 측정 • 수액 과부하 여부 감시 – 폐에 수포음, 심잡음, 부종, 체중 증가, 비강 분비물 증가, 중심정맥압 증가 발생 여부 • 전해질 불균형 여부 감시

㉢ 저혈량증

임상증상	• 건조한 점막 • 창백하고 하얀 점막색 • CRT 지연 • 빈맥, 약한 맥박 • PCV는 증가 또는 감소 • 심리상태 변화 • 저혈압
요구되는 개선상태	• 분홍색의 촉촉한 점막 • 정상 CRT, 혈압, 심장 기능

간호중재	• 처방된 수액이나 수혈 투여 • 수분 섭취와 배설량 측정 • 수액 과부하 여부 감시 • 수혈 반응 감시 - 불안, 구토, 설사, 발열, 소양감, 피부발적, 두드러기 발생 여부

㉣ 고체온

임상증상	• 39.5℃ 이상 • 헉헉거림 • 따뜻한 피부 • 빈호흡, 빈맥 • 심리상태 변화
요구되는 개선상태	정상 체온 유지
간호중재	• 체온 낮추는 처치 - 시원한 환경 및 목욕 제공, 발바닥 패드에 알코올 적시기 • 탈수 예방 조치 • 처방된 해열제 투여

㉤ 저체온

임상증상	• 37.2℃ 이하 • 오 한 • 심리상태 변화 • CRT 지연 • 서맥, 호흡 감소 • 청색증
요구되는 개선상태	정상 체온 유지
간호중재	• 보온 제공 - 따뜻한 물과 담요 제공, 인큐베이터, 가온된 수액처치 • 산소 공급

㉥ 통 증

임상증상	• 행동, 자세, 촉진 시에 반응 변화 • 급성통증 - 빈맥, 빈호흡, 고혈압
요구되는 개선상태	통증 지수의 감소
간호중재	• 처방된 진통제 투여 • 통증 반응 감시 • 진통제에 대한 부작용 감시 - 구토 및 설사, 혈변, 호흡수 감소, 변비, 불안(고양이) • 물리치료 • 편안한 환경 제공

㉦ 전해질 불균형

임상증상	• 비정상적인 맥박수 • 부정맥 • 근력저하 • 근진전 • 발 작
요구되는 개선상태	정상 전해질 수치
간호중재	• 결핍 시 - 처방 된 약물 투여 • 상승 시 - 처방 된 약물 투여, 이뇨 • 심전도(ECG ; Electro Cardio Gram) 감시 • 근진전, 발작이 있는 환자에게는 푹신한 담요 제공

ⓞ 요도 폐쇄

임상증상	• 배뇨곤란 • 팽창된 방광 촉진 • 구 토 • 심리상태 변화
요구되는 개선상태	정상적인 배뇨
간호중재	• 지시된 요도카테터 처치 • 처방된 약물 투여 • 요 배출 감시

ⓩ 심부전증

임상증상	• 빈호흡, 빈맥 • 비정상 심음 • CRT 지연 • 창백한 청색의 점막 • 운동불내성 • 실 신 • 비정상 ECG • 저혈압 또는 고혈압
요구되는 개선상태	• 정상 CRT • 분홍색 점막 • 정상 심박수, 호흡수, 혈압
간호중재	• 산소 공급 • ECG와 산소포화도 및 수분 섭취와 배출량 측정 • 혈압 측정 • 처방된 약물 투여 • 약물 투여 후 부작용 감시 • 낮은 염분의 음식 제공

ⓧ 저산소증

임상증상	• 청색증 • 호흡 곤란 • 빈호흡 • 심리상태 변화 • 산소포화도 감소
요구되는 개선상태	• 분홍색 점막 • 정상 호흡수 • 정상 산소포화도
간호중재	• 산소 공급 • 맥박산소측정과 동맥혈가스분석 측정

ⓚ 과체중

임상증상	신체충실지수 4 이상
요구되는 개선상태	신체충실지수 3
간호중재	• 1일 요구량에 따른 체중 감소를 위한 식이 계산 • 적정한 운동 실시 • 체중 감소를 위한 보호자 교육 실시 • 체중 감소에 대한 정기적 평가

ⓔ 저체중

임상증상	신체충실지수 2 이하
요구되는 개선상태	신체충실지수 3
간호중재	• 1일 요구량에 따른 체중 증가를 위한 식이 계산 • 전해질 불균형 처치 • 비타민 결핍 처치 • 체중 증가를 위한 보호자 교육 실시 • 체중 증가에 대한 정기적 평가

ⓟ 구 토

임상증상	• 구 역 • 구 토 • 복부 통증
요구되는 개선상태	구토 해소
간호중재	• 전염병이 의심되면 동물 격리 실시 • 처방된 약물 투여 • 소화되기 쉬운 음식 제공 • 탈수, 전해질 불균형, 식욕 저하 처치

ⓗ 설사 및 변비

구 분	설 사	변 비
임상증상	설사 및 복부 통증	• 결장 부위에서 단단한 덩어리 촉진 • 복부 팽만 및 통증 • 심리상태 변화
요구되는 개선상태	정상적으로 형성된 분변배출	최소 1일 1회 분변배출
간호중재	• 전염병이 의심되면 동물 격리 실시 • 처방된 약물 투여 • 탈수 처치 • 동물 위생 관리 – 항문 주위에 엉겨 붙은 털 제거 및 세정, 목욕 • 소화되기 쉬운 음식 제공	• 적절한 수분 공급 • 관장 실시 • 고섬유질 또는 저잔류식 음식 제공

3 백신과 전염병

(1) 수의 면역학 기초

① 면역의 정의 및 면역계

㉠ 면역의 정의 : 외부 감염원으로부터 몸을 보호하는 방어기작이다.

㉡ 면역계 : 신체 내 이물이 침입한 경우, 이것을 배제하여 신체 내의 질서를 유지하는 것으로서 면역 기관과 면역세포로 구성된다.

② 면역의 종류

선천면역	유전적 내재 면역	동물에 따라 감염 유병률 상이
	초기 염증 반응	초기의 염증 반응으로 비만세포, 호중구, 자연살해세포, 기타 염증 인자 등이 작용
	물리적 방어벽	피부, 점막, 털의 물리적 방어벽
후천면역	자연 능동면역	실제로 감염되었다가 회복된 후, 다시 감염되면 림프구가 반응하여 항체를 생산하여 병원체를 제거
	자연 수동면역	태어난 후 48시간 내에 생산되는 초유를 통한 모체이행항체로 출생 후 약 12주까지 방어 능력이 제공
	인공 능동면역 (백신)	인공적으로 불활성화 형태의 항원을 접종하여 림프구의 항체 생산을 유도해 면역을 생성
	인공 수동면역	인공적으로 공여 동물이 만든 항혈청이나 고면역혈청을 항체로 주입하는 것으로 면역기능이 약한 동물의 즉각적 방어법으로 이용 가능하나 며칠 동안만 유효

(2) 백신관리와 스케줄

① 정 의

백 신	질병을 일으키는 병원체를 약화시키거나 불활성화시킨 것을 소량 첨가한 제제
예방접종	백신을 접종하여 인공 능동면역 반응을 유도하여 항체를 생산하는 방법으로 감염병 예방

② 백신의 종류

구 분	약독화 생백신	불활성화 백신
종 류	순화백신, 생균백신	사독백신, 사균백신
특 성	• 살아 있는 병원체의 독성을 약화 • 약화시킨 세균이나 바이러스의 증식 때문에 해당 질병에 걸린 것과 비슷한 상태가 되어 강력한 면역반응 발생	항원 병원체를 죽이고 면역 항체 생산에 필요한 항원성만 존재
장 점	• 불활성화 백신보다 면역형성 능력 우수 • 장기간 지속	높은 안전성
단 점	면역 결핍 동물의 경우 백신 내 병원체에 의한 발병 우려 존재	• 면역반응이 약하여 여러 번 접종 필요 • 면역 지속시간이 상대적으로 짧음

③ 백신관리와 스케줄

㉠ 반복 접종과 지연기

- 반복 접종을 통해 좀 더 신속하고 강력한 항체 생산이 가능하다.
- 개체의 항체 생산 능력과 백신 제제의 특성을 고려하여 백신 스케줄 관리가 필요하다.
- 백신접종을 해도 항체가 생성되기까지 지연기가 존재한다.
- 백신접종 간격은 백신 면역원의 간섭을 피하기 위해 최소 2~3주가 필요하다.

㉡ 모체이행항체 간섭 고려 : 모체이행항체는 백신의 항원을 제거하여 백신의 면역형성을 방해할 수 있다.

㉢ 일반적인 백신관리와 스케줄

- 대략 6~8주령부터 백신 1차 접종을 시작하여 여러 번 접종한다.
- 서로 다른 종류의 백신들을 1~5일 간격으로 각각 개별적으로 투여하는 것보다는 여러 백신을 동시에 투여하는 것이 바람직하다.
- 개 예방접종 일정표

구 분	종합백신 (DHPPL)	코로나 장염	기관 기관지염	백선증 (비오칸M)	광견병	구충제	심장사상충
6주령	1차	1차	–	–	–	3개월 간격	매월 투여
8주령	2차	2차	–	–	–		
10주령	3차	–	1차	–	–		
12주령	4차	–	2차	–	–		
14주령	5차	–	–	–	기초접종		
16주령	–	–	–	1차	–		
18주령	–	–	–	2차	–		
추가접종	매 년	매 년	매 년	매 년	매 년		

- 고양이 예방접종 일정표

구 분	종합백신(FVRCP + FeLV)	전염성 복막염	광견병	구충제	심장사상충
8주령	1차	–	–	3개월 간격	매월 투여
11주령	2차	–	–		
15주령	3차	–	기초접종		
18주령	–	1차	–		
21주령	–	2차	–		
추가접종	매 년	–	매 년		

㉣ 백신접종 순서

신체검사 및 접종 가능여부 판단	신체검사와 진찰결과에 의해 건강한 개체에만 접종

↓

백신 준비 및 접종	백신의 성상(분말 + 액체, 액체 등)에 따라 준비

↓

접종 기록	차트, 예방접종 증명서(수의사 서명 필요), 예방접종 수첩 등 기록(보호자와 동물 정보, 백신 종류, 제조번호, 접종일 및 다음 접종일)

↓

보호자 교육	• 백신 부작용 관찰 및 백신 접종 후 일주일 정도 타 동물과의 비접촉 지시 • 추가 접종일 고지

(3) 바이러스-세균 감염성 질환

① 감염병의 정의 및 전파 경로

㉠ 정의 : 신체에 침입한 병원체가 신체에서 증식하고 개체 간에 전파되는 질병이다.

㉡ 감염병 연구 : 병원체 감염 → 이탈 → 이동 → 다른 개체에 침입하는 원리를 탐색하는 것이다.

㉢ 감염병의 전파 경로

직접 접촉	그루밍, 핥기 등 숙주동물이 감수성이 있는 동물과 접촉하여 병원체 전파
간접 접촉	숙주와 감수성이 있는 동물이 서로 떨어져 있고 병원체가 이동하여 전파

② 개의 감염성 질환 - DHPPL(Distemper Virus, Hepatitis Virus, Parvovirus, Parainfluenza Virus, Leptospira) 백신 관련 감염병

㉠ 개 디스템퍼(Canine Distemper, 개 홍역) : 전염성이 강하고 폐사율이 높은 전신감염증으로 눈곱, 호흡기와 소화기 증상, 발바닥이나 코가 딱딱해지고 균열이 발생할 수 있으며 4~5개월령의 어린 동물 등이 많이 감염되며 임신한 모견이 홍역에 걸리는 경우에는 사산이나 허약한 강아지를 분만하며 사람에게 전염되지는 않는다.

원 인	CDV(Canine Distemper Virus)
전 파	눈물이나 콧물을 통한 공기 전파와 접촉 및 경구 감염
증 상	2~3일간 가벼운 식욕감퇴, 발열, 결막염, 의기소침, 침흘림, 호흡기(혈액화농성 안루, 콧물, 기침)와 소화기 증상(구토, 설사), 중추신경계 염증에 의한 신경 증상(이빨의 부닥침, 보행실조, 발작, 경련 및 마비)
치 료	격리, 아미노산과 전해질 제제 등으로 체액 손실 보충, 진통제, 해열제, 대사촉진제, 소화제, 항생제나 항균제를 통한 이차 감염 치료, 면역증강제 주사, 소독제 희석액을 1일 1회 이상 견사나 동물에게 살포
예 방	예방접종(DHPPL : 생후 5~6주부터 1회 시작하여 2주 간격으로 반복 접종) 및 영양 관리

㉡ 개 전염성 간염(ICH ; Infectious Canine Hepatitis) : 개 홍역과 유사한 증상을 보이는 질병으로서 강아지 때 급사되는 경우를 제외하고는 치명률은 10%로 사람에게 전염되지 않는다.

원 인	Canine Adenovirus
전 파	분변, 오줌, 침 등을 통한 접촉 및 경구 감염
증 상	잠복기는 5일 정도로 눈 점막의 충혈, 편도선 부종, 식욕 부진, 발열, 구토, 설사, 복통, 간비대, 황달, 결막염, 각막부종이나 혼탁(Blue Eye), 회복 후에도 6~9개월 간 오줌으로 바이러스 배출
치 료	수액, 항균제, 항구토제 등 대증 요법 및 체력보강, 대사촉진제와 소화제, 면역 촉진제 주사, 전문소독약제를 희석하여 견사와 동물에 살포
예 방	예방접종(DHPPL : 생후 5~6주부터 1회 시작하여 2주 간격으로 반복 접종)

㉢ 개 파보 바이러스(Canine Parvovirus) : 전염력과 폐사율이 매우 높은 질병으로 사람에게 전염되지 않는다.

<table>
<tr><th>원 인</th><td colspan="2">Canine Parvovirus</td></tr>
<tr><th>전 파</th><td colspan="2">분 변</td></tr>
<tr><th rowspan="3">증 상</th><td colspan="2">2~3개월 강아지에게 빈번, 침울, 수양성(혈액성) 설사, 구토, 탈수, 쇼크</td></tr>
<tr><td>심장형</td><td>3~8주령의 강아지에게 많이 나타나며 심근 괴사 및 심장마비로 급사하기 때문에 아주 건강하던 개가 별다른 증상 없이 갑자기 침울한 상태로 되어 급격히 폐사</td></tr>
<tr><td>장염형</td><td>• 8~12주령의 강아지에게 다발하며 구토를 일으키고 악취 나는 회색 설사나 혈액성 설사를 하며 급속히 쇠약해지고 식욕감퇴
• 급속한 탈수로 인해 발병 24~48시간 만에 폐사 가능</td></tr>
<tr><th>치 료</th><td colspan="2">적절한 간호 및 대증 치료 – 수액(전해질 제제), 항생제, 항구토제, 항경련제, 항균제, 면역증강제 등</td></tr>
<tr><th>예 방</th><td colspan="2">예방접종(DHPPL : 생후 5~6주부터 1회 시작하여 2주 간격으로 반복 접종) 및 바이러스까지 잡는 소독약으로 견사와 동물 소독</td></tr>
</table>

㉣ 개 파라인플루엔자(Canine Parainfluenza, 개 감기) : 사람에게 전염되지 않는다.

원 인	Canine Parainfluenza Virus
전 파	비 말
증 상	발열, 콧물, 편도비대, 마른기침, 눈점막의 출혈, 재채기, 폐렴
치 료	대증 요법(항생제, 진해제, 해열제 등)
예 방	예방접종(DHPPL : 생후 5~6주부터 1회 시작하여 2주 간격으로 반복 접종)

㉤ 개 렙토스피라증(Canine Leptospirosis) : 인수공통전염병이다.

<table>
<tr><th>원 인</th><td colspan="2">Canine Leptospira Canicola</td></tr>
<tr><th>전 파</th><td colspan="2">오염된 물이나 토양, Leptospira 세균에 감염된 들쥐의 오줌</td></tr>
<tr><th rowspan="2">증 상</th><td>출혈형</td><td>41℃ 이상의 발열, 구토, 뒷다리 통증, 구강점막의 궤양, 출혈성 설사, 급성신부전, 오한, 혈관 내 응고, 쇼크, 유산, 두통, 결막염, 회복 후에도 수개월~수년 간 오줌으로 바이러스 배출</td></tr>
<tr><td>황달형</td><td>간 염</td></tr>
<tr><th>치 료</th><td colspan="2">항균제, 수액 요법, 항생제, 항구토제 등</td></tr>
<tr><th>예 방</th><td colspan="2">예방접종(DHPPL : 생후 5~6주부터 1회 시작하여 2주 간격으로 반복 접종)</td></tr>
</table>

③ 그 외 개의 감염병

㉠ 개 코로나 바이러스 장염(Canine Coronavirus Infection)

원 인	CCV(Canine Corona Virus)
전 파	오염된 먹이나 토양, 분변
증 상	4~16주에 주로 발병하며 무기력, 발열, 식욕부족, 분비성 설사, 구토, 복부 통증
치 료	전해질 제제, 항균제, 면역증강제, 항생제 투여
예 방	개 코로나 장염 예방접종 및 소독

㉡ 개 전염성 기관기관지염(Canine Infectious Tracheobronchitis, Kennel Cough)

원 인	Bordetella Bronchiseptica
전 파	비 말
증 상	수양성 비루, 건성 헛기침, 구토, 폐렴
치 료	항생제, 진해제, 휴식
예 방	기관지염 예방접종 및 균형 잡힌 영양과 정기적인 기생충 구제, 스트레스를 줄여주고 적절한 환기와 습도 조절

㉢ 개 인플루엔자(Canine Influenza, Dog Flu)

원 인	Canine Influenza A Virus
전 파	비 말
증 상	발열, 기침, 호흡기 증상
치 료	항생제, 진해제, 휴식
예 방	예방접종

㉣ 광견병(Rabies) : 인수공통전염병

원 인	Rabies Virus	
전 파	타액을 통해 모든 온혈 포유동물 감염	
증 상	광폭형	과흥분, 이식증, 공격적 물기, 타액 분비, 연하곤란, 운동실조, 경련 후 폐사
	울광형	겁이 많음, 마비, 호흡근 마비 후 폐사
치 료	치사율 100%	
예 방	예방접종	생독백신 : 3~4개월령에 근육주사한 후 매년 1회씩 추가 접종

㉤ 곰팡이성 피부병(Ringworm, 피부사상균증, 백선증) : 인수공통전염병

원 인	Microsporum Canis
전 파	비듬, 피부, 곰팡이가 존재하는 흙 등
증 상	둥근 탈모, 비듬, 피부염, 딱지, 홍반, 소양증 등 다양하며 고양이에도 발병
치 료	항진균제, 항생제 등
예 방	비오칸M 예방접종

④ 고양이의 전염성 질환

㉠ 고양이 칼리시 바이러스(Feline Calicivirus)

원 인	Feline Calicivirus
전 파	구강, 비말 감염
증 상	재채기, 결막염, 콧물, 기침, 침흘림, 구내염, 발열, 식욕감퇴, 만성축농증
치 료	항생제, 수액 및 보조 요법
예 방	생후 약 8주령부터 FVRCP 예방접종

㉡ 고양이 바이러스성 비기관지염(Feline Viral Rhinotracheitis)

원 인	Feline Herpesvirus
전 파	분변, 오줌, 침 등을 통한 접촉 및 경구 감염
증 상	발열, 기침, 콧물, 재채기, 결막염, 각막궤양 등 다양하면서도 칼리시 바이러스보다 심한 증세
치 료	항생제, 수액 및 보조 요법
예 방	생후 약 8주령부터 FVRCP 예방접종

㉢ 고양이 범백혈구감소증(Feline Panleukopenia, Distemper, 전염성 장염, 고양이 홍역) : 전염성이 매우 강하며 혈액 속 모든 백혈구가 감소하는 질병으로, 새끼의 사망률은 90% 정도이고 합병증이 있으면 사망률이 높다.

원 인	Feline Parvovirus
전 파	배설물, 침 등에 접촉한 물체나 곤충 등
증 상	식욕 부진, 발열, 구토나 탈수, 설사, 혈변, 무기력
치 료	수혈, 항생제, 수액 및 보조 요법
예 방	생후 약 8주령부터 FVRCP 예방접종

㉣ 고양이 클라미디아(Feline Chlamydophila, 고양이 폐렴) : 인수공통전염병으로 사람에게 결막염이 유발된다.

원 인	Chlamydia Psittaci
전 파	눈 분비물 직접 접촉
증 상	편측성 결막염(점액 화농성 눈곱), 재채기, 기침
치 료	항생제
예 방	FVRCP + CH 예방접종

㉤ 고양이 바이러스성 백혈병(FeLV ; Feline Leukemia Virus)

원 인	Retrovirus
전 파	모유, 침 등을 통한 접촉 및 수직 감염
증 상	면역 결핍, 빈혈, 종양 등 다양하며 수년 동안 무증상이다가 발병가능하고 예후불량
치 료	항생제
예 방	생후 약 8주령부터 FeLV 예방접종

ⓑ 고양이 전염성 복막염(FIP ; Feline Infectious Peritonitis)

원 인	Feline Corona Virus
전 파	침, 자궁 내 감염
증 상	복막염, 식욕 부진, 발열, 구토, 설사, 새끼 고양이에게 높은 치사율
치 료	대증 요법
예 방	생후 약 16주령부터 예방접종

ⓢ 고양이 면역 부전 바이러스(FIV ; Feline Immunodeficiency Virus, 고양이 에이즈) : 5~9세 길고양이에서 흔하게 발견된다.

원 인	Retrovirus	
전 파	물림에 의한 상처(교상)	
증 상	1차 감염	림프구 감소, 발열, 체중 감소, 종양 위험도 증가
	2차 감염	구내염, 상부 호흡기 감염(기도염), 설사 등
치 료	대증 요법 및 저용량 스테로이드 사용	
예 방	중성화 수술	

(4) 기생충 감염성 질환

① 개회충

원 인	선충류, 내부 기생충
전 파	분변, 벼룩
증 상	빈혈, 복막염, 영양탈취, 쇠약, 설사, 기침, 피부병, 간장 장애, 발열, 체중 감소, 발진, 실명, 구토
치 료	Mebendazole, Fenbendazole 등
예 방	생후 1개월부터 2주 간격으로 3~4회, 성견 6개월마다 정기적 구충제 투약

② 개구충

원 인	소장 기생 선충류, 내부 기생충
전 파	분변, 개의 피부를 뚫고 침입
증 상	흑색변, 빈혈, 소양증
치 료	Mebendazole, Fenbendazole 등
예 방	생후 1개월부터 2주 간격으로 3~4회, 성견 6개월마다 정기적 구충제 투약

③ 개편충

원 인	Whipworm, 내부 기생충
전 파	경구 섭취, 대장 기생
증 상	장점막 비후, 빈혈, 출혈, 점액 혈변, 털의 윤기가 없어짐
치 료	Mebendazole, Fenbendazole, Albendazole 등
예 방	생후 1개월부터 2주 간격으로 3~4회, 성견 6개월마다 정기적 구충제 투약

④ 개조충

원 인	조충류, 내부 기생충
전 파	분변, 벼룩
증 상	항문이 가려워서 엉덩이를 땅에 끄는 행동, 심한 복통, 소화 장애, 오심, 구토, 신경 증상, 장염
치 료	Praziquantel 등
예 방	생후 1개월부터 2주 간격, 3~4회, 성견 6개월마다 정기적 구충제 투약

⑤ 톡소플라즈마 : 인수공통전염병

원 인	Toxoplasma Gondii, 원충	
전 파	후천성 감염	흙이나 고양이 분변에서 유래, 덜 익힌 돼지고기 섭취
	선천성 감염	톡소플라즈마 원충에 감염된 임산부에게서 수직 감염
증 상	뇌수종, 뇌염, 설사, 황달, 유산, 사산, 폐렴, 신생아의 안구 질환 야기	
치 료	항생제	
예 방	익힌 고기 섭취	

⑥ 개심장사상충

원 인	Dirofilaria Immitis, 온대지방 개의 우심실과 폐동맥에 기생하는 선충류로 길이는 암컷이 25~30cm, 수컷은 12~16cm
전 파	모 기
증 상	유충이 심장에 5~7년 기생하면서 호흡 곤란, 운동기피, 발작성 실신, 객혈, 복수, 하복부 피하부종, 흉수, 식욕감퇴, 돌발적 쇠약, 혈색소뇨증, 기침, 객혈 유발
치 료	심장사상충 치료제나 수술(완치 시까지 수개월까지 걸릴 수 있음)
예 방	모기 활동기 동안 생후 6주령 근처부터 Ivermectin 월 1회씩 투여 실시, Selamectin, Moxidectin

⑦ 외부 기생충 감염병

㉠ 진드기 : 라임병, 로키산 홍반열 유발

㉡ 벼룩 : 알레르기 피부염, 소양, 탈모 유발

㉢ 개선충(Scabies, 옴) : 인수공통전염병

원 인	Sarcoptes Scabies
증 상	소양, 2차 세균 감염으로 인한 염증
예 방	정기적인 피부 위생 관리 필요

㉣ 개모낭충(Demodex)

원 인	Demodex Canis
증 상	탈모, 소양, 2차 세균 감염으로 인한 염증
치 료	치료가 어려우며 장기간의 치료 필요

(5) 인수공통전염병

① 정의 : 동물로부터 사람에게 전염되는 질병

② 주요 인수공통전염병

렙토스피라증	발열, 구토, 두통, 신염
광견병	과흥분, 발열, 연하곤란, 운동실조, 경련 후 폐사
백선증	피부염, 딱지
클라미디아증	결막염
톡소플라즈마증	발열, 유산
옴	소양증
살모넬라증	설사, 복통, 발열

③ 인수공통전염병 예방법 지침

㉠ 보호자 교육 : 질병 안내 교육

㉡ 감염환자 접촉하는 방법

- 보호 장비 착용
- 환자 접촉 후 의류 및 장비 소독이나 교환

㉢ 감염전파 경로 차단 : 항상 분비물을 다룬 후 씻고 소독

㉣ 감염전파 예방 : 외부에서 분변에 의해 오염되지 않도록 주의

(6) 격리치료실 관리, 소독 및 멸균

① 위생 관리

㉠ 세척 : 물과 세제를 이용해서 표면의 이물질과 단백질, 생물막을 제거하고 병원체 수를 줄인다.

㉡ 소독 : 소독약을 사용하여 세균의 아포를 제외한 모든 병원체를 제거한다.

- 소독제 : 감염원을 포함하는 혈액, 분변 등의 오염을 제거하기 위해 사용한다.
- 유효 소독약

감염병	소독용 에탄올	차아염소산나트륨	크레졸 등 기타
개 홍역	O	O	–
개 코로나 바이러스	O	O	–
개 전염성 기관기관지염	O	O	–
고양이 칼리시 감염증	X	O	O
고양이 전염성 복막염	O	O	–
고양이 전염성 비기관지염	O	O	–
개 파보바이러스	X	O	–
고양이 파보바이러스	X	O	–
렙토스피라증	O	O	–

㉢ 멸균 : 열과 방사선 등을 사용하여 모든 병원체와 세균의 아포까지 사멸한다.

② 격리치료실 관리

㉠ 격리시설 관리

- 격리시설은 반드시 동물병원의 시설에 설치되어 있어야 한다.
- 가능한 외부로 통하는 출입구가 독립적이어야 한다.
- 물, 쓰레기, 환기시설이 병원 건물과 분리되어 있어야 한다.
- 격리실에 있는 모든 환자를 차단 간호하고 침구 교환이나 위생규칙을 철저하게 해야 한다.

㉡ 차단 간호

- 모든 동물을 철저히 격리해야 한다.
- 각각의 환자에 대해 별도의 도구를 사용한다.
- 퇴원 후 케이지 내부나 전체 격리실을 소독한다.
- 가능한 한 1회용품을 이용한다.

③ 감염병 환자의 진료 및 입원에 따른 주의

㉠ 일상에서의 주의점

- 진료가 끝난 후 진료실을 깨끗이 소독한다.
- 사람의 행동 범위와 동선을 제한한다.
- 청결한 영역(수술/입원실)과 격리실로 구분하여 격리실 동선은 가능한 한 제한한다.
- 타월 등 물품을 격리실과 공동 사용하지 않는다.
- 오염을 바로 제거한다.

㉡ 청소 시 주의점

- 걸레 한 장으로 여러 곳을 닦지 않는다.
- 혈액이 묻은 곳은 차아염소산나트륨으로 소독한다.
- 걸레를 헹굴 때는 흐르는 물로 헹구고 완전히 건조시킨다.

4 병원 내 검사 보조

(1) 심전도 검사

① 정의 : 심장의 박동 및 수축과 연관되는 심장의 전기적 활성도를 체표에 전극을 부착함으로써 눈으로 관찰하는 검사방식이다.

② 심전도 검사 방법 : 보통 심전도의 전극은 접지까지 포함하여 각 오른쪽, 왼쪽, 앞다리와 뒷다리 총 4군데에 장착한다.

더 알아보기

심전도 검사 시 사용하는 리드의 색과 부위의 연결

리드의 색	신체 부위
빨간색	오른쪽 앞다리
검은색	오른쪽 뒷다리
노란색	왼쪽 앞다리
초록색	왼쪽 뒷다리

심전도 주요 파형의 의미

파 형	의 미
P파	심방의 탈분극
QRS Complex	심실의 탈분극
T파	심실의 재분극

③ 심전도 검사 시 주의사항

㉠ 지시된 유도법에 따라 젤을 도포한 후 전극을 장착한다.

㉡ 보정 시에 전극끼리나 전극과 손가락이 접촉되지 않도록 주의한다.

㉢ 사용 후 전극을 정리할 때 즉시 전극이나 동물의 오염물을 닦는다.

㉣ 검사 후 전극코드가 서로 엉키지 않도록 정리한다.

(2) 복강경 검사

① 정의 : 복벽에 0.5~1cm의 구멍을 내고 카메라를 삽입하여 관찰을 통해 최소 침습적으로 관찰하는 방법이다.

② 복강경 검사 시 주의사항

㉠ 동물의 금식이나 배변 여부를 확인한다.

㉡ 수술 전 흉부 방사선 검사나 기본 혈액 검사를 한다.

㉢ 수의사의 수술 및 지시사항에 따라 동물을 보정 및 관찰한다.

㉣ 수술 중 마취 모니터링을 한다.

㉤ 수술 전후 수술 및 복강경 기구 소독이나 멸균을 철저히 한다.

(3) 초음파 검사

① 정의 : 대상물에 탐촉자를 대고 초음파를 발생시켜 반사된 초음파를 수신하여 영상을 구성하여 검사하는 방법이다.

② 장단점

장 점	• 비침습 생체 계측이므로 생체에 고통이나 영향을 주지 않는다. • 반복 검사가 가능하다. • 연부 조직을 정밀하게 관찰할 수 있다. • 혈관 벽, 심장 구축물, 태아 심장박동 등 실시간 표시가 가능하고, 동태 관찰이 가능하다.
단 점	가스체나 뼈의 영향을 받기 쉽고 부위의 제한이 있다.

③ 초음파 검사 시 주의사항

㉠ 검사 전 기계의 작동 유무를 확인하고 초음파용 젤을 준비한다.

㉡ 복강장기의 경우 동물의 금식 및 배변 여부를 확인한다.

㉢ 검사 부위를 삭모한다.

㉣ 복배위 자세 유지 시 동물이 안전하도록 주의한다.

㉤ 심장 초음파를 제외하고 동물에 따라 진정장치나 진정제가 필요할 수 있다.

㉥ 수의사의 검사 부위에 따른 정확한 보정 방법을 숙지해야 한다.

㉦ 동물의 심리적 안정을 위해 노력해야 한다.

㉧ 검사 후 뒷정리를 철저하게 한다.

(4) 내시경 검사

① 정의 : 신체 내부를 육안으로 검사하기 위한 의료촬영기구를 장기에 삽입하여 비침습적으로 검사하는 것으로, 조직 채취 및 제거가 가능하다.

② 종류 : 위내시경, 대장내시경, 기관지내시경, 비인두경 등

③ 내시경 검사 전 선행검사

㉠ 기본 흉부 방사선 검사

㉡ 혈액 검사

④ 내시경 검사가 필요한 경우

㉠ 이물 섭취, 구토, 섭식 장애 등의 이상이 있을 때

㉡ 소화기와 관련한 증상이 지속되어 조직 검사가 필요한 경우

⑤ 내시경 검사 시 주의사항

㉠ 검사 전 금식 확인 및 내시경 관련 기구 작동 확인

㉡ 마취 전 검사 필요

㉢ 수술 전부터 후까지 모든 단계에서 동물의 마취 모니터링 필요

㉣ 검사 후 철저한 뒷정리

(5) 혈액형 검사와 수혈

① 수혈 전 혈액형 검사의 필요성 : 두 번째 수혈부터 다른 혈액형에 대한 심각한 부작용이 발생하기 때문이다.

② 수혈 부작용 증상 : 빈맥, 급성 신부전, 고열, 쇼크, 구토, 용혈, 호흡 곤란 등 다양하다.

③ 혈액성분별 적응증 및 보관 방법

혈액성분	적응증	보 관
신선전혈	• 급성 다량 실혈을 동반한 응고병 및 혈소판감소증 • 파종성혈관내응고 • 저혈량성 쇼크	채혈 후 8시간 이내
보존전혈	• 빈 혈 • 저혈량성 쇼크	항응고제를 사용하여 1~6℃에서 냉장 보관하면 35일
농축전혈구	정상혈량성 빈혈	1~6℃에서 냉장 보관하면 35일
신선동결혈장	• 응고 장애 • 저알부민혈증 • 항응고 살서제 중독	-18℃에서 12개월
동결혈장	• 응고 장애 • 저알부민혈증	-20℃에서 5년
농축혈소판	• 혈소판감소증 • 혈소판병	22℃에서 5일
동결침전물	• 혈우병 • 폰빌레브란트병 • 저피브리노겐혈증	-18℃에서 12개월

5 외래환자 진료 보조

(1) 기초문진과 문진표 작성

① 기초문진의 개념

㉠ 기초문진은 내원한 동물을 진료하기 전에 동물의 기본적인 사항을 파악하는 것이다.

㉡ 기초문진의 목적은 동물의 과거·현재 질병력 확인과 생활 습관 등 기본 건강 사항을 파악하여, 기본 자료로 활용함으로써 진료시간을 단축하고 진단의 정확성을 높이는 것이다.

㉢ 동물은 의사소통할 수 없으므로 보호자를 통하여 가능한 객관적인 동물 정보를 얻는다.

② 기초문진 순서

㉠ 문진표를 보호자에게 배부하여 직접 작성하게 하거나, 동물병원 직원이 보호자에게 질문하여 작성한다.

㉡ 기초문진 항목 : 보호자 정보, 동물(환자) 정보, 함께 거주하는 동물 정보, 급여하는 음식, 최근 신체 변화, 각종 예방 상황, 치아 관리 상황, 피부·털 관리 상황, 운동 여부

㉢ 기초문진 내용을 토대로 문진표를 작성하며, 보호자가 직접 문진표를 작성한 경우, 동물병원 직원이 문진 내용을 검토하고 보호자에게 다시 확인한다. 이때 불명확한 내용은 삭제한다.

더 알아보기

문진표 작성 순서

1. 보호자에게 문진의 필요성을 설명한다.
2. 보호자 정보를 확인한다.
   예 보호자의 이름, 주소, 연락처, 이메일 주소 등
3. 환자의 정보를 확인한다.
   예 동물 이름, 생년월일이나 나이, 성별, 품종, 중성화 수술 여부, 마이크로칩 시술 여부 등
4. 현재 기르고 있는 동물의 종류와 마릿수 등 함께 기르는 동물 정보를 확인한다.
5. 급여하는 음식을 확인한다.
   예 음식의 종류, 일일 급여 횟수, 급여량, 간식 급여 여부, 영양제 및 보조제 투여 여부
6. 최근의 신체 변화를 확인한다.
   예 최근의 체중 변화, 식욕의 변화, 구토나 설사 여부 등
7. 예방접종 상황을 확인한다.
   예 현재 받은 예방접종의 병력(심장사상충 예방약 투여, 외부 기생충 예방약 투여 및 내부 기생충약 투여도 포함됨)
8. 치아 관리 상황을 확인한다.
   예 양치질 여부와 횟수, 스케일링 받은 날짜와 시행 간격
9. 피부와 털 관리 상황을 확인한다.
   예 미용이나 목욕의 여부와 시행 간격 등
10. 운동 여부를 확인한다.
   예 운동의 종류와 주기, 시간 등

(2) 외래동물 위생 관리하기

① 기본 클리핑과 발톱 관리

구 분	세부 내용
기본 클리핑	• 동물의 위생적인 관리를 위해 필요한 털 자르기 등의 기본 미용 관리를 말한다. • 기본 클리핑 부위는 발바닥의 털, 발등, 항문 주위 및 배의 안쪽 등이다. • 발바닥 털이 길면 동물이 미끄러져서 근골격계에 이상을 일으킬 수 있다. • 항문 주위나 배의 안쪽 주위의 털을 제거하여 오물이 묻지 않도록 한다. • 기본 클리핑 순서 : 발바닥과 발등 → 항문 주위 → 배 안쪽
발톱 관리	• 발톱은 뿌리 부위부터 신경과 혈관이 동시에 자라기 때문에 발톱을 자를 때 주의한다. • 발톱이 과도하게 자라면 보행에 지장을 주어 근골격계에 이상을 일으킬 수도 있다. • 발톱을 자를 때는 혈관이 자라 나온 부위를 확인한 후에 혈관 부위보다 더 길게 잘라야 출혈과 통증을 피할 수 있다. • 출혈 발생 시 동물용 지혈파우더를 출혈 부위에 눌러 바른 상태로 유지한다. 지혈파우더가 없으면 깨끗한 탈지면이나 화장지로 출혈이 있는 발톱을 지혈될 때까지 눌러 준다.

더 알아보기

클리핑에 사용하는 도구

- 클리퍼(이발기) : 동물의 털을 일정한 길이로 자르기 위한 도구로, 본체와 부착 날로 이루어져 있으며, 날은 따로 분리할 수 있다. 털 길이에 따라 다양한 호수의 클리퍼 날이 있다. 시판되는 애견 전용 클리퍼를 사용한다.
- 시저(미용용 가위) : 털을 자를 때 사용하는 도구로, 지레 원리를 이용하여 만들어진 절단 도구이다.

② 귀 세정과 항문낭 관리

구 분	세부 내용
귀 세정	• 해부학적으로 비정상적인 구조이거나 이도 내 높은 습도, 알레르기 등으로 귀 분비물 생성이 과다해지면 외이염 같은 염증을 가속할 수 있으므로, 주기적인 귀 세정이 필요하다. • 귀 세정에 사용하는 귀 세정액에는 EDTA 성분 등에 의한 항균 효과와 살리실산 등에 의한 귀지 제거 효과가 있으므로 이도에 적용하여 세정한다.
항문낭 관리	• 항문낭은 포유동물의 항문 주위에 존재하는 분비샘으로, 특유의 냄새가 나는 항문낭액을 분비한다. • 보통 배변 시 배출되며, 흥분하거나 스트레스를 받아도 항문낭액이 분비될 수 있다. • 비만, 무른 변 등의 원인으로 항문낭액이 잘 배출되지 않는 경우, 반려견은 불편함을 느껴 엉덩이를 끌거나 항문 주위를 핥고, 아토피, 알레르기가 있거나 항문낭액을 많이 생성하는 경우도 마찬가지다. • 항문낭이 세균에 감염되면 항문낭염을 일으키고 심하면 바깥 피부 쪽으로 파열되기도 한다. • 냄새를 줄이고 항문낭염이나 항문낭 파열 방지를 위해 정기적으로 짜 주는 등 관리한다. • 항문낭은 항문을 기준으로 4시와 8시 방향 두 곳에 있으며, 액이 배출되는 관은 항문 괄약근 쪽으로 이어져 있다. • 꼬리를 위쪽으로 바짝 들고 튀지 않도록 화장지를 댄 후 항문낭이 있는 쪽을 엄지와 검지로 넓게 잡아 항문 방향으로 밀어 짜낸다. 항문낭액을 짠 후에는 항문 주위를 물로 씻고 간식으로 보상한다. 1~2주 간격으로 항문낭 관리만 철저히 하면 동물 냄새가 줄어든다.

더 알아보기

귀 세정하기

- 귀가 늘어지는 종은 귀를 들어 외이도 입구 부분을 노출한다. → 귀 세정제를 외이도 입구 부분에 충분히 넣는다. → 귀의 아랫부분을 부드럽게 마사지해 준다. → 솜으로 귀지와 외이도 쪽에 배출된 세정제를 닦아 낸다. → 귀 분비물의 양이 많으면 다시 귀 세정 과정을 몇 차례 반복한다.
- 귀 안에 남은 세정제는 면봉 등으로 무리하게 제거하지 않는다. 그냥 놔두면 동물이 귀를 흔들어 배출한다.

6 입원 환자 간호

(1) 입원실 관리

① 입원실의 종류

㉠ 입원실은 동물의 종류, 크기, 전염성에 따라 분류되며, 일반입원실과 격리입원실이 있다.

㉡ 일반입원실은 경증 환자를 위한 입원실로, 적절한 환기, 온도, 위생 관리가 필요하며, 개 입원실과 고양이 입원실로 구분된다.

구 분	세부 내용
개 입원실	• 개 입원실은 환기가 잘 되어야 한다. • 대소변이 바닥으로 빠지도록 바닥이 철망 형태인 것과 바닥이 평평한 형태가 있다. • 바닥이 평평한 형태는 보온을 위해 바닥에 열선이 설치된 경우가 있다.
고양이 입원실	• 고양이 입원실은 개 입원실과는 멀리 떨어진 조용한 곳에 위치해야 한다. • 입원실 내에 대소변을 위한 화장실(리터박스)이 설치되어 있어야 한다.

㉢ 격리입원실은 전염성 질환 환자를 위한 입원실로, 일반입원실과 분리되어 독립된 공간으로 운영되어야 한다. 격리입원실 운영 시 주의점은 다음과 같다.

- 독립 환기 시스템을 구비하여, 병원 내 감염이 일어나지 않도록 소독에 신경써야 한다.
- 한 곳으로만 출입할 수 있도록 하고 1~2명에 의해 동물의 처치와 관리가 이루어져야 한다.
- 격리입원실에 출입할 경우에는 일회용 모자와 장갑, 마스크, 위생복, 신발덮개를 착용한다.
- 격리입원실 동물은 절대로 병원 내 다른 공간으로 돌아다녀서는 안 된다.

㉣ 집중치료실은 손쉽게 환자감시를 할 수 있어야 하고 처치실 근처에 위치해야 한다.

② 입원실 청소와 환경 관리

구 분		세부 내용
입원실 청소		• 청결한 입원실을 먼저 청소하고 격리입원실은 맨 나중에 청소한다. • 입원실은 자주 점검하고 동물이 대소변을 본 경우에는 즉시 치워준다. • 청소도구는 항상 건조한 것을 사용하고 청소 후에는 물기가 남아있지 않도록 건조시킨다. • 입원실의 일반적인 오염물은 닦아내어 제거하고, 감염체가 포함된 혈액, 분변 등은 즉시 치우고 소독약을 사용하여 감염체를 제거한다.
입원실 환경 관리	환 기	• 배설물 냄새 제거와 공기전염 감소를 위해 시간당 6~12회 환기하며 동물 수와 기후에 따라 달라진다. • 수동환기(창문, 출입문 개폐로 환기)와 능동환기(환풍기, 에어컨 이용 환기)가 있다.
	조 명	자연채광으로 동물의 정상적인 행동과 정신적 안정을 얻을 수 있으며, 휴식시간과 잠자는 시간에는 조명을 어둡게 해준다.
	난 방	개와 고양이의 입원실 온도는 18~21℃가 적당하며, 어린 동물과 마취 회복 중인 동물은 보온에 신경 쓴다.
	침 구	• 개와 고양이는 1회용 패드와 수건이 많이 사용된다. • 동물전용침구는 따뜻하고 부드러우며 흡수성이 좋고, 세척 가능하나 가격이 비싸다.

더 알아보기

고양이 입원실 관리

- 개와 접촉하지 않고 이동을 최소화하도록 대기실 – 진료실의 이동 경로를 마련한다.
- 입원장 바닥은 미끄럽거나 차갑지 않은 소재를 사용하고 큰 타월을 깔아주면 좋다.
- 화장실과 사료 그릇을 멀리 떨어뜨리고, 입원 고양이는 정기적으로 털 관리를 해준다.
- 부드러운 엘리자베스 칼라를 사용하고 입원실 내 숨는 공간을 조성해 주며 입원장은 다른 동물과 마주 보지 않게 배치한다.

③ 전염성 동물 관리

㉠ 원인체 종류와 전파 경로

- 전염성 질병은 세균, 바이러스, 기생충, 진균(곰팡이) 등의 미생물에 의해 발생한다.

원인체 종류	세부 내용
세 균	• 광학 현미경으로 관찰되는 0.5~5㎛ 크기의 하나의 세포로만 이루어진 단세포 미생물이다. • 모양에 따라 구균, 간균, 나선균으로, 염색법에 따라 그람양성균, 그람음성균으로, 병원성에 따라 공생균, 조건병원균, 편성병원균으로 나뉜다.
바이러스	• 광학 현미경으로 관찰되지 않는 0.02~0.2㎛ 크기의 자체적인 대사와 증식을 못하는 미생물이다. • 살아 있는 숙주세포 내에서만 증식이 이루어지는 특성 때문에 무생물로 분류되기도 한다.
기생충	• 자체적으로 살지 못하고, 주로 영양분의 섭취를 다른 숙주에게 의지하며 살아가는 진핵생물이다. • 외부 기생충 : 동물의 체외에서 살아가는 기생충으로 때로 다른 질병의 매개체 역할을 한다(절족동물 매개). 모기, 파리, 진드기, 빈대, 벼룩 등이 있다. • 내부 기생충 : 동물의 체내에서 살아가는 기생충으로 소화 기관에서 기생하며 영양분을 섭취하는 회충, 구충, 요충 등이 대표적이며 개의 심장에서 발견되는 심장사상충도 있다.
진 균	대부분이 비병원성이지만, 일부는 건강한 조직에 침입하여 질병을 일으킬 수 있다. 진균 중에는 동물의 피부병을 일으키는 효모균과 사상균 등이 있다.

- 병원체가 감염 동물의 체외로 탈출하여 다른 동물에게 옮겨지는 병원체의 이동을 전파라고 하고, 접촉 전파, 공통 전파체에 의한 전파, 공기 전파, 절족동물의 매개에 의한 전파로 구분할 수 있다.

전파 경로 구분	세부 내용
접촉 전파	직접 접촉, 간접 접촉, 비말
공통 전파체에 의한 전파	물·식품(사료)에 의한 전파, 수혈 또는 주사기에 의한 전파
공기 전파	병원체가 부착된 비말에서 수분이 증발하여 미세한 비말핵이 되어 공기 중으로 이동하다가 감수성 숙주가 그 병원체를 흡입하여 전파
절족동물 매개에 의한 전파	기계적 전파, 생물학적 전파

㉡ 입원실 소독

- 소독약의 구비 조건
  - 미생물에 대한 소독력이 있어야 하며, 동물에 대한 독성이 없거나 약해야 한다.
  - 물에 잘 녹으며, 부식성과 표백성이 없어야 한다.
  - 가격이 싸서 경제적이어야 하며, 사용 방법이 간편해야 한다.

• 소독약의 종류

소독약의 종류	세부 내용
알코올 (Alcohol)	• 강한 휘발성으로 잔존 효과가 없고, 유기물 부스러기에 의해 소독 효과를 방해받는다. • 세균에는 효과적이지만, 아포 형성균이나 바이러스, 곰팡이에는 효과가 없다. • 70% 용액 사용, 에틸알코올, 이소프로필알코올, 메틸알코올, 소독용 알코올 등이 있다.
클로르헥시딘 (Chlorhexidine)	• 피부 자극이 없고, 기구를 부식하지 않으며, 피부 세척과 기구 소독 등에 사용한다. • 세균과 곰팡이를 포함하여 광범위 살균 효과를 가진다. • 손・피부의 소독, 도구 소독 등에는 0.05~0.5% 용액이, 동물 피부 치료용으로는 2% 농도를 사용하며, Hibiscrub, Hibitane 등이 있다.
요오드제 (Iodine)	• 소독 부위를 갈색으로 염색시키는 부작용이 있지만, 희석으로 항균 효과 증가 및 세포독성 감소 효과를 나타낸다. • 잔존 효과가 있으며, 유기물 존재 시 소독 효과가 감소된다. • 세균, 곰팡이, 원충, 일부 바이러스에 효과적이나 포자형성균에는 효과가 없다. • 피부 등 국소 적용은 2% 용액을 사용하며, Betadine, Povidone-iodine 등이 있다.
과산화제 (Peroxide)	• 염증 부위 세척, 출혈 부위 및 환경 소독 등 다양하게 사용 가능한데, 과산화수소는 자극이 적어 구내염 등 입안 세척 등에 사용할 수 있다. • 혐기성 세균에 효과적이며, 과산화수소의 경우 2.5~3.5% 수용액을 사용하며, 과산화수소, 과망간산칼륨, 과산화아연, 버콘(Virkon) 등이 있다.
염소제 (Chlorine)	• 최초의 소독약 제제로, 광범위 살균, 살바이러스 효과가 있지만, 매우 자극적이므로 생체조직에 직접 사용하지는 않는다. • 세균, 바이러스 등에 효과적이므로, 사육시설, 입원시설 등 환경 소독에 사용한다. • 0.02~0.1%로 희석 사용하며, 차아염소산 칼슘이 있다.

㉢ 격리치료실 소독 및 관리

• 격리치료실 전용 복장을 착용하고, 동물이 감염된 전염성 질병의 종류와 특징을 파악한다.

전염성 질병	세부 내용
개 전염성 질병	개 파보 바이러스, 개 디스템퍼, 개 코로나 바이러스, 켄넬코프, 개 인플루엔자 바이러스, 렙토스피라, 광견병
고양이 전염성 질병	고양이 범백혈구 감소증(고양이 장염), 고양이 바이러스성 비기관지염, 고양이 전염성 복막염, 고양이 면역 결핍 바이러스, 고양이 백혈병

• 소독약과 희석배율

소독약	희석배율
알코올	70%가 가장 효과가 있는 희석배율이기 때문에 알코올 7 : 물 3 비율로 희석한다.
클로르헥시딘	• 용도를 미리 확인하여 희석하며, 환경 소독 시 0.05% ~ 0.5%의 희석배율이 추천된다. • 클로르헥시딘 원액 농도가 100%가 아니므로, 미리 원액 농도를 확인하여 희석할 양을 계산해야 한다.

• 격리입원실 소독 시 유의점

- 격리입원실의 청소와 소독은 일반입원실의 청소와 소독이 끝난 후 마지막에 실시한다.
- 물품 수량을 확인하여 부족할 경우 보충하고 비치된 도구, 기계들을 세척하고 소독한다.
- 입원동물과 물품을 깨끗한 다른 입원장으로 옮긴다.
- 천장 포함 입원장 표면 전체에 소독약을 뿌리고, 종이타월 등으로 닦아낸다.
- 동물의 배설물과 폐기물을 제거하여, 폐기물 봉투에 넣는다.
- 물로 입원실 벽과 바닥을 헹구고, 큰 솔로 솔질한다. 천장은 1주일에 1~2회 청소・소독한다.

- 입원실 전체에 소독약을 뿌리고, 일정 시간이 지난 후 물로 소독약을 닦아낸다.
- 격리입원실 사용 물품은 일반입원실 세탁물과 분리 세탁한다.

(2) 입원동물의 영양 관리

① 입원동물의 식이 준비

㉠ 사료와 물을 급여하기 전에 입원동물의 차트를 점검하고, 현재 상태를 확인한다.

㉡ 사료 관리 : 평균 사료 소비량을 고려하여 건식 사료(펠렛형, 일반적으로 동물에게 급여하는 사료), 습식 사료(캔사료), 질환별 처방식을 충분하게 구비하고, 정기적으로 수량을 파악한다.

㉢ 유통 기한을 넘긴 사료는 폐기 처리하고, 포장 상태가 비정상적인 것도 폐기한다.

㉣ 사료 준비 : 입원동물의 상태에 따라 사료에 물을 약간 섞어 먹기 좋도록 부드럽게 만들어서 용기의 1/4정도 사료를 넣고 따뜻하게 데운다. 남은 사료는 냉장 보관한다.

㉤ 물 공급 : 물그릇이 엎어지지 않도록 그릇을 입원장 문에 고정시키거나 무거운 재질의 그릇을 입원장 바닥에 놓는다. 입원동물의 크기에 따라 물그릇의 크기와 높이를 조절하며, 수시로 물을 추가한다.

② 입원동물의 처방식

질 병	처방식
비 만	• 체중감량을 위해 저열량과 적절한 탄수화물, 단백질, 비타민, 무기질을 유지한다. • 고섬유 저지방의 균형식이 추천되며, 식이섬유는 포만감을 주지만, 섭취 열량이 낮아 비만동물에게 적극 추천된다.
식이알러지 피부 질환	• 식이알러지 피부 질환은 주로 단백질이 원인으로, 전신, 발, 회음, 얼굴을 포함한 국소 부위의 소양감이 주 증상이다. • 개는 대부분 소고기, 유제품, 밀 글루텐이 원인이며, 고양이는 소고기, 유제품, 생선이 원인인 경우가 많다. • 위의 성분을 제거 또는 알러지원성을 낮춘 식이알러지 전용 사료를 급여한다.
당뇨병	• 당뇨병은 섭취하는 사료에 따라 혈당 수치가 크게 변하므로 사료 선택이 중요하다. • 당뇨병 동물은 적절한 단백질 함량, 낮은 지방, 30% 이내의 가용성 탄수화물, 불용성 탄수화물(식이섬유)이 많이 함유된 사료가 추천된다. • 개, 고양이의 주요 에너지원인 지방 함량을 낮추면 전체 에너지 섭취량을 줄이고 비정상적인 지방 대사를 예방할 수 있다.
치과 질환	• 가장 흔한 질병으로, 음식물 찌꺼기가 점차 치태와 치석이 되고 세균이 서식하면서 구취와 치은염을 일으키고, 치주 질환을 유발하여 결국 치아가 손실된다. • 심장, 신장 및 호흡기 질환 등 전신 질환 발생을 증가시키기 때문에 예방이 중요하다. • 치태와 치석 방지 사료 제품을 급여하면 치과 질환 예방에 도움이 된다.
만성 신부전	• 노령 동물에게 발생확률이 높은 질환으로, 나이든 개와 고양이는 어느 정도 신장 질환이 있다. • 장기간 신장 기능이 저하되는 질환으로, 손상된 신장 기능은 회복되지 않는다. • 신장 기능 손상을 줄이는 사료의 급여가 시급하며, 근손실을 예방할 수 있는 양질의 단백질을 급여한다. 인 배출에 문제가 생기므로 인 성분은 최소화한다.

③ 에너지 요구량 계산

㉠ 에너지 요구량은 동물의 기초 대사와 운동을 위해 필요한 에너지로, 질병 환자는 운동을 위한 에너지는 덜 필요한 반면, 질병과 스트레스로 인한 에너지 소모가 있다.

㉡ 휴식기 에너지요구량(RER)은 기초 대사 요구량, 항상성 유지에 필요한 열량이다.

㉢ 휴식기 에너지요구량(RER) 계산 공식은 다음과 같다.

종 류	공 식
개	• RER = 70 × 체중(kg)^0.75 • RER = 30 × 체중(kg) + 70
고양이	RER = 40 × 체중(kg)

㉣ 일일 에너지요구량(DER)은 정상적인 활동을 하는 동물의 하루 에너지요구량이다.

㉤ 일일 에너지요구량(DER) 계산 공식은 다음과 같다.

종 류	공 식	비 고
개	DER = 2 × RER	활동적 상태
고양이	DER = 1.6 × RER	
	DER = 60 × 체중(kg)	

㉥ 질병상태 에너지요구량(IER)은 입원환자의 에너지요구량으로, IER(kcal/day) = RER × Illness Factor(1.0~1.5)이다.

㉦ 사료 급여량(g / day) = 일일 에너지요구량(IER 또는 DER) / 사료 g당 칼로리

④ 입원동물의 영양공급

㉠ 개 사료 급여하기

• 정상적으로 사료를 섭취할 수 있는 동물의 경우, 준비한 사료를 사료 그릇에 담아 자유 급식하여 동물이 스스로 섭취하도록 한다.

• 사료 섭취를 거부하거나 먹기 힘든 경우에는 준비한 사료를 죽 같은 액상으로 제조하여 주사기 등으로 경구 투여한다.

• 입원동물의 비경구 급여 : 입원동물이 의식이 없거나, 경구 급여가 어려운 경우에는 코위영양관 또는 인두절개술영양관, 정맥 내 수액 투여 여부를 수의사에게 문의한다.

비경구급여 분류	세부 내용
코위영양관	• 입원동물의 콧구멍으로 튜브를 삽입하여 코, 인두, 식도를 통과한 튜브로 액상 사료를 급여하는 방법이다. • 튜브의 안쪽 끝은 식도 내로 들어가게 하고 바깥쪽 끝은 입원동물의 코에서 바깥으로 충분히 나오도록 설치한다.
인두절개술영양관	• 입원동물이 턱골절인 경우 사료 급여를 위해 실시하는 방법이다. • 코위영양관 같은 튜브를 왼쪽 턱 뒤쪽 모서리를 절개한 후 삽입하여 인두를 통과하여 식도 내로 들어가게 한다. • 튜브가 제대로 위치를 잡으면 절개 부위를 튜브와 같이 봉합, 고정하고, 튜브가 두개골 아래쪽으로 가지 않도록 목 주위로 붕대를 감아 튜브를 고정한다.

㉡ 고양이 사료 급여하기

- 고양이는 사료를 바로 먹기보다는 냄새를 맡기 때문에, 비강 충혈 등으로 후각에 문제가 있는 경우에는 사료 급여 전 코를 깨끗이 하고 콧구멍을 부드럽게 청소해준다.
- 사료를 체온 정도로 데워서 주거나, 냄새를 풍기는 사료가 크게 도움이 될 수 있다.

(3) 입원동물 처치 보조

① 입원동물 간호 실무

㉠ 수의간호사는 입원동물의 정보를 확인하여 수의간호일지에 작성하고 동물 상태에 적합한 간호계획을 수립한다.

㉡ 기본적인 동물 관리, 투약 및 카테터 장착 관리, 각종 튜브 관리, 동물 감시 등의 주요 업무와 수의사가 처방한 다양한 처치를 수행한다.

㉢ 입원동물의 일반적 간호과정(Joanna M. B. & John T., 2012, p.674)

간호 실무	세부 내용
동물 정보 수집	• 보호자로부터 초기 동물 상태를 묻고, 의무기록을 확인하여 동물의 정보를 파악한다. • 신체검사와 생체지표를 측정하고, 검사·진단·수술 기록을 열람하여 동물 정보를 수집한다.
환자 평가	수집된 동물 정보로 동물의 생리적·심리적 상태를 관찰하여 수의간호사가 동물 상태를 판단하는 것으로, 검사 결과에 의한 수의사의 의학적인 평가와는 다르다.
간호 관리 계획	• 환자 평가가 완료되면 문제점 해결을 위해 우선순위를 정하고 간호 관리 계획을 세운다. • 간호중재 : 수의간호사가 환자 평가 후에 환자의 회복을 위해 도와주는 행위나 처치이다.
동물 재평가	동물에게 처치를 수행한 후 동물의 반응을 관찰하고 재평가를 실시한다.

㉣ 수의간호일지 작성 : 입원동물의 환자 정보, 환자 평가, 간호중재, 간호계획 등은 모두 SOAP 방식에 따라 수의간호일지에 작성한다.

㉤ 입원동물의 생리학적 기능 관찰

생리학적 기능 관찰		세부 내용
생체지수 관찰		• 생체지수는 입원동물의 정상 상태 여부를 확인할 수 있는 기본적인 생리학적 기능들로, 체온, 맥박수, 호흡수, 모세혈관 재충만 시간 및 점막색이다. • 주기적으로 확인하여 정상 범위 내인지, 변화가 생겼는지 여부를 확인한다.
일반 상태 관찰	활동성	동물의 활력과 움직임을 확인한다. 정상적인 상태는 '활력 정상'으로 간단히 기입하지만, 위중한 상태일수록 구체적으로 기록한다.
	식 욕	입원동물에게 급여한 시간, 사료의 종류와 양, 실제 섭취량을 기록한다.
	음 수	일반적으로 24시간 기준으로 물을 공급한 시간과 대략적인 음수량을 기록한다.
	배 변	배변 시간과 형태를 확인한다. 정상 / 비정상의 간단한 표기보다 변의 단단한 정도를 1, 2, 3, 4, 5 또는 +, ++, +++ 등으로 기준을 정하여 상세히 표기한다.
	배 뇨	배뇨시간과 형태를 확인한다. 음수량에 맞는 배뇨활동을 하는지 관찰, 기록한다.

② 입원동물 처치

㉠ 입원동물 처치 수행

- 입원동물의 처치 계획을 투약 및 처치일지 또는 입원실 처치 게시판에 기록한다.
- 처치 게시판에는 입원동물 이름, 입원장 번호, 그날 수행해야 할 처치 내용 등을 기록하고, 각각의 처치를 수행하면 게시판에 수행 완료 체크와 수행한 사람의 이름을 기록한다.

㉡ 처방전

- 수의사가 동물 질병 치료를 위해 필요한 약물을 처방한 기록으로, 수의간호사는 처방전에 따른 약물을 정확히 준비하거나 투약한다.
- 진료부나 처방전에 주로 사용하는 의학용어

약 어	의 미	약 어	의 미
ad lib	원하는 대로	PO	경구 투여
b.i.d	1일 2회	IV	정맥 내
t.i.d	1일 3회	IM	근 육
q.i.d	1일 4회	SC	피 하
pc	식사 후	prn	필요할 때마다

㉢ 약물 용량 계산

- 정확한 용량, 수액량, 약물 단위 환산 능력은 약물의 조제와 투약을 위해 가장 중요한 사항이다.
- 수의간호사는 약물 단위 환산, 정확한 약물 용량 계산, % 용액 계산, 정맥 내 지속점적 방법에 대한 능력을 갖추어야 한다.

더 알아보기

투여할 약물의 정확한 용량 계산

체중이 5kg인 환자에게 다음과 같은 처방이 지시되었다. 조제를 위해서 필요한 세팔렉신의 수량은?(단, 세팔렉신 1캡슐의 용량은 500㎎)
Rx. 세팔렉신(Cephalexin) 20㎎/kg BID PO for 7days

- 처방전 해석
  '체중 5kg 환자에게 세팔렉신 20㎎/kg를 하루에 두 번 7일 동안 경구투약하라'는 내용이다.
  - 1회 투여 용량 : '1회 투여량 = 지시된 용량 × 체중(kg)'이므로, 20㎎ × 5kg = 100㎎이다.
  - 총투여 횟수 : '총투여 횟수 = 1일 투여 횟수 × 총투여 일수'이므로, 2 × 7 = 14회이다.
  - 총투여 용량 : '총투여 용량 = 1회 투여 용량 × 총투여 횟수'이므로, 100㎎ × 14회 = 1,400㎎이다.
  - 조제할 약물 수량 확인 : '약물 수량 = 총투여 용량 ÷ 지정된 약물 용량'이므로, 1,400㎎ ÷ 500㎎ = 2.8 캡슐이다.
- 그 밖에, 주사 처치에 필요한 바이알(Vial) 또는 앰풀(Ampoule)의 용량과 % 용액의 용량을 구한다.

㉣ 수액 요법

구 분		세부 내용
수액 종류	정질액	• 정질액은 물과 전해질로 구성되어 있고, 삼투압에 따라 저장성(Hypotonic)·등장성(Isotonic)·고장성(Hypertonic)이 있다. • 저장성 수액 : 혈장보다 낮은 삼투압으로 인해 빠르게 혈관에서 조직으로 운반되며, 5% 포도당, 0.45% NaCl 등이 있다. • 등장성 수액 : 혈장과 비슷한 삼투압으로 가장 일반적으로 사용되며, 0.9% NaCl(생리식염수), 하트만액 등이 있다. • 고장성 수액 : 혈장보다 높은 삼투압으로 혈장의 농도를 증가시켜 혈류량을 장시간 유지시키며, 5% 당가생리식염수, 3% 및 7% 생리식염수 등이 있다.
	교질액	• 교질액은 모세혈관 내에 머물며 삼투압에 의해 순환 혈액량 유지 기능을 한다. • 천연교질액은 혈장과 알부민이 있고, 합성교질액은 Hetastarch, Pentastarch, 볼루벤(Voluven®) 등이 있다.
수액 투여량		• 처음 탈수교정 시 탈수량과 유지량을 합해서 투여하고, 탈수량을 교정한 후에는 유지량과 지속손실량을 합해서 투여한다. 탈수량은 탈수평가 방법을 통해서 계산한다. • 개에서 일반적인 유지량을 계산하는 방법은 40~60ml/kg/day이다. • 지속손실량은 구토와 설사로 체액이 손실되는 경우와 이뇨 작용으로 배뇨량이 증가하는 경우에 고려해야 한다(로얄동물메디컬센터, 2015). • 수액 투여량 = 탈수량 + 유지량 + 지속손실량
수액 속도		• 환자에게 투여할 수액 용량과 투여 시간은 수의사가 결정한다. • 수의간호사는 처방된 지시에 따라 수액을 준비하여 투여한다. • 수액 속도는 직접 손으로 수액세트에 Drop 속도를 조절하는 방법과 인퓨전 펌프에 수액 속도를 세팅하여 조절하는 방법이 있다.
인퓨전 펌프와 실린지 펌프		• 인퓨전 펌프(Infusion Pump) : 정맥주사용 약물을 정해준 시간에 정확한 양을 투여하는 기기로, 투여할 약물의 총량과 주입속도를 선택하여 투여할 수 있다. • 실린지 펌프(Syringe Pump) : 50ml 이하의 소량의 약물을 정맥 내에 정확히 투여하고자 할 때 사용된다.

더 알아보기

수액 투여량 계산

- 수액 투여량은 탈수, 심장병, 혈액 손실 등의 원인에 따라 다르다. 또한 소생단계, 대체단계, 유지단계에 필요한 수액 투여량이 다르므로 동물의 상태에 따라 정확한 수액 투여량을 계산한다.
- 소생단계 수액 투여량 계산 : '쇼크 상태 동물'에게 소생단계 수액 요법을 실시할 경우 가능한 빠르게 투여한다. 일반적으로 등장성 정질액을 '개 80~90ml/kg, 고양이 40~60ml/kg'를 1시간 이내에 투여한다.
- 대체단계 수액 투여량 계산 : 탈수로 인한 수분 보충 시 '수액 투여량=탈수량+유지량+지속손실량'이다.
- 유지단계 수액 투여량 계산 : 탈수로 인한 부족한 수분을 교정 후에는 1일 유지용량 공식에 따라 투여한다.

수액 1일 유지용량

구 분	개	고양이
공 식	132 × 체중(kg)^0.75 / 24hr	80 × 체중(kg)^0.75 / 24hr
투여속도	2~6ml / kg / hr	2~3ml / kg / hr

출처 : Harold Dvis 외(2013), 「2013 AAHA/AAFP Fluid Therapy Guidelines for Dogs and Cats」, 『J Am Anim Hosp Assoc』, 49, 151.

③ 드레싱(Dressing)

㉠ 종 류

• 드레싱은 상처 보호를 위해 상처 부위를 덮어주는 것으로, 상처에서 나오는 분비물과 괴사조직을 흡수제거, 외부로부터의 감염차단, 자극으로부터 보호한다.

• 드레싱의 종류는 거즈 드레싱과 습윤 드레싱이 있다.

드레싱 종류	세부 내용
거즈 드레싱	• 가장 오래된 방법으로 상처치유 초기에 삼출물 및 괴사조직 제거와 상처 보호에 유용하다. • Wet-to-dry 드레싱과 Dry-to-dry 드레싱이 있다.
습윤 드레싱	• 상처 부위를 밀폐시켜 습윤 환경을 유지하여 염증 단계와 치유 단계에서 상처 부위의 세포증식과 기능을 촉진시킨다. • 폴리우레탄 폼, 하이드로겔, 하이드로콜로이드 등이 있다.

㉡ 드레싱의 재료

구 분	드레싱 종류	특징 및 사용법
접착 접촉층	Dry-to-dry 드레싱	• 드레싱을 바꿀 때 건조한 면봉을 상처에 사용해서 괴사조직과 조직파편을 면봉에 묻혀 제거한다. • 상처의 괴사조직 제거에 효과적이지만 고통스러운 방법이다.
	Wet-to-dry 드레싱	• 멸균 면봉을 하트만액에 적셔서 상처 가까이에 댄다. • 드레싱이 메말라서 제거 시 삼출물과 조직파편을 같이 제거한다. • 24시간마다 갈아주며, Dry-to-dry 드레싱보다 덜 고통스럽다.
비접착 접촉층	바세린이 스며든 거즈	요즘엔 별로 쓰이지 않는다. 바세린은 상피화를 방해한다.
	구멍난 필름 드레싱	약간의 삼출물이 있는 수술적 상처에 사용하며, 상처 치료를 위해 청결하고 건조한 환경을 제공한다.
	거품 드레싱	많은 삼출물이 존재하는 상처로부터 매우 쉽게 흡수한다.
	하이드로겔	• 임상에서 쉽게 사용되고 상처의 세균오염을 줄일 수 있는 이점이 있다. • 상처 치료와 자발적인 조직파편제거에 탁월한 습한 환경을 제공한다.
	수성 콜로이드	• 기본적으로 물의 불투과성으로, 상처의 재수화를 돕고 조직 파편 제거를 돕는다. • 젤리 같고 상처 부위로부터 액체가 잘 빠져나오는 구조이다.
	알긴산염	• 해초에서 추출하며 부드럽게 쓰이는 드레싱으로, 나트륨이온과 반응해 젤을 만들어 많은 양의 액체를 잡아둘 수 있다. • 상처 회복에 탁월한 습한 환경을 제공한다.
	반투과성 필름	• 적은 양의 흡수력을 갖고 있어서 매우 적은 삼출물에 사용한다. • 상처 회복에 좋은 습한 환경을 제공한다.

출처 : 동물간호복지사자격위원회 교과서출간위원회(2012), 『동물간호학』, OKVET, p.337.

④ 붕대(Bandage)

㉠ 종류 : 붕대는 어떤 부위를 보호하거나 움직이지 못하게 고정시킬 때 사용하며, 일반적으로 3개 층으로 구성된다. 상처 부위에서 바깥쪽으로 1차·2차·3차 붕대로 구성된다.

붕대 종류	세부 내용
1차 붕대 (접촉층)	• 피부에 직접 접촉이 이루어지는 붕대로, 피부 또는 상처 부위의 직접적인 보호 역할을 한다. • 1차 붕대는 드레싱 재료를 사용하고 상처 치유 단계에 적합한 재료를 선택한다. • 1차 붕대 적용 전에 상처 부위의 털을 클리퍼 등으로 제거 후, 세척·소독한다.
2차 붕대 (중간층)	• 흡수기능을 담당하는 2차 붕대는 상처 부위에서 나오는 혈액, 삼출물, 괴사조직 등을 흡수한다. • 1차 붕대를 밖에서 감싸며 움직이지 않게 고정시키고 보호하는 역할을 한다. • 보호 목적일 경우 거즈나 솜붕대 등을 사용하고, 고정의 목적일 경우 좀 더 단단히 고정시킬 수 있는 재료를 사용한다.
3차 붕대 (외부층)	가장 바깥층의 붕대로, 1차·2차 붕대를 보호하는 목적이므로 일반적으로 1차·2차 붕대보다 더 넓게 감싸고, 물에 젖지 않도록 방수성 재료를 사용한다.

㉡ 붕대 재료 : 거즈붕대, 솜붕대, 탄력붕대, 접착식 탄력붕대, 접착테이프 등

㉢ 붕대 교체

• 붕대 교체는 발생되는 삼출액의 양에 따라 교체 빈도가 결정된다.

• 삼출액 발생이 가장 많은 상처 초기에는 최소 1일 1회 이상 교체하며, 외부 감염을 차단하기 위해 삼출액이 2차 붕대를 통과하여 3차 붕대에 닿기 전에 교체한다.

⑤ 깁스와 부목(Cast and Splints)

㉠ 깁스와 부목은 강도를 유지해주는 기능으로, 골절된 뼈가 유합되도록 골절된 부분을 안정화시키거나 다친 동물을 더욱 편안하게 해준다.

㉡ 외과 수술 부위를 보호해 주고 연부 조직 손상 부위에 지지대 역할을 하며, 강도는 부목보다는 깁스가 더 세다.

㉢ 부목 재료는 알루미늄 또는 플라스틱 부목 막대와 합성부목을 사용한다.

㉣ 깁스 재료는 과거에는 석고깁스를 주로 사용하였으나 요즘에는 유리섬유깁스 또는 열가소성깁스를 사용한다[Steven F. S., Walter C. R. & Kathy M. S.(2013)].

7 중환자 간호 및 통증 관리의 이해

(1) 중환자 간호

① 중환자 간호의 중요성

㉠ 응급 중환자 내원 시 정확한 관찰과 적절한 판단에 따른 신속한 조치가 필요하다.

㉡ 분류를 위한 환자 평가

- 환자 상태에 대한 적절한 평가는 환자의 예후에 영향을 줄 수 있다.
- 응급상황 시 여러 약물과 장비가 필요하지만, 동물보건사의 '직접적인 손길(Hands on)'을 대체하기 어렵다.

㉢ 응급 · 집중치료센터의 중요성

- 의료진의 효과적인 의사소통과 팀워크가 중요하다.
- 환자의 생존과 시행착오 최소화를 위한 시스템 구축을 목표로 한다.
- 의료진의 안전과 상호간 존중이 필수적이다.

더 알아보기

공유정신모형(Shared Mental Model)

집단 구성원들의 정보획득 · 분석 · 반응에 대한 공통적 인지 체계

② 중환자 평가 과정

㉠ 환자의 현재 상태 확인 : 호흡, 심박수, 체온, 혈압을 확인한다.

㉡ 핸들링 시 환자 상태 확인 : 환자 상태가 불안정할 경우 환자 안정이 우선되어야 한다.

㉢ 환자의 내원 이유를 확인한다.

㉣ 기저 질환(당뇨, 신경 질환 등) 유무를 확인한다.

㉤ 응급처치와 검사 진행 과정을 숙지한다.

㉥ 약물 반응을 모니터링한다.

㉦ 필요 간호를 인지한다.

③ SBAR과 I-PASS

㉠ SBAR(중환자실 동물보건사의 환자 정보 전달)

구 분	전달 내용
상황(Situation)	환자의 수술 일정과 수술 후 상태를 구체적으로 전달
병력(Background)	환자의 과거 병력을 보호자를 통해 확인(분리 불안 등)
평가(Assessment)	환자의 약물 투약과 투약 후 반응을 전달 예 진통제 투여 후 통증 반응이 없어지고, 체온, 심박수, 호흡이 안정됨
추천(Recommendation)	환자 상태에 따른 처치 방법 권유 예 분리불안 증세를 보이는 환자에게 진정제 투여를 권유함

㉡ I-PASS(중환자실 동물보건사 교대 시 인수인계)

구 분	전달 내용
소개(Introduction)	근무자에게 인수인계 시 환자의 내원 이유 소개 예 중성화된 5살 수컷 고양이가 배뇨 곤란으로 내원함
환자 요약 (Patient Summary)	근무자에게 환자 상태를 요약 설명 예 방광이 팽창되어 있으며, 혈액 검사 결과 정상, 배뇨 카테터 장착, 이전에 배뇨 곤란 병력 없음, 마취 이상 없음
지시사항(Action List)	근무자에게 지시할 사항을 전달 예 수액 · 항생제 · 진통제를 지속적으로 투여, 배뇨량 모니터링 요망
상황 인지 (Situation Awareness)	근무자에게 상황을 설명하고 가능한 상황에 대비하도록 함 예 핸들링 시 주의 요망, 회복 후 공격적일 수 있음(보호자 언급), 상황 호전 시 내일 퇴원 고려
종합(Synthesis)	교대자에게 해야 할 일을 종합해서 설명 예 밤 동안 수액 · 항생제 · 진통제 투여와 배뇨 모니터링 필요함, 핸들링 시 주의 요망, 내일 저녁 퇴원 고려함

④ 중환자 모니터링

모니터링 항목		세부 내용
신체검사	시 진	비정상적인 호흡, 신경 증상(경련, 침흘림, 떠는 증상)
	청 진	비정상적인 심음 및 심박수, 폐음
	촉 진	• 비장, 신장(고양이), 방광, 장 등 실질장기는 촉진으로 확인 가능 • 피부, 피하, 복강 내 종괴 • 체표 림프절 • 대퇴동맥
		체온 및 탈수 평가
임상병리검사의 이상 및 변화 요인		혈청, 혈구, 전해질, 산염기 이상, 응고계 이상
장비를 이용한 모니터링		혈압, 심전도, 산소포화도
	맥박 산소 측정기	• 저산소증의 위험이 있는 환자 • 호흡 곤란 또는 빈호흡 • 마 취 • 급격하게 상태가 악화되는 환자 • 빈 혈 • 혀, 귀, 외음부, 꼬리, 발바닥에 장착
	저혈압	• 수축기 혈압 < 80mmHg • 공격적인 수액 필요 • 약물 투여(Dobutamine, Vasopressin, Norepinephrine)

⑤ 중환자 분류

- 중증외상환자
- 쇼 크
- 전신염증증후군, 다발성장기부전
- 마 취
- 기 절
- 중 독
- 심폐소생술
- 부정맥
- 심혈관계, 호흡기 질환

(2) 산소치료법

① 산소치료법의 개요

㉠ 산소의 중요성 : 생명유지의 필수 요소로, 마취 또는 질병 상태 환자에게 매우 중요하다.

㉡ 치료법 : 수의사가 처방하고, 동물보건사가 산소를 공급하면서 환자의 반응을 모니터링한다.

㉢ 흡입 산소 농도 : 대기 중의 산소 분압보다 높은 농도의 산소를 지시하나, 가스 분석으로 흡입 산소 농도를 조절해야 한다.

㉣ 장시간 높은 농도의 산소를 흡입하는 과잉 산소는 오히려 역효과이므로 주의한다.

② 산소 요구 평가

산소 지시	세부 상황
산소 지시 상황	호흡 곤란, 중증 외상, 순환 장애, 저혈압 · 빈혈 · 전신 염증, 실험실적 진단 결과

③ 산소 공급 방법

㉠ 산소줄 이용 산소 공급 : 높은 농도의 흡입 산소에 이용할 수 있으며, 일시적인 사용이다.

㉡ 마스크 이용 산소 공급 : 높은 농도의 흡입 산소에 이용할 수 있으며, 이산화탄소 배출이 필요하여 일시적인 사용이다.

㉢ 넥칼라 이용 산소 공급 : 넥칼라에 랩을 씌워서 이용하는 방식으로, 대형견에 유용하다. 높은 농도의 흡입 산소에 이용할 수 있으며, 이산화탄소 배출이 필요하다.

㉣ 비강 산소 카테터 : 정해진 분압의 산소를 일정하게 공급하는 방식으로, 산소 농도를 조절할 수 있으나, 수의 영역에서는 환자의 비협조로 수행이 어렵다.

㉤ 산소 입원실[FiO_2 ICU(Intensive Care Unit)] : 장기적으로 사용 가능하며, 흡입 산소 농도 조절로 과잉 공급을 방지할 수 있다.

(3) 인공호흡기

① 마취, 심폐소생술, 중증 질환으로 인하여 자발 호흡을 하지 못하는 경우에는 인공호흡기를 사용하고, 모니터링이 필수적으로 요구된다.

② 인공호흡기 사용 시 산소 공급 평가

㉠ 목적 : 과잉 산소로 인한 조직 손상과 저산소혈증을 예방한다.

㉡ 주의점 : 자발 호흡이 확인되면 발관 후 흡입 산소 농도를 조절한다(자발 호흡 확인 후 인공호흡기 사용 금지).

③ 인공호흡기 사용 시 모니터링

㉠ 자세 교체 : 장시간 한 자세로 있을 경우 침하성 폐렴 또는 욕창이 생길 수 있으므로, 자세를 바꿔준다. 자세 교체 시 통증 등으로 불편한지 확인한다.

㉡ 안약 도포 : 지속적으로 산소에 노출되면 각막궤양 가능성이 높다.

㉢ 인두 부위 분비물 제거와 기관 튜브 교체 : 삽관 상태로 일정 시간이 지나면 기관 튜브와 인두부위 점액성 물질이 저류한다. 산소 효율이 감소하여 질식 가능성이 있으므로 주기적으로 분비물 제거와 기관 튜브 교체가 필요하다.

㉣ 심전도

㉤ 바이탈(심박수, 호흡수, 체온)

ⓑ 흡입산소농도/산소분압
ⓢ 산소포화도
ⓞ 자발 호흡 여부
ⓩ 부정맥 시 항부정맥 약물 투여

(4) 통증 관리의 이해

① 통증 관리의 필요성
㉠ 반려동물의 삶의 질을 높이기 위해 통증 관리의 중요성이 대두되고 있다.
㉡ 통증 유발 원인과 증상에 대한 적극적인 접근과 연구는 반려동물의 복지에 중요하다.
㉢ 반려동물은 강한 통증에는 돌발 행동을 보일 수 있지만, 경미한 통증에 대한 정확한 의사표현이 어렵기 때문에 통증 평가에 어려움이 있다.
㉣ 현재 반려동물의 통증 연구가 부족하므로, 통증 간호와 관련된 동물보건사 역할의 중요성이 커지고 있다.

② 통증 시 나타나는 반려동물의 행동
㉠ 통증 부위 촉진 시 소리를 내거나 힘을 준다.
㉡ 통증 부위를 핥거나 씹는다.
㉢ 차차 식욕이 감소한다.
㉣ 안으려고 하면 아파한다.
㉤ 소리를 지르거나, 물려고 한다.
㉥ 움직임이 둔하거나, 강직된다.
㉦ 구석으로 숨는다.

③ 통증의 종류

통증의 종류	세부 내용
급성 통증	• 외상으로 인한 피부·조직·뼈·실질 장기의 손상 • 급성 염증 반응에 의한 통증 • 원발 원인에 대한 치료 및 관리가 필요
만성 통증	• 원발 원인으로 인한 이차적인 통증 • 퇴행성 관절염, 종양 전이에 의한 통증 • 지속적인 통증 관리로 삶의 질을 향상시킴

④ 통증 부위별 원인 및 통증 관리

통증 부위	원인 및 통증 관리	
복부 통증	원 인	위장관 염증, 췌장염, 복막염, 장중첩, 위장 내 이물, 복강 내 종양
	증 상	복부 촉진 시 복부에 긴장감, 통증으로 인한 과민반응, 복부 팽만, 기지개 켜는 자세
	통증 관리	원발 원인에 대한 정확한 진단으로 치료, 치료 시 진통제 사용, 염증 관련 질병 완치 후에는 통증 관리 필요성 소멸
허리 통증	원 인	디스크
	증 상	안으려고 하면 아파하고 구석으로 숨음, 허리 촉진 시 소리를 지르거나 물려고 함
	통증 관리	수술로 원발 원인을 교정. 내과적인 약물 치료는 일시적인 통증 완화 효과만 있고 재발 가능성이 있음
관절 통증	원 인	고관절, 어깨관절, 무릎관절, 발목관절 등에 나타나는 퇴행성 관절염
	통증 관리	약물을 통한 지속적인 통증 관리로 삶의 질을 향상
치아 통증	원 인	치주염, 치근단 농양, 구강 종양
	증 상	음식물 섭취 시 통증으로 인한 식욕 감소, 체중 감소, 얼굴이나 입을 만지지 못하게 함
	통증 관리	스케일링, 발치로 원발 원인을 파악, 정기적인 스케일링으로 치석 관리

CHAPTER 01 실전예상문제

01 핸들링(바디 컨트롤)에 관한 설명으로 잘못된 것은?

① 손톱깎기나 양치질 등도 핸들링의 하나이다.
② 핸들링은 순차적으로 여러 번 시도하여 적응할 수 있도록 돕는다.
③ 사회화기에 행하는 것이 중요하다.
④ 핸들링이라는 것은 동물이 사람의 손을 받아들이고 몸을 건드리는 것을 싫어하지 않는 것이다.
⑤ 핸들링 시 동물이 싫어하면 그만두는 것으로 한다.

해설

핸들링 시 한 번에 정확하게 하는 것이 중요하다.

02 동물보건사가 행하는 보정에 관한 설명으로 옳지 않은 것은?

① 안전한 보정 시에는 환자가 편안해하고 스트레스를 덜 받는다.
② 동물이 싫어하면 그만두도록 한다.
③ 진료대 위에서 환자가 낙상하는 일이 없도록 보정한다.
④ 흥분한 환자의 경우 조용한 분위기를 만들어 안정시킨다.
⑤ 간식을 주며 보정을 시도할 수 있다.

해설

모든 처치가 끝났다는 수의사의 지시가 내려질 때까지 절대로 풀지 않는 것을 원칙으로 한다.

03 요측피(요골 쪽 피부)정맥 채혈 시 보정에 대한 설명으로 옳지 않은 것은?

① 보정자는 개를 서 있는 자세로 보정한다.
② 뒤쪽에 서서 한 손으로 채혈할 쪽 다리를 잡고 들어서 당겨준다.
③ 다른 손으로 머리를 감싼다.
④ 손으로 동물의 팔꿈치를 지지하고 엄지손가락을 팔꿈치의 구부러진 곳에 압력을 주면서 누른다.
⑤ 수의사가 채혈하는 동안 보정을 유지한다.

해설

보정자는 개를 앉은 자세로 보정한다.

정답 01 ② 02 ② 03 ①

04 심장음을 확인할 수 있는 신체검사 방법은?

① 문 진
② 촉 진
③ 타 진
④ 시 진
⑤ 청 진

해설

① 동물의 습관이나 특징 등을 확인할 수 있다.
② 탈수증세 또는 신체 표면의 림프절을 관찰할 수 있다.
③ 통증 여부 및 정도를 확인할 수 있다.
④ 가시적인 외상을 확인할 수 있다.

05 신체검사 시 동물의 정상적인 모습을 설명한 것으로 옳지 않은 것은?

① 눈 – 분비물이 없고 깨끗하고 맑아야 한다.
② 귀 – 깨끗하고 불쾌한 냄새가 나지 않아야 한다.
③ 체형 – 품종에 맞는 체중과 체형을 보여야 하고, 비만이거나 마르지 않아야 한다.
④ 점막 – 잇몸 점막은 밝은 분홍색을 띠어야 하며, 모세혈관 재충만 시간은 2초 이내를 유지하여야 한다.
⑤ 대변 – 대변은 맑고 연한 노란색을 띠어야 하고, 배변 시 변비나 통증이 없어야 한다.

해설

대변은 견고하며 갈색을 나타내야 하고, 배변 시 변비나 통증이 없어야 한다.

06 동물의 신체검사 내용에 관한 설명으로 옳지 않은 것은?

① 체형이 정상, 비만, 마름 상태인지를 확인하고 기록한다.
② 지루성 또는 건성 피부 상태, 비듬 유무, 가려움 증상 유무, 발적/염증의 유무, 종괴(덩어리)의 유무 등 이상 증상을 확인하고 상태를 신체검사지에 기록한다.
③ 눈의 상태가 충혈이나 분비물이 있는지, 통증이 있거나 눈을 잘 못 뜨는지 등 상태를 확인하고 신체검사지에 기록한다.
④ 잇몸 염증 유무, 잇몸 출혈 여부 등의 잇몸 상태를 확인하고 신체검사지에 기록한다.
⑤ 외래동물을 단시간에 관찰하여 소화기계의 이상을 확인하기 어려울 수 있기 때문에 소화기계 상태 확인은 생략할 수 있다.

해설

외래동물을 단시간에 관찰하여 소화기계의 이상을 확인하기 어려울 수 있지만, 관찰에서 소화기계의 이상(구토, 설사, 식욕 결핍 및 변비 등)을 확인하였다면 신체검사지에 기록한다.

04 ⑤ 05 ⑤ 06 ⑤ **정답**

07 심각한 쇼크 증상이나 빈사상태에 이를 경우 판단할 수 있는 탈수 정도는?

① 5% 미만
② 5~8%
③ 10~12%
④ 12~15%
⑤ 15% 이상

해설

① 증상을 보이지 않는다.
② 미세한 정도의 피부 탄력 저하와 경미한 수준의 안구 함몰 증상을 보인다.
③ 안구의 심한 함몰 및 피부 탄력의 심각한 저하 등의 증상이 보인다.
⑤ 사망에 이른다.

08 다음 중 개와 고양이의 정상 체온과 호흡수의 범위로 바르게 짝지어진 것은?

	개		고양이	
	체 온	호흡수	체 온	호흡수
①	37.7~39.0	10~12	38.5~39.3	10~22
②	37.2~39.2	16~32	37.2~39.2	20~42
③	38.5~39.3	33~42	37.8~39.2	40~62
④	37.8~39.2	40~52	37.7~39.0	60~82
⑤	37.7~39.0	50~62	37.8~39.2	80~102

해설

개와 고양이의 정상 체온 범위는 37.2~39.2℃이다.

개와 고양이의 정상 호흡수 범위

구 분	호흡수
개	16~32
고양이	20~42

09 환자 평가별 동물보건사의 간호중재로 적절하지 않은 것은?

① 식욕 부진 – 액상 사료를 손으로 입에 묻혀주거나 주사기로 급여
② 저체온 – 가온 수액 처치
③ 통증 – 처방 진통제 투여
④ 구토 – 탈수 확인 및 처치
⑤ 설사 – 관장 고려

해설

관장을 고려해보아야 하는 경우는 환자가 변비의 증상을 보일 때이다.

정답 07 ④ 08 ② 09 ⑤

10 지속기간이 짧은 것이 특징인 백신에 대한 설명으로 옳지 않은 것은?

① 항원 병원체를 죽이고 면역 항체 생산에 필요한 항원성만 존재한다.
② 안전성이 높다.
③ 불활성화 백신이라고도 부른다.
④ 면역반응이 약하다.
⑤ 약화시킨 세균이나 바이러스의 증식 때문에 해당 질병에 걸린 것과 비슷한 상태가 된다.

해설

약독화 생백신에 대한 설명이다.

백신의 종류

구 분	약독화 생백신	불활성화 백신
종 류	순화백신, 생균백신	사독백신, 사균백신
특 성	• 살아 있는 병원체의 독성을 약화 • 약화시킨 세균이나 바이러스의 증식 때문에 해당 질병에 걸린 것과 비슷한 상태가 되어 강력한 면역반응 발생	항원 병원체를 죽이고 면역 항체 생산에 필요한 항원성만 존재
장 점	• 불활성화 백신보다 면역형성 능력 우수 • 장기간 지속	높은 안전성
단 점	면역 결핍 동물의 경우 백신 내 병원체에 의한 발병 우려 존재	• 면역반응이 약하여 여러 번 접종 필요 • 면역 지속시간이 상대적으로 짧음

11 심전도 검사 시 사용하는 리드의 색과 부위의 연결이 적절한 것을 모두 고른 것은?

ㄱ. 빨간색 – 오른쪽 앞다리
ㄴ. 노란색 – 왼쪽 앞다리
ㄷ. 검은색 – 왼쪽 뒷다리
ㄹ. 파란색 – 오른쪽 뒷다리

① ㄱ
② ㄱ, ㄴ
③ ㄱ, ㄷ
④ ㄱ, ㄴ, ㄷ
⑤ ㄱ, ㄴ, ㄷ, ㄹ

해설

ㄷ. 왼쪽 뒷다리에는 초록색 리드를 사용한다.
ㄹ. 오른쪽 뒷다리에는 검은색 리드를 사용한다.

10 ⑤ 11 ② **정답**

12 다음 중 수혈의 부작용 증상으로 옳은 것을 모두 고른 것은?

ㄱ. 호흡 곤란	ㄴ. 구 토
ㄷ. 용 혈	ㄹ. 발 열
ㅁ. 서 맥	

① ㄱ, ㄴ
② ㄴ, ㄷ
③ ㄱ, ㄴ, ㄷ
④ ㄴ, ㄷ, ㅁ
⑤ ㄱ, ㄴ, ㄷ, ㄹ

해설

수혈 부작용이 일어날 경우 빈맥의 증상을 보인다. 이 외에도 급성 신부전, 고열, 쇼크 등의 증상이 있다.

13 혈액성분과 유통 기한 및 보관환경의 연결이 적절하지 않은 것은?

	혈액성분	유통 기한	보관환경
①	농축전혈구	35일까지	1~6℃ 냉장 보관
②	신선동결혈장	12개월	영하 18℃ 이하 보관
③	동결혈장	5년	영하 20℃ 이하 보관
④	농축혈소판	5일	영하 22℃ 보관
⑤	동결침전물	12개월	영하 18℃ 보관

해설

농축혈소판의 경우 영상 22℃에서 5일 보관이 가능하다.

14 기본 클리핑과 발톱 관리에 대한 설명으로 옳은 것은?

① 기본 클리핑은 배 안쪽 → 항문 주위 → 발바닥과 발등 순서로 한다.
② 항문 주위나 꼬리 주위의 털을 제거하여 오물이 묻지 않도록 한다.
③ 발톱은 뿌리 부위에서 신경이 먼저 자라기 때문에 자를 때 주의한다.
④ 기본 클리핑 부위는 발바닥의 털, 발등, 항문 주위, 및 배의 안쪽 등이다.
⑤ 발톱을 자를 때는 혈관이 자라 나온 부위를 확인한 후에 혈관 부위보다 더 짧게 잘라야 한다.

해설

① 기본 클리핑은 발바닥과 발등 → 항문 주위 → 배 안쪽 순서로 한다.
② 항문 주위나 배의 안쪽 주위의 털을 제거하여 오물이 묻지 않도록 한다.
③ 발톱은 뿌리 부위부터 신경과 혈관이 동시에 자라기 때문에 발톱을 자를 때 주의한다.
⑤ 발톱을 자를 때는 혈관이 자라 나온 부위를 확인한 후에 혈관 부위보다 더 길게 잘라야 출혈과 통증을 피할 수 있다.

정답 12 ⑤ 13 ④ 14 ④

15 동물의 귀 세정 방법에 대한 설명으로 옳은 것은?

① 귀가 늘어지는 종은 귀를 들어 내이도 입구 부분을 노출한다.
② 귀 세정제의 입구를 열어 세정제를 내이도 입구에 충분히 넣는다.
③ 귀의 윗부분을 부드럽게 마사지해 준다.
④ 귀지와 함께 외이도 쪽에 배출된 세정제는 닦아내지 말고 말린다.
⑤ 귀 안에 남은 세정제는 면봉 등으로 제거하지 않는다.

해설

① 귀가 늘어지는 종은 귀를 들어 외이도 입구 부분을 노출한다.
② 귀 세정제의 입구를 열어 세정제를 외이도 입구 부분에 충분히 넣는다.
③ 귀의 아랫부분을 부드럽게 마사지해 준다.
④ 솜을 이용하여 귀지와 함께 외이도 쪽에 배출된 세정제를 닦아낸다.

16 처방전에서 사용하는 약어를 바르게 설명한 것은?

① IM - 근육주사
② IV - 피하 투여
③ ad lib - 1일 2회
④ pc - 식사 전
⑤ SC - 경구용 제제

해설

처방전에서 사용하는 약어

약 어	뜻	약 어	뜻
ad lib	원하는 대로	PO	경구 투여
b.i.d	1일 2회	IV	정맥 내 투여
t.i.d	1일 3회	IM	근 육
q.i.d	1일 4회	SC	피 하
pc	식사 후	prn	필요할 때마다

15 ⑤ 16 ① **정답**

17 동물병원에서 사용하는 붕대, 깁스 부목에 대한 설명으로 옳은 것은?

① 3차 붕대는 피부에 직접 접촉이 이루어지는 붕대로, 피부 또는 상처 부위의 직접적인 보호 역할을 한다.
② 1차 붕대는 가장 바깥층의 붕대로, 2차 · 3차 붕대를 보호하는 목적이다.
③ 강도는 부목보다는 깁스가 더 세다.
④ 깁스 재료는 알루미늄 또는 플라스틱, 합성재료를 사용한다.
⑤ 부목 재료는 과거에는 석고를 주로 사용하였으나, 요즘에는 유리섬유 또는 열가소성 제료를 사용한다.

해설

① 1차 붕대는 피부에 직접 접촉이 이루어지는 붕대로, 피부 또는 상처 부위의 직접적인 보호 역할을 한다.
② 3차 붕대는 가장 바깥층의 붕대로, 1차 · 2차 붕대를 보호하는 목적이므로 일반적으로 1차 · 2차 붕대를 더 넓게 감싸고, 물에 젖지 않도록 방수성 재료를 사용한다.
④ 부목 재료는 알루미늄 또는 플라스틱 부목 막대와 합성부목을 사용한다.
⑤ 깁스 재료는 과거에는 석고깁스를 주로 사용하였으나, 요즘에는 유리섬유깁스 또는 열가소성깁스를 사용한다.

18 산소 공급 방법에 대한 설명으로 옳지 않은 것은?

① 비강 산소 카테터는 정해진 분압의 산소를 일정하게 공급하는 방식이다.
② 마스크를 이용한 산소 공급은 이산화탄소 배출이 필요하며 일시적 사용이 가능하다.
③ 산소 입원실은 흡입 산소 농도 조절로 과잉 공급을 방지할 수 있다.
④ 넥칼라를 이용한 산소 공급은 소형견에만 사용해야 한다.
⑤ 산소줄을 이용한 산소 공급은 높은 농도의 흡입 산소에 이용할 수 있다.

해설

넥칼라에 랩을 씌워서 이용하는 넥칼라 이용 산소 공급은 대형견에 유용하다. 높은 농도의 흡입 산소에 이용할 수 있으며, 이산화탄소 배출이 필요하다.

19 복부 팽만의 대표적인 원인이 아닌 것은?

① 췌장염
② 복막염
③ 장중첩
④ 디스크
⑤ 위장 내 이물

해설

디스크는 허리 통증의 대표적인 원인이다.

정답 17 ③ 18 ④ 19 ④

CHAPTER 02 동물보건외과학

1 수술실 관리

(1) 수술실 청결 관리

① 수술실 구성

기능과 역할, 청결 상태에 따라 구역을 구분한다.

준비 구역	• 수술환자 준비 및 수술 사용 물품을 보관한다. • 수술방에 들어가기 전에 수술 부위 털 제거, 흡입마취가 시작된다. • 오염 지역이다.
스크러브 구역	• 수술자, 소독간호사가 스크러브를 하고 수술 가운, 장갑을 착용한다. • 수술방과 직접 연결되어 있다. • 혼합 지역이다.
수술방	• 실제 수술이 진행된다. • 세균에 의한 감염 차단을 위해 항상 무균 상태를 유지해야 한다. • 수술을 위한 공간으로만 사용해야 한다. • 수술실 전용 복장, 마스크를 착용하고 최소 인원만 출입한다. • 청소할 때를 제외하고 수술방 문은 항상 닫아 둔다. • 멸균 지역이다.

② 수술실 청결 관리

㉠ 수술실은 병원에서 위생 관리를 가장 철저하게 해야 한다.

㉡ 수술방을 청소할 때에는 수술실 전용 가운, 모자, 마스크를 착용한다.

㉢ 수술방 전용 청소도구(청소기, 걸레, 장갑, 휴지통 등)를 사용하고, 오염 지역과 별도로 관리한다.

㉣ 수술실 내에서 발생하는 폐기물은 수술 후 즉시 폐기한다.

㉤ 매일, 일주일 단위로 수행할 일을 구분하여 정해 놓고 청소한다.

③ 청결 관리 시 유의 사항

㉠ 수술에 사용된 수술 기구는 매일 찬물에 세척하고 멸균한다.

㉡ 수술 포, 수술 가운은 세탁·건조 후에 보관·정리한다.

㉢ 수술대를 청소하고 4% 차아염소산나트륨(락스)을 물에 100배 희석한 소독제로 수술실 바닥을 물청소한다.

㉣ 수술실에 필요한 약품과 물품을 파악하고 부족한 것을 채워 놓는다.

㉤ 매일 청소하지 못하는 구석진 공간, 오염된 벽 등은 일주일 단위로 청소하되, 이동이 가능한 수술 기기는 밖으로 이동하여 수술방이 비어 있는 상태로 청소한다.

(2) 수술 기기 관리

① 흡입마취기 구성과 관리

㉠ 산소 공급 : 흡입마취 시 마취제와 산소가 혼합된 가스를 흡입하면서 마취가 유지되며, 마취기에 산소통을 직접 연결하거나 중앙배관시설을 이용한다.

구분	내용
산소통 (Oxygen Cylinder)	• 의료용 고압가스의 색깔은 산소 – 흰색, 이산화탄소 – 회색, 아산화질소 – 파란색이다. • 수직으로 보관하되, 넘어지지 않게 사슬이나 고리로 벽면에 고정하여 폭발 위험을 막는다. • 산소통 압력 게이지의 여분 산소량이 500psi일 때 교체를 준비한다(완전 충전 시 2,000psi).
산소통 압력 게이지	산소통 옆에 부착되어 있으며 남아 있는 산소량을 표시해 준다.
감압밸브	산소통 옆에 부착되어 있으며 산소통 내의 높은 압력이 마취기로 직접 들어가는 것을 막고 낮은 압력으로 일정하게 공급하도록 한다.

㉡ 흡입마취기 본체

구분	내용
기화기(Vaporizer)	• 마취기의 가장 중요한 부분으로 마취제를 액체에서 기체 상태로 바꿔 농도를 맞추고 환자에게 공급한다. • 마취제 종류에 따라 지정된 기화기를 사용한다. 보통 이소플루란 기화기를 사용하고, 일부는 세보프루렌 기화기를 사용한다. • 흡입마취제 용량을 확인하고 환기가 잘되는 곳에서 충전한다. • 상한선 표시에 맞춰 충전하고 특수 주입 기구를 사용해 흐르는 것을 방지한다. • 이산화탄소 흡수제는 교체일에 교체하되, 변색됐으면 즉시 교체한다. • 흡입마취제 투여 농도에 대한 정확성이 중요하므로, 1년에 1회 제조업체의 유지 보수를 받는다.
유량계(Flow Meter)	• 산소와 아산화질소의 분당 공급량을 조절한다. • 내부에 분당 공급량을 표시하는 부표가 있고, 형태에 따라 보빈, 볼 베어링으로 구분한다. 보빈은 상단 눈금을 읽고, 볼 베어링은 중간을 읽는다.
회로 내 압력계 (Pressure Manometer)	• 마취기 호흡 회로 내의 압력을 표시한다. • 11~15mmHg를 넘지 않게 하되 20mmHg 이상에서는 폐 손상이 주의된다.
산소 플러시 밸브 (Oxygen Flush Valve)	• 신선한 산소가 기화기를 우회하여 환자에게 바로 공급할 때 사용한다. • 산소가 기화기와 유량계를 거치지 않고 호흡 회로 내로 들어가게 되고 호흡백을 부풀릴 때 사용한다.
Pop-off 밸브 (Pop-off Valve)	• 마취 회로 내의 압력이 높은 경우 가스를 밖으로 배출하는 밸브이다. • 배기 밸브에 청소 호스가 연결되어 있으므로 불필요한 마취 가스가 수술실 내에 퍼지지 않도록 외부로 배출한다.

ⓒ 호흡 회로

단방향 밸브 (Unidirectional Valve)	마취기와 연결되는 Y형 주름관 부위에 흡기 밸브, 배기 밸브가 있어 가스가 일정한 방향으로 흐르게 한다. Y형 주름관은 기관내관과 연결된다.
주름관 (Corrugated Tube)	환자의 흡기와 배기가스를 운반하는 통로이다. 한쪽 끝은 단방향 밸브에, 반대쪽 끝은 마스크 또는 기관내관을 통해 환자와 연결된다. Y형 주름관, Universal F Circuit이 사용된다.
이산화탄소 흡수제 (Carbon Dioxide Absorber)	• 환자가 배출한 이산화탄소가 흡착·제거되며 마취기 정화통에 위치한다. • 성분에 따라 바라라임, 소다라임 제품을 사용한다. • 이산화탄소 흡착 능력이 떨어지면 변색되거나 단단해진다. • 소다라임은 8~10시간 사용 후 교체하고, 사용 기간이 남더라도 1개월마다 교체한다.
호흡백 (Rebreathing Bag)	• 이산화탄소 흡수제가 들어 있는 정화통 앞쪽에 있다. • 동물의 크기에 맞게 사용하고 1회 호흡량을 기준으로 6~10배 크기를 사용한다. 동물의 평균 1회 호흡량은 10mL/kg이다.

② 환자 감시 모니터 구성과 관리

㉠ 환자의 각종 생체 정보를 실시간으로 감시하는 기기이다.

㉡ 프로브나 센서를 환부에 부착·삽입한다.

㉢ 수술 중 마취 환자의 모니터링에 필수적이며 화면에 생체 정보를 표시하고 정상 범위를 벗어나면 알람을 통해 경고하는 기능을 한다.

㉣ 환자 감시 모니터는 성능에 따라 심전도(ECG), 심박수, 호흡수, 체온, 산소포화도(SPO_2), 호기말 이산화탄소 분압($EtCO_2$), 간접 혈압(NIBP), 직접 혈압(IBP) 등을 측정한다.

③ 수술 관련 기기 구성과 관리

수술대 (Surgery Table)	• 편평한 것, 양쪽으로 접히는 것이 있다. 접히는 것은 수술 부위에서 흘러내린 액체를 모아 주고, 대형견과 가슴이 깊은 동물의 복부 수술이 원활하도록 자세를 보정한다. • 알코올로 닦고 항상 수술할 수 있도록 준비한다.
무영등 (Surgical Light)	• 수술 부위를 밝게 하고 그림자가 생기지 않도록 만든 조명 기기이다. • 부착형, 스탠드형이 있으며, 손잡이는 탈부착이 가능하므로 오토클레이브 멸균 후 수술할 때 부착하여 사용한다.
물 순환 보온 패드 (Warm-water Blankets)	수술 중 환자 체온 유지를 위해 수술대에서 따뜻한 물을 펌프로 순환하는 보온 패드를 사용한다.
전기 수술기 (Electrosurgery, 고주파 보비, 전기메스기)	• 수술 중 고주파 전류를 이용하여 조직 절개 및 지름 1mm 이하 혈관 지혈에 사용한다. • 수술 시간 단축, 출혈 억제, 수술 시야 확보에 편하다. • 치유가 늦어지는 경우 조직 손상 가능성이 크다. • 본체, 핸드피스(보비팁), 접지판, 발판으로 구성된다.
혈관 밀봉기 (Vessel Sealing Devices)	• 굵은 혈관 지혈과 밀봉에 사용된다. • 지름 7mm 두께의 혈관을 밀봉할 수 있다.
석션기	• 수술 부위에서 발생하는 체액이나 분비물을 흡인하기 위해 사용한다. • 본체, 석션 튜브, 석션 팁, 발판으로 구성되어 있다.

2 기구 멸균 방법

(1) 수술 팩 준비

① 수술 팩 종류

수술 팩은 수술 종류에 따라 필요한 기구와 물품을 분류하여 포장한 것을 말한다.

수술 기구 팩	• 수술 종류, 사용 목적에 따라 분류하여 준비한다. • 간단한 수술(기본 팩), 중성화 수술, 개복 수술, 정형외과 수술, 안과 수술 등에 사용된다. • 수술 기구 명칭, 수량 등이 표시된 목록이 첨부된다.
수술 포 팩	• 수술 종류에 따라 필요한 수술 포를 포장하고 수량을 정한다. • 수술 포는 수술 부위의 무균 상태를 유지하기 위해 사용한다. • 수술 부위 주변 네 면을 덮는 무창포, 수술 포 중앙에 원형 또는 직사각형 구멍이 있어 환부를 직접 덮는 유창포, 리넨 타월 등이 있다.
수술 가운 팩	스크러브 후 수술자의 손을 닦을 수건과 착용할 수술 가운을 포장한다.

② 수술 기구 팩 준비

㉠ 수술 종류에 따라 필요한 수술 기구 명칭과 수량을 확인하고, 팩에 포함될 수술 기구를 준비한다.

㉡ 수술 기구를 넣을 수 있는 크기의 밧드를 준비한다.

㉢ 수술 기구 밧드를 포장할 수 있는 크기의 면직물 포장 재료를 바닥에 펼쳐 놓는다.

㉣ 수술 기구 클립으로 같은 기구는 서로 묶어 놓는다.

㉤ 수술 기구 밧드 위에 기구를 배열한다.

- 먼저 사용하는 수술 기구를 맨 위에 놓는다.
- 수술 기구는 같은 방향으로 배열하고 손잡이 부위는 약간 겹치게 놓되 손잡이 잠금쇠는 풀어 놓는다.

㉥ 수술용 거즈를 올려놓는다. 거즈 크기는 4~5cm로 하고 몇 개가 포함되는지 표시한다.

㉦ 필요한 수술 기구와 물품이 수술 팩에 있는지 확인한다.

㉧ 수술 기구 팩 포장 방법에 따라 풀리지 않도록 포장한다.

㉨ 부직포를 이용하여 포장된 수술 기구 팩 외부를 포장한다.

㉩ 멸균 테이프를 수술 기구 팩 외부에 붙이고 종류, 날짜, 성명 등을 표시한다.

㉪ 멸균된 후에는 멸균 테이프가 갈색으로 변하여 멸균 상태를 파악할 수 있다.

③ 수술 포 팩 준비

㉠ 수술에 필요한 수술 포의 종류와 수량을 확인한다.

㉡ 수술 포 접는 방법(아코디언 접기)에 따라 수술 포를 접는다.

- 수술 포를 편다.
- 수술 포 반절을 접어 편다.
- 중앙 부위 남은 자국에 맞추어 양쪽에서 접고 뒤로 돌려 접어 직사각형 모양으로 만든다.
- 다시 직사각형의 반절을 접는다.
- 양쪽 끝 부위를 반절로 접어 정사각형을 만든다.
- 정사각형 수술 포의 구석 쪽을 잡아 뒤집어 접는다.

㉢ 수술 포 포장 재료를 바닥에 펼쳐 놓는다.
㉣ 포장 재료 위에 접은 수술 포를 올려놓고 단단히 포장한다.
㉤ 멸균 테이프를 수술 포 팩에 붙이고 종류, 날짜, 유창 포의 형태, 길이, 성명 등을 표시한다.

④ 수술 가운 팩 준비
㉠ 깨끗한 수술 가운을 넓고 편평한 탁자 위에 앞면이 위로 향하게 올려놓는다.
㉡ 양쪽 소매를 수술복 앞쪽으로 접는다.
㉢ 수술 가운 가운데 양쪽 끝 부위를 정중앙에 맞추어 접는다.
㉣ 길게 삼등분하여 양쪽이 서로 겹치게 접는다.
㉤ 수술 가운 목 부위가 위쪽으로 향하게 하고 아코디언 접기 방법으로 접는다.
㉥ 수술 가운을 포장 재료 위에 올려놓고 그 위에 손수건 1장을 포함하여 포장한다.
㉦ 멸균 테이프를 수술 가운 팩에 붙이고 종류, 날짜, 크기, 성명 등을 표시한다.

더 알아보기

수술 가운 팩 준비 시 유의 사항
수술 가운을 접을 때는 가운데 바깥쪽은 멸균 상태를 유지해야 하므로 가운을 만질 때 안쪽 면만 닿을 수 있게 접어야 한다.

⑤ 멸균 표시 지시자(Sterilization Indicator)
멸균의 정확한 성공 여부를 판단하기 위해 멸균 표시 지시자를 사용한다.

화학적 표시 지시자 (CI ; Chemical Indicator)	• 수술 팩 내부에 넣는 스트립, 외부에 붙이는 롤 테이프 형태가 있다. • 멸균이 성공하면 색깔이 변하지만 수술 기구의 완벽한 멸균 상태를 의미하지 않고, 멸균 진행 여부를 표시한다. • 롤 테이프 형태는 편하고 신속해서 현재 병원에서 많이 사용하나 완벽한 판단 근거는 아니다.
생물학적 표시 지시자 (BI ; Biological Indicator)	• 멸균 성공 여부를 판단하는 유일한 방법이다. • 가장 강한 내성균을 멸균한 후 12~24시간 배양하여 균의 부활 여부를 판단한다.

(2) 수술 기구 멸균

멸균은 열에 강한 세균의 아포를 포함한 모든 미생물을 파괴하는 과정이다. 동물병원에서는 일반적으로 고압증기 멸균법이 사용되나 최근 EO 가스 멸균법, 플라즈마 멸균법이 증가하는 추세다.

① 고압증기 멸균법(Autoclave Method, High Pressure Sterilization)
㉠ 사용이 쉽고 안전하여 동물병원에서 가장 많이 사용한다.
㉡ 멸균 대상 품목에 따라 적절한 온도와 압력을 설정한다. 보통 121℃에서 15분 이상 멸균 시 모든 미생물이 사멸된다.
㉢ 수술 기구, 수술 포, 수술 가운 등 대부분의 수술 기구 멸균에 사용하나 열에 약한 고무류, 플라스틱 등은 멸균할 수 없다는 단점이 있다.
㉣ 멸균 시 수술 기구 팩은 여유롭게 채우는 것이 좋다.
㉤ 한 겹 포장 멸균은 1주, 두 겹 포장 멸균은 약 7주 멸균이 유지된다.

ⓑ 멸균 방법

- 멸균 물품(수술 기구 팩, 수술 포 팩, 수술 가운 팩 등)을 준비한다.
- 고압증기 멸균기의 저수통을 확인하고 표시 부위가 있는 곳까지 부족한 증류수를 보충한다(수돗물을 사용하면 염소에 의한 부식과 물에 포함된 미네랄 침착으로 멸균기 호스가 막혀 고장 원인이 됨).
- 고압증기 멸균기 내부의 체임버에 멸균 물품을 넣고 문을 닫는다.
- 멸균 물품에 따른 온도와 시간을 설정한다.
- 건조 버튼을 누르고 시작 버튼을 누른다.
- 멸균이 끝난 후 압력이 떨어질 때까지 기다린다.
- 압력이 줄면 전원을 끄고 문을 열어 물품을 식힌다.
- 건조기에서 물품을 꺼내 멸균 수술 팩 보관장에 둔다.

② EO 가스 멸균법(EO Gas Sterilization)

㉠ 에틸렌옥사이드(EO ; Ethylene Oxide) 가스에 의해 멸균하는 방법이다.

㉡ EO 가스는 독성, 폭발의 위험이 있으므로 안전 규칙을 준수한다.

㉢ 열, 습기에 민감한 고무류, 플라스틱 등에 사용한다.

㉣ 멸균 내용물의 부식 및 손상을 주지 않고 멸균 백을 사용하는 경우 6개월 이상 멸균이 유지된다.

㉤ 고압증기 멸균보다 멸균 시간이 길고 가격이 비싸다.

ⓑ 멸균 방법

- 사용 설명서에 따라 안전 수칙을 준수하고 보호 장갑과 마스크를 착용한다.
- 멸균 중에는 EO 가스에 노출되므로 문을 개방해서는 안 된다.
- EO 가스 멸균기 사용 전 각종 밸브의 개폐, 물, 공기 공급 등 장비 상태를 점검한다.
- EO 가스 독성과 가연성 때문에 사용자 이외에는 출입을 통제한다.
- 습도판에 물을 붓고 체임버 바닥에 넣는다.
- 멸균할 물품을 체임버 내에 정돈하여 넣고 핸들을 돌려 문을 잠근다.
- 멸균 온도는 40~60℃에서 진행되고 온도가 올라가면 노출 시간은 짧아진다. 플라스틱은 60℃를 넘지 않도록 한다.
- 멸균 시간은 EO 가스 농도에 의해 결정되는데 체임버 내 EO 가스 농도가 450~1,000mg일 때 3~7시간 소요된다.
- 일반적인 물품의 멸균 코스는 1.2bar 압력, 56℃에서 3시간 멸균 후 8시간 세정으로 한다.

③ 플라즈마 멸균법(Plasma Sterilization)

㉠ 과산화수소 가스를 이용해 멸균한다.

㉡ 과산화수소에 의해 생성된 플라즈마가 활성 산소를 생성하여 멸균 작용하고, 분해 후 소량의 물과 산소만 배출하므로 친환경적이고 안전하다.

㉢ 50℃ 이하 저온에서 40~50분 정도로 단시간에 끝나고, 별도 정화 과정 없이 즉시 사용할 수 있다는 장점이 있다.

㉣ 수분을 흡수하는 물질(거즈, 수술 포 등)은 사용할 수 없다는 단점이 있다.

3 봉합 재료 종류 및 용도

(1) 봉합침(Suture Needles)

구분	내용
환침(Round Needle)	• 바늘 끝 모양이 둥근 형태 • 장, 혈관, 피하 지방과 같은 부드러운 조직 봉합에 사용
각침(Cutting Needle)	• 바늘 끝 모양이 삼각형 모양의 각진 형태 • 피부 봉합에 사용

(2) 봉합사(Suture Materials)

구분	내용
흡수성 봉합사	• 자연사 : Surgical Gut(Catcut), Collagen • 인공합성사 : Polydioxanone(PDS Suture), Polyglactin 910(Vicryl), Polyglycolic Acid(Dexon) 등
비흡수성 봉합사	Silk, Cotton, Linen, Stainless Steel, Nylon(Dafilon, Ethilon) 등

더 알아보기

봉합사의 굵기 구분

• 0, 1, 2, 3, … : 숫자가 커질수록 실의 굵기가 굵어진다.

• 1-0, 2-0, 3-0, … : 숫자가 커질수록 실의 굵기가 얇아진다.

(3) 스테이플러

의료용 스테이플러를 말하며, 피부를 봉합할 때 사용한다.

4 수술 도구 종류 및 용도

(1) 자르는 기구

구분	내용
수술 칼날(Scalpel Blade) & 수술칼 손잡이 (Scalpel Handle)	• 10, 11, 12, 15, 20번 칼날을 사용 • 소형 동물의 경우, 3번 손잡이 & 10번 날 사용
수술 가위(Scissors)	• 날 모양에 따라 일직선형, 곡선형 • 날 끝 모양에 따라 양면이 무딘 것(Blunt-blunt), 한쪽 면만 뾰족한 것(Sharp-blunt), 양면이 뾰족한 것(Sharp-sharp) • 조직 절단, 분리, 봉합사 제거, 붕대 제거 시 사용 • Sharp-blunt, Mayo, Metzenbaum, Tenotomy, Stitch, Bandage 가위 등

(2) 붙잡는 기구

조직 포셉 (Tissue Forceps)	• 끝 부위가 편형(Smooth), 치아(Toothed), 톱니(Serrated) 모양이 있고, 붙잡는 조직의 특성에 따라 사용 • Adson, Brown-Adson, Bishop-Harmon, DeBakey 등이 있고 Adson 포셉을 가장 많이 사용
지혈 포셉 (Hemostat Forceps)	• 혈관, 조직을 잡아 지혈할 때 사용 • Mosquito, Kelly, Crile, Rochester-Carmalt 등
움켜잡기 포셉 (Grasping Forceps)	• 단단한 조직을 잡아 들어 올려 수술 부위를 쉽게 하거나 고정할 때 사용 • Alis Tissue Forceps, Babcock Forceps, Towel Clamp 등
바늘 잡개 (Needle Holder)	• 봉합할 때 수술용 바늘을 잡는 기구 • Mayo-Hegar, Olsen-Hegar, Castroviejo 등

(3) 특수 목적용 기구

견인기(Retractors)	수술 부위를 벌리거나 들어 올려 수술자의 시야를 확보하기 위하여 사용
각종 정형외과 기구	Hand Chuck, Bone-holding Forceps, Drill, Pins, Wire 등

(4) 각종 용품

반창고 및 붕대	면실크 반창고, 플라스틱 반창고, 종이 반창고, 천 반창고, 탄력붕대, 관상붕대, 석고붕대, 솜붕대, 탈지면, 솜, 거즈, 코튼볼, 밴드, 소독용 테이프, 파라필름 등 각종 보정 및 지혈, 소독용품
가운 및 일회용품	수술 가운, 오픈 가운, 멸균 가운, 수술 포, 기계 포, 소공 포, 일회용 수술 가운, 일회용 덧신 및 모자 등

5 수술 전 준비

(1) 수술 진행 순서

① 전화, 방문 상담 후 수술을 예약한다.

② 수술 전 안내 사항을 전달한다. 예 수술 전 금식 사항 등

③ 수술 전 12시간 동안 동물을 금식시킨다.

㉠ 전신마취가 필요한 동물은 12시간 전부터 금식한다.

㉡ 수술 전 위를 비워 구토로 인한 오연성 폐렴과 기도 폐색을 예방하기 위해서이다.

㉢ 6개월 미만의 어린 동물, 2kg 미만 동물은 저혈당증 예방을 위해 금식 시간을 줄일 수 있다.

④ 수술을 위해 환자가 예약 시간에 내원하면 접수·등록한다.

⑤ 동물의 병력, 예방접종 여부, 특이사항 등을 보호자에게 질문하여 파악한다.

⑥ 마취 전에 동물의 정확한 상태를 파악하기 위한 사전 검사의 필요성을 보호자에게 설명한다.

⑦ 마취·수술 동의서를 작성한다.

⑧ 전신마취 전에 사전 검사를 한다.

⑨ 동물이 수술 전 배변, 배뇨하도록 한다.

⑩ 동물을 관장한다. 직장, 결장 수술은 수술 전에 따뜻한 생리식염수를 사용하여 관장한다.

더 알아보기

동물 마취를 위한 검사의 필요성

마취 전 검사 항목은 동물병원마다 다르다. 일반적으로 신체검사, 흉부 X-ray 검사, 혈액 검사를 하고 생체지표를 측정한다. 혈액 검사는 종합 검사(CBC 검사, 생화학 검사, 전해질 검사, 심장사상충 검사)와 일부 생화학 검사만 시행하기도 한다. 특히 노령 동물과 마취 위험도가 높은 동물은 광범위한 검사가 필요하다.

(2) 수술 전 동물 준비하기

수술 동물의 사전 검사 항목은 다음과 같다.

① **병력 청취** : 보호자와 문진을 통해 동물의 현재 상태와 과거 병력을 확인한다.

② **신체검사** : 일반적인 건강 상태를 확인하고 신체검사표를 작성하며, 바이털사인을 체크한다.

③ **마취 전 혈액 검사** : 안전한 마취를 위하여 마취제를 처리하는 간・콩팥 기능, 전신 상태를 평가할 수 있는 최소한의 혈액 검사 지표를 확인한다.

적혈구 용적 (PCV ; Packed Cell Volume)	정상보다 감소하면 빈혈, 증가하면 탈수 위험이 있다.
총 단백(Total Proteins)	혈장 단백질은 삼투압에 관여하므로 정상보다 감소하면 간질 조직에 수분이 저류하여 부종이 발생할 수 있다.
혈당(Blood Glucose)	정상보다 감소하면 저혈당증, 증가하면 당뇨병 가능성이 있다.
요소 질소 (BUN ; Blood Urea Nitrogen)	콩팥 기능을 평가하는 지표이며, 정상보다 증가하면 콩팥 기능 부전 가능성이 있다.
알라닌 아미노 전이 효소 (ALT ; Alanine Aminotransterase)	간세포 손상 시 유출되는 효소이며, ALT 상승은 현재 간 손상이 있음을 의미한다.

④ **요 검사** : 비뇨기계 이상, 내분비 및 대사질병 등의 전신 상태를 파악할 수 있는 기초 자료를 제공한다.

⑤ **마취 전 X-ray 검사** : 흉부 X-ray 검사를 통해 심장・폐의 이상 여부를 파악하고 흡입마취 시 기관 내관의 크기 결정에 참고한다.

(3) 동물 마취 준비

① 마취의 정의

일시적으로 의식, 감각, 운동 및 반사 작용을 차단하는 행위, 또는 그렇게 된 상태를 말한다. 의학적으로 통증의 경감 또는 차단을 위해 사용하는 방법으로 외과 수술에 필수적이다.

② 마취 프로토콜

㉠ 마취 프로토콜은 마취 종류에 따라 마취 전의 투약 약물, 마취제 용량, 마취 경로, 순서 등을 정해 놓은 것을 말한다. 동물병원마다 다르고, 마취 방법, 동물 상태에 따라 결정된다.

㉡ 마취 종류에는 전신마취와 국소마취가 있다.

전신마취	• 흡입마취, 주사마취가 있다. • 각 약물의 장점을 높이고 단점을 낮추기 위해 여러 약물을 사용하는 균형마취를 시행한다. • 뇌로 인식하는 의식, 감각, 운동 등을 차단한다. • 마취 전 투약제, 마취 유도제, 마취 유지제, 회복 시 진통제가 사용된다.
국소마취	• 적은 부위를 수술·치료할 때 사용한다. • 의식이 깨어 있는 상태에서 말초부위에만 마취가 적용된다. • 적절한 마취제 분량을 신경 조직에 사용해서 통증을 완화시킨다.

㉢ 전신마취의 종류

흡입마취	• 마스크 또는 기관내관을 통해 휘발성 마취제를 투여하여 무의식 상태로 만든다. • 장시간의 큰 수술에 추천되며 마취제 용량을 실시간으로 조절해 마취 깊이를 조절하는 것이 가능하다. • 주사마취에 비해 안전하고 내장 기관에 영향이 적지만 마취기, 숙련된 인력이 필요하다.
주사마취	• 마취 주사로 여러 가지 약물을 투여하여 무의식 상태로 유도한다. • 수컷 중성화 등 짧은 시술에 사용된다. • 마취 방법은 간편하나 과량 투여 시 해독이 어렵고 마취 깊이와 시간 조절이 까다롭다.

③ 흡입마취 시 기관 내 삽관

흡입마취를 하는 경우 기관 내 삽관을 통해 기관내관을 기도에 장착한다. 기관내관으로 산소와 마취 가스를 동물에게 안정적으로 투여하고 호흡 부전이 발생하는 경우에는 인공호흡을 시행한다.

용어설명

기관내관(ET 튜브, Endotracheal Tube)

유연한 플라스틱 재질이며 보통 일회용이다. 튜브 안지름(ID)에 따라 0.5mm 단위로 생산되어 번호가 표시되며 10kg 미만의 개는 3.0~7.0 ID, 고양이는 3.0~4.5 ID를 주로 사용한다. 기도 내 삽입되는 말단부에는 커프가 부착되어 있는데 커프 인디케이터를 통해 공기를 주입하면 커프가 팽창되어 기관내관과 기관 사이를 막아 폐쇄 회로를 유지한다. 이로써 공기는 기관내관을 통해서만 출입할 수 있다.

④ 흡입마취 시 안전·유의 사항

㉠ 마취 가스는 인체에 독성이 있으므로 흡입하지 않도록 주의한다.

㉡ 산소통은 단단히 고정해 넘어지지 않도록 하여 폭발 위험성을 방지한다.

㉢ 마취 도입 또는 기관내관 삽관 시 환자의 무호흡, 청색증 발생 유무를 주의 깊게 모니터링한다.

⑤ 흡입마취 준비

㉠ 동물에게 IV카테터 장착을 준비한다.

㉡ 수액 투여를 준비한다. 0.9% 생리식염수, 0.45% 생리식염수, 5% 포도당, 하트만액 등을 준비한다.

㉢ 마취 전 투약제를 준비한다. 환자의 상태, 수술의 종류에 따라 항생제, 진정제, 진통제 종류를 선택한다.

- 항생제 : 세균 감염을 차단한다. 세파졸린, 페니실린, 엔로플록사신, 세프티오퍼 등을 사용한다.
- 진정제 : 마취 유도와 안정적 회복을 돕는다. 아세프로마진, 디아제팜, 미다졸람, 자일라진, 메데토미딘 등을 사용한다.

• 진통제 : 일반 수술에는 비마약성 진통제를 준비하고, 정형외과 등 통증이 심한 수술에는 마약성 진통제를 준비한다.

더 알아보기

진통제 종류

• 비마약성 진통제 : 트라마돌, 카프로펜, 멜록시캄, 나프록센 등
• 마약성 진통제 : 모르핀, 펜타닐, 부토르파놀 등

㉣ 마취 유도제를 준비한다. 기관 내 삽관을 위해 짧은 시간 동안 전신마취를 돕는다. 대부분 프로포폴을 많이 사용한다.
㉤ 기관 내 삽관을 위한 기관내관(E-tube), 윤활제, 후두경, 거즈 및 주사기 등을 준비한다.

용어설명

후두경(Laryngoscope)

기관 내 삽관 시에 성문을 직접 보기 위하여 사용한다. 손잡이, 날, 광원으로 구성되어 있으며, 날은 직선형과 곡선형이 있다. 동물용으로는 직선형을 많이 사용하며, 구강의 길이에 따라 적합한 길이의 후두경 날을 선택한다.

㉥ 마취 유도제 투여 전 5분간 산소를 공급하고, 기관 내 삽관 후 바로 흡입마취기에 연결할 수 있도록 준비한다.
㉦ 마취 유도제 투여를 보조한다.
㉧ 기관 내 삽관을 위한 동물을 보정한다.
㉨ 기관 내 삽관 후 동물을 수술대에 눕히고 흡입마취기를 연결한다.
㉩ 흡입마취제를 투여하고 마취 정도에 따라 마취 농도를 조절한다.
㉪ 환자 감시 모니터를 연결한다.

(4) 수술 부위 준비

① 수술실 역할

준비실	수술 부위 세정, 1차 소독
수술방	수술대 자세 고정, 최종 소독, 수술 포 덮기

② 준비실에서 수술 부위 털을 제거한다.

클리퍼를 준비하되 미용 전용 클리퍼를 사용할 경우 40번 날을 장착한다. 소형 동물 일반 수술은 피부 절개 면에서 5~10cm 주위, 정형외과 다리 수술은 수술 다리 전체, 척추 수술은 수술 부위 척추의 앞・뒤쪽 2개 부위까지 털을 제거한다.

③ 수술 부위를 세정한다.

㉠ 비멸균 장갑을 착용하고 70% 알코올 거즈, 생리식염수로 세정한다.
㉡ 수컷 개의 개복 수술일 때는 포피를 세척한다.

더 알아보기

수컷 개 포피 세척 방법

1. 주사기에 포비돈 1mL와 생리식염수 9mL를 혼합하여 소독액을 준비한다.
2. 주사기의 끝 부위를 포피 내에 삽입한 후 5mL를 주입하고 포피 끝을 막는다.
3. 페니스 부위를 마사지하여 소독액을 배출시킨다.
4. 남아 있는 5mL를 주입하고 반복 소독한다.

④ 수술 부위를 1차 소독한다.
수술 부위를 2% 포비돈 거즈로 소독 방법에 따라 소독하고, 2분 후에 70% 알코올 거즈로 닦아낸다. 2~3회 반복 시행한다.

일반적인 수술 (복부, 흉부 등)	• Target Pattern 방법으로 소독한다. • 수술 부위를 앞뒤로 10~20회 닦고 원을 그리며 안쪽에서 바깥쪽으로 닦아낸다.
항문·회음부 수술	• Perineal Pattern 방법으로 소독한다. • 세 부분으로 나누어 Target Pattern 방법으로 닦는다. • 항문의 오른쪽, 왼쪽, 항문을 순서대로 닦는다.
다리 수술	• Orthopedic Pattern 방법으로 소독한다. • 거즈 붕대와 테이프로 발목 부위를 감싼 후 수액걸이에 걸어놓고 발목 부위부터 엉덩이 쪽으로 닦는다.
눈 수술	• 눈 주위의 털을 제거한다. • 베이비 샴푸를 물에 3배 희석하여 거즈에 적셔 부드럽게 닦아낸다. • 이후 50배 희석한 포비돈으로 눈 주위 피부를 소독하고 안구에 묻은 털, 이물질은 생리식염수로 세정한다.

⑤ 동물을 수술실 수술대에 옮기고, 수술 종류에 따라 자세를 고정한다. 이때 편평한 수술대 위에 이동형 V자 보조 기구나 샌드백 등을 사용할 수 있다.

복부 수술	앙와위 (Dorsal Recumbency)	등 쪽이 테이블에 접촉	네 다리를 수술대에 묶음
치과·귀 수술	횡와위 (Lateral Recumnency)	옆쪽이 테이블에 접촉	-
다리 수술	횡와위 (Lateral Recumnency)	옆쪽이 테이블에 접촉	수술하는 다리를 위쪽을 향하게 수액걸이에 걸어놓음
척추·꼬리·회음부 수술	흉와위 (Sternal Recumbency)	배 쪽이 테이블에 접촉	엎드리게 함

⑥ 수술 부위를 2차 소독한다. 멸균 수술 장갑을 착용하고 1차 소독 방법에 따라 소독한다. 포비돈 스프레이를 수술 부위에 뿌리고 건조될 때까지 기다린다.

⑦ 수술 부위 준비 시 안전·유의 사항
㉠ 털 제거 시 피부가 손상되지 않도록 주의하여 클리핑한다.
㉡ 2차 소독은 멸균 환경에서 하고, 소독 후 수술 부위가 오염되지 않게 주의한다.
㉢ 포비돈, 클로르헥시딘은 함께 사용하면 소독 효과가 떨어지므로 한 가지만 사용한다.

6 수술 보조

(1) 수술 복장 준비

① 수술실 간호사의 역할

㉠ 순환간호사

- 수술 장갑 미착용 간호사
- 수술 시작부터 종료까지 수술이 원활히 진행되도록 동물 감시, 물품 지원
- 수술실 준비, 수술대 동물 보정, 수술 부위 준비, 수술자·소독간호사의 가운 착용 돕기, 수술 중 필요한 물품 지원, 마취 감시 및 기록지 작성 등 담당

㉡ 소독간호사

- 수술의 원활한 진행을 위해 멸균 영역에서 수술을 직접 보조
- 멸균가운, 모자, 마스크, 수술 장갑 착용
- 수술 포 덮기, 수술 기구대 기구배치, 수술자 직접 기구 전달, 조직 견인·보정, 수술 전후 거즈·봉합바늘 수량 확인 등 담당

② 수술 복장

스크러브복	수술실 감염 차단을 위해 수술 구역에서만 착용하고 청결에 유의한다.
수술 모자, 마스크	머리카락, 입, 코 등 세균의 수술실 오염 방지를 위해 수술 구역에서 착용한다. 라운드형, 끈형이 있는데 라운드형이 더 효과적이다.
수술 신발, 덮개	미끄럼 방지를 위해 고무바닥 재질의 발가락을 덮는 형태가 좋으며 수술 신발 덮개는 선택 사용한다.
수술 가운	수술 부위 오염을 최소화한다. 재사용 가운, 일회용 가운이 있으며 재사용 가운에서 발생하는 먼지로 인한 세균 감염 위험을 차단하고 사용이 편리하여 직물 소재의 일회용 가운을 많이 사용한다. 재사용 수술 가운은 과산화수소로 혈액을 제거하고 30분간 찬물에 담가 놓은 후 세탁, 건조, 포장, 멸균한다.
수술 장갑	멸균 수술 장갑 착용 방법에 따라 폐쇄형, 개방형이 있다. • 폐쇄형 : 수술 가운을 착용한 상태에서 착용하는 방법 • 개방형 : 수술 가운을 착용하지 않은 상태에서 새 장갑으로 교체 시 착용하는 방법. 착용 시 장갑 바깥쪽을 맨손으로 만지지 않도록 주의한다.

용어설명

- 무균법(Asepsis) : 수술 부위 병원성 미생물 오염을 막기 위하여 수술 환경을 깨끗하게 유지하는 것을 말하며, 미생물이 전혀 없는 멸균과는 다르다. 이를 위해 수술방 준비, 수술 복장 착용, 동물 준비, 외과적 손세정 등을 정확하고 올바르게 시행한다.
- 멸균 영역(Sterile Field) : 수술 부위 주위 환경을 완전한 무균 상태로 유지해야 한다. 멸균 장갑, 가운 착용자만 접촉할 수 있고 멸균된 수술 기기, 물품을 사용한다. 멸균 영역이 오염되지 않도록 '외과적 무균술의 원칙'을 준수한다.

③ 수술 복장의 착용

㉠ 스크러브복을 입는다.

㉡ 수술 모자, 마스크를 착용한다.

㉢ 수술실 전용 신발을 신는다.

㉣ 수술 시 손 세정(스크러브)한다.

- 수술자와 소독간호사는 수술실 입실 전 피부 미생물을 제거해야 한다.
- 비누, 소독제, 솔로 손, 팔을 5~10분 정도 깨끗하게 닦아낸다.
- 스크러브복, 수술 모자, 마스크, 수술 신발을 착용한 상태에서 씻는다.
- 손은 팔꿈치 위로 하고, 일반 비누, 외과용 소독제의 순서로 씻는다.
- 멸균 세정 솔로 손톱, 손가락, 팔목을 문질러 닦는다.
- 손을 팔꿈치 위로 하여 흐르는 물에 헹군다.
- 팔꿈치를 허리 위쪽으로 유지하고 수술실로 들어간다.
- 수술 가운 팩을 열고 포함된 멸균 수건으로 손을 닦는다.

㉤ 수술 가운과 멸균 수술 장갑을 착용한다.

(2) 수술 진행 보조

① 수술 기구 취급

㉠ 수술 종류에 따른 수술 기구 팩, 수술 포 팩, 수술 가운 팩을 수술실에 위치시킨다.

㉡ 멸균 무영등 손잡이, 보비 팁, 석션 튜브와 팁 등과 수술용 칼날, 봉합사, 거즈, 생리식염수, 50cc 주사기, 카테터 등의 물품을 준비한다.

㉢ 순환간호사는 멸균 수술 팩의 외부 포장지를 벗겨 소독간호사에게 전달한다.

㉣ 소독간호사는 수술 팩을 열고 수술 기구를 기구대 위에 올려 배치한다.

㉤ 소독간호사는 수술 중에 수술자에게 기구를 정확하고 안전하게 전달하고 기구대가 오염되지 않도록 유지한다.

㉥ 수술 기구를 바닥에 떨어뜨려 파손되거나 오염되는 경우가 발생하지 않도록 단단히 붙잡는다.

② 수술 부위 보정 및 지혈

㉠ 수술 중 수술 부위 보정 시, 비정상적인 조직은 찢어지기 쉬우므로 조심한다.

㉡ 개복 후 조직이 외부 환경에 노출되면 쉽게 건조되므로 조직에 습도를 유지한다. 0.9% 생리식염수를 주사기로 직접 조직에 뿌리거나 거즈에 묻혀 조직을 덮어 보호한다.

㉢ 수술 중 혈관 손상으로 인해 과도한 출혈이 발생하면, 수술자가 즉시 지혈할 수 있도록 출혈 부위를 보정하고 압박한다.

㉣ 출혈 부위에서 혈액을 제거할 때는 거즈로 직접 닦지 말고 거즈에 스며들어 혈관이 수술자에게 잘 노출되도록 한다.

③ 기구 수량 확인

수술이 끝나면 수술간호사는 수술 부위를 봉합하기 전에 수술 기구, 거즈 수량을 확인하고 수술 시작 전의 수량과 일치하는지 확인한다. 특히 작고 날카로운 칼날, 바늘, 거즈 등은 복강 내에 남아 있을 가능성도 크므로 반드시 확인한다.

④ 수술 부위 수술 포 덮기(Draping)

㉠ 수술 부위를 덮는 수술 포는 일반적으로 면직물 수술 포를 사용하고, 간단한 수술은 일회용 수술 포를 사용한다.

㉡ 개복 수술은 피부와 맞닿는 곳에 4개의 면직물 수술 포를 이용하여 절개 면을 덮고 그 위에 유창 포를 덮어 수술 부위를 준비한다.

㉢ 수술 포는 수술 부위를 제외한 동물과 수술대 등 모든 곳을 덮는다. 이때 타월 클립으로 피부와 함께 고정한다.

(3) 수술 포와 기구의 배치

① 순환간호사는 기구대를 소독하고 수술 포 팩을 연다.

② 소독간호사는 수술 포 팩 안에서 기구대를 덮을 수술 포를 꺼내어 기구대 전체를 덮는다.

③ 수술 포 팩에 남아 있는 수술 포를 기구대 위에 내려놓는다.

④ 덮는 방법에 따라 수술 포로 수술 부위를 덮는다.

㉠ 수술 부위 피부에 1차 수술 포(Ground Drape)를 덮는다.

㉡ 2차 수술 포(Top Drape)를 덮는다.

㉢ 수술대와 동물이 노출된 나머지 부분은 멸균 수술 포로 덮는다.

⑤ 순환간호사는 멸균된 수술 팩을 열어 소독간호사에게 건넨다.

⑥ 소독간호사는 수술 팩 안의 수술 기구를 기구대에 올려놓는다.

⑦ 수술 기구를 수술 순서별로 나열한다. 수술 순서는 절개, 지혈, 봉합 순서로 진행된다.

⑧ 수술 기구를 수술 종류별로 나열한다. 수술칼, 수술 가위, 지혈 포셉, 기타 수술 기구, 바늘 잡개와 봉합사 순서로 정렬한다.

⑨ 순환간호사는 칼날, 봉합사 등의 포장지를 열고 기구대 위에 떨어뜨려 놓는다.

(4) 수술 기구의 전달

① 소독간호사는 기구대 위에 있는 수술칼 손잡이에 날을 장착한다.

수술칼	칼날이 보조자를 향하도록 전달한다.
바늘 잡개	봉합사가 연결된 바늘을 잡아 바늘이 위쪽으로 향하도록 세워 전달한다.
지혈 포셉	팁이 위쪽을 향하도록 세워 전달한다.
조직 포셉	팁이 아래쪽을 향하도록 세워 전달한다.
수술 가위	날 부위를 잡고 손잡이 부위가 수술자의 손바닥 위에 오도록 전달한다.

② 수술 기구를 정확하게 수술자에게 전달한다.

③ 수술자가 수술 부위에서 눈을 떼거나 수술 기구를 다시 잡지 않도록 전달한다.

7 환자 모니터링

(1) 마취 모니터링

① 마취 모니터링의 개요

㉠ 마취 시 뇌기능 저하와 심박·혈압·체온의 급격한 하강이 일어나고, 너무 깊은 마취상태가 되면 사망한다.

㉡ 환자에 따라 마취 가스 농도를 조절하여 필요 이상의 깊은 마취상태가 되지 않도록 한다.

㉢ 마취가 너무 얕은 경우, 수술 도중 각성이 일어나 원활한 수술 진행이 어렵고, 환자가 통증을 느끼게 된다.

㉣ 마취 모니터링 : 마취 깊이 조절을 위해 환자 상태와 마취 수준을 객관적으로 평가하는 과정이다.

② 마취단계 : 마취단계는 4단계로 구분하며, 상처 봉합, 스케일링 등의 작은 수술은 3단계 1기에서 진행되며, 정형외과, 흉부 수술 등의 큰 수술은 3단계 2기에서 진행된다.

(2) 마취 모니터링 수행

① 생체지표 모니터링하기

생체지표 모니터링		세부 내용
호흡수와 리듬 관찰		• 가슴 부위 흉곽의 움직임과 흡입마취기 호흡백 움직임을 측정한다. • 안정적인 마취 동안에는 8~20회/분으로, 8회/분 미만이면 깊은 마취 상태이므로, 수술자에게 보고한다.
심박수와 리듬 관찰		• 청진기를 사용하여 가슴 부위에서 식도 청진기를 사용하여 측정한다. • 대형견 50회/분, 소형견 70회/분, 고양이 100회/분 이하의 느린 맥박일 때는 즉시 수술자에게 보고한다. • 대형견 180회/분, 소형견 200회/분, 고양이 220회/분 이상인 잦은 맥박일 때는 즉시 수술자에게 보고한다.
맥박 측정		• 대퇴 부위 안쪽 또는 발가락 부위의 동맥에서 측정한다. • 분당 맥박수를 측정하고, 맥박이 결손난 경우에는 부정맥을 의미한다. • 맥박의 강약을 측정하고, 약한 경우 저혈압, 강한 경우 고혈압을 의미한다.
점막 색과 모세혈관 재충만 시간(CRT) 측정		• 잇몸 색깔이 분홍색이면 정상, 창백하면 빈혈, 청색이면 산소 부족 상태를 의미하며, 즉시 보고한다. • CRT가 2초 이하이면 정상, 2초 이상이면 저혈량 쇼크 발생 가능성을 의미하므로 즉시 보고한다.
체온 측정		• 15분마다 직장에서 측정하며, 35℃ 이하이면 즉시 보고한다. • 수술 중에 체온은 빠르게 떨어지므로 저체온에 주의한다.
반사 반응 관찰	안검 반사	내안각 부위를 손가락으로 가볍게 만져 눈꺼풀의 움직임을 관찰한다. 마취 3단계 2기에는 감소하거나 없어진다.
	각막 반사	각막을 손가락으로 만져 반응을 관찰하며, 각막 손상 위험성 때문에 잘 시행하지 않는데, 반사가 없는 것은 사망을 의미한다.
	눈의 위치	눈은 외과적 마취기 동안 복측에 있다. 마취 깊이가 깊을수록 눈은 중앙으로 다시 움직이기 시작한다. 안검 반사 없이 안구가 중앙에 있는 것은 마취가 너무 깊다는 것을 의미한다.

반사 반응 관찰	동공 반사	펜 라이트를 눈에 비추어 동공 크기를 관찰, 마취의 깊이가 깊을수록 동공의 크기가 커진다. 마취 전에 항콜린제(아트로핀, 글리코피롤레이트)가 투여된 경우에는 이미 동공은 확장되어 있다.
	연하 반사	삼키려는 반응을 관찰, 마취 유도제 투여 후 기관 내 삽관을 위해서는 연하 반사가 소실되어야 한다. 고양이는 개보다 더 늦게까지 연하 반사가 있고 더 깊은 마취 상태에서 소실된다. 너무 빠른 기관 내 삽관을 시도하면 후두 경련 또는 후두 폐쇄가 발생한다.
	지단 반사	발가락 사이를 포셉으로 꼬집어 반응을 관찰한다. 마취가 깊을수록 반사가 감소한다. 3단계 2기에서 감소한다.

② 환자 감시 모니터 사용하기

환자 감시 모니터	세부 내용
심박수와 심전도 관찰	• 심전도 리드를 부착할 피부에 털이 많으면 제거한다. • 소독용 알코올로 피부를 충분히 닦아 검사 부위 습도를 유지하고 접촉저항을 줄인다. 오랜 시간 관찰 시 심전도 페이스트를 발라 습도를 유지한다. • 리드선 부착 : 리드선은 앞다리굽이관절과 무릎 근처에 장착한다. • 식도 내에 식도 프로브를 장착하여 심박수를 측정한다. • 심박수의 이상과 이상 파형이 있으면 수의사에게 보고한다.
호흡수 측정	호흡수 측정 센서를 기관내관과 연결하여 측정한다.
체온 측정	식도 또는 직장 프로브로 측정한다.
산소포화도(SpO_2) 측정	• SpO_2 측정 센서를 혀에 장착하고 환자 감시 모니터의 측정값을 읽는다. • 정상은 95~100%이고 90% 이하이면 즉시 보고한다.
호기말 이산화탄소 분압($EtCO_2$) 측정	• 동물이 배출하는 이산화탄소 농도를 측정하는 장치로, $EtCO_2$ 측정 센서를 기관내관과 연결한다. • 정상은 35~45mmHg이고 45mmHg 이상은 환기가 부족하여 이산화탄소 농도가 정상보다 높아진 상태로 동물이 위험하므로 즉시 수의사에게 보고한다.
간접 혈압 측정	• 도플러 또는 오실로메트릭 혈압계로 측정, 간단한 수술에서 사용한다. • 사용이 편리하지만, 소형 동물일 때는 혈압의 정확한 측정이 어렵다는 단점이 있다. • 정확한 혈압 측정은 침습적 방법인 직접 혈압(IBP)으로, 말초 동맥에 카테터를 장착하여 평균 동맥 혈압(MAP)을 측정한다. • 오실로메트릭 혈압계 사용 시 개는 앞발허리뼈 부위, 고양이는 앞발목 위쪽 부위에서 측정한다. • 측정 부위 둘레의 두께(개 40%, 고양이 30%)에 따른 커프를 선택한다. • 측정 부위에 털이 많으면 제거하고, 혈압 측정 버튼을 눌러 측정한다. • 혈압 상태를 모니터링, 마취 초기보다 계속 많이 떨어지거나 평균 동맥혈압이 60mmHg 이하이면 위험하므로 즉시 보고한다.

③ 마취 모니터링 정상 및 위험지표

구 분		정 상	위 험
심박수	개	60~80회	>50회 또는 180회<
	고양이	110~180회	>100회 또는 220회<
호흡수	개	10~30회	8회 이하
	고양이	20~30회	
체 온	개	38.3~38.7℃	35℃ 이하
	고양이	38.0~38.5℃	
산소포화도(SpO_2)	개, 고양이	95~100%	90% 이하
호기말 이산화탄소분압 ($EtCO_2$)	개, 고양이	35~45mmHg	45mmHg 이상
혈압(BP)	개	수축기 100~160mmHg 이완기 60~110mmHg	
	고양이	수축기 120~170mmHg 이완기 70~120mmHg	
평균 동맥 혈압(MAP)	미마취 시	85~120mmHg	60mmHg 이하
	마취 시	70~99mmHg	

출처 : Marianne Tear(2012). small animal surgical nursing. Mosby. p.115.
Victoria Aspinall(2014). Clinical Procedures in Veterinary Nursing. Elsevier. p.26.

(3) 마취 기록지 작성하기

① 마취 방법, 투여 약물 및 용량, 마취 중 동물 상태 등을 문서로 기록한다.

구 분	세부 내용
동물에 대한 기본 사항	보호자명, 동물명, 품종 · 나이 · 성별 · 체중 기재
마취 · 수술에 대한 사항	날짜, 마취 방법과 수술명, 수술자와 마취 담당자명 기재
마취 전 동물 상태	바이털사인(심박수, 호흡수, 체온), 혈액 검사 결과[적혈구 용적률(PCV), 총단백질(TP) 수치], 동물의 건강 상태(6단계) 중에서 현재 상태 기재
마취 전 투여 약물	항생제, 진정제, 진통제의 종류, 투여 용량 및 방법, 수액의 종류, 투여 용량 및 방법, 마취도입 약물의 종류, 투여용량 및 방법 기재
흡입마취제 투여량	흡입마취제 투여 시작부터 끝날 때까지 마취제 투여 농도가 변한 시각 기재
직접 관찰과 환자 감시 모니터 사용 동물 상태 기록	• 심박수, 호흡수, 호기말 이산화탄소분압($EtCO_2$), 간접 혈압(NIBP)을 5분마다 측정 • 산소포화도(SpO_2), 수액 투여량, 체온을 15분마다 측정 후 기재 • 기관내관이 잘못 삽관되어 식도에 장착되면 $EtCO_2$는 측정되지 않음
특이 사항	마취 중 특이 사항이 있으면 기록

② 기록을 하지 않는 경우

㉠ 간단한 수술 또는 소규모 병원의 경우 기록지를 사용하지 않을 수도 있다.

㉡ 기록을 하지 않을 경우에는 동물보건사가 중간중간 모니터를 보고 환자 반응을 체크하면서 수의사에게 보고한다.

(4) 마취 전 점검과 대처

① 마취 전 점검 사항

점검 사항	세부 내용
호흡백 및 마취 호스 준비	• 동물 체중에 적절한 호흡백으로, 동물 1회 호흡량의 6배보다 약간 큰 것으로 준비한다. • 마취회로에 맞는 적절한 마취 호스를 준비한다.
공기가 새는지 점검	Leakage Test 수행 순서 Pop-off 밸브를 닫는다. → 손가락으로 공기가 새지 않도록 튜브를 꽉 막는다. → 산소 플러시 밸브를 누르면 호흡백이 차기 시작한다. → 압력계가 올라가기 시작한다. → 압력계의 바늘이 움직이면 안 된다. 바늘이 아래로 떨어지면 공기가 새고 있다는 것이다.
소다라임 체크	• 캐니스터 안 소다라임은 이산화탄소를 흡수하고 공기를 정화시킨다. • 다 쓰면 자주색으로 색깔이 바뀌나, 색 변화는 신뢰성이 떨어지기 때문에 병원의 기준에 따라 교체한다.
기화기 내 이소플루란 양 확인	• 마취 전 기화기를 점검하고 마취약을 양에 맞게 새로 넣어준다. • 세보플루란 기화기가 달린 마취기계의 마취제와 색이 다르므로 주의한다(이소플루란 : 보라색, 세보플루란 : 노란색).
산소탱크의 산소량 확인	• 마취 전 산소탱크 내 산소량을 확인하고 양이 적으면 탱크를 교체한다. • 병원에 따라 산소탱크는 외부에 있고 내부에는 커넥터만 설치하기도 한다.

더 알아보기

세보플루란(Sevoflurane)

• 세보플루란은 빠른 마취 유도가 가능하고, 각성과 회복이 빠르고 부드럽다.
• 빠른 회복이 필요하고, 환자 상태가 좋지 않을 경우, 이소플루란보다 세보플루란이 추천된다.

② 마취 모니터링 대처

구 분	세부 내용
마취 심도 조절	• 기화기를 통해 조절하며 마취가 깊으면 수치를 낮추고 마취가 낮으면 수치를 올린다. • 0~5 범위에서 조절하는데, 급격하게 올리거나 내리지 말고 0.5 단위로 조절한다.
호흡문제	• $EtCO_2$가 너무 높거나, 호흡수가 낮고, 자발 호흡이 아예 없는 경우는 호흡백을 짜주면서 인공호흡을 한다. • 호흡 컨트롤이 되지 않을 때는 환기기계를 사용한 기계적 환기로 전환한다. • 호흡백을 갑자기 확 짜면 압력계가 급격히 상승해서 위험할 수 있으므로, 압력계가 올라가는 정도를 보면서 서서히 부드럽게 짠다. • 호흡백을 짤 경우 Pop-off 밸브를 닫고 짜고, 짠 후에는 반드시 Pop-off 밸브를 연다. 밸브를 여는 것을 깜박하면 비정상적으로 회로 내 압력이 상승해서 환자가 위험해진다. • 최근 버튼식 팝오프 밸브 옵션이 설치된 마취기계도 있어 위험이 줄어들었다.
기타 대처	• 체온, 심박, 혈압이 약간 높거나 낮을 경우 기화기로 마취 심도를 조절하여 컨트롤한다. • 조절이 잘 안 되거나 파라미터가 너무 높거나 낮은 경우, 급격하게 변화할 경우 수의사에게 보고하고 신속하게 대응한다. • 동물이 급작스럽게 움직이거나 팔다리를 휘젓는 경우, 수의사에게 보고하여 프로포폴 등 주사약물을 즉시 넣어 순간적으로 마취시키는 것이 효과적이다.

8 수술 후 관리

(1) 수술 후 환자 관리 개요

① 수술 후 대부분 1~2일 정도 입원하며 중환자 기준으로 관리한다.

② 입원기록지에 시간 간격으로 중요 사항을 기입하고 동물보건사와 수의사가 체크한다.

③ 입원기록지 기록 및 체크 사항

구 분	세부 내용
수술부 체크	출혈, 배액관 사용 시 배액관의 상태, 술부의 벌어짐, 염증, 붓기 등 모든 이상 소견
활력 징후	• 호흡, 심박, 체온 등 바이탈 • 반응 · 활력 · 의욕 등
음식공급과 배변	• 식욕(자발의욕 여부) · 음수량 • 배변 및 배뇨 여부와 그 양
주사 및 투여	• 수액 종류와 속도 • 수술 후에는 항생제 · 진통제 등을 필수적으로 주사 · 복용하므로 약물 종류 · 농도 · 투여 경로 · 약물 간격 등을 기록
검사 내역	수술 후에도 정기적 검사가 필요한 경우
수술 후 상태	구토, 설사 등 증상 및 통증 여부
수술 후 처치	• 소변 카테터, 술부 마사지, 산책 여부와 간격 • 그 밖에 수의사가 정기적인 간격으로 관찰을 지시한 사항

더 알아보기

약물 간격

- Sem.i.d : 하루에 한 번 복용
- b.i.d : 하루에 두 번 복용
- CRI(Continuous Rate Infusion) : 낮은 용량으로 지속적으로 주사

(2) 수술 후 동물 관리 방법

① 마취 회복 동물 관리

구 분	세부 내용
기관내관 제거	• 수술이 끝나면 마취기의 기화기 다이얼을 0에 놓고 산소만 공급한다. • 호흡회로 내 마취 가스가 빨리 제거되도록 산소 플러시 밸브를 사용하여 호흡회로 내 산소를 공급한다. • 기관내관 커프에 빈 주사기를 연결하여 공기를 약간 빼내어 커프 내 압력을 낮춘다. • 기관내관을 위턱에 고정한 끈을 푼다. • 동물의 반사가 돌아오기 시작하면 다리를 묶은 끈을 푼다. • 동물에게 장착된 환자 감시 모니터 센서를 제거한다. • 동물을 기관내관이 회전하지 않도록 조심하면서 흉와위 자세로 눕힌다. 기관내관이 회전하면 기관이 손상될 위험이 있다. 소형 동물일수록 위험성이 더 높다. • 동물이 2~3회의 연하 반사가 시작되면 기관내관을 부드럽게 입 밖으로 뺀다. • 기관내관(ET 튜브)은 반드시 연하 반사가 2~3번 시작되었을 때 제거해야 한다. 연하 반사가 시작되기 전에 제거하면 인두, 식도 내용물이 기도로 흡인될 수 있다. • 기관내관 제거 후에 산소마스크를 이용하여 10분 이상 100% 산소를 공급한다. • 단두종은 최대한 오랫동안 기관내관을 유지하는 것이 좋으며 머리를 스스로 들 수 있을 때 제거하는 것이 좋다.
마취기와 산소통 잠그기	• 마취기의 기화기 다이얼을 OFF에 맞춘다. • 산소유량계 - 감압 밸브 - 산소통 밸브 순으로 잠근다. • 산소 플러시 밸브를 눌러 마취기와 산소통 라인에 있는 공기를 제거하여 압력을 뺀다. • 수술이 끝나면 산소통 밸브 잠금 상태를 반드시 확인한다. 계속 열려 있는 경우에는 다음 수술 때 산소가 없는 경우가 종종 발생한다.
회복실로 옮기고 회복 상태 관찰	• 동물을 회복실로 옮겨 체온이 떨어지지 않도록 보온해 준다. - 일반적으로 동물은 34℃ 이하로 떨어지면 회복에 어려움이 발생할 수 있다. - 소형 동물은 인큐베이터 안에서 회복하고, 대형 동물은 담요, 보온 패드, 공기 순환 보온기를 사용하여 보온한다. • 동물이 마취에서 안전하게 회복될 때까지 5~10분마다 동물 상태를 체크한다. • 동물의 통증에 대한 사항을 관찰한다. • 회복 시 부작용 발생에 대한 사항을 관찰한다.

더 알아보기

수술 후 발생하는 주요 합병증

합병증	증 상	처치 방법
출 혈	수술 부위에서 피가 스며 나옴	약간의 출혈은 5~10분간 압박 지혈, 과도한 내부 출혈은 수의사에게 즉시 보고
섬 망	마취 회복 시 과다 행동(머리를 케이지에 부딪침, 소리 지름, 앞발로 케이지를 긁음)	주의 깊게 관찰, 심한 경우 안아줌, 진정제 투여
쇼 크	잦은 맥박, 창백한 점막, CRT 지연, 사지말단의 냉감	5분마다 생체지표 측정, 수액 관리, 체온 유지
통 증	불안, 움직임을 꺼림, 끙끙거림, 식욕감퇴	진통제 투여
저체온	경련, 마취 회복이 느림	마취 중에 동물의 체온은 급격히 떨어지므로 회복 시 10분마다 체온 체크, 담요, 열선, ICU 등으로 보온
구 토	위 내용물을 토함	위 내용물이 기도로 흡입되지 않도록 입안의 내용물 제거
봉합 부위 열개	봉합사가 풀려 수술 부위가 노출됨	핥음 방지, 국소마취 후 재봉합
욕 창	동물이 한쪽으로 오랜 시간 누워 있어 피부 궤양 발생	동물의 위치를 자주 변경하여 눕힘
기 침	거친 기침(기관내관의 점막 자극으로 인해 발생)	주의 깊은 관찰

② 수술 후 입원실에서의 동물 관리

㉠ 자상에 의하여 수술 부위가 손상되지 않도록 간호한다.

- 목 부위에 넥칼라를 씌운다.
- 바이트낫 칼라(BiteNot Collar)를 씌운다.
- 수술 부위를 붕대로 두툼하게 둘러싼다.

㉡ 수술 부위 감염 발생 여부를 체크한다.

- 수술 부위에 통증과 발열이 있는지 확인한다.
- 수술 부위에서 종창, 발적, 삼출물 발생 여부를 확인한다.

㉢ 상처 부위를 관리한다.

상처 부위 관리	세부 내용
봉합한 수술 부위	소독 및 드레싱 처치를 하고 2일 간격으로 반복 시행한다.
개방 상처	• 하루에 2~3회 소독과 드레싱 처치를 시행한다. • 0.05% 클로르헥시딘 또는 0.1% 포비돈을 20cc 주사기에 채운 후에 상처 부위에 뿌리면서 세척한다. • 괴사조직은 긁거나 잘라 제거하고, 상처 부위에 포비돈 소독 시행 후 건조한다. • 상처 부위에 드레싱 처치 후, 붕대 처치를 한다.
상처 부위 드레싱	봉합한 상처는 Dry-to-dry의 밀폐요법 드레싱을 시행하고 개방 상처는 Wet-to-dry의 반밀폐요법 드레싱을 시행한다.
배액관	배액관이 장착되어 있으면 막히지 않도록 하루에 세 번 이상 세척한다.

㉣ IV카테터를 유지 관리한다.

㉤ 요도카테터를 유지 관리한다.

㉥ 음식을 공급한다.

㉦ 물리 치료를 시행한다.

③ 수술 후 퇴원할 때 가정에서의 간호 방법을 설명한다.

㉠ 일반적인 관리

- 개복 수술, 골절 수술 등은 운동 제한이 필요하며, 케이지 안에서 격리하여 관리할 수 있도록 안내한다.
- 개복 수술은 수술 1~2일까지 음식 섭취를 제한하는 경우가 많으며, 다음날 내원 시까지 음식 공급을 제한할 수 있도록 설명한다.
- 처방된 약 복약을 설명한다.
- 발생할 수 있는 부작용을 설명한다.
- 응급 시 연락 방법을 설명한다.

㉡ 수술 부위 간호

- 수술 부위를 핥거나 물어뜯지 않도록 넥칼라를 착용한다.
- 보호자는 수술 부위를 하루에 2회 이상 관찰한다.
- 수술 부위에 종창, 발적, 염증 산물이 발생하면 동물병원에 연락한다.

㉢ 배액관 관리

- 배액관을 물어뜯지 않도록 넥칼라를 착용한다.
- 배액관이 막히지 않도록 관리하고 흘러나온 삼출물은 깨끗이 닦아내고 소독한다.
- 배액관이 막혀 삼출액이 나오지 않으면 동물병원에 연락한다.

㉣ 붕대・부목・캐스트 관리

- 풀리거나 느슨해지지 않았는지 수시로 확인한다.
- 장착 부위 근처의 피부에 마찰로 인한 염증이 발생하였는지 확인한다.
- 붕대나 캐스트가 젖어 있으면 즉시 교체한다.
- 장착 부위에서 냄새가 나는지 확인하고, 냄새가 난다면 염증이 발생했을 가능성이 크므로 교체한다.
- 동물이 장착 부위를 물어뜯는 것은 장착이 불편하거나 통증이 있을 때 보이는 증상이다.

㉤ 영양 공급관 관리

- 피부와 접촉 부위는 따뜻한 물에 적신 거즈로 오염 물질을 제거한다.
- 음식은 동물의 체중, 질병 상태에 따라 수의사가 지시한 양만 공급한다.
- 음식 공급 후, 따뜻한 물 10~15mL로 공급관 내부를 씻어내고 입구를 마개로 막는다.
- 공급관이 막히면 탄산음료를 밀어 넣어 뚫고, 뚫리지 않으면 동물병원에 연락한다.
- 스스로 음식을 섭취할 수 있다면 2주 후에 영양 공급관을 제거할 수 있으므로 동물병원에 내원하도록 안내한다.

더 알아보기

수술 후 사용되는 약제

약 제	세부 내용
항생제	• 속효성인 주사용 항생제와 지속성인 경구용 항생제가 있으며, 이를 단독으로 사용하기도 하고 혼합해서 사용하기도 한다. • 사용되는 주요 항생제에 대해서 약제 간의 상호작용에 대해서도 숙지하고 있어야 하며, 식용 동물과 관련하여 금지 약물에 대해서도 인지하고 있어야 한다.
진통 소염제	• 수술 후 수술 부위의 염증 및 진통과 관련하여 소염제 또는 진통제를 사용할 수 있다. • 진통이 심한 경우 국소 마취제를 이용하여 진통을 해소시켜 줄 수도 있다.
위장관 운동촉진제, 위장관 보호제	수술 중, 또는 수술 후 구토가 심했던 동물에 대해 위장관 운동촉진 및 위장관 보호제를 투여할 수 있다.

(3) 수술 후 수술실 정리

① 수술 기구는 지정 세척액에 담가 세척, 건조해서 수술 기구를 종류별로 분류하여 보관한다.

② 수술 포와 가운 등은 세탁, 건조 후 접는 방법에 따라 접어 보관한다. 혈액이 묻은 부위는 과산화수소로 제거하고, 30분 정도 세제와 함께 찬물에 담가 놓는다.

③ 수술실에 사용한 물품을 세척, 정리한다. 환자 감시 모니터의 센서를 세척하고 원래 위치에 정리한다. 수술대와 기구대는 소독제를 사용하여 깨끗하게 닦는다.

④ 수술실에서 발생한 쓰레기를 분리하여 버린다.

구 분	세부 내용
피 묻은 거즈, 신체 조직물	의료폐기물 전용 용기에 버린다.
사용한 주사기	바늘은 분리하여 손상성 폐기물통에 버리고, 나머지 주사기 부위는 의료폐기물 전용 용기에 버린다.
수술칼	칼날 분리 방법에 따라 분리한 후, 칼날은 손상성 폐기물통에 버리고 수술칼 손잡이는 수술 기기와 함께 수술 준비실로 보낸다.
일회용 봉합사	바늘은 손상성 폐기물통에 버린다.
일반 쓰레기	쓰레기통에 버린다.

⑤ 수술실 바닥을 청소하고, 다음 수술을 위해 수술 기구, 수술 포, 수술 가운을 포장하고 멸균을 준비한다.

9 지혈법 및 배액관 장치의 이해

(1) 지혈법

지혈법 종류	세부 내용
멸균거즈 압박	• 멸균거즈로 상처 부위, 출혈 부위를 압박하는 지혈법으로, 수술 전후와 수술 도중에 사용가능하다. • 수술 전, 봉합 직전에 거즈 카운팅(Gauze Counting)을 확실히 하여 출혈량을 가늠할 수 있다.
전기 소작법	• 전기로 혈관을 지지는(소작) 지혈법으로 주로 직경 1.5~2mm 이하 작은 혈관에 사용한다. • 단극성 장치 또는 양극성 장치로 이용하며 양극성이 안전하고 합병증이 적다. • 일반적으로 EO 가스 멸균 등으로 사용하며, 과하게 사용할 시 괴사가 생긴다.
본왁스(Bone Wax)	• 반합성 밀랍과 연화제 혼합물을 손으로 가공하여 뼈의 내강에 눌러 바르거나 뼈 표면에 적용한다. • 흡수 불량으로 지혈이 안 될 시 감염을 일으키므로 소량 사용한다.
써지셀(Surgicel)	• 지혈 보조제로 다양한 형태가 있으며 국소 출혈 방지용으로 많이 사용된다. • 적당한 크기로 잘라 출혈 부위에 붙여두면 녹아 들어가서 피를 응고시킨다. • 사용이 용이하며 지혈 효과가 좋고 상처에 바로 적용할 수 있다. • 경우에 따라 감염을 촉진시킬 수 있다.
젤폼(Gelfoam)	• 흡수성 젤라틴 스폰지 형태로 출혈 부위에 적용 시 젤폼이 부풀어서 상처 부위를 압박한다. • 흡수에 4~6주 정도 소요되며, 육아종이 형성되기도 하므로 감염 위험이 높은 부위에는 남겨두지 않는다.

(2) 배액관 장치

① 배액관 장치는 상처 및 수술 봉합 부위에서 염증 삼출물을 배출하는 데 사용되며, 수술 후 분비물의 배액과 출혈을 관찰하고 내부의 체액이 상처치유를 지연하는 것을 예방한다.

② 배액관 장치 관리

㉠ 배액관이 피부에 단단히 봉합되었는지 확인하고 배액관의 출구와 입구를 멸균 관리한다.

㉡ 감염 억제를 위해 배액 부위를 클로르헥시딘으로 소독하고, 상처 부위는 항상 건조하게 유지한다.

㉢ 1일 2회 관찰하며 능동배액 시 수시로 비워 준다.

㉣ 수술 후 배액량을 관찰하여 감소하면 제거한다.

㉤ 배액 부분이 붓는 등의 합병증이 있는지 관찰, 확인한다.

㉥ 동물이 배액 부분을 건드리지 못하도록 넥칼라 등을 착용시킨다.

더 알아보기

수동배액과 능동배액

배액법	세부 내용
수동배액	• 석션이 없는 배액법으로, 중력과 체강의 압력 차이로 상처의 삼출물을 제거한다. • 펜로즈(Penrose) 드레인이 대표적이다.
능동배액	• 석션을 사용하는 배액법으로, 음압을 이용한 (개방성 또는 폐쇄성) 석션을 사용한다. • 잭슨프렛(Jackson–Pratt)이 대표적이다.

10 창상의 관리 및 붕대법

(1) 창상의 관리

① 창상은 외부의 자극이나 수술 등에 의해 신체 피부조직의 통합성이 파괴된 상태이다.

② 창상의 종류는 매우 다양하며, 전신적으로 발생이 가능하다. 피부부터 근육 및 내부장기에도 창상은 생길 수 있다.

㉠ 피부 창상은 대개 외상성으로 나타나는 창상으로 주변의 환경, 또는 개체 간 다툼에서 발생되는 경우가 많다.

㉡ 근육 창상은 피부 창상의 심화 상태로 평가할 수 있으며, 이외에도 외부 충격에 의한 근육의 파열, 또는 골절로 인한 찢김들이 나타날 수 있다.

㉢ 내부 장기 창상은 피부 또는 근육 손상 시에는 외형적으로 판단이 가능하나 내부 파열과 같은 창상인 경우에는 확인이 어렵다.

③ 창상의 관리

㉠ 간단한 외상의 경우 국소적 소독(포비돈 등)을 하루 1~2회 실시한다.

㉡ 외상 소독에 앞서 환부를 깨끗하게 알코올로 소독하는 방법을 실시한다.

㉢ 이차적인 세균감염으로 인한 창상 부위에 염증이 나타나는 경우 초기에 국소 소독과 항생제 요법을 실시한다.

㉣ 염증이 심화되는 경우 전신 항생제 사용을 고려한다(초기에 소독과 동시에 수행하는 것이 가장 바람직하다).

㉤ 창상 초기에 속효성 주사제를 사용하고, 지속적으로 창상이 회복되지 않는 경우 경구용 항생제 투여를 실시한다.

㉥ 내부 장기에 대한 외과적 처치가 진행된 후에는 반드시 전신 항생제를 주사와 경구제를 모두 사용하도록 한다.

㉦ 출혈의 과다 여부에 따라 수액 요법을 실시한다.

㉧ 증상이 호전이 없는 경우 항생제의 변경을 실시한다.

㉨ 반응이 없는 경우 항생제 감수성 검사를 실시하여 맞는 항생제를 선택한다.

④ 창상의 처치

창상의 처치	세부 내용
소 독	• 소독은 가장 우선시되어야 하며, 2차적인 외부의 감염 억제와 창상 부위의 감염 물질을 세척하기 위해 실시한다. • 소독약은 사용 용도에 따라 생리식염수, 소독용 에탄올, 과산화수소, 0.1%의 포비돈(1000ml 생리식염수에 10% 원액 10cc 첨가), 클로르헥시딘을 주로 사용한다.
연고 도포	• 창상 처치에 있어 연고 도포는 습식 치료의 일환으로 사용된다. • 연고는 창상 종류에 따라 세균감염 치료용, 곰팡이 치료용, 상처 소독용, 화상용이 있다.
포 대	• 창상 발생 시 포대를 적절하게 사용하는 경우 염증을 제한하고 이물 제거 작용을 상승시키며, 건조를 막고 약한 저산소 상태 및 산성 환경을 유지함에 따라 국소의 온도를 높이고 오염을 예방하게 된다. • 창상 부위 움직임의 전반적 또는 부분적으로 제한이 가능하여 창상 확대를 저하한다. • 포대의 종류는 접착성 포대, 반밀봉·비접착성 포대, 밀봉 포대가 있다.
이물 및 괴사조직의 제거	• 창상의 치유 과정에 있어 이물이 창상 부위에 점착되어 있는 경우도 있으며, 치유 기간이 경과하거나 제대로 소독 및 시술이 이루어지지 않는 경우 괴사조직이 생길 수도 있다. • 이물의 제거와 세척으로 창상 치유에 필요한 단계가 시작된다. 조직에 강하게 점착된 물질은 나이프와 같은 기구를 통해 제거한다. • 괴사조직 제거 과정은 괴사조직이 남아 있는 경우 다른 생체조직에도 영향을 미칠 수 있으므로 완전히 제거해야만 창상 조직의 치유에 도움이 된다.

(2) 붕대법

① 붕대법의 개요

㉠ 붕대는 상처 부위를 드레싱하여 고정시킴으로써 상처 보호와 지혈, 보온하는 역할을 한다.

㉡ 개방형 창상, 골절, 정형외과 수술 후 보호 및 고정 등에 사용되며 1차층, 2차층, 3차층으로 구성된다.

더 알아보기

부위별 붕대법

붕대법 구분	세부 내용
앞다리 및 뒷다리 붕대	• 뒷다리는 로버트 존슨법, 에머슬링법, 앞다리는 벨푸슬링법이 주로 사용된다. • 원위에서 근위 방향으로 붕대하며, layer를 반 정도 겹쳐서 근위 쪽으로 올라간다. • 긴 발톱은 자르고, 발가락과 패드 사이에 솜을 넣기도 한다. • 관절을 자연스러운 각도로 두고 부목을 사용할 수도 있다.
흉부 및 복부 붕대	• 드레싱으로 상처 부위와 절개 부위를 덮는다. • 패딩을 최소화하도록 하며, 붕대를 너무 두텁게 하면 쉽게 미끄러진다. • 점착성 붕대로 고정한다. • 앞다리나 뒷다리를 활용해서 붕대를 고정한다.

② 붕대법 수행 시 유의점

㉠ 동물이 적절하게 보정되어야 하며, 압력을 골고루 주어야 한다.

㉡ 부어 있는 곳이 후에 가라앉을 수 있다는 사실을 감안한다.

㉢ 골절 부위는 근위 및 원위관절을 적절하게 포함해서 고정한다.

㉣ 동물과 붕대 사이에 두 손가락 정도 들어가도록 여유를 주어 붕대를 감는다.
㉤ 동물이 붕대를 풀지 않도록 넥칼라, 진정제 등을 이용한다.

더 알아보기

수의사에게 알려야 하는 경우

- 붕대에서 냄새가 난다.
- 붕대가 원래 위치에서 미끄러진다.
- 붕대 주위에 통증이 있다.
- 붕대를 통해 분비물이 스며든다.
- 환자가 붕대를 제거한다.
- 붕대가 깨끗하고 건조하게 유지되지 못했다.

11 동물 재활 치료

(1) 재활 치료의 개요

① 재활 치료는 사람의 물리치료에서 수의학적으로 파생된 분야로 신체적, 정신적 기능이 약화・상실된 동물의 기능 회복을 목적으로 제공하는 특수 간호의 영역이다.

② 재활 치료의 목적은 통증 감소, 염증 완화, 근육 위축 방지, 심폐계 증진 등에 있으며, 재활 치료는 수술 후 회복, 근골격계 손상, 디스크, 통증 완화, 마비, 보행 장애, 순환 장애 등에 활용된다.

③ 재활 치료의 방법은 온열요법, 물, 전기, 마사지, 운동 같은 물리적 또는 기계적 방법들을 포함하여 여러 방법을 조합하여, 개별 환자에게 맞는 최적의 재활 치료 서비스를 제공한다.

④ **치료 및 적용법** : 침술, 온・냉요법, 초음파 치료, 스트레칭・재활 마사지, 수중 운동・수영, 전기치료, 운동 치료

⑤ **신체적 재활과 심리적 재활**

구 분	세부 내용
신체적 재활	침 치료, 운동 치료, 초음파 치료, 전기 치료, 수중 치료 등
심리적 재활	놀이치료, 심리치료, 행동 교정 등

(2) 재활 치료의 유형

① **운동 치료** : 지속적으로 관절의 운동범위를 증가시켜, 연조직의 구축 또는 관절연골의 손상을 예방한다.

② **초음파 치료** : 치료용 초음파 기기가 조직으로 음파를 방출하여 국소적인 심부 조직을 가열하는 온열 효과를 제공하여 근건염, 조직수축, 근경련의 치료를 돕고 급성・만성 상처 회복을 촉진한다.

③ **전기 치료** : 신경근육 전기 자극이 전류를 조직에 적용하여 회복을 촉진하며, 정형외과・신경성 질환을 가진 환축의 재활에 일반적으로 이용한다. 전기 자극 치료는 운동범위 증가, 근력, 근육 긴장 증가로 부종을 감소시킨다.

④ **수중 치료** : 물속에서 운동하는 요법으로, 수술 후 빠른 치료를 위해 안전하고 충격이 적은 운동 환경을 제공하여, 근육의 힘과 지구력, 운동범위, 민첩성을 향상시킨다. 일반적으로 뼈관절염 환축의 재활, 수술 후 정형외과 환축, 신경 질환을 가진 동물에게 적절하다.

(3) 재활 기구

① 운동 재활 기구

㉠ 치료용 공 : 근육의 유연성, 근력 유지를 위해 사용되며, 모양에 따라 땅콩형・도넛형・원형이 있다.

㉡ 원뿔과 막대 : 유연성 훈련과 방향 전환 훈련, 균형 훈련에 사용된다.

㉢ 테라밴드 : 탄력밴드의 일종으로 색깔에 따라 강도가 다르다.

㉣ 흔들림 판 : 균형과 평형반응 촉진에 사용된다.

㉤ 수중 운동에는 수중 트레드밀, 수중풀이 사용된다.

② 전기・광선 재활 기구

㉠ 경피신경 전기 자극기 : 피부 표면 감각신경을 자극하여 통증을 관리한다.

㉡ 저주파 전기 치료기 : 전기 자극을 통한 근력유지・강화를 위해 사용한다.

㉢ 자기장 치료기 : 조직 치유, 순환자극을 위해 사용한다.

㉣ 초음파 치료기 : 통증 감소와 마사지 등을 위해 사용한다.

㉤ 칼라치료 : 가시광선 영역의 빛을 이용한 치료에 사용한다.

㉥ 그밖에 적외선 치료, 체외충격파 치료, 레이저 치료를 위한 도구 등이 있다.

CHAPTER 02 실전예상문제

01 수술실 관리에 대한 설명으로 옳은 것은?

① 수술방은 수술 시 오염되므로 오염 지역으로 구분한다.
② 수술방을 청소할 때는 수술 시 착용했던 수술실 전용 가운, 모자, 마스크를 탈의하고 청소한다.
③ 수술방 청소 시 수술기기 및 기구 등을 수술방 밖으로 내보내면 안 된다.
④ 바닥 물청소 시에는 걸레에 소독제를 적셔서 가장 안쪽부터 문 쪽으로 걸레질한다.
⑤ 수술실에서 발생하는 폐기물은 즉시 폐기하기 위해 일반폐기물과 함께 처리한다.

해설

① 수술방은 수술을 위한 멸균 지역이며 위생 관리를 가장 철저하게 하여야 한다.
② 수술방을 청소할 때에는 수술실 전용 가운, 모자, 마스크 등을 착용한다.
③ 일주일 단위의 청소 시에는 이동이 가능한 수술기기를 수술방 밖으로 내보내고 매일 청소하지 못했던 구석진 공간까지 청소한다.
⑤ 수술실에서 발생하는 폐기물은 내용물에 따라 의료폐기물 등으로 구분하여 폐기한다.

02 EO 가스 멸균법에 대한 설명으로 옳지 않은 것은?

① 에틸렌옥사이드 가스로 멸균하는 방식이다.
② 안전하고 사용하기 쉬워 동물병원에서 가장 많이 사용하는 멸균법이다.
③ 열, 습기에 민감한 물품의 멸균에 사용한다.
④ EO 가스는 독성과 폭발의 위험이 있으므로 취급에 주의하여야 한다.
⑤ 고압증기 멸균법보다 멸균 시간이 길고 가격이 비싸다.

해설

고압증기 멸균법은 가열된 포화수증기로 미생물을 사멸시키는 방식으로, 안전하고 사용이 용이하여 동물병원에서 가장 많이 사용하는 방식이다.

정답 01 ④ 02 ②

03 다음 봉합재료의 종류 및 용도에 대한 설명 중 옳지 않은 것은?

① 바늘 끝의 모양이 둥근 형태인 환침은 장, 혈관, 피하 지방과 같은 부드러운 조직 봉합에 사용한다.
② 바늘 끝의 모양이 삼각형 모양으로 각이 진 각침은 피부를 봉합할 때 사용한다.
③ 봉합사는 흡수성 봉합사와 비흡수성 봉합사로 구분하며, 재료에 따라 자연사와 인공합성사로 구분한다.
④ 흡수성 봉합사에는 Silk, Cotton, Linen 등이 있다.
⑤ 비흡수성 봉합사에는 Stainless Steel, Nylon(Dafilon, Ethilon) 등이 있다.

해설

Silk, Cotton, Linen 봉합사는 비흡수성 봉합사이다. 흡수성 봉합사에는 자연사인 Surgical Gut(Catcut), Collagen과 인공합성사인 Polydioxanone(PDS Suture), Polyglactin 910(Vicryl), Polyglycolic Acid(Dexon) 등이 있다.

04 다음에서 설명하는 수술 기구의 명칭은?

- 붙잡는 기구이다.
- 혈관, 조직을 잡아 지혈할 때 사용한다.
- Mosquito, Kelly, Crile, Rochester – Carmalt 등이 있다.

① Tissue Forceps
② Hemostat Forceps
③ Scissors
④ Retractors
⑤ Needle Holder

해설

제시된 지문은 지혈 포셉(Hemostat Forceps)에 대한 설명이다.

붙잡는 기구의 종류

조직 포셉	Adson, Brown – Adson, Bishop – Harmon, DeBakey 등이 있다.
지혈 포셉	Mosquito, Kelly, Crile, Rochester – Carmalt 등이 있다.
움켜잡기 포셉	Alis Tissue Forceps, Babcock Forceps, Towel Clamp 등이 있다.
바늘 잡개	Mayo–Hegar, Olsen–Hegar, Castroviejo 등이 있다.

05 다음 중 소형 동물에게 일반적으로 사용되는 수술 칼날은?

① 10번 날
② 11번 날
③ 12번 날
④ 15번 날
⑤ 20번 날

해설

소형 동물의 경우, 수술칼 손잡이와 수술 칼날은 3번 손잡이와 10번 날이 사용된다.

03 ④ 04 ② 05 ① **정답**

06 다음 중 순환간호사의 수행업무로 짝지어진 것은?

ㄱ. 수술 팩을 열고 수술 기구를 기구대 위에 배치한다.
ㄴ. 수술대에 동물을 보정하고 수술 부위를 준비한다.
ㄷ. 기구대 위에 있는 수술칼 손잡이에 날을 장착한다.
ㄹ. 수술 중에 마취를 감시하고 기록지를 작성한다.
ㅁ. 수술이 끝난 후 수술 부위를 봉합하기 전에 수술 기구와 거즈의 수량을 확인한다.

① ㄱ, ㄴ
② ㄴ, ㄷ
③ ㄷ, ㅁ
④ ㄴ, ㄹ
⑤ ㄴ, ㅁ

해설

순환간호사의 수행업무에 해당하는 것은 ㄴ, ㄹ이다.

순환간호사	• 수술 장갑을 착용하지 않은 간호사 • 수술 시작부터 종료까지 수술이 원활히 진행되도록 함 • 동물 감시, 물품 지원, 수술실 준비, 수술대에 동물 보정, 수술 부위 준비, 수술자와 소독간호사의 가운 착용 돕기, 수술 중에 필요한 물품 지원, 마취 감시 및 기록지 작성 등
소독간호사	• 스크러브(외과적 손세정)를 하고 멸균 가운, 모자, 마스크, 수술 장갑을 착용한 간호사 • 멸균 영역에서 수술자의 수술을 직접 보조 • 수술 포 덮기, 수술 기구대에 기구배치, 수술자에게 직접 기구 전달, 조직 견인 및 보정, 수술 전후 거즈 및 봉합바늘 수량체크 등

07 다음 중 동물을 앙와위 자세로 눕혀야 하는 수술은?

① 개복 수술
② 치과 수술
③ 귀 수술
④ 척추 수술
⑤ 다리 수술

해설

수술대에 동물을 눕힐 시에는 척추, 꼬리, 회음부 수술의 경우에는 흉와위 자세, 개복 수술의 경우에는 앙와위 자세, 다리, 치과 및 귀 수술의 경우에는 횡와위 자세로 한다.

정답 06 ④ 07 ①

08 주사마취와 흡입마취의 특징을 비교 · 설명한 것으로 옳지 않은 것은?

① 주사마취는 마취제를 주사기로 투입하고, 흡입마취는 마취기를 이용하여 휘발성 마취제를 주입한다.

② 주사마취는 마취 방법이 간편하고 신속하다.

③ 흡입마취는 마취 과정이 복잡하여 훈련된 의료인력이 필요하다.

④ 주사마취는 정해진 주사 용량을 한 번에 주사해야 하고 반드시 한 종류의 약물을 사용해야 한다.

⑤ 흡입마취는 휘발성 마취제를 호흡하면서 마취를 유지하기 때문에 마취의 깊이를 조절할 수 있다.

해설

흡입마취와 주사마취를 통한 전신마취의 경우에는 각 약물의 장점을 높이고 단점을 낮추기 위해 여러 약물을 사용하는 균형마취를 한다.

09 마취 단계 중 상처 봉합, 스케일링 등의 작은 수술이 진행되는 단계는?

① 1단계
② 2단계
③ 3단계 1기
④ 3단계 2기
⑤ 4단계

해설

상처 봉합, 스케일링 등의 작은 수술은 3단계 1기에서 진행되며, 정형외과 및 흉부 수술 등의 큰 수술은 3단계 2기에서 진행된다.

10 마취 모니터링에 대한 설명 중 옳은 것은?

① 호흡수는 안정적인 마취 동안에는 8~20회/분이며, 만약 10회/분 미만이면 깊은 마취상태이고 즉시 수술자에게 보고한다.

② 심박수가 대형견 50회/분, 소형견 70회/분, 고양이 100회/분 이상의 잦은 맥박일 때는 즉시 수술자에게 보고한다.

③ 심박수가 대형견 180회/분, 소형견 200회/분, 고양이 220회/분 이하인 느린 맥박일 때는 즉시 수술자에게 보고한다.

④ 모세혈관 재충만 시간(CRT)은 2초 이하이면 정상이고, 2초 이상이면 저혈량 쇼크 발생 가능성을 의미하므로 즉시 보고한다.

⑤ 체온은 5분마다 직장에서 측정하며, 32℃ 이하이면 즉시 보고한다.

해설

① 호흡수는 안정적인 마취 동안에는 8~20회/분이며, 만약 8회/분 미만이면 깊은 마취상태이고 즉시 수술자에게 보고한다.
② 심박수가 대형견 50회/분, 소형견 70회/분, 고양이 100회/분 이하의 느린 맥박일 때는 즉시 수술자에게 보고한다.
③ 심박수가 대형견 180회/분, 소형견 200회/분, 고양이 220회/분 이상인 잦은 맥박일 때는 즉시 수술자에게 보고한다.
⑤ 체온은 15분마다 직장에서 측정하며, 35℃ 이하이면 즉시 보고한다. 수술 중에 체온은 빠르게 떨어지므로 저체온에 주의하여야 한다.

08 ④ 09 ③ 10 ④ 정답

11 수술 후 마취 회복 환자 간호에 대한 설명으로 옳은 것은?

① 수술 후 기관내관 제거 시 연하 반사가 시작되기 전에 제거한다.
② 개복 수술 후에는 24시간 동안 금식한다.
③ 수술 후 소형 동물은 담요, 보온패드를 사용하여 보온하고, 대형 동물은 공기 순환 보온기를 사용하여 보온한다.
④ 단두종은 오랫동안 기관내관을 유지하지 않는 것이 좋다.
⑤ 봉합한 수술 부위는 소독 및 드레싱 처치를 하고 3~4일 간격으로 반복 시행한다.

해설

① 수술 후 기관내관 제거 시 연하 반사가 2~3번 시작되었을 때 제거해야 한다. 연하 반사가 시작되기 전에 제거하면 인두, 식도 내용물이 기도로 흡인될 수 있다.
③ 소형 동물은 인큐베이터 안에서 회복하고, 대형 동물은 담요, 보온 패드, 공기 순환 보온기를 사용하여 보온한다.
④ 단두종은 최대한 오랫동안 기관내관을 유지하는 것이 좋으며 머리를 스스로 들 수 있을 때 제거하는 것이 좋다.
⑤ 봉합한 수술 부위는 소독 및 드레싱 처치를 하고 2일 간격으로 반복 시행한다.

12 수술 후 발생하는 주요 합병증에 대한 처치 방법으로 옳지 않은 것은?

① 출혈 – 약간의 출혈은 5~10분간 압박 지혈하고, 과도한 내부 출혈은 수의사에게 즉시 보고
② 섬망 – 진통제 투여
③ 봉합 부위 열개 – 핥음 방지, 국소마취 후 재봉합
④ 저체온 – 체온 체크, 담요, 열선, ICU 등으로 보온
⑤ 구토 – 위 내용물이 기도로 흡입되지 않도록 입안의 내용물 제거

해설

섬망과 통증의 증상 및 처치 방법

합병증	증 상	처치 방법
섬 망	마취 회복 시 과다 행동(머리를 케이지에 부딪침, 소리를 지름, 앞발로 케이지를 긁음)	주의 깊게 관찰, 심한 경우 안아줌, 진정제 투여
통 증	불안, 움직임을 꺼림, 끙끙거림, 식욕감퇴	진통제 투여

13 능동배액과 수동배액을 구분하는 요인은?

① 상 처
② 석 션
③ 염 증
④ 출 혈
⑤ 배액량

해설

배액법은 석션의 유무에 따라 석션이 있으면 능동배액법(Active Drainage), 석션이 없으면 수동배액법(Passive Drainage)으로 구분된다.

정답 11 ② 12 ② 13 ②

14 붕대법에 대한 설명으로 옳지 않은 것은?

① 붕대법 수행 시 부어 있는 곳이 후에 가라앉을 수 있다는 사실을 감안한다.
② 붕대는 상처 부위를 드레싱하여 고정시킴으로써 상처 보호와 지혈, 보온의 역할을 한다.
③ 앞다리는 로버트 존슨법, 에머슬링법, 뒷다리는 벨푸슬링법이 주로 사용된다.
④ 동물과 붕대 사이에 두 손가락 정도 들어가도록 여유를 주어 붕대를 감는다.
⑤ 골절, 정형외과 수술 후 보호 및 고정 등에 사용되며 1차층, 2차층, 3차층으로 구성된다.

해설

뒷다리는 로버트 존슨법, 에머슬링법, 앞다리는 벨푸슬링법이 주로 사용된다.

15 재활 치료 및 기구에 관한 설명이 옳지 않은 것은?

① 재활 치료는 주로 신체적 기능의 강화를 위해 실시하는 특수 간호이다.
② 재활 치료는 염증 완화, 근육 위축 방지를 위해서 실시한다.
③ 경피신경 전기 자극기는 피부 표면을 자극하므로 통증 관리를 위해 사용한다.
④ 흔들림 판은 균형 교정과 평형반응을 촉진하기 위해 사용한다.
⑤ 초음파 치료기는 통증 감소와 마사지 등에 사용한다.

해설

재활 치료는 신체적·정신적 기능 회복과 강화를 위해 실시하는 특수 간호의 영역이다.

14 ③ 15 ① **정답**

CHAPTER 03 동물보건임상병리학

1 동물병원 실험실 안전과 장비

(1) 실험실 안전 관리

① 실험실 안전 관리의 목적

㉠ 안전과 사고 : 안전은 사고라는 용어와 직접적인 인과관계가 있다. 사고는 크게 상해(傷害) 사고와 무상해(無傷害) 사고로 분류할 수 있다.

- 상해 사고는 문자 그대로 실험을 수행하는 인원이 직접적인 신체적 상해를 입는 사고를 뜻한다. 모든 상해의 최악의 경우는 사망 사고로 연결된다는 것은 아무리 강조해도 지나치지 않다.
- 무상해 사고는 상해로는 연결되지 않았지만, 재산상의 피해를 보는 사고를 뜻한다.
- 두 가지 사고는 대부분 동시에 일어나는 것이 일반적이며 실험실 모든 구성원뿐만 아니라 구성원과 관련된 모든 인원에게 끼치는 영향은 크다.

㉡ 안전 관리의 목적 : 수의연구를 보조하는 학습자가 연구 보조 직무뿐만 아니라, 실험실 환경 등에서 진행되는 모든 직무를 수행할 때 본인과 타인의 건강과 안전을 지킬 수 있도록 학습하여 사고가 발생하더라도 그 피해를 최소화하고 나아가 사고를 방지할 수 있도록 함에 있다.

② 안전 환경 조성에 관한 법률

㉠ 실험실에서 연구 관련 직무를 수행 보조할 때 수행자의 안전을 확보하여 피해를 예방하고 최소화하기 위하여 「연구실 안전 환경 조성에 관한 법률」(이하 「연구실안전법」)을 2005년 공포하여 2006년부터 법률로 시행되고 있다.

㉡ 또한, 법률과 관련된 시행령과 시행규칙 등도 제정되어 해당 법률 시행에 관하여 필요한 사항을 규정하고 있다.

㉢ 「연구실안전법」에 따라 미래창조과학부 산하에 '국가연구안전관리본부'(www.labs.go.kr)가 조직되어 연구시설 현장 지도 점검을 통해 안전한 환경 유지와 관련된 활동을 하고 있다.

③ 위험의 종류에 따른 예방 및 대처

㉠ 연구보조자가 직접 수행할 연구에서 오는 위험

- 연구보조자, 특히 수의 연구보조자는 연구의 방법과 내용을 충분히 숙지해야 그 안에 있는 위험 요소를 파악할 수 있다.
- 직무 수행 전에 연구자는 반드시 해당 연구 수행 과정에서 발생할 수 있는 위험 요소를 연구보조자에게 알려야 한다.
- 연구자가 연구보조자에게 해당 내용을 알리지 않으면, 연구보조자는 반드시 위험 요소 유무 및 내용을 문의하고 파악하여 사고를 예방해야 한다.

㉡ 일반 실험실 환경에서 오는 위험

• 전기적 위험

구 분	의미 및 특징	종 류	예 방
감전 사고	• 전기가 우리 몸을 타고 흘러 발생하는 사고 • 감전의 위험은 전류의 세기나 전류가 통과한 시간과 관계	• 피복 불량인 전선 사용 시 누전으로 인한 감전 • 접지하지 않아 발생하는 감전 • 물에 젖은 손으로 전기 기기를 만지거나 접지가 안 된 전기 기기를 만졌을 때 일어나는 감전	• 기본적으로 전기 기기는 접지하여 위험을 최소화한다. • 작동할 때는 손의 물기를 반드시 닦은 후 다루는 것이 바람직하다. • 최근에는 모두 접지 코드를 사용하는 것을 권장한다. • 매번 전기안전 점검 때 지적받는 사항 중 하나인 분전반 부위 적치 금지를 준수한다.
전기화재사고	전기 에너지가 열에너지로 바뀌면서 일어나는 현상	• 과부하에 의한 화재 • 접속 불량 또는 불량 피복에서 발생하는 스파크가 인화물질에 불을 붙여 화재가 발생하는 경우	• 전기를 많이 소모하는 전기 기기를 일반 콘센트에 연결하거나 익스텐션 코드를 이용하여 다른 전기 기기와 동시에 사용하지 않도록 주의한다. • 항상 완전한 피복 상태를 유지해야 한다. • 규격에 맞는 전선을 이용하여 과부하가 발생하는 것을 방지해야 한다. • 전기 콘센트 주변, 특히 벽에 붙어 보이지 않는 부분은 주기적으로 먼지를 제거하여 인화물질을 제거하는 것이 가장 중요하다.

• 화학적 위험

특 징	수의 연구를 하는 실험실에서 가장 위험한 것이다. 화학적 위험은 우리가 사용하는 화학물질에 대한 정확한 정보가 없다면 대비하기 어렵고, 각각의 화학물질은 위험성이 없더라도 2개 이상의 화학물질이 반응을 일으키면 위험으로 연결될 수 있다.
예 방	• 화학물질의 라벨에 부착된 안전주의 사항에 따라 분류 관리한다. • 특히 시약 등은 별도의 환기장치가 있는 밀폐가 가능한 시약장에 넣어 보관한다. • 에테르, 알코올류, 산류 등과 같은 인화성 물질 등은 별도의 위험물 저장소로 옮겨 관리한다. • 함께 두었을 때 누출되어 반응을 일으킬 수 있는 물질(질산과 벤젠, 톨루엔, 알코올 등 유기용제 등)은 분리 보관해야 한다. • 반드시 실험실에서 사용하는 화학물질의 물질안전보건자료(MSDS ; Material Safety Data Sheet)를 비치해야 하며 화학물질 사용 전에 반드시 MSDS를 참고한다.

더 알아보기

혼합할 때 주의해야 할 화학약품

약품 A	약품 B	반 응
칼륨/나트륨	물, 이산화탄소	격렬한 반응
과망가니즈산 칼륨	에탄올, 메탄올	급격한 산화 반응
염 소	암모니아, 아세틸렌, 부탄, 프로판, 수소, 나트륨	격렬한 발열 반응
과산화수소	동철, 아세톤	급격한 분해 반응
질 산	크로뮴산, 인화성 액체	발열
아세틸렌	염소, 불소, 동, 은	격렬한 발열 반응
동	아세틸렌, 과산화수소	분해 반응
인화성 액체	질산암모늄, 크롬 산화물, 과산화수소, 과산화나트륨	급격한 반응

• 생물학적 위험

특 징	기본적으로 발생할 수 있는 위험이기 때문에 대비를 하는 경우가 많다.
종 류	병원성 미생물에 의한 오염, 병원성 미생물의 의도하지 않은 노출 등이 있다.
예 방	• 개인안전장비를 착용하고 작업 수행 전후 개인 위생을 철저히 하는 것이 가장 중요하다. • 생물학적 안전을 보장하기 위한 제도 및 시설이 운영되고 있다. 다음과 같은 생물학적 안전등급(BL ; Biosafety Level)을 통하여 작업자를 보호한다.

등 급	당 병원체	실험실 수준 및 안전장비
BL1	건강한 성인에게서는 병을 일으키지 않는 병원체(대장균 등)	일반 실험실 생물 안전수칙 준수
BL2	병을 일으키지만, 증세가 심각하지 않고 치료가 쉬운 병원체(Vibrio Cholerae, 병원성 대장균, 홍역 바이러스 등)	BL1에 해당하는 시설, 에어로졸 발생을 최소화, BSC(Biosafety Cabinet)를 구비, 적절한 보호장구 착용, 생물재해표지
BL3	증세가 심각하거나 사망에 이를 수 있지만, 예방할 수 있거나 치료할 수 있는 병원체(Bacillus Anthracis, Brucella Abortus, Yersinia Pestis, SARS virus, 황열병 바이러스 등)	BL2에 해당하는 시설, 특수 (전용) 보호복, 음압 장치 등 공기 제어 시설, 감염성 물질은 반드시 BSC에서 개봉
BL4	감염되면 증세가 심각하거나 치명적이고, 예방 및 치료가 어려운 병원체(Ebola Virus, Marburg Virus, Lassa virus 등)	BL3에 해당하는 시설, Air Lock, 퇴실 시 오염된 의복 폐기, 폐기물 특별 관리, 양압복, 고압 멸균기, 여과 공기, 별도의 공조시설

④ 폐기물의 종류 및 처리 방법

㉠ 화학폐기물

일반 실험실을 비롯한 대부분 실험실에서 발생하는 폐기물이다. 다 쓴 시약, 실험 후 발생하는 폐수 등이 포함된다. 특히 시약을 용해하여 많이 사용하기 때문에 폐기물 대부분은 폐액의 형태로 발생한다. 폐액의 종류는 다음과 같이 구분한다.

구 분	내용물	세분류 필요성	표시 방법
산성 폐액	염산, 황산, 질산 등 무기산	유기산은 유기계 폐액으로 분류	적색 라벨
염기성 폐액	NaOH(수산화나트륨), KOH(수산화칼륨), Na_2CO_3(탄산나트륨), K_2CO_3(탄산칼륨)	수산화칼슘계는 기타 무기 폐액으로 분류	청색 라벨
유기계 폐액	에탄올, 아세톤류, 벤젠, 톨루엔, 포르말린 등	탄화수소계 폐액으로 분류	황색 라벨
	클로로폼 등	할로겐계 폐액으로 분류	
	등유, 경유, 동식물 기름	별도 회수	

㉡ 의료폐기물

- 의료폐기물은 동물을 다루는 수의학 연구실에서 발생하는 폐기물이며 가장 주의를 기울여 분류해야 하는 대상이다.
- 봉투형 폐기물 용기를 골판지형 폐기물 용기에 넣어 사용한다.
- 주사침과 같은 폐기물은 합성수지형 박스에 폐기한다.
- 깨진 유리 등 부피가 큰 날카로운 폐기물도 합성수지형 박스에 폐기한다.
- 수의학 연구 수행 실험실에서 발생하는 의료폐기물의 종류

<table>
<tr><th colspan="2">구 분</th><th>내용물</th><th>보관용기</th><th>배출자 보관 기간</th></tr>
<tr><td colspan="2">격리의료폐기물</td><td>전염성 질환에 걸려 격리 치료를 받는 동물에게서 나온 모든 폐기물</td><td>붉은색 상자형 합성수지</td><td>7일</td></tr>
<tr><td rowspan="5">위해 의료폐기물</td><td>조직물류</td><td>인체 또는 동물의 장기 일부, 사체, 혈액, 혈청 등</td><td rowspan="2">노란색 상자형 합성수지</td><td>15일</td></tr>
<tr><td>손상성</td><td>주삿바늘, 봉합바늘, 수술용 칼, 깨진 유리 등</td><td>30일</td></tr>
<tr><td>병리계</td><td>시험, 검사 등에 사용된 배양액, 배양 용기, 팁, 피펫, 사용 균주, 폐시험관, 장갑 등</td><td rowspan="4">검은색 봉투형 + 노란색 상자형 골판지</td><td>15일</td></tr>
<tr><td>생물화학</td><td>폐백신, 폐항암제, 폐화학치료제</td><td>15일</td></tr>
<tr><td>혈액 오염</td><td>폐혈액팩, 혈액 투석 시 사용된 폐기물 등</td><td>15일</td></tr>
<tr><td colspan="2">일반의료폐기물</td><td>혈액, 체액, 분비물, 배설물 등이 묻은 탈지면, 붕대, 거즈 등</td><td>15일</td></tr>
</table>

(2) 실험실 장비와 소독 멸균

① 실험실 장비

㉠ 혈액 화학 검사기 : 혈장이나 혈청에 포함된 성분을 검사하는 장비로 각종 장기 기능을 평가하기 위해 사용된다.

㉡ 자동 혈구 분석기(EDTA ; Ethylene Diamine Tetra Acetic Acid) : 금속 이온의 활성을 봉쇄하는 킬레이트화제를 처리한 혈액은 혈구세포들의 크기, 개수, 비율 등을 확인하기 위해 사용된다.

㉢ 혈액 가스 분석기 : 혈액에 포함된 전해질과 이산화탄소 및 산소 분압, pH 등을 분석하기 위해 사용된다.

㉣ 혈당 측정기 : 혈액에 포함된 당의 함량을 측정하는 장비로 저혈당과 고혈당을 확인할 수 있다.

㉤ 광학 현미경 : 육안으로 확인하기 힘든 검체를 현미경으로 확대해서 관찰할 수 있다.

㉥ 헤마토크리트 원심 분리기 : 혈액의 헤마토크리트치를 측정할 시 모세관에 넣어 원심 분리할 경우에 사용된다.

㉦ 원심 분리기 : 원심력을 이용하여 검체를 원심 분리할 시 사용되는 장비로 요침사 검사, 분변침전 검사, 혈청 분리 등에 사용된다.

㉧ 소형 원심 분리기 : 대개 자동 혈액화학분석 장비에 사용하기 위한 원심 분리기이며 채혈량이 적은 혈액검체를 처리할 수 있다.

㉨ 굴절계 : 액체가 빛에 의해 굴절되는 정도를 측정하는 장비로 변검체 비중, 혈액 단백질 농도 등을 확인하는 데 사용된다.

㉩ 피펫 : 소량의 액상 검체를 채취할 수 있는 장비이다.

② 소독과 멸균

㉠ 소독 : 세균의 아포를 제외한 미생물 대부분을 제거하는 과정이다.

㉡ 멸균 : 세균의 아포를 포함한 모든 형태의 미생물을 완전히 제거하는 방법이다.

③ 목 적

㉠ 무균 작업을 위한 절차

- 세포 배양 시 일반 세균이 있는 배지 또는 배양 용기를 사용할 경우 세균이 증식하게 되어 세포 배양에 치명적인 영향을 주게 된다.
- 세균을 배양하는 과정에서도 관련 기자재에 세균이 있다면 실험 목적으로 하는 세균 이외에 다른 세균이 증식하게 되어 연구자는 원하는 결과를 얻을 수 없다.

㉡ 동물 실험을 위한 절차

- 수의학 연구에서는 특히 동물을 이용한 실험이 많은데 실험 과정상 외과적 수술이 필요할 경우 반드시 모든 외과 수술 도구는 감염을 예방하기 위해 멸균되어야 한다.
- 백신 또는 치료제 시험을 위해 사용하는 주사기 등 관련 기자재 등도 반드시 멸균이 완료된 제품을 사용해야만 결과에 영향을 끼치는 다른 일이 일어나지 않는다.

④ 방 법

소독 및 멸균 방법에는 각각 화학적 방법, 물리적 방법 등이 있는데 수의학 연구를 하는 실험실에서 많이 사용하는 멸균 방법으로는 고압증기 멸균(Auto Calve), 건열 멸균, EO 가스 멸균, 감마선 조사 멸균이 있다.

㉠ 고압증기 멸균(Auto Clave)

- 가장 일반적으로 사용하는 멸균법으로, 120℃에서 20분간 시행한다.
- 저렴한 비용으로 많은 양의 물품을 멸균할 수 있으며 시간이 비교적 짧게 소요되는 장점이 있다.
- 대상 물품으로는 유리, 초자류, 수술 도구, 직물류 등 열이나 습기에 견디는 모든 물건을 멸균할 수 있다.
- 가장 일반적으로 고압증기 멸균을 시행하는 물품은 플라스틱류의 기자재인데, 모든 종류의 플라스틱이 고압증기 멸균을 할 수 있는 것은 아니다. PP(Polypropylene, 폴리프로필렌)라고 표기된 플라스틱 제품은 고압증기 멸균이 가능하고, PE(Polyethylene, 폴리에틸렌)라고 표기된 제품은 고압증기 멸균을 할 수 없다.

㉡ 건열 멸균

- 증기를 사용하지 않고 열을 이용하여 수행하는 멸균으로, 160℃에서 2시간, 140℃에서 3시간, 120℃에서 12시간 시행하여 미생물을 사멸한다.
- 건열 멸균을 하는 실험 기자재는 습기가 침투하기 어려운 것으로, 금속 제품, 도자기류, 유리류 등을 멸균할 수 있다.
- 열에 약한 천이나 종이류가 포함된 물품은 건열 멸균을 해서는 안 된다.

㉢ EO(Ethylene Oxide, '산화에틸렌'으로 부동액을 만들고, 의료 장비를 청소하고, 살충제로 사용되는 화학물질) 가스 멸균

- EO 가스는 매우 유독한 기체이다.
- 사람을 포함한 어떠한 생명체도 EO 가스에 노출되면 생존할 수 없다.
- EO 가스는 미생물을 제거하는 데 사용한다.
- 고압증기 멸균을 할 수 없는 열과 압력에 약한 플라스틱 제품이 주로 EO 가스 멸균 대상이다.
- EO 가스 멸균은 소독 시간이 오래 걸리는데, 일정 시간 소독해야 하기도 하지만 유독가스이기 때문에 소독을 완료한 후 24시간 정도 공기에 노출하여 남아 있는 EO 가스를 제거하는 단계가 필요하다.
- 매우 유독한 물질이므로 일반적인 실험실에서는 사용하지 않는 것을 권장한다.

㉣ 감마선 조사 멸균

- 방사선인 감마선을 쬐어 미생물을 사멸하는 멸균법이다.
- 제품이 완전히 포장된 상태에서 감마선을 조사하여 제품(실험 기자재)에 포함된 모든 생물체의 DNA(Deoxyribonucleic Acid)와 단백질 등의 세포 구성 성분을 손상해 멸균한다.
- 모든 제품, 심지어 우리가 먹는 과일 등에도 적용할 수 있을 정도로 멸균 과정에서 온도 상승이나 변형 없이 멸균할 수 있는 장점이 있다.
- 특수한 장비가 필요하며 일반 실험실에서는 수행할 수 없고 감마선 멸균을 하는 업체에 의뢰하여 진행해야 한다.

2 각종 검체 준비 및 관리

(1) 검체의 종류와 보관 방법

검체(檢體)란 검사를 위한 재료로, 검체를 채취하는 경우는 정기적인 미생물 모니터링을 위한 경우와 동물 사내에 특별한 질병 소견이 관찰된 경우 관리자가 검체를 채취한다. 소형 설치류는 감시동물(Sentinel)을 사용하여 부검 및 채혈을 통해 모니터링용 검체를 확보하고 농장에서 사육되는 실험동물은 부검하여 검체를 채취하는 경우를 제외하고는 일반적으로 혈액, 타액, 분변 등의 검체를 확보하여 모니터링을 시행한다.

① 혈 액

㉠ 혈액 검체는 대부분 혈청 분리를 하여 항체 검사로 미생물의 감염 흔적을 조사하는 데 사용된다.

㉡ 항응고제 처리하지 않은 혈액을 채취하여 전혈을 이용하거나 원심 분리해 백혈구 층만 이용하여 미생물의 항원을 검사하는 경우도 있으므로 무균으로 채취하는 것이 바람직하다.

㉢ 미생물 배양을 목적으로 하는 경우 채혈 후 바로 사용하거나 냉장고에 보관한다.

② 실질 장기류

㉠ 부검하여 장기를 채취하였을 경우 세균 분리를 위해 멸균된 기기나 기구로 장기를 보관하여 세균 검사를 할 때까지 냉장 상태를 유지하며 최대한 빠른 시간에 검사하여 다른 세균의 증식을 배제한다.

㉡ 바이러스 검사를 위한 장기는 유제하여 검사할 때까지 냉동 보관한다.

③ 분변 및 기타 분비물

㉠ 동물을 희생하지 않고 미생물을 검사하는 방법으로, 소화기 또는 호흡기 미생물 검사에 사용한다.

㉡ 멸균된 면봉 등을 이용하여 코, 항문, 구강에서 분비물을 채취한다.

㉢ 세균 검사를 위한 분비물은 세균 검사용 검체 수송용 면봉 세트가 있으므로 해당 기구를 이용하여 운송한다.

㉣ 바이러스 검사용 검체 수송용 면봉 세트를 사용해야 하는 경우에도 해당 검체용 면봉 세트가 있으므로 사용하면 된다.

더 알아보기

PCR(Polymerase Chain Reaction, 중합효소연쇄반응)

- 수의학 연구를 수행하는 실험실뿐만 아니라, 대부분의 생물학 실험실에서 기본적으로 수행하는 실험이다.
- 세균의 중합 효소(Polymerase, 폴리메라아제)를 이용하여 이중 나선 구조의 DNA의 특정 구간을 수천에서 수억 배 이상으로 증폭하는 분자생물학적 기술을 칭한다.
- PCR의 기본 원리는 특정 DNA 염기서열을 열과 중합 효소를 이용하여 증폭하는 것이다.

(2) 검체 준비

PCR을 수행하기 위해서는 검체로부터 DNA 또는 RNA를 추출해야 한다. 검체로는 장기 조직, 혈액, 혈청, 분변, 기타 분비물 등이 있으며 다음과 같이 준비한다.

① 장기 조직 검체 준비하기

㉠ 부검/생검 등을 통하여 채취한 장기 조직을 유발, 자동 유제기, 가위 등을 이용하여 잘게 쪼갠다.

㉡ 장기가 10~50% 정도 차지하도록 멸균된 PBS(Phosphate-Buffered Saline, '인산 완충 생리 식염수'로 실험실에서 많이 사용되는 pH 및 삼투압 완충용액) 등 DNA와 RNA에 영향을 주지 않는 물질을 이용하여 장기 유제액을 만든다.

② 혈액류 등 검체 준비하기

㉠ 혈청 또는 백혈구 층이 필요하면 원심 분리를 시행한다. 전혈을 이용할 때는 원심 분리를 하지 않아도 된다.

㉡ 구분된 혈청, 백혈구 층 등 실험에 필요한 부위에서 해당하는 검체를 채취한다. 백혈구 층을 정밀하게 채취해야 할 경우 백혈구 층을 분획할 수 있는 시약을 이용하여 백혈구 층만 확보한다.

③ 분변 검체 준비하기

분변에서 DNA/RNA를 추출하기 위해서는 채취한 분변을 멸균된 PBS 등에 희석하여 추출한다.

㉠ 1mL의 멸균 PBS를 준비한다.

㉡ 면봉으로 채취하여 이송된 분변을 준비된 멸균 PBS에 푼다. 분변 검체가 면봉에 채취되지 않고 별도의 용기에 포장되어 운송된 경우 분변을 면봉으로 채취하여 동일하게 준비한다(단, 분변 전체를 이용하고자 할 경우 장기 조직 검체와 같이 분변과 멸균 PBS 등의 비율을 약 10~50% 범위로 조정하여 희석함).

㉢ 3분 정도 정치하여 부유물이 가라앉은 후 상층액을 이용한다.

3 현미경 원리 및 사용법

(1) 현미경의 원리와 배율

① 현미경은 눈으로는 볼 수 없을 만큼 작은 물체나 물질을 확대해서 보는 기구를 말한다.

② 동물병원에서 주로 사용하는 현미경은 광학 현미경이다.

③ 광학 현미경의 원리는 초점거리가 짧은 대물렌즈를 물체 가까이 둠으로써 얻어진 1차 확대된 실상을 접안렌즈로 다시 확대하는 것이다.

④ 현미경의 배율은 물체의 원래 크기에 대한 보이는 크기의 비율로 대물렌즈의 배율과 접안렌즈의 배율의 곱으로 계산한다.

(2) 현미경의 구조

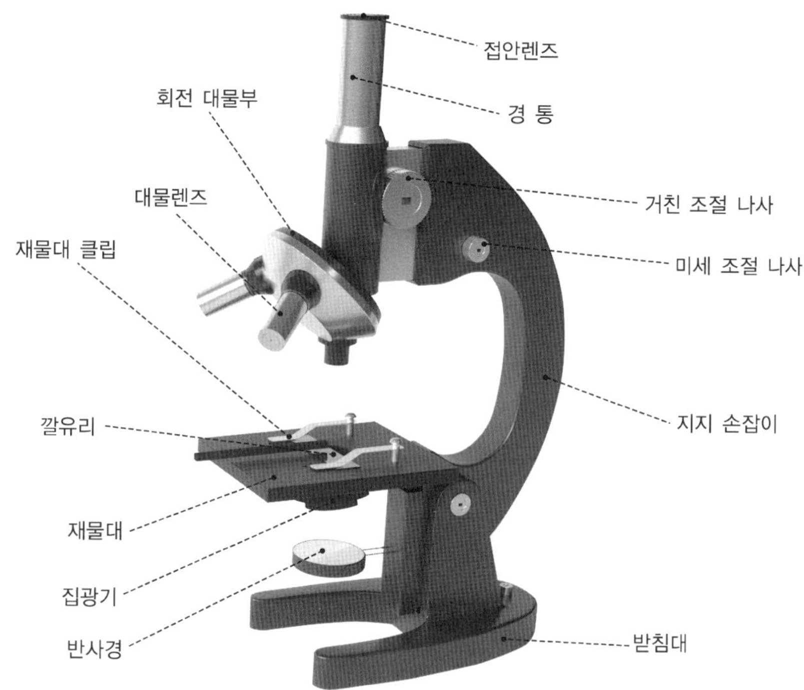

① 회전 대물부(Revolving Nosepiece) : 성능이 다른 여러 대물렌즈가 고정된 회전판으로 관찰 중에 연달아 사용 가능하다.

② 재물대 클립(Stage Clip) : 용수철처럼 생긴 금속제 날이고 재물대 위에 있는 깔유리를 고정하는 것이다.

③ 대물렌즈(Objective) : 관찰 대상물에서 나오는 빛을 포착하고 수렴해서 상을 반전된 상태로 확대하여 맺히게 하는 렌즈 시스템이다.

④ 깔유리(Glass Slide) : 관찰 대상물을 놓는 미세한 유리판이다.

⑤ 재물대(Stage) : 중간에 개구부가 있는 금속판으로 깔유리와 고정하는 부품이 그 위에 놓인다.

⑥ 집광기(Condenser) : 일반적으로 2개의 렌즈로 이루어진 광학 시스템을 말하며 램프가 내보내는 빛을 관찰 대상물에 집중시킨다.

⑦ 반사경(Mirror) : 주위의 빛을 관찰 대상물에 반사해 밝게 하는 광택 유리면이다.

⑧ 받침대(Base) : 현미경을 안정시키는 지지대이다.

⑨ 지지 손잡이(Arm) : 현미경의 수직 부분으로 부품(경통, 재물대)을 지지하고 초점 조정 장치가 들어 있다.

⑩ 미세 조절 나사(Fine Adjustment Knob) : 높은 정밀도로 초점을 맞추는 장치로 관찰 대상물과 대물렌즈 사이의 거리를 조절한다.

⑪ 거친 조절 나사(Coarse Adjustment Knob) : 중간 정도의 정밀도로 초점을 맞추는 장치로 관찰 대상물과 대물렌즈 사이의 거리를 조절한다.

⑫ 경통(Draw Tube) : 현미경의 접안렌즈가 들어 있는 원통형 관으로 2개의 수렴렌즈로 이루어지기도 한다.

⑬ 접안렌즈(Eyepiece) : 확대경처럼 작용하는 렌즈 시스템으로 이것을 통해 대물렌즈에 의해 만들어진 상이 확대된 것을 볼 수 있다.

(3) 현미경의 사용법

① 실험대의 평편한 위치에 현미경을 설치한다.

② 관찰과 현미경 조절이 용이한 위치로 의자 높이를 맞춘 후 고정한다.

③ 전원 케이블이 꼬이지 않도록 하고 플러그를 꽂고 광원을 최소로 설정한 후 전원 스위치를 켠다.

④ 제물대 위에 검체를 올려놓는다.

⑤ 저배율 대물렌즈(×10)를 선택하여 검체의 초점을 맞춘다.

⑥ 조동나사를 돌려 큰 초점을 잡는다.

⑦ 미동나사를 돌려 정확한 초점을 잡는다.

⑧ 대물렌즈를 저배율에서 고배율로 이동하며 ⑤ 이후의 과정을 반복하여 초점을 맞춘다.

⑨ 고배율에서는 항상 유침(Immersion Oil)을 사용하여 검경하여야 한다.

⑩ 유침(Immersion Oil)을 사용하여 검경한 후에는 반드시 대물렌즈를 제조사에서 제공하는 세척액으로 세척해야 한다.

⑪ 현미경을 사용하고 난 후에는 고배율로 관찰 여부와 상관없이 렌즈를 세척하고 정리정돈을 수행한다.

(4) 현미경의 유지 관리

현미경의 일일 점검 및 유지 관리를 위한 수행 순서는 다음과 같다.

① 사용하지 않을 때는 현미경 덮개를 덮어 둔다.

② 렌즈는 렌즈용 천을 이용하여 청소한다.

③ 오일을 사용할 때는 사용 후 항상 오일을 제거해야 한다.

④ 렌즈 전용 천이나 상업적으로 출시된 렌즈클리너, 알코올이나 자일렌을 이용하여 오일을 제거할 수 있다.

⑤ 현미경의 유지 관리는 항상 제조사의 지시를 따른다.

⑥ 현미경 관리를 위해 일상 점검 기준을 설정하고 현미경 옆에 비치하여 일상 점검을 시행할 수 있도록 한다.

4 분변 · 요 · 피부 · 귀 검사 이해

(1) 분변 검사

① 소화기 질환의 진단에 매우 중요한 검사로, 동물병원에서 시행하는 분변 검사는 크게 육안 검사와 현미경 검사로 나눈다.

② 육안으로 동물의 대변이 고형 변인지 설사 변인지 관찰하고 혈액, 점액 또는 기생충의 몸체나 편절, 유충의 유무를 판단하는 것으로 시작한다.

㉠ 육안 검사 시 기록해야 할 항목

- 색
- 견고한 정도
- 냄 새
- 혈액의 유무(붉은색에서 검은색)
- 점액의 존재 여부
- 기생충 몸체나 편절의 존재 여부
- 외부 이물

㉡ 기생충

- 일반적으로 동물의 소화 기관에 기생하는 기생충은 종류에 따라 원충(Protozoa), 선충(Nematode), 흡충(Trematoda), 조충(Cestoda)으로 분류한다.
- 기생충의 전파 방식에 따라 토양 매개성, 조개류 매개성, 물 또는 음식 매개성, 절지동물 매개성 등으로 나눌 수 있다.
- 다양한 종류의 기생충 산란 및 성장 방식, 개나 고양이 또는 중간 숙주로의 감염 경로, 숙주에서 일으키는 감염 양상 등 각각의 기생충이 가진 고유의 생활방식, 즉 생활사에 대해 알고 있어야 감염된 동물의 진단, 치료, 예방에 도움이 된다.
- 대변 검사로 감별하고 진단 가능한 기생충 : 이질아메바, 람블편모충, 작은 와포자충, 편충, 장모세선충, 분선충, 구충, 동양모양선충, 회충, 요충, 주혈흡충, 간질, 폐흡충, 간흡충, 요코가와흡충, 광절열두조충, 유구조충, 무구조충, 아시아조충과 회충, 요충, 편충의 충체를 비롯한 흡충류와 일부 조충의 편절

③ 현미경 검사로는 지방변의 유무, 백혈구의 유무, 기생충의 알, 아메바 등 원생동물의 영양형 및 포낭형의 유무 등을 관찰할 수 있다.

④ **분변 도말 표본 염색** : 현미경 검사를 위한 분변 도말 표본 염색을 할 수 있다.

㉠ 재료 : 분변 도말 슬라이드와 커버글라스, 메틸렌블루 용액, 루골 용액

㉡ 기기(장비 · 공구) : 현미경

㉢ 안전 · 유의 사항

- 염색약이 피부에 닿지 않도록 주의한다.
- 항상 멸균 장갑과 안전장구를 착용한다.
- 개인위생과 폐기물 처리에 유의한다.

㉣ 검사 과정

분변 도말 검사	1. 멸균 장갑을 착용하고 분변 검사를 위한 도구를 준비한다. 2. 보호자가 분변을 채취해 온 경우, 생리식염수를 사용하여 즉시 분변 부유 및 도말을 준비한다. 3. 병원에서 분변을 채취할 경우, 동물의 항문에 면봉을 삽입하고 분변을 채취한다. 4. 검사가 지체될 때는 대변을 4℃의 냉장고에 보관하거나 10% 포르말린을 첨가하여 보관할 수 있다. 5. 맨눈검사를 한다. 6. 맨눈검사 결과를 기록한다. 7. 도말 표본을 위한 슬라이드를 준비하고, 동물의 차트 번호를 기재한다. 8. 소량의 변을 슬라이드 중앙에 놓는다. 9. 한 방울의 식염수를 첨가한다. 10. 얇은 도말을 만들기 위해 잘 섞는다. 11. 도말 위로 커버 슬립을 덮는다. 12. 현미경 옆에 두고 수의사에게 보고한다. 13. 분변 도말 표본의 염색이 필요하면, 적절한 염색을 시행한다.
메틸렌블루 염색	1. 증류수 100mL에 메틸렌블루 0.3mg을 혼합한 후 여과지에 여과하여 메틸렌블루 염색 용액을 만든다. 2. 슬라이드 글라스에 검체를 도말(Smear)하고 공기 중에서 건조한다. 3. 알코올램프의 불꽃에 3~4회 통과시켜 고정한다. 4. 메틸렌블루 염색 용액을 슬라이드 위 도말 표본에 떨어뜨린 후 1분간 염색한다. 5. 물로 씻어낸 다음 물기를 지워 광학 현미경의 고배율에서 Immersion Oil을 사용하여 검경한다.
루골(Lugol) 염색	1. 루골 용액은 세포 염색 시 주로 핵 부분이 더 선명하게 보이고, 세포막도 잘 보이게 한다. 2. 단세포 진핵 원생생물을 염색할 때 유용하다. 3. 루골 용액은 냉장고에 차광 보관한다. 4. 시료 100mL당 루골 용액 1~2mL를 첨가하여 고정한다.

더 알아보기

메틸렌블루 용액

- 메틸렌블루는 진한 녹청색의 냄새가 없는 결정으로, 분자량 319.86이다.
- 물, 에탄올, 클로로폼에 잘 녹아 청색 용액이 되나, 에테르에는 녹지 않는다.
- 보통 메틸렌블루 0.05g을 50mL의 메틸알코올에 녹여 사용한다.
- 메틸렌블루는 산화환원의 지시약, 세포의 핵 염색에 사용된다.

루골 용액

- 루골 용액은 요오드 50g, 요오드화칼륨 100g에 증류수를 가하여 1,000mL로 만든 용액이다.
- 상처의 소독이나 인후염 · 편도염 등의 도포제로 사용한다.
- 보통 복합 요오드글리세롤과 그람염색용 루골 용액이 많이 사용된다.
- 복합 요오드글리세롤
  - 요오드 10g, 요오드화칼륨 20g, 용해 석탄산 4.5mL, 박하기름 2mL, 글리세롤 900g에 정제수를 섞어 1,000mL로 만든 용액이다.
  - 적갈색이 나는 용액으로 아주 묽은 요오드 용액이다.
  - 주로 소독제로 쓰이는데, 피부, 점막, 인두, 구강 내 질환에 외용한다.

(2) 요 검사

소변의 색이나 혼탁도 등 물리적 성상을 검사하고 소변으로 배출되는 여러 종류의 노폐물을 반정량적으로 검출하는 검사로, 요로계의 이상뿐만 아니라 전신적인 내분비, 대사 질환에 대한 정보를 알 수 있다.

① 요 시험지 검사(Dip-stick)

㉠ 검체 요는 아침 첫 소변이 가장 좋은데 그 이유는 농축되고 산도가 높아 가장 정확한 정보를 줄 수 있기 때문이다.

㉡ 딥스틱을 사용하여 비중, pH, 단백, 혈, 당, 백혈구, 빌리루빈, 우로빌리노겐, 케톤, 아질산염, 백혈구 Esterase 등을 측정할 수 있다.

㉢ 딥스틱(Dip-stick) 검사 과정

- 첫째, 채취한 요를 무균적으로 3cc 주사기를 사용하여 흡입한다.
- 둘째, Dipstick의 항목마다 한 방울씩 떨어뜨려 비색 반응을 관찰한다.
- 셋째, 약 60초 정도 스트립의 비색 반응이 완료된 후, 제품의 케이스 또는 따로 제공되는 표준 색조표와 비교하여 이상 유무를 검사지에 기록한다.
- 넷째, 양성 또는 음성 반응에 대한 결과를 모두 수의사에게 보고한다.
- 다섯째, 필요할 경우 딥스틱과 표준 색조표를 비교하는 사진을 찍어 두도록 한다.
- 여섯째, 주변을 정리한다.
- 일곱째, 사용한 딥스틱은 제자리에 가져다 두며, 딥스틱의 패드에 있는 시약이 열, 직사광선, 습기, 휘발성 시약(염산, 암모니아, 유기용제, 소독제)에 취약하므로 마개를 꼭 닫아 열과 직사광선의 영향을 받지 않는 곳에 보관한다.
- 여덟째, 딥스틱은 냉장고에 보관해도 안 되며, 보관 장소의 온도가 30℃를 넘으면 안 된다.

② 요비중 검사 : 비중계를 이용하여 비중을 확인하여 탈수증, 당뇨병, 간경변, 요붕증, 신염 등을 감별한다.

③ 요침사 검사

㉠ 소변을 원심 분리하여 관찰하고자 하는 성분들을 가라앉히고 상층액을 버린 후 남은 침사 용액으로 슬라이드를 제작하여 현미경으로 관찰하는 방법이다.

㉡ 요로계 염증 및 출혈, 사구체신염, 요석, 요로계 감염 여부를 확인할 수 있다.

(3) 피부 검사

① 우드램프 검사(Wood's Lamp Examination)

㉠ 암실에서 이루어지며, 몇 초 동안 우드램프 빛이 질환 부위에 바로 비치도록 한 후, 색상 또는 형광에 변화가 일어났는지 관찰하는 방법이다.

㉡ 진균이나 박테리아 감염 또는 색소질환을 확인할 수 있다.

② 곰팡이 배양 검사

㉠ '피부 사상균 검사 배지(DTM ; Dermatophyte Test Medium) 검사'라고도 한다.

㉡ 곰팡이의 분리, 증식용 배지인 사부로 배지(펩톤, 포도당, 한천 및 페니실린이나 스트렙토마이신 또는 클로람페니콜 등의 항생물질을 가한 배지), 또는 니켈손 배지 등을 사용해 곰팡이를 발육시켜 분리, 검출동정을 하는 검사이다.

③ 피부 소파(Skin Scrapping) 검사

작은 칼날로 피부를 긁어 나온 것을 현미경으로 관찰하는 검사도 모낭충이나 옴 등 기생충 발견에 효과적이다.

④ 세침 흡입(FNA ; Fine Needle Aspiration) 검사

피부에서 비정상적으로 만져지는 혹이나 덩어리 등 조직을 주삿바늘로 찔러 세포 등을 확인하는 검사 방법이다.

⑤ 그 외 검사

그 외에도 세균 배양(항생제) 검사, 모낭과 털(Trichogram) 검사 등 피부 질환을 감별하는 여러 검사 방법이 있다.

(4) 귀 검사

귀 도말 표본을 제작하는 방법은 다음과 같다.

① 깨끗한 면봉을 준비한다.

② 동물의 귀를 왼손으로 잡고 면봉으로 귀 내부를 닦아내듯이 돌려 닦는다.

③ 슬라이드 글라스에 굴리듯이 바른다.

④ 수의사의 지시가 있거나 필요한 경우 염색을 한다.

⑤ 슬라이드를 현미경에 놓고 저배율에서 고배율로 초점을 맞춘다.

> **더 알아보기**
>
> **도말 검사**
>
> 혈액을 슬라이드에 얇게 발라 염색하여 혈구의 모양, 수 등을 현미경으로 직접 관찰하는 검사법

5 혈액 검사 이해

(1) 혈액의 조성 : 혈액은 액체 성분인 혈장과 고형 성분인 혈구세포로 구성된다.

① 혈장(Plasma)

㉠ 혈액을 원심 분리할 때 상층에 분리되는 액체 부분이다.

㉡ 90%의 물로 이루어져 있으며, 산소와 이산화탄소가 용해되어 운반된다.

㉢ 아미노산, 포도당, 지방산과 같은 영양분과 요소, 호르몬, 효소, 항원과 항체, 혈장 단백과 무기 염류가 용해되어 있다.

② 혈구세포 : 적혈구, 백혈구, 혈소판으로 나뉜다.

㉠ 적혈구(Erythrocyte) : 산소를 운반하며, 적은 양이지만 이산화탄소도 운반한다.

㉡ 백혈구(Leukocyte) : 염색하여 현미경으로 볼 때 세포질 내 과립의 존재 여부에 따라 과립구(Granulocyte)와 무과립구(Agranulocyte)로 분류한다.

- 과립구
  - 호중구 : 중성 염색약을 흡수하고 과립이 자주색으로 염색된다.
  - 호산구 : 산성 염색약을 흡수하고 과립이 붉은색으로 염색된다.
  - 호염기구 : 염기성 염색약을 흡수하고 과립이 청색으로 염색된다.
- 무과립구
  - 림프구 : B림프구와 T림프구가 있다.
  - 단핵구 : 말발굽 형태의 핵을 가지고 있으며, 숫자는 적지만 가장 큰 백혈구이다.

㉢ 혈소판(Thrombocyte) : 핵이 없는 작은 원반 모양으로 혈액에 대량 존재하며 혈액 응고에 관여한다.

(2) 항응고제

혈액이 응고되는 기전은 응고 인자가 차례로 작용하여 진행되며 항응고제의 주 역할은 응고 인자의 보조 작용을 하는 칼슘이온을 제거함으로써 응고 작용을 차단하는 것이다.

① 헤파린(Heparin)

㉠ 혈액 응고 과정 중 트롬빈(Thrombin)의 형성을 방해하거나 중화함으로써 대개 24시간 동안 응고를 방지한다.

㉡ 매우 강력한 항응고제로, 체내의 혈액에는 매우 적은 양으로 존재한다.

㉢ 적혈구 용혈 최소화의 이상적 항응고제이며 최소 농도로 최대 효과를 얻을 수 있다.

㉣ 값이 비싸고 24시간 이후 활성 능력 저하로 응고 능력이 떨어진다는 단점이 있다.

② EDTA

㉠ EDTA-Na, EDTA-K2, EDTA-K3가 알려져 있다.

㉡ 검사 시 EDTA-K2가 용해도가 높아 적당하다.

㉢ 혈액 중의 칼슘이온과 착화 결합으로 제거되어 응고를 방지한다.

③ 구연산나트륨(Sodium Citrate)

㉠ 주로 혈액 응고 검사에 사용하는 항응고제이다.

㉡ 용해 혼합액에서 혈액 중의 칼슘과 결합하여 구연산칼슘(Calcium Citrate)의 불용성 침전물을 만들어 응고를 방지한다.

㉢ 응고 인자 5번, 8번의 혈장 분리 시 가장 안정적인 항응고제이다.

㉣ 혈액과 응고제의 정확한 비율을 지켜야 한다는 단점이 있다.

(3) 혈액 도말 검사

① 말초 혈액을 채혈하여 유리슬라이드에 도말하여 염색한 후, 현미경으로 혈구의 수적 이상과 형태학적 이상을 직접 검경하여 관찰하는 검사이다.

② 혈구세포의 형태학적 이상을 진단하거나 혈액 내 존재하는 기생충을 발견할 수 있다.

③ 적혈구의 경우 빈혈의 분류 및 원인 감별, 적혈구 내 존재하는 바베시아와 같은 기생충의 진단에 유효하다.

④ 백혈구의 경우, 종양, 골수형성이상 증후군, 백혈병, 감염이나 염증의 원인, 거대적 혈모세포 빈혈 여부 등을 판단하는 데 도움이 된다.

⑤ 혈소판의 직접 검경을 통해 골수 증식성 질환이나 혈소판위성 현상 등을 감별할 수 있다.

(4) 혈액 검사

① 일반 혈액 검사 : CBC(Complete Blood Count)라고 하며, 혈액 내 존재하는 세 가지 종류의 세포인 적혈구, 백혈구, 혈소판의 정보를 파악할 수 있다.

㉠ HCT(Hematocrit) : 혈액 중 적혈구(RBC ; Red Blood Cell)의 비율

㉡ Hb(Hemoglobin) : 적혈구를 구성하는 혈색소

㉢ RBC : 적혈구 수

㉣ 적혈구 지수

- 평균 적혈구 용적(MCV ; Mean Corpuscular Volume) : 적혈구의 평균 용적
- 평균 적혈구 혈색소량(MCH ; Mean Corpuscular Hemoglobin) : 적혈구 한 개당 혈색소량
- 평균 적혈구 혈색소 농도(MCHC ; Mean Corpuscular Hemoglobin Concentration) : 적혈구 한 개당 평균 혈색소 농도
- 적혈구 크기 분포(RDW ; Red cell Distribution Width) : 적혈구 크기의 다양성을 나타내는 지표

㉤ 백혈구 지수

- 호중구(Neutrophil)
- 림프구(Lymphocyte)
- 단핵구(Monocyte)
- 호산구(Eosinophil)
- 호염기구(Basophil)
- 혈소판 수[PLT(Platelet Count)]
- 세망적혈구[RETICS(Reticulocytes)]
- 미성숙 호중구(Band Cell)

② 혈액 화학 검사(Blood Chemistry)

㉠ 혈장(혈청) 속 화학 성분이 정상 수치 또는 비정상 수치인지를 측정하는 검사이다.

㉡ 혈액 화학 검사 항목으로 혈장(혈청) 속 화학 성분은 다음과 같다.

- 전해질 검사 : Na, K, Cl와 같은 무기 성분의 정량 분석
- ALB(Albumin) : 혈장 내 존재하는 단백질
- ALT(Alanine Aminotransferase) : 간세포 내에 존재하는 효소
- ALP(Alkaline Phosphatase) : 간과 담관, 뼈, 소장에 존재하는 효소
- AST(Aspartate Aminotransferase) : 간세포 내에 존재하는 효소
- AMYL(Amylase) : 췌장에서 십이지장으로 분비되어 탄수화물의 소화를 도와주는 소화 효소
- BUN(Blood Urea Nitrogen) : 혈액 속 요소질소를 측정하는 검사로 신장을 통해 배설
- CRE(Creatinine) : 근육에서 생성되는 노폐물로 신장을 통해 배출
- Ca(Calcium) : 뼈와 치아를 구성하는 물질
- Bilirubin : 쓸개즙 색소를 이루고 있는 황색 색소로 적혈구가 파괴되면서 발생함
- Globulin : 혈장 내 존재하는 단백질

• TP(Total Protein) : 혈청 내 존재하는 단백질
• CHOL(Cholesterol) : 세포막을 형성하는 지질의 한 종류

(5) Plasma(혈장)와 Serum(혈청)

① 혈장과 혈청은 응고 인자[피브리노겐(Fibrinogen)과 피브린(Fibrin)]의 유무에 따라 구분한다.

② 항응고제를 첨가하여 Fibrinogen이 Fibrin으로 전환되지 않은 상태로 혈액 속에 남아 있는 액체 성분을 혈장이라고 한다.

③ 항응고제를 첨가하지 않아 Fibrinogen이 Fibrin으로 전환되어 원심 분리 후 Fibrin이 제거된 액체 성분을 혈청이라 한다.

(6) 튜브의 종류

① 혈청 분리를 위한 Gel Tube

② 항응고제 튜브별 뚜껑의 색상

㉠ Citrate : 하늘색

㉡ EDTA : 보라색

㉢ Heparin : 녹색

(7) 자동 혈구 분석기

① 전기 저항 또는 빛이 산란하는 원리를 이용하여 혈액 내 혈구의 정보를 파악하는 자동화 기기이다.

② 전기 저항 원리를 이용한 기기는 혈구의 전기 전도성이 떨어지는 것을 이용하여 전류가 흐르는 용액 내에서 혈구가 구멍을 통과할 때 발생하는 저항의 수와 크기를 측정하여 세포 수와 크기를 결정한다.

③ 광 산란 원리를 이용한 기기는 희석 부유액 내에 있는 혈구에 레이저를 조사하여 혈구의 크기나 핵의 모양, 세포질 내의 과립성 등에 따라 다른 방향으로 반사되거나 산란하는 것을 여러 각도에서 센서를 이용하여 측정함으로써 세포의 수와 크기를 파악하는 원리로 작동한다.

(8) 자동 혈액 화학 분석기

① 반응 방식에 따른 종류

㉠ 여러 검체가 튜브 내로 연속으로 이동하고 반응 시약들이 검체마다 가해지며 코일 모양의 튜브로 이동하여 일정한 온도에서 반응이 일어나는 연속 흐름 방식

㉡ 검체별로 다른 반응 용기에서 시약이 따로 첨가되며 혼합 후 반응이 완료되어 비색정량이 이루어지는 분취 방식

② 분석 방식에 따른 종류

㉠ 검사 종류가 같은 검체들을 묶음으로 분석하는 기기 방식

㉡ 분석하려는 물질을 선택적으로 카트리지를 사용하여 분석할 수 있는 기기 방식

6 호르몬 검사 이해

(1) 호르몬

① 코티솔(Cortisol)

㉠ 스트레스를 받을 때 몸이 이 상황에 대응하는 에너지를 생산해내기 위해 부신피질에서 분비되는 스테로이드 호르몬이다.

㉡ 스트레스와 같은 외부 자극이 많을수록 코티솔은 신체 각 기관으로 더 많은 혈액을 방출시킨다.

㉢ 혈압이 증가하고 지방 등의 형태로 저장된 에너지를 혈액으로 내보낸다.

② 티록신(Thyroxine, T4)과 삼요드티로닌(Triiodothyronine, T3)

㉠ 티록신 : 갑상선을 구성하는 주요 호르몬으로, 갑상선에서 생성되며 세포의 대사 작용을 조절하고 신체 발달에 영향을 미친다.

㉡ 삼요드티로닌 : 티록신(T4)으로부터 생성되며 티록신보다 대사 활성이 더 높은 갑상선 호르몬(Thyroid Hormone)으로 체온이나 심장박동수, 성장 등 체내의 모든 과정에 관여한다.

③ 인슐린(Insulin)

㉠ 췌장의 랑게르한스섬(Langerhans' islet)에 있는 β세포에서 분비되는 호르몬이다.

㉡ 몸의 혈당을 낮추는 기능을 한다.

㉢ 여러 조직과 기관의 대사 조절에 직접 또는 간접적으로 영향을 미친다.

(2) 호르몬에 따른 내분비질환

① 부신피질 기능항진증(HAC)

㉠ 정 의

- 코티솔이 과도하게 분비되어 나타나는 호르몬성 질환이다.
- 주로 개에서 나타나며 보통 중간~노령견에서 발생한다.
- 쿠싱병(Cushing Disease)이라고도 한다.

㉡ 원 인

- PDH(Pituitary Dependent HAC) : 뇌하수체의 이상으로 인한 HAC, 뇌하수체가 과도하게 생성되거나 뇌하수체에 생긴 종양으로 인해 부신피질자극호르몬(ACTH)이 과도하게 분비되어 나타나는 질환이다.
- ADH(Adrenal Dependent HAC) : 부신피질의 종양으로 인한 HAC, 부신피질에 생긴 종양으로 인해 코티솔의 과도한 분비로 나타나는 질환이다.
- 의인성 쿠싱(Iatrogenic HAC) : 스테로이드 성분이 있는 연고나 약물 등을 장기간 또는 과하게 사용한 경우 부작용으로 인해 나타나는 질환이다(코티솔은 스테로이드의 일종임).

㉢ 증 상

- 간과 비장의 종대
- 피부 구진, 피부 색소 침착, 피부와 털의 건조, 곤두선 털, 탈모, 무모증
- 다뇨증, 다식증, 다음
- 다호흡, 빠른호흡(빈호흡), 호흡 곤란, 그르렁거림

- 무기력, 침울, 졸림, 생기 없음
- 복부 팽만, 비만, 체중과다
- 비정상적 또는 공격적 행동, 습성이 바뀜

② 부신피질 기능저하증(Hypoadrenocorticism)

㉠ 정 의

- 코티솔이 부족하게 분비되어 나타나는 호르몬성 질환이다.
- 에디슨병(Addison's Disease)이라고도 한다.

㉡ 원 인

- 뇌하수체의 종양 : 뇌하수체에서 종양 발생 시 부신피질자극호르몬(ACTH ; Adrenocorticotropic Hormone)이 과도하게 분비되는 현상과 반대로 분비가 아예 되지 않는 경우도 있다.
- 부신의 내부적 문제
  - 부신피질에서 호르몬을 적절히 생성하지 못하는 '일차성 부신피질 기능저하증'
  - 부신피질 호르몬에 대한 항체의 형성 또는 부신피질의 위축되는 현상과 관련된다.
- 약물의 부작용 : 부신피질 기능항진증 치료를 목적으로 스테로이드제의 사용을 갑자기 줄이는 경우, 부신피질 기능항진증 치료제의 과도한 사용

㉢ 증 상

- 부신피질 기능항진증과 유사한 다음·다뇨 증상
- 무기력증, 식욕 부진의 증상
- 갑자기 몸을 떨거나 설사, 구토 등의 증상

③ 갑상선 기능항진증(Hyperthyroidism)과 갑상선 기능저하증(Hypothyroidism)

㉠ 갑상선 기능항진증

특 징	• 갑상선에서 분비되는 호르몬이 필요 이상으로 분비되는 호르몬성 질환이다. • 주로 노령의 고양이에서 발생한다. • 시아미즈와 히말라얀 고양이에서 발병률이 낮다. • 갑상선 기능항진증에 걸린 고양이는 대부분 증식성 갑상선이고 대략 1~2%는 갑상선암종이다.
증 상	체중 감소, 식욕 증가, 건강상태 불량, 피부와 털의 건조, 탈모, 호흡음이 없음, 호흡 곤란, 그르렁거림, 혈뇨, 흥분, 후두/기관/인두의 종창

㉡ 갑상선 기능저하증

특 징	• 갑상선에서 분비되는 호르몬이 잘 생성되지 않아서 갑상선 기능이 떨어지는 질환이다. • 주로 고령의 대형견에서 발생한다.
증 상	기운 없음, 졸음, 잦은 추위 타기, 거친 피부와 피모, 피부병, 탈모

④ 당뇨병

㉠ 제1형 당뇨병(인슐린 의존형 당뇨병)

- 혈당 수치를 낮추기 위해 췌장에서 분비되는 인슐린 호르몬이 부족해서 나타나는 질환이다.
- 주로 개에게서 나타나며 수컷에 비해 암컷의 발병률이 높다.
- 증상 : 갈증 증가, 배뇨 증가, 체중 감소, 식욕 증가, 백내장, 실명, 식욕 상실, 에너지 부족, 혼수, 구토, 발작 증세

㉡ 제2형 당뇨병(인슐린 비의존형 당뇨병)

- 췌장에서 인슐린은 정상적으로 분비되지만 근육세포나 간세포가 인슐린에 대한 저항성으로 인해 인슐린에 반응하지 않아서 나타나는 질환이다.
- 주로 고양이에게서 나타나는데 5세 이상의 중성화된 수컷 고양이, 비만 고양이가 걸릴 확률이 높다.
- 증상 : 갈증 증가, 배뇨 증가, 발 뒤꿈치를 바닥에 붙이고 걷거나 이상해진 걸음걸이(신경계 이상), 세균성 방광염 또는 피부염, 체중 감소, 식욕 저하, 케토 산증(대사 이상으로 체액이 산성을 띠는 상태), 구토, 설사, 의식 장애로 인해 비틀거리는 증상, 신장 손상, 지방간(간 질환 합병증), 황달, 혼수상태에 빠져 폐사하는 경우

(3) 호르몬 검사

① 코티솔 호르몬의 검사

ACTH 자극 시험	• 부신을 자극하는 약물(합성 ACTH)의 투여 전후 코티솔 호르몬 수치의 변화를 통해 부신피질 기능저하증을 진단 및 관리하고 의인성 부신피질 기능항진증을 감별하는 데 사용된다. • 검사 과정 투여 전 채혈 → 합성 ACTH를 투여(250㎍/ml, 근육주사 또는 정맥주사) → 투여 후 60분 후 채혈 → 투여 전후 혈중 코티솔의 수치 확인
LDDST(Low Dose Dexamethasone Suppression Test, 저용량 덱사메타손 억압 검사)	• 높은 진단율 때문에 초기 부신피질 기능항진증을 진단하기 위해 주로 사용되고 있다. • 검사 과정 투여 전 채혈 → 저용량 덱사메타손(Dexamethasone)을 정맥주사 → 투여 4시간 후 채혈 → 투여 8시간 후 채혈 → 투여 전후 시간별 혈중 코티솔의 수치 확인
UCCR(Urine Cortisol : Creatinine Ratio, 소변 내 코티솔 : 크레아티닌 비율 검사)	• 소변 검사를 통해서 확인 가능한 간단한 검사이며 민감도가 99~100%이다. • 스트레스에 의한 코티솔 분비를 최소화하기 위해 집에서 아침에 일어날 때 첫 번째 소변을 받아서 검사한다. • 2일에 걸쳐 냉장 보관한 소변을 병원에 검사 의뢰한다.
HDDST(High Dose Dexamethasone Suppression Test, 고용량 덱사메타손 억압 검사)	• LDDST와 검사 방법은 동일하지만 투여하는 Dexamethasone의 용량이 다르다. • 내인성 코티솔의 농도가 높은데도 검사하기 위해 고용량의 Dexamethasone을 투여해야 하는지에 대한 의문이 있어서 최근에는 잘 권장하지 않는다. • 검사 과정 투여 전 채혈 → 고용량 덱사메타손(Dexamethasone)을 정맥 주사 → 투여 4시간 후 채혈 → 투여 8시간 후 채혈 → 투여 전후 시간별 혈중 코티솔의 수치 확인
Endogenous ACTH Concentration (내인성 ACTH 농도 측정)	• 내인성 ACTH는 온도에 민감하기 때문에 채혈 후 바로 EDTA Tube에 넣고 원심분리해서 혈장을 분리한 채 냉동보관하여 의뢰한다. • 채혈하는 시간은 아무 때나 해도 상관 없다.

② 갑상선 호르몬의 검사

㉠ 총티록신(Total Thyroxine, TT4) 검사

- 가장 일반적인 선별 검사이다.
- 혈중 T4의 농도가 정상보다 낮으면 갑상선 기능저하증, 높으면 갑상선 기능항진증으로 진단된다.

㉡ 유리티록신(Free T4, FT4) 검사
- 활성화된 갑상선 호르몬을 표시하고 갑상선 기능의 정확한 진단을 위해 필요하다.
- Free T4의 증가나 감소에 따라 항진증 또는 저하증의 증상으로 진단된다.

㉢ 갑상선자극호르몬(TSH ; Thyroid Stimulating Hormone) 검사
- 갑상선 기능저하증을 진단하는 표준이 되는 검사법이다.
- 합성 TSH를 주사하고 8시간 후에 채혈한 후 투여 전후의 TT4를 측정한다.
- 정상적인 개는 TSH 호르몬주사 시 T4의 농도가 증가하는 반면 갑상선 기능저하증을 앓고 있는 개는 T4의 농도가 정상 수준으로 올라가지 않는다.

7 실험실 의뢰 검사 종류 및 이해

(1) 실험실 의뢰 검사 과정

① 의뢰할 실험실 접수하기(이메일/전화)

② 검체 준비하기

③ 검사 의뢰서 작성하기

④ 검체 수거 요청하기

⑤ 검사 진행하기

⑥ 검사 결과지 확인하기

(2) 실험실 검사 의뢰 시 주의사항

① 검사 의뢰서를 꼼꼼하게 기록해야 한다.

② 검체 종류를 분명하게 기록해야 한다.

③ 검체 종류에 따라 적합한 용기와 방식으로 보관해야 한다.

㉠ 조직은 밀폐용기에 10%의 포르말린에 담아야 한다.

㉡ 배양 검사용으로 채취한 검체는 전용튜브 또는 멸균용기에 넣어야 한다.

④ 배양 검사의 경우 채취한 부위와 날짜를 명시해야 한다.

(3) 검체 용기 및 해당 검사

① EDTA 튜브

㉠ 색상 : 연보라색

㉡ 해당 검사 : 일반 혈액 검사(CBC), 빈혈 검사(Anemia PCR)

㉢ 특징 : 용기 속에 전체적으로 항응고제가 있으므로 혈액이 응고되지 않도록 부드럽게 흔든다.

② Heparin 튜브

㉠ 색상 : 연녹색 또는 녹색

㉡ 해당 검사 : 면역 항체 검사, AKBR 검사

㉢ 특징 : 혈액채취 후 응고되지 않도록 충분히 흔들어 준다.

③ Serum(SST) 튜브

㉠ 색상 : 노란색, 금색, 주황색

㉡ 해당 검사 : 화학(Chemistry), 내분비학(Endocrinology), 면역 측정(Immunoassay)에 적합

㉢ 특징 : 용기 속 아래에 젤이 있어 원심 분리할 때 젤이 혈청과 혈구 사이에 장벽 역할을 한다. 채혈 후 천천히 흔들어 섞어 준다.

④ Sodium Citrate 튜브

㉠ 색상 : 하늘색

㉡ 해당 검사 : 혈액 응고 검사

㉢ 특 징

- 항응고제가 들어 있어서 피가 응고되지 않는다.
- 다른 검사보다 가장 먼저 담는다.
- 다른 튜브와 다르게 정해진 양을 꼭 채워야 한다.

⑤ 미생물 수송 배지

㉠ 해당 검사 : 미생물 배양 검사

㉡ 특 징

- 면봉 스틱과 수송 배지를 함유한 Tube가 포함되어 있다.
- 미생물은 수송 배지 내에서 약 24~48시간 동안 안전하게 유지된다.

⑥ 슬라이드 케이스

⑦ 멸균시험관

(4) 실험실 의뢰 검사의 종류

① 혈청 화학 검사

㉠ 간수치(ALP, ALT, AST, GGT), 신장수치(Creatinine, BUN, Phosphorus) 등의 14개의 수치를 측정

㉡ 담즙산(Bile Acid), Triglyceride, Lactate, Ammonia(NH_3), Calcium, Creatinine Kinase (CK) 등을 측정

② 알레르기 검사

㉠ POBALLTM Basic Test : 식이 알러젠 급성 31종 + 환경 알러젠 23종

㉡ POBALLTM Premium Test : 식이 알러젠 급성 81종 + 환경 알러젠 46종

㉢ POBALLTM Food Intensive Test : 식이 알러젠 급성 80종 + 환경 알러젠 28종 + 식이 알러젠 지연형 80종

㉣ POBALLTM Premium Intensive Test : 식이 알러젠 급성 81종 + 환경 알러젠 46종 + 식이 알러젠 지연형 80종

③ 조직 검사

㉠ Histopathology(조직병리학)

㉡ Biopsy(생체조직 검사)

㉢ Lymphoma Panel(림프종)

④ 요 화학 검사

㉠ Urinalysis(소변 검사)

㉡ Stone Analysis(비뇨기 결석 검사)

㉢ UPC 검사(단백뇨 검사)

CHAPTER 03 실전예상문제

01 다음 중 병리계 폐기물이 아닌 것은?

① 장 갑
② 배양액
③ 주삿바늘
④ 배양용기
⑤ 폐시험관

해설

주삿바늘은 손상성 폐기물에 해당한다. 병리계 폐기물에는 배양액, 배양용기, 팁, 피펫, 사용 균주, 폐시험관, 장갑 등이 있다.

02 다음 중 부신피질 기능저하증에 대한 설명으로 옳지 않은 것은?

① 에디슨병이라고도 한다.
② 공격적인 행동을 한다.
③ 다음, 다뇨 증상이 나타난다.
④ 코티솔 호르몬이 부족한 상태이다.
⑤ 스테로이드의 투여를 갑자기 줄이는 경우에 나타난다.

해설

공격적인 행동을 보이는 것은 부신피질 기능항진증에 대한 설명이다.

03 다음 중 인슐린에 대한 설명으로 옳지 않은 것은?

① 십이지장에서 분비된다.
② 몸의 혈당을 낮추는 기능을 한다.
③ 랑게르한스섬에 있는 베타세포에서 분비된다.
④ 인슐린 분비량의 부족으로 당뇨병이 나타난다.
⑤ 여러 조직과 기관의 대사 조절에 영향을 미친다.

해설

인슐린은 췌장의 랑게르한스섬에 있는 베타세포에서 분비된다.

01 ③ 02 ② 03 ① **정답**

04 다음 중 요 검사의 딥스틱 검사에 대한 설명으로 옳지 않은 것은?

① 검체 요는 아침 첫 소변이 가장 좋다.
② 딥스틱의 항목마다 2~3방울 정도씩 떨어뜨려 비색 반응을 관찰한다.
③ 사용한 딥스틱은 냉장고에 보관해도 안 되며, 보관 장소의 온도가 30℃를 넘으면 안 된다.
④ 딥스틱의 패드에 있는 시약은 열, 직사광선, 습기, 휘발성 시약에 취약하므로 마개를 꼭 닫는다.
⑤ 약 60초 정도 스트립의 비색 반응이 완료된 후, 제품의 케이스 또는 따로 제공되는 표준 색조표와 비교하여 이상 유무를 검사지에 기록한다.

해설

딥스틱은 항목마다 한 방울씩 떨어뜨려 비색 반응을 관찰한다.

05 다음 중 귀 도말 표본 제작 순서에 관한 설명으로 옳지 않은 것은?

① 깨끗한 면봉을 준비한다.
② 동물의 귀를 왼손으로 잡고 면봉으로 귀 내부를 닦아내듯이 돌려 닦는다.
③ 슬라이드 글라스에 굴리듯이 바른다.
④ 슬라이드 글라스 위에 있는 표본을 반드시 염색한다.
⑤ 슬라이드를 현미경에 놓고 저배율에서 고배율로 초점을 맞춘다.

해설

귀 도말 표본 제작 시 수의사의 지시가 있거나 필요한 경우 염색을 한다.

06 항응고제를 첨가하지 않아 Fibrinogen이 Fibrin으로 전환되어 원심 분리 후 Fibrin이 제거된 액체 성분은?

① 혈 청
② 혈 장
③ 헤파린
④ 과립구
⑤ 혈구세포

해설

①·② 항응고제를 첨가하여 피브리노겐(Fibrinogen)이 피브린(Fibrin)으로 전환되지 않은 상태로 혈액 속에 남아 있는 액체 성분을 혈장(Plasma)이라고 하며, 항응고제를 첨가하지 않아 Fibrinogen이 Fibrin으로 전환되어 원심 분리 후 Fibrin이 제거된 액체 성분을 혈청(Serum)이라 한다.
③ 헤파린은 혈액 응고 과정 중 트롬빈(Thrombin)의 형성을 방해하거나 중화함으로써 대개 24시간 동안 응고를 방지하는 강력한 항응고제이다.
④ 백혈구는 염색하여 현미경으로 볼 때 세포질 내 과립의 존재 여부에 따라 과립구(Granulocyte)와 무과립구(Agranulocyte)로 분류한다.
⑤ 혈액은 액체 성분인 혈장과 고형 성분인 혈구세포(적혈구, 백혈구, 혈소판)로 구성된다.

정답 04 ② 05 ④ 06 ①

07 다음 중 부신피질에서 과도하게 분비될 시 쿠싱병을 유발하는 호르몬은?

① 인슐린
② 티록신
③ 코티솔
④ ACTH
⑤ 삼요드티로닌

해설

쿠싱병은 부신피질 기능항진증을 말하며 부신피질에서 코티솔이 과도하게 분비되어 나타나는 호르몬성 질환이다.
④ ACTH는 뇌하수체 전엽에서 분비되는 호르몬으로 부신피질을 자극하여 코티솔의 분비를 촉진한다.

08 다음 중 혈액 도말 검사에 대한 설명으로 옳은 것은?

① 말초 혈액을 채혈하여 유리 슬라이드에 도말하여 염색한 후, 현미경으로 혈구의 수적 이상과 형태학적 이상을 직접 관찰하는 검사이다.
② 혈구세포의 형태학적 이상을 진단할 수 있으나 혈액 내 존재하는 기생충을 발견하기는 어렵다.
③ 백혈구의 경우 빈혈의 분류 및 원인 감별, 백혈구 내 존재하는 바베시아와 같은 기생충의 진단에 유효하다.
④ 적혈구의 경우 종양, 골수형성이상 증후군, 감염이나 염증의 원인, 거대적 혈모세포 빈혈 여부 등을 판단하는 데 도움이 된다.
⑤ 혈소판의 직접 검경을 통해 골수 증식성 질환이나 혈소판위성 현상 등을 감별하기는 어렵다.

해설

② 혈구세포의 형태학적 이상을 진단하거나 혈액 내 존재하는 기생충을 발견할 수 있다.
③ 백혈구의 경우 종양, 골수형성이상 증후군, 백혈병, 감염이나 염증의 원인, 거대적 혈모세포 빈혈 여부 등을 판단하는 데 도움이 된다.
④ 적혈구의 경우 빈혈의 분류 및 원인 감별, 적혈구 내 존재하는 바베시아와 같은 기생충의 진단에 유효하다.
⑤ 혈소판의 직접 검경을 통해 골수 증식성 질환이나 혈소판위성 현상 등을 감별할 수 있다.

09 다음 중 현미경의 사용 및 관리와 관련하여 옳지 않은 것은?

① 미동나사를 돌려 정확한 초점을 잡는다.
② 대물렌즈를 저배율에서 고배율로 이동한다.
③ 실험대의 평편한 위치에 현미경을 설치한다.
④ 렌즈는 렌즈용 천을 이용하여 청소한다.
⑤ 현미경을 사용하고 난 후에는 저배율로 관찰 여부와 상관없이 렌즈를 세척하고 정리정돈을 수행한다.

해설

현미경을 사용하고 난 후에는 고배율로 관찰 여부와 상관없이 렌즈를 세척하고 정리정돈을 수행한다.

07 ③ 08 ① 09 ⑤ 정답

10 **다음 중 항응고제인 구연산나트륨에 대한 설명이 아닌 것은?**

① 주로 혈액 응고 검사에 사용하는 항응고제이다.

② 용해 혼합액에서 혈액 중의 칼슘과 결합한다.

③ 혈액 내 5번의 응고인자를 불안정하게 만든다.

④ 혈액과 응고제의 정확한 비율을 지켜야 한다는 단점이 있다.

⑤ 구연산칼슘(Calcium Citrate)의 불용성 침전물을 만들어 응고를 방지한다.

해설

구연산나트륨은 혈액 내 응고인자 5번, 8번의 혈장 분리 시 가장 안정적인 항응고제이다.

11 **다음 중 동물병원에서 시행하는 검사에 대한 설명으로 옳지 않은 것은?**

① 소변 검사 중 요비중 검사는 비중계를 이용하여 비중을 확인하여 탈수증, 당뇨병, 간경변, 요붕증, 신염 등을 감별한다.

② CBC(Complete Blood Count)는 일반 혈액 검사로 혈액 내 존재하는 세 가지 종류의 세포인 적혈구, 백혈구, 혈소판의 정보를 파악할 수 있다.

③ 피부 검사 중 세균 배양(항생제) 검사는 진균이나 박테리아 감염 또는 색소 질환을 확인할 수 있다.

④ 피부 소파(Skin Scrapping) 검사는 작은 칼날로 피부를 긁어 나온 것을 현미경으로 관찰, 검사하는 것으로 모낭충이나 옴 등 기생충 발견에 효과적이다.

⑤ 분변 검사 중 현미경 검사로는 지방변의 유무, 백혈구의 유무, 기생충의 알, 아메바 등 원생동물의 영양형 및 포낭형의 유무 등을 관찰할 수 있다.

해설

피부 검사 중 우드램프 검사(Wood's Lamp Examination)는 진균이나 박테리아 감염 또는 색소 질환을 확인할 수 있다.

정답 10 ③ 11 ③

12 다음 중 당뇨병에 관한 설명으로 옳지 않은 것은?

① 제1형 당뇨병(인슐린 의존형 당뇨병)은 혈당 수치를 낮추기 위해 췌장에서 분비되는 인슐린 호르몬이 부족해서 나타나는 질환이다.

② 제1형 당뇨병(인슐린 의존형 당뇨병)은 주로 개에게서 나타나며 수컷에 비해 암컷의 발병률이 높다.

③ 제2형 당뇨병(인슐린 비의존형 당뇨병)은 췌장에서 인슐린은 정상적으로 분비되지만 근육세포나 간세포가 인슐린에 대한 저항성으로 인해 인슐린에 반응하지 않아서 나타나는 질환이다.

④ 제2형 당뇨병(인슐린 비의존형 당뇨병)은 주로 고양이에게서 나타나는데 5세 이상의 암컷 고양이, 비만 고양이가 걸릴 확률이 높다.

⑤ 제2형 당뇨병(인슐린 비의존형 당뇨병)의 증상으로 혼수상태에 빠져 폐사하는 경우도 있다.

해설

제2형 당뇨병(인슐린 비의존형 당뇨병)은 주로 고양이에게서 나타나는데 5세 이상의 중성화된 수컷 고양이, 비만 고양이가 걸릴 확률이 높다.

13 다음 중 실험실 검사 의뢰 시 주의사항으로 옳지 않은 것은?

① 검사 의뢰서를 꼼꼼하게 기록해야 한다.

② 검체 종류를 분명하게 기록해야 한다.

③ 검체 종류에 따라 적합한 용기와 방식으로 보관해야 한다.

④ 조직은 밀폐용기에 30%의 포르말린에 담아야 한다.

⑤ 배양 검사의 경우 채취한 부위와 날짜를 명시해야 한다.

해설

조직은 밀폐용기에 10%의 포르말린에 담아야 한다.

12 ④ 13 ④ **정답**

제4과목
동물 보건 · 윤리 및 복지 관련 법규

CHAPTER 01 동물 윤리
CHAPTER 02 수의사법
CHAPTER 03 동물보호법

많이 보고 많이 겪고 많이 공부하는 것은 배움의 세 기둥이다.

– 벤자민 디즈라엘리 –

CHAPTER 01 동물 윤리

1 동물 윤리학

(1) 동물 윤리의 개요

① 우리 법체계상 동물은 물건에 해당하였으나, 최근에 반려동물을 키우는 세대가 늘어남에 따라 동물의 법적 지위를 개선하려는 노력들이 이어지고 있다.

② 동물의 물건성 부정을 통해 동물의 생명체로서의 권리 및 종(種)의 속성에 맞는 동물 윤리에 대해 사회적·제도적인 논의를 발전시켜 나가려는 움직임들이 지속되고 있다.

(2) 동물 윤리학

① 동물 윤리학은 인간과 동물의 관계에서 동물에 대한 인간의 도덕적 기준을 고려하여 동물을 다루는 방법에 대해 연구하는 학문이다.

② 동물 윤리학은 동물의 권리와 복지, 동물 관련 법, 종의 차별, 동물의 인지, 야생동물의 보호, 동물의 도덕적인 지위를 인격과 비교되는 수권(獸勸) 등을 통해 다루는 학문이다.

③ 현재 동물의 윤리, 도덕 등을 조사하기 위한 다양한 이론적 접근이 제안되었으나, 이해의 차이로 인해 완전히 받아들여지는 이론은 없는 실정이다. 그러나 동물권 등에 대해서는 사회적으로 더 넓은 관점에서 받아들여지고 있다.

(3) 동물 실험

① 고대 그리스인의 시대부터 생물 의학 연구를 위한 동물 실험이 존재하였다.

② 아리스토텔레스, 에라시스트라투스 등의 의사나 과학자들과 로마에 거주하는 그리스인 갈레노스도 해부학, 생리학, 병리학, 약리학 등의 학술적 지식의 목적으로 살아 있는 동물에 대한 실험을 자행하였다.

③ 오늘날까지도 동물 실험은 여전히 진행되고 있으며 전 세계적으로 수백만 마리의 동물이 실험의 목적으로 사라지고 있다.

④ 최근 몇 년 동안 일부 대중과 동물 활동가 단체들은 동물 실험이 인류에게 제공하는 이점들이 동물의 고통을 정당화할 수는 없다고 주장하고 있지만, 아직도 동물 실험은 생물 의학 지식의 발전을 위해 필수적이라고 주장하는 의견이 지배적이다.

(4) 동물 권리와 동물복지

구 분	동물 권리	동물복지
공통점	• 동물복지와 권리는 모두 인간적인 관점의 가치이다. • 포유류에 한정되어 적용되며, 타 종에 대한 배려는 거의 없다. • 인간이 동물을 사용(이용)하는 것이 가능하다는 입장이다.	
차이점	• 동물 권리를 인간과 동물을 수평적인 측면에서 동등하게 보는 관점이다. • 동물도 인간처럼 생명을 지닌 존재이므로 마땅히 누려야 할 권리를 가진다. • 인간이 동물을 돈, 음식, 옷의 재료, 실험 도구, 오락의 수단 등으로 사용해서는 안 된다. • 동물도 인간처럼 행복할 수 있어야 한다.	• 인간과 동물을 수직적인 측면에서 보는 관점이다. • 동물도 건강하고 행복하며 안전하게 정상적인 생활을 할 수 있도록 동물에게 불필요한 고통과 학대를 줄여야 한다. • 사람이 동물을 이용하더라도 고통을 최소화하여 인도적 관점에서 관리해야 한다.

(5) 동물의 관리

① 동물보호의 5가지 자유 원칙은 원래 농장 동물에만 적용되었다.

② 동물의 5가지 자유(Five Freedoms)와 실천방안

5가지 자유(Five Freedoms)	실천방안
불편함으로부터의 자유 (Freedom from discomfort)	동물의 특성에 맞는 편안하고 안전한 서식처를 제공한다.
갈증 및 굶주림으로부터의 자유 (Freedom from hunger and thirst)	신선하게 마실 물과 체력을 유지할 수 있는 건강한 사료를 제공한다.
정상적인 행동을 표현할 수 있는 자유 (Freedom to express normal behavior)	동물이 머물 수 있는 충분한 사육공간, 시설 등을 동물 특성에 맞게 제공한다.
고통 · 부상 · 질병 등으로부터 자유 (Freedom from pain, injury or disease)	동물이 질병에 대한 예방조치를 취하고 빠른 진단과 치료법을 제공한다.
두려움과 스트레스로부터의 자유 (Freedom from fear and distress)	심적인 고통을 피할 수 있는 상태와 환경을 조성한다.

(6) 삼원순환모델(Three Circles Model)

① 목적 : 3가지 기본 동물복지를 바탕으로 필요한 환경을 제공하는 데 목적이 있다.

② 내 용

좋은 건강	• 동물이 배고픔, 갈증, 불편함, 고통 · 부상 · 질병 등으로부터의 자유 • 양질의 먹이, 물, 안전한 환경, 질병의 최소화 등 • 기본적인 양육에서 벗어나면 동물의 건강, 성장, 생산성 등의 복지상태가 악화됨
자연스러운 생활	동물이 자연스럽게 행동하고 표현할 자유
만족스러운 감정 상태	• 배고픔, 갈증, 고통, 부상, 질병, 두려움, 스트레스로부터의 해방 • 동물의 감정, 느낌에 대한 이해 등

2 국내 반려동물의 복지 현황

(1) 반려동물의 양육

① 제3차 동물복지 종합계획에 따르면 2024년 반려동물 양육 비율은 28.6%로 나타났다.

② 2024년 동물복지에 대한 국민의식조사에서 반려동물 마리당 월평균 양육비용(병원비 포함)은 14.23만 원이고, 반려견은 17.52만 원(병원비 6.51만 원), 반려묘는 13.04만 원(4.98만 원)이다.

(2) 입양 · 파양

① 입양 및 분양

㉠ 반려동물 양육자를 대상으로 반려동물 입양 경로는 지인에게 무료 분양이 35.5%로 가장 많고, 그 다음으로는 펫숍 구입(26.2%), 보호시설(12.2%)의 순이다.

㉡ 유료로 분양받은 반려동물 양육자를 대상으로 한 반려동물 입양 비용은 평균 51.2만 원이다.

② 입양(분양)기관

㉠ 유기동물 보호기관

- 시 · 군 · 구청을 통해 구조된 유기동물은 일반적으로 자치구별 유기동물 보호기관으로 옮겨져 보호와 치료를 받는다.
- 유기동물 보호기관은 보호자 등이 보호조치 사실을 알 수 있도록 7일 이상 그 사실을 공고하며, 공고한 날부터 10일이 지나도 동물의 보호자 등을 알 수 없는 경우 해당 시 · 도 및 시 · 군 · 구가 그 동물의 소유권을 취득한다.
- 시 · 도지사와 시장 · 군수 · 구청장은 소유권을 취득한 동물이 적정하게 사육 · 관리될 수 있도록 시 · 도의 조례로 정하는 바에 따라 동물원, 동물을 애호하는 자나 민간단체 등에 기증하거나 분양할 수 있다.
- 농림축산검역본부에서 운영하는 '국가동물보호정보시스템' 홈페이지(www.animal.go.kr)를 통해 주변의 유기동물 보호기관에서 보호 중인 동물의 사진과 정보를 확인할 수 있다.

㉡ 동물보호단체

- 국내에는 여러 동물보호단체가 활동하며, 이 단체들은 자체적으로 운영하는 보호소나 지역 내 동물보호소와 연계하여 유기동물을 입양할 수 있도록 절차를 마련해 운영하고 있다.
- 동물보호단체 홈페이지에는 유기동물 입양 정보와 해당 단체에서 보호하는 동물 현황이나 사진을 확인할 수 있다.

• 국내 입양 동물보호단체

단체명	홈페이지 주소	연락처
동물보호시민단체 카라	www.ekara.org	02-3482-0999
동물권단체 케어	www.animalrights.or.kr	02-313-8886
동물자유연대	www.animals.or.kr	02-2292-6337
동물학대방지연합	www.foranimal.or.kr	-

㉢ 입양절차

• 입양 신청자 본인이 직접 방문한 것인지를 확인해야 한다. 신청자가 미성년자이면 보호자와 함께 방문하고 증빙자료를 요청해서 확인해야 한다.
• 유기동물 입양에 대해 모든 가족과 합의가 된 상태인지 확인한다.
• 입양 후 동물을 끝까지 책임지고 보살피는 것이 가능한지를 확인하며, 입양자의 주소나 연락처가 변경되면 반드시 분양 기관에 통보해야 한다.
• 입양한 동물은 양도・판매・학대・유기할 수 없으므로, 입양신청자가 동물을 신체적・정신적으로 건강하게 돌볼 수 있는 경제적 능력을 갖추었는지 확인한다.
• 입양 후 동물이 새로운 환경에 적응할 수 있게 애정과 인내심을 가지고 돌볼 수 있는지와 신청자 또는 가족 구성원이 입양한 동물과 매일 함께 보낼 수 있는 시간이 얼마나 되는지도 확인해야 한다.
• 마지막으로 입양 신청자로부터 확인한 내용을 문서로 작성하여 기록을 남긴 후, 최종 입양 허가를 낸다.

③ 파양 및 양육포기

㉠ 반려동물 양육자 중 17.1%가 반려동물 양육포기 또는 파양 고려 경험이 있는 것으로 나타났다.
㉡ 양육포기 및 파양 고려 이유는 물건 훼손, 짖음 등 동물의 행동문제(47.8%), 예상보다 많은 비용 지출(36.3%), 이사・취업 등 여건 변화(26.5%)의 순이다.

(3) 반려동물의 학대 현황

① 동물학대 목격 시 일반 시민의 행동은 경찰이나 지자체 등 국가기관에 신고(55.9%) > 동물보호단체 도움 요청(46.7%) > 직접 학대자에게 중단 요청(26.6%) > 별도의 조치를 취하지 않음(11.2%) > 기타(0.1%) 등으로 나타났다(2024 동물보호에 대한 국민의식조사, 농림축산식품부).
② 동물학대 시 별도의 조치를 취하지 않는 이유로는 시비에 휘말리기 싫어서(53.7%), 개인사에 개입이 부적절한 것 같아서(20.7%), 번거로운 신고 절차(14.6%) 등의 의견이 있었다.
③ 동물학대 행위에 대한 법적 처벌의 필요성

㉠ 동물의 물리적인 학대(구타, 방화 등) : 91.0%
㉡ 동물을 뜬장에 사육하는 행위 : 76.5%
㉢ 채광이 차단된 공간에 감금・사육하는 행위 : 89.1%
㉣ 음식물 쓰레기를 주 먹이로 급여하는 행위 : 58.8%
㉤ 2m 이내 짧은 목줄에 묶어 사육하는 행위 : 36.7%
㉥ 동물의 본능적 습성에 맞는 행동 기회를 제공하지 않는 경우(산책 등) : 66.8%
㉦ 폭염・한파에 냉난방 장치가 없는 곳에서 사육하는 행위 : 74.4%

ⓞ 동물을 좁은 공간에 감금 사육하는 행위 : 85.4%
ⓩ 미용을 목적으로 동물에게 성형을 시키는 행위(단이, 단미 등) : 68.7%

(4) 동물등록제

① 2024년 반려견 양육자의 동물등록제 인지도는 67.7%이며, 반려견 양육자의 87.9%가 실제 동물등록을 한 것으로 나타났다.

② 반려동물 소유자의 경우 89.6%가 소유자 의무교육의 도입이 필요하다고 응답하였고, 이 중 82.3%가 입양 전·후 모두 교육이 필요하다고 하였다(2024 동물보호에 대한 국민의식조사, 농림축산식품부).

3 유실·유기동물

(1) 국내 현황

① 유실·유기동물 수는 2023년 기준 전국 동물보호센터 228개소에서 113,072마리를 구조·보호 조치하였고, 이 중 39.2%만 소유자에게 반환되거나 입양·기증되었고 18%는 안락사하였다.

② 유기동물 입양 의향은 향후 1년 이내 반려동물 입양의향자의 80.9%로 나타났는데, 이는 언론과 TV 프로그램 등을 통해 유기동물 입양에 대한 긍정적 인식이 나타난 결과이다.

③ 유기동물 입양 활성화를 위해서는 지자체 동물보호센터, 민간 동물보호시설에 대한 접근성을 높이고, 시설 운영의 투명성, 엄격한 관리 등으로 신뢰할 수 있는 시설이라는 인식 개선이 요구된다.

(2) 발생예방 대책

① 발생원인

㉠ 개의 경우 연령이 높아짐에 따라 상대적인 반환율이 높아지고, 실수나 관리소홀로 인한 이탈로 나타났으며, 고양이는 야생화된 길고양이거나 그 새끼로 자체번식이 높게 나타났다.

㉡ 그 외에는 번식에 따른 개체 수 증가, 반려인의 책임부재, 양육 역량 및 인식 부족, 갑작스런 경제·생활 여건의 변화 등으로 나타났다.

② 예방대책

㉠ 품종견 : 분양 전에 사전교육 의무화나 인센티브제 등을 도입하고 양육 중 발생할 수 있는 어려움 및 비용 등에 대해 충분히 숙지시켜, 이에 대응할 수 있는 역량을 갖추도록 유도할 필요가 있다.

㉡ 비품종견 : 마당 등에 풀어놓고 키우다 그 새끼가 유실되거나, 유실된 개체가 야생화되는 양상을 보이므로 농촌 지역에서는 마당개 중성화 지원 및 캠페인 등의 유실 방지대책을 고려해야 한다.

㉢ 고양이 : 길고양이의 비중이 점차 높아지므로 적극적인 중성화 수술을 통한 개체 수의 조절이 필요하다.

(3) 유실 · 유기동물의 보호

① 입소한 동물이 질병이나 상해의 방치로 고통 속에서 죽어가지 않도록 최소한의 응급조치와 고통경감조치의 의무화가 필요하다.

② 동물보호소 입소절차와 감염병에 대한 위생 관리의 정비가 요구된다.

③ 유실 · 유기동물이 지속적인 증가추세를 보이며 수용 한계를 초과함에 따라 입소기준을 정비해야 한다.

④ 길고양이의 새끼들은 입소보다 임시보호 등을 활성화하는 것이 보호소 여건을 개선하거나 동물 복지적 측면에서도 유리하다.

⑤ 도농 간 유실 · 유기동물 발생에 차이가 있으므로 농촌의 열악한 재정여건에 대한 정부차원에서의 지원이 요구된다.

(4) 국가동물보호정보시스템(KAWIS)

① 국가동물보호정보시스템은 유실동물을 가정의 품으로 돌아가게 하고, 유기동물이 새로운 가족을 만날 수 있도록 이어주는 통로이다.

② 국가동물보호정보시스템은 유실 · 유기를 막기 위한 정책수립에 있어 기본적인 데이터를 제공하는 역할을 수행한다.

③ 농림축산검역본부 차원에서 KAWIS를 운영에 대한 지침을 내리고, 입력페이지도 담당자가 주어진 항목을 선택하는 방식으로의 변경이 필요하다.

④ 입소동물의 처리결과와 입양일, 폐사일 등을 기록하게 한다면 보호 현황에 대한 세밀한 분석 및 대안 마련에도 도움이 될 것이다.

⑤ 지방자치단체에서의 KAWIS 관리에도 노력을 기울여야 한다.

4 동물의 구조

(1) 구조 장비

① 동물 구조의 원칙

㉠ 구조자는 충분한 보호 장비를 갖추고 구조 활동을 시행해야 한다.

㉡ 구조 동물을 안전하게 포획할 방법과 도구를 사용한다.

㉢ 위험한 상황이나 동물은 반드시 2인 이상이 협력해서 구조한다.

㉣ 물리적 포획이 불가능하여 마취해야 할 경우 전문 수의사의 지시를 따라야 한다.

② 구조 장비의 종류

㉠ 기록 도구 및 구급상자 : 기록지, 펜, 카메라, 구급상자

㉡ 보호 장비 : 보호 장갑 및 보호 장비

㉢ 포획 장비 : 수건 또는 담요, 그물채, 포획용 올가미, 집게, 포획 트랩, 마취총 등

㉣ 이송 장비 : 종이 상자, 플라스틱 동물 이동장

③ 장비별 포획 순서

㉠ 포획용 집게(Animal Grasper)

- 양쪽 손에 보호 장갑을 먼저 착용한다.
- 한 손에는 집게 손잡이를 잡고 포획 대상 동물(포유류)에게 조심스럽게 다가간다.
- 집게 양쪽이 동물 목을 잡을 수 있도록 동물 쪽으로 향하게 한다. 동물이 집게를 물려고 하거나 심하게 반항하면, 다른 손으로 수건을 이용해서 수건을 물도록 한다.
- 동물의 목을 빠르게 집게 사이에 넣은 뒤 집게 손잡이를 꽉 움켜쥔다.
- 포획용 집게로 목을 완전히 제압하면, 한 손으로 목 뒷덜미를 잡은 뒤 포획용 집게를 잡고 있던 손으로 동물의 아랫목을 잡아 양손으로 목을 잡아 쥔다.
- 준비한 이동장에 빠르게 옮겨 넣는다.

㉡ 포획용 올가미(Control Pole)

- 풀림 손잡이를 잡아당겨 올가미를 가장 크게 만든 상태에서 포획 대상 동물에게 접근한다.
- 올가미를 움직여가며 동물의 목과 한쪽 앞발이 동시에 잡힐 수 있도록 조절한다.
- 발과 목이 함께 올가미 안으로 들어왔을 때 조임 손잡이를 빠르게 잡아당겨 올가미를 조여 포획한다.
- 동물을 포획한 상태로 준비한 이동장에 신속히 옮기고 상자에서 탈출하지 못하도록 한다.
- 이동장에서 풀림 손잡이를 잡아당겨 올가미를 빼낸다.

㉢ 그물채

- 양손으로 그물채를 잡고 포획 대상 동물에게 접근한다.
- 동물의 머리 쪽으로 그물 입구를 향하게 한 뒤 빠르게 그물로 덮는다.
- 동물이 완전히 그물 안에 들어간 것을 확인하고 안전하게 손으로 잡아서 빼내어 이송상자에 옮긴다.
- 필요한 경우, 보호 장갑을 착용한 상태에서 수건을 이용해 동물의 눈을 가려준 뒤 그물에서 빼내도록 한다.

(2) 유기동물 구조 요령

① 신고 접수

㉠ 유기동물 구조 신고를 접수하면 신고자로부터 동물 종(種)이나 건강 상태, 위치 등을 확인한다.

㉡ 신고를 받은 동물의 자세한 정황과 정보를 토대로 구조 여부를 판단한다.

㉢ 맨눈으로 보아 건강상태가 양호한 잡종견, 떠돌이 생활에 적응된 상태의 반려동물, 새끼 고양이 등은 꼭 도움이 필요한 상태인지 구분할 수 있어야 한다.

② 포 획

㉠ 친화적이거나 쇠약한 유기동물

사람에 대한 친화력이 있거나 쇠약한 상태의 유기동물은 안전하게 이송할 수 있는 동물 이동장만을 사용한다.

㉡ 공격적인 유기동물

- 포획하려고 접근 시 공격적인 반응을 보이거나 도망치는 유기동물은 보호 장갑과 포획용 올가미나 그물, 트랩(Live Trap) 등이 필요하다.

- 그물 총이나 마취 총 사용이 필요할 수도 있으나, 포획 과정에서 동물이 다칠 수 있으므로 다른 포획 방법으로는 구조가 어려울 때에만 사용해야 한다.
- 포획 과정에서 마취제를 사용할 경우 반드시 수의사의 지시를 따른다.

㉢ 질병 감염 가능성 있는 유기동물

- 질병 감염 가능성이 있는 유기동물 구조 시에는 개인위생과 방역을 신중히 해야 하고, 구조 활동에 사용된 물품이나 장비는 반드시 세척한 후 소독을 시행해야 한다.
- 질병 감염이 의심되면 현장에서 질병 진단 키트를 사용하여 검사를 진행하고 검사 결과 양성으로 확인될 경우 이송할 보호기관에 미리 알려 보호 중인 다른 동물에게 옮길 수 있는 질병 전파 가능성을 차단해야 한다.
- 유기동물 구조 신고를 받은 뒤 현장에 나가기 전에 필요한 구조 장비를 미리 챙겨갈 수 있도록 한다.
- 현장에서 구조 활동을 진행할 때는 동물의 상태를 먼저 확인한 뒤 어떤 포획 장비와 도구를 사용할지 결정하고 구조자 자신의 안전과 동물의 안전을 모두 고려하여 신속하게 구조한다.

③ 이 송

㉠ 안전하게 동물을 구조한 뒤 동물의 건강 상태와 내장형 마이크로칩을 확인할 수 있는 동물병원이나 전문보호기관으로 이송한다.

㉡ 유기동물의 종과 상태를 고려하여 구조자가 이송과정에서 주의해야 할 점

- 동물이 탈출하거나 다치지 않도록 알맞은 이동장을 사용한다.
- 가까운 유기동물 보호기관으로 이송하여 안정을 취할 수 있도록 한다.
- 신속한 이송이 불가능한 경우를 제외하고 가급적이면 구조 동물에게 먹이나 물을 주지 않도록 한다.
- 이동장을 실은 차량은 실내가 너무 춥거나 덥지 않도록 적정 온도를 유지해야 한다.

④ 구조 순서

㉠ 구조할 유기동물 종과 주변 여건에 맞는 생포용 트랩을 준비한다.

㉡ 설치한 트랩에 사람들이 접근하거나 트랩을 건드리지 않도록 안내판을 만들어 트랩 바깥에 부착한다.

㉢ 유기동물을 트랩으로 유인할 먹이를 준비한다.

㉣ 생포용 트랩을 설치한다.

㉤ 트랩 안에 유인용 먹이를 놓는다.

㉥ 트랩에 동물이 포획되었는지 수시로 확인한다.

㉦ 유기동물이 트랩에 포획되면 안전하게 이송한다.

(3) 구조 동물 사육환경

① 사육장의 기본 요건

㉠ 사육장은 동물의 생태적 특성을 고려해서 조성하며 안락함, 위생 요건 등을 갖춘다.

㉡ 수의사 등은 구조된 동물에게 알맞은 형태의 구조로 된 사육시설을 제공해야 한다.

㉢ 사육장은 내・외부의 강한 충격에 견딜 수 있도록 구조적으로 견고해야 하며, 사육될 동물이 구조물에 의해 상처를 입어 고통받지 않도록 적절한 재질로 만들어야 한다.

㉣ 소독과 청소, 유지 보수가 쉬워야 하며 다른 동물이 들어올 수 없게 해야 한다.
㉤ 추위와 더위, 많은 비와 눈을 피할 수 있는 보금자리가 제공되어야 한다.
㉥ 구조된 동물이 편안하게 쉬고 자유롭게 움직일 수 있도록 해 준다.

② 사육장 안전 사항
㉠ 동물이 갇히거나 뒤얽힐 수 있는 부분이 없어야 한다.
㉡ 날카로운 모서리나 돌출부가 없어야 한다.
㉢ 은신처를 잘 갖추고 사람과 동물 모두 '뛸 수 있을 정도'의 공간을 확보해야 한다.
㉣ 배수가 잘되는 바닥재를 사용하여 기반을 잘 다져야 한다.
㉤ 선반처럼 튀어나온 부분이 의도하지 않은 횃대로 이용되지 않도록 한다.
㉥ 모든 사육장은 적절한 잠금장치가 있어야 한다.
㉦ 가능하다면 스트레스를 최소화하기 위한 먹이 전용문을 만들어 놓는다.

(4) 질병 관리

① 수의사 등은 국내에서 발생하는 유기동물의 감염성 질병에 대한 정보를 사전에 충분히 알고 있어야 한다.
② 감염성 질병에 걸린 동물은 다양한 전파 경로를 통해 사육 중인 다른 동물이나 사람에게까지 질병을 옮길 수 있으므로 철저한 관리가 필요하다.
③ 광견병, 개홍역, 조류 인플루엔자 등 주요 감염성 질병을 신속하게 검사할 수 있는 간이 검사 키트를 평상시 갖추어 둔다면 구조 현장에서 바로 확인할 수 있다.
④ 많은 질병이 동물과 사람 간 서로 전파되므로 시설의 청결은 질병 전파 및 오염 예방 차원에서 매우 중요하다.
⑤ 청소 절차는 관리, 시설, 사육장, 종과 동물의 상태에 따라 다르므로 효율적인 청소 계획을 수립 후 적절한 소독제를 사용하면 시설 내 질병 전파 가능성을 줄일 수 있다.
⑥ 시중에서 판매하는 소독제 종류와 사용법을 충분히 숙지하여 구조 동물과 사육장에 가장 적합한 제품을 선택하고, 주기적으로 소독해야 한다.

(5) 상처 관리

① 사육 상태의 동물은 지속적인 탈출 시도 과정에서 이빨과 발톱이 다칠 수 있다.
② 동물이 안정을 찾을 수 있도록 환경을 개선하는 것이 가장 좋은 예방법이며, 상처가 생겼다면 일반적인 동물의 치료 방법을 따른다.

5 동물학대

(1) 동물학대의 개요

① 정 의

동물을 대상으로 정당한 사유 없이 불필요한 신체적 고통과 스트레스를 주는 행위 및 굶주림, 질병 등에 대해 적절한 조치를 게을리하거나 방치하는 행위이다.

② 유형 : 신체적 학대, 성적 학대, 방임 및 유기, 정서적 학대

(2) 신고와 학대 대응 메뉴얼

① 신고 : 동물학대 목격 시 경찰과 지자체 동물보호담당관, 동물보호단체 등에 할 수 있다.

② 현장 출동 : 동물학대가 벌어지는 경우 경찰, 동물보호담당관이 현장에 출동하도록 요구할 수 있고, 피학대 동물의 상태에 따라 지방자치단체가 3일 이상 격리조치를 할 수 있다.

③ 수사와 재판 : 경찰과 검찰에서 수사하고 법원은 재판을 통해 유·무죄의 여부와 형을 결정하고 집행한다.

④ 학대 대응 매뉴얼

㉠ 학대 현장을 확인하고 증거를 수집하며 목격자와 학대자의 진술을 받는다.

㉡ 제보자의 이름과 연락처를 기록한다.

㉢ 신체적 학대의 경우 동물에 남겨진 상처 양상과 가해도구(손, 발, 물건 등)가 일치하는지 현장에서 1차 확인하고 기록한다.

㉣ 피학대 동물 및 학대 현장 사진, 영상 등의 시각화 자료를 남긴다.

㉤ 동물이 있던 위치와 환경, 학대에 사용된 물건, 학대 피해를 입은 환부 등을 촬영한다.

㉥ 응급상황의 경우 보호자로부터 학대동물을 격리 조치할 수 있다. 이때 병원 치료비(보호비용)는 보호자(소유자)에게 청구하며, 소유권 포기 시 비용의 일부 또는 전부 면제가 가능하다.

㉦ 독극물에 의한 사망이 의심되면 사체의 부검이 필요하고 농림축산검역본부에서 진행한다.

6 동물보호 · 복지 관련 규정

(1) 고양이 중성화 사업 실시 요령(농림축산식품부 고시 제2021-88호)

① 목적 : 길고양이의 생태적 특성을 고려한 보호 및 사람과의 조화로운 공존에 이바지하고자 한다.

② 적용대상 : 도심지 · 주택가에서 자연적으로 번식하여 자생적으로 살아가는 고양이에 대해 시 · 도지사 또는 시장 · 군수 · 구청장이 시행하거나 위탁한 중성화 사업을 대상으로 한다.

③ 사업 시행 : 개설된 동물병원, 대한수의사회 또는 그 지부 등, 그러나 포획 · 방사 사업의 경우는 동물보호단체, 민간사업자 등이 대행할 수 있다.

④ 포획 · 관리

㉠ 포획 시 발판식 통 덫 등 안전한 포획틀 사용

㉡ 장마철 : 포획 시 길고양이가 비에 맞지 않도록 고려할 것

㉢ 혹서기 : 포획틀이 직사광선에 노출되지 않도록 그늘에 설치, 이른 아침과 일몰 후 포획, 포획틀 바닥에 신문지 등을 깔고 온도가 높지 않은 곳에 설치

㉣ 혹한기 : 눈 · 얼음이 언 곳을 피해 포획틀을 설치, 포획틀 바닥에 신문지 등 보온재를 깔고 설치, 포획틀 안에 방치되지 않게 신속히 길고양이를 이동시킬 것

⑤ 중성화 수술

㉠ 중성화 수술은 수의사가 해야 한다.

㉡ 포획된 후 만 24시간 이내 실시하고, 수술이 어려우면 개체관리카드에 사유를 기록한다.

㉢ 마취 · 수술 중 수태가 확인되면 충분한 회복시간을 거쳐 방사하고, 포유가 확인되면 수술을 하지 않고 마취가 깨면 즉시 방사한다.

㉣ 수술은 감염을 최소화한 환경에서 멸균된 수술 기구를 이용한다.

㉤ 수술 시 제모를 하는 등으로 오염되지 않게 유의하고, 필요 시 적절한 항생제를 사용한다.

㉥ 수술 봉합사(縫合絲)는 흡수성 재질로 봉합하고, 수의사의 판단에 따라 생체 접착제를 사용하는 것이 가능하다.

㉦ 수의사는 수술 시 기생충 구충과 광견병 예방접종 등 간단한 처치가 가능하다.

㉧ 중성화 수술 후 중성화된 개체임을 알 수 있도록 길고양이의 좌측 귀 끝부분의 약 1cm를 제거 후 지혈 여부를 확인하여 필요한 조치를 한다.

㉨ 수술 후 마취에서 회복되기 전 진통제 투여 등 통증 관리를 한다.

㉩ 마취가 깨는 것을 확인하고, 방사 전까지 출혈 · 식욕 결핍 등 이상 징후를 확인한다.

㉪ 겨울철에 중성화 수술을 시행한 암컷의 제모 면적을 최소화하고 회복기간 중 체온을 유지 · 관리한다.

⑥ 방 사

㉠ 이상 징후가 없다면 수술한 때로부터 수컷은 24시간 이후, 암컷은 72시간 이후 포획한 장소에 방사한다.

- 장마철 : 비를 피할 수 있는 환경에서 방사
- 혹서기 : 아침 또는 저녁 등 하루 중 기온이 낮은 시간대에 방사
- 혹한기 : 방사일로부터 기온이 0℃ 이하로 3일 이상 지속될 경우 방사를 자제

㉡ 수의사의 판단에 따라 길고양이의 안전을 위해 방사를 늦출 수 있으며, 개체관리카드에 사유를 기록한다.

㉢ 방사는 원칙적으로 포획한 장소에 해야 하나, 포획한 곳에 방사가 어려우면 자치구와 협의 후 진행하며 사유를 개체관리카드에 기록한다.

(2) 질병관리청 동물실험윤리위원회 운영규정(질병관리청 예규 제134호)

① 목적 : 질병관리청에 설치하는 동물실험윤리위원회 및 실험동물운영위원회의 구성과 운영 등에 관하여 필요한 사항을 규정한다.

② 위원회의 권한과 의무

㉠ 동물 실험의 윤리적·과학적 타당성에 대한 심의 및 승인

㉡ 실험동물 또는 동물 실험 및 시설의 관리와 운영에 필요하여 청장이 정하는 내부규정 등에 관한 사항

㉢ 실험동물의 생산·도입·관리·실험 및 이용과 실험이 끝난 후 해당 동물의 처리에 관한 확인 및 평가

㉣ 동물실험시설 종사자 및 연구자 등에 대한 교육훈련 등의 확인 및 평가

㉤ 동물실험시설 운용 실태의 확인 및 평가

㉥ 그 밖에 동물 실험의 윤리성, 안전성 및 신뢰성을 확보하기 위하여 위원장이 필요하다고 인정하는 사항

③ 보고서 제출

㉠ 다음의 사항이 포함된 보고서를 다음 연도 1월 말까지 청장에게 제출해야 한다.

- 연간 동물실험계획 심의·승인 현황
- 동물실험시설 실태조사 결과 및 미비점 개선 방안
- 동물 실험 및 시설, 교육·훈련 사항 등에 관한 권고사항

㉡ 위원회는 연 1회 이상 위원회에서 승인된 동물 실험에 대한 지도·점검 및 동물 실험에 관련된 내부 불만족 사항에 대하여 조사하고 그 결과를 청장에게 제출해야 한다.

④ 심의 방법

㉠ 동물실험계획을 승인받고자 하는 자는 동물실험계획 승인신청서, 동물실험계획 재승인신청서, 동물실험계획 변경승인신청서 중 해당하는 서식을 작성하여 필요한 자료와 함께 질병보건통합관리시스템을 이용하거나 서면으로 위원회에 제출해야 한다.

㉡ 신규로 동물실험계획 승인신청을 하는 경우는 동물실험계획 승인신청서를 제출해야 하며, 위원회는 1년 단위로 동물실험계획을 승인하는 것을 원칙으로 한다.

- 신규과제에서 동물 실험이 필요한 경우
- 연속과제에서 연차마다 다른 동물 실험을 실시할 경우 당해년도에 해당하는 동물 실험
- 기존에 승인받은 동물실험계획을 변경하고자 할 때 변경승인신청에 해당하지 않는 경우
- 완료된 과제에 대해 추가로 동물 실험이 필요한 경우

㉢ 매년 동일한 동물 실험이 반복되는 동물실험계획은 위원회가 최대 3년간 이를 승인할 수 있다. 이 경우 해당 과제 책임자는 최초 승인 다음 연도부터 동물실험계획 재승인신청서를 작성하여 매년 위원회에 제출하여 승인을 받아야 한다.

㉣ 승인받은 동물실험계획 중에서 다음 사항을 변경하고자 하는 자는 동물실험계획 변경승인신청서를 제출해야 한다. 다만, 연구 책임자 또는 실험수행자의 변경 또는 실험기간의 변경 또는 3개월 이내의 실험기간 연장을 변경하는 경우에는 위원회의 별도 심의 없이 위원장이 승인 여부를 결정할 수 있다.

- 비생존수술에서 생존수술로 변경
- 영장류를 제외한 동물 종·계통·성별 또는 사용 마릿수의 50% 이하의 증가
- 생물학적 위해물질의 사용 변경
- 시료채취 및 투여, 실험장소의 변경
- 진정·진통·마취 방법의 변경
- 안락사 방법의 변경
- 연구 책임자 또는 실험수행자의 변경
- 실험기간의 변경 또는 3개월 이내의 실험기간 연장

㉤ 동물실험계획 심의 방법 및 심의 평가 기준 등

- 동물 실험의 필요성 및 타당성
- 동물구입처의 적정성(식품의약품안전처에 실험동물공급자로 등록된 업체이어야 함)
- 동물 실험의 대체방법 사용 가능성 여부
- 동물 실험 및 실험동물의 관리 등과 관련하여 동물 복지와 윤리적 취급의 적정성 여부
- 실험동물의 종류 선택과 그 수의 적정성
- 실험동물의 안락사 방법의 적정성과 인도적 종료시점의 합리성
- 실험동물이 받는 고통과 스트레스의 정도
- 고통이 수반되는 경우 고통 감소방안 및 그 적정성
- 동물 실험의 금지 등(「동물보호법」 제49조)의 준수 여부
- 실험동물의 사용 등(「실험동물에 관한 법률」 제9조)에 관한 사항
- 동물 실험수행자의 동물 실험 및 실험동물의 관리 등과 관련된 지식 및 교육·훈련 이수 여부
- 기타 위원회가 실험동물의 보호와 윤리적인 취급을 위하여 필요하다고 인정하는 사항

㉥ 위원은 위원회에 상정된 안건 중 동물실험계획이 수반되는 안건에 대하여 질병보건통합관리시스템에 따른 심의 평가 절차를 따르거나, 이 규정의 동물실험계획 심의평가서와 그 평가항목별 세부평가기준에 의하여 심의·평가하고 그 종합 심의평가결과에 따라 의결해야 한다. 이 의결에 참여한 위원은 심의 평가한 안건별로 지침에 따라 동물실험계획 심의평가서를 작성하여 위원장에게 온라인 또는 서면으로 제출해야 한다. 이미 승인받은 동물실험계획의 변경에 대한 승인 여부를 의결하는 경우에도 이와 같다.

㉦ 동물 실험을 위한 모든 동물 구입 및 실험은 위원회의 동물실험계획 승인을 받은 후 실시해야 하며, 위원회는 승인을 받기 전 실시된 동물 실험에 대해서는 심의·평가하지 않는다. 다만, 위원장이 긴급하거나 부득이한 사유로 특별히 필요하다고 인정하는 경우에는 사후 심의를 할 수 있다.

⑤ 점검 및 불만사항 처리 등

㉠ 위원 또는 간사는 승인된 동물실험계획에 따라 동물 실험이 수행되는지를 연 1회 이상 점검하고 그 결과를 위원장에게 보고해야 한다. 보고사항에는 다음의 내용을 포함한다.

- 승인된 동물실험계획서에 의거한 동물 실험 실시 여부
- 동물 실험과 관련된 사항에 대한 애로사항 및 불만사항
- 정당한 불만사항에 대한 개선방안

㉡ 위원회는 승인된 계획과 일치하지 않은 방법으로 진행 중인 실험에 대해서는 이를 중지 또는 승인철회할 수 있다.

㉢ 위원회는 승인된 동물 실험절차를 따르지 않는 직원에 대해 상담 및 특별교육의 실시, 경고장, 동물사용 또는 실험수행에 대한 일시적 또는 제한적 취소와 같이 조치할 수 있다.

㉣ 위원장은 점검결과 및 조치사항을 지체 없이 청장에게 보고해야 한다.

⑥ 기록 유지 및 보관

위원장은 회의록 등 위원회 구성 및 운영 관련 자료를 회의 종료일로부터 3년 이상 보관해야 한다.

(3) 동물도축 세부규정(농림축산검역본부 고시 제2024-22호)

① 목적 : 동물을 혐오스럽거나 잔인한 방법으로 도살해서는 안 되며, 도축과정에서도 고통을 최소화하는 방법으로 도축하기 위한 세부사항을 규정하기 위함이다.

② 용어 정의

㉠ 하차 : 동물의 도축과 관련하여 차량의 적재공간으로부터 일정장소로 동물을 옮기는 과정

㉡ 계류 : 도축 전 도축장 내 및 인근에서 동물을 대기시키는 것

㉢ 보정 : 동물을 기절시키기 전에 동물의 이동을 제한·고정하여 움직이지 못하도록 하는 것

㉣ 기절 : 물리적·전기적·화학적·기타 방법으로 동물의 의식을 상실하게 하는 것

③ 적용범위 : 소, 돼지, 닭, 오리

④ 하차 시설

㉠ 하차 장비 및 시설 관리

- 하차 시 동물의 추락이나 미끄러짐의 방지 가능
- 하차대에서 동물이 추락한 경우, 동물이 계류 시설로 걸어서 이동할 수 있는 경사로가 구비되어야 함
- 하차대는 최대한 지면과 수평이 되도록 설치·운용되며, 하차 각도는 축종별로 소는 26°, 돼지는 20°를 초과하면 안 됨
- 닭, 오리의 하차 시 낙하 높이의 최소화 방안을 고려해야 함

㉡ 동물의 인도적 취급을 위한 준수사항

- 동물의 이동을 위해 큰 소리를 내거나 폭력 및 전기몰이 도구를 사용해서는 안 됨
- 하차 시 동물이 정상적인 걸음걸이 속도로 계류 시설로 이동하도록 하고, 동물의 부상·상해 여부 등을 확인

㉢ 검사관·수의사의 판단 하에 회복될 수 없는 심각한 부상을 입은 동물은 우선 도축되어야 함

⑤ 계류 시설 등

㉠ 계류장은 마리당 적정 사육밀도(소 마리당 4.99㎡, 돼지 0.83㎡ 이상)에 따라 적절한 수의 동물을 수용할 수 있어야 하며, 동물이 자유롭게 서거나 누워서 휴식을 취할 수 있어야 한다.

㉡ 함께 운송된 동물은 공간의 허용 범위 내의 동일구획 내에서 휴식을 취할 수 있게 해야 한다.

㉢ 계류사의 급수기는 동물이 쉽게 사용할 수 있게 설치・운용되고, 동절기에도 항시 사용 가능해야 한다.

㉣ 계류사에는 온열 스트레스 관리, 오염물질 제거를 위한 분무・샤워장비가 설치・운용되어야 한다.

㉤ 동물이 안정을 취할 수 있도록 계류장 내부는 적절한 밝기의 조명시설을 설치하며, 유해가스의 배출을 위하여 적절한 환기가 이루어져야 한다.

㉥ 아프거나 부상을 입은 동물을 격리시키고, 필요한 경우 인도적으로 기절할 수 있는 격리용 우리를 설치한다. 격리용 우리는 하역장소와 가깝고 기절작업을 하는 구역으로 쉽게 이동할 수 있는 위치에 설치해야 한다.

㉦ 공격적 성향이 있는 동물은 다른 동물들과 분리하여 따로 계류한다.

㉧ 직사광선과 악천후로부터 피할 수 있도록 설계한다.

㉨ 동물은 적정시간을 계류시키되, 12시간을 초과하면 안 된다.

⑥ 동물 보정 시 준수사항

㉠ 의식이 있는 동물에게 고통을 유발시킬 수 있는 보정 방법을 사용하여서는 안 된다.

㉡ 의식 있는 상태의 동물의 발이나 다리를 매달아 들어 올리거나, 물리적 상해를 유발하는 보정은 수행되어서는 안 된다. 단, 닭・오리는 의식이 있는 상태에서 다리를 매달아 보정할 수 있다.

㉢ 섀클(Shackle)로 닭・오리를 이동시킬 경우, 섀클 작업실 내부 및 전기수조까지의 이동로에 낮은 조도의 조명을 사용하거나 푸른색의 조명을 사용한다. 의식이 있는 상태에서 섀클에 매달려 이동하는 시간을 가급적 최소화한다.

㉣ 조류의 경우, 섀클에 걸려서 기절하기까지의 이동시간을 최소화하며, 이동시간은 1분을 초과해서는 안 된다.

⑦ 동물 기절 시 준수사항

㉠ 동물을 기절시키기 전에, 사용될 기절 방법에 따른 적합한 보정법으로 동물을 보정한다.

㉡ 기절 시 사용되는 모든 기구 및 시설은 적절하게 조립・운용되어야 하며, 주 1회 이상 정기점검을 실시하고 문제 발생 시에는 적절한 조치를 취한다.

㉢ 기절은 가축의 특성에 적합한 방법으로 최대한 신속하게 하며, 축종별 기절 방법은 소(타격법), 돼지(타격법, 전살법, CO_2가스법), 닭(전살법, CO_2가스법), 오리(전살법)이 있다.

㉣ 최초의 시도로 동물이 완전하게 기절하지 않았거나 의식을 회복한 경우에는 즉시 동일 방법으로 재시도하거나 보조 방법으로 동물이 신속하게 기절상태에 이르게 한다.

⑧ 방혈 시 준수사항

㉠ 방혈은 반드시 완전하게 기절한 상태의 동물에 한하여 실시한다.

㉡ 기절 방법에 따른 방혈 시작 시간

- 비관통형 타격법, 전기법을 이용해 기절한 경우 : 20초 이내
- 가스법을 이용해 기절한 경우 : 체임버를 나온 후로부터 60초 이내에 방혈 개시

㉢ 방혈은 최소한 한쪽 경동맥의 절단을 통해 이루어져야 하며, 방혈 중에 동물이 죽음에 이르도록 한다.

㉣ 방혈 시 사용되는 기구 및 시설은 적절하게 조립·운용되고 정기점검이 이루어져야 한다.

㉤ 방혈 시작 후 30초 이내에는 탕박·박피 등 이후의 과정을 진행하여서는 안 된다.

(4) 동물등록번호 체계 관리 및 운영규정(농림축산검역본부 고시 제2021-5호)

① 목적 : 동물등록번호 체계 관리 및 운영 등에 필요한 사항을 규정하기 위함이다.

② 용어 정리

㉠ 동물등록번호 : 등록대상동물의 소유자가 등록을 신청하는 경우 개체식별을 위해 동물등록번호 체계에 따라 부여되는 고유번호이다.

㉡ 무선전자개체식별장치(Radio-frequency Identification) : 동물의 개체식별을 목적으로 동물 체내에 주입(내장형)하거나 동물의 인식표 등에 부착(외장형)하는 무선전자표식장치이다.

㉢ 동물등록번호 체계 : 동물등록에 사용되는 무선식별장치(내장형 및 외장형)에 부여된 동물등록 번호의 구조이다.

㉣ 국가동물보호정보시스템 : 등록동물 등에 필요한 관련정보를 통합·관리하는 전산시스템이며, 이의 인터넷주소는 www.animal.go.kr이다.

③ 동물등록번호 관리 등

㉠ 무선식별장치 공급업체는 무선식별장치 등록번호에 중복 등 오류가 발생하지 않도록 관리해야 한다.

㉡ 시장·군수·구청장은 동물등록 대행기관에게 동물등록 업무를 위임하기 전에 동물등록 방법, 무선식별장치의 번호 관리 방법, 동물등록 시 발생하는 개인 정보의 이용제한, 그 밖에 이 고시의 규정사항을 숙지하도록 연 1회 이상 교육을 실시해야 한다.

(5) 명예동물보호관 운영규정(농림축산식품부 고시 제2023-89호)

① 목적 : 명예동물보호관의 운영에 관한 세부사항을 규정한다.

② 명예동물보호관의 활동 방법

㉠ 동물등록 등에 관한 지도·홍보, 위반사항의 감시·신고활동을 자율적으로 수행한다.

㉡ 위촉기관이 실시하는 지도·홍보, 동물학대 등 법 위반사항의 감시·신고 등에 관한 활동을 동물보호감시원과 공동으로 수행한다.

③ 교 육

㉠ 교육과정 : 동물보호법령, 동물보호·복지정책의 이해, 안전하고 위생적인 동물사육, 관리 및 질병예방, 동물복지이론 및 국제적인 동향, 그 밖에 동물의 구조, 관계법령 등 동물보호, 복지에 관한 사항이다.

㉡ 위촉기관의 장은 명예동물보호관으로 위촉된 자에 대하여 연 1회 이상 임무수행에 관한 필요한 교육을 실시할 수 있으며, 이 경우 교육의 효과를 높이기 위하여 농림축산식품부장관이 정한 교육기관에 위탁하여 실시할 수 있다.

㉢ 명예동물보호관으로 위촉받고자 신청하는 자는 교육을 6시간 이상 받아야 한다.

④ 명예동물보호관의 활동수당 등 지급

㉠ 위촉기관의 장은 명예동물보호관이 임무를 수행한 경우 활동수당을 1일 50,000원 범위 내에서 지급할 수 있으며, 활동수당과 별도로 공무원 여비규정에 준하여 여비를 지원할 수 있다. 다만, 1일 4시간 이상의 활동에 한하여 1인당 연 50일의 범위 내에서 지급하며, 동물보호 및 동물복지에 관한 교육・상담・홍보 및 지도활동은 위촉기관의 장이 계획을 수립하여 추진한 경우에 한하여 지급할 수 있다.

㉡ 위촉기관의 장이 실시한 교육에 참석한 명예동물보호관에게 수당을 지급할 경우에는 활동수당에 준하여 지급할 수 있다.

⑤ 행정사항

㉠ 검역본부장은 명예동물보호관의 운영에 필요한 경우 위촉기관의 장에게 명예동물보호관의 위촉 및 해촉 현황을 보고하도록 할 수 있다.

㉡ 시・도지사는 검역본부장에게 명예동물보호관 활동수당 등의 지급을 신청하는 경우, 서식을 매월 말일까지 제출해야 한다.

㉢ 활동실적이 우수한 명예동물보호관을 선정하여 정부포상 등을 실시할 수 있다.

㉣ 위촉기관의 장은 명예동물보호관이 훼손 또는 분실로 명예동물보호관증의 재교부를 신청하고자 하는 경우에는 훼손 또는 분실 사유서를 제출해야 한다.

(6) 동물보호센터 운영 지침(농림축산식품부 고시 제2021-89호)

① 목적 : 이 지침은 동물의 구조・보호 및 동물보호센터 운영에 관하여 필요한 사항을 정함에 있다.

② 적용대상 : 설치・지정된 동물보호센터

③ 보호조치 동물의 범위

㉠ 도로・공원 등의 공공장소에서 소유자 등이 없이 배회하거나 내버려진 동물(이하 "유실・유기동물") 및 길고양이 중 구조 신고된 고양이로 다치거나 어미로부터 분리되어 스스로 살아가기 힘들다고 판단되는 3개월령 이하의 고양이. 단, 센터에 입소한 고양이 중 스스로 살아갈 수 있는 고양이로 판단되면 즉시 구조한 장소에 방사해야 한다.

㉡ 학대를 받은 동물 중 소유자를 알 수 없는 동물

㉢ 소유자로부터 학대를 받아 적정하게 치료・보호받을 수 없다고 판단되는 동물

④ 조직 및 인력

㉠ 센터장은 유실・유기동물의 구조・보호, 질병 관리, 반환・분양 등의 업무를 연속적으로 수행하기 위하여 적절한 인력을 배치해야 한다.

㉡ 센터장은 센터 운영자, 수의사, 사무직 종사자, 유실・유기동물의 구조원, 보호・관리업무 담당자, 반환・분양업무 담당자 등을 고용해야 하며, 센터의 규모 및 업무 비중에 따라서 탄력적으로 인력을 배치할 수 있다.

㉢ 센터 종사자의 업무범위

- 센터 운영자 : 센터의 총괄 운영, 관리
- 수의사 : 질병 예찰・치료・관리, 교육, 인도적 처리 등
- 사무직 종사자 : 센터의 세부운영, 예・결산, 「동물보호법 시행규칙」 제17조에 따른 센터 운영위원회 관리 등

• 유실 · 유기동물 구조원 : 구조차량 및 장비를 이용한 유실 · 유기동물의 포획 · 구조 · 응급조치 · 운송 업무
• 보호 · 관리업무 담당자 : 센터 내 보호조치 중인 동물에 대한 사료 · 물 등의 급여 및 위생 · 관리 업무
• 반환 · 분양업무 담당자 : 센터 내 보호조치 중인 동물의 반환 · 분양업무 및 국가동물보호정보시스템(KAWIS) 관리 업무

㉣ 이 외의 업무는 센터 운영자가 담당자를 지정하여 업무를 처리하게 할 수 있다.

⑤ 시설 및 인력기준(동물보호법 규칙 별표 4)

㉠ 일반기준

• 보호실, 격리실, 사료보관실 및 진료실을 각각 구분하여 설치해야 하며, 동물 구조 및 운반용 차량을 보유해야 한다. 다만, 시 · 도지사 · 시장 · 군수 · 구청장 또는 지정 동물보호센터 운영자가 동물의 진료를 동물병원에 위탁하는 경우에는 진료실을 설치하지 않을 수 있으며, 지정 동물보호센터의 업무에 구조업무가 포함되지 않은 경우에는 구조 및 운반용 차량을 보유하지 않을 수 있다.
• 동물의 탈출 및 도난 방지, 방역 등을 위하여 방범시설 및 외부인의 출입을 통제할 수 있는 장치가 있어야 하며, 시설의 외부와 경계를 이루는 담장이나 울타리가 있어야 한다. 다만, 단독건물 등 시설 자체로 외부인과 동물의 출입통제가 가능한 경우에는 담장이나 울타리를 설치하지 않을 수 있다.
• 시설의 청결 유지와 위생 관리에 필요한 급수시설 및 배수시설을 갖추어야 하며, 바닥은 청소와 소독이 용이한 재질이어야 한다. 다만, 운동장은 제외한다.
• 보호동물을 인도적인 방법으로 처리하기 위해 동물의 수용시설과 독립된 별도의 처리공간이 있어야 한다. 다만, 동물보호센터 내 독립된 진료실을 갖춘 경우 그 시설로 대체할 수 있다.
• 동물 사체를 보관할 수 있는 잠금장치가 설치된 냉동시설을 갖추어야 한다.
• 동물보호센터의 장은 동물의 구조 · 보호조치, 반환 또는 인수 등 동물보호센터의 업무를 수행하기 위하여 센터 여건에 맞게 동물보호센터의 장을 포함하여 보호동물 20마리당 1명 이상의 보호 · 관리 인력을 확보해야 한다.

㉡ 개별기준

• 보호실은 다음의 시설조건을 갖추어야 한다.
  - 동물을 위생적으로 건강하게 관리하기 위해 온도 및 습도 조절이 가능해야 한다.
  - 채광과 환기가 충분히 이루어질 수 있도록 해야 한다.
  - 보호실이 외부에 노출된 경우, 직사광선, 비바람 등을 피할 수 있는 시설을 갖추어야 한다.
• 격리실은 다음의 시설조건을 갖추어야 한다.
  - 독립된 건물이거나, 다른 용도로 사용되는 시설과 분리되어야 한다.
  - 외부환경에 노출되어서는 안 되고, 온도 및 습도 조절이 가능하며, 채광과 환기가 충분히 이루어질 수 있어야 한다.
  - 전염성 질병에 걸린 동물은 질병이 다른 동물에게 전염되지 않도록 별도로 구획되어야 하며, 출입 시 소독 관리를 철저히 해야 한다.
  - 격리실은 보호 중인 동물의 상태를 외부에서 수시로 관찰할 수 있는 구조여야 한다. 다만, 해당 동물의 생태, 보호 여건 등 사정이 있는 경우는 제외한다.

• 사료보관실은 청결하게 유지하고 해충이나 쥐 등이 침입할 수 없도록 해야 하며, 그 밖의 관리물품을 보관하는 경우 서로 분리하여 구별할 수 있어야 한다.
• 진료실에는 진료대, 소독장비 등 동물의 진료에 필요한 기구 · 장비를 갖추어야 하며, 2차 감염을 막기 위해 진료대 및 진료기구 등을 위생적으로 관리해야 한다.
• 보호실, 격리실 및 진료실 내에서 개별 동물을 분리하여 수용할 수 있는 장치는 다음의 조건을 갖추어야 한다.
  – 장치는 동물이 자유롭게 움직일 수 있는 충분한 크기로서, 가로 및 세로의 길이가 동물의 몸길이의 각각 2배 이상 되어야 한다. 다만, 개와 고양이의 경우 권장하는 최소 크기는 다음과 같다.

소형견(5kg 미만)	50 × 70 × 60(cm)
중형견(5kg 이상 15kg 미만)	70 × 100 × 80(cm)
대형견(15kg 이상)	100 × 150 × 100(cm)
고양이	50 × 70 × 60(cm)

  – 평평한 바닥을 원칙으로 하되, 철망 등으로 된 경우 철망의 간격이 동물의 발이 빠지지 않는 규격이어야 한다.
  – 장치의 재질은 청소, 소독 및 건조가 쉽고 부식성이 없으며 쉽게 부서지거나 동물에게 상해를 입히지 않는 것이어야 하며, 장치를 2단 이상 쌓은 경우 충격에 의해 무너지지 않도록 설치해야 한다.
  – 분뇨 등 배설물을 처리할 수 있는 장치를 갖추고, 매일 1회 이상 청소하여 동물이 위생적으로 관리될 수 있어야 한다.
  – 동물을 개별적으로 확인할 수 있도록 장치 외부에 표지판이 부착되어야 한다.
• 동물 구조 및 운송용 차량은 동물을 안전하게 운송할 수 있도록 개별 수용장치를 설치해야 하며, 화물자동차인 경우 직사광선, 비바람 등을 피할 수 있는 장치가 설치되어야 한다.

⑥ 동물의 포획 · 구조 방법

㉠ 구조 신고 또는 자체활동을 통해 유실 · 유기동물을 발견한 경우, 관찰을 통해 동물의 이상여부를 확인하고 동물의 고통 및 스트레스가 가장 적은 방법으로 포획 · 구조해야 한다.

㉡ 사람을 기피하거나 인명에 위해를 줄 우려가 있는 경우, 위험지역에서 동물을 구조하는 경우 등에는 수의사가 처방한 약물을 주입한 바람총(Blow Gun) 등의 장비를 사용할 수 있으며, 이때는 근육이 많은 부위를 조준하여 발사해야 한다.

㉢ 단순 생포 시에는 동물이 도망갈 수 있는 경로를 차단해야 하며 인근주민 등에 피해가 없도록 해야 한다.

㉣ 작업을 완료한 경우, 구조원은 포획 · 구조 장소, 동물의 품종 · 성별 · 상태, 신고자 및 인계자의 인적사항 등을 기록해야 하며, 동물이 상해를 입은 경우에는 응급조치 등 필요한 조치를 취한다.

⑦ 운 송

㉠ 센터는 유실 · 유기동물을 적절하게 운송할 수 있는 차량 등 운송수단을 확보해야 한다.

㉡ 동물을 운송하는 차량은 다음의 기준을 갖춰야 한다.

• 직사광선 및 비바람을 피할 수 있는 설비를 갖출 것

- 이동 중 갑작스러운 출발이나 제동 등으로 동물이 상해를 입지 않도록 예방할 수 있는 설비를 갖출 것
- 케이지를 사용할 경우 타월이나 패드 등을 바닥에 깔 것
- 운송 전·후 장비의 청소 및 소독을 실시할 것
- 동물의 안정을 위해 천 등을 이용하여 가려줄 것
- 상해를 입어 응급조치가 필요한 경우 곧바로 동물병원으로 이송할 것

⑧ 동물의 보호조치

㉠ 센터 입소 절차

- 센터의 운영자는 유실·유기동물 입소 시 다음 순서대로 조치를 해야 한다.
  - 무선개체식별장치, 인식표 등 소유자 정보를 확인할 수 있는 표지를 확인할 것
  - 입소 후 바로 건강상태를 확인하여 응급치료가 필요한 경우 필요한 치료를 하며, 파보, 디스템퍼, 브루셀라, 심장사상충 감염 등 건강검진을 실시할 것. 단, 수의사의 판단에 따라 검진항목을 생략·추가가 가능
  - 개체별로 보호동물 개체관리카드를 작성할 것
  - 동물의 종류, 품종, 나이, 성별, 체중, 특징, 건강상태 등에 따라 분리하여 수용할 것
- 분리 수용할 때에는 다음의 경우에는 별도 공간을 제공해야 한다.
  - 어린 개체, 임신·분만 개체
  - 소유자가 확인되는 등의 사유로 즉시 이동 예정인 개체
  - 상해를 입는 등 비전염성 질환으로 건강상태가 악화된 개체
  - 전염성 질환에 감염되어 다른 개체에 전파할 우려가 있는 개체
  - 공격성이 심한 개체 등 센터 운영자의 판단에 따라 격리하여 보호할 필요성이 인정되는 개체

㉡ 위생 관리

- 동물의 털에 묻은 이물에 의한 기생충 감염을 막기 위해 필요한 경우 개체 분류 후 격리실로 이동하여 목욕을 실시할 수 있다.
- 센터 내에서는 위생복, 고무장화, 고무장갑 등 개인 위생장비를 갖추어 소독제 등에 대한 자극을 최소화해야 한다.
- 동물수용시설은 일 1회 이상 청소 및 소독을 실시하며, 이 때는 보호조치 중인 동물이 소독제 등에 노출되는 것을 최소화해야 한다.
- 세정제를 사용하여 유기물을 최대한 씻어내는 등 청소를 실시한 후 소독을 하며, 소독용 발판을 동선에 따라 설치·관리해야 한다.
- 전염병 발생 등 센터 상황에 따라 적절한 소독제를 사용해야 한다.
- 보호조치 중인 동물과 사람에게 부작용이 적은 소독제를 사용해야 한다.

㉢ 사료 및 물 관리

- 보호조치 중인 동물의 사료는 개별 급여를 원칙으로 한다.
- 센터 운영자는 사료급여기준을 참고하여 사료를 개체별 용기에 1일 1회 이상 제공해야 한다. 다만, 개체별 특성을 고려하여 횟수는 조정할 수 있다.
- 보호조치 중인 동물이 언제든지 음수가 가능하도록 하며, 먹는 물은 일 1회 이상 교체해야 한다. 다만, 건강상태 등 개체별 상황을 고려하여 급수를 제한할 수 있다.

⑨ 질병 관리

㉠ 예방접종 및 구충

- 센터 운영자는 보호조치 대상 동물을 수의사의 검진과 판단에 따라 필요한 접종을 실시하고 구충제를 투약해야 한다.
- 6주령 이상인 개의 경우에는 Rabies, Distemper(CDV), Adenovirus-2(CAV-2/hepatitis), Parvovirus(CPV), Parainfluenza(CPIV), Leptospira의 예방접종을 실시할 수 있다.
- 입소한 고양이가 필요한 치료 후 회복하였거나 어미로부터 분리되어 스스로 살아갈 수 있다고 판단된 경우에는 Rabies, Rhinotracheitis, Calicivirus, Panleukopenia의 예방접종을 실시하여 포획장소에 방사할 수 있다.

㉡ 건강상태 예찰

- 센터 운영자는 보호조치 중인 동물의 건강상태 확인을 위하여 일 1회 이상 예찰을 실시하고 기록해야 한다.
- 예찰은 수의사의 책임 하에 실시해야 하며, 수의사 또는 수의사의 지시를 받은 센터 종사자가 실시하도록 한다.

㉢ 치료 우선순위 : 센터 운영자는 단기간의 간단한 치료로 건강상태의 회복이 가능한 개체 중 분양이 가능할 것으로 판단되는 개체에 대하여 우선적으로 치료할 수 있다.

㉣ 인수공통전염병 예방을 위한 준수사항

- 개체와 분변 등을 관리한 후 손을 자주 씻을 것
- 전염성 질병에 감염된 것으로 진단받은 개체는 즉시 격리 조치할 것
- 보정용 장갑, 그물 등의 보호 장비를 사용할 것
- 사용한 가운, 케이지, 마스크 등을 자주 세척·소독할 것
- 질병매개체인 해충을 구제(驅除)하고, 청소·소독을 철저히 할 것
- 인수공통전염병 감염 의심 개체에 의해 종사자가 상해를 입은 경우 신속하게 응급조치 후 병원에서 치료 받을 것
- 파상풍 예방접종이나 결핵, 브루셀라 등 감염여부를 포함한 건강검진은 센터 장이 필요하다고 판단할 경우 실시할 것

⑩ 동물의 반환 및 분양

㉠ 동물의 반환

- 센터 운영자는 유실·유기동물의 소유자를 알 수 있는 경우, 확인 즉시 소유자에게 연락하여 동물을 반환할 수 있도록 조치해야 한다.
- 반환되는 동물이 등록대상동물에 따른 동물임에도 불구하고 등록하지 않은 경우에는 동물등록 제도를 소유자에게 안내하고, 관련 사항을 해당 지방자치단체에 통보하여 과태료 부과 및 동물등록을 하도록 해야 한다.

- 센터 운영자는 보호동물 반환 시 소유자임을 증명할 수 있는 사진이나 기록, 해당 동물의 반응 등을 참고하여 반환하도록 하며, 재분실되지 않도록 교육을 실시해야 한다.
- 반환할 때에는 신분증 대조 등을 통해 소유자의 신분을 확인하고, 반환확인서를 요구해야 한다.
- 동물의 소유자가 반환을 요구할 때에는 보호비용을 청구할 수 있다.

㉡ 동물의 분양 절차 및 사후 관리

- 센터의 운영자는 동물의 소유권 취득에 따라 보호조치 중인 동물을 분양할 수 있으며, 최대한 분양되도록 노력해야 한다.
- 센터의 운영자는 다음 절차에 따라 동물을 분양해야 한다.
  - 보호조치 중인 동물의 입양을 희망하는 자의 신분을 확인한다.
  - 입양희망자에 대하여 입양설문지 및 입양신청서, 입양확인서를 작성하도록 한다.
  - 입양 희망동물을 적절하게 사육·관리할 수 있는지 평가하고, 입양희망자에게 적합한 동물을 추천한다.
  - 동물의 건강상태·특성에 대해 설명, 목줄 사용, 인식표 부착 외출 등 안전조치에 대한 교육을 실시한다.
  - 등록대상동물의 경우 내장형으로 등록한 후 분양한다.
  - 분양 시, 중성화 수술에 동의하는 자에게 우선 분양해야 하며, 중성화 수술에 동의하지 않고 입양하는 자에게 중성화 수술 등을 권고할 수 있다.
  - 1인당 3마리를 초과하여 분양할 수 없으며, 1차 분양 후 사육환경 및 사후 관리에 관한 정보를 제공하지 않는 입양자에게는 분양을 제한할 수 있다.
  - 동물보호 민간단체에 동물을 기증할 경우, 개체관리카드(시스템)를 통해 보호관리 및 입양 여부 등을 사후 관리해야 한다.
- 센터의 운영자는 입양희망자가 동물학대 범죄이력이 있는 자, 식용목적의 개사육장 운영자, 소유의 의사로 관리할 수 없는 정도의 동물을 키우는 자, 반려동물 영업자의 경우 분양하지 않아야 한다.
- 센터의 운영자는 시스템을 통하여 입양희망자의 현재 동물등록 마릿수를 확인하고, 반려동물 사육·관리의무 준수여부를 고려하여 추가 입양이 가능한지를 판단하여 분양해야 한다.
- 센터의 운영자는 분양 시 재 유기되지 않도록 교육을 실시하고, 분양 후 1년간 2회 이상 전화, 이메일 또는 방문을 통하여 사후 관리를 해야 한다.
- 센터의 운영자는 분양받은 자가 분양 준수사항을 위반하였을 경우 재분양을 금지할 수 있으며, 법 위반사항에 대해서는 관할 지자체에 통보하여 과태료 부과, 고발 등의 조치를 할 수 있도록 해야 한다.

⑪ 동물의 인도적인 처리

㉠ 인도적인 처리 대상 동물의 선정

- 동물의 소유권 취득에 해당하는 동물을 인도적인 처리를 할 때에는 수의사를 포함하여 2인 이상이 참여하여 대상 동물을 결정해야 한다.
- 인도적인 처리 대상 동물 선정
  - 중증 질환 및 상해로 인해 건강회복이 불가능할 것으로 진단된 개체
  - 치료비용, 치료기간 등을 고려할 때 추가적인 보호가 불가능하다고 판단되는 개체

- 건강상태가 쇠약하거나 심장 질환, 백내장, 호르몬 질환 등에 감염되어 분양 후에도 지속적인 치료가 필요한 개체
- 사람 및 동물을 공격하거나, 교정이 어려운 행동 장애 등으로 인해 분양이 어려울 것으로 판단되는 개체
- 그 밖에 센터 수용능력, 분양가능성 등을 고려하여 보호・관리가 어려울 것으로 판단되는 개체

• 중증 질환 및 상해로 인해 건강회복이 불가능할 것으로 진단된 개체로서 질병 및 상해의 정도가 심각하여 고통을 경감하고 질병전파를 예방하기 위한 동물의 인도적인 처리가 필요하다고 판단되는 경우에는 동물의 소유권 취득에 따른 소유권 이전기간(10일)이 경과하지 않아도 인도적인 처리를 실시할 수 있다. 이 경우 반드시 개체관리카드(시스템)에 기록・관리해야 한다.

㉡ 인도적인 처리의 원칙

• 동물의 인도적인 처리 시에는 다른 동물이 볼 수 없는 별도의 장소에서 신속하게 수의사가 시행해야 한다.
• 동물의 고통 및 공포를 최소화하고, 시술자 및 입회자의 안전 등을 고려해야 한다.
• 인도적인 처리에 사용하는 약제는 책임자를 지정하여 관리하도록 해야 하며, 사용기록 등을 작성・보관해야 한다.

㉢ 동물의 인도적인 처리의 절차

• 수의사는 선정된 인도적인 처리 대상 동물의 건강상태 및 개체정보 등을 확인해야 한다.
• 동물에 대한 인도적인 처리는 수의사가 시행해야 하며, 그 외 1명 이상 입회하에 실시해야 한다.
• 수의사가 동물에 대한 인도적인 처리를 하고자 할 때는 마취를 실시한 후 심장정지, 호흡마비를 유발하는 약제를 사용하는 방법, 마취제를 정맥 주사하여 심장정지, 호흡마비를 유발하는 방법을 선택해야 한다.
• 인도적인 처리를 실시한 동물은 수의사가 확인하여 보호동물 개체관리카드(시스템)에 기록해야 한다.
• 센터의 운영자는 인도적 처리된 동물의 사체를 「폐기물관리법」에 따라 처리하거나, 동물장묘시설에서 적법하게 처리해야 한다.

㉣ 동물의 개체관리

센터의 운영자는 동물 입소부터 보호 조치중인 동물의 보호・관리는 시스템을 통하여 기록・관리되어야 하며, 시스템의 정보가 실제 보호・관리동물의 정보와 일치하도록 모든 상황기록은 24시간 내에 기록해야 한다.

CHAPTER 01 실전예상문제

01 **동물 윤리에 대한 설명으로 옳은 것은?**

① 로마 제정시대 이후부터 생물 의학 연구를 위한 동물 실험이 존재하였다.
② 동물 윤리학은 인간에 대한 동물의 도덕적 기준을 고려하는 학문이다.
③ 동물의 윤리, 도덕 등을 위한 다양한 이론적 접근이 제안되었으며 완벽한 이론으로 정립되었다.
④ 동물 윤리학은 동물의 도덕적인 지위와 인격과 비교되는 수권(獸勸) 등을 다루는 학문이다.
⑤ 우리 법체계상 동물은 살아 있는 유기체로서 완벽한 법적 지위를 보장받고 있다.

해설

① 고대 그리스 시대부터 생물 의학 연구를 위한 동물 실험이 존재하였다.
② 동물 윤리학은 인간과 동물의 관계에서 동물에 대한 인간의 도덕적 기준을 고려하여 동물을 다루는 방법에 대해 연구하는 학문이다.
③ 현재 동물의 윤리, 도덕 등을 조사하기 위한 다양한 이론적 접근이 제안되었으나, 이해의 차이로 인해 완전히 받아들여지는 이론은 없는 실정이다.
⑤ 우리 법체계상 동물은 물건으로 규정하고 있다. 그러나 최근에 반려동물 양육 세대가 늘어남에 따라 동물의 법적 지위를 개선하려는 노력들이 이어지고 있다.

02 **동물의 권리와 복지에 대한 내용으로 옳은 것은?**

① 동물의 복지와 권리는 모두 인간적인 관점의 가치라는 공통점이 있다.
② 동물복지는 인간과 동물을 수평적 측면에서 동등하게 보는 관점이다.
③ 사람이 동물을 이용하더라도 고통을 최소화하여 인도적 관점에서 관리해야 한다는 것이 동물 권리이다.
④ 동물복지에서는 인간이 동물을 돈, 음식, 옷의 재료, 실험 도구 등으로 사용하면 안 된다고 한다.
⑤ 동물도 건강하고 행복하며 안전하게 정상적인 생활을 할 수 있도록 동물에게 불필요한 고통과 학대를 줄여야 한다는 것이 동물 권리이다.

해설

②·④ 동물 권리이고, ③·⑤ 동물복지에 대한 내용이다.

01 ④ 02 ① 정답

03 입양 기관과 절차에 대한 내용으로 옳은 것은?

① 국내 입양 동물보호단체로는 동물보호시민단체 카라, 동물사랑실천협회, 동물자유연대, 동물학대방지연합 등이 있다.

② 시·군·구청을 통해 구조된 유기동물은 동물을 애호하는 민간단체로 옮겨 보호와 치료를 받는다.

③ 유기동물 보호기관은 보호자 등이 보호조치 사실을 알도록 10일 이상 그 사실을 공고해야 한다.

④ 공고한 날부터 10일이 지나도 보호자 등을 알 수 없을 경우에는 동물자유연대에서 그 동물의 소유권을 취득한다.

⑤ 농림축산식품부장관은 소유권을 취득한 동물이 적정하게 사육·관리될 수 있도록 시·도 조례로 정하는 바에 따라 동물원 등에 기증하거나 분양할 수 있다.

해설

② 시·군·구청을 통해 구조된 유기동물은 일반적으로 자치구별 유기동물 보호기관으로 옮겨져 보호와 치료를 받는다.
③ 유기동물 보호기관은 보호자 등이 보호조치 사실을 알 수 있도록 7일 이상 그 사실을 공고해야 한다.
④ 공고한 날부터 10일이 지나도 동물의 보호자 등을 알 수 없는 경우 해당 시·도 및 시·군·구가 그 동물의 소유권을 취득한다.
⑤ 시·도지사와 시장·군수·구청장은 소유권을 취득한 동물이 적정하게 사육·관리될 수 있도록 시·도의 조례로 정하는 바에 따라 동물원, 동물을 애호하는 자나 민간단체 등에 기증하거나 분양할 수 있다.

04 다음 중 유실·유기동물 발생원인이 아닌 것은?

① 실수 혹은 관리소홀로 인한 이탈

② 야생화된 길고양이나 그 새끼로 인한 자체번식

③ 경제·생활 여건 변화로 인한 유기

④ 번식에 의한 개체수의 증가로 양육 포기

⑤ 마당개 중성화 지원에 의한 반려인 인식 변화

해설

농촌 지역에서는 마당개 중성화 지원 및 캠페인 등은 유실 방지 대책에 속한다.

정답 03 ① 04 ⑤

05 동물의 보호조치에 대한 내용으로 옳은 것은?

① 개체별로 보호동물 개체관리카드를 작성해야 한다.
② 보호조치 중인 동물의 먹는 물은 1일 3회로 제한한다.
③ 보호조치 중인 동물의 사료는 공동 급여를 원칙으로 한다.
④ 동물의 기생충 방제를 위해 개체의 몸체에 소독약을 뿌릴 수 있다.
⑤ 분리 수용할 때 비전염성 질환으로 건강상태가 양호하면 별도 공간을 제공한다.

해설

② 보호조치 중인 동물의 먹는 물은 1일 1회 이상 제공해야 한다.
③ 보호조치 중인 동물의 사료는 개별 급여를 원칙으로 한다.
④ 동물의 기생충 방제를 위해 소독을 실시하더라도 동물이 소독제 등에 노출되는 것을 최소화해야 한다.
⑤ 동물의 털에 묻은 이물에 의한 기생충 감염을 막기 위해 필요한 경우 개체 분류 후 격리실로 이동하여 목욕을 실시할 수 있다.

06 반려동물의 양육포기 사유에 해당하지 않는 것은?

① 물건의 훼손
② 짖음 등의 행동문제
③ 동물의 질병
④ 예상외의 지출 비용 증가
⑤ 동물 가격의 하락

해설

반려동물 양육포기 또는 파양 고려 이유로 '물건훼손 · 짖음 등 동물의 행동문제'가 47.8%로 가장 많았고, 그 다음으로는 '예상보다 지출이 많음'(36.3%), '이사 · 취업 등 여건 변화'(26.5%)의 순으로 나타났다.

05 ① 06 ⑤ 정답

07 국가동물보호정보시스템(KAWIS)에 대한 내용으로 옳지 않은 것은?

① 동물의 유실 · 유기를 막기 위한 기본적인 데이터를 제공한다.
② 농림축산검역본부 차원에서 APMS를 운영에 대한 지침을 내린다.
③ 입소동물의 보호 현황에 대한 분석과 대안을 마련한다.
④ 유기동물을 가정의 품으로 돌아가게 하고, 유실동물이 새로운 가족을 만날 수 있도록 이어준다.
⑤ 지방자치단체에서의 KAWIS 관리에도 노력을 기울인다.

해설

유실동물을 가정의 품으로 돌아가게 하고, 유기동물이 새로운 가족을 만날 수 있도록 이어주는 통로이다.

08 동물학대 대응 매뉴얼로 바르지 않은 것은?

① 제보자의 이름과 연락처를 기록한다.
② 학대 현장 확인과 증거를 수집하며 목격자와 학대자의 진술을 받는다.
③ 학대 동물 및 학대 현장 사진, 영상 등 시각화 자료를 남긴다.
④ 응급상황의 경우 보호자로부터 학대동물을 격리 조치할 수 있다.
⑤ 독극물에 의한 사망이 의심되면 사체의 부검이 필요하다.

해설

피학대 동물에 대한 시각화 자료를 남겨야 한다.

정답 07 ④ 08 ③

09 길고양이 중성화 사업을 위한 포획·관리 내용으로 옳은 것은?

① 장마철에는 이른 아침과 일몰 후에만 포획해야 한다.
② 혹한기에는 포획한 길고양이를 그늘진 서늘한 곳에 놓는다.
③ 포획 시에 발판식 통 덫 등 안전한 포획틀을 사용한다.
④ 혹서기에는 포획틀 안의 길고양이를 주차된 차에 안전하게 보호한다.
⑤ 혹한기에는 서늘하고 온도가 높지 않은 곳에 포획틀을 설치한다.

해설

① 더위를 피할 수 있도록 이른 아침과 일몰 후에 포획해야 하는 시기는 혹서기이다. 장마철에는 포획한 길고양이가 비에 맞지 않도록 고려해야 한다.
② 혹한기에는 길고양이의 체온 하강 방지를 위해 기온이 0℃ 이하로 3일 이상 지속되는 날은 피해야 하며, 따뜻한 곳에 놓아야 한다.
④ 혹서기에는 주차된 차 안에 고양이를 방치하지 않는다.
⑤ 혹한기에는 포획틀 바닥에 신문지 등을 깔고 설치한다. 포획틀 바닥에 신문지 등을 깔고 온도가 높지 않은 곳에 설치해야 하는 시기는 혹서기이다.

10 동물실험윤리위원회의 운영규정 심의 방법으로 옳은 것은?

① 위원회는 승인을 받기 전 실시된 동물실험계획도 심의 평가할 수 있다.
② 매년 동일한 동물 실험이 반복되는 동물실험계획의 경우에는 위원회가 최대 1년간 이를 승인할 수 있다.
③ 신규과제에서 동물 실험이 필요한 경우에 동물실험계획 승인신청서를 제출하며, 위원회는 별도의 심의 없이 위원장이 승인여부를 결정한다.
④ 생존수술에서 비생존수술로 변경할 때 동물실험계획 변경승인신청서를 제출한다.
⑤ 승인받은 동물실험계획 중 시료채취 및 투여 방법을 변경할 경우에는 동물실험계획 변경승인신청을 해야 한다.

해설

① 위원회는 승인받은 동물실험계획을 심의 평가할 수 있다.
② 진단 및 사업 등과 같이 매년 동일한 동물 실험이 반복되는 동물실험계획의 경우에는 위원회가 최대 3년간 이를 승인할 수 있다.
③ 신규과제에서 동물 실험이 필요한 경우, 동물실험계획 승인신청서를 제출하며, 위원회는 1년 단위로 동물실험계획을 승인하는 것을 원칙으로 한다.
④ 비생존수술에서 생존수술로 변경할 때 동물실험계획 변경승인신청서를 제출한다.

09 ③ 10 ⑤ **정답**

11 동물도축세부규정 중 보정의 정의로 옳은 것은?

① 물리적·전기적·화학적·기타 방법으로 동물의 의식을 상실하게 하는 것
② 도축 전에 도축장 내 및 인근에서 동물을 대기시키는 것
③ 동물을 기절시키기 전에 동물의 이동을 제한하거나 고정하여 움직이지 못하도록 하는 것
④ 동물의 도축과 관련하여 차량의 적재공간으로부터 일정장소로 동물을 옮기는 과정
⑤ 동물의 건강상태, 행동양태 및 소유자 등의 통제능력 등을 종합적으로 분석하여 평가 대상 동물의 공격성을 판단하는 것

해설

① 기절, ② 계류, ④ 하차, ⑤ 기질평가에 대한 정의이다.

12 동물등록번호 체계 관리 및 운영규정 중 다음 설명에 해당하는 것은?

> 동물의 개체식별을 목적으로 동물체 내에 주입하거나 동물의 인식표 등에 부착하는 무선전자표식장치이다.

① 동물등록번호
② 무선전자개체식별장치
③ 동물등록번호 체계
④ 동물보호정보시스템
⑤ 동물개체식별 코드번호

해설

① 동물등록번호 : 등록대상동물의 소유자가 등록을 신청하는 경우 개체식별을 위해 동물등록번호 체계에 따라 부여되는 고유번호이다.
③ 동물등록번호 체계 : 동물등록에 사용되는 무선식별장치(내장형 및 외장형)에 부여된 동물등록번호의 구조이다.
④ 동물보호정보시스템 : 등록동물 등에 필요한 관련정보를 통합·관리하는 전산시스템이다.
⑤ 동물개체식별 코드번호 : 무선식별장치로 동물의 개체를 식별하는 등록번호를 부여한 것이다. 총 15자리로 구성되며 기관 코드, 국가 코드, 개체식별 코드로 나누어진다.

13 명예동물보호관으로 위촉받고자 신청하는 경우 받아야 하는 교육 시간은?

① 2시간
② 4시간
③ 6시간
④ 8시간
⑤ 10시간

해설

명예동물보호관으로 위촉받고자 신청하는 자는 교육을 6시간 이상 받아야 한다.

정답 11 ③ 12 ② 13 ③

14 동물보호센터의 운영 지침에서 보호동물의 범위가 아닌 것은?

① 도로・공원 등 공공장소에서 소유자 등이 없이 배회하는 동물
② 어미로부터 분리되어 스스로 살기 힘들다고 판단되는 3개월령 이하 고양이
③ 소유자의 학대로 적정한 치료를 받을 수 없다고 판단되는 동물
④ 학대를 받은 동물 중 소유자를 알 수 없는 동물
⑤ 센터에 입소한 후 스스로 살아갈 수 있다고 판단된 고양이

해설

센터에 입소한 고양이 중 스스로 살아갈 수 있는 고양이로 판단되면 즉시 구조한 장소에 방사해야 한다.

15 동물보호센터 시설기준 중 개별기준의 내용이 바르게 연결되지 않은 것은?

① 보호실 – 외부에 노출된 경우 직사광선, 비바람 등을 피할 수 있는 시설을 갖추어야 한다.
② 격리실 – 다른 용도로 사용되는 시설과 분리되어야 한다.
③ 진료실 – 동물의 진료에 필요한 진료대・소독장비 등의 기구 및 장비를 갖추어야 한다.
④ 사료보관실 – 사료 외의 관리물품을 보관하는 경우에는 별도 분리는 하지 않아도 되나 위생적으로 관리해야 한다.
⑤ 동물 구조 및 운송용 차량 – 동물을 안전하게 운송할 수 있도록 개별 수용장치를 설치해야 한다.

해설

사료보관실에 사료 외의 관리물품을 보관하는 경우에는 서로 분리하여 구별할 수 있어야 한다.

14 ⑤ 15 ④ **정답**

16 동물의 포획 · 구조에 대한 방법으로 옳은 것은?

① 유기 · 유실동물 포획 시 절대 스트레스를 주지 않는다.
② 인명 피해가 우려되는 경우 마취총을 사용한다.
③ 동물이 상해를 입은 경우에는 우선 병원으로 이송한다.
④ 단순 생포 시에는 도망갈 수 있는 경로를 차단한다.
⑤ 작업 완료 시 구조원의 성별, 상태, 인적사항을 기록해야 한다.

해설

① 유실 · 유기동물을 발견한 경우, 관찰을 통해 동물의 이상여부를 확인하고 동물의 고통 및 스트레스가 가장 적은 방법으로 포획 · 구조해야 한다.
② 인명에 위해를 줄 우려가 있는 경우, 위험지역에서 동물을 구조하는 경우 등에는 수의사가 처방한 약물을 주입한 바람총(Blow Gun) 등의 장비를 사용할 수 있다.
③ 동물이 상해를 입은 경우에는 응급조치 등 필요한 조치를 취한다.
⑤ 작업을 완료한 경우, 구조원은 포획 · 구조 장소, 동물의 품종 · 성별 · 상태, 신고자 및 인계자의 인적사항 등을 기록해야 한다.

17 인도적 처리 대상의 동물이 아닌 것은?

① 중증 질환으로 건강회복이 불가능한 개체
② 치료비용을 고려할 때 추가적인 보호가 가능한 개체
③ 사람 및 동물을 공격하는 개체
④ 센터의 수용능력이 어려울 것으로 판단되는 개체
⑤ 분양가능성이 어려운 개체

해설

치료비용, 치료기간 등을 고려할 때 추가적인 보호가 불가능하다고 판단되는 개체

정답 16 ④ 17 ②

CHAPTER 02 수의사법

수의사법[시행 2024. 7. 24.] [법률 제20087호, 2024. 1. 23., 일부개정]
시행령[시행 2024. 7. 24.] [대통령령 제34737호, 2024. 7. 23., 일부개정]
시행규칙[시행 2025. 1. 1.] [농림축산식품부령 제647호, 2024. 4. 25., 일부개정]

1 총 칙

(1) 수의사법 목적(법 제1조)

수의사법은 수의사(獸醫師)의 기능과 수의(獸醫)업무에 관하여 필요한 사항을 규정함으로써 동물의 건강증진, 축산업의 발전과 공중위생의 향상에 기여함을 목적으로 한다.

(2) 정의(법 제2조)

① **수의사** : 수의 업무를 담당하는 사람으로서 농림축산식품부장관의 면허를 받은 사람
② **동물** : 소, 말, 돼지, 양, 개, 토끼, 고양이, 조류(鳥類), 꿀벌, 수생동물(水生動物), 그 밖에 대통령령으로 정하는 동물

더 알아보기

대통령령으로 정하는 동물(영 제2조)
① 노새·당나귀
② 친칠라·밍크·사슴·메추리·꿩·비둘기
③ 시험용 동물
④ 그 외 동물로서 포유류·조류·파충류 및 양서류

③ **동물진료업** : 동물을 진료(동물의 사체 검안 포함)하거나 동물의 질병을 예방하는 업(業)
④ **동물보건사** : 동물병원 내에서 수의사의 지도 아래 동물의 간호 또는 진료 보조 업무에 종사하는 사람으로서 농림축산식품부장관의 자격인정을 받은 사람
⑤ **동물병원** : 동물진료업을 하는 장소로서 동물병원 개설에 따른 신고를 한 진료기관

(3) 수의사의 직무(법 제3조)

수의사는 동물의 진료 및 보건과 축산물의 위생 검사에 종사하는 것을 그 직무로 한다.

(4) 동물의료 육성·발전 종합계획의 수립 등(법 제3조의2)

① 농림축산식품부장관은 동물의료의 육성·발전 등에 관한 종합계획(이하 "종합계획")을 5년마다 수립·시행해야 한다.

② 종합계획에는 다음의 사항이 포함되어야 한다.

㉠ 동물의료의 육성·발전을 위한 정책목표 및 추진방향

㉡ 동물의료 정책의 추진을 위한 지원체계의 구축 및 개선에 관한 사항

㉢ 동물의료 전문인력의 양성 및 활용 방안

㉣ 동물의료기술의 향상과 지원 방안

㉤ 그 밖에 동물의료의 육성·발전에 관한 사항

③ 농림축산식품부장관은 종합계획에 따라 매년 세부 시행계획(이하 "시행계획")을 수립·시행해야 한다.

④ 그 밖에 종합계획 및 시행계획의 수립·시행 등에 필요한 사항은 대통령령으로 정한다.

2 수의사

(1) 면허(법 제4조)

수의사가 되려는 사람은 수의사 국가시험에 합격한 후 농림축산식품부령으로 정하는 바에 따라 농림축산식품부장관의 면허를 받아야 한다.

더 알아보기

면허증의 발급(규칙 제2조)

① 수의사의 면허를 받으려는 사람은 수의사 국가시험에 합격한 후 시험관리기관의 장에게 다음의 서류를 제출해야 한다.

㉠ 정신질환자가 아님을 증명하는 의사의 진단서 또는 정신건강의학과전문의가 수의사로서 직무를 수행할 수 있다고 인정하는 사람임을 증명하는 정신과전문의의 진단서

㉡ 마약, 대마(大麻), 향정신성의약품(向精神性醫藥品) 중독자가 아님을 증명하는 의사의 진단서 또는 정신건강의학과전문의가 수의사로서 직무를 수행할 수 있다고 인정하는 사람임을 증명하는 정신과전문의의 진단서

㉢ 사진(응시원서와 같은 원판으로서 가로 3cm, 세로 4cm의 모자를 쓰지 않은 정면 상반신) 2장

② 시험관리기관의 장은 응시절차 따라 제출받은 서류를 검토하여 결격사유 및 응시자격 해당 여부를 확인한 후 다음의 사항을 적은 수의사 면허증 발급 대상자 명단을 농림축산식품부장관에게 제출해야 한다.

㉠ 성명(한글·영문 및 한문)

㉡ 주 소

㉢ 주민등록번호(외국인인 경우에는 국적·생년월일 및 성별)

㉣ 출신학교 및 졸업 연월일

③ 농림축산식품부장관은 합격자 발표일부터 40일 이내(외국에서 수의학을 전공하는 대학을 졸업하고 수의학사 학위를 받은 사람의 경우에는 외국에서 수의학사 학위를 받은 사실과 수의사 면허를 받은 사실 등에 대한 조회가 끝난 날부터 40일 이내)에 수의사 면허증을 발급해야 한다.

(2) 결격사유(법 제5조)

① 「정신건강증진 및 정신질환자 복지서비스 지원에 관한 법률」에 따른 정신질환자. 다만, 정신건강의학과전문의가 수의사로서 직무를 수행할 수 있다고 인정하는 사람은 그러하지 아니하다.

② 피성년후견인 또는 피한정후견인

③ 마약, 대마(大麻), 그 밖의 향정신성의약품(向精神性醫藥品) 중독자. 다만, 정신건강의학과전문의가 수의사로서 직무를 수행할 수 있다고 인정하는 사람은 그러하지 아니하다.

④ 「수의사법」, 「가축전염병 예방법」, 「축산물 위생관리법」, 「동물보호법」, 「의료법」, 「약사법」, 「식품위생법」 또는 「마약류관리에 관한 법률」을 위반하여 금고 이상의 실형을 선고받고 그 집행이 끝나지(집행이 끝난 것으로 보는 경우 포함) 아니하거나 면제되지 아니한 사람

(3) 면허의 등록(법 제6조)

① 농림축산식품부장관은 면허를 내줄 때에는 면허에 관한 사항을 면허대장에 등록하고 그 면허증을 발급해야 한다.

더 알아보기

면허대장 등록사항(규칙 제3조 제2항)

① 면허번호 및 면허 연월일
② 성명 및 주민등록번호(외국인은 성명 · 국적 · 생년월일 · 여권번호 및 성별)
③ 출신학교 및 졸업 연월일
④ 면허취소 또는 면허효력 정지 등 행정처분에 관한 사항
⑤ 면허증을 재발급하거나 면허를 재부여하였을 때에는 그 사유와 재발급 · 재부여 연월일
⑥ 면허증을 갱신하였을 때에는 그 사유와 갱신 연월일
⑦ 면허를 받은 사람이 사망한 경우에는 그 사망 연월일

② 면허증은 다른 사람에게 빌려주거나 빌려서는 아니 되며, 이를 알선하여서도 아니 된다.

③ 면허의 등록과 면허증 발급에 필요한 사항은 농림축산식품부령으로 정한다.

(4) 자격증

① 자격대장 등록사항(규칙 제14조의8)

㉠ 자격번호 및 자격 연월일

㉡ 성명 및 주민등록번호(외국인은 성명 · 국적 · 생년월일 · 여권번호 및 성별)

㉢ 출신학교 및 졸업 연월일

㉣ 자격취소 등 행정처분에 관한 사항
㉤ 자격증을 재발급하거나 자격을 재부여했을 때에는 그 사유

② 자격증의 재발급(규칙 제14조의9)
㉠ 동물보건사 자격증을 재발급 받으려는 때에는 동물보건사 자격증 재발급 신청서에 다음의 서류를 첨부하여 농림축산식품부장관에게 제출해야 한다.
- 잃어버린 경우 : 동물보건사 자격증 분실 경위서와 사진 1장
- 헐어 못 쓰게 된 경우 : 자격증 원본과 사진 1장
- 자격증의 기재사항이 변경된 경우 : 자격증 원본과 기재사항의 변경내용을 증명하는 서류 및 사진 1장

㉡ 동물보건사 자격증을 발급받은 사람이 자격을 다시 받게 되는 경우에는 동물보건사 자격증 재부여 신청서에 자격취소의 원인 사유가 소멸됐음을 증명하는 서류를 첨부하여 농림축산식품부장관에게 제출해야 한다.

(5) 수의사 국가시험 등

① 국가시험(법 제8조)
㉠ 수의사 국가시험은 매년 농림축산식품부장관이 시행한다.
㉡ 수의사 국가시험은 동물의 진료에 필요한 수의학과 수의사로서 갖추어야 할 공중위생에 관한 지식 및 기능에 대하여 실시한다.
㉢ 농림축산식품부장관은 수의사 국가시험의 관리를 대통령령으로 정하는 바에 따라 시험 관리 능력이 있다고 인정되는 관계 전문기관에 맡길 수 있다.
㉣ 수의사 국가시험 실시에 필요한 사항은 대통령령으로 정한다.

② 시험 응시자격(법 제9조)
㉠ 수의사 결격사유에 해당되지 않는 사람으로서 다음에 해당하는 사람으로 한다.
- 수의학을 전공하는 대학(수의학과가 설치된 대학의 수의학과 포함)을 졸업하고 수의학사 학위를 받은 사람. 이 경우 6개월 이내에 졸업하여 수의학사 학위를 받을 사람을 포함
- 외국에서 위의 전단에 해당하는 학교(농림축산식품부장관이 정하여 고시하는 인정기준에 해당하는 학교)를 졸업하고 그 국가의 수의사 면허를 받은 사람

㉡ 6개월 이내에 졸업하여 수의학사 학위를 받을 사람에 해당하는 사람이 해당 기간에 수의학사 학위를 받지 못하면 처음부터 응시자격이 없는 것으로 본다.

③ 수험자의 부정행위(법 제9조의2)
㉠ 부정한 방법으로 수의사 국가시험에 응시한 사람 또는 수의사 국가시험에서 부정행위를 한 사람에 대하여는 그 시험을 정지시키거나 그 합격을 무효로 한다.
㉡ ㉠에 따라 시험이 정지되거나 합격이 무효가 된 사람은 그 후 두 번까지는 수의사 국가시험에 응시할 수 없다.

(6) 무면허 및 진료 거부 금지

① 무면허 진료행위 금지(법 제10조)
수의사가 아니면 동물을 진료할 수 없다.

② 무면허 진료행위 금지의 예외(법 제10조 단서, 영 제12조)

㉠ 「수산생물질병 관리법」에 따라 수산질병관리사 면허를 받은 사람이 「수산생물질병 관리법」에 따라 수산생물을 진료하는 경우

㉡ 수의학을 전공하는 대학(수의학과가 설치된 대학의 수의학과를 포함)에서 수의학을 전공하는 학생이 수의사 자격을 가진 지도교수의 지시·감독을 받아 전공 분야와 관련된 실습을 하기 위하여 하는 진료행위

㉢ ㉡의 학생이 수의사의 자격을 가진 지도교수 또는 동물진료업에 종사하는 수의사의 지시·감독을 받아 하는 다음의 진료행위

- 축산 농가에서 하는 봉사활동 목적의 진료행위
- 동물보호센터, 민간동물보호시설에서 하는 봉사활동 목적의 진료행위

㉣ 축산 농가에서 자기가 사육하는 가축에 대한 진료행위

- 「축산법」에 따른 허가 대상인 가축사육업의 가축
- 「축산법」에 따른 등록 대상인 가축사육업의 가축
- 그 밖에 농림축산식품부장관이 정하여 고시하는 가축

㉤ 농림축산식품부령으로 정하는 비업무로 수행하는 무상 진료행위(규칙 제8조)

- 광역시장·특별자치시장·도지사·특별자치도지사가 고시하는 도서·벽지(僻地)에서 이웃의 양축 농가가 사육하는 동물에 대하여 비업무로 수행하는 다른 양축 농가의 무상 진료행위
- 사고 등으로 부상당한 동물의 구조를 위하여 수행하는 응급처치행위

③ 진료의 거부 금지(법 제11조)
동물진료업을 하는 수의사가 동물의 진료를 요구받았을 때에는 정당한 사유 없이 거부하여서는 안 된다.

(7) 진단서 등(법 제12조)

① 수의사는 자기가 직접 진료하거나 검안하지 아니하고는 진단서, 검안서, 증명서 또는 처방전(전자서명이 기재된 전자문서 형태로 작성한 처방전 포함)을 발급하지 못하며, 「약사법」에 따른 동물용 의약품(이하 "처방대상 동물용 의약품")을 처방·투약하지 못한다. 단, 직접 진료하거나 검안한 수의사가 부득이한 사유로 진단서, 검안서 또는 증명서를 발급할 수 없을 때에는 같은 동물병원에 종사하는 다른 수의사가 진료부 등에 의하여 발급할 수 있다.

② 진료 중 폐사(斃死)한 경우에 발급하는 폐사 진단서는 다른 수의사에게서 발급받을 수 있다.

③ 수의사는 직접 진료하거나 검안한 동물에 대한 진단서, 검안서, 증명서 또는 처방전의 발급을 요구받았을 때에는 정당한 사유 없이 이를 거부하여서는 아니 된다.

④ 진단서, 검안서, 증명서 또는 처방전의 서식, 기재사항, 그 밖에 필요한 사항은 농림축산식품부령으로 정한다.

더 알아보기

처방전 서식 및 기재사항(규칙 제11조)

① 수의사가 발급하는 처방전은 별지 제10호 서식과 같다.

② 처방전은 동물 개체별로 발급해야 한다. 다만, 다음의 요건을 모두 갖춘 경우에는 같은 축사(지붕을 같이 사용하거나 지붕에 준하는 인공구조물을 같이 또는 연이어 사용하는 경우)에서 동거하고 있는 동물들에 대하여 하나의 처방전으로 같이 처방(이하 "군별 처방")할 수 있다.

㉠ 질병 확산을 막거나 질병을 예방하기 위하여 필요한 경우일 것

㉡ 처방 대상 동물의 종류가 같을 것

㉢ 처방하는 동물용 의약품이 같을 것

③ 수의사는 처방전을 발급하는 경우에는 다음의 사항을 적은 후 서명(전자서명 포함)하거나 도장을 찍어야 한다. 이 경우 처방전 부본(副本)을 처방전 발급일부터 3년간 보관해야 한다.

㉠ 처방전의 발급 연월일 및 유효 기간(7일을 넘으면 안 됨)

㉡ 처방 대상 동물의 이름[없거나 모르는 경우에는 그 동물의 소유자 또는 관리자(이하 "동물소유자 등")가 임의로 정한 것], 종류, 성별, 연령(추정연령), 체중 및 임신 여부. 다만, 군별 처방인 경우에는 처방 대상 동물들의 축사번호, 종류 및 총 마릿수 기재

㉢ 동물소유자 등의 성명·생년월일·전화번호. 농장에 있는 동물에 대한 처방전인 경우에는 농장명도 기재

㉣ 동물병원 또는 축산농장의 명칭, 전화번호 및 사업자등록번호

㉤ 동물용 의약품 처방 내용

동물용 의약품 (처방대상 동물용 의약품)	처방대상 동물용 의약품의 성분명, 용량, 용법, 처방일수(30일을 넘으면 안 됨) 및 판매 수량(동물용 의약품의 포장 단위로 기재)
처방대상 동물용 의약품이 아닌 동물용 의약품	동물용 의약품의 사항. 다만, 동물용 의약품의 성분명 대신 제품명을 기재 가능

㉥ 처방전을 작성하는 수의사의 성명 및 면허번호

④ 수의사는 다음에 해당하는 경우에는 농림축산식품부장관이 정하는 기간을 넘지 아니하는 범위에서 처방전의 유효 기간 및 처방일수를 달리 정할 수 있다.

㉠ 질병예방을 위하여 정해진 연령에 같은 동물용 의약품을 반복 투약해야 하는 경우

㉡ 그 밖에 농림축산식품부장관이 정하는 경우

⑤ 동물용 의약품 처방 내용 중 동물용 의약품에도 불구하고 효과적이거나 안정적인 치료를 위하여 필요하다고 수의사가 판단하는 경우에는 제품명을 성분명과 함께 쓸 수 있다. 이 경우 성분별로 제품명을 3개 이상 적어야 한다.

⑤ 농림축산식품부장관에게 신고한 축산농장에 상시고용된 수의사와 허가받은 동물원 또는 수족관에 상시고용된 수의사는 해당 농장, 동물원 또는 수족관의 동물에게 투여할 목적으로 처방대상 동물용 의약품에 대한 처방전을 발급할 수 있다. 이 경우 상시고용된 수의사의 범위, 신고 방법, 처방전 발급 및 보존 방법, 진료부 작성 및 보고, 교육, 준수사항 등 그 밖에 필요한 사항은 농림축산식품부령으로 정한다.

더 알아보기

축산농장 등의 상시고용 수의사의 신고 등(규칙 제12조)

① 축산농장(동물실험시행기관 포함), 등록한 동물원 또는 수족관(이하 "축산농장" 등)에 상시고용된 수의사로 신고(이하 "상시고용 신고")를 하려는 경우에는 신고서에 다음의 서류를 첨부하여 특별시장·광역시장·특별자치시장·도지사·특별자치도지사(이하 "시·도지사")나 시장·군수 또는 자치구의 구청장에게 제출해야 한다.

㉠ 해당 축산농장 등에서 1년 이상 일하고 있거나 일할 것임을 증명할 수 있는 근로계약서 사본, 근로소득원천징수영수증, 국민연금 사업장가입자 자격취득 신고서, 그 밖에 고용관계를 증명할 수 있는 서류

㉡ 수의사 면허증 사본

② 수의사가 상시고용된 축산농장 등이 두 곳 이상인 경우에는 그 중 한 곳에 대해서만 상시고용 신고를 할 수 있으며, 신고를 한 해당 축산농장 등의 동물에 대해서만 처방전을 발급할 수 있다.

③ 상시고용된 수의사의 범위는 해당 축산농장 등에 1년 이상 상시고용되어 일하는 수의사로서 1개월 당 60시간 이상 해당 업무에 종사하는 사람으로 한다.

④ 상시고용 신고를 한 수의사(이하 "신고 수의사")가 발급하는 처방전에 관하여는 처방전 서식 및 기재사항을 준용한다. 다만, 처방대상 동물용 의약품의 처방일수는 7일을 넘지 아니하도록 한다.

⑤ 신고 수의사는 처방전을 발급하는 진료를 한 경우에는 진료부를 작성해야 하며, 해당 연도의 진료부를 다음 해 2월 말까지 시·도지사나 시장·군수 또는 자치구의 구청장에게 보고해야 한다.

⑥ 신고 수의사는 매년 수의사 연수교육을 받아야 한다.

⑦ 신고 수의사는 처방대상 동물용 의약품의 구입 명세를 작성하여 그 구입일부터 3년간 보관해야 하며, 처방대상 동물용 의약품이 해당 축산농장 등 밖으로 유출되지 않도록 관리하고 농장주 또는 운영자를 지도해야 한다.

(8) 처방대상 동물용 의약품에 대한 처방전의 발급 등(법 제12조의2)

① 수의사(축산농장, 동물원 또는 수족관에 상시고용된 수의사를 포함)는 동물에게 처방대상 동물용 의약품을 투약할 필요가 있을 때에는 처방전을 발급해야 한다.

② 수의사는 ①에 따라 처방전을 발급할 때에는 수의사처방관리시스템을 통하여 처방전을 발급해야 한다. 다만, 전산장애, 출장 진료, 응급을 요하는 동물의 수술 또는 처치로 수의사처방관리시스템을 통하여 처방전을 발급하지 못할 때에는 처방전을 수기로 작성하여 발급하고 부득이한 사유가 종료된 날부터 3일 이내에 처방전을 수의사처방관리시스템에 등록해야 한다.

③ ①에도 불구하고 수의사는 본인이 직접 처방대상 동물용 의약품을 처방·조제·투약하는 경우에는 처방전을 발급하지 아니할 수 있다. 이 경우 해당 수의사는 수의사처방관리시스템에 처방대상 동물용 의약품의 명칭, 용법 및 용량 등 농림축산식품부령으로 정하는 사항을 입력해야 한다.

더 알아보기

처방전의 발급 등(규칙 제12조의2)

① 입력 연월일 및 유효 기간(7일을 넘으면 안 됨)
② 처방 대상 동물의 이름, 종류, 성별, 연령, 체중 및 임신 여부. 다만, 군별 처방인 경우에는 처방 대상 동물들의 축사번호, 종류 및 총 마릿수, 동물병원 또는 축산농장의 명칭, 전화번호 및 사업자등록번호, 동물용 의약품 처방 내용 등의 사항
③ 동물소유자 등의 성명·생년월일·전화번호. 농장에 있는 동물에 대한 처방인 경우에는 농장명도 기재
④ 입력하는 수의사의 성명 및 면허번호

④ ①에 따라 처방전의 서식, 기재사항, 그 밖에 필요한 사항은 농림축산식품부령으로 정한다.
⑤ ①에 따라 처방전을 발급한 수의사는 처방대상 동물용 의약품을 조제하여 판매하는 자가 처방전에 표시된 명칭·용법 및 용량 등에 대하여 문의한 때에는 즉시 이에 응답해야 한다. 다만, 다음에 해당하는 경우에는 그러하지 아니하다.
㉠ 응급한 동물을 진료 중인 경우
㉡ 동물을 수술 또는 처치 중인 경우
㉢ 그 밖에 문의에 응답할 수 없는 정당한 사유가 있는 경우

(9) 수의사처방관리시스템의 구축·운영(법 제12조의3, 규칙 제12조의3)

① 농림축산식품부장관은 처방대상 동물용 의약품을 효율적으로 관리하기 위하여 수의사처방관리시스템을 구축하여 운영해야 한다.
㉠ 처방대상 동물용 의약품에 대한 정보의 제공
㉡ 처방전의 발급 및 등록
㉢ 처방대상 동물용 의약품에 관한 사항의 입력 관리
㉣ 처방대상 동물용 의약품의 처방·조제·투약 등 관련 현황 및 통계 관리
② 농림축산식품부장관은 수의사처방관리시스템의 개인별 접속 및 보안을 위한 시스템 관리 방안을 마련해야 한다.
③ ①·② 규정 사항 외에 수의사처방관리시스템의 구축·운영에 필요한 사항은 농림축산식품부장관이 정하여 고시한다.

(10) 진료부 및 검안부(법 제13조, 규칙 제13조)

① 수의사는 진료부나 검안부를 갖추어 두고 진료하거나 검안한 사항을 기록하고 서명해야 한다.
② 진료부 또는 검안부의 기재사항, 보존기간 및 보존방법, 그 밖에 필요한 사항은 농림축산식품부령으로 정한다. 진료부 또는 검안부는 각각 1년간 보존한다.

진료부	검안부
• 동물의 품종 · 성별 · 특징 및 연령 • 진료 연월일 • 동물소유자 등의 성명과 주소 • 병명과 주요 증상 • 치료방법(처방과 처치) • 사용한 마약 또는 향정신성의약품의 품명과 수량 • 동물등록번호(「동물보호법」에 따라 등록한 동물만 해당)	• 동물의 품종 · 성별 · 특징 및 연령 • 검안 연월일 • 동물소유자 등의 성명과 주소 • 폐사 연월일(명확하지 않을 때에는 추정 연월일) 또는 살처분 연월일 • 폐사 또는 살처분의 원인과 장소 • 사체의 상태 • 주요 소견

③ 진료부 또는 검안부는 「전자서명법」에 따른 전자서명이 기재된 전자문서로 작성 · 보관할 수 있다.

(11) 수술 등 중대진료에 관한 설명(법 제13조의2)

① 수의사는 동물의 생명 또는 신체에 중대한 위해를 발생하게 할 우려가 있는 수술, 수혈 등 농림축산식품부령으로 정하는 진료(이하 "수술 등 중대진료")를 하는 경우에는 수술 등 중대진료 전에 동물의 소유자 또는 관리자에게 ②의 모든 사항을 설명하고, 서면(전자문서를 포함)으로 동의를 받아야 한다. 다만, 설명 및 동의 절차로 수술 등 중대진료가 지체되면 동물의 생명이 위험해지거나 동물의 신체에 중대한 장애를 가져올 우려가 있는 경우에는 수술 등 중대진료 이후에 설명하고 동의를 받을 수 있다.

② 수의사가 동물소유자 등에게 설명하고 동의를 받아야 할 사항은 다음과 같다.

㉠ 동물에게 발생하거나 발생 가능한 증상의 진단명

㉡ 수술 등 중대진료의 필요성, 방법 및 내용

㉢ 수술 등 중대진료에 따라 전형적으로 발생이 예상되는 후유증 또는 부작용

㉣ 수술 등 중대진료 전후에 동물소유자 등이 준수해야 할 사항

③ ① 및 ②에 따른 설명 및 동의의 방법 · 절차 등에 관하여 필요한 사항은 농림축산식품부령으로 정한다.

(12) 신고(법 제14조, 규칙 제14조)

① 수의사는 농림축산식품부령으로 정하는 바에 따라 최초로 면허를 받은 후부터 3년마다 그 실태와 취업상황(근무지가 변경된 경우를 포함) 등을 대한수의사회에 신고해야 한다.

② 수의사는 면허를 받은 날 또는 면허를 다시 받은 날부터 매 3년이 되는 해의 12월 31일까지 대한수의사회(이하 "수의사회")의 장에게 별지 제11호의2 서식의 실태 및 취업상황 등 신고서를 제출해야 한다.

(13) 진료기술의 보호(법 제15조)

수의사의 진료행위에 대하여는 수의사법 또는 다른 법령에 규정된 것을 제외하고는 누구든지 간섭하여서는 아니 된다.

(14) 기구 등의 우선 공급(법 제16조)

수의사는 진료행위에 필요한 기구, 약품, 그 밖의 시설 및 재료를 우선적으로 공급받을 권리를 가진다.

3 동물보건사

(1) 동물보건사의 자격(법 제16조의2, 규칙 제14조의2)

① 동물보건사가 되려는 사람은 다음에 해당하는 사람으로서 동물보건사 자격시험에 합격한 후 농림축산식품부령으로 정하는 바에 따라 농림축산식품부장관의 자격인정을 받아야 한다.

㉠ 농림축산식품부장관의 평가인증을 받은 「고등교육법」에 따른 전문대학 또는 이와 같은 수준 이상의 학교의 동물 간호 관련 학과를 졸업한 사람(동물보건사 자격시험 응시일부터 6개월 이내에 졸업이 예정된 사람을 포함)

㉡ 「초·중등교육법」 제2조에 따른 고등학교 졸업자 또는 초·중등교육법령에 따라 같은 수준의 학력이 있다고 인정되는 사람(이하 "고등학교 졸업학력 인정자")으로서 농림축산식품부장관의 평가인증을 받은 「평생교육법」에 따른 평생교육기관의 고등학교 교과 과정에 상응하는 동물 간호에 관한 교육과정을 이수한 후 농림축산식품부령으로 정하는 동물 간호 관련 업무에 1년 이상 종사한 사람

㉢ 농림축산식품부장관이 인정하는 외국의 동물 간호 관련 면허나 자격을 가진 사람

② ①에도 불구하고 입학 당시 평가인증을 받은 학교에 입학한 사람으로서 농림축산식품부장관이 정하여 고시하는 동물 간호 관련 교과목과 학점을 이수하고 졸업한 사람은 같은 항 ㉠에 해당하는 사람으로 본다.

더 알아보기

동물보건사의 자격인정 제출 서류(규칙 제14조의2)

① 동물보건사 자격인정을 받으려는 사람은 동물보건사 자격시험에 합격한 후 농림축산식품부장관에게 다음의 서류를 합격자 발표일부터 14일 이내에 제출해야 한다.

㉠ 정신질환자에 해당하는 사람이 아님을 증명하는 의사의 진단서 또는 정신건강의학과전문의가 수의사로서 직무를 수행할 수 있다고 인정하는 사람임을 증명하는 정신건강의학과전문의의 진단서

㉡ 마약, 대마(大麻), 그 밖의 향정신성의약품(向精神性醫藥品) 중독자에 해당하는 사람이 아님을 증명하는 의사의 진단서 또는 정신건강의학과전문의가 수의사로서 직무를 수행할 수 있다고 인정하는 사람임을 증명하는 정신건강의학과전문의의 진단서

㉢ 동물보건사의 자격 또는 동물보건사 자격시험 응시에 관한 특례의 어느 하나에 해당하는지를 증명할 수 있는 서류

㉣ 사진(규격은 가로 3.5cm, 세로 4.5cm) 2장

② 농림축산식품부장관은 제출받은 서류를 검토하여 다음에 해당하는지 여부를 확인해야 한다.

㉠ 동물보건사의 자격 또는 동물보건사 자격시험 응시에 관한 특례에 따른 자격

㉡ 수의사법에 따른 결격사유

③ 농림축산식품부장관은 동물보건사 자격인정을 한 경우에는 동물보건사자격시험의 합격자 발표일부터 50일 이내(외국에서 동물 간호 관련 면허나 자격을 받은 사실 등에 대한 조회가 끝난 날부터 50일 이내)에 동물보건사 자격증을 발급해야 한다.

(2) 동물보건사의 자격시험(법 제16조의3)

① 동물보건사 자격시험은 매년 농림축산식품부장관이 시행한다.

② 농림축산식품부장관은 동물보건사 자격시험의 관리를 대통령령으로 정하는 바에 따라 시험 관리 능력이 있다고 인정되는 관계 전문기관에 위탁할 수 있다.

③ 농림축산식품부장관은 동물보건사 자격시험의 관리를 위탁한 때에는 그 관리에 필요한 예산을 보조할 수 있다.

④ 위에서 규정한 사항 외에 동물보건사 자격시험의 실시 등에 필요한 사항은 농림축산식품부령으로 정한다.

더 알아보기

동물보건사 자격시험의 실시 등(규칙 제14조의4)

① 농림축산식품부장관은 동물보건사자격시험을 실시하려는 경우에는 시험일 90일 전까지 시험일시, 시험장소, 응시원서 제출기간 및 그 밖에 시험에 필요한 사항을 농림축산식품부의 인터넷 홈페이지 등에 공고해야 한다.

② 동물보건사자격시험의 시험과목

㉠ 기초 동물보건학

㉡ 예방 동물보건학

㉢ 임상 동물보건학

㉣ 동물 보건·윤리 및 복지 관련 법규

③ 동물보건사자격시험은 필기시험의 방법으로 실시한다.

④ 동물보건사자격시험에 응시하려는 사람은 응시원서 제출기간에 별지 서식의 동물보건사 자격시험 응시원서(전자문서로 된 응시원서를 포함)를 농림축산식품부장관에게 제출해야 한다.

⑤ 동물보건사자격시험의 합격자는 시험과목에서 각 과목당 시험점수가 100점을 만점으로 하여 40점 이상이고, 전 과목의 평균 점수가 60점 이상인 사람으로 한다.

⑥ 위에서 규정한 사항 외에 동물보건사자격시험에 필요한 사항은 농림축산식품부장관이 정해 고시한다.

(3) 양성기관의 평가인증(법 제16조의4)

① 동물보건사 양성과정을 운영하려는 학교 또는 교육기관은 농림축산식품부령으로 정하는 기준과 절차에 따라 농림축산식품부장관의 평가인증을 받을 수 있다.

더 알아보기

동물보건사 양성기관의 평가인증(규칙 제14조의5)

① 평가인증을 받으려는 동물보건사 양성과정을 운영하려는 학교 또는 교육기관(이하 "양성기관")은 다음의 기준을 충족해야 한다.

㉠ 교육과정 및 교육내용이 양성기관의 업무 수행에 적합할 것

㉡ 교육과정의 운영에 필요한 교수 및 운영 인력을 갖출 것

㉢ 교육시설·장비 등 교육여건과 교육환경이 양성기관의 업무 수행에 적합할 것

② 평가인증을 받으려는 양성기관은 별지 서식의 양성기관 평가인증 신청서에 다음의 서류 및 자료를 첨부하여 농림축산식품부장관에게 제출해야 한다.
㉠ 해당 양성기관의 설립 및 운영 현황 자료
㉡ 평가인증 기준을 충족함을 증명하는 서류 및 자료
③ 농림축산식품부장관은 평가인증을 위해 필요한 경우에는 양성기관에게 필요한 자료의 제출이나 의견의 진술을 요청할 수 있다.
④ 농림축산식품부장관은 신청 내용이 평가인증 기준을 충족한 경우에는 신청인에게 별지 서식의 양성기관 평가인증서를 발급해야 한다.
⑤ 위에서 규정한 사항 외에 평가인증의 기준 및 절차에 필요한 사항은 농림축산식품부장관이 정해 고시한다.

② 농림축산식품부장관은 평가인증을 받은 양성기관이 다음에 해당하는 경우에는 농림축산식품부령으로 정하는 바에 따라 평가인증을 취소할 수 있다. 다만, ㉠에 해당하는 경우에는 평가인증을 취소해야 한다.
㉠ 거짓이나 그 밖의 부정한 방법으로 평가인증을 받은 경우
㉡ 양성기관 평가인증 기준에 미치지 못하게 된 경우

더 알아보기

양성기관의 평가인증 취소(규칙 제14조의6)

① 농림축산식품부장관은 양성기관의 평가인증을 취소하려는 경우에는 미리 평가인증의 취소 사유와 10일 이상의 기간을 두어 소명자료를 제출할 것을 통보해야 한다.
② 농림축산식품부장관은 소명자료 제출 기간 내에 소명자료를 제출하지 아니하거나 제출된 소명자료가 이유 없다고 인정되면 평가인증을 취소한다.

(4) 동물보건사의 업무(법 제16조의5)

① 동물보건사는 무면허 진료행위의 금지(제10조)에도 불구하고 동물병원 내에서 수의사의 지도 아래 동물의 간호 또는 진료 보조 업무를 수행할 수 있다.
② 구체적인 업무의 범위와 한계 등에 관한 사항은 농림축산식품부령으로 정한다.
③ 동물보건사의 업무 범위와 한계(규칙 제14조의7)
㉠ 동물의 간호 업무 : 동물에 대한 관찰, 체온・심박수 등 기초 검진 자료의 수집, 간호판단 및 요양을 위한 간호
㉡ 동물의 진료 보조 업무 : 약물 도포, 경구 투여, 마취・수술의 보조 등 수의사의 지도 아래 수행하는 진료의 보조

4 동물병원

(1) 동물병원의 개설(법 제17조)

① 수의사는 수의사법에 따른 동물병원을 개설하지 아니하고는 동물진료업을 할 수 없다.

② 동물병원은 다음에 해당되는 자가 아니면 개설할 수 없다.

㉠ 수의사

㉡ 국가 또는 지방자치단체

㉢ 동물진료업을 목적으로 설립된 법인

㉣ 수의학을 전공하는 대학(수의학과가 설치된 대학 포함)

㉤ 「민법」이나 특별법에 따라 설립된 비영리법인

③ 위 ②의 자가 동물병원을 개설하려면 농림축산식품부령으로 정하는 바에 따라 특별자치도지사・특별자치시장・시장・군수 또는 자치구의 구청장(이하 "시장・군수")에게 신고해야 한다. 신고 사항 중 농림축산식품부령으로 정하는 중요 사항을 변경하려는 경우에도 같다.

④ 시장・군수는 ③에 따른 신고를 받은 경우 그 내용을 검토하여 이 법에 적합하면 신고를 수리해야 한다.

⑤ 동물병원의 시설기준(영 제13조)

㉠ 개설자가 수의사인 동물병원 : 진료실・처치실・조제실, 그 밖에 청결 유지와 위생 관리에 필요한 시설을 갖출 것. 다만, 축산 농가가 사육하는 가축(소・말・돼지・염소・사슴・노새・당나귀・닭・오리・메추리・꿩・꿀벌) 및 수생동물에 대한 출장 진료만을 하는 동물병원은 진료실과 처치실을 갖추지 아니할 수 있다.

㉡ 개설자가 수의사가 아닌 동물병원 : 진료실・처치실・조제실・임상병리검사실, 그 밖에 청결 유지와 위생 관리에 필요한 시설을 갖출 것. 다만, 지방자치단체가 동물보호센터의 동물만을 진료・처치하기 위하여 직접 설치하는 동물병원의 경우에는 임상병리검사실을 갖추지 아니할 수 있다.

더 알아보기

동물병원의 개설신고(규칙 제15조)

① 동물병원을 개설하려는 경우에는 신고서에 다음의 서류를 첨부하여 그 개설하려는 장소를 관할하는 특별자치시장・특별자치도지사・시장・군수 또는 자치구의 구청장에게 제출(정보통신망에 의한 제출을 포함)해야 한다. 이 경우 개설신고자 외에 그 동물병원에서 진료업무에 종사하는 수의사가 있을 때에는 그 수의사에 대한 서류를 함께 제출(정보통신망에 의한 제출을 포함)해야 한다.

㉠ 동물병원의 구조를 표시한 평면도・장비 및 시설의 명세서 : 각 1부

㉡ 수의사 면허증 사본 : 1부

㉢ 확인서 : 1부(출장진료만을 하는 동물병원을 개설하려는 경우만 해당)

② 국가 또는 지방자치단체, 동물진료법인, 수의학을 전공하는 대학, 비영리법인 자는 동물병원을 개설하려는 경우에는 동물병원 개설신고서에 다음의 서류를 첨부하여 그 개설하려는 장소를 관할하는 시장・군수에게 제출(정보통신망에 의한 제출을 포함)해야 한다.

㉠ 동물병원의 구조를 표시한 평면도・장비 및 시설의 명세서 각 1부

ⓛ 동물병원에 종사하려는 수의사의 면허증 사본
ⓒ 법인의 설립 허가증 또는 인가증 사본 및 정관 각 1부(비영리법인인 경우만 해당)

③ ②에 따른 신고서를 제출받은 시장・군수는 「전자정부법」에 따른 행정정보의 공동이용을 통하여 법인 등기사항증명서(법인인 경우만 해당)를 확인해야 한다.

④ 시장・군수는 ① 또는 ②에 따른 동물병원 개설신고를 수리한 경우에는 동물병원 개설 신고확인증을 발급(정보통신망에 의한 발급을 포함)하고, 그 사본을 수의사회에 송부해야 한다. 이 경우 출장진료전문병원에 대하여 발급하는 신고확인증에는 출장진료만을 전문으로 한다는 문구를 명시해야 한다.

⑤ 동물병원의 개설신고자는 다음에 해당하는 변경신고를 하려면 동물병원 개설신고 사항 변경신고서에 신고확인증과 변경사항을 확인할 수 있는 서류를 첨부하여 시장・군수에게 제출해야 한다. 다만, 출장진료전문병원에서 출장진료전문병원이 아닌 동물병원으로의 변경신고를 하려는 자는 진료실과 처치실을 갖추었음을 확인할 수 있는 동물병원 평면도를, 출장진료전문병원이 아닌 동물병원에서 출장진료전문병원으로의 변경신고를 하려는 자는 확인서를 함께 첨부해야 한다.
㉠ 개설 장소의 이전
ⓛ 동물병원의 명칭 변경
ⓒ 진료 수의사의 변경
ⓔ 출장진료전문병원에서 출장진료전문병원이 아닌 동물병원으로의 변경
ⓜ 출장진료전문병원이 아닌 동물병원에서 출장진료전문병원으로의 변경
ⓑ 동물병원 개설자의 변경

⑥ 시장・군수는 ⑤에 따른 변경신고를 수리하였을 때에는 신고대장 및 신고확인증의 뒤쪽에 그 변경내용을 적은 후 신고확인증을 내주고, 그 사본을 수의사회에 송부해야 한다.

(2) 동물병원의 관리의무(법 제17조의2)

동물병원 개설자는 자신이 그 동물병원을 관리해야 한다. 다만, 동물병원 개설자가 부득이한 사유로 그 동물병원을 관리할 수 없을 때에는 그 동물병원에 종사하는 수의사 중에서 관리자를 지정하여 관리하게 할 수 있다.

(3) 동물병원 진단장치 등

① 동물 진단용 방사선발생장치의 설치・운영 등(법 제17조의3)

㉠ 동물을 진단하기 위하여 방사선발생장치를 설치・운영하려는 동물병원 개설자는 농림축산식품부령으로 정하는 바에 따라 시장・군수에게 신고해야 한다. 이 경우 시장・군수는 그 내용을 검토하여 이 법에 적합하면 신고를 수리해야 한다.

ⓛ 동물병원 개설자는 동물 진단용 방사선발생장치를 설치・운영하는 경우에는 다음의 사항을 준수해야 한다.
- 농림축산식품부령으로 정하는 바에 따라 안전관리 책임자를 선임할 것
- 안전관리 책임자가 그 직무수행에 필요한 사항을 요청하면 동물병원 개설자는 정당한 사유가 없으면 지체 없이 조치할 것
- 안전관리 책임자가 안전관리업무를 성실히 수행하지 아니하면 지체 없이 그 직으로부터 해임하고 다른 직원을 안전관리 책임자로 선임할 것
- 그 밖에 안전관리에 필요한 사항으로서 농림축산식품부령으로 정하는 사항

ⓒ 동물병원 개설자는 동물 진단용 방사선발생장치를 설치한 경우에는 농림축산식품부장관이 지정하는 검사기관 또는 측정기관으로부터 정기적으로 검사와 측정을 받아야 하며, 방사선 관계 종사자에 대한 피폭(被曝) 관리를 해야 한다.

ⓔ ㉠과 ⓒ에 따른 동물 진단용 방사선발생장치의 범위, 신고, 검사, 측정 및 피폭 관리 등에 필요한 사항은 농림축산식품부령으로 정한다.

② 동물 진단용 특수의료장비의 설치 · 운영(법 제17조의4)

㉠ 동물을 진단하기 위하여 농림축산식품부장관이 고시하는 의료장비(이하 "동물 진단용 특수의료장비")를 설치 · 운영하려는 동물병원 개설자는 농림축산식품부령으로 정하는 바에 따라 그 장비를 농림축산식품부장관에게 등록해야 한다.

ⓛ 동물병원 개설자는 동물 진단용 특수의료장비를 농림축산식품부령으로 정하는 설치 인정기준에 맞게 설치 · 운영해야 한다.

ⓒ 동물병원 개설자는 동물 진단용 특수의료장비를 설치한 후에는 농림축산식품부령으로 정하는 바에 따라 농림축산식품부장관이 실시하는 정기적인 품질관리검사를 받아야 한다.

ⓔ 동물병원 개설자는 ⓒ에 따른 품질관리검사 결과 부적합 판정을 받은 동물 진단용 특수의료장비를 사용하여서는 아니 된다.

③ 검사 · 측정기관의 지정 등(법 제17조의5)

㉠ 농림축산식품부장관은 검사용 장비를 갖추는 등 농림축산식품부령으로 정하는 일정한 요건을 갖춘 기관을 동물 진단용 방사선발생장치의 검사기관 또는 측정기관(이하 "검사 · 측정기관")으로 지정할 수 있다.

ⓛ 농림축산식품부장관은 ㉠에 따른 검사 · 측정기관이 다음에 해당하는 경우에는 지정을 취소하거나 6개월 이내의 기간을 정하여 업무의 정지를 명할 수 있다.
다만, 거짓이나 그 밖의 부정한 방법으로 지정을 받은 경우, 고의 또는 중대한 과실로 거짓의 동물 진단용 방사선발생장치 등의 검사에 관한 성적서를 발급한 경우, 업무의 정지 기간에 검사 · 측정업무를 한 경우에 해당하는 경우에는 그 지정을 취소해야 한다.

- 거짓이나 그 밖의 부정한 방법으로 지정을 받은 경우
- 고의 또는 중대한 과실로 거짓의 동물 진단용 방사선발생장치 등의 검사에 관한 성적서를 발급한 경우
- 업무의 정지 기간에 검사 · 측정업무를 한 경우
- 농림축산식품부령으로 정하는 검사 · 측정기관의 지정기준에 미치지 못하게 된 경우
- 그 밖에 농림축산식품부장관이 고시하는 검사 · 측정업무에 관한 규정을 위반한 경우

ⓒ ㉠에 따른 검사 · 측정기관의 지정절차 및 지정 취소, 업무 정지에 필요한 사항은 농림축산식품부령으로 정한다.

ⓔ 검사 · 측정기관의 장은 검사 · 측정업무를 휴업하거나 폐업하려는 경우에는 농림축산식품부령으로 정하는 바에 따라 농림축산식품부장관에게 신고해야 한다.

(4) 휴업 · 폐업의 신고(법 제18조)

동물병원 개설자가 동물진료업을 휴업하거나 폐업한 경우에는 지체 없이 관할 시장 · 군수에게 신고해야 한다. 다만, 30일 이내의 휴업인 경우에는 그렇지 않다.

더 알아보기

휴업 · 폐업의 신고(규칙 제18조)

① 동물병원 개설자가 동물진료업을 휴업하거나 폐업한 경우에는 동물병원(휴업 · 폐업) 신고서에 신고확인증을 첨부하여 동물병원의 개설 장소를 관할하는 시장 · 군수에게 제출해야 하며, 시장 · 군수는 그 사본을 수의사회에 송부해야 한다. 다만, 신고확인증을 분실한 경우에는 신고서에 분실사유를 적고 신고확인증을 첨부하지 않을 수 있다.

② ①에 따라 폐업신고를 하려는 자가 「부가가치세법」에 따른 폐업신고를 같이 하려는 경우에는 과세사업전환 감가상각자산 신고서와 휴업 · 폐업신고서를 함께 제출하거나 「민원처리에 관한 법률 시행령」에 따른 통합 폐업신고서를 제출해야 한다. 이 경우 관할 시장 · 군수는 함께 제출받은 폐업신고서 또는 통합 폐업신고서를 지체 없이 관할 세무서장에게 송부(정보통신망을 이용한 송부를 포함)해야 한다.

③ 관할 세무서장이 폐업신고서를 받아 이를 관할 시장 · 군수에게 송부한 경우에는 폐업신고서가 제출된 것으로 본다.

(5) 진료비용 고지와 게시

① 수술 등의 진료비용 고시(법 제19조, 규칙 제18조의2)

㉠ 동물병원 개설자는 수술 등 중대진료 전에 수술 등 중대진료에 대한 예상 진료비용을 동물소유자 등에게 고지해야 한다. 다만, 수술 등 중대진료가 지체되면 동물의 생명 또는 신체에 중대한 장애를 가져올 우려가 있거나 수술 등 중대진료 과정에서 진료비용이 추가되는 경우에는 수술 등 중대진료 이후에 진료비용을 고지하거나 변경하여 고지할 수 있다.

㉡ 수술 등 중대진료 전에 예상 진료비용을 고지하거나 수술 등 중대진료 이후에 진료비용을 고지하거나 변경하여 고지할 때에는 구두로 설명하는 방법으로 한다.

② 진찰 등의 진료비용 게시(법 제20조)

㉠ 동물병원 개설자는 진찰, 입원, 예방접종, 검사 등 농림축산식품부령으로 정하는 동물진료업의 행위에 대한 진료비용을 동물소유자 등이 쉽게 알 수 있도록 농림축산식품부령으로 정하는 방법으로 게시해야 한다.

더 알아보기

진찰 등의 진료비용 게시 대상 및 방법(규칙 제18조의3)

① 진료비용 : 다음의 진료비용을 말한다(단, 해당 동물병원에서 진료하지 않는 동물진료업의 행위에 대한 진료비용 및 출장진료전문병원의 동물진료업의 행위에 대한 진료비용은 제외).

㉠ 초진 · 재진 진찰료, 진찰에 대한 상담료

㉡ 입원비

㉢ 개 종합백신, 고양이 종합백신, 광견병백신, 켄넬코프백신, 개 코로나바이러스백신 및 인플루엔자백신의 접종비

㉣ 전혈구 검사비와 그 검사 판독료 및 엑스선 촬영비와 그 촬영 판독료

㉤ 그 밖에 동물소유자 등에게 알릴 필요가 있다고 농림축산식품부장관이 인정하여 고시하는 동물진료업의 행위에 대한 진료비용

② 진료비용의 게시 방법

㉠ 해당 동물병원 내부 접수창구 또는 진료실 등 동물소유자 등이 알아보기 쉬운 장소에 책자나 인쇄물을 비치하거나 벽보 등을 부착하는 방법

㉡ 해당 동물병원의 인터넷 홈페이지에 게시하는 방법. 이 경우 인터넷 홈페이지의 초기화면에 게시하거나 배너를 이용하는 경우에는 진료비용을 게시하는 화면으로 직접 연결되도록 해야 한다.

㉡ 동물병원 개설자는 게시한 금액을 초과하여 진료비용을 받아서는 안 된다.

(6) 발급 수수료(법 제20조의2, 규칙 제19조)

① 진단서 등 발급수수료 상한액은 농림축산식품부령으로 정한다.

㉠ 처방전 발급수수료의 상한액은 5천 원으로 한다.

㉡ 동물병원 개설자는 진단서, 검안서, 증명서 및 처방전의 발급수수료의 금액을 정하여 접수창구나 대기실에 동물소유자 등이 쉽게 볼 수 있도록 게시해야 한다.

② 동물병원 개설자는 의료기관이 동물소유자 등으로부터 징수하는 진단서 등 발급수수료를 농림축산식품부령으로 정하는 바에 따라 고지・게시해야 한다.

③ 동물병원 개설자는 ②에서 고지・게시한 금액을 초과하여 징수할 수 없다.

(7) 공수의(법 제21조, 규칙 제21조)

① 시장・군수는 동물진료 업무의 적정을 도모하기 위하여 동물병원을 개설하고 있는 수의사, 동물병원에서 근무하는 수의사 또는 농림축산식품부령으로 정하는 축산 관련 비영리법인에서 근무하는 수의사에게 다음의 업무를 위촉할 수 있다. 다만, 농업협동조합중앙회(농협경제지주회사 포함) 및 조합, 가축위생방역 지원본부에서 근무하는 수의사에게는 ㉢과 ㉥의 업무만 위촉할 수 있다.

㉠ 동물의 진료

㉡ 동물 질병의 조사・연구

㉢ 동물 전염병의 예찰 및 예방

㉣ 동물의 건강진단

㉤ 동물의 건강증진과 환경위생 관리

㉥ 그 밖에 동물의 진료에 관하여 시장・군수가 지시하는 사항

② ①에 따라 동물진료 업무를 위촉받은 수의사(이하 "공수의")는 시장・군수의 지휘・감독을 받아 위촉받은 업무를 수행한다.

더 알아보기

공수의의 업무보고(규칙 제22조)

공수의는 업무에 관하여 매월 그 추진결과를 다음 달 10일까지 배치지역을 관할하는 시장・군수에게 보고해야 하며, 시장・군수(특별자치시장과 특별자치도지사는 제외)는 그 내용을 종합하여 매 분기가 끝나는 달의 다음 달 10일까지 특별시장・광역시장 또는 도지사에게 보고해야 한다. 다만, 전염병 발생 및 공중위생상 긴급한 사항은 즉시 보고해야 한다.

5 동물진료법인

(1) 동물진료법인의 설립 허가(법 제22조의2)

① 동물진료법인을 설립하려는 자는 정관과 그 밖의 서류를 갖추어 그 법인의 주된 사무소의 소재지를 관할하는 시·도지사의 허가를 받아야 한다.

② 동물진료법인은 그 법인이 개설하는 동물병원에 필요한 시설이나 시설을 갖추는 데에 필요한 자금을 보유해야 한다.

③ 동물진료법인이 재산을 처분하거나 정관을 변경하려면 시·도지사의 허가를 받아야 한다.

④ 수의사법에 따른 동물진료법인이 아니면 동물진료법인이나 이와 비슷한 명칭을 사용할 수 없다.

더 알아보기

동물진료법인의 설립 허가 신청(영 제13조의2)

동물진료법인을 설립하려는 자는 동물진료법인 설립허가신청서에 농림축산식품부령으로 정하는 서류를 첨부하여 그 법인의 주된 사무소의 소재지를 관할하는 특별시장·광역시장·도지사 또는 특별자치도지사·특별자치시장에게 제출해야 한다.

동물진료법인의 재산 처분 또는 정관 변경의 허가 신청(영 제13조의3)

재산 처분이나 정관 변경에 대한 허가를 받으려는 동물진료법인은 재산처분허가신청서 또는 정관변경허가신청서에 농림축산식품부령으로 정하는 서류를 첨부하여 그 법인의 주된 사무소의 소재지를 관할하는 시·도지사에게 제출해야 한다.

(2) 동물진료법인의 부대사업(법 제22조의3, 영 제13조의4)

① 동물진료법인은 그 법인이 개설하는 동물병원에서 동물진료업무 외에 다음의 부대사업을 할 수 있다. 이 경우 부대사업으로 얻은 수익에 관한 회계는 동물진료법인의 다른 회계와 구분하여 처리해야 한다.

㉠ 동물진료나 수의학에 관한 조사·연구

㉡ 「주차장법」에 따른 부설주차장의 설치·운영

㉢ 동물진료업 수행에 수반되는 동물진료정보시스템 개발·운영 사업 중 다음의 사업

- 진료부(진단서 및 증명서를 포함)를 전산으로 작성·관리하기 위한 시스템의 개발·운영 사업
- 동물의 진단 등을 위하여 의료기기로 촬영한 영상기록을 저장·전송하기 위한 시스템의 개발·운영 사업

② ① ㉡의 부대사업을 하려는 동물진료법인은 타인에게 임대 또는 위탁하여 운영할 수 있다.

③ ① 및 ②에 따라 부대사업을 하려는 동물진료법인은 농림축산식품부령으로 정하는 바에 따라 미리 동물병원의 소재지를 관할하는 시·도지사에게 신고해야 한다. 신고사항을 변경하려는 경우에도 또한 같다.

④ 시·도지사는 ③에 따른 신고를 받은 경우 그 내용을 검토하여 이 법에 적합하면 신고를 수리해야 한다.

더 알아보기

부대사업의 신고 등(규칙 제22조의7)

① 동물진료법인은 부대사업을 신고하려는 경우 신고서에 동물병원 개설 신고확인증 사본, 부대사업의 내용을 적은 서류, 부대사업을 하려는 건물의 평면도 및 구조설명서를 첨부하여 제출해야 한다.
② 시·도지사는 부대사업 신고를 받은 경우에는 부대사업 신고증명서를 발급해야 한다.
③ 동물진료법인은 부대사업 신고사항을 변경하려는 경우 부대사업 변경신고서에 부대사업 신고증명서 원본, 변경사항을 증명하는 서류를 첨부하여 제출해야 한다.
④ 시·도지사는 부대사업 변경신고를 받은 경우에는 부대사업 신고증명서 원본에 변경 내용을 적은 후 돌려주어야 한다.

(3) 민법의 준용(법 제22조의4)

① 동물진료법인에 대하여 수의사법에 규정된 것 외에는 「민법」 중 재단법인에 관한 규정을 준용한다.

② 법인사무의 검사·감독(규칙 제22조의8)

㉠ 시·도지사는 동물진료법인 사무의 검사 및 감독을 위하여 필요하다고 인정되는 경우에는 다음의 서류를 제출할 것을 동물진료법인에 요구할 수 있다.

대상 서류	제 출
1. 정 관 2. 임원의 명부와 이력서 3. 이사회 회의록 4. 재산대장 및 부채대장 5. 보조금을 받은 경우에는 보조금 관리대장 6. 수입·지출에 관한 장부 및 증명서류	최근 5년까지의 서류
7. 업무일지 8. 주무관청 및 관계 기관과 주고받은 서류	최근 3년까지의 서류

㉡ 시·도지사는 필요한 최소한의 범위를 정하여 소속 공무원으로 하여금 동물진료법인을 방문하여 그 사무를 검사하게 할 수 있다. 이 경우 소속 공무원은 그 권한을 증명하는 증표를 지니고 관계인에게 보여주어야 한다.

③ 설립등기 등의 보고(규칙 제22조의9)

동물진료법인은 「민법」에 따라 동물진료법인 설립등기, 분사무소 설치등기, 사무소 이전등기, 변경등기 또는 직무집행정지 등 가처분의 등기를 한 경우에는 해당 등기를 한 날부터 7일 이내에 그 사실을 시·도지사에게 보고해야 한다. 이 경우 담당공무원은 「전자정부법」에 따른 행정정보의 공동이용을 통하여 법인 등기사항증명서를 확인해야 한다.

④ 잔여재산 처분의 허가(규칙 제22조의10)

동물진료법인의 대표자 또는 청산인은 잔여재산의 처분에 대한 허가를 받으려면 처분 사유, 처분하려는 재산의 종류·수량 및 금액, 재산의 처분 방법 및 처분계획서를 적은 잔여재산처분허가신청서를 시·도지사에게 제출해야 한다.

⑤ 해산 신고 등(규칙 제22조의11)

㉠ 동물진료법인이 해산(파산의 경우 제외)한 경우 그 청산인은 해산 연월일, 해산 사유, 청산인의 성명 및 주소, 청산인의 대표권을 제한한 경우에는 그 제한 사항을 시・도지사에게 신고해야 한다.

㉡ 청산인이 해산 신고를 하는 경우에는 해산신고서에 해산 당시 동물진료법인의 재산목록, 잔여재산 처분 방법의 개요를 적은 서류, 해산 당시의 정관, 해산을 의결한 이사회의 회의록을 첨부하여 제출해야 한다. 이 경우 담당공무원은 「전자정부법」에 따른 행정정보의 공동이용을 통하여 법인 등기사항증명서를 확인해야 한다.

㉢ 동물진료법인이 정관에서 정하는 바에 따라 그 해산에 관하여 주무관청의 허가를 받아야 하는 경우에는 해산 예정 연월일, 해산의 원인과 청산인이 될 자의 성명 및 주소를 적은 해산허가신청서에 신청 당시 동물진료법인의 재산목록 및 그 감정평가서, 잔여재산 처분 방법의 개요를 적은 서류, 신청 당시의 정관를 첨부하여 시・도지사에게 제출해야 한다.

⑥ 청산 종결의 신고(규칙 제22조의12)

동물진료법인의 청산인은 그 청산을 종결한 경우에는 그 취지를 등기하고 청산종결신고서(전자문서로 된 신고서를 포함)를 시・도지사에게 제출해야 한다. 이 경우 담당공무원은 「전자정부법」에 따른 행정정보의 공동이용을 통하여 법인 등기사항증명서를 확인해야 한다.

6 대한수의사회

(1) 설립(법 제23조)

① 수의사는 수의업무의 적정한 수행과 수의학술의 연구・보급 및 수의사의 윤리 확립을 위하여 대한수의사회(이하 “수의사회”)를 설립해야 한다.

② 수의사회는 법인으로 한다.

③ 수의사는 수의사회가 설립된 때에는 당연히 수의사회의 회원이 된다.

(2) 설립인가(법 제24조, 영 제14조)

수의사회를 설립하려는 경우 그 대표자는 정관, 자산 명세서, 사업계획서 및 수지예산서, 설립 결의서, 설립 대표자의 선출 경위에 관한 서류, 임원의 취임 승낙서와 이력서를 농림축산식품부장관에게 제출하여 그 설립인가를 받아야 한다.

(3) 지부 설치(법 제25조, 영 제18조)

수의사회는 지부를 설치하려는 경우에는 그 설립등기를 완료한 날부터 3개월 이내에 특별시・광역시・도 또는 특별자치도・특별자치시에 지부를 설치해야 한다.

(4) 민법의 준용(법 제26조)

수의사회에 관하여 수의사법에 규정되지 아니한 사항은 「민법」 중 사단법인에 관한 규정을 준용한다.

(5) 경비 보조(법 제29조)

국가나 지방자치단체는 동물의 건강증진 및 공중위생을 위하여 필요하다고 인정하는 경우 또는 수의(동물의 간호 또는 진료 보조를 포함) 및 공중위생에 관한 업무의 일부를 위탁한 경우에는 수의사회의 운영 또는 업무 수행에 필요한 경비의 전부 또는 일부를 보조할 수 있다.

7 감 독

(1) 지도와 명령(법 제30조, 영 제20조, 규칙 제22조의14)

① 농림축산식품부장관, 시·도지사 또는 시장·군수는 동물진료 시책을 위하여 필요하다고 인정할 때 또는 공중위생상 중대한 위해가 발생하거나 발생할 우려가 있다고 인정할 때에는 수의사 또는 동물병원에 대하여 다음의 필요한 지도와 명령을 할 수 있다. 이 경우 수의사 또는 동물병원의 시설·장비 등이 필요한 때에는 그 비용을 지급해야 한다.

㉠ 수의사 또는 동물병원 기구·장비의 대(對)국민 지원 지도와 동원 명령

㉡ 공중위생상 위해(危害) 발생의 방지 및 동물 질병의 예방과 적정한 진료 등을 위하여 필요한 시설·업무개선의 지도와 명령

㉢ 그 밖에 가축전염병의 확산이나 인수공통감염병으로 인한 공중위생상의 중대한 위해 발생의 방지 등을 위하여 필요하다고 인정하여 하는 지도와 명령

더 알아보기

비용 지급기준(규칙 별표 1의2)

수의사에 대한 비용	주간근로	「공무원보수규정」 전문계약직공무원의 다급 상한액을 기준으로 동원된 기간만큼 일할 계산한 금액(1일 8시간 근로 기준)
	야간·휴일 또는 연장근로	주간근로 금액 + 「근로기준법」에 따른 가산금을 더한 금액
	여비 지급	「공무원 여비 규정」에 따른 여비
시설·장비에 대한 비용	소모품	구입가 또는 지도·명령 당시 해당 물건에 대한 평가액 중 작은 금액
	그 밖의 장비	장비의 통상 1회당 사용료에 사용횟수를 곱하여 산정한 금액 또는 동원된 기간 동안의 감가상각비 중 작은 금액

② 농림축산식품부장관 또는 시장·군수는 동물병원이 동물 진단용 방사선발생장치의 설치·운영·정기 검사·종사자 피폭 관리 및 동물 진단용 특수의료장비의 설치·운영·정기적 품질관리 검사

의 규정을 위반하였을 때에는 농림축산식품부령으로 정하는 바에 따라 기간을 정하여 그 시설·장비 등의 전부 또는 일부의 사용을 제한 또는 금지하거나 위반한 사항을 시정하도록 명할 수 있다.

③ 농림축산식품부장관 또는 시장·군수는 동물병원이 정당한 사유 없이 진찰 등의 진료비용 게시 의무 또는 게시한 금액을 초과한 진료비 청구 위반했을 때에는 농림축산식품부령으로 정하는 바에 따라 기간을 정하여 위반한 사항을 시정하도록 명할 수 있다.

④ 농림축산식품부장관은 인수공통감염병의 방역(防疫)과 진료를 위하여 질병관리청장이 협조를 요청하면 특별한 사정이 없으면 이에 따라야 한다.

(2) 보고 및 업무 감독(법 제31조)

① 농림축산식품부장관은 수의사회로 하여금 회원의 실태와 취업상황 등 회원의 실태와 취업상황, 그 밖의 수의사회의 운영 또는 업무에 관한 것으로서 농림축산식품부장관이 필요하다고 인정하는 사항에 대하여 보고를 하게 하거나 소속 공무원에게 업무 상황과 그 밖의 관계 서류를 검사하게 할 수 있다.

② 시·도지사 또는 시장·군수는 수의사 또는 동물병원에 대하여 질병 진료 상황과 가축 방역 및 수의업무에 관한 보고를 하게 하거나 소속 공무원에게 그 업무 상황, 시설 또는 진료부 및 검안부를 검사하게 할 수 있다.

③ ①이나 ②에 따라 검사를 하는 공무원은 그 권한을 표시하는 증표를 지니고 이를 관계인에게 보여주어야 한다.

(3) 면허의 취소 및 면허효력의 정지(법 제32조)

① 농림축산식품부장관은 수의사가 다음에 해당하면 그 면허를 취소할 수 있다. 다만, ㉠에 해당하면 그 면허를 취소해야 한다.

㉠ 결격사유의 어느 하나에 해당하게 되었을 때

㉡ 면허효력 정지기간에 수의업무를 하거나 농림축산식품부령으로 정하는 기간에 3회 이상 면허효력 정지처분을 받았을 때

㉢ 면허증을 다른 사람에게 대여하였을 때

② 농림축산식품부장관은 수의사가 다음에 해당하면 1년 이내의 기간을 정하여 농림축산식품부령으로 정하는 바에 따라 면허의 효력을 정지시킬 수 있다. 이 경우 진료기술상의 판단이 필요한 사항에 관하여는 관계 전문가의 의견을 들어 결정해야 한다.

㉠ 거짓이나 그 밖의 부정한 방법으로 진단서, 검안서, 증명서 또는 처방전을 발급하였을 때

㉡ 관련 서류를 위조하거나 변조하는 등 부정한 방법으로 진료비를 청구하였을 때

㉢ 정당한 사유 없이 명령을 위반하였을 때

㉣ 임상수의학적(臨床獸醫學的)으로 인정되지 아니하는 진료행위를 하였을 때

㉤ 학위 수여 사실을 거짓으로 공표하였을 때

㉥ 과잉진료행위나 그 밖에 동물병원 운영과 관련된 행위로서 대통령령으로 정하는 행위를 하였을 때

㉦ 수의사로서의 품위를 손상시키는 행위로서 대통령령으로 정하는 행위를 하였을 때

더 알아보기

과잉진료행위 등(영 제20조의2)

① 과잉진료행위나 그 밖에 동물병원 운영과 관련된 행위
- ㉠ 불필요한 검사・투약 또는 수술 등 과잉진료행위를 하거나 부당하게 많은 진료비를 요구하는 행위
- ㉡ 정당한 사유 없이 동물의 고통을 줄이기 위한 조치를 하지 아니하고 시술하는 행위나 그 밖에 이에 준하는 행위로서 농림축산식품부령으로 정하는 행위
- ㉢ 동물병원의 개설자격이 없는 자에게 고용되어 동물을 진료하는 행위
- ㉣ 동물진료의 거부 금지(법 제11조), 수의사가 직접 진료하지 않고 진단서 등 발급한 행위(법 제12조 제1항)・직접 진료한 동물의 대한 진단서 등의 발급 거부행위(법 제12조 제3항), 진료부・검안부의 기록과 서명의무(법 제13조 제1항)・진료부・검안부의 기재사항 보존기간 및 보존방법의무(법 제13조 제2항)을 위반하는 행위

② 수의사로서의 품위를 손상시키는 행위
- ㉠ 허위광고 또는 과대광고 행위
- ㉡ 다른 동물병원을 이용하려는 동물의 소유자 또는 관리자를 자신이 종사하거나 개설한 동물병원으로 유인하거나 유인하게 하는 행위
- ㉢ 「약사법」에 따라 의약품・의약외품(동물용 의약품 등에 대한 특례에 따라 농림축산식품부장관 또는 해양수산부장관의 소관으로 하는 의약품・의약외품을 포함. 이하 "의약품 등") 제조판매 또는 수입의 품목허가(변경허가를 포함)를 받거나 품목신고(변경신고를 포함)를 한 의약품 등 외의 의약품 등(「약사법」에 따라 제조판매 또는 수입의 품목허가를 받지 않거나 품목신고를 하지 않을 수 있는 의약품 등은 제외)을 진료에 사용하는 행위

③ 농림축산식품부장관은 면허가 취소된 사람이 다음에 해당하면 그 면허를 다시 내줄 수 있다.
- ㉠ 결격사유의 하나로 면허가 취소된 경우에는 그 취소의 원인이 된 사유가 소멸되었을 때
- ㉡ 면허효력 정지기간에 수의업무를 하거나 3회 이상 면허효력 정지처분을 받아 면허가 취소된 경우, 면허증을 다른 사람에게 대여한 경우에는 면허가 취소된 후 2년이 지났을 때

④ 동물병원은 해당 동물병원 개설자가 거짓이나 그 밖의 부정한 방법으로 진단서, 검안서, 증명서 또는 처방전을 발급하였을 때 또는 관련 서류를 위조하거나 변조하는 등 부정한 방법으로 진료비를 청구하였을 때에 따라 면허효력 정지처분을 받았을 때에는 그 면허효력 정지기간에 동물진료업을 할 수 없다.

(4) 수의사회의 면허효력 정지처분 요구(법 제32조의2)

① 수의사회의 장은 수의사가 수의사로서 품위를 손상시키는 행위에 해당하는 경우에는 윤리위원회의 심의・의결을 거쳐 농림축산식품부장관에게 면허효력 정지처분을 요구할 수 있다.

② 수의사회의 면허효력 정지처분요구(영 제20조의3)

수의사회의 장이 면허효력 정지처분 요구를 하려는 경우에는 다음의 사항이 기재된 서류를 농림축산식품부장관에게 제출해야 한다.
- 면허효력 정지처분 요구의 이유 및 근거
- 윤리위원회의 개최 일시, 장소 및 심의・의결 결과

(5) 동물진료업의 정지(법 제33조)

① 시장·군수는 동물병원이 다음에 해당하면 농림축산식품부령으로 정하는 바에 따라 1년 이내의 기간을 정하여 그 동물진료업의 정지를 명할 수 있다.

㉠ 개설신고를 한 날부터 3개월 이내에 정당한 사유 없이 업무를 시작하지 아니할 때

㉡ 무자격자에게 진료행위를 하도록 한 사실이 있을 때

㉢ 동물병원 개설 신고사항 중 중요사항 변경신고 또는 휴업의 신고를 하지 아니하였을 때

㉣ 시설기준에 맞지 아니할 때

㉤ 동물병원 개설자 자신이 그 동물병원을 관리하지 아니하거나 관리자를 지정하지 아니하였을 때

㉥ 동물병원이 명령을 위반하였을 때

㉦ 동물병원이 사용 제한 또는 금지 명령을 위반하거나 시정 명령을 이행하지 아니하였을 때

㉧ 동물병원이 시정 명령을 이행하지 아니하였을 때

㉨ 동물병원이 관계 공무원의 검사를 거부·방해 또는 기피하였을 때

② 신고확인증 제출 등(규칙 제25조)

㉠ 동물병원 개설자가 동물진료업의 정지처분을 받았을 때에는 지체 없이 그 신고확인증을 시장·군수에게 제출해야 한다.

㉡ 시장·군수는 동물진료업의 정지처분을 하였을 때에는 해당 신고대장에 처분에 관한 사항을 적어야 하며, 제출된 신고확인증의 뒤쪽에 처분의 요지와 업무정지 기간을 적고 그 정지기간이 만료된 때에 돌려주어야 한다.

(6) 과징금 처분(법 제33조의2, 영 제20조의4)

① 시장·군수는 동물병원이 동물진료업의 정지명령에 해당하는 때에는 대통령령으로 정하는 바에 따라 동물진료업 정지 처분을 갈음하여 5천만 원 이하의 과징금을 부과할 수 있다.

㉠ ①에 따른 과징금을 부과하는 위반행위의 종류와 위반 정도 등에 따른 과징금의 금액은 별표 1과 같다.

더 알아보기

위반행위별 과징금의 금액(영 별표 1)

① 일반기준

㉠ 업무정지 1개월은 30일을 기준으로 한다.

㉡ 위반행위의 종류에 따른 과징금의 금액은 업무정지 기간에 과징금의 산정방법에 따라 산정한 업무정지 1일당 과징금의 금액을 곱하여 얻은 금액으로 한다. 다만, 과징금 산정금액이 5천만 원을 넘는 경우에는 5천만 원으로 한다.

㉢ ㉡의 업무정지 기간은 동물진료업의 정지 기간(가중 또는 감경을 한 경우에는 그에 따라 가중 또는 감경된 기간)을 말한다.

㉣ 1일당 과징금의 금액은 위반행위를 한 동물병원의 연간 총수입금액을 기준으로 과징금의 산정방법에 따라 산정한다.

ⓜ 동물병원의 총수입금액은 처분일이 속하는 연도의 직전년도 동물병원에서 발생하는 「소득세법」에 따른 총수입금액 또는 「법인세법 시행령」에 따른 동물병원에서 발생하는 사업수입금액의 총액으로 한다. 다만, 동물병원의 신규 개설, 휴업 또는 재개업 등으로 1년간의 총수입금액을 산출할 수 없거나 1년간의 총수입금액을 기준으로 하는 것이 현저히 불합리하다고 인정되는 경우에는 분기별·월별 또는 일별 수입금액을 기준으로 연 단위로 환산하여 산출한 금액으로 한다.

② 과징금의 산정방법

등 급	연간 총수입금액(단위 : 백만 원)	1인당 과징금의 금액(단위 : 원)
1	50 이하	43,000
2	50 초과~100 이하	65,000
3	100 초과~150 이하	110,000
4	150 초과~200 이하	160,000
5	200 초과~250 이하	200,000
6	250 초과~300 이하	240,000
7	300 초과~350 이하	280,000
8	350 초과~400 이하	330,000
9	400 초과~450 이하	370,000
10	450 초과~500 이하	410,000
11	500 초과~600 이하	480,000
12	600 초과~700 이하	560,000
13	700 초과~800 이하	650,000
14	800 초과~900 이하	740,000
15	900 초과~1,000 이하	820,000
16	1,000 초과~2,000 이하	1,300,000
17	2,000 초과~3,000 이하	2,160,000
18	3,000 초과~4,000 이하	3,020,000
19	4,000 초과	3,450,000

ⓛ 특별자치도지사·특별자치시장·시장·군수 또는 구청장(이하 "시장·군수")은 과징금을 부과하려면 그 위반행위의 종류와 과징금의 금액을 서면으로 자세히 밝혀 과징금을 낼 것을 과징금 부과 대상자에게 알려야 한다.

ⓒ ⓛ에 따른 과징금 부과 통지를 받은 자는 통지를 받은 날부터 30일 이내에 과징금을 시장·군수가 정하는 수납기관에 내야 한다.

ⓡ ⓒ에 따라 과징금을 받은 수납기관은 과징금을 낸 자에게 영수증을 발급하고, 과징금을 받은 사실을 지체 없이 시장·군수에게 통보해야 한다.

ⓜ 과징금의 징수절차에 관하여는 「국고금 관리법 시행규칙」을 준용한다. 이 경우 납입고지서에는 이의신청의 방법 및 기간을 함께 적어야 한다(규칙 제25조의2).

② ①에 따른 과징금을 부과하는 위반행위의 종류와 위반정도 등에 따른 과징금의 금액과 그 밖에 필요한 사항은 대통령령으로 정한다.

③ 시장・군수는 ①에 따른 과징금을 부과받은 자가 기한 안에 과징금을 내지 아니한 때에는 「지방행정제재・부과금의 징수 등에 관한 법률」에 따라 징수한다.

8 보 칙

(1) 연수교육(법 제34조, 영 제21조 제1항, 규칙 제26조)

① 농림축산식품부장관은 수의사에게 자질 향상을 위하여 필요한 연수교육을 받게 할 수 있다.

② 국가나 지방자치단체는 연수교육에 필요한 경비를 부담할 수 있다.

③ 수의사의 연수교육에 관한 업무를 수의사회에 위탁한다.

㉠ 수의사회장은 연수교육을 매년 1회 이상 실시해야 한다.

㉡ ㉠에 따른 연수교육의 대상자는 동물진료업에 종사하는 수의사로 하고, 그 대상자는 매년 10시간 이상의 연수교육을 받아야 한다. 이 경우 10시간 이상의 연수교육에는 수의사회장이 지정하는 교육과목에 대해 5시간 이상의 연수교육을 포함해야 한다.

㉢ 연수교육의 교과내용・실시방법, 그 밖에 연수교육의 실시에 필요한 사항은 수의사회장이 정한다.

㉣ 수의사회장은 연수교육을 수료한 사람에게는 수료증을 발급해야 하며, 해당 연도의 연수교육의 실적을 다음 해 2월 말까지 농림축산식품부장관에게 보고해야 한다.

㉤ 수의사회장은 매년 12월 31일까지 다음 해의 연수교육 계획을 농림축산식품부장관에게 제출하여 승인을 받아야 한다.

(2) 청문(법 제36조)

농림축산식품부장관 또는 시장・군수는 검사・측정기관의 지정취소, 시설・장비 등의 사용금지 명령, 수의사 면허의 취소 처분을 하려면 청문을 실시해야 한다.

(3) 권한의 위임 및 위탁(법 제37조, 영 제20조의5)

① 수의사법에 따른 농림축산식품부장관의 권한은 대통령령으로 정하는 바에 따라 그 일부를 시・도지사에게 위임할 수 있다. 시・도지사는 농림축산식품부장관으로부터 위임받은 권한의 일부를 농림축산식품부장관의 승인을 받아 시장・군수 또는 구청장에게 다시 위임할 수 있다.

㉠ 축산농장, 동물원 또는 수족관에 상시고용된 수의사의 상시고용 신고의 접수

㉡ 축산농장, 동물원 또는 수족관에 상시고용된 수의사의 진료부 보고

② 농림축산식품부장관은 대통령령으로 정하는 바에 따라 등록 업무, 품질관리검사 업무, 검사・측정기관의 지정 업무, 지정 취소 업무 및 휴업 또는 폐업 신고에 관한 업무를 농림축산검역본부장에게 위임한다(영 제20조의4 제2항).

③ 농림축산식품부장관 및 시・도지사는 대통령령으로 정하는 바에 따라 수의(동물의 간호 또는 진료보조를 포함) 및 공중위생에 관한 업무의 일부를 수의사회에 위탁할 수 있다.

④ 농림축산식품부장관은 대통령령으로 정하는 바에 따라 동물진료의 분류체계 표준화 및 진료비용 등의 현황에 관한 조사·분석 업무의 일부를 관계 전문기관 또는 단체에 위탁할 수 있다.

(4) 수수료(법 제38조, 규칙 제28조)

① 납부자와 금액

수수료 납부자	수수료 금액
㉠ 수의사 면허증 또는 동물보건사 자격증을 재발급받으려는 사람	2천 원
㉡ 수의사 국가시험에 응시하려는 사람	해당 시험의 시행에 필요한 비용 등을 고려하여 농림축산식품부장관이 정하여 공고하는 금액
㉢ 동물보건사 자격시험에 응시하려는 사람	
㉣ 동물병원 개설의 신고를 하려는 자	5천 원
㉤ 수의사 면허 또는 동물보건사 자격을 다시 부여받으려는 사람	2천 원

② ① 수수료 금액의 ㉠, ㉡, ㉢ 및 ㉤의 수수료는 수입인지로 내야 하며, ㉣의 수수료는 해당 지방자치단체의 수입증지로 내야 한다. 다만, 수의사 국가시험 또는 동물보건사자격시험 응시원서를 인터넷으로 제출하는 경우에는 수수료 금액의 ㉡ 및 ㉢에 따른 수수료를 정보통신망을 이용한 전자결제 등의 방법(정보통신망 이용료 등은 이용자가 부담)으로 납부해야 한다.

③ ① 수수료 금액의 ㉡ 및 ㉢의 응시수수료를 납부한 사람이 다음에 해당하는 경우에는 응시수수료의 전부 또는 일부를 반환해야 한다.

㉠ 응시수수료를 과오납한 경우 : 그 과오납한 금액의 전부

㉡ 접수마감일부터 7일 이내에 접수를 취소하는 경우 : 납부한 응시수수료의 전부

㉢ 시험관리기관의 귀책사유로 시험에 응시하지 못하는 경우 : 납부한 응시수수료의 전부

㉣ 다음에 해당하는 사유로 시험에 응시하지 못한 사람이 시험일 이후 30일 전까지 응시수수료의 반환을 신청한 경우 : 납부한 응시수수료의 100분의 50

- 본인 또는 배우자의 부모·조부모·형제·자매, 배우자 및 자녀가 사망한 경우(시험일부터 거꾸로 계산하여 7일 이내에 사망한 경우로 한정)
- 본인의 사고 및 질병으로 입원한 경우
- 「감염병의 예방 및 관리에 관한 법률」에 따라 진찰·치료·입원 또는 격리 처분을 받은 경우

9 벌 칙

(1) 벌칙 등(법 제39조)

① 2년 이하의 징역 또는 2천만 원 이하의 벌금이나 병과 가능

㉠ 수의사 면허증 또는 동물보건사 자격증을 다른 사람에게 빌려주거나 빌린 사람 또는 이를 알선한 사람

㉡ 무면허 진료행위의 금지를 위반하여 동물을 진료한 사람

㉢ 동물병원 개설자격을 위반하여 동물병원을 개설한 자

② 300만 원 이하의 벌금

㉠ 허가를 받지 아니하고 재산을 처분하거나 정관을 변경한 동물진료법인

㉡ 동물진료법인이나 이와 비슷한 명칭을 사용한 자

(2) 과태료(법 제41조)

① 500만 원 이하의 과태료

㉠ 정당한 사유 없이 동물의 진료 요구를 거부한 사람

㉡ 동물병원을 개설하지 아니하고 동물진료업을 한 자

㉢ 부적합 판정을 받은 동물 진단용 특수의료장비를 사용한 자

② 100만 원 이하의 과태료

㉠ 거짓이나 그 밖의 부정한 방법으로 진단서, 검안서, 증명서 또는 처방전을 발급한 사람

㉡ 처방대상 동물용 의약품을 직접 진료하지 아니하고 처방·투약한 자

㉢ 정당한 사유 없이 진단서, 검안서, 증명서 또는 처방전의 발급을 거부한 자

㉣ 신고하지 아니하고 처방전을 발급한 수의사

㉤ 처방전을 발급하지 아니한 자

㉥ 수의사처방관리시스템을 통하지 아니하고 처방전을 발급한 자

㉦ 부득이한 사유가 종료된 후 3일 이내에 처방전을 수의사처방관리시스템에 등록하지 아니한 자

㉧ 처방대상 동물용 의약품의 명칭, 용법 및 용량 등 수의사처방관리시스템에 입력해야 하는 사항을 입력하지 아니하거나 거짓으로 입력한 자

㉨ 진료부 또는 검안부를 갖추어 두지 아니하거나 진료 또는 검안한 사항을 기록하지 아니하거나 거짓으로 기록한 사람

㉩ 동물소유자 등에게 설명을 하지 아니하거나 서면으로 동의를 받지 아니한 자

㉪ 실태 및 취업상황 신고 조항에 따른 신고를 하지 아니한 자

㉫ 동물병원 개설자 자신이 그 동물병원을 관리하지 아니하거나 관리자를 지정하지 아니한 자

㉬ 신고를 하지 아니하고 동물 진단용 방사선발생장치를 설치·운영한 자

㉭ 동물 진단용 방사선 발생 장치의 설치·운영 조항의 준수사항을 위반한 자

㉮ 정기적으로 검사와 측정을 받지 아니하거나 방사선 관계 종사자에 대한 피폭 관리를 하지 아니한 자

㉯ 동물병원의 휴업·폐업의 신고를 하지 아니한 자

㉰ 수술 등 중대진료에 대한 예상 진료비용 등을 고지하지 아니한 자
㉱ 고지·게시한 금액을 초과하여 징수한 자
㉲ 자료제출 요구에 정당한 사유 없이 따르지 아니하거나 거짓으로 자료를 제출한 자
㉳ 동물진료법인의 부대사업을 위반하여 신고하지 아니한 자
㉴ 사용 제한 또는 금지 명령을 위반하거나 시정 명령을 이행하지 아니한 자
㉵ 시정 명령을 이행하지 아니한 자
㉶ 보고를 하지 아니하거나 거짓 보고를 한 자 또는 관계 공무원의 검사를 거부·방해 또는 기피한 자
㉷ 정당한 사유 없이 연수교육을 받지 아니한 사람

③ **부과·징수권자** : 과태료는 농림축산식품부장관, 시·도지사 또는 시장·군수가 부과·징수한다.

④ **과태료 부과기준(영 별표 2)**

㉠ 일반기준

- 위반행위의 횟수에 따른 과태료의 가중된 부과기준은 최근 3년간 같은 위반행위로 과태료 부과처분을 받은 경우에 적용한다. 이 경우 기간의 계산은 위반행위에 대하여 과태료 부과처분을 받은 날과 그 처분 후 다시 같은 위반행위를 하여 적발된 날을 기준으로 한다.
- 위에 따라 가중된 부과처분을 하는 경우 가중처분의 적용 차수는 그 위반행위 전 부과처분 차수(위에 따른 기간 내에 과태료 부과처분이 둘 이상 있었던 경우에는 높은 차수)의 다음 차수로 한다.
- 부과권자는 다음의 어느 하나에 해당하는 경우에는 개별기준에 따른 과태료 금액의 2분의 1 범위에서 그 금액을 줄일 수 있다. 다만, 과태료를 체납하고 있는 위반행위자의 경우에는 그렇지 않다.
  - 위반행위자가 「질서위반행위규제법 시행령」 제2조의2 제1항 각 호의 어느 하나에 해당하는 경우
  - 위반행위가 사소한 부주의나 오류로 인한 것으로 인정되는 경우
  - 위반행위자가 법 위반상태를 시정하거나 해소하기 위한 노력이 인정되는 경우
  - 그 밖에 위반행위의 정도, 위반행위의 동기와 그 결과 등을 고려하여 과태료 금액을 줄일 필요가 있다고 인정되는 경우
- 부과권자는 다음의 어느 하나에 해당하는 경우에는 ㉡의 개별기준에 따른 과태료 금액의 2분의 1 범위에서 그 금액을 늘릴 수 있다. 다만, 법 제41조 제1항 및 제2항에 따른 과태료 금액의 상한을 넘을 수 없다.
  - 위반행위가 고의나 중대한 과실로 인한 것으로 인정되는 경우
  - 위반의 내용·정도가 중대하여 이로 인한 피해가 크다고 인정되는 경우
  - 법 위반상태의 기간이 6개월 이상인 경우
  - 그 밖에 위반행위의 정도, 위반행위의 동기와 그 결과 등을 고려하여 과태료를 늘릴 필요가 있다고 인정되는 경우

㉡ 개별기준

위반행위	과태료(단위 : 만 원)		
	1회 위반	2회 위반	3회 이상 위반
정당한 사유 없이 동물의 진료 요구를 거부한 경우	150	200	250
거짓이나 그 밖의 부정한 방법으로 진단서, 검안서, 증명서 또는 처방전을 발급한 경우	50	75	100
「약사법」에 따른 동물용 의약품(처방대상 동물용 의약품)을 직접 진료하지 않고 처방·투약한 경우	50	75	100
정당한 사유 없이 진단서, 검안서, 증명서 또는 처방전의 발급을 거부한 경우	50	75	100
상시 고용된 수의사 등이 신고하지 않고 처방전을 발급한 경우	50	75	100
처방대상 동물용 의약품에 대한 처방전을 발급하지 않은 경우	50	75	100
수의사처방관리시스템을 통하지 않고 처방전을 발급한 경우	30	60	90
부득이한 사유가 종료된 후 3일 이내에 처방전을 수의사처방관리시스템에 등록하지 않은 경우	30	60	90
처방대상 동물용 의약품의 명칭, 용법 및 용량 등 수의사처방관리시스템에 입력해야 하는 사항을 입력하지 않거나 거짓으로 입력한 경우 1) 입력해야 하는 사항을 입력하지 않은 경우 2) 입력해야 하는 사항을 거짓으로 입력한 경우	 30 50	 60 75	 90 100
진료부 또는 검안부를 갖추어 두지 않거나 진료 또는 검안한 사항을 기록하지 않거나 거짓으로 기록한 경우	50	75	100
동물소유자 등에게 설명을 하지 않거나 서면으로 동의를 받지 않은 경우	30	60	90
수의사의 실태와 취업상황 등(근무지 변경 포함)에 따른 신고를 하지 않은 경우	7	14	28
동물병원을 개설하지 않고 동물진료업을 한 경우	300	400	500
동물병원 개설자 자신이 그 동물병원을 관리하지 않거나 관리자를 지정하지 않은 경우	60	80	100
신고를 하지 않고 동물 진단용 방사선발생장치를 설치·운영한 경우로서 1) 동물 진단용 방사선발생장치의 안전관리기준에 맞지 않게 설치·운영한 경우 2) 동물 진단용 방사선발생장치의 안전관리기준에 맞게 설치·운영한 경우	 50 30	 75 60	 100 90
동물 진단용 방사선발생장치를 설치·운영에 따른 준수사항을 위반한 자	30	60	90
동물 진단용 방사선발생장치의 검사와 측정을 위반하여 1) 검사기관으로부터 정기적으로 검사를 받지 않은 경우 2) 측정기관으로부터 정기적으로 측정을 받지 않은 경우 3) 방사선 관계 종사자에 대한 피폭 관리를 하지 않은 경우	 30 30 50	 60 60 75	 90 90 100

위반행위	과태료(단위 : 만 원)		
	1회 위반	2회 위반	3회 이상 위반
부적합 판정을 받은 동물 진단용 특수의료장비를 사용한 경우	150	200	250
동물병원의 휴업·폐업의 신고를 하지 않은 경우	10	20	40
수술 등 중대진료에 대한 예상 진료비용 등을 고지하지 않은 경우	30	60	90
고지·게시한 금액을 초과하여 진단서 등 발급수수료를 징수한 경우	30	60	90
진료비용 및 그 산정기준에 따른 자료제출 요구에 정당한 사유 없이 따르지 않거나 거짓으로 자료를 제출한 경우	30	60	90
동물진료법인의 부대사업을 신고하지 않은 경우	30	60	90
동물 진단용 방사선발생장치·특수의료장비의 사용 제한 또는 금지 명령을 위반하거나 시정 명령을 이행하지 않은 경우	60	80	100
진료비용 게시 의무와 게시 금액 초과 위반 시정 명령을 이행하지 않은 경우	30	60	90
질병 진료 상황과 가축 방역 및 수의업무에 관한 보고를 위반하여 1) 보고를 하지 않거나 거짓 보고를 한 경우 2) 관계 공무원의 검사를 거부·방해 또는 기피한 경우	 50 60	 75 80	 100 100
정당한 사유 없이 연수교육을 받지 않은 경우	50	75	100

CHAPTER 02 실전예상문제

01 수의사법령상 동물보건사의 동물의 진료 보조 업무에 해당하는 것은?

① 간호판단
② 동물에 대한 관찰
③ 수술의 보조
④ 요양을 위한 간호
⑤ 체온 등 기초 검진 자료 수집

해설

동물보건사의 업무 범위와 한계(수의사법 시행규칙 제14조의7)
법 제16조의5 제1항에 따른 동물보건사의 동물의 간호 또는 진료 보조 업무의 구체적인 범위와 한계는 다음과 같다.
• 동물의 간호 업무 : 동물에 대한 관찰, 체온·심박수 등 기초 검진 자료의 수집, 간호판단 및 요양을 위한 간호
• 동물의 진료 보조 업무 : 약물 도포, 경구 투여, 마취·수술의 보조 등 수의사의 지도 아래 수행하는 진료의 보조

02 수의사법상 동물보건사의 자격 중 다음 괄호 안에 들어갈 말로 옳은 것은?

> 동물보건사가 되려는 사람은 다음 각 호의 어느 하나에 해당하는 사람으로서 동물보건사 자격시험에 합격한 후 농림축산식품부령으로 정하는 바에 따라 (㉠)의 자격인정을 받아야 한다.
> 1. 농림축산식품부장관의 평가인증을 받은 「고등교육법」 제2조 제4호에 따른 전문대학 또는 이와 같은 수준 이상의 학교의 동물 간호 관련 학과를 졸업한 사람[동물보건사 자격시험 응시일부터 (㉡) 이내에 졸업이 예정된 사람을 포함한다]

	㉠	㉡
①	행정안전부장관	3개월
②	농림축산식품부장관	6개월
③	보건복지부장관	9개월
④	시·도지사	1년
⑤	질병관리청장	1년 6개월

정답 01 ③ 02 ②

해설

동물보건사의 자격(수의사법 제16조의2 제1항)

동물보건사가 되려는 사람은 다음의 어느 하나에 해당하는 사람으로서 동물보건사 자격시험에 합격한 후 농림축산식품부령으로 정하는 바에 따라 농림축산식품부장관의 자격인정을 받아야 한다.

- 농림축산식품부장관의 평가인증을 받은 전문대학 또는 이와 같은 수준 이상의 학교의 동물 간호 관련 학과를 졸업한 사람(동물보건사 자격시험 응시일부터 6개월 이내에 졸업이 예정된 사람을 포함)
- 고등학교 졸업학력 인정자로서 농림축산식품부장관의 평가인증을 받은 평생교육기관의 고등학교 교과 과정에 상응하는 동물 간호에 관한 교육과정을 이수한 후 농림축산식품부령으로 정하는 동물 간호 관련 업무에 1년 이상 종사한 사람
- 농림축산식품부장관이 인정하는 외국의 동물 간호 관련 면허나 자격을 가진 사람

03 수의사법상 동물병원 개설자가 동물진료업의 폐업 신고시기로 가장 옳은 것은?

① 15일
② 30일
③ 60일
④ 90일
⑤ 지체 없이

해설

휴업 · 폐업의 신고(수의사법 제18조)

동물병원 개설자가 동물진료업을 휴업하거나 폐업한 경우에는 지체 없이 관할 시장 · 군수에게 신고해야 한다. 다만, 30일 이내의 휴업인 경우에는 그러하지 아니하다.

04 수의사법상 축산 관련 비영리법인에서 근무하는 수의사에게만 위촉할 수 있는 업무는?

① 동물의 진료
② 동물의 건강진단
③ 동물 질병의 조사 · 연구
④ 동물 전염병의 예찰 및 예방
⑤ 동물의 건강증진과 환경위생 관리

해설

공수의(수의사법 제21조 제1항)

시장 · 군수는 동물진료 업무의 적정을 도모하기 위하여 동물병원을 개설하고 있는 수의사, 동물병원에서 근무하는 수의사 또는 농림축산식품부령으로 정하는 축산 관련 비영리법인에서 근무하는 수의사에게 다음의 업무를 위촉할 수 있다. 단, 농림축산식품부령으로 정하는 축산 관련 비영리법인에서 근무하는 수의사에게는 동물 전염병의 예찰 및 예방, 그 밖에 동물의 진료에 관하여 시장 · 군수가 지시하는 사항만 위촉할 수 있다.

- 동물의 진료
- 동물 질병의 조사 · 연구
- 동물 전염병의 예찰 및 예방
- 동물의 건강진단
- 동물의 건강증진과 환경위생 관리
- 그 밖에 동물의 진료에 관하여 시장 · 군수가 지시하는 사항

03 ⑤ 04 ④ **정답**

05 농림축산식품부장관이 수의사의 면허 효력을 1년 이내로 정지시킬 수 있는 경우가 아닌 것은?

① 학위 수여 사실을 거짓으로 공표하였을 때
② 면허증을 다른 사람에게 대여하였을 때
③ 정당한 사유 없이 지도와 명령 조항에 따른 명령을 위반하였을 때
④ 관련 서류를 위조하는 등 부정한 방법으로 진료비를 청구하였을 때
⑤ 임상수의학적으로 인정되지 아니하는 진료행위를 하였을 때

해설

면허를 취소할 수 있다.

면허의 취소 및 면허효력의 정지(수의사법 제32조 제2항)
농림축산식품부장관은 수의사가 다음의 어느 하나에 해당하면 1년 이내의 기간을 정하여 농림축산식품부령으로 정하는 바에 따라 면허의 효력을 정지시킬 수 있다. 이 경우 진료기술상의 판단이 필요한 사항에 관하여는 관계 전문가의 의견을 들어 결정해야 한다.

- 거짓이나 그 밖의 부정한 방법으로 진단서, 검안서, 증명서 또는 처방전을 발급하였을 때
- 관련 서류를 위조하거나 변조하는 등 부정한 방법으로 진료비를 청구하였을 때
- 정당한 사유 없이 지도와 명령 조항(제30조 제1항)에 따른 명령을 위반하였을 때
- 임상수의학적(臨床獸醫學的)으로 인정되지 아니하는 진료행위를 하였을 때
- 학위 수여 사실을 거짓으로 공표하였을 때
- 과잉진료행위나 그 밖에 동물병원 운영과 관련된 행위로서 대통령령으로 정하는 행위를 하였을 때
- 수의사로서의 품위를 손상시키는 행위로서 대통령령으로 정하는 행위를 하였을 때

06 농림축산식품부장관이 수의사의 면허취소 처분을 하기 전에 실시해야 하는 것은?

① 청 문
② 연수 교육
③ 영업 취소
④ 권한의 위탁
⑤ 관계자의 의견 청취

해설

청문(수의사법 제36조)
농림축산식품부장관 또는 시장·군수는 다음의 어느 하나에 해당하는 처분을 하려면 청문을 실시해야 한다.

- 검사·측정기관의 지정취소
- 시설·장비 등의 사용금지 명령
- 수의사 면허의 취소

정답 05 ② 06 ①

07 정당한 사유 없이 동물의 진료 요구를 거부한 사람에 대한 과태료 부과는?

① 30만 원 이하
② 50만 원 이하
③ 100만 원 이하
④ 300만 원 이하
⑤ 500만 원 이하

해설

과태료(수의사법 제41조)
다음의 어느 하나에 해당하는 자에게는 500만 원 이하의 과태료를 부과한다.

- 정당한 사유 없이 동물의 진료 요구를 거부한 사람
- 동물병원을 개설하지 아니하고 동물진료업을 한 자
- 부적합 판정을 받은 동물 진단용 특수의료장비를 사용한 자

08 수의사법의 정의에 대한 내용이다. 빈칸에 들어갈 적절한 말은?

> (　　)란 동물병원 내에서 수의사의 지도 아래 동물의 간호 또는 진료 보조 업무에 종사하는 사람으로서 농림축산식품부장관의 자격인정을 받은 사람을 말한다.

① 수의사
② 간호사
③ 동물보건사
④ 동물훈련사
⑤ 사육사

해설

정의(수의사법 제2조)

- 수의사란 수의 업무를 담당하는 사람으로서 농림축산식품부장관의 면허를 받은 사람을 말한다.
- 동물보건사란 동물병원 내에서 수의사의 지도 아래 동물의 간호 또는 진료 보조 업무에 종사하는 사람으로서 농림축산식품부장관의 자격인정을 받은 사람을 말한다.

07 ⑤ 08 ③ **정답**

09 동물보건사 자격인정을 받으려는 사람은 동물보건사 자격시험에 합격한 후 농림축산식품부장관에게 합격자 발표일부터 며칠 이내에 서류를 제출해야 하는가?

① 5일
② 7일
③ 10일
④ 14일
⑤ 30일

해설

동물보건사의 자격인정(수의사법 시행규칙 제14조의2 제1항)
동물보건사 자격인정을 받으려는 사람은 동물보건사 자격시험에 합격한 후 농림축산식품부장관에게 서류를 합격자 발표일부터 14일 이내에 제출해야 한다.

10 수의사법령에 따른 동물보건사 양성기관의 평가인증에 대한 설명으로 옳지 않은 것은?

① 동물보건사 양성과정을 운영하려는 교육기관은 교육부령으로 정하는 기준과 절차에 따라 평가인증을 받을 수 있다.
② 농림축산식품부장관은 양성기관 평가인증 신청 내용이 기준을 충족하면 신청인에게 양성기관 평가인증서를 발급해야 한다.
③ 농림축산식품부장관은 평가인증을 위해 양성기관에 필요한 자료의 제출을 요청할 수 있다.
④ 규정 외의 평가인증의 기준 및 절차에 필요한 사항은 농림축산식품부장관이 정해 고시한다.
⑤ 거짓이나 그 밖의 부정한 방법으로 평가인증을 받은 경우 평가인증을 취소해야 한다.

해설

동물보건사 양성과정을 운영하려는 학교 또는 교육기관은 농림축산식품부령으로 정하는 기준과 절차에 따라 농림축산식품부장관의 평가인증을 받을 수 있다(수의사법 제16조의4 제1항).

정답 09 ④ 10 ①

11 수의사법령상 고유식별정보의 처리 사무에 해당하지 않는 것은?

① 수의사 면허 발급에 관한 사무
② 동물병원 개설신고 사무
③ 동물훈련사 자격인정에 관한 사무
④ 동물병원 휴업의 신고에 관한 사무
⑤ 검사・측정기관의 지정에 관한 사무

해설

고유식별정보의 처리(수의사법 시행령 제21조의2)
농림축산식품부장관(제20조의4에 따라 농림축산식품부장관의 권한을 위임받은 자를 포함) 및 시장・군수(해당 권한이 위임・위탁된 경우에는 그 권한을 위임・위탁받은 자를 포함)는 다음의 어느 하나에 해당하는 사무를 수행하기 위하여 불가피한 경우 「개인정보 보호법 시행령」 제19조 제1호, 제2호 또는 제4호에 따른 주민등록번호, 여권번호 또는 외국인 등록번호가 포함된 자료를 처리할 수 있다.
- 수의사 면허 발급에 관한 사무
- 동물보건사 자격인정에 관한 사무
- 동물병원의 개설신고 및 변경신고에 관한 사무
- 동물 진단용 방사선발생장치의 설치・운영 신고에 관한 사무
- 검사・측정기관의 지정에 관한 사무
- 동물병원 휴업・폐업의 신고에 관한 사무
- 수의사 면허의 취소 및 면허효력의 정지에 관한 사무

12 수의사법상 수의사 외의 사람이 할 수 있는 진료의 범위는?

① 수의학을 전공하는 대학에서 수의학을 전공하지 않는 학생이 수의사 자격을 가진 지도교수의 지시・감독을 받아 동물보호센터에서 봉사활동 목적으로 하는 진료행위
② 벽지에서 이웃의 양축 농가가 사육하는 동물에 대하여 비업무로 수행하는 다른 양축 농가의 무상 진료 행위
③ 수의학을 전공하는 학생이 동물진료업에 종사하는 수의사의 지시・감독을 받아 민간동물보호시설에서 금전 목적으로 하는 진료행위
④ 축산학을 전공하는 학생이 수의사의 자격을 가진 지도교수의 지시・감독을 받아 전공 분야와 관련된 실습을 하기 위하여 하는 진료행위
⑤ 사고 등으로 부상당한 동물의 구조를 위하여 수행하는 진료행위

해설

수의사 외의 사람이 할 수 있는 진료의 범위(수의사법 시행령 제12조, 시행규칙 제8조)
- 수의학을 전공하는 대학(수의학과가 설치된 대학의 수의학과를 포함)에서 수의학을 전공하는 학생이 수의사 자격을 가진 지도교수의 지시・감독을 받아 동물보호센터에서 봉사활동 목적으로 하는 진료행위
- 수의학을 전공하는 학생이 동물진료업에 종사하는 수의사의 지시・감독을 받아 민간동물보호시설에서 봉사활동 목적으로 하는 진료행위
- 수의학을 전공하는 대학(수의학과가 설치된 대학의 수의학과를 포함)에서 수의학을 전공하는 학생이 수의사의 자격을 가진 지도교수의 지시・감독을 받아 전공 분야와 관련된 실습을 하기 위하여 하는 진료행위
- 사고 등으로 부상당한 동물의 구조를 위하여 수행하는 응급처치행위

11 ③ 12 ② **정답**

13 다음 중 벌칙이 바르게 연결된 것은?

① 동물보건사 자격증을 다른 사람에게 빌려준 사람 – 300만 원 이하의 벌금

② 동물진료법인의 설립 허가 등 법령을 위반하여 동물진료법인이나 이와 비슷한 명칭을 사용한 자 – 2년 이하의 징역 또는 2천만 원 이하의 벌금 혹은 이를 병과

③ 동물진료법인의 설립 허가 등 법령을 위반하여 허가를 받지 아니하고 재산을 처분한 동물진료법인 – 2년 이하의 징역 또는 2천만 원 이하의 벌금 혹은 이를 병과

④ 무면허 진료행위의 금지 법령을 위반하여 동물을 진료한 사람 – 300만 원 이하의 벌금

⑤ 동물병원의 개설 법령을 위반하여 동물병원을 개설한 자 – 2년 이하의 징역 또는 2천만 원 이하의 벌금 혹은 이를 병과

해설

①·④ 2년 이하의 징역 또는 2천만 원 이하의 벌금 혹은 이를 병과(수의사법 제39조 제1항)
②·③ 300만 원 이하의 벌금(동법 제39조 제2항)

14 수의사법상 동물보건사가 되려는 사람이 갖춰야 할 요건을 모두 고른 것은?

ㄱ. 농림축산식품부장관의 평가인증을 받은 전문대학의 동물 간호 관련 학과를 졸업한 사람
ㄴ. 고등학교 졸업자로서 농림축산식품부장관의 평가인증을 받은 평생교육기관의 고등학교 교과과정에 상응하는 동물 간호에 관한 교육과정을 이수한 후 농림축산식품부령으로 정하는 동물 간호 관련 업무에 1년 이상 종사한 사람
ㄷ. 농림축산식품부장관이 인정하는 외국의 동물 간호 관련 면허나 자격을 가진 사람

① ㄱ
② ㄱ, ㄴ
③ ㄴ, ㄷ
④ ㄱ, ㄷ
⑤ ㄱ, ㄴ, ㄷ

해설

동물보건사의 자격(수의사법 제16조의2 제1항)
동물보건사가 되려는 사람은 다음의 어느 하나에 해당하는 사람으로서 동물보건사 자격시험에 합격한 후 농림축산식품부령으로 정하는 바에 따라 농림축산식품부장관의 자격인정을 받아야 한다.

- 농림축산식품부장관의 평가인증(제16조의4 제1항에 따른 평가인증을 말한다.)을 받은 「고등교육법」 제2조 제4호에 따른 전문대학 또는 이와 같은 수준 이상의 학교의 동물 간호 관련 학과를 졸업한 사람(동물보건사 자격시험 응시일부터 6개월 이내에 졸업이 예정된 사람을 포함)
- 「초·중등교육법」 제2조에 따른 고등학교 졸업자 또는 초·중등교육법령에 따라 같은 수준의 학력이 있다고 인정되는 사람으로서 농림축산식품부장관의 평가인증을 받은 「평생교육법」 제2조 제2호에 따른 평생교육기관의 고등학교 교과과정에 상응하는 동물 간호에 관한 교육과정을 이수한 후 농림축산식품부령으로 정하는 동물 간호 관련 업무에 1년 이상 종사한 사람
- 농림축산식품부장관이 인정하는 외국의 동물 간호 관련 면허나 자격을 가진 사람

정답 13 ⑤ 14 ⑤

15 수의사법상 동물보건사의 업무 내용으로 옳지 않은 것은?

① 동물보건사는 수의사 부재 시 동물을 진료할 수 없다.
② 동물보건사는 급박한 상황에서도 동물을 진료할 수 없다.
③ 동물보건사는 동물병원 내에서 수의사의 지도하라도 진료 보조 업무를 할 수 없다.
④ 동물보건사는 동물의 심박수 등 기초자료를 수집할 수 있다.
⑤ 동물보건사는 동물병원에서 수의사의 지도하에 동물 간호를 할 수 있다.

해설

동물보건사의 업무(수의사법 제16조의5 제1항)
동물보건사는 무면허 진료행위의 금지에도 불구하고 동물병원 내에서 수의사의 지도 아래 동물의 간호 또는 진료 보조 업무를 수행할 수 있다.

16 수의사법령상 동물진료업의 행위에 대한 진료비용이 아닌 것은?

① 입원비
② 진찰에 대한 상담료
③ 전혈구 검사비 및 해당 검사 판독료
④ 출장진료전문병원의 행위에 대한 진료비
⑤ 개 종합백신, 고양이 종합백신, 광견병백신, 켄넬코프백신 및 인플루엔자백신의 접종비

해설

진찰, 입원, 예방접종, 검사 등 농림축산식품부령으로 정하는 동물진료업의 행위에 대한 진료비용에서 출장진료전문병원의 동물진료업의 행위에 대한 진료비용은 제외한다.

진료비용(수의사법 시행규칙 제18조의3 제1항)

- 초진·재진 진찰료, 진찰에 대한 상담료
- 입원비
- 개 종합백신, 고양이 종합백신, 광견병백신, 켄넬코프백신, 개 코로나바이러스백신 및 인플루엔자백신의 접종비
- 전혈구 검사비와 그 검사 판독료 및 엑스선 촬영비와 그 촬영 판독료
- 그 밖에 동물소유자 등에게 알릴 필요가 있다고 농림축산식품부장관이 인정하여 고시하는 동물진료업의 행위에 대한 진료비용

15 ③ 16 ④ **정답**

17 수의사법상 진료부와 검안부에 공통으로 기재되는 것은?

① 처방과 처치
② 병명과 주요 증상
③ 폐사 연월일
④ 동물소유자 등의 성명과 주소
⑤ 주요 소견

해설

진료부 및 검안부의 기재사항(수의사법 시행규칙 제13조)

진료부	검안부
• 동물의 품종 · 성별 · 특징 및 연령 • 진료 연월일 • 동물소유자 등의 성명과 주소 • 병명과 주요 증상 • 치료방법(처방과 처치) • 사용한 마약 또는 향정신성의약품의 품명과 수량 • 동물등록번호(등록대상동물의 등록한 동물만 해당)	• 동물의 품종 · 성별 · 특징 및 연령 • 검안 연월일 • 동물소유자 등의 성명과 주소 • 폐사 연월일(명확하지 않을 때에는 추정 연월일) 또는 살처분 연월일 • 폐사 또는 살처분의 원인과 장소 • 사체의 상태 • 주요 소견

정답 17 ④

CHAPTER 03 동물보호법

동물보호법[시행 2025. 6. 21.] [법률 제20581호, 2024. 12. 20., 타법개정]
시행령[시행 2025. 1. 24.] [대통령령 제35230호, 2025. 1. 23., 타법개정]
시행규칙[시행 2024. 5. 27.] [농림축산식품부령 제657호, 2024. 5. 27., 일부개정]

1 총 칙

(1) 동물보호법 목적(법 제1조)

이 법은 동물의 생명보호, 안전 보장 및 복지 증진을 꾀하고 건전하고 책임 있는 사육문화를 조성함으로써, 생명 존중의 국민 정서를 기르고 사람과 동물의 조화로운 공존에 이바지함을 목적으로 한다.

(2) 정의(법 제2조)

① **동물** : 고통을 느낄 수 있는 신경체계가 발달한 척추동물로서 포유류, 조류, 파충류 · 양서류 · 어류. 단, 식용을 목적으로 하는 것은 제외(영 제2조)

② **소유자 등** : 동물의 소유자와 일시적 또는 영구적으로 동물을 사육 · 관리 또는 보호하는 사람

③ **유실 · 유기동물** : 도로 · 공원 등의 공공장소에서 소유자 등이 없이 배회하거나 내버려진 동물

④ **피학대동물** : 학대를 받은 동물

⑤ **맹 견**

㉠ 도사견, 핏불테리어, 로트와일러 등 사람의 생명이나 신체 또는 동물에 위해를 가할 우려가 있는 개로서 농림축산식품부령으로 정하는 개

㉡ 사람의 생명이나 신체 또는 동물에 위해를 가할 우려가 있어 시 · 도지사가 맹견으로 지정한 개

⑥ **봉사동물** : 장애인 보조견 등 사람이나 국가를 위하여 봉사하고 있거나 봉사한 동물로서 대통령령으로 정하는 동물

⑦ **반려동물** : 반려(伴侶)의 목적으로 기르는 개, 고양이 등 농림축산식품부령으로 정하는 동물

⑧ **등록대상동물** : 동물의 보호, 유실 · 유기(遺棄) 방지, 질병의 관리, 공중위생상의 위해 방지 등을 위하여 등록이 필요하다고 인정하여 대통령령으로 정하는 동물

⑨ **동물학대** : 동물을 대상으로 정당한 사유 없이 불필요하거나 피할 수 있는 고통과 스트레스를 주는 행위 및 굶주림, 질병 등에 대하여 적절한 조치를 게을리하거나 방치하는 행위

⑩ **기질평가** : 동물의 건강상태, 행동양태 및 소유자 등의 통제능력 등을 종합적으로 분석하여 평가 대상 동물의 공격성을 판단하는 것

⑪ **반려동물행동지도사** : 반려동물의 행동분석 · 평가 및 훈련 등에 전문지식과 기술을 가진 사람으로서 자격시험에 합격한 사람

⑫ **동물 실험** : 교육 · 시험 · 연구 및 생물학적 제제(製劑)의 생산 등 과학적 목적을 위하여 실험동물을 대상으로 실시하는 실험 또는 그 과학적 절차(실험동물에 관한 법률 제2조 제1호)

⑬ **동물실험시행기관** : 동물 실험을 실시하는 법인 · 단체 또는 기관으로서 대통령령으로 정하는 법인 · 단체 또는 기관

더 알아보기

등록대상동물의 범위(영 제4조)

등록대상동물은 다음의 어느 하나에 해당하는 월령(月齡) 2개월 이상인 개를 말한다.
㉠ 「주택법」 제2조 제1호에 따른 주택 및 같은 조 제4호에 따른 준주택에서 기르는 개
㉡ ㉠에 따른 주택 및 준주택 외의 장소에서 반려(伴侶) 목적으로 기르는 개

동물실험기관(영 제5조)

① 국가기관
② 지방자치단체의 기관
③ 「국가연구개발혁신법」에 따른 연구개발기관
④ 다음의 어느 하나에 해당하는 법인 · 단체 또는 기관
  ㉠ 다음의 어느 하나에 해당하는 것의 제조 · 수입 또는 판매를 업(業)으로 하는 법인 · 단체 또는 기관
    • 「식품위생법」에 따른 식품
    • 「건강기능식품에 관한 법률」에 따른 건강기능식품
    • 「약사법」에 따른 의약품 · 의약외품 또는 「첨단재생의료 및 첨단바이오의약품 안전 및 지원에 관한 법률」에 따른 첨단바이오의약품
    • 「의료기기법」에 따른 의료기기 또는 「체외진단의료기기법」에 따른 체외진단의료기기 또는 「디지털의료제품법」에 따른 디지털의료기기
    • 「화장품법」에 따른 화장품
    • 「마약류 관리에 관한 법률」에 따른 마약
  ㉡ 「의료법」에 따른 의료기관
  ㉢ ㉠의 어느 하나에 해당하는 것의 개발, 안전관리 또는 품질관리에 관한 연구업무를 식품의약품안전처장으로부터 위임받거나 위탁받아 수행하는 법인 · 단체 또는 기관
  ㉣ ㉠의 어느 하나에 해당하는 것의 개발, 안전관리 또는 품질관리를 목적으로 하는 법인 · 단체 또는 기관
⑤ 다음의 어느 하나에 해당하는 것의 개발, 안전관리 또는 품질관리를 목적으로 하는 법인 · 단체 또는 기관
  ㉠ 「사료관리법」에 따른 사료
  ㉡ 「농약관리법」에 따른 농약
⑥ 「기초연구진흥 및 기술개발지원에 관한 법률」에 따른 법인 · 단체 또는 기관
⑦ 「화학물질의 등록 및 평가 등에 관한 법률」에 따라 화학물질의 물리적 · 화학적 특성 및 유해성에 관한 시험을 수행하기 위하여 지정된 시험기관
⑧ 「국제백신연구소 설립에 관한 협정」에 따라 설립된 국제백신연구소

(3) 동물보호의 기본원칙(법 제3조)

① 동물이 본래의 습성과 몸의 원형을 유지하면서 정상적으로 살 수 있도록 할 것
② 동물이 갈증 및 굶주림을 겪거나 영양이 결핍되지 않도록 할 것
③ 동물이 정상적인 행동을 표현할 수 있고 불편함을 겪지 않도록 할 것
④ 동물이 고통·상해 및 질병으로부터 자유롭도록 할 것
⑤ 동물이 공포와 스트레스를 받지 않도록 할 것

(4) 국가·지방자치단체 및 국민의 책무(법 제4조)

① 국가와 지방자치단체는 동물학대 방지 등 동물을 적정하게 보호·관리하기 위하여 필요한 시책을 수립·시행해야 한다.
② 국가와 지방자치단체는 ①에 따른 책무를 다하기 위하여 필요한 인력·예산 등을 확보하도록 노력해야 하며, 국가는 동물의 적정한 보호·관리, 복지업무 추진을 위하여 지방자치단체에 필요한 사업비의 전부 또는 일부를 예산의 범위에서 지원할 수 있다.
③ 국가와 지방자치단체는 대통령령으로 정하는 민간단체에 동물보호운동이나 그 밖에 이와 관련된 활동을 권장하거나 필요한 지원을 할 수 있으며, 국민에게 동물의 적정한 보호·관리의 방법 등을 알리기 위하여 노력해야 한다.
④ 국가와 지방자치단체는 「초·중등교육법」 제2조에 따른 학교에 재학 중인 학생이 동물의 보호·복지 등에 관한 사항을 교육받을 수 있도록 동물보호교육을 활성화하기 위하여 노력해야 한다.
⑤ 국가와 지방자치단체는 ④에 따른 교육을 활성화하기 위하여 예산의 범위에서 지원할 수 있다.
⑥ 모든 국민은 동물을 보호하기 위한 국가와 지방자치단체의 시책에 적극 협조하는 등 동물의 보호를 위하여 노력해야 한다.
⑦ 소유자 등은 동물의 보호·복지에 관한 교육을 이수하는 등 동물의 적정한 보호·관리와 동물학대 방지를 위하여 노력해야 한다.

더 알아보기

동물보호 민간단체의 범위(영 제6조)
① 「민법」에 따라 설립된 법인으로서 동물보호를 목적으로 하는 법인
② 「비영리민간단체 지원법」에 따라 등록된 비영리민간단체로서 동물보호를 목적으로 하는 단체

(5) 동물보호의 날(법 제4조의2)

① 동물의 생명보호 및 복지 증진의 가치를 널리 알리고 사람과 동물이 조화롭게 공존하는 문화를 조성하기 위하여 매년 10월 4일을 동물보호의 날로 한다.
② 국가와 지방자치단체는 동물보호의 날의 취지에 맞는 행사와 교육 및 홍보를 실시할 수 있다.

(6) 동물복지위원회(법 제7조)

① 농림축산식품부장관의 다음의 자문에 응하도록 하기 위하여 농림축산식품부에 동물복지위원회(이하 "위원회")를 둔다. 다만, 종합계획의 수립에 관한 사항은 심의사항으로 한다.

㉠ 종합계획의 수립에 관한 사항

㉡ 동물복지정책의 수립, 집행, 조정 및 평가 등에 관한 사항

㉢ 다른 중앙행정기관의 업무 중 동물의 보호・복지와 관련된 사항

㉣ 그 밖에 동물의 보호・복지에 관한 사항

② 위원회는 공동위원장 2명을 포함하여 20명 이내의 위원으로 구성한다.

③ 공동위원장은 농림축산식품부차관과 호선(互選)된 민간위원으로 하며, 위원은 관계 중앙행정기관의 소속 공무원 또는 다음에 해당하는 사람 중에서 농림축산식품부장관이 임명 또는 위촉한다.

㉠ 수의사로서 동물의 보호・복지에 대한 학식과 경험이 풍부한 사람

㉡ 동물복지정책에 관한 학식과 경험이 풍부한 사람으로서 민간단체의 추천을 받은 사람

㉢ 그 밖에 동물복지정책에 관한 전문지식을 가진 사람으로서 농림축산식품부령으로 정하는 자격기준에 맞는 사람

④ 위원회는 위원회의 업무를 효율적으로 수행하기 위하여 위원회에 분과위원회를 둘 수 있다.

⑤ ①부터 ④까지의 규정에 따른 사항 외에 위원회 및 분과위원회의 구성・운영 등에 관한 사항은 대통령령으로 정한다.

⑥ 동물복지위원회의 운영(영 제8조)

㉠ 위원회의 회의는 공동위원장이 필요하다고 인정하거나 재적위원 3분의 1 이상이 요구하는 경우 공동위원장이 소집한다.

㉡ 위원회의 회의는 재적위원 과반수의 출석으로 개의(開議)하고, 출석위원 과반수의 찬성으로 의결한다.

㉢ 위원회는 자문 및 심의사항과 관련하여 필요하다고 인정할 때에는 관계인의 의견을 들을 수 있다.

㉣ 위원회의 사무를 처리하기 위하여 위원회에 간사를 두며, 간사는 농림축산식품부 소속 공무원 중에서 농림축산식품부장관이 지명한다.

㉤ ㉠부터 ㉣까지에서 규정한 사항 외에 위원회의 운영 등에 필요한 사항은 위원회의 의결을 거쳐 공동위원장이 정한다.

더 알아보기

동물복지위원회의 구성(영 제7조)

① 동물복지위원회(이하 "위원회")의 공동위원장(이하 "공동위원장")은 공동으로 위원회를 대표하며, 위원회의 업무를 총괄한다.

② 공동위원장이 모두 부득이한 사유로 직무를 수행할 수 없을 때에는 농림축산식품부차관인 위원장이 미리 지명한 위원의 순으로 그 직무를 대행한다.

③ 위원회의 위원은 다음의 사람으로 구성한다.

㉠ 농림축산식품부, 환경부, 해양수산부 또는 식품의약품안전처 소속 고위공무원단에 속하는 공무원 중에서 각 기관의 장이 지정하는 동물의 보호・복지 관련 직위에 있는 사람으로서 농림축산식품부장관이 임명 또는 위촉하는 사람

㉡ 수의사로서 동물의 보호・복지에 대한 학식과 경험이 풍부한 사람, 동물복지정책에 관한 학식과 경험이 풍부한 사람으로서 민간단체의 추천을 받은 사람, 그 밖에 동물복지정책에 관한 전문지식을 가진 사람으로서 농림축산식품부령으로 정하는 자격기준에 맞는 사람 중에서 성별을 고려하여 농림축산식품부장관이 위촉하는 사람

④ 위원의 임기는 2년으로 한다.

⑤ 농림축산식품부장관은 위원이 다음의 어느 하나에 해당하는 경우에는 해당 위원을 해촉(解囑)할 수 있다.

㉠ 심신쇠약으로 인하여 직무를 수행할 수 없게 된 경우

㉡ 직무와 관련된 비위사실이 있는 경우

㉢ 직무태만, 품위손상이나 그 밖의 사유로 위원으로 적합하지 않다고 인정되는 경우

㉣ 위원 스스로 직무를 수행하는 것이 곤란하다고 의사를 밝히는 경우

2 동물의 보호 및 관리

(1) 적정한 사육・관리(법 제9조)

① 소유자 등은 동물에게 적합한 사료와 물을 공급하고, 운동・휴식 및 수면이 보장되도록 노력해야 한다.

② 소유자 등은 동물이 질병에 걸리거나 부상당한 경우에는 신속하게 치료하거나 그 밖에 필요한 조치를 하도록 노력해야 한다.

③ 소유자 등은 동물을 관리하거나 다른 장소로 옮긴 경우에는 그 동물이 새로운 환경에 적응하는 데에 필요한 조치를 하도록 노력해야 한다.

④ 소유자 등은 재난 시 동물이 안전하게 대피할 수 있도록 노력해야 한다.

⑤ ①부터 ③까지에서 규정한 사항 외에 동물의 적절한 사육・관리 방법 등에 관한 사항은 농림축산식품부령으로 정한다.

⑥ 동물의 적절한 사육·관리 방법(규칙 별표 1)

일반기준	개별기준
• 동물의 소유자 등은 최대한 동물 본래의 습성에 가깝게 사육·관리하고, 동물의 생명과 안전을 보호하며, 동물의 복지를 증진해야 한다. • 동물의 소유자 등은 동물이 갈증·배고픔, 영양불량, 불편함, 통증·부상·질병, 두려움 및 정상적으로 행동할 수 없는 것으로 인하여 고통을 받지 않도록 노력해야 하며, 동물의 특성을 고려하여 전염병 예방을 위한 예방접종을 정기적으로 실시해야 한다. • 동물의 소유자 등은 동물의 사육환경을 다음의 기준에 적합하도록 해야 한다. – 동물의 종류, 크기, 특성, 건강상태, 사육목적 등을 고려하여 최대한 적절한 사육환경을 제공할 것 – 동물의 사육공간 및 사육시설은 동물이 자연스러운 자세로 일어나거나 눕고 움직이는 등의 일상적인 동작을 하는 데에 지장이 없는 크기일 것	• 동물의 소유자 등은 다음의 동물에 대해서는 동물 본래의 습성을 유지하기 위해 낮 시간 동안 축사 내부의 조명도를 다음의 기준에 맞게 유지해야 한다. – 돼지 : 바닥의 평균조명도가 최소 40럭스(lux) 이상이 되도록 하되, 8시간 이상 연속된 명기(明期)를 제공할 것 – 육계 : 바닥의 평균조명도가 최소 20럭스(lux) 이상이 되도록 하되, 6시간 이상 연속된 암기(暗期)를 제공할 것 • 소, 돼지, 산란계 또는 육계를 사육하는 축사 내 암모니아 농도는 25피피엠(ppm)을 넘어서는 안 된다. • 깔짚을 이용하여 육계를 사육하는 경우에는 깔짚을 주기적으로 교체하여 건조하게 관리해야 한다. • 개는 분기마다 1회 이상 구충(驅蟲)을 하되, 구충제의 효능 지속기간이 있는 경우에는 구충제의 효능 지속기간이 끝나기 전에 주기적으로 구충을 해야 한다. • 돼지의 송곳니 발치·절치 및 거세는 생후 7일 이내에 수행해야 한다.

(2) 동물학대 등의 금지(법 제10조)

① 누구든지 동물을 죽이거나 죽음에 이르게 하는 다음의 행위를 하여서는 아니 된다.

㉠ 목을 매다는 등의 잔인한 방법으로 죽음에 이르게 하는 행위

㉡ 노상 등 공개된 장소에서 죽이거나 같은 종류의 다른 동물이 보는 앞에서 죽음에 이르게 하는 행위

㉢ 동물의 습성 및 생태환경 등 부득이한 사유가 없음에도 불구하고 해당 동물을 다른 동물의 먹이로 사용하는 행위

㉣ 그 밖에 사람의 생명·신체에 대한 직접적인 위협이나 재산상의 피해 방지 등 농림축산식품부령으로 정하는 정당한 사유 없이 동물을 죽음에 이르게 하는 행위

② 누구든지 동물에 대하여 다음의 행위를 하여서는 아니 된다.

㉠ 도구·약물 등 물리적·화학적 방법을 사용하여 상해를 입히는 행위. 다만, 해당 동물의 질병 예방이나 치료 등 농림축산식품부령으로 정하는 경우는 제외한다.

㉡ 살아 있는 상태에서 동물의 몸을 손상하거나 체액을 채취하거나 체액을 채취하기 위한 장치를 설치하는 행위. 다만, 해당 동물의 질병 예방 및 동물 실험 등 농림축산식품부령으로 정하는 경우는 제외한다.

더 알아보기

동물학대 등의 금지의 예외 규정(규칙 제6조 제2항)

① 질병의 예방이나 치료를 위한 행위인 경우

② 동물 실험의 원칙에 따라 실시하는 동물 실험인 경우

③ 긴급 사태가 발생하여 해당 동물을 보호하기 위해 필요한 행위인 경우

㉢ 도박·광고·오락·유흥 등의 목적으로 동물에게 상해를 입히는 행위. 다만, 민속경기 등 농림축산식품부령으로 정하는 경우는 제외한다.

㉣ 동물의 몸에 고통을 주거나 상해를 입히는 다음에 해당하는 행위

- 사람의 생명·신체에 대한 직접적 위협이나 재산상의 피해를 방지하기 위하여 다른 방법이 있음에도 불구하고 동물에게 고통을 주거나 상해를 입히는 행위
- 동물의 습성 또는 사육환경 등의 부득이한 사유가 없음에도 불구하고 동물을 혹서·혹한 등의 환경에 방치하여 고통을 주거나 상해를 입히는 행위
- 갈증이나 굶주림의 해소 또는 질병의 예방이나 치료 등의 목적 없이 동물에게 물이나 음식을 강제로 먹여 고통을 주거나 상해를 입히는 행위
- 동물의 사육·훈련 등을 위하여 필요한 방식이 아님에도 불구하고 다른 동물과 싸우게 하거나 도구를 사용하는 등 잔인한 방식으로 고통을 주거나 상해를 입히는 행위

③ 누구든지 소유자 등이 없이 배회하거나 내버려진 동물 또는 피학대동물 중 소유자 등을 알 수 없는 동물에 대하여 다음의 어느 하나에 해당하는 행위를 하여서는 아니 된다.

㉠ 포획하여 판매하는 행위

㉡ 포획하여 죽이는 행위

㉢ 판매하거나 죽일 목적으로 포획하는 행위

㉣ 소유자 등이 없이 배회하거나 내버려진 동물 또는 피학대동물 중 소유자 등을 알 수 없는 동물임을 알면서 알선·구매하는 행위

④ 소유자 등은 다음의 행위를 하여서는 아니 된다.

㉠ 동물을 유기하는 행위

㉡ 반려동물에게 최소한의 사육공간 및 먹이 제공, 적정한 길이의 목줄, 위생·건강 관리를 위한 사항 등 농림축산식품부령으로 정하는 사육·관리 또는 보호의무를 위반하여 상해를 입히거나 질병을 유발하는 행위

㉢ ④의 ㉡의 행위로 인하여 반려동물을 죽음에 이르게 하는 행위

⑤ 누구든지 다음의 행위를 하여서는 아니 된다.

㉠ ①부터 ④까지(동물을 유기하는 행위는 제외)의 규정에 해당하는 행위를 촬영한 사진 또는 영상물을 판매·전시·전달·상영하거나 인터넷에 게재하는 행위. 다만, 동물보호 의식을 고양하기 위한 목적이 표시된 홍보 활동 등 농림축산식품부령으로 정하는 경우에는 그러하지 아니하다.

㉡ 도박을 목적으로 동물을 이용하는 행위 또는 동물을 이용하는 도박을 행할 목적으로 광고·선전하는 행위. 다만, 카지노업, 경마, 경륜, 복권, 체육진흥투표권, 소싸움경기는 제외한다.

㉢ 도박·시합·복권·오락·유흥·광고 등의 상이나 경품으로 동물을 제공하는 행위

㉣ 영리를 목적으로 동물을 대여하는 행위. 다만, 「장애인복지법」에 따른 장애인 보조견의 대여 등 농림축산식품부령으로 정하는 경우는 제외한다.

(3) 동물의 운송(법 제11조)

① 영리를 목적으로 자동차를 이용하여 동물을 운송하는 자는 다음 사항을 준수해야 한다(규칙 제7조).

㉠ 운송 중인 동물에게 적합한 사료와 물을 공급하고, 급격한 출발·제동 등으로 충격과 상해를 입지 아니하도록 할 것

㉡ 동물을 운송하는 차량은 동물이 운송 중에 상해를 입지 아니하고, 급격한 체온 변화, 호흡 곤란 등으로 인한 고통을 최소화할 수 있는 구조로 되어 있을 것

㉢ 병든 동물, 어린 동물 또는 임신 중이거나 포유 중인 새끼가 딸린 동물을 운송할 때에는 함께 운송 중인 다른 동물에 의하여 상해를 입지 아니하도록 칸막이의 설치 등 필요한 조치를 할 것

㉣ 동물을 싣고 내리는 과정에서 동물 또는 동물이 들어 있는 운송용 우리를 던지거나 떨어뜨려서 동물을 다치게 하는 행위를 하지 아니할 것

㉤ 운송을 위하여 전기(電氣)몰이 도구를 사용하지 아니할 것

② 농림축산식품부장관은 ①의 ㉡에 따른 동물 운송 차량의 구조 및 설비기준을 정하고 이에 맞는 차량을 사용하도록 권장할 수 있다.

③ 농림축산식품부장관은 위에서 규정한 사항 외에 동물 운송에 관하여 필요한 사항을 정하여 권장할 수 있다.

(4) 반려동물 전달방법(법 제12조)

반려동물을 다른 사람에게 전달하려는 자는 직접 전달하거나 동물운송업의 등록을 한 자를 통하여 전달해야 한다.

(5) 동물의 도살방법(법 제13조)

① 누구든지 혐오감을 주거나 잔인한 방법으로 동물을 도살하여서는 아니 되며, 도살과정에서 불필요한 고통이나 공포, 스트레스를 주어서는 아니 된다.

② 「축산물 위생관리법」 또는 「가축전염병 예방법」에 따라 동물을 죽이는 경우에는 가스법·전살법(電殺法) 등 농림축산식품부령으로 정하는 방법을 이용하여 고통을 최소화해야 하며, 반드시 의식이 없는 상태에서 다음 도살 단계로 넘어가야 한다. 매몰을 하는 경우에도 또한 같다.

③ ① 및 ②의 경우 외에도 동물을 불가피하게 죽여야 하는 경우에는 고통을 최소화할 수 있는 방법에 따라야 한다.

(6) 동물의 수술(법 제14조)

거세, 뿔 없애기, 꼬리 자르기 등 동물에 대한 외과적 수술을 하는 사람은 수의학적 방법에 따라야 한다.

(7) 등록대상동물의 등록 등(법 제15조)

① 등록대상동물의 소유자는 동물의 보호와 유실·유기 방지 및 공중위생상의 위해 방지 등을 위하여 특별자치시장·특별자치도지사·시장·군수·구청장에게 등록대상동물을 등록해야 한다. 다만, 등록대상동물이 맹견이 아닌 경우로서 도서, 동물등록 업무를 대행하게 할 수 있는 자가 없는 읍·면에서는 그러하지 아니하다(규칙 제9조).

② ①에 따라 등록된 등록대상동물(이하 "등록동물")의 소유자는 다음의 어느 하나에 해당하는 경우에는 해당 기간에 특별자치시장·특별자치도지사·시장·군수·구청장에게 신고해야 한다.

㉠ 등록동물을 잃어버린 경우 : 등록동물을 잃어버린 날부터 10일 이내

㉡ 등록동물에 대하여 대통령령으로 정하는 사항이 변경된 경우 : 변경사유 발생일부터 30일 이내

③ 등록동물의 소유권을 이전받은 자 중 ①에 따른 등록을 실시하는 지역에 거주하는 자는 그 사실을 소유권을 이전받은 날부터 30일 이내에 자신의 주소지를 관할하는 특별자치시장 · 특별자치도지사 · 시장 · 군수 · 구청장에게 신고해야 한다.

④ 특별자치시장 · 특별자치도지사 · 시장 · 군수 · 구청장은 대통령령으로 정하는 자(이하 "동물등록대행자")로 하여금 ①부터 ③까지의 규정에 따른 업무를 대행하게 할 수 있으며 이에 필요한 비용을 지급할 수 있다.

⑤ 특별자치시장 · 특별자치도지사 · 시장 · 군수 · 구청장은 다음의 어느 하나에 해당하는 경우 등록을 말소할 수 있다.

㉠ 거짓이나 그 밖의 부정한 방법으로 등록대상동물을 등록하거나 변경신고한 경우

㉡ 등록동물 소유자의 주민등록이나 외국인등록사항이 말소된 경우

㉢ 등록동물의 소유자인 법인이 해산한 경우

⑥ 국가와 지방자치단체는 ①에 따른 등록에 필요한 비용의 일부 또는 전부를 지원할 수 있다.

⑦ 등록대상동물의 등록 사항 및 방법 · 절차, 변경신고 절차, 등록 말소 절차, 동물등록대행자 준수사항 등에 관한 사항은 대통령령으로 정하며, 그 밖에 등록에 필요한 사항은 시 · 도의 조례로 정한다.

(8) 등록대상동물의 관리 등(법 제16조)

① 등록대상동물의 소유자 등은 소유자 등이 없이 등록대상동물을 기르는 곳에서 벗어나지 아니하도록 관리해야 한다.

② 등록대상동물의 소유자 등은 등록대상동물을 동반하고 외출할 때에는 농림축산식품부령으로 정하는 기준에 맞는 목줄 착용 등 사람 또는 동물에 대한 위해를 예방하기 위한 안전조치를 해야 하며, 등록대상동물의 이름 · 소유자의 연락처 · 그 밖에 농림축산식품부령으로 정하는 사항을 표시한 인식표를 등록대상동물에게 부착해야 한다. 배설물(소변의 경우에는 공동주택의 엘리베이터 · 계단 등 건물 내부의 공용공간 및 평상 · 의자 등 사람이 눕거나 앉을 수 있는 기구 위의 것으로 한정함)이 생겼을 때에는 즉시 수거해야 한다.

더 알아보기

안전조치(규칙 제11조)

① 길이가 2미터 이하인 목줄 또는 가슴줄을 하거나 이동장치(등록대상동물이 탈출할 수 없도록 잠금장치를 갖춘 것을 말함)를 사용할 것. 다만, 소유자 등이 월령 3개월 미만인 등록대상동물을 직접 안아서 외출하는 경우에는 목줄, 가슴줄 또는 이동장치를 하지 않을 수 있다.

② 다중주택 및 다가구주택의 건물 내부의 공용공간, 공동주택의 건물 내부의 공용공간, 준주택의 건물 내부의 공용공간에서는 등록대상동물을 직접 안거나 목줄의 목덜미 부분 또는 가슴줄의 손잡이 부분을 잡는 등 등록대상동물의 이동을 제한할 것

③ 시 · 도지사는 등록대상동물의 유실 · 유기 또는 공중위생상의 위해 방지를 위하여 필요할 때에는 시 · 도의 조례로 정하는 바에 따라 소유자 등으로 하여금 등록대상동물에 대하여 예방접종을 하게 하거나 특정 지역 또는 장소에서의 사육 또는 출입을 제한하게 하는 등 필요한 조치를 할 수 있다.

(9) 맹견의 출입금지(법 제22조)

맹견의 소유자 등은 어린이집, 유치원, 초등학교 및 특수학교, 노인복지시설, 장애인복지시설, 어린이공원, 어린이놀이시설, 그 밖에 불특정 다수인이 이용하는 장소로서 시·도의 조례로 정하는 장소에 맹견이 출입하지 아니하도록 해야 한다.

(10) 보험의 가입 등(법 제23조)

① 맹견의 소유자는 자신의 맹견이 다른 사람 또는 동물을 다치게 하거나 죽게 한 경우 발생한 피해를 보상하기 위하여 보험에 가입해야 한다.

② ①에 따른 보험에 가입해야 할 맹견의 범위, 보험의 종류, 보상한도액 및 그 밖에 필요한 사항은 대통령령으로 정한다.

③ 농림축산식품부장관은 ①에 따른 보험의 가입관리 업무를 위하여 필요한 경우 대통령령으로 정하는 바에 따라 관계 중앙행정기관의 장 또는 지방자치단체의 장에게 행정적 조치를 하도록 요청하거나 관계 기관, 보험회사 및 보험 관련 단체에 보험의 가입관리 업무에 필요한 자료를 요청할 수 있다. 이 경우 요청을 받은 자는 정당한 사유가 없으면 이에 따라야 한다.

(11) 동물의 구조·보호(법 제34조)

① 시·도지사와 시장·군수·구청장은 다음의 어느 하나에 해당하는 동물을 발견한 때에는 그 동물을 구조하여 제9조에 따라 치료·보호에 필요한 조치(이하 "보호조치")를 해야 하며, ㉡ 및 ㉢에 해당하는 동물은 학대 재발 방지를 위하여 학대행위자로부터 격리해야 한다. 다만, ㉠에 해당하는 동물 중 농림축산식품부령으로 정하는 동물은 구조·보호조치의 대상에서 제외한다.

㉠ 유실·유기동물

㉡ 피학대동물 중 소유자를 알 수 없는 동물

㉢ 소유자 등으로부터 학대를 받아 적정하게 치료·보호받을 수 없다고 판단되는 동물

② 시·도지사와 시장·군수·구청장이 ①의 ㉠ 및 ㉡에 해당하는 동물에 대하여 보호조치 중인 경우에는 그 동물의 등록 여부를 확인해야 하고, 등록된 동물인 경우에는 지체 없이 동물의 소유자에게 보호조치 중인 사실을 통보해야 한다.

③ 시·도지사와 시장·군수·구청장이 ①의 ㉢에 따른 동물을 보호할 때에는 농림축산식품부령으로 정하는 바에 따라 수의사의 진단과 동물보호센터의 설치 및 지정 등에 따른 동물보호센터의 장 등 관계자의 의견 청취를 거쳐 기간을 정하여 해당 동물에 대한 보호조치를 해야 한다.

④ 시·도지사와 시장·군수·구청장은 ①의 ㉠, ㉡, ㉢ 외의 부분 단서에 해당하는 동물에 대하여도 보호·관리를 위하여 필요한 조치를 할 수 있다.

(12) 동물보호센터의 설치 등(법 제35조)

① 시·도지사와 시장·군수·구청장은 동물의 구조·보호 등을 위하여 농림축산식품부령으로 정하는 시설 및 인력 기준에 맞는 동물보호센터를 설치·운영할 수 있다.

② 시·도지사와 시장·군수·구청장은 ①에 따른 동물보호센터를 직접 설치·운영하도록 노력해야 한다.

③ ①에 따라 설치한 동물보호센터의 업무는 동물의 구조·보호조치, 동물의 반환 등, 사육포기 동물의 인수 등, 동물의 기증·분양, 동물의 인도적인 처리 등, 반려동물사육에 대한 교육, 유실·유기동물 발생 예방 교육, 동물학대행위 근절을 위한 동물보호 홍보, 그 밖에 동물의 구조·보호 등을 위하여 농림축산식품부령으로 정하는 업무가 있다.

④ 농림축산식품부장관은 ①에 따라 시·도지사 또는 시장·군수·구청장이 설치·운영하는 동물보호센터의 설치·운영에 드는 비용의 전부 또는 일부를 지원할 수 있다.

⑤ ①에 따라 설치된 동물보호센터의 장 및 그 종사자는 농림축산식품부령으로 정하는 바에 따라 정기적으로 동물의 보호 및 공중위생상의 위해 방지 등에 관한 교육을 받아야 한다.

⑥ 동물보호센터 운영의 공정성과 투명성을 확보하기 위하여 농림축산식품부령으로 정하는 일정 규모 이상의 동물보호센터는 농림축산식품부령으로 정하는 바에 따라 운영위원회를 구성·운영해야 한다. 다만, 시·도 또는 시·군·구에 운영위원회와 성격 및 기능이 유사한 위원회가 설치되어 있는 경우 해당 시·도 또는 시·군·구의 조례로 정하는 바에 따라 그 위원회가 운영위원회의 기능을 대신할 수 있다.

⑦ ①에 따른 동물보호센터의 준수사항 등에 관한 사항은 농림축산식품부령으로 정하고, 보호조치의 구체적인 내용 등 그 밖에 필요한 사항은 시·도의 조례로 정한다.

(13) 동물보호센터의 지정 등(법 제36조)

① 시·도지사 또는 시장·군수·구청장은 농림축산식품부령으로 정하는 시설 및 인력 기준에 맞는 기관이나 단체 등을 동물보호센터로 지정하여 동물의 구조·보호조치, 동물의 반환 등, 사육포기 동물의 인수 등, 동물의 기증·분양, 동물의 인도적인 처리 등, 반려동물사육에 대한 교육, 유실·유기동물 발생 예방 교육, 동물학대행위 근절을 위한 동물보호 홍보, 그 밖에 동물의 구조·보호 등을 위하여 농림축산식품부령으로 정하는 업무를 위탁할 수 있다. 이 경우 동물보호센터로 지정받은 기관이나 단체 등은 동물의 보호조치를 제3자에게 위탁하여서는 아니 된다.

② ①에 따른 동물보호센터로 지정받으려는 자는 농림축산식품부령으로 정하는 바에 따라 시·도지사 또는 시장·군수·구청장에게 신청해야 한다.

③ 시·도지사 또는 시장·군수·구청장은 ①에 따른 동물보호센터에 동물의 구조·보호조치 등에 드는 비용(이하 "보호비용")의 전부 또는 일부를 지원할 수 있으며, 보호비용의 지급절차와 그 밖에 필요한 사항은 농림축산식품부령으로 정한다.

④ 시·도지사 또는 시장·군수·구청장은 ①에 따라 지정된 동물보호센터가 다음의 어느 하나에 해당하는 경우에는 그 지정을 취소할 수 있다. 다만, ㉠ 및 ㉣에 해당하는 경우에는 그 지정을 취소해야 한다.

㉠ 거짓이나 그 밖의 부정한 방법으로 지정을 받은 경우
㉡ ①에 따른 지정기준에 맞지 아니하게 된 경우
㉢ 보호비용을 거짓으로 청구한 경우
㉣ 동물학대 등의 금지 규정을 위반한 경우
㉤ 동물의 인도적인 처리 조항을 위반한 경우
㉥ 동물에 대한 위해 방지 조치의 이행 등 농림축산식품부령으로 정하는 시정명령을 위반한 경우
㉦ 특별한 사유 없이 유실·유기동물 및 피학대동물에 대한 보호조치를 3회 이상 거부한 경우
㉧ 보호 중인 동물을 영리를 목적으로 분양한 경우

⑤ 시·도지사 또는 시장·군수·구청장은 ④에 따라 지정이 취소된 기관이나 단체 등을 지정이 취소된 날부터 1년 이내에는 다시 동물보호센터로 지정하여서는 아니 된다. 다만, ④의 ㉣에 따라 지정이 취소된 기관이나 단체는 지정이 취소된 날부터 5년 이내에는 다시 동물보호센터로 지정하여서는 아니 된다.

⑥ ①에 따른 동물보호센터 지정절차의 구체적인 내용은 시·도의 조례로 정하고, 지정된 동물보호센터에 대하여는 아래의 규정을 준용한다.

㉠ 동물보호센터의 장 및 그 종사자는 농림축산식품부령으로 정하는 바에 따라 정기적으로 동물의 보호 및 공중위생상의 위해 방지 등에 관한 교육을 받아야 한다.

㉡ 동물보호센터 운영의 공정성과 투명성을 확보하기 위하여 농림축산식품부령으로 정하는 일정 규모 이상의 동물보호센터는 농림축산식품부령으로 정하는 바에 따라 운영위원회를 구성·운영해야 한다. 다만, 시·도 또는 시·군·구에 운영위원회와 성격 및 기능이 유사한 위원회가 설치되어 있는 경우 해당 시·도 또는 시·군·구의 조례로 정하는 바에 따라 그 위원회가 운영위원회의 기능을 대신할 수 있다.

㉢ 동물보호센터의 준수사항 등에 관한 사항은 농림축산식품부령으로 정하고, 보호조치의 구체적인 내용 등 그 밖에 필요한 사항은 시·도의 조례로 정한다.

더 알아보기

동물보호센터의 준수사항(규칙 별표 5)

① 일반사항

㉠ 동물보호센터에 입소되는 모든 동물은 안전하고 위생적이며 불편함이 없도록 관리해야 한다.

㉡ 동물은 종류별, 성별(어리거나 중성화된 동물은 제외) 및 크기별로 구분하여 관리하고, 질환이 있는 동물(상해를 입은 동물을 포함), 공격성이 있는 동물, 나이든 동물, 어린 동물(어미와 함께 있는 경우는 제외) 및 새끼를 배거나 새끼에게 젖을 먹이는 동물은 분리하여 보호해야 한다.

㉢ 동물종류, 품종, 나이 및 체중에 맞는 사료 등 먹이를 적절히 공급하고 항상 깨끗한 물을 공급하며, 그 용기는 청결한 상태로 유지해야 한다.

㉣ 소독약과 소독장비를 가지고 정기적으로 소독 및 청소를 실시해야 한다.

㉤ 보호센터는 방문목적이 합당한 경우, 누구에게나 개방해야 하며, 방문 시 방문자 성명, 방문일시, 방문목적, 연락처 등을 기록하여 작성일부터 1년간 보관해야 한다. 다만, 보호 중인 동물의 적절한 관리를 위해 개방시간을 정하는 등의 제한을 둘 수 있다.

㉥ 보호 중인 동물은 진료 등 특별한 사정이 없으면 보호시설 내에서 보호함을 원칙으로 한다.

② 개별사항

㉠ 동물의 구조 및 포획은 구조자와 해당 동물 모두 안전한 방법으로 실시하고, 구조 직후 동물의 상태를 확인하여 건강하지 않은 개체는 추가로 응급조치 등의 조치를 해야 한다.

㉡ 보호동물 입소 시 개체별로 보호동물 개체관리카드를 작성하고, 처리결과 및 그 관련 서류를 3년간 보관(전자적 방법으로 갈음할 수 있음)해야 한다.

㉢ 보호동물의 등록을 확인하고, 보호동물이 등록된 동물인 경우에는 지체 없이 해당 동물의 소유자에게 보호 중인 사실을 통보해야 한다.

㉣ 보호동물의 반환 시 소유자임을 증명할 수 있는 사진, 기록 또는 해당 보호동물의 반응 등을 참고하여 반환해야 하고, 보호동물을 다시 분실하지 않도록 교육을 실시해야 하며, 해당 보호동물이 동물등록이 되어 있지 않은 경우에는 동물등록을 하도록 안내해야 한다.

ⓜ 보호동물의 분양 시 번식 등의 상업적인 목적으로 이용되는 것을 방지하기 위해 중성화 수술에 동의하는 자에게 우선 분양하고, 미성년자(친권자 및 후견인의 동의가 있는 경우는 제외)에게 분양하지 않아야 한다. 또한 보호동물이 다시 유기되지 않도록 교육을 실시해야 하며, 해당 보호동물이 동물등록이 되어 있지 않은 경우에는 동물등록을 하도록 안내해야 한다.

ⓗ 동물을 인도적으로 처리하는 경우 동물보호센터 종사자 1명 이상의 참관하에 수의사가 시행하도록 하며, 마취제 사용 후 심장에 직접 작용하는 약물 등을 사용하는 등 인도적인 방법을 사용하여 동물의 고통을 최소화해야 한다.

ⓢ 동물보호센터 내에서 발생한 동물의 사체는 별도의 냉동장치에 보관 후, 「폐기물관리법」에 따르거나 동물장묘업의 허가를 받은 자가 설치·운영하는 동물장묘시설 및 공설동물장묘시설을 통해 처리한다.

⑭ 신고 등(법 제39조)

① 누구든지 다음의 어느 하나에 해당하는 동물을 발견한 때에는 관할 지방자치단체 또는 동물보호센터에 신고할 수 있다.
- ㉠ 학대를 받는 동물
- ㉡ 유실·유기동물

② 다음의 어느 하나에 해당하는 자가 그 직무상 ①에 따른 동물을 발견한 때에는 지체 없이 관할 지방자치단체 또는 동물보호센터에 신고해야 한다.
- ㉠ 민간단체의 임원 및 회원
- ㉡ 동물보호센터의 장 및 그 종사자
- ㉢ 보호시설운영자 및 보호시설의 종사자
- ㉣ 동물실험윤리위원회를 설치한 동물 실험시행기관의 장 및 그 종사자
- ㉤ 동물실험윤리위원회의 위원
- ㉥ 동물복지축산농장 인증을 받은 자
- ㉦ 영업의 허가를 받은 자 또는 영업의 등록을 한 자 및 그 종사자
- ㉧ 동물보호관
- ㉨ 수의사, 동물병원의 장 및 그 종사자

③ 신고인의 신분은 보장되어야 하며 그 의사에 반하여 신원이 노출되어서는 아니 된다.

④ ① 또는 ②에 따라 신고한 자 또는 신고·통보를 받은 관할 특별자치시장·특별자치도지사·시장·군수·구청장은 관할 시·도 가축방역기관장 또는 국립가축방역기관장에게 해당 동물의 학대 여부 판단 등을 위한 동물검사를 의뢰할 수 있다.

⑮ 공고(법 제40조)

시·도지사와 시장·군수·구청장은 동물을 보호하고 있는 경우에는 소유자 등이 보호조치 사실을 알 수 있도록 대통령령으로 정하는 바에 따라 지체 없이 7일 이상 그 사실을 공고해야 한다.

(16) 보호비용의 부담(법 제42조)

① 시・도지사와 시장・군수・구청장은 동물의 보호비용을 소유자 또는 분양을 받는 자에게 청구할 수 있다.

② 동물의 보호비용은 농림축산식품부령으로 정하는 바에 따라 납부기한까지 그 동물의 소유자가 내야 한다. 이 경우 시・도지사와 시장・군수・구청장은 동물의 소유자가 그 동물의 소유권을 포기한 경우에는 보호비용의 전부 또는 일부를 면제할 수 있다.

③ ① 및 ②에 따른 보호비용의 징수에 관한 사항은 대통령령으로 정하고, 보호비용의 산정 기준에 관한 사항은 농림축산식품부령으로 정하는 범위에서 해당 시・도의 조례로 정한다.

(17) 동물의 소유권 취득(법 제43조)

다음의 경우에는 시・도 및 시・군・구가 동물의 소유권을 취득할 수 있다.

① 공고한 날부터 10일이 지나도 동물의 소유자 등을 알 수 없는 경우

② 동물의 소유자가 그 동물의 소유권을 포기한 경우

③ 동물의 소유자가 보호비용의 납부기한이 종료된 날부터 10일이 지나도 보호비용을 납부하지 아니하거나 사육계획서를 제출하지 아니한 경우

④ 동물의 소유자를 확인한 날부터 10일이 지나도 정당한 사유 없이 동물의 소유자와 연락이 되지 아니하거나 소유자가 반환받을 의사를 표시하지 아니한 경우

(18) 동물의 기증・분양(법 제45조)

① 시・도지사와 시장・군수・구청장은 소유권을 취득한 동물이 적정하게 사육・관리될 수 있도록 시・도의 조례로 정하는 바에 따라 동물원, 동물을 애호하는 자(시・도의 조례로 정하는 자격요건을 갖춘 자로 한정)나 대통령령으로 정하는 민간단체 등에 기증하거나 분양할 수 있다.

② 시・도지사와 시장・군수・구청장은 ①에 따라 기증하거나 분양하는 동물이 등록대상동물인 경우 등록 여부를 확인하여 등록이 되어 있지 아니한 때에는 등록한 후 기증하거나 분양해야 한다.

③ 시・도지사와 시장・군수・구청장은 소유권을 취득한 동물에 대하여는 ①에 따라 분양될 수 있도록 공고할 수 있다.

④ ①에 따른 기증・분양의 요건 및 절차 등 그 밖에 필요한 사항은 시・도의 조례로 정한다.

(19) 동물의 인도적인 처리 등(법 제46조)

① 동물보호센터의 장은 보호조치 중인 동물에게 질병 등 농림축산식품부령으로 정하는 사유가 있는 경우에는 농림축산식품부장관이 정하는 바에 따라 마취 등을 통하여 동물의 고통을 최소화하는 인도적인 방법으로 처리해야 한다.

② ①에 따라 시행하는 동물의 인도적인 처리는 수의사가 해야 한다. 이 경우 사용된 약제 관련 사용기록의 작성・보관 등에 관한 사항은 농림축산식품부령으로 정하는 바에 따른다.

③ 동물보호센터의 장은 ①에 따라 동물의 사체가 발생한 경우 「폐기물관리법」에 따라 처리하거나 동물장묘업의 허가를 받은 자가 설치・운영하는 동물장묘시설 및 공설동물장묘시설에서 처리해야 한다.

3 동물 실험

(1) 동물 실험의 원칙(법 제47조)

① 동물 실험은 인류의 복지 증진과 동물 생명의 존엄성을 고려하여 실시되어야 한다.

② 동물 실험을 하려는 경우에는 이를 대체할 수 있는 방법을 우선적으로 고려해야 한다.

③ 동물 실험은 실험동물의 윤리적 취급과 과학적 사용에 관한 지식과 경험을 보유한 자가 시행해야 하며 필요한 최소한의 동물을 사용해야 한다.

④ 실험동물의 고통이 수반되는 실험을 하려는 경우에는 감각능력이 낮은 동물을 사용하고 진통제・진정제・마취제의 사용 등 수의학적 방법에 따라 고통을 덜어주기 위한 적절한 조치를 해야 한다.

⑤ 동물 실험을 한 자는 그 실험이 끝난 후 지체 없이 해당 동물을 검사해야 하며, 검사 결과 정상적으로 회복한 동물은 기증하거나 분양할 수 있다.

⑥ ⑤에 따른 검사 결과 해당 동물이 회복할 수 없거나 지속적으로 고통을 받으며 살아야 할 것으로 인정되는 경우에는 신속하게 고통을 주지 아니하는 방법으로 처리해야 한다.

⑦ ①부터 ⑥까지에서 규정한 사항 외에 동물 실험의 원칙과 이에 따른 기준 및 방법에 관한 사항은 농림축산식품부장관이 정하여 고시한다.

(2) 동물 실험의 금지 등(법 제49조)

누구든지 다음의 동물 실험을 하여서는 아니 된다. 다만, 인수공통전염병 등 질병의 확산으로 인간 및 동물의 건강과 안전에 심각한 위해가 발생될 것이 우려되는 경우 또는 봉사동물의 선발・훈련방식에 관한 연구를 하는 경우로서 공용동물실험윤리위원회의 실험 심의 및 승인을 받은 때에는 그러하지 아니하다.

① 유실・유기동물(보호조치 중인 동물을 포함)을 대상으로 하는 실험

② 봉사동물을 대상으로 하는 실험

(3) 미성년자 동물 해부실습의 금지(법 제50조)

누구든지 미성년자에게 체험・교육・시험・연구 등의 목적으로 동물(사체를 포함) 해부실습을 하게 하여서는 아니 된다. 다만, 「초・중등교육법」에 따른 학교 또는 동물실험시행기관 등이 시행하는 경우 등 농림축산식품부령으로 정하는 경우에는 그러하지 아니하다.

(4) 동물실험윤리위원회의 설치 등(법 제51조)

① 동물실험시행기관의 장은 실험동물의 보호와 윤리적인 취급을 위하여 동물실험윤리위원회를 설치・운영해야 한다.

② ①에도 불구하고 다음의 어느 하나에 해당하는 경우에는 윤리위원회를 설치한 것으로 본다.

㉠ 농림축산식품부령으로 정하는 일정 기준 이하의 동물 실험시행기관이 윤리위원회의 기능을 공용동물실험윤리위원회에 위탁하는 협약을 맺은 경우

㉡ 동물실험시행기관에 실험동물운영위원회가 설치되어 있고, 그 위원회의 구성이 (5)의 ②부터 ④까지에 규정된 요건을 충족할 경우

③ 동물실험시행기관의 장은 동물 실험을 하려면 윤리위원회의 심의를 거쳐야 한다.

④ 동물실험시행기관의 장은 심의를 거친 내용 중 농림축산식품부령으로 정하는 중요사항에 변경이 있는 경우에는 해당 변경사유의 발생 즉시 윤리위원회에 변경심의를 요청해야 한다. 다만, 농림축산식품부령으로 정하는 경미한 변경이 있는 경우에는 전문위원의 검토를 거친 후 위원장의 승인을 받아야 한다.

⑤ 농림축산식품부장관은 윤리위원회의 운영에 관한 표준지침을 위원회(IACUC)표준운영가이드라인으로 고시해야 한다.

(5) 윤리위원회의 구성(법 제53조)

① 윤리위원회는 위원장 1명을 포함하여 3명 이상의 위원으로 구성한다.

② 위원은 다음에 해당하는 사람 중에서 동물실험시행기관의 장이 위촉하며, 위원장은 위원 중에서 호선한다.

㉠ 수의사로서 농림축산식품부령으로 정하는 자격기준에 맞는 사람

㉡ 민간단체가 추천하는 동물보호에 관한 학식과 경험이 풍부한 사람으로서 농림축산식품부령으로 정하는 자격기준에 맞는 사람

㉢ 그 밖에 실험동물의 보호와 윤리적인 취급을 도모하기 위하여 필요한 사람으로서 농림축산식품부령으로 정하는 사람

③ 윤리위원회에는 ②의 ㉠ 및 ㉡에 해당하는 위원을 각각 1명 이상 포함해야 한다.

④ 윤리위원회를 구성하는 위원의 3분의 1 이상은 해당 동물실험시행기관과 이해관계가 없는 사람이어야 한다.

⑤ 위원의 임기는 2년으로 한다.

⑥ 동물실험시행기관의 장은 ②에 따른 위원의 추천 및 선정 과정을 투명하고 공정하게 관리해야 한다.

⑦ 그 밖에 윤리위원회의 구성 및 이해관계의 범위 등에 관한 사항은 농림축산식품부령으로 정한다.

(6) 윤리위원회의 기능 등(법 제54조)

① 윤리위원회는 다음의 기능을 수행한다.

㉠ 동물 실험에 대한 심의(변경심의 포함)

㉡ 위에 따라 심의한 실험의 진행·종료에 대한 확인 및 평가

㉢ 동물 실험이 원칙에 맞게 시행되도록 지도·감독

㉣ 동물실험시행기관의 장에게 실험동물의 보호와 윤리적인 취급을 위하여 필요한 조치 요구

② 윤리위원회의 심의대상인 동물 실험에 관여하고 있는 위원은 해당 동물 실험에 관한 심의에 참여하여서는 아니 된다.

③ 윤리위원회의 위원 또는 그 직에 있었던 자는 그 직무를 수행하면서 알게 된 비밀을 누설하거나 도용하여서는 아니 된다.

④ ①에 따른 심의·확인·평가 및 지도·감독의 방법과 그 밖에 윤리위원회의 운영 등에 관한 사항은 대통령령으로 정한다.

(7) 윤리위원회의 구성 등에 관한 지도・감독(법 제58조)

① 농림축산식품부장관은 윤리위원회를 설치한 동물실험시행기관의 장에게 윤리위원회의 구성・운영 등에 관하여 지도・감독을 할 수 있다.

② 농림축산식품부장관은 윤리위원회가 규정에 따라 구성・운영되지 아니할 때에는 해당 동물실험시행기관의 장에게 대통령령으로 정하는 바에 따라 기간을 정하여 해당 윤리위원회의 구성・운영 등에 대한 개선명령을 할 수 있다.

4 영 업

(1) 영업의 허가(법 제69조)

① 반려동물과 관련된 다음의 영업을 하려는 자는 농림축산식품부령으로 정하는 바에 따라 특별자치시장・특별자치도지사・시장・군수・구청장의 허가를 받아야 한다.

㉠ 동물생산업

㉡ 동물수입업

㉢ 동물판매업

㉣ 동물장묘업

② ①에 따른 영업의 세부 범위는 농림축산식품부령으로 정한다.

③ ①에 따른 허가를 받으려는 자는 영업장의 시설 및 인력 등 농림축산식품부령으로 정하는 기준을 갖추어야 한다.

④ ①에 따라 영업의 허가를 받은 자가 허가받은 사항을 변경하려는 경우에는 변경허가를 받아야 한다. 다만, 농림축산식품부령으로 정하는 경미한 사항을 변경하는 경우에는 특별자치시장・특별자치도지사・시장・군수・구청장에게 신고해야 한다.

더 알아보기

허가영업의 세부 범위(규칙 제38조)

① 동물생산업 : 반려동물을 번식시켜 판매하는 영업

② 동물수입업 : 반려동물을 수입하여 판매하는 영업

③ 동물판매업 : 반려동물을 구입하여 판매하거나, 판매를 알선 또는 중개하는 영업

④ 동물장묘업 : 다음 중 어느 하나 이상의 시설을 설치・운영하는 영업

㉠ 동물 전용의 장례식장 : 동물 사체의 보관, 안치, 염습 등을 하거나 장례의식을 치르는 시설

㉡ 동물화장시설 : 동물의 사체 또는 유골을 불에 태우는 방법으로 처리하는 시설

㉢ 동물건조장시설 : 동물의 사체 또는 유골을 건조・멸균분쇄의 방법으로 처리하는 시설

㉣ 동물수분해장시설 : 동물의 사체를 화학용액을 사용해 녹이고 유골만 수습하는 방법으로 처리하는 시설

㉤ 동물 전용의 봉안시설 : 동물의 유골 등을 안치・보관하는 시설

(2) 영업의 등록(법 제73조)

① 동물과 관련된 다음의 영업을 하려는 자는 농림축산식품부령으로 정하는 바에 따라 특별자치시장·특별자치도지사·시장·군수·구청장에게 등록해야 한다.

㉠ 동물전시업

㉡ 동물위탁관리업

㉢ 동물미용업

㉣ 동물운송업

② ①에 따른 영업의 세부 범위는 농림축산식품부령으로 정한다.

③ ①에 따른 영업의 등록을 신청하려는 자는 영업장의 시설 및 인력 등 농림축산식품부령으로 정하는 기준을 갖추어야 한다.

④ ①에 따라 영업을 등록한 자가 등록사항을 변경하는 경우에는 변경등록을 해야 한다. 다만, 농림축산식품부령으로 정하는 경미한 사항을 변경하는 경우에는 특별자치시장·특별자치도지사·시장·군수·구청장에게 신고해야 한다.

(3) 허가 또는 등록의 결격사유(법 제74조)

다음의 어느 하나에 해당하는 사람은 영업의 허가를 받거나 영업의 등록을 할 수 없다.

① 미성년자

② 피성년후견인

③ 파산선고를 받은 자로서 복권되지 아니한 사람

④ 교육을 이수하지 아니한 사람

⑤ 허가 또는 등록이 취소된 후 1년이 지나지 아니한 상태에서 취소된 업종과 같은 업종의 허가를 받거나 등록을 하려는 사람(법인인 경우에는 그 대표자를 포함)

⑥ 이 법을 위반하여 벌금 이상의 실형을 선고받고 그 집행이 종료(집행이 종료된 것으로 보는 경우를 포함)되거나 집행이 면제된 날부터 3년(동물학대 등의 금지 조항을 위반한 경우에는 5년)이 지나지 아니한 사람

⑦ 이 법을 위반하여 벌금 이상의 형의 집행유예를 선고받고 그 유예기간 중에 있는 사람

(4) 영업승계(법 제75조)

① 영업의 허가를 받거나 영업의 등록을 한 자(이하 "영업자")가 그 영업을 양도하거나 사망한 경우 또는 법인이 합병한 경우에는 그 양수인·상속인 또는 합병 후 존속하는 법인이나 합병으로 설립되는 법인(이하 "양수인 등")은 그 영업자의 지위를 승계한다.

② 다음의 어느 하나에 해당하는 절차에 따라 영업시설의 전부를 인수한 자는 그 영업자의 지위를 승계한다.

㉠ 「민사집행법」에 따른 경매

㉡ 「채무자 회생 및 파산에 관한 법률」에 따른 환가(換價)

㉢ 「국세징수법」·「관세법」 또는 「지방세법」에 따른 압류재산의 매각

㉣ 그 밖에 위의 어느 하나에 준하는 절차

③ ① 또는 ②에 따라 영업자의 지위를 승계한 자는 그 지위를 승계한 날부터 30일 이내에 농림축산식품부령으로 정하는 바에 따라 특별자치시장・특별자치도지사・시장・군수・구청장에게 신고해야 한다.

④ ① 및 ②에 따른 승계에 관하여는 결격사유 규정을 준용한다. 다만, 상속인이 미성년자 및 피성년후견인에 해당하는 경우에는 상속을 받은 날부터 3개월 동안은 그러하지 아니하다.

(5) 휴업・폐업 등의 신고(법 제76조)

① 영업자가 휴업, 폐업 또는 그 영업을 재개하려는 경우에는 농림축산식품부령으로 정하는 바에 따라 특별자치시장・특별자치도지사・시장・군수・구청장에게 신고해야 한다.

② 영업자(동물장묘업자는 제외. 이하 이 조에서 같음)는 ①에 따라 휴업 또는 폐업의 신고를 하려는 경우에는 농림축산식품부령으로 정하는 바에 따라 특별자치시장・특별자치도지사・시장・군수・구청장에게 휴업 또는 폐업 30일 전에 보유하고 있는 동물의 적절한 사육 및 처리를 위한 계획서(이하 "동물처리계획서")를 제출해야 한다.

③ 영업자는 동물처리계획서에 따라 동물을 처리한 후 그 결과를 특별자치시장・특별자치도지사・시장・군수・구청장에게 보고해야 하며, 보고를 받은 특별자치시장・특별자치도지사・시장・군수・구청장은 동물처리계획서의 이행 여부를 확인해야 한다.

④ ② 및 ③에 따른 동물처리계획서의 제출 및 보고에 관한 사항은 농림축산식품부령으로 정한다.

(6) 영업자 등의 준수사항(법 제78조)

① 영업자와 그 종사자는 다음의 사항을 준수해야 한다.

㉠ 동물을 안전하고 위생적으로 사육・관리 또는 보호할 것

㉡ 동물의 건강과 안전을 위하여 동물병원과의 적절한 연계를 확보할 것

㉢ 노화나 질병이 있는 동물을 유기하거나 폐기할 목적으로 거래하지 아니할 것

㉣ 동물의 번식, 반입・반출 등의 기록 및 관리를 하고 이를 보관할 것

㉤ 동물에 관한 사항을 표시・광고하는 경우 이 법에 따른 영업허가번호 또는 영업등록번호와 거래금액을 함께 표시할 것

㉥ 동물의 분뇨, 사체 등은 관계 법령에 따라 적정하게 처리할 것

㉦ 농림축산식품부령으로 정하는 영업장의 시설 및 인력 기준을 준수할 것

㉧ 정기교육을 이수하고 그 종사자에게 교육을 실시할 것

㉨ 농림축산식품부령으로 정하는 바에 따라 동물의 취급 등에 관한 영업실적을 보고할 것

㉩ 등록대상동물의 등록 및 변경신고의무(등록・변경신고 방법 및 위반 시 처벌에 관한 사항 등을 포함)를 고지할 것

㉪ 다른 사람의 영업명의를 도용하거나 대여받지 아니하고, 다른 사람에게 자기의 영업명의 또는 상호를 사용하도록 하지 아니할 것

② 동물생산업자는 ①에서 규정한 사항 외에 다음의 사항을 준수해야 한다.

㉠ 월령이 12개월 미만인 개・고양이는 교배 또는 출산시키지 아니할 것

㉡ 약품 등을 사용하여 인위적으로 동물의 발정을 유도하는 행위를 하지 아니할 것

㉢ 동물의 특성에 따라 정기적으로 예방접종 및 건강 관리를 실시하고 기록할 것

③ 동물수입업자는 ①에서 규정한 사항 외에 다음의 사항을 준수해야 한다.
   ㉠ 동물을 수입하는 경우 농림축산식품부장관에게 수입의 내역을 신고할 것
   ㉡ 수입의 목적으로 신고한 사항과 다른 용도로 동물을 사용하지 아니할 것

④ 동물판매업자(동물생산업자 및 동물수입업자가 동물을 판매하는 경우를 포함)는 ①에서 규정한 사항 외에 다음의 사항을 준수해야 한다.
   ㉠ 월령이 2개월 미만인 개·고양이를 판매(알선 또는 중개를 포함)하지 아니할 것
   ㉡ 동물을 판매 또는 전달을 하는 경우 직접 전달하거나 동물운송업자를 통하여 전달할 것

⑤ 동물장묘업자는 ①에서 규정한 사항 외에 다음의 사항을 준수해야 한다.
   ㉠ 살아 있는 동물을 처리(마취 등을 통하여 동물의 고통을 최소화하는 인도적인 방법으로 처리하는 것을 포함)하지 아니할 것
   ㉡ 등록대상동물의 사체를 처리한 경우 농림축산식품부령으로 정하는 바에 따라 특별자치시장·특별자치도지사·시장·군수·구청장에게 신고할 것
   ㉢ 자신의 영업장에 있는 동물장묘시설을 다른 자에게 대여하지 아니할 것

⑥ ①부터 ⑤까지의 규정에 따른 영업자의 준수사항에 관한 구체적인 사항 및 그 밖에 동물의 보호와 공중위생상의 위해 방지를 위하여 영업자가 준수해야 할 사항은 농림축산식품부령으로 정한다.

(7) 교육(법 제82조)

① 허가를 받거나 등록을 하려는 자는 허가를 받거나 등록을 하기 전에 동물의 보호 및 공중위생상의 위해 방지 등에 관한 교육을 받아야 한다.

② 영업자는 정기적으로 ①에 따른 교육을 받아야 한다.

③ 영업정지처분을 받은 영업자는 ②의 정기 교육 외에 동물의 보호 및 영업자 준수사항 등에 관한 추가교육을 받아야 한다.

④ ①부터 ③까지의 규정에 따라 교육을 받아야 하는 영업자로서 교육을 받지 아니한 자는 그 영업을 하여서는 아니 된다.

⑤ ① 또는 ②에 따라 교육을 받아야 하는 영업자가 영업에 직접 종사하지 아니하거나 두 곳 이상의 장소에서 영업을 하는 경우에는 종사자 중에서 책임자를 지정하여 영업자 대신 교육을 받게 할 수 있다.

⑥ ①부터 ③까지의 규정에 따른 교육의 종류, 내용, 시기, 이수 방법 등에 관하여는 농림축산식품부령으로 정한다.

더 알아보기

영업자 교육(규칙 제51조)

① 교육의 종류, 교육 시기 및 교육시간은 다음의 구분에 따른다.

㉠ 영업 신청 전 교육 : 영업허가 신청일 또는 등록 신청일 이전 1년 이내 3시간. 다만, 맹견 취급 허가를 추가로 받으려는 경우에는 맹견 취급 허가 신청일 이전 1년 이내에 4시간을 받아야 한다.

㉡ 영업자 정기교육 : 영업 허가 또는 등록을 받은 날부터 기산하여 1년이 되는 날이 속하는 해의 1월 1일부터 12월 31일까지의 기간 중 매년 3시간. 다만, 맹견 취급 허가를 받은 영업자의 경우에는 맹견 취급 허가를 받은 해의 다음 해부터는 4시간의 정기교육을 받아야 한다.

㉢ 영업정지처분에 따른 추가교육 : 영업정지처분을 받은 날부터 6개월 이내 3시간

② 법 제82조에 따른 교육에는 다음의 내용이 포함되어야 한다. 다만, 교육대상 영업자 중 두 가지 이상의 영업을 하는 자에 대해서는 다음의 교육내용 중 중복된 사항을 제외할 수 있다.

㉠ 동물보호 관련 법령 및 정책에 관한 사항

㉡ 동물의 보호·복지에 관한 사항

㉢ 동물의 사육·관리 및 질병예방에 관한 사항

㉣ 영업자 준수사항에 관한 사항

㉤ 맹견의 안전관리 및 사고 방지에 관한 사항(맹견 취급 허가를 받은 영업자만 해당)

③ 교육은 다음의 어느 하나에 해당하는 법인 또는 단체로서 농림축산식품부장관이 고시하는 법인·단체에서 실시한다.

㉠ 동물보호 민간단체

㉡ 「농업·농촌 및 식품산업 기본법」에 따른 농림수산식품교육문화정보원

(8) 허가 또는 등록의 취소 등(법 제83조)

① 특별자치시장·특별자치도지사·시장·군수·구청장은 영업자가 다음의 어느 하나에 해당하는 경우에는 농림축산식품부령으로 정하는 바에 따라 그 허가 또는 등록을 취소하거나 6개월 이내의 기간을 정하여 그 영업의 전부 또는 일부의 정지를 명할 수 있다. 다만, ㉠, ㉦ 또는 ㉧에 해당하는 경우에는 허가 또는 등록을 취소해야 한다.

㉠ 거짓이나 그 밖의 부정한 방법으로 허가를 받거나 등록을 한 것이 판명된 경우

㉡ 동물학대의 금지 규정을 위반한 경우

㉢ 허가를 받은 날 또는 등록을 한 날부터 1년이 지나도록 영업을 개시하지 아니한 경우

㉣ 허가 또는 등록 사항과 다른 방식으로 영업을 한 경우

㉤ 변경허가를 받거나 변경등록을 하지 아니한 경우

㉥ 시설 및 인력 기준에 미달하게 된 경우

㉦ 설치가 금지된 곳에 동물장묘시설을 설치한 경우

㉧ 허가 또는 등록의 결격사유의 어느 하나에 해당하게 된 경우

㉨ 영업자 등의 준수사항을 지키지 아니한 경우

② 특별자치시장·특별자치도지사·시장·군수·구청장은 ①에 따라 영업의 허가 또는 등록을 취소하거나 영업의 전부 또는 일부를 정지하는 경우에는 해당 영업자에게 보유하고 있는 동물을 양도하게 하는 등 적절한 사육·관리 또는 보호를 위하여 필요한 조치를 명해야 한다.

③ ①에 따른 처분의 효과는 그 처분기간이 만료된 날부터 1년간 양수인 등에게 승계되며, 처분의 절차가 진행 중일 때에는 양수인 등에 대하여 처분의 절차를 행할 수 있다. 다만, 양수인 등이 양수·상속 또는 합병 시에 그 처분 또는 위반사실을 알지 못하였음을 증명하는 경우에는 그러하지 아니하다.

5 보 칙

(1) 동물보호관(법 제88조)

① 농림축산식품부장관(대통령령으로 정하는 소속 기관의 장을 포함), 시·도지사 및 시장·군수·구청장은 동물의 학대 방지 등 동물보호에 관한 사무를 처리하기 위하여 소속 공무원 중에서 동물보호관을 지정해야 한다.

② ①에 따른 동물보호관의 자격, 임명, 직무 범위 등에 관한 사항은 대통령령으로 정한다.

③ 동물보호관이 ②에 따른 직무를 수행할 때에는 농림축산식품부령으로 정하는 증표를 지니고 이를 관계인에게 보여주어야 한다.

④ 누구든지 동물의 특성에 따른 출산, 질병 치료 등 부득이한 사유가 있는 경우를 제외하고는 ②에 따른 동물보호관의 직무 수행을 거부·방해 또는 기피하여서는 아니 된다.

(2) 명예동물보호관(법 제90조)

① 농림축산식품부장관, 시·도지사 및 시장·군수·구청장은 동물의 학대 방지 등 동물보호를 위한 지도·계몽 등을 위하여 명예동물보호관을 위촉할 수 있다.

② 동물학대 등의 금지 규정을 위반하여 형을 선고받고 그 형이 확정된 사람은 ①에 따른 명예동물보호관이 될 수 없다.

③ 명예동물보호관의 자격, 위촉, 해촉, 직무, 활동 범위와 수당의 지급 등에 관한 사항은 대통령령으로 정한다.

④ 명예동물보호관은 ③에 따른 직무를 수행할 때에는 부정한 행위를 하거나 권한을 남용하여서는 아니 된다.

⑤ 명예동물보호관이 그 직무를 수행하는 경우에는 신분을 표시하는 증표를 지니고 이를 관계인에게 보여주어야 한다.

(3) 수수료(법 제91조)

다음의 어느 하나에 해당하는 자는 농림축산식품부령으로 정하는 바에 따라 수수료를 내야 한다. 다만, ①에 해당하는 자에 대하여는 시·도의 조례로 정하는 바에 따라 수수료를 감면할 수 있다.

① 등록대상동물을 등록하려는 자

② 자격시험에 응시하려는 자 또는 자격증의 재발급 등을 받으려는 자

③ 동물복지축산농장 인증을 받거나 갱신 및 재심사를 받으려는 자
④ 영업의 허가 또는 변경허가를 받거나, 영업의 등록 또는 변경등록을 하거나, 변경신고를 하려는 자

(4) 청문(법 제92조)

농림축산식품부장관, 시·도지사 또는 시장·군수·구청장은 다음의 어느 하나에 해당하는 처분을 하려면 청문을 해야 한다.

① 맹견사육허가의 철회
② 반려동물행동지도사의 자격취소
③ 동물보호센터의 지정취소
④ 보호시설의 시설폐쇄
⑤ 인증기관의 지정취소
⑥ 동물복지축산농장의 인증취소
⑦ 영업허가 또는 영업등록의 취소

(5) 권한의 위임·위탁(법 제93조)

① 농림축산식품부장관은 대통령령으로 정하는 바에 따라 이 법에 따른 권한의 일부를 소속기관의 장 또는 시·도지사에게 위임할 수 있다.
② 농림축산식품부장관은 대통령령으로 정하는 바에 따라 이 법에 따른 업무 및 동물복지 진흥에 관한 업무의 일부를 농림축산 또는 동물보호 관련 업무를 수행하는 기관·법인·단체의 장에게 위탁할 수 있다.
③ 농림축산식품부장관은 ①에 따라 위임한 업무 및 ②에 따라 위탁한 업무에 관하여 필요하다고 인정하면 업무처리지침을 정하여 통보하거나 그 업무처리를 지도·감독할 수 있다.
④ ②에 따라 위탁받은 이 법에 따른 업무를 수행하는 기관·법인·단체의 임원 및 직원은 「형법」 제129조부터 제132조까지의 규정을 적용할 때에는 공무원으로 본다.
⑤ 농림축산식품부장관은 ②에 따라 업무를 위탁한 기관에 필요한 비용의 전부 또는 일부를 예산의 범위에서 출연 또는 보조할 수 있다.

(6) 실태조사 및 정보의 공개(법 제94조)

① 농림축산식품부장관은 다음의 정보와 자료를 수집·조사·분석하고 그 결과를 해마다 정기적으로 공표해야 한다. 다만, ㉡에 해당하는 사항에 관하여는 해당 동물을 관리하는 중앙행정기관의 장 및 관련 기관의 장과 협의하여 결과공표 여부를 정할 수 있다.
㉠ 동물복지종합계획 수립을 위한 동물의 보호·복지 실태에 관한 사항
㉡ 봉사동물 중 국가소유 봉사동물의 마릿수 및 해당 봉사동물의 관리 등에 관한 사항
㉢ 등록대상동물의 등록에 관한 사항
㉣ 동물보호센터와 유실·유기동물 등의 치료·보호 등에 관한 사항
㉤ 보호시설의 운영실태에 관한 사항
㉥ 동물의 기증 및 분양 현황 등 실험동물의 사후 관리 실태에 관한 사항

ⓢ 윤리위원회의 운영 및 동물 실험 실태, 지도·감독 등에 관한 사항
ⓞ 동물복지축산농장 인증현황 등에 관한 사항
ⓩ 영업의 허가 및 등록과 운영실태에 관한 사항
ⓒ 영업자에 대한 정기점검에 관한 사항
ⓚ 그 밖에 동물의 보호·복지 실태와 관련된 사항

② 농림축산식품부장관은 ①에 따른 업무를 효율적으로 추진하기 위하여 실태조사를 실시할 수 있으며, 실태조사를 위하여 필요한 경우 관계 중앙행정기관의 장, 지방자치단체의 장, 공공기관의 장, 관련 기관 및 단체, 동물의 소유자 등에게 필요한 자료 및 정보의 제공을 요청할 수 있다. 이 경우 자료 및 정보의 제공을 요청받은 자는 정당한 사유가 없는 한 자료 및 정보를 제공해야 한다.

③ ②에 따른 실태조사(현장조사를 포함)의 범위, 방법, 그 밖에 필요한 사항은 대통령령으로 정한다.

④ 시·도지사 또는 시장·군수·구청장은 ①의 실적을 다음 연도 1월 31일까지 농림축산식품부장관(대통령령으로 정하는 그 소속기관의 장을 포함)에게 통보해야 한다.

⑤ 동물실험시행기관의 장 또는 인증기관은 ①의 실적을 다음 연도 1월 31일까지 농림축산식품부장관(대통령령으로 정하는 그 소속기관의 장을 포함)에게 보고해야 한다.

6 벌 칙

(1) 벌칙(법 제97조)

① 3년 이하의 징역 또는 3천만 원 이하의 벌금

㉠ 동물을 죽이거나 죽음에 이르게 하는 행위 금지 조항 중 어느 하나를 위반한 자

㉡ 포획하여 죽이는 행위 또는 반려동물에게 최소한의 사육공간 및 먹이 제공, 적정한 길이의 목줄, 위생 ·건강 관리를 위한 사항 등 농림축산식품부령으로 정하는 사육 ·관리 또는 보호의무를 위반하여 상해를 입히거나 질병을 유발하는 행위로 인하여 반려동물을 죽음에 이르게 하는 행위 금지 조항을 위반한 자

㉢ 소유자 등이 없이 등록대상동물을 기르는 곳에서 벗어나지 아니하도록 관리해야 하는 조항 또는 농림축산식품부령으로 정하는 기준에 맞는 목줄 착용 등 사람 또는 동물에 대한 위해를 예방하기 위한 안전조치를 준수해야 하는 조항을 위반하여 사람을 사망에 이르게 한 자

㉣ 맹견의 소유자 등이 준수해야 하는 조항을 위반하여 사람을 사망에 이르게 한 자

② 2년 이하의 징역 또는 2천만 원 이하의 벌금

㉠ 동물에게 상해를 입히는 행위 또는 포획하여 판매하는 행위, 판매하거나 죽일 목적으로 포획하는 행위, 소유자 등이 없이 배회하거나 내버려진 동물 또는 피학대동물 중 소유자 등을 알 수 없는 동물임을 알면서 알선·구매하는 행위 금지 조항의 어느 하나를 위반한 자

㉡ 맹견을 유기한 소유자 등

ⓒ 반려동물에게 최소한의 사육공간 및 먹이 제공, 적정한 길이의 목줄, 위생·건강 관리를 위한 사항 등 농림축산식품부령으로 정하는 사육 ·관리 또는 보호의무를 위반하여 상해를 입히거나 질병을 유발하는 행위 금지 조항을 위반한 소유자 등

ⓔ 소유자 등이 없이 등록대상동물을 기르는 곳에서 벗어나지 아니하도록 관리해야 하는 조항 또는 농림축산식품부령으로 정하는 기준에 맞는 목줄 착용 등 사람 또는 동물에 대한 위해를 예방하기 위한 안전조치를 준수해야 하는 조항을 위반하여 사람의 신체를 상해에 이르게 한 자

ⓜ 맹견의 소유자 등이 준수해야 하는 조항을 위반하여 사람의 신체를 상해에 이르게 한 자

ⓑ 거짓이나 그 밖의 부정한 방법으로 인증농장 인증을 받은 자

ⓢ 인증을 받지 아니한 축산농장을 인증농장으로 표시한 자

ⓞ 거짓이나 그 밖의 부정한 방법으로 인증심사·재심사 및 인증갱신을 하거나 받을 수 있도록 도와주는 행위를 한 자

ⓙ 허가 또는 변경허가를 받지 아니하고 영업을 한 자

ⓒ 거짓이나 그 밖의 부정한 방법으로 영업의 허가 또는 변경허가를 받은 자

ⓚ 맹견취급허가 또는 변경허가를 받지 아니하고 맹견을 취급하는 영업을 한 자

ⓣ 거짓이나 그 밖의 부정한 방법으로 맹견취급허가 또는 변경허가를 받은 자

ⓟ 설치가 금지된 곳에 동물장묘시설을 설치한 자

ⓗ 영업장 폐쇄조치를 위반하여 영업을 계속한 자

③ 1년 이하의 징역 또는 1천만 원 이하의 벌금

ⓖ 맹견사육허가를 받지 아니한 자

ⓝ 명의대여 금지 등 조항을 위반하여 반려동물행동지도사의 명칭을 사용한 자

ⓓ 다른 사람에게 반려동물행동지도사의 명의를 사용하게 하거나 그 자격증을 대여한 자 또는 반려동물행동지도사의 명의를 사용하거나 그 자격증을 대여받은 자

ⓔ 반려동물행동지도사의 명칭 및 명의, 자격증 대여 행위의 알선 금지 조항을 위반한 자

ⓜ 등록 또는 변경등록을 하지 아니하고 영업을 한 자

ⓑ 거짓이나 그 밖의 부정한 방법으로 등록 또는 변경등록을 한 자

ⓢ 다른 사람의 영업명의를 도용하거나 대여받은 자 또는 다른 사람에게 자기의 영업명의나 상호를 사용하게 한 영업자

ⓞ 자신의 영업장에 있는 동물장묘시설을 다른 자에게 대여한 영업자

ⓙ 영업정지 기간에 영업을 한 자

ⓒ 설치 목적과 다른 목적으로 고정형 영상정보처리기기를 임의로 조작하거나 다른 곳을 비춘 자 또는 녹음기능을 사용한 자

ⓚ 영상기록을 목적 외의 용도로 다른 사람에게 제공한 자

④ 500만 원 이하의 벌금

ⓖ 업무상 알게 된 비밀을 누설한 기질평가위원회의 위원 또는 위원이었던 자

ⓝ 신고를 하지 아니하고 보호시설을 운영한 자

ⓓ 폐쇄명령에 따르지 아니한 자

ⓔ 비밀을 누설하거나 도용한 윤리위원회의 위원 또는 위원이었던 자(제52조 제3항에서 준용하는 경우를 포함)

ⓜ 월령이 12개월 미만인 개·고양이를 교배 또는 출산시킨 영업자

㉥ 동물의 발정을 유도한 영업자
㉦ 살아 있는 동물을 처리한 영업자
㉧ 요청 목적 외로 정보를 사용하거나 다른 사람에게 정보를 제공 또는 누설한 자

⑤ 300만 원 이하의 벌금
㉠ 동물을 유기한 소유자 등(맹견을 유기한 경우는 제외)
㉡ 사진 또는 영상물을 판매·전시·전달·상영하거나 인터넷에 게재한 자
㉢ 도박을 목적으로 동물을 이용한 자 또는 동물을 이용하는 도박을 행할 목적으로 광고·선전한 자
㉣ 도박·시합·복권·오락·유흥·광고 등의 상이나 경품으로 동물을 제공한 자
㉤ 영리를 목적으로 동물을 대여한 자
㉥ 기질평가위원회의 심의를 거쳐 인도적인 방법에 의한 처리 명령에 따르지 아니한 맹견의 소유자
㉦ 맹견사육허가를 철회하는 경우 기질평가위원회의 심의를 거쳐 인도적인 방법에 의한 처리 명령에 따르지 아니한 맹견의 소유자
㉧ 기질평가 명령에 따르지 아니한 맹견 아닌 개의 소유자
㉨ 수의사에 의하지 아니하고 동물의 인도적인 처리를 한 자
㉩ 동물 실험의 금지 등 조항을 위반하여 동물 실험을 한 자
㉪ 월령이 2개월 미만인 개·고양이를 판매(알선 또는 중개를 포함)한 영업자
㉫ 게시문 등 또는 봉인을 제거하거나 손상시킨 자

⑥ 상습적으로 ①부터 ⑤까지의 죄를 지은 자는 그 죄에 정한 형의 2분의 1까지 가중한다.

(2) 양벌규정(법 제99조)

법인의 대표자나 법인 또는 개인의 대리인, 사용인, 그 밖의 종업원이 그 법인 또는 개인의 업무에 관하여 벌칙에 따른 위반행위를 하면 그 행위자를 벌하는 외에 그 법인 또는 개인에게도 해당 조문의 벌금형을 과한다. 다만, 법인 또는 개인이 그 위반행위를 방지하기 위하여 해당 업무에 관하여 상당한 주의와 감독을 게을리하지 아니한 경우에는 그러하지 아니하다.

(3) 과태료(법 101조)

① 500만 원 이하의 과태료
㉠ 윤리위원회를 설치·운영하지 아니한 동물실험시행기관의 장
㉡ 윤리위원회의 심의를 거치지 아니하고 동물 실험을 한 동물실험시행기관의 장
㉢ 윤리위원회의 변경심의를 거치지 아니하고 동물 실험을 한 동물실험시행기관의 장(제52조 제3항에서 준용하는 경우를 포함)
㉣ 심의 후 감독을 요청하지 아니한 경우 해당 동물실험시행기관의 장(제52조 제3항에서 준용하는 경우를 포함)
㉤ 정당한 사유 없이 실험 중지 요구를 따르지 아니하고 동물 실험을 한 동물실험시행기관의 장(제52조 제3항에서 준용하는 경우를 포함)
㉥ 윤리위원회의 심의 또는 변경심의를 받지 아니하고 동물 실험을 재개한 동물실험시행기관의 장(제52조 제3항에서 준용하는 경우를 포함)

ⓢ 개선명령을 이행하지 아니한 동물실험시행기관의 장
ⓞ 인증농장에서 생산되지 아니한 축산물에 동물복지축산물 표시를 하는 행위를 한 자
ⓩ 영업별 시설 및 인력 기준을 준수하지 아니한 영업자

② 300만 원 이하의 과태료
㉠ 맹견수입신고를 하지 아니한 자
㉡ 맹견의 관리 조항을 위반한 맹견의 소유자 등
㉢ 맹견의 안전한 사육 및 관리에 관한 교육을 받지 아니한 자
㉣ 맹견의 출입금지 조항을 위반하여 맹견을 출입하게 한 소유자 등
㉤ 보험에 가입하지 아니한 소유자
㉥ 교육이수명령 또는 개의 훈련 명령에 따르지 아니한 소유자
㉦ 시설 및 운영 기준 등을 준수하지 아니하거나 시설정비 등의 사후 관리를 하지 아니한 자
㉧ 신고를 하지 아니하고 보호시설의 운영을 중단하거나 보호시설을 폐쇄한 자
㉨ 중지명령이나 시정명령을 3회 이상 반복하여 이행하지 아니한 자
㉩ 전임수의사를 두지 아니한 동물실험시행기관의 장
㉪ 농장운송물을 운송할 때 농림축산식품부령으로 정하는 운송차량을 이용하여 운송하거나 농장동물을 도축할 때 농림축산식품부령으로 정하는 도축장에서 도축해야 한다는 규정을 따르지 아니한 축산물에 동물복지축산물 표시를 하는 행위 또는 동물복지축산물 표시 기준 및 방법을 위반하여 동물복지축산물 표시를 하는 행위를 한 자
㉫ 맹견 취급의 사실을 신고하지 아니한 영업자
㉬ 휴업·폐업 또는 재개업의 신고를 하지 아니한 영업자
㉭ 동물처리계획서를 제출하지 아니하거나 처리결과를 보고하지 아니한 영업자
㉮ 노화나 질병이 있는 동물을 유기하거나 폐기할 목적으로 거래한 영업자
㉯ 동물의 번식, 반입·반출 등의 기록, 관리 및 보관을 하지 아니한 영업자
㉰ 영업허가번호 또는 영업등록번호를 명시하지 아니하고 거래금액을 표시한 영업자
㉱ 수입신고를 하지 아니하거나 거짓이나 그 밖의 부정한 방법으로 수입신고를 한 영업자

③ 100만 원 이하의 과태료
㉠ 동물을 싣고 내리는 과정에서 동물 또는 동물이 들어 있는 운송용 우리를 던지거나 떨어뜨려서 동물을 다치게 하는 행위를 하지 아니하거나 운송을 위하여 전기(電氣)몰이 도구를 사용하지 아니해야 한다는 규정을 위반하여 동물을 운송한 자
㉡ 동물의 운송 조항을 위반하여 동물을 운송한 자
㉢ 반려동물의 전달방법 조항을 위반하여 반려동물을 전달한 자
㉣ 등록대상동물을 등록하지 아니한 소유자
㉤ 정당한 사유 없이 출석, 자료제출요구 또는 기질평가와 관련한 조사를 거부한 자
㉥ 교육을 받지 아니한 동물보호센터의 장 및 그 종사자
㉦ 변경신고를 하지 아니하거나 운영재개신고를 하지 아니한 자
㉧ 미성년자에게 동물 해부실습을 하게 한 자
㉨ 교육을 이수하지 아니한 윤리위원회의 위원
㉩ 정당한 사유 없이 조사를 거부·방해하거나 기피한 자
㉪ 인증을 받은 자의 지위를 승계하고 그 사실을 신고하지 아니한 자

ⓔ 경미한 사항의 변경을 신고하지 아니한 영업자
ⓟ 영업자의 지위를 승계하고 그 사실을 신고하지 아니한 자
ⓗ 종사자에게 교육을 실시하지 아니한 영업자
㉮ 영업실적을 보고하지 아니한 영업자
㉯ 등록대상동물의 등록 및 변경신고의무를 고지하지 아니한 영업자
㉰ 신고한 사항과 다른 용도로 동물을 사용한 영업자
㉱ 등록대상동물의 사체를 처리한 후 신고하지 아니한 영업자
㉲ 동물의 보호와 공중위생상의 위해 방지를 위하여 농림축산식품부령으로 정하는 준수사항을 지키지 아니한 영업자
㉳ 등록대상동물의 등록을 신청하지 아니하고 판매한 영업자
㉴ 교육을 받지 아니하고 영업을 한 영업자
㉵ 자료제출 요구에 응하지 아니하거나 거짓 자료를 제출한 동물의 소유자 등
㉶ 출입·검사를 거부·방해 또는 기피한 동물의 소유자 등
㉷ 보고·자료제출을 하지 아니하거나 거짓으로 보고·자료제출을 한 자 또는 출입·조사·검사를 거부·방해·기피한 자
㉸ 시정명령 등의 조치에 따르지 아니한 자
㉹ 동물보호관의 직무 수행을 거부·방해 또는 기피한 자

④ 50만 원 이하의 과태료
㉠ 정해진 기간 내에 신고를 하지 아니한 소유자
㉡ 소유권을 이전받은 날부터 30일 이내에 신고를 하지 아니한 자
㉢ 소유자 등 없이 등록대상동물을 기르는 곳에서 벗어나게 한 소유자 등
㉣ 안전조치를 하지 아니한 소유자 등
㉤ 인식표를 부착하지 아니한 소유자 등
㉥ 배설물을 수거하지 아니한 소유자 등
㉦ 정당한 사유 없이 자료 및 정보의 제공을 하지 아니한 자

⑤ ①부터 ④까지의 과태료는 대통령령으로 정하는 바에 따라 농림축산식품부장관, 시·도지사 또는 시장·군수·구청장이 부과·징수한다.

CHAPTER 03 실전예상문제

01 동물보호법령상 반려동물에 속하는 것은?

① 거 위
② 페 럿
③ 금붕어
④ 앵무새
⑤ 거북이

해설

반려동물의 범위(동물보호법 시행규칙 제3조)
개, 고양이, 토끼, 페럿, 기니피그, 햄스터

02 동물보호법령상 동물과 관련된 영업의 세부범위로 옳은 것은?

① 동물위탁관리업 - 반려동물을 수입하여 판매하는 영업
② 동물생산업 - 반려동물을 자동차를 이용하여 운송하는 영업
③ 동물전시업 - 반려동물을 구입하여 판매, 알선 또는 중개하는 영업
④ 동물미용업 - 반려동물의 털, 피부 또는 발톱 등을 손질하거나 위생적으로 관리하는 영업
⑤ 동물판매업 - 반려동물을 보여주거나 접촉하게 할 목적으로 영업자 소유의 동물을 5마리 이상 전시하는 영업

해설

① 동물수입업(허가영업, 동물보호법 시행규칙 제38조)
② 동물운송업(등록영업, 동법 시행규칙 제43조)
③ 동물판매업(허가영업, 동법 시행규칙 제38조)
⑤ 동물전시업(등록영업, 동법 시행규칙 제43조)

정답 01 ② 02 ④

03 동물보호법상 특별자치시장 · 특별자치도지사 · 시장 · 군수 · 구청장이 영업의 허가 또는 등록을 반드시 취소해야 하는 경우는?

① 동물에 대한 학대행위 등을 한 경우

② 영업자 준수사항을 지키지 아니한 경우

③ 거짓으로 등록 · 허가를 받은 것이 판명된 경우

④ 영업의 등록 또는 허가의 변경신고를 하지 아니한 경우

⑤ 등록 받은 날부터 1년이 지나도 영업을 시작하지 아니한 경우

해설

특별자치시장 · 특별자치도지사 · 시장 · 군수 · 구청장은 영업자가 거짓이나 그 밖의 부정한 방법으로 허가를 받거나 등록을 한 것이 판명된 경우, 설치가 금지된 곳에 동물장묘시설을 설치한 경우, 허가 또는 등록 결격사유의 어느 하나에 해당하게 된 경우에는 허가 또는 등록을 취소해야 한다(동물보호법 제83조 제1항).

04 동물복지위원회에 대한 설명으로 옳지 않은 것은?

① 위원의 임기는 2년으로 한다.

② 동물복지위원회는 공동위원장 2명을 포함하여 20명 이내의 위원으로 구성한다.

③ 복지위원회의 회의는 재적위원 3분의 1 출석으로 개의(開議)하고, 출석위원 과반수의 찬성으로 의결한다.

④ 복지위원회의 회의는 공동위원장이 필요하다고 인정하거나 재적위원 3분의 1 이상이 요구하는 경우 공동위원장이 소집한다.

⑤ 농림축산식품부장관은 위원이 직무와 관련된 비위사실이 있는 경우에는 해당 위원을 해촉(解囑)할수 있다.

해설

복지위원회의 회의는 재적위원 과반수의 출석으로 개의(開議)하고, 출석위원 과반수의 찬성으로 의결한다(동물보호법 시행령 제8조 제2항).

정답 03 ③ 04 ③

05 동물보호법령에서 명시된 맹견이 아닌 것은?

① 도사견과 그 잡종의 개
② 로트와일러와 그 잡종의 개
③ 도베르만 핀셔와 그 잡종의 개
④ 스태퍼드셔 불 테리어와 그 잡종의 개
⑤ 아메리칸 핏불테리어와 그 잡종의 개

해설

맹견의 범위(동물보호법 시행규칙 제2조)
- 도사견과 그 잡종의 개
- 핏불테리어(아메리칸 핏불테리어를 포함)와 그 잡종의 개
- 아메리칸 스태퍼드셔 테리어와 그 잡종의 개
- 스태퍼드셔 불 테리어와 그 잡종의 개
- 로트와일러와 그 잡종의 개

06 다음 보기에 해당되는 자에게 적용되는 벌칙은?

- 업무상 알게 된 비밀을 누설한 기질평가위원회의 위원 또는 위원이었던 자
- 월령이 12개월 미만인 개·고양이를 교배 또는 출산시킨 영업자
- 신고를 하지 아니하고 보호시설을 운영한 자

① 100만 원 이하의 벌금
② 300만 원 이하의 벌금
③ 500만 원 이하의 벌금
④ 2년 이하의 징역 또는 2천만 원 이하의 벌금
⑤ 3년 이하의 징역 또는 3천만 원 이하의 벌금

해설

다음의 어느 하나에 해당하는 자는 500만 원 이하의 벌금에 처한다(동물보호법 제97조 제4항).
- 업무상 알게 된 비밀을 누설한 기질평가위원회의 위원 또는 위원이었던 자
- 신고를 하지 아니하고 보호시설을 운영한 자
- 폐쇄명령에 따르지 아니한 자
- 비밀을 누설하거나 도용한 윤리위원회의 위원 또는 위원이었던 자
- 월령이 12개월 미만인 개·고양이를 교배 또는 출산시킨 영업자
- 동물의 발정을 유도한 영업자
- 살아 있는 동물을 처리한 영업자
- 요청 목적 외로 정보를 사용하거나 다른 사람에게 정보를 제공 또는 누설한 자

05 ③ 06 ③ 정답

07 동물의 구조 및 보호와 관련하여 옳지 않은 설명은?

① 도심지 · 주택가에서 자연번식하여 자생적으로 살아가는 고양이로서 중성화 후 포획장소에 방사된 경우에는 보호에 필요한 조치를 해야 한다.
② 유실 · 유기동물은 구조하여 치료에 필요한 조치를 해야 한다.
③ 피학대동물 중 소유자를 알 수 없는 동물은 학대행위자로부터 격리해야 한다.
④ 유실 · 유기동물을 보호조치 중인 경우에는 동물 등록 여부를 확인하고, 등록 동물일 경우 동물의 소유자에게 보호조치 중인 사실을 통보해야 한다.
⑤ 소유자 등으로부터 학대를 받아 적정하게 치료 · 보호받을 수 없다고 판단되는 동물은 5일 이상 소유자 등으로부터 격리조치를 해야 한다.

해설

도심지나 주택가에서 자연적으로 번식하여 자생적으로 살아가는 고양이로서 개체수 조절을 위해 중성화하여 포획장소에 방사하는 등의 조치 대상이거나 조치가 된 고양이는 구조 · 보호조치의 대상에서 제외한다(동물보호법 제34조 제1항).

08 동물보호법령상 등록대상동물에 대한 등록사항 변경신고 사유는?

① 관리자가 변경된 경우
② 법인의 주소지가 변경된 경우
③ 등록대상동물을 분실한 경우
④ 등록대상동물의 관리인이 변경된 경우
⑤ 무선식별장치를 잃어버린 경우

해설

등록사항 변경신고의 사유(동물보호법 시행령 제11조)

- 소유자가 변경된 경우
- 소유자의 성명(법인인 경우에는 법인명)이 변경된 경우
- 소유자의 주민등록번호(외국인의 경우에는 외국인등록번호, 법인인 경우에는 법인등록번호)가 변경된 경우
- 소유자의 주소(법인인 경우에는 주된 사무소의 소재지)가 변경된 경우
- 소유자의 전화번호(법인인 경우에는 주된 사무소의 전화번호)가 변경된 경우
- 등록된 등록대상동물의 분실신고를 한 후 그 동물을 다시 찾은 경우
- 등록동물을 더 이상 국내에서 기르지 않게 된 경우
- 등록동물이 죽은 경우
- 무선식별장치를 잃어버리거나 헐어 못 쓰게 된 경우

정답 07 ① 08 ⑤

09 동물보호법상 동물 실험의 원칙으로 옳은 것은?

① 동물 실험은 인간생명의 존엄성을 가장 먼저 고려해야 한다.
② 고통이 수반되는 동물 실험은 감각능력이 뛰어난 동물을 사용하되 진통・진정・마취제의 사용 등 적절한 조치를 해야 한다.
③ 규정한 사항 외의 동물 실험의 원칙과 이에 따른 기준 및 방법에 관한 사항은 농림축산식품부장관이 정하여 고시한다.
④ 실험동물은 과학적 지식과 경험을 보유한 자가 시행해야 하며 필요한 최대한의 동물을 사용해야 한다.
⑤ 동물 실험이 끝난 후 지체 없이 해당 동물을 검사하여 정상적으로 회복이 되지 않은 동물도 분양과 기증이 가능하다.

해설

① 동물 실험은 인류의 복지 증진과 동물 생명의 존엄성을 고려하여 실시해야 한다(동물보호법 제47조 제1항).
② 실험동물의 고통이 수반되는 실험은 감각능력이 낮은 동물을 사용하고 진통・진정・마취제의 사용 등 수의학적 방법에 따라 고통을 덜어주기 위한 적절한 조치를 해야 한다(동법 제47조 제4항).
④ 동물 실험은 실험에 사용하는 동물(이하 "실험동물")의 윤리적 취급과 과학적 사용에 관한 지식과 경험을 보유한 자가 시행해야 하며 필요한 최소한의 동물을 사용해야 한다(동법 제47조 제3항).
⑤ 동물 실험을 한 자는 그 실험이 끝난 후 지체 없이 해당 동물을 검사해야 하며, 검사 결과 정상적으로 회복한 동물은 기증하거나 분양할 수 있다(동법 제47조 제5항).

10 동물보호법의 근본적인 목적은?

① 동물에 대한 학대금지 행위의 방지
② 동물로부터 인간의 적정한 보호를 위해 필요한 사항 규정
③ 인류의 안전을 최우선으로 한 사육문화 증진
④ 소유자 및 관리자의 생명보호, 안전보장
⑤ 동물의 생명을 존중하여 사람과 동물의 조화로운 공존에 이바지함

해설

동물보호법은 생명보호, 안전 보장 및 복지 증진을 꾀하고 건전하고 책임 있는 사육문화를 조성함으로써, 생명 존중의 국민 정서를 기르고 사람과 동물의 조화로운 공존에 이바지함을 목적으로 한다(동물보호법 제1조).

09 ③ 10 ⑤ **정답**

11 동물학대를 발견했을 때 지체 없이 신고를 해야 하는 의무자가 아닌 것은?

① 동물병원 종사자
② 지정된 동물보호센터 단체의 장
③ 동물실험윤리위원회의 위원
④ 동물복지축산농장의 인증 신청자
⑤ 동물보호운동을 하는 민간단체의 회원

해설

학대를 받는 동물 및 유실·유기동물의 발견 시 지체 없이 신고해야 하는 자(동물보호법 제39조 제2항)
- 동물보호운동이나 그 밖에 이와 관련된 활동을 하는 민간단체의 임원 및 회원
- 동물보호센터의 장 및 그 종사자
- 보호시설운영자 및 보호시설의 종사자
- 동물실험윤리위원회를 설치한 동물실험시행기관의 장 및 그 종사자
- 동물실험윤리위원회의 위원
- 동물복지축산농장 인증을 받은 자
- 동물생산업, 동물수입업, 동물판매업, 동물장묘업의 허가를 받은 자 또는 동물전시업, 동물위탁관리업, 동물미용업, 동물운송업의 등록을 한 자 및 그 종사자
- 동물보호관
- 수의사, 동물병원의 장 및 그 종사자

12 동물보호법상 시·도 및 시·군·구가 동물의 소유권을 취득할 수 있는 경우는?

① 동물의 소유자가 그 동물의 소유권을 포기한 경우
② 유기동물을 발견한 날로부터 10일이 지나도 동물의 소유자 등을 알 수 없는 경우
③ 동물 소유자가 보호비용 납부기간 종료일부터 7일이 지나도 보호비용을 납부하지 않는 경우
④ 동물의 소유자를 확인한 날부터 10일이 지나도 동물소유자가 소유권을 계속 주장할 경우
⑤ 동물의 소유자가 정당한 사유로 동물을 반환 받을 의사를 표시한 경우

해설

시·도와 시·군·구가 동물 소유권을 취득할 수 있는 경우(동물보호법 제43조)
- 「유실물법」 및 「민법」에도 불구하고 공고한 날부터 10일이 지나도 동물의 소유자 등을 알 수 없는 경우
- 동물의 소유자가 그 동물의 소유권을 포기한 경우
- 동물의 소유자가 보호비용의 납부기한이 종료된 날부터 10일이 지나도 보호비용을 납부하지 아니하거나 사육계획서를 제출하지 아니한 경우
- 동물의 소유자를 확인한 날부터 10일이 지나도 정당한 사유 없이 동물의 소유자와 연락이 되지 아니하거나 소유자가 반환받을 의사를 표시하지 아니한 경우

정답 11 ④ 12 ①

13 동물보호법령상 5년마다 수립·시행해야 하는 동물복지종합계획의 포함사항으로 옳은 것을 모두 고른 것은?

> ㄱ. 동물복지에 관한 기본방향
> ㄴ. 반려동물 관련 영업에 관한 사항
> ㄷ. 종합계획 추진 재원의 조달방안
> ㄹ. 동물을 보호하는 시설에 대한 지원 및 관리에 관한 사항
> ㅁ. 동물의 보호·복지 관련 대국민 교육 및 홍보에 관한 사항

① ㄱ, ㄴ, ㄷ
② ㄴ, ㄹ, ㅁ
③ ㄱ, ㄴ, ㄷ, ㄹ
④ ㄱ, ㄴ, ㄹ, ㅁ
⑤ ㄱ, ㄴ, ㄷ, ㄹ, ㅁ

해설

이 외에도 동물의 보호·복지 및 관리에 관한 사항, 동물의 질병 예방 및 치료 등 보건 증진에 관한 사항, 그 밖에 동물의 보호·복지를 위하여 필요한 사항 등이 있다(동물보호법 제6조).

14 동물보호법상 윤리위원회의 구성에 대한 설명으로 옳지 않은 것은?

① 윤리위원회는 위원장 1명을 포함하여 3명 이상의 위원으로 구성한다.
② 위원은 수의사로서 농림축산식품부령으로 정하는 자격기준에 맞는 사람을 동물실험시행기관의 장이 위촉한다.
③ 윤리위원회를 구성하는 위원의 3분의 1 이상은 해당 동물실험시행기관과 이해관계가 없는 사람이어야 한다.
④ 위원의 임기는 2년으로 한다.
⑤ 윤리위원회의 구성 및 이해관계의 범위 등에 관한 사항은 대통령령으로 정한다.

해설

그 밖에 윤리위원회의 구성 및 이해관계의 범위 등에 관한 사항은 농림축산식품부령으로 정한다(동물보호법 제53조 제7항).

13 ⑤ 14 ⑤ 정답

15 빈칸에 들어갈 동물보호법상의 정의로 가장 적절한 것은?

> (　　)이란 동물의 보호, 유실 · 유기방지, 질병의 관리, 공중위생상의 위해 방지 등을 위하여 등록이 필요하다고 인정하여 대통령령으로 정하는 동물

① 등록대상동물

② 피학대동물

③ 봉사동물

④ 유기동물

⑤ 반려동물

해설

② 피학대동물 : 학대를 받은 동물을 말한다(동물보호법 제2조 제4호).

③ 봉사동물 : 장애인 보조견 등 사람이나 국가를 위하여 봉사하고 있거나 봉사한 동물로서 대통령령으로 정하는 동물을 말한다(동법 제2조 제6호).

④ 유기동물 : 도로 · 공원 등의 공공장소에서 소유자 등이 없이 배회하거나 내버려진 동물을 말한다(동법 제2조 제3호).

⑤ 반려동물 : 반려의 목적으로 기르는 개, 고양이, 토끼, 페럿, 기니피그 및 햄스터를 말한다(동법 규칙 제3조).

16 동물보호법상 명예동물보호관을 위촉할 수 있는 사람은?

① 대통령

② 보건복지부장관

③ 시장 · 군수 · 구청장

④ 검역본부장

⑤ 동물보호센터장

해설

농림축산식품부장관, 시 · 도지사 및 시장 · 군수 · 구청장은 동물의 학대 방지 등 동물보호를 위한 지도 · 계몽 등을 위하여 명예동물보호관을 위촉할 수 있다(동물보호법 제90조 제1항).

정답 15 ① 16 ③

17 동물보호법령상 유실 · 유기동물의 보호비용 부담에 대한 내용으로 옳지 않은 것은?

① 시 · 도지사는 동물의 보호비용을 소유자 또는 분양을 받는 자에게 청구할 수 있다.

② 소유자로부터 학대받아 격리된 동물의 보호비용은 납부기한까지 그 동물의 소유자가 내야 한다.

③ 시장 · 군수 · 구청장은 동물의 소유자가 그 동물의 소유권을 포기할 경우에는 보호비용의 일부만을 면제받을 수 있다.

④ 시 · 도지사와 시장 · 군수 · 구청장은 보호비용을 징수하려면 비용징수통지서를 동물의 소유자에게 통지해야 한다.

⑤ 비용징수통지서를 받은 동물의 소유자는 그 통지를 받은 날부터 7일 이내에 보호비용을 납부해야 한다.

해설

시 · 도지사와 시장 · 군수 · 구청장은 동물의 소유자가 그 동물의 소유권을 포기한 경우에는 보호비용의 전부 또는 일부를 면제할 수 있다(동물보호법 제42조 제2항).

18 동물보호법령상 위반행위자별 과태료의 연결이 옳지 않은 것은?

① 윤리위원회의 심의를 거치지 아니하고 동물 실험을 한 동물실험시행기관의 장 – 500만 원 이하의 과태료

② 영업별 시설 및 인력 기준을 준수하지 아니한 영업자 – 500만 원 이하의 과태료

③ 전임수의사를 두지 아니한 동물실험시행기관의 장 – 300만 원 이하의 과태료

④ 맹견 취급의 사실을 신고하지 아니한 영업자 – 100만 원 이하의 과태료

⑤ 소유자 등 없이 등록대상동물을 기르는 곳에서 벗어나게 한 소유자 등 – 50만 원 이하의 과태료

해설

맹견 취급의 사실을 신고하지 아니한 영업자는 300만 원 이하의 과태료를 부과한다(동물보호법 제101조 제2항).

17 ③ 18 ④ **정답**

19 동물의 사체 처리와 관련된 법률은?

① 수의사법
② 유실물법
③ 폐기물관리법
④ 축산물 위생관리법
⑤ 장사 등에 관한 법률

해설

동물보호센터의 장은 동물의 사체가 발생한 경우 「폐기물관리법」에 따라 처리하거나 동물장묘업의 허가를 받은 자가 설치·운영하는 동물장묘시설 및 공설동물장묘시설에서 처리해야 한다(동물보호법 제46조 제3항).

제4과목 동물 보건·윤리 및 복지 관련 법규

20 동물보호법령상 동물보호관의 직무 내용으로 옳은 것은?

① 동물의 적정한 사육·관리에 대한 조사·연구
② 등록대상동물의 등록 및 등록대상동물의 관리에 대한 감독
③ 동물의 적정한 운송과 반려동물 사육관리에 대한 교육
④ 식용동물의 장묘시설의 설치·운영에 관한 감독
⑤ 동물학대행위 금지의 예방, 중단 또는 재발을 위해 필요한 지도·감독

해설

① 동물의 적정한 사육·관리에 대한 교육 및 지도(동물보호법 영 제27조 제3항 제1호)
③ 동물의 적정한 운송과 반려동물 전달방법에 대한 지도·감독(동법 영 제27조 제3항 제3호)
④ 반려동물을 위한 공설동물장묘시설의 설치·운영에 관한 감독(동법 영 제27조 제3항 제10호)
⑤ 동물학대행위의 예방, 중단 또는 재발방지를 위하여 필요한 조치(동법 영 제27조 제3항 제2호)

정답 19 ③ 20 ②

꿈을 꾸기에 인생은 빛난다.

- 모차르트 -

합격의 공식 시대에듀
www.sdedu.co.kr

2023년 제2회 기출유사 복원문제

제1과목	기초 동물보건학
제2과목	예방 동물보건학
제3과목	임상 동물보건학
제4과목	동물 보건 · 윤리 및 복지 관련 법규

배우기만 하고 생각하지 않으면 얻는 것이 없고,
생각만 하고 배우지 않으면 위태롭다.

– 공자 –

TEST

부 록 2023년 제2회 기출유사 복원문제

※ 본 기출유사 복원문제는 2023.02.26.(일) 시행된 제2회 동물보건사 시험의 출제 키워드를 복원하여 제작한 문제입니다. 응시자의 기억에 의해 복원되었으므로 실 시험과 동일하지 않을 수 있습니다. 제4과목 동물 보건·윤리 및 복지 관련 법규는 개정된 법령에 따라 문제를 교체하였습니다.

제1과목 기초 동물보건학

다음 중 내분비 호르몬과 분비 기관이 바르게 연결된 것은?

① T4, T3 - 갑상샘
② 인슐린 - 부신피질
③ 당질코르티코이드 - 췌장
④ ADH - 뇌하수체 전엽
⑤ 칼시토닌 - 부갑상샘

개의 생식 기관에 대한 설명으로 옳지 않은 것은?

① 정낭샘이 없다.
② 망울요도샘이 없다.
③ 전립샘이 잘 발달되어 있다.
④ 다른 동물과 다르게 음경 뼈가 없다.
⑤ 수컷의 생식도는 부고환, 정관 및 요도가 포함된다.

다음 그림의 (가), (나)에 해당하는 기체 교환은?

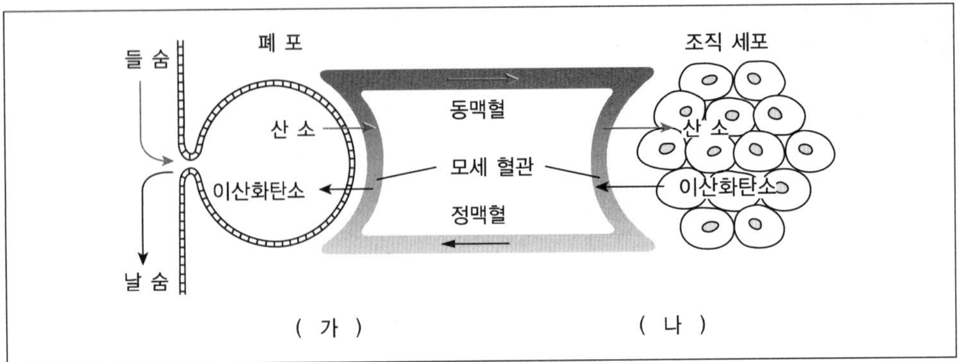

	가	나
①	외호흡	내호흡
②	내호흡	외호흡
③	체순환	폐순환
④	폐순환	체순환
⑤	외호흡	체순환

다음 중 췌장에서 분비되는 호르몬을 모두 고른 것은?

ㄱ. 글루카곤
ㄴ. 소마토스타틴
ㄷ. 무기질코르티코이드
ㄹ. 인슐린

① ㄱ, ㄴ
② ㄱ, ㄹ
③ ㄱ, ㄴ, ㄹ
④ ㄱ, ㄷ, ㄹ
⑤ ㄱ, ㄴ, ㄷ, ㄹ

05 **자간증이라고도 불리며, 출산 후 한 달 이내에 모견에서 마비 또는 경련 증상을 보이는 질병은?**

① 질 탈
② 산욕열
③ 유선염
④ 자궁축농증
⑤ 유선 종양

06 **다음에서 설명하는 가축전염병은?**

> • 소의 뇌조직 신경세포 내에 독성단백질 프리온이 장기간 축적 증식되어 스펀지 모양의 병변이 나타난다.
> • 이 병에 걸린 소는 뇌에 구멍이 생겨 급작스럽게 포악해지고 정신이상과 거동불안 등의 행동을 보인다.

① 우 역
② 탄 저
③ 소유행열
④ 브루셀라병
⑤ 소해면상뇌병증(BSE)

07 **다음 개의 질병 중 바이러스로 인한 질병은?**

① 광견병
② 살모넬라증
③ 렙토스피라증
④ 포도상구균증
⑤ 캠피로박테리아증

제2회 기출유사 **08** 광견병에 대한 설명으로 옳지 않은 것은?

① 인수공통감염병에 해당한다.
② 백신 1회 주사로 예방이 가능하다.
③ 광견병 바이러스를 가진 동물에게서 전염된다.
④ 흥분, 경련 등 비정상적인 신경 증상이 나타난다.
⑤ 개뿐만 아니라 고양이, 여우, 너구리 등도 감염될 수 있다.

고양이가 섭취하면 안 되는 음식에 해당하는 것은?

① 멜 론
② 수 박
③ 고구마
④ 아보카도
⑤ 닭가슴살

고양이에 대한 설명으로 옳지 않은 것은?

① 고양이는 1년에 1회 발정이 온다.
② 고양이의 평균 수명은 약 20년이다.
③ 고양이는 흥분이나 공포를 느낄 때 꼬리를 부풀린다.
④ 고양이는 앞발에 5개, 뒷발에 4개의 발가락이 있다.
⑤ 고양이는 사람이 들을 수 없는 소리까지도 들을 수 있다.

햄스터의 특징으로 옳은 것은?

① 낮에 주로 활동한다.
② 볼에 먹이를 저장한다.
③ 족제빗과의 포유류이다.
④ 후각보다 시각이 발달되어 있다.
⑤ 항문에 취선이 있어 악취가 나는 액체를 뿜는다.

토끼에 대한 설명으로 옳은 것을 모두 고른 것은?

ㄱ. 앞다리가 길고, 뒷다리가 짧다.
ㄴ. 이빨은 생후 20일~3주 동안 자란다.
ㄷ. 위쪽의 앞니는 두 겹으로 되어 있다.
ㄹ. 눈이 머리 측면에 있어 주변을 잘 살필 수 있다.
ㅁ. 몸 전체를 덮고 있는 털은 기름기가 있어 방수의 역할도 한다.

① ㄱ, ㄴ
② ㄴ, ㄷ
③ ㄹ, ㅁ
④ ㄴ, ㄹ, ㅁ
⑤ ㄷ, ㄹ, ㅁ

개의 사회화 시기에 대한 설명으로 옳지 않은 것은?

① 개의 성격이 형성되는 시기이다.
② 생후 6개월에서 12개월 사이의 시기이다.
③ 감각기능 및 운동기능이 발달한다.
④ 동물과 사람, 사물과 환경 등에 애착 형성이 가능하다.
⑤ 놀이 행동이 시작되고 성견의 행동을 모방하기 시작한다.

같은 양을 기준으로, 가장 칼로리가 높은 영양소로 옳은 것은?

① 지 방
② 탄수화물
③ 비타민
④ 무기질
⑤ 단백질

15 개와 고양이의 척추식으로 옳은 것은?

① C_7 T_{12} L_7 S_4 $Cd_{15\sim18}$

② C_7 T_{13} L_6 S_5 $Cd_{18\sim20}$

③ C_7 T_{13} L_7 S_3 $Cd_{20\sim23}$

④ C_7 T_{18} L_6 S_5 $Cd_{15\sim19}$

⑤ C_7 $T_{14\sim15}$ $L_{6\sim7}$ S_4 $Cd_{20\sim23}$

16 개의 영구치아 치식으로 옳은 것은?

	I(앞니)	C(송곳니)	P(작은어금니)	M(큰어금니)
①	3/3	1/1	3/4	3/3
②	3/3	1/1	4/4	2/3
③	3/3	1/1	4/4	3/3
④	4/4	1/1	4/4	2/3
⑤	3/3	1/1	4/4	2/4

17 개의 활력 징후에 대한 설명으로 옳은 것은?

① 체온(℃)은 약 36.5~37.0℃ 사이이다.

② 소형견이 대형견보다 맥박이 빠르다.

③ 정상 혈압은 수축기 120~170mmHg, 이완기 70~120mmHg이다.

④ 호흡수는 평균 5~10회/분이다.

⑤ 소형견은 대형견보다 흥분도가 낮다.

18 개의 질병 중 DHPPL 백신으로 예방할 수 있는 질병은?

① 심장사상충증

② 코로나 장염

③ 켄넬코프

④ 디스템퍼

⑤ 광견병

고양이 4종 백신으로 예방 가능한 질병이 아닌 것은?

① 바이러스성 비기관염증(허피스)
② 칼리시 바이러스 감염증
③ 범백혈구 감소증
④ 클라미디아 감염증
⑤ 백혈병 바이러스 감염증

쿠싱증후군에 대한 설명으로 옳지 않은 것은?

① 갑상샘 기능저하증이라고도 한다.
② 7세 이상의 고령견에서 많이 나타난다.
③ 갈증으로 물을 많이 마신다.
④ 식욕이 늘어나며, 탈모가 생긴다.
⑤ 부신의 종양 및 스테로이드 호르몬의 다량 투여 등이 원인이다.

지용성 비타민이 아닌 것은?

① 비타민 A
② 비타민 B
③ 비타민 D
④ 비타민 E
⑤ 비타민 K

낙하 또는 사고 등의 외상에 의해 대퇴골의 머리가 골반뼈의 절구에서 벗어나 생기는 질환에 해당하는 것은?

① 골 절
② 슬개골 탈구
③ 고관절 탈구
④ 십자인대단열
⑤ 환축추불안정

23 어미 고양이의 젖에 풍부하게 함유되어 있으며, 개와 달리 고양이에게 필수적으로 요구되는 아미노산은?

① 페닐알라닌
② 발 린
③ 타우린
④ 트립토판
⑤ 류 신

24 기생충성 감염이나 알러지성 질환 발병 시 그 수가 증가하며, 붉은색의 산성 과립을 갖는 백혈구에 해당하는 것은?

① 호중구
② 호산구
③ 호염구
④ 림프구
⑤ 단핵구

25 후천적 면역에 대한 설명으로 옳지 않은 것은?

① 비특이적 방어 작용에 해당한다.
② 독성T세포가 감염된 세포를 직접 제거하는 것은 세포성 면역이다.
③ 활성화된 B세포는 형질세포로 분화하여 항체를 생성한다.
④ 항체에 의해 항원을 제거하는 과정은 체액성 면역이다.
⑤ 2차 면역 시 항체는 빠르게 생성되며 양이 더 많다.

26 해부학적 용어 중 긴 축에 대하여 직각으로 머리, 몸통 또는 사지를 가로지르거나 한 기관의 긴 축을 가로지르는 단면에 해당하는 것은?

① 정중단면(Median Plane)
② 시상단면(Sagittal Plane)
③ 가로단면(Transverse Plane)
④ 등단면(Dorsal Plane)
⑤ 축(Axis)

주로 간에서 생성되며, 삼투압을 유지하여 혈액 속의 수분이 혈관 밖으로 빠져나가는 것을 막는 역할을 하는 단백질은?

① 알부민
② ALT
④ AST
③ 빌리루빈
⑤ 크레아티닌

심장의 자극전도계에서 일어나는 흥분 전도 순서로 옳은 것은?

① 히스속 → 동방결절 → 방실결절 → 푸르키네 섬유
② 히스속 → 방실결절 → 동방결절 → 푸르키네 섬유
③ 동방결절 → 방실결절 → 푸르키네 섬유 → 히스속
④ 동방결절 → 방실결절 → 히스속 → 푸르키네 섬유
⑤ 동방결절 → 히스속 → 방실결절 → 푸르키네 섬유

자궁축농증에 대한 설명으로 옳은 것은?

① 출산 경험이 많은 암컷에서 주로 발병한다.
② 개방형이 폐쇄형에 비해 증상이 더욱 심하다.
③ 발정기 이전에 주로 나타난다.
④ 질 분비물에서 고름이나 혈농이 보인다.
⑤ 음수량과 배뇨량이 적어지며, 식욕이 왕성해진다.

성장기에 있는 개와 고양이의 영양소 요구량에 대한 설명으로 옳은 것은?

① 어릴수록 단백질의 필요량이 낮다.
② 개는 필수 아미노산이 11개, 고양이는 10개이다.
③ 성장 중인 강아지에게 중요한 무기질은 마그네슘과 인이다.
④ 성장 중인 강아지는 리놀렌산이 약 1kg당 250mg 정도 요구된다.
⑤ 성장 중인 고양이는 특히 탄수화물의 필요량이 높다.

코로나바이러스감염증-19와 관련하여 WHO가 선언한 팬데믹(전염병 대유행)이 해당하는 전염병 경보 단계는?

① 2단계
② 3단계
③ 4단계
④ 5단계
⑤ 6단계

역학의 기능으로 옳지 않은 것은?

① 질병 발생의 원인 규명
② 지역사회의 질병발생 양상 파악
③ 질병의 빠른 치료
④ 보건사업의 기획과 평가자료 제공
⑤ 질병을 진단 및 치료하는 임상연구에서의 활용

개, 고양이 등에서 나타나는 혈액 내 기생충성 질환이며, 주로 모기가 전파하는 것은?

① 심장사상충증
② 바베시아증
③ 조충증
④ 편충증
⑤ 십이지장충증

우심실이 비대해져 순환 부전이 일어나며 중증인 경우 호흡 곤란이나 청색증, 심한 기침, 부종 등이 생기고 심부전으로 사망할 수도 있는 질병은?

① 심근증
② 승모판 폐쇄 부전증
③ 동맥관 개존증
④ 폐동맥 협착증
⑤ 심방 중격 결손증

공기를 구성하는 기체의 비율을 옳게 나타낸 것은?

① 질소 〉 산소 〉 아르곤 〉 이산화탄소
② 질소 〉 산소 〉 이산화탄소 〉 아르곤
③ 산소 〉 이산화탄소 〉 질소 〉 아르곤
④ 산소 〉 질소 〉 이산화탄소 〉 아르곤
⑤ 이산화탄소 〉 산소 〉 질소 〉 아르곤

인수공통감염병으로 지정되어 있는 질병이 아닌 것은?

① 결 핵
② 탄 저
③ 파상풍
④ 브루셀라증
⑤ 동물인플루엔자 인체감염증

비만견에게 특히 발생 확률이 높은 질병으로 옳지 않은 것은?

① 기관 허탈
② 당뇨병
③ 십자인대단열
④ 관절염
⑤ 갑상샘 기능항진증

백신 예방접종 후 획득되는 면역에 해당하는 것은?

① 선천적 면역
② 자연 능동면역
③ 인공 능동면역
④ 자연 수동면역
⑤ 인공 수동면역

한국의 천연기념물로 등록된 견종 중, 사자를 닮은 모습의 토종개는?

① 동경이
② 삽살개
③ 진돗개
④ 치와와
⑤ 차우차우

반려동물의 유래에 대한 설명으로 옳지 않은 것은?

① 개는 인간과 가장 오랜 역사를 함께 해온 동물이다.
② 동물에 대한 인식은 짐승 → 가축 → 애완동물 → 반려동물로 변화하였다.
③ 사람과 더불어 살아가는 반려자라는 인식에서 반려동물이라고 불린다.
④ 처음 가정에서 고양이를 키우기 시작한 것은 기원전 900년경 로마인들로 추정된다.
⑤ 반려동물은 개, 고양이, 소형 포유류 등 범위가 다양하다.

슬개골 탈구가 잘 일어나는 개가 뛰어내릴 때마다 좋아하는 간식이나 장난감을 제거하거나 무시함으로써 행동을 교정하는 훈련법은?

① 조건반사법(Pavolv's Learning)
② 긍정 강화(Positive Reinforcement)
③ 부정 강화(Negative Reinforcement)
④ 긍정 처벌(Positive Punishment)
⑤ 부정 처벌(Negative Punishment)

전향적 코호트 연구의 장·단점으로 옳지 않은 것은?

① 비용과 시간이 적게 든다.
② 질병 발생률을 구할 수 있다.
③ 질병 위험도 계산이 가능하다.
④ 요인 노출과 질병 발생의 시간적 선후관계가 명확하다.
⑤ 중도 탈락 시 결과가 왜곡될 수 있다.

43 고양이의 습성에 대한 설명으로 옳지 않은 것은?

① 정해진 곳에 배변하는 습성이 있다.
② 야행성 동물로 낮에는 자고 밤에 가장 활발하다.
③ 대부분 물을 두려워한다.
④ 이빨 갈기를 하는 습성이 있다.
⑤ 뒷발이 길어 도약력이 뛰어나다.

44 다음 설명에 해당하는 개와 고양이의 행동 발달 단계는?

- 학습 능력이 높아져 여러 가지 경험을 시도하는 시기이다.
- 복잡한 운동패턴 사용이 가능하다.
- 종·개체에 따라 시기가 다르다.

① 신생아기
② 이행기
③ 사회화기
④ 약령기
⑤ 성숙기

45 군집독 시 나타나는 현상으로 옳지 않은 것은?

① 이산화탄소(CO_2) 증가
② 산소(O_2) 감소
③ 실내온도 상승
④ 실내습도 하강
⑤ 불쾌감, 두통, 현기증 등 발생

46 티베트가 원산지이며, 기품 있는 분위기의 풍부한 피모를 가졌고 양쪽 눈 사이가 넓은 편인 소형견은?

① 시 추
② 말티즈
③ 치와와
④ 비숑 프리제
⑤ 미니어쳐 푸들

47 장모종에 속하며 성격이 차분하고, 굵고 짧은 다리와 꼬리를 가진 고양이는?

① 터키시 앙고라
② 러시안 블루
③ 노르웨이 숲
④ 페르시안 고양이
⑤ 자바니즈

48 동물병원에 겁먹은 개나 고양이가 방문했을 경우 적절한 대처 방법은?

① 달래준다.
② 주인과 계속 같이 있게 한다.
③ 신경을 분산시킬 수 있는 행동을 한다.
④ 더 무서운 자극을 준다.
⑤ 옳지 못한 행동이므로 처벌한다.

49 고양이의 스프레이 행동에 대한 설명으로 옳지 않은 것은?

① 앉아서 배설한다.
② 배설량이 평소보다 적다.
③ 번식기의 암컷 고양이가 주변에 있는 경우일 수 있다.
④ 본능적인 행동에 해당한다.
⑤ 일반적으로 수직면에 한다.

50 **개가 앞다리굽이관절을 굽히는 데 사용하는 근육으로 옳은 것은?**

① 상완두갈래근
② 상완세갈래근
③ 장딴지근
④ 대퇴네갈래근
⑤ 가시위근

51 **감염성 물질 · 부적절한 사료급여 · 기생충 등에 의해 발병할 수 있으며 원인불명의 설사 및 구토, 탈수, 발열 등의 증상이 나타나는 질병은?**

① 식도 내 이물
② 장 염
③ 폐 렴
④ 방광염
⑤ 만성 신부전

52 **습식 사료의 장 · 단점으로 옳지 않은 것은?**

① 급여와 보관이 편리하다.
② 기호성이 매우 높다.
③ 요로 질환이 있는 경우 권장된다.
④ 탄수화물 함유량이 적어 당뇨 질환이 있는 경우 권장된다.
⑤ 치과 질환 발생 가능성이 있다.

53 **곰팡이에 감염되어 발병하며, 가려움은 거의 없으나 원형 탈모가 생기는 것이 특징인 피부 질환은?**

① 모낭충증
② 개선충증
③ 피부사상균증
④ 벼룩알레르기성 피부염
⑤ 마라세티아 감염증

54 다음 중 독소형 식중독균에 해당하는 것은?

① 살모넬라균
② 캠필로박터균
③ 장염비브리오균
④ 포도상구균
⑤ 병원성 대장균

55 두개골에서 머리뼈를 구성하고 있는 뼈가 아닌 것은?

① 후두골
② 측두골
③ 사 골
④ 비 골
⑤ 두정골

56 고양이의 그루밍 행동과 관련이 없는 것은?

① 몸의 냄새 제거
② 먼지·기생충 제거
③ 피부 및 피모 건강 유지
④ 부모·자식·동료 간의 연대
⑤ 성적 어필

57 주인이 없을 때 또는 빈집에 있는 동안 불안감을 느껴서 짖거나 부적절하게 배설하는 등의 증상을 나타내는 문제 행동은?

① 놀이 공격 행동
② 과잉 포효
③ 분리불안
④ 상동 장애
⑤ 인지장애증후군

58 고양이나 토끼에서 주로 발생하며, 섭취한 털이나 이물질 등이 배출되지 못하고 위를 막아 발생하는 질병은?

① 모구증
② 당뇨병
③ 방광염
④ 구내염
⑤ 전염성 복막염

59 개의 임신 기간을 옳게 나타낸 것은?

① 평균 50일
② 평균 63일
③ 평균 86일
④ 평균 112일
⑤ 평균 132일

60 다음에서 설명하는 HACCP의 용어는?

식품·축산물 안전에 영향을 줄 수 있는 위해요소와 이를 유발할 수 있는 조건이 존재하는지의 여부를 판별하기 위하여 필요한 정보를 수집하고 평가하는 일련의 과정

① 위해요소분석
② 중요관리점
③ 한계기준
④ 모니터링
⑤ 개선조치

제2과목 예방 동물보건학

다음 주삿바늘 중 가장 굵은 것은?

① 18게이지
② 19게이지
③ 20게이지
④ 21게이지
⑤ 22게이지

X-선의 총량이 같은 경우로 바르게 연결되지 않은 것은?

① 50mA – 20sec
② 100mA – 10sec
③ 200mA – 5sec
④ 300mA – 3sec
⑤ 400mA – 2.5sec

03 사용이 간편하고 저렴한 락스 성분의 소독제로 동물병원 환경소독 시 많이 사용되며 바이러스까지 사멸할 수 있어 파보바이러스 소독에도 사용되는 것은?

① 차아염소산 나트륨
② 크레졸 비누액
③ 미산성 차아염소산
④ 글루타 알데하이드
⑤ 베타딘

04 다음 중 초음파 검사에 대한 설명으로 옳지 않은 것은?

① 동물 내부의 공기·가스에 영향을 받는다.
② 비침습적 검사로 환자에게 고통을 주지 않는다.
③ 시술자의 능력에 구애받지 않고 일정한 결과를 도출할 수 있다.
④ m-mode는 초음파 빔을 발사해 반사되어 돌아오는 반향을 시간축으로 하여 기록하는 것이다.
⑤ 컬러 도플러는 초음파의 도플러 효과를 이용해 심장 내 혈액의 흐름을 검사하는 방법이다.

05 다음 중 X-선을 사용하는 검사로 옳은 것을 모두 고른 것은?

ㄱ. X-ray
ㄴ. C-ARM
ㄷ. 초음파 검사
ㄹ. MRI
ㅁ. CT

① ㄱ, ㄴ, ㄷ
② ㄱ, ㄴ, ㅁ
③ ㄴ, ㄷ, ㄹ
④ ㄴ, ㄷ, ㅁ
⑤ ㄱ, ㅁ

06 다음 중 주로 대퇴사두근에 놓고 주사 중에서도 빠르게 놓으면 통증이 심한 주사는?

① 근육주사
② 정맥주사
③ 피하주사
④ 피내주사
⑤ 복강 내 주사

07 CT와 MRI에 대한 설명으로 옳지 않은 것은?

① MRI는 CT보다 연부 조직을 자세히 보는 데 유리하다.
② CT 촬영 시간이 MRI보다 훨씬 빠르다.
③ MRI는 다양한 방향에서의 영상 촬영이 가능하다.
④ MRI는 CT보다 뼈 구조와 모양을 더 자세히 볼 수 있다.
⑤ CT를 통해 흉부·복부 질환을 파악할 수 있다.

08 X선에 대한 설명으로 옳지 않은 것은?

① 곡선으로 투과된다.
② 비가시적이다.
③ 빛으로 통과할 수 없는 고체 및 물체를 통과한다.
④ 세포의 DNA를 손상시킨다.
⑤ X선은 에너지의 일종으로 입자 또는 파동의 형태이다.

09 다음은 X-선 사진이다. 네모 박스로 표시한 부분의 부위는?

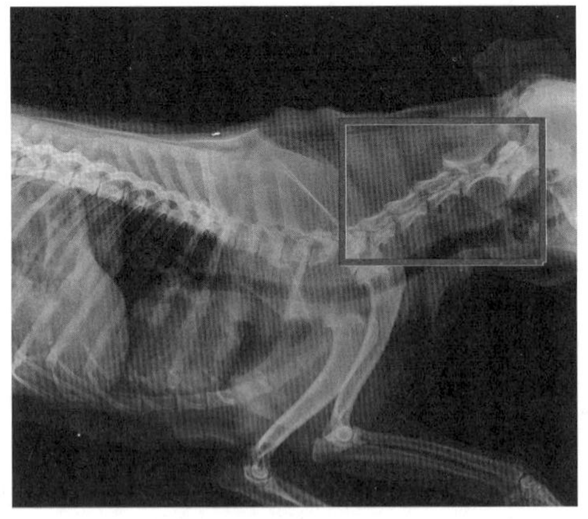

① 대퇴관절 부위
② 무릎관절 부위
③ 경추 부위
④ 요추 부위
⑤ 앞다리굽이관절 부위

혈액이 소실되거나 다량의 구토, 설사, 이뇨에 의해 체액이 소실되어 혈액량이 감소하면서 나타나며 소형 동물에게서 가장 흔하게 발생하는 쇼크(Shock)는?

① 분포성(Distributive) 쇼크
② 심인성(Cardiogenic) 쇼크
③ 신경성(Neurogenic) 쇼크
④ 저혈량(Hypovolemic) 쇼크
⑤ 폐색성(Obstructive) 쇼크

프로브(Probe)에 대한 설명으로 옳은 것은?

① 프로브는 모니터를 통해 변환된 영상을 나타내는 창이다.
② 섹터 프로브(Sector Probe)는 부채꼴 모양으로 심장 초음파 시 사용한다.
③ 볼록형 프로브(Convex Probe)는 정사각형 모양으로 가장 넓은 영역을 검사할 수 있다.
④ 직선형 프로브(Linear Probe)는 직사각형의 시야를 가지며 볼록형 프로브보다 시야가 넓다.
⑤ 섹터 프로브(Sector Probe)는 직사각형의 시야를 가지며 볼록형 프로브보다 시야가 좁다.

체중 12kg의 비글이 예방 접종 후 알레르기 반응을 보여 항히스타민제를 주려고 한다. 이 알약이 20mg/kg의 용량으로 제공되고 약물 농도가 40mg/tablet으로 표기되어 있을 때 제공해야 하는 알약의 개수는?

① 2개
② 4개
③ 6개
④ 8개
⑤ 10개

방사선에 노출되는 정도를 나타내는 말은?

① Pocket Ionization Chamber
② Film Badge
③ Thermoluminescent Dosimeter
④ Sievert
⑤ Cassette

14 초음파 검사 시 유의해야 할 사항으로 적절하지 않은 것은?

① 방광 초음파 검사 시 배뇨 후 진행해야 한다.
② 심장 초음파 검사 시 횡와위로 눕혀 검사를 진행한다.
③ 복부 초음파 검사는 CBC 검사에서 발견된 이상이나 장기 변화 등을 관찰하는 데 유용하다.
④ 동물이 통증으로 몸을 뺄 경우 뒷다리 보정자가 등을 눌러준다.
⑤ 꼬리 쪽을 보정할 시에는 한 손으로 양발을 한 손으로는 허리를 잡는다.

15 날카로운 칼에 다리가 베어 출혈이 있는 환자의 응급처치 방법으로 옳은 것을 모두 고른 것은?

ㄱ. 직접 압박
ㄴ. 기도 확보
ㄷ. 들어 올리기
ㄹ. 동맥 압박

① ㄱ, ㄴ, ㄷ, ㄹ
② ㄱ, ㄴ, ㄹ
③ ㄴ, ㄷ, ㄹ
④ ㄱ, ㄷ
⑤ ㄱ, ㄷ, ㄹ

16 사진에서 확인할 수 있는 자세는?

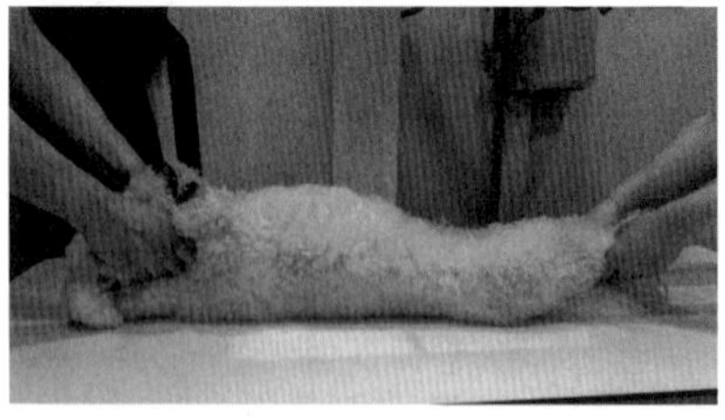

① 복배상
② 배복상
③ 외측상
④ 전후상
⑤ 후전상

17 방사선 촬영 시 부위별 보정 방법으로 옳은 것을 모두 고른 것은?

> ㄱ. 외측상(LAT) 촬영 시 머리 쪽을 보정할 때는 동물의 앞다리와 머리를 잡는다.
> ㄴ. 외측상(LAT) 촬영 시 입을 약간 벌리고 촬영하면 상악, 하악, 치아상태를 확인하는 데 효과적이다.
> ㄷ. 복배상(VD) 촬영 시 머리 쪽을 보정할 때는 동물의 앞발과 머리를 잡는다.
> ㄹ. 배복상(DV) 촬영 시 꼬리 쪽을 보정할 때는 동물의 뒷다리를 잡는다.

① ㄱ, ㄷ
② ㄴ, ㄷ
③ ㄱ, ㄴ, ㄷ
④ ㄱ, ㄷ, ㄹ
⑤ ㄱ, ㄴ, ㄷ, ㄹ

18 동물보건사의 업무가 아닌 것은?

① 진료의 접수
② 투약의 설명
③ 진료기구의 소독
④ 진단과 처방
⑤ 마취 시 부작용의 설명

19 다음 의료폐기물 중 보관을 달리 해야 하는 것은?

① 시험에 사용된 배양용기
② 폐백신
③ 혈액 투석 시 사용한 폐기물
④ 동물의 사체
⑤ 배설물로 오염된 탈지면

20 선입선출(FIFO)에 대한 설명으로 옳은 것은?

① 유통 기한이 얼마 안 남은 것부터 먼저 출고하는 것
② 최근에 구입한 것부터 먼저 사용하는 것
③ 남은 재고를 실제 구입가격을 적용하여 평가하는 것
④ 구입 단가 평균을 평균 단가로 사용하는 것
⑤ 먼저 들어온 것부터 먼저 출고하는 것

21 반감기에 대한 설명으로 옳지 않은 것은?

① 반감기가 길면 복용 횟수가 적다.
② 반감기가 짧으면 체내에 축적이 잘 된다.
③ 반감기란 투약한 약의 농도가 반으로 감소하는 시간을 말한다.
④ 반감기가 길면 중독 작용이 생기기 쉽다.
⑤ 약물마다 반감기가 다르므로 복용 지도를 잘 따라야 한다.

22 와파린을 먹은 고양이에게 처치 약물로 사용할 수 없는 것은?

① 비타민 K1
② 비타민 K12
③ 포도당
④ 헤파린
⑤ 프레드니손

23 사람에게는 주로 사용되지만 개에게는 사용되지 않는 통증약은?

① 이부프로펜
② EDTA
③ 아세틸콜린
④ 베타네콜
⑤ 디메카륨

24 의약품의 재고 관리에 관련하여 옳지 않은 것은?

① 제품이 입고된 순서대로 판매하여 관리한다.
② 재고 자산 보유 원가를 최소화하기 위해 시행한다.
③ 규제약물은 잠금장치가 있는 서랍장에 별도 보관하여야 한다.
④ 재고 관리비는 인건비 다음으로 지출이 높은 항목에 속한다.
⑤ 전자차트를 사용하면 재고 관리, 전자결제, 매출통계 등을 수행할 수 있다.

25 수혈에 대한 설명으로 옳지 않은 것은?

① 농축적혈구는 사용 전 생리식염수와 반드시 혼합해서 사용한다.
② 개의 경우 자연발생항체가 없기 때문에 초회 수혈의 경우 검사 없이 실시할 수도 있다.
③ 수혈량은 체중(kg) × 90 × (목표 PCV – 수혈견 PCV) / 공혈견 PCV로 구할 수 있다.
④ 수혈 부작용에는 서맥, 고열, 쇼크 등의 증상이 있다.
⑤ 수혈 전 교차반응 검사를 하는 것이 좋다.

26 수의의무기록에 대한 설명으로 옳은 것은?

① 동물병원에서 보호자와 동물의 기본 정보를 문서로 기록하는 것이다.
② 질병중심의무기록(SOVMR) 방식은 SOAP 방법에 따라 기록한다.
③ SOAP 방법에서 '주관적(S)'은 측정할 수 없는 정보(체온, 맥박, 호흡수 등)로서 개인적 생각에 기초한다.
④ SOAP 방법에서 '객관적(O)'은 측정할 수 있는 정보(행동, 자세, 식욕 등)로서 검사 결과에 기초한다.
⑤ SOAP 방법에서 '사정/평가(A)'는 주관적, 객관적 정보를 바탕으로 동물의 상태를 평가하여 수의간호사가 생각하는 진단 또는 증상이다.

27 다음 약물 처방전의 약어와 그 의미가 바르게 연결된 것은?

① b.i.d. – 하루 한 번
② p.o. – 직장 내 투여
③ sem.i.d. – 하루 두 번
④ t.i.d. – 하루 세 번
⑤ q.i.d. – 하루 한 번

28 CT에 대한 설명으로 옳지 않은 것은?

① 피사체 내부의 횡단면상을 얻을 수 있어 정밀검사가 필요할 때 받는 검사이다.
② 일반 X선 검사에서 볼 수 없었던 연부조직의 작은 차이를 구별할 수 있다.
③ 얻은 데이터들을 재구성하여 3차원 영상을 만들 수 있다.
④ 디텍터는 촬영 부위마다 필요한 크기로 조절해 X선의 산란선을 조절하는 역할을 한다.
⑤ 갠트리는 CT 시스템에서 영상을 직접 획득하는 역할을 한다.

동물의 심정지, 부정맥으로 인해 심폐소생술을 할 때의 처치약물이 아닌 것은?

① 아트로핀(Atropine)
② 푸로세마이드(Furosemide)
③ 덱사메타손(Dexamethasone)
④ 바소프레신(Vasopressin)
⑤ 바세린(Vaseline)

다음과 같은 증상을 나타내는 부작용은?

> 약물에 대한 감수성이 비정상적으로 저하되어, 정상 상태에서는 일정한 반응을 보이는 용량을 투여하는데도 아무런 반응이 나타나지 않아 용량을 늘려야 동일한 효과를 얻을 수 있는 것을 말한다.

① 약물이상반응
② 내 성
③ 길항 작용
④ 선택 작용
⑤ 억 제

31 다음 중 효과적인 보호자 교육 방법이 아닌 것은?

① 보호자 교육은 환자의 치료를 위해 필수적인 사항이다.
② 정보를 한꺼번에 너무 많이 제공하지 않는 것이 효과적이다.
③ 시청각 자료를 적절히 사용해야 한다.
④ 모니터링이 필요한 동물의 보호자에게는 귀가 후 2일 간격으로 내방을 요청한다.
⑤ 보호자의 행동변화를 관찰하며 실시해야 한다.

32 다음의 피사체들을 같은 조건에서 X-선 촬영을 할 경우 가장 희게 보이는 것은?

① 가 스
② 금 속
③ 조 직
④ 뼈
⑤ 지 방

33 약물 투여 후 체내의 약물 변화 과정을 순서대로 나열한 것은?

① 흡수 – 대사 – 분포 – 배설
② 흡수 – 분포 – 대사 – 배설
③ 대사 – 흡수 – 분포 – 배설
④ 대사 – 분포 – 흡수 – 배설
⑤ 분포 – 대사 – 흡수 – 배설

34 다음 중 의무기록의 기능과 용도에 해당되는 것을 모두 고른 것은?

> ㄱ. 환자와 보호자의 문제를 체계적이고 지속적으로 관리
> ㄴ. 임상수의학의 연구자료로 활용
> ㄷ. 법적인 증거 문서
> ㄹ. 진료비 산정의 근거자료
> ㅁ. 임상과 의학의 교육자료

① ㄴ, ㄷ
② ㄷ, ㄹ
③ ㄱ, ㄷ, ㄹ
④ ㄴ, ㄷ, ㄹ, ㅁ
⑤ ㄱ, ㄴ, ㄷ, ㄹ, ㅁ

35 보호자에게 처방전을 발급하는 경우 동물보건사가 확인해야 하는 내용으로 옳지 않은 것은?

① 약물의 처방일수가 30일을 넘는지 확인한다.
② 처방전 사용 기간이 교부일로부터 2주 이내인지 확인한다.
③ 보호자의 성명과 생년월일을 확인한다.
④ 처방표제를 확인한다.
⑤ 처방전이 동물 개체별로 작성되었는지 확인하고 3년간 보관해야 한다.

36 생후 3개월 된 비글이 높은 곳에서 떨어져 요척골 골절이 의심될 때 X-선 사진 촬영을 위한 설명 중 옳은 것을 모두 고른 것은?

ㄱ. 보호자에게 들은 내용을 수의사에게 설명하고 촬영을 위해 준비한다.
ㄴ. 골절의심부위는 평형과 직각으로 양측 앞다리의 사진을 촬영한다.
ㄷ. 촬영 시 환자가 통증을 호소할 때 약간의 진통제를 투여할 수 있다.
ㄹ. 현상된 사진을 판독하여 수의사에게 보고한다.

① ㄱ, ㄴ
② ㄱ, ㄴ, ㄷ
③ ㄴ, ㄷ, ㄹ
④ ㄷ, ㄹ
⑤ ㄱ, ㄴ, ㄷ, ㄹ

다음 중 수액세트 준비물이 아닌 것은?

① 요도 카테터
② 조절기
③ 수액관
④ 점적통
⑤ 도입침

다음에서 설명하는 최근 주목받고 있는 개념은?

> 사람 – 동물 – 환경 등 생태계의 건강이 모두 연계돼 있다는 인식 아래 모두에게 최적의 건강을 제공하기 위해서는 다차원적인 협력 전략이 필요하다.

① One Health
② Petconomy
③ Petfam
④ Pet Loss Syndrome
⑤ Dinkpet

39 다음 중 거담제에 대한 설명으로 옳은 것은?

① 켄넬코프에 사용한다.
② 심혈관계 약물과 함께 처방한다.
③ 알레르기 반응을 치료하고 뇌, 신경계에 대한 효과가 있어 항구토제로도 사용할 수 있다.
④ 젖은 기침을 치료하기 위해 사용한다.
⑤ 점액의 점도 감소가 필요할 때 사용한다.

이소플루란이 환자의 진단 및 치료 과정 중 주로 사용되는 단계는?

① 드레싱
② 활력 징후 체크
③ 마 취
④ 멸 균
⑤ 발 열

41 **초음파 검사의 특징이 아닌 것은?**

① 초음파 투시로 고통을 주지 않는다.
② 프로브를 통해 초음파를 발생시켜 반사된 초음파를 수신한다.
③ CT나 MRI에 비해 가격이 저렴하다.
④ 위장관 부위는 정확한 검사가 어렵다.
⑤ 결과를 즉시 표시할 수 있다.

42 **식도 및 위장관 조영술에서 주로 사용되는 조영제는?**

① 황산나트륨
② 황산바륨
③ 요오드계 조영제
④ 물
⑤ 공 기

43 **흥분 상태 또는 사나운 개나 고양이를 다루는 동안 이들이 무는 것을 방지하기 위해서 목에 설치하며, 주로 자상을 방지할 목적으로 사용하는 장치는?**

① 로 프
② 체 인
③ 입마개
④ 클리퍼
⑤ 넥카라

44 **X선 촬영 시 산란선을 줄이기 위해 사용하는 장치는?**

① 카세트
② 그리드
③ 증감지
④ 필 터
⑤ 암실 안전등

45 응급상황 시 대처 방법으로 옳지 않은 것은?

① 출혈 부위 압박은 동맥 부위에 실시한다.
② 발작 증상이 있을 때 억지로 보정하거나 제지하지 말아야 한다.
③ 이물질이 있는 상처 부위는 가급적 0.9% 염화나트륨을 사용하여 세척한다.
④ 기도를 확보한 뒤 혀가 호흡에 방해되면 입 밖으로 잡아당겨 꺼내준다.
⑤ 호흡 시 콧구멍을 크게 움직인다면 정상적인 상태이므로 안심해도 좋다.

46 다음 중 응급 키트(Emergency Kit)에 대한 설명으로 옳지 않은 것은?

① 응급 키트에는 응급 상자, 응급 카트가 있으며 체크리스트를 이용해 매일 점검해야 한다.
② 응급 카트는 필요한 곳에 신속히 가져가 사용할 수 있으며 장소에 구애를 받지 않지만, 무게가 있고 부피가 큰 기기는 따로 보관해야 한다는 단점이 있다.
③ 응급 상자에는 주사기, 카테터, 응급약물 등을 포함해야 한다.
④ 응급 카트는 협소한 곳에서의 사용이 불편하다는 단점이 있다.
⑤ 대표적인 응급약물로 에피네프린, 푸로세마이드 등이 있다.

47 다음 중 마취상태 악화로 인한 응급상황 발생 시에 준비할 수 있는 약물로 옳지 않은 것은?

① 에피네프린
② 아트로핀
③ 케타민
④ 도파민
⑤ 독사프람

48 접종 후 구토 · 알레르기 반응으로 응급실에 들어온 환자에게 사용해야 하는 약물로 적절한 것은?

① Lasix
② Diazepam
③ Midazolam
④ 항히스타민제
⑤ 근이완제

49 응급동물 모니터링에 관한 설명으로 옳지 않은 것은?

① 체온이 불안정하면 일정한 간격(약 30분)을 두고 계속 측정해야 한다.
② 중증 동물은 1시간 단위로 측정하여 변화를 모니터링한다.
③ 젖산 수치가 3.5mmol/L 이하임을 확인한다.
④ 느린 맥박 변화를 모니터링할 때에는 ECG 또는 산소포화도 측정기를 장착하여 모니터링한다.
⑤ 수액을 공급해도 배뇨가 6시간 이상 없으면 수의사에게 보고한다.

50 개와 고양이의 검역 조건에 대한 설명으로 옳지 않은 것은?

① 일본은 반려동물의 입국 검역 절차가 까다로우며 최대 18개월의 준비기간이 필요하다.
② 출국 시 반려동물과 함께 공항만에 있는 농림축산검역본부 사무실에 방문하여 검역 신청을 해야 한다.
③ 외국에서 개와 고양이를 데리고 입국할 경우 수출국 정부기관이 증명한 검역증명서를 준비해야 한다.
④ 검역증명서의 기재요건이 충족되지 않을 경우 별도의 장소에서 계류 검역을 받아야 한다.
⑤ 사전 신고 없이 수입 가능한 개와 고양이는 11마리 이하이다.

51 주사기를 이용해 약을 투여하는 방법으로 옳지 않은 것은?

① 약물을 삼킨 것을 확인하고 고개를 터는 것을 확인한다.
② 약물이 입에서 새어나오지 않도록 확인한다.
③ 송곳니 뒤 틈새에 주사기 끝을 넣어 조금씩 흘려 넣는다.
④ 동물과 마주보고 앉아서 투여한다.
⑤ 동물이 이동하지 못하도록 벽 모퉁이에 위치시킨다.

52 **심폐 기능 정지 시 응급 처치가 이뤄져야 하는 골든타임은?**

① 30초 이내
② 1분 이내
③ 2분 이내
④ 3분 이내
⑤ 5분 이내

53 **반려동물의 호흡이 멈췄을 때 실시하는 심폐소생술에 대한 설명으로 옳지 않은 것은?**

① 의식을 잃고 쓰러진 경우 몸을 바닥에 닿도록 눕힌다.
② 대퇴동맥을 확인해 맥박을 확인한다.
③ 인공호흡 시 입을 벌려 기도를 확보한 상태에서 코에 숨을 불어 넣는다.
④ 흉부 압박과 인공호흡을 번갈아 실시한다.
⑤ 중형견의 경우 양손을 사용해 5~10cm 정도 깊이로 흉부 압박을 실시한다.

54 **다음 의료폐기물 중 일반의료폐기물에 해당하는 것은?**

① 주삿바늘
② 배양용기
③ 동물의 사체
④ 수술용 칼날
⑤ 일회용 주사기

55 **응급실에서 사용하는 물품과 용도가 바르게 짝지어진 것은?**

① 수액세트와 연장선 – 자발 호흡이 없는 환자에게 양압 호흡을 하기 위한 기기
② 암부백 – 자발 호흡이 없는 환자에게 양압 호흡을 하기 위한 호흡 보조기기
③ 산소포화도 측정기 – 수액이나 다량의 약물을 시간당 정확한 양으로 주입하기 위해 수액 라인을 연결하여 사용하는 기기
④ 인퓨전 펌프 – 수액세트와 연장선 사이에 연결하여 각종 약물을 투여할 수 있는 3방향 밸브
⑤ 실린지 펌프 – 수액 백(Bag)에 바로 연결하는 수액 라인과 연장선

56 체내에 발생한 염증을 낮추는 데 효과가 뛰어나지만 장기간 복용하면 면역 기능이 저하되고 세균감염의 위험이 커지는 것이 특징인 것은?

① 비마약성 진통제
② 칼슘 채널 차단제
③ 국소마취제
④ 스테로이드성 소염제
⑤ 항진균제

57 경구용 약제의 형태와 그 설명이 올바르지 않는 것은?

① 나정 - 약제를 압축시켜 단단하게 만든 것으로 복용, 보관, 휴대가 용이함
② 세립제 - 가루 제제를 세밀한 알갱이로 만든 것으로 유동성이 좋아 먹기 좋음
③ 캡슐제 - 캡슐에 액상, 과립, 분말 등의 약제를 넣은 것으로 강한 맛 등에 사용됨
④ 현탁제 - 고형 약품에 현탁화제와 정제수, 기름을 가한 것으로 흡수가 빠르나 쉽게 변질됨
⑤ 츄어블정 - 표면에 당을 입혀놓은 것으로 위장 장애가 적은 편임

58 다음 중 오피오이드(Opioid) 작용제로서 불안을 감소시키고 진정 작용을 하는 약물로 적절하지 않은 것은?

① 코데인
② 메페리딘
③ 펜타닐
④ 아트로핀
⑤ 메타돈

59 수액 투여에 대한 설명으로 옳지 않은 것은?

① 정맥투여는 혈관에 직접 투여하는 것이다.
② 피하투여 시 동물 신체 조건에 따라 투입 수액 양이 다르다.
③ 피하투여는 사람에게도 가능하다.
④ 정맥투여는 단시간이 아니라 장시간에 이루어지는 투여법이다.
⑤ 수액 투여 방법에는 피하투여와 정맥투여가 있다.

60 공혈 동물이 갖춰야 하는 조건 중 옳지 않은 것은?

① 규칙적인 백신 접종을 하고 있다.
② 적혈구 용적률이 40% 이상이다.
③ 심장사상충에 감염되지 않았다.
④ 혈액형 검사를 시행했다.
⑤ 수혈을 받은 경험이 있다.

제3과목 임상 동물보건학

문진 시 확인할 사항을 모두 고른 것은?

ㄱ. 보호자 정보
ㄴ. 동물(환자) 정보
ㄷ. 함께 거주하는 가족 정보
ㄹ. 급여하는 음식
ㅁ. 각종 예방접종 상황
ㅂ. 운동 여부

① ㄱ, ㄴ, ㄷ
② ㄱ, ㄴ, ㄹ, ㅂ
③ ㄱ, ㄴ, ㄷ, ㅁ, ㅂ
④ ㄱ, ㄴ, ㄷ, ㄹ, ㅁ
⑤ ㄱ, ㄴ, ㄹ, ㅁ, ㅂ

동물병원 내원 시 동물보건사가 행하는 핸들링과 보정에 대한 설명으로 옳지 않은 것은?

① 손톱깎기나 양치질 등도 핸들링에 속한다.
② 핸들링은 순차적으로 여러 번 시도하여 적응을 할 수 있도록 돕는다.
③ 진료대 위에서 환자가 낙상하는 일이 없도록 보정한다.
④ 무리한 억제는 호흡 곤란이나 질식사 등을 일으킬 수도 있으므로 주의한다.
⑤ 간식을 주며 보정을 시도할 수 있다.

동물보건사가 할 수 있는 의료 범위로 적절한 것은?

① 수의사의 보조
② 질병 진단
③ 약물 조제
④ 약물 처방
⑤ 수술 집도

04 요골 정맥 채혈 시 보정에 대한 설명으로 옳지 않은 것은?

① 보정자는 개를 서 있는 자세로 보정한다.
② 동물의 뒤쪽에 서서 채혈할 쪽 다리를 잡고 들어 당긴다.
③ 다른 쪽 손은 머리를 감싸 고정한다.
④ 엄지에 부드럽게 힘을 주고 혈관이 잘 보일 수 있도록 약간 바깥쪽으로 회전한다.
⑤ 수의사가 채혈하는 동안 보정을 유지한다.

05 개와 고양이의 전염병에 대한 설명으로 옳은 것은?

① 광견병은 개뿐만 아니라 고양이에게도 나타나는 인수공통감염병이다.
② 파보 바이러스는 전염성이 매우 높으며 직접적이든 간접적이든 분변, 타액 등을 통해 개에게서 사람으로 전파된다.
③ 곰팡이성 피부병은 사람에게 전염되지 않는다.
④ FeLV는 RNA 바이러스인 고양이 백혈병 바이러스로서, 종양과 면역력 약화를 유발하기 때문에 치명적인 바이러스이며 사람에게도 피해를 준다.
⑤ 심장사상충은 심장에 기생하는 기생충으로, 파리를 매개로 하여 전염된다.

06 다음 중 면역에 대한 설명으로 옳지 않은 것은?

① 외부 감염원으로부터 몸을 보호하는 방어기작이다.
② 신체 내 이물이 침입한 경우, 이것을 배제하여 신체 내의 질서를 유지하는 것이다.
③ 면역 기관과 면역세포로 구성된다.
④ 초유를 통해 출생 후 약 12주까지 방어 능력이 제공되는 것을 자연 능동면역이라 한다.
⑤ 재감염 시 림프구가 반응하여 항체 생산 후 병원체를 제거하는 것은 후천면역에 속한다.

07 입원실 소독약의 종류별 특징으로 옳지 않은 것은?

① 알코올은 세균에는 효과적이지만 아포 형성균이나 바이러스, 곰팡이에는 효과가 없다.
② 클로르헥시딘은 피부 자극 작용이 있고, 기구를 부식하는 단점이 있다.
③ 과산화제는 혐기성 세균에 효과적이다.
④ 요오드제는 잔존효과가 있으며 유기물 존재 시 소독 효과가 감소된다.
⑤ 염소제는 최초의 소독약 제제로, 매우 자극적이므로 생체 조직에 직접 사용하지는 않는다.

08 메첸바움 가위의 용도와 특징으로 옳지 않은 것은?

① 외과용 가위이다.
② 섬세한 작업에 이용한다.
③ 큰 힘이 가해지지는 않는다.
④ 봉합사 커팅에 적절하다.
⑤ 가위의 날이 가늘다.

09 수술에 필요한 흡입마취기에 대한 설명으로 옳지 않은 것은?

① 산소통 압력 게이지는 산소통에 남아 있는 산소의 양을 표시해 준다.
② 유량계는 환자에게 공급되는 산소와 아산화질소의 분당 공급량을 조절하는 장치이다.
③ 기화기는 마취기의 심장 역할로, 액체 상태의 마취제를 기체 상태로 바꾸어서 유용한 농도로 분배하여 환자에게 공급한다.
④ Pop-off 밸브는 마취 회로 내의 압력이 낮을 경우 공기를 안으로 공급하는 밸브이다.
⑤ 감압 밸브는 산소통 내의 높은 압력이 직접 마취기로 들어가는 것을 방지하고 낮은 압력으로 일정하게 공급하는 기능을 한다.

다음에서 설명하는 지혈법은?

• 반합성 밀랍과 연화제 혼합물을 손으로 가공하여 뼈의 내강에 눌러 바르거나 뼈 표면에 적용한다.
• 흡수 불량으로 지혈이 안 될 시 감염을 일으키므로 소량 사용한다.

① 젤 폼
② 써지셀
③ 본왁스
④ 멸균거즈 압박
⑤ 전기 소작법

11 다음은 동물의 탈수 평가에 대한 설명이다. ㉠과 ㉡에 들어갈 내용으로 적절한 것은?

> 탈수 정도는 몸의 수분이 (㉠) 이상 손실되어야 임상적으로 확인할 수 있으며, 탈수 증상이 심해져 빈사 상태가 되면 체중의 (㉡) 이상 탈수라고 본다.

	㉠	㉡
①	2% 이하	8~10%
②	3~4%	10~12%
③	5~6%	12~15%
④	6~7%	15~20%
⑤	7~8%	20~25%

12 능동배액과 수동배액을 구분하는 요인은?

① 튜 브
② 석 션
③ 삼출물
④ 체 강
⑤ 배액량

13 요도 폐쇄로 인한 임상 증상이 아닌 것은?

① 배뇨곤란
② 식욕 감소
③ 구 토
④ 기력 저하
⑤ 건조한 점막

14 RER 공식에서 밑줄에 들어갈 알맞은 수치는?

개	2kg 이하 소형견	㉠ × 체중(kg)$^{0.75}$
	2kg 〈 체중 〈 35kg	㉡ × 체중(kg) + 70
고양이	㉢ × 체중(kg)	

	㉠	㉡	㉢
①	30	40	70
②	30	70	40
③	40	70	30
④	70	40	30
⑤	70	30	40

15 개와 고양이 혈압의 정상 범위가 아닌 것은?

① 개 이완기 혈압 – 60~110mmHg
② 개 수축기 혈압 – 90~120mmHg
③ 고양이 이완기 혈압 – 70~120mmHg
④ 고양이 수축기 혈압 – 120~170mmHg
⑤ 고양이 평균 혈압 – 90~130mmHg

16 수술실에 대한 설명으로 옳지 않은 것은?

① 청소할 때를 제외하고 수술방 문은 항상 닫아 둔다.
② 준비 구역은 동물이 수술방에 들어가기 전에 수술 부위의 털 제거와 흡입마취가 시작되는 곳으로 멸균 지역에 해당한다.
③ 스크러브(Scrub) 구역은 수술자와 소독 간호사가 외과적 손세정인 스크러브(Scrub)를 5분 이상 시행하고 수술 가운과 장갑을 착용하는 장소이다.
④ 수술방은 실제 수술이 진행되는 곳으로, 세균에 의한 감염을 차단하기 위해 무균 상태를 유지해야 하는 멸균 지역이다.
⑤ 수술실 내에서 발생하는 폐기물은 수술 후 즉시 폐기한다.

개의 상부 소장에 기생하여 돌발적으로 악취가 나는 수양성 설사와 식욕감퇴를 일으키는 기생충은?

① 개회충
② 개구충
③ 개선충
④ 지알디아
⑤ 모낭충

18 딥퀵 염색법의 설명으로 옳지 않은 것은?

① 신속한 염색이 가능하다.
② 메탄올, 에오신, 티아진 용액을 사용한다.
③ 원하는 대로의 염색성 조정이 가능하다.
④ 용액에 2회 담갔다 뺀다.
⑤ 간편하고 비교적 정확한 결과를 기대할 수 있다.

검체 관찰을 위한 현미경의 사용 및 원리에 대한 설명으로 옳지 않은 것은?

① 검체는 최대한 두껍게 제작하는 것이 중요하다.
② 대물렌즈를 저배율에서 고배율로 이동하며 초점을 맞춘다.
③ 현미경의 위치를 변경시킬 때는 현미경 밑부분을 받쳐야 한다.
④ 검경한 후에는 반드시 대물렌즈를 제조사에서 제공하는 세척액으로 세척해야 한다.
⑤ 조동나사를 돌려 큰 초점을 잡는다.

20 통증 여부 및 정도를 확인할 수 있는 신체검사 방법은?

① 문 진
② 촉 진
③ 타 진
④ 시 진
⑤ 청 진

21 심전도 검사 시 사용하는 리드의 색과 부위가 바르게 연결된 것을 모두 고른 것은?

ㄱ. 빨간색 – 오른쪽 앞다리
ㄴ. 주황색 – 왼쪽 앞다리
ㄷ. 초록색 – 왼쪽 뒷다리
ㄹ. 파란색 – 오른쪽 뒷다리

① ㄱ
② ㄱ, ㄴ
③ ㄱ, ㄷ
④ ㄱ, ㄴ, ㄷ
⑤ ㄱ, ㄴ, ㄷ, ㄹ

22 개와 고양이의 정상 호흡수 범위로 바르게 짝지어진 것은?

	개	고양이
①	50~60	40~48
②	40~48	50~60
③	33~36	16~32
④	20~42	33~36
⑤	16~32	20~42

23 살아 있는 병원체의 독성을 약화한 백신에 대한 설명으로 옳지 않은 것은?

① 강력한 면역반응이 발생한다.
② 생균백신이 있다.
③ 장기간 지속된다.
④ 여러 번 접종이 필요하다.
⑤ 백신 내 병원체에 의한 발병이 우려된다.

24 혈액성분과 유통 기한 및 보관이 바르게 연결되지 않은 것은?

①	농축전혈구	-	35일까지	-	1~6℃ 냉장 보관
②	신선동결혈장	-	12개월	-	영하 18℃ 이하 보관
③	동결혈장	-	5년	-	영하 20℃ 이하 보관
④	농축혈소판	-	5일	-	22℃ 보관
⑤	동결침전물	-	12개월	-	18℃ 보관

수혈 부작용으로 옳은 것을 모두 고른 것은?

ㄱ. 서 맥
ㄴ. 급성 신부전
ㄷ. 고 열
ㄹ. 쇼 크
ㅁ. 구 토

① ㄱ, ㄴ
② ㄴ, ㄷ
③ ㄱ, ㄴ, ㄷ
④ ㄱ, ㄴ, ㄷ, ㄹ
⑤ ㄴ, ㄷ, ㄹ, ㅁ

26 처방식에 대한 설명으로 옳지 않은 것은?

① 질병의 완화 및 개선을 위해 사용하는 사료이다.
② 당뇨병이 있으면 지방 함량을 낮춘다.
③ 비만견의 경우에는 칼로리와 섬유소를 적게 공급하는 것이 좋다.
④ 만성 신부전 질환이 있다면 인이 다량 함유된 음식은 제한해야 한다.
⑤ 영양적으로 불균형이 이루어지지 않도록 주의해야 한다.

27 갈비뼈가 쉽게 만져지며 위에서 보면 허리를 확인할 수 있는 상태인 반려동물의 신체충실지수는?

① BCS 1
② BCS 2
③ BCS 3
④ BCS 4
⑤ BCS 5

28 중환자실에 입원한 환자를 간호하던 동물보건사가 다른 동물보건사와 업무를 교대할 시 인수인계 해야 할 정보 I-PASS에 해당하지 않는 것은?

① Introduction
② Patient Summary
③ Action List
④ Situation Awareness/Contingency Planning
⑤ System

29 다음 중 EO 가스 멸균법에 대한 설명으로 옳은 것은?

① 고무류, 플라스틱 등은 멸균할 수 없다.
② 안전하고 친환경적이라는 장점이 있다.
③ 15분 정도의 시간이 소요된다.
④ 과산화수소 가스를 이용해 멸균한다.
⑤ 충분한 환기가 필요하다.

30 다음 봉합사 중 성질이 다른 하나는?

① Surgical Gut
② Silk
③ Polydioxanone
④ Polyglycolic Acid
⑤ Collagen

Coupage의 시행과 관련하여 옳지 않은 것은?

① 흉부의 순환을 돕는다.
② 시행 횟수는 일 4~5번이다.
③ 똑바로 누워 있는 자세로 보정해야 한다.
④ 늑골 골절 환자는 쿠파주를 시행할 수 없다.
⑤ 두 손을 모아서 뒤에서 앞으로 양쪽 가슴을 두드린다.

다음은 쥐의 발정 주기에 따른 질도말(표본) 검사 그림이다. 그림에 해당하는 시기는?

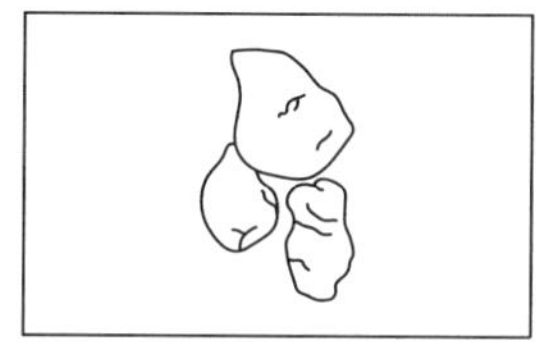

① 발정 전기
② 발정기
③ 발정 후기
④ 발정 간기
⑤ 발정기와 발정 간기

창상의 종류에 해당하지 않는 것은?

① 좌 상
② 교 상
③ 열 상
④ 자 상
⑤ 찰과상

부 록

2023년 제2회 기출유사 복원문제

찰과상을 입었을 경우 상처 부위를 씻기 위해 사용하는 것은?

① 알코올
② 생리식염수
③ 포화식염수
④ 과산화수소수
⑤ 멸균생리식염수

35 진통제 종류 중 비마약성 진통제가 아닌 것은?

① 트라마돌
② 카프로펜
③ 멜록시캄
④ 나프록센
⑤ 부토르파놀

수술방에 들어가기에 앞서 해야 할 일의 순서로 옳은 것은?

① 삭모 → 1차 소독
② 삭모 → 2차 소독
③ 삭모 → 흡입마취
④ 흡입마취 → 삭모
⑤ 1차 소독 → 삭모

수술실의 오염 발생 구역에 대한 설명으로 옳지 않은 것은?

① 흡입마취를 시작하는 곳이다.
② 수술방과 직접 연결되어 있다.
③ 수술환자를 준비하는 구역이다.
④ 수술 시 사용하는 물품을 보관한다.
⑤ 수술 부위의 털을 제거하는 곳이다.

CBC 검사에서 적혈구의 평균 용적을 의미하는 것은?

① Hb
② HCT
③ MCV
④ MCH
⑤ RBC

다음 현미경으로 관찰한 결정으로 적절한 것은?

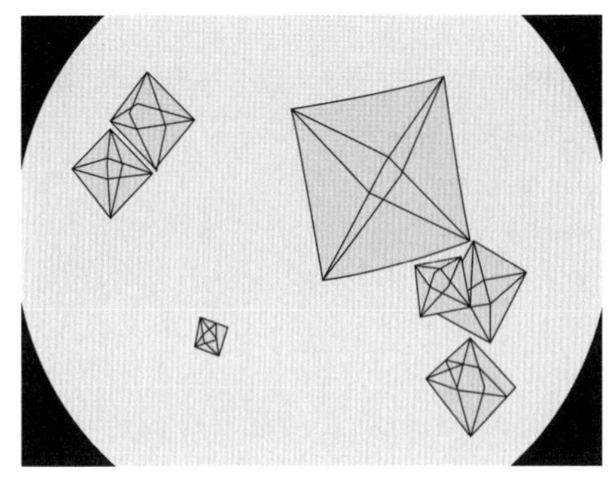

① 요산(Uric Acid)
② 시스틴(Cystine)
③ 스트루바이트(Struvite)
④ 인산칼슘(Calcium Phosphate)
⑤ 칼슘옥살레이트(Calcium Oxalate)

40 순환간호사의 역할이 아닌 것은?

① 수술 부위 준비
② 멸균 영역에서 수술을 직접 보조
③ 수술 시작부터 종료까지 동물 감시
④ 수술 중 필요한 물품 지원
⑤ 마취 감시 및 기록지 작성

41 현미경의 원리 및 배율에 대한 설명으로 옳지 않은 것은?

① 동물병원에서 주로 사용하는 현미경은 광학 현미경이다.
② 대물렌즈로 1차 확대된 실상을 접안렌즈로 다시 확대한다.
③ 대물렌즈 ×10, 접안렌즈 ×4일 때의 현미경의 배율은 400이다.
④ 배율이란 물체의 원래 크기에 대한 보이는 크기의 비율을 말한다.
⑤ ×10이란 렌즈가 물체를 현실보다 10배 크게 확대한다는 의미이다.

42 혈액 도말 검사 시 백혈구 관찰로 발견할 수 있는 내용이 아닌 것은?

① 종 양
② 골수형성이상 증후군
③ 감염이나 염증의 원인
④ 바베시아와 같은 기생충의 진단
⑤ 거대적 혈모세포 빈혈 여부

43 투명 필름 드레싱에 대한 설명으로 옳지 않은 것은?

① 흡수력이 적다.
② 투과성 필름이다.
③ 비접착 접촉층 재료이다.
④ 습한 환경을 제공한다.
⑤ 매우 적은 삼출물에 사용한다.

44 수술 도구에 대한 설명으로 옳지 않은 것은?

① 메스대 3번에 맞는 메스날은 20, 21, 22번이다.
② 수술 가위(Scissors)는 봉합사 제거 등에 쓰이는 도구이다.
③ 소형 동물에 맞는 메스대와 메스날은 각각 3번과 10번이다.
④ 견인기(Retractors)는 수술자의 시야를 확보하기 위한 도구이다.
⑤ 움켜잡기 포셉(Grasping Forceps)은 단단한 조직을 들어 올릴 때 사용한다.

45 **수술 장갑에 대한 설명으로 옳지 않은 것은?**

① 폐쇄형 수술 장갑은 수술 가운을 착용한 상태에서 착용한다.
② 폐쇄형 수술 장갑은 손을 수술복 밖으로 나오지 않게 하기 위한 방법이다.
③ 폐쇄형 수술 장갑은 보조자의 도움을 통해 장갑을 착용하는 방법이다.
④ 개방형 수술 장갑은 수술 가운을 착용하지 않은 상태에서 착용한다.
⑤ 개방형 수술 장갑은 수술 중 오염이 되었을 때 사용하는 장갑 착용법이다.

46 **수술 후 환자 관리로 적절하지 않은 것은?**

① 수술 후 필요에 따라 진통제를 투여할 수 있다.
② 개복수술 후에는 24시간 동안 금식하게 한다.
③ 수술 부위의 소독 및 드레싱 처치를 2일 간격으로 반복 시행한다.
④ 수술 부위에서 종창, 발적, 삼출물 발생 여부를 확인한다.
⑤ 봉합한 상처는 Wet-to-dry의 반밀폐요법 드레싱을 시행한다.

47 **부신피질 기능저하증(Hypoadrenocorticism)의 증상으로 옳지 않은 것은?**

① 무기력증
② 식욕 부진
③ 설사, 구토
④ 그르렁거림
⑤ 다음·다뇨 증상

48 **실험실 검사를 의뢰받은 조직은 몇 %의 포르말린에 담아야 하는가?**

① 3%
② 5%
③ 10%
④ 15%
⑤ 20%

49 실험실 장비 중 혈액에 포함된 전해질과 이산화탄소 및 산소 분압, pH 등을 분석하기 위해 사용되는 장비는?

① 피 펫
② 혈액 가스 분석기
③ 혈액 화학 검사기
④ 자동 혈구 분석기
⑤ 헤마토크리트 원심 분리기

50 멸균에 대한 설명으로 옳지 않은 것은?

① 세균의 아포를 제외한 미생물 대부분을 제거하는 과정이다.
② 일반적인 멸균법인 고압증기 멸균은 120℃에서 20분간 시행한다.
③ 열과 압력에 약한 플라스틱 제품이 주로 EO 가스 멸균 대상이다.
④ 열에 약한 천이나 종이류가 포함된 물품은 건열 멸균을 해서는 안 된다.
⑤ 감마선 조사 멸균은 멸균 과정에서 변형 없이 멸균할 수 있는 장점이 있다.

51 분변 검사용 도말 표본 염색에 사용되는 메틸렌블루 용액에 대한 설명으로 옳지 않은 것은?

① 진한 녹청색의 냄새가 없는 결정이다.
② 물, 에탄올, 클로로폼에 잘 녹는다.
③ 에테르에 녹지 않는다.
④ 분자량은 319.86이다.
⑤ 인후염・편도염 등의 도포제로 사용한다.

52 요 검사 중 딥스틱(Dip-stick) 검사 과정에 대한 설명으로 옳지 않은 것은?

① 채취한 요를 무균적으로 3cc 주사기를 사용하여 흡입한다.
② 딥스틱 항목마다 한 방울씩 떨어뜨려 비색 반응을 관찰한다.
③ 표준 색조표와 비교하여 이상 유무를 검사지에 기록한다.
④ 양성 또는 음성 반응에 대한 결과를 모두 수의사에게 보고한다.
⑤ 사용한 딥스틱은 직사광선을 피해 되도록 냉장고에 보관한다.

53 작은 칼날로 피부를 긁어 나온 것을 현미경으로 관찰, 검사하는 것으로 모낭충이나 옴 등 기생충 발견에 효과적인 피부 검사는?

① 우드램프 검사
② 곰팡이 배양 검사
③ 피부 소파 검사
④ 세침 흡입 검사
⑤ 세균 배양 검사

54 귀 검사 시 사용하는 검사 방법은?

① 전해질 검사
② CBC 검사
③ 혈액 검사
④ 도말 검사
⑤ 초음파 검사

55 혈장(Plasma)에 대한 설명으로 옳지 않은 것은?

① 혈액을 원심 분리할 때 하층에 분리되는 액체 부분이다.
② 90%의 물로 이루어져 있다.
③ 산소와 이산화탄소가 용해되어 운반된다.
④ 아미노산, 포도당, 지방산과 같은 영양분이 용해되어 있다.
⑤ 요소, 호르몬, 효소, 항원과 항체, 혈장 단백과 무기염류가 용해되어 있다.

56 혈구세포에 대한 설명으로 옳지 않은 것은?

① 적혈구는 산소를 운반한다.
② 적혈구는 이산화탄소를 운반하지 않는다.
③ 백혈구는 과립구와 무과립구로 분류한다.
④ 혈소판은 핵이 없는 작은 원반 모양이다.
⑤ 혈소판은 혈액 응고에 관여한다.

57 항응고제 중 구연산나트륨에 대한 설명으로 옳지 않은 것은?

① 주로 혈액 응고 검사에 사용하는 항응고제이다.
② 구연산칼슘의 불용성 침전물을 만들어 응고를 방지한다.
③ 응고 인자 5번, 8번의 혈장 분리 시 가장 안정적인 항응고제이다.
④ 혈액과 응고제의 정확한 비율을 지켜야 한다는 단점이 있다.
⑤ 적혈구 용혈 최소화의 이상적 항응고제이며 최소 농도로 최대 효과를 얻을 수 있다.

58 다음 빈칸에 적절한 용어는?

( )은 췌장의 랑게르한스섬(Langerhans' islet)에 있는 β 세포에서 분비되는 호르몬으로, 몸의 혈당을 낮추는 기능을 하며 여러 조직과 기관의 대사 조절에 직접 또는 간접적으로 영향을 미친다.

① 인슐린(Insulin)
② 코티솔(Cortisol)
③ 티록신(Thyroxine, T4)
④ 삼요드티로닌(Triiodothyronine, T3)
⑤ 부신피질자극호르몬(ACTH)

59 검체 용기와 해당 검사가 바르게 연결되지 않은 것은?

① EDTA 튜브 – 일반 혈액 검사(CBC), 빈혈 검사(Anemia PCR)
② Heparin 튜브 – 면역 항체 검사, AKBR 검사
③ 미생물 수송 배지 – 면역 측정(Immunoassay)
④ Sodium Citrate 튜브 – 혈액 응고 검사
⑤ Serum(SST) 튜브 – 화학(Chemistry), 내분비학(Endocrinology)

60 실험실 의뢰 검사의 종류 중 간수치, 신장수치 등 14개의 수치를 측정하는 검사는?

① 조직검사
② 요 화학 검사
③ 알레르기 검사
④ 혈청 화학 검사
⑤ 혈액 화학 검사

제4과목 동물 보건 · 윤리 및 복지 관련 법규

동물보호법령상 등록대상동물에 해당하지 않는 것을 모두 고른 것은?

ㄱ. 주택에서 기르는 1개월령 개 ㄴ. 주택에서 기르는 3개월령 개 ㄷ. 주택 및 준주택 외의 장소에서 반려 목적으로 기르는 5개월령 개 ㄹ. 주택 및 준주택 외의 장소에서 반려 목적으로 기르는 7개월령 개

① ㄱ
② ㄱ, ㄴ
③ ㄱ, ㄷ
④ ㄴ, ㄷ
⑤ ㄷ, ㄹ

동물보호법령상 반려동물에 속하지 않는 것은?

① 햄스터
② 고양이
③ 페 럿
④ 앵무새
⑤ 기니피그

다음 중 동물보호법으로 정한 동물영업이 아닌 것은?

① 동물생산업
② 동물장묘업
③ 동물등록업
④ 동물미용업
⑤ 동물위탁관리업

04 동물보호법령상 맹견이 아닌 것은?

① 로트와일러
② 골든리트리버
③ 스태퍼드셔 불 테리어
④ 아메리칸 핏불테리어
⑤ 아메리칸 스태퍼드셔 테리어

05 동물보호법상 동물복지위원회에 대한 설명으로 옳지 않은 것은?

① 위원회는 자문만 할 뿐 심의하지 않는다.
② 위원회에 분과위원회를 둘 수 있다.
③ 위원회는 공동위원장 2명을 포함하여 20명 이내의 위원으로 구성한다.
④ 공동위원장은 농림축산식품부차관과 호선(互選)된 민간위원으로 한다.
⑤ 위원은 농림축산식품부장관이 임명 또는 위촉한다.

06 동물보호법상 동물의 인도적인 처리(안락사)에 대한 설명으로 옳지 않은 것은?

① 인도적인 처리(안락사)는 동물보호센터의 장이 한다.
② 농림축산식품부령으로 정하는 사유가 있어야 한다.
③ 인도적인 처리의 시행은 수의사가 하여야 한다.
④ 동물의 사체는 수의사법에 따라 처리한다.
⑤ 동물의 사체는 동물장묘시설 등에서 처리하여야 한다.

07 동물보호법령상 동물등록에 대한 사항으로 옳지 않은 것은?

① 부정한 방법으로 동물을 등록한 경우 벌금을 물고 재등록할 수 있다.
② 등록동물에 대한 변경사항은 그 발생일부터 30일 이내에 신고하여야 한다.
③ 등록동물의 소유권을 이전받은 자는 이전받은 날부터 30일 이내에 신고하여야 한다.
④ 등록동물을 잃어버린 경우에는 잃어버린 날부터 10일 이내에 신고하여야 한다.
⑤ 등록동물의 소유자인 법인이 해산한 경우에는 등록을 말소할 수 있다.

08 동물보호법령상 등록대상동물을 동반하고 외출할 때에는 안전조치를 해야 한다. 이에 대한 설명으로 옳지 않은 것은?

① 목줄은 길이가 2미터 이하여야 한다.
② 가슴줄은 길이가 2미터 이하여야 한다.
③ 이동장치는 잠금장치를 갖춘 것이어야 한다.
④ 준주택의 건물 내부의 공용공간에서는 등록대상동물의 이동을 제한하지 않을 수 있다.
⑤ 월령 3개월 미만일 경우 직접 안으면 안전조치를 하지 않을 수 있다.

09 동물보호법령상 동물실험윤리위원회의 운영에 대한 설명으로 옳지 않은 것은?

① 재적위원 3분의 1 이상이 소집을 요구하는 경우 소집
② 재적위원 과반수 출석으로 개의, 출석위원 과반수의 찬성으로 의결
③ 심의사항과 관련하여 필요하다고 인정할 때에는 관계인의 의견 청취 가능
④ 동물실험윤리위원회의 장이 동물 실험의 실태를 농림축산식품부장관에게 통지
⑤ 동물실험윤리위원회의 구성·운영 등과 관련된 기록 및 문서는 3년 이상 보존

10 동물보호법상 맹견사육허가 조항을 위반했을 때의 벌칙으로 옳은 것은?

① 6개월 이하의 징역 또는 5백만 원 이하의 벌금
② 1년 이하의 징역 또는 1천만 원 이하의 벌금
③ 2년 이하의 징역 또는 2천만 원 이하의 벌금
④ 3년 이하의 징역 또는 3천만 원 이하의 벌금
⑤ 5년 이하의 징역 또는 5천만 원 이하의 벌금

수의사법상 동물보건사 응시자격 및 자격인정에 대한 설명으로 옳지 않은 것은?

① 전문대학의 동물 간호 관련 학과를 졸업한 사람은 응시자격이 있다.
② 동물 간호 교육과정 이수 후 관련 업무에 6개월 이상 종사한 사람은 응시자격이 있다.
③ 외국의 동물 간호 관련 면허나 자격을 가진 사람은 응시자격이 있다.
④ 합격자 발표일부터 14일 이내에 정신질환자가 아님을 증명하는 진단서를 제출해야 한다.
⑤ 합격자 발표일부터 14일 이내에 마약 등의 중독자가 아님을 증명하는 진단서를 제출해야 한다.

12 수의사법령상 동물보건사의 업무에 대한 설명으로 옳지 않은 것은?

① 동물병원 내에서 수의사의 지도를 받는다.
② 동물의 간호 업무에 종사한다.
③ 진료의 보조 업무에 종사한다.
④ 어떤 상황이든 응급처치행위를 해서는 안 된다.
⑤ 동물보건사의 업무에 관한 사항은 농림축산식품부령으로 정한다.

13 수의사법령상 동물보건사의 진료 보조 업무가 아닌 것은?

① 약물 도포
② 경구 투여
③ 마취 보조
④ 수술 보조
⑤ 동물 관찰

14 수의사법상 동물보건사 면허의 등록에 대한 설명으로 옳지 않은 것은?

① 면허의 등록에 필요한 사항은 농림축산식품부령으로 정한다.
② 면허에 관한 사항을 면허대장에 등록하고 그 면허증을 발급하여야 한다.
③ 면허증을 빌려주면 3년 이하의 징역 또는 3천만 원 이하의 벌금에 처한다.
④ 면허증을 알선하면 2년 이하의 징역 또는 2천만 원 이하의 벌금에 처한다.
⑤ 면허증을 빌리면 2년 이하의 징역 또는 2천만 원 이하의 벌금에 처한다.

15 수의사법상 동물보건사는 실태와 취업상황 등을 신고하여야 하는 곳은?

① 고용노동부
② 보건복지부
③ 대한수의사회
④ 농림축산식품부
⑤ 근무지 관할 주민센터

16 수의사법령상 수술 등의 진료비용 고지에 대한 설명으로 옳지 않은 것은?

① 동물보건사가 동물소유자 등에게 고지하여야 한다.
② 지체되면 생명이 위험할 경우 중대진료 이후에 진료비용을 고지할 수 있다.
③ 중대진료 전에 예상 진료비용을 고지할 경우에는 구두로 설명하는 방법으로 한다.
④ 중대진료 이후에 진료비용을 변경하여 고지할 때에는 구두로 설명하는 방법으로 한다.
⑤ 중대진료 과정에서 비용이 추가되는 경우 진료 이후 진료비용을 변경하여 고지할 수 있다.

17 수의사법령상 동물보건사의 연수교육에 대한 설명으로 옳지 않은 것은?

① 수의사회장은 연수교육을 매년 1회 이상 실시하여야 한다.
② 국가나 지방자치단체는 연수교육에 필요한 경비를 부담할 수 있다.
③ 연수교육의 대상자는 매년 10시간 이상의 연수교육을 받아야 한다.
④ 수의사회장은 해당 연도의 연수교육의 실적을 그 해 12월 말까지 보고하여야 한다.
⑤ 수의사회장은 매년 12월 31일까지 다음 해의 연수교육 계획을 제출하고 승인받아야 한다.

18 수의사법령상 대한수의사회에 대한 설명을 옳지 않은 것은?

① 수의사회는 법인으로 한다.
② 수의사는 수의사회가 설립된 때에는 당연히 수의사회의 회원이 된다.
③ 수의사회는 정관에서 정하는 바에 따라 윤리위원회를 설치·운영할 수 있다.
④ 설립 목표는 수의업무의 적정한 수행, 수의학술의 연구·보급, 수의사의 윤리 확립이다.
⑤ 수의사회의 윤리위원회는 면허효력 정지에 윤리적 판단이 필요할 경우 의견을 제시한다.

19 **수의사법령상 농림축산식품부장관은 다음과 같은 업무를 행정기관에 위임할 수 있다. 해당 업무를 위임받는 행정기관은?**

• 등록 업무	• 품질관리검사 업무
• 검사·측정기관의 지정 업무	• 지정 취소 업무
• 휴업 또는 폐업 신고의 수리 업무	

① 보건복지부
② 고용노동부
③ 질병관리청
④ 대한수의사회
⑤ 농림축산검역본부

20 **수의사법령상 3회 이상 위반 시 부과해야 하는 과태료가 100만 원이 아닌 것은?**

① 진료 또는 검안한 사항을 기록하지 않은 경우
② 정당한 사유 없이 동물의 진료 요구를 거부한 경우
③ 거짓으로 진단서, 검안서, 증명서 또는 처방전을 발급한 경우
④ 정당한 사유 없이 수의사법에 따른 연수교육을 받지 않은 경우
⑤ 방사선 발생 장치의 안전관리기준에 맞지 않게 설치·운영한 경우

TEST

부 록 2023년 제2회 정답 및 해설

제1과목 ㅣ 기초 동물보건학																			
1	①	2	④	3	①	4	③	5	②	6	⑤	7	①	8	②	9	④	10	①
11	②	12	⑤	13	②	14	①	15	③	16	②	17	②	18	④	19	⑤	20	①
21	②	22	③	23	③	24	②	25	①	26	③	27	①	28	④	29	④	30	④
31	⑤	32	③	33	①	34	④	35	①	36	③	37	⑤	38	③	39	②	40	④
41	⑤	42	①	43	④	44	④	45	④	46	①	47	④	48	③	49	①	50	①
51	②	52	①	53	③	54	④	55	④	56	⑤	57	③	58	①	59	②	60	①

01 갑상샘에서는 체내 대사 과정, 체온 조절 등에 관여하는 갑상샘 호르몬이 분비되는데, 크게 티록신(T4)과 트리요오드사이로닌(T3) 2종류가 있다.
② 인슐린 – 췌장
③ 당질코르티코이드 – 부신피질
④ ADH(항이뇨 호르몬) – 뇌하수체 후엽
⑤ 칼시토닌 – 갑상샘

02 수컷 개에게는 단독으로 이루어진 1개의 음경 뼈가 있다.

03 호흡은 외부로부터 산소를 받아들이고 이산화탄소를 배출하는 과정이다.
• 외호흡 : 폐포와 폐포 모세혈관 사이에서 일어나는 기체 교환을 말한다.
• 내호흡 : 조직과 조직 모세혈관 사이에서 일어나는 기체 교환을 말한다.

04 췌장(이자) 호르몬

인슐린	췌장 랑게르한스섬의 베타세포에서 분비되며 혈당치를 낮춘다.
글루카곤	• 췌장 랑게르한스섬의 알파세포에서 분비되며 혈당치를 높인다. • 인슐린과 길항 작용을 한다.
소마토스타틴	• 췌장 랑게르한스섬의 델타세포에서 분비되며 인슐린 및 글루카곤의 분비를 약간 억제한다. • 장에서 여러 영양분의 흡수 시간을 늦춰 혈당의 기복을 조절한다.

05 산욕열은 자견 출산 후 수유하는 암컷에서 발생하는 중등도의 심각한 저칼슘혈증으로, 고열이 동반되기도 해서 유열(Milk Fever) 혹은 산욕열이라 부른다. 마비 증상이나 근육에 강직성 경련이 나타나고 심하면 폐사까지 이르는 대사성 질병이다.

06 소해면상뇌병증(BSE)은 광우병이라고도 한다. 대개 4~5세 소에게 발생하는 해면상뇌증으로, 이상행동을 보이다가 죽어가는 전염성 뇌질환이다.

07 ① 광견병은 바이러스에 의해 나타나는 질병이며, ②·③·④·⑤ 세균에 의해 나타나는 질병이다.

08 광견병 백신
- 개의 경우 생후 16주령에 1차 접종하며, 매년 추가 접종한다.
- 고양이의 경우 생후 12주령 전후에 1차 접종하며, 매년 추가 접종한다.

09 아보카도 과실, 씨앗 등에는 페르신이라는 물질이 포함되어 있어 사람 이외의 동물에게 주면 중독 증상을 일으켜 구토, 설사 및 경련, 호흡 곤란 등이 나타날 수 있다.

10 고양이는 1년에 수 회 발정을 겪는 다발정 동물이며, 주로 봄(2~4월)과 여름(6~8월)에 최대가 된다.

11 ① 낮에는 굴 속에 숨어서 수면을 취하고, 저녁에 활동한다.
③ 설치목 쥐과의 포유류이다.
④ 시각보다 후각이 발달해 있다.
⑤ 항문에 취선이 있어 악취가 나는 액체를 뿜는 것은 페럿이다.

12 ㄱ. 토끼는 앞다리가 짧고, 뒷다리가 길다.
ㄴ. 토끼의 이빨은 일생 동안 계속 자란다.

13 개의 사회화 시기는 생후 3주~최대 6개월 사이의 시기로, 결정적 시기라고도 한다. 이 중 '생후 20일~12주'가 가장 주의하여 사회화 훈련을 해야 하는 시기이다.

14 지방은 소량의 섭취로도 많은 에너지를 얻을 수 있게 해주는 필수 영양성분이지만, 과다 섭취 시 높은 에너지로 인한 과체중(비만), 습진, 탈모가 생길 가능성도 있다.

15 개와 고양이의 척추를 구성하는 뼈의 수

경추(목뼈)	흉추(등뼈)	요추(허리뼈)	천추(엉치뼈)	미추(꼬리뼈)
7개	13개	7개	3개	20~23개

① 토끼 : C_7 T_{12} L_7 S_4 $Cd_{15\sim18}$
② 소 : C_7 T_{13} L_6 S_5 $Cd_{18\sim20}$
④ 말 : C_7 T_{18} L_6 S_5 $Cd_{15\sim19}$
⑤ 돼지 : C_7 $T_{14\sim15}$ $L_{6\sim7}$ S_4 $Cd_{20\sim23}$

16 개의 영구치는 모두 42개이며, 상악치는 3-1-4-2, 하악치는 3-1-4-3개가 존재한다.

17 ② 개의 맥박수는 90~160(소형), 70~110(중형), 60~90(대형)으로 소형견의 맥박이 대형견의 맥박보다 빠르다.
① 개의 정상 체온(℃)은 대략 37.2~39.2℃ 사이이다.
③ 개의 혈압은 90~120(평균), 100~160(수축기), 60~110(이완기)이다.
④ 개의 정상 호흡수는 16~32회/분이다.
⑤ 소형견은 대형견에 비해 활동성이 크고 흥분도가 높다.

18 개 종합백신(DHPPL)으로 예방 가능한 질병
- 개 홍역(디스템퍼)
- 파보 바이러스성 장염
- 전염성 간염
- 파라 인플루엔자성 기관지염
- 렙토스피라증

19 고양이 종합백신

구 분	3종	4종	5종
바이러스성 비기관염증(허피스)	○	○	○
칼리시 바이러스 감염증	○	○	○
범백혈구 감소증	○	○	○
클라미디아 감염증	–	○	○
백혈병 바이러스 감염증	–	–	○

20 ① 쿠싱증후군은 부신피질에서 분비되는 호르몬이 과다하게 분비되어 생기는 부신피질 기능항진증이다.

21 ② 비타민 B(복합체)는 수용성 비타민에 해당하며, 티아민 · 리보플래빈 · 나이아신 · 비오틴 · 엽산 · 피리독신 · 시아노코발라민 등이 있다.

22 관절부에 의해 연결되어 있는 뼈가 정상적인 위치에서 벗어난 경우를 탈구라고 하며 개에서는 특히 고관절 탈구, 슬개골 탈구가 가장 흔하다. 고관절 탈구 시 체중을 싣지 않는 파행을 보인다. 탈구는 습관성이 되는 경우가 많으므로 치료 후의 생활 관리에도 신경써야 한다.

23 타우린은 정상적인 발달에 중요한 필수 아미노산으로, 어미 고양이의 젖에 풍부하게 함유되어 있다. 특히 개와 달리 고양이에게 필수적으로 요구되는 아미노산이며 부족할 시 시력 감소, 심장 질환 발생, 면역력 감소 등의 증상이 나타난다.

24 호산구
- 총 백혈구의 2~4% 정도이다(개 4%).
- 붉은색의 산성 과립을 갖는 백혈구로, 과립 내 단백분해효소를 함유한다.
- 기생충성 감염이나 알러지성 질환 발병 시 그 수가 증가한다.

25 후천적 면역은 대식세포가 제시한 항원에 맞춰 반응이 일어나는 특이적 방어 작용에 해당한다.

26 ① 정중단면(Median Plane) : 머리, 몸통 또는 사지를 오른쪽과 왼쪽이 똑같게 세로로 나눈 단면
② 시상단면(Sagittal Plane) : 정중단면과 평행하게 머리, 몸통 또는 사지를 통과하는 단면
④ 등단면(Dorsal Plane) : 정중단면과 가로단면에 대하여 직각으로 지나는 단면으로, 몸 또는 머리를 등쪽 부위 및 배쪽 부위로 나눔
⑤ 축(Axis) : 몸통 또는 몸통의 어떤 부분의 중심선

27 알부민은 세포의 기본 물질을 구성하는 단백질의 하나로, 혈관 속에서 체액이 머물게 하여 혈관과 조직 사이의 삼투압 유지에 중요한 역할을 한다. 또한 알부민은 간에서 생성되며, 간 기능 저하 · 신장 질환 · 영양실조 · 염증 · 쇼크일 경우 농도가 감소할 수 있다.

28 심장의 자극전도계는 동방결절(Sinoatrial Node, S-A Node), 방실결절(Atrioventricular Node, A-V Node), 히스속(His Bundle), 푸르키네 섬유(Purkinje Fibers)를 포함하며 자극전도계의 흥분 전도 순서는 동방결절 → 방실결절 → 히스속 → 푸르키네 섬유이다.

29 ① 주로 새끼를 낳은 적이 없거나 한 번만 낳은 암컷이 걸리기 쉽다.
② 폐쇄형의 경우, 분비물이 외부로 배출되지 않아 조기에 진단과 치료가 이루어지기 힘들다.
③ 발정기에 열려 있는 자궁목을 통해 세균이 침입하기 쉽기 때문에 발정기 이후에 많이 나타난다.
⑤ 음수량과 배뇨량이 많아지며, 식욕 부진이 나타난다.

30 ① 어릴수록 단백질의 필요량이 높고, 나이가 들면서 차차 감소한다.
② 개는 필수 아미노산이 10개, 고양이는 11개이다.
③ 성장 중인 강아지에게 중요한 무기질은 칼슘과 인이다.
⑤ 성장 중인 고양이에게 탄수화물의 필요량은 낮다.

31 전염병 경보 6단계
- 1단계 : 동물 사이의 전염 단계
- 2단계 : 동물에서 사람으로 전염되는 단계
- 3단계 : 사람 간 전염이 늘어나는 상태
- 4단계 : 사람 대 사람 전염이 번지기 시작한 것으로 대유행의 위험이 현저히 커진 상태. 여행자제 등 전염병 확산 방지를 위해 구체적 조치를 취해야 하는 상태
- 5단계 : 전염병이 동일 권역(대륙) 두 개 이상의 국가에서 발생한 상태(= 에피데믹)
- 6단계 : 동일 권역(대륙)을 넘어 다른 권역의 국가에서도 전염병이 발생한 상태(= 팬데믹)

32 역학은 질병의 발생 원인을 규명하여 질병의 예방을 꾀하는 기능을 한다.

33 심장사상충증
- 개・고양이 등에서 나타나는 혈액 내 기생충성 질환으로, 심장사상충이 심장이나 폐동맥에 기생하여 발생한다.
- 주로 모기가 전파하며, 감염 시 만성 기침・피로 등을 일으킨다. 또한 폐동맥을 막아 호흡 곤란・발작성 실신・운동기피 등의 증상을 나타낸다.
- 심장사상충 예방용 구충제를 먹여 예방한다.

34 폐동맥 협착증
- 폐동맥의 입구가 좁아져 발생하는 질병으로, 우심실이 비대해져 순환 부전이 일어난다.
- 일반적인 허약 증세가 나타나며, 중증인 경우에는 호흡 곤란이나 청색증・심한 기침・부종 등이 생기고 심부전으로 사망하기도 한다.
- 중증인 경우 수술이 필요하다.

35 공기의 화학적 성분

성 분	질소(N_2)	산소(O_2)	아르곤(Ar)	이산화탄소(CO_2)	기 타
함량(%)	78.08	20.94	0.93	0.03	0.02

36 ① 결핵 : 제2급 인수공통감염병
② 탄저 : 제1급 인수공통감염병
④ 브루셀라증 : 제3급 인수공통감염병
⑤ 동물인플루엔자 인체감염증 : 제1급 인수공통감염병

37 ⑤ 갑상샘 기능항진증은 갑상샘 호르몬이 과도하게 분비되는 질병으로, 갑상샘 증식 및 종양 등이 원인이며 비만견보다는 나이든 고양이에게서 주로 나타난다.

38 ① 선천적 면역 : 비특이적인 면역으로, 외부 침입을 1차적으로 방어하는 자연 면역
② 자연 능동면역 : 병을 앓고 난 후, 면역체계 생성
④ 자연 수동면역 : 태아가 모체로부터 태반을 통해 또는 모유를 통해 항체를 전달받아 면역 생성
⑤ 인공 수동면역 : 다른 인체나 동물에서 만들어진 항체를 주입하여 면역력 생성(예 감마글로불린 주사)

39 한국의 천연기념물로 등록된 견종에는 진돗개, 삽살개, 동경이가 있으며, 이 중 삽살개는 긴 털을 가지고 있어 사자를 닮은 모습으로 유명한 한국 토종개이다.

40 ④ 처음 가정에서 고양이를 키우기 시작한 것은 약 5,000년 전 고대 이집트인들로 추정된다.

41 어떠한 것을 빼앗음(제거함)으로써 행동을 감소시키는 것은 부정 처벌(Negative Punishment)에 해당한다.
② 긍정 강화(Positive Reinforcement) : 어떠한 것을 제공함으로써 행동을 증가시키는 것이다.
③ 부정 강화(Negative Reinforcement) : 어떠한 것을 빼앗음(제거함)으로써 행동을 증가시키는 것이다.
④ 긍정 처벌(Positive Punishment) : 어떠한 것을 제공함으로써 행동을 감소시키는 것이다.

42 코호트 연구는 원하는 결과가 나올 때까지 추적 기간이 길어질 수 있어 비용과 시간이 많이 들 수 있다.

전향적 코호트 연구

질병 발생의 원인과 관련되어 있다고 생각하는 특정 인구집단과 관련이 없는 인구집단 간의 질병발생률을 비교・분석하는 연구이다.

예 흡연 100명, 비흡연 100명 모집 후 폐암 발생 여부 관찰 혹은 조사

43 ④ 고양이는 발톱 갈기를 하는 습성이 있다.

44 대략 약령기(6~12개월)에 복잡한 운동패턴의 사용이 가능하며, 고양이는 보통 이때부터 그루밍(Grooming, 전신 몸단장)을 시작한다.

45 군집독

다수인이 밀집한 실내공간에서 이산화탄소(CO_2) 증가, 산소(O_2) 감소, 온도 상승, 습도 상승으로 불쾌감・두통・현기증 등이 발생한다.

46 시 추

- 외모 : 기품이 있는 분위기를 풍기는 풍부한 피모를 가졌고 국화와 같은 얼굴을 하고 있다.
- 성격 : 영리하고 매우 명랑하며 민첩하다. 독립적이고 친근한 느낌을 준다.
- 두부 : 폭이 넓고 둥글며 양쪽 눈 사이는 넓은 편이다. 턱수염과 구레나룻이 보기 좋게 있고, 코 위에 난 피모는 위를 향하며 자란다.

47 페르시안 고양이(Persian Cat)

- 원산지 : 페르시아 → 영국
- 체형 : 볼이 통통하고 다리와 꼬리는 짧고 굵음
- 빛깔 : 흑색, 청색, 청황색, 황색, 백색, 회색 등 다양
- 눈색 : 청동색
- 얼굴이 둥글어 친절하고 상냥한 분위기를 줌
- 놀기를 좋아하나 움직임이 많은 놀이를 즐기는 편은 아님

48 ① 달래는 행위는 목소리나 그 방법이 동물을 칭찬하는 행위와 비슷해서 겁먹은 동물에게 겁먹어도 좋다는 잘못된 메시지를 전달할 수 있다.
② 동물에게서 주인을 떨어뜨리는 것이 바람직하다.
④ 무서워할 수 있는 자극을 주지 않는다.
⑤ 처벌은 겁먹은 동물의 불안과 공포를 증가시켜 문제를 더 크게 만들 수 있으므로 피한다.

49 스프레이 행동은 일반적으로 서서 한다.

50 앞다리굽이관절을 굽히는 데 사용하는 근육은 상완두갈래근이다.
② 상완세갈래근 : 앞다리굽이관절을 펴는 근육이다.
③ 장딴지근 : 뒷발목관절은 펴지고 무릎관절은 굽혀지도록 하는 근육이다.
④ 대퇴네갈래근 : 무릎관절을 펴는 근육이다.
⑤ 가시위근 : 어깨관절을 펴는 근육이다.

51 장 염
- 증상 : 원인불명의 설사가 흔하게 일어나며 구토, 탈수, 발열, 식욕 부진, 울음소리 등을 동반하기도 한다.
- 원인 : 급성 장염의 경우 감염성 물질, 부적절한 사료급여, 기생충 등에 의해 발병할 수 있다. 만성 장염의 경우 음식물에 대한 알레르기 반응이 원인이 될 수 있으며, 장내 세균이 과잉 증식하거나 기생충에 감염되었을 때도 만성으로 이어질 수 있다.

52 급여와 보관이 편리한 사료는 건식 사료이다.

53 피부사상균증
- 곰팡이의 일종인 피부사상균에 감염되어 발병한다.
- 가려움은 별로 없으나 원형 탈모가 생기는 것이 특징이며, 심해지면 탈모 부분이 커지고 비듬이나 부스럼이 생기기도 한다.

54 독소형 식중독은 세균이 증식하여 독소를 생산한 식품을 섭취하여 발생하는 식중독이다.

세균성 식중독의 구분

감염형	살모넬라, 장염비브리오, 병원성 대장균, 캠필로박터, 여시니아, 리스테리아
독소형	포도상구균, 보툴리누스, 바실러스 세레우스
중간형	웰치균

55 비골(코뼈)은 안면을 이루는 뼈에 해당한다.
① 후두골 : 뒤통수뼈
② 측두골 : 관자뼈
③ 사골 : 벌집뼈
⑤ 두정골 : 마루뼈

56 ⑤ 몸을 단장하려고 자신의 혀나 발로 몸을 긁거나 핥는 행동으로, 성적 어필과는 거리가 멀다.

57 분리불안은 주인이 없을 때 또는 빈집에 있는 동안 불안감을 느껴서 짖거나 부적절하게 배설하거나 구토・설사・떨림・지루성 피부염과 같은 생리학적 증상을 나타내는 것으로, 분리불안을 보이는 개는 주인에게 종종 과도한 애착을 보인다.

58 모구증(헤어볼)은 섭취한 털이나 이물질 등이 배출되지 못하고 위를 막아 발생하는 질병으로 소화 기능을 멈추게 하여 식욕이 없어지며, 배변에도 이상이 나타난다.

59 개의 임신 기간은 평균 63일(약 9주) 정도이다.

60 ② 중요관리점(Critical Control Point) : HACCP을 적용하여 식품의 위해요소를 예방・제어하거나 허용 수준 이하로 감소시켜 당해 식품의 안전성을 확보할 수 있는 중요한 단계・과정 또는 공정이다.
③ 한계기준(Critical Limit) : 중요관리점에서의 위해요소 관리가 허용 범위 이내로 충분히 이루어지고 있는지 여부를 판단할 수 있는 기준이나 기준치이다.
④ 모니터링(Monitoring) : 중요관리점에 설정된 한계기준을 적절히 관리하고 있는지 여부를 확인하기 위하여 수행하는 일련의 계획된 관찰이나 측정하는 행위이다.
⑤ 개선조치(Corrective Action) : 모니터링 결과 중요관리점의 한계기준을 이탈할 경우에 취하는 일련의 조치이다.

제2과목	예방 동물보건학																			
1	①	2	④	3	①	4	③	5	②	6	①	7	④	8	①	9	③	10	④
11	②	12	③	13	④	14	①	15	⑤	16	①	17	③	18	④	19	④	20	⑤
21	②	22	④	23	①	24	①	25	④	26	⑤	27	④	28	④	29	⑤	30	②
31	④	32	②	33	②	34	⑤	35	②	36	②	37	①	38	①	39	④	40	③
41	④	42	②	43	⑤	44	②	45	⑤	46	②	47	③	48	④	49	③	50	⑤
51	①	52	④	53	③	54	⑤	55	②	56	④	57	⑤	58	④	59	③	60	⑤

01 게이지(Guage)는 주사침의 굵기를 나타내는 단위로 숫자가 작을수록 바늘이 굵다. 즉 18게이지 주삿바늘이 22게이지 주삿바늘보다 굵다.

02 X-선 발생 총량은 mA × 노출시간(sec)이다. mA(관전류, 필라멘트를 가열시키는 전류)가 높을수록 같은 수의 X선을 발생하는 데 짧은 시간이 소요되므로 노출시간(sec)을 줄일 수 있다.

03 ② 냄새가 강하다는 특성이 있으며, 화장실 소독제로 사용한다.
③ 손소독제로 사용되며, 탈취 효과가 있다.
④ 높은 수준의 소독이 필요한 물품에 사용되며 고압증기 멸균을 못하는 용품을 소독할 수 있다.
⑤ 자극적이지 않아 수술 부위 소독에 효과적이다.

04 초음파 검사는 시술자의 능력에 따라 검사 결과의 정확성과 재현성이 달라진다는 단점이 있다.

05 초음파 검사는 초음파, MRI는 고자기장과 고주파를 이용한 영상진단 기기이다.

06 ① 근육주사 : 근육에는 혈관 분포가 피하보다 비교적 풍부하여 흡수가 빠르고 작용이 빨리 나타나는 주사법이나 피하주사법보다 통증을 더 유발할 수 있다.
② 정맥주사 : 직접 정맥 내에 약물을 투여하는 방법으로, 투여가 곤란한 자극성 약물이나 고장성(Hypertonic) 약물도 천천히 투여할 수 있는 장점이 있다.
③ 피하주사 : 약물을 피하에 투여하는 방법으로 주사법 중에서 가장 쉽지만 약물 투여량이 많거나 자극이 강한 약물의 경우, 통증뿐만 아니라 화농의 위험이 있어 자극성이 없는 약물을 소량 투여할 때 주로 사용한다.
④ 피내주사 : 주삿바늘이 보일 정도로 표피 가까운 곳에 투여하는 주사법이다.
⑤ 복강 내 주사 : 복강 내로 직접 약물을 투여하는 주사법이다. 복막은 흡수면적이 넓어 약물이 신속히 흡수되므로 동물실험에서 이 방법을 많이 이용한다.

07 CT는 MRI보다 더 자세한 관찰이 가능하다.

08 X선은 빛의 속도로 직선운동을 하고 빛보다 파장이 짧은 고주파의 전자기파로 에너지가 매우 높다.

09 두개골 중간부터 어깨까지의 경추 부위를 찍은 사진이다.

10 쇼크의 종류
- 분포성(Distributive) 쇼크 : 혈류의 분포 이상으로 인한 쇼크이며 초기 원인은 패혈증, 과민반응, 외상, 신경원성이다.
- 심인성(Cardiogenic) 쇼크 : 심장박동을 떨어뜨리는 심부전에 의한 조직 관류 결핍으로 부정맥, 판막병증, 심근염이 원인이다.

• 저혈량(Hypovolemic) 쇼크 : 혈액 소실, 제3강(Third-space)의 소실 또는 다량의 구토, 설사, 이뇨에 의한 체액 소실로 인해 혈액량이 감소하면 나타난다. 저혈량 쇼크는 소형 동물에게서 가장 흔하게 나타난다.
• 폐색성(Obstructive) 쇼크 : 순환계의 물리적인 폐색으로 발생하며 심장사상충, 심낭수, 폐혈전증, 위염전이 혈류 장애를 일으킨다.

11 ① 프로브를 통해 변환된 영상을 모니터에서 나타낸다.
③ 볼록형 프로브(Convex Probe)는 사다리꼴 모양으로 빔을 생성하는 프로브이며 가장 넓은 영역을 검사할 수 있다.
④ 직선형 프로브(Linear Probe)는 직사각형의 시야를 가지며 볼록형 프로브보다 시야가 좁다.
⑤ 섹터 프로브(Sector Probe)는 부채꼴형 모양으로 볼록형 프로브보다 시야가 넓다.

12

$$12\text{kg} \times \frac{20\text{mg}}{\text{kg}} = 240\text{mg}$$

$$240\text{mg} \times \frac{\text{tablet}}{40\text{mg}} = 6\text{tablets}$$

13 시버트(Sievert, Sv)
• 인체에 피폭되는 방사선량을 나타내는 측정 단위
• 병원에서 X선을 촬영하는 경우, 회당 약 0.1~0.3mSv(밀리시버트)의 방사선량을 받게 되며 한 번에 100mSv를 맞아도 인체에 별 영향이 없으므로 의료 진단에 사용하는 방사선의 피폭량은 인체에 해가 없다고 본다.

14 방광 초음파는 방광을 확장시킨 후에 시행해야 한다.

15 외상 시 외부출혈을 처치하는 방법에는 상처 부위 압박하기, 상처 부위가 심장 위에 위치하도록 들어 올리기, 동맥 압박하기, 상처 위·아래 압박하기, 지혈대 사용하기 등이 있다.

16 복배상은 머리 쪽 보정 시 동물의 앞발과 머리를 잡고 꼬리 쪽 보정 시 동물의 뒷다리를 잡는다.

17 배복상(DV) 촬영 시 꼬리 쪽을 보정할 때는 동물의 대퇴부와 둔부를 함께 잡는다.

18 동물보건사는 진료·처방 등의 행위가 금지되어 있고, 수의사의 진료 및 처방에 따른 투약, 약물 처방 보조, 처치 실시 업무를 진행한다.

19 ④ 동물의 사체는 위해의료폐기물 중 조직물류로 분류되며, 4℃ 이하의 전용 냉장시설에 보관하여야 한다.
①·②·③·⑤ 밀폐된 전용 보관창고에 보관하여야 한다. 배양용기, 폐백신, 혈액 투석 시 사용한 폐기물은 위해의료폐기물에 해당하며, 배설물로 오염된 탈지면은 일반의료폐기물에 해당한다.

20 선입선출이란 먼저 들어온 물품을 먼저 출고한다는 것이다.

21 반감기는 약물의 농도가 50%로 되는 시간을 말하며, 반감기가 긴 약은 일정수준이 사라지기 전에 복용하면 체내에 축적돼 중독 작용을 나타낼 수 있다.

22 와파린은 출혈을 일으키는 항응고제이다. 이에 대한 치료로는 초기에 비타민 K1을 반복 투여하고 비타민 K12, 프레드니손 등을 투여한다. 혈액 상실을 보충하기 위한 수혈을 하고 수혈이 어려운 경우 포도당, 생리식염수를 투약한다.

23 ① 이부프로펜은 개에게 위궤양과 신부전을 유발할 수 있다.
② 항응고제의 일종으로 동물에게 투여할 수 있다.
③ · ④ · ⑤ 콜린성 약물로 안압 감소, 구토 조절 등에 사용한다.

24 제품이 입고된 순서와 유효 기간을 파악하여 재고를 관리한다.

25 수혈 부작용이 일어날 경우 빈맥의 증상을 보이며 그 외에 급성 신부전, 고열, 쇼크 등의 증상이 있다.

26 ① 동물병원에서 동물의 임상진료에 대한 모든 사항을 문서로 기록하는 것을 말한다.
② SOAP 방법은 문제중심의무기록(POVMR) 방식이다.
③ SOAP 방법에서 '주관적(S)'이며 측정할 수 없는 정보는 행동, 자세, 식욕 등이다.
④ SOAP 방법에서 '객관적(O)'이며 측정할 수 있는 정보로는 체온, 맥박, 호흡수 등을 들 수 있다.

27 약물 처방전 약어
- b.i.d.(bis in die) : 하루 두 번
- p.o.(per oral) : 경구용 제제
- sem.i.d.(semel in die) : 하루 한 번
- q.i.d.(quarter in die) : 하루 네 번

28 ④ 콜리메이터는 X선의 일차선이 노출되는 구역으로 촬영 부위마다 필요한 크기로 조절해 X선의 산란선을 조절한다.

29 동물 심폐소생술에 필요한 주요 약물로는 ① · ② · ③ · ④ 외에 에피네프린(Epinephrine), 20% 포도당(Glucose), 길항제(Naloxone)가 있다.

30 ① 약물이상반응 : 약물을 정상적인 용법에 따라 투여 · 사용했을 때 발생한 유해하고 의도하지 않은 반응으로 해당 약품과 인과 관계를 배제하기 어려운 경우이다.
③ 길항 작용 : 서로 다른 두 가지 이상의 약물을 동시에 투여할 때 나타나는 효과로서, 약물을 병용하였을 때 작용이 오히려 적게 나타나는 경우이다.
④ 선택 작용 : 약물 대부분은 어떤 조직 장기와 특별한 친화성을 가지고 있어서 친화성을 가진 조직 장기에 영향을 끼치게 되는 작용이다.
⑤ 억제 : 약물에 의하여 어떤 조직, 장기의 고유 기능이 저하되는 경우이다.

31 모니터링이 필요한 동물의 보호자에게는 전화를 걸어 상태를 확인하여야 한다.

32 가스 – 지방 – 조직 – 뼈 – 금속의 순으로 방사선이 통과하기 쉬워 금속이 가장 희게 보인다.

33 환자에게 투여한 약물은 체내에서 흡수 → 분포 → 대사 → 배설의 흐름을 거치며 변화한다.

34 이 외에 경영관리용으로 사용할 수 있다.

35 처방전 사용 기간은 교부일로부터 7일 이내일 경우에만 사용할 수 있으므로 교부일로부터 7일 이내인지 확인해야 한다.

36 ㄹ. 현상된 사진을 수의사가 판독하고 필요 시 재촬영 및 추가 촬영을 진행한다.

37 수액세트는 수액류 약물을 정맥 내로 점적 투여하기 위해 사용하는 의료용 물품으로 수액이 든 약물병, PVC백에 연결하기 위한 도입침, 수액의 투여 상태와 투여 속도를 확인할 수 있는 점적통, 수액관, 수액 속도를 조절할 수 있는 조절기 등이 있다.

38 ② 반려동물(Pet)과 경제(Ecomony)의 합성어로 반려동물과 관련된 시장 또는 산업
③ 반려동물(Pet)과 가족(Family)의 합성어로 반려동물을 가족처럼 생각하는 사람들
④ 가족같던 반려동물의 사망으로 슬픔, 우울, 불안, 대인기피 등이 발생해 고통받는 현상
⑤ 딩크족과 펫의 합성어로 아이를 갖지 않는 대신 애완동물을 기르며 사는 맞벌이 부부

39 ① 진해제 사용에 대한 설명이다.
③ 항히스타민제에 대한 설명이다.
⑤ 점액용해제에 대한 설명이다.

40 ③ 이소플루란은 동물의 흡입마취에 주로 사용하는 마취약이다.

41 초음파 검사는 인간의 귀로 들을 수 없는 높은 주파수의 초음파를 영상화시킨 것이다. 방사선을 사용하지 않아 인체에 무해하고 CT나 MRI에 비해 비교적 저렴하다는 장점이 있다.

42 식도 및 위장관 조영술 시 황산바륨을 이용한다.

43 넥카라
진료 및 수술 이후에 사용되며 사나운 동물들이 물지 못하도록 방어할 목적으로 사용된다.

44 그리드
• 바둑판의 눈금과 유사한 격자 형태이며 납선으로 이루어짐
• 동물과 필름 사이에 위치
• 산란선을 제거하는 역할
• 산란도가 높은 필름은 뿌옇게 보이는 경우가 있어 대조도가 높은 사진을 얻기 위해 사용

45 정상적인 상태의 경우 호흡 시 콧구멍이 크게 움직이지 않는다. 콧구멍을 움직이는 경우는 노력성 호흡일 확률이 크다.

46 ② 응급 상자(Emergency Box)에 대한 설명이다. 응급 카트(Crash Cart)는 카테터 장착 세트와 주사기, 약물, 기관내관(ET-tube) 외에도 ECG 모니터기, 석션기 등 부피와 무게가 있는 기기도 카트에 보관할 수 있어서 응급상황이 발생하였을 때 신속하게 처치할 수 있는 장점이 있으나, 장소가 협소한 곳에서는 사용이 불편한 단점이 있다.

47 ③ 케타민은 진통 효과가 있는 전신마취제이다.
①·②·④·⑤ 환자가 갑작스런 자극이나 응급상황에 반응할 수 있도록 호흡을 촉진하기 위해 사용하는 약물이며 응급카트에 보유해야 하는 응급의약품이다.

48 반려동물에게 예방접종 후 부작용으로 구토나 알레르기 반응이 나타날 경우 소염제, 항히스타민제, 수액 처치를 진행해야 한다. 항히스타민제는 알레르기 및 구토의 억제에 효과가 있다.

49 젖산 수치의 정상값은 2.5mmol/L 이하이다.

50 사전 신고 없이 수입 가능한 개와 고양이의 마릿수는 9마리 이하이다.

51 약물을 삼킨 후에 고개를 털지 않도록 지켜봐야 한다.

52 3분 이내에 응급 처치를 시행하지 않을 경우 비가역성 뇌 손상이 진행되므로 심폐 정지 상황 시 3분 이내에 심폐소생술을 진행해야 한다.

53 인공호흡 시 동물의 입을 막고 가슴이 팽창될 때까지 코에 숨을 불어 넣는다.

54 ①・②・③・④ 위해의료폐기물에 해당된다.

일반의료폐기물
혈액・체액・분비물・배설물을 포함한 탈지면, 붕대, 거즈, 일회용 기저귀, 생리대, 일회용 주사기, 수액세트

55 ① 수액세트와 연장선 : 수액 백(Bag)에 바로 연결하는 수액 라인과 연장선
③ 산소포화도 측정기 : 동맥 내 헤모글로빈의 산소포화도를 측정하여 동맥 내 산소 분압(PaO_2)을 간접적으로 측정하는 기기
④ 인퓨전 펌프 : 수액 또는 다량의 약물을 시간당 정확한 양으로 주입하기 위해 수액 라인을 연결하여 사용하는 기기
⑤ 실린지 펌프 : 주사기를 이용하여 약물을 일정한 속도와 시간으로 환자에게 주입하기 위한 기기

56 스테로이드성 소염제는 장기간 복용하면 쿠싱증후군, 당뇨, 소화기 질병 등이 나타날 수 있으므로 주의해야 한다.

57 츄어블정은 녹이거나 씹어서 복용하게끔 만든 것이다. 표면에 당을 입혀놓은 것은 당의정에 해당한다.

58 아트로핀은 항콜린성 약물로 안과 검사 시 동공 확장이 필요할 때 사용한다.
①・②・③・⑤ 오피오이드 작용제로 불안, 공포를 감소시키면서 진통, 진정을 유발한다.

59 사람에게 수액을 투여하는 경우, 일반적으로 피하투여는 하지 않고 정맥투여를 한다.

60 ⑤ 수혈을 받은 경험이 있는 동물은 공혈 동물로 등록이 불가하다.

공혈 동물(Donor)의 조건
• 임상적, 혈액 검사상 이상이 없다.
• 백신 접종을 규칙적으로 하고 있다.
• 적혈구 용적률(PCV)이 40% 이상이다.
• 수혈을 받은 경험이 없다.
• 혈액형 검사를 시행했다.
• 심장사상충에 감염되지 않았다.

제3과목 | 임상 동물보건학																			
1	⑤	2	②	3	①	4	①	5	①	6	④	7	②	8	④	9	④	10	③
11	③	12	②	13	⑤	14	⑤	15	②	16	②	17	④	18	④	19	①	20	③
21	③	22	⑤	23	④	24	⑤	25	⑤	26	③	27	③	28	⑤	29	⑤	30	②
31	③	32	②	33	②	34	②	35	⑤	36	③	37	②	38	③	39	⑤	40	②
41	③	42	④	43	②	44	①	45	③	46	⑤	47	④	48	③	49	②	50	①
51	⑤	52	⑤	53	③	54	④	55	①	56	②	57	⑤	58	①	59	③	60	④

01 기초문진 항목
- 보호자 정보
- 동물(환자) 정보
- 함께 거주하는 동물 정보
- 급여하는 음식
- 최근의 신체 변화
- 각종 예방접종 상황
- 치아 관리 상황
- 피부, 털 관리 상황
- 운동 여부

02 핸들링 시 동물의 종과 관계없이 조용하고 자신감 있게 접근하여 한 번에 정확히 테크닉을 수행하는 것이 중요하다.

03 동물보건사는 「수의사법」 제16조의5(동물보건사의 업무) 제1항에 따라 동물병원 내에서 수의사의 지도 아래 동물의 간호 또는 진료 보조 업무를 수행할 수 있다.

「수의사법 시행규칙」 제14조의7(동물보건사의 업무 범위와 한계)

동물의 간호 업무	동물에 대한 관찰, 체온 · 심박수 등 기초 검진 자료의 수집, 간호 판단 및 요양을 위한 간호
동물의 진료 보조 업무	약물 도포, 경구 투여, 마취 · 수술의 보조 등 수의사의 지도 아래 수행하는 진료의 보조

04 보정자는 수의사와 환자가 정면으로 마주 본 상태에서 환자의 엉덩이 부분을 부드럽게 눌러, 앉은 자세를 만들며 입마개를 사용한다.

05 ① 광견병은 온혈동물(항온동물)에게 전파되는 것으로 인수공통감염병이다.
② 파보 바이러스는 전염성과 폐사율이 매우 높은 질병으로 사람에게 전염되지 않는다.
③ 곰팡이성 피부병은 인수공통감염병이다.
④ FeLV는 RNA 바이러스인 고양이 백혈병 바이러스(Feline Leukemia Virus)로서, 종양과 면역력 약화를 유발하기 때문에 치명적인 바이러스이며, 사람에게는 피해를 주지 않는다.
⑤ 심장사상충은 기생충 감염성 질환으로, 모기를 매개로 하여 전염된다.

06 태어난 후 48시간 이내에 생산되는 초유를 통한 모체이행항체로 출생 후 약 12주까지 방어 능력이 제공되는 것을 자연 수동면역이라 한다.

07 클로르헥시딘

피부 자극 작용이 없고, 기구를 부식하지 않아서 피부 세척과 기구 소독 등에 사용한다.

08

메첸바움 가위는 외과용 가위로 날이 가늘고 섬세하므로 봉합사 커팅 시 날이 손상될 수 있어 사용하지 않는다. 봉합사 커팅 시에는 봉합사 커팅용 가위를 사용한다.

09 Pop-off 밸브(Pop-off Valve)

- 마취 회로 내의 압력이 높은 경우 가스를 밖으로 배출하는 밸브이다.
- 배기 밸브에 청소 호스가 연결되어 불필요한 마취 가스가 수술실 내에 퍼지지 않도록 외부로 배출한다.

10 본왁스(Bone Wax)

뼈 수술 시에 적당량을 멸균 소독된 방법으로 삽입하는 출혈 방지용 왁스로서 약리 작용은 없으며 물리적으로 출혈구를 봉합하여 골 국소지혈 작용을 한다.

11 탈수 평가

- 탈수 정도는 체중에 대한 퍼센트(%)로 나타내며 몸의 수분이 5% 이상 손실되어야 임상적으로 확인할 수 있다.
- 탈수 증상이 심해져 빈사 상태가 되면 체중의 12~15% 이상 탈수되었다고 보며 15% 이상이 되면 사망에 이른다.

12 배액법

염증 및 수술 봉합 부위 등에서 발생하는 분비물을 제거하기 위해서 체외로 배출시키는 방법

능동배액법 (Active Drainage)	• 석션을 사용하는 배액법으로, 음압을 이용한 (개방성 또는 폐쇄성) 석션을 사용한다. • 잭슨프렛(Jackson-pratt)이 대표적이다.
수동배액법 (Passive Drainage)	• 석션이 없으며, 중력과 체강의 압력 차이로 상처의 삼출물을 제거한다. • 펜로즈(Penrose) 드레인이 대표적이다.

13

건조한 점막은 탈수 및 저혈량증에서 나타나는 임상 증상이다.

14 RER(Resting Energy Requirement, 휴식기 에너지요구량)

동물이 안정된 상태에서 최소한으로 소비하는 필요 에너지요구량이다.

구 분	공 식	
개	2kg 이하 소형견	$70 \times$ 체중(kg)$^{0.75}$
	2kg < 체중 < 35kg	$30 \times$ 체중(kg) + 70
고양이	$40 \times$ 체중(kg)	

15 개와 고양이의 정상 혈압(mmHg)

구 분	이완기 혈압	수축기 혈압	평균 혈압
개	60~110	100~160	90~120
고양이	70~120	120~170	90~130

16 준비 구역
- 수술환자 준비와 수술에 사용하는 물품을 보관하는 장소이다.
- 동물이 수술방에 들어가기 전에 수술 부위의 털 제거와 흡입마취가 시작되는 곳으로 오염 지역에 해당한다.

17 ④ 감염 시 썩는 듯한 악취와 끈적거리는 설사의 증상을 보이며 메트로니다졸을 처방하여 치료한다.
①·② 분변 등을 통해 전파되고 빈혈이나 피부병 등을 유발하며 정기적인 구충제 투약을 통해 구제한다.
③ 인수공통전염병으로 심한 소양증을 유발한다.
⑤ 탈모를 일으키며 치료가 어렵고 장기간의 치료가 필요하다.

18 혈액 도말 슬라이드를 고정 용액에 넣고 2초에 1번씩 5번 담가야 한다.

딥퀵(Diff-Quick) 염색
혈구의 형태를 관찰하는 염색법으로 간편하면서도 신속하고 정확한 결과를 얻을 수 있다.

19 ① 검체는 최대한 얇게 제작해야 잘 볼 수 있다.

20 ① 동물의 습관이나 특징 등을 확인할 수 있다.
② 탈수증세 또는 신체 표면의 림프절을 관찰할 수 있다.
④ 가시적인 외상을 확인할 수 있다.
⑤ 심장음을 확인할 수 있다.

21 ㄴ. 왼쪽 앞다리에는 노란색 리드를 사용한다.
ㄹ. 오른쪽 뒷다리에는 검은색 리드를 사용한다.

심전도 검사 시 사용하는 리드의 색과 부위의 연결

리드의 색	신체 부위
빨간색	오른쪽 앞다리
노란색	왼쪽 앞다리
초록색	왼쪽 뒷다리
검은색	오른쪽 뒷다리

22 동물의 정상 호흡수 범위

구 분	호흡수
개	16~32
고양이	20~42
토 끼	50~60
페 럿	33~36

23 백신 내 병원체에 의한 발병에 대해 안전성이 높으나 지속기간이 상대적으로 짧아 여러 번 접종이 필요한 것은 불화성화 백신이다.

백신의 종류

구 분	약독화 생백신	불활성화 백신
종 류	순화백신, 생균백신	사독백신, 사균백신
특 성	• 살아 있는 병원체의 독성을 약화 • 약화한 세균이나 바이러스의 증식 때문에 해당 질병에 걸린 것과 비슷한 상태가 되어 강력한 면역반응 발생	항원 병원체를 죽이고 면역 항체 생산에 필요한 항원성만 존재
장 점	• 불활성화 백신보다 면역형성 능력 우수 • 장기간 지속	높은 안전성
단 점	면역 결핍 동물의 경우 백신 내 병원체에 의한 발병 우려 존재	• 면역반응이 약하여 여러 번 접종 필요 • 면역 지속시간이 상대적으로 짧음

24 ⑤ 동결침전물은 영하 18℃에서 12개월 보관이 가능하다.

25 수혈 부작용으로 빈맥의 증상을 보이며 이 외에도 용혈, 호흡 곤란 등의 증상이 있다.

26 비만견의 경우 칼로리는 낮추고 고섬유 저지방의 균형식이 추천되며, 섬유소는 포만감을 주지만 섭취 열량이 낮아 적극 추천된다.

27 BCS(Body Condition Score) 3

정상 체중으로 갈비뼈가 쉽게 만져지며 위에서 보면 허리가 잘록한 상태

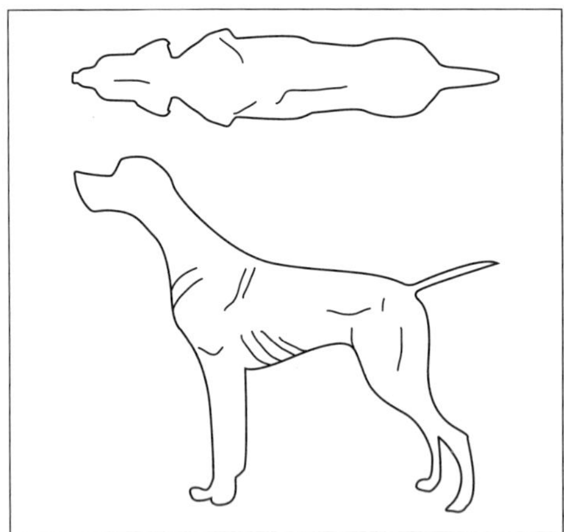

28 I-PASS(중환자실 동물보건사 교대 시 인수인계)

- I(Introduction) : 환자 소개
- P(Patient Summary) : 환자 요약
- A(Action List) : 지시사항
- S(Situation Awareness/Contingency Planning) : 상황인지 및 가능한 상황 대비
- S(Synthesis) : 종합

29
①·③ 고압증기 멸균법에 대한 설명에 해당한다.
②·④ 플라즈마 멸균법에 대한 설명이다.

EO 가스 멸균법(Ethylene Oxide Gas Sterilization)

- 에틸렌옥사이드 가스에 의해 멸균하는 방법이다.
- EO 가스는 독성, 폭발의 위험이 있으므로 충분한 환기가 필요하다.
- 열, 습기에 민감한 고무류, 플라스틱 등에 사용한다.
- 멸균 내용물의 부식 및 손상을 주지 않고 멸균 백을 사용하는 경우 6개월 이상 멸균이 유지된다.
- 고압증기 멸균보다 멸균 시간이 길고 가격이 비싸다.

30
Silk를 제외한 나머지는 흡수성 봉합사이다.

봉합사의 분류

흡수성 봉합사	자연사	Surgical Gut(Catcut), Collagen
	인공합성사	Polydioxanone, Polyglactin 910, Polyglycolic Acid 등
비흡수성 봉합사	Silk, Cotton, Linen, Stainless Steel, Nylon(Dafilon, Ethilon)	

31
③ 쿠파주는 엎드리거나 서 있는 자세로 보정해야 한다.

32
쥐의 발정 주기에 따른 세포 및 백혈구 변화

발정 전기	발정기	발정 후기	발정 간기
14시간	1.5일	7~8시간	약 2일

시 기	관찰된 세포
발정 전기 (Proestrus)	• 많은 유핵세포(Nucleated Cell) • 각질화된 편평 상피세포(Cornified Epithelial Cell)
발정기 (Estrus)	많은 각질화된 편평 상피세포(Cornified Epithelial Cell, 일부는 덩어리)
발정 후기 (Metestrus)	• 편평 상피세포(드물게 관찰) • 백혈구(Leukocytes) • 유핵 상피세포(Nucleated Epithelial Cell)
발정 간기 (Diestrus)	• 소수의 유핵세포(Nucleated Cell) • 많은 수의 백혈구(Leukocytes)

33 ② 교상 : 짐승 또는 벌레 등에게 물린 상처

① 좌상 : 외부로부터의 둔중한 충격으로 겉으로 드러난 피부에는 손상이 없지만, 내부 조직이나 내장 등이 상처를 입은 상태

③ 열상 : 살갗이 찢어져서 생긴 상처

④ 자상 : 칼과 같은 날카로운 도구에 찔려서 입은 상처

⑤ 찰과상 : 무언가에 스치거나 문질러져서 피부의 표피가 벗겨진 상처

창 상

- 외부의 자극이나 수술 등에 의해 신체 피부조직의 통합성이 파괴된 상태를 말한다.
- 창상의 종류는 매우 다양하며, 전신적으로 발생이 가능하다.
- 피부부터 근육 및 내부장기에도 창상이 생길 수 있다.

34 찰과상을 입었을 때는 우선 먼저 생리식염수나 흐르는 물에 상처 부위를 씻고 지혈한 후 상처 연고를 발라주어야 한다.

35 진통제 종류

- 비마약성 진통제 : 트라마돌, 카프로펜, 멜록시캄, 나프록센 등
- 마약성 진통제 : 모르핀, 펜타닐, 부토르파놀 등

36 수술실은 기능과 역할에 따라 준비 구역, 스크러브(Scrub) 구역, 수술방으로 나뉘고, 준비 구역(오염 지역)에서 삭모 → 흡입마취가 이루어진다.

37 ② 수술방과 직접 연결된 곳은 스크러브 구역(혼합 지역)이다.

수술실의 구성

준비 구역 (오염 지역)	• 수술환자 준비 및 수술 사용 물품을 보관한다. • 수술방에 들어가기 전에 수술 부위 털 제거, 흡입마취가 시작된다.
스크러브 구역 (혼합 지역)	• 수술자, 소독간호사가 스크러브를 하고 수술 가운, 장갑을 착용한다. • 수술방과 직접 연결되어 있다.
수술방 (멸균 지역)	• 실제 수술이 진행된다. • 세균에 의한 감염 차단을 위해 항상 무균 상태를 유지해야 한다. • 수술을 위한 공간으로만 사용해야 한다. • 수술실 전용 복장, 마스크를 착용하고 최소 인원만 출입한다. • 청소할 때를 제외하고 수술방 문은 항상 닫아 둔다.

38 ③ MCV(Mean Corpuscular Volume) : 적혈구 지수 중 적혈구의 평균 용적

① Hb(Hemoglobin) : 적혈구를 구성하는 혈색소

② HCT(Hematocrit) : 혈액 중 적혈구(RBC ; Red Blood Cell)의 비율

④ MCH(Mean Corpuscular Hemoglobin) : 적혈구 지수 중 적혈구 한 개당 혈색소량

⑤ RBC(Red Blood Cell) : 적혈구 수

CBC(Complete Blood Count) 검사

일반 혈액 검사로, 혈액 내 존재하는 세 가지 종류의 세포인 적혈구, 백혈구, 혈소판의 정보를 파악할 수 있다.

39 개나 고양이 등에서 흔히 볼 수 있는 결석은 칼슘옥살레이트(Calcium Oxalate, 수산칼슘)와 스트루바이트(Struvite, 인산암모늄마그네슘)이다. 결석은 미세한 결정(Crystal)이 서로 뭉치면서 진행되는데, 피라미드형 결정은 칼슘옥살레이트 결석이다.

40 ② 소독간호사의 역할이다.

수술실 간호사의 역할

순환간호사	소독간호사
• 수술 장갑 미착용 간호사 • 수술 시작부터 종료까지 수술이 원활히 진행되도록 동물 감시 • 수술실 준비, 수술대 동물 보정, 수술 부위 준비, 수술자·소독간호사의 가운 착용 돕기, 수술 중 필요한 물품 지원, 마취 감시 및 기록지 작성 등 담당	• 수술의 원활한 진행을 위해 멸균 영역에서 수술을 직접 보조 • 멸균 가운, 모자, 마스크, 수술 장갑 착용 • 수술 포 덮기, 수술 기구대 기구배치, 수술자 직접 기구 전달, 조직 견인·보정, 수술 전후 거즈·봉합바늘 수량 확인 등 담당

41 ③ 현미경의 배율 = 대물렌즈의 배율 × 접안렌즈의 배율이므로, 대물렌즈 ×10, 접안렌즈 ×4일 때의 현미경의 배율은 40이다.

현미경의 원리와 배율

- 현미경은 눈으로는 볼 수 없을 만큼 작은 물체나 물질을 확대해서 보는 기구를 말한다.
- 동물병원에서 주로 사용하는 현미경은 광학 현미경이다.
- 광학 현미경의 원리는 초점거리가 짧은 대물렌즈를 물체 가까이 둠으로써 얻어진 1차 확대된 실상을 접안렌즈로 다시 확대하는 것이다.
- 현미경의 배율은 물체의 원래 크기에 대한 보이는 크기의 비율로, 대물렌즈의 배율과 접안렌즈의 배율의 곱으로 계산한다.

42 ④ 적혈구 관찰로 발견할 수 있는 내용이다.

혈액 도말 검사

- 말초 혈액을 채혈하여 유리슬라이드에 도말하여 염색한 후, 현미경으로 혈구의 수적 이상과 형태학적 이상을 직접 검경하여 관찰하는 검사이다.
- 혈구세포의 형태학적 이상을 진단하거나 혈액 내 존재하는 기생충을 발견할 수 있다.
- 적혈구의 경우 빈혈의 분류 및 원인 감별, 적혈구 내 존재하는 바베시아와 같은 기생충의 진단에 유효하다.
- 백혈구의 경우, 종양, 골수형성이상 증후군, 백혈병, 감염이나 염증의 원인, 거대적 혈모세포 빈혈 여부 등을 판단하는 데 도움이 된다.
- 혈소판의 직접 검경을 통해 골수 증식성 질환이나 혈소판위성 현상 등을 감별할 수 있다.

43 투명 필름 드레싱

- 드레싱 재료 중 비접착 접촉층 재료로, 반투과성 필름이다.
- 적은 양의 흡수력을 갖고 있어서 매우 적은 삼출물에 사용한다.
- 상처 회복에 좋은 습한 환경을 제공한다.

44 ① 메스대 3번에 맞는 메스날은 10, 11, 12, 15번이다. 20, 21, 22번은 메스대 4번에 맞는 메스날이다.

45 ③ 폐쇄형 수술 장갑은 일반적으로 혼자 장갑을 착용할 때 사용한다.

수술 장갑

폐쇄형	• 수술 가운을 착용한 상태에서 착용하는 방법 • 손을 멸균된 수술복 밖으로 나오지 않게끔 하는 방법 • 일반적으로 혼자 장갑을 착용할 때 사용함
개방형	• 수술 가운을 착용하지 않은 상태에서 새 장갑으로 교체 시 착용하는 방법 • 주로 수술 중 오염이 되었을 때 사용하는 장갑 착용법 • 착용 시 장갑 바깥쪽을 맨손으로 만지지 않도록 주의해야 함

46 ⑤ 봉합한 상처는 Dry-to-dry의 밀폐요법 드레싱을 시행하고 개방 상처는 Wet-to-dry의 반밀폐요법 드레싱을 시행한다.

47 ④ 그르렁거림은 부신피질 기능항진증(HAC)의 증상이다.

부신피질 기능저하증 (Hypoadrenocorticism)	부신피질 기능항진증 (HAC)
• 부신피질 기능항진증과 유사한 다음・다뇨 증상 • 무기력증, 식욕 부진의 증상 • 갑자기 몸을 떨거나 설사, 구토 등의 증상 발생	• 간과 비장의 종대 • 피부 구진, 피부 색소 침착, 피부와 털의 건조, 곤두선 털, 탈모, 무모증 • 다뇨증, 다식증, 다음 • 다호흡, 빠른호흡(빈호흡), 호흡 곤란, 그르렁거림 • 무기력, 침울, 졸림, 생기 없음 • 복부팽만, 비만, 체중과다 • 비정상적 또는 공격적 행동, 습성이 바뀜

48 실험실 검사 의뢰 시 주의사항

- 검사 의뢰서를 꼼꼼하게 기록해야 한다.
- 검체 종류를 분명하게 기록해야 한다.
- 검체 종류에 따라 적합한 용기와 방식으로 보관해야 한다.
  - 조직은 밀폐용기에 10%의 포르말린에 담아야 한다.
  - 배양 검사용으로 채취한 검체는 전용튜브 또는 멸균용기에 넣어야 한다.
- 배양 검사의 경우 채취한 부위와 날짜를 명시해야 한다.

49 ① 피펫 : 소량의 액상 검체를 채취할 수 있는 장비이다.

③ 혈액 화학 검사기 : 혈장이나 혈청에 포함된 성분을 검사하는 장비로 각종 장기 기능을 평가하기 위해 사용된다.

④ 자동 혈구 분석기(EDTA ; Ethylene Diamine Tetra Acetic Acid) : 킬레이트화제(금속 이온의 활성을 봉쇄하는 화합물)를 처리한 혈액은 혈구 세포들의 크기, 개수, 비율 등을 확인하기 위해 사용된다.

⑤ 헤마토크리트 원심 분리기 : 혈액의 헤마토크리트치를 측정할 시 모세관에 넣어 원심 분리할 경우에 사용된다.

50 ① 소독에 대한 설명이다. 멸균은 세균의 아포를 포함한 모든 형태의 미생물을 완전히 제거하는 방법이다.

51 ⑤ 루골 용액에 대한 설명이다.

분변 도말 표본 염색 용액

메틸렌블루 용액	• 진한 녹청색의 냄새가 없는 결정으로, 분자량 319.86이다. • 물, 에탄올, 클로로폼에 잘 녹아 청색 용액이 되나 에테르에는 녹지 않는다. • 보통 메틸렌블루 0.05g을 50mL의 메틸알코올에 녹여 사용한다. • 산화환원의 지시약, 세포의 핵 염색에 사용된다.
루골 용액	• 요오드 50g, 요오드화칼륨 100g에 증류수를 가하여 1,000mL로 만든 용액이다. • 상처의 소독이나 인후염・편도염 등의 도포제로 사용한다. • 보통 복합 요오드글리세롤과 그람염색용 루골 용액이 많이 사용된다. ※ 복합 요오드글리세롤 - 요오드 10g, 요오드화칼륨 20g, 용해 석탄산 4.5mL, 박하기름 2mL, 글리세롤 900g에 정제수를 섞어 1,000mL로 만든 용액 - 적갈색의 아주 묽은 요오드 용액 - 주로 소독제로 쓰이는데, 피부・점막・인두・구강 내 질환에 외용

52 ⑤ 딥스틱은 냉장고에 보관하면 안 된다.

딥스틱(Dip-stick) 검사 과정

- 채취한 요를 무균적으로 3cc 주사기를 사용하여 흡입한다.
- 딥스틱의 항목마다 한 방울씩 떨어뜨려 비색 반응을 관찰한다.
- 약 60초 정도 스트립의 비색 반응이 완료된 후, 제품의 케이스 또는 따로 제공되는 표준 색조표와 비교하여 이상 유무를 검사지에 기록한다.
- 양성 또는 음성 반응에 대한 결과를 모두 수의사에게 보고한다.
- 필요할 경우 딥스틱과 표준 색조표를 비교하는 사진을 찍어 두도록 한다.
- 주변을 정리한다.
- 사용한 딥스틱은 제자리에 가져다 둔다.

딥스틱(Dip-stick) 보관 시 주의사항

- 딥스틱의 패드에 있는 시약이 열, 직사광선, 습기, 휘발성 시약(염산 · 암모니아 · 유기용제 · 소독제)에 취약하므로 마개를 꼭 닫아 열과 직사광선의 영향을 받지 않는 곳에 보관한다.
- 딥스틱은 냉장고에 보관하면 안 된다.
- 보관 장소의 온도가 30℃를 넘어서도 안 된다.

53 피부 검사

구분	내용
우드램프 검사 (Wood's Lamp Examination)	• 암실에서 몇 초간 우드램프 빛이 질환 부위에 바로 비치도록 한 후, 색상 또는 형광에 변화가 일어났는지 관찰하는 방법이다. • 진균이나 박테리아 감염 또는 색소질환을 확인할 수 있다.
곰팡이 배양 검사	• 피부 사상균 검사 배지(DTM ; Dermatophyte Test Medium) 검사이다. • 곰팡이의 분리, 증식용 배지인 사부로 배지(펩톤 · 포도당 · 한천 및 페니실린이나 스트렙토마이신 또는 클로람페니콜 등의 항생물질을 가한 배지)나 니켈손 배지 등을 사용해 곰팡이를 발육 · 분리 · 검출동정하는 검사이다.
피부 소파 검사 (Skin Scrapping)	• 작은 칼날로 피부를 긁어 나온 것을 현미경으로 관찰하는 검사이다. • 모낭충이나 옴 등 기생충 발견에 효과적이다.
세침 흡입 검사 (FNA ; Fine Needle Aspiration)	피부에서 비정상적으로 만져지는 혹이나 덩어리 등 조직을 주삿바늘로 찔러 세포 등을 확인하는 검사 방법이다.
그 외 검사	세균 배양(항생제) 검사, 모낭과 털(Trichogram) 검사이다.

54 ④ 도말 검사는 혈액을 슬라이드에 얇게 발라 염색하여 혈구의 모양, 수 등을 현미경으로 직접 관찰하는 검사법이다.

귀 도말 표본을 제작하는 방법

- 깨끗한 면봉을 준비한다.
- 동물의 귀를 왼손으로 잡고 면봉으로 귀 내부를 닦아내듯이 돌려 닦는다.
- 슬라이드 글라스에 굴리듯이 바른다.
- 수의사의 지시가 있거나 필요한 경우 염색을 한다.
- 슬라이드를 현미경에 놓고 저배율에서 고배율로 초점을 맞춘다.

55 ① 혈액을 원심 분리할 때 상층에 분리되는 액체 부분이다.

56 ② 적혈구(Erythrocyte)는 적은 양이지만 이산화탄소도 운반한다.

57 ⑤ 항응고제 중 헤파린(Heparin)에 대한 설명이다.

헤파린(Heparin)
- 혈액 응고 과정 중 트롬빈(Thrombin)의 형성을 방해하거나 중화함으로써 대개 24시간 동안 응고를 방지한다.
- 매우 강력한 항응고제로, 체내의 혈액에는 매우 적은 양으로 존재한다.
- 적혈구 용혈 최소화의 이상적 항응고제이며 최소 농도로 최대 효과를 얻을 수 있다.
- 값이 비싸고 24시간 이후 활성 능력 저하로 응고 능력이 떨어진다는 단점이 있다.

58 ② 코티솔(Cortisol) : 스트레스를 받을 때 몸이 이 상황에 대응하는 에너지를 생산해내기 위해 부신피질에서 분비되는 스테로이드 호르몬이다.

③ 티록신(Thyroxine, T4) : 갑상샘을 구성하는 주요 호르몬으로, 갑상샘에서 생성되며 세포의 대사 작용을 조절하고 신체 발달에 영향을 미친다.

④ 삼요드티로닌(Triiodothyronine, T3) : 티록신(T4)으로부터 생성되며 티록신보다 대사 활성이 더 높은 갑상샘 호르몬(Thyroid Hormone)으로 체온이나 심장박동수, 성장 등 체내의 모든 과정에 관여한다.

⑤ 부신피질자극호르몬(ACTH) : 뇌하수체 전엽에서 분비되는 펩타이드 호르몬으로, 과도하게 분비되면 PDH(Pituitary Dependent HAC) 질환이 나타나는데, 이는 부신피질 기능항진증(HAC)의 원인이 된다.

59 ③ 미생물 수송 배지는 미생물 배양 검사를 하기 위한 배지이다. 면역 측정(Immunoassay)은 Serum(SST) 튜브로 진행된다.

60 혈청 화학 검사
- 간수치(ALP, ALT, AST, GGT), 신장수치(Creatinine, BUN, Phosphorus) 등의 14개 수치 측정
- 담즙산(Bile Acid), Triglyceride, Lactate, Ammonia(NH3), Calcium, Creatinine Kinase(CK) 등 측정

제4과목 ㅣ 동물 보건 · 윤리 및 복지 관련 법규																			
1	①	2	④	3	③	4	②	5	①	6	④	7	①	8	④	9	④	10	②
11	②	12	④	13	⑤	14	③	15	③	16	①	17	④	18	⑤	19	⑤	20	②

01 등록대상동물(동물보호법 제2조 제8호)

등록대상동물이란 동물의 보호, 유실 · 유기 방지, 질병의 관리, 공중위생상의 위해 방지 등을 위하여 등록이 필요하다고 인정하여 대통령령으로 정하는 동물을 말한다.

등록대상동물의 범위(동물보호법 시행령 제4조)

동물보호법 제2조 제8호에서 "대통령령으로 정하는 동물"이란 다음의 어느 하나에 해당하는 월령(月齡) 2개월 이상인 개를 말한다.

- 「주택법」에 따른 주택 및 준주택에서 기르는 개
- 주택 및 준주택 외의 장소에서 반려 목적으로 기르는 개

02 반려동물의 범위에는 개, 고양이, 토끼, 페럿, 기니피그 및 햄스터가 속한다(동물보호법 시행규칙 제3조).

03 반려동물 영업

- 허가영업(동물보호법 제69조) : 동물생산업, 동물수입업, 동물판매업, 동물장묘업
- 등록영업(동물보호법 제73조) : 동물전시업, 동물위탁관리업, 동물미용업, 동물운송업

04 맹견의 범위(동물보호법 시행규칙 제2조)

- 도사견과 그 잡종의 개
- 핏불테리어(아메리칸 핏불테리어를 포함)와 그 잡종의 개
- 아메리칸 스태퍼드셔 테리어와 그 잡종의 개
- 스태퍼드셔 불 테리어와 그 잡종의 개
- 로트와일러와 그 잡종의 개

05 ① 위원회는 종합계획의 수립에 관한 사항을 심의한다.

② 동물보호법 제7조 제4항

③ 동물보호법 제7조 제2항

④ 동물보호법 제7조 제3항 전단

⑤ 동물보호법 제7조 제3항 후단

동물복지위원회(동물보호법 제7조 제1항)

농림축산식품부장관의 다음 자문에 응하도록 하기 위하여 농림축산식품부에 동물복지위원회(이하 "위원회")를 둔다. 다만, 종합계획의 수립에 관한 사항은 심의사항으로 한다.

- 종합계획의 수립에 관한 사항
- 동물복지정책의 수립, 집행, 조정 및 평가 등에 관한 사항
- 다른 중앙행정기관의 업무 중 동물의 보호 · 복지와 관련된 사항
- 그 밖에 동물의 보호 · 복지에 관한 사항

06 ① 동물보호센터의 장은 보호조치 중인 동물에게 질병 등 농림축산식품부령으로 정하는 사유가 있는 경우에는 농림축산식품부장관이 정하는 바에 따라 마취 등을 통하여 동물의 고통을 최소화하는 인도적인 방법으로 처리해야 한다(동물보호법 제46조 제1항).

② · ③ 동물의 인도적인 처리는 수의사가 하여야 한다. 이 경우 사용된 약제 관련 사용기록의 작성 · 보관 등에 관한 사항은 농림축산식품부령으로 정하는 바에 따른다(동법 제46조 제2항).

⑤ 동물보호센터의 장은 동물의 사체가 발생한 경우 「폐기물관리법」에 따라 처리하거나 동물장묘업의 허가를 받은 자가 설치 · 운영하는 동물장묘시설 및 공설동물장묘시설에서 처리하여야 한다(동법 제46조 제3항).

07 ① 거짓이나 그 밖의 부정한 방법으로 등록대상동물을 등록하거나 변경신고한 경우 등록을 말소할 수 있다(동물보호법 제15조 제5항 제1호).
② 동물보호법 제15조 제2항 제2호
③ 동물보호법 제15조 제3항
④ 동물보호법 제15조 제2항 제1호
⑤ 동물보호법 제15조 제5항 제3호

08 ④ 다중주택 및 다가구주택의 건물 내부의 공용공간, 공동주택의 건물 내부의 공용공간, 준주택의 건물 내부의 공용공간에서는 등록대상동물을 직접 안거나 목줄의 목덜미 부분 또는 가슴줄의 손잡이 부분을 잡는 등 등록대상동물의 이동을 제한하여야 한다(동물보호법 시행규칙 제11조 제2호).
①·② 동물보호법 시행규칙 제11조 제1호 전단
③ 동물보호법 시행규칙 제11조 제1호 후단
⑤ 동물보호법 시행규칙 제11조 제1호 단서

09 ④ 동물실험시행기관의 장은 매년 윤리위원회의 운영 및 동물 실험의 실태에 관한 사항을 다음 해 1월 31일까지 농림축산식품부령으로 정하는 바에 따라 농림축산식품부장관에게 통지해야 한다(동물보호법 시행령 제21조 제7항).
① 동물보호법 시행령 제21조 제1항 제1호
② 동물보호법 시행령 제21조 제2항
③ 동물보호법 시행령 제21조 제5항
⑤ 동물보호법 시행령 제21조 제4항

10 ② 맹견사육허가를 받지 아니한 자는 1년 이하의 징역 또는 1천만 원 이하의 벌금에 처한다(동물보호법 제97조 제3항 제1호).

11 ② 동물 간호 교육과정 이수 후 동물 간호 관련 업무에 1년 이상 종사한 사람은 응시자격이 있다(수의사법 제16조의2 제2호).
① 수의사법 제16조의2 제1호
③ 수의사법 제16조의2 제3호
④ 수의사법 제5조 제1호 본문, 시행규칙 제14조의2 제1항 제1호
⑤ 수의사법 제5조 제3호 본문, 시행규칙 제14조의2 제1항 제2호

12 ④ 수의사가 아니면 동물을 진료할 수 없지만(수의사법 제10조), 사고 등으로 부상당한 동물의 구조를 위하여 수행하는 응급처치행위 등 농림축산식품부령으로 정하는 비업무로 수행하는 무상 진료행위를 할 수 있다(수의사법 시행규칙 제8조 제2호).
① 수의사법 제2조 제3의2호
② 수의사법 시행규칙 제14조의7 제1호
③ 수의사법 시행규칙 제14조의7 제2호
⑤ 수의사법 제16조의5 제2항

13 ⑤ 동물 관찰은 동물의 간호 업무에 해당한다.

동물보건사의 업무 범위와 한계(수의사법 시행규칙 제14조의7)
• 동물의 간호 업무 : 동물에 대한 관찰, 체온·심박수 등 기초 검진 자료의 수집, 간호판단 및 요양을 위한 간호
• 동물의 진료 보조 업무 : 약물 도포, 경구 투여, 마취·수술의 보조 등 수의사의 지도 아래 수행하는 진료의 보조

14 ③ 면허증을 빌려주면 2년 이하의 징역 또는 2천만 원 이하의 벌금에 처한다(수의사법 제16조의6, 제39조 제1항 제1호).
① 수의사법 제16조의6, 수의사법 제6조 제3항
② 수의사법 제16조의6, 수의사법 제6조 제1항
④ · ⑤ 수의사법 제16조의6, 수의사법 제39조 제1항 제1호

15 신고(수의사법 제16조의6, 제14조)
동물보건사는 농림축산식품부령으로 정하는 바에 따라 최초로 면허를 받은 후부터 3년마다 그 실태와 취업상황(근무지가 변경된 경우를 포함) 등을 제23조에 따라 설립된 대한수의사회에 신고하여야 한다.

16 ① 동물병원 개설자는 수술 등 중대진료에 대한 예상 진료비용을 동물소유자 등에게 고지하여야 한다(수의사법 제19조 제1항 본문).
② · ⑤ 수의사법 제19조 제1항 단서
③ · ④ 수의사법 시행규칙 제18조의2

17 ④ 수의사회장은 해당 연도의 연수교육의 실적을 다음 해 2월 말까지 보고하여야 한다(수의사법 제16조의6, 동법 시행규칙 제26조 제4항).
① 수의사법 제16조의6, 수의사법 시행규칙 제26조 제1항
② 수의사법 제16조의6, 수의사법 제34조 제2항
③ 수의사법 제16조의6, 수의사법 시행규칙 제26조 제2항
⑤ 수의사법 제16조의6, 수의사법 시행규칙 제26조 제5항

18 ⑤ 수의사회의 윤리위원회는 면허효력 정지 여부에 진료 기술상의 판단이 필요할 경우 의견을 제시한다.
① 수의사법 제23조 제2항
② 수의사법 제23조 제3항
③ 수의사법 시행령 제18조의2
④ 수의사법 제23조 제1항
윤리위원회의 설치(수의사법 시행령 제18조의2)
수의사회는 수의업무의 적정한 수행과 수의사의 윤리 확립을 도모하고, 의견의 제시 등(면허의 효력 정지 시, 진료 기술상의 판단이 필요한 사항에 관하여는 관계 전문가의 의견을 들어 결정하여야 함)을 위하여 정관에서 정하는 바에 따라 윤리위원회를 설치 · 운영할 수 있다.

19 권한의 위임(수의사법 시행령 제20조의5 제2항)
농림축산식품부장관은 법 제37조 제2항에 따라 다음 각 호의 업무를 농림축산검역본부장에게 위임한다.
- 등록 업무
- 품질관리검사 업무
- 검사 · 측정기관의 지정 업무
- 지정 취소 업무
- 휴업 또는 폐업 신고의 수리 업무

20 ② 정당한 사유 없이 동물의 진료 요구를 거부한 경우의 과태료는 1회 위반 시 150만 원, 2회 위반 시 200만 원, 3회 위반 시 250만 원이다(수의사법 시행령 별표 2).

우리가 해야 할 일은 끊임없이 호기심을 갖고
새로운 생각을 시험해보고 새로운 인상을 받는 것이다.

- 월터 페이터 -

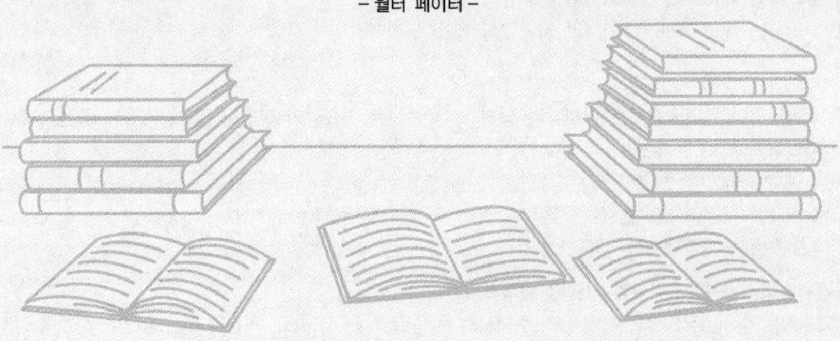

합격의 공식 시대에듀
www.sdedu.co.kr

2024년
제3회
기출유사 복원문제

제1과목	기초 동물보건학
제2과목	예방 동물보건학
제3과목	임상 동물보건학
제4과목	동물 보건·윤리 및 복지 관련 법규

성공한 사람은 대개 지난번 성취한 것보다 다소 높게,
그러나 과하지 않게 다음 목표를 세운다.
이렇게 꾸준히 자신의 포부를 키워 간다.

– 커트 르윈 –

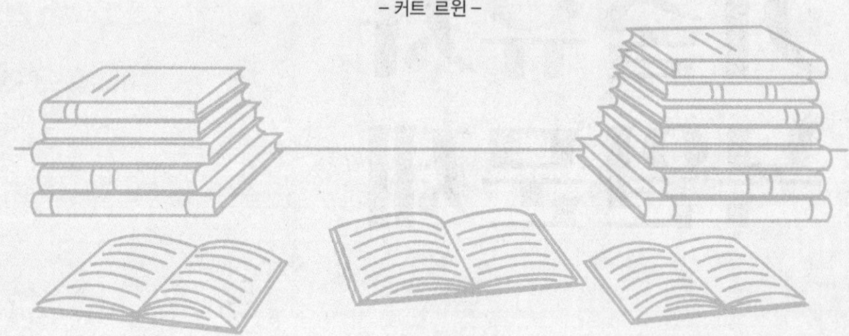

TEST

부 록 2024년 제3회 기출유사 복원문제

※ 본 기출유사 복원문제는 2024.02.25.(일) 시행된 제3회 동물보건사 시험의 출제 키워드를 복원하여 제작한 문제입니다. 응시자의 기억에 의해 복원되었으므로 실 시험과 동일하지 않을 수 있습니다. 제4과목 동물 보건·윤리 및 복지 관련 법규는 개정된 법령에 따라 문제를 교체하였습니다.

제1과목 기초 동물보건학

다음에 해당하는 용어로 적절한 것은?

> 해부학적 용어 중 긴 축에 대하여 직각으로 머리, 몸통, 또는 사지를 가로지르거나, 한 기관 또는 부분의 긴 축을 가로지르는 단면이다.

① 시상단면(Sagittal Plane)
② 가로단면(Transverse Plane)
③ 축(Axis)
④ 정중단면(Median Plane)
⑤ 등단면(Dorsal Plane)

㉠과 ㉡에 들어갈 말로 적절한 것은?

> (㉠)은 폐포와 폐포모세혈관 사이에 일어나는 기체 교환이고, (㉡)은 조직과 조직모세혈관 사이에 일어나는 기체 교환을 말한다.

	㉠	㉡
①	외호흡	폐순환
②	외호흡	내호흡
③	내호흡	외호흡
④	폐순환	내호흡
⑤	체순환	폐순환

뒷다리 관절에 포함되지 않는 것은?

① 슬관절
② 고관절
③ 견관절
④ 부관절
⑤ 엉덩이관절

04 **빈칸에 들어갈 기관은?**

( )은 소화액을 분비하는 외분비샘 조직과 호르몬을 분비하는 내분비샘 조직으로 이루어져 있다.

① 인 두
② 회 장
③ 간
④ 십이지장
⑤ 췌 장

폐순환을 순서대로 나열한 것은?

① 좌심방 → 폐동맥 → 폐 → 폐정맥 → 우심방
② 좌심실 → 폐정맥 → 폐 → 폐동맥 → 우심방
③ 우심실 → 폐정맥 → 폐 → 폐동맥 → 좌심방
④ 우심실 → 폐동맥 → 폐 → 폐정맥 → 좌심방
⑤ 폐동맥 → 우심실 → 폐 → 좌심방 → 폐정맥

다음 중 포유류의 치아 개수가 바르게 연결된 것은?

	포유류	치아 개수
①	토 끼	20
②	기니피그	26
③	햄스터	16
④	개	30
⑤	고양이	42

선천성 심장 질환으로 옳은 것은?

① 승모판 폐쇄 부전증
② 동맥관 개존증
③ 심장사상충증
④ 심근증
⑤ 조충증

08 부신피질 기능항진증에 대한 설명으로 옳지 않은 것은?

① 7세 이상의 고령견에서 많이 나타난다.
② 스테로이드 호르몬 다량 투여가 원인이다.
③ 근육이 약해지거나 위축된다.
④ 쿠싱증후군이라고 부른다.
⑤ 에디슨병이라고 부른다.

㉠과 ㉡에 들어갈 질환으로 적절한 것은?

- (㉠)의 나이든 고양이에서 주로 나타나며, 증상으로는 다뇨·다음 증상을 보이며, 체중감소가 일어난다. 증상 악화 시 당뇨병성 케톤산증으로 무기력, 구토, 탈수의 증상이 나타나기도 한다.
- (㉡)의 고령의 대형견에게 많이 나타나며, 증상으로는 추위를 많이 타며 산책을 하기 싫어한다. 피부가 거칠어지고 탈모가 증가한다.

	㉠	㉡
①	부신피질 기능항진증	부신피질 기능저하능
②	부신피질 기능저하능	부신피질 기능항진증
③	갑상샘 기능저하증	갑상샘 기능항진증
④	갑상샘 기능항진증	갑상샘 기능저하증
⑤	갑상샘 기능항진증	부신피질 기능저하능

보기의 검사를 통해 진단하는 질환으로 옳은 것은?

- 앞쪽 미끄러짐 검사
- 정강뼈 압박 검사

① 십자인대단열
② 고관절 이형성증
③ 슬관절 탈구
④ 관절염
⑤ 고관절 탈구

소형견 및 단두종에게서 많이 나타나며, 뇌척수액의 순환에 문제가 생겨 뇌척수액이 배출되지 못하면서 뇌가 압력을 받아 여러 신경 증상이 나타나는 질환은?

① 간 질
② 첩모난생증
③ 뇌수두증
④ 뇌수막염
⑤ 환축추불안정

12 간질 발작 시 사용되는 안정 약물로 옳은 것은?

① 비타민제
② 항경련제
③ 간 보호제
④ 갑상샘 호르몬제
⑤ 부신피질 호르몬 약

빈칸에 들어갈 용어로 적절한 것은?

(　　)은 섬유륜이 파열되어 수핵이 척수 쪽으로 압출된 것이다. 심한 염증을 동반하며, 주로 급성으로 발현한다.

① 환축추불안정
② 추간판 탈출
③ 추간판 돌출
④ 십자인대단열
⑤ 슬관절 탈구

치근첨주위농양이 발생하는 위치는?

① 혀
② 잇 몸
③ 구강 점막
④ 치아 주변 조직
⑤ 이빨 뿌리 쪽

독성물질의 위장 흡수를 억제하는 응급의약품으로 적절한 것은?

① 소화제
② 활성탄
③ 지혈제
④ 소염제
⑤ 이뇨제

구내염에 대한 설명으로 옳지 않은 것은?

① 구강 점막에 염증이 생긴 질환이다.
② 당뇨병, 신장 등의 전신 질환에 의해 발병한다.
③ 세균이나 바이러스에 의한 감염으로 발병한다.
④ 음식 섭취 시 통증으로 힘들어하고 구취가 난다.
⑤ 잇몸이 붓고, 궤양과 출혈이 나타난다.

안압의 상승으로 눈의 통증을 호소하며 각막이 혼탁해지고 안구가 커지는 등의 증상이 나타나는 안구 질환은?

① 녹내장
② 백내장
③ 각막염
④ 결막염
⑤ 제3안검 탈출증

빈칸에 들어갈 질환은?

> (　　)은 매끄럽고 둥근 붉은색의 부위가 노출된 상태로, 주로 눈이 돌출되어 있는 견종인 잉글리쉬 불독, 불테리어, 복서, 스파니엘, 페키니즈 및 비글 등에서 많이 발생하며, 고양이에게는 드물게 나타난다.

① 유루증
② 각막염
③ 첩모난생증
④ 안검내반·외반증
⑤ 제3안검 탈출증

중독성 질환으로 옳지 않은 것은?

① 포도 중독
② 초콜릿 중독
③ 양파 중독
④ 사과 중독
⑤ 자일리톨 중독

세균성 식중독의 종류별 식중독균이 바르게 연결된 것은?

	종 류	바이러스
①	감염형 식중독	황색포도구균
②	감염형 식중독	가스괴저균
③	감염형 식중독	캄필로박터 제주니
④	독소형 식중독	쥐티푸스균
⑤	독소형 식중독	모르가넬라모르가니균

HACCP의 5가지 절차로 옳지 않은 것은?

① HACCP팀 구성
② 공정흐름도 작성
③ 제품 설명서 작성
④ 중요관리점
⑤ 용도 확인

22 다음 설명에 해당하는 개는?

> • 천연기념물 제368호이다.
> • 대한민국 토종개이다.
> • 온몸이 긴 털로 덮여있으며 귀가 늘어져 있다.

① 진돗개
② 삽살개
③ 풍산개
④ 동경이
⑤ 시 추

23 ㉠과 ㉡에 들어갈 사료의 종류로 적절한 것은?

> • (㉠) – 급여와 보관이 편하고 치아 위생에 도움이 되지만, 요로 질환이 있는 반려동물의 경우, 질병이 재발할 가능성이 있다.
> • (㉡) – 기호성이 매우 높고 탄수화물 함유량이 적어 당뇨 질환이 있는 경우 권장되지만, 영양소의 불균형과 치과 질환 발생 가능성이 있다.

	㉠	㉡
①	생식 사료	습식 사료
②	건식 사료	생식 사료
③	반습식 사료	건식 사료
④	건식 사료	습식 사료
⑤	습식 사료	건식 사료

24 잇몸과 잇몸뼈 주변의 치주인대까지 염증이 진행되고, 고름이 고이거나 이빨이 흔들리게 되어 이빨이 빠지는 질환은?

① 치근첨주위농양
② 구내염
③ 충 치
④ 치은염
⑤ 치주염

25 불충분하게 가열·살균한 후 밀봉 저장된 식품으로 인해 발생하는 식중독은?

① 알레르기성 식중독
② 장염 비브리오 식중독
③ 황색포도상구균
④ 살모넬라 식중독
⑤ 보툴리누스

26 특수동물의 특징으로 옳지 않은 것은?

① 기니피그의 유선은 한 쌍이다.
② 기니피그 앞발에는 각각 4개, 뒷발에는 각각 3개의 발가락이 있다.
③ 햄스터는 생식기 길이로 암수를 구별한다.
④ 햄스터는 시각보다 후각이 발달해 있어, 주인을 인식할 때도 후각을 사용한다.
⑤ 기니피그는 항문에 취선이 있어, 영역표시를 하거나 공격을 받았을 때 악취가 나는 액체를 내뿜는다.

27 ㉠과 ㉡에 들어갈 말로 적절한 것은?

> • 고전적 조건화 – (㉠)이/가 체계적·과학적 방법에 의해 외부로부터 유도될 수 있으며, 그 결과는 예측 가능하다고 본다.
> • 조작적 조건화 – 어떤 행동의 결과에 보상이 이루어지는 경우 그 행동이 재현되기 쉬우며, 반대의 경우 행동의 재현이 어렵다는 점을 강조한다. 즉, (㉡)와/과 처벌의 역할을 강조한다.

	㉠	㉡
①	행 동	강 화
②	강 화	회 복
③	강 화	학 습
④	학 습	칭 찬
⑤	학 습	강 화

28 개의 부적절한 강화 학습, 환경으로 인한 자극, 공포 등이 원인이 되는 문제 행동은?

① 놀이 공격 행동
② 분리 불안
③ 과잉 포효
④ 부적절한 발톱갈기 행동
⑤ 상동 장애

29 다음 설명에 해당하는 고양이는?

- 1995년 국제고양이협회가 공식적인 고양이 품종으로 인정하였다.
- 원산지는 미국이다.
- 단모종이며 팔다리가 짧고 허리가 길다.

① 브리티시 쇼트헤어
② 먼치킨
③ 러시안 블루
④ 버 만
⑤ 샴

30 강아지의 필수 아미노산으로 옳지 않은 것은?

① 페닐알라닌
② 트레오닌
③ 타우린
④ 라이신
⑤ 아르기닌

31 노령견에게 필요한 단백질 요구량은?

① 5~10%
② 7~15%
③ 15~23%
④ 20~30%
⑤ 27~32%

섭식, 음식, 장소, 제공자 등에 예민한 성향이거나 질병이 있을 때 주로 발생하며, 정동반응이 나타나지 않는 특성이 있는 공격 행동은?

① 포식성 공격행동
② 영역성 공격행동
③ 공포성 공격행동
④ 특발성 공격행동
⑤ 우위성 공격행동

'파블로프(Pavlov)의 개 실험'이란 개에게 종소리를 들려 준 후 먹이를 주자, 이후 종소리만 들려주어도 개가 침을 흘린 실험이다. 여기서 무조건 자극과 조건 반응이 바르게 짝지어진 것은?

	무조건 자극	조건 반응
①	먹 이	먹이로 인해 나오는 침
②	종소리	종소리로 인해 나오는 침
③	종소리	먹이로 인해 나오는 침
④	먹 이	종소리로 인해 나오는 침
⑤	먹 이	종소리

연조직의 구성성분이 아닌 무기질은?

① 철(Fe)
② 요오드(I)
③ 황(S)
④ 마그네슘(Mg)
⑤ 칼륨(K)

제3회 기출유사

35 **다음에 해당하는 영양소는?**

> • 혈액 응고 및 항상성을 유지하고, 신경을 전달한다.
> • 이 영양소의 저하로 인해 산욕열이 발생한다.

① 인
② 칼 슘
③ 요오드
④ 칼 륨
⑤ 마그네슘

36 **반려동물의 문제 행동을 예방하는 방법으로 옳지 않은 것은?**

① 충분히 사회화를 경험할 수 있도록 한다.
② 문제 행동을 조기에 발견할 수 있도록 관련 정보를 취득한다.
③ 간식을 이용해 매일 20분간 훈련을 반복한다.
④ 일상생활 속에서 많은 시간 안아주며 생활한다.
⑤ 애완동물 특유의 보디랭귀지를 배운다.

37 **전정신경에 염증이 생겨 평형감각을 잃고 쓰러지거나 같은 장소를 선회하는 증상을 보이는 질환은?**

① 외이염
② 중이염
③ 내이염
④ 결막염
⑤ 각막염

38 **개의 앞다리 근육이 아닌 것은?**

① 대퇴네갈래근
② 상완두갈래근
③ 상완세갈래근
④ 가시위근
⑤ 등세모근

39 다음에 해당하는 토끼의 질병은?

> • 발바닥의 털이 빠지고 붉게 보이며 피부와 뼈 사이에 염증이 생긴다.
> • 토끼의 발바닥은 얇은 털로만 되어 있어 딱딱한 방바닥이나 철망 위에서 생활하는 토끼에게 발생한다.
> • 토끼가 생활하는 공간을 최대한 푹신하게 만들어 주어 예방할 수 있다.

① 모구증(헤어볼)
② 비절병
③ 관절염
④ 스너플스
⑤ 아토피

40 동물별 척주의 수로 옳지 않은 것은?

	경 추	흉 추	요 추	천 추	미 추
① 개	7	13	7	3	20~23
② 돼 지	7	14~15	6~7	4	20~23
③ 소	7	13	6	5	18~20
④ 말	7	18	6	5	15~19
⑤ 토 끼	7	13	6~7	4	20~23

토이그룹에 속하지 않는 견종은?

① 포메라니안
② 치와와
③ 말티즈
④ 푸 들
⑤ 비숑 프리제

42 개와 사람의 통역기 역할을 하며 적은 힘으로 개를 통제하는 역할을 하는 행동 교정 기구는?

① 방석(포인트)
② 초크체인
③ 크레이트(개집)
④ 입마개
⑤ 간식, 장난감

43 개의 문제 행동의 원인이 아닌 것은?

① 과잉보호
② 안아주기
③ 빈번한 산책
④ 제2의 자극(아팠던 기억)
⑤ 사람의 공간인 침대에서의 잠자리

44 개의 행동 발달에 대해 옳지 않은 것은?

① 신생아기에는 촉각・후각・미각이 갖추어져 있다.
② 이행기에는 배설이 불가능하다.
③ 사회화기에는 애착 형성이 가능하다.
④ 성숙기에는 신체적 완성이 이루어진다.
⑤ 고령기에는 인지 장애가 발생한다.

45 고양이 하부요로기계 질환(FLUTD)에 대한 설명으로 옳지 않은 것은?

① 고양이의 방광, 요도 등 하부 비뇨기에 생기는 질병을 포괄적으로 나타낸다.
② 수컷에게서만 발생하는 질환이다.
③ 주요 원인은 스트레스, 다묘 가정, 갑작스러운 환경변화이다.
④ 빈뇨, 혈뇨 및 식욕 부진 증상을 보인다.
⑤ 약물치료・페로몬 치료 등을 활용할 수 있다.

46 다음에 해당하는 비타민은?

• 식물성 기름, 식물의 씨, 곡물 등에 많이 함유되어 있다. • 세포막 손상을 막는 항산화제이며, 과산화물 생성에 의한 노화 방지가 가능하다. • 부족할 경우 세포막이 산화로 인해 파괴되어 빈혈 증상이 발생한다. • 결핍 시 근육 퇴화(근이영양증), 번식 장애 등을 유발할 수 있다.

① 비타민 A
② 비타민 D
③ 비타민 K
④ 비타민 C
⑤ 비타민 E

47 법정 감염병의 종류가 바르게 연결되지 않은 것은?

	유 형	병 명
①	제1급 감염병	중동호흡기증후군(MERS)
②	제1급 감염병	코로나바이러스감염증 - 19
③	제2급 감염병	A형간염
④	제3급 감염병	B형간염
⑤	제4급 감염병	수족구병

48 물리적 소독법의 특징으로 옳지 않은 것은?

① 자외선 살균법은 공기, 물, 식품, 기구, 수술실, 제약실 및 실험대 등을 살균한다.
② 여과 멸균법은 조직 배양액 멸균, 바이러스 여과, 혈청 및 아미노산 여과 등에 이용하는 방법이다.
③ 희석법은 오염물질을 무한히 희석하여 질병의 감염 기회를 저하시킨다.
④ 저온 살균법은 아포 형성균을 멸균하는 가장 좋은 방법으로 의류, 기구, 고무제품, 약품 등에 이용된다.
⑤ 방사선 살균법은 동위원소에서 방사되는 전리방사선을 식품에 조사하여 미생물을 살균한다.

49 살균 작용을 가지고 있어 미생물을 3~4시간 만에 사멸하는 자외선의 파장은?

① 2,000~3,100 Å
② 2,800~3,200 Å
③ 3,300~3,500 Å
④ 3,000~4,000 Å
⑤ 4,000~4,500 Å

50 요로결석의 증상으로 옳지 않은 것은?

① 요도가 긴 수컷에게서 많이 나타난다.
② 배뇨를 힘들어하거나 배뇨 시 통증을 보인다.
③ 소변에 혈액이 섞여 나온다.
④ 다음 및 다뇨 증상을 보인다.
⑤ 적은 양의 소변을 자주 본다.

51 외부 기생충에 의한 피부 질환이 아닌 것은?

① 피부사상균
② 아토피성 피부염
③ 벼룩알레르기성 피부염
④ 개선충증
⑤ 모낭충증

52 개 종합백신(DHPPL)으로 예방할 수 있는 질병이 아닌 것은?

① 렙토스피라증
② 파라 인플루엔자
③ 파보 바이러스성 장염
④ 개 홍역
⑤ 광견병

53 바이러스와 세균의 설명으로 옳지 않은 것은?

	바이러스	세 균
① 크 기	0.2~10㎛	0.02~0.3㎛
② 관 찰	전자 현미경	일반 광학 현미경
③ 세포 구조	세포 구조를 갖지 않음	세포 구조를 갖음
④ 단백질 합성	가 능	불가능
⑤ 증 식	숙주세포를 이용해 증식	세포 분열로 증식

54 교감신경의 특징으로 옳은 것을 모두 고른 것은?

ㄱ. 몸의 이완 및 안정 작용을 한다.
ㄴ. 흥분 내지 촉진 작용을 한다.
ㄷ. 절전신경이 짧고, 절후신경이 길다.
ㄹ. 동공 확대, 침 분비 억제의 기능을 한다.
ㅁ. 위 운동 촉진, 방광 수축의 기능을 한다.

① ㄱ
② ㄱ, ㄴ
③ ㄴ, ㄷ, ㄹ
④ ㄱ, ㄷ, ㄹ, ㅁ
⑤ ㄱ, ㄴ, ㄷ, ㄹ, ㅁ

55 방향에 사용되는 용어 중 정중단면을 향한 쪽 또는 비교적 정중단면에 가까운 쪽을 말하는 용어는?

① 얕은[표층](Superficial)
② 내측(Medial)
③ 앞쪽(Cranial)
④ 외측(Lateral)
⑤ 배쪽(Ventral)

56 이마와 코의 중앙에 움푹 들어간 곳은?

① 스 톱
② 중 이
③ 연구개
④ 연 수
⑤ 홍 채

57 다음에서 설명하고 있는 개의 질병은?

• 증상 – 선천적으로 코가 짧아서 호흡하기 어렵고 숨을 쉴 때마다 코골이가 심하다.
• 원인 – 선천적으로 코가 짧고 입천장과 목젖에 해당하는 연구개가 늘어져 숨을 막는다.

① 폐 렴
② 상부 호흡기계 질환
③ 하부 호흡기계 질환
④ 단두종 증후군
⑤ 아토피

58 반려견 예방접종 시기로 옳은 것은?

① 2차(8주) – 코로나 장염 백신 1차
② 3차(10주) – 인플루엔자 백신 1차
③ 4차(12주) – 인플루엔자 백신 2차
④ 5차(14주) – 켄넬코프 백신(기관지염 백신) 2차
⑤ 6차(16주) – 광견병

59 **햄스터의 습성에 대한 설명으로 옳은 것을 모두 고른 것은?**

ㄱ. 설치목 쥐과에 속하는 포유류이다.
ㄴ. 수명은 5~15년이다.
ㄷ. 낮에는 굴 속에 숨어서 수면을 취하고 저녁에 활동한다.
ㄹ. 하루에 15시간 정도 잠을 잔다.

① ㄱ, ㄴ
② ㄴ, ㄷ
③ ㄱ, ㄷ
④ ㄴ, ㄹ
⑤ ㄷ, ㄹ

60 **모성 행동으로 옳은 것을 모두 고른 것은?**

ㄱ. 새끼에게 젖을 먹인다.
ㄴ. 새끼를 자유롭게 나가게 한다.
ㄷ. 새끼를 품어 새끼의 체온을 유지해 준다.
ㄹ. 새끼의 생식기를 핥아 새끼가 배설할 수 있게 해 준다.

① ㄱ, ㄴ
② ㄱ, ㄴ, ㄷ
③ ㄱ, ㄷ, ㄹ
④ ㄴ, ㄷ, ㄹ
⑤ ㄱ, ㄴ, ㄷ, ㄹ

제2과목 예방 동물보건학

㉠과 ㉡에 들어갈 말로 적절한 것은?

> 환자의 분류(Triage)란 (㉠)에서 다수의 응급동물 환자 가운데 응급동물들의 질환의 (㉡)을/를 평가해 즉각적으로 치료가 필요한지 아닌지를 구분하는 것이다.

	㉠	㉡
①	응급상황	발병 시기
②	응급상황	중증도
③	일상상황	중증도
④	일상상황	발병 시기
⑤	응급상황	감염 시기

동물의 신체검사 시 점막의 상태가 초콜릿 브라운색(Chocolate Brown)일 때 의심되는 상태는?

① 양파로 인한 중독 의심
② 저산소증, 호흡 곤란 의심
③ 열사병, 패혈증, 잇몸 질환 등을 의심
④ 황달, 간 질환, 담즙정체 의심
⑤ 빈혈, 출혈, 쇼크, 기관 허탈 등을 의심

다음에 해당하는 쇼크로 적절한 것은?

> 심장박동을 떨어뜨리는 심부전에 의한 조직 관류 결핍으로, 부정맥, 판막병증, 심근염이 원인이다.

① 저혈압 쇼크(Hypotension)
② 분포성 쇼크(Distributive)
③ 폐색성 쇼크(Obstructive)
④ 저혈량 쇼크(Hypovolemic)
⑤ 심인성 쇼크(Cardiogenic)

04 수액세트 라인에 수액을 채울 때 기포가 생기는 것을 최대한 막을 수 있는 점적봉의 기울기는?

① 10° 이상
② 15° 이상
③ 20° 이상
④ 35° 이상
⑤ 45° 이상

05 상부 위장관 내시경을 위해 바륨 조영을 시행했을 때 내시경 검사를 시행 해야하는 적절한 시간은?

① 1~2시간 이후
② 5~8시간 이후
③ 10~12시간 이후
④ 12~24시간 이후
⑤ 24~48시간 이후

06 심폐소생술에 필요한 물품이 아닌 것은?

① 후두경
② 암부백
③ 비멸균 장갑
④ 나비침
⑤ 압박붕대

07 SOAP 방식으로 옳지 않은 것은?

① 주관적(Subjective)
② 객관적(Objective)
③ 의무(Obligation)
④ 평가(Assessment)
⑤ 계획(Plan)

08 공혈 동물(Donor)의 조건으로 옳은 것을 모두 고른 것은?

ㄱ. 백신 접종을 하지 않았다.
ㄴ. 혈액형 검사를 시행했다.
ㄷ. 임상적, 혈액 검사상 이상이 없다.
ㄹ. 심장사상충에 감염되지 않았다.
ㅁ. 수혈을 받은 경험이 있다.
ㅂ. 적혈구 용적률(PCV)가 35% 이상이다.

① ㄱ, ㄴ, ㄷ
② ㄱ, ㄹ, ㅂ
③ ㄴ, ㄷ, ㄹ
④ ㄷ, ㄹ, ㅁ
⑤ ㄹ, ㅁ, ㅂ

출국 검역 시 필요한 준비서류가 아닌 것은?

① 건강증명서(수의사 발급)
② 동물등록 서류
③ 보호자의 신분증
④ 검역증명서(공항검역소 발급)
⑤ 광견병 예방접종증명서

빈칸에 들어갈 내용으로 적절한 것은?

바이러스 소독 시 락스를 (　　)배 희석하여 사용한다.

① 5~10
② 10~20
③ 20~30
④ 30~40
⑤ 40~50

11 일반의료폐기물로 옳은 것을 모두 고른 것은?

ㄱ. 혈 액
ㄴ. 배설물이 묻은 탈지면
ㄷ. 동물 조직 · 장기 · 기관
ㄹ. 혈액 투석 시 사용된 폐기물
ㅁ. 일회용 기저귀 · 주사기

① ㄱ, ㄴ, ㅁ
② ㄱ, ㄷ, ㄹ
③ ㄴ, ㄹ, ㅁ
④ ㄷ, ㄹ, ㅁ
⑤ ㄱ, ㄴ, ㄷ, ㄹ

12 의료폐기물 보관 방법으로 옳은 것은?

① 조직물류 폐기물은 섭씨 5℃ 이상에서 냉장 보관한다.
② 냉장 시설에는 내부 온도를 측정할 수 있는 온도계를 부착한다.
③ 기타 의료폐기물은 밀폐되지 않은 전용 보관창고에 보관한다.
④ 냉장 시설에는 외부 온도를 측정할 수 있는 온도계를 부착한다.
⑤ 보관창고, 보관장소, 냉장 시설은 월 1회 이상 약물로 소독한다.

13 다음 사진에 있는 수술 기구의 이름으로 알맞은 것은?

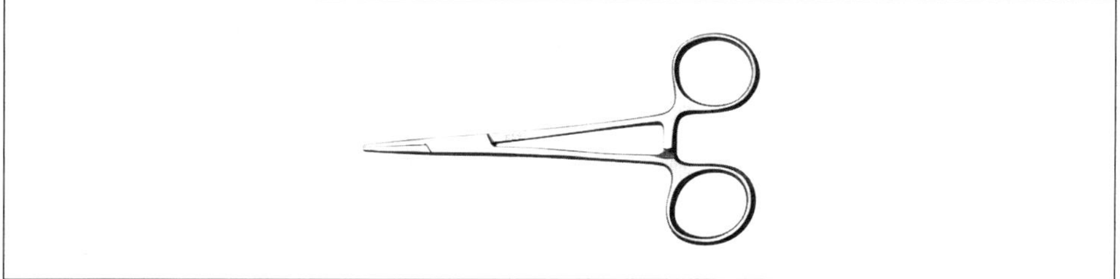

① 헤파린 튜브
② 니들홀더
③ 포 셉
④ 클램프
⑤ 봉합사

약물과 그에 맞는 길항제가 바르게 연결된 것은?

	약 물	길항제
①	에피네프린(Epinephrine)	날록손(Naloxone)
②	필로카르핀(Pilocarpine)	날로르핀(Nalorphine)
③	펜타닐(Fentanyl)	스코폴라민(Scopolamine)
④	아편(Opium)	부토파놀(Butorphanol)
⑤	디메카륨(Demecarium)	아테놀롤(Atenolol)

X선 촬영 시 대조도 높은 영상을 얻는 데 사용하는 것은?

① 프로브
② 카세트
③ 그리드
④ 마 커
⑤ 방사선 앞치마

16 생화학 검사에 사용하는 튜브는?

① Heparin 튜브
② 산소 튜브
③ EDTA 튜브
④ X선 튜브
⑤ 내시경 튜브

17 X선의 일차선이 노출되는 구역으로 X선관 바로 아래에 부착되어 있어 촬영 부위마다 필요한 크기로 조절해 산란선의 양을 조절하는 X-ray 기기는?

① 컨트롤 패널(Controller)
② 컴퓨터 방사선(CR ; Computed Radiography)
③ 직접 디지털 방사선(DR ; Direct Digital Radiography)
④ X선관(X-ray Tube)
⑤ 시준기(Collimator)

18 피폭 관리에 대한 설명으로 옳지 않은 것은?

① 측정기관에서 제공하는 TLD 배지를 착용하여 피폭 관리를 해야 한다.
② TLD 배지를 이용해 6개월에 한 번씩 X선 피폭 정도를 검사한다.
③ 배지는 근무복에 항상 착용하여야 한다.
④ 방어복을 착용했을 때에는 TLD 배지를 방어복 안에 착용한다.
⑤ 방사선실에 들어가는 모든 진료인이 착용해야 한다.

19 수액세트 세팅 순서대로 나열한 것은?

ㄱ. 포장된 수액세트를 꺼낸다.
ㄴ. 수액대에 수액 용기를 거꾸로 매달고 점적통을 2~3회 눌러 점적통에 약 1/2 정도 수액을 채운다.
ㄷ. 세팅된 수액세트를 이용하여 수액관 설치를 보조한다.
ㄹ. 조절기를 완전히 잠그고 도입침의 덮개를 제거한 다음, 도입침을 수액 용기 중앙에 수직으로 꽂는다.
ㅁ. 조절기를 열어 약물을 유출해 주입관 내의 공기를 완전히 제거하고 조절기를 잠근다.

① ㄱ → ㄴ → ㄷ → ㄹ → ㅁ
② ㄱ → ㄴ → ㄹ → ㄷ → ㅁ
③ ㄱ → ㄴ → ㅁ → ㄹ → ㄷ
④ ㄱ → ㅁ → ㄴ → ㄹ → ㄷ
⑤ ㄱ → ㄹ → ㄴ → ㅁ → ㄷ

20 방사선 촬영으로 옳지 않은 것은?

① 납 장갑을 착용하면 시준기에 나와도 상관없다.
② 보정이 어려운 부위는 마취하고 촬영한다.
③ 촬영 부위 중앙부를 촬영한다.
④ 각 부위는 90° 방향으로 하고 최소 2장 이상 촬영한다.
⑤ 중형견, 대형견의 경우 머리를 제외한 몸 전체의 기본 보정을 할 때 2명 이상 보정한다.

21 **응급상황에서 흔히 사용하는 약물이 아닌 것은?**

① 아트로핀(Atropine)
② 바소프레신(Vasopressin)
③ 20% 포도당
④ 구아이페네신(Guaifenesin)
⑤ 탄산수소나트륨(Sodium Bicarbonate)

요오드계 조영제를 이용하여 조영술을 행할 수 있는 부위는?

① 식 도
② 폐
③ 위 장
④ 심 장
⑤ 척 수

초음파 탐촉자에 대한 설명으로 옳지 않은 것은?

① 프로브(Probe)를 탐촉자 또는 변환기(Trasducer)라고 한다.
② 부채꼴형은 심장 초음파 검사에 유용하다.
③ 검사 영역이 가장 좁은 것은 볼록형이다.
④ 초음파를 일정한 간격으로 내보낸다.
⑤ 크기에 따라 형성할 수 있는 초음파 주파수 영역이 다르다.

24 **초음파 프로브 관리 방법에 대한 설명으로 옳지 않은 것은?**

① 열을 이용한 소독은 하지 않는다.
② 검사에서 가장 중요한 기기이므로 신경 써서 관리한다.
③ 알코올을 이용하여 소독한다.
④ 검사를 하지 않을 때 '정지 버튼(Freeze)'을 눌러 초음파가 나오는 것을 방지한다.
⑤ 충격에 주의한다.

25 초음파의 장점으로 옳지 않은 것은?

① 혈관 내부의 혈류를 측정할 수 있다.
② 주사·절개를 하지 않고 시행하기 때문에 환자에게 고통이 없다.
③ 장치가 상대적으로 소형이며 설치가 쉽다.
④ 동물 내부의 공기나 가스에 영향을 받지 않는다.
⑤ 반복해서 검사를 편하게 할 수 있다.

뼈 구조, 두개골 및 척추, 사지 골격에 대한 진단을 내리기 위한 영상 진단 방법은?

① 초음파
② MRI
③ X-ray
④ CT
⑤ 조영 촬영

27 CT와 MRI에 대한 설명으로 옳지 않은 것은?

① CT는 뼈의 구조를 관찰하는 검사이다.
② CT는 가로로 자른 횡단면상을 얻을 수 있어 정밀검사 시 이용한다.
③ MRI는 촬영 시간이 빨라 응급상황에서 이용한다.
④ MRI 촬영 시 전신마취를 해야 한다.
⑤ MRI는 CT보다 연부조직을 자세하게 보는데 유리하다.

28 MRI 촬영 시 주의사항이 아닌 것은?

① 동물 체온에 신경을 써야한다.
② 가돌리늄 조영제를 0.05mL/kg 준비한다.
③ 장시간 많은 양의 수액을 맞아 배뇨할 수 있으므로 패드를 준비한다.
④ 마취되면 눈을 깜빡일 수 없고, 눈물양도 줄기 때문에 점안제를 바른다.
⑤ 동물 크기에 최대한 딱 맞는 코일을 선택해야 한다.

29 소형견과 중 · 대형견에게 사용하는 주사기 용량으로 바르게 연결된 것은?

	소형견	중 · 대형견
①	1~2mL	2~10mL
②	1~3mL	5~10mL
③	1~3mL	3~10mL
④	1~5mL	3~10mL
⑤	1~5mL	5~10mL

30 검사 시간을 단축하기 위해 튜브가 계속 도는 상태에서 테이블도 함께 이동하여 나선형으로 촬영할 수 있도록 개발한 CT는?

① Single Source CT
② Helical(또는 Spiral) CT
③ SDCT
④ Dual Source CT
⑤ MDCT

31 X-ray로 하악 촬영 시 보정 끈을 상악 · 하악에 모두 묶은 후 입을 벌려 복부 쪽으로 돌려야 하는 각도는?

① 20°
② 30°
③ 35°
④ 45°
⑤ 60°

32 X-ray 촬영 시 자세 용어와 X선 방향이 바르게 연결된 것은?

	용어(약어)	X선 방향
①	Dorsal(D)	바깥쪽, 정중앙에서 먼 몸통 또는 다리 바깥쪽
②	Caudal(Cd)	주둥이쪽, 코 방향
③	Distal(Di)	배쪽, 배나 바닥을 향하는 방향
④	Lateral(L)	꼬리 쪽
⑤	Plantal(Pl)	뒷발바닥쪽

33 SID(Source-Image Distance)에 대한 설명으로 옳은 것은?

① X선 강도는 거리의 제곱에 비례한다.
② SID가 감소하면 X선 강도는 약해진다.
③ X선 튜브 초점에서 마커까지의 거리를 말한다.
④ SID는 보통 100cm(40인치)로 사용한다.
⑤ SID가 변경되어도 mAs 값은 조정하지 않는다.

34 방사선실의 폐기물 처리에 대한 방법으로 옳지 않은 것은?

① 폐액은 지정된 폐액 통에만 담는다.
② 화학약품은 신체에 유해하므로 타 용도로 사용하지 않는다.
③ 폐필름은 처리업체를 통해 폐기물 처리한다.
④ 방사선실 구비용품에는 X-ray 촬영 물품, 폐액통, 폐필름 보관통 기기가 있다.
⑤ 폐액은 하수도로 바로 버려도 된다.

35 빈칸에 들어갈 말로 적절한 것은?

X선실의 벽은 콘크리트 (　　)cm 이상이거나 벽 내부에 납 층이 구성되어 있어야 한다.

① 5
② 10
③ 15
④ 20
⑤ 25

36 심장 초음파 검사를 위한 자세 잡는 방법으로 옳지 않은 것은?

① 진정제나 마취제를 투여해 초음파를 시행한다.
② 엘리자베스 칼라를 착용한다.
③ 입마개를 착용한다.
④ 머리 쪽 보정 시 앞다리와 흉부가 닿지 않게 한다.
⑤ 꼬리 쪽 보정 시 양손으로 각각 양발과 허리를 잡는다.

37 고양이의 소양감을 치료하기 위해 사용되며, 개에게는 사용 불가능한 약물은?

① 클로르프로마진(CPZ ; Chlorpromazine)
② 메게스트롤 아세테이트(Megesterol Acetate)
③ 헤파린(Heparin)
④ 수산화 알루미늄(Aluminum Hydroxide)
⑤ 코데인(Codeine)

38 흡입마취제가 아닌 것은?

① 이소플루란(Isoflurane)
② 아산화질소(Nitrous Oxide)
③ 펜시클리딘(Phencyclidine)
④ 할로세인(Halothane)
⑤ 세보플루란(Sevoflurane)

39 탈수의 수치와 증상이 바르게 연결되지 않은 것은?

	탈수 수치	증 상
①	5%	피부 탄력도의 경미한 감소
②	6~8%	CRT의 경미한 지연
③	10~12%	쇼크 증상(잦은 맥박, 약한 맥압 등)
④	10~12%	피부 탄력도의 현저한 감소
⑤	12~15%	명확한 쇼크 증상, 허탈, 심한 기력 저하

40 광견병 항체 검사 시기로 적절한 것은?

① 7~14일 이내
② 14~20일 이내
③ 30일~24개월 이내
④ 12~30개월 이내
⑤ 36~48개월 이내

41 주사제의 종류와 사용법에 대한 설명으로 옳은 것은?

① 한 번 딴 앰풀은 다 쓸 때까지 오래 사용해도 된다.
② 바이알은 주삿바늘을 삽입하는 부위가 유리로 되어 있다.
③ 앰풀에 색깔이 있으면 직사광선에 보관해도 된다.
④ 바이알은 사용할 때마다 소독용 알코올로 바이알 뚜껑 표면을 소독하는 것이 원칙이다.
⑤ 수액은 일반적으로 플라스틱 병을 사용한다.

42 처방에 사용되는 의학용어 약어와 의미가 바르게 연결된 것은?

	약 어	의 미
①	b.i.d(bis in die)	1일 3회
②	IV(intravenous)	정맥 내
③	SC(subcutaneous)	근육 내
④	prn(pro re nata)	원하는 대로
⑤	ac(ante cibum)	식사 후

43 액상제제 약물이 아닌 것은?

① 점안제(Eye Drop)
② 에어로졸제(Aerosol)
③ 시럽제(Syrup)
④ 현탁제(Suspension)
⑤ 산제(Powder)

44 의료 소모품을 관리하는 방법으로 적절한 것은?

① 백신과 키트는 섭씨 4℃ 이상 냉장고에서 보관해야 하는 경우가 많다.
② 소독제와 세척제는 서로 섞여도 상관없다.
③ 넥칼라는 동물의 눈에 잘 띄는 바닥에 눕혀서 보관한다.
④ 반창고와 붕대는 오염되지 않도록 보관한다.
⑤ 각종 필름과 현상액은 빛이 잘 드는 곳에 보관한다.

45 의료폐기물 처리 순서대로 나열한 것은?

ㄱ. 내피 비닐 밀봉 내외부 소독
ㄴ. 지정 격리 보관소에 임시 보관
ㄷ. 전용 용기 내부 소독
ㄹ. 폐기물 위탁 처리업체로 인계
ㅁ. 용기 밀폐
ㅂ. 소 각

① ㄱ → ㄷ → ㄴ → ㅁ → ㄹ → ㅂ
② ㄷ → ㄱ → ㄴ → ㄹ → ㅁ → ㅂ
③ ㄷ → ㄱ → ㅁ → ㄴ → ㄹ → ㅂ
④ ㅁ → ㄷ → ㄱ → ㄴ → ㄹ → ㅂ
⑤ ㅁ → ㄱ → ㄷ → ㄹ → ㄴ → ㅂ

46 국내에서 동물의 혈액 공급을 전담하는 시설은?

① 대한수혈학회(KSBT)
② 혈액은행(UNIT)
③ 한국동물혈액은행(KABB)
④ 대한적십자
⑤ 영국 동물혈액은행(Pet Blood Bank UK)

47 피부 소독제에 대한 설명으로 옳지 않은 것은?

① 포비돈 요오드는 상처, 궤양, 수술 부위의 피부 소독 시 5% 희석하여 사용한다.
② 과산화수소는 수술 후 혈액·체액을 제거하기 위해 사용한다.
③ 알코올은 70~90% 농도에서 최적의 살균력을 가진다.
④ 글루코네이트는 동물 치료용으로 사용 시 2% 농도로 사용한다.
⑤ 제일 처음 사용되었던 소독약은 염소제이다.

48 금속을 부식시키지 않아 플라스틱, 고무, 카테터, 내시경 등 오토클레이브 사용이 불가한 물품을 소독할 때 사용하는 소독제는?

① 미산성 차아염소산
② 차아염소산 나트륨
③ 클로르헥시딘
④ 크레졸 비누액
⑤ 글루타 알데하이드

49 약물의 사용 방법에 대한 설명으로 옳지 않은 것은?

① 시럽제형은 특별한 지시가 없으면 실온 보관한다.
② 좌약은 체온에서 녹기 쉽게 만들어졌다.
③ 개봉된 안약은 유통 기한까지 사용해도 안전하다.
④ 가루제형은 알약에 비해 유효 기간이 짧다.
⑤ 가루제형은 색이 변했거나 굳었을 경우 폐기한다.

제3회 기출유사

50 밀도에 영향을 끼치는 것으로 옳지 않은 것은?

① kVp
② 현상액의 농도
③ 동물의 비만 정도
④ mAs
⑤ 방사선 장갑의 착용 유무

51 **개나 고양이가 체온 조절의 수단으로 하는 호흡은?**

① 과호흡(Hyperpnea)
② 다호흡(Polynea)
③ 복식 호흡
④ 흉식 호흡
⑤ 호흡 곤란(Dyspnea)

심정지, 부정맥 증상을 보이는 환축에게 사용하는 약물이 아닌 것은?

① 도파민(Dopamine)
② 리도카인(Lidocaine)
③ 아데노신(Adenosine)
④ 황산 마그네슘(Magnesium Sulfate)
⑤ 아트로핀(Atropine)

53 **심폐 정지가 임박한 상태가 아닌 것은?**

① 저체온, 무호흡, Agonal Breathing(사망 직전의 호흡)
② 심박수의 변화(잦은 맥박, 느린 맥박, 부정맥)
③ 심한 노력성 호흡, 빈 호흡(과다호흡), 너무 느린 호흡
④ 심하게 침울(Depression)하거나 혼수상태(Coma)
⑤ 수술 중 심각한 출혈

54 **상황별 응급처치에 관한 설명으로 옳은 것은?**

① 심정지 시 분당 60~80회 속도로 심장압박을 실시한다.
② 중・소형견의 기도폐쇄 시 입이 하늘을 향하도록 한다.
③ 심정지 시 목을 펴고 입을 벌려 혀를 집어 넣는다.
④ 독극물을 먹었을 때에는 미지근한 소금물을 먹여 구토를 유발한다.
⑤ 독사에게 물렸을 때 차분하면 순환계에 독이 빠르게 들어간다.

55 **응급실 호흡 보조기기에 대한 설명으로 옳지 않은 것은?**

① 기관내관은 기관에 삽관하여 인공호흡을 하기 위한 기기이다.
② 후두경은 기관내관을 삽입하기 위한 보조기기이다.
③ 암부백은 자발 호흡이 없는 환자에게 양압 호흡을 하기 위한 기기이다.
④ 산소 발생기는 공급업체에서 병원에 공급하는 순도 99%의 산소통이다.
⑤ 흡입마취기는 산소 공급량을 조절할 수 있는 기기이다.

내장형 무선식별기(전자칩)의 삽입 위치는?

① 앞 발
② 천추골
③ 골반 위쪽
④ 흉추골 사이
⑤ 양쪽 어깨뼈 사이

57 **혈압 측정 방법에 대한 설명으로 옳지 않은 것은?**

① 오실로메트릭은 자동 혈압계이다.
② 오실로메트릭은 측정할 부위의 털을 제거해야 한다.
③ 오실로메트릭은 동물이 움직이지 않도록 보정해야 한다.
④ 도플러는 맥박을 촉진하는 부위에 프로브를 대고 혈류 음이 가장 강하게 들리는 곳을 찾는다.
⑤ 도플러는 수축기 혈압을 측정하는 혈압계이다.

의료적 처치가 즉각 실시되어야 하는 증상으로 옳지 않은 것은?

① 빈 혈
② 복부 팽만
③ 소변을 못 봄
④ 중독이나 발작
⑤ 의심되는 감염병

59 **모세혈관 재충전 시간을 의미하며, 작은 혈관에서 혈액이 빠진 후 다시 차오르는 데 걸리는 시간을 의미하는 것은?**

① CRT(Capillary Refill Time)
② ECG(Electrocardiogram)
③ Hemiplegia
④ Tracheal Collapse
⑤ Pymetra

60 **주요 국가별 검역조건에 대한 설명으로 옳지 않은 것은?**

① 미국 - 개는 광견병 예방접종 조건으로 최소 4개월령 입국 시 당일 개방이 가능하다.
② 캐나다 - 3개월령 미만은 광견병 예방접종을 실시하지 않는다.
③ 중국 - 격리검역이 필요한 동물이 격리검역을 갖추지 않은 비지정공항만으로 입국 시에 반송 또는 폐기 처리한다.
④ 일본 - 8개월령 이하의 상업적 용도인 경우 마이크로칩 이식 및 사전 수입허가가 필요하다.
⑤ 미국 - 하와이, 괌은 별도 수입조건이 있다.

제3과목 임상 동물보건학

갈비뼈를 볼 수 없고 지방이 두껍게 덮여 있으며 고양이는 복부에 지방이 처져 있는 반려동물 신체 충실지수는?

① BCS 1
② BCS 2
③ BCS 3
④ BCS 4
⑤ BCS 5

다음에서 설명하는 지혈법은?

> • 적당한 크기로 잘라 출혈 부위에 붙여두면 녹아 들어가서 피를 응고시킨다.
> • 경우에 따라 감염을 촉진시킬 수 있다.
> • 사용이 용이하며 지혈 효과가 좋고 상처에 바로 적용할 수 있다.

① 젤폼(Gelfoam)
② 멸균거즈 압박
③ 전기 소작법
④ 써지셀(Surgicel)
⑤ 본왁스(Bone Wax)

평균 혈압을 측정하는 데 사용하는 것은?

① 이완기 혈압과 수축기 혈압
② 이완기 혈압과 호흡수
③ 심박수와 호흡수
④ 수축기 혈압과 체온
⑤ 체온과 심박수

04 깊은 마취 상태에서의 호흡수로 알맞은 것은?

① 3회/분 미만
② 5회/분 미만
③ 8회/분 미만
④ 12회/분 미만
⑤ 20회/분 미만

05 이완기 혈압이 60~130mmHg 이고, 수축기 혈압기 120~160mmHg인 환자의 혈압으로 옳은 것은?

① 60~130mmHg
② 80~120mmHg
③ 80~140mmHg
④ 100~140mmHg
⑤ 120~160mmHg

제3회 기출유사
06 약독화 생백신과 불활성화 백신에 대한 설명으로 옳지 않은 것은?

① 약독화 백신은 장시간 지속된다.
② 불활성화 백신에는 순화백신, 생균백신이 있다.
③ 약독화 백신은 면역 결핍 동물의 경우 백신 내 병원체에 의한 발병 우려가 존재한다.
④ 불활성화 백신은 항원 병원체를 죽이고 면역 항체 생산에 필요한 항원성만 존재한다.
⑤ 약독화 백신은 살아 있는 병원체의 독성을 약화시킨다.

07 뇌하수체에 생긴 종양으로 인해 부신피질자극호르몬이 과도하게 분비되어 나타나는 질환은?

① ADH
② PDH
③ 에디슨병
④ 의인성 쿠싱
⑤ Hypothyroidism

08 다음에서 설명하는 소독약으로 알맞은 것은?

> • 피부 자극이 없고, 기구를 부식하지 않으며, 피부 세척과 기구 소독 등에 사용한다.
> • 세균과 곰팡이를 포함하는 광범위의 살균효과를 가지고 있다.
> • 동물 피부 치료용으로는 2% 농도를 사용한다.

① 과산화제(Peroxide)
② 염소제(Chlorine)
③ 클로르헥시딘(Chlorhexidine)
④ 알코올(Alcohol)
⑤ 요오드제(Iodine)

09 다음 처방전을 보고 조제를 위해 필요한 알약의 개수는?

> 체중 25kg의 허스키가 비염으로 내원하여 다음과 같은 처방이 지시되었다. 조제를 위해 필요한 항히스타민제의 수량은? (단, 알약 1개의 용량은 500mg)
>
> • 항히스타민제 30mg/kg BID PO for 5days

① 6
② 10.5
③ 13
④ 15
⑤ 18.5

10 소독과 멸균을 구분하는 요인은 무엇인가?

① 폐 액
② 염 산
③ 아 포
④ 백 신
⑤ 체 액

11 모세혈관 내에 머물며 삼투압에 의해 순환 혈액량 유지 기능을 하는 수액의 종류는?

① 알부민
② 당가생리식염수
③ 하트만액
④ 0.9% Nacl
⑤ 5% 포도당

12 정상 상태의 구강과 점막의 모세혈관 재충만 시간은 몇 초 이내를 유지해야 하는가?

① 2초
② 2.5초
③ 3초
④ 3.5초
⑤ 5초

13 쇼크 상태의 개에게 소생단계 수액 요법을 실시할 경우 1시간 이내에 투여해야 하는 수액량으로 적절한 것은?

① 20~33ml/kg
② 40~60ml/kg
③ 60~75ml/kg
④ 80~90ml/kg
⑤ 100~120ml/kg

14 다음 사진에 해당하는 붕대법의 명칭은?

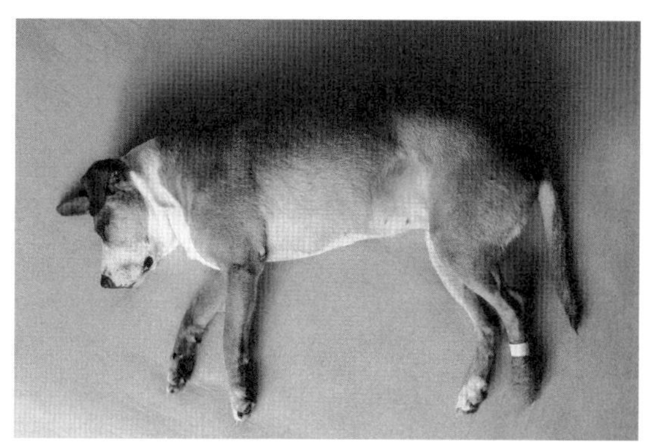

① 에머슬링법
② 벨푸슬링법
③ 데조 붕대
④ 로버트 존슨법
⑤ 회귀대

15 산소치료가 필요한 상황으로 옳지 않은 것은?

① 중증 외상
② 호흡 곤란
③ 순환 장애
④ 빈혈·전신 염증
⑤ 고혈압

16 통증 부위별 원인이 바르게 연결되지 않은 것은?

	통증 부위	통증 원인
①	치 아	치주염
②	복 부	장중첩
③	관 절	퇴행성 관절염
④	허 리	디스크
⑤	턱	구강 종양

수술 구역에 대한 설명으로 옳지 않은 것은?

① 수술방에서 실제 수술이 진행된다.
② 수술방에서 수술자, 소독간호사가 스크러브를 하고 수술 가운, 장갑을 착용한다.
③ 준비 구역에서 수술방에 들어가기 전 수술 부위 털 제거, 흡입마취가 시작된다.
④ 준비 구역은 오염 지역이다.
⑤ 스크러브 구역은 수술방과 직접 연결되어 있다.

수술 기구 팩에 들어 있는 도구로 옳지 않은 것은?

① 수술 칼날
② 조직 포셉
③ 반창고
④ 수술 가위
⑤ 수술 가운

멸균법에 대한 설명으로 옳지 않은 것은?

① EO 가스 멸균법(EO Gas Sterilization)을 이용한 멸균 중에는 EO 가스에 노출되므로 문을 개방해서는 안 된다.
② EO 가스 멸균법(EO Gas Sterilization)은 열, 습기에 민감한 고무류, 플라스틱 등에 사용한다.
③ 플라즈마 멸균법(Plasma Sterilization)은 수분을 흡수하는 물질은 사용할 수 없다는 단점이 있다.
④ 플라즈마 멸균법(Plasma Sterilization)은 150℃ 이상 고온에서 5~10분 정도로 단시간에 끝난다.
⑤ 고압증기 멸균법(Autoclave Method)은 121℃에서 15분 이상 멸균 시 모든 미생물이 사멸된다.

20 ㉠과 ㉡에 해당하는 봉합침의 종류로 적절한 것은?

> • (㉠) – 피부 봉합에 사용
> • (㉡) – 장, 혈관, 피하 지방과 같은 부드러운 조직 봉합에 사용

	㉠	㉡
①	단 침	장 침
②	단 침	각 침
③	환 침	각 침
④	장 침	환 침
⑤	각 침	환 침

21 비흡수성 봉합사로 옳지 않은 것은?

① Linen
② Cotton
③ Dafilon
④ Surgical Gut
⑤ Stainless Steel

22 다음 사진의 수술도구 이름으로 옳은 것은?

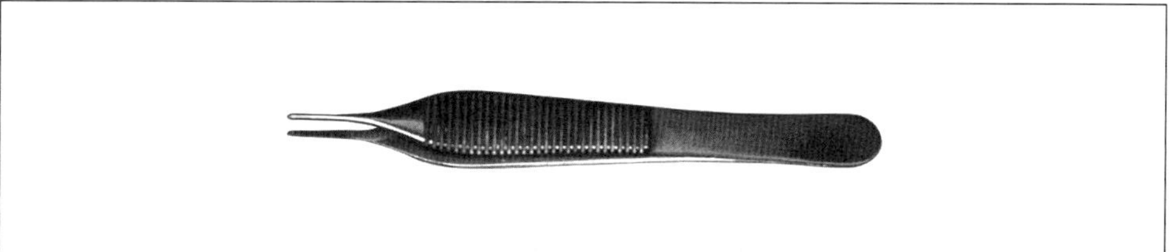

① Babcock Forceps
② DeBakey Forceps
③ Bishop–Harmon Forceps
④ Brown–Adson Forceps
⑤ Alis Tissue Forceps

제3회 기출유사

23 비마약성 진통제에 해당하는 것을 모두 고른 것은?

ㄱ. 멜록시캄 ㄴ. 부토르파놀 ㄷ. 트라마돌 ㄹ. 모르핀

① ㄱ
② ㄱ, ㄴ
③ ㄱ, ㄷ
④ ㄴ, ㄷ
⑤ ㄷ, ㄹ

24 소독용 에탄올을 사용해 소독할 수 있는 감염병의 종류로 옳지 않은 것은?

① 렙토스피라증
② 개 전염성 기관기관지염
③ 고양이 전염성 복막염
④ 고양이 칼리시 감염증
⑤ 개 코로나 바이러스

호흡백은 동물의 1회 호흡량의 몇 배보다 커야 하는가?

① 2~4배
② 4~8배
③ 6~10배
④ 10~12배
⑤ 15~20배

26 전기 소작법에 대한 설명으로 옳지 않은 것은?

① 전기로 혈관을 지지는(소작) 지혈법이다.
② 직경 1.5~2mm 이하 작은 혈관에 사용한다.
③ 과하게 사용할 시 괴사가 생긴다.
④ EO 가스 멸균 등으로 사용한다.
⑤ 단극성이 안전하고 합병증이 적다.

27 ㉠과 ㉡에 들어갈 말로 적절한 것은?

> • 능동배액 – (㉠)을 이용한 석션을 사용한다.
> • 수동배액 – 중력과 체강의 (㉡)로 상처의 삼출물을 제거한다.

	㉠	㉡
①	압력 차이	위치 차이
②	위치 차이	음 압
③	압력 차이	음 압
④	음 압	압력 차이
⑤	음 압	위치 차이

28 피부에서 비정상적으로 만져지는 혹이나 덩어리 등 조직을 주삿바늘로 찔러 세포 등을 확인하는 피부 검사는?

① 피부 소파 검사
② 세침 흡입 검사
③ 모낭과 털 검사
④ 우드램프 검사
⑤ 세균 배양 검사

29 내부 기생충으로 털의 윤기가 없어지는 증상을 보이며 Albendazole로 치료하는 기생충은?

① 개편충
② 개구충
③ 개회충
④ 개조충
⑤ 개심장사상충

항응고제는 어떤 이온을 제거함으로써 응고 작용을 차단하는가?

① 칼 슘
② 칼 륨
③ 아 연
④ 나트륨
⑤ 마그네슘

혈액 도말 검사를 통해 발견할 수 있는 질환 중 분류가 다른 것은?

① 백혈병
② 종 양
③ 감염이나 염증의 원인
④ 골수형성이상 증후군
⑤ 빈혈의 원인 감별

혈청 화학 검사에서 간수치를 측정하는 항목으로 옳지 않은 것은?

① ALT
② AST
③ ALP
④ BUN
⑤ 알부민

수직 감염되는 질환으로 옳은 것은?

① 고양이 클라미디아(Feline Chlamydophila)
② 광견병(Rabies)
③ 개 전염성 간염(ICH ; Infectious Canine Hepatitis)
④ 개 파라 인플루엔자(Canine Parainfluenza)
⑤ 톡소플라즈마

항응고제를 첨가하여 피브리노겐(Fibrinogen)이 피브린(Fibrin)으로 전환되지 않은 상태로 혈액 속에 남아 있는 액체는?

① 혈 청
② 혈 장
③ 적혈구
④ 백혈구
⑤ 혈소판

제1형 당뇨병에 대한 설명으로 옳지 않은 것은?

① 주로 개에게서 나타난다.
② 백내장, 실명 증상을 보인다.
③ 수컷에 비해 암컷의 발병률이 높다.
④ 인슐린의 분비는 정상적으로 되나 간・근육 세포가 인슐린에 반응하지 않아 나타나는 질환이다.
⑤ 혈당 수치를 낮추기 위해 췌장에서 분비되는 인슐린 호르몬의 양이 부족해서 나타나는 질환이다.

검사가 지체될 때 10% 포르말린을 첨가하여 보관하는 검사는?

① 갑상선 호르몬 검사
② 곰팡이 배양 검사
③ 요 시험지 검사
④ 혈액 도말 검사
⑤ 분변 도말 검사

딥퀵(Diff-Quick) 염색에 대한 설명으로 옳지 않은 것은?

① 에오신을 이용하여 고정한다.
② 폴리크롬은 3번 시약으로 제공된다.
③ 세워서 공기를 말린다.
④ pH6.4~6.8 정도의 증류수로 세척한다.
⑤ 염색약이 피부에 직접 닿지 않게 유의한다.

제3회 기출유사

38 코티솔 호르몬 검사 중 채혈하지 않고 검사하는 방법은?

① HDDST
② LDDST
③ UCCR
④ ACTH 자극 시험
⑤ Endogenous ACTH Concentration

39 화학(Chemistry), 내분비학(Endocrinology), 면역 측정(Immunoassay)에 적합한 검사를 하는 튜브는?

① ET 튜브
② Sodium Citrate 튜브
③ Heparin 튜브
④ EDTA 튜브
⑤ Serum(SST) 튜브

40 원심 분리기를 이용해 혈액을 분리했을 때 나오는 층 중에서 백혈구와 혈소판으로 이루어진 층은?

① 혈장(Plasma)
② 혈청(Serum)
③ 적혈구(Erythrocyte)
④ 버피 코트(Buffy Coat)
⑤ 요(Urine)

개의 RER이 350일 때 DER은?

① 350
② 560
③ 680
④ 700
⑤ 820

42 루골(Lugol) 염색은 시료 100mL당 루골 용액 몇 mL를 첨가하여 고정하는가?

① 0.5~1mL
② 1~2mL
③ 3~5mL
④ 4~7mL
⑤ 9~13mL

43 ㉠에 해당하는 특징으로 알맞은 것은?

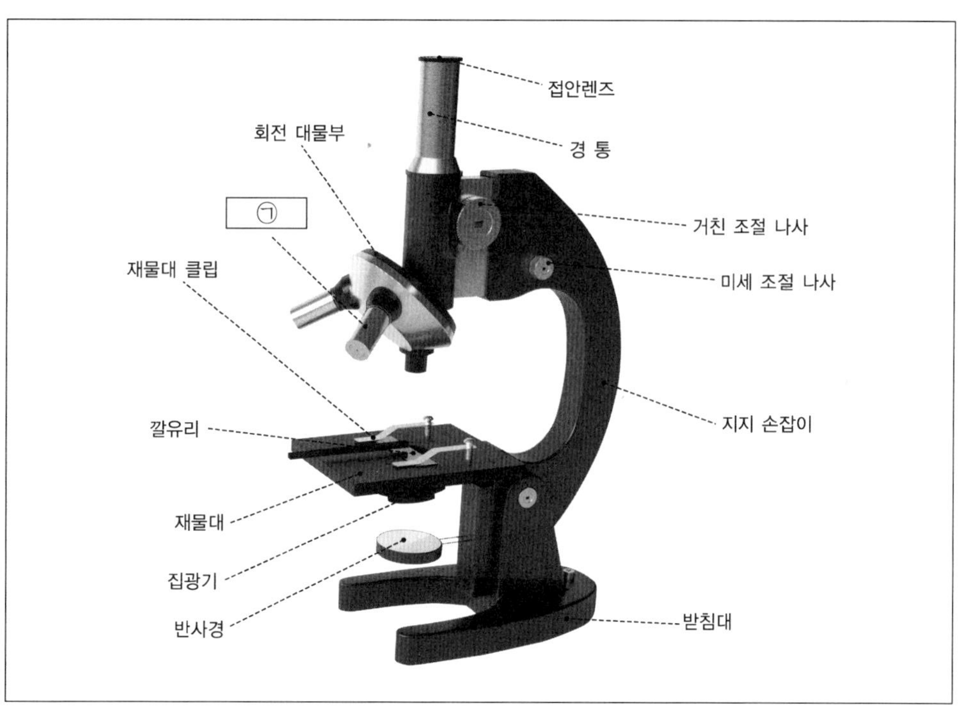

① 현미경의 접안렌즈가 들어 있는 원통형 관으로 2개의 수렴렌즈로 이루어지기도 한다.
② 높은 정밀도로 초점을 맞추는 장치로 관찰 대상물과 대물렌즈 사이의 거리를 조절한다.
③ 확대경처럼 작용하는 렌즈 시스템으로 이것을 통해 대물렌즈에 의해 만들어진 상이 확대된 것을 볼 수 있다.
④ 일반적으로 2개의 렌즈로 이루어진 광학 시스템을 말하며 램프가 내보내는 빛을 관찰 대상물에 집중시킨다.
⑤ 관찰 대상물에서 나오는 빛을 포착하고 수렴해서 상을 반전된 상태로 확대하여 맺히게 하는 렌즈 시스템이다.

44 중합효소연쇄반응(Polymerase Chain Reaction)에 대한 설명으로 옳은 것을 모두 고른 것은?

ㄱ. 대부분의 생물학 실험실에서 기본적으로 수행하는 실험이다.
ㄴ. 세균의 중합 효소(Polymerase, 폴리메라아제)를 이용한다.
ㄷ. EO(Ethylene Oxide) 가스를 이용한다.
ㄹ. PCR의 기본 원리는 특정 RNA 염기서열을 열과 중합 효소를 이용하여 증폭하는 것이다.
ㅁ. PCR의 기본 원리는 특정 DNA 염기서열을 열과 중합 효소를 이용하여 증폭하는 것이다.

① ㄱ, ㄴ, ㄷ
② ㄱ, ㄷ, ㄹ
③ ㄱ, ㄴ, ㅁ
④ ㄴ, ㄷ, ㄹ
⑤ ㄷ, ㄹ, ㅁ

45 마취 전 실시하는 Leakage Test를 순서대로 나열한 것은?

ㄱ. 산소 플러시 밸브를 누르면 호흡백이 차기 시작한다.
ㄴ. 손가락으로 공기가 새지 않도록 튜브를 꽉 막는다.
ㄷ. 압력계의 바늘이 움직이면 안 된다.
ㄹ. 압력계가 올라가기 시작한다.
ㅁ. Pop-off 밸브를 닫는다.

① ㅁ → ㄹ → ㄷ → ㄱ → ㄴ
② ㅁ → ㄴ → ㄱ → ㄹ → ㄷ
③ ㄴ → ㄱ → ㄹ → ㄷ → ㅁ
④ ㄷ → ㄴ → ㄱ → ㄹ → ㅁ
⑤ ㄷ → ㅁ → ㄱ → ㄴ → ㄹ

46 배출자 보관 기간이 15일에 해당하지 않는 폐기물은?

① 혈액 오염
② 일반의료폐기물
③ 격리의료폐기물
④ 생물화학
⑤ 조직물류

47 혼합 시 격렬한 발열 반응이 나타나는 화학약품으로 바르게 연결된 것은?

	약품 A	약품 B
①	과망가니즈산 칼륨	에탄올
②	물	나트륨
③	과산화수소	아세톤
④	수 소	아세틸렌
⑤	염 소	아세틸렌

48 재활 치료에 대한 설명으로 옳지 않은 것은?

① 신체적 재활과 심리적 재활이 있다.
② 수술 후 회복, 순환장애 등에 활용된다.
③ 초음파 치료는 신경 근육 전기 자극이 전류를 조직에 적용하여 회복을 촉진하는 치료이다.
④ 운동 치료는 연조직의 구축 또는 관절연골의 손상을 예방한다.
⑤ 수중 치료는 뼈관절염 환축의 재활, 신경 질환을 가진 동물에게 적절하다.

49 수술 후 발생하는 주요 합병증의 증상과 처치 방법에 대한 설명으로 옳지 않은 것은?

① 욕창이 발생하면 진통제를 투여한다.
② 쇼크가 발생해 사지말단의 냉감이 있으면 체온 유지를 해주어야 한다.
③ 저체온이 발생하면 10분마다 체온을 체크해야 한다.
④ 섬망이 발생하면 진정제를 투여하고 심한 경우 안아준다.
⑤ 봉합 부위 열 개로 봉합사가 풀려 수술 부위가 노출되면 국소 마취 후 재봉합 한다.

50 흉와위(Sternal Recumbency)로 배 쪽이 테이블에 접촉된 상태에서 수술하는 부위로 적절한 것은?

① 다리 수술
② 척추 · 꼬리 · 회음부 수술
③ 치과 · 귀 수술
④ 복부 수술
⑤ 눈 수술

잇몸 색이 청색일 때의 상태로 적절한 것은?

① 열사병
② 치주염
③ 고 열
④ 빈 혈
⑤ 산소 부족

52 의료용 고압가스의 종류와 산소통 색깔이 바르게 연결된 것은?

	종 류	색 깔
①	산 소	회 색
②	산 소	검은색
③	아산화질소	파란색
④	아산화질소	검은색
⑤	이산화탄소	노란색

53 퇴행성 관절염, 종양 전이에 의한 통증의 종류는?

① 만성 통증
② 치아 통증
③ 복부 통증
④ 급성 통증
⑤ 직접 통증

54 중환자실 동물보건사 교대 시 인수인계(I-PASS) 내용으로 적절하게 연결된 것은?

① 환자 요약(Patient Summary) – 중성화된 5살 수컷 고양이가 배뇨 곤란으로 내원하였다.
② 종합(Synthesis) – 근무자에게 상황을 설명하고 가능한 상황에 대비하도록 한다.
③ 상황 인지(Situation Awareness) – 배뇨량 모니터링을 지시한다.
④ 소개(Introduction) – 회복 후 공격적일 수 있다는 상황을 설명한다.
⑤ 지시사항(Action List) – 수액・항생제・진통제를 지속적으로 투여한다.

55 상처 부위에서 나오는 혈액, 삼출물, 괴사조직 등을 흡수하는 붕대의 종류는?

① 1차 붕대
② 2차 붕대
③ 3차 붕대
④ 4차 붕대
⑤ 5차 붕대

56 동물의 정상 맥박수 범위가 바르게 연결된 것은?

	구 분	맥박수
①	소형견	140~220
②	중형견	70~110
③	페 럿	120~150
④	토 끼	60~90
⑤	고양이	300

57 기관내관에 대한 설명으로 옳지 않은 것은?

① 흡입마취 시 기관내관을 통해 마취제를 투여한다.
② 기관내관을 장착해도 공기는 기관 사이로 출입할 수 있다.
③ 기관내관 제거 후 산소마스크를 이용하여 10분 이상 100% 산소를 공급한다.
④ 호흡수 측정 시 호흡수 측정 센서를 기관내관과 연결하여 측정한다.
⑤ 단두종은 기관내관을 최대한 오랫동안 유지하는 것이 좋다.

58 약물 흡수 시간이 30~45분 정도 되는 주사는?

① 채 혈
② 경정맥주사
③ 정맥주사
④ 근육주사
⑤ 피하주사

59 **태어난 후 48시간 내에 생산되는 초유를 통한 모체이행항체로 출생 후 약 12주까지 방어 능력이 제공되는 면역으로 알맞게 연결된 것은?**

	구 분	종 류
①	후천면역	인공 수동면역
②	선천면역	자연 능동면역
③	후천면역	자연 수동면역
④	후천면역	자연 능동면역
⑤	선천면역	인공 능동면역

60 **수술 후 입원실에서 상처 부위를 관리하는 방법에 대한 설명으로 옳지 않은 것은?**

① 개방 상처 부위에 0.1% 클로르헥시딘을 상처 부위에 뿌리면서 세척한다.

② 봉합한 상처에는 Dry-to-dry의 밀폐요법 드레싱을 시행한다.

③ 개방 상처의 괴사조직은 긁거나 잘라 제거한다.

④ 배액관은 하루에 세 번 이상 세척한다.

⑤ 봉합한 수술 부위에는 소독 및 드레싱 처치를 하고 2일 간격으로 반복 시행한다.

제4과목 동물 보건 · 윤리 및 복지 관련 법규

고양이 중성화(TNR)에 대한 설명으로 옳지 않은 것은?

① 포획 · 방사 사업의 경우 동물보호단체, 민간사업자 등에게 대행 가능하다.
② 겨울철에는 암컷의 제모 면적을 최소화 한다.
③ 수술 봉합사는 흡수성 재질로 봉합한다.
④ 방사 시 포획한 장소가 아닌 다른 곳에 방사한다.
⑤ 포획한 후 만 24시간 이내에 실시한다.

㉠과 ㉡에 들어갈 말로 적절한 것은?

> 수의사법은 수의사(獸醫師)의 기능과 수의(獸醫)업무에 관하여 필요한 사항을 규정함으로써 동물의 (㉠), 축산업의 발전과 (㉡)의 향상에 기여함을 목적으로 한다.

	㉠	㉡
①	생명보호	동물의 안전
②	건강증진	공중위생
③	건강증진	동물보호
④	생명보호	동물의 안전
⑤	생명존중	동물보호

수의사법상 수의사 결격사유로 옳지 않은 것은?

① 피성년후견인 또는 피한정후견인
② 마약, 대마(大麻), 그 밖의 향정신성의약품(向精神性醫藥品) 중독자
③ 면허증을 잃어버리고 재발급 받지 않은 사람
④ 망상, 환각, 사고(思考)나 기분의 장애 등으로 인하여 독립적으로 일상생활을 영위하는 데 중대한 제약이 있는 사람
⑤ 「수의사법」, 「가축전염병 예방법」, 「축산물 위생관리법」, 「동물보호법」, 「의료법」, 「약사법」, 「식품위생법」 또는 「마약류관리에 관한 법률」을 위반하여 금고 이상의 실형을 선고받고 그 집행이 끝나지(집행이 끝난 것으로 보는 경우 포함) 아니하거나 면제되지 아니한 사람

04 수의사법상 동물보건사의 간호 보조 업무로 옳지 않은 것은?

① 요양을 위한 간호
② 심박수 측정
③ 체온 측정
④ 약물 도포
⑤ 동물에 대한 관찰

05 수의사법상 정당한 사유 없이 진단서, 검안서, 증명서 또는 처방전의 발급을 거부한 경우 각각의 과태료는? (단위 : 만 원)

	1차	2차	3차
①	7	14	28
②	30	60	90
③	50	75	100
④	60	80	100
⑤	150	200	250

06 수의사법상 진료부에 1년간 보존하여야 하는 사항을 모두 고른 것은?

ㄱ. 동물의 품종
ㄴ. 사체의 상태
ㄷ. 치료방법(처방과 처치)
ㄹ. 동물등록번호
ㅁ. 주요 소견

① ㄱ, ㄴ, ㄷ
② ㄱ, ㄷ, ㄹ
③ ㄴ, ㄷ, ㄹ
④ ㄴ, ㄷ, ㅁ
⑤ ㄷ, ㄹ, ㅁ

07 수의사법상 동물병원을 개설할 수 없는 자는?

① 수의사
② 동물진료업을 목적으로 설립된 법인
③ 수의학을 전공하는 대학(수의학과가 설치된 대학 포함)
④ 의사면허증을 소지하고 있는 사람
⑤ 「민법」이나 특별법에 따라 설립된 비영리법인

08 수의사법상 시장·군수가 농림축산식품부령이 정하는 바에 따라 동물병원에 대해 1년 이내의 기간을 정하여 동물진료업의 정지를 명할 수 있는 경우는?

① 무자격자에게 진료행위를 하도록 한 사실이 있을 때
② 업무의 정지 기간에 검사업무를 한 경우
③ 거짓이나 그 밖의 부정한 방법으로 지정을 받은 경우
④ 고의 또는 중대한 과실로 거짓의 동물 진단용 방사선발생장치 등의 검사에 관한 성적서를 발급한 경우
⑤ 농림축산식품부령으로 정하는 검사·측정기관의 지정기준에 미치지 못하게 된 경우

09 수의사법상 500만 원 이하의 과태료를 부과하는 경우에 해당하는 경우를 모두 고른 것은?

ㄱ. 진료부 또는 검안부를 갖추어 두지 아니하거나 진료 또는 검안한 사항을 기록하지 아니하거나 거짓으로 기록한 사람
ㄴ. 정당한 사유 없이 동물의 진료 요구를 거부한 사람
ㄷ. 부적합 판정을 받은 동물 진단용 특수의료장비를 사용한 자
ㄹ. 거짓이나 그 밖의 부정한 방법으로 진단서, 검안서, 증명서 또는 처방전을 발급한 사람
ㅁ. 동물병원을 개설하지 아니하고 동물진료업을 한 자

① ㄱ, ㄴ, ㄷ
② ㄱ, ㄷ, ㅁ
③ ㄴ, ㄷ, ㄹ
④ ㄴ, ㄷ, ㅁ
⑤ ㄷ, ㄹ, ㅁ

10 진료실 · 사육실 · 격리실 내에 개별 동물의 분리 · 수용시설 조건이 바르게 연결된 것은?

	동물의 종류	크 기
①	소형견(5kg 미만)	50 × 50 × 50(cm)
②	중형견(5kg 이상 15kg 미만)	70 × 80 × 70(cm)
③	중형견(5kg 이상 15kg 미만)	80 × 100 × 60(cm)
④	대형견(15kg 이상)	100 × 150 × 100(cm)
⑤	고양이	50 × 60 × 60(cm)

11 빈칸에 들어갈 말로 적절한 것은?

수의사법상 동물병원 개설자가 동물진료업을 휴업하거나 폐업한 경우에는 지체 없이 관할 시장 · 군수에게 신고하여야 한다. 다만, (　)일 이내의 휴업인 경우에는 그러하지 아니하다.

① 10
② 30
③ 50
④ 60
⑤ 90

12 빈칸에 들어갈 말로 적절한 것은?

동물보호법은 동물의 생명보호, 안전 보장 및 복지 증진을 꾀하고 (　)을/를 조성함으로써, 생명 존중의 국민 정서를 기르고 사람과 동물의 조화로운 공존에 이바지함을 목적으로 한다.

① 공중위생 향상
② 건전하고 책임 있는 사육문화
③ 동물건강 의식
④ 동물을 존중하는 문화
⑤ 생명보존 의식

13 동물보호법상 맹견의 출입이 금지되는 곳에 해당하는 것을 모두 고른 것은?

ㄱ. 유치원
ㄴ. 어린이공원
ㄷ. 장애인복지시설
ㄹ. 노인복지시설

① ㄱ
② ㄱ, ㄹ
③ ㄱ, ㄴ, ㄹ
④ ㄴ, ㄷ, ㄹ
⑤ ㄱ, ㄴ, ㄷ, ㄹ

동물보호법상 동물보호센터의 업무가 아닌 것은?

① 동물의 구조·보호조치
② 동물의 인수
③ 동물의 치료·수술
④ 동물의 인도적인 처리
⑤ 동물학대행위 근절을 위한 동물보호 홍보

동물보호법상 영업의 허가가 필요한 업종으로 옳지 않은 것은?

① 동물미용업
② 동물생산업
③ 동물장묘업
④ 동물판매업
⑤ 동물수입업

16 **동물보호법상 목줄을 착용하지 않고 외출하여 사람의 신체를 상해에 이르게 한 자에 대한 벌금은?**

① 300만 원 이하의 벌금
② 500만 원 이하의 벌금
③ 1년 이하의 징역 또는 1천만 원 이하의 벌금
④ 2년 이하의 징역 또는 2천만 원 이하의 벌금
⑤ 3년 이하의 징역 또는 3천만 원 이하의 벌금

17 **동물보호법상 300만 원 이하의 벌금에 처하는 경우에 해당하는 것을 모두 고른 것은?**

ㄱ. 도박 · 시합 · 복권 · 오락 · 유흥 · 광고 등의 상이나 경품으로 동물을 제공한 자
ㄴ. 신고를 하지 아니하고 보호시설을 운영한 자
ㄷ. 살아 있는 동물을 처리한 영업자
ㄹ. 반려동물행동지도사의 명칭을 사용한 자

① ㄱ
② ㄱ, ㄴ
③ ㄱ, ㄴ, ㄹ
④ ㄴ, ㄷ, ㄹ
⑤ ㄱ, ㄴ, ㄷ, ㄹ

18 **동물보호법상 동물 실험의 원칙으로 옳지 않은 것은?**

① 동물 실험을 한 자는 그 실험이 끝난 후 지체 없이 해당 동물을 검사하여야 한다.
② 동물 실험은 인류의 복지 증진과 동물 생명의 존엄성을 고려하여 실시되어야 한다.
③ 동물 실험을 하려는 경우에는 실험을 최우선적으로 고려하여야 한다.
④ 동물 실험은 실험동물의 윤리적 취급과 과학적 사용에 관한 지식과 경험을 보유한 자가 시행하여야 한다.
⑤ 검사 결과 해당 동물이 회복할 수 없거나 지속적으로 고통을 받으며 살아야 할 것으로 인정되는 경우에는 신속하게 고통을 주지 아니하는 방법으로 처리하여야 한다.

19 동물보호법상 동물의 운송에 대한 설명으로 옳지 않은 것은?

① 동물을 싣고 내리는 과정에서 동물 또는 동물이 들어 있는 운송용 우리를 던지거나 떨어뜨려서 동물을 다치게 하는 행위를 하지 아니하여야 한다.
② 급격한 체온 변화, 호흡 곤란 등으로 인한 고통을 최소화할 수 있는 구조로 되어 있어야 한다.
③ 병든 동물, 어린 동물 또는 임신 중이거나 포유 중인 새끼가 딸린 동물을 운송할 때에는 함께 운송 중인 다른 동물에 의하여 상해를 입지 아니하도록 칸막이를 설치한다.
④ 급격한 출발·제동 등으로 충격과 상해를 입지 아니하도록 한다.
⑤ 운송을 위하여 전기(電氣)몰이 도구를 사용한다.

20 동물보호법상 보호시설의 폐쇄를 명하는 경우로 옳지 않은 것은?

① 신고를 하지 아니하고 보호시설을 운영한 경우
② 거짓이나 그 밖의 부정한 방법으로 보호시설의 신고 또는 변경신고를 한 경우
③ 동물학대 등의 금지 규정을 위반하여 벌금 이상의 형을 선고받은 경우
④ 변경신고를 하지 아니하고 보호시설을 운영한 경우
⑤ 중지명령이나 시정명령을 최근 3년 이내에 2회 이상 반복하여 이행하지 아니한 경우

TEST

부록 2024년 제3회 정답 및 해설

제1과목 | 기초 동물보건학																			
1	②	2	②	3	③	4	⑤	5	④	6	③	7	②	8	⑤	9	④	10	①
11	③	12	②	13	②	14	⑤	15	②	16	⑤	17	①	18	⑤	19	④	20	③
21	④	22	②	23	④	24	⑤	25	⑤	26	⑤	27	⑤	28	③	29	②	30	③
31	③	32	①	33	④	34	④	35	②	36	④	37	③	38	①	39	②	40	⑤
41	①	42	②	43	③	44	②	45	②	46	⑤	47	②	48	④	49	①	50	④
51	②	52	⑤	53	①	54	③	55	②	56	①	57	④	58	⑤	59	③	60	③

01 ① 시상단면(Sagittal Plane) : 정중단면과 평행하게 머리, 몸통 또는 사지를 통과하는 단면이다.
③ 축(Axis) : 몸통 또는 몸통의 어떤 부분의 중심선이다.
④ 정중단면(Median Plane) : 머리, 몸통 또는 사지를 오른쪽과 왼쪽이 똑같게 세로로 나눈 단면이다.
⑤ 등단면(Dorsal Plane) : 정중단면과 가로단면에 대하여 직각으로 지나는 단면으로, 몸 또는 머리를 등쪽 부위 및 배쪽 부위로 나눈 것이다.

02 외호흡과 내호흡
- 외호흡 : 폐포와 폐포모세혈관 사이에 일어나는 기체 교환이다.
- 내호흡 : 조직과 조직모세혈관 사이에 일어나는 기체 교환이다.

03 사지 위치에 따른 관절의 분류

앞다리의 관절	• 견관절(어깨관절, Shoulder Joint) • 주관절(앞다리굽이관절, Elbow Joint) • 완관절(앞발목관절, Carpal Joint)
뒷다리의 관절	• 고관절(엉덩이관절, Hip Joint) • 슬관절(무릎관절, Stifle Joint) • 부관절(족관절, Tarsal Joint)

04 ① 인두 : 구강과 식도의 사이에 있는 근육성의 주머니이며, 소화관과 호흡 기도의 교차점이다.
② 회장 : 소장의 끝부분으로, 공장과의 경계가 뚜렷하지 않으므로 공장과 회장은 함께 공회장으로 다루는 것이 보통이다.
③ 간 : 소화 작용에 필요한 담즙(Bile)을 분비하여 십이지장에 보낼 뿐만 아니라 물질 대사, 해독 작용 등 중요한 역할을 한다.
④ 십이지장 : 유문에서 시작되는 소장의 첫 부분이다.

05 폐순환
- 폐순환은 폐로 가서 이산화탄소를 내보내고 산소를 받아 심장으로 돌아오는 순환이다.
- 폐순환 순서 : 우심실 → 폐동맥 → 폐 → 폐정맥 → 좌심방

06 각 동물들의 치아 개수는 아래와 같다.
토끼 28개, 기니피그 20개, 햄스터 16개, 개 42개, 고양이 30개이다.

07 ② 동맥관 개존증 : 선천성 심장병 중 하나로, 출생 후에 닫혀야 할 동맥관이 정상적으로 닫히지 않고 열려 있는 상태가 지속되는 질병이다.
① 승모판 폐쇄 부전증 : 좌심방과 좌심실 사이에 있는 승모판이 잘 닫히지 않게 되면서 혈액이 역류하게 되는 질환으로, 심해지면 생명에도 지장을 줄 수 있다.
③ 심장사상충증 : 개, 고양이 등에서 나타나는 혈액 내 기생충성 질환으로, 심장사상충이 심장이나 폐동맥에 기생하여 발생한다.
④ 심근증 : 노령견 및 대형견에서 주로 나타나는 질병으로, 심장 근육이 비대해지거나 탄력이 없어지며 확장되어 나타난다.
⑤ 조충증 : 조충은 항문 주위에 기생하며, 벼룩을 매개로 하여 감염된다.

08 에디슨병은 부신피질 기능저하증을 부르는 말이다.

09 갑상샘 기능항진증은 성장 촉진 및 대사 진행과 관련 있는 갑상샘 호르몬이 과도하게 분비되는 질병이고, 갑상샘 기능저하증은 갑상샘 호르몬의 분비가 감소하여 나타나는 질병이다.

10 ② 고관절 이형성증 : 허리와 대퇴골을 연결하는 고관절이 비정상적으로 발달하여 고관절 내 대퇴골 머리가 부분적으로 빠져 있는 질병이다.
③ 슬관절 탈구 : 외상 및 활차구 이상으로 슬개골이 대퇴골의 활차구에서 이탈하여 생긴다.
④ 관절염 : 2개의 뼈를 연결하는 관절연골이 손상되어 염증이 생긴 질병이다.
⑤ 고관절 탈구 : 낙하 또는 사고 등의 외상에 의해 대퇴골의 머리가 골반뼈의 절구에서 벗어나 생긴다.

11 ① 간질 : 뇌 신경세포의 변화로, 일시적으로 뇌기능이 마비되면서 경련이나 발작을 일으키는 질환이다.
② 첩모난생증 : 눈썹이 나는 부위는 정상이나 배열과 발생 방향이 불규칙한 것을 말한다.
④ 뇌수막염 : 뇌조직을 둘러싸고 있는 막과 뇌 사이에 염증이 생겨 나타나는 질환이다.
⑤ 환축추불안정 : 고개를 제대로 움직이지 못하는 질환이다.

12 간질 발작 시 항경련제를 사용하여 발작을 억제한다.

13 ① 환축추불안정 : 경추뼈 중 환추(1번 경추)와 축추(2번 경추) 사이의 결합에 이상이 생겨 고개를 제대로 움직이지 못하는 질환이다.
③ 추간판 돌출 : 섬유륜의 부분 파열로 인해 추간판이 튀어나와 척수를 자극하는 것이다.
④ 십자인대단열 : 대퇴골과 정강이뼈를 연결하는 앞십자인대가 뒤틀리거나 끊어진 상태이다.
⑤ 슬관절 탈구 : 외상 및 활차구 이상으로 슬개골이 대퇴골의 활차구에서 이탈하여 생긴다.

14 치근첨주위농양은 이빨 뿌리 쪽에 심한 염증이 생긴 질환으로 외부에서는 잘 보이지 않으므로 증상이 많이 진행되어서 발견되는 경우가 많다.

15 활성탄은 독성물질을 흡수하는 데 사용하는 응급의약품이다.

16 치주 질환의 증상으로 잇몸이 붓고, 궤양과 출혈이 나타나며 심한 경우 사료를 잘 씹지 못한다.

17 녹내장은 안압의 상승으로 나타나는 질병이다.

18 제3안검 탈출증은 내안각에 위치한 제3안검이 변위되어 돌출된 질환으로 제3안검에 염증이 생기거나 제3안검 조직이 느슨해져 나타나며, 한쪽 또는 양쪽에 발생한다.

19 반려견 금기 식품으로는 초콜릿, 양파, 포도, 건포도, 땅콩, 카페인, 닭뼈, 자일리톨 등이 있다.

20 세균성 식중독의 종류

감염형 식중독	장염균, 쥐티푸스균, 돼지콜레라균, 장염비브리오균, 대장균, 캄필로박터 제주니
독소형 식중독	황색포도상구균, 보툴리누스균, 세레우스균
기타 세균성 식중독	가스괴저균, 모르가넬라모르가니균, 엔테로코커스 페칼리스

21 중요관리점(Critical Control Point)은 HACCP을 적용하여 식품의 위해요소를 예방·제어하거나 허용 수준 이하로 감소시켜 당해 식품의 안전성을 확보할 수 있는 중요한 단계·과정 또는 공정으로, HACCP의 용어 중 하나이다.

22 한국의 천연기념물로 등록된 견종에는 진돗개, 삽살개, 경주개 동경이가 있고 풍산개는 북한의 천연기념물이다.

23 건식 사료는 수분 함유량이 10% 내외인 사료이고, 습식 사료는 수분 함유량이 약 75%인 사료이다.

24 ① 치근첨주위농양 : 이빨 뿌리 쪽에 심한 염증이 생기는 질환이다.
② 구내염 : 구강 점막에 염증이 생기는 질환으로 주로 뺨 안쪽이나 혀 안쪽, 잇몸 등에 염증이 발생한다.
③ 충치 : 충치균에 의해 이빨에 구멍이 생기거나 이빨이 갈색이나 검은색으로 변하는 질환이다.
④ 치은염 : 잇몸에 염증이 생기는 것으로, 잇몸이 붓고 피가 난다.

25 보툴리누스는 불충분하게 가열·살균 후 밀봉 저장한 식품(통조림, 소시지, 병조림, 햄 등)에서 발생하며 충분한 가열·살균, 위생적 보관·가공으로 예방할 수 있다.

26 페럿은 항문에 취선이 있어, 영역표시를 하거나 공격을 받았을 때 악취가 나는 액체를 내뿜는다.

27
- 고전적 조건화는 학습이 체계적·과학적 방법에 의해 외부로부터 유도될 수 있으며, 그 결과는 예측 가능하다고 본다.
- 조작적 조건화는 어떤 행동의 결과에 보상이 이루어지는 경우 그 행동이 재현되기 쉬우며, 반대의 경우 행동의 재현이 어렵다는 점을 강조한다. 즉, 강화와 처벌의 역할을 강조한다.

28 ① 놀이 공격 행동 : 놀이시간이 부족하여 나타나는 문제 행동이다.
② 분리 불안 : 주인이 없을 때 또는 빈집에 있는 동안 불안감을 느껴서 짖거나 부적절하게 배설하는 등의 증상을 나타내는 문제 행동이다.
④ 부적절한 발톱갈기 행동 : 세력권의 마킹, 오래된 발톱의 제거, 수면 후의 스크래치, 소재의 선호성 등으로 나타날 수 있는 문제 행동으로 고양이에게서 나타난다.
⑤ 상동 장애 : 신체의 특정 부위를 끊임없이 물거나 핥기, 빙빙 돌면서 자신의 꼬리 쫓기, 꼬리 물기 등의 행동이 이상빈도로 또는 지속적으로 반복하여 일어나는 문제 행동이다.

29 ① 브리티시 쇼트헤어는 영국이 원산지이며 온순하고 유한 성격으로 다른 동물들과의 친화력이 좋다.
③ 러시안 블루는 북유럽이 원산지이며 애정이 넘치지만 낯가림을 한다.
④ 버만의 원산지는 미얀마에서 프랑스로 이동하였고 침착한 성향을 가지고 있다.
⑤ 샴은 태국이 원산지이며 감수성이 예민해 신경질적인 반응을 보일 때가 있다.

30 타우린은 고양이에게 필수적으로 요구되는 아미노산이다.

31 노령견에게 필요한 단백질은 고품질의 15~23%의 건조물이다.

32 ② 영역성 공격행동 : 과도한 영역 방위 본능이 영역성 공격 행동을 일으키는 주 원인으로 알려져 있는 공격행동이다.
③ 공포성 공격행동 : 과도한 공포나 불안, 선천적 기질, 사회화 부족, 과거의 혐오경험으로 인해 발생하는 공격행동이다.
④ 특발성 공격행동 : 원인을 알 수도 없고, 예측하기도 어려운 공격행동이다.
⑤ 우위성 공격행동 : 개가 인식하는 자신의 사회적 순위가 위협받을 때 그 순위를 과시하기 위해 보이는 공격행동이다.

33 파블로프(Pavlove)의 개 실험
- 무조건 자극 : 먹이
- 무조건 반응 : 먹이로 인해 나오는 침
- 중성(중립) 자극 : 조건화 되기 이전의 종소리
- 조건 자극 : 조건화된 이후의 종소리
- 조건 반응 : 종소리로 인해 나오는 침

34 무기질의 기능에 따른 분류

골격 구조 형성	칼슘(Ca), 인(P), 마그네슘(Mg)
연조직 형성	철(Fe), 칼륨(K), 인(P), 황(S), 염소(Cl), 요오드(I)
체액의 삼투압 조절	나트륨(Na), 염소(Cl), 칼륨(K), 칼슘(Ca), 마그네슘(Mg)

35 칼슘은 뼈나 치아 형성, 혈액 응고 및 항상성 유지, 근육의 수축·이완 작용, 신경 전달의 기능을 한다.

36 안아주기는 개의 문제 행동의 원인으로 일상생활 속에서 안고 생활하는 시간이 많으면, 안아주기를 통해 짖는 것으로 발전하는 경우가 많다.

37 내이염은 귀의 가장 안쪽 깊은 곳에 있는 내이에서 염증이 발생한 것으로, 대부분 외이염이나 중이염이 확장되어 나타난다.

38 대퇴네갈래근은 무릎관절을 펴는 근육으로 뒷다리 상부근육이다.

39 토끼의 발바닥은 얇은 털로만 되어 있어 딱딱한 방바닥이나 철망 위에서 생활하는 토끼는 비절 부근이 빨개지고 염증이 생기는데, 이를 비절병이라 한다.

40 토끼의 경추는 7개, 흉추 12개, 요추 7개, 천추 4개, 미추 15~18개이다.

41 포메라니안은 스피츠와 프리미티브 타입의 견종이다.

42 ① 방석(포인트) : 특정 공간을 알려주는 역할을 하며 개를 기다리게 하거나 정해진 목표 지점 설정을 위해 사용하는 등 다용도로 쓰인다.
③ 크레이트(개집) : 개가 가장 편안하게 쉴 수 있는 공간이다.
④ 입마개 : 개의 입부분을 덮어 문제 행동을 차단하는 도구이다.
⑤ 간식, 장난감 : 간식이나 좋아하는 장난감을 포상용으로 활용하며, 올바른 행동을 하였을 때 보상을 통해서 긍정적인 사고방식을 갖게 한다.

43 문제 행동의 원인

일반적인 문제 행동의 원인	보호자와 보호자 가족의 일상생활 변화, 동물의 일상에서 꼭 필요한 행동(본능적 욕구 표출) 부족
개의 문제 행동의 원인	안아주기, 사람의 공간인 침대에서의 잠자리, 과잉보호, 제2의 자극(아팠던 기억)

44 이행기 특징
- 시 · 청각이 발달한다.
- 배설이 가능하다.
- 동배종들과 놀이를 시도한다.
- 소리 · 행동 신호 표현이 시작한다.
- 걷기 시작한다.
- 눈을 뜨고 귓구멍이 열려 소리에 반응하고 행동적으로도 신생아기의 패턴에서 강아지의 패턴으로 변화가 보이는 시기이다.

45 고양이 하부요로기계 질환(FLUTD)은 수컷뿐만 아니라 암컷에게도 생긴다.

46 비타민 E의 화학 명칭은 토코페롤(Tocopherol)이다. 유아기의 비타민 E 흡수 이상 시 발달 중인 신경계에 영향을 미친다. 조기 치료하지 않으면 신경 장애를 유발할 수 있다.

47 코로나바이러스감염증 – 19는 제4급 감염병이다.

48 • 저온 살균법 : 결핵균, 소유산균, 살모넬라균, 구균 등과 같이 아포를 형성하지 않는 세균을 죽이는 멸균법이다.
• 고압증기 멸균법 : 아포 형성균을 멸균하는 가장 좋은 방법으로, 의류, 기구, 고무제품, 약품 등에 이용된다.

49 2,650Å의 파장은 빛이 가장 강한 살균력을 가지고 있어 이 파장을 이용하여 자외선 살균을 한다.

50 다음 및 다뇨의 증상은 방광염에서 보이는 증상이다.

51 아토피성 피부염은 꽃가루, 먼지, 진드기 등 알레르기의 원인이 되는 물질에 대해 과민 반응이 나타나는 질환이다.

52 개 종합백신(DHPPL)으로 예방할 수 있는 질병에는 개 홍역(디스템퍼), 파보 바이러스성 장염, 전염성 간염, 파라 인플루엔자, 렙토스피라증이 있다.

53 바이러스의 크기는 0.02~0.3μm이고 세균의 크기는 0.2~10μm이다.

54 교감신경과 부교감신경

교감신경	• 흥분 내지 촉진 작용을 한다. • 절전신경이 짧고, 절후신경이 길다. • 동공 확대, 침 분비 억제, 심박수 증가, 위 운동 억제, 방광 이완 등의 기능을 한다.
부교감신경	• 몸의 이완 및 안정 작용을 한다. • 절전신경이 길고, 절후신경이 짧다. • 동공 축소, 침 분비 자극, 심박수 감소, 위 운동 촉진, 방광 수축 등의 기능을 한다.

55 ① 얕은[표층](Superficial) : 비교적 몸통의 표면에 가까운 쪽 또는 어떤 기관의 표면 부분이다.
③ 앞쪽(Cranial) : 머리를 향한 쪽 또는 비교적 머리에 가까운 쪽이다.
④ 외측(Lateral) : 정중단면을 벗어났거나 비교적 멀리 떨어진 쪽이다.
⑤ 배쪽(Ventral) : 배를 향한 쪽 또는 비교적 배 가까운 쪽이다.

56 스톱에서 코 끝의 길이와 후두골 끝 길이를 비교해 품종을 분류한다.

57 단두종 증후군은 시추나 불독과 같은 '단두종' 개들에게서 주로 나타나며 치료와 예방법으로는 콧구멍을 크게 해주는 수술을 하거나 기도를 넓혀 주는 수술을 하여 개선할 수 있다.

58 반려견의 예방접종 시기
- 1차(6주) : 종합백신 1차 + 코로나 장염 백신 1차
- 2차(8주) : 종합백신 2차 + 코로나 장염 백신 2차
- 3차(10주) : 종합백신 3차 + 켄넬코프 백신(기관지염 백신) 1차
- 4차(12주) : 종합백신 4차 + 켄넬코프 백신(기관지염 백신) 2차
- 5차(14주) : 종합백신 5차 + 인플루엔자 백신 1차
- 6차(16주) : 광견병 + 인플루엔자 백신 2차

59 ㄴ. 기니피그의 수명으로, 햄스터의 수명은 평균 2~3년이다.
ㄹ. 페럿의 습성으로, 햄스터의 수면시간은 평균 6~8시간이다.

60 동물의 모성 행동
- 새끼에게 젖을 먹인다.
- 새끼의 몸을 핥아서 깨끗하게 해 준다.
- 새끼를 품어서 새끼의 체온을 유지해 준다.
- 새끼의 생식기를 핥아 새끼가 배설할 수 있게 해 준다.
- 새끼를 나가지 못하게 막음으로써 위험하지 않게 해 준다.

제2과목 I 예방 동물보건학																			
1	②	2	①	3	⑤	4	⑤	5	④	6	⑤	7	③	8	③	9	③	10	④
11	①	12	②	13	②	14	④	15	③	16	①	17	⑤	18	②	19	⑤	20	①
21	④	22	⑤	23	③	24	③	25	④	26	④	27	③	28	②	29	③	30	②
31	①	32	⑤	33	④	34	⑤	35	⑤	36	①	37	②	38	③	39	④	40	③
41	④	42	②	43	⑤	44	④	45	③	46	③	47	①	48	⑤	49	③	50	⑤
51	②	52	①	53	⑤	54	④	55	④	56	⑤	57	②	58	①	59	①	60	④

01 환자의 분류(Triage)란 응급상황에서 다수의 응급동물 환자 가운데 응급동물들의 질환의 중증도를 평가해 즉각적으로 치료가 필요한지 아닌지를 구분하는 것으로, 우선 순위를 정하고 그들이 받아야 하는 치료들의 최상의 순서를 정하기 위해 환자를 분류하는 과정이다.

02 점막의 상태
- 분홍색(Pink) : 건강한 상태이다.
- 빨강색(Red) : 열사병, 패혈증, 잇몸 질환 등이 의심되는 상황이다.
- 체리색(Cherry Red) : 일산화탄소 중독이 의심되는 상황이다.
- 흰색(White, 창백) : 빈혈, 출혈, 쇼크, 기관 허탈 등이 의심되는 상황이다.
- 파란색(Blue)이나 보라색(Purple) : 저산소증, 호흡 곤란이 의심되는 상황이다.
- 노란색(Yellow) : 황달, 간 질환, 담즙정체가 의심되는 상황이다.
- 초콜릿 브라운색(Chocolate Brown) : 양파로 인한 중독이 의심되는 상황이다.

03 쇼크의 종류는 크게 심인성 쇼크, 분포성 쇼크, 폐색성 쇼크, 저혈량 쇼크 4가지인데, 이 중 심장의 이상으로 발생한 쇼크를 심인성 쇼크라 한다.

04 점적봉을 45° 이상 기울여 채우면 기포가 생기는 것을 최대한 막을 수 있다.

05 바륨 조영을 시행한 경우 12~24시간 이후 내시경 검사를 시행하는데 이물이 확인된 경우는 제외한다.

06 심폐소생술에 필요한 물품은 ①・②・③・④ 이외에도 기관튜브, IV카테터, 수액 및 수액세트, 다양한 크기의 주사기, 영양공급관, 약물 용량표, 3-Way Stop Cock가 있다.

07 SOAP 방법은 주관적(Subjective), 객관적(Objective), 평가(Assessment), 계획(Plan)에 따라 기록하는 것이다.

08 공혈 동물(Donor)의 조건
- 임상적, 혈액 검사상 이상이 없다.
- 백신 접종을 규칙적으로 하고 있다.
- 적혈구 용적률(PCV)이 40% 이상이다.
- 수혈을 받은 경험이 없다.
- 혈액형 검사를 시행했다.
- 심장사상충에 감염되지 않았다.

09 출국 검역 시 준비해야 할 서류는 ①・②・④・⑤ 이외에도 종합백신 접종증명서(수의사 발급)가 있다.

10 락스는 바이러스 소독 시 30~40배, 일반 소독 시 150배 희석하여 사용한다.

11
- 일반의료폐기물에는 혈액, 체액, 분비물, 배설물이 묻은 탈지면, 붕대, 거즈, 일회용 기저귀, 생리대, 일회용 주사기, 수액 세트 등이 있다(단, 의료폐기물이 아닌 폐기물로서 의료폐기물과 혼합되거나 접촉된 폐기물은 의료폐기물로 본다).
- 동물 조직·장기·기관은 조직물류 폐기물이고, 혈액 투석 시 사용된 폐기물은 혈액 오염폐기물이다.

12 의료폐기물 보관 방법
- 조직물류 폐기물은 섭씨 4℃ 이하 냉장 보관, 기타 의료폐기물은 밀폐된 전용 보관창고에 보관한다.
- 냉장 시설에는 내부 온도를 측정할 수 있는 온도계를 부착한다.
- 보관창고, 보관장소, 냉장 시설은 주 1회 이상 약물로 소독한다.

13 사진 속 수술 기구 이름은 니들홀더(Needle Holder)이다.

14 약물과 길항제

구 분		약 물	길항제
콜린성	직접 작용	• 아세틸콜린(Acetylcholine) • 카르바밀콜린(Carbamylcholine) • 베타네콜(Bethanechol) • 필로카르핀(Pilocarpine)	• 아트로핀(Atropine) • 스코폴라민(Scopolamine) • 아미노펜타마이드(Aminopentamide) • 글리코피롤레이트(Glycopyrrolate)
	간접 작용	• 에드로포늄(Edrophonium) • 피소스티그민(Physostigmine) • 네오스티그민(Neostigmine) • 디메카륨(Demecarium) • 에코티오페이트(Echothiophate)	
아드레날린성		• 에피네프린(Epinephrine) • 노르에피네프린(Norepinephrine) • 이소프로테레놀(Isoproterenol) • 도파민(Dopamine) • 도부타민(Dobutamine)	• 페녹시벤자민(Phenoxybenzamine) • 프라조신(Prazosin) • 펜톨라민(Phentolamine) • 요힘빈(Yohimbine) • 토라졸린(Tolazoline) • 프로프라놀롤(Propranolol) • 아테놀롤(Atenolol) • 소타롤(Sotalol)
오피오이드계		• 모르핀(Morphine) • 아편(Opium) • 메타돈(Methadone) • 옥시모르폰(Oxymorphone) • 메페리딘(Meperidine) • 펜타닐(Fentanyl) • 코데인(Codeine)	• 날록손(Naloxone) • 날트렉손(Naltrexone) • 날로르핀(Nalorphine) • 부토파놀(Butorphanol)

15 그리드
동물과 검출기 사이에 위치시켜 산란선의 양을 조절하여 대조도가 높은 X선 영상을 얻는 데 사용한다.

16 일반적인 혈액 검사인 CBC 검사에 사용하는 튜브는 EDTA 튜브이고, 생화학 검사에 사용하는 튜브는 Heparin 튜브이다.

17 ① X선의 힘을 얼마나 세게 할지, X선의 양을 얼마나 생성할지 명령하기 위한 기기 구조이다.
② · ③ 검출기(Detector)의 종류로 X선 영상획득 장치를 말한다.
④ X선을 생성하는 구역으로 크게 양극과 음극으로 내부가 나뉜다.

18 TLD 배지는 분기별로 한 번씩 X선 피폭 정도를 검사한다.

19 수액세트 세팅하기
ㄱ. 포장된 수액세트를 꺼낸다.
ㄹ. 조절기를 완전히 잠그고 도입침의 덮개를 제거한 다음, 도입침을 수액 용기 중앙에 수직으로 꽂는다.
ㄴ. 수액대에 수액 용기를 거꾸로 매달고 점적통을 2~3회 눌러 점적통에 약 1/2 정도 수액을 채운다.
ㅁ. 조절기를 열어 약물을 유출해 주입관 내의 공기를 완전히 제거하고 조절기를 잠근다.
ㄷ. 세팅된 수액세트를 이용하여 수액관 설치를 보조한다.

20 납 장갑을 착용해도 시준기에 나와서는 안 된다.

21 응급상황에서 흔히 사용하는 약물에는 ① · ② · ③ · ⑤ 이외에도 리도카인(Lidocaine), 에피네프린(Epinephrine), 날록손(Naloxone)이 있다.

22 대표적인 요오드계 조영제는 옴니팩이고, 이를 이용하여 조영술을 행할 수 있는 부위는 콩팥과 척수이다.

23 볼록형은 검사 영역이 가장 넓고 시야가 사다리꼴이다.

24 알코올이 첨가되지 않은 소독제로 소독해야 한다.

25 초음파는 동물 내부의 공기나 가스에 영향을 많이 받는 검사이다.

26 CT(Computed Tomography, 컴퓨터 단층 촬영)
CT는 뼈 구조, 두개골 및 척추, 사지 골격에 대한 진단을 내리기 위한 영상 진단 방법으로 X선 발생장치가 있는 원형의 큰 기계에 들어가서 촬영한다.

27 CT는 MRI보다 촬영 시간이 빨라 응급상황에서 골든 타임 안에 진단을 내려 처치할 수 있다.

28 가돌리늄 조영제를 0.2mL/kg 준비한다. 여러 가지 조영제 종류가 있으므로 용도를 확인한 후 사용한다.

29 일반적으로 소형견에게는 1~3mL, 15kg 이상 중 · 대형견에게는 3~10mL의 주사기를 사용한다.

30 ① Single Source CT : 한 개의 X선 튜브와 한 세트의 X선 디텍터를 가진 CT를 말한다.
③ SDCT : 디텍터 열이 1개일 때로 한 번의 촬영에 한 단면을 얻을 수 있다.
④ Dual Source CT : 2개의 X선 튜브와 두 세트의 X선 디텍터를 가진 CT를 말한다. Single Source CT보다 좀 더 빠르게 촬영할 수 있으며 더 정교한 영상을 얻을 수 있다.
⑤ MDCT : 디텍터 열이 2개 이상일 때로 한 번 촬영했을 때 여러 장의 영상을 얻을 수 있고, 디텍터 열의 수가 많을수록 촬영 속도가 빠르다.

31 상악은 등 쪽으로 45°, 하악은 복부 쪽으로 20° 돌린다.

32 ① Dorsal(D) : 등 쪽. 등이나 척추를 향하는 방향
② Caudal(Cd) : 꼬리 쪽
③ Distal(Di) : 몸통에 붙은 부위에서 멀어지는 쪽
④ Lateral(L) : 바깥쪽. 정중앙에서 먼 몸통 또는 다리 바깥쪽

33 SID 특징
- X선 튜브 초점에서 검출기까지의 거리를 말한다.
- SID가 감소하면 X선 강도는 세지고, 증가하면 X선 강도는 약해진다.
- X선 강도는 거리의 제곱에 반비례한다.
- SID가 변경되면 mAs 값을 재조정해야 한다.
- SID는 보통 100cm(40인치)로 사용한다.

34 폐액은 하수도로 바로 버리지 않고 폐액 처리업체로 의뢰한다.

35 X선실의 벽은 콘크리트 25cm 이상이거나 벽 내부에 납 층이 구성되어 있어야 한다. 또한 창문은 없거나 있다면 납유리로 되어 있어야 하며, 문 안에도 납 층이 있어 X선 촬영실 밖으로 X-선이 새어나가지 못하도록 하여야 한다.

36 진정제나 마취제가 투여되면 심장의 기능이 평소와 다르게 평가될 수 있으므로 약물을 투여하지 않는다.

37 고양이에서 소양감을 치료하기 위해 사용되며, 개에는 사용이 불가능한 약물은 프로게스테론 화합물(Progesterone Compounds)로 그 종류에는 메게스트롤 아세테이트(Megesterol Acetate)와 데포-프로베라(Depo-provera)가 있다.

38 정맥마취제와 흡입마취제

구분	약물
정맥마취제	케타민(Ketamine), 펜시클리딘(Phencyclidine), 싸이오펜탈(Thiopental), 미다졸람(Midazolam), 프로포폴(Propofol), 에토미데이트(Etomidate)
흡입마취제	이소플루란(Isoflurane), 세보플루란(Sevoflurane), 할로세인(Halothane), 아산화질소(Nitrous Oxide)

39 탈수 수치가 10~12%일 때 피부가 제자리로 돌아오지 않고, CRT가 지연되며 안구가 들어가보인다. 또한 점막이 건조하고 쇼크 증상을 보인다.

40 광견병 중화항체가 검사는 수출국 정부기관 또는 국제 공인 광견병 항체가 검사 인증검사 기관에서 실시하고, 검사 결과 0.5 IU/㎖ 이상, 채혈 일자가 국내 도착 전 24개월 이내여야 한다.

41 ① 한 번 딴 앰풀은 빠른 시간 내에 사용하는 것이 좋다.
② 바이알은 주삿바늘을 삽입하는 부위가 고무로 되어 있다.
③ 앰풀에 색깔이 있으면 직사광선을 피해 보관해야 한다.
⑤ 수액은 일반적으로 비닐백을 사용한다.

42 ① b.i.d(bis in die) : 1일 2회
③ SC(subcutaneous) : 피하
④ prn(pro re nata) : 필요할 때마다
⑤ ac(ante cibum) : 식사 전

43 산제는 고형제제 약물이다.

44 ① 백신과 키트는 섭씨 4℃ 이하로 냉장 보관해야 하는 경우가 많으므로 재고량 파악과 보관에 유의한다.
② 소독제와 세척제는 서로 섞이지 않도록 한다.
③ 넥칼라는 동물의 눈에 잘 띄지 않는 벽에 걸어 보관한다.
⑤ 각종 필름과 현상액은 빛이 들어가지 않도록 이동 및 보관에 유의한다.

45 의료폐기물 처리순서
전용 용기 내부 소독 → 내피 비닐 밀봉 내외부 소독 → 용기 밀폐 → 지정 격리 보관소에 임시 보관 → 폐기물 위탁 처리업체로 인계 → 소각

46 혈액은행 UNIT은 사람의 혈액 공급을 전담하는 시설이다.

47 포비돈 요오드(베타딘)는 상처, 궤양, 수술 부위의 피부 소독 시, 2% 희석하여 사용한다.

48 ① 미산성 차아염소산 : 탈취 효과가 있어 병원 내 감염 방지 기구 소독에 사용된다.
② 차아염소산 나트륨 : 다른 이름은 락스로 가격이 저렴하고 효과가 빠르며 바이러스 사멸이 가능하다.
③ 클로르헥시딘 : 세균, 진균 살균에 효과가 좋으며 손 위생과 수술 부위 피부 준비에 사용한다.
④ 크레졸 비누액 : 50배 희석하여 화장실 소독제로 많이 사용한다.

49 개봉된 안약은 상할 수 있으므로 유통 기한이 남아 있어도 한 달 안에 사용해야 한다.

50 밀도에 영향을 끼치는 것은 kVp, mAs뿐 아니라 튜브와 카세트 간의 거리, 현상액의 농도, 동물의 마름 또는 비만의 정도가 있다.

51 ① 과호흡(Hyperpnea) : 호흡수나 호흡의 깊이가 증가하거나 모두 증가하여 환기량이 증가된 호흡이다.
③ 복식 호흡 : 횡격막만을 이용하는 호흡으로, 병적인 호흡이다.
④ 흉식 호흡 : 흉곽만을 이용하는 호흡으로, 병적인 호흡이다.
⑤ 호흡 곤란(Dyspnea) : 노력성 호흡이다.

52 심정지, 부정맥 증상을 보이는 환축에게 사용하는 약물은 ②・③・④・⑤ 이외에도 에피네프린(Epinephrine)이 있다.

53 수술 중 출혈이 없는 경우 심폐 정지 임박 상태라고 볼 수 있다.

54 ① 심정지 시 분당 100~120회 속도로 심장압박을 실시한다.
② 중・소형견의 기도폐쇄 시 입이 최대한 바닥을 향하도록 한다.
③ 심정지 시 목을 펴고 입을 벌려 혀를 당겨 이물질이 없는지 확인하고 기도를 확인한다.
⑤ 독사에게 물렸을 때 동물이 흥분하거나 몸부림치게 되면 순환계에 더욱 빨리 독이 들어가기 때문에 진정시켜야 한다.

55 산소 발생기는 공기 중 산소를 압축하여 산소 순도 90% 이상의 산소를 발생시켜 환자에게 공급하는 기기이다.

56 고유번호·정보가 기록된 마이크로칩을 주사기를 이용하여 양쪽 어깨뼈 사이에 삽입한다.

57 도플러 혈압계는 측정할 부위의 털을 제거해야 한다.

58 의료적 처치가 즉각 실시되어야 하는 증상은 ②·③·④·⑤ 이외에도 심장마비, 호흡 곤란, 의식 소실, 허탈(Collapse), 외상, 활동성 출혈 또는 개방된 상처 등이 있다.

59 ② ECG(Electrocardiogram) : 심전도
③ Hemiplegia : 반신 마비
④ Tracheal Collapse : 기관 허탈
⑤ Pymetra : 자궁축농증

60 일본이 아니라 캐나다에서 8개월령 이하의 상업적 용도인 경우 마이크로칩 이식 및 사전 수입허가가 필요하다.

제3과목 ǀ 임상 동물보건학																			
1	⑤	2	④	3	①	4	③	5	③	6	②	7	②	8	③	9	④	10	③
11	①	12	①	13	④	14	④	15	⑤	16	⑤	17	②	18	⑤	19	④	20	⑤
21	④	22	④	23	③	24	④	25	③	26	⑤	27	④	28	②	29	①	30	①
31	⑤	32	④	33	⑤	34	②	35	④	36	⑤	37	①	38	③	39	⑤	40	④
41	④	42	②	43	⑤	44	③	45	②	46	③	47	⑤	48	③	49	①	50	②
51	⑤	52	③	53	①	54	⑤	55	②	56	②	57	②	58	⑤	59	③	60	①

01 신체충실지수

단 계	분류 기준
BCS 1	갈비뼈가 쉽게 촉진 가능하고 피하 지방이 없는 상태
BCS 2	골격이 드러나 보이고 피부와 뼈 사이에 최소한의 조직만 존재
BCS 3	갈비뼈를 볼 수 있고 쉽게 만질 수 있는 상태
BCS 4	갈비뼈를 보기 어렵고 피부에 지방이 촉진
BCS 5	갈비뼈를 볼 수 없고 지방이 두껍게 덮여 있으며 고양이는 복부에 지방이 처져 있음

02 써지셀(Surgicel)은 지혈 보조제로 다양한 형태가 있으며 국소 출혈 방지용으로 많이 사용된다.

03 이완기 혈압과 수축기 혈압을 이용해 평균 혈압을 측정할 수 있다.

04 깊은 마취 상태에는 8회/분 미만, 안정적인 마취 동안에는 8~20회/분 정도로 나타난다.

05 평균 혈압을 구하는 방법은 이완기 혈압 + $\frac{\text{수축기 혈압} - \text{이완기 혈압}}{3}$이다.

06 백신의 종류

약독화 생백신	순화백신, 생균백신
불활성화 백신	사독백신, 사균백신

07 ① ADH : 부신피질에 생긴 종양으로 인해 코티솔의 과도한 분비로 나타나는 질환이다.
③ 에디슨병 : 코티솔이 부족하게 분비되어 나타나는 호르몬성 질환으로 부신피질 기능저하증의 다른 말이다.
④ 의인성 쿠싱 : 스테로이드 성분이 있는 연고나 약물 등을 장기간 또는 과하게 사용한 경우 부작용으로 인해 나타나는 질환이다.
⑤ Hypothyroidism : 갑상샘 기능저하증으로 갑상샘에서 분비되는 호르몬이 잘 생성되지 않아서 갑상샘 기능이 떨어지는 질환이다.

08 클로르헥시딘의 종류에는 Hibiscrub, Hibitane 등이 있다.

09 • 1회 투여 용량 : 30mg × 25kg = 750mg
• 총투여 횟수 : 2 × 5 = 10회
• 총투여 용량 : 750mg × 10회 = 7,500mg
• 조제할 약물 수량 : 7,500mg ÷ 500mg = 15개

10 소독과 멸균
• 소독 : 세균의 아포를 제외한 미생물 대부분을 제거하는 과정이다.
• 멸균 : 세균의 아포를 포함한 모든 형태의 미생물을 완전히 제거하는 방법이다.

11 • 교질액은 모세혈관 내에 머물며 삼투압에 의해 순환 혈액량 유지 기능을 한다.
• 천연 교질액은 혈장과 알부민이 있고, 합성교질액에는 Hetastarch, Pentastarch, 볼루벤(Voluven®) 등이 있다.

12 정상 상태에서 잇몸 점막은 밝은 분홍색을 띠어야 하고, 모세혈관 재충만 시간은 2초 이내를 유지해야 한다.

13 쇼크 상태 동물에게 소생단계 수액 요법을 실시할 경우 등장성 정질액을 1시간 이내에 '개 80~90ml/kg, 고양이 40~60ml/kg' 투여해야 한다.

14 뒷다리는 로버트 존슨법, 에머슬링법이, 앞다리는 벨푸슬링법이 주로 사용된다.

15 산소치료가 필요한 상황은 호흡 곤란, 중증 외상, 순환 장애, 저혈압 · 빈혈 · 전신 염증, 실험실적 진단 결과 등이 있다.

16 부위별 통증 원인

복 부	위장관 염증, 췌장염, 복막염, 장중첩, 위장 내 이물, 복강 내 종양
허 리	디스크
관 절	고관절, 어깨관절, 무릎관절, 발목관절 등에 나타나는 퇴행성 관절염
치 아	치주염, 치근단 농양, 구강 종양

17 스크러브 구역에서 수술자, 소독간호사가 스크러브를 하고 수술 가운, 장갑을 착용한다. 스크러브 구역은 혼합 지역이다.

18 수술 가운은 수술 가운 팩에 들어 있다.

19 플라즈마 멸균법(Plasma Sterilization)은 50℃ 이하 저온에서 40~50분 정도로 단시간에 끝난다.

20 각침은 바늘 끝 모양이 삼각형 모양의 각진 형태로 피부 봉합에 사용하고, 환침은 바늘 끝 모양이 둥근 형태로 부드러운 조직 봉합에 사용한다.

21 봉합사의 종류

흡수성 봉합사	• 자연사 : Surgical Gut(Catcut), Collagen • 인공합성사 : Polydioxanone(PDS Suture), Polyglactin 910(Vicryl), Polyglycolic Acid(Dexon) 등
비흡수성 봉합사	Silk, Cotton, Linen, Stainless Steel, Nylon(Dafilon, Ethilon) 등

22 그림은 Brown-Adson Forceps로, 조직 포셉(Tissue Forceps)의 한 종류이다.

23 진통제 종류

마약성 진통제	모르핀, 펜타닐, 부토르파놀 등
비마약성 진통제	트라마돌, 카프로펜, 멜록시캄, 나프록센 등

24 소독용 에탄올을 사용해 소독 할 수 있는 감염병은 ①・②・③・⑤ 이외에도 개 홍역, 고양이 전염성 비기관지염이 있다.

25 호흡백은 1회 호흡량 기준 6~10배 크기를 사용한다.

26 전기 소작법은 단극성 장치 또는 양극성 장치를 이용하는데, 양극성이 안전하고 합병증이 적다.

27 배액법

- 능동배액 : 석션을 사용하는 배액법으로, 음압을 이용한 (개방성 또는 폐쇄성) 석션을 사용한다.
- 수동배액 : 석션이 없는 배액법으로, 중력과 체강의 압력 차이로 상처의 삼출물을 제거한다.

28 피부 검사

우드램프 검사 (Wood's Lamp Examination)	• 암실에서 몇 초간 우드램프 빛이 질환 부위에 바로 비치도록 한 후, 색상 또는 형광에 변화가 일어났는지 관찰하는 방법이다. • 진균이나 박테리아 감염 또는 색소질환을 확인할 수 있다.
곰팡이 배양 검사	• 피부 사상균 검사 배지(DTM ; Dermatophyte Test Medium) 검사이다. • 곰팡이의 분리, 증식용 배지인 사부로 배지(펩톤・포도당・한천 및 페니실린이나 스트렙토마이신 또는 클로람페니콜 등의 항생물질을 가한 배지)나 니켈손 배지 등을 사용해 곰팡이를 발육・분리・검출동정하는 검사이다.
피부 소파 검사 (Skin Scrapping)	• 작은 칼날로 피부를 긁어 나온 것을 현미경으로 관찰, 검사이다. • 모낭충이나 옴 등 기생충 발견에 효과적이다.
세침 흡입 검사 (FNA ; Fine Needle Aspiration)	피부에서 비정상적으로 만져지는 혹이나 덩어리 등 조직을 주삿바늘로 찔러 세포 등을 확인하는 검사 방법이다
그 외 검사	세균 배양(항생제) 검사, 모낭과 털(Trichogram) 검사이다.

29 개편충을 예방하는 방법은 생후 1개월부터 2주 간격으로 3~4회, 성견은 6개월마다 정기적으로 구충제를 투약한다.

30 항응고제의 주 역할은 응고 인자의 보조 작용을 하는 칼슘이온을 제거함으로써 응고 작용을 차단하는 것이다.

31 혈액 도말 검사

적혈구	빈혈의 분류 및 원인 감별, 적혈구 내 존재하는 바베시아와 같은 기생충의 진단
백혈구	종양, 골수형성이상 증후군, 백혈병, 감염이나 염증의 원인, 거대적 혈모세포 빈혈 여부 등을 판단
혈소판	골수 증식성 질환이나 혈소판위성 현상 등을 감별

32 혈청 화학 검사를 통한 간수치 검사 항목에는 ALT, AST, ALP, GGT, 알부민 등이 있다.

33 수직 감염되는 질환에는 톡소플라즈마, 고양이 바이러스성 백혈병이 있다.

34
- 혈장 : 항응고제를 첨가하여 Fibrinogen이 Fibrin으로 전환되지 않은 상태로 혈액 속에 남아 있는 액체 성분이다.
- 혈청 : 항응고제를 첨가하지 않아 Fibrinogen이 Fibrin으로 전환되어 원심 분리 후 Fibrin이 제거된 액체 성분이다.

35 제2형 당뇨병에 대한 설명으로 제2형 당뇨병은 췌장에서 인슐린은 정상적으로 분비되지만 근육세포나 간세포가 인슐린에 대한 저항성으로 인해 인슐린에 반응하지 않아서 나타나는 질환이다.

36 분변 도말 검사가 지체될 때는 대변을 4℃의 냉장고에 보관하거나 10% 포르말린을 첨가하여 보관할 수 있다.

37 메틸알코올을 이용하여 고정하고, 에오신으로 염색한다.

38 UCCR(Urine Cortisol : Creatinine Ratio, 소변 내 코티솔 : 크레아티닌 비율 검사)은 소변 검사를 통해 확인이 가능한 검사이다.

39 ① ET 튜브 : 기관내관
② Sodium Citrate 튜브 : 혈액 응고 검사
③ Heparin 튜브 : 면역 항체 검사, AKBR 검사
④ EDTA 튜브 : 일반 혈액 검사(CBC), 빈혈 검사(Anemia PCR)

40 원심 분리기를 이용해 혈액을 분리했을 때 혈장, 버피 코트, 적혈구로 분리된다.

41 DER 계산 공식

개	DER = 2 × RER
고양이	DER = 1.6 × RER
	DER = 60 × 체중(kg)

42 시료 100mL당 루골 용액 1~2mL를 첨가하여 고정한다.

43 • 대물렌즈(Objective) : 관찰 대상물에서 나오는 빛을 포착하고 수렴해서 상을 반전된 상태로 확대하여 맺히게 하는 렌즈 시스템이다.
• 집광기(Condenser) : 일반적으로 2개의 렌즈로 이루어진 광학 시스템을 말하며 램프가 내보내는 빛을 관찰 대상물에 집중시킨다.
• 경통(Draw Tube) : 현미경의 접안렌즈가 들어 있는 원통형 관으로 2개의 수렴렌즈로 이루어지기도 한다.

44 PCR(Polymerase Chain Reaction, 중합효소연쇄반응)
• 수의학 연구를 수행하는 실험실뿐만 아니라, 대부분의 생물학 실험실에서 기본적으로 수행하는 실험이다.
• 세균의 중합 효소(Polymerase, 폴리메라아제)를 이용하여 이중 나선 구조의 DNA의 특정 구간을 수천에서 수억 배 이상으로 증폭하는 분자생물학적 기술을 칭한다.
• PCR의 기본 원리는 특정 DNA 염기서열을 열과 중합 효소를 이용하여 증폭하는 것이다.

45 Leakage Test 수행 순서
Pop-off 밸브를 닫는다. → 손가락으로 공기가 새지 않도록 튜브를 꽉 막는다. → 산소 플러시 밸브를 누르면 호흡백이 차기 시작한다. → 압력계가 올라가기 시작한다. → 압력계의 바늘이 움직이면 안 된다.

46

배출자 보관 기간	구 분
7일	격리의료폐기물
15일	조직물류, 병리계, 생물화학, 혈액 오염, 일반의료폐기물
30일	손상성

47 격렬한 발열 반응이 일어나는 화학약품

약품 A	약품 B
염 소	암모니아, 아세틸렌, 부탄, 프로판, 수소, 나트륨
아세틸렌	염소, 불소, 동, 은

48 • 초음파 치료 : 치료용 초음파 기기가 조직으로 음파를 방출하여 국소적인 심부 조직을 가열하는 온열 효과를 제공하여 근건염, 조직수축, 근경련의 치료를 돕고 급성·만성 상처 회복을 촉진한다.
• 전기 치료 : 신경근육 전기 자극이 전류를 조직에 적용하여 회복을 촉진하며, 정형외과·신경성 질환을 가진 환축의 재활에 일반적으로 이용한다.

49 욕창은 동물이 한쪽으로 오랜 시간 누워 있어 피부 궤양이 발생하는 것으로 동물의 위치를 자주 변경하여 눕힌다.

50 수술 종류에 따른 자세

복부 수술	앙와위 (Dorsal Recumbency)	등 쪽이 테이블에 접촉
치과·귀, 다리 수술	횡와위 (Lateral Recumnency)	옆쪽이 테이블에 접촉
척추·꼬리·회음부 수술	흉와위 (Sternal Recumbency)	배 쪽이 테이블에 접촉

51 잇몸 색깔이 청색이면 산소 부족, 창백하면 빈혈, 분홍색이면 정상이다.

52 산소는 흰색, 아산화질소는 파란색, 이산화탄소는 회색이다.

53 만성 통증은 원발 원인으로 인한 이차적인 통증으로 지속적인 통증 관리를 통해 삶의 질을 향상시켜준다.

54 I-PASS

- 소개(Introduction) : 근무자에게 인수인계 시 환자의 내원 이유를 소개한다.
- 환자 요약(Patient Summary) : 근무자에게 환자 상태를 요약 설명한다.
- 지시사항(Action List) : 근무자에게 지시할 사항을 전달한다.
- 상황 인지(Situation Awareness) : 근무자에게 상황을 설명하고 가능한 상황에 대비하도록 한다.
- 종합(Synthesis) : 교대자에게 해야 할 일을 종합해서 설명한다.

55 붕대의 종류

붕대 종류	세부 내용
1차 붕대 (접촉층)	• 피부에 직접 접촉이 이루어지는 붕대로, 피부 또는 상처 부위의 직접적인 보호 역할을 한다. • 1차 붕대는 드레싱 재료를 사용하고 상처 치유 단계에 적합한 재료를 선택한다. • 1차 붕대 적용 전에 상처 부위의 털을 클리퍼 등으로 제거 후, 세척・소독한다.
2차 붕대 (중간층)	• 흡수기능을 담당하는 2차 붕대는 상처 부위에서 나오는 혈액, 삼출물, 괴사조직 등을 흡수한다. • 1차 붕대를 밖에서 감싸며 움직이지 않게 고정시키고 보호하는 역할을 한다. • 보호 목적일 경우 거즈나 솜붕대 등을 사용하고, 고정의 목적일 경우 좀 더 단단히 고정시킬 수 있는 재료를 사용한다.
3차 붕대 (외부층)	가장 바깥층의 붕대로, 1차・2차 붕대를 보호하는 목적이므로 일반적으로 1차・2차 붕대보다 더 넓게 감싸고, 물에 젖지 않도록 방수성 재료를 사용한다.

56 동물의 정상 맥박수 범위

구 분	맥박수
소형견	90~160
중형견	70~110
대형견	60~90
고양이	140~220
토 끼	120~150
페 럿	30

57 기도 내 삽입되는 말단부에는 커프가 부착되어 있는데, 커프 인디케이터를 통해 공기를 주입하면 커프가 팽창되어 기관내관과 기관 사이를 막아 폐쇄 회로를 유지한다. 따라서 공기는 기관내관을 통해서만 출입할 수 있다.

58 약물 흡수 시간

- 피하주사 : 30~45분
- 근육주사 : 20~30분

59 면역의 종류

선천면역	유전적 내재 면역	동물에 따라 감염 유병률 상이
	초기 염증 반응	초기의 염증 반응으로 비만세포, 호중구, 자연살해세포, 기타 염증 인자 등이 작용
	물리적 방어벽	피부, 점막, 털의 물리적 방어벽
후천면역	자연 능동면역	실제로 감염되었다가 회복된 후, 다시 감염되면 림프구가 반응하여 항체를 생산하여 병원체를 제거
	자연 수동면역	태어난 후 48시간 내에 생산되는 초유를 통한 모체이행항체로 출생 후 약 12주까지 방어 능력이 제공
	인공 능동면역 (백신)	인공적으로 불활성화 형태의 항원을 접종하여 림프구의 항체 생산을 유도해 면역을 생성
	인공 수동면역	인공적으로 공여 동물이 만든 항혈청이나 고면역혈청을 항체로 주입하는 것으로 면역기능이 약한 동물의 즉각적 방어법으로 이용 가능하나 며칠 동안만 유효

60 개방 상처에는 0.05% 클로르헥시딘 또는 0.1% 포비돈을 20cc 주사기에 채운 후에 상처 부위에 뿌리면서 세척한다.

제4과목 ㅣ 동물 보건 · 윤리 및 복지 관련 법규																			
1	④	2	②	3	③	4	④	5	③	6	②	7	④	8	①	9	④	10	④
11	②	12	②	13	⑤	14	③	15	①	16	④	17	①	18	③	19	⑤	20	⑤

01 고양이 중성화 후 이상 징후가 없다면 수술한 때로부터 수컷은 24시간 이후, 암컷은 72시간 이후 포획한 장소에 방사한다.

02 수의사법의 목적(수의사법 제1조 제1항)
수의사법은 수의사(獸醫師)의 기능과 수의(獸醫)업무에 관하여 필요한 사항을 규정함으로써 동물의 건강증진, 축산업의 발전과 공중위생의 향상에 기여함을 목적으로 한다.

03 결격사유(수의사법 제5조)
- 「정신건강증진 및 정신질환자 복지서비스 지원에 관한 법률」에 따른 정신질환자. 다만, 정신건강의학과전문의가 수의사로서 직무를 수행할 수 있다고 인정하는 사람은 그러하지 아니하다.
- 피성년후견인 또는 피한정후견인
- 마약, 대마(大麻), 그 밖의 향정신성의약품(向精神性醫藥品) 중독자. 다만, 정신건강의학과전문의가 수의사로서 직무를 수행할 수 있다고 인정하는 사람은 그러하지 아니하다.
- 「수의사법」, 「가축전염병 예방법」, 「축산물 위생관리법」, 「동물보호법」, 「의료법」, 「약사법」, 「식품위생법」 또는 「마약류관리에 관한 법률」을 위반하여 금고 이상의 실형을 선고받고 그 집행이 끝나지(집행이 끝난 것으로 보는 경우를 포함한다) 아니하거나 면제되지 아니한 사람

04 약물 도포는 동물의 진료 보조 업무에 해당한다.
동물보건사의 업무 범위와 한계(수의사법 시행규칙 제14조의 7)
- 동물의 간호 업무 : 동물에 대한 관찰, 체온 · 심박수 등 기초 검진 자료의 수집, 간호판단 및 요양을 위한 간호
- 동물의 진료 보조 업무 : 약물 도포, 경구 투여, 마취 · 수술의 보조 등 수의사의 지도 아래 수행하는 진료의 보조

05 정당한 사유 없이 진단서, 검안서, 증명서 또는 처방전의 발급을 거부한 경우 1차 50만 원, 2차 75만 원, 3차 100만 원에 해당하는 과태료를 지불해야 한다(수의사법 시행령 별표2).

06 진료부 및 검안부의 기재사항(수의사법 시행규칙 제13조)

진료부	검안부
• 동물의 품종 · 성별 · 특징 및 연령 • 진료 연월일 • 동물소유자 등의 성명과 주소 • 병명과 주요 증상 • 치료방법(처방과 처치) • 사용한 마약 또는 향정신성의약품의 품명과 수량 • 동물등록번호	• 동물의 품종 · 성별 · 특징 및 연령 • 검안 연월일 • 동물소유자 등의 성명과 주소 • 폐사 연월일(명확하지 않을 때에는 추정 연월일) 또는 살처분 연월일 • 폐사 또는 살처분의 원인과 장소 • 사체의 상태 • 주요 소견

07 개설(수의사법 제17조 제2항)
- 수의사
- 국가 또는 지방자치단체
- 동물진료업을 목적으로 설립된 법인(이하 "동물진료법인")
- 수의학을 전공하는 대학(수의학과가 설치된 대학을 포함)
- 「민법」이나 특별법에 따라 설립된 비영리법인

08 동물진료업의 정지(수의사법 제33조)

- 개설신고를 한 날부터 3개월 이내에 정당한 사유 없이 업무를 시작하지 아니할 때
- 무자격자에게 진료행위를 하도록 한 사실이 있을 때
- 변경신고 또는 휴업의 신고를 하지 아니하였을 때
- 시설기준에 맞지 아니할 때
- 동물병원 개설자 자신이 그 동물병원을 관리하지 아니하거나 관리자를 지정하지 아니하였을 때
- 동물병원이 명령을 위반하였을 때
- 동물병원이 사용 제한 또는 금지 명령을 위반하거나 시정 명령을 이행하지 아니하였을 때
- 동물병원이 시정 명령을 이행하지 아니하였을 때
- 동물병원이 관계 공무원의 검사를 거부·방해 또는 기피하였을 때

09 ㄱ·ㄹ. 100만 원 이하의 과태료 부과(수의사법 제41조 제2항)

10 진료실·사육실·격리실 내에 개별 동물의 분리·수용시설 조건

구분	크기
소형견(5kg 미만)	50 × 70 × 60(cm)
중형견(5kg 이상 15kg 미만)	70 × 100 × 80(cm)
대형견(15kg 이상)	100 × 150 × 100(cm)
고양이	50 × 70 × 60(cm)

11 휴업·폐업의 신고(수의사법 제18조)

동물병원 개설자가 동물진료업을 휴업하거나 폐업한 경우에는 지체 없이 관할 시장·군수에게 신고하여야 한다. 다만, 30일 이내의 휴업인 경우에는 그러하지 아니하다.

12 정의(동물보호법 제1조)

동물보호법은 동물의 생명보호, 안전 보장 및 복지 증진을 꾀하고 건전하고 책임 있는 사육문화를 조성함으로써, 생명 존중의 국민 정서를 기르고 사람과 동물의 조화로운 공존에 이바지함을 목적으로 한다.

13 맹견의 출입금지 등(동물보호법 제22조)

맹견의 소유자 등은 어린이집, 유치원, 초등학교 및 특수학교, 노인복지시설, 장애인복지시설, 어린이공원, 어린이놀이시설, 그 밖에 불특정 다수인이 이용하는 장소로서 시·도의 조례로 정하는 장소에 해당하는 장소에 맹견이 출입하지 아니하도록 하여야 한다.

14 동물보호센터의 설치 등(동물보호법 제35조)

동물보호센터의 업무는 다음과 같다.

- 동물의 구조·보호조치
- 동물의 반환 등
- 사육포기 동물의 인수 등
- 동물의 기증·분양
- 동물의 인도적인 처리 등
- 반려동물사육에 대한 교육
- 유실·유기동물 발생 예방 교육
- 동물학대행위 근절을 위한 동물보호 홍보
- 그 밖에 동물의 구조·보호 등을 위하여 농림축산식품부령으로 정하는 업무

15 반려동물 영업

- 영업의 허가(동물보호법 제69조) : 동물생산업, 동물수입업, 동물판매업, 동물장묘업
- 영업의 등록(동물보호법 제73조) : 동물전시업, 동물위탁관리업, 동물미용업, 동물운송업

16 벌칙(동물보호법 제97조 제2항)

등록대상동물의 소유자 등은 소유자 등이 없이 등록대상동물을 기르는 곳에서 벗어나거나 또는 농림축산식품부령으로 정하는 기준에 맞는 목줄 착용 등 사람 또는 동물에 대한 위해를 예방하기 위한 안전조치 위반하여 사람의 신체를 상해에 이르게 한 자는 2년 이하의 징역 또는 2천만 원 이하의 벌금에 처한다.

17 벌칙(동물보호법 제97조)

- ㄴ·ㄷ : 500만 원 이하의 벌금
- ㄹ : 1년 이하의 징역 또는 1천만 원 이하의 벌금

18 동물 실험을 하려는 경우에는 이를 대체할 수 있는 방법을 우선적으로 고려하여야 한다(동물보호법 제47조 제2항).

19 운송을 위하여 전기(電氣)몰이 도구를 사용하지 아니할 것(동물보호법 제11조 제1항 제5호)

20 중지명령이나 시정명령을 최근 2년 이내에 3회 이상 반복하여 이행하지 아니한 경우(동물보호법 제38조 제2항 제3호)

무언가를 위해 목숨을 버릴 각오가 되어 있지 않는 한
그것이 삶의 목표라는 어떤 확신도 가질 수 없다.

- 체 게바라 -

합격의 공식 시대에듀
www.sdedu.co.kr

2025년 제4회 기출유사 복원문제

제1과목	기초 동물보건학
제2과목	예방 동물보건학
제3과목	임상 동물보건학
제4과목	동물 보건 · 윤리 및 복지 관련 법규

모든 전사 중 가장 강한 전사는 이 두 가지, 시간과 인내다.

– 레프 톨스토이 –

TEST

부 록 2025년 제4회 기출유사 복원문제

※ 본 기출유사 복원문제는 2025.02.23(일) 시행된 제4회 동물보건사 시험의 출제 키워드를 복원하여 제작한 문제입니다. 응시자의 기억에 의해 복원되었으므로 실 시험과 동일하지 않을 수 있습니다. 제4과목 동물 보건·윤리 및 복지 관련 법규는 개정된 법령에 따라 문제를 교체하였습니다.

제1과목 기초 동물보건학

고양이 4종 백신으로 예방 가능한 질병이 아닌 것은?

① 칼리시 바이러스 감염증
② 범백혈구 감염증
③ 백혈병 바이러스 감염증
④ 면역 FIV
⑤ 전염성 비기관지염

개의 세균성 질병 중 진드기를 매개로 하여 전염되는 것은?

① 라임병
② 포도상구균증
③ 살모넬라증
④ 대장균증
⑤ 캄필로박테리아증

불충분한 가열 살균 후 밀봉한 통조림에서 식중독을 일으키는 균은?

① 보툴리누스
② 가스괴저균
③ 세레우스균
④ 황색포도상구균
⑤ 모르가넬라모르가니균

세포에 대한 설명으로 옳지 않은 것은?

① 비슷한 형태나 기능을 가진 세포가 모여 조직을 이룬다.
② 핵에는 유전 물질이 들어있다.
③ 미토콘드리아는 세포의 기능을 조절한다.
④ 세포질은 이중막으로 구성된 세포막에 둘러싸여 있다.
⑤ 세포 소기관에는 편모, 골지체 등이 있다.

앞다리굽이관절을 펴는 데 사용하는 근육은?

① 상완두갈래근
② 상완세갈래근
③ 긴종아리근
④ 등세모근
⑤ 장딴지근

음경 뼈가 있는 동물은?

① 소
② 돼 지
③ 토 끼
④ 고양이
⑤ 햄스터

고관절 이형성증에 대한 설명으로 옳은 것을 모두 고른 것은?

ㄱ. 고관절 내 대퇴골 머리가 부분적으로 빠져 있는 질병이다.
ㄴ. 주로 소형견에게서 유전적 요인으로 인해 나타난다.
ㄷ. 20kg 이상이면 비교적 수술이 간단하다.
ㄹ. 어렸을 때 자주 발병한다.

① ㄱ, ㄴ
② ㄴ, ㄷ
③ ㄱ, ㄹ
④ ㄴ, ㄹ
⑤ ㄷ, ㄹ

개의 안면을 이루고 있는 뼈가 아닌 것은?

① 비 골
② 권 골
③ 누 골
④ 사 골
⑤ 절치골

09 영국의 목양견으로 다리가 짧고 귀가 직립인 견종은?

① 비 글
② 닥스훈트
③ 도베르만
④ 웰시코기
⑤ 리트리버

다음 설명에 해당하는 세포 소기관은?

> • 이중막으로 이루어져 있다.
> • 호흡이 활발한 세포일수록 세포 내에 많이 분포한다.
> • 세포호흡을 통해 세포가 활동할 수 있는 에너지(ATP)를 생성한다.

① 소포체
② 리보솜
③ 미토콘드리아
④ 리소좀
⑤ 편 모

슬림하고 유연한 몸통과 큰 귀, 다리와 꼬리가 길며 머리는 삼각형(V자형) 모양을 하고 있는 체형의 고양이가 아닌 것은?

① 샴
② 코니시 렉스
③ 발리니즈
④ 오리엔탈 쇼트헤어
⑤ 러시안 블루

동물의 치아 개수로 맞는 것을 모두 고른 것은?

ㄱ. 햄스터 : 16개
ㄴ. 기니피그 : 24개
ㄷ. 개 : 42개
ㄹ. 고양이 : 28개

① ㄷ
② ㄱ, ㄴ
③ ㄱ, ㄷ
④ ㄷ, ㄹ
⑤ ㄴ, ㄷ, ㄹ

롱 앤 서브스텐셜 체형의 고양이가 아닌 것은?

① 버 만
② 메인쿤
③ 터키시 반
④ 렉 돌
⑤ 버미즈

14 동물과 그 종의 연결이 옳지 않은 것은?

	동 물	종
①	토 끼	더치(Dutch)
②	햄스터	롭(Lop)
③	햄스터	시리아(Syrian)
④	개	라사압소(Lhasa Apso)
⑤	고슴도치	피그미(Pygmy)

15 다음 설명에 해당하는 견종은?

> • 품종 : 스피츠계
> • 특징 : 추크치족이 키우던 품종으로 썰매를 끌던 썰매견이다.

① 말라뮤트
② 사모예드
③ 포메라니안
④ 허스키
⑤ 차우차우

16 페르시안 고양이의 체형은?

① 포 린
② 코 비
③ 세미 코비
④ 세미 포린
⑤ 롱 앤 서브스텐셜

17 미네랄에 대한 설명으로 옳지 않은 것은?

① 무기질(광물질)이라고도 부른다.
② 에너지원으로 생명현상 유지를 위한 필수원소이다.
③ 개에게 필요한 미네랄은 20여 종에 이른다.
④ 염소, 나트륨과 칼륨은 삼투압을 조절한다.
⑤ 셀레늄은 면역체계의 중요한 구성성분이다.

18 영양소와 분해 물질로 바르게 연결되지 않은 것은?

① 탄수화물 - 포도당
② 단백질 - 갈락토스
③ 단백질 - 아미노산
④ 지방 - 글리세린
⑤ 지방 - 지방산

19 앞다리 뼈에 포함되지 않는 것은?

① 쇄 골
② 요 골
③ 척 골
④ 비 골
⑤ 상완골

20 개의 뼈 중 퇴화하여 종자골 형태로 남은 뼈는?

① 요 골
② 척 골
③ 비 골
④ 쇄 골
⑤ 경 골

고양이 심근비대증의 증상으로 옳은 것은?

① 탈 수
② 빈 뇨
③ 냉 감
④ 고혈압
⑤ 균형 장애

근육 수축의 형태에 대한 설명으로 옳은 것은?

① 경직은 단수축이라고도 한다.
② 강축은 근육이 불가역적으로 경화되는 경우를 말한다.
③ 연축은 부분적이면서 지속적인 근육 수축이 이루어지고 있는 상태이다.
④ 긴장은 단일자극이 골격근에 가해지면 활동전위가 발생하면서 급속한 수축이 일어나는 것이다.
⑤ 강축은 골격근에 짧은 시간 간격으로 자극이 반복됨으로써 지속적으로 수축이 일어난다.

동물의 발정 주기로 옳은 것은?

① 개는 계절성 다발정 동물이다.
② 고양이의 발정 주기는 1년이다.
③ 토끼의 발정 주기는 6개월이다.
④ 양의 발정 주기는 3개월이다.
⑤ 돼지의 발정 주기는 21일이다.

비타민에 대한 설명으로 옳지 않은 것은?

① 레티놀 결핍 시 야맹증을 보인다.
② 토코페롤은 과산화물 생성에 의한 노화 방지가 가능하다.
③ 토코페롤은 치아 건강에 영향을 미친다.
④ 콜레칼시페놀 과잉 섭취 시 연조직의 석회화를 유발할 수 있다.
⑤ 티아민은 수용성 비타민이다.

25 교미배란을 하는 동물을 모두 고른 것은?

ㄱ. 개
ㄴ. 말
ㄷ. 밍 크
ㄹ. 집토끼
ㅁ. 고양이

① ㄷ, ㅁ
② ㄱ, ㄷ, ㅁ
③ ㄴ, ㄷ, ㄹ
④ ㄷ, ㄹ, ㅁ
⑤ ㄱ, ㄴ, ㄷ, ㄹ, ㅁ

26 HACCP의 특징에 대한 설명으로 옳지 않은 것은?

① 원재료 생산, 제조, 가공, 보존, 유통 전반에 걸쳐 관리한다.
② 식품의 안전성 보증을 위해 실시한다.
③ 중요관리점은 식품의 위해요소를 사전에 예방할 수 있는 단계이다.
④ 모니터링 결과 중요관리점의 한계기준을 이탈할 경우 취하는 조치를 예방조치라고 한다.
⑤ 중요관리점에 설정된 한계기준을 적절히 관리하고 있는지 여부를 확인하기 위하여 수행하는 일련의 계획된 관찰이나 측정하는 행위를 모니터링이라고 한다.

27 개의 행동 발달에 대한 설명으로 옳지 않은 것은?

① 신생아기에는 시각 능력이 없다.
② 이행기에는 애착관계를 형성할 수 있다.
③ 사회화기에는 감각기능과 운동기능이 발달한다.
④ 청소년기에는 복잡한 운동패턴을 사용할 수 있다.
⑤ 고령기는 소형견과 대형견에 따라 시기에 차이가 있다.

28 **근육에 대한 설명으로 옳지 않은 것은?**

① 심장근은 형태학적으로 가로무늬근이지만 불수의근이다.
② 외이는 모두 수의근으로 귀 운동을 담당한다.
③ 골격근은 자율신경의 지배를 받아 움직이는 수의근이다.
④ 근육의 수축과 이완으로 운동을 할 수 있다.
⑤ 근육에 자극이 가해지면 근섬유막의 탈분극(Depolarization)으로 활동전위가 발생한다.

고양이가 내는 그르릉 소리의 명칭은?

① 하울링
② 퍼 링
③ 콜 링
④ 히 싱
⑤ 스크리밍

30 **개 폐엽의 총 개수는?**

① 4개
② 5개
③ 6개
④ 7개
⑤ 8개

건식 사료와 습식 사료에 대한 설명으로 옳지 않은 것은?

① 건식 사료는 치아 위생에 도움이 된다.
② 기호성이 높은 것은 습식 사료이다.
③ 건식 사료는 요로 질환이 재발할 가능성이 있다.
④ 습식 사료는 영양소의 불균형 가능성이 있다.
⑤ 곰팡이 발생이 더 쉬운 것은 건식 사료이다.

32 자궁의 형태 중 자궁체가 2개로 갈라진 것의 명칭은?

① 단순자궁
② 중복자궁
③ 양분자궁
④ 쌍각자궁
⑤ 쌍둥이자궁

33 개에게 중독 증상을 일으키는 식품과 그 성분으로 옳은 것은?

① 포도 – 페르신
② 아보카도 – 옥살산
③ 초콜릿 – 카페인
④ 자일리톨 – 테오브로민
⑤ 양파 – 솔라닌

34 스트레스 상황에서 먹이를 급여했을 때 위가 꼬여 위의 배출로가 막히게 된 상태는?

① 위 염
② 위확장
③ 위축소
④ 위출혈
⑤ 위염전

35 동물 행동과 그 의미가 바르게 연결되지 않은 것은?

① 배설 행동 – 둥지의 청결 유지
② 그루밍 행동 – 동료 간 연대
③ 섭식 행동 – 존속을 위함
④ 그루밍 행동 – 기생충 제거
⑤ 배설 행동 – 영역 표시

36 개 종합백신(DHPPL)으로 예방 가능한 질병이 아닌 것은?

① 디스템퍼
② 전염성 간염
③ 렙토스피라증
④ 칼리시 바이러스 감염증
⑤ 파라 인플루엔자

37 3급 감염병에 해당하지 않는 것은?

① 매 독
② 라임병
③ 비브리오패혈증
④ 후천성면역결핍증(AIDS)
⑤ 코로나바이러스감염증-19

38 소장성 설사와 대장성 설사에 대한 설명으로 옳은 것을 모두 고른 것은?

ㄱ. 소장성 설사는 배변량이 증가한다.
ㄴ. 소장성 설사는 체중 감소가 나타난다.
ㄷ. 대장성 설사는 배변 횟수가 증가한다.
ㄹ. 대장성 설사 시 점액질 분비가 줄어든다.

① ㄷ
② ㄴ, ㄷ
③ ㄷ, ㄹ
④ ㄱ, ㄴ, ㄷ
⑤ ㄴ, ㄷ, ㄹ

인수공통전염병의 종류와 특징으로 옳은 것은?

① 광견병은 리케치아성 인수공통전염병이다.
② 광우병은 잠복기가 없다.
③ 결핵균은 고온 살균해야 사멸된다.
④ 탄저는 산토끼나 설치류 동물 사이에 유행하는 감염병이다.
⑤ 렙토스피라증의 증상으로 간・신장 장애가 있다.

전염 질환의 병원체 성격이 다른 것은?

① 포도상구균증
② 렙토스피라증
③ 살모넬라증
④ 캄필로박테리아증
⑤ 광견병

고양이 필수 아미노산을 모두 고른 것은?

ㄱ. 타우린
ㄴ. 아르기닌
ㄷ. 메티오닌
ㄹ. 알부민

① ㄷ
② ㄱ, ㄷ
③ ㄴ, ㄹ
④ ㄱ, ㄴ, ㄷ
⑤ ㄱ, ㄴ, ㄷ, ㄹ

42 심장의 구조에 대한 설명으로 옳은 것은?

① 심장 왼쪽의 방실판막은 삼첨판이다.
② 심장에는 총 2개의 판막이 존재한다.
③ 심장 근육은 불수의근이다.
④ 심방은 동맥과 연결되어 혈액을 내보낸다.
⑤ 심실은 동맥과 연결되어 혈액을 받아들인다.

43 하부요로기계 질환의 증상을 모두 고른 것은?

ㄱ. 무 뇨	ㄴ. 빈 뇨
ㄷ. 다 뇨	ㄹ. 혈 뇨

① ㄷ
② ㄴ, ㄹ
③ ㄷ, ㄹ
④ ㄴ, ㄷ, ㄹ
⑤ ㄱ, ㄴ, ㄷ, ㄹ

44 개의 성장 단계별 영양소 요구량에 대한 설명으로 옳지 않은 것은?

① 강아지는 탄수화물이 부족할 때 설사 증상이 발생한다.
② 강아지의 필수 아미노산으로 아르기닌이 필요하다.
③ 노령견은 성견 시기와 같은 사료를 계속 급여할 경우 비만 및 기타 노인성 질병이 발생할 확률이 증가한다.
④ 노령견은 과체중이 되기 쉬우므로 적절한 지방 섭취량이 요구된다.
⑤ 노령견은 단백질 합성이 감소하기 때문에 반드시 고단백 사료를 먹여야 한다.

45 면역 작용이 일어나는 부위는?

① 간
② 간 장
③ 비 장
④ 갑상샘
⑤ 림프절

46 감염형 식중독을 일으키는 원인균이 아닌 것은?

① 쥐티푸스균
② 엔테로코커스 페칼리스
③ 캄필로박터 제주니
④ 장염비브리오균
⑤ 대장균

47 동물의 행동이론과 그 학자가 바르게 연결된 것은?

① 고전적 조건화 – 파블로프
② 조작적 조건화 – 반두라
③ 고전적 조건화 – 스키너
④ 조작적 조건화 – 로저스
⑤ 조작적 조건화 – 브론펜브레너

48 개의 눈 질병에 대한 설명으로 옳은 것은?

① 녹내장은 눈이 뿌옇게 변하고 시력이 저하되는 것이다.
② 백내장은 안압이 상승하여 검은자가 뿌옇게 혼탁해진다.
③ 결막염 예방법은 엘리자베스 칼라를 씌워 눈을 보호해야 한다.
④ 유루증은 계속 눈물이 흐르는 증상이며 눈 주위의 털이 쉽게 더러워지거나 냄새가 날 수 있다.
⑤ 각막염은 눈자위에 있는 누선에서 코로 이어지는 비루관으로 배출되지 못하여 발생한다.

49 고양이의 성장 단계별 영양소 요구량에 대한 설명으로 옳지 않은 것은?

① 수유기의 고양이는 타우린이 부족하면 심장 질환이 발생한다.
② 지방의 필요량이 가장 많이 요구되는 시기는 어린 고양이의 수유기이다.
③ 성장 중인 고양이의 단백질 섭취량은 총칼로리의 최대 26%를 차지해야 한다.
④ 노령 고양이는 지방에 대한 소화력이 감소하므로 비만이 아닐 시 지방의 섭취를 감소시키면 안 된다.
⑤ 노령 고양이에게 필요한 지방의 요구량은 보통 18~35%의 건조물이다.

50 혈당을 조절하는 호르몬으로 옳게 연결된 것은?

① 인슐린 - 글루카곤
② 멜라토닌 - 세로토닌
③ 세로토닌 - 글루카곤
④ 인슐린 - 옥시토신
⑤ 티록신 - 옥시토신

51 아래 세 사료의 성분 함량에 대한 설명으로 옳은 것은?

A 사료	B 사료	C 사료
• 조단백질 : 25% 이상 • 조지방 : 10% 이상 • 수분 : 10% 이하	• 조단백질 : 15% 이상 • 조지방 : 8% 이상 • 수분 : 30% 이하	• 조단백질 : 8% 이상 • 조지방 : 4% 이상 • 수분 : 75% 이하

① A 사료가 단백질 함량이 가장 높다.
② A 사료와 B사료의 지방 함량이 같다.
③ B 사료의 단백질 함량은 20%가 넘지 않는다.
④ C 사료의 지방 함량이 가장 낮다.
⑤ C 사료의 단백질 함량은 16%이다.

52 냉장 상태에도 잘 살아 있는 균들이 바르게 연결된 것은?

① 리스테리아 - 여시니아
② 포도상구균 - 웰치균
③ 비브리오 - 리스테리아
④ 포도상구균 - 여시니아
⑤ 캄필로박터 - 웰치균

53 고양이의 의사표현과 그 의미가 바르게 연결된 것은?

① 귀를 뒤로 젖힘 – 편안한 상태
② 눈을 깜빡임 – 공격하지 않겠다는 의미
③ 하악질 – 따분한 상태
④ 갸르릉거림 – 대상이 싫거나 무서운 상태
⑤ 꼬리를 격렬히 흔듦 – 무언가를 생각하는 상태

호르몬이 분비되는 곳과 역할에 대한 설명으로 옳은 것은?

① 뇌하수체는 티록신을 분비하여 세포호흡을 촉진한다.
② 송과선에서는 낮에 세로토닌을 분비한다.
③ 췌장은 피질과 수질로 이루어져 있다.
④ 부갑상샘은 인슐린을 분비하여 혈당치를 낮춘다.
⑤ 부신은 칼슘 대사에 관여하는데 장에서 칼슘 흡수를 촉진한다.

55 개의 뒤통수와 코에 압력이 가해지게끔 함으로써 우위성 공격을 수정할 수 있는 도구는?

① 입마개
② 초크체인
③ 헤드 홀터
④ 사각철장
⑤ DAP

뇌하수체 전엽에서 분비되는 호르몬이 아닌 것은?

① 성장호르몬
② 항이뇨호르몬
③ 난포자극호르몬
④ 갑상샘자극호르몬
⑤ 부신피질자극호르몬

57 개의 발달 시기 중 3~4개월경에 맹출하는 영구치는?

① 앞 니
② 송곳니
③ 작은어금니
④ 큰어금니
⑤ 사랑니

58 행동 교정 시 교정자의 마음가짐으로 옳지 않은 것은?

① 문제 행동은 칭찬이 아니라 야단으로 교정된다.
② 문제 동물의 원인 제공자는 동물이 아니라 '나'라는 것을 명심한다.
③ 문제 행동 교정에 앞서 사람이 먼저 잘못된 인식을 바꿔야 한다.
④ 보호자의 강인한 마음은 동물의 행동 변화를 가져오므로 내가 먼저 강해진다.
⑤ 모든 행동의 교정을 위해서는 꾸준한 반복 교육과 인내가 필요하다.

켄넬코프에 대한 설명으로 옳은 것은?

① Staphylococcus Aureus가 주요 원인균이다.
② 설사를 일으키는 질병이다.
③ 진드기를 매개로 하여 전염된다.
④ 건강한 성인에게 쉽게 전염된다.
⑤ 다양한 바이러스 및 세균에 의한 복합적 감염으로 나타난다.

부신에 대한 설명으로 옳은 것?

① 나비 모양이다.
② 인슐린과 길항 작용을 하는 호르몬을 분비한다.
③ 알도스테론은 나트륨 재흡수를 촉진한다.
④ 소화액을 분비하는 외분비샘이다.
⑤ 빛을 감지하여 각종 호르몬을 합성한다.

제2과목 예방 동물보건학

01 다음 중 응급한 골절은?

① 성장판 골절
② 골반 골절
③ 대퇴두골 골절
④ 개방 골절
⑤ 견갑골 골절

02 고양이 심장 청진으로 옳은 것을 모두 고른 것은?

ㄱ. 고양이가 그르릉 소리를 내도 청진할 수 있다. ㄴ. 고양이의 심잡음은 심장병과 뚜렷한 연관이 있다. ㄷ. 고양이의 정상 심박수는 분당 140~220회이다. ㄹ. 심장 청진으로 심근비대증을 진단할 수 있다.

① ㄴ
② ㄷ
③ ㄱ, ㄷ
④ ㄴ, ㄹ
⑤ ㄷ, ㄹ

03 작은 혈관에서 혈액이 빠진 후 다시 차오르는 데 걸리는 시간을 의미하는 것은?

① CT
② TC
③ CPR
④ CRT
⑤ CPA

신체검사 시 정상 상태에 대한 설명으로 옳은 것은?

① 잇몸의 모세혈관 재충만 시간은 1~2초가 정상이다.
② 소변은 흰색이며, 배뇨 시 편안하게 보아야 한다.
③ 눈에는 눈곱이 있어야 건강한 상태이다.
④ 음식물에 관심을 보이고, 물은 잘 마시지 않는다.
⑤ 털에 윤기가 있고 비듬이 보인다.

05 다음 중 호흡 곤란 동물에게 산소를 공급하는 방법에 해당하는 것을 모두 고른 것은?

ㄱ. 넥칼라 ㄴ. 마스크 ㄷ. 산소 튜브 ㄹ. 비강 튜브

① ㄹ
② ㄷ, ㄹ
③ ㄱ, ㄴ, ㄷ
④ ㄴ, ㄷ, ㄹ
⑤ ㄱ, ㄴ, ㄷ, ㄹ

06 외부적 환경에 심한 어려움을 겪고 있는 정신상태는?

① 정상(Normal)
② 무기력(Lethargy)
③ 둔감(Obtunded)
④ 혼미한 상태(Stuporous)
⑤ 혼수(Coma)

07 심한 탈수를 교정하는 데 적합한 투여 방법의 장단점이 아닌 것은?

① 흡수 속도가 빠르고 계속 투여할 수 있다.
② 필요량을 정확하게 투여할 수 있다.
③ 혈관 확보가 필요하다.
④ 단시간에 대량 투여할 수 있다.
⑤ 혈관염, 카테터 장착 부위 오염 등 부작용 발현의 위험성이 있다.

08 Triage에 관한 설명으로 옳지 않은 것은?

① 응급상황에 훈련된 수의사가 실시한다.
② 소변을 보지 못하는 동물은 즉시 의료적 처치가 실시되어야 한다.
③ 의료적 처치를 즉각적으로 실시하기 위해 진행한다.
④ 노령견부터 진료를 본다.
⑤ 생존이 확인된 동물환자는 이차 평가를 실시하여 부분적으로 자세히 평가한다.

09 수액 또는 다량의 약물을 시간당 정확한 양으로 주입하기 위해 수액 라인을 연결하여 사용하는 기기의 명칭은?

① 커 프
② 인퓨전 펌프
③ 실린지 펌프
④ 암부백
⑤ 석션기

10 처방에 사용되는 약어와 그 의미가 바르게 연결된 것을 모두 고른 것은?

ㄱ. ac – 식전
ㄴ. b.i.d. – 하루에 두 번
ㄷ. q.i.d. – 하루에 네 번
ㄹ. inj. – 액제

① ㄴ
② ㄱ, ㄷ
③ ㄴ, ㄹ
④ ㄱ, ㄴ, ㄷ
⑤ ㄴ, ㄷ, ㄹ

11 전화 분류 시 병원에 바로 내원해야 하는 상태가 아닌 것은?

① 대변에 피가 보일 때
② 다른 반려동물에게 처방된 약을 먹었을 때
③ 일사병 증상이 있을 때
④ 분만 징후를 보인 지 3~4시간 이상 지나도 새끼를 낳지 못하는 경우
⑤ 발작을 하고 있을 때

12 내시경 시술 보정 보조에 대한 설명으로 옳지 않은 것은?

① 동물의 입에 내시경 시술 시 방해가 되지 않도록 개구기를 장착한다.
② 삽관이 끝나면 동물을 복위 자세로 눕힌다.
③ 시술자의 지시에 따라 내시경 포셉 또는 기타 기구를 전달한다.
④ 동물의 목과 등이 가능한 한 일직선이 되도록 자세를 보정한다.
⑤ 내시경의 선단부(만곡부)가 입안으로 진입하면 보조자는 동물의 얼굴이 뒤쪽으로 밀리지 않도록 받쳐준다.

제4회 기출유사

13 **중심정맥압 측정으로 알 수 있는 정보는?**

① 우심실의 기능
② 대동맥의 기능
③ 좌심방의 기능
④ 우심방의 기능
⑤ 좌심실의 기능

14 **경구 식이 공급이 어려우면서 7일 이상 영양 공급이 필요한 경우에 사용하는 영양 보조 방법은?**

① 비상 경구 영양
② 부분 경구 영양
③ 일시 비경구 영양
④ 부분 비경구 영양
⑤ 총 비경구 영양

15 **젖은 기침을 치료하기 위한 약물은?**

① 진해제
② 거담제
③ 기관지 이완제
④ 호흡기 흥분제
⑤ 점액용해제

16 **상황별 응급처치 방법으로 옳은 것을 모두 고른 것은?**

ㄱ. 심정지 시 뒷다리 안쪽 대퇴동맥을 짚어 맥박을 확인한다.
ㄴ. 귓속에 이물질이 들어갔을 때는 알코올 성분의 세정제를 이용하여 벌레가 죽을 수 있도록 한다.
ㄷ. 독사에게 물린 경우 온찜질을 하여 동물을 진정시킨다.
ㄹ. 독극물을 먹은 경우 미지근한 소금물을 먹여 구토를 유도한다.
ㅁ. 화상을 입었을 때 털을 깎으면 위험하므로 상처에 바로 소독액을 뿌려준다.

① ㄱ, ㄹ
② ㄷ, ㅁ
③ ㄱ, ㄴ, ㄹ
④ ㄴ, ㄷ, ㄹ
⑤ ㄱ, ㄴ, ㄷ, ㄹ, ㅁ

다음 사진에서 구할 수 있는 평균 동맥압은? (단, 소수점 첫 번째 자리에서 반올림 한다.)

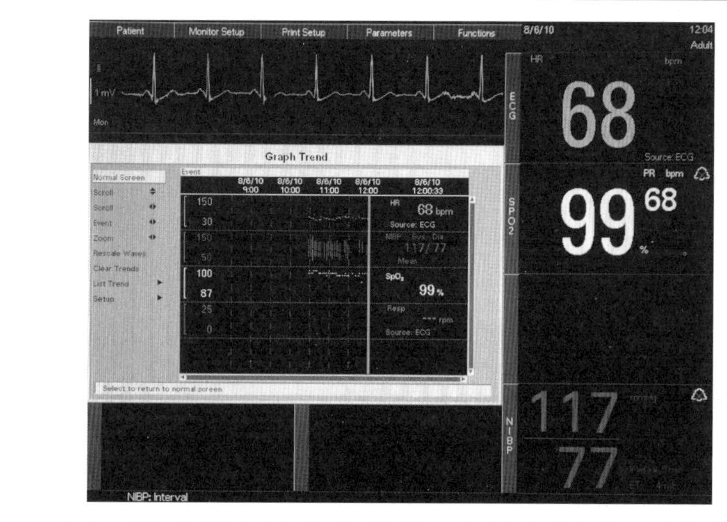

① 68
② 85
③ 90
④ 99
⑤ 117

활력 징후 측정 항목에 포함되지 않는 것은?

① 혈 압
② 체 온
③ 몸무게
④ 심박수
⑤ 맥박수

의약품 보관법으로 옳지 않은 것은?

① 안약은 개봉 후 한 달 안에 사용하도록 한다.
② 정기적으로 사용 기간을 확인하고, 기한이 지난 약물은 폐기 처리한다.
③ 가루제형은 알약에 비해 유효 기간이 짧다.
④ 백신과 약물들은 실온에 보관한다.
⑤ 시럽제형은 특별한 지시가 없으면 실온 보관한다.

20 흡입마취를 하기 전 해야 하는 것은?

① 클리핑
② 기관 삽관
③ 귀지 제거
④ 심전도 검사
⑤ 복강경 검사

21 조영술에 대한 설명으로 옳은 것은?

① 식도 천공이 의심되면 황산바륨을 사용해야 한다.
② 방광 조영술은 요오드계 조영제를 사용한다.
③ 배설성 요로 조영술은 조영 전에 금식을 하지 않아도 된다.
④ 상부 위장관 조영술을 실시할 때에는 조영제를 나눠 먹여가면서 촬영한다.
⑤ 배설성 요로 조영술 시 황산바륨 조영제에 a/d를 소량 섞어 기호성을 높여 주는 것이 좋다.

22 반려동물의 기도에 이물질이 걸렸을 때 실시하는 하임리히법에 대한 설명으로 옳지 않은 것은?

① 육안으로 이물질이 발견되지 않을 때 사용한다.
② 강아지의 경우 뒷다리를 잡아 거꾸로 들어올려 털어준다.
③ 개의 경우 개의 뒷다리를 세운 후 하복부 부분을 감싸안고 주먹을 쥔 손으로 강하게 밀어 올린다.
④ 압박 추천 횟수는 5회이며 이물질이 제거되지 않았을 시 다시 압박 과정을 반복하며 빠르게 동물병원으로 이송해야 한다.
⑤ 이물질이 제거되었다면 동물을 안정시키고 집에서 충분한 휴식을 취하게 한다.

23 이뇨제의 종류와 그에 해당하는 약물이 바르게 연결된 것은?

① 루프계 – 글리세롤
② 루프계 – 푸로세마이드
③ 티아지드계 – 토르세마이드
④ 티아지드계 – 에날라프릴
⑤ 칼륨보존성 – 하이드랄진

24 **심폐소생술에 필요한 주요 약물로 옳지 않은 것은?**

① 에피네프린
② 바소프레신
③ 푸로세마이드
④ 20% 포도당
⑤ 아세프로마진

25 **복부 방사선 촬영 시 포함되어야 하는 부위는?**

① 어깨부터 팔꿈치까지
② 요추 6번부터 무릎관절 아래까지
③ 요척골에서 흉추 5번까지
④ 심장 뒷부분부터 엉덩이까지
⑤ 기도에서 3번째 늑골

26 **구토를 줄여주는 약물은?**

① 아세프로마진
② 구아이페네신
③ 에날라프릴
④ 에피네프린
⑤ 아목시실린

27 **동물 환자의 초음파 검사에 대한 설명으로 옳지 않은 것은?**

① 방사선을 사용하지 않아 무해하다.
② 동물 내부의 공기나 가스에 영향을 많이 받지 않아 위장관 검사에 용이하다.
③ 검사 전 동물의 금식 및 배변 여부를 확인해야 한다.
④ 안 초음파를 하기 전에 안약을 넣어 국소마취를 한다.
⑤ 털을 깎지 않으면 피부와 초음파 젤 사이에 털로 인한 공기층이 형성되어 초음파 영상에서 허상이 일어나 검사를 방해한다.

제4회 기출유사
28 **약물 투여 후 체내의 약물 변화 과정을 순서대로 나열한 것은?**

① 대사 → 흡수 → 분포 → 배설
② 분포 → 대사 → 흡수 → 배설
③ 분포 → 흡수 → 대사 → 배설
④ 흡수 → 대사 → 분포 → 배설
⑤ 흡수 → 분포 → 대사 → 배설

29 **경구용 약제의 형태와 그 설명이 바르게 연결되지 않은 것은?**

① 코팅정 – 표면에 다양한 고분자의 얇은 막으로 코팅한 것
② 현탁제 – 가루 제제를 세밀한 알갱이로 만든 것
③ 캡슐제 – 캡슐에 액상, 과립, 분말 등의 약제를 넣은 것
④ 당의정 – 표면에 당을 입혀놓은 것
⑤ 츄어블정 – 씹어서 복용하게끔 만든 것

약물과 그 효과가 바르게 연결된 것이 아닌 것은?

① 수산화 알루미늄 – 제산제
② 펜시클리딘 – 정맥마취
③ 히드랄라진 – 혈관 확장
④ 도부타민 – 강심제
⑤ 우로키나제 – 이뇨제

31 심장사상충 치료용으로 사용하는 약물이 아닌 것은?

① 밀베마이신(Milbemycin)
② 이버멕틴(Ivermectin)
③ 모시덱틴(Moxidectin)
④ 셀라멕틴(Selamectin)
⑤ 클레마스틴(Clemastine)

32 폐기물 관리에 관한 내용으로 옳지 않은 것은?

① 치아는 90일 동안 보관이 가능하다.
② 손상성 폐기물의 보관 기간은 30일이다.
③ 조직물류 폐기물의 보관 기간은 15일이다.
④ 격리의료폐기물에는 붉은색 표시를 한다.
⑤ 액상 폐기물은 '합성수지형 전용 용기'를 사용한다.

33 두 가지 이상의 약물을 함께 사용함으로써 한쪽 약물이 다른 약물의 효과를 감소시키는 약제는?

① 여과제
② 억제제
③ 길항제
④ 저해제
⑤ 항진제

34 방사선 보호장구에 대한 설명으로 옳지 않은 것은?

① 방사선 장갑은 내부에 공기가 통하도록 보정틀을 넣어 보관한다.
② 방사선 앞치마는 부피를 줄이기 위해 곱게 개어 보관한다.
③ 방사선 앞치마는 촬영 시 반드시 착용해야 한다.
④ 방사선 앞치마가 목 부위까지 보호되지 않을 때 갑상샘 보호대를 착용한다.
⑤ 방사선 안경은 안구 내 수정체를 보호하기 위해 착용한다.

35 **두부 촬영 시 엎드린 후 고개를 숙이기 힘들어할 때 하는 보정 방법은?**

① 외측상
② 내측상
③ 두부상
④ 배복상
⑤ 복배상

36 **쇼크에 대한 설명으로 옳지 않은 것은?**

① 심인성 쇼크는 부정맥의 원인이다.
② 분포성 쇼크의 초기 원인으로 패혈증이 있다.
③ 폐색성 쇼크는 순환계의 물리적인 폐색으로 발생한다.
④ 폐색성 쇼크는 심장사상충, 폐혈전증을 일으킨다.
⑤ 저혈량 쇼크는 대형 동물에게서 흔히 나타난다.

37 **CT 검사를 위한 보정에 대한 설명으로 옳지 않은 것은?**

① 몸이 대칭이되도록 한다.
② 수액 줄이 얽히지 않도록 정리하면서 보정한다.
③ 동물의 크기를 고려하여 머리 방향을 결정한다.
④ 척추 CT를 찍을 때는 앞다리와 뒷다리를 몸에서 떨어뜨린다.
⑤ 흉부 CT를 찍을 때는 누운 자세를 유지하도록 한다.

38 **방사선원 주위의 일정한 영역을 가리개나 벽으로 둘러싸서 밖의 물체가 방사선에 감응하지 않도록 막는 일이나 물체는?**

① 차 폐
② 방 패
③ 폐 쇄
④ 피 폭
⑤ 차 단

39 색조 도플러 초음파의 색깔이 나타내는 의미가 바르게 연결된 것은?

① 빨간색 – 난 류
② 노란색 – 정방향으로 흐르는 혈류
③ 파란색 – 역방향으로 흐르는 혈류
④ 노란색 – 혈류의 흐름이 빠름
⑤ 초록색 – 혈류의 흐름이 느림

40 X-ray에 대한 설명으로 옳지 않은 것은?

① 투시기기는 실시간으로 움직이는 영상을 촬영한다.
② CR은 필름을 이용하여 촬영하는 방법이다.
③ 콜리메이터는 촬영 부위마다 필요한 크기로 조절해 산란선의 양을 조절한다.
④ 컨트롤 패널에서 X선의 힘을 조절할 수 있다.
⑤ X선관은 음극에서 양극으로 주행한다.

41 MRI 검사를 위한 보정에 대한 설명으로 옳지 않은 것은?

① 경추 촬영 시에는 배복위 자세를 잡는다.
② 경추 촬영 시에는 목이 구부러질 수 있도록 쿠션을 받쳐준다.
③ 요추 촬영 시에는 코일 안에 요추 7번이 나오도록 위치시킨다.
④ 흉추 촬영 시에는 자세 회전이 있는지 레이저빔을 통해 확인한다.
⑤ 뇌 촬영 시 마취 전후로 큰 소리나 자극을 주지 않는 것이 좋다.

42 응급 카트에 들어가지 않는 것은?

① 수술 플레이트
② ECG 모니터기
③ 카테터 장착 세트와 주사기
④ 기관내관(ET-tube)
⑤ 석션기

43 PACS(Picture Archiving and Communication System)에 대한 설명으로 옳지 않은 것은?

① 필름 대신 컴퓨터를 통해 진단 영상을 확인하는 시스템이다.
② 장비, 연동프로그램, 저장장치 등 초기 비용이 많이 든다.
③ 동시에 여러 진료실에서 영상을 확인할 수 있다.
④ 네트워크에 영향을 받지 않는다.
⑤ 촬영 후 영상의 질을 보완할 수 있고 영상을 다양한 방법으로 확인할 수 있다.

44 후지 불완전 마비 상태의 척수 병변의 단계는?

① 1단계
② 2단계
③ 3단계
④ 4단계
⑤ 5단계

제4회 기출유사

45 호흡을 자극하는 약물은?

① 케타민
② 코데인
③ 아트로핀
④ 독사프람
⑤ 에피네프린

46 점막이 노란색일 때 의심되는 동물의 상태는?

① 패혈증
② 일산화탄소 중독
③ 저산소증
④ 양파로 인한 중독
⑤ 담즙정체

47 **CT와 MRI에 대한 설명으로 옳지 않은 것은?**

① CT와 MRI에는 공통적으로 갠트리와 테이블, 조작 콘솔이 있다.
② CT와 MRI의 기계실은 발열로 인한 과부하가 걸리지 않도록 온도조절을 해야 한다.
③ CT와 MRI 모두 전신마취 후 진행해야 한다.
④ Scout 영상은 MRI 촬영의 밑바탕이 되는 기본 영상을 말한다.
⑤ MRI의 갠트리에는 자석 또는 전자석이 들어있다.

48 **고양이의 소양감을 치료하기 위해 사용하지만 개에게는 사용 불가능한 약물은?**

① 푸로세마이드(Furosemide)
② 메게스트롤 아세테이트(Megesterol Acetate)
③ 아미노펜타마이드(Aminopentamide)
④ 프로프라놀롤(Propranolol)
⑤ 프레드니손(Prednisone)

49 **방사선 이용 시 유의사항에 대한 설명으로 옳은 것은?**

① TLD 배지는 방어복 위에 착용한다.
② 방사선 피폭량이 과하면 괴사를 일으킬 수 있다.
③ 촬영실에는 다수의 인원이 들어가도 상관없다.
④ 빠른 촬영을 위해 촬영은 한 명이 맡아서 한다.
⑤ 노출 시간이 길수록 좋다.

50 **동물등록을 해야 하는 시기는?**

① 월령 15일 이상 고양이
② 월령 1개월 이상 강아지
③ 월령 2개월 이상 강아지
④ 월령 3개월 이상 고양이
⑤ 월령 6개월 이상 강아지

방사선 사진에서 가장 희게 보이는 것부터 검게 보이는 순서로 바르게 나열한 것은?

① 가스 – 지방 – 조직 – 뼈 – 금속
② 지방 – 뼈 – 금속 – 조직 – 가스
③ 조직 – 지방 – 금속 – 가스 – 뼈
④ 뼈 – 지방 – 가스 – 금속 – 조직
⑤ 금속 – 뼈 – 조직 – 지방 – 가스

52 출국 검역 시 필요한 서류가 아닌 것은?

① 광견병 예방접종증명서
② 건강증명서
③ 검역증명서
④ 동물등록 서류
⑤ 최근 3개월간 진단기록

CT에 대한 설명으로 옳지 않은 것은?

① 조작 콘솔은 검사가 불필요한 부분의 일차선 노출을 억제한다.
② 테이블은 검사 시 동물을 위치시키는 곳이다.
③ 갠트리는 CT기기에 명령을 내려 작동시키는 부분이다.
④ 컴퓨터는 데이터가 들어오면 이를 컴퓨터 언어로 변환한다.
⑤ 검사 후에는 항상 CT 갠트리의 기울기를 0으로 맞춘다.

54 주사제 투여 방법에 대한 설명으로 옳은 것은?

① 복강 내 주사는 응급 시 가장 좋은 방법이다.
② 대부분의 백신은 근육 내 주사로 투여한다.
③ 근육 내 주사는 다른 방법으로 투여가 곤란한 자극성 약물을 투여하는 데 사용한다.
④ 정맥 내 주사는 동물 실험에서 많이 사용한다.
⑤ 흡수면적이 넓어 약물이 신속하게 흡수되는 주사는 복강 내 주사이다.

55 심폐 정지 임박 상태로 모두 고른 것은?

ㄱ. 무호흡
ㄴ. 서 맥
ㄷ. 빈 맥
ㄹ. 저체온
ㅁ. 혼수상태

① ㄱ, ㄷ, ㄹ
② ㄴ, ㄷ. ㅁ
③ ㄷ, ㄹ, ㅁ
④ ㄴ, ㄷ, ㄹ, ㅁ
⑤ ㄱ, ㄴ, ㄷ, ㄹ, ㅁ

56 천식 발작, 중증 알레르기 반응으로 응급실에 들어온 환자에게 사용해야 하는 약물로 적절한 것은?

① Lasix
② Diazepam
③ Midazolam
④ 코르티코스테로이드 호르몬제
⑤ 근이완제

57 의료폐기물의 보관 기간이 다른 하나는?

① 조직물류 폐기물
② 혈액 오염폐기물
③ 일반의료폐기물
④ 병리계 폐기물
⑤ 손상성 폐기물

58 영상기구에 대한 설명으로 옳은 것은?

① X-ray는 투과력이 약하다.
② 조영술은 방사선 검사보다 정확도가 떨어진다.
③ 초음파는 자기장을 이용해 영상을 구현한다.
④ CT는 프로브(Probe)를 사용하여 초음파를 이용해 영상화한 검사이다.
⑤ MRI는 마이크로칩으로 인한 허상이 생기기 때문에 촬영 전에 제거해야 한다.

59 동물의 위생 관리를 위한 피부 소독제에 대한 설명으로 옳지 않은 것은?

① 70% 알코올은 70~90% 농도에서 최적의 살균력을 가진다.
② 포비돈 요오드는 피부 소독 시 2% 희석하여 사용한다.
③ 클로르헥시딘은 피부 치료용으로 0.5% 농도를 사용한다.
④ 염소제는 매우 자극적이기 때문에 시설 등 환경 소독에 사용한다.
⑤ 과산화수소는 동물의 털에 묻은 혈액을 제거하기 위해 사용한다.

60 수혈에 대한 설명으로 옳지 않은 것은?

① 수혈 전 교차반응 검사를 하는 것이 좋다.
② 개의 경우에는 최초 수혈 시 혈액형이 달라도 수혈할 수 있다.
③ 수혈은 최소 8시간 이상 해야 한다.
④ 고양이의 경우, 자연발생항체가 있어 수혈 전 반드시 검사가 필요하다.
⑤ 수혈 부작용으로 홍반, 소양증의 증상을 보인다.

제3과목 임상 동물보건학

01 혈구세포 중 과립이 자주색으로 염색되는 것은?

① 호산구
② 림프구
③ 호중구
④ 단핵구
⑤ 호염기구

02 알약 투약 보정에 대한 설명으로 옳지 않은 것은?

① 검지로 아래턱을 고정하고 반대쪽 손으로 알약을 집는다.
② 대형견은 바닥에서 앉은 자세나 엎드린 자세로 위치시킨다.
③ 혀 아랫부분에 알약을 위치시킨다.
④ 알약을 삼키는 반응이 느껴질 때까지 목을 자극한다.
⑤ 알약을 넣은 후 입을 닫고 한 손으로 닫은 상태를 유지한다.

제4회 기출유사

03 등장성 수액에 해당하는 것은?

① 0.45% 염화나트륨
② 0.9% 염화나트륨
③ 3% 생리식염수
④ 5% 포도당
⑤ 7% 생리식염수

04 체중 4kg의 고양이에게 200mL 수액을 2시간 동안 투여할 때 분당 방울수는? (단, 수액세트는 1ml당 20방울이며, 결과는 소수점 첫 번째 자리에서 반올림한다.)

① 10
② 17
③ 21
④ 33
⑤ 45

05 탈수 증상을 보이는 개가 내원하여 상태를 진단하였더니 안검결막이 건조하였다. 이때 개의 탈수 정도는?

① 5% 미만
② 5~8%
③ 8~10%
④ 10~12%
⑤ 12~15%

06 피부와 뼈 사이에 최소한의 조직만 존재하는 상태인 반려동물의 신체충실지수는?

① BCS 1
② BCS 2
③ BCS 3
④ BCS 4
⑤ BCS 5

07 다음 중 지표와 그 단위가 바르게 연결되지 않은 것은?

	지 표	단 위
①	혈 압	mmHg
②	호 흡	mL
③	체 온	℃
④	산소포화도	퍼센트(%)
⑤	흡기말 이산화탄소분압	mmHg

08 개가 앉거나 엎드려 있을 때 채혈 혹은 주사할 수 없는 부위는?

① 내측복재정맥
② 삼두완근
③ 요측피정맥
④ 경정맥
⑤ 요배근

09 팔 밴디지를 할 때 적절하지 않은 것은?

① 앞다리를 감는 것은 로버트 존슨 붕대법이다.
② 1차 붕대를 하기 전에 상처 부위의 털을 제거한 후 소독한다.
③ 2차 붕대는 흡수 기능을 담당한다.
④ 3차 붕대는 방수성 재료를 사용하여 밴디지 한다.
⑤ 삼출액이 3차 붕대에 닿기 전에 교체한다.

10 마취 수술 전날 해야 하는 것은?

① 마 취
② 소 독
③ 충분한 식사
④ 금식 요청
⑤ 배액관 장치

11 하얀색 액체 형태로 국내 허가된 의료용 마약류 정맥마취제는?

① 이소프로테레놀(Isoproterenol)
② 아세틸콜린(Acetylcholine)
③ 할로세인(Halothane)
④ 펠바메이트(Felbamate)
⑤ 프로포폴(Propofol)

12 스테로이드 성분이 있는 연고나 약물 등을 장기간 또는 과하게 사용한 경우 부작용으로 인해 나타나는 질환은?

① ADH
② PDH
③ 에디슨병
④ 갑상샘 기능항진증
⑤ 의인성 쿠싱

제4회 기출유사

13 **심전도 파형 중 P파가 나타내는 것은?**

① 심박수
② 심정지 임박
③ 심실의 재분극
④ 심실의 탈분극
⑤ 심방의 탈분극

채혈 중 용혈 방지를 위한 행동이 아닌 것은?

① 토니켓을 오래 묶어두지 않는다.
② 알코올이 완전히 마른 상태에서 채혈을 한다.
③ 채혈 시 피스톤을 매우 빠르게 당긴다.
④ 가느다란 니들이 아닌 채혈 전용 주사기를 사용해야 한다.
⑤ 니들이 헐겁지 않도록 꽉 조인 후 채혈한다.

혈장과 혈청을 구분하는 방법은?

① 혈소판 수
② 피브리노겐의 유무
③ 적혈구 비율
④ 전해질 유무
⑤ 호르몬 유무

16 **고양이 혈압 측정 시 장착해야 하는 커프 폭은?**

① 10%
② 15%
③ 20%
④ 25%
⑤ 30%

17 PDS에 대한 설명으로 옳은 것은?

① 녹지 않는 실이다.
② 합성사이다.
③ 3-0이 4-0보다 더 얇다.
④ 장기적으로 안정적이다.
⑤ 봉합 시 다루기 쉽다.

18 면역 지속시간이 상대적으로 짧은 백신의 특징으로 옳은 것은?

① 해당 백신의 종류로 순화백신이 있다.
② 면역형성 능력이 우수하다.
③ 안전성이 높다.
④ 살아 있는 병원체의 독성을 약화시킨다.
⑤ 한 번 접종하면 강력한 면역반응이 발생한다.

19 흡입마취제 중 색상 코드가 보라색인 약물은?

① 아산화질소
② 세보플루란
③ 이소플루란
④ 할로세인
⑤ 프로포폴

20 태어난 후 48시간 이내에 생산되는 초유를 통한 면역은?

① 유전적 내재 면역
② 자연 능동면역
③ 자연 수동면역
④ 인공 능동면역
⑤ 인공 수동면역

21 강아지 광견병 기초접종 시기는?

① 6주령
② 8주령
③ 12주령
④ 14주령
⑤ 18주령

수술실 중 가장 멸균되어야 하는 지역은?

① 준비 구역
② 격리치료실
③ 스크러브 구역
④ 수술방
⑤ 입원실

23 개의 감염성 질환 중 사람에게도 전염되는 질환을 모두 고른 것은?

ㄱ. 백선증
ㄴ. 광견병
ㄷ. 개 디스템퍼
ㄹ. 개 렙토스피라증
ㅁ. 개 파보 바이러스

① ㄴ, ㄷ
② ㄷ, ㅁ
③ ㄱ, ㄴ, ㄹ
④ ㄴ, ㄹ, ㅁ
⑤ ㄱ, ㄴ, ㄷ, ㄹ

아래 그림은 장문합 수술에 사용하는 기구이다. 이 수술 기구의 이름은?

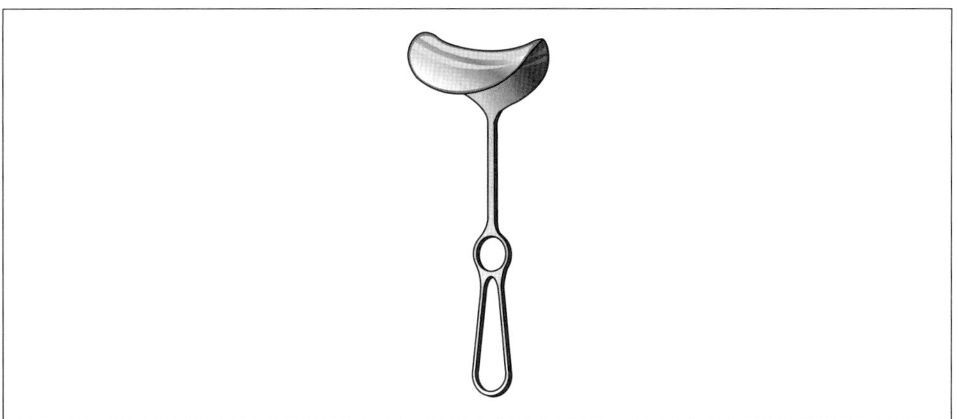

① Crile Clamp
② Gracey Curette
③ Doyen Retractor
④ Sponge Forceps
⑤ Aneurysm Clip

직경 1.5~2mm 이하 작은 혈관에 사용하는 지혈법은?

① 전기 소작법
② 본왁스
③ 써지셀
④ 젤 폼
⑤ 멸균거즈 압박

멸균 방법에 대한 설명으로 옳지 않은 것은?

① 감마선을 쬐어 미생물을 사멸할 수 있다.
② 건열 멸균은 금속제품, 도자기류 등에 멸균할 수 있다.
③ 고압증기 멸균법은 121℃에서 15분 이상 멸균 시 모든 미생물이 사멸된다.
④ 과산화수소 가스를 이용한 멸균법은 수분을 흡수하는 물질에도 사용할 수 있다.
⑤ 에틸렌옥사이드 가스를 이용한 멸균법은 멸균이 6개월 이상 유지된다.

27 소독용 에탄올로 소독할 수 없는 감염병은?

① 고양이 칼리시 감염증
② 고양이 전염성 비기관지염
③ 개 전염성 기관기관지염
④ 개 코로나 바이러스
⑤ 렙토스피라증

28 혈액을 원심 분리하였다. 다음에 해당하는 명칭과 그 설명이 바르게 연결된 것은?

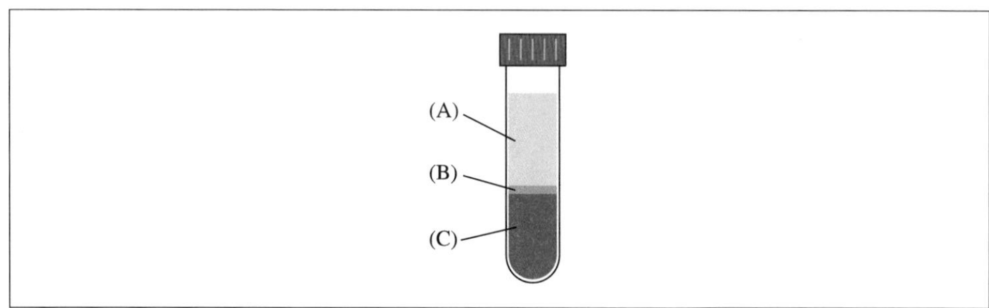

① A – 버피 코트 : 90%의 물로 이루어져 있다.
② A – 혈장 : 또 다른 이름으로는 혈병이라고 불린다.
③ B – 혈구 : 영양분과 요소가 용해되어 있다.
④ C – 혈장 : 혈액 응고에 관여하는 혈소판이 들어있다.
⑤ C – 혈구 : 산소를 운반하며, 적은 양이지만 이산화탄소도 운반한다.

29 마취 환자의 폐에서 배출되는 이산화탄소를 흡수하는 것은?

① 독사프람
② 소다라임
③ 도부타민
④ 디메카륨
⑤ 아트로핀

30 **복벽에 구멍을 내고 카메라를 삽입하여 관찰하는 검사는?**

① 혈액형 검사
② 심전도 검사
③ 내시경 검사
④ 초음파 검사
⑤ 복강경 검사

멸균에 대한 설명으로 옳지 않은 것은?

① EO 가스 멸균법은 40~60℃에서 진행된다.
② 플라즈마 멸균법은 50℃ 이하의 저온에서 진행된다.
③ 고압증기 멸균법은 두 겹 포장 시 약 7주간 멸균이 유지된다.
④ EO 가스 멸균법은 별도의 정화 과정 없이 즉시 사용할 수 있다.
⑤ 플라즈마 멸균법은 분해 후 소량의 물과 산소만 배출하므로 친환경적이고 안전하다.

32 **심전도 검사 시 사용하는 리드의 색과 부위가 바르게 연결된 것은?**

① 빨간색 – 왼쪽 앞다리
② 노란색 – 오른쪽 앞다리
③ 초록색 – 왼쪽 뒷다리
④ 파란색 – 오른쪽 뒷다리
⑤ 검은색 – 왼쪽 앞다리

33 마약성 진통제에 해당하는 것을 모두 고른 것은?

ㄱ. 펜타닐
ㄴ. 모르핀
ㄷ. 멜록시캄
ㄹ. 트라마돌
ㅁ. 나프록센
ㅂ. 부토르파놀

① ㄱ, ㄴ, ㄷ
② ㄱ, ㄴ, ㅂ
③ ㄱ, ㄹ, ㅁ
④ ㄴ, ㄷ, ㅂ
⑤ ㄹ, ㅁ, ㅂ

34 갑상샘에서 생성되며 세포의 대사 작용 조절을 하는 호르몬은?

① 글루카곤
② 소마토스타틴
③ 코티솔
④ 인슐린
⑤ 티록신

35 산소유량계의 산소량으로 적절한 것은?

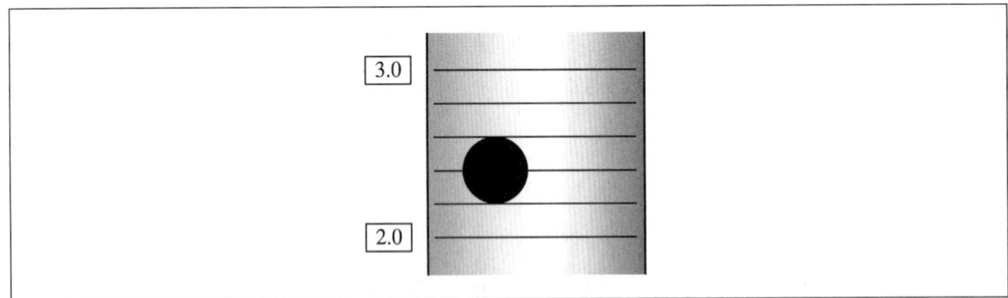

① 2.0
② 2.2
③ 2.4
④ 2.6
⑤ 2.8

스트레스를 받을 때 분비되는 호르몬은?

① 혈 당
② 코티솔
③ 인슐린
④ 옥시토신
⑤ 멜라토닌

37 수술 기구 팩을 준비하는 방법으로 옳지 않은 것은?

① 나중에 사용하는 수술 기구를 맨 위에 놓는다.
② 수술 기구 클립으로 같은 기구는 서로 묶어 놓는다.
③ 수술에 필요한 수술 기구의 수량을 확인한다.
④ 수술 기구는 같은 방향으로 배열한다.
⑤ 멸균테이프는 멸균이 되었다면 갈색으로 변한다.

신체 각 부분을 손가락으로 두드리며 통증 정도를 확인하는 검사 방법은?

① 문 진
② 시 진
③ 촉 진
④ 타 진
⑤ 청 진

요 시험지 검사에 관한 설명으로 옳지 않은 것은?

① 보관 장소의 온도가 30℃를 넘으면 안 된다.
② 요 시험지 검사를 통해 아질산염을 측정할 수 있다.
③ 채취한 요를 무균적으로 3cc 주사기를 사용하여 흡입한다.
④ 대사 질환에 대한 정보를 알 수 있다.
⑤ 검체 요는 저녁에 자기 직전에 한 것이 산도가 높아 가장 정확한 정보를 얻을 수 있다.

40 흡입마취기에 대한 설명으로 옳지 않은 것은?

① 소다라임은 8~10시간 사용 후 교체한다.
② 호흡백은 1회 호흡량 기준 5배 크기를 사용한다.
③ 회로 내 압력계의 압력이 20mmHg 이상이면 폐 손상에 주의해야 한다.
④ 유량계로 산소와 아산화질소의 분당 공급량을 조절한다.
⑤ 의료용 고압가스 산소통 중 산소의 색깔은 흰색이다.

41 수술 기구의 전달 방법으로 옳지 않은 것은?

① 수술칼은 칼날이 보조자를 향하도록 전달한다.
② 조직 포셉은 팁이 위쪽을 향하도록 세워 전달한다.
③ 수술 가위는 날 부위를 잡고 손잡이 부위가 수술자 손바닥 위에 오도록 전달한다.
④ 바늘 잡개는 봉합자가 연결된 바늘을 잡아 바늘이 위쪽으로 향하도록 세워 전달한다.
⑤ 수술자가 수술 부위에서 눈을 떼거나 수술 기구를 다시 잡지 않도록 전달한다.

42 수술 복장에 대한 설명으로 옳지 않은 것은?

① 손을 스크러브 한 후 수술 모자와 가운을 입는다.
② 재사용 수술 가운은 과산화수소로 혈액을 제거한다.
③ 폐쇄형 수술 장갑은 수술 가운을 착용한 상태에서 착용하는 방법이다.
④ 스크러브 시 팔꿈치는 허리 위쪽으로 유지하고 수술실로 들어간다.
⑤ 스크러브복은 수술 구역에서만 착용한다.

43 피부를 긁어 나온 것을 현미경으로 관찰하여 기생충을 발견하는 데 효과적인 검사는?

① 피부 소파 검사
② 도말 검사
③ 세침 흡입 검사
④ 우드램프 검사
⑤ 혈액 도말 검사

44 **마취 환자 감자 모니터링에 대한 설명으로 옳지 않은 것은?**

① 체온은 직장에서 측정한다.
② 마취 3단계 2기에서 감소하는 반사 반응은 안검 반사와 지단 반사이다.
③ 마취 전 항콜린제가 투여된 경우 동공이 축소되어 있다.
④ 맥박은 대퇴 부위 안쪽이나 발가락 부위 동맥에서 측정한다.
⑤ 눈의 위치가 중앙에 있는 것은 마취가 너무 깊다는 것이다.

45 **혈액 화학 검사에서 신장병에 걸리면 상승하는 수치가 바르게 연결된 것은?**

① 요소질소, 크레아티닌
② 요소질소, 혈당
③ 콜레스테롤, 크레아티닌
④ 중성지방, 콜레스테롤
⑤ 백혈구 수, 평균 적혈구 용적

46 **현미경을 볼 때 적혈구가 너무 작게 보이면 조절해야 하는 것은?**

① 집광기
② 반사경
③ 접안렌즈
④ 대물렌즈
⑤ 조리개

47 **동물 위생관리에 대한 설명으로 옳지 않은 것은?**

① 기본 클리핑은 발바닥 → 항문 주위 → 배 안쪽 순서로 진행한다.
② 이도 내 높은 습도로 귀 분비물 생성이 과다해질 수 있어 주기적인 귀 세정이 필요하다.
③ 항문낭이 세균에 감염되면 항문낭염을 일으키고 심하면 바깥 피부 쪽으로 파열되기도 한다.
④ 발톱을 깎기 전 출혈 방지를 위해 혈관의 위치를 먼저 확인한다.
⑤ 귀 안에 남은 세정제는 면봉으로 제거해주어야 한다.

48 **응고 인자 5번, 8번의 혈장 분리 시 가장 안정적인 항응고제는?**

① EDTA-K2
② EDTA-K3
③ EDTA-NA
④ Sodium Citrate
⑤ Heparin

49 **기관내관 제거 방법에 대한 설명으로 옳은 것은?**

① 단두종은 기관내관을 최대한 빨리 제거하는 것이 좋다.
② 연하 반사가 시작되기 전에 기관내관을 제거해야 한다.
③ 수술이 끝나면 안정을 위해 마취기의 기화기를 약간만 열어두어 마취가 지속될 수 있도록 한다.
④ 기관내관 커프에 빈 주사기를 연결하여 공기를 약간 넣어 커프 내 압력을 높인다.
⑤ 동물을 기관내관이 회전하지 않도록 조심하면서 흉와위 자세로 눕힌다.

50 **전염성 질병의 원인체에 대한 설명으로 옳지 않은 것은?**

① 진균 중에 동물의 피부병을 일으키는 효모균이 있다.
② 세균은 자체적인 대사와 증식을 하지 못하는 미생물이다.
③ 기생충은 숙주에게 의지하며 살아가는데 심장사상충이 그 예이다.
④ 바이러스는 살아 있는 숙주세포 내에서만 증식이 이루어진다.
⑤ 바이러스는 광학 현미경으로 관찰되지 않는다.

피부에서 비정상적으로 만져지는 조직을 주삿바늘로 찔러 세포 등을 확인하는 검사법은?

① 요비중 검사
② 곰팡이 배양 검사
③ 세균 배양 검사
④ FNA
⑤ 분변 검사

52 다음 중 혈청 화학 검사에서 측정할 수 있는 것을 모두 고른 것은?

ㄱ. AST
ㄴ. GGT
ㄷ. Clacium
ㄹ. Bile Acide
ㅁ. Phosphorus

① ㄹ
② ㄱ, ㄷ
③ ㄴ, ㄹ, ㅁ
④ ㄴ, ㄷ, ㄹ, ㅁ
⑤ ㄱ, ㄴ, ㄷ, ㄹ, ㅁ

53 빈혈 검사에 사용하는 연보라색 검체 용기는?

① Sodium Citrate 튜브
② Serum(SST) 튜브
③ Heparin 튜브
④ EDTA 튜브
⑤ 미생물 수송 배지

54 CRT가 지연되고 점막이 창백한 청색을 띠고 있는 임상 증상이 나타나는 동물에게 적절한 간호중재 방법으로 옳지 않은 것은?

① 산소 공급
② 혈압 측정
③ 수분섭취와 배출량 측정
④ 처방된 약물 투여
⑤ 영양공급관 장착

수술실 멸균을 위한 행동이 아닌 것은?

① 순환간호사는 수술 장갑을 착용하지 않은 간호사이다.
② 수술 전 2차 소독은 멸균 환경에서 진행하고 수술 부위가 오염되지 않도록 주의한다.
③ 소독간호사는 수술 팩을 열고 수술 기구를 기구대 위에 올려 배치한다.
④ 수술 기구는 순환간호사가 멸균 수술 팩의 외부 포장지를 벗겨 소독간호사에게 전달한다.
⑤ 수술 시 멸균기구를 떨어뜨리면 수술자가 주워서 소독한다.

다음 사진에 있는 수술 기구의 이름은?

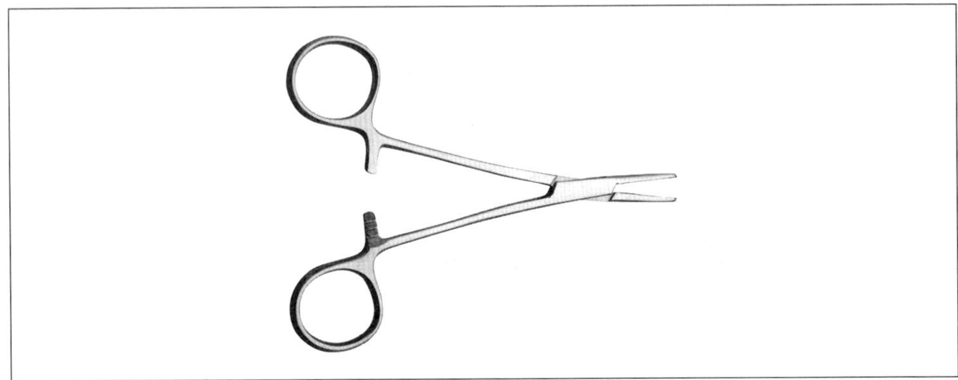

① Metzenbaum Scissors
② Scalpel Blade
③ Towel Clamp
④ Tissue Forceps
⑤ Needle Holder

57 **화학폐기물의 종류와 그 표시 방법이 바르게 연결된 것은?**

① 산성 폐액 – 청색 라벨
② 산성 폐액 – 흑색 라벨
③ 염기성 폐액 – 황색 라벨
④ 염기성 폐액 – 청색 라벨
⑤ 유기계 폐액 – 적색 라벨

58 수혈의 부작용 증상으로 옳은 것을 모두 고른 것은?

ㄱ. 오 한 ㄴ. 탈 수 ㄷ. 저혈압 ㄹ. 호흡 곤란 ㅁ. 급성 신부전

① ㄱ, ㄹ
② ㄹ, ㅁ
③ ㄱ, ㄴ, ㄹ
④ ㄴ, ㄷ, ㅁ
⑤ ㄱ, ㄴ, ㄷ, ㄹ

59 손 소독 시 0.05~0.5% 농도로 사용하는 소독약은?

① 히비탄
② 과산화아연
③ 메틸알코올
④ 차아염소산 칼슘
⑤ 포비드 아이오딘

60 근육의 힘과 지구력을 향상하고 신경 질환을 가진 동물에게 적절한 재활 치료는?

① 침 치료
② 수중 치료
③ 놀이 치료
④ 전기 치료
⑤ 초음파 치료

01 동물보호법과 수의사법상 교육 이수를 받아야 하는 사람으로 옳지 않은 것은?

① 수의사
② 동물보건사
③ 동물장묘시설 종사자
④ 동물실험수행자
⑤ 윤리위원회 위원

02 동물보호법상 다음 설명 중 옳지 않은 것은?

① 도사견, 핏불테리어, 로트와일러는 맹견이다.
② 국토교통부에서 수색을 위해 이용하는 동물을 봉사동물이라고 한다.
③ 페럿, 기니피그는 농림축산식품부령으로 정한 반려동물이다.
④ 등록대상동물이란 동물의 유기(遺棄) 방지를 위하여 등록이 필요하다고 인정하여 개, 고양이 등 대통령령으로 정하는 동물을 말한다.
⑤ 동물학대란 동물을 대상으로 굶주림, 질병 등에 대하여 적절한 조치를 게을리하거나 방치하는 행위를 말한다.

03 동물보호법상 맹견사육허가 관련 설명 중 옳지 않은 것은?

① 맹견의 보호와 맹견이 입을 상해에 대한 대비를 위하여 보험에 가입해야 한다.
② 맹견사육허가는 시・도지사에게 받는다.
③ 피성년후견인은 맹견사육허가를 받을 수 없다.
④ 보험에 가입하여야 할 맹견의 범위, 보험의 종류, 보상한도액 및 그 밖에 필요한 사항은 대통령령으로 정한다.
⑤ 맹견이 동물을 공격하여 다치게 한 경우 맹견사육허가를 철회할 수 있다.

동물보호법상 동물학대 행위에 대한 설명으로 옳지 않은 것을 모두 고른 것은?

A. 민속경기에 참여하는 것은 동물학대에 포함된다.
B. 살아 있는 상태에서 동물의 체액을 채취하기 위한 장치를 설치한다.
C. 갈증 해소를 위해 동물에게 물을 강제로 먹여 고통을 준다.
D. 반려동물의 훈련을 위한 목적이 아니더라도 다른 동물과 싸우도록 놔둔다.

① A, B
② B, C
③ A, D
④ B, D
⑤ C, D

동물보호법상 동물보호의 날은?

① 10월 1일
② 10월 2일
③ 10월 3일
④ 10월 4일
⑤ 10월 5일

동물보호법상 동물보호의 기본원칙 중 옳지 않은 것은?

① 본래의 습성과 몸의 원형을 유지하면서 정상적으로 살 수 있도록 한다.
② 공포와 스트레스를 받지 않도록 한다.
③ 정상적인 행동을 표현할 수 있고 불편함을 겪지 않도록 한다.
④ 영양이 결핍되지 않도록 한다.
⑤ 영생을 살 수 있도록 한다.

07 ㉠과 ㉡에 들어갈 말로 적절한 것은?

> 동물보호법 제2조 제8호에서 "대통령령으로 정하는 동물"이란 다음의 어느 하나에 해당하는 월령(月齡) (㉠) 이상인 (㉡)를 말한다.
> • 「주택법」 제2조 제1호에 따른 주택 및 같은 조 제4호에 따른 준주택에서 기르는 (㉡)
> • 위에 따른 주택 및 준주택 외의 장소에서 반려(伴侶) 목적으로 기르는 (㉡)

	㉠	㉡
①	2개월	고양이
②	2개월	개
③	4개월	고양이
④	6개월	햄스터
⑤	6개월	토 끼

08 동물보호법상 동물 실험 관련 설명으로 옳지 않은 것은?

① 동물 실험을 하려는 경우에는 이를 대체할 수 있는 방법을 우선적으로 고려하여야 한다.
② 동물 실험은 실험동물의 윤리적 취급과 과학적 사용에 관한 지식과 경험을 보유한 자가 시행하여야 하며 필요한 최소한의 동물을 사용하여야 한다.
③ 동물 실험을 한 자는 그 실험이 끝난 후 지체 없이 해당 동물을 검사하여야 하며, 검사 결과 정상적으로 회복한 동물은 기증하거나 분양할 수 있다.
④ 실험동물의 고통이 수반되는 실험을 하려는 경우에는 감각능력이 낮은 동물을 사용한다.
⑤ 실험이 끝난 후 동물 검사 결과 회복할 수 없거나 지속적으로 고통을 받으며 살아야 할 것으로 인정되는 경우 빠르게 병원으로 이동하여 치료 받는다.

09 동물보호법상 학대를 받는 동물을 발견한 때에 지체 없이 신고하여야 하는 직무가 아닌 것은?

① 반려동물행동지도사
② 동물장묘업 종사자
③ 동물실험윤리위원회의 위원
④ 동물병원의 장
⑤ 동물보호센터의 종사자

수의사법상 동물이 아닌 것은?

① 거 미
② 비둘기
③ 꿀 벌
④ 실험 쥐
⑤ 수생동물

수의사법상 동물보건사의 업무로 옳지 않은 것은?

① 동물 관찰
② 약물 도포
③ 채 혈
④ 마취 보조
⑤ 수술 보조

수의사법상 수의사 결격사유로 옳은 것을 모두 고른 것은?

ㄱ. 가축전염병예방법을 위반하여 금고 이상의 실형을 선고받고 그 집행이 끝나지 아니한 사람
ㄴ. 약사법을 위반하여 금고 이상의 실형을 선고받고 그 집행이 면제되지 아니한 사람
ㄷ. 피성년후견인 또는 피한정후견인
ㄹ. 향정신성의약품 중독자
ㅁ. 정신질환자

① ㄱ, ㄴ
② ㄴ, ㄷ, ㅁ
③ ㄷ, ㄹ, ㅁ
④ ㄱ, ㄴ, ㄷ, ㄹ
⑤ ㄱ, ㄴ, ㄷ, ㄹ, ㅁ

제4회 기출유사

13 **수의사법상 중대진료 시 동물소유자 등의 동의를 받아야 하는 내용이 아닌 것은?**

① 동물에게 발생하거나 발생 가능한 증상의 진단명
② 중대진료의 필요성과 방법
③ 중대진료에 따라 전형적으로 발생이 예상되는 후유증
④ 중대진료 전후에 동물소유자 등이 준수하여야 할 사항
⑤ 중대진료 예상 진료비용

수의사법상 동물보건사가 대한수의사회에 신고해야 하는 주기는?

① 1년
② 2년
③ 3년
④ 4년
⑤ 5년

수의사법상 동물보건사 자격시험에 대한 설명 중 틀린 것을 모두 고른 것은?

ㄱ. 자격시험은 실기시험의 방법으로 실시한다.
ㄴ. 합격자는 전 과목의 평균 점수가 40점 이상인 사람으로 한다.
ㄷ. 시험과목에는 기초 동물보건학이 있다.
ㄹ. 농림축산식품부장관이 인정하는 외국의 동물 간호 관련 면허나 자격을 가진 사람은 동물보건사 자격인정을 받을 수 있다.

① ㄷ
② ㄱ, ㄴ
③ ㄴ, ㄹ
④ ㄴ, ㄷ, ㄹ
⑤ ㄱ, ㄴ, ㄷ, ㄹ

16 수의사법령상 개설자가 수의사인 동물병원의 시설기준으로 옳지 않은 것은?

① 진료실
② 처치실
③ 조제실
④ 임상병리검사실
⑤ 청결 유지와 위생 관리에 필요한 시설

17 수의사법상 성격이 다른 하나는?

① 수술 등 중대진료에 대한 예상 진료비용을 고지하지 아니한 자
② 수의사처방관리시스템을 통하지 아니하고 처방전을 발급한 자
③ 자료제출 요구에 정당한 사유 없이 따르지 아니하거나 거짓으로 자료를 제출한 자
④ 거짓이나 그 밖의 부정한 방법으로 진단서, 검안서, 증명서 또는 처방전을 발급한 사람
⑤ 수의사 면허증 또는 동물보건사 자격증을 다른 사람에게 빌려주거나 빌린 사람 또는 이를 알선한 사람

18 수의사법상 진료비용 게시 대상이 아닌 것은?

① 고양이 백혈병 접종
② 입원비
③ 전혈구 검사비
④ 진찰에 대한 상담료
⑤ 엑스선 촬영비와 그 판독료

수의사법상 직접 진료하지 않은 수의사가 발급할 수 있는 진단서는?

① 증명서
② 폐사 진단서
③ 검안서
④ 진단서
⑤ 처방전

수의사법상 중대진료 관련 설명 중 옳지 않은 것은?

① 수의사는 중대진료 전후에 동물소유자 등이 준수하여야 할 사항을 동물소유자 등에게 설명해야 한다.
② 전신마취를 동반하는 내부장기(內部臟器) · 뼈 · 관절(關節)에 대한 수술을 중대진료라 한다.
③ 동물의 신체에 중대한 장애를 가져올 우려가 있는 경우에는 중대진료 이후에 설명하고 동의를 받을 수 있다.
④ 중대진료 전 고지한 예상 금액보다 비용을 초과하여 받아서는 안 된다.
⑤ 동의를 받을 때에는 동의서에 동물소유자 등의 서명이나 기명날인을 받아야 한다.

2025년 제4회 정답 및 해설

제1과목 ㅣ 기초 동물보건학																			
1	④	2	①	3	①	4	③	5	②	6	⑤	7	③	8	④	9	④	10	③
11	⑤	12	③	13	⑤	14	②	15	④	16	②	17	②	18	②	19	④	20	④
21	③	22	⑤	23	⑤	24	③	25	④	26	④	27	②	28	③	29	②	30	④
31	⑤	32	②	33	③	34	⑤	35	③	36	④	37	⑤	38	④	39	⑤	40	⑤
41	④	42	③	43	②	44	⑤	45	⑤	46	②	47	①	48	④	49	⑤	50	①
51	②	52	①	53	②	54	②	55	③	56	②	57	①	58	①	59	⑤	60	③

01 면역 FIV는 중성화 수술로 예방할 수 있다.

고양이 종합백신

구 분	3종	4종	5종
바이러스성(전염성) 비기관지염(허피스)	O	O	O
칼리시 바이러스 감염증	O	O	O
범백혈구 감소증	O	O	O
클라미디아 감염증	–	O	O
백혈병 바이러스 감염증	–	–	O

※ 고양이 4종 백신으로 예방 가능한 질병은 위와 같지만 선지에 클라미디아 대신 5종 백신에 해당하는 백혈병이 있어 논란이 있던 문제였다.

02 보렐리아증이라고도 하며 진드기를 매개로 하여 Borrelia Burgdorferi 균에 의해 전염된다.

② 포도상구균증 : Staphylococcus Aureus이 주요 원인균이다.
③ 살모넬라증 : 살모넬라균(Salmonella spp.) 속의 세균에 의해 일어나는 질병으로 과밀하고 불결한 장소에서 사육되는 개에게서 주로 발병한다.
④ 대장균증 : E. coli이 주요 원인균이다.
⑤ 캄필로박테리아증 : Campylobacter의 감염에 의해 설사를 일으키는 질병으로 오염된 사료, 분변 등을 통해 경구로 감염된다.

03 ② 가스괴저균 : 단백질성 식품
③ 세레우스균 : 동·식물형 단백질 식품, 수프 등
④ 황색포도상구균 : 유가공품, 김밥, 도시락, 식육 제품 등
⑤ 모르가넬라모르가니균 : 붉은 살 생선(꽁치, 고등어, 정어리, 참치 등)

04 세포의 기능을 조절하는 것은 핵이다.

05 ① 상완두갈래근 : 앞다리굽이관절을 굽히는 데 사용하는 근육
③ 긴종아리근 : 뒷다리 하부에 위치한 근육
④ 등세모근 : 등에서 어깨뼈를 삼각형으로 덮고 있는 근육
⑤ 장딴지근 : 무릎관절은 굽히고, 뒷발목관절은 펴는 근육

06 햄스터를 포함한 설치류는 음경 뼈를 가지고 있다.
※ 가끔 고양이에게서 음경 뼈를 발견할 수 있으나 그 발견 빈도가 매우 낮기 때문에 확실하게 음경 뼈를 가지고 있는 햄스터가 정답으로 인정된다.

07 ㄴ. 대형견에게서 유전적인 요인으로 주로 나타난다.
ㄷ. 20kg 이상이면 수술 난이도가 높고, 복잡해진다.

08 사골은 두개강을 이루고 있는 뼈이다.

09 웰시코기 펨브로크
- 원산지 : 영국
- 용도 : 목양견
- 외모 : 다리가 짧고 힘이 있으며 튼튼하다. 기민하고 활동적이며, 좁은 공간에서도 힘이 넘치는 인상을 풍긴다.
- 두부 : 두개부는 상당히 넓고 양쪽 귀 사이는 평평하다. 귀는 직립하고 크지 않은 중형이며 귀끝은 약간 둥글다.

10 ① 소포체 : 세포 내에서 가느다란 관과 납작한 소포체들이 서로 연결되어 그물망을 이루고 있으며, 내부는 핵막과 연결되어 있다.
② 리보솜 : RNA와 단백질로 이루어졌으며, 세포 내의 단백질 합성에 관여한다.
④ 리소좀 : 가수분해 효소를 함유하고 있어 세포의 손상된 구조, 세포 외부로부터 섭취한 물질, 불필요한 물질 등을 소화시키는 세포 내의 소화 기관의 역할을 한다.
⑤ 편모 : 세포 표면에 존재하는 세포 운동 기관이다.

11 오리엔탈 체형에 대한 설명으로, 러시안 블루는 포린 체형이다.

12 기니피그는 20개, 고양이는 30개의 치아를 가지고 있다.

13 버미즈는 코비 체형의 고양이다.

14 렉은 토끼의 한 종류이다.

15 허스키는 시베리아 북동부 축치반도에 사는 추크치족이 키운 썰매견으로 사람을 좋아하고 주인에게 뛰어난 충성심을 보인다.

16 코비(Cobby) 체형의 특징은 둥근 머리, 짧은 몸과 꼬리, 굵은 다리와 발끝으로, 해당 체형을 가진 고양이는 페르시안 고양이, 맹크스, 친칠라 등이 있다.

17 미네랄은 에너지원은 아니지만 생명현상을 유지하는 데 없어서는 안될 필수원소이다.

18 갈락토스는 탄수화물의 분해 물질이다.

19 비골은 뒷다리 뼈에 포함된 뼈이다.

20 개의 쇄골은 퇴화하여 종자골 형태로 남게 되었다.

21 초기에는 구토, 체중 저하를 보이고, 심해지면 사지 마비, 냉감, 극심한 고통 호소, 저체온증 등을 보인다.

22
- 연축(Twitch) : 단수축이라고도 하며, 단일자극이 골격근에 가해지면 활동전위가 발생하며 급속한 근육 수축이 일어나고 이어서 이완 현상이 일어난다.
- 강축(Tetanus) : 골격근에 짧은 시간 간격으로 자극이 반복됨으로써 연축보다는 큰 힘을 내며, 지속적으로 수축이 일어난다.
- 긴장(Tonus) : 근섬유가 각각의 운동신경으로부터 부분적으로 자극을 받고 있기 때문에 부분적이면서 지속적인 수축이 이루어지는 것이다.
- 경직(Rigor) : 근육이 이상 상태에서 활동전위가 발생하지 않고서도 강축이 일어나는 수축을 말하며, 근육이 불가역적으로 경화되는 경우로 사후경직, 열경직, 산경직 등이 있다.

23
① 전형적인 개의 발정 주기는 매 6~7개월마다 진행된다.
② 고양이의 발정 주기는 암컷의 경우 임신하지 않았을 때 2~3주, 임신 중이라면 3~4개월이다.
③ 토끼는 계절성 다발정 동물이다.
④ 양의 발정 주기는 17일마다 진행된다.

24
- 치아 건강에 영향을 미치는 비타민은 레티놀이다.
- 레티놀(Retinol)은 비타민 A, 콜레칼시페롤(Cholecalciferol)은 비타민 D, 토코페롤(Tocopherol)은 비타민 E의 화학 명칭이고, 티아민은 비타민 B군에 해당하는 수용성 비타민의 한 종류이다.

25 교미배란을 하는 동물은 고양이, 집토끼, 페럿, 밍크 등이 있다.

26 모니터링 결과 중요관리점의 한계기준을 이탈할 경우에 취하는 일련의 조치는 개선조치라고 한다.

27 애착관계를 형성하는 시기는 사회화기이다.

28 골격근은 체성신경계의 직접적인 지배를 받아 동물의 의지 마음대로 움직임을 조절할 수 있는 수의근이다.

29 고양이가 그르릉(그릉그릉) 소리를 내는 것을 퍼링(Purring)이라고 한다. 원리는 호흡할 때 공기가 목을 통과하면서 나는 소리이다.

30 개의 폐엽수
- 왼쪽 폐 3엽 : 앞쪽엽 앞쪽부분, 앞쪽엽 뒤쪽부분, 뒤쪽엽
- 오른쪽 폐 4엽 : 앞쪽엽, 중간엽, 덧엽, 뒤쪽엽

31 사료의 장단점

구 분	수분 함유량	장 점	단 점
건 식	10% 내외	• 급여와 보관이 편리하다. • 치아 위생에 도움이 된다.	• 반려동물의 기호성이 보통이다. • 요로 질환이 있는 반려동물의 경우, 질병이 재발할 가능성이 있다.
습 식	약 75%	• 기호성이 매우 높다. • 수분 섭취량을 늘리는 데 도움을 주어 요로 질환이 있는 경우 권장된다. • 탄수화물 함유량이 적어서 당뇨 질환이 있는 경우 권장된다.	• 변질의 우려가 있어 개봉 후 반드시 냉장 보관해야 한다. • 영양소의 불균형 가능성이 있다. • 치과 질환 발생 가능성이 있다.

32 자궁 형태

- 단순자궁 : 자궁체가 1개이다.
- 쌍각자궁 : 자궁체가 1개이며, 임신은 자궁각에서 된다.
- 양분자궁 : 자궁체가 불완전하게 갈라진 구조이다.
- 중복자궁 : 자궁체가 2개로 갈라져 있다.

33 개에게 중독 증상을 일으키는 식품과 그 성분

- 포도 : 정확히 밝혀진 성분은 없으나 신장에 해로운 독성이 있음
- 아보카도 : 페르신
- 초콜릿 : 테오브로민, 카페인
- 파, 양파 : 알릴 프로필 다이설파이드
- 자일리톨

34 위염전은 위가 꼬여 위의 배출로가 막히게 된 상태로 응급 질환이기 때문에 신속하게 대응하지 않으면 사망하는 경우가 많다. 위염전은 과식 후 심한 운동을 하거나 스트레스 상황에서 먹이 급여 시 발생한다.

35 섭식 행동은 생존을 유지하기 위한 행동이다. 존속을 위한 행동을 하는 것은 성 행동이다.

36 개 종합백신(DHPPL)으로 예방 가능한 질병은 개 홍역(디스템퍼), 파보 바이러스성 장염, 전염성 간염, 파라 인플루엔자, 렙토스피라증이다.

37 코로나바이러스감염증-19는 제4급 감염병이다.

38
- 소장성 설사는 음식물을 제대로 흡수하지 못해 체중 감소가 나타나고 배변량이 증가하며 물기가 많은 변을 보게된다.
- 대장성 설사는 배변 횟수가 증가하고 점액질 분비가 많은 편이다.

39
① 광견병은 바이러스성 인수공통전염병이다.
② 광우병의 잠복기는 수개월에서 수년으로 매우 다양한데 대개 소는 2~5년, 인간은 5~10년의 잠복기를 거친다고 한다.
③ 결핵균은 저온 살균에 의해 사멸된다.
④ 야토병에 대한 설명으로 탄저는 소, 돼지, 산양 등에서 발병하는 질병으로 피부 상처를 통하여 감염된다.

40 ①~④는 세균성 전염 질환이고, 광견병은 바이러스성 전염 질환이다.

41 고양이 필수 아미노산에는 류신, 페닐알라닌, 발린, 트레오닌, 트립토판, 이소류신, 히스티딘, 메티오닌, 아르기닌, 라이신, 타우린이 있다.

42 ① 심장 왼쪽의 방실판막은 이첨판이다.
② 양쪽 심방과 심실 및 심실과 동맥 사이에도 판막이 존재하여 총 4개의 판막이 있다.
④ 심방은 정맥과 연결되어 혈액을 받아들인다.
⑤ 심실은 동맥과 연결되어 혈액을 내보낸다.

43 하부요로기계 증상으로는 배뇨 시 통증을 보이거나 빈뇨, 혈뇨 및 식욕 부진, 구토 등의 증상을 보인다.

44 노령견은 마를수록 단백질 합성이 감소하므로 성견의 단백질의 요구량보다 더 높아야 하는 경우가 있지만 신장병의 예방을 위해 식이성 단백질의 농도를 줄일 것을 권장하고 있다.

45 림프관 중간중간에는 림프절이 있으며, 림프절에서는 병원체의 탐식 작용, 림프구 증식 등의 면역 작용이 일어난다.

46 엔테로코커스 페칼리스는 장구균 식중독의 원인균으로 세균성 식중독을 일으킨다.

47
- 고전적 조건화 : 파블로프
- 조작적 조건화 : 스키너
- 사회학습이론 : 반두라
- 현상학 이론 : 로저스
- 생태학적 이론 : 브론펜브레너

48 ① 녹내장은 눈의 흰자위가 빨갛게 충혈되거나, 안압이 상승하여 눈의 검은자가 뿌옇게 혼탁해지는 것이다.
② 백내장은 눈이 뿌옇게 변하고 시력이 저하된다.
③ 결막염 치료 및 예방법은 안약을 넣거나 안연고를 발라 염증을 억제하고, 눈썹 등의 털이 눈을 찌르고 있다면 해당 털을 제거해준다.
⑤ 각막염은 외부 물질이 각막을 자극해서 생기는 외상성과 곰팡이, 세균, 바이러스 등에 의한 감염으로 생기는 비외상성이 있다.

49 노령 고양이에게 필요한 지방의 요구량은 10~20%의 건조물이다.

50 인슐린은 랑게르한스섬의 베타세포에서 분비되어 혈당치를 낮추고, 글루카곤은 랑게르한스섬의 알파세포에서 분비되어 혈당치를 높인다.

51 성분 함량(%) = $\frac{\text{성분(\%)}}{\text{1−수분(\%)}}$ 이다.

각 사료의 성분 함량을 계산하면 아래와 같다. (소수점 첫 번째 자리에서 반올림 하였다.)

구 분	단백질	지 방
A 사료	28%	11%
B 사료	21%	11%
C 사료	32%	16%

52 냉장 상태에서도 살아 있는 저온 세균에는 리스테리아, 여시니아 등이 있다.

53 ① 귀를 뒤로 젖힘 – 불안한 상태
③ 하악질 – 불편하거나 무언가가 싫은 상태
④ 갸르릉거림 – 기분이 좋은 상태
⑤ 꼬리를 격렬히 흔듦 – 많이 흥분한 상태 또는 공격 의사 표현

54 ① 티록신을 분비하는 곳은 갑상샘이다.
③ 피질과 수질로 이루어져 있는 곳은 부신이다.
④ 인슐린을 분비하여 혈당치를 낮추는 곳은 췌장이다.
⑤ 칼슘 대사에 관여하는 곳은 부갑상샘이다.

55 ① 입마개 : 개의 입부분을 덮어 문제 행동을 차단하는 도구이다.
② 초크체인 : 훈련에 이용하지만 제일 중요한 것은 개와 사람의 통역기 역할을 하며 적은 힘으로 개를 통제하는 역할을 한다는 것이다.
④ 사각철장 : 개집과 놀이공간의 영역으로 받아들이는 곳이다.
⑤ DAP: 개의 불안을 경감시키는 페로몬향 물질방산제이다.

56 항이뇨호르몬은 뇌하수체 후엽에서 분비된다.
뇌하수체
• 뇌하수체 전엽 호르몬 : 성장호르몬(GH), 최유호르몬(PRL), 난포자극호르몬(FSH), 황체형성호르몬(LH), 갑상샘자극호르몬(TSH), 부신피질자극호르몬(ACTH)
• 뇌하수체 중엽 호르몬 : 멜라닌세포자극호르몬(MSH)
• 뇌하수체 후엽 호르몬 : 항이뇨호르몬(ADH), 옥시토신(Oxytocin)

57 개의 영구치 맹출시기

앞 니	송곳니	작은어금니	큰 어금니	합 계
3~4개월	5~6개월	4~7개월	5~7개월	42

58 문제 행동은 야단이 아니라 칭찬으로 교정된다.

59 켄넬코프(개 전염성 기관기관지염)는 다양한 바이러스 및 세균에 의한 복합적 감염으로 나타나는 질환으로 원인균에는 Bordetella Bronchiseptica가 있다. 개 여러 마리가 한 공간의 견사를 공유하는 환경에서 발생하기 쉽기 때문에 견사(Kennel)와 기침(Cough)이 합쳐진 켄넬코프라는 병명이 붙었으며 건강한 성인에게는 전염되지 않으나 면역력이 약한 사람은 주의가 필요하다. 기침, 기관지염, 심한 경우 폐렴이 진행되며 항상제 및 항바이러스제를 투여하여 치료한다.

60 피질에서 분비되는 당질코르티코이드는 탄수화물, 단백질과 지방 대사에 관여하며, 알도스테론은 체내 나트륨(Na+)의 재흡수를 촉진하여 혈압을 상승시킨다.
① 갑상샘에 대한 설명이다.
②, ④ 췌장에 대한 설명이다.
⑤ 송과선에 대한 설명이다.

제2과목 | 예방 동물보건학																			
1	④	2	②	3	④	4	①	5	⑤	6	③	7	④	8	④	9	②	10	④
11	③	12	②	13	①	14	⑤	15	②	16	③	17	③	18	③	19	④	20	②
21	②	22	⑤	23	②	24	⑤	25	④	26	①	27	②	28	⑤	29	②	30	⑤
31	⑤	32	①	33	③	34	②	35	⑤	36	⑤	37	⑤	38	①	39	③	40	②
41	②	42	①	43	④	44	②	45	④	46	⑤	47	④	48	②	49	②	50	③
51	⑤	52	⑤	53	③	54	⑤	55	⑤	56	④	57	⑤	58	⑤	59	③	60	③

01 골절의 분류
- 응급한 골절 : 두개골 골절, 척추 골절 및 개방 골절
- 중증도 골절 : 성장판, 대퇴골두 골절, 어깨 및 팔꿈치 탈골, 골반 골절
- 비응급 골절 : 견갑골 및 비개방 골절

02 ㄱ. 고양이가 그르릉 소리를 내면 심장 청진에 방해가 된다.
ㄴ. 고양이의 심잡음은 심장병과 연관이 없을 수도 있다.
ㄹ. 심장 청진만으로는 정확한 진단이 어렵다. 심장 초음파 검사 등 부수적인 검사로 정확한 진단명을 내릴 수 있다.

03 CRT(Capillary Refill Time)는 모세혈관 재충전 시간을 의미하며, 작은 혈관에서 혈액이 빠진 후 다시 차오르는 데 걸리는 시간을 의미한다.
① CT(Computed Tomography) : 컴퓨터 단층 촬영
② TC(Tracheal Collapse) : 기관 허탈
③ CPR(Cardioulmonary Resuscitation) : 심폐소생술
⑤ CPA(Cardio Pulmonary Arrest) : 심폐 정지

04 ② 소변은 맑고 노란색이며, 배뇨 시 편안하게 보아야 한다.
③ 눈은 맑고 깨끗하여 분비물이 없어야 한다.
④ 음식물에 관심을 보이고, 물을 잘 마셔야 한다.
⑤ 피부에는 비듬, 염증, 발적 등이 없고 털에 윤기가 있어야 한다.

05 호흡 곤란 상태인 동물에게 산소를 공급하기 위해서는 마스크, 산소 튜브, 넥칼라, 비강 산소 튜브, 등을 사용할 수 있다.

06 정신상태(Mentation)의 분류

정상(Normal)	정상 상태
무기력(Lethargy)	무기력 상태로 외부적 환경에서 약간 어려움
둔감(Obtunded)	중등도 정도의 둔감 상태로 외부적 환경에 심한 어려움
혼미한 상태(Stuporous)	심각한 정도의 무감각 상태로 격렬한 반응과 고통스러운 자극에만 반응
혼수(Coma)	모든 자극에 반응하지 않음

07 심한 탈수상태를 교정하는 데 적합한 투여 방법은 정맥 투여이다. 단시간에 대량 투여할 수 있는 것은 피하 투여의 장점이다.

08 Triage는 응급동물 환자의 분류로 응급실에 오는 동물 환자를 분류하고 가장 심각한 동물을 먼저 돌보는 행위이다. 나이 순서대로 진료를 보는 것이 아니다.

09 ① 커프 : 혈압 측정 시 혈류를 일시적으로 차단하기 위한 것으로 공기를 주입하여 부풀림
③ 실린지 펌프 : 주사기를 이용하여 약물을 일정한 속도와 시간으로 환자에게 주입하기 위한 기기
④ 암부백 : 자발 호흡이 없는 환자에게 양압 호흡을 하기 위한 기기
⑤ 석션기 : 기도 및 구강 내 삼출물의 흡입을 위한 기기

10 처방전 약어
- ac(ante cibum) – 식전
- b.i.d.(bis in die) – 1일 2회
- q.i.d.(quarter in die) – 1일 4회
- inj.(Injection) – 주사제
- liq.(Liquid) – 액제

11 일사병이 아닌 열사병 증상(체온이 40도 이상, 침을 과도하게 흘리거나 구토, 혼수상태 등)이 있을 때 바로 내원해야 한다.

12 삽관이 끝난 후 동물을 왼쪽 횡와 자세로 눕힌다.

13 중심정맥압은 전신을 순환하여 우심방으로 들어오는 혈액의 압력 혹은 전신을 순환하는 모든 혈액이 지나가는 대정맥의 압력을 말한다. 중심정맥압의 측정으로 알 수 있는 것은 신체의 수분 상태와 우심실 기능에 대한 정보이다.

14 총 비경구 영양은 하루 열량 요구량을 100% 공급하는 것으로, 경구 식이 공급이 어려우면서 7일 이상 영양 공급이 필요한 경우에 적용한다.

15 젖은 기침 치료에는 거담제를 사용한다.

16 ㄷ. 독사에게 물린 경우 얼음찜질을 하여 지혈시켜 전신에 독이 퍼지는 것을 지연시킨다.
ㅁ. 화상 부위 털은 반드시 깎아 주어야 하고, 소독액으로 부드럽게 씻어야 한다.

17

$$\text{평균 동맥압} = \text{이완기 혈압} + \frac{\text{수축기 혈압} - \text{이완기 혈압}}{3}$$

$$\text{따라서 } 77 + \frac{117-77}{3} = 90.33333 \fallingdotseq 90$$

18 활력 징후의 측정 항목은 체온, 맥박수, 호흡수, 심박수, 혈압이다.

19 백신은 냉장 보관해야 한다.

20 흡입마취를 하는 경우 기관 내 삽관을 통해 기관내관을 기도에 장착한다. 기관내관으로 산소와 마취 가스를 동물에게 안정적으로 투여하고 호흡 부전이 발생하는 경우에는 인공호흡을 시행한다.

21 ① 식도 천공이 의심되면 반드시 요오드 계열 조영제를 사용해야 한다. 황산바륨은 천공 부분을 통해 조영제가 빠져나가 흉강 내 염증을 일으킬 수 있다.
③ 배설성 요로 조영술은 조영 전에 금식 또는 관장을 해야 한다.
④ 상부 위장관 조영술을 실시할 때에는 많은 양의 조영제를 한꺼번에 위에 넣고 촬영한다.
⑤ 식도 조영술 시 황산바륨 조영제에 a/d를 소량 섞어 기호성을 높여 주는 것이 좋다.

22 이물질이 제거된 이후에도 하임리히법으로 인해 장기가 손상되었을 가능성이 있으므로 동물병원에 방문하여 진료를 받아야 한다.

23 비뇨기계 약물
- 고리 이뇨제(Loop Diuretics) : 푸로세마이드(Furosemide), 토르세마이드(Torasemide)
- 티아지드계 이뇨제(Thiazide Diuretics) : 클로로티아지드(Chlorthiazide), 하이드로클로로티아지드(Hydrochlorothiazide)
- 삼투성 이뇨제 : 만니톨(Mannitol), 글리세롤(Glycerol), 다이메틸설폭사이드(DMSO ; Dimethyl Sulfoxide)
- 탄산탈수효소 억제제 : 아세타졸아마이드(Acetazolamide), 메타졸아마이드(Methazolamide), 디클로르페나마이드(Dichlorphenamide)
- 칼륨보존성 이뇨제(Potassium-sparing Diuretics) : 트라이암테렌(Triamterene), 아밀로라이드(Amiloride), 스피로노락톤(Spironolactone) 등
- 안지오텐신(Angiotensin) 전환 효소 억제제 : 라미프릴(Ramipril), 에날라프릴(Enalapril), 베나제프릴(Benazepril), 포르테코르(Fortekor), 캡토프릴(Captopril)
- 칼슘 채널 차단제 : 딜티아젬(Diltiazem), 베라파밀(Verapamil), 암로디핀(Amlodipine) 등
- 혈관 확장제 : 하이드랄라진(Hydralazine), 질산염(Nitrate) 계통 혈관확장제

24 아세프로마진은 항구토제이다. 심폐소생술에 필요한 주요 약물에는 ①, ②, ③, ④ 이외에도 아트로핀, 덱사메타손 등이 있다.

25 복부 촬영 시 심장 뒷부분부터 엉덩이까지 촬영해야 하며 뒷다리 뼈와 근육이 복부와 겹치지 않도록 뒤쪽으로 당겨 촬영한다.

26 구토 및 구역을 줄여주는 항구토제에는 아세프로마진(ACP ; Acepromazine), 클로르프로마진(CPZ ; Chlorpromazine) 등이 있다.

27 동물 내부의 공기나 가스에 영향을 많이 받는다. 공기 · 뼈를 투과하지 못해 공기가 차 있는 위장관 등은 검사하기 어렵다.

28 투여한 약물은 체내에서 흡수 → 분포 → 대사 → 배설의 흐름을 거치며 변화한다.

29 현탁제는 고형 약품에 현탁화제와 정제수, 기름을 가하여 적당한 방법으로 현탁하여 전질을 고르게 만든 것으로 흡수가 빠르나 쉽게 변질된다.

30 우로키나제는 혈전색증 약물로 섬유소를 용해한다.

31 클레마스틴은 피부염증을 가라앉히는 데 사용되는 약이다.

32 치아의 보관 기간은 60일이다.

33 길항제는 두 가지 이상의 약물을 함께 사용함으로써 한쪽 약물이 다른 약물의 효과를 감소시키거나 양쪽 약물의 효과가 상호 감소하는 작용을 하는 약제를 말한다.

34 방사선 앞치마는 구부리는 경우 균열이 발생하므로 옷걸이에 펼쳐서 보관한다.

35 두부 촬영 시 목에 통증이 있거나 호흡 곤란이 심한 경우, 엎드린 후 고개 숙이는 것을 힘들어한다면 복배상(VD) 촬영을 추천한다.

36 저혈량 쇼크는 소형 동물에게서 가장 흔하게 나타난다.

37 흉부 CT를 찍을 때는 엎드린 자세로 보정한다. 누운 자세에 비해 숨쉬기 편하고 폐의 팽창이 훨씬 수월하다.

38 방사선원 주위의 일정한 영역을 가리개나 벽으로 둘러싸서 밖의 물체가 방사선에 감응하지 않도록 막는 일이나 물체를 차폐라고 한다.

39 색조 도플러 초음파는 혈류의 방향에 따라 색을 정하고, 혈류의 속도에 따라 그 밝기를 정하는 검사법이다. 빨간색은 혈류가 정방향으로 흐르는 것(변환기로 향하는 혈류)을, 파란색은 혈류가 역방향으로 흐르는 것(변환기에서 멀리 멀어지는 혈류)을, 노란색은 난류, 초록색은 조직 관류를 나타내며 색상의 밝기는 빠를수록 밝아진다.

40 CR(Computed Radiography)은 필름 대신 영상 리더기(Imaging Reader)로 실행한다.

41 경추 촬영 시 목이 펴지도록 작은 쿠션을 목 밑에 받친다.

42 응급 카트에는 카테터 장착 세트와 주사기, 약물, 기관내관(ET-tube) 외에도 ECG 모니터기, 석션기 등 부피와 무게가 있는 기기도 카트에 보관할 수 있다. 수술 플레이트(핀)는 수술 시 뼈를 고정하기 위해 사용하는 도구이다.

43 PACS(Picture Archiving and Communication System)는 네트워크에 문제가 생기는 등 오류가 발생하면 진료가 중단될 수 있다.

44 척수 병변의 단계

1단계	통증이 있으나 운동기능은 보존
2단계	운동 실조, 고유 감각 소실, 후지 불완전 마비
3단계	후지 마비
4단계	후지 마비와 함께 소변 정체
5단계	후지 마비, 소변 정체와 함께 통증 감각 소실

45 마취 또는 만성 폐질환으로 인한 호흡 저하를 치료하는 데 사용하는 호흡 자극제이다.

46 동물의 신체검사 시 점막의 상태와 상황
- 분홍색(Pink) : 건강
- 빨강색(Red) : 열사병, 패혈증, 잇몸 질환 등을 의심
- 체리색(Cherry Red) : 일산화탄소 중독 의심
- 흰색(White, 창백) : 빈혈, 출혈, 쇼크, 기관 허탈 등을 의심
- 파란색(Blue)이나 보라색(Purple) : 저산소증, 호흡 곤란 의심
- 노란색(Yellow) : 황달, 간 질환, 담즙정체 의심
- 초콜릿 브라운색(Chocolate Brown) : 양파로 인한 중독 의심

47
- Scout 영상 : CT 촬영 부위의 영역을 확실히 정하기 위한 밑바탕이 되는 기본 영상을 말한다.
- Scano 영상 : MRI 촬영 부위의 영역을 확실히 정하기 위한 밑바탕이 되는 기본 영상을 말한다.

48 프로게스테론 화합물은 고양이에서 소양감을 치료하기 위해 사용되나, 개에게는 사용이 불가능하다. 프로게스테론 화합물에는 메게스트롤 아세테이트(Megesterol Acetate), 데포-프로베라(Depo-provera)가 있다.

49 방사선 이용 시 유의사항
- 방사선 피폭량이 과하면 세포 변화, 괴사를 일으킬 수 있으므로 일차선에 노출되지 않도록 주의한다.
- 촬영실에는 최소한의 인원만 들어간다.
- X선 노출량을 최소로 하기 위하여 다수가 돌아가면서 촬영한다.
- 촬영 시 반드시 방어복을 착용한다.
- 촬영 시 임신부와 미성년자의 출입은 금한다.
- 방사선이 발생하는 곳에는 누구나 알아볼 수 있도록 방사선 발생 구역 표시를 하고 일반인의 출입을 제한한다.
- 방어 물품의 상태를 주기적으로 점검한다. 방어 물품을 직접 X선 촬영하여 결함 유무를 판단할 수 있다.
- 측정기관에서 제공하는 TLD 배지를 착용한다.
  - TLD 배지를 이용하여 분기별로 한 번씩 X선 피폭 정도를 검사한다.
  - 배지는 근무복에 항상 착용하고 방어복을 착용했을 때에는 안에 착용한다.

50 동물등록제 등록 대상은 월령 2개월 이상의 개다. 고양이는 등록 의무대상은 아니지만 유실 방지를 위하여 등록을 권장한다.

51 가스 - 지방 - 조직 - 뼈 - 금속의 순서로 방사선이 통과하기 쉬워 금속이 가장 희게 보인다.

52 출국 검역 시 필요한 서류는 광견병 예방접종증명서, 종합백신 접종증명서, 건강증명서, 검역증명서, 동물등록 서류가 필요하다.

53 조작 콘솔에 대한 설명으로, 갠트리는 전력을 받는 인버터, X선을 생성하는 튜브, X선을 받아들여 전기 신호로 바꾸는 디텍터 등으로 구성되어 있다.

54 ① 응급 시 가장 좋은 투여법은 정맥 내 주사이다.
② 대부분의 백신은 피하주사로 투여한다.
③ 다른 방법으로 투여가 곤란한 자극성 약물을 투여하는 데 사용하는 주사는 정맥 내 주사이다.
④ 동물 실험에서 많이 사용하는 투여법은 복강 내 주사이다.

55 심폐 정지 임박 상태

- 심한 노력성 호흡, 빈 호흡(과다호흡), 너무 느린 호흡, 저체온, 무호흡, Agonal Breathing(사망 직전의 호흡)
- 말초 부위에서 심장박동을 느끼기 힘든 경우(혈압 < 40~50mmHg)
- 심음의 강도가 일정하지 않거나 심음이 잘 들리지 않는 경우(혈압 < 50mmHg)
- 심박수의 변화(잦은 맥박, 느린 맥박, 부정맥)
- 수술 중 출혈이 없는 경우
- 점막이 창백해지거나 청색증이 나타날 때(빈혈 동물은 청색증이 나타나지 않으므로 모니터링할 때 주의)
- 심하게 침울(Depression)하거나 혼수상태(Coma)

56 코르티코스테로이드 호르몬제는 염증을 감소시키는 가장 강력한 효과를 가지고 있는 약물로, 뇌 부기, 천식 발작, 중증 알레르기 등 응급상황에 사용하는 것이 적절하다.

57 손상성 폐기물의 보관 기간은 30일이다.

폐기물 보관 기간

7일	격리의료폐기물
15일	조직물류 폐기물, 병리계 폐기물, 생물・화학 폐기물, 혈액 오염폐기물, 일반의료폐기물
30일	손상성 폐기물
60일	치 아

58 ① X-ray는 투과력이 강하고 인체 내부를 투사하며 의료용으로 사용된다.

② 조영술은 방사선 검사만으로 정확한 진단이 어려울 때 사용하는 영상 진단 방법이다.

③ 초음파는 음파를 발생시키는 '프로브(Probe)'라는 장치를 이용하여 초음파를 환자 내부로 보낸 후 내부에서 반사되는 음파를 영상화시킨 자료를 검사한다.

④ CT는 컴퓨터 단층 촬영(Computed Tomography)으로 X선 발생장치가 있는 원형의 큰 기계에 들어가서 촬영한다.

59 클로르헥시딘은 동물 피부 치료용으로 2%, 피부 소독과 족욕 시에는 0.05~0.5%의 농도를 사용한다.

60 수혈은 최대 4시간 안에 완료해야 한다.

제3과목 | 임상 동물보건학

1	③	2	③	3	②	4	④	5	③	6	②	7	⑤	8	①	9	①	10	④
11	⑤	12	⑤	13	⑤	14	③	15	②	16	⑤	17	②	18	③	19	③	20	③
21	④	22	④	23	③	24	③	25	①	26	④	27	①	28	⑤	29	②	30	⑤
31	④	32	③	33	②	34	⑤	35	③	36	②	37	①	38	④	39	⑤	40	②
41	②	42	①	43	①	44	③	45	①	46	④	47	⑤	48	④	49	⑤	50	③
51	④	52	⑤	53	④	54	⑤	55	⑤	56	⑤	57	④	58	②	59	①	60	②

01 백혈구는 형태학적으로 과립백혈구와 무과립백혈구로 분류된다.
- 과립구
  - 호중구 : 중성 염색약을 흡수하고 과립이 자주색으로 염색된다.
  - 호산구 : 산성 염색약을 흡수하고 과립이 붉은색으로 염색된다.
  - 호염기구 : 염기성 염색약을 흡수하고 과립이 청색으로 염색된다.
- 무과립구
  - 림프구 : B림프구와 T림프구가 있다.
  - 단핵구 : 말발굽 형태의 핵을 가지고 있으며, 숫자는 적지만 가장 큰 백혈구이다.

02 혀 아래가 아닌 안쪽 뒷부분에 위치시켜 알약을 삼킬 수 있도록 한다.

03 정질액 수액의 종류
- 저장성 수액 : 5% 포도당, 0.45% 염화나트륨(NaCl) 등
- 등장성 수액 : 0.9% 염화나트륨(NaCl), 하트만액 등
- 고장성 수액 : 5% 당가생리식염수, 3% 및 7% 생리식염수 등

04 전체 방울수 = 200ml × 20방울 = 4,000방울
투여시간(분) = 2시간 × 60 = 120분
분당 방울수 = 4,000방울 / 120분 = 33.33333....방울
소수점 첫 번째 자리에서 반올림 시 = 33방울

05 ① 5% 미만 : 무증상
② 5~8% : 미세한 피부 탄력 소실, 경미한 안구 함몰, CRT 증가, 건조한 구강점막
④ 10~12% : 피부 탄력 완전 소실, 안구의 심한 함몰, 차가운 사지와 입, 심한 침울 및 신체 움직임 둔화
⑤ 12~15% : 심각한 쇼크 증상, 빈사상태

06 BCS(Body Condition Score) 2는 저체중의 체형으로 골격이 드러나 보이고 피부와 뼈 사이에 최소한의 조직만 존재하는 상태이다.

07 흡기말 이산화탄소분압이 아닌 호기말 이산화탄소분압(SpO_2)이다.
단 위
- 혈압, 호기말 이산화탄소분압($EtCO_2$) : mmHg
- 산소포화도(SpO_2) : 퍼센트(%)
- 호흡 : mL

08 내측복재정맥은 엎드려 있을 때 채혈할 수 없다.

09 로버트 존슨법은 뒷다리를 감을 때 주로 사용한다. 앞다리에 주로 사용하는 붕대법은 벨푸슬링법이다.

10 수술 전 12시간 동안 금식하도록 한다. 6개월 미만의 어린 동물, 2kg 미만 동물은 저혈당증 예방을 위해 금식 시간을 줄일 수 있다.

11 프로포폴은 국내 허가된 의료용 마약류 정맥마취제로 마약류 중 향정신성의약품에 속한다.

12 ① ADH : 부신피질에 생긴 종양으로 인해 코티솔의 과도한 분비로 나타나는 질환이다.
② PDH : 뇌하수체에 생긴 종양으로 인해 부신피질자극호르몬(ACTH)이 과도하게 분비되어 나타나는 질환이다.
③ 에디슨병 : 코티솔이 부족하게 분비되어 나타나는 호르몬성 질환이다.
④ 갑상샘 기능항진증 : 갑상샘에서 분비되는 호르몬이 필요 이상으로 분비되는 호르몬성 질환이다.

13 심전도 파형 중 P파는 심방의 탈분극을 나타낸다.

심전도 주요 파형과 그 의미

- P파 : 심방의 탈분극
- QRS Complex : 심실의 탈분극
- T파 : 심실의 재분극

14 채혈 시 피스톤을 매우 빠르게 혹은 매우 느리게 당기면 용혈이 되므로 적당한 속도로 천천히 부드럽게 뽑는다.

15 혈장과 혈청은 응고 인자[피브리노겐(Fibrinogen)과 피브린(Fibrin)]의 유무에 따라 구분한다.

16 고양이의 커프 폭은 커프를 장착하는 사지나 꼬리 둘레의 약 30%여야 한다.

17 PDS 봉합사

- PDS는 인공합성사로 흡수성 봉합사이다.
- 봉합사의 굵기는 두 가지가 있다. 0, 1, 2, 3으로 표기하는 것은 숫자가 커질수록 굵기가 굵어지고, 1-0, 2-0, 3-0으로 표기하는 것은 숫자가 커질수록 얇아진다. 따라서 4-0이 3-0보다 더 얇다.
- 조직 저항성은 약 2주 정도 유지되기에 장기적인 안정성을 요구하는 봉합에는 적합하지 않다.
- 탄력성 때문에 봉합 시 다루기 어렵다는 단점이 있다.

18 면역 지속시간이 상대적으로 짧은 백신은 불활성화 백신이다.

백신의 종류

구 분	약독화 생백신	불활성화 백신
종 류	순화백신, 생균백신	사독백신, 사균백신
특 징	• 살아 있는 병원체의 독성을 약화 • 약화시킨 세균이나 바이러스의 증식 때문에 해당 질병에 걸린 것과 비슷한 상태가 되어 강력한 면역반응 발생	항원 병원체를 죽이고 면역 항체 생산에 필요한 항원성만 존재
장 점	• 불활성화 백신보다 면역형성 능력 우수 • 장기간 지속	높은 안전성
단 점	면역 결핍 동물의 경우 백신 내 병원체에 의한 발병 우려 존재	• 면역반응이 약하여 여러 번 접종 필요 • 면역 지속시간이 상대적으로 짧음

19 흡입마취제 색상 코드

• 할로세인 – 빨간색
• 엔플루엔 – 주황색
• 세보플루란 – 노란색
• 데스플루란 – 파란색
• 이소플루란 – 보라색

20 ① 유전적 내재 면역 : 동물에 따라 감염 유병률이 상이하다.
② 자연 능동면역 : 실제로 감염되었다가 회복된 후, 다시 감염되면 림프구가 반응하여 항체를 생산하여 병원체를 제거하는 면역이다.
④ 인공 능동면역 : 인공적으로 불활성화 형태의 항원을 접종하여 림프구의 항체 생산을 유도해 면역을 생성한다.
⑤ 인공 수동면역 : 인공적으로 공여 동물이 만든 항혈청이나 고면역혈청을 항체로 주입하는 것이다.

21 광견병 기초접종은 14주령에 실시해야 한다.

22 수술방은 세균에 의한 감염 차단을 위해 항상 무균 상태를 유지해야 한다.

23 인수공통전염병에는 백선증(피부사상균증, 곰팡이성 피부증), 광견병, 개 렙토스피라증 등이 있다.

24 Doyen Retractor는 복부 수술 시 사용하는 수술 기구로 복벽, 장기를 고정하는 데 사용한다.

25 전기 소작법은 전기로 혈관을 지지는(소작) 지혈법으로 주로 직경 1.5~2mm 이하의 작은 혈관에 사용한다. 단극성 장치 또는 양극성 장치로 이용하며 양극성이 안전하고 합병증이 적다.

26 과산화수소 가스를 이용한 멸균법은 플라즈마 멸균법이고, 에틸렌옥사이드 가스를 이용한 멸균법은 EO 가스 멸균법이다. 플라즈마 멸균법은 수분을 흡수하는 물질은 사용할 수 없다는 단점이 있다.

27 소독용 에탄올로 소독이 유효하지 않은 감염병에는 고양이 칼리시 감염증, 개 파보바이러스, 고양이 파보바이러스가 있다.

28 • (A) – 혈장 : 90%의 물로 이루어져 있으며, 산소와 이산화탄소가 용해되어 운반된다. 또한 아미노산, 포도당, 지방산과 같은 영양분과 요소, 호르몬, 효소, 항원과 항체, 혈장 단백과 무기 염류가 용해되어 있다.
• (B) – 버피 코트 : 백혈구와 혈소판으로 구성되어 있다.
• (C) – 혈구 : 산소를 운반하며, 적은 양이지만 이산화탄소도 운반한다.

29 소다라임은 이산화탄소를 흡수하고 공기를 정화시킨다. 다 쓰면 자주색으로 색깔이 바뀌나 색 변화는 신뢰성이 떨어지기 때문에 병원의 기준에 따라 교체한다.

30 ① 혈액형 검사 : 적혈구 표면에 발현되는 항체를 토대로 혈액을 분류하는 것
② 심전도 검사 : 심장의 박동 및 수축과 연관되는 심장의 전기적 활성도를 체표에 전극을 부착함으로써 눈으로 관찰하는 것
③ 내시경 검사 : 신체 내부를 육안으로 검사하기 위한 의료촬영기구를 장기에 삽입하여 비침습적으로 검사하는 것
④ 초음파 검사 : 대상물에 탐촉자를 대고 초음파를 발생시켜 반사된 초음파를 수신하여 영상을 구성하여 검사하는 것

31 EO 가스 멸균법은 가스에 독성이 있어 12시간 정도의 정화시간이 필요하다.

32 심전도 검사 시 사용하는 리드의 색과 부위의 연결
• 빨간색 – 오른쪽 앞다리
• 검은색 – 오른쪽 뒷다리
• 노란색 – 왼쪽 앞다리
• 초록색 – 왼쪽 뒷다리

33 진통제 종류
• 비마약성 진통제 : 트라마돌, 카프로펜, 멜록시캄, 나프록센 등
• 마약성 진통제 : 모르핀, 펜타닐, 부토르파놀 등

34 ① 글루카곤 : 췌장에서 분비되며 혈당치를 높이는 기능을 한다.
② 소마토스타틴 : 췌장에서 분비되며 장에서 여러 영양분의 흡수 시간을 늦춰 혈당의 기복을 조절한다.
③ 코티솔 : 스트레스를 받을 때 몸이 이 상황에 대응하는 에너지를 생산해내기 위해 부신피질에서 분비되는 스테로이드 호르몬이다.
④ 인슐린 : 췌장에서 분비되는 호르몬으로 몸의 혈당을 낮추는 기능을 하며 여러 조직과 기관의 대사 조절에 직접 또는 간접적으로 영향을 미친다.

35 산소유량계의 산소량은 산소 유량 측정볼의 가운데를 기준으로 확인한다.

36 코티솔은 스트레스를 받을 때 몸이 이 상황에 대응하는 에너지를 생산해내기 위해 부신피질에서 분비되는 스테로이드 호르몬이다.

37 먼저 사용하는 수술 기구를 맨 위에 놓는다.

38 ① 문진 : 보호자와 질의응답으로 동물의 질병력과 습관이나 특징 등 기본적 건강 사항 등을 확인하는 것이다.
② 시진 : 가시적인 외상을 확인하는 것이다.
③ 촉진 : 신체 각 부분을 만져보며 탈수증세 또는 신체 표면의 림프절을 관찰하는 것이다.
⑤ 청진 : 청진기로 심장음을 확인하는 것이다.

39 검체 요는 아침 첫 소변이 가장 좋은데 그 이유는 농축되고 산도가 높아 가장 정확한 정보를 줄 수 있기 때문이다

40 호흡백은 1회 호흡량 기준 6~10배 크기를 사용한다.

41 조직 포셉은 팁이 아래쪽을 향하도록 세워 전달한다.

42 수술 모자, 마스크를 착용하고 손 스크러브를 한 후 마지막에 수술 가운과 멸균 수술 장갑을 착용한다.

43 피부 소파 검사는 작은 칼날로 피부를 긁어 나온 것을 현미경으로 관찰, 검사하는 것으로 모낭충이나 옴 등 기생충 발견에 효과적이다.

44 마취 전에 항콜린제(아트로핀, 글리코피롤레이트)가 투여된 경우에는 이미 동공은 확장되어 있다.

45 요소질소와 크레아티닌의 증가는 신장 기능의 저하를 의미한다.

46 고배율 대물렌즈를 이용하여 상을 확대해야 한다.

47 귀 안에 남은 세정제는 면봉 등으로 무리하게 제거하지 않는다. 그냥 놔두면 동물이 귀를 흔들어 배출한다.

48 구연산나트륨(Sodium Citrate)은 용해 혼합액에서 혈액 중의 칼슘과 결합하여 구연산칼슘(Calcium Citrate)의 불용성 침전물을 만들어 응고를 방지하며 응고 인자 5번, 8번의 혈장 분리 시 가장 안정적인 항응고제이다.

49 ① 단두종은 최대한 오랫동안 기관내관을 유지하는 것이 좋으며 머리를 스스로 들 수 있을 때 제거하는 것이 좋다.
② 기관내관은 반드시 연하 반사가 2~3번 시작되었을 때 제거해야 한다. 연하 반사가 시작되기 전에 제거하면 인두, 식도 내용물이 기도로 흡인될 수 있다.
③ 수술이 끝나면 마취기의 기화기 다이얼을 0에 놓고 산소만 공급한다.
④ 기관내관 커프에 빈 주사기를 연결하여 공기를 약간 빼내어 커프 내 압력을 낮춘다.

50 자체적인 대사와 증식을 하지 못하는 미생물은 바이러스다.

51 세침 흡입 검사(FNA ; Fine Needle Aspiration)는 피부에서 비정상적으로 만져지는 혹이나 덩어리 등 조직을 주삿바늘로 찔러 세포 등을 확인하는 검사 방법이다

52 혈청 화학 검사에서 측정할 수 있는 것은 간수치(ALP, ALT, AST, GGT), 신장수치(Creatinine, BUN, Phosphorus), 담즙산(Bile Acid), Triglyceride, Lactate, Ammonia(NH3), Calcium, Creatinine Kinase(CK) 등을 측정할 수 있다.

53 ① Sodium Citrate 튜브 : 혈액 응고 검사에 사용하며 검체 용기는 하늘색이다.
② Serum(SST) 튜브 : 화학, 내분비학, 면역 측정 검사에 사용하며 검체 용기는 노란색, 금색, 주황색이다.
③ Heparin 튜브 : 면역 항체 검사, AKBR 검사에 사용하며 검체 용기는 연녹색 또는 녹색이다.
⑤ 미생물 수송 배지 : 미생물 배양 검사에 사용하며 면봉 스틱과 수송 배지를 함유한 Tube가 포함되어 있다.

54 CRT가 지연되고 창백한 청색 점막의 임상 증상이 나타나고 있는 것은 심부전증으로 심부전증의 간호중재 방법으로는 산소 공급, ECG와 산소포화도 및 수분섭취와 배출량 측정, 혈압 측정, 처방된 약물 투여, 약물투여 후 부작용 감시, 낮은 염분의 음식 제공 등이 있다.

55 수술 시 멸균기구를 떨어뜨리면 소독간호사는 순환간호사의 협조를 얻어 기구를 찾아 회수하고 보관한다.

56 사진 속 수술 기구 이름은 니들홀더(Needle Holder)이다.

57 화학폐기물 표시 방법
• 산성 폐액 – 적색 라벨
• 염기성 폐액 – 청색 라벨
• 유기계 폐액 – 황색 라벨

58 수혈의 부작용 증상으로는 빈맥, 급성 신부전, 고열, 쇼크, 구토, 용혈, 호흡 곤란 등의 증상이 있다.

59 손 · 피부의 소독, 도구 소독 등에는 0.05~0.5% 농도의 용액을, 동물 피부 치료용으로는 2% 농도를 사용하는 소독약은 클로르헥시딘이고, 그 종류에는 Hibiscrub, Hibitane 등이 있다.

60 수중 치료는 물속에서 운동하는 요법으로, 수술 후 빠른 치료를 위해 안전하고 충격이 적은 운동 환경을 제공하여, 근육의 힘과 지구력, 운동범위, 민첩성을 향상시킨다. 일반적으로 뼈관절염 환축의 재활, 수술 후 정형외과 환축, 신경 질환을 가진 동물에게 적절하다.

제4과목 | 동물 보건 · 윤리 및 복지 관련 법규																			
1	③	2	④	3	①	4	③	5	④	6	⑤	7	②	8	⑤	9	①	10	①
11	③	12	⑤	13	⑤	14	③	15	②	16	④	17	⑤	18	①	19	②	20	④

01 종사자가 아닌 영업자가 교육을 받아야 한다.

교육(동물보호법 제82조 제1항, 제5항)

- 동물생산업, 동물수입업, 동물판매업, 동물장묘업 영업의 허가를 받거나 동물전시업, 동물위탁관리업, 동물미용업, 동물운송업 영업의 등록을 하려는 자는 허가를 받거나 등록을 하기 전에 동물의 보호 및 공중위생상의 위해 방지 등에 관한 교육을 받아야 한다.
- 교육을 받아야 하는 영업자가 영업에 직접 종사하지 아니하거나 두 곳 이상의 장소에서 영업을 하는 경우에는 종사자 중에서 책임자를 지정하여 영업자 대신 교육을 받게 할 수 있다.

02 등록대상동물이란 동물의 보호, 유실 · 유기(遺棄) 방지, 질병의 관리, 공중위생상의 위해 방지 등을 위하여 등록이 필요하다고 인정하여 대통령령으로 정하는 동물을 말한다(동물보호법 제2조 제8호). 여기서 대통령령으로 정하는 동물이란 월령(月齡) 2개월 이상인 개를 말한다(동물보호법 시행령 제4조).

03 맹견의 소유자는 자신의 맹견이 다른 사람 또는 동물을 다치게 하거나 죽게 한 경우 발생한 피해를 보상하기 위하여 보험에 가입하여야 한다(동물보호법 제23조 제1항).

04 A. 도박 · 광고 · 오락 · 유흥 등의 목적으로 동물에게 상해를 입히는 행위. 다만, 민속경기 등 농림축산식품부령으로 정하는 경우는 제외(동물보호법 제10조 제2항 제3호)

D. 동물의 사육 · 훈련 등을 위하여 필요한 방식이 아님에도 불구하고 다른 동물과 싸우게 하거나 도구를 사용하는 등 잔인한 방식으로 고통을 주거나 상해를 입히는 행위(동물보호법 제10조 제2항 제4호 라목)

05 동물보호의 날(동물보호법 제4조의2 제1항)

동물의 생명보호 및 복지 증진의 가치를 널리 알리고 사람과 동물이 조화롭게 공존하는 문화를 조성하기 위하여 매년 10월 4일을 동물보호의 날로 한다.

06 동물보호의 기본원칙(동물보호법 제3조)

누구든지 동물을 사육 · 관리 또는 보호할 때에는 다음의 원칙을 준수하여야 한다.

- 동물이 본래의 습성과 몸의 원형을 유지하면서 정상적으로 살 수 있도록 할 것
- 동물이 갈증 및 굶주림을 겪거나 영양이 결핍되지 아니하도록 할 것
- 동물이 정상적인 행동을 표현할 수 있고 불편함을 겪지 아니하도록 할 것
- 동물이 고통 · 상해 및 질병으로부터 자유롭도록 할 것
- 동물이 공포와 스트레스를 받지 아니하도록 할 것

07 등록대상동물의 범위(동물보호법 시행령 제4조)

「동물보호법」 제2조 제8호에서 "대통령령으로 정하는 동물"이란 다음의 어느 하나에 해당하는 월령(月齡) 2개월 이상인 개를 말한다.

- 「주택법」 제2조 제1호에 따른 주택 및 같은 조 제4호에 따른 준주택에서 기르는 개
- 위에 따른 주택 및 준주택 외의 장소에서 반려(伴侶) 목적으로 기르는 개

08 실험이 끝난 후 지체 없이 동물을 검사하여야 함에 따른 검사 결과 해당 동물이 회복할 수 없거나 지속적으로 고통을 받으며 살아야 할 것으로 인정되는 경우에는 신속하게 고통을 주지 아니하는 방법으로 처리하여야 한다(동물보호법 제47조 제6항).

09 신고(동물보호법 제39조 제2항)

다음의 어느 하나에 해당하는 자가 그 직무상 학대를 받는 동물, 유실·유기동물을 발견한 때에는 지체 없이 관할 지방자치단체 또는 동물보호센터에 신고하여야 한다.

- 민간단체의 임원 및 회원
- 동물보호센터의 장 및 그 종사자
- 보호시설운영자 및 보호시설의 종사자
- 동물실험윤리위원회를 설치한 동물실험시행기관의 장 및 그 종사자
- 동물실험윤리위원회의 위원
- 동물복지축산농장 인증을 받은 자
- 동물생산업, 동물수입업, 동물판매업, 동물장묘업 영업의 허가를 받은 자 또는 동물전시업, 동물위탁관리업, 동물미용업, 동물운송업 영업의 등록을 한 자 및 그 종사자
- 동물보호관
- 수의사, 동물병원의 장 및 그 종사자

10 정의(수의사법 제2조 제2호)

"동물"이란 소, 말, 돼지, 양, 개, 토끼, 고양이, 조류(鳥類), 꿀벌, 수생동물(水生動物), 그 밖에 대통령령으로 정하는 동물을 말한다.

정의(수의사법 시행령 제2조)

「수의사법」 제2조 제2호에서 "대통령령으로 정하는 동물"이란 다음의 동물을 말한다.

- 노새·당나귀
- 친칠라·밍크·사슴·메추리·꿩·비둘기
- 시험용 동물
- 그 외 동물로서 포유류·조류·파충류 및 양서류

11 동물보건사의 업무범위와 한계(수의사법 시행규칙 제14조의7)

- 동물의 간호 업무: 동물에 대한 관찰, 체온·심박수 등 기초 검진 자료의 수집, 간호판단 및 요양을 위한 간호
- 동물의 진료 보조 업무: 약물 도포, 경구 투여, 마취·수술의 보조 등 수의사의 지도 아래 수행하는 진료의 보조

12 결격사유(수의사법 제5조)

다음의 어느 하나에 해당하는 사람은 수의사가 될 수 없다.

- 「정신건강증진 및 정신질환자 복지서비스 지원에 관한 법률」 제3조 제1호에 따른 정신질환자. 다만, 정신건강의학과전문의가 수의사로서 직무를 수행할 수 있다고 인정하는 사람은 그러하지 아니하다.
- 피성년후견인 또는 피한정후견인
- 마약, 대마(大麻), 그 밖의 향정신성의약품(向精神性醫藥品) 중독자. 다만, 정신건강의학과전문의가 수의사로서 직무를 수행할 수 있다고 인정하는 사람은 그러하지 아니하다.
- 「수의사법」, 「가축전염병예방법」, 「축산물위생관리법」, 「동물보호법」, 「의료법」, 「약사법」, 「식품위생법」 또는 「마약류관리에 관한 법률」을 위반하여 금고 이상의 실형을 선고받고 그 집행이 끝나지(집행이 끝난 것으로 보는 경우 포함) 아니하거나 면제되지 아니한 사람

13 수술 등 중대진료에 관한 설명(수의사법 제13조의2 제2항)
수의사가 동물소유자 등에게 설명하고 동의를 받아야 할 사항은 다음과 같다.
- 동물에게 발생하거나 발생 가능한 증상의 진단명
- 수술 등 중대진료의 필요성, 방법 및 내용
- 수술 등 중대진료에 따라 전형적으로 발생이 예상되는 후유증 또는 부작용
- 수술 등 중대진료 전후에 동물소유자 등이 준수하여야 할 사항

14 신고(수의사법 제14조)
수의사는 농림축산식품부령으로 정하는 바에 따라 최초로 면허를 받은 후부터 3년마다 그 실태와 취업상황(근무지가 변경된 경우 포함) 등을 대한수의사회에 신고하여야 한다.

15 ㄱ. 동물보건사자격시험은 필기시험의 방법으로 실시한다(수의사법 시행규칙 제14조의4 제3항).
ㄴ. 합격자는 각 과목당 시험점수가 100점을 만점으로 하여 40점 이상이고, 전 과목의 평균 점수가 60점 이상인 사람으로 한다(수의사법 시행규칙 제14조의4 제5항).

16 동물병원의 시설기준(수의사법 시행령 제13조 제1항)
동물병원의 시설기준은 다음과 같다.
- 개설자가 수의사인 동물병원 : 진료실 · 처치실 · 조제실, 그 밖에 청결 유지와 위생 관리에 필요한 시설을 갖출 것. 다만, 축산 농가가 사육하는 가축(소 · 말 · 돼지 · 염소 · 사슴 · 노새 · 당나귀 · 닭 · 오리 · 메추리 · 꿩 · 꿀벌) 및 수생동물에 대한 출장진료만을 하는 동물병원은 진료실과 처치실을 갖추지 아니할 수 있다.
- 개설자가 수의사가 아닌 동물병원 : 진료실 · 처치실 · 조제실 · 임상병리검사실, 그 밖에 청결 유지와 위생 관리에 필요한 시설을 갖출 것. 다만, 지방자치단체가 「동물보호법」 제35조 제1항에 따라 설치 · 운영하는 동물보호센터의 동물만을 진료 · 처치하기 위하여 직접 설치하는 동물병원의 경우에는 임상병리검사실을 갖추지 아니할 수 있다.

17 ⑤ 수의사 면허증 또는 동물보건사 자격증을 다른 사람에게 빌려주거나 빌린 사람 또는 이를 알선한 사람은 2년 이하의 징역 또는 2천만 원 이하의 벌금에 처하거나 이를 병과(併科)할 수 있다(수의사법 제39조 제1항 제1호).
①, ②, ③, ④에 해당하는 자는 100만 원 이하의 과태료를 부과한다(수의사법 제41조).

18 고양이 백혈병 접종비는 게시 대상이 아니다.
진찰 등의 진료비용 게시 대상 및 방법(수의사법 시행규칙 제18조의3 제1항)
「수의사법」 제20조 제1항에서 "진찰, 입원, 예방접종, 검사 등 농림축산식품부령으로 정하는 동물진료업의 행위에 대한 진료비용"이란 다음의 진료비용을 말한다. 다만, 해당 동물병원에서 진료하지 않는 동물진료업의 행위에 대한 진료비용 및 출장진료전문병원의 동물진료업의 행위에 대한 진료비용은 제외한다.
- 초진 · 재진 진찰료, 진찰에 대한 상담료
- 입원비
- 개 종합백신, 고양이 종합백신, 광견병백신, 켄넬코프백신, 개 코로나바이러스백신 및 인플루엔자백신의 접종비
- 전혈구 검사비와 그 검사 판독료 및 엑스선 촬영비와 그 촬영 판독료
- 그 밖에 동물소유자 등에게 알릴 필요가 있다고 농림축산식품부장관이 인정하여 고시하는 동물진료업의 행위에 대한 진료비용

19 진료 중 폐사(斃死)한 경우에 발급하는 폐사 진단서는 다른 수의사에게서 발급받을 수 있다(수의사법 제12조 제2항).

20 수술 등 중대진료가 지체되면 동물의 생명 또는 신체에 중대한 장애를 가져올 우려가 있거나 수술 등 중대진료 과정에서 진료비용이 추가되는 경우에는 수술 등 중대진료 이후에 진료비용을 고지하거나 변경하여 고지할 수 있다(수의사법 제19조 제1항).

참고자료

- 「반려동물행동지도사 한권으로 끝내기」, 이웅종, 시대고시기획, 2022
- 「동물보건사 대비 동물질병학」, 동물질병학 수험연구회, 동일출판사, 2021
- 「동물보건사 대비 동물공중보건학」, 동물공중보건학 수험연구회, 동일출판사, 2021
- 「동물보건사 대비 반려동물학」, 반려동물학 수험연구회, 동일출판사, 2021
- 「동물보건사 대비 동물보건행동학」, 동물보건행동학 수험연구회, 동일출판사, 2021
- 「동물보건사 대비 동물보건영양학」, 동물보건영양학 수험연구회, 동일출판사, 2021
- 「한번에 정리하는 동물보건사 핵심기본서」, 한국동물보건사대학교육협회, 박영story, 2022
- 「한 권으로 합격하는 동물보건사」, 김지현, 북스케치, 2022
- NCS(국가직무능력표준) 학습모듈
  - 동물병원 원무행정관리
  - 외래동물 수의간호
  - 응급동물 수의간호
  - 입원동물 수의간호
  - 수술동물 수의간호
  - 수의영상진단 보조
  - 수의임상병리진단 보조
  - 동물병원 보호자 교육
  - 수의연구 보조
  - 동물구조 재활훈련

2026 시대에듀 동물보건사 전과목 한권으로 끝내기

개정3판1쇄 발행	2025년 06월 20일 (인쇄 2025년 04월 28일)
초 판 발 행	2023년 02월 06일 (인쇄 2023년 01월 12일)
발 행 인	박영일
책 임 편 집	이해욱
편 저	시대연구소
편 집 진 행	박종옥 · 오지민
표지디자인	김경모
편집디자인	차성미 · 임창규
발 행 처	(주)시대고시기획
출 판 등 록	제10-1521호
주 소	서울시 마포구 큰우물로 75 [도화동 538 성지 B/D] 9F
전 화	1600-3600
팩 스	02-701-8823
홈 페 이 지	www.sdedu.co.kr

I S B N	979-11-383-9159-7 (13520)
정 가	41,000원

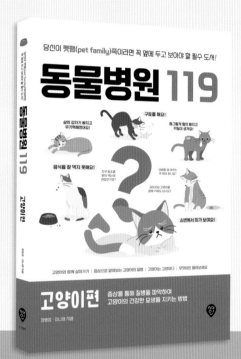